农业重大外来入侵生物
应急防控技术指南

张国良　曹坳程　付卫东　主编

2008 年农业公益性行业科研专项"新入侵植物黄顶菊防控技术研究"（200803022）和农业部 G-53 项目资助

科学出版社

北　京

内 容 简 介

本书对 40 种严重危害农业、林业、渔业、畜牧和环境的外来入侵生物的起源与分布、主要形态特征、主要生物学和生态学特征、传播与扩散途径及发生与危害状况等进行了详细介绍，规定了 40 种外来入侵生物检验检疫、调查监测、应急控制、综合治理技术规范及应急防控预案，以期实现对外来入侵生物防控工作的标准化、规范化、程序化，提高应对外来生物入侵突发事件的科技支撑能力。

本书既是从事农业外来入侵生物行政管理人员重要的参考用书，也是从事动植物检疫和农林科学研究人员、大专院校师生，以及广大公众了解生物入侵防治知识、采取预防与控制措施的技术指南。

图书在版编目(CIP)数据

农业重大外来入侵生物应急防控技术指南/张国良等主编. —北京：科学出版社，2010

ISBN 978-7-03-026230-1

Ⅰ. 农…　Ⅱ. 张…　Ⅲ. 农业-侵入种-防治-指南　Ⅳ. S186-44　S433-44

中国版本图书馆 CIP 数据核字（2009）第 229798 号

责任编辑：李秀伟　王　静　李晶晶/责任校对：钟　洋
责任印制：钱玉芬/封面设计：耕者设计工作室

科 学 出 版 社 出版

北京东黄城根北街 16 号
邮政编码：100717
http://www.sciencep.com

天时彩色印刷有限公司 印刷

科学出版社发行　各地新华书店经销

*

2010 年 5 月第 一 版　　开本：787×1092　1/16
2010 年 5 月第一次印刷　印张：49 3/4
印数：1—1 300　　　　字数：1 156 000

定价：198.00 元

（如有印装质量问题，我社负责调换）

《农业重大外来入侵生物应急防控技术指南》
编委会名单

主　编：张国良　曹坳程　付卫东

编　委：（以姓氏笔画为序）

马春森　付卫东　吕利华　吕要斌

刘　奎　刘凤权　张国良　郑　浩

姜子德　倪汉文　郭文超　曹坳程

符悦冠　虞国跃　廖金玲　谭万忠

主要编写人员

（以姓氏笔画为序）

马　罡　中国农业科学院农业环境与可持续发展研究所

马春森　中国农业科学院农业环境与可持续发展研究所

王秋霞　中国农业科学院植物保护研究所

王锡锋　中国农业科学院植物保护研究所

王源超　南京农业大学植物保护学院

贝亚维　浙江省农业科学院植物保护与微生物研究所

付卫东　中国农业科学院农业环境与可持续发展研究所

吕利华　广东省农业科学院植物保护研究所

吕要斌　浙江省农业科学院植物保护与微生物研究所

刘　坤　中国农业科学院农业环境与可持续发展研究所

刘　奎　中国热带农业科学院环境与植物保护研究所

刘　艳　中国农业科学院植物保护研究所

刘凤权　南京农业大学植物保护学院

刘倩倩　南京农业大学植物保护学院

毕朝位　西南大学植物保护学院

孙现超　西南大学植物保护学院

杜予洲　扬州大学植物保护学院

杜喜翠　西南大学植物保护学院

李　博　复旦大学生命科学学院

李香菊　中国农业科学院植物保护研究所

李敏慧　华南农业大学资源环境学院

李敦松　广东省农业科学院植物保护研究所

何余容　华南农业大学资源环境学院

沈国辉　上海市农业科学院

冼海辉　广东省农业科学院植物保护研究所

张友军　中国农业科学院蔬菜与花卉研究所

张国良　中国农业科学院农业环境与可持续发展研究所
张治军　浙江省农业科学院植物保护与微生物研究所
张朝贤　中国农业科学院植物保护研究所
杨明丽　中国农业科学院农业环境与可持续发展研究所
陈园园　中国农业科学院植物保护研究所
卓　侃　华南农业大学资源环境学院
罗金香　西南大学植物保护学院
周卫川　福建出入境检验检疫局
郑　浩　中国农业科学院农业环境与可持续发展研究所
胡白石　南京农业大学植物保护学院
姜子德　华南农业大学资源环境学院
钱国良　南京农业大学植物保护学院
倪汉文　中国农业大学农学与生物技术学院
高　扬　复旦大学生命科学学院
高　燕　广东省农业科学院植物保护研究所
唐　龙　复旦大学生命科学学院
郭文超　新疆农业科学院植物保护研究所
黄红娟　中国农业科学院植物保护研究所
曹坳程　中国农业科学院植物保护研究所
符悦冠　中国热带农业科学院环境与植物保护研究所
商晗武　中国计量学院生命科学学院
彭正强　中国热带农业科学院环境与植物保护研究所
董莎萌　南京农业大学植物保护学院
韩　颖　中国农业科学院农业环境与可持续发展研究所
韩志成　南京农业大学植物保护学院
虞国跃　北京市农林科学院植物保护环境保护研究所
褚　栋　山东省农业科学院
廖金铃　华南农业大学资源环境学院
谭万忠　西南大学植物保护学院
鞠瑞亭　扬州大学植物保护学院
魏守辉　中国农业科学院植物保护研究所

前　言

　　外来生物入侵已在不同程度上对我国的农业、林业和生态环境造成了严重的威胁和损害。由于外来生物入侵具有潜伏性、突发性、不可预见性等诸多特点，加强农业外来入侵生物应急管理技术体系研究、做好技术准备、及时科学应对外来生物入侵突发事件、控制和减轻外来生物入侵造成的危害，是保障我国农业生产安全、生态安全的重要举措，也是保证社会稳定和人民群众健康的重要内容和重要基础。本书从科学性、实用性、创新性和易操作性的角度出发，分析、总结国内外有关应对外来生物入侵的理论与技术方法，应用新的科技研究成果，组织全国 50 多位从事外来入侵生物科研及管理的专家，制定完善了 40 种严重危害农业生产和生态安全的外来入侵生物的应急防控技术指南，规范了检验检疫、风险分析、监测预警、应急控制、信息收集、应急处置等技术规程，对提高外来入侵生物管理的科学化、标准化、规范化、程序化水平，增强应对外来生物入侵突发事件的技术能力具有一定的参考意义。

　　由于编者学识水平有限，书中难免有疏漏之处，恳请读者和同行批评指正，以期进一步修订和完善。

编　者

2009 年 9 月 16 日

目　　录

刺萼龙葵应急防控技术指南

一、刺萼龙葵

学　　名：*Solanum rostratum* Dunal

异　　名：*Solanum cornutum* auct. non Lam.

　　　　　Androcera rostrata（Dunal）Rydberg

英 文 名：buffalobur，Kansas thistle，prickly nightshade，buffalo berry，buffalobur nightshade，Mexican thistle，Texas thistle

中文别名：堪萨斯蓟、（黄花）刺茄、尖嘴茄

分类地位：茄科（Solanaceae）茄属（*Solanum*）

1. 起源与分布

起源：原产于北美洲。

国外分布：美国、加拿大、墨西哥、俄罗斯、韩国、孟加拉国、奥地利、保加利亚、捷克、斯洛伐克、乌克兰、德国、丹麦、南非、澳大利亚、新西兰。

国内分布：辽宁、吉林、山西（阳高）、河北（张家口）、北京、新疆。

2. 主要形态特征

一年生草本植物。茎直立，多分枝，分枝多在茎中部以上，茎基部稍木质化，株高可达 80cm 以上。全株生有密集、粗而硬的黄色锥形刺，刺长 0.3～1.0cm。叶互生，叶片羽状分裂，裂片很不规则，着生 5～8 条放射形的星状毛；叶脉和叶柄上均生有黄色刺。花两性，排列成疏散形的总状花序，花序轴从叶腋之外的茎上生出，每个花序产花 10～20 朵，花由花序的基部渐次成熟开放；花冠 5，黄色，5 裂，辐射对称，下部合生，直径 2～3cm；雄蕊 5，花药靠合；雌蕊 1，子房球形，2 室，内含多数胚珠。浆果球形，绿色，直径约 1cm，外面为多刺的花萼所包裹，刺长 0.5～20cm，果实内含种子多数。种子黑褐色，卵圆形或卵状肾形，两侧扁平，长约 3mm，宽约 2mm，厚约 0.8mm，表面有隆起的粗网纹和密集的小穴形成的细网纹，细网纹呈颗粒状突起。种子的背侧缘和顶端有明显的棱脊，较厚，近种子的基部变薄。种脐近圆形，凹入，位于种子基部。胚呈环状卷曲，有丰富的胚乳。

3. 主要生物学和生态学特性

刺萼龙葵属喜光性植物，在光照充足的立地条件下长势繁茂、果大籽多、植株健壮、籽粒饱满，光照不足时长势较差，虽也能完成生活史，但产籽量减少。适生于温暖

气候条件下的砂质土壤，在干硬或潮湿的耕地中也能正常生长，植株适应性很强，该草耐瘠薄、耐干旱，常生长于荒地、草原、河滩、建筑垃圾和过度放牧的牧场，也能侵入农田、果园、瓜地、路旁及庭院危害。

刺萼龙葵种子具有休眠特性，刚成熟的种子萌发率仅 4.5%，并且萌发所需的时间较长（20 天）；用浓硫酸处理 10min，3 天后种子萌发率可达 50% 以上；若在 4℃ 下存放 15 天，种子萌发率可提高到 35%，萌发速度也显著增加（4 天），这说明刺萼龙葵种子需要经历一个后熟的休眠阶段才能萌发，其致密、坚厚的种皮不透水、不透气或机械阻碍可能是引起种子休眠的原因。在北京，刺萼龙葵生长高度最低 42cm，最高 87cm，平均为 63.1cm；主茎分枝最少 4 个，最多 7 个，平均为 5.7 个；单株果穗数最少 21 个，最多 120 个，平均为 70.5 个；每穗果实数最少 4 个，最多 8.3 个，平均为 5.5 个；株总果实数最少 74 个，最多 916 个，平均为 292.9 个；果实直径最小 7.7cm，最大 10cm，平均 8.9cm；果实种子数最少 26.7 粒，最多 56.5 粒，平均为 43.8 粒；种子千粒重最低 2.4g，最高 3.0g，平均为 2.8g；单株种子重量最低 3.3g，最高 154.7g，平均为 33.9g；单株结种子数最少 1375 粒，最多 51 566.7 粒，平均为 11 996.4 粒。果实直径在 7.7cm 以下时，果实种子数、千粒重、单株结种子量均较低。

刺萼龙葵种子经过一冬的休眠，4 月或 5 月上旬当气温达到 10℃ 时，雨后即开始萌发，刺萼龙葵种子即开始发芽，5 月下旬至 6 月中旬开花，7 月初果实形成，8 月中、下旬果实逐渐成熟，浆果由绿变为黄褐色，9 月末至 10 月初降霜后刺萼龙葵植株萎蔫枯死，整个生长期约 150 天。在北京，6 月 8 日播种，播后 13 天（6 月 21 日）出苗，出苗不整齐，出苗 30 天（7 月 21 日）始见开花，花期 7～9 月，果期 8～9 月。果实成熟期不一致，由果穗基部的果实渐次向上成熟，10 月初开始植株陆续枯死。刺萼龙葵整个生育期约为 110 天。刺萼龙葵的营养生长大体可以分为 2 个阶段：第 1 阶段是从子叶出土到第 4 片真叶长出时的幼苗期，这一阶段植株生长速度较慢。第 2 阶段是从第 4 片真叶长出后（约出苗后第 10 天），生长速度明显加快，主茎加粗长高，分枝不断增多，叶片很快展宽扩大。7 月初，刺萼龙葵即进入生殖生长期，开始进入开花期。刺萼龙葵为总状花序，花序轴从叶腋之外的茎上生出。每个花序产生 10～20 枚花，花序基部的花先成熟开放。单花花期短，2～3 天，于清晨 06:00～07:00 开放，18:00～19:00 凋萎，整株开花数多达上千朵，花期长（约 50 天），9 月至 10 月初植株陆续枯萎，花也基本败落。浆果球形，绿色，直径 1～1.2cm，完全被具尖刺的宿存萼片所包被。果实的成熟期不一致，基本与每个花序的花成熟规律相同，也是每个花序基部的果实先成熟。刺萼龙葵的每朵花的总花粉量较大，约为 3.8×10^5 粒，这样更有利于传粉受精。刺萼龙葵的种子休眠期约 3 个月，每浆果内可产种子 55～90 粒、正常植株可产种子 1 万～2 万粒，一株所产的种子翌年即形成一个独立的群落。

刺萼龙葵中含有对人类癌细胞有细胞毒素作用的甲基薯蓣皂苷（methyl protodioscin），还含有对马铃薯环腐病具一定抗性的滤过性毒菌。由于刺萼龙葵中含有一些具有药用价值的化学物质，许多居住在墨西哥中、南部的印第安群落土著人用作治疗肠胃病草药，包括小儿腹泻、肠胃不适及肾病。

4. 传播与扩散

刺萼龙葵主要来源于美国，可能由种子混杂在饲料中传入中国，检疫部门曾在大连口岸截获。刺萼龙葵靠种子繁殖后代，最初种群传播是通过带刺果实粘在美洲野牛身上而实现的，其英文名 buffalobur 即由此而来。由于该植物全株密被长刺，人畜不易接触，很少遭到干扰和破坏，有利于生存繁衍，并迅速扩展蔓延。同时其果实生有许多刺，可附着在动物体、农机具及包装物上传播；种子也可随刮风、水流传播。在种子成熟时，植株主茎近地面处断裂，断裂的植株形成风滚草样，以滚动方式将种子传播得很远，其种子小，易混杂于其他种子中进行远距离传播。刺萼龙葵繁殖能力较强，每浆果可产种子 55～90 粒，单株结实量达 1 万～2 万粒，整个植株所产的种子翌年即形成大片单优种群。

中国北方冬天天气寒冷，有利于刺萼龙葵种子完成后熟休眠，促进其迅速萌发。2001 年夏季在辽宁朝阳马山镇半拉山面粉厂排水沟下游的大凌河岸边、沙滩及农田边缘的石砾上观察到少部分单株，呈零星分布几小片。2002 年秋在距半拉山下游 20km 处的河滩上及河堤边开始有零星分布。2003 年在河滩零星发现的植株已扩散成几大片群落，面积逐年扩大。2004 年秋季又在市区发现另一小片群落，说明刺萼龙葵果实也可以通过水流传播，在不加控制的条件下，通常能够大面积蔓延危害。刺萼龙葵在乌鲁木齐能够自然开花结实，产生具生活力的种子（单株结实达 160 个），这说明该植物在我国干旱区可以完成生活史，并具有很强的繁殖力。

5. 发生与危害

在我国，刺萼龙葵于 1981 年在辽宁被首次发现，后扩散到吉林、山西、河北。近年来已新入侵到北京、新疆等地，2003 年 8 月 5 日，在北京市密云县李各庄引水渠岸边绿地和荒地上首次发现。2006 年 8 月，在乌鲁木齐市焦化山发现。刺萼龙葵适应性极强，耐旱又耐湿。在干旱的田间地边、荒地、草原、牧场都能生长，而在湿润地、沟渠和河滩上植株生长地更加茂盛高大。刺萼龙葵繁殖力强，种子量大，有利于物种的延繁和传播。此外，刺萼龙葵种子具有休眠性，能抵抗不良的环境，使其在恶劣的条件下长期保持生命活力。

刺萼龙葵竞争力强，生长速度快，与当地物种争夺水分、养料、光照和生长空间，很容易在新的生态环境中占据领地。危害小麦、玉米、棉花和大豆等农作物，与作物争夺光照、水分、养料和生长空间，严重抑制作物生长。由于该草繁殖能力特强极易形成群落，致使其他植株无法生长，一旦入侵牧场则降低草场质量，伤害牲畜，影响放牧及人类活动，其对羊毛产量及质量具有破坏性的影响。刺萼龙葵是马铃薯甲虫（*Leptinotarsa decemlineata*）和马铃薯卷叶病毒（PLRV）的寄主，其中马铃薯甲虫作为中国一类危险性有害生物，是世界危害马铃薯等作物最重要和最具毁灭性的检疫害虫，它曾经给人类的农业生产带来过巨大灾难。

刺萼龙葵植株有毒刺，其叶、心皮、浆果和根中含有茄碱，是一种神经毒素，对中枢神经系统尤其对呼吸中枢有显著的麻醉作用，可引起严重的肠炎和出血。茄碱的毒性

高，一旦被牲畜误食后可导致中毒，当刺萼龙葵植株在动物体内的含量达到动物体重的
0.1%～0.3%即足以致毒，中毒症状表现为身体虚弱、运动失调、呼吸困难、全身颤抖
等，甚至因涎水过多死亡。

　　刺萼龙葵在美国广泛分布，而美国的地理纬度及气候条件与我国的广大地区较为相
近，因此，它在我国许多地区具有生存、发展和形成入侵物种的可能条件。由此可见，
目前，刺萼龙葵已经在辽宁、吉林、河北（张家口）和北京的局部地区生长和繁殖，并
已表现出扩大蔓延的趋势，由于刺萼龙葵全身具刺，不易人工清除，一旦传入农田防除
较困难。

图版 1

图版说明

  A. 刺萼龙葵田间自然发生状况

  B. 刺萼龙葵茎部小刺

  C. 刺萼龙葵叶片形状及小刺

  D. 刺萼龙葵花形状及雌雄蕊

  E. 刺萼龙葵果实及刺

图片作者或来源

  A. 张国良

  B. http：//www. missouriplants. com/Yelowalt/Solanuu _ rostratum _ page. html

  C. http：//www. missouriplants. com/Yelowalt/Solanuu _ rostratum _ page. html

  D. 张国良

  E. http：//www. calphotos. berkeley. edu/cgi/img _ query?where-taxon＝Solanum％20rostratum

二、刺萼龙葵检验检疫技术规范

1. 范围

  本规范规定了刺萼龙葵的检疫检验及检疫处理操作办法。

  本规范适用于农业植物检疫机构对刺萼龙葵植物活体、种子及可能携带其活体和种子的载体、交通工具的检疫检验和检疫处理。

2. 产地检疫

  （1）踏查荒地、草原、河滩、建筑垃圾、农田、果园、瓜地、路旁及庭院等旱地。

  （2）发现疫情后，应立即报告给当地农业检疫部门和外来入侵生物管理部门。

3. 调运检疫

  （1）检查调运的植物和植物产品有无附着刺萼龙葵的种子。

  （2）在种子扬飞季节，对来自疫情发生区的可能携带种子的载体进行检疫。

4. 检验及鉴定

  （1）根据以下特征，鉴定是否属茄科：一年生至多年生草本、半灌木、灌木或小乔木，有时具皮刺。单叶全缘、不分裂或分裂，有时为羽状复叶，无托叶。花两性，辐射对称；花萼合生，花后几乎不增大或极度增大，5裂，常宿存；花冠合生，辐状，5裂；雄蕊3～6枚，雄蕊与花冠裂片同数而互生，着生在花冠基部；雌蕊1枚；花柱细瘦，具头状或2浅裂的柱头；中轴胎座；胚珠多数、稀少数至1枚。种子圆盘形或肾脏形；胚乳丰富、肉质；胚弯曲成钩状、环状或螺旋状卷曲，位于周边而埋藏于胚乳中，或直而位于中轴位上。

  （2）根据以下特征，鉴定是否属茄属：无刺或有刺的草本、灌木或小乔木。花冠辐状；花通常集生成聚伞花序或极稀单生；花萼有 5 萼齿或裂片，花萼在花后不显著增大，果时不包围浆果而仅宿存于果实基部；药隔位于两药室的中间，花丝着生于药隔的基部。浆果。

（3）在放大 10～15 倍体视解剖镜下检验。根据种的特征（附录 A）和近缘种的比较（附录 B），鉴定是否为刺萼龙葵。

5. 检疫处理和通报

在调运检疫或复检中，发现刺萼龙葵的种子应全部检出销毁。

产地检疫中发现刺萼龙葵后，应根据实际情况，启动应急预案，立即进行应急治理。疫情确定后一周内应将疫情通报给对植物和植物产品调运目的地的农业外来入侵生物管理部门和农业植物检疫部门。

附录 A 刺萼龙葵形态图

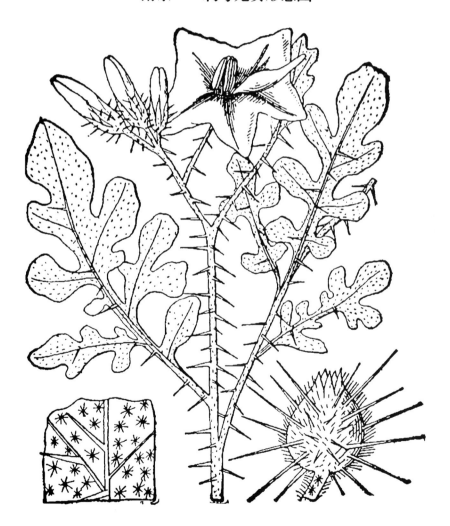

附录 B　刺萼龙葵及其近缘种检索表

1. 全株生有密集、粗而硬的黄色锥形刺 ……………………………… 刺萼龙葵 S. *rostratum* Dunal
   全株无刺或部分有刺 ………………………………………………………………………… 2
2. 花白色（稀青紫色）；成熟浆果黑色；花萼的两萼齿间连接成角度 …………………………… 3
   花紫色，成熟浆果红色；花萼的两萼齿间连接成弧形 ……………… 红果龙葵 S. *alatum* Moench
3. 一年生草本。花序伞状或为短的蝎尾状 …………………………………………………… 4
   亚灌木；花序短蝎尾状或为聚伞式圆锥花序 ………………… 木龙葵 S. *suffruticosum* Schousb.
4. 植株粗壮；短的蝎尾状花序通常着生 4～10 朵花；果及种子均较大 ………… 龙葵 S. *nigrum* L.
   植株纤细；花序近伞状，通常着生 1～6 朵花，果及种子均较小 …………………………………
   ………………………………… 少花龙葵 S. *photeinocarpum* Nakamura et Odashima

三、刺萼龙葵调查监测技术规范

1. 范围

本规范规定了对刺萼龙葵进行调查和监测的技术方法。

本规范适用于农业部门对刺萼龙葵进行的调查和监测工作。

2. 调查

1）访问调查

向当地居民询问有关刺萼龙葵发生地点、发生时间、危害情况，分析刺萼龙葵传播扩散情况及其来源。每个社区或行政村询问调查 30 人以上。对询问过程发现的刺萼龙葵可疑存在地区，进行深入重点调查。

2）实地调查

（1）调查地域。

重点调查荒地、草原、河滩、建筑垃圾、农田、果园、瓜地、路旁及庭院等旱地。

（2）调查方法。

调查设样地不少于 10 个，随机选取，每块样地面积不小于 $1m^2$，用 GPS 仪测量样地的经度、纬度、海拔，记录样地的地理信息、生境类型、物种组成。

观察有无刺萼龙葵危害，记录刺萼龙葵发生面积、密度、危害方式、危害程度。

（3）面积计算方法。

发生于农田、果园、湿地、林地等生态系统内的刺萼龙葵，其发生面积以相应地块的面积累计计算，或以划定包含所有发生点的区域面积进行计算；发生于路边、房前屋后、绿化带等地点的外来入侵生物，发生面积以实际发生面积累计获得或持 GPS 仪沿分布边界走完一个闭合轨迹后，围测面积；发生在山上的面积以持 GPS 仪沿分布边界走完一个闭合轨迹后，围测的面积为准，如山高坡陡，无法持 GPS 仪走完一个闭合轨迹的，也可采用目测法估计发生面积。

（4）危害等级划分。

按覆盖或占据程度确定危害程度，适用于农田、林地、草地环境等生态系统。具体等级按以下标准划分。

等级 1：零星发生，覆盖度＜5%；

等级 2：轻微发生，覆盖度为 5%～15%；

等级 3：中度发生，覆盖度为 15%～30%；

等级 4：较重发生，覆盖度为 30%～50%；

等级 5：严重发生，覆盖度为 50%～90%；

等级 6：极重发生，覆盖度为 90%～100%。

3. 监测

1）监测区的划定

发生点：刺萼龙葵植株发生外缘周围 100m 以内的范围划定为一个发生点（两个刺萼龙葵植株距离在 100m 以内为同一发生点）；划定发生点若遇河流和公路，应以河流和公路为界，其他可根据当地具体情况作适当的调整。

发生区：发生点所在的行政村（居民委员会）区域划定为发生区范围；发生点跨越多个行政村（居民委员会）的，将所有跨越的行政村（居民委员会）划为同一发生区。

监测区：发生区外围 5000m 的范围划定为监测区；在划定边界时若遇到水面宽度大于 5000m 的湖泊和水库，以湖泊或水库的内缘为界。

2）监测方法

根据刺萼龙葵的生态特征以及传播扩散特性，在监测区相应生境中设置不少于 10 个固定监测点，每个监测点不小于 $10m^2$，悬挂明显监测位点牌，一般每月观察一次。

4. 样本采集与寄送

在调查中如发现疑似刺萼龙葵，将疑似刺萼龙葵用 70% 酒精浸泡或晒干，标明采集时间、采集地点及采集人。将每点采集的刺萼龙葵集中于一个标本瓶中或标本夹中，送外来物种管理部门指定的专家进行鉴定。

5. 调查人员的要求

要求调查人员为经过培训的农业技术人员，掌握刺萼龙葵的形态学、生物学特性，危害症状以及刺萼龙葵的调查监测方法和手段等。

6. 结果处理

调查监测中，一旦发现刺萼龙葵，严格实行报告制度，必须于 48h 内逐级上报，定期逐级向上级政府和有关部门报告有关调查监测情况。

四、刺萼龙葵应急控制技术规范

1. 范围

本规范规定了刺萼龙葵新发、爆发等生物入侵突发事件发生后的应急控制操作方法。

本规范适用于各级外来入侵生物管理机构和农业技术部门在生物入侵突发事件发生时的应急处置。

2. 应急控制方法

对新发、爆发的刺萼龙葵采取紧急施药、最终灭除的方式进行防治。在新发、爆发发生区进行化学药剂直接处理，防治后要进行持续监测，发现刺萼龙葵再根据实际情况反复使用药剂处理，直至 2 年内不再发现或经专家评议后认为危害水平可以接受为止。

1) 大豆田防治

可使用的除草剂有：氟磺胺草醚、乙羧氟草醚、苯达松、三氟羧草醚，按照使用说明使用。

2) 果园及林地防治

每公顷使用草甘膦水剂 1200g（有效成分 a.i.，下同），兑水 450～600L 喷雾；或氯氟吡氧乙醚乳油 180～240g，兑水 450～750L 喷雾。

3) 荒地防治

在荒地、山坡等非作物田，每公顷用百草枯水剂 450～600g，或草甘膦水剂 1200g，兑水 450～750L 喷雾。

3. 注意事项

（1）喷施药剂应选择在刺萼龙葵花期前（每年 6～7 月）进行。

（2）选择晴朗天气进行，施药后 6h 内下雨，应补喷一次。

（3）草甘膦和百草枯均为灭生性除草剂，注意不要喷施到作物的绿色部位，以免造成药害。

（4）在施药区应插上明显的警示牌，避免造成人、畜中毒或其他意外。

五、刺萼龙葵综合治理技术规范

1. 范围

本规范规定了刺萼龙葵的综合治理方法及使用条件。

本规范适用于各级农业外来入侵生物管理部门对刺萼龙葵进行的综合治理工作。

2. 专项防治措施

1）化学防治

可用药剂及施用方法见"刺萼龙葵应急控制技术规范"一节。

2）物理防治

刺萼龙葵在植株生长初期，尤其在 4 片真叶前的幼苗期，生长速度较为缓慢，还未形成刺，在此时期之前将其铲除最为安全和有效。植株成熟，由于其全株具刺，会给铲除工作带来一定难度。由于刺萼龙葵的种子有休眠机制，当年未萌发的种子在数年后仍可能萌发，因此，对于刺萼龙葵生长过的地方，一定要进行多年追踪调查和铲除。这是迄今为止防除该有害植物传播最为有效的方式。

3）植物替代

刺萼龙葵在幼苗期生长较为缓慢，此时若有其他植物与之竞争环境资源，将大大削弱其生长势，减轻其危害；若生境中缺少制约因素，刺萼龙葵将不断分枝，大量结实，可能会导致其大面积蔓延危害。紫穗槐和沙棘等植物生长速度快，易形成密丛，种植后可对刺萼龙葵有良好的控制效果。

3. 综合防控措施

1）化学防治与植物替代相结合

根据刺萼龙葵的种子和幼苗生长对光有很强依赖性的习性，在施用化学药剂除治后留下的空地，采取种植紫穗槐和沙棘等植物的方法，尽快占领生存空间，减少或避免刺萼龙葵的重新生长。

2）物理防治与植物替代相结合

在刺萼龙葵危害特别严重区域，特别是化学防治不能完全灭杀的生境，人工和用机械铲除生长的刺萼龙葵后，迅速种植紫穗槐和沙棘等植物，尽快占领生存空间，减少或避免刺萼龙葵的发生。

3）不同生境中刺萼龙葵的综合防治

（1）小面积新发生区：人工铲除。
（2）农田、果园等农业生产用地：人工拔除＋化学防治。
（3）路边、宅旁等非耕作土地：化学防治。
（4）草场大面积发生区域：化学防治＋植物替代。

主要参考文献

车晋滇，刘全儒，胡彬. 2006. 外来入侵杂草刺萼龙葵. 杂草科学，3：58～60

高芳，徐驰，周云龙. 2005. 外来植物刺萼龙葵潜在危险性评估及其防治对策. 北京师范大学学报（自然科学版），41（4）：420～424

高芳，徐驰. 2005. 潜在危险性外来物种——刺萼龙葵. 生物学通报，40（9）：11～12

关广清，张玉茹，孙国友等. 2000. 杂草种子图鉴. 北京：科学出版社. 198

李书心. 1992. 辽宁植物志（下册）. 沈阳：辽宁科学技术出版社. 273～276

李扬汉. 1998. 中国杂草志. 北京：中国农业出版社. 1433

刘全儒，车晋滇，贯潞生等. 2005. 北京及河北植物新记录（III）. 北京师范大学学报（自然科学版），41（5）：510～512

干维升，郑红旗，朱殿敏等. 2005. 有害杂草刺萼龙葵的调查. 植物检疫，19（4）：247～248

赵晓英，马晓东，徐郑伟. 2007. 外来植物刺萼龙葵及其在乌鲁木齐出现的生态学意义. 地球科学进展，22（2）：167～170

Bah M，Gutierrez D M，Escobedo C et al. 2004. Methylprotodioscin from the Mexican medical plant *Solanum rostratum*（Solanaceae）. Biochemical Systematics and Ecology，32：197～202

Cho Y H，Kim W. 1997. A new naturalized plant in Korea. Korean Journal of Plant Taxonomy，27（2）：277

Parker K F. 1990. An Illustrated Guide to Arizona Weeds. Tucson：The University of Arizona Press

Rushing D W，Murray D S，Verhalen L M. 1985. Weed interference with cotton（*Gossypium hirsutum*）. I. Buffalo-bur（*Solanum rostratum*）. Weed Science，33（6）：810～814

Shutova N N. 1970. Guide on Quarantine and Other Dangerous Pests，Diseases and Weeds. 2nd edition（in Russian）. Moscow：Kolos

Thomas P E，Hassan S. 2002. First report of twenty-two new hosts of potato leafroll virus. Plant Disease，86（5）：561

六、刺萼龙葵防控应急预案（样本）

1. 总则

1）目的

为及时防控刺萼龙葵，保护农林生产和生态安全，最大限度地降低灾害损失，根据《中华人民共和国农业法》、《森林病虫害防治条例》、《植物检疫条例》、农业部《农业重大有害生物及外来入侵生物突发事件应急预案》等有关法律法规，结合实际，制定本预案。

2）防控原则

坚持预防为主、检疫和防治相结合的原则。将保障生产和环境安全作为应急处置工作的出发点，提前介入，加强监测检疫，最大限度地减少刺萼龙葵灾害造成的损失。

坚持统一领导、分级负责原则。各级农林业部门及相关部门在同级政府的统一领导下，分级联动，规范程序，落实相关责任。

坚持快速反应、紧急处置原则。各级地（市、州）各有关部门要加强相互协作，确保政令畅通，灾情发生后，要立即启动应急预案，准确迅速传递信息、采取及时有效的紧急处置措施。

坚持依法治理、科学防控原则。充分听取专家和技术人员的意见建议，积极采用先进的监测、预警、预防和应急处置技术，指导防灾减灾。

坚持属地管理，以地方政府为主防控的原则。

2. 刺萼龙葵危害情况的确认、报告与分级

1）确认

疑似刺萼龙葵发生地的农业主管部门在48h内将采集到的刺萼龙葵标本送到上级农业行政主管部门所属的植物保护、环境保护机构，由省级农业行政主管部门指定专门科研机构鉴定，省级农业行政主管部门根据专家鉴定报告确认。

2）报告

确认本地区发生刺萼龙葵后，当地农业行政主管部门应在48h内向同级人民政府和上级农业行政主管部门报告，并组织对本地区进行普查，及时查清发生和分布情况。省农业行政主管部门应在48h内将刺萼龙葵发生情况上报省人民政府和农业部，同时抄送省级林业部门和出入境检验检疫部门。

3）分级

依据刺萼龙葵发生量，疫情传播速度，造成农业生产损失和对社会、生态危害程度等，将突发事件由高到低划分为三个等级：
一级：在1个省（直辖市、自治区）所辖的2个或2个以上地级市（区）新发生刺萼龙葵严重危害。
二级：在1个地级市辖的2个或2个以上县（市、区）新发生刺萼龙葵危害；或者在1个县（市、区）范围内新发生刺萼龙葵严重危害。
三级：在1个县（市、区）范围内新发生刺萼龙葵危害。

3. 应急响应

各级人民政府按分级管理、分级响应、属地管理的原则，根据刺萼龙葵危害范围及程度，一级危害以上启动一级响应，二级危害启动二级响应，三级危害启动三级响应。

1）一级响应

省级农业行政主管部门立即成立刺萼龙葵防控工作领导小组，迅速组织协调本省各市、县人民政府及部级相关部门开展刺萼龙葵防控工作，对全省（直辖市、自治区）刺萼龙葵发生情况进行调查评估，制定防控工作方案，组织农业行政及技术人员采取防控措施，并及时将刺萼龙葵发生情况、防控工作方案及其执行情况报农业部及邻近各省市主管部门。省级其他相关部门密切配合做好刺萼龙葵防控工作；省级财政部门根据刺萼龙葵危害严重程度在技术、人员、物资、资金等方面对刺萼龙葵发生地给予紧急支持，必要时，请求农业部给予相应援助。

2）二级响应

地级以上市人民政府立即成立刺萼龙葵防控工作领导小组，迅速组织协调各县

（市、区）人民政府及市相关部门开展刺萼龙葵防控工作，并由本级人民政府报省人民政府；市级农业行政主管部门要迅速组织对本市刺萼龙葵发生情况进行全面调查评估，制定防控工作方案，组织农业行政及技术人员采取防控措施，并及时将刺萼龙葵发生情况、防控工作方案及其执行情况报省级农业行政主管部门；市级其他相关部门密切配合做好刺萼龙葵防控工作；省级农业行政主管部门加强督促指导，并组织查清本省刺萼龙葵发生情况；省人民政府根据刺萼龙葵危害严重程度和市级人民政府的请求，在技术、人员、物资、资金等方面对发生刺萼龙葵地区给予紧急援助支持。

3）三级响应

县级人民政府立即成立刺萼龙葵防控工作领导小组，迅速组织协调各乡镇政府及县相关部门开展刺萼龙葵防控工作，并由本级人民政府报告上一级人民政府；县级农业行政主管部门要迅速组织对刺萼龙葵发生情况进行全面调查评估，制定防控工作方案，组织农业行政及技术人员采取防控措施，并及时将刺萼龙葵发生情况、防控工作方案及其执行情况报市级农业行政主管部门；县级其他相关部门密切配合做好刺萼龙葵防控工作；市级农业行政主管部门加强督促指导，并组织查清全市刺萼龙葵发生情况；市级人民政府根据刺萼龙葵危害严重程度和县级人民政府的请求，在技术、人员、物资、资金等方面对发生刺萼龙葵地区给予紧急援助支持。

4. 部门职责

各级刺萼龙葵防控工作领导小组负责本地区刺萼龙葵防控的指挥、协调工作，并负责监督应急预案的实施。农业部门具体负责组织刺萼龙葵监测调查、防控和及时报告、通报等工作；宣传部门负责引导传媒正确宣传报道刺萼龙葵有关情况；财政部门及时安排拨付刺萼龙葵防控应急经费；科技部门组织刺萼龙葵防控技术研究；经贸部门组织防控物资生产供应，以及刺萼龙葵对贸易和投资环境影响的应对工作；出入境检验检疫部门加强出入境检验检疫工作，防止刺萼龙葵的传入和传出；发展改革、建设、交通、环境保护、旅游、水利、民航等部门密切配合做好相关工作。

5. 刺萼龙葵发生点、发生区和监测区的划定

发生点：刺萼龙葵危害寄主植物外缘周围100m以内的范围划定为一个发生点（两个寄主植物距离在100m以内为同一发生点）；划定发生点若遇河流和公路，应以河流和公路为界，其他可根据当地具体情况作适当的调整。

发生区：发生点所在的行政村（居民委员会）区域划定为发生区范围；发生点跨越多个行政村（居民委员会）的，将所有跨越的行政村（居民委员会）划为同一发生区。

监测区：发生区外围1000m的范围划定为监测区；在划定边界时若遇到水面宽度大于1000m的湖泊和水库，以湖泊或水库的内缘为界。

6. 封锁扑灭、调查监测

刺萼龙葵发生区所在地的农业行政主管部门对发生区内的刺萼龙葵危害寄主植物上

设置醒目的标志和界线，并采取措施进行封锁控制和扑灭。

1）封锁控制

对刺萼龙葵发生区内机场、码头、车站、停车场、机关、学校、厂矿、农舍、庭院、街道、主要交通干线两旁区域、有外运产品的生产单位以及物流集散地，有关部门要进行全面调查，货主单位和货运企业应积极配合有关部门做好刺萼龙葵的防控工作。刺萼龙葵危害情况特别严重时，经省人民政府批准，可在发生区周边主要交通要道设立临时植物检疫检查站，对外运的种苗、花卉、盆景、草皮等植物产品进行检疫，禁止刺萼龙葵发生区内树枝落叶、杂草等垃圾外运。

2）防治与扑灭

经常性开展扑杀刺萼龙葵行动，采用化学、物理、人工、综合防治方法灭除刺萼龙葵，即先喷施化学除草剂进行灭杀，人工铲除发生区刺萼龙葵，直至扑灭。

3）调查和监测

刺萼龙葵发生区及周边地区的各级农业植物检疫机构要加强对本地区的调查和监测，做好监测结果记录，保存记录档案，定期汇总上报。其他地区要加强对来自刺萼龙葵发生区的植物及植物产品的检疫和监测，防止刺萼龙葵传入。

7. 宣传引导

各级宣传部门要积极引导媒体正确报道刺萼龙葵发生及控制情况。有关新闻和消息，应通过政府部门正常渠道获取，防止炒作，避免失实报道引起社会不安。在刺萼龙葵发生区，要利用适当的方式进行科普宣传，重点宣传防范知识、防控技术方法。当媒体上出现不实报道或社会上流传谣言时，应立即正面澄清，加强舆论引导，减少负面影响。

8. 应急保障

1）队伍保障

各级人民政府要组建由农业行政主管部门技术人员以及有关专家组成的刺萼龙葵应急防控队伍，加强专业技术人员培训，提高应急防控队伍人员的专业素质和业务水平，为应急预案的启动提供高素质的应急队伍保障，成立防治专业队；要充分发动群众，实施群防群控。

2）物资保障

省、市、县各级人民政府要建立刺萼龙葵防控应急物资储备制度，确保物资供应，对刺萼龙葵危害严重的地区，应该及时调拨救助物资，保障受灾农民生活和生产的稳定。

3）经费保障

各级人民政府应安排专项资金，用于刺萼龙葵应急防控工作。应急响应启动时，当地农业行政主管部门会商有关部门提出经费使用计划，由同级财政部门核拨，财政、农业、审计等部门对专项资金的使用和管理情况进行严格的监督检查，确保专款专用。

4）技术保障

科技部门要大力支持刺萼龙葵防控技术研究，为持续有效控制刺萼龙葵提供技术支撑。在刺萼龙葵发生地，有关部门要组织本地技术骨干力量，加强对刺萼龙葵防控工作的技术指导。

9. 应急解除

通过采取全面、有效的防控措施，达到防控效果后，县、市农业行政主管部门向省农业行政主管部门提出申请，经省农业行政主管部门组织专家评估论证，防治效果达到标准的，由省人民政府批准，并报告农业部，可解除应急。

10. 附则

地（市、州）各级人民政府根据本预案制定本地区刺萼龙葵防控应急预案。

本预案自发布之日起实施。

本预案由省级农业行政主管部门负责解释。

（张国良　付卫东　刘　坤　郑　浩）

毒麦应急防控技术指南

一、毒　　麦

学　　名：*Lolium temulentum* L.
英 文 名：poison ryegrass，bearded ryegrass，darnel
中文别名：黑麦子、迷糊、小尾巴麦子
分类地位：禾本科（Poaceae）黑麦草属（*Lolium* L.）

1. 起源与分布

起源：原产欧洲，早期传入非洲，现已广泛传播到世界大部分地区。

国外分布：印度、斯里兰卡、阿富汗、日本、韩国、新加坡、菲律宾、伊朗、伊拉克、土耳其、约旦、黎巴嫩、以色列；埃及、肯尼亚、摩洛哥、南非、苏丹、埃塞俄比亚、突尼斯；德国、法国、英国、西班牙、意大利、希腊、前苏联、奥地利、葡萄牙、阿尔巴尼亚、波兰；美国、加拿大、墨西哥、阿根廷、哥伦比亚、巴西、智利、乌拉圭、委内瑞拉；澳大利亚、新西兰、夏威夷（美）。

国内分布：黑龙江、吉林、辽宁、内蒙古、宁夏、甘肃、青海、新疆、北京、河北、河南、山东、山西、陕西、上海、江苏等省（直辖市、自治区）。

2. 主要形态特征

一年生或越年生草本。须根稀疏。幼茎部紫红色，后变成绿色；茎直立丛生，光滑无毛，坚硬，有 3 或 4 节，不易倒伏；株高 50～110cm，一般比小麦矮 10～15cm。叶鞘疏松，大部分长于节间；叶舌长约 1mm；叶片长 10～15cm，宽 4～6mm。穗状花序（图 1）狭窄，长 10～15cm，穗轴节间长 5～7(10)mm；两侧有轴沟，呈波浪形弯曲，着小穗 8～19 枚，互生；小穗有 4 或 5 小花，排成 2 列；第一颖缺，第二颖大，颖质地较硬，有 5～9 脉，长 8～10mm（芒除外），宽 1.5～2mm；稃片背向穗轴，外稃椭圆形，先端钝，质地薄，基盘较小，有 5 脉，第 1 外稃长约 6mm，有长达 1cm 的芒自外稃顶端稍下处伸出，长达 7～15mm；内稃几与外稃等长，脊上具有微纤毛。颖果被内、外稃紧包，紧贴于稃片内，不易剥落，长椭圆形，坚硬无光泽，呈灰褐色，长 4～6mm，宽约 2mm，腹沟较宽，背面平直而腹面中部隆起并多皱纹，千粒重 10～13g。幼苗绿色，基部紫红色，胚芽鞘长 1.5～1.8cm；第一真叶线形，长 6.5～9.5cm，宽 2～3mm，先端渐尖，光滑无毛，叶舌 2 裂，膜质；第二真叶具 9 条脉，叶舌呈环状。

李扬汉等 1950 年 3 月～1964 年 8 月先后从江苏、黑龙江、湖北及安徽等地收集毒麦，经过鉴定，明确我国目前有毒麦（*Lolium temulentum* L.）一种和两个变种：

图 1　毒麦花序（李香菊摄）

长芒毒麦（*Lolium temulentum* var. *longiaristatum* Parnell）
田毒麦（*Lolium temulentum* var. *arvense* Bab.）

3. 主要生物学和生态学特性

种子繁殖，幼苗或种子越冬。幼苗出土较小麦稍晚，抽穗、成熟比小麦略迟，熟后随颖片脱落，平均单株落粒率 27.14％。毒麦必须完全成熟，经过冬眠期后，才能充分发芽。种子生活力很强，在土壤 10cm 深处仍能出土。室内储藏 2～3 年，仍有萌发能力。毒麦发育的起点温度为 9℃，有效积温为 15.97℃，从播种到出苗活动积温为 80℃。在我国北方，毒麦 4 月末 5 月初出苗，比小麦晚 2～3 天，但出土后生长迅速；从播种到萌芽需 5 天；5 月下旬抽穗，比小麦迟 5 天；成熟期在 6 月上旬，比小麦迟 7～10 天，全生育期 215 天。在南方，毒麦一般在 5 月上旬抽穗，比小麦迟熟 5～7 天。陕西麦区 10 月中、下旬出苗。毒麦分蘖力较强，一般生有 4～9 个分蘖；毒麦每株平均产籽粒 30～66 粒，繁殖力比小麦强 2～3 倍。

毒麦抗寒、抗旱、耐涝能力强，种子可在不同季节的不同温度（5～30℃）下萌芽。但植株对高温（35℃）敏感，因此，毒麦在长江以南地区不能越夏生长，不同季节出苗的植株均在夏初（5～6 月）开花结实。毒麦不同个体发育程度的植株对光周期诱导的敏感性不同。

4. 传播与扩散

毒麦原产于欧洲，约 20 世纪 50 年代经由进口粮食、引种混杂等途径传入中国。开始在黑龙江、江苏、湖北三省蔓延为害，之后由于各地调种，缺乏严格的检疫措施而传播，现已扩散到近 30 个省区。历年来，我国各口岸从美国、阿根廷、澳大利亚、法国、德国、土耳其、希腊、埃及等国的进口小麦中，常检出毒麦。

该杂草与小麦同属于禾本科，种子常混杂在麦种内，不易区分和清选，因此随麦种调运是其主要传播和扩散方式。此外，人类活动、畜禽携带、运输工具、收割机械、麦秸夹带等也会造成毒麦的传播。

5. 发生与危害

毒麦分蘖力强，生于麦田中，严重影响小麦产量和品质。毒麦的混生株率与小麦产量损失呈正相关。毒麦 $0 \sim 10$ 株$/m^2$，小麦产量损失率为 $0 \sim 0.62\%$；$10 \sim 20$ 株$/m^2$，损失率为 $0.62\% \sim 6.7\%$；$20 \sim 35$ 株$/m^2$，损失率为 $6.7\% \sim 15.2\%$。黑龙江逊克县千岔子公社兴安生产队在 1955 年以前没有发生过毒麦，1956 年引种'甘肃 96'小麦种，带入少量毒麦，到 1961 年全队收获小麦 19 500kg，其中毒麦占 2/3，小麦生产损失严重。

毒麦籽粒中，在种皮与淀粉层之间，有一种"有毒寄生真菌"*Stromatinia temulenta*，能产生麻痹中枢神经的毒麦碱（temuline，分子式 $C_7H_{12}N_2O$），人、畜取食后都能中毒，轻者头晕、昏迷、呕吐、痉挛；重者则会因中枢神经系统麻痹以致死亡。此外，毒麦中毒可导致视力障碍。据黑龙江卫生部门化验，人食用含 4% 毒麦的面粉就能引起头晕、昏迷、恶心、呕吐、痉挛，在一定时期内甚至不能劳动。1961 年，黑龙江省方正县城镇公社付兴、新民两个大队的社员吃了含有毒麦较多的面粉后，普遍发生头晕、呕吐、迷糊、恶心，一两天内不能正常劳动。1962 年湖北江陵县将台区王场公社马店、三桥、新场三个大队 10 000kg 小麦里，毒麦混杂率为 37.5%。有 48 户 198 人食用了含有毒麦的面粉，曾发生呕吐、昏迷、头痛。前苏联 M. T. 契日夫斯基等报道，家禽食用毒麦的剂量达到体重的 0.7% 时，就会中毒。混有毒麦的饲料喂猪、鸡等家畜、家禽，也会造成其中毒昏倒或死亡，并且以未成熟时或多雨潮湿季节收获的毒性最强，但其茎叶无毒。1956 年，黑龙江省瑷珲县红旗农业社用混有毒麦的饲料喂马，有 4 匹马很快昏倒，3 匹不能走动。

毒麦茎叶无毒。20 世纪 70 年代后在新疆、汉中地区，先后发现了"无毒的毒麦"，用以喂家禽，不发生中毒症状。经李扬汉等研究和解剖观察，该类毒麦未发现内生真菌寄生。另外，李扬汉等还发现含有真菌的毒麦子实，经过"温汤浸种"后种植，也未发现内生真菌。这为真菌感染途径的防治和检疫工作以及误食毒麦中毒的实质性原因提供了直接证据。

此外，毒麦也是燕麦冠锈病的寄主。

图版 2

图版说明

    A. 毒麦成株

    B. 毒麦茎部

    C，E. 毒麦花

    D. 毒麦种子

图片作者或来源

    A. 李香菊

    B. http：//www. forestryimages. org/images/768x512/5387420. jpg

    C. http：//www. forestryimages. org/images/768x512/5387418. jpg

    D. http://plants. usda. gov/java/largeImage?imageID= lote2 _ 003 _ ahp. tif

    E. http：//www. forestryimages. org/images/768x512/5387419. jpg

二、毒麦检验检疫技术规范

1. 范围

本规范规定了毒麦的检疫检验及检疫处理操作办法。

本规范适用于农业植物检疫机构对毒麦植物活体、种子、携带载体、交通工具的检疫检验和检疫处理。

2. 产地检疫

（1）踏查范围为毒麦发生的疫区。

（2）发现疫情后，应立即报告给当地农业检疫部门和外来入侵生物管理部门。

3. 调运检疫

（1）检查调运的植物和植物产品（尤其是小麦）有无混杂毒麦的种子。

（2）对来自疫情发生区的可能携带种子的载体进行检疫。

4. 检验及鉴定

为了鉴定毒麦，结合与毒麦有关的属进行描述。根据汇同辨异的原则，用对比的方法区分大麦属、黑麦草属、黑麦属及小麦属。注意黑麦草属与鹅观草属虽然都是小穗单生于每一小节，但前者以其外稃的背面对向穗轴，而后者以其外稃侧面对向穗轴。

根据形态特征（参阅附录 A：黑麦草属主要种的检索表），进一步区别黑麦草（外稃无芒）、多花黑麦草（外稃有芒）、疏花黑麦草及欧黑麦草（颖稍短或等长或长于小穗）和毒麦（芒自外稃顶稍下方伸出）、欧黑麦草（芒自顶伸出）。

通过小穗、颖果及子实，区分毒麦及其变种田毒麦及长芒毒麦。

（1）根据以下特征，鉴定是否属禾本科：茎圆筒状，节间常中空；叶排为 2 列，叶鞘开裂；花序一般由许多小穗组成，花药丁字形；颖果。

（2）根据以下特征，鉴定是否属黑麦草属：小穗常单生于穗轴的每节。侧生小穗以其外稃的背面对向穗轴，缺第1颖。

（3）根据以下特征，鉴定是否为毒麦（附录A）。另外，根据以下特征，对毒麦变种进行鉴定（附录B、附录C）。

（4）对可疑的杂草种子，依照上述办法无法鉴定时可在检疫苗圃中进行种植，并依据全株器官的特征，进行鉴定。

也可采用分子生物学手段进行快速鉴定。

5. 检疫处理和通报

在调运检疫或复检中，发现毒麦的种子应全部检出销毁。

产地检疫中发现毒麦后，应根据实际情况，启动应急预案，立即进行应急治理。疫情确定后一周内应将疫情通报给植物和植物产品调运目的地的农业植物检疫部门，以加强目的地的监测力度。

附录 A　黑麦草属主要种的检索表

1. 小穗含 5～15 花，外稃无芒或有长约 5mm 细弱的芒。

 2. 外稃无芒 ··· 黑麦草 Lolium perenne L.

 2. 外稃有长达 5mm 的芒 ······························ 多花黑麦草 L. multiflorum Lam.

1. 小穗含 4～6 花。

 3. 颖短于小穗 ······················ 疏花黑麦草（亚麻毒麦）L. remotum Schrank

 3. 颖短或等长或长于小穗。

  4. 颖有 6 或 7 脉，芒自外稃顶端稍下方伸出 ················· 毒麦 L. temulentum L.

  4. 颖有 5 脉，芒自外稃顶伸出 ················· 欧黑麦草 L. persicum Boiss. et Hohen.

附录 B　毒麦及其变种的共同特征

毒麦及其变种都为顶生穗状花序，穗轴不断落。小穗无柄，单生，两侧压扁，以第1、第3、第5等花的外稃背面对向穗轴。除顶生小穗以外，第1颖都已退化，第2颖为离轴性。小穗轴脱节于颖之上及各花之间。脱节后，小穗轴留存于内稃之后，成一细柄。外稃具有5脉。内稃与外稃等长或短于外稃。颖果与稃片黏合，不易脱落。

附录 C　毒麦及其变种子实（颖果）检索表

1. 外稃有长芒，芒长 7～14mm。

 2. 带稃片子实宽披针形。稃片革质，深绿褐色。内、外稃顶端较尖，其顶端边缘膜质部分较窄，内稃上端露出外稃以外较少，子实深绿色，着有深紫色 ················ 毒麦 Lolium temulentum L.

 2. 带稃片子实窄披针形。稃片草质，草黄色。内、外稃顶较钝，其顶端边缘膜质部分较宽，内稃上端露出外稃以外较多，子实黄褐色 ········ 长芒毒麦 Lolium temulentum var. longiaristatum Parnell

1. 外稃有短芒，芒长约 2.5mm，易断折，或仅为一细尖头。带稃片子实长圆形，稃片草质，草黄色。

 子实浅黄色 ··························· 田毒麦 Lolium temulentum var. arvense Bab.

三、毒麦调查监测技术规范

1. 范围

本规范规定了对毒麦进行调查和监测的技术方法。

本规范适用于毒麦发生疫区以及从疫区调运麦种进行播种的地区对毒麦开展调查和监测。

2. 调查

1）访问调查

向当地居民询问有关毒麦发生地点、发生时间、危害情况，分析毒麦传播扩散情况及其来源。每个社区或行政村询问调查 30 人以上。对询问过程发现的毒麦可疑存在地区，进行深入重点调查。

2）实地调查

（1）调查地域。

在毒麦发生疫区以及从疫区调运麦种进行播种的地区，除了调查麦田以外，还要调查农田道路两侧、选种场、面粉场、饲养场、有外运产品的生产单位以及物流集散地等场所。

（2）调查时间。

毒麦抽穗后子实无发芽能力前进行调查。

（3）调查方法。

小麦田间调查设样地不少于 20 个，随机选取，每块样地采用倒置"W"9 点取样法，调查时记录样方（0.25m²）内毒麦及小麦株数，统计毒麦发生的田间均度、田间频率、田间密度与相对多度。同时，行走过程中注意观察毒麦发生情况。用 GPS 仪测量样地的经度、纬度、海拔，记录样地的地理信息、生境类型、物种组成。麦田以外的地区，调查设样地不少于 10 个，随机选取，每块样地面积不小于 1m²，用 GPS 仪测量样地的经度、纬度、海拔，记录样地的地理信息、生境类型、物种组成。依据样方调查所获数据，统计毒麦的发生等级程度。

（4）面积计算方法。

发生于麦田的毒麦，其发生面积以相应地块的面积累计计算，或以划定包含所有发生点的区域面积进行计算；发生于路边、房前屋后、绿化带等地点的毒麦，发生面积以实际发生面积累计获得或持 GPS 仪沿分布边界走完一个闭合轨迹后，围测面积；无法持 GPS 仪走完一个闭合轨迹的，也可采用目测法估计发生面积。

（5）危害等级划分。

可视毒麦混杂率不同将发生程度划分为 6 个发生等级。

0 级：未发生；

等级 1：零星发生，混杂率 1.0% 及以下；

等级 2：轻度发生，混杂率 1.0%（不含）～4.0%（含）；

等级 3：较重发生，混杂率 4.0%（不含）～10.0%（含）；

等级 4：严重发生，混杂率 10.0%（不含）～15.0%（含）；

等级 5：重度发生，混杂率 15.0% 以上。

3. 监测

1）监测区的划定

发生点：农田发生的以每块麦田为一个发生点；环境发生的以毒麦植株发生外缘周围 100m 以内的范围划定为一个发生点（两个毒麦植株距离在 100m 以内为同一发生点）；划定发生点若遇河流和公路，应以河流和公路为界，其他可根据当地具体情况作适当的调整。

发生区：发生点所在的行政村（居民委员会）区域划定为发生区范围；发生点跨越多个行政村（居民委员会）的，将所有跨越的行政村（居民委员会）划为同一发生区。

监测区：发生区外围 5000m 的范围划定为监测区；在划定边界时若遇到水面宽度大于 5000m 的湖泊和水库，以湖泊或水库的内缘为界。

2）监测方法

县（市、区）农业局在现有毒麦监测站点的基础上，建立覆盖本行政辖区内的监测网络。监测站点要明确专人负责毒麦信息的收集、分析和汇总工作，对本地发生毒麦信息及时进行核实或者查询、分析，并对其是否有可能对本地造成影响进行预测，提出处置建议，及时向市农业局报告。观察次数为：在其生长季节一般每月观察一次。

4. 样本采集与寄送

在调查中如发现疑似的毒麦植株，将可疑毒麦用 70% 酒精浸泡或放入标本夹固定，标明采集时间、采集地点及采集人。将每点采集的毒麦集中于一个标本瓶中或标本夹中，送外来物种管理部门指定的专家进行鉴定。

5. 调查人员的要求

要求调查人员为经过培训的农业技术人员，掌握毒麦的形态学、生物学特性、危害性状以及毒麦的调查监测方法和手段等。

6. 结果处理

调查监测中，一旦发现毒麦，严格实行报告制度，必须于 24h 内逐级上报，定期逐级向上级政府和有关部门报告有关调查监测情况。

四、毒麦应急控制技术规范

1. 范围

本规范规定了毒麦新发、爆发等生物入侵突发事件发生后的应急控制操作方法。

本规范适用于各级外来入侵生物管理机构和农业技术部门在毒麦新发、爆发后的应急处置。

2. 应急控制方法

对成片发生区域可采用分步施药、最终灭除的方式进行防治，首先在毒麦发生区进行化学药剂直接处理，防治后要进行持续监测。

1）农田防治方法

播后苗前处理：在小麦播后芽前，每公顷用绿麦隆可湿性粉剂 1125g 或燕麦畏 2250g，加水 600L，均匀喷雾，进行土壤处理。

苗后施药：麦田苗期发生的毒麦，每公顷用异丙隆可湿性粉剂 1125g，加水 450L 进行茎叶均匀喷雾。

人工拔除：发现已经抽穗的毒麦植株，立即拔除并烧毁。

对发生点的小麦种子坚决不再留种，应集中加工，并把下脚料、残渣妥善处理，防止毒麦再漏入田间。

2）环境防治方法

在毒麦苗期至开花期，每公顷用精喹禾灵乳油 60g 或高效氟吡甲禾灵乳油 45g，兑水 450L 进行茎叶均匀喷雾。也可用草甘膦水剂每公顷 1200g，兑水 450L 进行茎叶均匀喷雾。

发现已经抽穗的毒麦植株，立即拔除并烧毁。

3. 注意事项

喷雾时，应选择晴朗天气进行，注意雾滴不要飘移到邻近的作物上。在沟边或农田边采用化学除草剂喷雾时，避免药剂随雨水进入农田而造成药害。喷药时应均匀周到。实施很低容量喷雾时，应远离农田，防止雾滴飘移到农作物上。土壤处理剂施药前后应保持土壤墒情良好、田面平整；茎叶处理剂不要在下雨天施药，施药后 6h 内若降雨，应补喷一次；干旱时施药应添加助剂或酌情增加 5%～10% 的施药量。在施药区应插上明显的警示牌，避免造成人、畜中毒或其他意外。

五、毒麦综合治理技术规范

1. 范围

本规范规定了毒麦发生后的综合治理技术。

本规范适用于各级外来入侵生物管理机构和农业技术部门在毒麦发生后的综合治理。

2. 专项防治措施

1）严格检疫

采取有力的检疫措施，禁止进口原粮下乡；不从有毒麦的地区调种；混有毒麦的地块不再留种，将小麦籽粒集中加工，加工后的废料、残渣妥善处理，防止毒麦再漏入田间。

2）小麦种子处理

清选：利用毒麦与小麦千粒重的差别，使用选种机汰除毒麦种子，并将清选出的毒麦种子销毁。也可用 50％硫酸铵或 60％硝酸铵（硫酸铵 50kg 或硝酸铵 60kg 加水 100L）将麦种浸入，捞去漂浮水面的毒麦。浸选后的小麦种子，用清水洗两遍，以免影响萌芽和幼苗的生长。

疫区建立无毒麦留种田，繁育无毒麦的种子，供大面积生产之用。

3）化学防治

见"毒麦应急控制技术规范"一节。

4）农作措施

翻耕：一年一季地区，小麦收获后进行一次秋耕翻地，把落在土里的毒麦翻到土表或土面，促使其当年萌芽，经冬冻死。

轮作：发生过毒麦的麦茬地，可与玉米、高粱、甜菜等作物轮作，通过间苗、铲稍等农田管理消灭毒麦；也可以与阔叶作物如大豆、油菜等轮作，通过施用禾本科除草剂精喹禾灵乳油、高效氟吡甲禾灵乳油等有效防除毒麦。

合理密植：小麦适当增加播种量，提高其竞争力，通过遮阴、营养竞争等控制毒麦。

5）人工拔除

未来得及进行化学防除的发生点，在毒麦抽穗至开花期人工拔除并烧毁。

3. 综合防控措施

1) 种子检疫与种子更换相结合

严格种子检疫制度，发现混有毒麦的种子集中加工，防止毒麦漏入田间；混有毒麦的地块不再留种，立即更换无毒麦的种子。

2) 人工拔除与化学措施相结合

毒麦与小麦同属禾本科，较难筛选选择性除草剂品种，目前除了绿麦隆、燕麦畏、异丙隆外，无有效的除草剂报道。上述药剂的防除效果与土壤湿度及其他环境条件关系密切，有时难以达到良好的除草效果。因此，在上述药剂无理想防效的情况下，应在毒麦开花期前人工对其进行拔除。

3) 农作措施与化学防除相结合

采用翻耕、轮作、小麦合理密植等农作措施可以起到控制毒麦的效果。尤其是小麦与阔叶植物的轮作，可以使禾本科化学除草剂的使用成为可能，在阔叶作物田发生的毒麦，喷施精喹禾灵乳油、高效氟吡甲禾灵乳油等能起到理想防除效果。

4) 不同生境中毒麦的综合防治

（1）小麦田：农作措施＋化学防除＋人工拔除。
（2）荒地：化学防除。
（3）水源边及其他不适宜使用化学防除的区域：人工铲除。

主要参考文献

阿说所布. 1999. 四川越西县毒麦发生与防除. 植物检疫，13 (6)：340

蔡连恩. 1995. 天水市毒麦综合防治初报. 植物检疫，9 (5)：313

车晋滇，贯潞生，孟昭萍. 2004. 北京市外来入侵杂草调查研究初报. 中国农技推广，(2)：57～58

高洪权，朱桂华，王春琳等. 1994. 毒麦生物学特性及防除技术初步研究. 植保技术与推广，(1)：19

李扬汉. 1991. 检疫及外来杂草与杂草检疫，4～16

李扬汉. 1998. 中国杂草志. 北京：中国农业出版社. 1269～1270

王刚云. 1995. 商洛地区的毒麦防除工作. 植物检疫，9 (6)：376

王守聪，钟天润. 2006. 全国植物检疫性有害生物手册. 北京：中国农业出版社. 201～204

杨贤智. 2004. 广东有 7 种入侵有害物种. 广东农业科学，(1)：26

杨新军，孙怀山，汪云好. 2003. 寿县重大植物检疫对象防治对策与经验. 安徽农学通报，9 (3)：43～44

张世红，贾世瑞. 1997. 毒麦中毒致视力障碍一例. 眼科研究，15 (3)：157

周淑华. 1996. 河南省毒麦的发生与综合治理. 植物检疫，10 (4)：249

朱西儒，徐志宏，陈枝楠. 2004. 植物检疫学. 北京：化学工业出版社. 302～305

Senda T，Kubo N，Hirai M et al. 2004. Development of microsatellite markers and their effectiveness in *Lolium temulentum*. Weed Research，44 (2)：136～141

Senda T，Saito M，Ohsako T et al. 2005. Analysis of *Lolium temulentum* geographical differentiation by microsatellite and AFLP markers. Weed Research，45 (1)：18～26

USDA. PLANTS Profile for *Lolium temulentum*（Darnel ryegrass）［EB/OL］. http://plants. usda. gov/java/profile. 2009-02-13

六、毒麦防控应急预案（样本）

1. 毒麦危害情况的确认、报告与分级

1）确认

疑似毒麦发生地的农业主管部门在24h内将采集到的毒麦标本送到上级农业行政主管部门所属的植物检疫机构，由省级植物检疫机构指定专门科研机构鉴定，省级植物检疫机构根据专家鉴定报告，报请农业部确认。

2）报告

确认本地区发生毒麦后，当地农业行政主管部门应在24h内向同级人民政府和上级农业行政主管部门报告，并迅速组织对本地区进行普查，及时查清发生和分布情况。省农业行政主管部门应在24h内将毒麦发生情况上报省人民政府和农业部，同时抄送省级林业部门和出入境检验检疫部门。各监测站点必须认真履行职责，及时如实报告毒麦的信息，并做好记录和资料建档工作。任何单位和个人不得谎报、瞒报、迟报、漏报毒麦的信息。

3）分级

一级危害：在1个省（直辖市、自治区）所辖的2个或2个以上地级市（区）发生毒麦危害严重的。

二级危害：在1个地级市辖的2个或2个以上县（市、区）发生毒麦危害；或者在1个县（市、区）范围内发生毒麦危害程度严重的。

三级危害：在1个县（市、区）范围内发生毒麦危害。

出现以上一至三级程度危害时，启动本预案。

2. 应急响应

各级人民政府按分级管理、分级响应、属地管理的原则，根据农业部植物检疫机构的确认、毒麦危害范围及程度，一级危害启动一级响应，二级危害启动二级响应，三级危害启动三级响应。进入应急响应状态后，除实施隔离控制的疫区外，其他地区应当保持正常的工作、生产和生活秩序，但要加强对疫情的监测工作。

1）一级响应

省级人民政府立即成立毒麦防控工作领导小组，迅速组织协调各地（市、州）人民政府及同级相关部门开展毒麦防控工作，并报农业部；农业主管部门要迅速组织对本省（区、市）毒麦发生情况进行调查评估，制定防控工作方案，组织农业行政及技术人员

采取防控措施，并及时将毒麦发生情况、防控工作方案及其执行情况报农业主管部门；省级其他相关部门密切配合做好毒麦防控工作；省级农业主管部门根据毒麦危害严重程度在技术、人员、物资、资金等方面对毒麦发生地给予紧急支持，必要时，请求上级部门给予相应援助。

2）二级响应

地级以上市人民政府立即成立毒麦防控工作领导小组，迅速组织协调各县（市、区）人民政府及市相关部门开展毒麦防控工作，并由本级人民政府报省人民政府；市级农业行政主管部门要迅速组织对本市毒麦发生情况进行全面调查评估，制定防控工作方案，组织农业行政及技术人员采取防控措施，并及时将毒麦发生情况、防控工作方案及其执行情况报省级农业行政主管部门；市级其他相关部门密切配合做好毒麦防控工作；省级农业行政主管部门加强督促指导，并组织查清本省毒麦发生情况；省人民政府根据毒麦危害严重程度和市级人民政府的请求，在技术、人员、物资、资金等方面对发生毒麦地区给予紧急援助支持。

3）三级响应

县级人民政府立即成立毒麦防控工作领导小组，迅速组织协调各乡镇政府及县相关部门开展毒麦防控工作，并由本级人民政府报告上一级人民政府；县级农业行政主管部门要迅速组织对毒麦发生情况进行全面调查评估，制定防控工作方案，组织农业行政及技术人员采取防控措施，并及时将毒麦发生情况、防控工作方案及其执行情况报市级农业行政主管部门；县级其他相关部门密切配合做好毒麦防控工作；市级农业行政主管部门加强督促指导，并组织查清全市毒麦发生情况；市级人民政府根据毒麦危害严重程度和县级人民政府的请求，在技术、人员、物资、资金等方面对发生毒麦地区给予紧急援助支持。

3. 部门职责

各级毒麦防控工作领导小组负责本地区毒麦防控的指挥、协调工作，并负责监督应急预案的实施。农业部门具体负责组织毒麦监测调查、防控和及时报告、通报等工作；宣传部门负责引导传媒正确宣传报道毒麦有关情况；财政部门及时安排拨付毒麦防控应急经费；科技部门组织毒麦防控技术研究；经贸部门组织防控物资生产供应，以及毒麦对贸易和投资环境影响的应对工作；林业部门负责林地的毒麦调查及防控工作；出入境检验检疫部门加强出入境检验检疫工作，防止毒麦的传入和传出；发展改革、建设、交通、环境保护、旅游、水利、民航等部门密切配合做好相关工作。

各乡（镇）按照属地管理原则，落实防控责任，按照管辖区范围，划定责任区，明确责任人，签订责任状；对防控工作必需的经费给予支持；组织开展本辖区毒麦疫情全面普查，搞好防疫宣传，教育群众及时清除毒麦；组织人员对所发现的毒麦采取化学除治或人工拔除的办法进行全面清除，不留死角；做好毒麦疫情发生区的监控和封锁工作，严防疫情进一步蔓延。有防控任务的村要有1或2名查防员，负责本村范围内的毒麦调查和除治。

县农牧局植物保护站应建立疫情报告制度和信息及防控工作动态通报制度；向社会公布举报、咨询服务电话；充分利用电视、广播、印发宣传资料、举办培训班等多种形式，广泛宣传毒麦的严重危害和防控工作的重要意义，普及疫情除治技术，指导乡村科学除治；做好防控毒麦疫情的物资储备工作；督导有关乡村落实普查、除治措施，尽快根除毒麦疫情。

4. 毒麦发生点、发生区和监测区的划定

发生点：农田发生的以每块麦田为一个发生点；环境发生的以毒麦植株发生外缘周围 100m 以内的范围划定为一个发生点（两个毒麦植株距离在 100m 以内为同一发生点）；划定发生点若遇河流和公路，应以河流和公路为界，其他可根据当地具体情况作适当的调整。

发生区：发生点所在的行政村（居民委员会）区域划定为发生区范围；发生点跨越多个行政村（居民委员会）的，将所有跨越的行政村（居民委员会）划为同一发生区。

监测区：发生区外围 5000m 的范围划定为监测区；在划定边界时若遇到水面宽度大于 5000m 的湖泊和水库，以湖泊或水库的内缘为界。

5. 封锁、控制和扑灭

毒麦发生区所在地的农业行政主管部门对发生区内的田块或生境设置醒目的标志和界线，并采取措施进行封锁控制和扑灭。

1）封锁控制

对毒麦发生区内的麦田、农田道路两侧、选种场、面粉场、饲养场、有外运产品的生产单位以及物流集散地等场所有关部门要进行全面调查。毒麦危害情况特别严重时，经省人民政府批准，可在发生区周边主要交通要道设立临时植物检疫检查站，对外运的种苗、花卉、盆景、草皮、蔬菜、水果等植物产品进行检疫，禁止毒麦发生区内树枝落叶、麦秸、杂草、菜叶等垃圾外运，防止毒麦随水流等传播。

2）防治与扑灭

经常性开展扑杀毒麦行动，采用化学、物理、人工、综合防治方法灭除毒麦，即先喷施化学除草剂进行灭杀，然后采用人工铲除及其他综合治理措施，直至扑灭毒麦。

6. 调查和监测

毒麦发生区及周边地区的各级农业植物检疫机构要加强对本地区的调查和监测，做好监测结果记录，保存记录档案，定期汇总上报。监测站点要明确专人负责毒麦信息的收集、分析和汇总工作，对本地发生毒麦信息及时进行核实或者查询、分析，并对是否有可能对本地造成影响进行预测，提出处置建议，及时向上级部门报告。确保及时准确掌握毒麦疫情的发生地点、发生面积、发育进程以及危害程度，为科学防除毒麦提供有

力依据。其他地区要加强对来自毒麦发生区的植物及植物产品的检疫和监测，防止毒麦传入。

7. 宣传引导

普及毒麦防控知识。充分利用报纸、电台、电视、农村广播、宣传资料等多种形式，抓好防控常识的宣传工作，做到家喻户晓，使群众真正树立起责任意识和主动意识。

各级宣传部门要积极引导媒体正确报道毒麦发生及控制情况。有关新闻和消息，应通过政府部门正常渠道获取，防止炒作，避免失实报道引起社会不安。在毒麦发生区，要利用适当的方式进行科普宣传，重点宣传防范知识、防控技术方法。当媒体上出现不实报道或社会上流传谣言时，应立即正面澄清，加强舆论引导，减少负面影响。

8. 应急保障

1）通信保障

县（市、区）农业局要协调有关部门建立和完善应急指挥通信保障系统，配备必要的通信设备，保障联络畅通。毒麦发生后，市、县广播电视局对应急处置所需的无线电频率应优先安排，保障应急工作的需要。

2）队伍保障

各级人民政府要组建由农业行政主管部门技术人员以及有关专家组成的毒麦应急防控队伍，加强专业技术人员培训，提高应急防控队伍人员的专业素质和业务水平，为应急预案的启动提供高素质的应急队伍保障，成立防治专业队；要充分发动群众，实施群防群控。

3）物资保障

省、市、县各级人民政府要建立毒麦防控应急物资储备制度，确保物资供应，对毒麦危害严重的地区，应该及时调拨救助物资，保障受灾农民生活和生产的稳定。

4）经费保障

各级人民政府应安排专项资金，用于毒麦应急防控工作。应急响应启动时，当地农业行政主管部门会商有关部门提出经费使用计划，由同级财政部门核拨，财政、农业、审计等部门对专项资金的使用和管理情况进行严格的监督检查，确保专款专用。

5）技术保障

科技部门要大力支持毒麦防控技术研究，为持续有效控制毒麦提供技术支撑。在毒麦发生地，有关部门要组织本地技术骨干力量，加强对毒麦防控工作的技术指导。

6）应急与演练

市、县农业局根据毒麦的发生、危害情况及其潜在的威胁，加强对专业技术人员和防控专业队伍的技术培训，并结合实际工作进行防控实战演练，提高应对毒麦的防控能力。

9. 应急状态解除

通过采取全面、有效的防控措施，达到防控效果后，县、市农业行政主管部门向省农业行政主管部门提出申请，经省农业行政主管部门组织专家评估论证，防治效果达到标准的，由省级人民政府批准解除应急状态，并通报农业部。

经过连续 2 年的监测仍未发现毒麦，经省农业行政主管部门组织专家论证，认为可以解除封锁时，经毒麦发生区农业行政主管部门逐级向省农业行政主管部门报告，由省农业行政主管部门报省级人民政府及农业部批准解除毒麦发生区，同时将有关情况通报林业部门和出入境检验检疫部门。

10. 附则

地（市、州）各级人民政府根据本预案制定本地区毒麦防控应急预案。

本预案自发布之日起实施。

本预案由省级农业行政主管部门负责解释。

（李香菊）

飞机草应急防控技术指南

一、飞 机 草

学　　名：*Chromolaena odorata*（L.）R. M. King & H. Rob.
异　　名：*Eupatorium odoratum* L.
英 文 名：fragrant eupatorium，bitter bush，siam weed
中文别名：香泽兰、占地方草、先锋草
分类地位：菊科（Compositae）香泽兰属（*Chromolaena*）

1. 起源与分布

飞机草原产于中美洲，在南美洲、亚洲、非洲、大洋洲的 30 多个国家的热带地区广泛分布。

在亚洲地区，飞机草于 20 世纪 20 年代早期曾作为一种香料植物被引种到泰国栽培，大约 30 年代初经中缅、中越边境传入云南南部，1934 年在云南南部被发现。目前已广泛分布于台湾、广东、香港、澳门、海南、广西、云南、贵州、四川的很多地区，并以很快的速度向北推移。其中，海南省全省范围内均有分布，是飞机草入侵范围最广的省份，云南南部、四川凉山等地是飞机草发生比较严重的地区，目前在湖南江华瑶族自治县的山区也发现有飞机草分布。目前飞机草在我国的发生面积近 3000 万 hm^2。

2. 主要形态特征

飞机草是多年生丛生性草本或亚灌木，主根不发达，根系浅，深 25～30cm。根茎粗壮，横走；茎直立，有细条纹，分枝伸展，茎枝被柔毛。叶对生，菱状卵形或卵状三角形，先端渐尖，基部阔楔形，长 4～10cm，宽 1.5～5cm，边缘有粗而不规则的齿刻，两面粗糙，被柔毛及红褐色腺点，具明显 3 主脉，叶柄长 1～2cm，被柔毛。花很小，两性；头状花序数目多且小，在枝顶排成伞房状，由短柄、总苞和若干小花组成；花序柄长 4～7mm，粗 1～2mm，总苞圆柱状，长 1cm，有 3 或 4 层紧贴的总苞片，总苞片卵形或线形，稍有毛，顶端钝或稍圆，背面有 3 条深绿色的纵肋；小花数多，由总苞周围向中央分化和成熟，花冠管状，淡黄色，基部稍膨大，顶端五齿裂，裂片三角形，柱头粉红色。瘦果纺锤形或狭线形，具 5 纵棱，长 5mm，棱上有短硬毛，冠毛污白色，有糙毛。飞机草花突出特征是柱头长达 1cm，电镜下观察，发现表面密布乳头状突起，呈倒哑铃形，花粉两侧有气囊，花粉和柱头容易结合受精。

3. 主要生物学和生态学特性

飞机草从主茎和其他分枝的顶端开始现蕾，蕾初期只有 3～5 个，周围被 4～6 片叶包围，随着逐步发育，一般分化成 4 或 5 个总状花柄连接的 15～18 个伞形花序，有时从伞形花序底部继续进行相同形式的萌发，最终形成复伞形花序，蕾期发育相对较慢，从现蕾至蕾绽开进入初花约 20 天。首先是顶端最中心的 1 或 2 个花序最先发育进入初花期，并逐渐完全展开，头状花序逐次向周围发育，从中央第一个花序进入初花期至整个头状花序完全进入初花期需要 7～10 天，此时，第一个发育的花序已经进入盛花期，即单个花序初花期发育时间平均 7 天，在环境温度高于 25℃时，只需 3～5 天。花序内花的发育顺序是从外围向中央。授粉后 7 天柱头开始枯萎，进入末花期。该时期柱头覆在头状花序上，持续约 1 周后进入果期，幼果由最初的乳白色逐渐至褐红色，成熟后黑色，冠毛发达。就飞机草整株而言，其开花顺序一般最早是从植株最顶端或上部开始开放，依次向下开放。

在海南，飞机草一年开花两次，第一次 4～5 月，第二次 9～12 月。飞机草属于陆续分化陆续结实的无限花序类型，无法将蕾期、花期、果期截然分开，只能根据当时蕾、花和果实所占的比例，大致分为蕾期、花期和果期，虽然蕾初期群落中基本没有开花现象，然而蕾几乎贯穿飞机草整个生殖生长期。最初现蕾时期成为蕾期，依次为初花期、盛花期和末花期。飞机草成熟季节恰值干燥多风的旱季，故扩散、蔓延迅速。飞机草平均每株能产生瘦果 72 000～387 000 粒。飞机草种子休眠期很短，遇到适宜的条件 4～5 天便开始萌发，若不能及时萌发 10 天后便失去活力。当年植株生长高度可达 165～170cm；飞机草产生侧枝能力也很强，当年每一植株，可形成直径 25～37cm 的植丛。

飞机草分枝由 1 级、2 级和 3 级分枝组成，以 1 级分枝为主。飞机草的分枝角度格局为：2 级分枝角＞3 级分枝角＞1 级分枝角。

飞机草染色体数为 $2n=60$，其核型公式为 $2n=60=32m+28sm$（冯玉龙等，2006）。有研究表明飞机草叶片具有惊人的再生能力，可通过不定芽和器官发生两种途径形成植株。不定芽型繁殖率高、遗传稳定，而器官发生型繁殖快，但其染色体易发生变异，这就使得飞机草不但繁殖快，而且很容易适应新的环境。

飞机草叶解剖结构：气孔向外拱起，表皮细胞单层，上表皮细胞体积明显大于下表皮，叶肉组织胞间隙大，通气组织发达，机械组织退化。

飞机草喜生肥沃疏松的酸性土壤，不耐碱性土壤。在植被严重破坏的地段、陡坡、火烧迹地与农隙地形成片状优势分布。通常生于海拔 500～1500m，但经调查发现，飞机草在海拔 200～250m 较多分布。并随海拔升高飞机草出现的频度逐渐降低。主要分布在盆地边缘、田埂、河边、路旁，森林破坏后的低山、山麓、林缘、林内旷地或撂荒地上。

飞机草对光照要求较严，喜光而不耐阴，但苗期较耐阴。它对水分要求不严，较耐干旱。年降水量 1200～2000mm，相对湿度为 80%～90%，年蒸发量与降水量近相等的地区，飞机草生长粗壮高大繁茂。年降水量 900～1200mm，相对湿度为 75%～80%，年蒸发量大于降水量的地区为适宜生长区。年降水量 700mm，相对湿度 75%，年蒸发量大于降水量一倍以上是可生长区。但在偏湿低洼热带沼泽、阴湿峡谷、山脊、陡坡、土壤贫瘠之地难以生长。飞机草为喜热性杂草，不耐低温，气温降至 1～2℃时，叶密布冷斑，降至 0℃时叶片受冻脱落。飞机草的分布与热量关系密切。年均温 20℃以上，最冷月均温 15℃，≥10℃积温 8000℃以上是该草的最佳分布区。年均温 19℃以上，最冷月均温 12℃，≥10℃积温 7000℃以上是其适宜分布区。

4. 传播与扩散

飞机草主要随风传播，但它的种子也会黏附在人的鞋底、衣服、车轮上，从而被带到不同的地方。一旦扎根对环境的适应性极强，在干旱贫瘠的荒坡隙地、墙头、岩坎以及石缝都能生长，被砍伐或焚烧后，一段时间又能从根、茎处再生新枝。

5. 发生与危害

飞机草在所到之处抢水抢肥，生存竞争力强大，造成被侵害区域大面积生物多样性丧失或削弱，给我国的农、牧、林业带来了极其严重的后果。它还堵塞水渠、阻碍交通，对许多宝贵的生物资源构成了巨大威胁，大批当地的野生名贵中药材因此失去了生存环境。

侵占草地：只要飞机草侵占了草场，便与草地植物争阳光、争水分、争肥料，并能产生化感物质，抑制邻近植物的生长。当高度达 15cm 或更高时，就能明显地影响其他草本植物的生长，并使昆虫拒食，严重破坏生态稳定。一般的牧草大都会被排挤出局，两三年后草场就失去了利用价值。

为害多种作物，造成农作物减产：飞机草侵入农耕地及经济林后为害多种作物，造成粮食减产 3%～11%，桑叶、花椒减产 4%～8%，香蕉植株少 2 或 3 片叶，矮 1m 左右，幼树难以成林，经济林木推迟投产；在它入侵 120 天后，将导致土地严重退化。据不完全统计，由于飞机草的危害，云南省大部分地区的农民每年要歉收两成以上的粮食，同时为防治和根除飞机草，每年每户要多投入 100～500 元的资金。

严重影响人、畜健康：飞机草带冠毛的种子和花粉能引起马的哮喘病，甚至引起牲畜组织坏死和死亡。叶有毒，含香豆素，能引起人的过敏性疫病，用来垫圈或下田沤肥会引起牲畜的蹄叉，人的手、脚患皮肤炎，因此又被群众称为烂脚草。牲畜误食一定量中毒后，走路摇晃，口吐白沫，严重的倒地四肢疼挛，最后心衰而亡。用叶擦皮肤会引起红肿、起泡，误食嫩叶会引起头晕、呕吐，还能引起家畜和鱼类中毒，并且是叶斑病原 Cercospora sp. 的中间寄主。

因飞机草生物量高，在我国广东某林场每年对桉树追施的肥料多半被其利用，从而降低了桉树的生长量，造成较大的经济损失。飞机草干枯植株极易燃烧，成为火灾的隐患，然而火烧只能毁坏其地上部分，雨季来临后其根部又可发芽再生，成为火烧后第一种再生长的优势植株。

图版 3

图版说明

    A. 飞机草发生危害状

    B. 飞机草植株

    C. 飞机草开花期

    D. 飞机草种子

    E. 飞机草花蕾、开花状

图片作者或来源

    A. 张国良

    B. 张国良

    C. 虞国跃

    D. http://plantes-rizieres-guyane. cirad. fr/dicotyledones /asteraceae/chromolaena _ odorata

    E. http://plantes-rizieres-guyane. cirad. fr/dicotyledones /asteraceae/chromolaena _ odorata

二、飞机草检验检疫技术规范

1. 范围

本规范规定了飞机草的检疫检验及检疫处理操作办法。

本规范适用于农业植物检疫机构对飞机草植物活体、种子及可能携带其活体和种子的载体、交通工具的检疫检验和检疫处理。

2. 产地检疫

（1）踏查荒地、草场、林地、建筑垃圾、农田、果园、路边、房前屋后等旱地。

（2）发现疫情后，应立即报告给当地农业检疫部门和外来入侵生物管理部门。

3. 调运检疫

（1）检查调运的植物和植物产品有无黏附飞机草的种子。

（2）在种子成熟季节，对来自疫情发生区的可能携带种子的载体进行检疫。

4. 检验及鉴定

在放大 10～15 倍体视解剖镜下检验。根据种的特征（附录 A）和近缘种的比较（附录 B），鉴定是否为飞机草。

5. 检疫处理和通报

在调运检疫或复检中，发现飞机草的种子应全部检出销毁。

产地检疫中发现飞机草后，应根据实际情况，启动应急预案，立即进行应急治理。疫情确定后一周内应将疫情通报给植物和植物产品调运目的地的农业外来入侵生物管理部门和农业植物检疫部门，以加强目的地监测力度。

附录 A 飞机草形态图

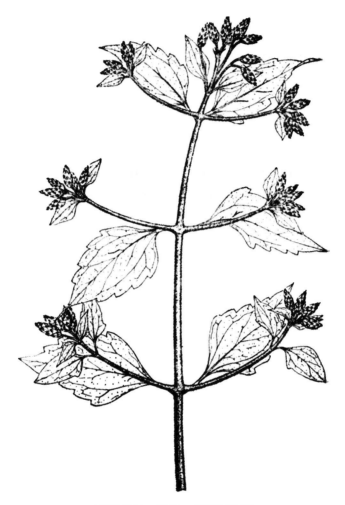

(仿李扬汉，1998，中国杂草志)

附录 B 飞机草及其近缘种检索表

1. 头状花序圆柱状；瘦果上有稀疏紧贴的短柔毛 ……………………………………………
……………………… 飞机草 *Chromolaena odorata*（L.）R. M. King & H. Rob.
　头状花序钟状；瘦果无毛 …………………………………………………………… 2
　2. 花序托突出，呈圆锥形；头状花序内有 40～50 朵花 ………………………………
……………………………… 紫茎泽兰 *Eupatorium adenophorum* Spreng.
　　花序托平；头状花序内通常只有 5 朵花 ………… 台湾泽兰 *Eupatorium formosanum* Hayata

三、飞机草调查监测技术规范

1. 范围

本规范规定了对飞机草进行调查监测的技术方法。

本规范适用于飞机草疫区和非疫区对飞机草进行的调查和监测。

2. 调查

1）访问调查

向当地居民询问有关飞机草发生地点、发生时间、危害情况，分析飞机草传播扩散情况及其来源。每个社区或行政村询问调查 30 人以上。对询问过程发现的飞机草可疑存在地区，进行深入重点调查。

2）实地调查

（1）调查地域。

重点调查盆地边缘、田埂、河边、路边、林缘、林内旷地或撂荒地以及垃圾场、机关、学校、厂矿、农舍、庭院、村道、主要交通干线两旁区域、苗圃、有外运产品的生产单位以及物流集散地等场所。

（2）调查方法。

采用路线踏查的方法，根据当地的地形和植被分布情况，确定 2 或 3 条调查路线，在每条路线选择不同的植被类型进行调查。调查设样地不少于 10 个，随机选取，每块样地面积不小于 1m²，用 GPS 仪测量样地的经度、纬度，用海拔仪测定样地海拔，并记录样地的地理信息、生境类型、物种组成。

观察有无飞机草危害，记录飞机草发生面积、密度、危害植物（种类等，乔木类记录树高、树冠直径）、被飞机草覆盖的程度（百分比），无林木和其他植物的地方则调查飞机草占据的程度（百分比）。

（3）面积计算方法。

发生于农田、果园、湿地、林地等生态系统内的外来入侵植物，其发生面积以相应地块的面积累计计算，或以划定包含所有发生点的区域面积进行计算；发生于路边、房前屋后、绿化带等地点的外来入侵生物，发生面积以实际发生面积累计获得或持 GPS 仪沿分布边界走完一个闭合轨迹后，围测面积；发生在山上的面积以持 GPS 仪沿分布边界走完一个闭合轨迹后，围测的面积为准，如山高坡陡，无法持 GPS 仪走完一个闭合轨迹的，也可采用目测法估计发生面积。

（4）危害等级划分。

按覆盖或占据程度确定危害程度。适用于农田、林地、草地、环境等生态系统。具体等级按以下标准划分。

等级 1：零星发生，覆盖度＜5％；

等级 2：轻微发生，覆盖度为 5％～15％；

等级 3：中度发生，覆盖度为 15％～30％；

等级 4：较重发生，覆盖度为 30％～50％；

等级 5：严重发生，覆盖度为 50％～90％；

等级 6：极重发生，覆盖度为 90％～100％。

3. 监测

1）监测区的划定

发生点：飞机草植株发生外缘周围 100m 以内的范围划定为一个发生点（两株飞机草或两个飞机草种群斑块在 100m 以内为同一发生点）；划定发生点若遇河流和公路，应以河流和公路为界，其他可根据当地具体情况作适当的调整。

发生区：发生点所在的行政村（居民委员会）区域划定为发生区范围；发生点跨越多个行政村（居民委员会）的，将所有跨越的行政村（居民委员会）划为同一发生区。

监测区：发生区外围 5000m 的范围划定为监测区；在划定边界时若遇到水面宽度大于 5000m 的湖泊和水库，以湖泊或水库的内缘为界。

2）监测方法

根据飞机草的传播扩散特性，在监测区的每个村庄、社区、街道、山谷以及公路和铁路沿线的人工林地等地设置不少于 10 个固定监测点，每个监测点选 $10m^2$，悬挂明显监测位点牌，一般每月观察一次。

4. 样本采集与寄送

在调查中如发现可疑飞机草，立即采集新鲜标本，并对标本进行灭活处理（将可疑飞机草用 70％酒精浸泡或晒干）防止其传播。然后标明采集时间、采集地点及采集人，将每点采集的飞机草集中于一个标本瓶中或标本夹中，并用照相设备进行野外照相记录，一并送外来物种管理部门指定的专家进行鉴定。

5. 调查人员的要求

要求调查人员为经过培训的农业技术人员，掌握飞机草的形态学、生物学特性，危害症状以及飞机草的调查监测方法和手段等。

6. 结果处理

调查监测中，一旦发现飞机草，严格实行报告制度，必须于 24h 内逐级上报，定期逐级向上级政府和有关部门报告有关调查监测情况。

四、飞机草应急控制技术规范

1. 范围

本规范规定了飞机草新发、爆发等生物入侵突发事件发生后的应急控制操作方法。

本规范适用于各级外来入侵生物管理机构和农业技术部门在生物入侵突发事件发生时的应急处置。

2. 应急控制方法

对成片发生区域可采用分步施药、最终灭除的方式进行防治，首先在飞机草发生区进行化学药剂直接处理，防治后要进行持续监测，发现飞机草再根据实际情况反复使用药剂处理，直至 2 年内不再发现飞机草为止。根据飞机草发生的生境不同，采取相应的化学防除方法。化学防除可采用下列药剂。

1）草甘膦

（1）草甘膦（glyphosate）。又名农达，是一种灭生性内吸传导型除草剂，主要通过杂草的茎叶吸收而传导到全株。草甘膦在土壤中能迅速分解失效，故无残效作用。草甘膦可用于果园、茶园、桑园及非耕地除草。

（2）使用方法。每公顷用草甘膦异丙胺盐水剂 2214～2460g，兑水 600～900L，对飞机草均匀喷雾。

（3）注意事项。草甘膦对作物的嫩株、叶片会产生严重的药害，喷雾时勿将药液喷到作物上。只有当飞机草出苗后，做茎叶处理才能杀死杂草。对未出土的飞机草无效。使用草甘膦应选择晴天，施药后 8h 内应无雨。使用过草甘膦的喷雾器具应反复清洗，以免在其他作物上使用时出现药害。

2）嘧磺隆

（1）嘧磺隆（sulfometuron-methyl）。又名甲嘧磺隆、森草净，属磺酰脲类乙酰乳酸合成酶抑制剂，通过抑制支链氨基酸的合成而发挥除草作用。施药后通常发挥作用时间较慢，需 3～4 周才表现出明显的除草效果。

（2）使用方法。每公顷用嘧磺隆可溶性粉剂 150～300g，飞机草苗小时用低用量，苗大时用高用量，使用时将药剂倒入一小杯中，加水待药剂充分溶解后，兑水 600～900L，对飞机草均匀喷雾。

在水源不方便的荒地，每公顷用嘧磺隆可溶性粉剂 150～300g，兑水 450～675L，加入机油乳油 2L，实施很低容量喷雾。如土壤潮湿，每公顷用嘧磺隆颗粒剂 187.5～225g 撒施，也可收到良好的效果。如无颗粒剂，可将相同有效成分的嘧磺隆可溶性粉剂制成毒土撒施。

（3）注意事项。该配方仅用于非耕地或针叶林下，油松、樟子松、马尾松有很强的耐药性；落叶松幼苗和杉树较为敏感。该配方不能用于沟边或农田边，以免药剂随雨水进入农田而造成药害。石灰岩地区慎用。喷药时应均匀周到。实施很低容量喷雾时,应远离农田,防止雾滴飘移到农作物上。喷药后喷药机械应反复清洗。

3)氨氯吡啶酸

(1)氨氯吡啶酸(picloram)。属吡啶类除草剂。可被根和叶吸收,大多数阔叶作物对该药敏感,而禾本科作物具有很强的耐药性。该药剂通过抑制线粒体系统的呼吸作用及核酸代谢而发挥除草作用。

(2)使用方法。每公顷用氨氯吡啶酸乳油1080～1620g,兑水600～900L,对飞机草均匀喷雾。

在水源不方便的荒地,每公顷用氨氯吡啶酸乳油1080～1620g,兑水450～675L,加入机油乳油2L,实施很低容量喷雾。

(3)注意事项。喷雾时,注意选择晴朗天气进行,注意雾滴不要飘移到邻近的作物上。该配方不能用于沟边或农田边,以免药剂随雨水进入农田而造成药害。石灰岩地区慎用。喷药时应均匀周到。实施很低容量喷雾时,应远离农田,防止雾滴飘移到农作物上。

五、飞机草综合治理技术规范

1. 范围

本规范规定了疫区对飞机草进行综合治理的技术方法。

本规范适用于飞机草发生区对飞机草开展综合治理的工作。

2. 专项防治措施

1)化学防治

草甘膦、百草枯、2,4-D、毒莠定、嘧磺隆、氨氯吡啶酸、绿草定等除草剂都可用于防治飞机草。2,4-D对飞机草幼苗防治有效,而对成熟草丛则需2,4-D或毒莠定与麦草畏混用进行防治才有效;对飞机草幼苗施用敌草隆 $1.5kg/hm^2$ 和莠去津 $2.0kg/hm^2$ 可以完全阻止飞机草的生长,对成熟飞机草喷洒百草枯 $0.4kg/hm^2$ 和 2,4-D $1.5kg/hm^2$ 或草甘膦 $0.8～1.6kg/hm^2$ 和 2,4-D $1.5kg/hm^2$ 可以完全杀死飞机草。化学防治具有成本低、速度快、彻底、省工、省时、防效显著、经济效益好等优点,目前化学防除仍是农业综合防治中的重要方法。

2)物理防治

(1)人工防治。

根据飞机草的生长规律和多年的防治经验,控制飞机草种子的传播,防除时间应选择在飞机草花期前进行,利用每年6月～翌年1月的农闲期,对飞机草进行全面清除。由于飞机草繁殖能力强,除了能通过种子传播外,其根和茎都能进行无性繁殖,因此在清除时，应保证残枝、残根全部清除，并将清除后的飞机草尽快就地销毁，防止再次萌发。人工防治是最简单的防治方法，它适宜于刚刚传入，还没有大面积扩散、蔓延的区域。

（2）机械防治。

对于飞机草入侵面积较大的地区，可以用大型机械设备，如推土机，因为飞机草属于浅根系植物，大型机械设备可以将它的主要根系推到土壤表面，但不能将这些根系和残体留在土壤中，在推土机之后，应有相应的机械，能够将推出的飞机草根系和地上残体集中在一起，之后堆置晒干，使其失去萌发的能力。机械防治的清除时间应避开飞机草生殖成熟期，以免造成飞机草种子更大范围的扩散。

（3）农业防治。

通过覆盖，防止光的照射，抑制杂草的光合作用，造成杂草幼苗死亡或阻碍杂草种子萌发。利用各种塑料薄膜，包括不同颜色的色膜、涂有防草剂的药膜等覆盖园地，不仅能控制飞机草危害，并且能增温保水，是一项重要的增产措施，现正大面积推广应用。用秸秆、干草、有机肥料等材料覆盖，同样可收到一定的除草效果。用飞机草沤制农家肥时应将含有飞机草种子的农家肥料经过用薄膜覆盖高温堆沤2～4周，腐熟成有机肥料，杀死其萌芽力后再用。

（4）工程措施。

飞机草种子属于"短期有效型"，只有在一次性破坏较严重、土壤较疏松且温度适宜的条件下，才可以大面积萌发。因此，在任何工程中，将施工中被破坏的土壤表面进行有效处理，如铺平、压实或铺装地面时不留缝隙，使飞机草种子不能进入土壤，可以有效地控制飞机草的侵入。

3）生物防治

（1）昆虫防治。

应用飞机草的天敌香泽兰灯蛾（*Pareuchaetes pseudoinsulata*），采食飞机草的叶子，损伤飞机草的芽蕾，并将虫卵产于叶子表面，飞机草的叶子将逐渐变黄，不久死亡，可以取得较好的防治效果。应用采食飞机草种子的褐黑象甲（*Apion brunneonigrum*），予以释放观察利用。应用能取食飞机草的娜珍蝶：艳娜珍蝶（*Actinote thalia pyrrha*）和安娜珍蝶（*A. anteas*）作为控制飞机草的天敌。泽兰实蝇（*Procecidochares utilis*）是飞机草重要的专食性天敌，可以阻碍飞机草的生长和结籽，削弱飞机草的长势，可以广泛利用。

（2）微生物防治。

在微生物方面，国外已将飞机草尾孢菌（*Cercospora euatorii*）作为生物防治候选菌。国内也已从飞机草上分离到飞机草尾孢菌和链格孢菌（*Aliternaia alternata*），有望成为两种有潜力的候选生物除草剂。

（3）替代防治。

种植灰毛豆（*Tephrosia purpurea*）为覆盖物可成功抑制飞机草在椰子园中蔓延。在牧场的草地上种植贝斯莉斯克俯仰臂形草，能有效抑制飞机草的生长。

3. 综合防控措施

将人工、机械、生物和工程措施等单项技术融合起来，发挥各自的优势、弥补各自的不足，达到综合控制飞机草入侵的目的。

在人工砍除或化学除草的基础上，使用耕作措施对生境进行管理的方法逐渐根除飞机草的危害。

在荒郊或荒地治理中，以机械措施为主，人工措施为辅，在清理的区域运用生物措施，增加植被面积，在荒地上造纯林、乔灌草结合，在裸地上种植本地丛生浅根系植物，在公共区域种植绿化草本植物，对不能栽植的个别区域，用工程措施，修建造型美观或适用的辅助工程。

在飞机草开花前，发生面积小时采取人工拔除，发生面积大时采用机械铲除，并集中烧毁处理。

主要参考文献

曹洪麟，葛学军，叶万辉. 2004. 外来入侵种飞机草在广东的分布与危害. 广东林业科技，20（2）：57～59

党金玲，杨小波，岳平等. 2008. 外来入侵种飞机草的研究进展. 安徽农业科学，36（24）：10539～10541，10544

冯玉龙，王跃华，刘元元等. 2006. 入侵物种飞机草和紫茎泽兰的核型研究. 植物研究，26（3）：356～360

胡彦，何虎翼. 2005. 飞机草不定芽诱导的快繁技术. 杂草科学，1：22

贾桂康. 2005. 广西外来物种紫茎泽兰、飞机草的入侵生态学特征研究. 广西师范大学硕士学位论文

李扬汉. 1998. 中国杂草志. 北京：中国农业出版社. 315～316

刘金海，黄必志，罗富成. 2006. 飞机草的危害及防治措施简介. 草业科学，23（10）：73～77

吴邦兴. 1982. 滇南飞机草群落的初步研究. 云南植物研究，4（2）：177～184

张国良，付卫东，刘坤. 2008. 农业重大外来入侵生物. 北京：科学出版社. 47～50

郑启恩. 2006. 外来种飞机草和紫茎泽兰的入侵生物学特征研究. 广西大学硕士学位论文

Muniappan R，Marutani M. 1988. Rearing, release and monitoring of *Pareuchaetes pseudoinsulata*. In：Muniappan R. Proceedings of the 1st International Workshop on Biological Control of *Chromolaena odorata*，Bangkok，Thailand. Mangilao：Guam Agriculture Experiment Station，University of Guam. 41，42

六、飞机草防控应急预案（样本）

1. 飞机草危害情况的确认、报告与分级

1）确认

疑似飞机草发生地的农业主管部门在 24h 内将采集到的飞机草标本送到上级农业行政主管部门所属的外来物种管理机构，由省级外来物种管理机构指定专门科研机构鉴定，省级外来入侵生物管理机构根据专家鉴定报告，报请农业部外来物种管理办公室确认。

2）报告

确认本地区发生飞机草后，当地农业行政主管部门应在 24h 内向同级人民政府和上

级农业行政主管部门报告，并迅速组织对本地区进行普查，及时查清发生和分布情况。省农业行政主管部门应在 24h 内将飞机草发生情况上报省人民政府和农业部，同时抄送省级林业部门和出入境检验检疫部门。

3）分级

一级危害：2 个或 2 个以上省（直辖市、自治区）发生飞机草危害；在 1 个省（直辖市、自治区）所辖的 2 个或 2 个以上地级市（区）发生飞机草危害严重的。

二级危害：在 1 个地级市辖的 2 个或 2 个以上县（市、区）发生飞机草危害；或者在 1 个县（市、区）范围内发生飞机草危害程度严重的。

三级危害：在 1 个县（市、区）范围内发生飞机草危害。

出现以上一至三级程度危害时，启动本预案。

2. 应急响应

各级人民政府按分级管理、分级响应、属地管理的原则，根据农业部外来入侵生物管理机构的确认、飞机草危害范围及程度，一级危害启动一级响应，二级危害启动二级响应，三级危害启动三级响应。

1）一级响应

农业部立即成立飞机草防控工作领导小组，迅速组织协调各省、市（直辖市）人民政府及部级相关部门开展飞机草防控工作，并由农业部报告国务院；农业部主管部门要迅速组织对全国飞机草发生情况进行调查评估，制定防控工作方案，组织农业行政及技术人员采取防控措施，并及时将飞机草发生情况、防控工作方案及其执行情况报国务院主管部门；部级其他相关部门密切配合做好飞机草防控工作；农业部根据飞机草危害严重程度在技术、人员、物资、资金等方面对飞机草发生地给予紧急支持，必要时，请求国务院给予相应援助。

2）二级响应

地级以上市人民政府立即成立飞机草防控工作领导小组，迅速组织协调各县（市、区）人民政府及市相关部门开展飞机草防控工作，并由本级人民政府报省人民政府；市级农业行政主管部门要迅速组织对本市飞机草发生情况进行全面调查评估，制定防控工作方案，组织农业行政及技术人员采取防控措施，并及时将飞机草发生情况、防控工作方案及其执行情况报省级农业行政主管部门；市级其他相关部门密切配合做好飞机草防控工作；省级农业行政主管部门加强督促指导，并组织查清本省飞机草发生情况；省人民政府根据飞机草危害严重程度和市级人民政府的请求，在技术、人员、物资、资金等方面对发生飞机草地区给予紧急援助支持。

3）三级响应

县级人民政府立即成立飞机草防控工作领导小组，迅速组织协调各乡镇政府及县相关部门开展飞机草防控工作，并由本级人民政府报告上一级人民政府；县级农业行政主管部门要迅速组织对飞机草发生情况进行全面调查评估，制定防控工作方案，组织农业行政及技术人员采取防控措施，并及时将飞机草发生情况、防控工作方案及其执行情况报市级农业行政主管部门；县级其他相关部门密切配合做好飞机草防控工作；市级农业行政主管部门加强督促指导，并组织查清全市飞机草发生情况；市级人民政府根据飞机草危害严重程度和县级人民政府的请求，在技术、人员、物资、资金等方面对发生飞机草地区给予紧急援助支持。

3. 部门职责

各级飞机草防控工作领导小组负责本地区飞机草防控的指挥、协调工作，并负责监督应急预案的实施。农业部门具体负责组织飞机草监测调查、防控和及时报告、通报等工作；宣传部门负责引导传媒正确宣传报道飞机草有关情况；财政部门及时安排拨付飞机草防控应急经费；科技部门组织飞机草防控技术研究；经贸部门组织防控物资生产供应，以及飞机草对贸易和投资环境影响的应对工作；林业部门负责林地的飞机草调查及防控工作；出入境检验检疫部门加强出入境检验检疫工作，防止飞机草的传入和传出；发展改革、建设、交通、环境保护、旅游、水利、民航等部门密切配合做好相关工作。

4. 飞机草发生点、发生区和监测区的划定

发生点：飞机草为害寄主植物外缘周围 100m 以内的范围划定为一个发生点（两株飞机草或两个飞机草种群斑块在 100m 以内为同一发生点）；划定发生点若遇河流和公路，应以河流和公路为界，其他可根据当地具体情况作适当的调整。

发生区：发生点所在的行政村（居民委员会）区域划定为发生区范围；发生点跨越多个行政村（居民委员会）的，将所有跨越的行政村（居民委员会）划为同一发生区。

监测区：发生区外围 5000m 的范围划定为监测区；在划定边界时若遇到水面宽度大于 5000m 的湖泊和水库，以湖泊或水库的内缘为界。

5. 封锁、控制和扑灭

飞机草发生区所在地的农业行政主管部门对发生区内的飞机草危害寄主植物上设置醒目的标志和界线，并采取措施进行封锁控制和扑灭。

1）封锁控制

对飞机草发生区内机场、码头、车站、停车场、机关、学校、厂矿、农舍、庭院、街道、主要交通干线两旁区域、有外运产品的生产单位以及物流集散地，有关部门要进行全面调查，货主单位和货运企业应积极配合有关部门做好飞机草的防控工作。飞机草危害情况特别严重时，经省人民政府批准，可在发生区周边主要交通要道设立临时植物检疫检查站，对外运的种苗、花卉、盆景、草皮、蔬菜、水果等植物产品进行检疫，禁止飞机草发生区内树枝落叶、杂草、菜叶等垃圾外运，防止飞机草随水流传播。

2）防治与扑灭

经常性开展扑杀飞机草行动，采用化学、物理、人工、综合防治方法灭除飞机草，即先喷施化学杀虫剂进行灭杀，人工铲除发生区杂草，直至扑灭飞机草。

6. 调查和监测

飞机草发生区及周边地区的各级农业植物检疫机构要加强对本地区的调查和监测，做好监测结果记录，保存记录档案，定期汇总上报。其他地区要加强对来自飞机草发生区的植物及植物产品的检疫和监测，防止飞机草传入。

7. 宣传引导

各级宣传部门要积极引导媒体正确报道飞机草发生及控制情况。有关新闻和消息，应通过政府部门正常渠道获取，防止炒作，避免失实报道引起社会不安。在飞机草发生区，要利用适当的方式进行科普宣传，重点宣传防范知识、防控技术方法。当媒体上出现不实报道或社会上流传谣言时，应立即正面澄清，加强舆论引导，减少负面影响。

8. 应急保障

1）队伍保障

各级人民政府要组建由农业行政主管部门技术人员以及有关专家组成的飞机草应急防控队伍，加强专业技术人员培训，提高应急防控队伍人员的专业素质和业务水平，为应急预案的启动提供高素质的应急队伍保障，成立防治专业队；要充分发动群众，实施群防群控。

2）物资保障

省、市、县各级人民政府要建立飞机草防控应急物资储备制度，确保物资供应，对飞机草危害严重的地区，应该及时调拨救助物资，保障受灾农民生活和生产的稳定。

3）经费保障

各级人民政府应安排专项资金，用于飞机草应急防控工作。应急响应启动时，当地农业行政主管部门会商有关部门提出经费使用计划，由同级财政部门核拨，财政、农业、审计等部门对专项资金的使用和管理情况进行严格的监督检查，确保专款专用。

4）技术保障

科技部门要大力支持飞机草防控技术研究，为持续有效控制飞机草提供技术支撑。在飞机草发生地，有关部门要组织本地技术骨干力量，加强对飞机草防控工作的技术指导。

9. 应急解除

通过采取全面、有效的防控措施，达到防控效果后，县、市农业行政主管部门向省农业行政主管部门提出申请，经省农业行政主管部门组织专家评估论证，防治效果达到标准的，由省外来有害生物防控领导小组报请农业部批准，可解除应急。

经过连续 6 个月的监测仍未发现飞机草，经省农业行政主管部门组织专家论证，确认扑灭飞机草后，经飞机草发生区农业行政主管部门逐级向省农业行政主管部门报告，由省农业行政主管部门报省人民政府及农业部批准解除飞机草发生区，同时将有关情况通报林业部门和出入境检验检疫部门。

10. 附则

省（直辖市、自治区）各级人民政府根据本预案制定本地区飞机草防控应急预案。

本预案自发布之日起实施。

本预案由农业部外来物种管理办公室负责解释。

（曹坳程　陈园园）

互花米草应急防控技术指南

一、互 花 米 草

学　　名：*Spartina alterniflora* Loisel.
英 文 名：smooth cordgrass，Atlantic cordgrass，saltmarsh cordgrass
分类地位：禾本科（Poaceae）米草属（*Spartina*）

1. 起源与分布

起源：北美洲与南美洲的大西洋沿岸。

国外分布：在北美洲大西洋沿岸，从加拿大的魁北克省一直到美国佛罗里达州及墨西哥湾，沿海各州均有分布；在北美洲太平洋沿岸，主要分布于华盛顿州至加利福尼亚州的部分河口地区；在南美，零星分布于法属圭亚那至巴西 Rio Grande 间的大西洋沿岸；在英国、法国、西班牙、新西兰等地也有分布。

国内分布：天津、山东、江苏、上海、浙江、福建、广东、广西沿海的部分滩涂。

2. 主要形态特征

地下部分通常由短而细的须根和长而粗的地下茎（根状茎）组成。根系发达，常密布于地下 30cm 深的土层内，有时可深达 50～100cm。植株茎秆坚韧、直立，高可达 1～3m，直径在 1cm 以上。茎节具叶鞘，叶腋有腋芽。叶互生，呈长披针形，长可达 90cm，宽 1.5～2cm，具盐腺，根吸收的盐分大都由盐腺排出体外，因而叶表面往往有白色粉状的盐霜出现。圆锥花序长 20～45cm，具 10～20 个穗形总状花序，有 16～24 个小穗，小穗侧扁，长约 1cm；两性花；子房平滑，两柱头很长，呈白色羽毛状；雄蕊 3 个，花药成熟时纵向开裂，花粉黄色。种子通常 8～12 月成熟，颖果长 0.8～1.5cm，胚呈浅绿色或蜡黄色。

3. 主要生物学和生态学特性

互花米草为 C4 植物，有高秆和矮秆两个生态型。高秆型互花米草的株高通常在 1m 以上，而矮秆型的株高则不超过 0.4m。二者染色体数相同，均为 62（2*n*），也不存在明显的遗传差异，但分布有所不同。高秆型互花米草分布在高程较低的滩涂前沿，具有较高的生产力，矮秆型则生活在高程较高的滩涂，生产力较低。在我国分布的互花米草多为高秆型。

互花米草通常生长在河口、海湾等沿海滩涂的潮间带及受潮汐影响的河滩上，并形成密集的单物种群落。其分布通常受与高程相关的一系列环境因子的影响，因此互花米草的分布往往有一定的高程范围。在其原产地，互花米草在滩涂上的分布范围是从平均水位（mean water level，MWL）以下 0.7m 至平均高水位（mean high water level，MHWL）；在美国西北部华盛顿州的威拉帕湾（Willapa Bay），互花米草的分布范围是平均低低潮位（mean lower low water，MLLW）以上 1.75～2.75m，而人工移栽可使互花米草在 MLLW 以上 1m 处存活。在我国长江口地区，互花米草分布的高程下限是MHWL 以下 0.4m。

互花米草生长迅速。在适宜的条件下，3～4 个月即可达到性成熟（王卿等，2006；Smart，1982）。其花期与地理分布有关，互花米草在北美的花期一般是 6～10 月，在南美是 12 月到翌年 6 月，在欧洲是 7～11 月。但在有些地方，互花米草并不开花，如新西兰和美国华盛顿州的帕迪拉湾（Padilla Bay），而在华盛顿州的另一个海湾威拉帕湾，互花米草也是在引种 50 年后才开花。

互花米草种子数量大，每个花序上的种子数量为 133～636 粒。互花米草的种子存活时间不长，约为 8 个月，因此互花米草并无持久的种子库。其种子需要浸泡大约 6 周后才具有萌发力，但通常春天才能萌发。种子萌发率高，且在高盐度下也具有一定的萌发率。在淡水条件下，互花米草的种子萌发率高达 90%，在 7% 盐度条件下也有 1.2% 的种子萌发。

互花米草对沿海滩涂环境具有较强的适应能力，主要表现为对高盐度与高频率的淹水具有较强的耐受能力。

互花米草是一种泌盐植物，茎秆与叶片上具泌盐组织，能将组织内的盐分排出植物体。有的研究认为，互花米草的生长受盐度抑制，底质盐度越高，对其生长的抑制作用越强；有的研究结果则表明，互花米草的最适生长盐度为 1%～2%，超过该范围时，其生长才会受到抑制。尽管结论不尽相同，但所有研究都表明，互花米草具有较强的耐盐能力，可以耐受 6% 的高盐度。

互花米草具有高度发达的通气组织，为其根部提供足够的氧气，因此，互花米草对淹水也具有较强的耐受能力。尽管过久过频的水淹会抑制互花米草的生长，但一定强度的淹水对互花米草的生长具有促进作用。研究表明，互花米草可以耐受每天 12h 的浸泡，在年淹水时间为 30 天左右时叶生长速率最高。

互花米草对环境的适应，还表现为在不同纬度下对滩涂环境的适应。作为一个成功的入侵种，互花米草对温度的适应相当广，其分布的纬度跨度相当大，目前记录到的最高分布纬度为英国北部的龙德尔湾（Udale Bay）（57.61°N），最低纬度为赤道附近的巴西亚马逊河入海口。

4. 传播与扩散

互花米草很强的有性繁殖和无性繁殖能力使其在潮间带具有较强的扩散与定居能力，可以在部分地区快速扩张。互花米草的繁殖体包括种子、根状茎与带节的残株。在潮汐的作用下，部分互花米草植株及根状茎被冲刷、断落，与种子一并随潮水漂流，这些繁殖体对互花米草种群的扩散起到了重要的作用。

有性繁殖是互花米草种群开拓新生境的主要方式，但对于已经建立的种群的维持而言，有性繁殖的作用不大。在发育良好的互花米草群落的冠层下，由于光照强度低，其种子苗无法成活，而随着其盖度的降低，幼苗的存活率也会随之而增加，因此，对已经建立的互花米草种群，其局部的扩张主要依赖于克隆生长。互花米草根状茎的延伸速度很快。根据研究，互花米草根状茎的横向延伸速度每年0.5~1.7m。

在互花米草种群建立的早期存在明显的阿利效应（Allee effect），这主要是由于小斑块种群受到异源花粉的限制，因此，这就暗示着孤立的互花米草小斑块扩散能力将大大降低。随着互花米草斑块的建群成功，其地下部分会更加发达，将改善互花米草通气组织运输和交换的功能，从而提高种群对水淹的耐受能力；此外，其根部的固氮菌也发挥作用，从而增加其根部土壤的营养有效度，可有力地促进其种群的扩张速度。

5. 发生与危害

互花米草对沿海及河口滩涂环境的良好的适应能力，是我国滨海湿地的最重要的入侵植物，也是全球海岸盐沼生态系统中最成功的入侵植物之一。大量研究表明，在入侵地，互花米草对当地的自然环境均产生了一定的作用，从而进一步对当地生物群落、生态系统、公共事业及经济活动产生影响（图1）。

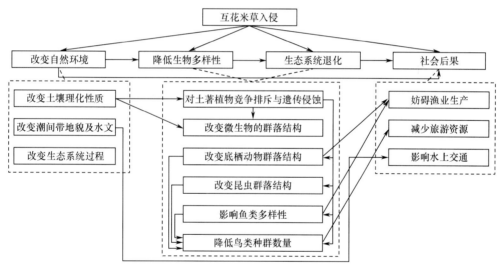

图1 互花米草的入侵后果

互花米草秆密集粗壮、地下根系发达，能够对潮水起到显著的消浪及缓流作用，故能促进泥沙的快速沉降与淤积。因此，互花米草对促淤保滩及堤岸防护具有一定的作用，这也是互花米草被引入旧金山湾和中国的重要原因。但是，泥沙的快速淤积也妨碍了潮沟和水道的畅通，影响了潮水的正常流动，导致一些地区航道、防洪潮沟被堵塞，使行船、观鸟、拾贝、渔业生产等活动都受到一定局限，旅游业也因此受到了影响。此外，在美国西北部威拉帕湾和中国福建沿海地区，互花米草在海滩上大面积入侵，对当地的牡蛎养殖、水产捕捞造成了较大的威胁。

互花米草的入侵还造成了一系列生态后果。首先，通常会导致被入侵地土著植物的分布面积减少，其方式主要有两种：其一，在潮间带，互花米草与其他植物间表现出强烈的竞争关系，因此，在互花米草入侵以后，往往导致其他植物种群分布面积的大量减少与种群数量的显著降低。在威拉帕湾和旧金山湾的研究表明，互花米草强烈排斥大叶藻（*Zostera marina* L.）、弗吉尼亚盐角草（*Salicornia virginica* L.）、海韭菜（*Triglochin maritimum* L.）和加州米草（*Spartina foliosa*）、碱菊［*Jaumea carnosa* (Less.) A. Gray］和二裂叶墨角藻（*Fucus distichus* L.）等土著植物。在我国海河口、长江口等地的潮间带，互花米草对土著植物海三棱藨草（*Scirpus mariqueter*）和芦苇（*Phragmites australis*）也有显著的竞争影响。其二，在有的地区，互花米草对土著米草还产生了遗传侵蚀。互花米草具有较大的雄性适合度，可通过种间杂交导致叶米草种群的基因均质化，降低其遗传多样性。种间杂交后代在潮间带的分布范围类似于其亲本入侵种互花米草，能分布在低潮带，进一步加剧了互花米草对叶米草的排斥作用。其次，通过对土著植物的竞争排斥，互花米草通常会导致被入侵地的昆虫、底栖动物、鱼类、鸟类等动物类群的种群数量与群落结构发生变化。尽管互花米草在入侵地可以为少量迁徙水鸟提供食物，但总体而言，互花米草入侵后会对鸟类群落结构产生多种不利的影响。一般情况下，在自然湿地中的迁徙鸟类、越冬涉禽以及湿地特有鸟类的多度和丰度都要高于同类型入侵地的；在美国旧金山湾、英国河口湿地以及中国的长江口地区，互花米草的入侵对水鸟的觅食以及栖息都造成了较为严重的影响。互花米草的入侵对底栖动物以及昆虫、鱼类等类群也有一定影响。研究表明，入侵威拉帕湾光滩的互花米草斑块底泥中底栖无脊椎动物种数要小于潮间带光滩，同时物种多度也显著降低。而在崇明东滩的研究发现，互花米草入侵海三棱藨草群落后，大型底栖无脊椎动物群落的物种组成没有显著的不同，但是大型底栖无脊椎动物的多样性有显著降低。在长江口地区，互花米草的入侵还导致了昆虫群落丰度与多度的锐减。在帕迪拉湾，大叶藻群落被互花米草取代，从而导致一些鱼类如大麻哈鱼（*Oncorhynchus keta*）、英国舌鳎（*Pleuronectes vetulus*）等鱼类的避难所受到威胁和食物来源减少。

图版 4

图版说明

    A. 在长江口的滩涂环境中与土著植物海三棱藨草的混生斑块

    B. 由于潮水冲刷，根部暴露的互花米草斑块

    C. 互花米草茎、叶的形态

    D. 互花米草叶盐腺分泌的盐粒

    E，F. 互花米草花和花序的形态

    G. 浙江慈溪滩涂互花米草发生危害状

图片作者及来源

    A，B，C，D，E，F. 唐龙，高扬

    G. 张国良

二、互花米草检验检疫技术规范

1. 范围

    本规范规定了互花米草的检疫检验及检疫处理操作办法。

    本规范适用于农业植物检疫机构对互花米草植物活体、种子、根状茎及可能携带其种子、根状茎的载体、交通工具的检疫检验和检疫处理。

2. 产地检疫

    （1）调查范围为河口、海湾等沿海滩涂的潮间带及受潮汐影响的河滩，重点调查温带淤泥质、砂质海岸盐沼分布地区。

    （2）发现疫情后，应立即报告给当地农业检疫部门和外来入侵生物管理部门。

3. 调运检疫

    （1）检查调运的植物和植物产品有无黏附互花米草的种子或根状茎。

    （2）种子成熟季节，对来自疫情发生区的可能携带种子或根状茎等繁殖体的载体进行检疫。

4. 检验及鉴定

    （1）根据以下特征，鉴定是否属禾本科：草本或木本；叶由叶片和叶鞘组成，叶片多窄而长，具平行脉，脉间罕有小横脉；叶片与叶鞘连接处内侧常有1叶舌，叶鞘顶端两侧各有1叶耳；花序常由小穗排成穗状、总状或圆锥状；小穗由小穗轴、苞片及雌蕊、雄蕊等组成；由外稃与内稃及其所包的鳞被、雄蕊和雌蕊组成两性或单性小花；子房上位，1室，1胚珠；颖果，稀囊果或浆果；种子含丰富胚乳，基部有1细小的胚，胚的对面为种脐。

    （2）根据以下特征，鉴定是否属米草属：穗形总状花序2至多个着生秆顶；小穗仅有1小花，花序狭长圆锥状；小穗脱节于颖之下，颖狭长，第一颖远短于第二颖。

（3）在放大 10～15 倍体视解剖镜下检验。我国曾引进 4 种米草属植物，目前分布较广的为互花米草（图版 4）和大米草（*S. anglica*）（图 2）两种，根据近缘种的比较（附录 A），鉴定是否为互花米草。

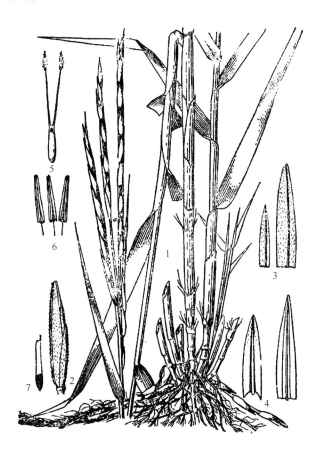

图 2　大米草的形态学特征

1. 植株；2. 小穗；3. 颖片；4. 稃片；5. 雌蕊；6. 雄蕊；7. 颖果

5. 检疫处理和通报

在调运检疫或复检中，一旦发现互花米草的种子、根状茎及具节茎秆，应全部检出销毁。

产地检疫中发现互花米草后，应根据实际情况，启动应急预案，立即进行应急治理。疫情确定后一周内应将疫情通报给植物和植物产品调运目的地的农业外来入侵生物管理部门和农业植物检疫部门，以加强目的地的监测力度。

附录 A 互花米草与大米草的比较

	互花米草 *Spartina alterniflora*	大米草 *S. anglica*
茎秆	具发达根状茎，秆坚韧、直立，高可达1～3m，直径约1cm	具发达根状茎，秆直立，株高20～150cm，直径3～5mm，无毛
叶	茎节具叶鞘，叶腋有腋芽；叶互生，长披针形，长可达90cm，宽1.5～2cm，蜡质，具盐腺	叶鞘无毛，长于节间，基部常撕裂呈纤维状而宿存；叶舌长约1mm，具一圈密生的纤毛，叶片狭披针形，宽7～15mm，长约20cm，被蜡质，光滑，两面均有盐腺
花序	圆锥花序长20～45cm，具10～20个穗形总状花序	总状花序直立或斜上举，（2）3～6（18）枚，呈总状排列，长7～10（23）cm
穗	穗轴细长，有16～24个小穗，小穗侧扁，长10～18mm	穗轴顶端延伸成刺芒状，小穗狭披针形，长14～18mm，含1小花，脱节于颖之下
颖、外稃	颖先端多少急尖，具1脉，第一颖短于第二颖，无毛或沿脊疏生短柔毛	颖及外稃均被短柔毛，第一颖短于外稃，具1小脉，第二颖长于外稃，具1～6脉；外稃具1～3脉
花	两性花；花药成熟时纵向开裂，花粉黄色，两柱头很长，呈白色羽毛状；子房平滑	花药黄色，长约5mm，柱头白色羽毛状；子房无毛
颖果	颖果长0.8～1.5cm，胚呈浅绿色或蜡黄色	颖果圆柱形，长约1cm，光滑无毛，胚长达颖的1/3
染色体	$2n=62$	$2n=122$、120、124
备注	互花米草存在不同的生态型，在不同生境中株高等表型具有较大差异，注意不要发生混淆	

三、互花米草调查监测技术规范

1. 范围

本规范规定了互花米草调查监测的技术手段和相应标准。

本规范适用于区域性互花米草分布状况的调查和监测工作。

2. 调查

1）访问调查

向居住在沿海滩涂附近的居民、渔民询问有关互花米草发生地点、发生时间、危害情况，分析互花米草传播扩散情况及其来源。对询问过程发现的互花米草可疑存在地区，进行深入重点调查。

2）实地调查

（1）调查地域。

重点调查河口、海湾等淤泥质或砂质沿海滩涂的潮间带及受潮汐影响的河滩，特别是有过引种历史，或者附近有互花米草分布的地区，以及港口、码头等人类活动频繁的水上交通运输集散地。

（2）调查方法。

调查设样地不少于 10 个，随机选取，每块样地面积不小于 $1m^2$，用 GPS 仪测量样地的经度、纬度、海拔，记录样地的地理信息、生境类型、物种组成。观察互花米草的频度、密度、盖度、高度、地上生物量与开花比率等。

（3）面积计算方法。

发生面积以实际发生面积累计获得或持 GPS 仪沿分布边界走完一个闭合轨迹后，围测面积；行走十分困难，无法持 GPS 仪走完一个闭合轨迹的区域，也可采用目测法估计发生面积。

（4）危害等级划分。

按盖度或占据程度确定危害程度。适用于农田、林地、草地、湿地等生态系统。具体等级按以下标准划分。

等级 1：零星发生，盖度＜5％；

等级 2：轻微发生，盖度为 5％～15％；

等级 3：中度发生，盖度为 15％～30％；

等级 4：较重发生，盖度为 30％～50％；

等级 5：严重发生，盖度为 50％～90％；

等级 6：极重发生，盖度为 90％～100％。

3. 监测

1）监测区的划定

发生点：互花米草植株发生外缘周围 100m 以内的范围划定为一个发生点（两棵互花米草植株距离或两个互花米草种群斑块距离在 100m 以内为同一发生点）；划定发生点若遇潮沟，应以潮沟为界，其他可根据当地具体的微地形情况作适当的调整。

发生区：发生点所在的湿地划定为发生区范围；发生点跨越多个临近湿地的，将所有跨越的湿地划为同一发生区。

监测区：发生区外围 1000m 的范围划定为监测区；在划定边界时若遇到堤坝，则以堤坝为界。

2）监测方法

根据互花米草的传播扩散特性，在每个监测区设置不少于 10 个固定监测点，每个监测点选 $10m^2$，悬挂明显监测位点牌，一般每月观察一次。

4. 样本采集与寄送

在调查中如发现可疑互花米草，将可疑互花米草用 70％酒精浸泡或晒干，标明采集时间、采集地点及采集人。将每点采集的互花米草集中于一个标本瓶中或标本夹中，送外来物种管理部门指定的专家进行鉴定。

5. 调查人员的要求

要求调查人员为经过培训的农业技术人员，掌握互花米草的形态学、生物学特性、危害症状以及互花米草的调查监测方法和手段等。

6. 结果处理

调查监测中，一旦发现互花米草，严格实行报告制度，必须于24h内逐级上报，定期逐级向上级政府和有关部门报告有关调查监测情况。

四、互花米草应急控制技术规范

1. 范围

本规范规定了互花米草新定殖、爆发等生物入侵突发事件发生后的应急控制操作方法。

本规范适用于各级外来入侵生物管理机构和农业环境保护机构在互花米草入侵突发事件发生时的应急处置。

2. 应急控制方法

对于在河口、海湾等沿海滩涂的潮间带及受潮汐影响的河滩成片发生互花米草入侵的区域，可采用物理、化学及综合防治方法分阶段、有步骤地灭除互花米草，防治后必须进行持续监测，发现互花米草新定殖苗或其他繁殖体时再根据实际情况采取人工铲除等方法进行控制，直至2年内不再发现互花米草发生。根据互花米草入侵的阶段不同，采取相应的控制方法。

具体的清除方法应根据互花米草的不同入侵阶段进行选择和实施。

1）互花米草新定殖苗

对于繁殖体片段定殖后发育的幼苗，采用人工拔除、挖掘的方法进行治理，挖掘或拔除必须连根清除；对于实生苗则采用压埋的方式，即将幼苗压入基质中，使其窒息而死。

2）互花米草小斑块

对于直径小于5m的互花米草小斑块，可以采取挖掘、拔除、遮阴、喷施除草剂、反复刈割或火烧等方法进行控制。与新定殖苗一样，挖掘或拔除小斑块也必须连根清除；在小斑块的萌发期或幼苗期，可以采用遮阴的方法，即用黑色塑料膜将斑块遮盖，使幼苗不能进行光合作用而死亡，遮阴时间需持续一年或更长；在幼苗期或生长季刈割30~60天后，人工喷施浓度为2%~5%的草甘膦药液（450~560g/hm²）或0.5%~1.5%的灭草烟（125~175g/hm²）溶液，通常喷施除草剂法需要实施2或3次才能有效控制互花米草。

3）成片互花米草

对于成片的互花米草，通常采取机械法、人工法、化学法相结合的方式，即综合防治（integrated pest management，IPM）来进行治理。对于普通的滩涂，可以采取先刈割再喷施除草剂的方式：在开花前即营养生长末期对成片互花米草进行机械收割（个别地形复杂的区域采用人工收割），刈割后 30～60 天施用浓度为 2%～5% 的草甘膦溶液或 0.5%～1.5% 的灭草烟溶液，每公顷喷施量 300L，喷施可采取机械喷施或人工喷施，一个生长季内喷施 2 或 3 次。对于类似自然保护区等受到严格限制的滩涂，则可以采取先刈割，再水淹的方式：营养生长末期对互花米草进行收割，刈割后 10 天内进行水淹，淹水深度不低于 40cm，持续淹水时间保持 6 个月以上。

3. 注意事项

人工拔除或挖掘在花期以前进行，以避免成熟种子的传播。拔除或挖掘的植物组织必须转移并处理掉（如晒干、焚烧）。实生苗的治理尽量在其萌发期进行，此时的幼苗更容易处理。遮阴材料因受到潮汐的影响会漂移出控制区域，因此需要定期检查并采取补救措施。喷施除草剂时，需要注意天气、潮汐等因素，应尽量选择晴朗天气进行，若施药后 6h 内下雨，应补喷一次，喷施除草剂时还应尽量选择在小潮低潮期进行，以确保植株对除草剂有较长的吸收时间，喷药时应均匀周到，并尽可能避免药剂喷施到其他非目标种植株上。采用"刈割＋淹水"的综合防治技术时，刈割应尽量确保茬口靠近地面，且淹水深度要维持在规定的高度，防止互花米草长出水面，影响控制效果。

五、互花米草综合治理技术规范

1. 范围

本规范规定了互花米草入侵发生后的综合治理操作方法。

本规范适用于各级外来入侵生物管理机构和农业环境保护机构在互花米草入侵发生后的处置。

2. 专项防治措施

1）物理防治

物理法是指通过人工或机械措施清除有害植物自身或改变其所依赖的生境条件达到控制目的的方法，常见的物理控制包括拔除、挖掘、火烧、刈割、碾埋、遮盖、水淹等。拔除和挖掘是指通过人力或机械力将植株从基质中连根拔起或挖出；火烧是指施加助燃剂后对互花米草进行火烧处理以伤害植株或防止成熟种子散播；刈割是指通过人工或机械进行收割，反复刈割对互花米草具有明显的抑制作用，在 2 个生长季内连续实施 10 次能有效控制互花米草；碾埋是将互花米草压倒后深埋于基质中，埋于地面 45cm 以下能阻止其再次萌发；遮盖是用遮盖物（如黑色塑料膜）将互花米草遮盖起来使其不能进行光合作用而死亡，遮盖的时间一般 1 年或更长；水淹是指刈割后使互花米草浸没于水中，浸没时间需超过 6 个月，水深保持在 40cm 以上。

以上措施在互花米草新定殖幼苗或小斑块的清除上效果显著，但对于较大斑块或成片互花米草来说，单一的控制技术具有一定的局限性，必须将几种物理控制技术结合或者配合使用化学法才能在大片互花米草的清除中获得较好的治理效果。

2）化学防治

化学控制法主要是通过施用除草剂达到清除有害植物的目的。目前，在互花米草治理中应用的除草剂主要包括草甘膦、灭草烟。草甘膦能使植物体内芳香族氨基酸的生物合成被阻断，影响植物细胞分裂和叶绿素合成、阻碍蛋白质代谢过程，导致植株死亡。灭草烟是咪唑啉酮类除草剂，能抑制植物体内缬氨酸、亮氨酸、异亮氨酸合成酶活性，阻碍蛋白质代谢，造成植物死亡。

采用浓度为 2%～5% 的草甘膦溶液或 0.5%～1.5% 的灭草烟溶液，使用机械或人工喷施，每公顷喷施量 300L，一个生长季内喷施 4 或 5 次，可以很好地控制互花米草。

3）生物防治

原产于北美的光蝉（*Prokelisia marginata*）可在互花米草叶片中产卵，破坏叶片维管系统的结构，其幼虫和成体还吸食叶韧皮部中的汁液，消耗其能量，其专一性较强，对互花米草具有良好的控制效果。

4）生态替代

生物替代法是一种生态学防治技术，该方法的核心是根据植物群落演替的自身规律，利用有经济或生态价值的本地植物取代入侵植物。在我国福建省及以南地区可以引种红树林对互花米草进行防治，如引种无瓣海桑，由于其生长速度快，并能够迅速郁闭成林，可成功抑制互花米草的生长。

3. 综合控制措施

在互花米草得到有效控制的同时，受损生态系统土著植物的恢复也是一项重要的任务。

1）"刈割＋除草剂＋恢复土著植物"法

在营养生长末期，对成片互花米草进行机械收割（个别地形复杂的区域采用人工收割），刈割后 30～60 天采用机械或人工喷施浓度为 2%～5% 的草甘膦溶液或 0.5%～1.5% 的灭草烟溶液，每公顷喷施量 300L，一个生长季内喷施 2 或 3 次。在互花米草得到有效控制后，引种适应能力好、竞争能力强的本地植物，以加快受损生境的恢复，如引种本地耐盐型芦苇或红树等。

2)"刈割＋淹水＋恢复土著植被"法

在互花米草入侵区域修筑堤坝，在营养生长末期对成片互花米草进行机械收割（个别地形复杂的区域采用人工收割），刈割后 10 天内进行水淹，淹水深度不低于 40cm，持续淹水时间保持 6 个月以上。在治理互花米草的同时，种植竞争能力强、耐淹的本地植物，如引种本地耐盐型芦苇等以加快受损生境的恢复，控制互花米草的再入侵。

主要参考文献

陈家宽. 2003. 上海九段沙湿地自然保护区科学考察集. 北京：科学出版社

陈中义. 2004. 互花米草入侵国际重要湿地崇明东滩的生态后果. 复旦大学博士学位论文

高慧，彭筱葳，李博等. 2006. 互花米草入侵九段沙河口湿地对当地昆虫多样性的影响. 生物多样性，14：400～409

黄华梅，张利权. 2007. 上海九段沙互花米草种群动态遥感研究. 植物生态学报，31：75～82

姜丽芬. 2005. 互花米草（*Spartina alterniflora*）入侵对长江河口湿地生态系统生产过程的影响——入侵种与土著种的比较研究. 复旦大学博士后出站报告

蒋福兴，陆宝树，仲崇信. 1985. 三种引进米草的生物学特性与营养成分研究初报. 南京大学学报（自然科学专刊），40：302～310

廖成章. 2007. 互花米草入侵对长江口盐沼生态系统碳氮循环的影响. 复旦大学博士学位论文

钦佩，经美德，谢民. 1985. 福建罗源湾盐沼中三种生态型互花米草的比较. 南京大学学报（自然科学专刊），40：226～236

王卿，安树青，马志军等. 2006. 入侵植物互花米草——生物学、生态学及管理. 植物分类学报，44：559～588

徐国万，卓荣宗. 1985. 对我国引进的互花米草研究初报. 南京大学学报（自然科学专刊），40：212～225

Aberle B. 1990. The biology, control and eradication of introduced *Spartina* (cordgrass) worldwide and recommendations for its control in Washington, Olympia, Washington. Reports to Washington State Department of Natural Resources, Olympia, Washington

Ainouche M L，Baumel A，Salmon A et al. 2004. Hybridization, polyploidy and speciation in *Spartina* (Poaceae). New Phytologist，161：165～172

Anttila C K，Daehler C C，Rank N E et al. 1998. Greater male fitness of a rare invader (*Spartina alterniflora*, Poaceae) threatens a common native (*Spartina foliosa*) with hybridization. American Journal of Botany，85：1597～1601

Asher R. 1990. *Spartina* introduction in New Zealand. *In*：Mumford T F，Peyton P，Sayce J R et al. Spartina Workshop Record. Washington Sea Grant Program，University of Washington. 23～24

Baldwin A H，McKee K L，Mendelssohn I A. 1996. The influence of vegetation, salinity, and inundation on seed banks of oligohaline coastal marshes. American Journal of Botany，83：470～479

Bertness M D. 1984. Ribbed mussels and *Spartina alterniflora* production in a New England salt marsh. Ecology，65：1794～1807

Bradley P M，Morris J T. 1991. The relative importance of ion exclusion, secretion and accumulation in *Spartina alterniflora* Loisel. Journal of Experimental Botany，42：1525～1532

Brown C E，Pezeshki S R，DeLaune R D. 2006. The effects of salinity and soil drying on nutrient uptake and growth of *Spartina alterniflora* in a simulated tidal system. Environmental and Experimental Botany，58：140～148

Bruno J F. 2000. Facilitation of cobble beach plant communities through habitat modification by *Spartina alterniflora*. Ecology，81：1179～1192

California State Coastal Conservancy. 2000. San Francisco Estuary Invasive *Spartina* Project. http://www.spartina.org. 2005-7-13

Callaway J C, Josselyn M N. 1992. The introduction and spread of smooth cordgrass (*Spartina alterniflora*) in South San Francisco Bay. Estuaries, 15: 218~226

Chen H L, Li B, Hu J B et al. 2006. Benthic nematode communities in the Yangtze River estuary as influenced by *Spartina alterniflora* invasions. Marine Ecology-Progress Series, 336: 99~110

Chen Z Y, Li B, Zhong Y et al. 2004. Local competitive effects of introduced *Spartina alterniflora* on *Scirpus mariqueter* at Dongtan of Chongming Island, the Yangtze River estuary and their potential ecological consequences. Hydrobiologia, 528: 99~106

Cheng X L, Luo Y Q, Chen J Q et al. 2006. Short-term C_4 plant *Spartina alterniflora* invasions change the soil carbon in C_3 plant-dominated tidal wetlands on a growing estuarine island. Soil Biology and Biochemistry, 38: 3380~3386

Chu Z X, Zhai S K, Chen X F. 2006. Changjiang River sediment delivering into the sea in response to water storage of Sanxia Reservoir in 2003. Acta Oceanologica Sinica, 25: 71~79

Chung C H. 1993. 30 Years of ecological engineering with *Spartina* plantations in China. Ecological Engineering, 2: 261~289

Colmer T D, Fan T W M, Lauchli A et al. 1996. Interactive effects of salinity, nitrogen and sulphur on the organic solutes in *Spartina alterniflora* leaf blades. Journal of Experimental Botany, 47: 369~375

Cordell J R, Simenstad C A, Feist B et al. 1998. Ecological effects of *Spartina alterniflora* invasion of the littoral flat community in Willapa Bay, Washington. Abstracts from the 8th International Zebra mussel and Other Nuisance Species Conference, Sacramento, California

Daehler C C, Strong D R. 1994. Variable reproductive output among clones of *Spartina alterniflora* (Poaceae) invading San Francisco Bay, California: the influence of herbivory, pollination, and establishment site. American Journal of Botany, 81: 307~313

Daehler C C, Strong D R. 1996. Status, prediction and prevention of introduced cordgrass *Spartina* spp. invasions in Pacific estuaries, USA. Biological Conservation, 78: 51~58

Daehler C C, Strong D R. 1997a. Hybridization between introduced smooth cordgrass (*Spartina alterniflora*; Poaceae) and native California cordgrass (*S. foliosa*) in San Francisco Bay, California, USA. American Journal of Botany, 84: 607~611

Daehler C C, Strong D R. 1997b. Reduced herbivore resistance in introduced smooth cordgrass (*Spartina alterniflora*) after a century of herbivore-free growth. Oecologia, 110: 99~108

Davis H G, Taylor C M, Civille J C et al. 2004a. An Allee effect at the front of a plant invasion: *Spartina* in a Pacific estuary. Journal of Ecology, 92: 321~327

Davis H G, Taylor C M, Lambrinos J G et al. 2004b. Pollen limitation causes an Allee effect in a wind-pollinated invasive grass (*Spartina alterniflora*). Proceedings of the National Academy of Sciences, USA, 101: 13804~13807

Ebasco Environmental. 1993. Noxious emergent plant environmental impact statement. Final Report, submitted to Washington State Department of Ecology, Olympia, Washington

Fang X. 2002. Reproductive Biology of Smooth Cordgrass (*Spartina alterniflora*). Master's dissertation. Baton Rouge, Louisiana, USA: Louisiana State University

Foss S. 1992. Spartina: Threat to Washington's Saltwater Habitat. Olympia, Washington: Washington State Department of Agriculture Bulletin

Gan X, Zhang K, Ma Z et al. 2006. The effect of invasions of the grass *Spartina alterniflora* on wintering birds on Chongming Island, Dongtan Reserve, China. Journal of Ornithology, 147: 169

Global Biodiversity Information Facility. GBIF data. http://www.gbif.org. 2005-7-13

Howes B L, Dacey J W H, Goehringer D D. 1986. Factors controlling the growth form of *Spartina alterniflora*: feedbacks between above-ground production, sediment oxidation, nitrogen and salinity. Journal of Ecology, 74:

881～898

Leonard G H. 2000. Latitudinal variation in species interactions：a test in the New England rocky intertidal zone. Ecology，81：1015～1030

Lessmann J M，Mendelssohn I A，Hester M W et al. 1997. Population variation in growth response to flooding of three marsh grasses. Ecological Engineering，8：31～47

Lewis M A，Weber D E. 2002. Effects of substrate salinity on early seedling survival and growth of *Scirpus robustus* Pursh and *Spartina alterniflora* Loisel. Ecotoxicology，11：19～26

Mendelssohn I A，McKee K L，Patrick J W H. 1981. Oxygen deficiency in *Spartina alterniflora* roots：metabolic adaptation to anoxia. Science，214：439～441

Mendelssohn I A，McKee K L. 1988. *Spartina alterniflora* die-back in Louisiana-time-course investigation of soil waterlogging effects. Journal of Ecology，76：509～521

Mendelssohn I A. 2004. Why is the salt marsh grass，*Spartina alterniflora*，an effective invasive species? Report to Beijing International Symposium on Biological Invasions，Beijing

Morris J T. 1980. The nitrogen uptake kinetics of *Spartina alterniflora* in culture. Ecology，61：1114～1121

Naidoo G，McKee K L，Mendelssohn I A. 1992. Anatomical and metabolic responses to waterlogging and salinity in *Spartina alterniflora* and S. *patens* (Poaceae). American Journal of Botany，79：765～770

Sayce K，Mumford T F. 1990. Identifying the *Spartina* species. *In*：Mumford T F，Peyton P，Sayce J R et al. Spartina Workshop Record. Washington Sea Grant Program，University of Washington，Seattle. 9～14

Sayce K. 1988. Introduced cordgrass，*Spartina alterniflora* Loisel.，in salt marshes and tidelands of Willapa Bay，Washington. Ilwaco，Washington：Willapa National Wildlife Refuge Report

Shea M L，Warren R S，Niering W A. 1975. Biochemical and transplantation studies of the growth form of *Spartina alterniflora* on Connecticut salt marshes. Ecology，56：461～466

Smart R M. 1982. Distribution and environmental control of productivity from *Spartina alterniflora* (Loisel). *In*：Sen D N，Rajpurohit K S. Task for Vegetation Science. The Hague：Dr. W. Junk Publishers. 2：127～142

Taylor C M，Davis H G，Civille J C et al. 2004. Consequences of an allee effect in the invasion of a pacific estuary by *Spartina alterniflora*. Ecology，85：3254～3266

Wang Q，Wang C H，Zhao B et al. 2006. Effects of growing conditions on the growth of and interactions between salt marsh plants：implications for invasibility of habitats. Biological Invasions，8：1547～1560

Zhao B，Yan Y，Guo H Q et al. 2008. A simple waterline approach for tidelands using multi-temporal satellite images：a case study in the yangtze delta. Estuarine，Coastal and Shelf Science，77 (1)：134～142

六、互花米草防控应急预案（样本）

1. 总则

1）编制目的

为加强省（自治区、直辖市）外来入侵生物监测预警与应急反应能力建设，提高农业防灾减灾能力，建立健全互花米草灾害应急防控机制，减轻危害及损失，确保省（自治区、直辖市）养殖生产、交通运输及环境安全，维护社会稳定，特制定本预案。

2）编制依据

依据《中华人民共和国农业法》、农业部《农业重大有害生物及外来生物入侵突发事件应急预案》等相关法律法规和文件，制定本预案。

3）工作原则

（1）预防为主，综合防治。全面贯彻"预防为主，综合防治"的植物保护方针，加强测报监测和信息发布，立足预防，抓早抓实，争取主动，防患于未然；实行统防统治与群防群治结合。

（2）依法行政，果断处置。互花米草成灾时，各部门要按照相关法律、法规和政策，本着快速反应、科学引导、果断处置的原则，共同做好互花米草应急防控工作，确保社会生产生活秩序稳定。

（3）统一领导，分工协作。在省（自治区、直辖市）政府的领导下，各部门应各司其职、整合资源、紧密配合、通力合作，高效开展好防控工作。

2. 组织机构

1）省（自治区、直辖市）互花米草应急防控指挥部

省（自治区、直辖市）互花米草应急防控指挥部（以下简称：互花米草防控）指挥长，由省（自治区、直辖市）人民政府分管省（自治区、直辖市）长担任。

主要职责：负责组织领导全省（自治区、直辖市）互花米草应急防控工作。负责互花米草灾害防控重大事项的决策、部署，灾害处置的协调；发布新闻信息；对下级人民政府和有关部门开展防控工作进行协调、指导和督察；完成省（自治区、直辖市）政府交办的其他事项。

2）应急防控成员单位及职责

省（自治区、直辖市）互花米草防控成员单位由省（自治区、直辖市）农业、宣传、广电、发展改革、财政、气象、公安、交通、科技等部门组成，在各自的职责范围内做好应急控制所需的物资、人工的经费落实、防治技术攻关研究、应急控制物资运输、宣传普及等工作。

3）互花米草防控办公室

在农业行政主管部门内设立互花米草防控办公室。承办全省（自治区、直辖市）互花米草防控的日常工作；负责贯彻省（自治区、直辖市）互花米草防控的各项决策，组织实施互花米草灾害防控工作；起草相关文件，承办相关会议；负责起草相关新闻信息，公布减灾救灾工作开展情况，调查、评估、总结互花米草防控动态、控制效果和灾害损失等；完成防控交办的其他工作。

4）互花米草防控专家组

由科研和农业技术推广部门的有关专家组成。主要职责是开展互花米草的调查、分析和评估，提供技术咨询，提出防控、处置建议，参与现场处置。

3. 监测与预警

1）监测

省（自治区、直辖市）农业行政主管部门的环境保护机构是互花米草监测的实施单位，负责互花米草灾害的普查监测和预测预报，实行专业测报和群众测报相结合，按照相关规范、规定开展调查和监测，及时分析预测互花米草发生趋势。省（自治区、直辖市）人民政府要为环境保护机构和防控专家组提供开展普查监测工作所必需的交通、经费等工作条件。

2）报告

省（自治区、直辖市）农业行政主管部门负责互花米草灾害紧急情况的报告和管理。任何单位和个人发现互花米草发生异常情况时，应积极向省（自治区、直辖市）农业行政主管部门报告。环境保护机构作出分析预测后 4h 内将结果报省（自治区、直辖市）农业行政主管部门，省（自治区、直辖市）农业行政主管部门核实发生程度后 4h 报省（自治区、直辖市）人民政府，并在 24h 内逐级报上级农业行政主管部门，特殊情况时可越级报告。严禁误报、瞒报和漏报，对拖延不报的要追究责任。在互花米草成灾的关键季节，要严格实行值班报告制度，紧急情况随时上报。

3）预警级别

依据互花米草的发生面积、发生程度和扩展速度，以及造成的养殖业、交通运输等方面的损失，将互花米草灾害事件划分为特别重大（Ⅰ级）、重大（Ⅱ级）、较大（Ⅲ级）、一般（Ⅳ级）四级。预警级别依照互花米草灾害级别相应分为特别严重（Ⅰ级）、严重（Ⅱ级）、较重（Ⅲ级）和一般（Ⅳ级）四级，颜色依次为红色、橙色、黄色和蓝色。

（1）Ⅰ级：互花米草 10 000 亩[①]以上连片发生或造成直接经济损失达 1000 万元以上，且有进一步扩散趋势的；或在不同地（市、州）内同时新发生，且已对当地农业生产和社会经济造成严重影响的。

（2）Ⅱ级：互花米草 5000 亩以上连片发生或造成直接经济损失达 500 万元以上，且有进一步扩散趋势的；或在同一地（市、州）内不同县市区同时新发生，且已对当地农业生产和社会经济造成严重影响的。

（3）Ⅲ级：互花米草 2000 亩以上连片发生或经济损失达 100 万元以上，且有进一步扩散趋势的；或在不同县（市、区）内同时新发生的。

（4）Ⅳ级：互花米草 1000 亩以上连片发生或经济损失达 50 万元以上，且有进一步扩散趋势的；或在一个县（市、区）内新发生的。

---

① 1 亩≈666.7m²，后同。

4）预警响应

省（自治区、直辖市）农业行政主管部门接到互花米草灾害信息后，应及时组织专家进行灾害核实和灾情评估，对可能造成大面积成灾的，要及时向省（自治区、直辖市）人民政府发出预警信号并做好启动预案的准备。对可能引发严重（Ⅱ级）以上的预警信息，务必在 6h 内上报省（自治区、直辖市）人民政府。

5）预警支持系统

省（自治区、直辖市）农业行政主管部门所属环境保护机构是互花米草灾害监测、预警、防治、处置的具体技术支撑单位。广电、电信部门要建立、增设专门栏目或端口，保证互花米草灾害信息和防治技术的对点传播。

6）预警发布

根据国家规定，互花米草等重大外来入侵生物趋势预报由农业行政主管部门发布。互花米草预警信息，由省（自治区、直辖市）农业行政主管部门依照本预案中确定的预警级别标准提出预警级别建议，经省（自治区、直辖市）人民政府决定后发布。特别严重（Ⅰ级）、严重（Ⅱ级）预警信息由省（自治区、直辖市）人民政府发布、调整和解除。其他单位和个人无权以任何形式向社会发布相关信息。

4. 应急响应

1）信息报告

互花米草灾害发生时，由省（自治区、直辖市）农业行政主管部门向省（自治区、直辖市）人民政府和上级农业行政主管部门报告。省（自治区、直辖市）农业行政主管部门是互花米草灾情信息责任报告单位，环境保护机构专业技术人员是互花米草灾情信息责任报告人。相关灾情信息由省（自治区、直辖市）农业行政主管部门及时向相关下级政府部门通报。

2）先期处置

互花米草灾害的应急处置，实行属地管理，分级负责。事发地人民政府互花米草防治领导小组，要靠前指挥，实施先期处置，并迅速将灾情和先期处置情况报告上级人民政府和农业行政主管部门。

3）分级响应

（1）Ⅰ级响应：发生Ⅰ级互花米草灾害时，省（自治区、直辖市）农业行政主管部门向本级人民政府提出启动本预案的建议，经同意后启动本预案，成立互花米草防控机构，研究部署应急防控工作；将灾情逐级报至上级人民政府和农业行政主管部门；派出工作组、专家组赴一线加强防控指导，定期发布灾害监控信息，发出督导通报。

省（自治区、直辖市）农业行政主管部门互花米草防控办公室应密切监视灾害情况，做好灾情的预测预报工作，为灾区提供相应的技术支撑。省（自治区、直辖市）互花米草防控成员单位按照职责分工，做好相关工作。

（2）Ⅱ级响应：发生Ⅱ级互花米草灾害时，地（市、州）农业行政主管部门向地（市、州）人民政府提出启动本预案的建议，经同意后启动本预案，成立（市、州）互花米草防控，研究部署应急防控工作；加强防控工作指导，组织、协调相关地（市、州）开展工作，并将灾情逐级上报。派出工作组、专家组赴一线加强技术指导，发布灾害监控信息，及时发布督导通报。各防控成员单位按照职责分工，做好有关工作。

（3）Ⅲ级响应：发生Ⅲ级互花米草灾害时，地（市、州）农业行政主管部门向地（市、州）人民政府提出启动本预案的建议，经同意后启动本预案，成立地（市、州）互花米草防控办公室，研究部署应急防控工作；将灾情报上级人民政府和农业行政主管部门；派出工作组、专家组赴一线加强防控指导，定期发布灾害监控信息，发出督导通报。地（市、州）互花米草防控办公室应密切监视灾害情况，做好灾情的预测预报工作。广电、报纸等宣传机构，要做好互花米草专题防治宣传。

（4）Ⅳ级响应：发生Ⅳ级互花米草灾害时，县（区、市）农业行政主管部门向县（区、市）人民政府提出启动本预案的建议，县（区、市）互花米草防控办公室应密切监视灾害情况，定期发布灾害监控信息，上报发生防治情况；派出工作组、专家组赴重点区域做好防控指导；环境保护机构要加强预测预报工作。广电、报纸等宣传机构，要做好互花米草专题防治宣传。

4）扩大应急

启动相应级别的应急响应后，仍不能有效控制灾害发生，应及时向上级人民政府报告，请求增援，扩大应急，全力控制互花米草灾害的进一步扩大。

5）指挥协调

在各级互花米草防控办公室统一组织指挥下，相关部门积极配合，密切协同，上下联动，形成应对互花米草灾害的强大合力。根据互花米草灾害规模启动相应响应级别并严格执行灾情监测、预警、报告、防治、处置制度。应急状态下，特事特办，急事先办。根据需要，各级人民政府可紧急协调、调动、落实应急防控所需的人员、物质和资金，紧急落实各项应急措施。

6）应急结束

各级互花米草防控办公室负责组织专家对灾害控制效果进行评估，并向同级人民政府提出终结互花米草应急状态的建议，经政府批准后，终止应急状态。

5. 后期处置

1）善后处置

在开展互花米草灾害应急防控时，对人民群众合法财产造成的损失及劳务、物资征用等，各级农业行政主管部门要及时组织评估，并报同级人民政府申请给予补助，同时积极做好现场清理工作和灾后生产的技术指导。

2）社会救助

互花米草灾情发生后，按照属地管理、分级负责的原则，实行社会救助。

3）评估和总结

互花米草灾害防控工作结束后，由农业行政主管部门对应急防治行动开展情况、控制效果、灾害损失等进行跟踪调查、分析和总结，建立相应的档案。调查评估结果由农业行政主管部门报同级人民政府和上级农业行政主管部门备案。

6. 信息发布

互花米草灾害的信息发布与新闻报道，在政府的领导与授权下进行。

7. 应急保障

1）信息保障

各级农业行政主管部门要指定应急响应的联络人和联系电话。应急响应启动后，及时向同级互花米草防控办公室和上级农业行政主管部门上报灾情和防控情况。互花米草灾害信息的传输，要选择可靠的通信联系方式，确保信息安全、快速、准确到达。

2）队伍保障

各级人民政府要加强互花米草灾害的监测、预警、防治、处置队伍（专业机防队）的建设，不断提高应对互花米草灾害的技术水平和能力。要定专人负责灾情监测和防治指导。

3）物资保障

各级人民政府要建立互花米草灾害应急物资储备制度和紧急调拨、采购和运输制度，组织相关部门签订应急防控物质紧急购销协议，保证应急处置工作的需要。

4）经费保障

各级财政局应将互花米草应急处置专项资金纳入政府预算，其使用范围为互花米草灾害的监测、预警、防治和处置队伍建设。各级财政局要对资金的使用严格执行相关的管理、监督和审查制度，确保专款专用。应急响应时，财政局根据农业行政主管部门提出所需财政负担的经费预算及使用计划，核实后予以划拨，保证防控资金足额、及时到位。必要时向上级财政部门申请紧急援助。

5）技术保障

各级农业行政主管部门负责组织开展辖区内互花米草灾情发生区的勘查及互花米草

灾害的调查、监测、预警分析和预报发布。制定本级互花米草灾害防控的技术方案。组织进行防治技术指导，指导防治专业队伍建设。

6）宣传培训

充分利用各类媒体，加强对互花米草灾害防控重要性和防控技术的宣传教育，积极开展互花米草灾害电视预报，提高社会各界对互花米草生物灾害的防范意识。各级人民政府和农业行政主管部门负责对参与互花米草灾害预防、控制和应急处置行动人员的知识教育。农业行政主管部门所属的环境保护机构要制订培训计划，寻求多方支持，加强对技术人员、防治专业队伍的专业知识、防治技术和操作技能等的培训；加强互花米草基本知识和防治技术的农民培训。加强预案演练，不断提高互花米草灾害的处置能力。

8. 附则

1）预案管理

本预案的修订与完善，由省（自治区、直辖市）农业行政主管部门根据实际工作需要进行修改，经省（自治区、直辖市）政府批准后生效并实施。

2）奖励与责任追究

互花米草防控办公室要对互花米草应急处置中作出突出贡献的集体和个人给予表彰。对玩忽职守造成损失的，要依照有关法律、法规和纪律追究当事人责任，并予以处罚。构成犯罪的，依法移交司法机构追究刑事责任。

3）预案解释部门

本预案由省（自治区、直辖市）农业行政主管部门负责解释。

4）实施时间

本预案自发布之日起实施。

（李博 唐龙 高扬）

黄顶菊应急防控技术指南

一、黄 顶 菊

学　　名：*Flaveria bidentis*（L.）Kuntze
英 文 名：yellowtop，coastal plain yellowtops，smelter's bush，smeltersbossie，valda
中文别名：二齿黄菊
分类地位：菊科（Asteraceae）黄顶菊属（*Flaveria*）

1. 起源与分布

起源：黄顶菊起源于南美洲。

国外分布：美洲中部、北美洲南部及西印度群岛，后来由于引种等原因传播到非洲的埃及和南非、欧洲的英国和法国、澳大利亚和亚洲的日本等地。

国内分布：2001 年 10 月在我国河北省衡水湖首次发现，初发现时的发生面积仅湖东小村路旁两侧 200m²，到 2005 年扩大到西至湖东岸，东至 206 国道东侧，东西长达 2km，北至侯店北，南达冀州市区，南北长达 20km 的范围内，有大面积分布。2006 年河北省通过普查，黄顶菊分布面积达 2 万多公顷，目前黄顶菊在河北省邯郸、邢台、衡水、沧州、廊坊的 56 个县（市、区）、河南及天津郊区部分县市发生严重，根据黄顶菊原产地及其传播入侵区域的生态环境条件来分析，除华北地区外，我国的华中、华东、华南及沿海地区都有可能成为黄顶菊入侵的重点区域。

2. 主要形态特征

黄顶菊为一年生草本植物，高可达 2m 以上，茎直立，紫色，被微绒毛，茎叶多汁，近肉质，叶交互对生，叶长椭圆形至披针状椭圆形，亮绿色，长 6～18cm，宽 2.5～4cm，先端长渐尖，基部渐窄，基生三出脉呈黄白色，背面侧脉明显，叶缘基部以上具稀疏而整齐锯齿，多数叶具 0.3～1.5cm 长的叶柄，茎上部叶片无柄或近无柄；头状花序多数于主枝及分枝顶端密集成蝎尾状聚伞花序，花冠鲜黄色，总苞长椭圆形，具棱，长约 5mm，黄绿色；总苞片 3 或 4 个，内凹，先端圆或钝，小苞片 1 或 2 个；边缘小花花冠短，长 1～2mm，黄白色；舌片不突出或微突出于闭合的小苞片外，直立，斜卵形，先端尖，长约 1mm 或较短；盘花 5～15 枚，花冠长约 2.3mm，冠筒长约 0.8mm，檐部长约 0.8mm，漏斗状，裂片长约 0.5mm，先端尖，花药长约 1mm。盘花瘦果长约 2mm，边缘瘦果略大，长约 2.5mm，花苞内着生种子 5 枚，瘦果黑色，稍扁，倒披针形或近棒状，无冠毛（附录 A）。

3. 主要生物学和生态学特性

黄顶菊喜光、喜湿，并且根系发达、吸收力强、耐盐碱、耐瘠薄，是一种抗逆性强、结实量极大的杂草。喜生于荒地，尤其偏爱废弃的厂矿、工地和滨海等富含矿物质及盐分的生境，在靠近河溪旁的水湿处、峡谷、悬崖、峭壁、陡岸、原野、工矿业废弃地、建筑场地、路旁、村旁、牧场、弃耕地、街道附近、道路两旁，以及含砾岩或沙子的黏土都能生长。常在靠近码头的丢弃的砂子等压舱物和海岸边的荒地上滋生。黄顶菊在我国的分布仍局限于上述一些生境，特别偏爱人类扰动过的生境条件，其分布海拔为250～2800m。

黄顶菊为C4植物。与C3植物相比，C4植物的栅栏组织与海绵组织分化不明显，叶片两侧颜色差异小。C3植物的光合细胞主要是叶肉细胞，而C4植物的光合细胞有两类：叶肉细胞和维管束鞘细胞。C4植物的维管束分布密集，间距小，每条维管束都被发育良好的大型维管束鞘细胞包围，外面又密接1或2层叶肉细胞。另外C4植物的维管束鞘细胞中还有大而多的叶绿体和线粒体，其他细胞器也较为丰富，细胞壁中纹孔多，胞间连丝丰富，有利于物质交换。以上生理结构特点决定了在强光、高温及干燥的气候条件下，C4植物的光合速率要远大于C3植物。黄顶菊属植物既有C3、C4植物，又有C3-C4中间型植物，涵盖了三种CO_2的同化途径，反映出该属极强的生理适应能力和进化趋势。

黄顶菊属植物含有黄酮硫酸盐类（sulfated flavonoid）等次生代谢物，这在理论上表明，它们对含石膏和盐分的生境具有良好的先天适应能力，从而使它们在生存竞争中处于优势。类黄酮是重要的天然药物，具有抗凝血等方面的活性成分。该属很多植物包括黄顶菊经常被用于提取槲皮素（quercetin）等有效成分，作为医药、黄色染料、杀虫剂使用。而黄顶菊的二氯甲烷（CH_2Cl_2）和乙醇的提取物对象虫有显著杀灭作用，并对棉铃虫有显著的驱避作用。黄顶菊属的化学分类、遗传、进化、转基因等方面的研究工作已有大量文献报道。

除种子繁殖外，目前未发现黄顶菊具有其他繁殖途径。黄顶菊花果期夏季至秋季或全年。生长茂盛，结实量多。一株黄顶菊大概能开1200多朵花，每朵花里都有上百粒种子，一株黄顶菊能产十几万粒种子。种子在一年之内的4～8月都可以萌发，具有极强的繁殖扩散能力。在自然条件下91.7％黄顶菊种子分布在0～1cm土层内。种子在土壤中的深度对黄顶菊出苗率和出土时间有显著的影响，随种子在土壤中的深度加深，种子萌发率下降至无法萌发，随着种子在土壤中的深度加深，种子萌发的时间推迟。黄顶菊种子在13～45℃条件下均可萌发，极限萌发低温为13℃，最高为45℃。28℃时萌发率最高为98.4％；土壤水分含量20％以下，黄顶菊不能萌发。土壤水分含量60％条件下，在28℃，出苗率为75.6％，超过28℃出苗率有所下降。

黄顶菊体细胞染色体数目为36条，染色体核型公式为$K(2n)=2x=36=24m+8sm+4st$。其中，等臂染色体（m）为12对，近中着丝粒染色体（sm）为4对，近端着丝粒染色体（st）为2对，无随体染色体。染色体总长$81.16\mu m$，平均长度$2.25\mu m$，属较小类型染色体。染色体长臂总长$25.2\mu m$，根据Arano的计算方法，黄顶菊染色体的不对称系数为 62.1%, 为较不对称类型。染色体中最长和最短的染色体比值为 3.01, 臂比大于 2:1 的染色体为 5 对, 占染色体总数的 27.78%, 根据 Stebbins 的"不对称核型分析"分类标准, 应属于"2B"型。

入侵我国的黄顶菊染色体数目及核型公式与国外相关报道一致, 表明入侵后的黄顶菊染色体数目还没有发生变异, 还没有和本土植物发生杂交。染色体长度变异区间 1.12~3.36μm, 不对称系数 62.1%, 属于较不对称类型, 因此黄顶菊在进化程度上属于较进化类型。

4. 传播与扩散

1) 远距离传播

黄顶菊进入我国, 猜测可能有三条途径: 其一是伴随进口种子、谷物的"搭载"途径; 其二是被候鸟取食后随之迁徙然后通过粪便排泄的传播途径, 但由于黄顶菊原产地遥远, 鸟类粪便传播的可能性极小; 其三是在黄顶菊原产地的人们无意携带瘦果, 然后长途旅行, 或货物的转运将瘦果传播, 根据衡水湖黄顶菊初期分布和后期传播情况看, 以人为传播的可能性最大, 因为最早出现黄顶菊的地方是游客经过的地方, 而且衡水湖被批准为国家级湿地自然保护区, 有大量游客来衡水湖旅游。同时也不能完全排除作为试验材料带入我国的可能性。黄顶菊属植物为国际上研究光合作用 CO_2 的同化途径的模式植物, 研究相当广泛, 我国也曾有科学家从国外引入黄顶菊属植物来做研究, 引进黄顶菊属其他植物的同时很有可能有黄顶菊的种子夹带引入。但入侵的确切时间和途径, 仍然是个谜。

2) 近距离传播

由于黄顶菊的瘦果无冠毛和刺, 近距离传播有两种途径: 其一是人为传播, 由于黄顶菊花果期花序密集, 花冠鲜黄色, 常令游人喜爱, 采其花枝, 无意将其传播; 其二是风力或机械传播, 秋后黄顶菊干枯, 被机械力碰断, 在风力的作用下或在机械的带动下传播。从衡水湖黄顶菊的分布情况看, 沿 106 国道两侧分布量大, 传播快, 然后向湖边荒地、路旁传播, 这一事实就是很好的证明。

5. 发生与危害

1) 对农业的危害

黄顶菊根系非常发达, 吸水能力极强。它植株高大, 枝叶非常稠密, 严重遮挡了其他生物生长所必需的阳光, 挤占其他植物的生存空间。只要有黄顶菊生长的地方, 其他植物都会迅速枯萎, 难以生存。黄顶菊根系能产生化感物质, 会抑制其他生物生长, 并最终导致其他植物死亡。试验结果表明, 在生长过黄顶菊的土壤里播种小麦、大豆, 其发芽能力会变得很低。黄顶菊种子量极多, 而且种子非常小, 极易借助交通工具、货物贸易、空气漂浮和人员往来进行传播、蔓延, 传播速度非常惊人, 一旦入侵农田, 将严重威胁农业生态环境安全。

2）对生态环境的危害

尽管我国没有黄顶菊属植物，但是菊科植物种类相当丰富，黄顶菊的花期长，花粉量大，花期与大多数菊科土著种交叉重叠。如发生天然的属间杂交，就有可能形成新的危害性更大的物种，或者改变本土物种基因型在生物群落基因库中的比例，造成一些植被的近亲繁殖和遗传漂变，导致生物污染。

图版 5

图版说明

    A. 侵入公路边的黄顶菊

    B. 入侵花生田中的黄顶菊

    C. 黄顶菊的花蕾、盛开的花

    D. 黄顶菊幼苗

    E. 成熟的黄顶菊种子

图片作者或来源

    A，B，C，D，E. 张国良

二、黄顶菊检验检疫技术规范

1. 范围

本规范规定了黄顶菊的检疫检验及检疫处理操作办法。

本规范适用于农业植物检疫机构对黄顶菊植物活体、种子、干枯花蕾及可能携带其种子、干枯花蕾的载体、交通工具的检疫检验和检疫处理。

2. 产地检疫

（1）踏查范围重点在海拔为 250～2800m 的峡谷、悬崖、峭壁、陡岸、原野、工矿业废弃地、建筑场地、路旁、村旁、牧场、弃耕地、街道附近、道路两旁等各种生境。

（2）发现疫情后，应立即报告给当地农业检疫部门和外来入侵生物管理部门。

3. 调运检疫

（1）检查调运的植物和植物产品有无黏附黄顶菊的种子、干枯花蕾等。

（2）在种子扬飞季节，对来自疫情发生区的可能携带种子载体进行检疫。

4. 检验与鉴定

（1）根据以下特征，鉴定是否属菊科：头状花序；舌状花或管状花或两种都有；果实为瘦果。

（2）根据以下特征，鉴定是否属管状花亚科：头状花序全部为同形的管状花，或有异形的小花，中央花非舌状；植物无乳汁。

（3）根据以下特征，鉴定是否属堆心菊族：花序托无托片；头状花序辐射状；叶互生（附录B）。

（4）我国堆心菊族植物包括三个属，即万寿菊属、天人菊属和黄顶菊属。黄顶菊属只有黄顶菊一种植物，与其他两个属的主要鉴别特征为茎被绒毛，种子无冠毛。

5. 检疫处理和通报

在调运检疫或复检中，发现黄顶菊的种子或干枯花蕾应全部检出销毁。

　　产地检疫中发现黄顶菊后，应根据实际情况，启动应急预案，立即进行应急治理。疫情确定后一周内应将疫情通报给植物和植物产品调运目的地的农业外来入侵生物管理部门和农业植物检疫部门，以加强目的地监测力度。

附录 A　黄顶菊形态图

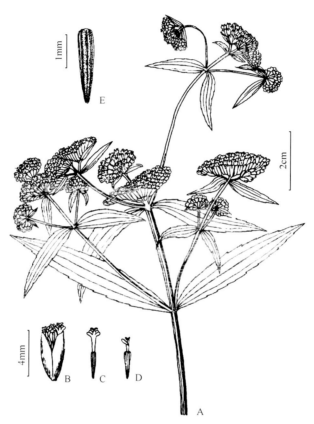

A. 花枝；B. 头状花序；C. 管状花；D. 舌状花；E. 瘦果

（刘全儒绘，2005）

附录 B　菊科的亚科及分族检索表（摘自《中国植物志》）

1. 头状花序全部为同形的管状花，或有异形的小花，中央花非舌状；植物无乳汁 ……………………………………………………………………… 1. 管状花亚科 Carduoideae Cass.
　2. 花药的基部钝或微尖。
　3. 花柱分枝圆柱形，上端有棒锤状或稍扁而钝的附器；头状花序盘状，有同形的管状花；叶通常对生 ……………………………………………………… 2. 泽兰族 Eupatorieae Cass.
　　3. 花柱分枝上端非棒锤状，或稍扁而钝；头状花序辐射状，边缘常有舌状花，或盘状而无舌状花。
　　　4. 花柱分枝通常一面平一面凸形，上端有尖或三角形附器，有时上端钝；叶互生 ……………………………………………………………………… 3. 紫菀族 Astereae Cass.
　　　4. 花柱分枝通常截形，无或有尖或三角形附器，有时分枝钻型。

5. 冠毛不存在，或鳞片状、芒状，或冠状。

6. 总苞片叶质。

7. 花序托通常有托片；头状花序通常辐射状，极少冠状；叶通常对生 ……………… …………………………………………………… 5. 向日葵族 Heliantheae Cass.

7. 花序托无托片；头状花序辐射状；叶互生…………… 6. 堆心菊族 Helenieae Cass.

6. 总苞片全部或边缘干膜质；头状花序盘状或辐射状 ……………………………… …………………………………………………… 7. 春黄菊族 Anthemideae Cass.

5. 冠毛通常毛状；头状花序辐射状或盘状；叶互生 ………… 8. 千里光族 Senecioneae Cass.

2. 花药基部锐尖，戟形或尾形，叶互生。

8. 花柱分枝细长，圆柱形钻形，先端渐尖，无附器；头状花序盘状，有同形的管状花 ……… …………………………………………………… 1. 斑鸠菊族 Vernonieae Cass.

8. 花柱分枝非细长钻形；头状花序盘状，无舌状花，或辐射状而有舌状花。

9. 花柱先端无被毛的节；分枝先端截形，无附器，或有三角形附器。

10. 头状花序的冠状花浅裂，不作二唇状。

11. 冠毛通常毛状，有时无冠毛；头状花序盘状，或辐射状而边缘有舌状花 ………… ………………………………………………… 4. 旋覆花族 Inuleae Cass.

11. 冠毛不存在；头状花序辐射状 ………… 9. 金盏花族 Calenduleae Cass.

10. 头状花序盘状或辐射状；花冠不规则深裂，或作二唇形，或边缘的花舌状 ……… …………………………………………………… 11. 帚菊木族 Mutisieae Cass.

9. 花柱先端有稍膨大而被毛的节，节以上分枝或不分枝；头状花序有同形管状花，有时有不结果实的辐射状花 ………………………………………… 10. 菜蓟族 Cynareae Less.

1. 头状花序全部为舌状花；舌片顶端 5 齿裂；花柱分枝细长线形，无附器；叶互生；植物通常有乳汁 ………………………… 2. 舌状花亚科 Cichorioideae Kitam.；12. 菊苣族 Lactuceae Cass.

三、黄顶菊调查监测技术规范

1. 范围

本规范规定了对黄顶菊进行调查和监测的技术方法。

本规范适用于农业部门对黄顶菊进行的调查和监测工作。

2. 调查

1）访问调查

向当地居民询问有关黄顶菊发生地点、发生时间、危害情况，分析黄顶菊传播扩散情况及其来源。每个社区或行政村询问调查 30 人以上。对询问过程发现的黄顶菊可疑存在地区，进行深入重点调查。

2）实地调查

（1）调查地域。

重点调查山谷、河溪两侧湿润地带以及公路和铁路沿线的人工林地、天然次生林地，特别是林缘、林中裸地以及垃圾场、机关、学校、厂矿、农舍、庭院、村道、主要交通干线两旁区域、苗圃、有外运产品的生产单位以及物流集散地等场所。

（2）调查方法。

调查设样地不少于 10 个，随机选取，每块样地面积不小于 1m²，用 GPS 仪测量样地的经度、纬度、海拔，记录样地的地理信息、生境类型、物种组成。

观察有无黄顶菊危害，记录黄顶菊发生面积、密度。

（3）面积计算方法。

发生于农田、果园、湿地、林地等生态系统内的外来入侵植物，其发生面积以相应地块的面积累计计算，或以划定包含所有发生点的区域面积进行计算；发生于路边、房前屋后、绿化带等地点的外来入侵生物，发生面积以实际发生面积累计获得或持 GPS 仪沿分布边界走完一个闭合轨迹后，围测面积；发生在山上的面积以持 GPS 仪沿分布边界走完一个闭合轨迹后，围测的面积为准，如山高坡陡，无法持 GPS 仪走完一个闭合轨迹的，也可采用目测法估计发生面积。

（4）危害等级划分。

按覆盖或占据程度确定危害程度。适用于农田、林地、草地、环境等生态系统。具体等级按以下标准划分。

等级 1：零星发生，覆盖度＜5%；

等级 2：轻微发生，覆盖度为 5%～15%；

等级 3：中度发生，覆盖度为 15%～30%；

等级 4：较重发生，覆盖度为 30%～50%；

等级 5：严重发生，覆盖度为 50%～90%；

等级 6：极重发生，覆盖度为 90%～100%。

3. 监测

1）监测区的划定

发生点：黄顶菊植株发生外缘周围 100m 以内的范围划定为一个发生点（两个黄顶菊植株距离在 100m 以内为同一发生点）；划定发生点若遇河流和公路，应以河流和公路为界，其他可根据当地具体情况作适当的调整。

发生区：发生点所在的行政村（居民委员会）区域划定为发生区范围；发生点跨越多个行政村（居民委员会）的，将所有跨越的行政村（居民委员会）划为同一发生区。

监测区：发生区外围 5000m 的范围划定为监测区；在划定边界时若遇到水面宽度大于 5000m 的湖泊和水库，以湖泊或水库的内缘为界。

2）监测方法

根据黄顶菊的传播扩散特性，在监测区的每个村庄、社区、街道山谷、河溪两侧湿润地带以及公路和铁路沿线的人工林地等地设置不少于 10 个固定监测点，每个监测点选 10m²，悬挂明显监测位点牌，一般每月观察一次。

4. 样本采集与寄送

在调查中如发现可疑黄顶菊，将可疑黄顶菊用 70% 酒精浸泡或晒干，标明采集时间、采集地点及采集人。将每点采集的黄顶菊集中于一个标本瓶中或标本夹中，送外来物种管理部门指定的专家进行鉴定。

5. 调查人员的要求

要求调查人员为经过培训的农业技术人员，掌握黄顶菊的形态学、生物学特性，危害症状以及黄顶菊的调查监测方法和手段等。

6. 结果处理

调查监测中，一旦发现黄顶菊，严格实行报告制度，必须于 24h 内逐级上报，定期逐级向上级政府和有关部门报告有关调查监测情况。

四、黄顶菊应急控制技术规范

1. 范围

本规范规定了黄顶菊新发、爆发等生物入侵突发事件发生后的应急控制操作方法。

本规范适用于各级外来入侵生物管理机构和农业环境保护机构在生物入侵突发事件发生时的应急处置。

2. 应急控制方法

对成片发生区域可采用分步施药、最终灭除的方式进行防治，首先在黄顶菊发生区进行化学药剂直接处理，防治后要进行持续监测，发现黄顶菊再根据实际情况反复使用药剂处理，直至 2 年内不再发现黄顶菊为止。根据黄顶菊发生的生境不同，采取相应的化学防除方法。

在非农田的地方防治时，每公顷可用二甲四氯钠盐水剂 450g 加苯达松水剂 1080g 混合，兑水 600L 均匀喷雾，可使黄顶菊枯死，或每公顷用草甘膦水剂 1500g，兑水 600L 均匀喷雾，3 天后黄顶菊枝端变黄，7～10 天后死亡。

对于农田周边包括果园、牧场等防治时，每公顷可用 750～1200mL 氟磺胺草醚水剂，兑水 600～750L，防除大豆和果园中的黄顶菊。

3. 注意事项

喷雾时，注意选择晴朗天气进行，注意雾滴不要飘移到邻近的作物上。在沟边或农田边采用化学除草剂喷雾时，避免药剂随雨水进入农田而造成药害。喷药时应均匀周到。实施很低容量喷雾时，应远离农田，防止雾滴飘移到农作物上。茎叶处理剂不要在下雨天施药，若施药后 6h 内降雨，应补喷一次；干旱时施药应添加助剂或酌情增加 5%～10% 的施药量。在施药区应插上明显的警示牌，避免造成人、畜中毒或其他意外。

阔叶作物对二甲四氯非常敏感，喷药时注意不要飘移到阔叶植物上。使用二甲四氯的喷雾器应仔细清洗。

五、黄顶菊综合治理技术规范

1. 范围

本规范规定了黄顶菊的综合治理方法及使用条件。

本规范适用于各级农业外来入侵生物管理部门对黄顶菊进行的综合治理工作。

2. 专项防治措施

1）化学防治

在黄顶菊苗期阶段，适时喷药，可有效防除。第一次药后每隔一天再分别用第二、第三次药，用药方法同第一次相同。

对黄顶菊防治较好的药剂处理见表1。推荐在低剂量除草剂喷雾液中加入桶混助剂来防治黄顶菊，可以减少向环境中投放的农药量，降低农药对环境的污染。由于桶混助剂的使用量与喷液量有关，所以添加桶混助剂时推荐使用低量或超低量喷雾技术，可以降低桶混助剂的用量，从而降低化学防治黄顶菊的成本。

表 1　黄顶菊化学防治药剂/药剂组合及用量

药剂	有效成分用量/(g/hm²)	助剂用量
氨氯吡啶酸	800	
氨氯吡啶酸＋机油乳油	400	喷液量的 0.5％
氨氯吡啶酸＋有机硅	400	喷液量的 0.1％
氨氯吡啶酸＋甲酯化大豆油	400	喷液量的 0.5％
氨氯吡啶酸＋Quad7	400	喷液量的 0.5％
三氯吡氧乙酸	1000	
三氯吡氧乙酸＋机油乳油	400	喷液量的 0.5％
三氯吡氧乙酸＋有机硅	400	喷液量的 0.1％
三氯吡氧乙酸＋甲酯化大豆油	400	喷液量的 0.5％
二甲四氯钠盐	1500	
二甲四氯钠盐＋甲酯化植物油	750	喷液量的 0.5％
二甲四氯钠盐＋Quad7	750	喷液量的 0.5％

2）人工铲除

因黄顶菊瘦果极小，萌发时子叶出土，如果将其深埋，则可以防止大量出苗。在早春土壤解冻后进行土壤深翻，将黄顶菊种子深埋入土，翻耕深度为 5cm 以上，可以明显地抑制黄顶菊种子的萌发，对防除杂草危害有显著效果。黄顶菊苗期喜欢温暖湿润的环境，最先萌发的往往是湿润田边或沟坡下部的黄顶菊种子。如果在干旱路边或弃荒地，种子往往于雨后萌发。如遇干旱，幼苗则大量死亡。因此苗期防除是最佳时期，此时进行人工锄草效果很好。秋季是黄顶菊植株枯萎的季节，也是黄顶菊瘦果成熟的季节，可以在较干旱的天气将其集中进行焚烧。

3. 综合防控措施

防治措施主要以人工拔除和化学除治相结合的原则，采取低密度点片发生区域，以人工拔除为主，高密度、植株高大发生区以灭生性除草剂化学防治为主，推荐三氯吡氧乙酸、二甲四氯钠盐、毒莠定为防治黄顶菊的除草剂，因为它们对非靶标植物影响较小，对生态环境破坏较小。空旷地带、玉米等高秆作物农田，每公顷用草甘膦1500g兑水600L，均匀喷雾或每公顷用百草枯4500g兑水9000L，喷雾。喷后3天黄顶菊变黄，7～10天全部死亡。在黄顶菊开花前（5月中、下旬）开展第1次集中灭除行动；7月中、下旬开展第2次集中灭除行动；9月上旬开展第3次集中灭除行动；10月上旬对除治不彻底的地块，人工拔除扫残。

主要参考文献

陈艳，刘坤，张国良等. 2007. 外来入侵杂草黄顶菊生物活性及化学成分研究进展. 杂草科学，（4）：1～3

高贤明，唐延贵，梁宇等. 2004. 外来植物黄顶菊的入侵警报及防控对策. 生物多样性，12（2）：274～279

李素静. 2007. 黄顶菊化感作用的研究. 陕西农业科学，6：80～82

刘全儒. 2005. 中国菊科植物一新归化属——黄菊属. 植物分类学报，43（2）：178～180

张秀红，李跃，韩会智等. 2006. 黄顶菊生物学特性及防治对策. 河北林业科技，1：48，49

时丽冉，高汝勇，芦站根等. 2006. 黄顶菊染色体数目及核型分析（简报）. 草地学报，（4）：387～389

武维华. 2003. 植物生理学. 北京：科学出版社

郑翔云，郑博颖. 2007. 黄顶菊的传播及对生态环境的影响. 杂草科学，2：30，31

Cronquist A. 1980. Vascular Flora of the Southeastern United States（Vol. 1）. Asteraceae. Chapel Hill，NC：The University of North Carolina Press. 88～89

Forman J. 2003. The introduction of American plant species into Europe：issues and consequences. In：Child L E，Brock J H，Brundu G et al. Plant Invasions：Ecological Threats and Management Solutions. Leiden：Backhuys Publishers，17～39

Powell A M. 1978. Systematics of *Flaveria*（Flaveriinae-Asteraceae）. Annals of the Missouri Botanical Garden，65：590～636

Randall R P. 2002. A Global Compendium of Weeds. Melbourne：R G and F J Richardson

Verpoorte R，Alfermann A W. Metabolic engineering of plant secondary metabolism［EB/OL］. South Africa：Department of Agriculture，Forestry and Fisheries. http://www. nda. agric. za/docs/weeds/NUOKREN. html. 2009-01-23

六、黄顶菊防控应急预案（样本）

1. 总则

1）目的

为及时防控黄顶菊，保护农林生产和生态安全，最大限度地降低灾害损失，根据

《中华人民共和国农业法》、《森林病虫害防治条例》、《植物检疫条例》、农业部《农业重大有害生物及外来入侵生物突发事件应急预案》等有关法律法规，结合实际，制定本预案。

2）防控原则

坚持预防为主、检疫和防治相结合的原则。将保障生产和环境安全作为应急处置工作的出发点，提前介入，加强监测检疫，最大限度地减少黄顶菊灾害造成的损失。

坚持统一领导、分级负责原则。各级农林业部门及相关部门在同级政府的统一领导下，分级联动，规范程序，落实相关责任。

坚持快速反应、紧急处置原则。各级地（市、州）各有关部门要加强相互协作，确保政令畅通，灾情发生后，要立即启动应急预案，准确迅速传递信息，采取及时有效的紧急处置措施。

坚持依法治理、科学防控原则。充分听取专家和技术人员的意见建议，积极采用先进的监测、预警、预防和应急处置技术，指导防灾减灾。

坚持属地管理，以地方政府为主防控的原则。

2. 黄顶菊危害情况的确认、报告与分级

1）确认

疑似黄顶菊发生地的农业主管部门在48h内将采集到的黄顶菊标本送到上级农业行政主管部门所属的植物保护、环境保护机构，由省级农业行政主管部门指定专门科研机构鉴定，省级农业行政主管部门根据专家鉴定报告确认。

2）报告

确认本地区发生黄顶菊后，当地农业行政主管部门应在48h内向同级人民政府和上级农业行政主管部门报告，并组织对本地区进行普查，及时查清发生和分布情况。省农业行政主管部门应在48h内将黄顶菊发生情况上报省人民政府和农业部，同时抄送省级林业部门和出入境检验检疫部门。

3）分级

依据黄顶菊发生量、疫情传播速度、造成农业生产损失和对社会、生态危害程度等，将突发事件划分为由高到低的三个等级：

一级：在1个省（直辖市、自治区）所辖的2个或2个以上地级市（区）新发生黄顶菊严重危害。

二级：在1个地级市辖的2个或2个以上县（市、区）新发生黄顶菊危害；或者在1个县（市、区）范围内新发生黄顶菊严重危害。

三级：在1个县（市、区）范围内新发生黄顶菊危害。

3. 应急响应

各级人民政府按分级管理、分级响应、属地管理的原则，根据黄顶菊危害范围及程度，一级危害以上启动一级响应，二级危害启动二级响应，三级危害启动三级响应。

1) 一级响应

省级农业行政主管部门立即成立黄顶菊防控工作领导小组，迅速组织协调本省各市、县人民政府及部级相关部门开展黄顶菊防控工作，对全省（直辖市、自治区）黄顶菊发生情况进行调查评估，制定防控工作方案，组织农业行政及技术人员采取防控措施，并及时将黄顶菊发生情况、防控工作方案及其执行情况报农业部及邻近各省市主管部门。省级其他相关部门密切配合做好黄顶菊防控工作；省级财政部门根据黄顶菊危害严重程度在技术、人员、物资、资金等方面对黄顶菊发生地给予紧急支持，必要时，请求农业部给予相应援助。

2) 二级响应

地级以上市人民政府立即成立黄顶菊防控工作领导小组，迅速组织协调各县（市、区）人民政府及市相关部门开展黄顶菊防控工作，并由本级人民政府报省人民政府；市级农业行政主管部门要迅速组织对本市黄顶菊发生情况进行全面调查评估，制定防控工作方案，组织农业行政及技术人员采取防控措施，并及时将黄顶菊发生情况、防控工作方案及其执行情况报省级农业行政主管部门；市级其他相关部门密切配合做好黄顶菊防控工作；省级农业行政主管部门加强督促指导，并组织查清本省黄顶菊发生情况；省人民政府根据黄顶菊危害严重程度和市级人民政府的请求，在技术、人员、物资、资金等方面对发生黄顶菊地区给予紧急援助支持。

3) 三级响应

县级人民政府立即成立黄顶菊防控工作领导小组，迅速组织协调各乡镇政府及县相关部门开展黄顶菊防控工作，并由本级人民政府报告上一级人民政府；县级农业行政主管部门要迅速组织对黄顶菊发生情况进行全面调查评估，制定防控工作方案，组织农业行政及技术人员采取防控措施，并及时将黄顶菊发生情况、防控工作方案及其执行情况报市级农业行政主管部门；县级其他相关部门密切配合做好黄顶菊防控工作；市级农业行政主管部门加强督促指导，并组织查清全市黄顶菊发生情况；市级人民政府根据黄顶菊危害严重程度和县级人民政府的请求，在技术、人员、物资、资金等方面对发生黄顶菊地区给予紧急援助支持。

4. 部门职责

各级黄顶菊防控工作领导小组负责本地区黄顶菊防控的指挥、协调工作，并负责监督应急预案的实施。农业部门具体负责组织黄顶菊监测调查、防控和及时报告、通报等工作；宣传部门负责引导传媒正确宣传报道黄顶菊有关情况；财政部门及时安排拨付黄顶菊防控应急经费；科技部门组织黄顶菊防控技术研究；经贸部门组织防控物资生产供应，以及黄顶菊对贸易和投资环境影响的应对工作；出入境检验检疫部门加强出入境检验检疫工作，防止黄顶菊的传入和传出；发展改革、建设、交通、环境保护、旅游、水利、民航等部门密切配合做好相关工作。

5. 黄顶菊发生点、发生区和监测区的划定

发生点：黄顶菊危害寄主植物外缘周围100m以内的范围划定为一个发生点（两个寄主植物距离在100m以内为同一发生点）；划定发生点若遇河流和公路，应以河流和公路为界，其他可根据当地具体情况作适当的调整。

发生区：发生点所在的行政村（居民委员会）区域划定为发生区范围；发生点跨越多个行政村（居民委员会）的，将所有跨越的行政村（居民委员会）划为同一发生区。

监测区：发生区外围1000m的范围划定为监测区；在划定边界时若遇到水面宽度大于1000m的湖泊和水库，以湖泊或水库的内缘为界。

6. 封锁扑灭、调查监测

黄顶菊发生区所在地的农业行政主管部门对发生区内的黄顶菊危害寄主植物上设置醒目的标志和界线，并采取措施进行封锁控制和扑灭。

1）封锁控制

对黄顶菊发生区内机场、码头、车站、停车场、机关、学校、厂矿、农舍、庭院、街道、主要交通干线两旁区域、有外运产品的生产单位以及物流集散地，有关部门要进行全面调查，货主单位和货运企业应积极配合有关部门做好黄顶菊的防控工作。黄顶菊危害情况特别严重时，经省人民政府批准，可在发生区周边主要交通要道设立临时植物检疫检查站，对外运的种苗、花卉、盆景、草皮等植物产品进行检疫，禁止黄顶菊发生区内树枝落叶、杂草等垃圾外运。

2）防治与扑灭

经常性开展扑杀黄顶菊行动，采用化学、物理、人工、综合防治方法灭除黄顶菊，即先喷施化学除草剂进行灭杀，再人工铲除发生区黄顶菊，直至扑灭。

3）调查和监测

黄顶菊发生区及周边地区的各级农业植物检疫机构要加强对本地区的调查和监测，做好监测结果记录，保存记录档案，定期汇总上报。其他地区要加强对来自黄顶菊发生区的植物及植物产品的检疫和监测，防止黄顶菊传入。

7. 宣传引导

各级宣传部门要积极引导媒体正确报道黄顶菊发生及控制情况。有关新闻和消息，应通过政府部门正常渠道获取，防止炒作，避免失实报道引起社会不安。在黄

顶菊发生区，要利用适当的方式进行科普宣传，重点宣传防范知识、防控技术方法。当媒体上出现不实报道或社会上流传谣言时，应立即正面澄清，加强舆论引导，减少负面影响。

8. 应急保障

1）队伍保障

各级人民政府要组建由农业行政主管部门技术人员以及有关专家组成的黄顶菊应急防控队伍，加强专业技术人员培训，提高应急防控队伍人员的专业素质和业务水平，为应急预案的启动提供高素质的应急队伍保障，成立防治专业队；要充分发动群众，实施群防群控。

2）物资保障

省、市、县各级人民政府要建立黄顶菊防控应急物资储备制度，确保物资供应，对黄顶菊危害严重的地区，应该及时调拨救助物资，保障受灾农民生活和生产的稳定。

3）经费保障

各级人民政府应安排专项资金，用于黄顶菊应急防控工作。应急响应启动时，当地农业行政主管部门会商有关部门提出经费使用计划，由同级财政部门核拨，财政、农业、审计等部门对专项资金的使用和管理情况进行严格的监督检查，确保专款专用。

4）技术保障

科技部门要大力支持黄顶菊防控技术研究，为持续有效控制黄顶菊提供技术支撑。在黄顶菊发生地，有关部门要组织本地技术骨干力量，加强对黄顶菊防控工作的技术指导。

9. 应急解除

通过采取全面、有效的防控措施，达到防控效果后，县、市农业行政主管部门向省农业行政主管部门提出申请，经省农业行政主管部门组织专家评估论证，防治效果达到标准的，由省人民政府批准，并报告农业部，可解除应急。

10. 附则

地（市、州）各级人民政府根据本预案制定本地区黄顶菊防控应急预案。
本预案自发布之日起实施。
本预案由省级农业行政主管部门负责解释。

（张国良　付卫东　韩　颖　郑　浩）

加拿大一枝黄花应急防控技术指南

一、加拿大一枝黄花

学　　名：*Solidago canadensis* L.

英 文 名：Canada goldenrod

中文别名：金棒草

分类地位：菊科（Asteraceae）一枝黄花属（*Solidago* L.）

1. 起源与分布

起源：北美洲。

国外分布：美国、加拿大、英国、德国、荷兰、瑞士、丹麦、瑞典、波兰、匈牙利、捷克、克罗地亚、俄罗斯、以色列、印度、澳大利亚等。

国内分布：上海、浙江、江苏、福建、安徽、江西、湖北、湖南、云南、河南、辽宁、四川、重庆、广东等。

2. 主要形态特征

多年生草本植物。直根系，主根欠发达。根状茎发达，着生于根颈处，横生于浅土层中，外形似根，具明显的节和节间，节上有鳞片状叶，叶腋有潜伏芽，节生不定根，顶端有顶芽；根状茎较发达，粗 0.3～0.8cm，乳白色，间有紫红，顶芽露地长成次生苗。茎直立，近木质化，高 2.0～3.5m，直径（离地 50cm 处）0.5～1.0cm，近圆形，绿色；表皮条棱密生土黄色柔毛；节间短，间距 0.4～0.8cm；中、下部腋芽基本不发育，分枝出于上部，多数，分枝也可开花。冬天地上部分枯萎。单叶，互生，无托叶。中下部叶叶片椭圆披针形或条状披针形，叶基楔形，下延至柄呈翼状，长 8～15cm，宽 1.2～3.5cm，中部以上叶叶缘具疏锯齿，叶色深绿，手感较光滑；随着主茎向上生长，叶片渐小，手感渐粗糙。叶脉羽状，叶背面三条主脉明显，自中部出。叶柄短，内侧均具一锥形腋芽，中下部腋芽为休眠芽，上部腋芽可发育成分枝和花序。实生苗弱，子叶 2，对生，椭圆形，长 3mm，宽 1.7mm，翠绿，光滑，叶柄短；初生叶 1 或 2，对生，倒卵形，色绿，具短柄；后生叶叶形同次生苗。有限花序。头状花序成蝎尾状排列于花轴向上一侧，形成开展的圆锥花序；花柄 2～4mm，头状花序小，直径 3～4mm。总苞片筒状，黄绿色，3 或 4 层，覆瓦状排列，外层苞片短，卵形，长约 1mm，背部有短柔毛，先端尖，有缘毛。内层苞片线状披针形，长 3～4mm，背面上部有毛。缘花一层，舌状，黄色，雄性。小花 4～8 朵。盘花管状，顶端 5 齿裂，黄色，两性。基部白色丝状冠毛 10 余根。雄蕊 1，位于花冠内方，花丝顶端有 2 个条形花粉囊组成的花药，色鲜黄。雌蕊 1，位于花的中央，子房下位，1 室。瘦果圆柱形，稍扁，先端截形，基部渐狭，长 0.8～1.2mm。淡褐色。有纵肋，上生微齿。先端冠毛糙毛状，1 或 2 层，白色（附录 A）。

3. 主要生物学和生态学特性

据沈国辉等观测，上海地区加拿大一枝黄花的繁殖周期是：11 月至翌年 8 月为营养生长期，2～3 月温度偏低，株高增长缓慢；4 月随温度上升，株高增长加快；5～6 月增长最快，平均每天增高 2cm 以上；7～8 月株高增长趋缓；9～10 月植株进入生殖生长阶段，株高增长明显下降，至花期基本停止。加拿大一枝黄花株高增长曲线呈典型"S"形。9～11 月为加拿大一枝黄花的生殖生长期。10 月初见花，11 月初吐冠毛，果实（种子）成熟，自然散落，11 月底基本结束，前后近 3 个月。现蕾→开花、开花→谢花、谢花→吐冠毛、开花→吐冠毛、现蕾→吐冠毛历期分别为 28～30 天、17～20 天、16～17 天、33～36 天、61～66 天。从始见到盛末，现蕾、开花、谢花、吐冠毛天数分别为 24 天、22 天、19 天、19 天。

加拿大一枝黄花主要以根状茎和种子两种方式进行繁殖。根状茎以植株为中心向四周辐射状伸展生长，长一般为 5～12cm，最长近 1m，其上有 2 或 3 个或多个分株，顶端有芽，第二年每个根状茎顶端的芽萌发成独立的植株。据定点观察，年初移植 1 株带根茎的加拿大一枝黄花植株，至当年年末能长成 33.3 株成株，可产生种子 144.5 万粒，还能萌发出 201.7 株越冬幼苗，根圈直径可达 1.18m，地下根茎重 3.97kg，连接起来长达 178.65m，比移植时增加了 105 倍。第 2 年年末猛增到 259.6 株成株，可产生种子 1000 余万粒，形成越冬苗 503.6 株，根圈直径可达 2.03m，地下根茎鲜重高达 5.088kg，测算长度达 266.8m。

在实验室控制条件下，加拿大一枝黄花种子和根茎在 20～30℃ 的温度条件下出苗最好。种子在 15%～50% 的相对土壤含水量条件下都能萌发，但根茎在 50% 的水分条件下不能出苗。种子破土能力很弱，覆盖 0.5cm 以上的土层就能有效遏制其出苗，地下根茎在表土的出苗率较低，而在 5～10cm 土层内的出苗率最高。不同盐浓度条件下的萌发率试验结果表明，加拿大一枝黄花在 0.03～0.06mol/L 浓度下萌发率最高，当浓度提高到 0.12mol/L 时，萌发率明显下降。不同 pH 磷酸缓冲液（1/15mol）条件下萌发率试验结果表明，加拿大一枝黄花种子在 pH 7.0 条件下萌发率最高，偏酸或偏碱都不利于种子萌发，但酸性条件下对种子萌发的影响较小，说明加拿大一枝黄花种子比较适应低盐和中性或偏酸条件。

据顾月兰等（2006）报道，复耕麦田加拿大一枝黄花在出草时间、发生量等方面远不如抛荒田，但它对光、肥、水等生存和发展必需的条件仍有强盛的争夺能力，可以在短时间内独占优势，致使小麦正常生长受到不同程度的影响。损失测定结果表明，复耕田加拿大一枝黄花对小麦生物量及产量构成因子（如有效穗、实粒数、粒重等）有明显的影响。小麦理论产量（y）与加拿大一枝黄花密度（x）的回归方程为：$y = 364.1706 - 4.2314x$，即加拿大一枝黄花株数每增加 10 株/m²，小麦理论产量就减少 42.2314g/m²，据沈国辉等报道，加拿大一枝黄花地下根茎对水分高度敏感，在有水层浸泡的情况下，其根茎会腐烂死亡。长满加拿大一枝黄花的弃耕农田上（自然密度 300 余株/m²）实施水旱轮作种植水稻后，在常规管理的情况下，水稻整个生长期没有发生加拿大一枝黄花再生的现象，地下根茎全部腐烂，防除效果达到了 100%，水稻实收每公顷产量达到了 7650kg；而同样翻耕的旱地对照区，至水稻收获时加拿大一枝黄花的再生密度达到了 500 多株/m²。因此，水旱轮作是控制加拿大一枝黄花最有效的农业措施。据钱振官等报道，加拿大一枝黄花不同部位水浸液不但能降低日本看麦娘、旱稗、马唐、狗尾草、鲤肠、凹头苋和小藜等杂草的发芽率，还能降低杂草的发芽势。由于这些杂草种子发芽的延迟，有利于加拿大一枝黄花对空间占领在时间上的优先，从而更利于自身的生长。加拿大一枝黄花各植株浸出液对大麦、小麦、水稻、玉米、番茄和油菜等作物种子的发芽均有不同程度的影响，主要表现为种子的发芽率普遍下降，种子的发芽高峰明显延迟。不同方式提取的植株浸出液对种子发芽的影响不同，鲜根和鲜叶的组织粉碎液对种子发芽的影响要比鲜根和鲜叶的浸出液明显，其中对大麦和油菜的种子发芽率影响最大。

4. 传播与扩散

主要以种子和根状茎繁殖，但地上茎也有一定的繁殖能力，从山坡林地到沼泽地带均可生长。种子细小而轻，且基部有冠毛，易借风力、动物、昆虫以及人类的活动而远距离传播，也可随带有种子、根茎和地上茎的载体、交通工具传播。

5. 发生与危害

加拿大一枝黄花以荒地发生面积最大，其次是无人管理的路边、河边，再次是管理粗放的绿地、林地和果园等。

加拿大一枝黄花的危害主要表现在以下三个方面：一是破坏入侵地的生物多样性和生态平衡，它具有极强的繁殖和快速占领空间的能力，在那些刚被闲置的空地上，第一年长出几株或几簇，第二、三年即连成片，压抑其他植物种类的生长，能迅速形成单一优势，破坏入侵地的植被生态平衡。在生长过程中，它会与其他物种竞争养分、水分和空间，从而使绿化灌木死亡。二是破坏道路及园林绿地景观，如在苏州市部分废弃的荒地、公路两旁及铁路沿线已成片单一地长满该草。三是对一些农作物造成危害。据 2004 年 12 月 13 日 CCTV 新闻频道专题报道，由于加拿大一枝黄花的危害，浙江省宁波市莼湖镇飞跃塘的橘树大面积减产甚至绝收。另外，加拿大一枝黄花还能危害旱作作物如麦子、玉米、大豆以及果园等。

图版 6

图版说明

    A. 加拿大一枝黄花发生危害状

    B. 加拿大一枝黄花地下根茎

    C. 加拿大一枝黄花叶部形态

    D. 加拿大一枝黄花花序形态

    E. 加拿大一枝黄花成熟种子

图片作者或来源

    A，B，C，D，E. 沈国辉

二、加拿大一枝黄花检验检疫技术规范

1. 范围

本规范规定了加拿大一枝黄花的检疫检验及检疫处理操作办法。

本规范适用于农业植物检疫机构对加拿大一枝黄花植物活体、种子、根茎及可能携带其种子、根茎的载体、交通工具的检疫检验和检疫处理。

2. 产地检疫

（1）重点调查荒地、绿地、宅基地、农田以及河溪两侧、公路和铁路沿线。

（2）发现疫情后，应立即报告给当地农业检疫部门和外来入侵生物管理部门。

3. 调运检疫

（1）检查调运的植物和植物产品有无黏附加拿大一枝黄花的种子或根状茎。

（2）在种子扬飞季节，对来自疫情发生区的可能携带种子的载体进行检疫。

4. 检验及鉴定

（1）根据以下特征，鉴定是否属菊科：草本、亚灌木；叶通常互生，全缘或具齿或分裂，无托叶；花整齐或左右对称，5基数，少数或多数密集成头状花序或为短穗状花序，头状花序单生或数个至多数排列成总状、聚伞状、伞房状或圆锥状；子房下位，合生皮2枚，1室，具1个直立的胚珠；果为不开裂的瘦果；种子无胚乳，具2个，稀1个子叶。

（2）根据以下特征，鉴定是否属管状花亚科：头状花序全部为同形的管状花，或有异形的小花，中央花非舌状；植物无乳汁。

（3）根据以下特征，鉴定是否属一枝黄花属：多年生草本，稀半灌木。叶互生。头状花序辐射状，在茎上部成多种花序；总苞片多层，覆瓦状排列；花序托无托片；花均结实，黄色，缘花雌性，舌状，盘花两性，筒状；药无尾状尖突；花柱分枝顶端有披针形附片。瘦果圆柱形，具8~12条纵肋；冠毛细毛状，1或2层。

（4）根据以下特征，鉴定是否属加拿大一枝黄花：头状花序直径不到5mm，长4~

6mm，花序枝弯曲，单面着生成开展的圆锥花序；叶披针形或线状披针形，叶脉于叶中部呈三出平行脉状。

5. 检疫处理和通报

在调运检疫或复检中，发现加拿大一枝黄花的种子、根茎应全部检出销毁。

产地检疫中发现加拿大一枝黄花后，应根据实际情况，启动应急预案，立即进行应急治理。疫情确定后一周内应将疫情通报给植物和植物产品调运目的地的农业外来入侵生物管理部门和农业植物检疫部门，以加强目的地监测力度。

附录 A 加拿大一枝黄花形态图

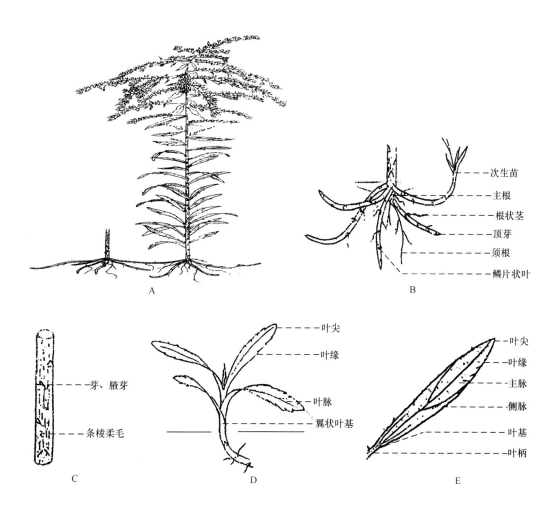

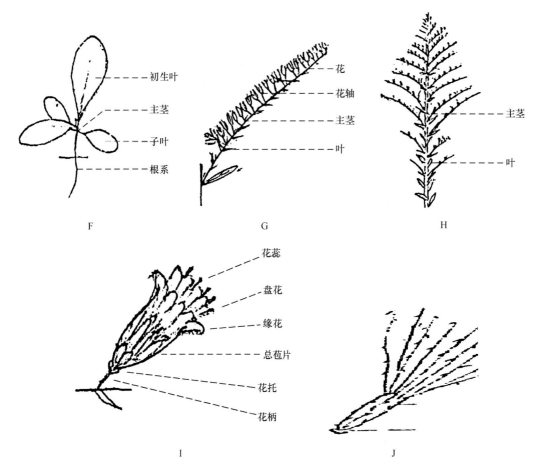

A. 盛花期的加拿大一枝黄花；B. 发达的根系；C. 近木质化茎；D. 次生苗、叶；E. 中、上部茎出叶；
F. 实生苗子叶、初生叶；G. 头状花排列于花轴一侧；H. 圆锥花序；I. 头状花序；J. 带冠毛种子（果实）

附录 B 加拿大一枝黄花及其近缘种检索表

1. 头状花序大，直径 6～10mm；花序枝直立，周面着生的、总状花序式或圆锥花序式排列，有时头
   状花序密集成复头状花序 ··· 2
   头状花序小，直径 3mm；花序枝单面着生且常弯曲 ············· 加拿大一枝黄花 S. *canadensis* L.
2. 总苞片顶端长渐尖或急尖 ··· 3
   总苞片顶端圆形或圆钝·· 钝苞一枝黄花 S. *pacifica* S. V. Juzepczuk.
3. 头状花序较大，直径约 10mm，长 10～12mm；叶质地薄 ············ 毛果一枝黄花 S. *virgaurea* L.
   头状花序较小，直径 6～9mm，长 6～8mm；叶质地较厚 ············· 一枝黄花 S. *decurrens* Lour.

附录 C 加拿大一枝黄花及其近缘种的比较

特征	毛果一枝黄花 *S. virgaurea*	钝苞一枝黄花 *S. pacifica*	一枝黄花 *S. decurrens*	加拿大一枝黄花 *S. canadensis*
茎	高15～100cm。根状茎平卧或斜升。茎直立,不分枝或上部有花序分枝,通常上部被稀疏的短柔毛,中下部无毛	根状茎粗厚,茎直立,高达1m余,不分枝	高35～100cm,茎直立,通常细弱,单生或少数簇生,不分枝或中部以上有分枝	长根状茎,茎直立,高达2.5m
叶片	中部茎叶椭圆形、长椭圆形或披针形,长5～17cm,宽2～3cm;茎下部叶与中部茎叶同形,少有卵形的;自中部向上叶渐变小。叶两面无毛或沿叶脉有稀疏的短柔毛,下部渐狭,沿叶柄下延成翅,下部的叶柄通常与叶片等长,边缘粗或细锯齿	叶长椭圆形或披针形,下部的茎叶有具狭翅的长叶柄,上部茎叶渐小,全部叶两面无毛,光滑,或有稀疏的缘毛	中部茎叶椭圆形、长椭圆形、卵形或宽披针形,长2～5cm,宽1～1.5cm,下部楔形渐窄,有具翅的柄,仅中部以上边缘有细齿或全缘,向上叶渐小,下部叶与中部茎叶同形,有长2～4cm或更长的翅柄。全部叶质地较厚,叶两面、沿脉及叶缘有短柔毛或下面无毛	叶披针形或线状披针形,长5～12cm
头状花序	头状花序多数在茎上部的分枝上排成紧密或疏松的长圆锥状花序;圆锥花序长可达30cm,或排成长10～12cm的总状花序,少有紧缩成复头状花序的。头状花序较大,长10～12mm,宽10mm	头状花序长7～12mm,较小,多数在茎上部的短花序分枝上排成伞房状花序,多数的伞房花序沿茎排成长总状花序,总状花序长达35cm	头状花序较小,长6～8mm,多数在茎上部排列成紧密或疏松的长6～25cm的总状花序或伞房圆锥花序,少有排列成复头状花序的	头状花序很小,长4～6mm,在花序分枝上单面着生,多数弯曲的花序分枝与单面着生的头状花序,形成开展的圆锥状花序
总苞片	总苞钟状;总苞片4～6层,披针形或长披针形,长5～8mm,边缘狭膜质,先端长渐尖或急尖	总苞片3或4层,长4～6mm,长椭圆形或倒长披针形,顶端圆形或圆钝	总苞片4～6层,披针形或披狭针形,顶端急尖或渐尖,中内层长5～6mm	总苞片线状披针形,长3～4mm
花	边缘舌状花黄色,7～13个,两性花多数	舌状花长5mm	舌状花舌片椭圆形,长6mm	缘花一层,舌状,黄色,雄性。小花4～8朵。盘花管状,顶端5齿裂,黄色,两性。基部白色丝状冠毛10余根。雄蕊1,位于花冠内侧,花丝顶端有2个条形花粉囊组成的花药,色鲜黄。雌蕊1,位于花的中央,子房下位,1室

特征	毛果一枝黄花 S. virgaurea	钝苞一枝黄花 S. pacifica	一枝黄花 S. decurrens	加拿大一枝黄花 S. canadensis
冠毛	冠毛白色，长4～5mm			先端冠毛糙毛状，1或2层，白色
瘦果	瘦果有纵棱，长3～4mm，全部被稀疏短柔毛	瘦果长2mm，无毛	瘦果长3mm，无毛，极少有在顶端被稀疏柔毛	瘦果圆柱形，稍扁，先端截形，基部渐狭，长0.8～1.2mm。淡褐色。有纵肋，上生微齿

三、加拿大一枝黄花调查监测技术规范

1. 范围

本规范规定了对加拿大一枝黄花进行调查监测的技术操作方法。

本规范适用于对加拿大一枝黄花植物的发生面积、危害等级等进行调查和监测以及结果的处理。

2. 调查

1）访问调查

向当地居民询问有关加拿大一枝黄花发生地点、发生时间、危害情况，分析加拿大一枝黄花传播扩散情况及其来源。每个社区或行政村询问调查30人以上。对询问过程发现的加拿大一枝黄花可疑存在地区，进行深入重点调查。

2）实地调查

（1）调查地域。

重点调查荒地（农田的抛荒地、建筑工地）、路边（铁路、公路、乡村路）、河边、绿地（公路绿地、新村绿地等）、宅基地（城镇小区、农民住宅区）和农田（果园、田埂、林地）。

（2）调查方法。

加拿大一枝黄花处于盛花期时进行调查。调查样地不少于10个，随机选取，以约500m² 为一个调查样方，用目测法对样方内的加拿大一枝黄花覆盖度进行估计，然后根据划分标准确定其危害级别。并用GPS仪测量样地的经度、纬度、海拔，记录样地的地理信息、生境类型、物种组成。调查面积占每个乡（镇）辖区总面积的20%以上，且具有代表性。

观察有无加拿大一枝黄花危害，记录加拿大一枝黄花发生面积、密度、危害植物（种类等，乔木类记录树高、树冠直径）、加拿大一枝黄花覆盖的程度（百分比），无林木和其他植物的地方则调查加拿大一枝黄花占据的程度（百分比）。

（3）面积计算方法。

发生于农田、果园、湿地、林地等生态系统内的加拿大一枝黄花，其发生面积以相应地块的面积累计计算，或以划定包含所有发生点的区域面积进行计算；发生于路边、房前屋后、绿化带等地点的加拿大一枝黄花，发生面积以实际发生面积累计获得或持GPS仪沿分布边界走完一个闭合轨迹后，围测面积；发生在山上的面积以持GPS仪沿分布边界走完一个闭合轨迹后，围测的面积为准，如山高坡陡，无法持GPS仪走完一个闭合轨迹的，也可采用目测法估计发生面积。

（4）危害等级划分。

按覆盖或占据程度确定危害程度。具体等级按以下标准划分。

等级 1：零星发生，覆盖度在 1% 以下；

等级 2：轻度发生，覆盖度为 1%～5%；

等级 3：中度发生，覆盖度为 5%～15%；

等级 4：较重发生，覆盖度为 15%～30%；

等级 5：重度发生，覆盖度为 30%～50%；

等级 6：极重发生，覆盖度在 50% 以上。

3. 监测

1）监测区的划定

发生点：加拿大一枝黄花植株发生外缘周围 100m 以内的范围划定为一个发生点（两个加拿大一枝黄花植株距离在 100m 以内为同一发生点）；划定发生点若遇河流和公路，应以河流和公路为界，其他可根据当地具体情况作适当的调整。

发生区：发生点所在的行政村（居民委员会）区域划定为发生区范围；发生点跨越多个行政村（居民委员会）的，将所有跨越的行政村（居民委员会）划为同一发生区。

监测区：发生区外围 5000m 的范围划定为监测区；在划定边界时若遇到水面宽度大于 5000m 的湖泊和水库，以湖泊或水库的内缘为界。

2）监测方法

根据加拿大一枝黄花的传播扩散特性，在监测区的每个村庄、社区、街道、山谷、河溪两侧湿润地带以及公路和铁路沿线的人工林地等地设置不少于 10 个固定监测点，每个监测点选 10m²，悬挂明显监测位点牌，一般每月观察一次。

4. 样本采集与寄送

在调查中如发现可疑加拿大一枝黄花，将可疑加拿大一枝黄花用 70% 酒精浸泡或晒干，标明采集时间、采集地点及采集人。将每点采集的加拿大一枝黄花集中于一个标本夹中，送外来物种管理部门指定的专家进行鉴定。

5. 调查人员的要求

要求调查人员为经过培训的农业技术人员，掌握加拿大一枝黄花的形态学、生物学特性，危害症状以及加拿大一枝黄花的调查监测方法和手段等。

6. 结果处理

调查监测中，一旦发现加拿大一枝黄花，严格实行报告制度，必须于24h内逐级上报，定期逐级向上级政府和有关部门报告有关调查监测情况。

四、加拿大一枝黄花应急控制技术规范

1. 范围

本规范规定了加拿大一枝黄花新发、爆发等生物入侵突发事件发生后的应急控制操作方法。

本规范适用于各级外来入侵生物管理机构和农业环境保护机构在生物入侵突发事件发生后的应急处置。

2. 应急控制方法

加拿大一枝黄花零星发生地区可采用人工拔除的方法进行防治，连片发生区域可采用机械防除和化学防除等方法进行防治，防治后要进行持续监测，如果发现加拿大一枝黄花还有发生，可交替使用内吸性除草剂开展防除，直至2年内不再发现加拿大一枝黄花为止。根据加拿大一枝黄花发生的生境不同，可采取相应的化学防除方法。

1）农田防治方法

每年3～5月，当加拿大一枝黄花处于苗期生长阶段时，每公顷用氯氟吡氧乙酸乳油180～210g，或草甘膦异丙胺盐水剂1200g，或百草枯水剂450g，兑水600～750L，定向喷雾。

2）果园防治方法

加拿大一枝黄花苗期，每公顷用草甘膦异丙胺盐水剂1200～1500g，或氯氟吡氧乙酸乳油180～210g，或百草枯水剂600g，或咪唑烟酸水剂750g，兑水600～750L，定向喷雾。

3）荒地防治方法

可以使用大型机械进行翻耕灭除。也可在加拿大一枝黄花营养生长阶段，每公顷用草甘膦异丙胺盐水剂1500～1800g，或咪唑烟酸水剂750～1125g，或甲嘧磺隆可溶粉剂375～450g，兑水600～750L，均匀喷雾。

4) 林地防治方法

加拿大一枝黄花苗期，每公顷用草甘膦异丙胺盐水剂 1200～1500g，或啶嘧磺隆水分散粒剂 93.75～112.5g，或咪唑烟酸水剂 750g，或甲嘧磺隆可溶粉剂 375g，兑水 600～750L，定向喷雾。

5) 公路、铁路护坡地防治方法

加拿大一枝黄花营养生长阶段，每公顷用草甘膦异丙胺盐水剂 1500～1800g，或咪唑烟酸水剂 750～1125g，或甲嘧磺隆可溶粉剂 450～600g，兑水 600～750L，均匀喷雾。

6) 河滩防治方法

加拿大一枝黄花处于苗期生长阶段时，每公顷用草甘膦异丙胺盐水剂 1200g，兑水 600～750L，均匀喷雾。

3. 注意事项

化学防除时应根据加拿大一枝黄花的生境和除草剂的持效期等特点，谨慎地选用每个除草剂品种。喷雾时选择风力小的晴好天气进行，并注意雾滴不要飘移到邻近敏感植物上。农田、果园、林地使用时应定向喷雾，避免药液溅到其他植物上，苗圃地或植株矮小的林木、果树地不宜使用；在河沟边或农田边采用化学除草剂喷雾时，要避免药剂随雨水进入农田而造成药害。施药区应插上明显的警示牌，避免造成人、畜中毒或其他意外。

五、加拿大一枝黄花综合治理技术规范

1. 范围

本规范制定了加拿大一枝黄花综合治理技术。
本规范适用于全国范围内防除加拿大一枝黄花。

2. 专项防治措施

1) 化学防治

应用除草剂防除加拿大一枝黄花的最佳时间一般在幼苗期，喷雾时应选择无风或微风的晴天，兑水 600～750L，均匀喷施。喷雾时应避免药液漂移到邻近的作物上。防除效果好的除草剂品种有：草甘膦异丙胺盐水剂 1500～1800g/hm^2、啶嘧磺隆水分散粒剂 93.75～112.5g/hm^2、氯氟吡氧乙酸乳油 180～210g/hm^2、咪唑烟酸水剂 750～1125g/hm^2、甲嘧磺隆可溶粉剂 375～600g/hm^2 和百草枯水剂 450～600g/hm^2。

也可在加拿大一枝黄花花期喷洒花朵形成抑制剂，抑制加拿大一枝黄花种子的形成。

2）人工防除

对零星发生或者不适宜使用化学除草剂进行防除的区域，可在加拿大一枝黄花营养生长期，人工铲除加拿大一枝黄花。研究结果表明，加拿大一枝黄花的根系与一般的多年生植物不同，其根系基本分布在15cm以内的表土层中，所以，加拿大一枝黄花植株较易连根拔起。人工拔除时要注意捡净根状茎，并集中销毁。

3）农业防治

（1）减少耕地抛荒，遏制加拿大一枝黄花的生长和蔓延。

（2）加拿大一枝黄花地下根茎对水分高度敏感，在有水层浸泡的情况下，其根茎会腐烂死亡，因此，水旱轮作是控制加拿大一枝黄花最有效的方法。

（3）加拿大一枝黄花种子的破土能力很弱，1cm以上的土层覆盖就能有效抑制其萌发。加拿大一枝黄花的地下根茎在土表的出苗率与浅土层内根茎的出苗率相比有较大下降，所以，翻耕松土等农事操作可有效地抑制加拿大一枝黄花的发生与生长。

4）植物替代

在铲除加拿大一枝黄花后的空地上或者抛荒田上应及时种植一些生命力旺盛的有益植物，如大豆等，不给加拿大一枝黄花"可乘之机"。不仅可以杜绝加拿大一枝黄花的再次侵占，而且还能帮助农民增收。

5）利用天敌昆虫

多数鳞翅目的幼虫、宾夕法尼亚芜菁（*Epicauta pennsylvanica*）、盲蝽（*Lopidea media*）和美国牧草盲蝽（*Lygus lineolaris*）以及多种食叶的甲虫和蝉类以食加拿大一枝黄花叶为生。

3　综合防控措施

1）化学防治、农业防治和人工防除相结合

加拿大一枝黄花连片发生区域主要可采用机械防除、植物替代和化学防除等相结合的综合防除方法，防治后要进行持续监测，如果发现加拿大一枝黄花还有发生，可采用上述方法继续进行防治。

根据加拿大一枝黄花的生物学特性，控制成株可在秋季种子还未成熟前采用机械割除主茎、机械翻耕或喷洒花朵形成抑制剂等措施来控制种子的扩散传播，并根据加拿大一枝黄花秋季新生长植株的状况，适当地进行化学防除。春季是控制加拿大一枝黄花的关键时节，应在加拿大一枝黄花苗期、株高10～15cm时选用上述高效除草剂来杀灭植株幼苗。把握正确的施药时间是关键，施药过迟因幼苗生长势强，会影响防效。喷药时，要不留死角，视情况决定是否再次用药，这样就能达到较高的防除效果。在防除加

拿大一枝黄花后留出的空地上，应及时种植一些生命力旺盛和叶片茂盛的有益植物，以尽快占领空地，减少或避免加拿大一枝黄花的再次危害。对于零星发生地区可采用化学防除和人工拔除相结合的方法控制加拿大一枝黄花的危害。

2）不同生境中加拿大一枝黄花的综合防治

（1）荒地：化学防除＋机械防除＋植物替代。
（2）果园、林地防治方法：化学防除＋机械防除＋人工防除。
（3）护坡地：化学防除＋植物替代。
（4）路边、河滩等地：化学防除＋人工防除。
（5）农田：化学防除＋人工防除＋机械防除＋农业防除。

主要参考文献

方芳，郭水良，黄林兵. 2004. 入侵杂草加拿大一枝黄花的化感作用. 生态科学，23（4）：331～334

顾月兰，沈国辉，张雪元等. 2006. 复耕麦田加拿大一枝黄花发生与防除技术研究. 上海农业学报，22（1）：46～49

郭水良，方芳. 2003. 入侵植物加拿大一枝黄花对环境的生理适应性研究. 植物生态学报，27（1）：47～52

郭水良，李扬汉. 1995. 我国东南地区的外来杂草. 杂草科学，2：4～8

李振宇，解焱. 2002. 中国外来入侵种. 北京：中国林业出版社. 170

上海科学院. 1993. 上海植物志（上卷）. 上海：上海科学技术文献出版社. 606

沈国辉，钱振官，柴晓玲等. 2004a. 加拿大一枝黄花的形态特征. 杂草科学，（4）：50～51

沈国辉，钱振官，柴晓玲等. 2004b. 加拿大一枝黄花种子生物学特性研究. 上海农业学报，20（4）：105～107

印丽萍，沈国辉，易建平等. 2003. 上海地区进口花卉的逸生性调查和研究. 上海农业学报，19（1）：67～70

印丽萍，谭永彬，沈国辉等. 2004. 加拿大一枝黄花的研究进展. 杂草科学，（4）：8～11

中国科学院植物志编辑委员会. 1985. 中国植物志. 第七十四卷. 北京：科学出版社. 72～76

六、加拿大一枝黄花防控应急预案（样本）

1. 加拿大一枝黄花危害情况的确认、报告与分级

1）确认

疑似加拿大一枝黄花发生地的主管部门在24h内将采集到的加拿大一枝黄花标本送到上级农业行政主管部门所属的外来物种管理机构，由省级外来物种管理机构指定专门科研机构鉴定，也可组织专家进行现场鉴定。省级外来物种管理机构根据专家鉴定报告，报请农业部确认。

2）报告

确认本地区发生加拿大一枝黄花后，当地农业行政主管部门应在24h内向同级人民政府和上级农业行政主管部门报告，并迅速组织人员对本地区进行普查，及时查清发生和分布情况。省级农业行政主管部门应在24h内将加拿大一枝黄花发生情况上报同级人民政府和农业部，同时抄送省级林业部门和出入境检验检疫部门。

3) 分级

根据加拿大一枝黄花的发生性质、危害程度、影响范围和造成的经济损失等分为四级：Ⅰ级（特别重大）、Ⅱ级（重大）、Ⅲ级（较大）和Ⅳ级（一般）。

Ⅰ级危害：3个或3个以上省（直辖市、自治区）发生加拿大一枝黄花危害。

Ⅱ级危害：2个省（直辖市、自治区）发生加拿大一枝黄花危害。

Ⅲ级危害：1个省（直辖市、自治区）所辖的2个或2个以上地级市（区）发生加拿大一枝黄花危害。

Ⅳ级危害：1个地级市辖的2个或2个以上县（市、区）发生加拿大一枝黄花危害；或者在1个县（市、区）范围内发生加拿大一枝黄花危害程度严重。

2. 应急响应

1) 预警等级

根据加拿大一枝黄花造成的危害等级以及可能造成的危害等级，加拿大一枝黄花危害预警等级分为四级：Ⅰ级（特别严重）、Ⅱ级（严重）、Ⅲ级（较重）和Ⅳ级（一般），依次用红色、橙色、黄色和蓝色表示。

预警信息发布部门可根据加拿大一枝黄花危害程度的发展态势和处置情况，对预警等级作出适当调整。

2) 预警预防行动

进入加拿大一枝黄花危害预警期后，受害地区农业行政主管部门和其他单位等可视情况采取相关预防性措施。

（1）分级响应。

① Ⅰ级应急响应。发生特别重大的加拿大一枝黄花危害启动Ⅰ级响应。发生危害的省（直辖市、自治区）上一级农业行政主管部门组织分析调查受害程度及其发展趋势，视情况组织、指挥、协调、调度相关应急力量和资源，统一实施应急处置，并且将加拿大一枝黄花发生情况、防控工作方案及其执行情况报发生危害的省（直辖市、自治区）上二级农业行政主管部门。

② Ⅱ级应急响应。发生重大的加拿大一枝黄花危害启动Ⅱ级响应。发生危害的省（直辖市、自治区）上一级农业行政主管部门分析调查受害程度及其发展趋势，视情况组织、指挥、协调、调度相关应急力量和资源，统一实施应急处置。

③ Ⅲ级应急响应。发生较大疫情，启动Ⅲ级响应。发生危害的省（直辖市、自治区）农业行政主管部门分析调查受害程度及其发展趋势，视情况组织、指挥、协调、调度相关应急力量和资源，统一实施应急处置。

④ Ⅳ级应急响应。发生一般植物疫情，启动Ⅳ级响应。发生危害的地级市（区）农业行政主管部门分析调查受害程度及其发展趋势，组织、指挥、协调、调度相关应急力量和资源实施应急处置。

（2）扩大响应。

一旦发生先期应急处置仍不能控制的加拿大一枝黄花，尤其是出现跨区域、大面积，并有可能进一步扩散时，要视情况扩大响应范围，提高响应等级。

（3）加拿大一枝黄花危害未影响地区。

根据加拿大一枝黄花的性质、特点、发生区域和发展趋势，分析邻近区域内受波及的可能性和程度，采取相关措施积极应对。

3. 应急处置

1）信息报告与通报

一旦发生加拿大一枝黄花造成重大危害及其存在隐患，任何单位与个人均有义务向农业、植物检疫等部门或疫情发生地区政府报告。

2）先期处置

（1）一旦发生加拿大一枝黄花造成危害，该地区农业行政主管部门应及时组织协调有关部门和单位，通过组织、调度、协调有关力量和资源，采取必要措施实施先期处置，并迅速确定危害等级。

（2）加拿大一枝黄花危害地区农业行政主管部门根据情况进行相应处置，控制加拿大一枝黄花危害并向上级报告。造成危害的单位、乡镇与村等负有先期处置的第一责任，相关单位必须在第一时间进行及时处置，防止加拿大一枝黄花人为扩散，防止和减少自然扩散。

（3）加拿大一枝黄花危害应急处置要采取边调查、边处理、边核实的方式，控制危害发展。在先期处置过程中，危害程度的发展和变化可视情变更响应等级。

4. 部门职责

各级外来有害生物防控工作领导小组负责本地区加拿大一枝黄花防控的指挥、协调工作，并负责监督应急预案的实施；

农业部门具体负责组织加拿大一枝黄花的监测调查、防控和及时报告、通报等工作；

宣传部门要积极利用媒体、宣传资料、标语、网络等多种渠道，进行深入宣传，引导正确的舆论；

财政部门及时安排拨付加拿大一枝黄花防控所需经费；

科技部门要大力加强关于加拿大一枝黄花的研究工作，为持续有效控制加拿大一枝黄花提供技术支撑；

出入境检验检疫部门加强出入境检验检疫工作，防止加拿大一枝黄花的传入和传出；

发展改革、建设、交通、环境保护、旅游、水利、民航等部门密切配合做好相关工作；

其他相关部门应密切合作。

5. 加拿大一枝黄花发生点、发生区和监测区的划定

发生点：加拿大一枝黄花植株发生外缘周围 100m 以内的范围划定为一个发生点（两个加拿大一枝黄花植株距离在 100m 以内为同一发生点）；划定发生点若遇河流和公路，应以河流和公路为界，其他可根据当地具体情况作适当的调整。

发生区：发生点所在的行政村（居民委员会）区域划定为发生区范围；发生点跨越多个行政村（居民委员会）的，将所有跨越的行政村（居民委员会）划为同一发生区。

监测区：发生区外围 5000m 的范围划定为监测区；在划定边界时若遇到水面宽度大于 5000m 的湖泊和水库，以湖泊或水库的内缘为界。

6. 封锁、控制和扑灭

加拿大一枝黄花在某地已经构成严重以上危害的，应在发生地采取措施进行封锁控制和扑灭。

1）封锁控制

对加拿大一枝黄花发生区内机场、码头、车站、停车场、机关、学校、厂矿、农舍、庭院、街道、主要交通干线两旁及其他发生区域进行集中应急防治。有外运产品的生产单位、物流集散地以及花卉集散地有关部门要进行全面调查，积极做好加拿大一枝黄花的应急防控工作。加拿大一枝黄花危害情况特别严重时，经省人民政府批准，可在发生区周边主要交通要道设立临时植物检疫检查站，对外运的花卉、种苗、盆景、草皮等植物产品进行检疫，禁止加拿大一枝黄花人为外运传播。

2）防治与扑灭

采用减少耕地抛荒、化学防治、机械防治、农业防治和人工防除相结合的综合防治措施，达到防控和扑灭加拿大一枝黄花的作用，压缩加拿大一枝黄花的发生范围，减小发生面积。

7. 调查和监测

加拿大一枝黄花发生区及周边地区的各级农业行政主管部门要加强对本地区的调查和监测，对监测信息进行汇总、分析，并作出预警报告。其他地区要加强对来自加拿大一枝黄花发生区的植物及植物产品的检疫和监测，防止加拿大一枝黄花的传入，并在全国范围内对加拿大一枝黄花的发生、蔓延、扩散等进行实时监测。

8. 宣传引导

各级宣传部门要积极利用媒体、宣传资料、标语、网络等多种渠道，不定期地进行深入宣传，重点宣传加拿大一枝黄花的危害、生活史、防控技术和方法等，引导各级组织和群众积极参与到加拿大一枝黄花防控中来。当媒体上出现不实报道或社会上流传谣

言时，各级宣传部门应立即正面澄清，加强舆论引导，减少负面影响，引导媒体正确报道加拿大一枝黄花的相关情况。

9. 应急保障

1）队伍保障

加强加拿大一枝黄花应急防治与处置队伍建设，强化应急联动机制。各级农业行政主管部门要组建加拿大一枝黄花应急处置专业预备队伍，加强专业技术人员培训，提高应急防控队伍人员的专业素质和业务水平。积极做好宣传工作，充分发动群众，实施群防群控。

2）物资保障

各级政府主管部门和有关单位要建立加拿大一枝黄花防控应急物资的储备、生产、调拨和供应。

3）经费保障

各级人民政府应安排专项资金，用于加拿大一枝黄花的应急防控工作。应急响应启动时，当地农业行政主管部门会商有关部门提出经费使用计划，由同级财政部门核拨，财政、农业、审计等部门对专项资金的使用和管理情况进行严格的监督检查，确保专款专用。

4）科技支撑

科技部门要大力加强加拿大一枝黄花防控技术以及应急处置方法等研究，加强危害调查、评估、趋势预测等技术研究，为持续有效控制加拿大一枝黄花提供技术支撑。在加拿大一枝黄花发生地，有关部门要组织专家和技术骨干对加拿大一枝黄花防控工作进行技术指导。

5）信息共享与处理

各级农业行政主管部门及有关单位要按职责分工，建立健全信息共享机制；加拿大一枝黄花危害及其处置与控制措施可能影响其他行政区或境外的，要及时上报上一级农业行政主管部门或按有关规定执行。

10. 应急解除

特别重大等级的，由发生危害的省（直辖市、自治区）上二级农业行政主管部门对处置情况进行评估，提出中止应急响应的建议，报批后终止；重大危害等级的，由发生危害的省（直辖市、自治区）上一级农业行政主管部门对处置情况进行评估，提出中止应急响应的建议，报批后终止；较大危害等级的，由发生危害的省（直辖市、自治区）农业行政主管部门对处置情况进行评估，提出中止应急响应的建议，报批后终止；一般危害等级的，由发生危害的地级市（区）农业行政主管部门对处置情况进行评估，提出中止应急响应的建议，报批后终止；对短期内无法消除其危害的加拿大一枝黄花，农业行政主管部门要制定长效控制方案；应急处置结束后，受害地区的区、县农业行政主管部门要继续组织对发生区域进行监测。

11. 附则

1）预案修订

本预案根据实际情况和实施中发现的问题，及时更新、补充和修订。

2）预案实施

本预案自发布之日起实施。
本预案由农业部外来物种管理办公室负责解释。

（沈国辉）

假高粱应急防控技术指南

一、假　高　粱

学　　　名：*Sorghum halepense*（L.）Pers.
异　　　名：*Andropogon halepensis* Brot.，*Holcus halepensis* L.
英　文　名：Johnsongrass，Johnson grass，Aleppo grass，Aleppo milletgrass
中文别名：约翰逊草、阿拉伯高粱、石茅高粱、宿根高粱
分类地位：禾本科（Poaceae）蜀黍属（*Sorghum*）

1. 起源与分布

起源：假高粱原产欧洲地中海东南部和亚洲叙利亚。

国外分布：

欧洲：阿尔巴尼亚、奥地利、白俄罗斯、保加利亚、克罗地亚、捷克、斯洛伐克、法国、希腊、匈牙利、意大利、波兰、葡萄牙、罗马尼亚、俄罗斯、前南斯拉夫地区、西班牙、瑞士、英国、德国、瑞典。

亚洲：阿富汗、巴林、孟加拉国、中国、印度、印度尼西亚、伊朗、伊拉克、以色列、约旦、韩国、黎巴嫩、阿曼、巴基斯坦、菲律宾、沙特阿拉伯、斯里兰卡、泰国、土耳其、缅甸、叙利亚、日本。

非洲：贝宁湾、埃及、马拉维、摩洛哥、莫桑比克、纳米比亚、尼日利亚、塞内加尔、南非、斯威士兰、坦桑尼亚、乌干达。

美洲：古巴、多米尼加共和国、萨尔瓦多、危地马拉、洪都拉斯、牙买加、尼加拉瓜、波多黎各、加拿大、墨西哥、美国、阿根廷、玻利维亚、巴西、智利、哥伦比亚、巴拉圭、秘鲁、乌拉圭、委内瑞拉、哥斯达黎加、厄瓜多尔、巴拿马、多米尼加、伯利兹。

大洋洲：澳大利亚、斐济、新西兰、法属玻利尼西亚、北马里亚纳群岛、关岛、密克罗尼西亚联邦、马绍尔群岛、巴布亚新几内亚、新喀里多尼亚、萨摩亚、瓦努阿图、瓦利斯和富图纳、所罗门群岛、汤加、帕劳。

国内分布：

我国已在华南、华东以及西南部分省份的大中城市周围发现有假高粱生长，在山东青岛、济南、烟台，江苏南京、连云港和徐州等地已经有大面积发生，但总体分布未广，不过蔓延趋势更加明显和迅速。

2. 主要形态特征

具匍匐根状茎，长达 2m，分枝较多，肉质，白色到棕褐色，常具紫色斑点，茎节

覆盖棕色鳞鞘。秆直立，高 100～300cm，直径约 5mm。叶片阔线形至线状披针形，长 20～70cm，宽 1～4cm，顶端长渐尖，基部渐狭，无毛，中脉白色粗厚，边缘粗糙。叶舌具缘毛。圆锥花序长 15～60cm，宽 10～30cm，分枝近轮生，在其基部与主轴交接处常有白色柔毛，上部常数次分出小枝，小枝顶端着生总状花序，穗轴与小穗轴均被纤毛。

小穗成对，其中，一个具柄，另一个无柄。无柄小穗椭圆形，长约 5.5mm，宽约 2mm，成熟时为淡黄色带淡紫色至紫黑色，基盘被短毛。两颖近革质，等长或第二颖略长，背部皆被硬毛，成熟时下半部毛渐脱落。第一颖顶端有微小而明显的 3 齿，上部 1/3 处具 2 脊，脊上有狭翼，翼缘有短刺毛，第二颖舟形。第一外稃长圆披针形，稍短于颖，透明膜质近缘有纤毛；第二外稃长圆形，长为颖的 1/3～1/2，顶端微 2 裂，主脉由齿间伸出成芒，芒长 5～11mm，膝曲扭转，也可全缘均无芒，内稃狭，长为颖之半。有柄小穗较窄，披针形，长 5～6mm，颖均草质，雄蕊 3，无芒。

3. 主要生物学生态学特性

多年生草本，通过种子和根茎繁殖。种子在自然状况下主要依靠风力和水流传播，也可通过鸟类和牲畜取食而携带到其他地方。种子通常在 0～10cm 的表土层中萌发，但在 20cm 深的土层中也能萌发出苗。生于路边、农田、果园、草地以及河岸、沟渠、山谷、湖岸湿处。在不同的生境下有不同的适应性，在我国主要分布在港口、公路边、公路边农田中及粮食加工厂附近，在铁路路基、乱石堆或非常板结的土壤中，也能正常生长、抽穗、成熟，在水田中也能生长。

4. 传播与扩散

假高粱主要通过种子混杂在粮食中进行远距离传输，随着国内外粮食贸易及地区间相互引种的日益频繁，其输入输出的可能性越来越大。

假高粱的适应性很广，对环境资源有着较强的竞争能力，其子实在装卸、转运和加工过程中散落到地表后，很容易萌发存活。并且，假高粱根茎繁殖能力很强，生长迅速，一株假高粱在一个生长季节可产生 100m 左右的根茎，每个茎节均可形成新的植株。单个假高粱根茎嫩芽每月可侵占 1.3m² 的土地，2.5 年后可占地 17m²。其地下根茎常常纵横交错，排挤其他植物生长，形成大片单优势群落，破坏生物多样性。假高粱单株种子产量高达 28 000 粒左右（＞1kg），可以通过风、水流、农用器械、动物及人类活动传播，60％～75％的种子在土壤中能存活 2 年，50％能存活 5 年以上。假高粱一旦定殖，便会迅速蔓延危害，而且极难清除。

5. 发生与危害

假高粱是世界农业地区最危险的十大恶性杂草之一，它不仅使作物的产量下降，而且迅速侵占耕地，其生长蔓延非常迅速，具有很强的繁殖力和竞争力。植株附近作物、果树及杂草等被夺去生存空间和被假高粱的强大根群所排挤而逐渐枯死，是甘蔗、玉米、棉花、谷类、豆类、果树等 30 多种作物地里最难防除的杂草。

假高粱的大量发生可使甘蔗减产 25%～59%，玉米减产 12%～40%，大豆减产 23%～42%。据 Colbert（1979）研究，阿根廷大豆田因为假高粱的大量发生每年损失高达 30 亿比索；在美国，中耕作物的耕种经常因为假高粱的大量发生而被放弃。

假高粱是很多害虫和植物病害的转主寄主，其花粉易与留种的高粱属作物杂交，使产量降低，品种变劣，给农业生产带来极大危害。

在我国由于政府部门及有关植物检疫、植物保护人员的努力，假高粱的发生面积尚不大，在农田中的发生危害面积更少，因而对粮食生产所造成的损失较小。若其大面积侵入农田，从其危害的作物种类、范围及危害程度来看，估计可以使各种作物减产 10%～50%，甚至颗粒无收，严重影响我国粮食产量，造成的损失应在数十亿元以上。并且，我国进出口检疫机关每年因假高粱而增加许多检疫、检测费用，各级植物保护、植物检疫机构在疫情调查、监测及除害工作方面也要投入大量财力和物力，估计每年费用也要上百万元。

假高粱具有一定毒性，苗期和在高温干旱等不良条件下，植物体内产生氢氰酸，牲畜取食后会发生中毒现象。

图版 7

图版说明

    A. 假高粱幼苗

    B. 假高粱花序

    C. 假高粱成株

    D. 假高粱种子

    E. 假高粱地下茎

图片作者或来源

    A，B，C，E. 张朝贤

    D. http://plants.usda.gov/java/largeImage?imageID＝soha_003_ahp.jpg

二、假高粱检验检疫技术规范

1　范围

本规范规定了假高粱的检疫检验及检疫处理操作办法。

本规范适用于农业植物检疫机构对假高粱植物活体、种子及可能携带其种子、活体植株的载体、交通工具的检疫检验和检疫处理。

2. 产地检疫

（1）踏查范围为在我国粮食装卸、转运和加工的场所，重点踏查湿润的生境以及公路和铁路沿线、粮库、牧场等地。

（2）发现疫情后，应立即报告给当地农业检疫部门和外来入侵生物管理部门。

3. 调运检疫

检查调运的粮食中有无夹带其子实，特别是对进口粮食必须严格实施检疫，内检、外检密切配合。

4. 检验及鉴定

（1）根据以下特征，鉴定是否属禾本科：一年生、二年生或多年生草本或木本植物，地上茎中空有节，少实心。单叶互生，叶通常由叶片和叶鞘组成，叶鞘包着秆，除少数种类闭合外，通常一侧开裂；叶片扁平，线性、披针形或狭披针形，脉平行，少数种类脉间有横脉；花序常由小穗排成穗状、总状、指状、圆锥状等型式；小穗有小花1至多朵，基部常有2片不孕苞片；花小，两性或稀单性，花被片2或3枚，特化为透明而肉质的小鳞片；雄蕊常3枚，花柱2；果实为颖果，果皮常与种皮贴生，种子有丰富胚乳。

（2）根据以下特征，鉴定是否属蜀黍属：圆锥花序顶生；小穗成对或穗轴顶端1节有3小穗，一无柄面结实，一有柄面不实或为雄性；穗轴和小穗柄边缘有毛；无柄小穗背向压扁；颖硬革质，第一颖背部浑圆或扁平，边内卷，成熟时变硬而光亮，第二颖呈舟状，外稃膜质，上部的（实性的）2 裂而有芒或全缘而无芒。

（3）在放大 10～15 倍体视解剖镜下检验。根据种的特征和近缘种的比较（附录 A），鉴定是否为假高粱。

5. 检疫处理和通报

产地检疫中发现假高粱后，应根据实际情况，启动应急预案，立即进行应急治理。疫情确定后一周内应将疫情通报给植物和植物产品调运目的地的农业外来入侵生物管理部门和农业植物检疫部门，以加强目的地监测力度。

附录 A　假高粱及其近缘种的比较

种类	假高粱 *S. halepense*	黑高粱 *S. almum*	苏丹草 *S. sudanense*	光高粱 *S. nitidum*	拟高粱 *S. propinquum*
无柄小穗	长 3.5～5.0mm，顶端稍钝形，无芒或有芒，卵状披针形	长 5.0～5.5mm，宽 2.3～2.5mm，厚约 1.8mm，小穗或无关节，成熟小穗轴折断而分离，折断处不整齐	长 6.0～6.5mm，顶端稍尖，阔椭圆形，芒易脱落，有柄小穗呈披针形	长 3.0～5.0mm，顶端稍钝形，卵状披针形，芒长	长 4.0～5.0mm，顶端突然锐尖，具短小尖头，无芒，菱状披针形
颖片	革质，呈黄褐色、红褐色或紫黑色，有光泽，先端锐尖	革质，呈黄褐色、红褐色或紫黑色，有光泽，先端锐尖	革质，有光泽，呈黄褐色、红褐色至紫黑色	革质，黑色	革质，下部红褐色，上部或顶端黄色
第1颖	背部近扁平，具2脊，脊和边缘上具短纤毛	背部近扁平，具2脊，脊和边缘上具短纤毛	颖具2脊，脊上有短纤毛	顶端近膜质，上端具2脊，有3～5条纵脉；背部密被纤毛	扁平，顶端无齿或齿不显著，脉不明显，边缘包第2颖，两侧脊及背部密被纤毛
第2颖	具1脊，舟形，脊上有短纤毛	具1脊，舟形，脊上有短纤毛	具1脊，舟形，脊近端有纤毛	顶端具短尖，具3～5条纵脉，背部微隆起	中脊突出，基部穗轴节间和小穗柄各1枚，顶端膨大内陷具白色长柔毛
第1小花	仅有外稃，膜质，具3脉，长圆状披针形	仅有外稃，膜质，具3脉，长圆状披针形	内、外稃均膜质透明	仅有外稃，厚膜质，卵状披针形	仅有外稃，膜质，具1脉，三角状披针形
第2小花	膜质的内外稃边缘被毛，外稃三角状披针形，长约 2.0mm，顶端2裂，主脉由齿间伸出芒，芒长约 3.5mm，有时呈小尖头而无芒，内稃线性或不规则	外稃三角状披针形，顶端微2裂，主脉由齿间伸出芒，有时无芒，内稃线性或不规则	内外稃膜质，外稃先端2裂，芒从齿裂中间伸出，芒长 8.5～12mm	外稃宽披针形，透明膜质，边缘被毛，顶端2齿裂，芒自齿间伸出，膝曲扭转，芒长可达 20mm 以上	膜质的内外稃边缘被毛，外稃披针形，长 3.5mm，顶端无芒，内稃线性

续表

种类	假高粱 *S. halepense*	黑高粱 *S. almum*	苏丹草 *S. sudanense*	光高粱 *S. nitidum*	拟高粱 *S. propinquum*
颖果	颖果长2.6～3.2mm,宽1.5～1.8mm,厚约1.0mm;倒卵形或椭圆形,暗红褐色或棕色,表面乌暗而无光泽,侧面观,背面钝圆,腹面扁平,全长近等厚,先端钝圆,具宿存花柱2枚,基部钝尖,种脐微小,圆形,深褐色	颖果长3.0～3.5mm,宽1.8～2.0mm,厚约1.1mm	颖果倒卵形,长4.0～4.5mm,宽2.5～2.8mm,顶端钝圆,基部稍尖,果皮赤褐色,胚体大,近椭圆形,长占果体1/2～4/5,脐紫褐色圆形,位于果实腹面基部	颖果椭圆形,长约2.2mm,宽约1.0mm,棕红色,胚体大,长约占果体1/2,脐圆形,黑褐色,位于果实腹面基部	颖果倒卵形,平凸;紫褐色至棕褐色,长2.5mm,宽1.8mm,顶具2枚花柱合生的残基。胚长为颖果的2/3

资料来源:中华人民共和国出入境检疫行业标准 SN/T1362—2004。

三、假高粱调查监测技术规范

1. 范围

本规范规定了对植物及植物产品中假高粱的检疫与鉴定方法。

本规范适用于粮食、种子等植物及植物产品中混杂假高粱的分离与鉴定。

2. 调查

1)访问调查

向当地居民询问有关假高粱发生地点、发生时间、危害情况,分析假高粱传播扩散情况及其来源。每个社区或行政村询问调查30人以上。对询问过程发现的假高粱可疑存在地区,进行深入重点调查。

2)实地调查

(1)调查地域。

重点调查我国粮食装卸、转运和加工场所以及车站站台、公路和铁路沿线、粮库、粮食加工厂、牧场以及居民生活区周围、水边、水稻田、甘薯地、大豆田、茶园、荒地、公园空地、林下、山坡等地方。

(2)调查方法。

调查设样地不少于10个,随机选取,每块样地面积不小于$1m^2$,用GPS仪测量样地的经度、纬度、海拔,记录样地的地理信息、生境类型、物种组成。

观察有无假高粱危害,记录假高粱发生面积、密度、危害植物、被假高粱覆盖的程度(百分比),无林木和其他植物的地方则调查假高粱占据的程度(百分比)。

（3）面积计算方法。

发生于农田、果园、湿地、林地等生态系统内的外来入侵植物，其发生面积以相应地块的面积累计计算，或以划定包含所有发生点的区域面积进行计算；发生于路边、房前屋后、绿化带等地点的外来入侵生物，发生面积以实际发生面积累计获得或持 GPS 仪沿分布边界走完一个闭合轨迹后，围测面积；发生在山上的面积以持 GPS 仪沿分布边界走完一个闭合轨迹后，围测的面积为准；如山高坡陡，无法持 GPS 仪走完一个闭合轨迹的，也可采用目测法估计发生面积。

（4）危害等级划分。

按覆盖或占据程度确定危害程度。适用于农田、林地、草地、环境等生态系统。具体等级按以下标准划分。

等级 1：零星发生，覆盖度＜5％；

等级 2：轻微发生，覆盖度为 5％～15％；

等级 3：中度发生，覆盖度为 15％～30％；

等级 4：较重发生，覆盖度为 30％～50％；

等级 5：严重发生，覆盖度为 50％～90％；

等级 6：极重发生，覆盖度为 90％～100％。

3. 监测

1）监测区的划定

发生点：假高粱植株发生外缘周围 100m 以内的范围划定为一个发生点（两株假高粱或两个假高粱发生斑块距离在 100m 以内为同一发生点）；划定发生点若遇河流和公路，应以河流和公路为界，其他可根据当地具体情况作适当的调整。

发生区：发生点所在的行政村（居民委员会）区域划定为发生区范围；发生点跨越多个行政村（居民委员会）的，将所有跨越的行政村（居民委员会）划为同一发生区。

监测区：发生区外围 5000m 的范围划定为监测区；在划定边界时若遇到水面宽度大于 5000m 的湖泊和水库，以湖泊或水库的内缘为界。

2）监测方法

根据假高粱的传播扩散特性，在监测区的每个村庄、社区、街道、山谷、河溪两侧湿润地带以及公路和铁路沿线的人工林地等地设置不少于 10 个固定监测点，每个监测点选 10m²，悬挂明显监测位点牌，一般每月观察一次。

4. 样本采集与寄送

在调查中如发现可疑假高粱，将可疑假高粱用 70％酒精浸泡或晒干，标明采集时间、采集地点及采集人。将每点采集的假高粱集中于一个标本瓶中或标本夹中，送外来物种管理部门指定的专家进行鉴定。

5. 调查人员的要求

要求调查人员为经过培训的农业技术人员，掌握假高粱的形态学、生物学特性，危害症状以及假高粱的调查监测方法和手段等。

6. 结果处理

调查监测中，一旦发现假高粱，严格实行报告制度，必须于24h内逐级上报，定期逐级向上级政府和有关部门报告有关调查监测情况。

四、假高粱应急控制技术规范

1. 范围

本规范规定了假高粱新发、爆发等生物入侵突发事件发生后的应急控制操作方法。

本规范适用于各级外来入侵生物管理机构和农业技术部门在生物入侵突发事件发生后的应急处置。

2. 应急控制方法

对于零星发生的植株可以人工挖除，及时销毁；对于成片发生的假高粱植株，首先及时拔除地上部分集中销毁，防止种子传播。人工防除必须尽可能挖干净，直到挖除根尖为止，必须在抽穗前进行，以免产生种子，对挖除的根茎和地上部的茎秆要集中晒干销毁，以免再生。

由于假高粱植株目前仅局限于在进口粮食运输沿路和粮食加工厂附近发生，远离农田，因此可以使用草甘膦、茅草枯、烯草酮、四氟丙酸和盖草能等药剂。

假高粱经草甘膦茎叶喷雾后，第5～7天地上部茎叶枯萎死亡，地下根茎离土表5cm以上处开始变褐腐烂，继而向深处扩展，第20天地下根茎20～25cm以上部分变褐腐烂，到第30天地下根茎全部腐烂死亡。

农民乐也是防除假高粱植株有显著效果的除草剂，经对农民乐有效剂量和施药时期试验表明，最佳施药期是主株在10片叶前，农民乐使用剂量为$0.53g/m^2$，而当假高粱主株进入抽穗结实期后，使用剂量则需增至$0.68g/m^2$。1%、0.75%和0.5%有效浓度的茅草枯药液，对防除假高粱的根状茎均有良好效果。对施用除草剂1个月左右仍有残留根状茎的，应挖出毁掉，或当植株具有一定叶面积时补喷药剂。

3. 注意事项

喷雾时，注意选择晴朗天气进行，注意雾滴不要飘移到邻近的作物上。在沟边或农田边采用化学除草剂喷雾时，避免药剂随雨水进入农田而造成药害。喷药时应均匀周到。实施很低容量喷雾时，应远离农田，防止雾滴飘移到农作物上。不要在下雨天施药，若施药后6h内下雨，应补喷一次。在施药区应插上明显的警示牌，避免造成人、畜中毒或其他意外。

五、假高粱综合治理技术规范

1. 范围

本规范规定了假高粱爆发地综合治理的技术规范。

本规范适用于外来入侵生物管理机构和农业技术部门对假高粱入侵突发事件的综合治理。

2. 专项防治措施

1）化学防治

当假高粱发生面积比较大时，可以采用化学防除的方法。假高粱在我国多发生在非农田区，因此可选择使用草甘膦、茅草枯、烯草酮和盖草能等药剂。

2）人工铲除

对散生或者不适宜使用化学防除的区域，在假高粱营养生长期，人工铲除假高粱地，人工挖除必须注意以下几点：一是挖除范围，应根据植株分布范围外扩 1m 左右；二是每个根茎都有根尖，人工挖除要挖深挖透；三是挖出的根茎及植株要集中晒干烧毁，防止传播；四是挖除后要定期复查。配合伏耕和秋耕除草，将其根茎置于高温、干燥环境下；用暂时积水的方法，抑制其生长。

3）生物防除

利用放线菌 *Streptomyce* sp.（链霉菌属一种）进行防除，菌液浓度为 0.04% 时处理假高粱幼苗，幼苗全部死亡。或者用 *Bioplolaris sorghicola* 的孢子溶液加表面活性剂，喷施于 5 日龄的假高粱幼苗，当孢子浓度为 1.5×10^5 个/mL 时，6 天可除苗 66%，8 天除苗 88%，其余幼苗 25 天后全部死亡。

3. 综合防控措施

1）化学防治与人工防除相结合

人工防除后还会再生的假高粱地，可以在假高粱幼苗再次生长出来后采取化学防除的方法，连续两年，可使假高粱完全灭绝。

2）人工防除加火烧的方式

对于难以用化学防除的地方，比如陡峭的山坡荒地，可以采取人工防除加火烧的方式防除，但要注意不要引起火灾。

主要参考文献

曹迎春，曹国钢. 2000. 假高粱生物学观察及防除. 湖北植保，(4)：30

韩得坤，刘虹，王永绵等. 1995. 假高粱的危害性及其在青海的适应性初探. 青海农林科技，4：32～35

李扬汉. 1998. 中国杂草志. 北京：中国农业出版社. 1338

陶小林，何芳，夏可容. 2001. 铜仁地区假高粱发生特点与防除技术. 植保技术与推广，21（1）：32～34

王建书，李扬汉. 1995. 假高粱的生物学特性、传播及其防治和利用. 杂草科学，1：14～16

吴海荣，强胜，段惠等. 2004. 假高粱的特征特性及控制. 杂草科学，1：52～54

夏忠敏. 1998. 贵州省植物检疫对象的种类及危害. 贵州农业科学，26（4）：21～23

张茂伟，鹿世晋. 1994. 青岛地区假高粱发生与生育期观察初报. 中国农学通报，10（5）：41～42

郑雪浩，黄信飞，蒋自珍等. 2000. 假高粱再生3熟气象条件分析. 植物检疫，14（3）：135～138

Colbert B. 1979. Johnsongrass, a major weed in soybeans. Hacienda, 74（3）：21，34～35

Holm L G, Donald P, Pancho V et al. 1977. The World's Worst Weeds：Distribution and Biology. Honolulu：The University Press of Hawaii. 54～61

McWhorter C G, Hartwig E G. 1972. Competition of johnsongrass and cocklebur with six soybean varieties. Weed Science，20：56～59

McWhorter C G. 1972. Factors affecting johnsongrass rhizome production and germination. Weed Science，20：41～45

McWhorter C G. 1981. Johnson grass as a weed. USDA Farmers Bulletin，1537：3～19

六、假高粱防控应急预案（样本）

1. 假高粱危害情况的确认、报告与分级

1）确认

疑似假高粱发生地的农业主管部门在24h内将采集到的假高粱标本送到上级农业行政主管部门所属的植物检疫机构，由省级植物检疫机构指定专门科研机构鉴定，省级植物检疫机构根据专家鉴定报告，报请农业部确认。

2）报告

确认本地区发生假高粱后，当地农业行政主管部门应在24h内向同级人民政府和上级农业行政主管部门报告，并迅速组织对本地区进行普查，及时查清发生和分布情况。省农业行政主管部门应在24h内将假高粱发生情况上报省人民政府和农业部，同时抄送省级林业部门和出入境检验检疫部门。各监测站点必须认真履行职责，及时如实报告假高粱的信息，并做好记录和资料建档工作。任何单位和个人不得谎报、瞒报、迟报、漏报假高粱的信息。

3）分级

一级危害：在1个省（直辖市、自治区）所辖的2个或2个以上地级市（区）发生假高粱危害严重的。

二级危害：在1个地级市辖的2个或2个以上县（市、区）发生假高粱危害；或者在1个县（市、区）范围内发生假高粱危害程度严重的。

三级危害：在1个县（市、区）范围内发生假高粱危害。

出现以上一至三级程度危害时，启动本预案。

2. 应急响应

各级人民政府按分级管理、分级响应、属地管理的原则，根据农业部植物检疫机构的确认、假高粱危害范围及程度，一级危害启动一级响应，二级危害启动二级响应，三级危害启动三级响应。进入应急响应状态后，除实施隔离控制的疫区外，其他地区应当保持正常的工作、生产和生活秩序，但要加强对疫情的监测工作。

1）一级响应

省级人民政府立即成立假高粱防控工作领导小组，迅速组织协调各地（市、州）人民政府及同级相关部门开展假高粱防控工作，并报农业部；农业主管部门要迅速组织对本省（自治区、直辖市）假高粱发生情况进行调查评估，制定防控工作方案，组织农业行政及技术人员采取防控措施，并及时将假高粱发生情况、防控工作方案及其执行情况报农业主管部门；省级其他相关部门密切配合做好假高粱防控工作；省级农业主管部门根据假高粱危害严重程度在技术、人员、物资、资金等方面对假高粱发生地给予紧急支持，必要时，请求上级部门给予相应援助。

2）二级响应

地级以上市人民政府立即成立假高粱防控工作领导小组，迅速组织协调各县（市、区）人民政府及市相关部门开展假高粱防控工作，并由本级人民政府报省人民政府；市级农业行政主管部门要迅速组织对本市假高粱发生情况进行全面调查评估，制定防控工作方案，组织农业行政及技术人员采取防控措施，并及时将假高粱发生情况、防控工作方案及其执行情况报省级农业行政主管部门；市级其他相关部门密切配合做好假高粱防控工作；省级农业行政主管部门加强督促指导，并组织查清本省假高粱发生情况；省人民政府根据假高粱危害严重程度和市级人民政府的请求，在技术、人员、物资、资金等方面对发生假高粱地区给予紧急援助支持。

3）三级响应

县级人民政府立即成立假高粱防控工作领导小组，迅速组织协调各乡镇政府及县相关部门开展假高粱防控工作，并由本级人民政府报告上一级人民政府；县级农业行政主管部门要迅速组织对假高粱发生情况进行全面调查评估，制定防控工作方案，组织农业行政及技术人员采取防控措施，并及时将假高粱发生情况、防控工作方案及其执行情况报市级农业行政主管部门；县级其他相关部门密切配合做好假高粱防控工作；市级农业行政主管部门加强督促指导，并组织查清全市假高粱发生情况；市级人民政府根据假高粱危害严重程度和县级人民政府的请求，在技术、人员、物资、资金等方面对发生假高粱地区给予紧急援助支持。

3. 部门职责

各级外来有害生物防控工作领导小组负责本地区假高粱防控的指挥、协调工作，并负责监督应急预案的实施。农业部门具体负责组织假高粱监测调查、防控和及时报告、通报等工作；宣传部门负责引导传媒正确宣传报道假高粱有关情况；财政部门及时安排拨付假高粱防控应急经费；科技部门组织假高粱防控技术研究；经贸部门组织防控物资生产供应，以及假高粱对贸易和投资环境影响的应对工作；林业部门负责林地的假高粱调查及防控工作；出入境检验检疫部门加强出入境检验检疫工作，防止假高粱的传入和传出；发展改革、建设、交通、环境保护、旅游、水利、民航等部门密切配合做好相关工作。

各乡（镇）按照属地管理原则，落实防控责任，按照管辖区范围，划定责任区，明确责任人，签订责任状；对防控工作必需的经费给予支持；组织开展本辖区假高粱疫情全面普查，搞好防疫宣传，教育群众及时清除假高粱；组织人员对所发现的假高粱采取化学除治或人工拔除的办法进行全面清除，不留死角；做好假高粱疫情发生区的监控和封锁工作，严防疫情进一步蔓延。有防控任务的村要有1或2名查防员，负责本村范围内的假高粱调查和除治。

县农牧局植物保护站应建立疫情报告制度和信息及防控工作动态通报制度；向社会公布举报、咨询服务电话；充分利用电视、广播、印发宣传资料、举办培训班等多种形式，广泛宣传假高粱的严重危害和防控工作的重要意义，普及疫情除治技术，指导乡村科学除治；做好防控假高粱疫情的物资储备工作；督导有关乡村落实普查、除治措施，尽快根除假高粱疫情。

4. 假高粱发生点、发生区和监测区的划定

发生点：农田发生的以每块农田为一个发生点；环境发生的以假高粱植株发生外缘周围100m以内的范围划定为一个发生点（两个假高粱植株距离在100m以内为同一发生点）；划定发生点若遇河流和公路，应以河流和公路为界，其他可根据当地具体情况作适当的调整。

发生区：发生点所在的行政村（居民委员会）区域划定为发生区范围；发生点跨越多个行政村（居民委员会）的，将所有跨越的行政村（居民委员会）划为同一发生区。

监测区：发生区外围5000m的范围划定为监测区；在划定边界时若遇到水面宽度大于5000m的湖泊和水库，以湖泊或水库的内缘为界。

5. 封锁、控制和扑灭

假高粱发生区所在地的农业行政主管部门对发生区内的田块或生境设置醒目的标志和界线，并采取措施进行封锁控制和扑灭。

1）封锁控制

对假高粱发生区内的麦田、农田道路两侧、选种场、面粉场、饲养场、有外运产品的生产单位以及物流集散地等场所有关部门要进行全面调查。假高粱危害情况特别严重时，经省人民政府批准，可在发生区周边主要交通要道设立临时植物检疫检查站，对外运的种苗、花卉、盆景、草皮、蔬菜、水果等植物产品进行检疫，禁止假高粱发生区内

树枝落叶、麦秸、杂草、菜叶等垃圾外运，防止假高粱随水流等传播。

2）防治与扑灭

经常性开展扑杀假高粱行动，采用化学、物理、人工、综合防治方法灭除假高粱，即先喷施化学除草剂进行灭杀，然后采用人工铲除及其他综合治理措施，直至扑灭假高粱。

6. 调查和监测

假高粱发生区及周边地区的各级农业植物检疫机构要加强对本地区的调查和监测，做好监测结果记录，保存记录档案，定期汇总上报。监测站点要明确专人负责假高粱信息的收集、分析和汇总工作，对本地发生假高粱信息及时进行核实或者查询、分析，并对是否有可能对本地造成影响进行预测，提出处置建议，及时向上级部门报告。确保及时准确掌握假高粱疫情的发生地点、发生面积、发育进程、危害程度，为科学防除假高粱提供有力依据。其他地区要加强对来自假高粱发生区的植物及植物产品的检疫和监测，防止假高粱传入。

7. 宣传引导

普及假高粱防控知识。充分利用报纸、电台、电视、农村广播、宣传资料等多种形式，抓好防控常识的宣传工作，做到家喻户晓，使群众真正树立起责任意识和主动意识。

各级宣传部门要积极引导媒体正确报道假高粱发生及控制情况。有关新闻和消息，应通过政府部门正常渠道获取，防止炒作，避免失实报道引起社会不安。在假高粱发生区，要利用适当的方式进行科普宣传，重点宣传防范知识、防控技术方法。当媒体上出现不实报道或社会上流传谣言时，应立即正面澄清，加强舆论引导，减少负面影响。

8. 应急保障

1）通信保障

县（市、区）农业局要协调有关部门建立和完善应急指挥通信保障系统，配备必要的通信设备，保障联络畅通。假高粱发生后，市、县广播电视局对应急处置所需的无线电频率应优先安排，保障应急工作的需要。

2）队伍保障

各级人民政府要组建由农业行政主管部门技术人员以及有关专家组成的假高粱应急防控队伍，加强专业技术人员培训，提高应急防控队伍人员的专业素质和业务水平，为应急预案的启动提供高素质的应急队伍保障，成立防治专业队；要充分发动群众，实施群防群控。

3）物资保障

省、市、县各级人民政府要建立假高粱防控应急物资储备制度，确保物资供应，对假高粱危害严重的地区，应该及时调拨救助物资，保障受灾农民生活和生产的稳定。

4）经费保障

各级人民政府应安排专项资金，用于假高粱应急防控工作。应急响应启动时，当地农业行政主管部门会商有关部门提出经费使用计划，由同级财政部门核拨，财政、农业、审计等部门对专项资金的使用和管理情况进行严格的监督检查，确保专款专用。

5）技术保障

科技部门要大力支持假高粱防控技术研究，为持续有效控制假高粱提供技术支撑。在假高粱发生地，有关部门要组织本地技术骨干力量，加强对假高粱防控工作的技术指导。

6）应急与演练

市、县农业局根据假高粱的发生、危害情况及其潜在的威胁，加强对专业技术人员和防控专业队伍的技术培训，并结合实际工作进行防控实战演练，提高应对假高粱的防控能力。

9. 应急状态解除

通过采取全面、有效的防控措施，达到防控效果后，县、市农业行政主管部门向省农业行政主管部门提出申请，经省农业行政主管部门组织专家评估论证，防治效果达到标准的，由省级人民政府批准解除应急状态，并通报农业部。

经过连续 2 年的监测仍未发现假高粱，经省农业行政主管部门组织专家论证，认为可以解除封锁时，经假高粱发生区农业行政主管部门逐级向省农业行政主管部门报告，由省农业行政主管部门报省级人民政府及农业部批准解除假高粱发生区，同时将有关情况通报林业部门和出入境检验检疫部门。

10. 附则

地（市、州）各级人民政府根据本预案制定本地区假高粱防控应急预案。

本预案自发布之日起实施。

本预案由省级农业行政主管部门负责解释。

（黄红娟　张朝贤）

少花蒺藜草应急防控技术指南

一、少花蒺藜草

学　　名：*Cenchrus pauciflorus* Benth.

异　　名：*Cenchrus spinifex* Cav.

　　　　　Cenchrus incertus M. A. Curtis

英 文 名：field sandbur，coast sandbur

中文别名：疏花蒺藜草、草狗子、草蒺藜

分类地位：禾本科（Poaceae）蒺藜草属（*Cenchrus*）

1. 起源与分布

起源：热带美洲。

国外分布：洪都拉斯、哥斯达黎加、萨尔瓦多、危地马拉、尼加拉瓜、巴拿马、古巴、巴西、阿根廷、智利、巴拉圭、乌拉圭、美国、墨西哥、乌克兰、俄罗斯、日本。

国内分布：辽宁（朝阳、锦州、铁岭、沈阳）、内蒙古（赤峰、通辽）、吉林（双辽）。

2. 主要形态特征

少花蒺藜草植株直立或松散簇状。株高 30～100cm，茎秆膝状弯曲；叶鞘压扁、无毛，或偶尔有绒毛；叶舌边缘毛状，长 0.5～1.4mm；叶片长 3～28cm，宽 3～7.2mm，先端细长。总状花序，小穗被包在苞叶内；可育小穗无柄，常 2 枚簇生成束；刺状总苞下部愈合呈杯状，卵形或球形，长 5.5～10.2mm，下部倒圆锥形。苞刺长 2～5.8mm、扁平、刚硬、后翻、粗皱、下部具绒毛和可育小穗一起脱落。小穗长 3.5～5.9mm，由一个不育小花和一个可育小花组成，卵形，背面扁平，先端尖、无毛。颖片短于小穗，下颖长 1～3.5mm，披针状、顶端急尖，膜质，有 1 脉；上颖 3.5～5mm，卵形，顶端急尖，膜质，有 5～7 脉；下外稃 3～5mm，有 5～7 脉，质硬，背面平坦，先端尖。下部小花为不育雄花，或退化，内稃无或不明显；外稃卵形，膜质长 3～5（5.9）mm有 5～7 脉，先端尖；可育花的外稃卵形，长 3.5～5（5.8）mm，皮质、边缘较薄凸起，内稃皮质。花药 3 个，长 0.5～1.2mm。颖果几呈球形，长 2.5～3.0mm，宽 2.4～2.7mm，绿黄褐色或黑褐色；顶端具残存的花柱；背面平坦，腹面凸起；脐明显，深灰色。

3. 主要生物学和生态学特性

少花蒺藜草为旱生一年生草本，偶尔为短周期的多年生，生长在草场、林地、荒地、果园、农田、路边、牧场。5 月上、中旬出苗，6 月 20 日左右抽茎分蘖，7 月 20 日左右抽穗，8 月 5 日左右开花结实。

少花蒺藜草以种子繁殖。繁殖量随生长环境条件不同而变化，在板结的草地结籽 10～15 粒，在农田菜地生长旺盛可结籽 1000 粒以上，平均每株结籽 70～80 粒。少花蒺藜草种子的原生休眠性不强，但次生休眠性强，在土壤中可存活 3 年。籽粒成熟 1～ 1.5 个月后发芽率接近 50%，2～3 个月后发芽率可达 85% 以上。光可抑制少花蒺藜草种子的萌发，诱导次生休眠。少花蒺藜草种子的适宜发芽温度为 20～25℃。浅表土层中的少花蒺藜草种子在立春后遇到适宜的温度、湿度时可随时出苗，遇伏雨后较深土层中的种子也能迅速萌发、出苗。少花蒺藜草生长喜光、抗旱能力强，干旱时虽分蘖减少，但植株能结实，完成其生活周期。

4. 传播与扩散

20 世纪 40 年代在我国被发现。少花蒺藜草的刺苞主要通过农产品和牲畜的贸易、交通工具进行远距离传播，通过人畜活动、粪便、水流和风进行近距离的传播。

5. 发生与危害

少花蒺藜草侵害草场、农田、林地和果园，在牧场、庭院、荒地、沟渠堤上也可发生，适应环境的能力极强，繁殖迅速，是一种非常有害的入侵杂草。入侵农田，与作物争光、争水、争肥，抑制其生长，导致减产；入侵草场，导致草场品质下降，优良牧草产量降低。少花蒺藜草成熟时，形成带硬刺的刺苞，能伤害牲畜，使牲畜发生病症。在草场生长的少花蒺藜草刺苞，可刮掉羊身上腹毛和腿毛，减少羊的产毛量，使得羊群不同程度地发生乳腺炎、阴囊炎、蹄夹炎等病症。羊取食少花蒺藜草的刺苞后容易刺伤口腔，引起溃疡，刺破肠胃黏膜形成草结，影响正常的消化吸收功能，严重时造成肠胃穿孔引起死亡。

由于少花蒺藜草在入侵地生长快、繁殖迅速，抑制本地植物生长，形成单一的群落，从而降低生物多样性。

少花蒺藜草成熟的刺苞给农民的生产、生活、出行带来不便。在秋收农事操作时，刺苞会刺伤人的皮肤，引起红肿、瘙痒。刺苞能扎破自行车、摩托车的轮胎，造成交通事故。

图版 8

图版说明

　　A，B. 少花蒺藜草成株

　　C. 少花蒺藜草幼苗

　　D. 少花蒺藜草茎节

　　E. 少花蒺藜草果穗

　　F. 少花蒺藜草刺苞

图片作者或来源

　　A、B. 张国良

　　C. http：//florda. plantatlas. usf. edu/Photo. aspx?id＝7001

　　D. http：//florda. plantatlas. usf. edu/Photo. aspx?id＝7001

　　E. http：//www. agrotlas. spb. ru

　　F. http：//plants. usda. gov/gallery. html

二、少花蒺藜草检验检疫技术规范

1. 范围

本规范规定了少花蒺藜草的检疫检验及检疫处理操作办法。

本规范适用于农业植物检疫机构对少花蒺藜草植物活体和种子及可能携带其种子的载体、交通工具的检疫检验和检疫处理。

2. 产地检疫

（1）采用踏查法。重点踏查草场、农田、果园、林地以及公路和铁路沿线、农舍、牧场、有外运产品的生产单位以及物流集散地等场所。

（2）发现疫情后，应立即报告给当地农业检疫部门和外来入侵生物管理部门。

3. 调运检疫

（1）检查调运的植物和植物产品有无黏附少花蒺藜草的刺苞。

（2）对来自疫情发生区的可能携带刺苞的农产品、种子及牲畜进行检疫。

4. 检验及鉴定

根据如下特征鉴定是否为蒺藜草属：穗形总状花序顶生；由多数不育小枝形成的刚毛常部分愈合而成球形刺苞，具短而粗的总梗，总梗在基部连同刺苞一起脱落，刺苞上刚毛直立或弯曲，内含簇生小穗 1 至数个，成熟时，小穗与刺苞一起脱落；小穗无柄；第一颖常短小或缺；第二颖通常短于小穗；第一小花雄性或中性，具 3 雄蕊，外稃薄纸质至膜质，内稃发育良好；第二小花两性，外稃成熟时质地变硬，通常肿胀，顶端渐尖，边缘薄而扁平，包卷同质的内稃；鳞被退化；雄蕊 3，花药线形，顶端无毛或具毫毛；花柱 2，基部联合。颖果椭圆状扁球形；种脐点状；胚长约为果实的 2/3。

禾本科蒺藜草属植物我国分布有 3 种，即少花蒺藜草、蒺藜草（*C. echinatus*）和光梗蒺藜草（*C. calyculatus*）。根据附录 A，鉴定是否为少花蒺藜草。

5. 检疫处理和通报

在调运检疫或复检中，发现少花蒺藜草的刺苞应全部检出销毁。

产地检疫中发现少花蒺藜草后，应根据实际情况，启动应急预案，立即进行应急治理。疫情确定后一周内应将疫情通报给植物和植物产品调运目的地的农业外来入侵生物管理部门和农业植物检疫部门，以加强目的地监测力度。

附录 A 少花蒺藜草与其近缘种的比较

特征	少花蒺藜草 *C. pauciflorus*	光梗蒺藜草 *C. calyculatus*	蒺藜草 *C. echinatus*
茎	直立或匍匐	茎横向匍匐后直立生长	常直立
成株	叶片先端细长，长 4～12cm，宽2.5～5mm，表面无毛或具柔毛，极少多毛	叶片线形或狭长披针形，长3～20cm，宽 2～6mm，两面无毛	叶片线形或狭长披针形，长 5～20cm，宽 3.5～11mm，近基部正面疏生长 4mm 柔毛或无毛
刺苞	刺苞卵形或圆球形，基部圆锥形。苞刺 8～40 个，刺苞排列不规则，所有苞刺刚硬；刚刺上具纤毛，向外弯曲	刺苞呈稍长的圆球形。苞刺多数，刺苞下部刚毛细小，呈轮状排列，上部刺刚硬，粗壮，基部宽成尖三角形。刚刺上具不明显的倒向粗毛，几乎平滑，其背部具较疏的白色短毛和长纤毛，直立或向内反曲	刺苞成稍扁的圆球形。苞刺 40～60 个。下部刺苞细软，呈轮状排列，上部刺刚硬。刚刺上具较明显的倒向粗毛，其背部具较密的细毛和长纤毛，直立或向内反曲

三、少花蒺藜草调查监测技术规范

1. 范围

本规范规定了对少花蒺藜草进行调查和监测的技术方法。

本规范适用于少花蒺藜草发生地和非发生地开展的调查和监测工作。

2. 调查

1）调查地域

重点调查草场、农田、果园、林地以及牧场、农舍、庭院、主要交通干线两旁区域、村道、有外运产品的生产单位以及物流集散地等场所。

2）调查内容

调查少花蒺藜草分布地点、发生时间、危害面积、传入地、传入时间、传入途径及方式、天敌种类以及对当地经济、生态、社会等的影响方式和影响程度。

3）调查方法

（1）文献调研。

综合收集各种文献资料，整理分析所列调查对象的分布、发生危害历史情况、已有的防控技术等信息。对发现历史长、发生范围大，已有较完整资料的常发性外来入侵生物，可采取文献调研为主，综合其他调查方法的原则进行调查。

（2）走访调查。

在调查区域内通过对当地实际情况熟悉的群众、技术人员、有关专家、检疫工作人员等进行走访咨询，了解当地少花蒺藜草分布、危害性及传入时间、来源、方式等情况。

（3）野外调查。

踏查：按照少花蒺藜草的生境特点设计调查路线进行踏查。当发现有疑似植株时，应及时采集标本进行鉴定，如果确定是少花蒺藜草，要进行标准地或样方详查。

标准地调查：调查面积应不少于当地作物种植面积的 5%。调查时，一般 $1/3hm^2$ 以内的地块随机调查 5 个点，$1/3hm^2$ 以上的随机调查 10 个点，每点调查 $1m^2$。详细记录少花蒺藜草发生面积、密度、危害植物、被少花蒺藜草覆盖的程度（百分比），并采集标本，拍摄少花蒺藜草生物学或危害状的照片。用 GPS 仪测量样地的经度、纬度、海拔，记录样地的地理信息、生境类型、物种组成。

（4）定点调查。

对园艺（花卉）公司、种苗生产基地、良种场、原种苗圃等有对外贸易或国内调运活动的重点场所进行重点跟踪调查。

4）面积计算方法

发生于农田、果园、林地、荒地等生态系统内的外来入侵少花蒺藜草，其发生面积以相应地块的面积累计计算，或以划定包含所有发生点的区域面积进行计算；发生于路边、房前屋后、绿化带等地点的外来入侵生物，发生面积以实际发生面积累计获得或持 GPS 仪沿分布边界走完一个闭合轨迹后，围测面积；发生在山上的面积以持 GPS 仪沿分布边界走完一个闭合轨迹后，围测的面积为准，如山高坡陡，无法持 GPS 仪走完一个闭合轨迹的，也可采用目测法估计发生面积。

5）危害等级划分

按覆盖或占据程度确定危害程度。适用于农田、林地、草地、环境等生态系统。具体等级按以下标准划分：

等级 1：零星发生，覆盖度<5%；
等级 2：轻微发生，覆盖度为 5%~15%；
等级 3：中度发生，覆盖度为 15%~30%；
等级 4：较重发生，覆盖度为 30%~50%；
等级 5：严重发生，覆盖度为 50%~90%；
等级 6：极重发生，覆盖度为 90%~100%。

3. 监测

1）监测区的划定

发生点：少花蒺藜草植株发生外缘周围 100m 以内的范围划定为一个发生点（两棵少花蒺藜草植株或两个少花蒺藜草发生斑块距离在 100m 以内为同一发生点）；划定发生点若遇河流和公路，应以河流和公路为界，其他可根据当地具体情况作适当的调整。

发生区：发生点所在的行政村（居民委员会）区域划定为发生区范围；发生点跨越多个行政村（居民委员会）的，将所有跨越的行政村（居民委员会）划为同一发生区。

监测区：发生区外围5000m的范围划定为监测区；在划定边界时若遇到水面宽度大于5000m的湖泊和水库，以湖泊或水库的内缘为界。

2）监测方法

根据少花蒺藜草的传播扩散特性，在监测区的每个村庄、社区、牧场以及公路和铁路沿线等地设置不少于10个固定监测点，每个监测点选10m²，悬挂明显监测位点牌，一般每月观察一次。

4. 调查人员的要求

要求调查人员为经过培训的农业技术人员，掌握少花蒺藜草的形态学、生物学特性、危害症状以及少花蒺藜草的调查监测方法和手段等。

5. 数据整理及要求

对收集的资料、外调的笔录、数据、照片等进行整理、归档，对采集的标本进行分类、鉴定。

普查结果要认真进行编号、填写，调查人、汇总人、审核人等要具实签名。调查结束后，认真整理、总结，建立本地区少花蒺藜草发生情况档案、少花蒺藜草标本及影像资料档案，同时做好少花蒺藜草的控制与后续监测治理工作，防止少花蒺藜草的扩散蔓延。

6. 标本的采集、制作、送鉴与保存

在调查中如发现可疑少花蒺藜草，将可疑少花蒺藜草用70%酒精浸泡或晒干，标明采集时间、采集地点及采集人。将每点采集的少花蒺藜草集中于一个标本瓶中或标本夹中，送外来物种管理部门指定的专家进行鉴定。制作的标本要求完整、全面、成套、典型，标签清晰，并配彩色生态照片。

7. 调查监测结果处理

调查监测整理后的普查资料由各旗（县）逐级上报盟市；各盟（市）要在认真汇总的基础上，定期完成农业外来入侵生物普查技术报告和工作总结，填写有关汇总表，收集、整理有关照片，统一报省（自治区、直辖市）农业技术推广站农业资源与环境保护科。

调查监测中，一旦发现少花蒺藜草，严格实行报告制度，必须于24h内逐级上报，定期逐级向上级政府和有关部门报告有关调查监测情况。

四、少花蒺藜草应急控制技术规范

1. 范围

本规范规定了少花蒺藜草新发、爆发等生物入侵突发事件发生后的应急控制操作方法。

本规范适用于各级外来入侵生物管理机构和农业环境保护机构在生物入侵突发事件发生后的应急处置。

2. 应急控制方法

对成片发生区域可采用分步施药、最终灭除的方式进行防治。在少花蒺藜草发生区用化学药剂直接处理，防治后要进行持续监测，发现少花蒺藜草再根据实际情况反复使用药剂处理，直至 4 年内不再发现少花蒺藜草为止。根据少花蒺藜草发生的生境不同，采取相应的化学防除方法。

1）草场防治方法

在春天牧草返青前，少花蒺藜草还没有出苗时，每公顷用异丙甲草胺乳油 1080～1500g 或乙草胺乳油 750～1125g，兑水 450～600L 均匀喷雾。如有灌溉条件的草场，在灌溉前也可通过撒毒土的方法施药。

2）农田防治方法

玉米地：在玉米播后苗前，少花蒺藜草还没有出苗或幼苗期，每公顷用莠去津可湿性粉剂 1200～1500g，或异丙草·莠悬乳剂、异甲·莠去津悬乳剂、乙·莠悬乳剂 1125～1500g，兑水 450～600L 均匀喷雾。在玉米 3～5 叶期，每公顷用烟嘧磺隆悬浮剂 48～60g 兑水 450～600L 均匀喷雾。在玉米生长中后期，每公顷用百草枯水剂 450～600g，兑水 450～600L 进行行间定向喷雾，杀灭残存的少花蒺藜草。

阔叶作物地：在少花蒺藜草 3～5 叶期，每公顷用精吡氟禾草灵乳油 112.5～150g，或精吡氟乙禾灵乳油 48～57g，或精喹禾灵乳油 112.5～150g，或烯草酮乳油 50～100g，或稀禾定油乳剂 187.5～225g，兑水 450～600L 均匀喷雾。

3）果园防治方法

在少花蒺藜草出苗后到生长旺盛期前，每公顷用精吡氟禾草灵乳油 112.5～225g，或精吡氟乙禾灵乳油 48～73.5g，或稀禾定油乳剂 187.5～337.5g；在生长旺盛期，每公顷用草甘膦铵盐水剂 1125～2250g 或百草枯水剂 600～900g，兑水 450～600L，进行定向喷雾。

喷液量以药液顺少花蒺藜草叶片流淌为标准。施药次数，大面积喷药 3 次为最佳，一普、二补漏、三杀灭。

4）林地防治方法

在少花蒺藜草出苗前或苗期，每公顷用甲嘧磺隆可湿性粉 105～210g，兑水 450～600L 定向喷雾（只在松树林地）；出苗后到生长旺盛期前，每公顷用精吡氟禾草灵乳油 112.5～225g，或精吡氟乙禾灵乳油 48～73.5g，或稀禾定油乳剂 187.5～337.5g，兑水 450～600L 均匀喷雾；在生长旺盛期，每公顷用草甘膦水剂 1125～2250g 或百草枯水剂 60～90g，兑水 450～600L，定向喷雾。

苗后处理的喷液量和施药次数，同 2）。

5）荒地

在少花蒺藜草出苗前或苗期，每公顷用甲嘧磺隆可湿性粉 105～210g；出苗后到生长旺盛期前，每公顷用精吡氟禾草灵乳油 112.5～225g，或精吡氟乙禾灵乳油 48～73.5g，或稀禾定油乳剂 187.5～337.5g；在生长旺盛期，每公顷用草甘膦水剂 1125～2250g 或百草枯水剂 900～1350g，兑水 450～600L，均匀喷雾。

苗后处理喷液量和施药次数，同 2）。

3. 注意事项

喷雾时，注意选择晴朗天气进行，注意雾滴不要飘移到邻近的作物上。在沟边或农田边采用化学除草剂喷雾时，避免药剂随雨水进入农田而造成药害。喷药时应均匀周到。实施很低容量喷雾时，应远离农田，防止雾滴飘移到农作物上。在沙质地使用苗前土壤处理除草剂应适当减量，防止出现药害。不要在下雨天施用茎叶处理除草剂，若施药后 6h 内下雨，应补喷一次。在施药区应插上明显的警示牌，避免造成人、畜中毒或其他意外。

施用甲嘧磺隆须注意避免其他敏感植物（如阔叶树）。农田不得使用甲嘧磺隆。

五、少花蒺藜草综合治理技术规范

1. 范围

本规范规定了少花蒺藜草的综合治理技术规范。

本规范适用于疫区开展少花蒺藜草综合治理，降低其种群数量和危害。

2. 专项防治措施

1）化学防治

（1）异丙甲草胺乳油：每公顷 1080～1500g，在牧草返青前少花蒺藜草还未出苗时兑水喷雾，或拌土撒施后浇水。

（2）乙草胺乳油：每公顷 750～1125g，在牧草返青前少花蒺藜草还未出苗时兑水喷雾，或拌土撒施后浇水。

（3）莠去津：在玉米地少花蒺藜草苗前或苗后早期，每公顷 1200～1500g 兑水喷雾。

（4）异丙草·莠悬乳剂：在玉米播后少花蒺藜草苗前，每公顷 1125～1500g 兑水喷雾。

（5）异甲·莠去津悬乳剂：在玉米播后少花蒺藜草苗前，每公顷 1125～1500g 兑水喷雾。

（6）乙·莠悬乳剂：在玉米播后少花蒺藜草苗前，每公顷 1125～1500g 兑水喷雾。

（7）烟嘧磺隆悬浮剂：在玉米地少花蒺藜草 2～5 叶期，每公顷 48～60g 兑水喷雾。

（8）精吡氟禾草灵乳油：在阔叶作物地少花蒺藜草 2～5 叶期，每公顷 112.5～150g 兑水喷雾；林地、果园和荒地，在少花蒺藜草出苗后到生长旺盛期，每公顷 112.5～225g 兑水喷雾。

（9）精吡氟乙禾灵乳油，在阔叶作物地少花蒺藜草 2～5 叶期，每公顷 48～58.5g 兑水喷雾；林地、果园和荒地，在少花蒺藜草出苗后到生长旺盛期，每公顷 48～72g 兑水喷雾。

（10）精喹禾灵乳油：在阔叶作物地少花蒺藜草 2～5 叶期，每公顷 112.5～150g 兑水喷雾。

（11）烯草酮乳油：在阔叶作物地少花蒺藜草 2～5 叶期，每公顷 50～100g 兑水喷雾。

（12）稀禾定油乳剂：在阔叶作物地少花蒺藜草 2～5 叶期，每公顷 187.5～225g 兑水喷雾；林地、果园和荒地，在少花蒺藜草出苗后到生长旺盛期，每公顷 187.5～337.5g 兑水喷雾。

（13）百草枯水剂：在玉米生长中后期，每公顷用百草枯水剂 450～600g 兑水行间定向喷雾；林地、果园和荒地，在少花蒺藜草出苗后到生长旺盛期，每公顷 600～900g 兑水喷雾。百草枯为触杀型灭生性的除草剂，只能杀灭少花蒺藜草地上部。

（14）草甘膦水剂：林地、果园和荒地，在少花蒺藜草出苗后到生长旺盛期，每公顷 1125～2250g 兑水喷雾。草甘膦为内吸传导型的灭生性的除草剂，杀灭少花蒺藜草的根、茎、叶。

（15）甲嘧磺隆：用在松树林地和荒地。在少花蒺藜草出苗前或苗期，每公顷用甲嘧磺隆可湿性粉 105～210g 兑水均匀喷雾，能杀灭少花蒺藜草的根、茎、叶。

（16）水：2.1.1～2.1.15 中，每公顷按规定的药剂使用量，兑水 450～600L。

2）人工铲除

对散生的区域，在少花蒺藜草营养生长期，采用人工铲除方法。

3）栽培措施

通过人工管理，提高作物或草场植被覆盖度，可有效抑制少花蒺藜草的生长和危害。

4) 深翻和中耕

深翻和中耕是防除少花蒺藜草的有效措施之一。在作物地，播种前进行深翻，将少花蒺藜草的种子翻埋到深层土壤中，可减少出苗数量。在作物生长期，通过适时中耕，可杀灭已出苗的植株。

5) 植物群落改造

少花蒺藜草是喜阳性植物，在较郁闭的植物群落中生长不良，因此，通过植被改造增加群落郁闭度，可减少直至控制少花蒺藜草危害和扩散。

3. 不同生境中少花蒺藜草的综合防治

（1）按受少花蒺藜草危害的林地不同生境状况，采用不同的综合防治措施。

（2）草场：化学防除＋人工拔除＋栽培措施。

（3）作物地：化学防除＋深耕中耕＋栽培措施＋人工拔除。

（4）果园和林地：化学防除＋植物群落改造＋人工拔除。

（5）荒地：化学防除＋植物群落改造＋植树造林。

（6）少花蒺藜草大面积分布区域：化学防除。

（7）农田等不适宜使用化学防除的区域：人工铲除。

主要参考文献

杜广明，曹凤芹，刘文斌等. 1995. 辽宁省草场的少花蒺藜草及其危害. 中国草地，（3）：71～73

高晓萍，杨旋. 2008. 疏花蒺藜在阜新的分布、危害及防控措施. 植物检疫，22（1）：64～65

可欣，张秀玲，刘柏等. 2006. 彰武县少花蒺藜草发生情况及防除技术. 杂粮作物，26（1）：39～40

王巍，韩志松. 2005. 外来入侵生物——少花蒺藜草在辽宁地区的危害与分布. 草业科学，22（7）：63～64

AgroAtlas. Weeds *Cenchrus pauciflorus* L. project interactive agricultural ecological atlas of Russia and neighboring countries. economic plants and their diseases, pests and weeds. http://www. agroatlas. ru/en/content/weeds/Cenchrus _ pauciflorus. 2009-03-19.

California Department of Food and Agriculture. 2008. Sacramento, California: *Cenchrus* genus. California Department of Food and Agriculture. http://www. cdfa. ca. gov/phpps/IPC/weedinfo/cenchrus. htm. 2009-03-19.

Chen S L, Li D Z, Zhu G H et al. 2006. Flora of China Vol. 22: Poaceae. St. Louis: Missouri Botanical Garden Press. 552-553

Germplasm Resources Information Network (GRIN). *Cenchrus* incertus M. A. Curtis. Beltsville, Maryland: National Germplasm Resources Laboratory. http://www. ars-grin. gov/cgi-bin/npgs/html/taxon. pl? 103624. 2009-03-19.

Missouri Botanical USDA, NRCS. PLANTS Profile for *Cenchrus spinifex* (coastal sandbur). Baton Rouge, LA: National Plant Data Center. http://plants. usda. gov/java/profile?symbol＝CESP4. 2009-03-26.

USDA-NRCS PLANTS Database / Hitchcock, A S (rev. A. Chase). Manual of the grasses of the United States. Washington DC: USDA Miscellaneous Publication No. 200. 1950.

六、少花蒺藜草防控应急预案（样本）

1. 少花蒺藜草危害情况的确认、报告与分级

1）确认

疑似少花蒺藜草发生地的农业主管部门在24h内将采集到的少花蒺藜草标本送到上级农业行政主管部门所属的外来物种管理机构，由省级外来物种管理机构指定专门科研机构鉴定，也可组织专家进行现场鉴定。省级外来物种管理机构根据专家鉴定报告，报请农业部确认。

2）报 告

确认本地区发生少花蒺藜草后，当地农业行政主管部门应在24h内向同级人民政府和上级农业行政主管部门报告，并迅速组织对本地区进行调查，及时查清发生和分布情况。省农业行政主管部门应在24h内将少花蒺藜草发生情况上报省人民政府和农业部，同时抄送省级畜牧部门和出入境检验检疫部门。

3）分 级

根据少花蒺藜草的发生性质、危害程度、影响范围和造成的经济损失等分为四级：Ⅰ级（特别重大）、Ⅱ级（重大）、Ⅲ级（较大）和Ⅳ级（一般）。

Ⅰ级危害：3个或3个以上省（直辖市、自治区）发生少花蒺藜草危害。

Ⅱ级危害：2个省（直辖市、自治区）发生少花蒺藜草危害。

Ⅲ级危害：1个省（直辖市、自治区）所辖的2个或2个以上地级市（区）发生少花蒺藜草危害。

Ⅳ级危害：1个地级市辖的2个或2个以上县（市、区）发生少花蒺藜草危害；或者在1个县（市、区）范围内发生少花蒺藜草危害程度严重。

2. 应急响应

1）预警等级

根据少花蒺藜草造成的危害等级以及可能造成的危害等级，少花蒺藜草危害预警等级分为四级：Ⅰ级（特别严重）、Ⅱ级（严重）、Ⅲ级（较重）和Ⅳ级（一般），依次用红色、橙色、黄色和蓝色表示。

预警信息发布部门可根据少花蒺藜草危害程度的发展态势和处置情况，对预警等级作出适当调整。

2）预警预防行动

进入少花蒺藜草危害预警期后，受害地区农业行政主管部门和其他单位等可视情况采取相关预防性措施。

（1）分级响应。

①Ⅰ级应急响应。发生特别重大的少花蒺藜草危害启动Ⅰ级响应。发生危害的省（直辖市、自治区）上一级农业行政主管部门组织分析调查受害程度及其发展趋势，视情况组织、指挥、协调、调度相关应急力量和资源，统一实施应急处置，并且将少花蒺藜草发生情况、防控工作方案及其执行情况报发生危害的省（直辖市、自治区）上二级农业行政主管部门。

②Ⅱ级应急响应。发生重大的少花蒺藜草危害启动Ⅱ级响应。发生危害的省（直辖市、自治区）上一级农业行政主管部门分析调查受害程度及其发展趋势，视情况组织、指挥、协调、调度相关应急力量和资源，统一实施应急处置。

③Ⅲ级应急响应。发生较大疫情，启动Ⅲ级响应。发生危害的省（直辖市、自治区）农业行政主管部门分析调查受害程度及其发展趋势，视情况组织、指挥、协调、调度相关应急力量和资源，统一实施应急处置。

④Ⅳ级应急响应。发生一般植物疫情，启动Ⅳ级响应。发生危害的地级市（区）农业行政主管部门分析调查受害程度及其发展趋势，组织、指挥、协调、调度相关应急力量和资源实施应急处置。

（2）扩大响应。

一旦发生先期应急处置仍不能控制的少花蒺藜草，尤其是出现跨区域、大面积，并有可能进一步扩散时，要视情况扩大响应范围，提高响应等级。

（3）少花蒺藜草危害未影响地区。

根据少花蒺藜草的性质、特点、发生区域和发展趋势，分析临近区域内受波及的可能性和程度，采取相关措施积极应对。

3. 应急处置

1）信息报告与通报

一旦发生少花蒺藜草造成重大危害及其存在隐患，任何单位与个人均有义务向农业、植物检疫等部门或疫情发生地区政府报告。

2）先期处置

（1）一旦发生少花蒺藜草造成危害，该地区农业行政主管部门应及时组织协调有关部门和单位，通过组织、调度、协调有关力量和资源，采取必要措施实施先期处置，并迅速确定危害等级。

（2）少花蒺藜草危害地区农业行政主管部门根据情况进行相应处置，控制少花蒺藜草危害并向上级报告。造成危害的单位、乡镇与村等负有先期处置的第一责任，相关单位必须在第一时间进行即时处置，防止少花蒺藜草人为扩散，防止和减少自然扩散。

（3）少花蒺藜草危害应急处置要采取边调查、边处理、边核实的方式，控制危害发展。在先期处置过程中，危害程度的发展和变化可视情变更响应等级。

4. 部门职责

各级外来有害生物防控工作领导小组负责本地区少花蒺藜草防控的指挥、协调工作，并负责监督应急预案的实施；农业部门具体负责组织少花蒺藜草的监测调查、防控和及时报告、通报等工作；宣传部门要积极利用媒体、宣传资料、标语、网络等多种渠道，进行深入宣传，引导正确的舆论；财政部门及时安排拨付少花蒺藜草防控所需经费；科技部门要大力加强关于少花蒺藜草的研究工作，为持续有效控制少花蒺藜草提供技术支撑；出入境检验检疫部门加强出入境检验检疫工作，防止少花蒺藜草的传入和传出；发展改革、建设、交通、环境保护、旅游、水利、民航等部门密切配合做好相关工作；其他相关部门应密切合作。

5. 少花蒺藜草发生点、发生区和监测区的划定

发生点：少花蒺藜草植株发生外缘周围 100m 以内的范围划定为一个发生点（两个少花蒺藜草植株距离在 100m 以内为同一发生点）；划定发生点若遇河流和公路，应以河流和公路为界，其他可根据当地具体情况作适当的调整。

发生区：发生点所在的行政村（居民委员会）区域划定为发生区范围；发生点跨越多个行政村（居民委员会）的，将所有跨越的行政村（居民委员会）划为同一发生区。

监测区：发生区外围 5000m 的范围划定为监测区；在划定边界时若遇到水面宽度大于 5000m 的湖泊和水库，以湖泊或水库的内缘为界。

6. 封锁、控制和扑灭

少花蒺藜草在某地已经构成严重以上危害的，应在发生地采取措施进行封锁控制和扑灭。

1）封锁控制

对少花蒺藜草发生区内机场、码头、车站、停车场、机关、学校、厂矿、农舍、庭院、街道、主要交通干线两旁及其他发生区域进行集中应急防治。有外运产品的生产单位、物流集散地以及花卉集散地有关部门要进行全面调查，积极做好少花蒺藜草的应急防控工作。少花蒺藜草危害情况特别严重时，经省人民政府批准，可在发生区周边主要交通要道设立临时植物检疫检查站，对外运的花卉、种苗、盆景、草皮等植物产品进行检疫，禁止少花蒺藜草人为外运传播。

2）防治与扑灭

采用减少耕地抛荒、化学防治、机械防治、农业防治和人工防除相结合的综合防治措施，达到防控和扑灭少花蒺藜草的作用，压缩少花蒺藜草的发生范围，减小发生面积。

7. 调查和监测

少花蒺藜草发生区及周边地区的各级农业行政主管部门要加强对本地区的调查和监测，对监测信息进行汇总、分析，并作出预警报告。其他地区要加强对来自少花蒺藜草发生区的植物及植物产品的检疫和监测，防止少花蒺藜草的传入，并在全国范围内对少花蒺藜草的发生、蔓延、扩散等进行实时监测。

8. 宣传引导

各级宣传部门要积极利用媒体、宣传资料、标语、网络等多种渠道，不定期地进行深入宣传，重点宣传少花蒺藜草的危害、生活史、防控技术和方法等，引导各级组织和群众积极参与到少花蒺藜草防控中来。当媒体上出现不实报道或社会上流传谣言时，各级宣传部门应立即正面澄清，加强舆论引导，减少负面影响，引导媒体正确报道少花蒺藜草的相关情况。

9. 应急保障

1）队伍保障

加强少花蒺藜草应急防治与处置队伍建设，强化应急联动机制。各级农业行政主管部门要组建少花蒺藜草应急处置专业预备队伍，加强专业技术人员培训，提高应急防控队伍人员的专业素质和业务水平。积极做好宣传工作，充分发动群众，实施群防群控。

2）物资保障

各级政府主管部门和有关单位要建立少花蒺藜草防控应急物资的储备、生产、调拨和供应。

3）经费保障

各级人民政府应安排专项资金，用于少花蒺藜草的应急防控工作。应急响应启动时，当地农业行政主管部门会商有关部门提出经费使用计划，由同级财政部门核拨，财政、农业、审计等部门对专项资金的使用和管理情况进行严格的监督检查，确保专款专用。

4）科技支撑

科技部门要大力支持少花蒺藜草防控技术以及应急处置方法等研究，加强危害调查、评估、趋势预测等技术研究，为持续有效控制少花蒺藜草提供技术支撑。在少花蒺藜草发生地，有关部门要组织专家和技术骨干对少花蒺藜草防控工作进行技术指导。

5）信息共享与处理

（1）各级农业行政主管部门及有关单位要按职责分工，建立健全信息共享机制。

（2）少花蒺藜草危害及其处置与控制措施可能影响其他行政区或境外的，及时上报上一级农业行政主管部门或按有关规定执行。

10. 应急解除

（1）特别重大等级的，由发生危害的省（直辖市、自治区）上二级农业行政主管部门对处置情况进行评估，提出中止应急响应的建议，报批后终止。

（2）重大危害等级的，由发生危害的省（直辖市、自治区）上一级农业行政主管部门对处置情况进行评估，提出中止应急响应的建议，报批后终止。

（3）较大危害等级的，由发生危害的省（直辖市、自治区）农业行政主管部门对处置情况进行评估，提出中止应急响应的建议，报批后终止。

（4）一般危害等级的，由发生危害的地级市（区）农业行政主管部门对处置情况进行评估，提出中止应急响应的建议，报批后终止。

（5）对短期内无法消除其危害的少花蒺藜草，农业行政主管部门要制定长效控制方案。

（6）应急处置结束后，受害地区的区、县农业行政主管部门要继续组织对发生区域进行监测。

11. 附则

1）预案修订

本预案根据实际情况和实施中发现的问题，及时更新、补充和修订。

2）预案实施

本预案自发布之日起实施。
本预案由农业部外来物种管理办公室负责解释。

（倪汉文）

水葫芦应急防控技术指南

一、水 葫 芦

学　　名：*Eichhornia crassipes*（Martius）Solms-Laubach

异　　名：*Eichhornia cordifolia* Gand.

　　　　　Eichhornia crassicaulis Schltdl.

　　　　　Eichhornia speciosa Kunth

　　　　　Heteranthera formosa Miq.

　　　　　Piaropus crassipes（Mart. ）Raf.

　　　　　Piaropus mesomelas Raf.

　　　　　Pontederia crassipes Mart.

　　　　　Piaropus tricolor Raf.

英 文 名：water hyacinth，common water hyacinth，waterhyacinth，floating water-rhyacinth，water-orchid，Nile lily

中文别名：凤眼莲、凤眼蓝、凤眼兰、布袋莲、水浮莲、水凤仙、水荷花、水风信子、大水萍、布袋葵、野荷花、水绣花、洋雨久花等

分类地位：雨久花科（Pontederiaceae）凤眼莲属（*Eichhornia* Kunth）

1. 起源与分布

起源：原产南美洲，起源中心为亚马逊河、巴西。

国外分布：目前水葫芦已广泛分布于非洲、大洋洲、美洲和亚洲，在 40°N 到 45°S 之间。世界上水葫芦危害最为严重的国家及地区包括肯尼亚、卢旺达、南非、津巴布韦、几内亚、安哥拉、尼日利亚、赞比亚、埃及、苏丹、坦桑尼亚、马拉维、贝宁、乌干达、科特迪瓦、马尔代夫、毛里求斯、塞舌尔、印度、越南、泰国、印度尼西亚、马来西亚、新加坡、菲律宾、缅甸、老挝、柬埔寨、斯里兰卡、巴基斯坦、日本、韩国、文莱达鲁萨兰国、澳大利亚、新西兰、斐济、巴布亚新几内亚、美属萨摩亚群岛、北马里亚纳联邦、库克群岛、密克罗尼西亚联邦、法属玻利尼西亚、关岛、马绍尔群岛、瑙鲁、新喀里多尼亚、帕劳群岛、萨摩亚群岛、所罗门群岛、瓦努阿图、美国（包括夏威夷）、墨西哥、古巴、哥伦比亚、哥斯达黎加、洪都拉斯、尼加拉瓜、巴拿马等。

国内分布：河南、安徽、江苏、上海、江西、湖北、湖南、浙江、四川、重庆、福建、台湾、贵州、广西、云南、广东、海南等地。

2. 主要形态特征

多年生草本植物。植株直立，具匍匐茎，自由漂浮或根生于泥中。根状茎粗短，密生多数细长须根，具长匍匐枝，与母株分离后长成新植株。在植株密度不大时，形成短小球状叶柄，使植株垂直生长。植株在密度大的情况下形成长的叶柄，有时叶柄长可达1.5m。叶柄基部有鞘，中部以下膨大呈葫芦状的气囊。叶基生，6～10片环状排列呈莲座状；叶片卵形或圆形，大小不一，宽4～12cm，全缘无毛，光亮。花葶单生，中部有鞘状苞片，多棱角。穗状花序，具花6～12朵，最多可达23朵；花被紫蓝色，6裂；最上一枚花瓣有一蓝色扇形斑块，斑块中央有一桃形鲜艳黄斑。雄蕊3长3短，长的伸出花外；花丝不规则结合于花被内；花柱短、中等或长；子房长圆形。蒴果卵圆形。

3. 主要生物学和生态学特性

水葫芦通常生于水沟、池塘或水田中，漂浮水面或根生于泥中。繁殖方式分有性和无性两种，以无性繁殖为主，侧生匍匐枝，枝顶出芽生根成新株。在最适合生长条件下，水葫芦的植株数量在5天内可以增加1倍，一株水葫芦个体可发展成莲座性水葫芦种群。水葫芦开花期为7～9月，果期为8～11月，花的寿命大约14天，然后花柄弯曲，使花序沉到水面以下，种子得以释放。每个"种子囊"通常含有不多于50粒种子，每个花序产生的种子数量在300粒以上，而一个莲座每年可以产生若干花序。种子个体小，寿命长，它沉入水底，成为有活性的沉积物，这种活性可以维持15～20年。种子在潮湿的沉积物上或温暖的浅水中都可以发芽，之后10～15周即可以开花。

在我国长江流域水葫芦具有较强的增殖能力，每株的分枝数可在40天内由2.5增加至5.6。水葫芦在南方适宜温度下可周年发生，是明显的单一优势种，常年覆盖水面。每年从5月开始，植株的高度随气温的迅速升高而增加，叶片宽度也有所增加，但随着植株个体的增大，密度开始减小；9月，植株高度达到最大（最高为88cm），密度也降至最低（$3.4×10^5$ 株/hm²）；从10月开始，随着秋季到来、气温渐低，其老的叶片或植株死亡，新叶或新植株长势缓慢或停止生长，植株高度开始下降。冬季，在温度较低地区，水葫芦虽茎叶枯黄，但植株中央和基部仍保持绿色，春季温度回升后，大量新分枝出现（但新植株较矮，最小为29cm），密度开始增加，至5月达到顶峰，密度最高可达 $1.14×10^6$ 株/hm²。

水葫芦在很多生境中均可生长，水库、湖泊、池塘、沟渠、流速缓慢的河道等是其最为适宜的生境，它在稻田也常发生而成为害草。另外，在沼泽地及其他低湿的地方，水葫芦也可生长繁殖。在潮湿环境中水葫芦能存活几个月。水葫芦适宜在 pH 为7、磷含量20ppm[①]，水体氮含量足够高、温暖（28～30℃）和高光照度条件下生长繁育。其对 pH 的忍受度为4.0～10.0。而致其死亡的盐度上限为6.0%～8.0%（Muramoto et al.，1991）。霜冻可使水葫芦植株茎叶死亡，但植株根部仍保持绿色并不死亡，可顺利越冬，即使根部受到霜冻，部分组织受损，植株仍能存活，但如果植株受冻时间延长，

---

① 1ppm＝10^{-6}，后同。

则植株死亡。翌年气温变暖，水葫芦种子开始萌发，水葫芦再次发生危害。1月平均温度低于10℃，或水温超过33℃的条件下，水葫芦生长受到抑制。

水葫芦在我国长江流域以南的地区均可生长越冬，根据中国气候特征，在海南以及广东、广西、云南和福建的部分地区，年平均极端气温为0～8℃，1月平均气温为10～18℃，水葫芦生长虽受到低温影响，但生长不会停止；在福建北部和浙江、江苏、上海、湖南等地，由于1月平均气温为5～10℃，年极端气温为−5～0℃，冬季水葫芦受霜冻茎叶枯死，但水下根部仍可存活越冬，翌年随气温回暖种群迅速扩张，造成危害；在湖北、江苏、安徽北部和河南南部，由于冬季温度偏低，水葫芦虽可越冬但种群越冬存活基数较低。

重金属离子对水葫芦的生长繁育有重要影响，水葫芦能在浓度为3mg/L的混合重金属离子溶液和100mg/L铅溶液中存活，在100mg/L镉溶液中植物很快枯萎死亡。水葫芦在吸收金属离子时表现为去质子化反应。

在自然条件下，水花生可抑制水葫芦的生长，甚至导致其死亡。室内研究表明，很小比例的水花生在15～20天内即可显著抑制水葫芦生长，使水葫芦叶片黄化，约30天后植株死亡。此外，水葫芦存在时水花生的生长比其单独生长时更加旺盛。经研究，水花生对水葫芦的抑制作用是由于水花生植株的水溶性分泌物抑制了水葫芦根部对营养物质的吸收。

4. 传播与扩散

水葫芦主要通过引种和随流水进行传播，其中人为引种是水葫芦在我国广泛分布的主要原因。20世纪60～80年代我国将水葫芦列入所谓"三水饲料"（水花生、水葫芦、水芹菜）进行人为引种、传播，用作代用饲料、药用植物及防污治污植物等，客观上加速和扩大了该入侵植物的传播速度和危害程度。

水葫芦有有性和无性两种繁殖方式，每个花穗包含有300～500粒种子，种子在水中的休眠期可达15～20年；水葫芦还依靠匍匐枝无性繁殖，在30℃时，5天可形成新的植株。水葫芦对水中的养分和pH的要求不高，最适合生长的pH为7，有足够的氮源，因此水体富营养化也是水葫芦蔓延危害的重要因素。我国长江流域以南具有适宜水葫芦生长和繁殖的气候和环境条件，水葫芦在长江流域以南的地区均可生长越冬，同时我国南方四通八达的水网也加剧了水葫芦的扩散。

5. 发生与危害

水葫芦被列为世界十大害草之一，广泛扩散于世界50多个国家和地区。水葫芦传入我国的时间目前还没有明确的记载。据台湾中兴大学施鉴莹报道，水葫芦于1903年传入我国。《中国植物科属检索表》（下）中对水葫芦的记载是我国大陆地区的植物分类著作中对水葫芦的最早记录。由于各种原因，水葫芦在我国迅速传播蔓延，在我国长江流域以南地区的河、湖、沟、渠、池塘等水域中大量生长，蔓延成灾。

水葫芦堵塞河道、影响航运、阻碍排灌、降低水产品产量，给农业、水产养殖业、旅游业、发电等带来了极大的经济损失。例如，浙江省平阳县共有1400hm² 水面，已有 1000hm² 被其完全覆盖；温州市的发生面积曾达 2 万 hm² 以上，水葫芦覆盖面积超过 2/3，已严重影响了当地农业、水上运输及环境保护等。2001 年 10 月，上海市为了让 APEC 会议代表见到一条清亮的苏州河，动用了 12 艘清洁船 30 多名工人，不间断地工作了近 10 天，才清除了河面上顺流而下的水葫芦，共打捞起水葫芦 455t。上海市全市动员打捞水葫芦，仅 2001 年总投入 6000 万元人民币。在台湾，水葫芦发生为害的河道或排水渠达 476 条，面积约 61 000hm²，每年的防治费用上亿元台币。

水葫芦作为一种外来入侵植物，单一成片发生，与本地水生植物竞争光、水分、营养和生长空间，破坏本地水生生态系统，威胁本地生物多样性。福建省漳州市是我国水仙花的重要产地，然而由于水葫芦覆盖并堵塞了大多数河道和池塘，致使农田灌溉十分困难，水仙花的产量逐年下降。由于水质富营养化，水葫芦覆盖滇池的水面面积超过 1000hm²，滇池生物多样性遭到严重破坏，20 世纪 60 年代以前滇池主要水生植物曾有 16 种之多，到 80 年代大部分水生植物种类相继消亡，仅剩 3 种。近年来云南省昆明市为治理滇池里的水葫芦已花费 40 多亿元。

水葫芦植株大量吸附重金属等有毒物质，死亡后沉入水底，构成对水质的二次污染。

此外，水葫芦大面积覆盖水面，影响周围居民和牲畜生活用水，孳生蚊蝇，对人们的健康构成了威胁。

图版 9

1cm

1mm

D

图版说明

    A. 水葫芦开花状

    B. 水葫芦幼株

    C. 水葫芦堵塞河道

    D. 水葫芦果实和种子

图片作者或来源

    A，B，C. 张国良

    D. http：//www. ars-grin. gov/npgs/images/sbml/?C＝M;O＝A

二、水葫芦检验检疫技术规范

1. 范围

    本规范规定了水葫芦的检疫检验及检疫处理操作办法。

    本规范适用于农业植物检疫机构对水葫芦植物活体、种子、藤茎及可能携带其种子、藤茎的载体、交通工具的检疫检验和检疫处理。

2. 产地检疫

    （1）主要调查产地江、河、湖泊、水库等各种水域中是否有水葫芦发生。

    （2）发现疫情后，应立即报告给当地农业检疫部门和外来入侵生物管理部门。

3. 调运检疫

    （1）检查调运的植物和植物产品（主要为水生植物）中是否携带水葫芦根、茎，有无黏附水葫芦种子。

    （2）检验各种船只是否携带水葫芦根、茎，有无附着水葫芦种子。

4. 检验及鉴定

    凤眼莲属植物我国仅有一种，可根据其主要形态特征及形态图（附录A）进行检验鉴定。

    叶柄充满通气组织，膨大呈葫芦状为其最明显的鉴别特征。

5. 检疫处理和通报

    在调运检疫或复检中，发现水葫芦的种子、根、茎应全部检出销毁。

    产地检疫中发现水葫芦后，应根据实际情况，启动应急预案，立即进行应急治理。疫情确定后一周内应将疫情通报给植物和植物产品调运目的地的农业外来入侵生物管理部门和农业植物检疫部门。

附录 A　水葫芦形态图

1. 植株；2. 花；3. 雄蕊
（仿《中国植物志》）

三、水葫芦调查监测技术规范

1. 范围

　　本规范规定了对水葫芦进行调查和监测的技术方法。

　　本规范适用于农业部门对水葫芦进行的调查和监测工作。

2. 调查

　　1）访问调查

　　向当地居民、渔民或在相关水域工作的人员询问有关水葫芦发生地点、发生时间、危害情况，分析水葫芦传播扩散情况及其来源。每个社区或行政村询问调查 5 人以上。对询问过程发现的水葫芦可疑存在地区，进行实地调查。

2）实地调查

（1）调查地域。

调查江、河、水库、湖泊、池塘等水域。

（2）调查方法。

在工具、水流等允许的情况下，用 GPS 仪围测确定水葫芦发生区域的地理信息和面积，取样测定其发生密度，调查水葫芦对水质、水生动植物、航运、灌溉等的影响方式和程度。在工具、水流等的影响下无法实地调查的水域，可以估计其发生范围、面积、密度及其对水质、水生动植物、航运、灌溉等的影响方式和程度。

（3）危害等级划分。

等级 1：零星发生，覆盖度<1%；

等级 2：轻微发生，覆盖度为 1%～5%；

等级 3：中度发生，覆盖度为 5%～10%；

等级 4：较重发生，覆盖度为 10%～20%；

等级 5：严重发生，覆盖度为 20%～30%；

等级 6：极重发生，覆盖度>30%。

覆盖度为水葫芦实际发生面积占调查水域面积的百分比。

3. 监测

1）监测区的划定

发生水葫芦的湖泊、水库等水流缓慢的水域，周围 5000m 的范围划定为监测区；江、河等水流迅速的水域，下游 10km 范围内的水域划定为监测区。

2）监测方法

在工具和水流允许的情况下，监测人员进入水域观察是否有水葫芦发生，发现水葫芦后，记录其发生位置、发生面积、为害状和危害程度。

无法进入水域时，利用望远镜或直接目测。

间隔一个月对监测区域进行一次调查并记录。

4. 样本采集与寄送

在调查中如发现疑似水葫芦，将疑似水葫芦用 70% 酒精浸泡或晒干，标明采集时间、采集地点及采集人。将每点采集的水葫芦集中于一个标本瓶中或标本夹中，送外来物种管理部门指定的专家进行鉴定。

5. 调查人员的要求

要求调查人员为经过培训的农业技术人员，掌握水葫芦的形态学、生物学特性，危害症状以及水葫芦的调查监测方法和手段等。

6. 结果处理

调查监测中，一旦发现水葫芦，严格实行报告制度，必须于24h内逐级上报，定期逐级向上级政府和有关部门报告有关调查监测情况。

四、水葫芦应急控制技术规范

1. 范围

本规范规定了水葫芦新发、爆发等生物入侵突发事件发生后的应急控制操作方法。

本规范适用于各级外来入侵生物管理机构和农业环境保护机构在生物入侵突发事件发生后的应急处置。

2. 应急控制方法

对新发、爆发的水葫芦采取紧急施药、最终灭除的方式进行防治。在新发、爆发发生区进行化学药剂直接处理，防治后要进行持续监测，发现水葫芦再根据实际情况反复使用药剂处理，直至2年内不再发现或经专家评议后认为危害水平可以接受为止。

每公顷可使用草甘膦水剂1800~2400g，兑水450L喷细雾，可采用高浓度、低水量的施药方法。

3. 注意事项

注意尽量使药液黏附在水葫芦茎叶上，避免直接喷到水面上而导致鱼类等水生生物死亡以及污染水源。

五、水葫芦综合治理技术规范

1. 范围

本规范规定了水葫芦的综合治理方法及使用条件。

本规范适用于各级农业外来入侵生物管理部门对水葫芦进行的综合治理工作。

2. 专项防治措施

1）化学防治

可用药剂及施药方法见"水葫芦应急控制技术规范"一节。

2）物理防治

组织船只或人工进行打捞。浙江省水利疏浚工程有限公司船厂研制的水面清漂船，在清除水葫芦的实践中取得了良好的效果。2002年，上海市从美国引进了一套收割设备，该设备由水生植物收割船、运输船、驳岸运输机3部分组成，每小时可清除70~

80t 水葫芦，工作效率较高。

3）生物防治

在晚春或初夏，最低气温稳定回升到 13℃ 以上时，每公顷释放水葫芦象甲（*Neochetina eichhorniae* Warner）成虫 22 500～30 000 头。

4）沤制绿肥

水葫芦对一些有害物质具有积累作用，由于近年来水体污染的加重，人们担心食物链的迁移影响人体健康，因此，水葫芦作为饲料开发的前景已经不容乐观。但水葫芦含有一定量的氮、磷、钾、钙、铁、镁，用作绿肥有利于增加土壤养分，在一定程度上能够促进作物的增产。

3. 综合防控措施

1）生物防治与物理防治相结合

利用机械防除可在短时间内压低水葫芦种群密度，但需保留少量水葫芦作为天敌昆虫的食料来源，以维持一定的种群水平，随着天敌昆虫种群数量的增加，水葫芦就可能得到长久稳定的控制。

2）生物防治与化学防治相结合

在水葫芦发生区域 80％ 的地方用药，保留 20％ 的保护区作为天敌越冬的生境和食物来源，用以天敌种群增长，翌年可以较好地控制水葫芦的重新扩散蔓延。因为除草剂的使用可以改善水葫芦的营养状况，从而激发象甲生殖潜力，使之对水葫芦保持较高的控制压力。

3）物理防治与沤制绿肥相结合

机械或人工打捞的水葫芦，集中经沤制、腐烂后用作肥料，可间接降低防治成本，也可增强群众治理水葫芦的积极性。

主要参考文献

陈翠兰，凌勇坚. 2004. 综合治理水葫芦的实践与思考. 农业环境与发展，21（2）：42～43

丁建清，王韧，付卫东等. 1999. 利用水葫芦象甲和农达综合控制水葫芦. 植物保护，25（4）：4～7

段惠，强胜，吴海荣等. 2003. 水葫芦（*Eichhornia crassipes*（Martius）Solms-Laubach）. 杂草科学，（2）：39～40

李扬汉. 1998. 中国杂草志. 北京：中国农业出版社

吴克强. 1993. 滇池流域的生态失调. 国内湖泊（水库）协作网通讯，1：47～49

吴文庆，洪渊扬，秦双亭. 2003. 水葫芦治理技术的初步研究. 上海环境科学，（增刊）：146～150

中国科学院中国植物志编辑委员会. 1997. 中国植物志. 第十三卷第三册. 北京：科学出版社. 139～141

中国科学院植物研究所. 1954. 中国植物科属检索表（上下册）. 北京：科学出版社

中国科学院中国自然地理编委会. 1984. 中国自然地理——气候. 北京：科学出版社

Ashton H I. 1973. Aquatic Plants in Australia. Melbourne: Melbourne University Press. 368

Barrett S C H, Forno I W. 1982. Style morph distribution in New World populations of *Eichhornia crassipes* (Mart.) Solms-Laubach (water hyacinth). Aquatic Botany, 13: 299~306

Beshir M O, Bennett F D. 1985. Biological control of waterhyacinth on the White Nile, Sudan. *In*: Delfosse E S. Proceedings of the VI International Symposium on Biological Control of Weeds. Vancouvez: Agriculture Canada, Ottawa, Canada. 491~496

Bill S M. 1969. The water weeds problems in Australia. Hyacinth Control Journal, 8: 1~6

Center T D, Spencer N R. 1981. The phenology and growth of waterhyacinth (*Eichhornia crassipes* (Mart.) Solms) in a eutrophic north-central Florida lake. Aquatic Botany, 10: 1~32

Center T D. 1994. Biological control of weeds: waterhyacinth and waterlettuce. *In*: Rosen D, Bennett F D, Capinera J L. Pest Management in The Subtropics. Biological Control- A Florida Perspective. UK: Intercept Ltd. 481~521

de Graft-Johnson K A A. 1993. Aquatic plant infestations in water bodies in Ghana. *In*: Greathead A A, de Groot P. Control of Africa's Floating Water Weeds. Proceedings of a Workshop Held in Zimbabwe, 24~27th June 1991. London: Commonwealth Science Council Agriculture Program Series Number CSC 93/AGR-18, Proceedings 295. 186

Ding J Q, Wang R, Fu W D et al. 2001. Water hyacinth in China: its distribution, problems and control status. *In*: Julien M H, Hill M P, Center T D et al. Biological and Integrated Control of Water Hyacinth, ACIAR Canberra. 29~32

Forno I W, Wright A D. 1981. The biology of Australian weeds. 5. *Eichhornia crassipes* (Mart.) Solms. Journal of the Australian Institute of Agricultural Science, 47: 21~28

Gowanloch J N, Bajkov A D. 1948. Water hyacinth program. Louisiana Department of Wildlife and Fisheries, Biennial Report (1946/1947), 2: 66~124

Haag K H. 1986. Effective control of water hyacinth using *Neochetina* and limited herbicide application. Journal of Aquatic Plant Management, 24: 70~75

Haller W T, Sutton D L. 1973. Effects of pH and high phosphorus concentrations on growth of waterhyacinth. Hyacinth Control Journal, 11: 59~61

Holm L, Plucknett D L, Pancho J V et al. 1977. The world's worst weeds: Distribution and Biology. Honolulu, University Press of Hawaii. 609

Kannan C, Kathiresan R M. 2002. Herbicidal control of water hyacinth and its impact on fish growth and waterquality. Indian Journal of Weed Science, 34: 92~95

Knipling E B, West S H, Haller W T. 1970. Growth characteristics, yield potential, and nutritive content of water hyacinths. Proceedings of the Soil and Crop Science Society of Florida, 30: 51~63

Muramoto S, Aoyama I, Oki Y. 1991. Effect of salinity on the concentration of some elements in water hyacinth (*Eichhornia crassipes*) at critical levels. Journal of Environmental Science and Health, A26 (2): 205~215

Navarro L, Phiri G. 2000. Water hyacinth in Africa and the Middle East: A survey of problems and solutions. Ottawa: International Development Resarch Center. 120

Neuville G, Baraza J, Bailly J S et al. 1995. Mapping of the Distribution and Quantization of Water Hyacinth Using Satellite Remote Sensing. Nairobi, Kenya: Occasional Publications of the Regional Centre for Services in Surveying, Mapping and Remote Sensing. 6

Parija P. 1934. Physiological investigations on water-hyacinth (*Eichhornia crassipes*) in Orissa with notes on some other aquatic weeds. Indian Journal of Agricultural Science, 4: 399~429

Parsons W T. 1963. Water hyacinth, a pest of world water-ways. Victoroan Journal Agricuolture, 61: 23~27

Penfound W T, Earle T T. 1948. The biology of the water hyacinth. Ecological Monographs, 18: 448~472

Waterhouse D F. 1994. Biological control of weeds: Southeast Asian Prospects. Melbourne: Brown Prior Anderson

Pty Ltd. 302

Webber H J. 1897. The Water Hyacinth, and Its Relation to Navigation in Florida. Washington D C: Bulletin No. 18. USDA, Division of Botany. 20

Willoughby N, Watson I G, Lauer S et al. 1993. An investigation into the effect of water hyacinth on the biodiversity and abundance of fish and invertebrates in Lake Victoria, Uganda. NRI Project Number 10066 A0328, Natural Resources Institute, Chatham, UK. 27

六、水葫芦防控应急预案（样本）

1. 总则

1）编制目的

为加强省（自治区、直辖市）外来入侵生物监测预警与应急反应能力建设，提高农业防灾减灾能力，建立健全水葫芦灾害应急防控机制，减轻危害及损失，确保省（自治区、直辖市）养殖生产、交通运输及环境安全，维护社会稳定，特制定本预案。

2）编制依据

依据《中华人民共和国农业法》、农业部《农业重大有害生物及外来生物入侵突发事件应急预案》等相关法律法规和文件，制定本预案。

3）工作原则

（1）预防为主，综合防治。全面贯彻"预防为主，综合防治"的植物保护方针，加强测报监测和信息发布，立足预防，抓早抓实，争取主动，防患于未然；实行统防统治与群防群治结合。

（2）依法行政，果断处置。水葫芦成灾时，各部门要按照相关法律、法规和政策，本着快速反应、科学引导、果断处置的原则，共同做好水葫芦应急防控工作，确保社会生产生活秩序稳定。

（3）统一领导，分工协作。在省（自治区、直辖市）政府的领导下，各部门应各司其职、整合资源、紧密配合、通力合作，高效开展好防控工作。

2. 组织机构

1）省（自治区、直辖市）水葫芦应急防控指挥部

省（自治区、直辖市）水葫芦应急防控指挥部（以下简称：水葫芦防控）指挥长，由省（自治区、直辖市）人民政府分管省（自治区、直辖市）长担任。

主要职责：负责组织领导全省（自治区、直辖市）水葫芦应急防控工作。负责水葫芦灾害防控重大事项的决策、部署及灾害处置的协调；发布新闻信息；对下级人民政府和有关部门开展防控工作进行协调、指导和督察；完成省（自治区、直辖市）政府交办的其他事项。

2）应急防控成员单位及职责

省（自治区、直辖市）水葫芦防控成员单位由省（自治区、直辖市）农业、宣传、广电、发展改革、财政、气象、公安、交通、科技等部门组成，在各自的职责范围内做好应急控制所需的物资、人工的经费落实、防治技术攻关研究、应急控制物资运输、宣传普及等工作。

3）水葫芦防控办公室

在农业行政主管部门内设立水葫芦防控办公室。承办全省（自治区、直辖市）水葫芦防控的日常工作；负责贯彻省（自治区、直辖市）水葫芦防控的各项决策，组织实施水葫芦灾害防控工作；起草相关文件，承办相关会议；负责起草相关新闻信息，公布减灾救灾工作开展情况，调查、评估、总结水葫芦防控动态、控制效果和灾害损失等；完成防控交办的其他工作。

4）水葫芦防控专家组

由科研和农业技术推广部门的有关专家组成。主要职责是开展水葫芦的调查、分析和评估，提供技术咨询，提出防控、处置建议，参与现场处置。

3. 监测与预警

1）监测

省（自治区、直辖市）农业行政主管部门的环境保护机构是水葫芦监测的实施单位，负责水葫芦灾害的普查监测和预测预报，实行专业测报和群众测报相结合，按照相关规范、规定开展调查和监测，及时分析预测水葫芦发生趋势。省（自治区、直辖市）人民政府要为环境保护机构和防控专家组提供开展普查监测工作所必需的交通、经费等工作条件。

2）报告

省（自治区、直辖市）农业行政主管部门负责水葫芦灾害紧急情况的报告和管理。任何单位和个人发现水葫芦发生异常情况时，应积极向省（自治区、直辖市）农业行政主管部门报告。环境保护机构作出分析预测后 4h 内将结果报省（自治区、直辖市）农业行政主管部门，省（自治区、直辖市）农业行政主管部门核实发生程度后 4h 报省（自治区、直辖市）人民政府，并在 24h 内逐级报上级农业行政主管部门，特殊情况时可越级报告。严禁误报、瞒报和漏报，对拖延不报的要追究责任。在水葫芦成灾的关键季节，要严格实行值班报告制度，紧急情况随时上报。

3）预警级别

依据水葫芦发生面积、发生程度和扩展速度、造成的养殖业、交通运输等方面的损失，将水葫芦灾害事件划分为特别重大（Ⅰ级）、重大（Ⅱ级）、较大（Ⅲ级）、一般（Ⅳ级）四级。预警级别依照水葫芦灾害级别相应分为特别严重（Ⅰ级）、严重（Ⅱ级）、较重（Ⅲ级）和一般（Ⅳ级）四级，颜色依次为红色、橙色、黄色和蓝色。

（1）Ⅰ级。水葫芦10 000亩以上连片发生或造成直接经济损失达1000万元以上，且有进一步扩散趋势的；或在不同地（市、州）内同时新发生，且已对当地农业生产和社会经济造成严重影响的。

（2）Ⅱ级。水葫芦5000亩以上连片发生或造成直接经济损失达500万元以上，且有进一步扩散趋势的；或在同一地（市、州）内不同县市区同时新发生，且已对当地农业生产和社会经济造成严重影响的。

（3）Ⅲ级。水葫芦2000亩以上连片发生或经济损失达100万元以上，且有进一步扩散趋势的；或在不同县（市、区）内同时新发生。

（4）Ⅳ级。水葫芦1000亩以上连片发生或经济损失达50万元以上，且有进一步扩散趋势的；或在一个县（市、区）内新发生。

4）预警响应

省（自治区、直辖市）农业行政主管部门接到水葫芦灾害信息后，应及时组织专家进行灾害核实和灾情评估，对可能造成大面积成灾的，要及时向省（自治区、直辖市）人民政府发出预警信号并做好启动预案的准备。对可能引发严重（Ⅱ级）以上的预警信息，务必在6h内上报省（自治区、直辖市）人民政府。

5）预警支持系统

省（自治区、直辖市）农业行政主管部门所属环境保护机构是水葫芦灾害监测、预警、防治、处置的具体技术支撑单位。广电、电信部门要建立、增设专门栏目或端口，保证水葫芦灾害信息和防治技术的对点传播。

6）预警发布

根据国家规定，水葫芦等重大外来入侵生物趋势预报由农业行政主管部门发布。水葫芦预警信息，由省（自治区、直辖市）农业行政主管部门依照本预案中确定的预警级别标准提出预警级别建议，经省（自治区、直辖市）人民政府决定后发布。特别严重（Ⅰ级）、严重（Ⅱ级）预警信息由省（自治区、直辖市）人民政府发布、调整和解除。其他单位和个人无权以任何形式向社会发布相关信息。

4. 应急响应

1）信息报告

水葫芦灾害发生时，由省（自治区、直辖市）农业行政主管部门向省（自治区、直辖市）人民政府和上级农业行政主管部门报告。省（自治区、直辖市）农业行政主管部门是水葫芦灾情信息责任报告单位，环境保护机构专业技术人员是水葫芦灾情信息责任报告人。相关灾情信息由省（自治区、直辖市）农业行政主管部门及时向相关下级政府部门通报。

2）先期处置

水葫芦灾害的应急处置，实行属地管理，分级负责。事发地人民政府水葫芦防治领导小组，要靠前指挥，实施先期处置，并迅速将灾情和先期处置情况报告上级人民政府和农业行政主管部门。

3）分级响应

（1）Ⅰ级响应。发生Ⅰ级水葫芦灾害时，省（自治区、直辖市）农业行政主管部门向本级人民政府提出启动本预案的建议，经同意后启动本预案，成立水葫芦防控，研究部署应急防控工作；将灾情逐级报至上级人民政府和农业行政主管部门；派出工作组、专家组赴一线加强防控指导，定期发布灾害监控信息，发出督导通报。

省（自治区、直辖市）农业行政主管部门水葫芦防控办公室应密切监视灾害情况，做好灾情的预测预报工作，为灾区提供相应的技术支撑。省（自治区、直辖市）水葫芦防控成员单位按照职责分工，做好相关工作。

（2）Ⅱ级响应。发生Ⅱ级水葫芦灾害时，地（市、州）农业行政主管部门向地（市、州）人民政府提出启动本预案的建议，经同意后启动本预案，成立（市、州）水葫芦防控，研究部署应急防控工作；加强防控工作指导，组织、协调相关地（市、州）开展工作，并将灾情逐级上报。派出工作组、专家组赴一线加强技术指导，发布灾害监控信息，及时发布督导通报。各防控成员单位按照职责分工，做好有关工作。

（3）Ⅲ级响应。发生Ⅲ级水葫芦灾害时，地（市、州）农业行政主管部门向地（市、州）人民政府提出启动本预案的建议，经同意后启动本预案，成立地（市、州）水葫芦防控办公室，研究部署应急防控工作；将灾情报上级人民政府和农业行政主管部门；派出工作组、专家组赴一线加强防控指导，定期发布灾害监控信息，发出督导通报。地（市、州）水葫芦防控办公室应密切监视灾害情况，做好灾情的预测预报工作。广电、报纸等宣传机构，要做好水葫芦专题防治宣传。

（4）Ⅳ级响应。发生Ⅳ级水葫芦灾害时，县（区、市）农业行政主管部门向县（区、市）人民政府提出启动本预案的建议，县（区、市）水葫芦防控办公室应密切监视灾害情况，定期发布灾害监控信息，上报发生防治情况；派出工作组、专家组赴重点区域做好防控指导；环境保护机构要加强预测预报工作。广电、报纸等宣传机构，要做好水葫芦专题防治宣传。

4）扩大应急

启动相应级别的应急响应后，仍不能有效控制灾害发生，应及时向上级人民政府报告，请求增援，扩大应急，全力控制水葫芦灾害的进一步扩大。

5) 指挥协调

在各级水葫芦防控办公室统一组织指挥下，相关部门积极配合，密切协同，上下联动，形成应对水葫芦灾害的强大合力。根据水葫芦灾害规模启动相应响应级别并严格执行灾情监测、预警、报告、防治、处置制度。应急状态下，特事特办，急事先办。根据需要，各级人民政府可紧急协调、调动、落实应急防控所需的人员、物质和资金，紧急落实各项应急措施。

6) 应急结束

各级水葫芦防控办公室负责组织专家对灾害控制效果进行评估，并向同级人民政府提出终结水葫芦应急状态的建议，经政府批准后，终止应急状态。

5. 后期处置

1) 善后处置

在开展水葫芦灾害应急防控时，对人民群众合法财产造成的损失及劳务、物资征用等，各级农业行政主管部门要及时组织评估，并报同级人民政府申请给予补助，同时积极做好现场清理工作和灾后生产的技术指导。

2) 社会救助

水葫芦灾情发生后，按照属地管理、分级负责的原则，实行社会救助。

3) 评估和总结

水葫芦灾害防控工作结束后，由农业行政主管部门对应急防治行动开展情况、控制效果、灾害损失等进行跟踪调查、分析和总结，建立相应的档案。调查评估结果由农业行政主管部门报同级人民政府和上级农业行政主管部门备案。

6. 信息发布

水葫芦灾害的信息发布与新闻报道，在政府的领导与授权下进行。

7. 应急保障

1) 信息保障

各级农业行政主管部门要指定应急响应的联络人和联系电话。应急响应启动后，及时向同级水葫芦防控办公室和上级农业行政主管部门上报灾情和防控情况。水葫芦灾害信息的传输，要选择可靠的通信联系方式，确保信息安全、快速、准确到达。

2) 队伍保障

各级人民政府要加强水葫芦灾害的监测、预警、防治、处置队伍（专业机防队）的建设，不断提高应对水葫芦灾害的技术水平和能力。要定专人负责灾情监测和防治指导。

3）物资保障

各级人民政府要建立水葫芦灾害应急物资储备制度和紧急调拨、采购和运输制度，组织相关部门签订应急防控物质紧急购销协议，保证应急处置工作的需要。

4）经费保障

各级财政局应将水葫芦应急处置专项资金纳入政府预算，其使用范围为水葫芦灾害的监测、预警、防治和处置队伍建设。各级财政局要对资金的使用严格执行相关的管理、监督和审查制度，确保专款专用。应急响应时，财政局根据农业行政主管部门提出所需财政负担的经费预算及使用计划，核实后予以划拨，保证防控资金足额、及时到位。必要时向上级财政部门申请紧急援助。

5）技术保障

各级农业行政主管部门负责组织开展辖区内水葫芦灾情发生区的勘查及水葫芦灾害的调查、监测、预警分析和预报发布。制定本级水葫芦灾害防控的技术方案。组织进行防治技术指导，指导防治专业队伍建设。

6）宣传培训

充分利用各类媒体，加强对水葫芦灾害防控重要性和防控技术的宣传教育，积极开展水葫芦灾害电视预报，提高社会各界对水葫芦生物灾害的防范意识。各级人民政府和农业行政主管部门负责对参与水葫芦灾害预防、控制和应急处置行动人员的知识教育。农业行政主管部门所属的环境保护机构要制订培训计划，寻求多方支持，加强对技术人员、防治专业队伍的专业知识、防治技术和操作技能等的培训；加强水葫芦基本知识和防治技术的农民培训。加强预案演练，不断提高水葫芦灾害的处置能力。

8. 附则

1）预案管理

本预案的修订与完善，由省（自治区、直辖市）农业行政主管部门根据实际工作需要进行修改，经省（自治区、直辖市）政府批准后生效并实施。

2）奖励与责任追究

水葫芦防控办公室要对水葫芦应急处置中作出突出贡献的集体和个人给予表彰。对玩忽职守造成损失的，要依照有关法律、法规和纪律追究当事人责任，并予以处罚。构成犯罪的，依法移交司法机构追究刑事责任。

3）预案解释部门

本预案由省（自治区、直辖市）农业行政主管部门负责解释。

4）实施时间

本预案自发布之日起实施。

（刘　坤　张国良　付卫东　韩　颖）

水花生应急防控技术指南

一、水　花　生

学　　名：*Alternanthera philoxeroides*（Mart.）Gris.

异　　名：*Alternanthera paludosa* Bunbury

Achyranthes philoxeroides（Mart.）Standl.

Alternanthera philoxerina Suess.

Bucholzia philoxeroides Mart.

Telanthera philoxeroides（Mart.）Moq.

英　文　名：alligatorweed, alligator weed, pig weed

中文别名：空心莲子草、喜旱莲子草、野花生、空心苋、革命草、抗战草、水蕹菜、过江龙、猪笼草、湖羊草、水马兰头、东洋草、洋马兰、甲藤草、螃蜞菊、水冬瓜、水杨梅、花生藤草、通通草等

分类地位：苋科（Amaranthaceae）莲子草属（*Alternanthera*）

1. 起源与分布

起源：水花生起源于南美巴拉圭南部和阿根廷东北部的里奥拉普拉塔盆地、巴拉圭和巴拿马河的湿地，在巴西东部和南部、玻利维亚、乌拉圭和阿根廷南部、亚马逊流域和南美北部海滨区归化。

国外分布：阿根廷、玻利维亚、巴西、秘鲁、哥伦比亚、圭亚那（法属）、圭亚那、洪都拉斯、墨西哥、巴拉圭、波多黎各、苏里南、特立尼达和多巴哥、美国、印度、印度尼西亚、老挝、缅甸、泰国、越南、澳大利亚、新西兰、南欧和东非、西非等地。

国内分布：四川、重庆、湖北、湖南、福建、广东、广西、海南、贵州、云南、江西、安徽、江苏、浙江、上海、甘肃、山西、陕西、河南、山东、吉林、辽宁、河北、北京、天津、台湾、香港、澳门等地。分布于我国的区域主要位于 97°E 以东、45°N 以南。

2. 主要形态特征

多年生草本植物，茎节生须根，可在陆地和水中生长。水花生对不同生境具有很强的适应性，生境不同，形态结构，特别是茎和根的形态结构会发生很大的变化。其主要特征如下。

水生型由茎节上形成须根，无根毛，只具初生结构，植株的茎长达 1.5～2.5m，从源地起最长可达 17m，节间有时可达 19cm，直径为 5～14mm，基部匍匐蔓生于水中，端部直立于水面；茎圆筒形，有分枝，光滑中空，髓腔较大。叶对生。花序头状，花白

色或有时粉红色。

陆生型或旱生型，其根有根毛，具次生结构，次生生长可形成直径达 1cm 左右的肉质储藏根，株高一般 30cm，茎秆坚实，节间最长 15cm，直径 3～5mm，髓腔较小。叶对生，椭圆形，由腋芽抽生分枝。顶生头状花序，合轴分枝，生长势旺盛；花序柄长 3～4cm，单生叶腋。花白色或略带粉红，直径 8～15mm；花被和苞片各 5 瓣，退化雄蕊 5 个，雄蕊雌化现象普遍，雌蕊子房中一般无发育成熟的种子，但在澳大利亚有时会形成瘦果。

3. 主要生物学和生态学特性

水花生是一种喜湿喜肥水陆两栖的多年生宿根草本植物，在美国有两种生物型：窄叶型和宽叶型，它们有不同的地理分布，宽叶型有较高的干重，一般根扎在沙滩或旱地。二者等位酶谱也不同，植物生长规律和对除草剂的反应也有差异。阿根廷的水花生也有两种生物型：染色体数目不同，野生型为四倍体（$4x=68$）；杂草型为六倍体（$6x=102$）。六倍体水花生一般生长在农田里，具有更强的竞争力和形成群落的能力。从上海不同地区采样，对控制 10 个酶系的 18 个基因位点进行分析，所有的个体在 18 个位点上具有相同的表型；对海口、南宁、昆明、岳阳、武汉等 7 个地区的水花生进行遗传多样性分析，在 7 个群落之间和群落内部并没有表现出条带的多态性；对广东、海南、福建三省的 11 个种群的 193 个水花生单株通过分子生物学方法及在中国南方 8 个不同地区采集的样本进行 RAPD 分析，发现水花生的遗传多样性不高，这些研究结果表面，中国的水花生可能只有一种生物型。

水生型水花生又分为沉水型、漂浮型和挺水型。沉水型和漂浮型一般生活在深水中，沉水型水花生的植物体全部沉没在水体之中，漂浮型水花生漂浮在水面上，仅在茎节上生有须根，可以在水面上随水流自由漂流。挺水型水花生根部固着在水体底部的淤泥中。由于沉水型水花生在春秋两季调查中比较明显，沉水型水花生是否只是挺水型水花生生长过程中的一个阶段，人们将继续对此进行观察。我们在此仍将它们作为两种生态型对待。两种不同生态型的水花生在各自的生境中都能形成密度很大的优势种群，而以挺水型水花生为优势种形成的群落正是影响水域养殖业和阻塞航道的主要因素。

水花生在陆地上的分布范围十分广泛，尤其在一些人为活动影响比较大的陆生环境中水花生更易入侵。在有些土著植物都难以生长的干旱环境中，水花生仍可以成功地入侵、定殖，并形成盖度、密度都比较大的单优势群落。在农田、田埂、休闲地（或撂荒地）等生境，水花生都能通过克隆繁殖形成优势群落。人工草坪是水花生比较容易入侵的另一个中生型生境类型，入侵后的水花生在人工草坪上通常形成斑块状镶嵌体。在陆生型生境中，一些水花生种群看似生长在水体中，但其根部固着在河岸边或池塘边的陆地上，而茎叶通过不断生长，在水体表面形成非常壮观的以水花生为优势种的群落。在水稻田等间歇性水生环境中，水花生根部只是在生长季节部分时间段内生长于水体之中。

水花生具高度的繁殖力，生物量大，分枝可达数 10 个，主要为营养繁殖，且营养再生能力极强，一个茎节就能成为一个新的植株，进而形成新的扩散源；陆地型肉质储藏根受刺激时可产生大量的不定芽。在生长高峰期每天可生长 $2\sim4cm$，生物量 41 天翻一番，密度超过 10^7 株/hm^2，在重庆柑橘所水花生的密度约为 1.02×10^7 株/hm^2。水生型和陆生型水花生的冠根比（top-root ratio）分别为 5.6 和 0.3。水花生在我国则以旱生型为主，为我国难以消除的恶性杂草。

从根、茎及叶的解剖学特征来看，水花生无论水生、旱生还是地上、地下均有与其相适应的解剖学特征。水花生的根不仅进行正常的初生和次生生长，而且还产生异常的三生结构，在三生结构中，含有大量的径向和切向的薄壁结合组织，同时产生大量的维管束，这些结构特点可以使水分和营养物质能够迅速地疏导，并且将营养物质储藏在地下的薄壁细胞结合组织中。而具有这些三生结构的地下根即使互相切断，也有足够的营养供给不定芽的生长。

水花生茎的结构对水分变化有较好的适应能力。其输导组织在水分充沛的环境中输导功能强，能疏散多余的水分，而在水分相对缺乏的陆地条件下，则能通过增加输导组织数量既保证水分的供应又起到支持茎叶的作用。在陆地生境中机械组织相对发达，韧皮纤维的数量和厚度都有所增加，既增强了茎的机械强度又保护了形成层的持续活动，而在水生生境中，机械组织相对欠发达，具有水生植物的典型特征。另外，不同生态型水花生茎的内、外直径和中央髓腔大小差异显著，这有助于它在不同生境中都能生长良好。另外，水分稍微减少就能引起茎表皮角质层极显著增厚，从而避免水分蒸发。

茎的其他结构和组分也随着生境中水分的不同发生变化。水生型和旱生型的水花生叶片的形态大小和结构组成差异明显。陆地生境中的叶片较水生生境中的叶片略短，略厚，叶色较深，叶片与茎之间的夹角较小，叶片较挺立。两种生境中的水花生叶片的表皮毛、角质层、气孔、表皮细胞的外切壁、叶肉组织的栅栏组织和海绵组织等部分均存在比较明显的差异。在陆生环境中，水花生表皮毛分布比较密集，而在水生生境中表皮毛较少或缺；陆地生境中，角质层较厚，而在水生生境中较薄；表皮细胞的外切壁在水生生境中比较光滑，而在陆地生境中则比较粗糙，这可能与角质层的分布有关；在水生生境中，气孔的两个保卫细胞粗短，气孔下室多数有填充物，而在陆地生境中保卫细胞长，气孔下室多数无填充物。另外，陆地生叶片的气孔器比水生叶片在表皮上下陷的明显；陆地生境中叶片的栅栏组织和海绵组织比例约为 2:1，水生生境中约为 1:1。

由于生活环境的不同，水生叶的栅栏组织细胞大，排列松散，有 2 或 3 层，适合水生的环境，但没有气室。沉水叶更细长，且大多没有栅栏组织和海绵组织的分化，细胞间隙极大，可能是没有发育完全。旱生叶的栅栏组织细胞小，排列紧凑，有 $2\sim4$ 层，厚角组织发达，具有明显的旱生特点。在叶脉中，水生叶维管束之间的薄壁细胞比旱生叶的大，且维管束间的距离也大于旱生叶。旱生叶比水生叶的机械组织发达。

水花生抗逆力很强，当冬季水温降至 0℃ 时，水面植株冻死，水下部分仍有生活力，气温 10℃ 即可萌芽生长，最适宜生长温度为 $22\sim32$℃。可忍耐的盐度高达 10%，可忍受浓度 10% 的静止海水和浓度 30% 的流动海水。可适应 pH5$\sim$10，最适为 pH6$\sim$8。水花生可在日排放量 10^5kg 以上，水质混浊、灰褐色、有机物含量高、无氧、厌气发酵、排放 H_2S 和 CH_4 的污水环境中茂盛生长。水花生能够在重金属污染的土壤上迅速生长，对土壤中的 Cu、Zn 吸收能力分别为 85.75mg/kg、444.3mg/kg，对 Cd、As、

Pb 等也有一定吸收能力，对重金属污染的土壤有吸收净化作用。水花生对污水适应能力较强，并有很强的吸收和降解污染物无水肼（三肼）、COD、BODS、SS、TN、TP 的能力。

水花生具有较强的化感作用，通过改变植物细胞的膜透性和功能影响植物体的光合作用过程、抑制细胞的有丝分裂、干扰 DNA 损伤的正常修复等，进而影响到植物的种子萌发和幼苗生长。其化感作用可能是其成功入侵的机制之一。水花生水浸提液对莴苣、小麦和油菜的种子萌发、幼苗生长以及部分生理过程均有不同程度的化感作用，对莴苣、油菜种子的最终发芽率和发芽速率均有极显著的抑制作用，对种子萌发过程的影响主要表现在延迟发芽。在油菜幼苗的生长过程中，水浸提液对油菜根和苗的生长具有抑制作用。水花生水浸提液使受体植物体内丙二醛含量增加，超氧化物歧化酶（SOD）活性和过氧化物酶（POD）活性有显著变化，化感物质使受体植物受到了氧化胁迫，在一定程度上破坏了细胞膜的透性和功能。此外，水花生水溶性化感物质还能抑制蚕豆根尖细胞的有丝分裂，干扰植物细胞 DNA 的正常修复，破坏植物细胞纺锤丝的结构与功能，进而导致染色体畸变、微核率上升，细胞中出现染色体片段、滞后染色体、染色体桥等异常情况。

4. 传播与扩散

虽然世界大多数地方生长的水花生都能够开花，但仅在原产地南美洲巴拉那河（Parana River）地区产生的少数种子具有生育能力，其他地区的水花生主要通过无性繁殖方式（通过茎上的顶芽、腋芽和根上不定芽繁殖后代）传播蔓延。因此，水花生一般情况下无法依靠自然界的力量从一个大陆传播到另一个大陆或孤岛，无法跨越高大的山岭，而从一个流域传到另一流域的可能性也很小。水花生主要通过可繁殖的根、茎随水流、船舶、耕作用农机具及其他人为的活动传播，在大陆、孤岛和流域之间的传播，则主要是通过人类活动进行的。一旦传入新的生长区，由于缺乏有效的自然天敌，能很快侵占周围的水域、湿地或农田等生境。

水花生于 1897 年之前传入美国，到 20 世纪 80 年代已在田纳西州、阿肯色州、密西西比州、肯塔基州、佛罗里达州、得克萨斯州等不止 10 个州有分布发生。1946 年，水花生混在船舶的压仓物里从南美洲到达澳大利亚新南威尔士州的纽卡斯尔港（Newcastle Port），随后扩散到附近遭受季节性洪水的农场和牧场。1993 年，在威廉河（Williams River）和帕特森河（Paterson River）发现水花生，并侵入附近的陆地。据估计，它将通过休闲游艇以每年 1.5km 的速度向威廉河的上游扩展。水花生在澳大利亚不同流域间的传播主要通过人们的商业和娱乐活动，还有一些家庭把水花生作为香草和蔬菜的替代品种植在自家后院里，加剧了其传播扩散。

5. 发生与危害

20 世纪 30 年代，侵华日军将水花生作为马饲料引入上海郊区、浙江杭嘉湖平原。50 年代以来，我国各省把它作为猪饲料大面积引种，后由于其营养价值低，被放弃并逐渐逸生为野生。目前，水花生已人为传播到四川、云南、贵州、湖南、湖北、广东、广西、安徽、江西、江苏、浙江、上海、福建等20多个省（直辖市、自治区），1月等温线2～4℃地区为重灾区，4～16℃为适宜生长区。其中以上海、江苏、四川、江西、湖南、安徽发生广，危害重。特别在沟渠、河道、沼泽、鱼塘、稻田、果园、菜地和花园内发生危害严重。在阴湿环境下，土壤较肥沃时，发生更为严重。

水花生的危害主要表现：在农田、果园、菜园、桑园、苗圃等地，地下茎蔓延呈蜘蛛网状，与植物争肥、争水、争光，使产量受损。据报道，危害水稻、小麦、玉米、红苕、莴苣引起产量损失分别为45％、36％、19％、63％和47％，蔬菜损失一般为5％～15％，严重时20％以上。此外，水花生对棉花、大豆、花生等造成的产量损失也很严重，水花生还能在果园、花园、茶场、桑园、中草药作物田等处大量滋生。水花生在田间沟渠内大量滋生，使水流不畅，影响农田排灌，费工、费时、费电，容易引起排灌机械损坏，而造成巨大的经济损失。水花生对中国农业造成的直接经济损失每年达6亿元人民币，并且随着水花生的进一步的滋生蔓延，损失将会更大。

水花生在鱼塘等淡水养殖水域的滋生，能够封闭水面，导致水中溶解氧含量降低。水花生腐烂后污染水质，水体中生物耗氧量和化学耗氧量大幅增加，鱼、虾等水产生物会因溶解氧的消耗而窒息死亡。水花生腐烂后水中有机质含量增加，促进微生物滋生，从而导致鱼虾等水产生物病害的爆发，腐烂产生的有毒物质也会毒害水生生物。此外，水花生大量滋生覆盖，还影响水产捕捞，最终导致大量淡水养殖水域荒废。在新西兰和澳大利亚，水花生引起牲畜皮肤光过敏反应，导致癌变。在中国许多地区它被作为草料，有助于国内牲畜寄生虫的传染，该草还含3.8％的皂苷，易引起家畜腹泻和姜虫病，对家畜和奶牛的健康均有影响。

水花生在陆地上形成的单一优势群落，株高可达30～50cm，密度大，群落内物种丰富度明显下降。还能通过化感等作用改变土壤的化学成分，进而改变土壤的生物多样性。水生型的水花生在水面上形成厚达约30cm的植毡层，完全覆盖了水面，使得光照很难透过，抑制了沉水植物的生长，甚至使其完全不能生长。在湖北鄂州长运港运河中对漂浮型水花生的研究中发现，植毡层下基本没有沉水植物存在。另外，大面积的漂浮植毡层占据了本土漂浮植物的生长空间，使它们的种类和数量大大减少。一些挺水植物可以形成较大的群落，但是植株密度不大，水花生在其群落内仍可形成植毡层。无限生长的水花生过量消耗了水中的氧气，同时厚厚的植毡层又阻止了水中气体的交换，使水中氧气严重缺乏。水中缺氧和光照，使栖息地遭到破坏，本地动物丧失食物、栖息空间，水中水生动物还可能窒息而死。

水生型的水花生一般扎根于河岸边的泥土中，然后在水面上扩散蔓延，匍匐茎及新生茎纵横交织形成大面积条带状植毡层，可以绵延几百米甚至几千米，宽度一般为5～6m，有时达10m以上。植毡层很难被水流、风浪等自然力破坏断裂，严重阻塞航道，影响水上交通和沿岸居民生活。水花生容易缠绕在船舶的螺旋桨上，破坏船舶的动力设备。在内河航运发达的江苏南部，水花生是水上交通的主要障碍，当地政府每年都投入大量的人力物力清理河道。

河流和水库中的大量水花生死后腐烂，产生各种有毒物质，同时各种病原物剧增，使水质恶化。水花生形成的植毡层还为蚊虫的产卵提供了很好的场所，造成大量蚊虫的滋生，传播各种人畜疾病，危害人类健康和生命安全。水花生的大面积入侵定殖会改变整个景观的格局，水花生在路边、公用绿地、居民区等地生长蔓延，严重影响环境的美观和卫生，破坏景观的自然性和完整性，特别是在一些景点，水花生的成片发生还可能给旅游业带来损失。

图版 10

图版说明

    A. 水花生侵占河道

    B. 水花生植株

    C. 水花生叶片形态

    D. 水花生果实

    E. 水花生花

图片作者或来源

    A，B，C，E. 张国良

    D. http://www.lucidcentral.org/keys/FNW/FNW%20seeds/html/fact%20sheets/Alternanthera

二、水花生检验检疫技术规范

1. 范围

本规范规定了水花生的检疫检验及检疫处理操作办法。

本规范适用于农业植物检疫机构对水花生植物活体、根、茎及可能携带其任何有生命力部分的检疫检验和检疫处理。

2. 产地检疫

（1）踏查，重点踏查水田、旱田、果园、苗圃、宅旁等。水域重点调查江、河、湖泊、水库、池塘等，除调查水域水面是否有水花生生长外，还应调查水域岸边是否有水花生发生。

（2）发现疫情后，应立即报告给当地农业检疫部门和外来入侵生物管理部门。

3. 调运检疫

检查调运的植物和植物产品有无附着水花生根、茎。

4. 检验及鉴定

（1）我国的该属植物。水花生属苋科莲子草属。全世界约有莲子草属植物 200 余种，主要分布于美洲热带和暖温带，其中南美洲约有 120 种。中国有 5 种：莲子草 [*A. sessilis* (L.) R. Br. ex DC.]（我国本地种）、水花生 [*A. philoxeroides* (Mart.) Griseb.]（外来种，原产南美洲）、刺花莲子草 [*A. pungens* H. B. K.]（外来种，原产南美洲）、锦绣苋 [*A. bettzickiana* (Regel) Nicholson]（外来种，原产南美洲）、匙叶莲子草 [*A. paronychioides* A. St.-Hil]（外来种，原产南美洲）。

（2）根据以下特征，鉴定是否属苋科：一年生或多年生草本，稀为灌木。茎直立或伏卧。单叶，互生或对生，有柄，全缘或具不明显锯齿；托叶缺。花小，两性或单性，辐射对称，常密集簇生；萼片 3～5 个，干膜质。雄蕊 1～5 个，与萼片对生，雄蕊基部联合成管。子房上位，1 室，有胚珠 1 个（稀多个）。果实为胞果，稀为浆果或蒴果，包于花被内或附于花被上。种子扁球形或近肾形，光滑或有小疣点。

（3）根据以下特征，鉴定是否属莲子草属：总苞片 4 个，稍不相等；头状花序有 4 个小花；攀缘草本；冠毛毛状，多数，分离。叶对生，全缘。花两性，单生在苞片腋部；苞片及小苞片干膜质，宿存；花被片 5，干膜质；花丝基部连合成管状或短杯状，花药 1 室；退化雄蕊全缘。胞果不裂，边缘翅状。种子凸镜状。

（4）在放大 10～15 倍体视解剖镜下检验。根据种的特征（附录 A）和近缘种的比较（附录 B），鉴定是否为水花生。

水生型水花生的一个重要鉴定依据为成熟时茎中空，髓腔大。

5. 检疫处理和通报

在调运检疫或复检中，发现水花生的种子、根、茎等应全部检出，及时销毁。

产地检疫中发现水花生后，应根据实际情况，启动应急预案，立即进行应急治理。疫情确定后一周内应将疫情通报给植物和植物产品调运目的地的农业外来入侵生物管理部门和农业植物检疫部门。

附录 A　水花生形态图

附图 1　水花生的陆生型全形（陈倬，1964）

A，B. 水花生的茎；C，D. 正常的两性花；E.D 的展开，示雌蕊与具药雄蕊和无药雄蕊；F. 雄蕊雌化的花；
G. 除去花被的雌化花，示 5 枚雄蕊已退化；无药雄蕊于外白连合成一轮；H，G 的展开；I. 正常两性花的花
式图，示具药雄蕊与无药雄蕊为一轮的 3 轮花；J. 雄蕊雌化花的花式图，示无药雄蕊自成一轮的 4 轮花

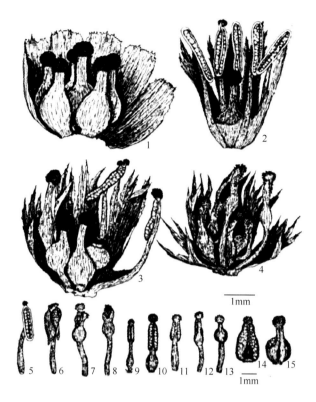

附图 2　水花生雄蕊不同程度雌化类型（陈倬，1964）

1. 水花生雄蕊完全雌化的花（已除去花被，下同）；2. 雌化程度较低的两性花，示仅有一枚雄蕊顶部出现柱头；3. 雌化程度较高的两性花，示有 3 枚雄蕊雌化，余 2 枚雄蕊仅具锥形；4. 雌化程度比图 3 更高的两性花，示 5 枚雄蕊不同程度的雌化；5～15. 雄蕊雌化过程中的各种畸形变态

附录 B　水花生及其近缘种检索表

1. 茎紫红色，节上密生白色长柔毛 ·················· 匙叶莲子草 A. *paronychioides* A. St.-Hil
　　茎绿色 ··· 2
2. 叶片绿色或红色，或部分绿色，杂以红色或黄色斑纹；栽培植物 ·······························
　　····························· 锦绣苋 A. *bettzickiana*（Regel）Nichols.
　　叶片绿色；野生植物，少有栽培 ··· 3
3. 苞片及 2 外花被片顶端有刺 ·························· 刺花莲子草 A. *pungens* H. B. K.
　　苞片及 2 外花被片顶端无刺 ··· 4
4. 头状花序 1～4 个，无总花梗 ·············· 莲子草 A. *sessilis*（L.）R. Brown ex Candolle.
　　头状花序单一，有总花梗，野生或栽培 ···
　　·············· 水花生（喜旱莲子草）A. *philoxeroides*（Mart.）Gris.

三、水花生调查监测技术规范

1. 范围

本规范规定了对水花生进行调查和监测的技术方法。

本规范适用于农业部门对水花生进行的调查和监测工作。

2. 调查

1）访问调查

向当地居民询问有关水花生发生地点、发生时间、危害情况，分析水花生传播扩散情况及其来源。每个社区或行政村询问调查 30 人以上。对询问过程发现的水花生可疑存在地区，进行深入重点调查。

2）实地调查

（1）调查地域。

重点调查水田、旱地、果园、草地、宅旁、路边等区域，以及江、河、湖泊、水库、池塘等水域。

（2）调查方法。

陆地或田间可采用取样调查的方法。调查设样地不少于 10 个，随机选取，每块样地面积不小于 $1m^2$，用 GPS 仪测量样地的经度、纬度、海拔，记录样地的地理信息、生境类型、物种组成。观察有无水花生危害，记录水花生发生面积、密度、危害作物、危害方式、危害程度。

水域调查在工具、水流等允许的情况下，用 GPS 仪确定水花生发生区域的地理信息和面积，取样测定其发生密度，调查水花生对水质、水生动植物、航运、灌溉等的影响方式和程度。在工具、水流等的影响下无法实地调查的水域，可以估计其发生范围、面积、密度及其对水质、水生动植物、航运、灌溉等的影响方式和程度。

（3）面积计算方法。

发生于农田、果园、湿地、林地等生态系统内的水花生，其发生面积以相应地块的面积累计计算，或以划定包含所有发生点的区域面积进行计算；发生于路边、房前屋后、绿化带等地点的外来入侵生物，发生面积以实际发生面积累计获得或持 GPS 仪沿分布边界走完一个闭合轨迹后，围测面积；发生在山上、水域且无法用 GPS 仪围测面积的，可采用目测法估计发生面积。

（4）危害等级划分。

按覆盖或占据程度确定危害程度。适用于农田、林地、草地、果园等农业用地以及荒地、湿地等生态系统。具体等级按以下标准划分。

等级 1：零星发生，覆盖度<5%；

等级 2：轻微发生，覆盖度为 5%～15%；

等级 3：中度发生，覆盖度为 15%～30%；

等级 4：较重发生，覆盖度为 30%～50%；

等级 5：严重发生，覆盖度为 50%～90%；

等级 6：极重发生，覆盖度为 90%～100%。

3. 监测

1）监测区的划定

发生点：水花生植株发生外缘周围 100m 以内的范围划定为一个发生点（两棵水花生植株或两个水花生发生斑块的距离在 100m 以内为同一发生点）。

发生区：发生点所在的行政村（居民委员会）区域划定为发生区范围；发生点跨越多个行政村（居民委员会）的，将所有跨越的行政村（居民委员会）划为同一发生区。

监测区：发生区外围 5000m 的范围划定为监测区；在划定边界时若遇到水面宽度大于 5000m 的湖泊、水库等水域，对该水域一并进行监测。

2）监测方法

在监测区的水田、旱地、果园、草地、林地、宅旁、路边、江、河、湖泊、水库、池塘等地设置不少于 10 个固定监测点，每个监测点不少于 10m²，悬挂明显监测位点牌，一般每月观察一次。

4. 样本采集与寄送

在调查中如发现疑似水花生，采集疑似植株，并尽量挖出或捞出其所有根部组织，用 70% 酒精浸泡或晒干，标明采集时间、采集地点及采集人。将每点采集的水花生集中于一个标本瓶中或标本夹中，送外来物种管理部门指定的专家进行鉴定。

5. 调查人员的要求

要求调查人员为经过培训的农业技术人员，掌握水花生的形态学、生物学特性，危害症状以及水花生的调查监测方法和手段等。

6. 结果处理

调查监测中，一旦发现水花生，严格实行报告制度，必须于 24h 内逐级上报，定期逐级向上级政府和有关部门报告有关调查监测情况。

四、水花生应急控制技术规范

1. 范围

本规范规定了水花生新发、爆发等生物入侵突发事件发生后的应急控制操作方法。

本规范适用于各级外来入侵生物管理机构和农业环境保护机构在生物入侵突发事件发生后的应急处置。

2. 应急控制方法

对新发、爆发的水花生采取紧急施药、最终灭除的方式进行防治。在新发、爆发发生区进行化学药剂直接处理，防治后要进行持续监测，发现水花生再根据实际情况反复使用药剂处理，直至2年内不再发现或经专家评议后认为危害水平可以接受为止。

1）禾本科植物田间防治

水稻、小麦、玉米、高粱等禾本科植物田间应急控制水花生，每公顷可使用氯氟吡氧乙酸乳油150g，或氯氟吡氧乙酸乳油90g＋二甲四氯225g，兑水600~900L喷雾。从水花生发芽到旺长期均可施药防治。如周围没有需要保护的阔叶植物可不设防护罩。

2）果园防治

每公顷使用氯氟吡氧乙酸乳油180~240g，或氯氟吡氧乙酸乳油60~120g＋草甘膦水剂600~1200g，兑水600~900L喷雾，可在水花生各生长期喷施。在水花生生长旺盛期（3~9月），每公顷用水花生净450~750mL，兑水450L喷雾。

草甘膦加乙烯利、赤霉素、丁酰肼等生长调节剂可提高防效。

3）田埂及非耕地防治

在水花生2~5叶期，每公顷用氯氟吡氧乙酸乳油225~450g，或氯氟吡氧乙酸乳油60~120g＋草甘膦水剂600~1200g，兑水600~900L喷雾。每公顷用草甘膦水剂1200g，或草甘膦水剂900g＋甲磺隆可溶性粉剂30g，或氯氟吡氧乙酸乳油120g＋甲磺隆可溶性粉剂30g，兑水450~600L喷雾，在水花生各生长期均可进行。在水花生旺盛生长期，每公顷用"水花生导弹"（江苏省生态农业工程技术研究中心研制）6000~9000mL，兑水750~900L均匀喷雾。

4）水域防治

每公顷使用草甘膦水剂1200g，或草甘膦水剂900g＋甲磺隆可溶性粉剂30g，兑水450~600L喷雾，或氯氟吡氧乙酸乳油120g＋甲磺隆可溶性粉剂30g，兑水750~900L喷雾。

敌草腈可湿性粉剂1012.5g/hm²，兑水450L，可用于防治河岸和浅水区的水花生。

对于池塘、沟渠中的水花生，可采用高浓度、低水量的施药方法，危害严重的鱼塘应分区施药，防止水花生大量死亡腐烂而导致的鱼池缺氧。

3. 注意事项

（1）5月下旬开始，旱田水花生1级、2级分枝数，枝条长度，覆盖度均迅速增加，因此，第一次化学防除在5月中下旬之前进行，可以应用低剂量的除草剂把水花生较长时期内控制在危害水平以下。对于水花生严重发生的旱地，第一次化学防除时间应该提前，以后根据水花生具体发生情况进行再次用药。

（2）在使用化学防治时应注意不能污染水面，影响水质，防止水花生腐败后水中微生物滋生和产生有毒物质，以及可能引发的二次污染。

（3）草甘膦是传导型灭生性除草剂，因此，在喷施草甘膦时，应严格操作，避免喷施到其他作物和果树上。草甘膦通过水花生的茎叶吸收并传导到全株，对地下部分也有较高的杀灭作用。将同量的草甘膦分次使用，可减缓草甘膦对地上部分的伤害而增加草甘膦向地下部分的传导，从而更好地发挥防除控制作用。

（4）喷施氯氟吡氧乙酸，应在气温低、风速小时喷施药剂，空气相对湿度低于65％、气温高于28℃、风速超过4m/s时停止施药。在果园施药，避免将氯氟吡氧乙酸药液直接喷到果树上；尽量避免在茶园和香蕉园及其附近地块使用氯氟吡氧乙酸，需要使用时应定向喷雾，严防喷施到茶树和香蕉上。喷过氯氟吡氧乙酸的喷雾器，彻底清洗干净后方可用于阔叶作物田喷施其他农药。

（5）甲磺隆在土壤中的残留期长，易对作物造成伤害，应严格按照说明书使用。水花生净是甲磺隆和氯氟吡氧乙酸的复配剂，喷施时也需注意。

（6）喷雾时，先将喷头置于水花生丛中上下左右喷洒，然后再拿出喷头居高临下喷雾。施药后不要铲除水花生地上或水上部分的茎叶，也不要耕翻土壤，以利于药液充分传导到地下茎和根系中，提高防效。若施药后6h内下雨，应补喷一次。当地上茎叶黄萎后新的茎叶又发生时，进行2次用药。在施药区应插上明显的警示牌，避免造成人、畜中毒或其他意外。

五、水花生综合治理技术规范

1. 范围

本规范规定了水花生的综合治理方法及使用条件。

本规范适用于各级农业外来入侵生物管理部门对水花生进行的综合治理工作。

2. 专项防治措施

1）农业防治

培育壮苗，使作物尽早形成植冠层，从而在光照、空间、营养等的竞争中占据优势，最终控制水花生的生长势。

农田水花生地下根茎主要集中在20cm耕作层中，通过秋季深翻耕，能够杀死大部分休眠芽，大大减少了次年春季水花生的发生量。对于水花生严重发生的农田和多年闲置旱地，可以在初冬和深冬进行两次深翻耕，使地下根茎充分暴露在空气中，从而被严寒和霜冻杀死。

在高氮肥条件下，特别是水田，应严格控制氮肥施用量，防止水花生疯长。

2）化学防治

可使用的药剂有草甘膦水剂、氯氟吡氧乙酸乳油、甲磺隆可溶性粉剂、敌草腈可湿性粉剂、"水花生导弹"。施药方法及注意事项见"水花生应急控制技术规范"一节。

3）物理防治

对散生或者不适宜使用化学药剂的区域，在水花生营养生长期，人工或使用打捞船打捞水域中的水花生，尽量将水中的根茎全部打捞出来，集中烧毁。

对于陆生的水花生，需深挖 1m 左右，挖取地下根和根状茎，清除所有具有生命力的部分，集中烧毁。

4）生物防治

在每年 4～5 月，最低气温回升到 10℃ 以上时，释放莲草直胸跳甲（水花生叶甲）（*Agasicles hygrophila* Selma. & Vogt）成虫，每公顷释放约 3000 头取食水中生长的水花生，可控制其危害与蔓延。

5）沤制绿肥

经沤制的水花生还田，能增加土壤养分，提高土壤肥力。水花生的腐殖化系数为 0.18，风干物含钾（以氧化钾计）为 8.3%，是一般绿肥的 2～4 倍；含氮 2.28%，含磷 0.33%。1hm² 施 15t 鲜草水花生沤制的绿肥，水稻比常规施肥增产 300～450kg，比施等量氧化钾增产 150/hm²。

6）生境开发

在水花生发生地区，将闲置池塘、河滩、荒地等以低价或无偿转交给农民开发利用，减少适宜水花生滋生的生境。

3. 综合防控措施

目前防除陆生型水花生效果较好的化学除草剂都有它们的不足之处。水花生净因含有残留时间长的甲磺隆，作物易受伤害，使用受到一定的限制；氯氟吡氧乙酸有效控制水花生时间虽长，但对水花生根除不彻底；草甘膦对水花生地上部分的杀灭作用较好，但对水花生根茎的抑杀作用不明显。因此，各种防控措施综合运用才能起到最佳的控制效果。

1）化学防治与物理防治相结合

在水域，喷施除草剂效果不理想的情况下，可利用杂草打捞机打捞清除水花生，根茎再次繁殖出新株时再次喷施药剂，可减少化学药剂的用量，减轻对环境和水质的污染。

目前，国内已有一些设计成的水域杂草打捞机，可以用于水域水花生的打捞作业，或通过适当改进后使用。对一些不适宜打捞机作业的水域也可用人工打捞的方法打捞。

2）生物防治与物理防治相结合

在水花生专食性昆虫尚未建立能有效控制水花生的种群时，可先利用杂草打捞机打捞清除水域水花生，降低水花生种群密度，增强生物防治效果。

3）物理防治与沤制绿肥相结合

对于机械和人工打捞上岸的水花生，以及农田、果园等生境中铲除的水花生，集中经沤制、腐烂后用作肥料，可间接降低防治成本，增强群众治理水花生的积极性。

4）不同生境中水花生的综合防治

（1）小面积新发生区：人工铲除或打捞。

（2）水域：化学防治＋打捞＋沤制绿肥，生物防治＋化学防治，生物防治＋打捞＋沤制绿肥。

（3）农田、果园等农业生产用地：农业防治，人工铲除＋沤制绿肥，化学防治＋人工铲除。

（4）田埂：人工铲除＋沤制绿肥，化学防治＋人工铲除。

（5）路边、宅旁等非耕作土地：化学防治，人工铲除＋沤制绿肥。

（6）荒地、山坡等大面积发生区：化学防治＋生境开发。

主要参考文献

陈斌，吉训凤，季应明等. 2000. 沤制水花生作麦稻基肥的效应研究. 土壤通报，31（4）：180～182

陈倬. 1964. 空心苋雄蕊雌化的现象。植物学报，12（2）：133～135

高仁表，卢永治，毛嘉正. 1997. 草甘膦灭杀河网水花生试验. 浙江水利科技，(4)：44，47

胡国文，建健，毛立新等. 1987. 喜旱莲子草在浙江的分布及为害调查. 农垦综防，(2)：39～42

淮虎银，金银根，张彪. 2003. 外来植物空心莲子草分布的生境多样性及其特征. 杂草科学，1：18～20

黄建中，陈月琴，周敏等. 1995. 天然增效剂 SD 对草甘膦防除水花生等杂草的增效作用. 江苏农药，(3)：22～25

黄永杰. 2006. 外来杂草水花生的重金属耐性研究. 安徽师范大学硕士学位论文

李宏科，李萌. 1996. 我省两种外来恶性杂草生物防治进展. 湖南农业科学，(6)：32

李宏科，王韧. 1994. 水花生叶甲越冬保护和大量繁殖释放研究. 生物防治通报，10（1）：11～14

李洁. 2008. 入侵植物空心莲子草化感作用的初步研究. 四川师范大学硕士学位论文

林冠伦，杨益众，胡进生. 1990. 空心莲子草生物学及防治研究. 江苏农学院学报，11（2）：57～63

娄远来，邓渊钰，沈纪冬等. 2002. 我国空心莲子草的研究现状. 江苏农业科学，4：46～48

娄远来. 2005. 空心莲子草［*Alternanthera philoxeroides*（Mart.）Griseb.］的生物学、生态学与复配除草剂的增效作用及作用机理研究. 南京农业大学博士学位论文

陆永进，郑红，周恒昌. 1996. 农达与使它隆复配防除水花生的效果. 杂草科学，(2)：28，35

谭万忠. 1994. 水花生对几种作物损失的测定. 杂草学报，8（1）：28～31

王韧，王远，张格成等. 1987. 水花生叶甲寄主专一性测验. 生物防治通报，4（1）：14～17

王韧，王远. 1988. 我国南方水花生发生危害及生物防治可行性的调查论证. 杂草学报，(1)：36～40

王韧. 1986. 我国杂草生防现状及若干问题的讨论. 生物防治通报，2（4）：173～177

吴珍泉. 1994. 空心莲子草叶甲发育速度的研究. 武夷科学，11：37～42

姚东瑞，李贵，陈杰. 1997. 农达对水花生的防效试验报告. 杂草科学，(4)：27～28

尹仁国. 1992. 蔬菜地空心莲子草的发生及危害. 杂草科学，(1)：13

张格成，李继祥，陈秀华. 1993. 空心莲子草主要生物学特性. 杂草科学，2：10～12

中国科学院植物研究所. 1985. 中国高等植物图鉴. 补编，第一册. 北京：科学出版社. 287

中国科学院中国植物志编辑委员会. 1979. 中国植物志. 第二十五卷第二册. 北京：科学出版社. 232～233

中国饲用植物志编辑委员会. 1992. 中国饲用植物志. 第 4 卷. 北京：农业出版社

Brown J L, Spencer N R. 1973. *Vogtia malloi*, a newly introduced phycitine moth (Lepidoptera：Pyralidae) to control alligator weed. Environ Entomol，2：519～523

Burkhalter A P, Curtis L M, Lazor R L et al. 1972. Aquatic weed identification and control manual. Tallahassee, USA：Bureau of Aquatic Plant Research Control, Florida Department Natural Resources. 41～42

Coulson J R. 1977. Biological control of alligatorweed，1959～1972：a review and evaluation. U S, Department of Agriculture Technical Bulletin No. 1547

Harley K L S, Forno W . 1992. Biological Control of Weeds, a Handbook for Practitioners and Students. Melbourne：Inkata Press

Hockley J. 1974. Alligator weed spreads in Australia. Nature (London)，250：704

Julien M H, Bourne A S, Low V H K. 1992a. Growth of the weed *Alternanthera philoxeroides* (Martius) Grisebach (alligator weed) in aquatic and terrestrial habitats. Plant Protection Quarterly，7：102～108

Julien M H, Bourne A S. 1988. Alligator weed is spreading in Australia. Plant Protection Quarterly，3：91～96

Julien M H, Broadbent J E. 1980. The biology of Australian weeds. 3. *Alternanthera philoxeroides* (Mart.) Griseb. The Journal of the Australian Institute of Agricultural Science，46：150～155

Julien M H, Chan R R. 1992b. Biological control of alligator weed：unsuccessful attempts to control terrestrial growth using flea beetles *Disonycha argentinensis* (Col：Chrysonelidae). Entomophaga，37：215～221

Julien M H, Skarratt B, Maywald G F. 1995. Potential geographical distribution of alligator weed and its biological control by *Agasicles hygrophila*. Journal of Aquatic Plant Management，33：55～60

Julien M H. 1989. Biological control of weeds worldwide：trends, rates of success and the future. Biocontrol News and Information，10：299～306

Julien M H. 1992. Biological Control of Weeds：a Worldwide Catalogue of Agents and Their Target Weeds. Walling ford：CAB International. 186

Julien M H. 1995. *Alternanthera philoxeroides* (Mart.) Griseb. *In*：Groves R H, Shepherd R C H, Richardson R C. The Biology of Australian Weeds. Melbourne：R G and F J Richardson. 1～12

Sainty G R. 1973. Aquatic Plant Identification Guide. North Sydney：Water Conservation and Irrigation Commission of New South Wales. 69～70

Sainty G, McCorkelle G, Julien M. 1998. Control and spread of alligator and weed, *Alternanthera philoxeroides*, in Australia：lesson for other regions. Wetlands Ecology and Management，5：195～201

Vogt G B, McGuire J U Jr, Cushman A D. 1979. Probable evolution and morphological variation in South American disonychine flea beetles (Coleoptera：Chrysomelidae) and their Amaranthaceous hosts. USDA Tech Bull，1593

Vogt G B, Quimby P C Jr, Kay S H. 1992. Effects of weather on the biological control of alligator weed in the lower Mississippi Valley region，1973-83. USDA Tech Bull，1766：17～143

Waterhouse D F. 1993. The Major Arthropod Pests and Weeds of Agriculture in Southeast Asia. Canberra：Australian Center for International Agricultural Research. 141

六、水花生防控应急预案（样本）

1. 总则

1）编制目的

为加强省（自治区、直辖市）外来入侵生物监测预警与应急反应能力建设，提高农业防灾减灾能力，建立健全水花生灾害应急防控机制，减轻危害及损失，确保省（自治区、直辖市）养殖生产、交通运输及环境安全，维护社会稳定，特制定本预案。

2）编制依据

依据《中华人民共和国农业法》、农业部《农业重大有害生物及外来生物入侵突发事件应急预案》等相关法律法规和文件，制定本预案。

3）工作原则

（1）预防为主，综合防治。全面贯彻"预防为主，综合防治"的植保方针，加强测报监测和信息发布，立足预防，抓早抓实，争取主动，防患于未然；实行统防统治与群防群治结合。

（2）依法行政，果断处置。水花生成灾时，各部门要按照相关法律、法规和政策，本着快速反应、科学引导、果断处置的原则，共同做好水花生应急防控工作，确保社会生产生活秩序稳定。

（3）统一领导，分工协作。在省（自治区、直辖市）政府的领导下，各部门应各司其职、整合资源、紧密配合、通力合作，高效开展好防控工作。

2. 组织机构

1）省（自治区、直辖市）水花生应急防控指挥部

省（自治区、直辖市）水花生应急防控指挥部（以下简称：水花生防控）指挥长，由省（自治区、直辖市）人民政府分管省（自治区、直辖市）长担任。

主要职责：负责组织领导全省（自治区、直辖市）水花生应急防控工作。负责水花生灾害防控重大事项的决策、部署，灾害处置的协调；发布新闻信息；对下级人民政府和有关部门开展防控工作进行协调、指导和督察；完成省（自治区、直辖市）政府交办的其他事项。

2）应急防控成员单位及职责

省（自治区、直辖市）水花生防控成员单位由省（自治区、直辖市）农业、宣传、广电、发展改革、财政、气象、公安、交通、科技等部门组成，在各自的职责范围内做好应急控制所需的物资、人工的经费落实、防治技术攻关研究、应急控制物资运输、宣传普及等工作。

3）水花生防控办公室

在农业行政主管部门内设立水花生防控办公室。承办全省（自治区、直辖市）水花生防控的日常工作；负责贯彻省（自治区、直辖市）水花生防控的各项决策，组织实施水花生灾害防控工作；起草相关文件，承办相关会议；负责起草相关新闻信息，公布减灾救灾工作开展情况，调查、评估、总结水花生防控动态、控制效果和灾害损失等；完成防控交办的其他工作。

4) 水花生防控专家组

由科研和农业技术推广部门的有关专家组成。主要职责是开展水花生的调查、分析和评估，提供技术咨询，提出防控、处置建议，参与现场处置。

3. 监测与预警

1) 监测

省（自治区、直辖市）农业行政主管部门的环境保护机构是水花生监测的实施单位，负责水花生灾害的普查监测和预测预报，实行专业测报和群众测报相结合，按照相关规范、规定开展调查和监测，及时分析预测水花生发生趋势。省（自治区、直辖市）人民政府要为环境保护机构和防控专家组提供开展普查监测工作所必需的交通、经费等工作条件。

2) 报告

省（自治区、直辖市）农业行政主管部门负责水花生灾害紧急情况的报告和管理。任何单位和个人发现水花生发生异常情况时，应积极向省（自治区、直辖市）农业行政主管部门报告。环境保护机构作出分析预测后 4h 内将结果报省（自治区、直辖市）农业行政主管部门，省（自治区、直辖市）农业行政主管部门核实发生程度后 4h 报省（自治区、直辖市）人民政府，并在 24h 内逐级报上级农业行政主管部门，特殊情况时可越级报告。严禁误报、瞒报和漏报，对拖延不报的要追究责任。在水花生成灾的关键季节，要严格实行值班报告制度，紧急情况随时上报。

3) 预警级别

依据水花生发生面积、发生程度和扩展速度、造成的养殖业、交通运输等方面的损失，将水花生灾害事件划分为特别重大（Ⅰ级）、重大（Ⅱ级）、较大（Ⅲ级）、一般（Ⅳ级）四级。预警级别依照水花生灾害级别相应分为特别严重（Ⅰ级）、严重（Ⅱ级）、较重（Ⅲ级）和一般（Ⅳ级）四级，颜色依次为红色、橙色、黄色和蓝色。

（1）Ⅰ级。水花生 10 000 亩以上连片发生或造成直接经济损失达 1000 万元以上，且有进一步扩散趋势的；或在不同地（市、州）内同时新发生，且已对当地农业生产和社会经济造成严重影响的。

（2）Ⅱ级。水花生 5000 亩以上连片发生或造成直接经济损失达 500 万元以上，且有进一步扩散趋势的；或在同一地（市、州）内不同县市区同时新发生，且已对当地农业生产和社会经济造成严重影响的。

（3）Ⅲ级。水花生 2000 亩以上连片发生或经济损失达 100 万元以上，且有进一步扩散趋势的；或在不同县（市、区）内同时新发生。

（4）Ⅳ级。水花生 1000 亩以上连片发生或经济损失达 50 万元以上，且有进一步扩散趋势的；或在一个县（市、区）内新发生。

4) 预警响应

省（自治区、直辖市）农业行政主管部门接到水花生灾害信息后，应及时组织专家进行灾害核实和灾情评估，对可能造成大面积成灾的，要及时向省（自治区、直辖市）人民政府发出预警信号并做好启动预案的准备。对可能引发严重（Ⅱ级）以上的预警信息，务必在 6h 内上报省（自治区、直辖市）人民政府。

5) 预警支持系统

省（自治区、直辖市）农业行政主管部门所属环境保护机构是水花生灾害监测、预警、防治、处置的具体技术支撑单位。广电、电信部门要建立、增设专门栏目或端口，保证水花生灾害信息和防治技术的对点传播。

6) 预警发布

根据国家规定，水花生等重大外来入侵生物趋势预报由农业行政主管部门发布。水花生预警信息，由省（自治区、直辖市）农业行政主管部门依照本预案中确定的预警级别标准提出预警级别建议，经省（自治区、直辖市）人民政府决定后发布。特别严重（Ⅰ级）、严重（Ⅱ级）预警信息由省（自治区、直辖市）人民政府发布、调整和解除。其他单位和个人无权以任何形式向社会发布相关信息。

4. 应急响应

1) 信息报告

水花生灾害发生时，由省（自治区、直辖市）农业行政主管部门向省（自治区、直辖市）人民政府和上级农业行政主管部门报告。省（自治区、直辖市）农业行政主管部门是水花生灾情信息责任报告单位，环境保护机构专业技术人员是水花生灾情信息责任报告人。相关灾情信息由省（自治区、直辖市）农业行政主管部门及时向相关下级政府部门通报。

2) 先期处置

水花生灾害的应急处置，实行属地管理，分级负责。事发地人民政府水花生防治领导小组，要靠前指挥，实施先期处置，并迅速将灾情和先期处置情况报告上级人民政府和农业行政主管部门。

3) 分级响应

（1）Ⅰ级响应。发生Ⅰ级水花生灾害时，省（自治区、直辖市）农业行政主管部门向本级人民政府提出启动本预案的建议，经同意后启动本预案，成立水花生防控，研究部署应急防控工作；将灾情逐级报至上级人民政府和农业行政主管部门；派出工作组、专家组赴一线加强防控指导，定期发布灾害监控信息，发出督导通报。

省（自治区、直辖市）农业行政主管部门水花生防控办公室应密切监视灾害情况，做好灾情的预测预报工作，为灾区提供相应的技术支撑。省（自治区、直辖市）水花生防控成员单位按照职责分工，做好相关工作。

（2）Ⅱ级响应。发生Ⅱ级水花生灾害时，地（市、州）农业行政主管部门向地（市、州）人民政府提出启动本预案的建议，经同意后启动本预案，成立（市、州）水花生防控，研究部署应急防控工作；加强防控工作指导，组织、协调相关地（市、州）开展工作，并将灾情逐级上报。派出工作组、专家组赴一线加强技术指导，发布灾害监控信息，及时发布督导通报。各防控成员单位按照职责分工，做好有关工作。

（3）Ⅲ级响应。发生Ⅲ级水花生灾害时，地（市、州）农业行政主管部门向地（市、州）人民政府提出启动本预案的建议，经同意后启动本预案，成立地（市、州）水花生防控办公室，研究部署应急防控工作；将灾情报上级人民政府和农业行政主管部门；派出工作组、专家组赴一线加强防控指导，定期发布灾害监控信息，发出督导通报。地（市、州）水花生防控办公室应密切监视灾害情况，做好灾情的预测预报工作。广电、报纸等宣传机构，要做好水花生专题防治宣传。

（4）Ⅳ级响应。发生Ⅳ级水花生灾害时，县（区、市）农业行政主管部门向县（区、市）人民政府提出启动本预案的建议，县（区、市）水花生防控办公室应密切监视灾害情况，定期发布灾害监控信息，上报发生防治情况；派出工作组、专家组赴重点区域做好防控指导；环境保护机构要加强预测预报工作。广电、报纸等宣传机构，要做好水花生专题防治宣传。

4）扩大应急

启动相应级别的应急响应后，仍不能有效控制灾害发生，应及时向上级人民政府报告，请求增援，扩大应急，全力控制水花生灾害的进一步扩大。

5）指挥协调

在各级水花生防控办公室统一组织指挥下，相关部门积极配合，密切协同，上下联动，形成应对水花生灾害的强大合力。根据水花生灾害规模启动相应响应级别并严格执行灾情监测、预警、报告、防治、处置制度。应急状态下，特事特办，急事先办。根据需要，各级人民政府可紧急协调、调动、落实应急防控所需的人员、物质和资金，紧急落实各项应急措施。

6）应急结束

各级水花生防控办公室负责组织专家对灾害控制效果进行评估，并向同级人民政府提出终结水花生应急状态的建议，经政府批准后，终止应急状态。

5. 后期处置

1）善后处置

在开展水花生灾害应急防控时，对人民群众合法财产造成的损失及劳务、物资征用等，各级农业行政主管部门要及时组织评估，并报同级人民政府申请给予补助，同时积极做好现场清理工作和灾后生产的技术指导。

2）社会救助

水花生灾情发生后，按照属地管理、分级负责的原则，实行社会救助。

3）评估和总结

水花生灾害防控工作结束后，由农业行政主管部门对应急防治行动开展情况、控制效果、灾害损失等进行跟踪调查、分析和总结，建立相应的档案。调查评估结果由农业行政主管部门报同级人民政府和上级农业行政主管部门备案。

6. 信息发布

水花生灾害的信息发布与新闻报道，在政府的领导与授权下进行。

7. 应急保障

1）信息保障

各级农业行政主管部门要指定应急响应的联络人和联系电话。应急响应启动后，及时向同级水花生防控办公室和上级农业行政主管部门上报灾情和防控情况。水花生灾害信息的传输，要选择可靠的通信联系方式，确保信息安全、快速、准确到达。

2）队伍保障

各级人民政府要加强水花生灾害的监测、预警、防治、处置队伍（专业机防队）的建设，不断提高应对水花生灾害的技术水平和能力。要定专人负责灾情监测和防治指导。

3）物资保障

各级人民政府要建立水花生灾害应急物资储备制度和紧急调拨、采购和运输制度，组织相关部门签订应急防控物质紧急购销协议，保证应急处置工作的需要。

4）经费保障

各级财政局应将水花生应急处置专项资金纳入政府预算，其使用范围为水花生灾害的监测、预警、防治和处置队伍建设。各级财政局要对资金的使用严格执行相关的管理、监督和审查制度，确保专款专用。应急响应时，财政局根据农业行政主管部门提出所需财政负担的经费预算及使用计划，核实后予以划拨，保证防控资金足额、及时到位。必要时向上级财政部门申请紧急援助。

5）技术保障

各级农业行政主管部门负责组织开展辖区内水花生灾情发生区的勘查，水花生灾害的调查、监测、预警分析和预报发布。制定本级水花生灾害防控的技术方案。组织进行防治技术指导，指导防治专业队伍建设。

6）宣传培训

充分利用各类媒体，加强对水花生灾害防控重要性和防控技术的宣传教育，积极开展水花生灾害电视预报，提高社会各界对水花生生物灾害的防范意识。各级人民政府和农业行政主管部门负责对参与水花生灾害预防、控制和应急处置行动人员的知识教育。农业行政主管部门所属的环境保护机构要制订培训计划，寻求多方支持，加强对技术人员、防治专业队伍的专业知识、防治技术和操作技能等的培训；加强水花生基本知识和防治技术的农民培训。加强预案演练，不断提高水花生灾害的处置能力。

8. 附则

1）预案管理

本预案的修订与完善，由省（自治区、直辖市）农业行政主管部门根据实际工作需要进行修改，经省（自治区、直辖市）政府批准后生效并实施。

2）奖励与责任追究

水花生防控办公室要对水花生应急处置中作出突出贡献的集体和个人给予表彰。对玩忽职守造成损失的，要依照有关法律、法规和纪律追究当事人责任，并予以处罚。构成犯罪的，依法移交司法机构追究刑事责任。

3）预案解释部门

本预案由省（自治区、直辖市）农业行政主管部门负责解释。

4）实施时间

本预案自发布之日起实施。

（张国良　付卫东　刘　坤　韩　颖）

苏门白酒草应急防控技术指南

一、苏门白酒草

学　　名：*Conyza sumatrensis*（Retz.）Walker

异　　名：*Conyza albida* Willd. ex Sprengel

　　　　　Conyza altissima Bonnet

　　　　　Conyza nandina Bonnet

　　　　　Erigeron bonariensis var. *microcephala* Cabrera

英 文 名：fleabane，tall fleabane，broad-leaved fleabane，white horseweed，Sumatran fleabane，Guernsey fleabane

中文别名：野茼蒿、大洋蒿

分类地位：菊科（Asteraceae）白酒草属（*Conyza*）

1. 起源与分布

起源：苏门白酒草起源于北美洲和南美洲亚热带。

国外分布：*C. sumatrensis* var. *sumatrensis* 现在已成为一种热带和亚热带地区广泛分布的杂草，是主要的苏门白酒草变种。主要分布的地区包括北美（美国、墨西哥、加拿大）、整个中美洲（哥斯达黎加等）、西印度群岛（古巴、多米尼加）、非洲（肯尼亚、坦桑尼亚、科特迪瓦）、南美大部（如哥伦比亚、委内瑞拉、厄瓜多尔、玻利维亚、巴西）、亚洲（菲律宾、马来西亚、日本、斯里兰卡、越南、印度等）、欧洲（希腊、英国、西班牙、法国）、澳大利亚。

C. sumatrensis var. *leiotheca* 只在新热带植物带的山区有分布，如墨西哥、尼加拉瓜、厄瓜多尔、哥伦比亚、秘鲁、玻利维亚、巴西、阿根廷和危地马拉等国家。

国内分布：国内发生的变种为 *C. sumatrensis* var. *sumatrensis*，主要分布于重庆、云南、四川、贵州、湖北、广西、广东、海南、江西、浙江、福建、台湾和西藏。

2. 主要形态特征

苏门白酒草的根纺锤状，直或弯，具纤维状根。茎粗壮，直立，高 70～250cm，基部直径 4～6mm，具条棱，绿色或下部红紫色，中部或中部以上有长分枝，被较密灰白色上弯糙短毛，杂有开展的疏柔毛。叶密集，基部叶花期凋落，下部叶倒披针形或披针形，长 6～10cm，宽 1～3cm，顶端尖或渐尖，基部渐狭成柄，边缘上部每边常有 4～8 个粗齿，基部全缘，中部和上部叶渐小，狭披针形或近线形，具齿或全缘，两面被密糙短毛，叶背尤为明显。头状花序多数，直径 5～8mm，在茎枝端排列成大而长的圆锥花序；花序梗长 3～5mm；总苞卵状短圆柱状，长 4mm，宽 3～4mm，总苞片 3 层，灰绿色，线状披针形或线形，顶端渐尖，背面被糙短毛，外层稍短或短于内层之半，内层长约 4mm，边缘干膜质；花托稍平，具明显小窝孔，直径 2～2.5mm；雌花多层，长 4～4.5mm，管部细长，舌片淡黄色或淡紫色，极短细，丝状，顶端具 2 细裂；两性花 6～11 个，花冠淡黄色，长约 4mm，檐部狭漏斗形，上端具 5 齿裂，管部上部被疏微毛；瘦果线状披针形，长 1.2～1.5mm，扁压，被贴微毛；冠毛 1 层，初时白色，后变黄褐色。

3. 主要生物学和生态学特性

苏门白酒草为一年生或二年生草本植株，常生于旱作农田、果园、山坡草地、旷野、路旁、荒地、河岸、沟边。在生长季节末期（南方 11～12 月，北方较寒冷地区 9～11 月），其种子掉落在土壤中越冬，次年初春气温回升至 16℃ 左右时开始萌发，生长成幼苗。随着气温的升高，幼苗直立生长很快，一般不分蘖，只有当苗尖因刮风或其他原因被折断后才会生出许多分蘖或分枝。最先萌发生长的植株一般在 5 月中、下旬开花，大约 1 个月之后种子成熟。成熟的种子或随风飘逸扩散，或掉落到当地土壤中并迅速萌发生长成新的植株，所以在生长季节中的任一时刻都可能见到不同生长阶段的植株（图版 11D），在 5 月之后也随时可以见到开花结实的植株。

苏门白酒草一般只通过种子繁殖，其产生种子的能力非常强，一般每个植株可以产生种子 1000 枚以上，生长旺盛的植株可以产生种子 10 000 枚以上。生长季节末期产生的种子掉落到土壤中进入越冬休眠期，但也有极少数种子残留在背风处的植株上越冬。越冬期间若土壤较长时间渍水，可以使种子腐烂。

4. 传播与扩散

苏门白酒草的种子细小而轻，且基部有冠毛，很容易借风力、水流、动物、昆虫以及人类的活动而远距离传播，也可随带有种子的载体、交通工具传播。

5. 发生与危害

经济危害：苏门白酒草是麦类、蔬菜、果园、烟草、棉花等多种旱地作物的田间杂草，也是草坪、花卉、林木苗圃和绿化带等的杂草（图版 11A），对此如果不加以防除可严重阻碍作物的生长发育，从而引起产量损失，甚至毁产绝收。

生态危害：苏门白酒草在荒坡、建筑和道路旁闲置地等生境中生长旺盛，抑制所处环境中其他植物类群的生长繁殖，从而严重影响环境中的生物多样性（图版 11E）。据丁建清等调查，目前苏门白酒草在三峡水库大坝附近的山坡上大量发生，已经对这一地区的植被群落造成了一定的破坏。

图版 11

图版说明

    A. 苏门白酒草危害不同农田（重庆，云南）

    B. 苏门白酒草的形态特征：花穗和瘦果（重庆北碚）

    C. 苏门白酒草的形态特征：叶片、茎和根（重庆北碚）

    D. 苏门白酒草幼苗和生长季节中同时可观察到不同生长阶段的植株（重庆北碚）

    E. 不同生境的苏门白酒草：旺盛生长，替代其他植物种群（重庆）

图片作者或来源

    A～E. 谭万忠，杜喜翠，罗金香

二、苏门白酒草检验检疫技术规范

1. 范围

本规范规定了苏门白酒草的检疫检验及检疫处理操作办法。

本规范适用于农业植物检疫机构对苏门白酒草植物活体、种子及可能携带其种子的载体、交通工具的检疫检验和检疫处理。

2. 产地检疫

（1）踏查范围在海拔1500m以下，重点踏查海拔50～300m的山谷、河溪两侧湿润地带以及公路和铁路沿线。

（2）发现疫情后，应立即报告给当地农业检疫部门和外来入侵生物管理部门。

3. 调运检疫

（1）检查调运的植物和植物产品有无黏附苏门白酒草的种子。

（2）在苏门白酒草种子成熟并随风飘飞的季节，对来自于疫情发生区的可能携带种子的运输工具等载体进行检疫。

4. 检验及鉴定

（1）植株形态学鉴定：在农田、果园、草坪和闲置空地等自然生境中对可疑植株做详细的形态学观察，重点观察叶片、茎、根、花序、花等的形态结构（图版11B，C）。

茎：粗壮，直立，高70～250cm，基部直径4～6mm，具条棱，绿色或下部红紫色，中部或中部以上有长分枝，被较密灰白色上弯糙短毛，杂有开展的疏柔毛。

叶：密集，基部叶花期凋落，下部叶倒披针形或披针形，长6～10cm，宽1～3cm，顶端尖或渐尖，基部渐狭成柄，边缘上部每边常有4～8个粗齿，基部全缘，中部和上部叶渐小，狭披针形或近线形，具齿或全缘，两面特别下面被密糙短毛。

根：纺锤状，直或弯，主根周围生长密集的须根。

花序：头状花序，直径5～8mm，在茎枝端排列成大而长的圆锥花序；花序梗长3～5mm；

总苞：卵状短圆柱状，长4mm，宽3～4mm，总苞片3层，灰绿色，线状披针形或线形，顶端渐尖，背面被糙短毛，外层稍短或短于内层之半，内层长约4mm，边缘干膜质。

花：花托稍平，具明显小窝孔，直径2～2.5mm；雌花多层，长4～4.5mm，管部细长，舌片淡黄色或淡紫色，极短细，丝状，顶端具2细裂；两性花6～11个，花冠淡黄色，长约4mm，管部狭漏斗形，上部被疏微毛，顶端具5齿裂。

（2）种子检验：在放大10～15倍体视解剖镜下直接观察种子的形态。苏门白酒草的种子为瘦果，披针形，长 1.2～1.5mm，扁压，被贴微毛；冠毛 1 层，初时白色，后变黄褐色。

（3）鉴定中注意与近缘种小飞蓬的区别（附录 A）。

5. 检疫处理和通报

在调运检疫或复检中，发现苏门白酒草的种子应全部检出销毁。

产地检疫中发现苏门白酒草后，应根据实际情况，启动应急预案，立即进行应急治理。疫情确定后一周内应将疫情通报给植物和植物产品调运目的地的农业外来入侵生物管理部门和农业植物检疫部门，以加强目的地监测力度。

附录 A　苏门白酒草与小飞蓬的区别特征

特征	苏门白酒草 C. sumatrensis	小飞蓬 C. canadensis
茎	高 70～250cm，具条棱，下部红紫色，中部以上有长分枝，被较密灰白色上弯糙短毛	高 50～100cm，淡绿色，有细条纹及粗糙毛，上部多分枝
叶片	密集，下部叶披针形，(6～10)cm×(1～3)cm，边缘有 4～8 个粗齿，基部全缘，中部和上部叶渐小，狭披针形或近线形，具齿或全缘，两面被密糙短毛	茎生叶互生，条状披针形或长圆状条形，边缘具微锯齿或全缘，有长糙毛
头状花序	直径 5～8mm，在茎枝端排列成大而长的圆锥花序；花序梗长 3～5mm	具短梗，多数密集成圆锥状或伞房状
总苞	短圆柱状，长 4mm，宽 3～4mm，总苞片 3 层，灰绿色，线状披针形或线形，顶端渐尖，背面被糙短毛，外层稍短或短于内层之半，内层长约 4mm，边缘干膜质	半球形，总苞片 2 或 3 层，条状披针形，边缘膜质，几乎无毛
花	花托稍平，具明显小窝孔，直径 2～2.5mm；雌花多层，长 4～4.5mm，管部细长，舌片淡黄色或淡紫色，极短细，丝状，顶端具 2 细裂；两性花 6～11 个，花冠淡黄色，长约 4mm，檐部狭漏斗形，上端具 5 齿裂，管部上部被疏微毛	舌状花小而直立，白色或微带紫色；筒状花较舌状花稍短
瘦果	披针形，长 1.2～1.5mm，扁压，被贴微毛；冠毛 1 层，初时白色，后变黄褐色	长矩椭圆形，(1.2～1.5)mm×0.5mm，顶端收缩，无明显的衣领状环，中央具残存花柱，冠毛常宿存，污白色。果皮膜质，浅黄色或黄褐色，表面有白色细毛，果脐凹陷，周围白色，位于果实基端

三、苏门白酒草调查监测技术规范

1. 范围

本规范规定了对苏门白酒草进行检疫检验及检疫处理的操作办法。

本规范适用于实施产地检疫的检疫部门和所有繁育、生产旱地作物的各种植单位

（农户）；适用于农业植物检疫部门对作物种子及可能携带苏门白酒草种子的包装、交通工具等进行的检疫检验和检疫处理。

2. 调查

1）访问调查

向当地居民询问有关苏门白酒草发生地点、发生时间、危害情况，分析苏门白酒草传播扩散情况及其来源。每个社区或行政村询问调查30人以上。对询问过程发现的苏门白酒草可疑存在地区，进行深入重点调查。

2）实地调查

（1）调查地域。

重点调查公路和铁路沿线的作物农田、苗圃、闲置农田、草坪、山坡地、垃圾场、建筑物前后空闲地、有外运产品的生产单位以及物流集散地等场所。

（2）调查方法。

调查设样点10个以上，随机选取，每块样地面积不小于$1m^2$，用GPS仪测量样地的经度、纬度、海拔，记录样地的地理信息、生境类型、物种组成。

观察有无苏门白酒草危害，记录苏门白酒草发生面积、密度、危害作物种类、生境类型、被苏门白酒草覆盖的程度（百分比），无林木和其他植物的地方则调查苏门白酒草占据的程度（百分比）。

（3）面积计算方法。

发生于农田、果园、林地等生态系统内的外来入侵植物，其发生面积以相应地块的面积累计计算，或以划定包含所有发生点的区域面积进行计算；发生于路边、房前屋后、绿化带等地点的外来入侵生物，发生面积以实际发生面积累计获得或持GPS仪沿分布边界走完一个闭合轨迹后，围测面积；发生在山上的面积以持GPS仪沿分布边界走完一个闭合轨迹后，围测的面积为准，如山高坡陡，无法持GPS仪走完一个闭合轨迹的，也可采用目测法估计发生面积。

（4）危害等级划分。

按覆盖或占据程度确定危害程度。适用于农田、林地、草地、环境等生态系统。具体等级按以下标准划分。

等级1：零星发生，覆盖度<1%；

等级2：轻微发生，覆盖度为1%～5%；

等级3：中度发生，覆盖度为11%～20%；

等级4：较重发生，覆盖度为21%～40%；

等级5：严重发生，覆盖度为41%～70%；

等级6：极重发生，覆盖度为71%～100%。

3. 监测

1）监测区的划定

发生点：苏门白酒草植株发生外缘周围100m以内的范围划定为一个发生点（两个苏门白酒草植株距离在100m以内为同一发生点）；划定发生点若遇河流和公路，应以河流和公路为界，其他可根据当地具体情况作适当的调整。

发生区：发生点所在的行政村（居民委员会）区域划定为发生区范围；发生点跨越多个行政村（居民委员会）的，将所有跨越的行政村（居民委员会）划为同一发生区。

监测区：发生区外围5000m的范围划定为监测区；在划定边界时若遇到水面宽度大于5000m的湖泊和水库，以湖泊或水库的内缘为界。

2）监测方法

根据苏门白酒草的传播扩散特性，在监测区的每个村庄、社区、街道、山谷、河溪两侧湿润地带以及公路和铁路沿线的人工林地等地设置不少于10个固定监测点，每个监测点选 $10m^2$，悬挂明显监测位点牌，一般每月观察一次。

4. 样本采集与寄送

在调查中如发现可疑苏门白酒草，将可疑苏门白酒草用70%酒精浸泡或晒干，标明采集时间、采集地点及采集人。将每点采集的苏门白酒草集中于一个标本瓶中或标本夹中，送外来入侵物种管理部门指定的专家进行鉴定。

5. 调查人员的要求

要求调查人员为经过培训的农业技术人员，掌握苏门白酒草的形态学、生物学特性，危害症状以及苏门白酒草的调查监测方法和手段等。

6. 结果处理

调查监测中，一旦发现苏门白酒草，严格实行报告制度，必须于24h内逐级上报，定期逐级向上级政府和有关部门报告有关调查监测情况。

四、苏门白酒草应急控制技术规范

1. 范围

本规范规定了苏门白酒草新发、爆发等生物入侵突发事件发生后的应急控制操作方法。

本规范适用于各级外来入侵生物管理机构、农业技术部门和环境保护机构在生物入侵突发事件发生后的应急处置。主要适宜于苏门白酒草的非疫区应用。

2. 应急控制方法

在苏门白酒草的非疫区，无论是在交通航站检出夹带有该草生物体的物品还是在田间监测中发现其发生，都需要及时地采取应急控制技术，以进行有效的扑灭。

1）检出苏门白酒草种子货物的应急处理

对现场检查检出带有苏门白酒草种子的货物或其他产品，应拒绝入境或将货物退回原地。对不能及时销毁或退回原地的物品要即时就地封存，然后视情况做应急处理。

（1）产品销毁处理。港口检出货物及包装材料可以直接沉入海底；机场、车站的检出货物及包装材料可以直接就地安全烧毁。

（2）产品加工处理。对不能现场销毁的可利用作物产品，可以在国家检疫机构监督下就近将其加工成成品，其下脚料就地销毁。经过加工后不带杂草种子的成品才允许投放市场销售使用。

（3）采用浮选等物理方法汰除杂草种子。

2）农田和闲置地苏门白酒草的应急处理

对非疫区农田和闲置田地发现的苏门白酒草，应采取有效措施及时加以铲除。

（1）人工除草。在生长季节中随时观察，发现杂草便立即拔除，带出田间集中烧毁。

（2）化学除草。闲置地采用草甘膦铵盐可溶性粒剂，每公顷用量 1800g，兑水 450L，均匀喷雾，于 4～10 月期间苏门白酒草生长旺盛期喷药 3 或 4 次。防治后要进行持续监测，若苏门白酒草仍长出，可根据实际情况反复使用药剂处理，直至 2～3 年内不再发现苏门白酒草为止。

（3）淹水处理。苏门白酒草为旱生植物，其植株在淹没条件下 10～20 天之后就会死亡，其种子也会在淹水 20～30 天后腐烂。所以，若小面积内发生苏门白酒草，在有条件的地方可灌水淹没。

五、苏门白酒草综合治理技术规范

1. 范围

本规范规定了控制苏门白酒草的基本策略和综合技术措施。

本规范主要适用于苏门白酒草已经常年发生的疫区。

2. 控制策略

对苏门白酒草，需要依据其发生发展规律和成灾条件，实行"预防为主，综合控制"的基本策略，结合当地发生情况协调地采用有效的杂草控制技术措施，经济而安全地避免草情扩散和引起明显的经济损失。

1）化学防治

（1）每公顷使用草甘膦铵盐 1800g 兑水 450L，均匀定向喷雾。

（2）每公顷使用甲嘧磺隆 525～630g，用水稀释 2500 倍喷施，杀灭苏门白酒草的根、茎、叶。该药剂能在 2～3 周内彻底杀灭苏门白酒草。施用甲嘧磺隆须注意避免其他敏感植物（如叶榕、野苎麻等乔灌木及其他菊科、十字花科、禾本科植物）。农田不得使用甲嘧磺隆，也不可直接用于湖泊、溪流和池塘等附近的空地，以免受药害或污染。

2）人工铲除

在苏门白酒草苗期，适时进行人工除草，连根拔除苏门白酒草植株，集中烧毁或就地深埋。对于农作物，宜尽早除草，以免其与作物植株争肥争水而造成作物受害和损失；而对于其他生境，可在开花期前任何时间人工拔除杂草，阻止其产生种子而降低下一代的杂草量。

3）植物群落改造

对于适耕农田尽量不能让其闲置；在苏门白酒草为害严重的山地，铲除苏门白酒草等杂草后种植乡土阔叶树种，从而在群落自然生长中逐渐抑制苏门白酒草生长。

4）淹水控草

在可能的情况下，冬季使土壤渍水，可使苏门白酒草的植株和种子腐烂；苏门白酒草发生危害较严重的地区，在有条件的情况下尽量改旱作为水作，或水旱轮作，均可有效降低次年杂草的发生和危害程度。

5）农业措施

在有条件的地方，通过改旱地为水田，种植水稻等作物，轮作一年或一个作物生长季节，即可有效防除苏门白酒草。

主要参考文献

北京师范大学生命科学学院，国家质量监督检验检疫总局动植物检疫实验所. 2009. 苏门白酒草入侵重庆 [EB/OL]. 北京：中国生物入侵网. http：//www. bioinvasion. org. cn/read. php?wid＝269. 2009-03-20.

郝建华，强胜，刘倩倩等. 2009. 苏门白酒草的繁殖特征与入侵性的关系以及某些进化含义. 植物分类学报（英文版），47（3）：245～254

三峡传媒网. 2008. 苏门白酒草威胁三峡生态 专家呼吁铲除 [EB/OL]. 宜昌：三峡传媒网. http：//news. cn3x. com. cn/gb/shehui/2006-12/4/073835725. html. 2009-03-20.

徐海根，强胜. 2004. 中国外来入侵物种编目. 北京：中国环境科学出版社

中国国家生物安全信息交换所. 2008. 生物黑客袭击三峡外来植物入侵环境遭受危害 [EB/OL]. 北京：中国生物安全管理办公室. http：//www. biosafety. gov. cn/zyswaqxxfb/200806/t20080618 _ 124250. htm. 2009-03-20.

Busselen P. 2007. Sumatran fleabane (*Conyza sumatrensis*)-Asteraceae [EB/OL]. Leuven，Belgium：Katholieke Universiteit Leuven. http：//www. kuleuven-kortrijk. be/bioweb/?lang＝en& detail＝732. 2009-03-20.

Case C M，Crawley M J．2000．Effect of interspecific competition and herbivory on the recruitment of an invasive alien plant：*Conyza sumatrensis*．Biological Invasions，2（2）：103～110

Dauer J T，Mortensen D A，Humston R．2006．Controlled experiments to predict horseweed（*Conyza canadensis*）dispersal distances．Weed Science，54：484～489

Dauer J T，Mortensen D A，Vangessel M J．2007．Temporal and spatial dynamics of long-distance *Conyza canadensis* seed dispersal．Journal of Applied Ecology，44：105～114

MacDonald I A，Thebaud C，Strahm W A et al．1991．Effects of alien plant invasions on native vegetation remnants on La Réunion（Mascarenes Islands，Indian Ocean）．Environmental Conservation，18（1）：51～61

MacKee H S．1994．Catalogue des plantes introduites et cultivées en Nouvelle-Calédonie．Paris：Muséum National d'Histoire Naturelle．164

Orchard A E．1994．Flora of Australia：Volume 49，Oceanic Islands 1．Canberra：Australian Government Publishing Service

Pethybridge K．*Conyza sumatrensis*［EB/OL］．Gladesville，NSW，Australia：International Environmental Weed Foundation．http://www. iewf. org/wccdid/Conyza_sumatrensis. htm. 2009-02-18.

Pickard J．1984．Exotic plants on Lord Howe Island：distribution in space and time，1853-1981．Journal of Biogeography，11：181～208

Smith A C．1991．Flora Vitiensis nova：a new flora of Fiji．Lawai，Kauai，Hawaii：National Tropical Botanical Garden，5：626

Swarbrick J T．1997．Environmental weeds and exotic plants on Christmas Island．Indian Ocean：a Report to Parks Australia（plus appendix），101

Swarbrick J T．1997．Weeds of the Pacific Islands．Technical paper No. 209．Noumea．New Caledonia：South Pacific Commission．124

Waterhouse D F．1993．The major invertebrate pests and weeds of agriculture in Southeast Asia．Canberra：The Australian Centre for International Agricultural Research．141

Yuan C I，Hsieh Y C，Lin L C et al．2006．Glyphosate-resistant broadleaf fleabane（*Conyza sumatrensis*）：dose response and variation associated with the target enzyme（EPSPS）．Plant Protection Bulletin，48：229～241

六、苏门白酒草防控应急预案（样本）

1. 苏门白酒草危害情况的确认、报告与分级

1）确认

疑似苏门白酒草发生地的农业主管部门在24h内将采集到的苏门白酒草标本送到上级农业行政主管部门所属的外来物种管理机构，由省级外来物种管理机构指定专门科研机构鉴定，省级外来入侵生物管理机构根据专家鉴定报告，报请农业部外来物种管理办公室确认。

2）报告

确认本地区发生苏门白酒草后，当地农业行政主管部门应在24h内向同级人民政府和上级农业行政主管部门报告，并迅速组织对本地区进行普查，及时查清发生和分布情况。省农业行政主管部门应在24h内将苏门白酒草发生情况上报省人民政府和农业部，同时抄送省级林业部门和出入境检验检疫部门。

3）分级

一级危害：2个或2个以上省（直辖市、自治区）发生苏门白酒草危害；在1个省（直辖市、自治区）所辖的2个或2个以上地级市（区）发生苏门白酒草危害严重的。

二级危害：在1个地级市辖的2个或2个以上县（市、区）发生苏门白酒草危害；或者在1个县（市、区）范围内发生苏门白酒草危害程度严重的。

三级危害：在1个县（市、区）范围内发生苏门白酒草危害。

出现以上一至三级程度危害时，启动本预案。

2. 应急响应

各级人民政府按分级管理、分级响应、属地管理的原则，根据农业部外来入侵生物管理机构的确认、苏门白酒草危害范围及程度，一级危害启动一级响应，二级危害启动二级响应，三级危害启动三级响应。

1）一级响应

农业部立即成立苏门白酒草防控工作领导小组，迅速组织协调各省、市（直辖市）人民政府及部级相关部门开展苏门白酒草防控工作，并由农业部报告国务院；农业部主管部门要迅速组织对全国苏门白酒草发生情况进行调查评估，制定防控工作方案，组织农业行政及技术人员采取防控措施，并及时将苏门白酒草发生情况、防控工作方案及其执行情况报国务院主管部门；部级其他相关部门密切配合做好苏门白酒草防控工作；农业部根据苏门白酒草危害严重程度在技术、人员、物资、资金等方面对苏门白酒草发生地给予紧急支持，必要时，请求国务院给予相应援助。

2）二级响应

地级以上市人民政府立即成立苏门白酒草防控工作领导小组，迅速组织协调各县（市、区）人民政府及市相关部门开展苏门白酒草防控工作，并由本级人民政府报省人民政府；市级农业行政主管部门要迅速组织对本市苏门白酒草发生情况进行全面调查评估，制定防控工作方案，组织农业行政及技术人员采取防控措施，并及时将苏门白酒草发生情况、防控工作方案及其执行情况报省级农业行政主管部门；市级其他相关部门密切配合做好苏门白酒草防控工作；省级农业行政主管部门加强督促指导，并组织查清本省苏门白酒草发生情况；省人民政府根据苏门白酒草危害严重程度和市级人民政府的请求，在技术、人员、物资、资金等方面对发生苏门白酒草地区给予紧急援助支持。

3）三级响应

县级人民政府立即成立苏门白酒草防控工作领导小组，迅速组织协调各乡镇政府及县相关部门开展苏门白酒草防控工作，并由本级人民政府报告上一级人民政府；县级农业行政主管部门要迅速组织对苏门白酒草发生情况进行全面调查评估，制定防控工作方案，组织农业行政及技术人员采取防控措施，并及时将苏门白酒草发生情况、防控工作方案及其执行情况报市级农业行政主管部门；县级其他相关部门密切配合做好苏门白酒草防控工作；市级农业行政主管部门加强督促指导，并组织查清全市苏门白酒草发生情况；市级人民政府根据苏门白酒草危害严重程度和县级人民政府的请求，在技术、人员、物资、资金等方面对发生苏门白酒草地区给予紧急援助支持。

3. 部门职责

各级外来有害生物防控工作领导小组负责本地区苏门白酒草防控的指挥、协调工作，并负责监督应急预案的实施。农业部门具体负责组织苏门白酒草监测调查、防控和及时报告、通报等工作；宣传部门负责引导传媒正确宣传报道苏门白酒草有关情况；财政部门及时安排拨付苏门白酒草防控应急经费；科技部门组织苏门白酒草防控技术研究；经贸部门组织防控物资生产供应，以及苏门白酒草对贸易和投资环境影响的应对工作；林业部门负责林地的苏门白酒草调查及防控工作；出入境检验检疫部门加强出入境检验检疫工作，防止苏门白酒草的传入和传出；发展改革、建设、交通、环境保护、旅游、水利、民航等部门密切配合做好相关工作。

4. 苏门白酒草发生点、发生区和监测区的划定

发生点：苏门白酒草危害寄主植物外缘周围 100m 以内的范围划定为一个发生点（两棵苏门白酒草或两个苏门白酒草种群斑块在 100m 以内为同一发生点）；划定发生点若遇河流和公路，应以河流和公路为界，其他可根据当地具体情况作适当的调整。

发生区：发生点所在的行政村（居民委员会）区域划定为发生区范围；发生点跨越多个行政村（居民委员会）的，将所有跨越的行政村（居民委员会）划为同一发生区。

监测区：发生区外围 5000m 的范围划定为监测区；在划定边界时若遇到水面宽度大于 5000m 的湖泊和水库，以湖泊或水库的内缘为界。

5. 封锁、控制和扑灭

苏门白酒草发生区所在地的农业行政主管部门对发生区内的苏门白酒草危害寄主植物上设置醒目的标志和界线，并采取措施进行封锁控制和扑灭。

1）封锁控制

对苏门白酒草发生区内机场、码头、车站、停车场、机关、学校、厂矿、农舍、庭院、街道、主要交通干线两旁区域、有外运产品的生产单位以及物流集散地，有关部门要进行全面调查，货主单位和货运企业应积极配合有关部门做好苏门白酒草的防控工作。苏门白酒草危害情况特别严重时，经省人民政府批准，可在发生区周边主要交通要道设立临时植物检疫检查站，对外运的种苗、花卉、盆景、草皮、蔬菜、水果等植物产品进行检疫，禁止苏门白酒草发生区内树枝落叶、杂草、菜叶等垃圾外运，防止苏门白酒草随水流传播。

2）防治与扑灭

经常性开展扑杀苏门白酒草行动，采用化学、物理、人工、综合防治方法灭除苏门白酒草，即先喷施化学杀虫剂进行灭杀，人工铲除发生区杂草，直至扑灭苏门白酒草。

6. 调查和监测

苏门白酒草发生区及周边地区的各级农业植物检疫机构要加强对本地区的调查和监测，做好监测结果记录，保存记录档案，定期汇总上报。其他地区要加强对来自苏门白酒草发生区的植物及植物产品的检疫和监测，防止苏门白酒草传入。

7. 宣传引导

各级宣传部门要积极引导媒体正确报道苏门白酒草发生及控制情况。有关新闻和消息，应通过政府部门正常渠道获取，防止炒作，避免失实报道引起社会不安。在苏门白酒草发生区，要利用适当的方式进行科普宣传，重点宣传防范知识、防控技术方法。当媒体上出现不实报道或社会上流传谣言时，应立即正面澄清，加强舆论引导，减少负面影响。

8. 应急保障

1）队伍保障

各级人民政府要组建由农业行政主管部门技术人员以及有关专家组成的苏门白酒草应急防控队伍，加强专业技术人员培训，提高应急防控队伍人员的专业素质和业务水平，为应急预案的启动提供高素质的应急队伍保障，成立防治专业队；要充分发动群众，实施群防群控。

2）物资保障

省、市、县各级人民政府要建立苏门白酒草防控应急物资储备制度，确保物资供应，对苏门白酒草危害严重的地区，应该及时调拨救助物资，保障受灾农民生活和生产的稳定。

3）经费保障

各级人民政府应安排专项资金，用于苏门白酒草应急防控工作。应急响应启动时，当地农业行政主管部门会商有关部门提出经费使用计划，由同级财政部门核拨，财政、农业、审计等部门对专项资金的使用和管理情况进行严格的监督检查，确保专款专用。

4）技术保障

科技部门要大力支持苏门白酒草防控技术研究，为持续有效控制苏门白酒草提供技术支撑。在苏门白酒草发生地，有关部门要组织本地技术骨干力量，加强对苏门白酒草防控工作的技术指导。

9. 应急解除

通过采取全面、有效的防控措施，达到防控效果后，县、市农业行政主管部门向省农业行政主管部门提出申请，经省农业行政主管部门组织专家评估论证，防治效果达到标准的，由省外来有害生物防控领导小组报请农业部批准，可解除应急。

经过连续 6 个月的监测仍未发现苏门白酒草，经省农业行政主管部门组织专家论证，确认扑灭苏门白酒草后，经苏门白酒草发生区农业行政主管部门逐级向省农业行政主管部门报告，由省农业行政主管部门报省人民政府及农业部批准解除苏门白酒草发生区，同时将有关情况通报林业部门和出入境检验检疫部门。

10. 附则

省（直辖市、自治区）各级人民政府根据本预案制定本地区苏门白酒草防控应急预案。

本预案自发布之日起实施。

本预案由农业部外来物种管理办公室负责解释。

（谭万忠　杜喜翠　罗金香）

豚草应急防控技术指南

一、豚 草

学　　名：*Ambrosia artemisiifolia* L.

异　　名：*Ambrosia artemisiifolia* L. var. *elatior* (L.) Desc.
　　　　　Ambrosia elatior L.

英 文 名：common ragweed，bitterweed，hay-fever weed

中文别名：美洲豚草、豕草、艾叶破布草、北美艾

分类地位：菊科（Asteraceae）豚草属（*Ambrosia*）

1. 起源与分布

起源：起源于北美。

国外分布：加拿大、墨西哥、美国、百慕大群岛、马丁尼克岛、夏威夷、古巴、瓜德鲁普岛、阿根廷、玻利维亚、巴拉圭、秘鲁、巴西、智利、危地马拉、牙买加、奥地利、匈牙利、德国、意大利、法国、瑞士、瑞典、俄罗斯、日本、澳大利亚、毛里求斯。

国内分布：黑龙江、吉林、辽宁、内蒙古、新疆、山东、河北、安徽、浙江、上海、江苏、湖北、湖南、江西、四川、贵州、西藏、广东等地，近年来仍在不断向其他地区扩散蔓延。

2. 主要形态特征

直立草本，高 20～150cm；茎上部有圆锥状分枝，有棱，疏生密糙毛。下部叶对生，具短叶柄，二次羽状分裂，裂片狭小，长圆形至倒披针形，全缘，有明显的中脉，上面深绿色，被细短伏毛或近无毛，背面灰绿色，被密短糙毛；上部叶互生，无柄，羽状分裂。雄头状花序半球形或卵形，直径 4～5mm，具短梗，下垂，在枝端密集成总状花序。总苞宽半球形或碟形；总苞片全部结合，无肋，边缘具波状圆齿，稍被糙伏毛。花托具刚毛状托片；每个头状花序有 10～15 个不育的小花；花冠淡黄色，长 2mm，有短管部，上部钟状，有宽裂片；花药卵圆形；花柱不分裂，顶端膨大成画笔状。雌头状花序无花序梗，在雄头状花序下面或在下部叶腋单生，或 2 或 3 个密集成团伞状，有 1 个无被能育的雌花，总苞闭合，具结合的总苞片，倒卵形或卵状长圆形，长 4～5mm，宽约 2mm，顶端有围裹花柱的圆锥状喙部，在顶部以下有 4～6 个尖刺，稍被糙毛；花柱 2 深裂，丝状，伸出总苞的嘴部。瘦果倒卵形，无毛，藏于坚硬的总苞中（图版 12）。

3. 主要生物学和生态学特性

豚草为一年生草本，种子繁殖。单株产生的种子数量较高，每株可产种子 300～62 000 粒。种子具二次休眠特性，抗逆性极强。种子发芽的起始温度为 5℃，在土壤温度 20～30℃，pH6～7 及土壤湿度不小于 52% 的条件下，种子发芽率可达 70%。新成熟的种子，要经过 5～6 个月的休眠期，第二年春季才能萌发。刚成熟的种子在任何温度下，给予光照或连续黑暗均不发芽。经过 4～5℃ 低温层积 8 周以上或经过冬季 1～3 个月的低温，可诱导种子发芽。经低温层积的种子在光下发芽率显著高于持续黑暗中的种子，黑暗中不发芽的种子则进入二次休眠，这种机制可保持有活力的种子来源的持续性。豚草种子休眠程度随生育地的纬度不同而有变化，纬度越高，种子成熟后进入休眠状态的比例越大，解除休眠所需的低温层积时间也越长。豚草种子一般只有 1/3 在当年发芽，剩余的在后几年陆续萌发，种子生活力至少可保持 8 年，有的种子 30～40 年后仍然具有生命力。

豚草是一种典型的短日照、喜光植物。当夏至过后，随着日照时间的缩短，迅速进入花期，生育期 5～6 个月。华北地区种子一般在 4 月中旬～5 月初大量出苗，营养生长期 5 月初～7 月中旬，蕾期 7 月初～8 月初，花期 7 月下旬～8 月末，果熟期为 8 月中旬～10 月初。华东地区的豚草在 3 月上旬开始出苗，5 月最盛，到 6 月中旬左右仍有出苗，7 月上旬始花，花期可延至 9 月底，长达 2 个多月。

豚草适应性广，对环境压力具有较强的抗逆性和可塑性，生长繁殖迅速，刈割再生能力强，在自然及人工生境中具有较强的定殖、扩散能力，是难防治的有害杂草。豚草一般生于荒地、路旁、沟边、院落、果园或农田中，在干旱贫瘠的裸地、硬化土壤、墙头、石缝里也能顽强生长。

4. 传播与扩散

豚草的传播、扩散能力极强，果实可以随种用包装材料、运输工具、风、水流、鸟类、牲畜及人为活动等携带传播。果实顶端的尖角会刺入轮胎或其他物品上，随交通工具扩散。豚草远距离的传播，主要依赖于作物种子的调运、种用包装材料及交通运输工具的携带，因此检疫部门需严格把关，控制其输入输出。俄罗斯、保加利亚、罗马尼亚、捷克、澳大利亚等国均将其列为禁止输入的植物，我国也将其列为进境植物检疫性有害生物（中华人民共和国农业部公告第 862 号，2007 年）。豚草易混杂于进口小麦、大豆等粮食中传入，我国口岸曾在美国、加拿大、土耳其进口小麦，美国、加拿大、阿根廷、澳大利亚、俄罗斯进口大豆，美国、加拿大、日本进口玉米，韩国进口波斯菊，澳大利亚进口羊毛，俄罗斯进口荞麦及美国进口亚麻籽中发现豚草。

5. 发生与危害

豚草在 20 世纪三四十年代由北美经俄罗斯传入我国东北，然后迅速扩散到华北、华东、华中及华南地区，全国目前已发现 5 个豚草繁殖传播中心，分别为辽宁、青岛、秦皇岛、长江中下游和新疆。豚草在我国已归化为野生杂草，生长竞争能力较强，在农田发生危害时与作物竞争水分、光照、矿质营养及生存空间，危害小麦、大麦、大豆及各种园艺作物，影响作物产量。危害严重时能导致作物大面积减产，以致绝收，并阻碍田间的农事操作。豚草在生育期内消耗水分为禾本科作物的 2 倍，并能吸收大量磷和钾，形成 1g 干物质需要消耗水 948g，耗水量超过禾谷类作物的 2 倍，可造成土壤严重缺水。豚草吸肥力很强，形成 1t 干物质可从土壤中吸取 14.5kgN 和 1.5kg P_2O_5。豚草再生能力特别强，经几次割掉后仍能很好地生长，割得越高，新枝形成的越多。当豚草密度达到 10～15 株/m² 时，青贮玉米的产量下降 30％～45％；密度达到 50～100 株/m² 时，可导致颗粒无收。

豚草对生态环境也有较大威胁，能释放多种化感物质，对禾本科、菊科等植物有抑制、排斥作用，在农田及自然生境中常常大片发生，排挤其他植物生长，破坏生物多样性。豚草的茎叶水浸提液对萝卜、绿豆、番茄、甜瓜、大白菜等经济作物种子的萌发及生长均有不同程度的抑制作用。豚草对于土壤动物的抑制作用具有类群上的选择性，对线虫类和蚯蚓类的抑制作用较强，其中生殖生长期大于营养生长期，豚草纯群落大于与其他植物的混生群落。

豚草的花粉、短毛对人体有害，可引起人体过敏、哮喘、过敏性皮炎等症。豚草花粉是人类花粉病的主要病原之一（图 1），所引起的"枯草热"给人们健康带来了极大的危害。据报道，豚草在北美洲和阿根廷广泛发生危害，在加拿大东部，豚草花粉病受害者达 80 万人，在美国估计有 1000 万人。据我国调查，1983 年沈阳市人群发病率达 1.52％，每到豚草开花散粉季节，过敏体质者便出现哮喘、打喷嚏、流清鼻涕等症状，体质弱者甚至可发生其他并发症而死亡。江西医学院第一附属医院，每年要收诊 2000 多例花粉过敏者，其中大多数是豚草的受害者。豚草易造成环境污染，对人畜健康有害，豚草被乳牛所食，可使乳液品质变坏。豚草已成为全球性的公害植物。

图 1　豚草花粉

图版 12

图版说明

    A. 豚草成株

    B. 豚草危害状

    C. 豚草花序

    D. 豚草叶片

    E. 豚草茎秆

    F. 豚草幼苗

    G. 豚草种子

图片作者或来源

    A～F. 魏守辉拍摄

    G. 引自《杂草种子图鉴》（印丽萍和颜玉树，1996）

二、豚草检验检疫技术规范

1. 范围

本规范规定了豚草的检疫检验及检疫处理操作办法。

本规范适用于农业植物检疫机构对豚草植物活体、种子、根茎及可能携带其种子、根茎的载体、交通工具的检疫检验和检疫处理。

2. 产地检疫

（1）踏查范围为海拔 600m 以下，重点踏查海拔 50～200m 的农田、荒地、路旁以及公路和铁路沿线。

（2）发现疫情后，应立即报告给当地农业检疫部门和外来入侵生物管理部门。

3. 调运检疫

（1）依据中华人民共和国《植物检疫条例》、《植物检疫条例实施细则（农业部分）》、《中华人民共和国进出境动植物检疫法》和《中华人民共和国进出境动植物检疫法实施条例》等法规的规定，对进境或地区间调运的植物和植物产品实施检疫。检疫范围包括粮、棉、油、麻、桑、茶、糖、菜、烟、果（干果除外）、药材、花卉、牧草、绿肥、热带作物等植物、植物的各部分，包括种子、根、茎等繁殖材料，以及来源于上述植物、未经加工或者虽经加工但仍有可能传播豚草的植物产品。检查调运的植物和植物产品有无黏附豚草的种子或活体根茎。

（2）在种子成熟季节，对来自疫情发生区的可能携带种子或根茎的载体进行检疫。

4. 检验及鉴定

1）检疫检验程序

豚草的检验检疫应根据《植物检疫手册》中美洲豚草的检疫鉴定方法（动植物检疫 0602006，P7.2.61，SZAPFT-ZJ-F21）进行。首先进行现场检疫，在现场检查植物、植物产品货物、包装物和周围环境是否混有杂草籽。检疫时用小套筛过筛，在 0.7mm 筛的筛上物中检查产品中有无豚草子实。然后按标准扦取约 1kg 的样品于室内检验。样品先用电动筛过筛，电动振荡 3min 后，对 1.6mm 以上的样品及 0.7～1.6mm 的筛下物于白搪瓷盘中进行杂草种子检查。将样品及筛下物中的全部杂草种子挑选出来，再进行种子鉴定。

2）种子鉴定

(1) 种子特征。豚草的果实为瘦果，瘦果包在总苞内。总苞倒卵形，长 2～4mm，宽 1.6～2.4mm，表面浅灰褐色、浅黄褐色至红褐色，有时带黑褐色斑。具稀疏网状纹，网眼内粗糙，有时具丝状白毛，尤以短喙所围绕的果实顶端白毛较密。顶端中央有粗长的锥状喙，周围有 5～7 个较细的短喙，有时短喙向下延长为不明显的棱。果实倒卵形，褐色至棕褐色，表面光滑，内含 1 粒种子。种子灰白色，倒卵形，表面有纵纹，种子无胚乳，胚直生。

(2) 与同属近缘种的区别。豚草属各种的果实均为瘦果，瘦果为总苞所包围封闭。总苞的形状、大小和颜色，总苞的突起以及突起下纵肋的多少，总苞顶端中央部分锥状喙的长度等特征，均为形态学上的鉴定依据。解剖总苞，可见到果实。果实为瘦果，它的形状、大小及颜色和表面上的特征也是鉴定的依据。豚草属常见的种子还有三裂叶豚草（*Ambrosia trifida* L.）和多年生豚草（*Ambrosia psilostachya* DC.）。上述三种豚草的总苞、瘦果及种子的特征详见附录 A。

3）形态鉴定

难以通过果实和种子形态鉴定豚草时，则需进一步进行萌发实验。先将豚草的总苞用清水浸泡至软，解剖外总苞皮，将总苞内的种子取出，放在垫有滤纸的培养皿中，置于 30℃/20℃ 变温、12h/12h 光暗交替的条件下培养，萌发后置于土壤温度 20～30℃，pH6～7 及土壤湿度不小于 52% 的培养土中种植。种子出苗后，定期观察植株、花、果的形态特征，从植株的形态上进行鉴定。

(1) 根据以下特征，鉴定是否属菊科：草本或亚灌木；叶通常互生，稀对生或轮生，全缘或具齿或分裂，无托叶，或有时叶柄基部扩大成托叶状；花两性或单性，极少有单性异株，整齐或左右对称，五基数，少数或多数密集成头状花序或为短穗状花序，为 1 层或多层总苞片组成的总苞所围绕；头状花序，单生或数个至多数排列成总状、聚伞状、伞房状或圆锥状；花序托平或凸起；萼片不发育，通常形成鳞片状、刚毛状或毛状的冠毛；花冠常辐射对称，管状，或左右对称，两唇形，或舌状；头状花序盘状或辐射状，有同形的小花，全部为管状花或舌状花，或有异形小花，即外围为雌花，舌状，中央为两性的管状花；雄蕊 4 或 5 个，着生于花冠管上，花药内向，合生成筒状的聚药雄蕊，基部钝，锐尖，戟形或具尾；花柱上端两裂，花柱分枝上端有附器或无附器；子房下位，合生心皮 2 枚，1 室，具 1 个直立的胚珠；果为不开裂的瘦果，顶端常有冠毛或鳞片；种子无胚乳，具 2 个，稀 1 个子叶。

(2) 根据以下特征，鉴定是否属管状花亚科：头状花序全部为同形的管状花，或有异形的小花，中央花非舌状；植物无乳汁。

(3) 根据以下特征，鉴定是否属豚草属：叶互生或对生，全缘或浅裂，或一至三回羽状细裂。头状花序小,单性,雌雄同株;雄头状花序无花序梗或有短花序梗,在枝端密集成无叶的穗状或总状花序;雌头状花序,无花序梗,在上部叶腋单生或密成团伞状。雄头状花序有多数不育的两性花。总苞宽半球状或碟状;总苞片 5~12 个,基部结合;花托稍平,托片丝状或几无托片。不育花花冠整齐,有短管部,上部钟状,上端 5 裂。花药近分离,基部钝,近全缘,上端有披针形具内屈尖端的附片。花柱不裂,顶端膨大成画笔状。雌头状花序有 1 个无被能育的雌花。总苞有结合的总苞片,闭合,倒卵形或近球形,背面在顶部以下有 1 层的 4~8 瘤或刺,顶端紧缩成围裹花柱的嘴部。花冠不存在。花柱 2 深裂,上端从总苞的嘴部外露。瘦果倒卵形,无毛,藏于坚硬的总苞中。植物全部有腺,有芳香或树脂气味。

(4)根据植株的形态特征(详见豚草"主要形态特征"部分及附录 B、附录 C),鉴定是否为豚草。

5. 检疫处理和通报

(1)进出境检疫中,一旦确定为豚草种子,并且混杂率不符合检疫证书要求后,要立即通知港区和货主,港区应立即停止卸货,货主应将该批货物的流向告知出入境检验检疫机构并通知具体用货单位存放好货物。出入境检验检疫机构将派员立即了解用货单位所用货物的生产目的、工艺流程、产品流向及周围环境等,确信该批货物在此使用时豚草扩散和存活的可能性几乎为零时,才能允许使用,否则需把该批货物调离使用。在用货单位加工使用过程中,仍需前往取样监管,以防止具活力的豚草种子扩散。

(2)在调运检疫或复检中,发现豚草的种子、根茎应全部检出销毁。

(3)产地检疫中发现豚草后,应根据实际情况,启动应急预案,立即进行应急治理。疫情确定后一周内应将疫情通报给植物和植物产品调运目的地的农业外来入侵生物管理部门和农业植物检疫部门,以加强监测力度。

附录 A 三种豚草总苞、瘦果及种子特征的比较

特征		豚草 A. artemisiifolia	三裂叶豚草 A. trifida	多年生豚草 A. psilostachya
果实、总苞形态		瘦果为总苞所包。总苞表面有网状纹,顶端中央有一锥形喙,其周围有 5~7 个疣状突起或无突起,突起下方有时有隆起的纵肋	瘦果为木质总苞所包,不开裂,瘦果无冠毛。总苞表面光滑,顶端中央有一圆锥状的短喙,喙长 2~4mm,周围有 4~10 个棘状突起,突起下方通常隆起形成纵肋,与突起同数或略少	瘦果为木质总苞所包,不开裂,瘦果被有密而长的绒毛,先端有两个长的突起
总苞	长/mm	2~4	6~12	3~3.5
	宽/mm	1.6~2.4	3~7	2~2.5
瘦果	长/mm	2~3.25	4~6	2~3.5
	宽/mm	1.6~2.4	3~4	2~2.5
种子	长/mm	1.5~2.25	3.5~5	1.5~2.75
	宽/mm	0.75~1.5	2~3.5	1.5~2
千粒重	总苞/g	2.5~3	10~15	5~6
	瘦果/g	2~2.6	9~12	3.5~4

附录 B　豚草、三裂叶豚草和多年生豚草分种形态检索表

1. 一年生草本 ⋯⋯⋯⋯⋯⋯⋯⋯⋯⋯⋯⋯⋯⋯⋯⋯⋯⋯⋯⋯⋯⋯⋯⋯⋯⋯⋯⋯⋯⋯⋯⋯⋯⋯⋯ 2

1. 多年生草本，根蘖性植物，瘦果被有密而长的绒毛，先端有两个长的突起 ⋯⋯⋯⋯⋯⋯⋯⋯⋯

⋯⋯⋯⋯⋯⋯⋯⋯⋯⋯⋯⋯⋯⋯⋯⋯⋯⋯⋯⋯ 多年生豚草 *A. psilostachya* DC.

2. 总苞宽半球形，长 4～5mm；花托具刚毛状托片。雄头状花序的总苞片无肋；雌头状花序在雄头状花序的下面或在上部叶腋单生或聚作团伞状；下部叶二次羽状深裂，上部叶羽状分裂；果实顶端具粗长锥状喙，有 5～7 纵棱，周围有疣突状的短喙，有时向上延伸成小齿状，瘦果无冠毛 ⋯⋯⋯⋯

⋯⋯⋯⋯⋯⋯⋯⋯⋯⋯⋯⋯⋯⋯⋯⋯⋯⋯ 豚草 *A. artemisiifolia* L.

2. 总苞浅碟形，长 6～10mm；花托无托片。雄头状花序的总苞外面有 3 肋；雌头状花序在雄头状花序的下面聚作团伞状；下部叶 3～5 裂，上部叶 3 裂；果实顶端中央具粗短的锥状喙，周围有 5～8 强纵棱，棱向上延伸成齿突，瘦果倒卵形，无冠毛 ⋯⋯⋯⋯⋯⋯⋯⋯⋯ 三裂叶豚草 *A. trifida* L.

附录 C　豚草模式图（引自 USDA-NRCS PLANTS）

1/2英寸　　1英寸①

---

① 1英寸≈2.54cm，后同。

三、豚草调查监测技术规范

1. 范围

本规范规定了对豚草进行调查及监测的技术方法。

本规范适用于各级外来入侵生物管理机构和农业环境保护机构对豚草进行的调查和监测。

2. 调查

1）访问调查

向当地居民询问有关豚草发生地点、发生时间、危害情况，分析豚草传播扩散情况及其来源。每个社区或行政村询问调查 30 人以上。对询问过程发现的豚草可疑存在地区，进行深入重点调查。

2）实地调查

（1）调查地域。

重点调查荒地、路旁、河边以及公路和铁路沿线两侧，特别是垃圾场、机关、学校、厂矿、农舍、庭院、村道、主要交通干线两旁区域、苗圃、有外运产品的生产单位以及物流集散地等场所。

（2）调查方法。

调查设样地不少于 10 个，随机选取，每块样地面积不小于 $1m^2$，用 GPS 仪测量样地的经度、纬度、海拔，记录样地的地理信息、生境类型、物种组成。

观察有无豚草危害，记录豚草的发生面积、密度、危害植物（具体种类，农田作物记录株高、生长状况）、豚草覆盖程度（百分比），无作物和其他植物的地方则调查豚草占据的程度（百分比）。

（3）面积计算方法。

发生于农田、果园、湿地、林地等生态系统内的豚草，其发生面积以相应地块的面积累计计算，或以划定包含所有发生点的区域面积进行计算；发生于路边、房前屋后、绿化带等地点的豚草，发生面积以实际发生面积累计获得或持 GPS 仪沿分布边界走完一个闭合轨迹后，围测面积；发生在山上的面积以持 GPS 仪沿分布边界走完一个闭合轨迹后，围测的面积为准，如山高坡陡，无法持 GPS 仪走完一个闭合轨迹的，也可采用目测法估计发生面积。

（4）危害等级划分。

按覆盖或占据程度确定危害程度，适用于农田、林地、草地、环境等生态系统。具体等级按以下标准划分。

等级 1：零星发生，覆盖度<5%；

等级 2：轻微发生，覆盖度为 5%～15%；

等级 3：中度发生，覆盖度为 15%～30%；

等级 4：较重发生，覆盖度为 30%～50%；

等级 5：严重发生，覆盖度为 50%～90%；

等级 6：极重发生，覆盖度为 90%～100%。

3. 监测

1）监测区的划定

发生点：豚草植株发生外缘周围 100m 以内的范围划定为一个发生点（两棵豚草植株或两个豚草发生斑块的距离在 100m 以内为同一发生点）；划定发生点若遇河流和公路，应以河流和公路为界，其他可根据当地具体情况作适当的调整。

发生区：发生点所在的行政村（居民委员会）区域划定为发生区范围；发生点跨越多个行政村（居民委员会）的，将所有跨越的行政村（居民委员会）划为同一发生区。

监测区：发生区外围 5000m 的范围划定为监测区；在划定边界时若遇到水面宽度大于 5000m 的湖泊和水库，以湖泊或水库的内缘为界。

2）监测方法

（1）监测网络建立。

以省、市、县植物保护站、农业环境保护监测站等有害生物防治机构为核心，建立覆盖全国的豚草传播扩散监测网络。各监测站点的主要职责是：通过定点调查和区域监控，对本辖区豚草的发生及扩散等进行实时监测；对监测信息进行汇总、录入，获取本地区豚草的分布情况、发生规律、危害程度及传播蔓延趋势等信息。

（2）监测点设置。

根据豚草的传播扩散特性，在监测区的每个村庄、社区、街道、河溪两侧湿润地带以及公路和铁路沿线两侧等地设置不少于 10 个固定监测点，每个监测点选 $10m^2$，悬挂明显监测位点牌，一般每月观察一次。

（3）监测内容。

①豚草的发现时间、传入基数、地点 [GIS（地理信息系统）定位坐标]、分布面积、分布格局、发生密度、危害规律、空气中的花粉密度、扩散速度及蔓延趋势等。

②可能携带豚草的粮食或包装材料在本地区种植、加工和调运期间的疫情监测。

③豚草的危害对农业生产、人民健康和社会经济造成的影响。

④豚草危害的生态影响，包括对本地生态系统生产力、生物多样性以及群落结构等的影响。

⑤影响豚草发生危害的关键限制因子，包括地理环境、气候条件、增殖潜能和生态学特征等。

4. 样本采集与寄送

在调查中如发现疑似豚草的植株，可将其用 70%酒精浸泡或晒干，标明采集时间、采集地点及采集人。将每点采集的疑似豚草的植株集中于一个标本夹中，送外来物种管理部门指定的专家进行鉴定。

5. 调查人员的要求

要求调查人员为经过培训的农业技术人员，掌握豚草的形态学、生物学特性，危害症状以及豚草的调查监测方法和手段等。

6. 结果处理

（1）信息数据库创建及更新。

利用数据库技术和网络信息技术，建立全国性的豚草监测信息系统。监测技术人员定期将有关监测信息通过网络输入系统后台数据库。信息内容包括：豚草的发现时间、传入基数、地点、分布面积、分布格局、发生密度、危害程度、空气中的花粉密度、扩散速度及环境气候条件如温度、降雨量、风力等。

（2）风险分析及预测。

根据联合国粮农组织（FAO）《有害生物风险分析准则》和我国有害生物风险分析（PRA）研究建立的有害生物风险分析系统，包括定性与定量分析相结合的分析程序和方法，通过指标数据库系统和模型评估分析系统，对豚草监测信息数据库中的监测数据进行分析模拟，结合相应区域的气象数据库资料，预测豚草未来的蔓延趋势、扩散速度、发生时间、发生面积、危害程度等信息。

（3）信息预警发布。

根据监测数据库及分析预测系统的结果，作出豚草发生危害状况的预测分析，确定相应的预警级别，并将预警信息通过豚草监测信息系统向当地主管部门通报，以进一步采取相应的防控措施。

（4）报告制度。

调查监测中，一旦新发现豚草，应严格实行报告制度，必须于 24h 内逐级上报。

在日常监测工作中，通过采用 GIS 技术，定期整合监测信息数据库中的有关数据，发布豚草的扩散蔓延趋势图，明确豚草的重点发生区、扩散区及未发生区。定期逐级向上级政府和有关部门报告有关调查监测情况。

四、豚草应急控制技术规范

1. 范围

本规范规定了豚草新发、爆发等突发事件发生后的应急控制操作方法。

本规范适用于各级外来入侵生物管理机构和农业环境保护机构在豚草扩散蔓延事件发生后的应急处置。

2. 组织领导

根据应急响应级别，在外来入侵生物防治协作组领导下，成立临时性豚草应急防控总指挥部，总指挥部下设办公室、信息组、防控组、监督组、物资组、宣传组等，由各地区有关部门的主要负责同志参加。豚草应急指挥部负责疫区突发事件的应急处理和协调指挥，保障防治药品及相关物资的及时到位。应急指挥部还应同时向上级应急部门报告工作，并立即组织相关部门和人员对豚草进行隔离、扑杀和控制，负责受灾群众和集体的安置、补偿。

3. 封锁控制

对疫情发生地边缘 200m 内的区域实施全封闭隔离，切断豚草的传播和蔓延渠道。未经应急指挥部批准，禁止豚草寄主或可能携带该草的粮食、包装材料及产品进出疫区。当地植物保护、植物检疫机构、农业环境保护监测站等机构对豚草发生地派专人实施全天 24h 监测，并每天向应急指挥部报告一次监测信息。疫情发生地所在省辖市的有关农业执法和动植物检验检疫等部门应严格执法，各车站、道路检查站，都要建立检疫检查站，严防疫情蔓延扩散。在辖区范围内，调运扑杀疫情所需的药品和相关物资，在疫情预警报告发布 24h 内，保证第一批药品和物资到达疫情发生地。应急总指挥部应选派植物保护、农业环境保护、检验检疫等方面的专家赴疫区，具体指导疫情扑灭工作，并监督执行。

4. 防控原则

（1）人工防除。

豚草发生数量少、面积小宜采取人工拔除方式直接根除。应掌握在豚草生长前期，一般在 8~10 叶期前（5~6 月）。此时豚草既便于拔除，又容易识别。拔除的豚草幼苗要切去根部，以防再生。豚草进入快速生长期后根系庞大，再生能力强，应采取反复刈割的办法，最好在豚草未开花结实前进行，这样既能避免开花散粉引起人过敏，又可防止再发新枝，杜绝豚草种子的产生。

（2）化学防除。

化学防除是控制豚草扩散蔓延的主要手段。对豚草成片发生区域应采用分步治理、最终灭除的方式进行防治，首先在豚草发生区进行化学药剂直接处理。防除时应根据豚草植株大小适当调整用量，以最大限度地保护生态环境中的有益天敌，降低除草剂在土壤中的残留，减少环境污染。防治后要进行持续监测，发现豚草再根据实际情况反复使用药剂处理，直至 3 年内不再发现豚草为止。

5. 应急防控技术

1）农田防除技术

（1）玉米田。

在玉米播后苗前，使用莠去津可湿性粉剂 1800g/hm² ，兑水 450L，进行土壤封闭处理；在豚草 3~5 叶期，用溴苯腈可溶性粉剂 31.25~562.5g/hm² 或烟嘧磺隆悬浮剂 50~60g/hm² ，或在豚草盛发期的 6 月下旬~8 月，每公顷用草甘膦水剂 1075.5~

1230g 或百草枯水剂 450～600g，兑水 450L，在作物行间定向茎叶均匀喷雾。

（2）棉花田。

在豚草 3～5 叶期，每公顷用乳氟禾草灵乳油 108～144g，兑水 450L，在田间进行均匀茎叶喷雾；在豚草 3～6 叶期，每公顷用草甘膦水剂 1075.5～1230g 或百草枯水剂 450～600g，兑水 450L，做行间定向茎叶均匀喷雾。

（3）大豆田。

在大豆播后苗前，每公顷用乙草胺乳油 1080～1350g，兑水 450L，进行土壤封闭处理；在豚草 3～5 叶期，每公顷用氟磺胺草醚水剂 337.5～412.5g 或乳氟禾草灵乳油 108～144g，兑水 450L，在田间进行均匀茎叶喷雾。

（4）花生田。

在花生播后苗前，每公顷用乙草胺乳油 1080～1350g，兑水 450L，进行土壤封闭处理；在豚草 3～5 叶期，每公顷用乙氧氟草醚乳油 180g 或乳氟禾草灵乳油 108～144g 或乙羧氟草醚乳油 40.5g，兑水 450L，在田间进行均匀茎叶喷雾。

2）果园防除技术

每公顷用草甘膦可溶性粉剂 1687.5～2250g 或百草枯水剂 600g，兑水 450L，在柑橘、苹果、梨、桃、茶叶等经济作物园及园边空地、沟埂等，均匀定向茎叶喷雾。

3）荒地防除技术

使用药剂以辛酰溴苯腈乳油 $1500～2250g/hm^2$ 效果最佳，其次是草甘膦水剂 $1200g/hm^2$、百草枯 $600～750g/hm^2$ 或二甲四氯钠盐粉剂 $336g/hm^2$。辛酰溴苯腈防除豚草的效果可达 95% 以上，草甘膦防除豚草的效果在 90% 左右，而二甲四氯钠盐和苯磺隆的防效略低。在豚草较大时，使用 56% 二甲四氯钠盐应适当增加用药量。待豚草茎叶全部死亡后，还可再喷施乙莠悬乳剂 $6000g/hm^2$ 封锁地面，可保整个生长季节基本控制豚草危害。此外，咪唑乙烟酸、草铵膦等除草剂对豚草也有较好的防除效果。豚草大面积发生时，喷药 3 次最佳，一普、二补漏、三杀灭。

4）水源地防除技术

对河埂、沟堤等豚草发生区，每公顷用草甘膦水剂 1687.5～2250g，兑水 450L，均匀定向茎叶喷雾。

6. 注意事项

喷药时，注意选择晴朗天气进行，注意雾滴不要飘移到邻近的作物上。在沟边或农田边采用化学除草剂喷雾时，避免药液漂移进入农田而造成药害。喷药时应均匀周到。超低容量喷雾时，应远离农田，防止雾滴飘移到农作物上。茎叶处理剂不要在下雨天施药，若施药后 6h 内降雨，应补喷一次；干旱时施药应添加助剂或酌情增加 5%～10% 的施药量。在施药区应插上明显的警示牌，避免造成人、畜中毒或其他意外。

五、豚草综合治理技术规范

1. 范围

本规范规定了豚草的综合治理技术和操作规程。

本规范适用于各级外来入侵生物管理机构和农业环境保护机构在豚草发生危害时进行综合防控。

2. 综合治理原则

以保护生态环境和保障食品安全为出发点，积极贯彻"预防为主、综合防治"的方针，根据豚草的发生危害规律，合理利用植物检疫、农业防治、物理防治、植物替代、生物防治及化学防治等措施，创造有利于天敌繁衍而不利于豚草发生、危害的生态环境，保持环境生物多样性和生态平衡，把豚草的危害控制在经济允许水平以下。

3. 综合治理技术措施

豚草在我国爆发蔓延的主要原因是其脱离了原产地天敌的控制，缺乏自然控制力，这就要求我们创造一种或数种生态环境因子来增强对其的选择压力，进行长期调节控制。通过从原产地引入其生物控制因子、加强补充本地的生物环境胁迫，同时根据不同生境采用不同的管理措施，可有效控制其危害蔓延。对于豚草的危害，目前主要是因地制宜，综合采取植物检疫、物理防除（人工刈割和机械耕作）、化学防除、植物替代和生物防除等措施。

1）植物检疫

豚草子实易混杂在玉米、大豆、小麦等进口粮食及包装材料中传入，是许多国家禁止输入的检疫对象。为了控制豚草向非疫区的传输蔓延，检疫部门应根据豚草的检疫鉴定方法，对进口粮食及国内调运的种子、包装材料及运输工具等严格实施检疫。

2）物理防治

豚草在早春出苗较早，采用机械耕作对其幼苗具有较好的防除效果。对于已经长成的植株，可以通过拔除或人工刈割进行控制，虽然其再生能力强，但反复刈割能避免植株开花结实，从而有效减少种子产生量，降低其扩散定殖风险。最好挖出根部，集中烧毁或就地深埋。

3）化学防治

化学防除是控制豚草危害蔓延的主要手段。其中以辛酰溴苯腈乳油 1500～2250g/hm² 效果最佳，其次是草甘膦水剂 1200g/hm²、百草枯 600～750g/hm² 或二甲四氯钠盐粉剂 336g/hm²。在豚草较大时，使用二甲四氯钠盐应适当增加用药量。待豚草茎叶全部死亡后，还可再喷施乙莠悬乳剂 6000g/hm² 封锁地面，可保整个生长季节基本控制豚草危害。此外，咪唑乙烟酸、草铵膦等除草剂对豚草也有较好的防除效果。

4）植物替代

通过种植多年生替代植物紫穗槐（*Amorpha fruticosa*）、沙棘（*Hippophae rhamnoides*）、绣球小冠花（*Coronilla varia*）、草地早熟禾（*Poa pratensis*）、菊芋（*Helianthus tuberosus*）及无芒雀麦（*Bromus inermis*）等，增加环境胁迫，可有效控制豚草危害。紫穗槐抚育一年后形成光竞争优势，对豚草的控制效果达60%；草地早熟禾通过强大的根茎对豚草的茎粗、分枝数、节数、有效光合面积均有良好的抑制效果；菊芋通过地上光竞争和地下营养竞争以及功能性他感物质联合作用，强烈抑制豚草的生长，在100株/m² 下植株全部死亡，50株/m² 下生物量仅为对照的7.7%。

5）生物防治

豚草卷蛾（*Epiblema strenuana*）是豚草的重要天敌昆虫，寄主专一较强，在自然条件下能大量取食豚草茎叶，大大降低其覆盖度，从而有效控制豚草的危害蔓延，促进本土其他植物的生长。土壤中豚草的种子也可被某些生物取食或侵染，从而减少次年发生基数。

4. 不同生境中豚草的综合防治

（1）根据豚草的危害状况和生境条件，采用不同的综合防治措施。
（2）未发生地区：植物检疫。
（3）农作物田：化学防除＋人工拔除＋机械耕作。
（4）道路两侧或河边湿润地：化学防除＋豚草卷蛾＋植物替代。
（5）荒地：化学防除＋植物替代。
（6）庭院或景观场所：人工铲除＋植物替代＋化学防除。
（7）豚草大面积分布区域：化学防除＋植物替代＋豚草卷蛾。
（8）不适宜使用化学防除的区域：人工铲除＋豚草卷蛾。

主要参考文献

陈浩，陈利军，Albright T P. 2007. 以豚草为例利用 GIS 和信息理论的方法预测外来入侵物种在中国的潜在分布. 科学通报，（5）：555～561

陈贤兴，陈永群，何献武等. 2002. 几种植物对豚草的生化他感作用. 甘肃科学学报，14（3）：58～61

陈贤兴，单和好. 2003. 豚草对几种经济作物的生化他感作用. 海南大学学报（自然科学版），21（1）：69～73

崔建臣，丁建云，潘洪吉等. 2008. 百草枯、草甘膦对三裂叶豚草和艾叶豚草的防效比较. 中国植保导刊，（10）：39，40

邓余良，王云翔，彭慧等. 2003. 豚草的发生与防除技术措施. 植保技术与推广，23（4）：27，28

杜淑梅，姚兴举. 2007. 黑龙江省豚草发生种类、分布及综合防除措施. 中国植保导刊，（4）：39，40

段惠萍，陈碧莲. 2000. 豚草生物学特性、为害习性及防除策略. 上海农业学报，16（3）：73～77

甘小泽，樊丹，姜达炳. 2005. 豚草化学防治效果的研究. 农业环境科学学报，24（15）：251～253

关广清. 1985. 豚草和三裂叶豚草的形态特征和变异类型. 沈阳农学院学报，16（4）：9～17

郭琼霞，虞赟，黄可辉. 2005. 三种检疫性豚草的形态特征研究. 武夷科学，21（12）：69～71

韩立芬，田海义，纪世强等. 2001. 秦皇岛地区大规模豚草生长及临床发病研究. 中华微生物学和免疫学杂志，21
　　（增刊）：39～41

黄宝华. 1985. 国内豚草的分布及危害调查. 植物检疫，1：62～65

金虹. 2006. 豚草在我国的生物防治研究进展. 草业与畜牧，（7）：7～10

李宏科，李萌，李丹. 1998. 豚草及其防治概况. 世界农业，（8）：40，41

李建东，孙备，王国骄等. 2006. 菊芋对三裂叶豚草叶片光合特性的竞争机理. 沈阳农业大学学报，　（4）：
　　569～572

李秀梅. 1997. 恶性害草豚草的综合防治研究进展. 杂草科学，（1）：7～10

李扬汉. 1998. 中国杂草志. 北京：中国农业出版社. 239～242

刘静玲，冯树丹，慕颖. 1997. 豚草生态学特性及生防对策. 东北师大学报（自然科学版），（3）：61～67

马骏，万方浩，郭建英等. 2002. 豚草卷蛾寄主专一性风险评价. 生态学报，22（10）：1711～1717

马骏，万方浩，郭建英等. 2003. 豚草卷蛾的生态适应性及其风险评价. 应用生态学报，14（8）：1391～1394

孟玲，李保平. 2005. 新近传入我国大陆取食豚草的广聚萤叶甲. 中国生物防治，（2）：65～69

那美玲，李彬，周军. 2001. 黄石地区豚草花粉分布及临床致敏性研究. 中华微生物学和免疫学杂志，21（增刊）：
　　50，51

强胜，曹学章. 2000. 中国异域杂草的考察与分析. 植物资源与环境学报，9（4）：34～38

孙刚，房岩，殷秀琴. 2006. 豚草发生地土壤昆虫群落结构及动态. 昆虫学报，（2）：271～276

孙刚，殷秀琴，祖元刚. 2002. 豚草发生地土壤动物的初步研究. 生态学报，22（4）：608～701

万方浩，关广清，王韧. 1993. 豚草及豚草的综合防治. 北京：中国科学技术出版社

万方浩，马骏，郭建英等. 2003. 豚草卷蛾和苍耳螟对豚草的联合控制作用. 昆虫学报，46（4）：473～478

万方浩，王韧. 1990. 恶性害草豚草的生物学及生态学特性. 杂草学报，4（1）：45～48

王大力，祝心如. 1996. 豚草及三裂叶豚草挥发物成分的 GC 和 GC/MS 分析. 质谱学报，17（3）：37～41

王大力. 1994. 豚草属植物的化感作用研究综述. 生态学杂志，14（4）：48～53

王建军，赵宝玉，李明涛等. 2006. 生态入侵植物豚草及其综合防治. 草业科学，23（4）：71～75

王明勇. 2005. 安徽省豚草发生现状与控制对策. 安徽农业科学，（9）：1771～1786

王志西，刘祥君，高亦珂等. 1999. 豚草和三裂叶豚草种子休眠规律研究. 植物研究，19（2）：159～164

吴海荣，强胜，段惠等. 2004. 豚草（*Ambrosia artemisii folia* L.）. 杂草科学，（2）：50～52

殷连平. 1996. 有毒杂草与检疫. 植物检疫，10（1）：365，366

印丽萍，颜玉树. 1996. 杂草种子图鉴. 北京：中国农业科学技术出版社

余雄波，邓克勤. 2007. 豚草卷蛾对豚草的控制效果. 植物检疫，（1）：14，15

张葵. 2006. 恶性杂草——豚草. 生物学通报，（2）：25，26

张威，刘光辉，姚兰. 2007. 武汉地区豚草花粉分布及其对过敏性哮喘患者气道反应性的影响. 华中医学杂志，
　　（4）：253，254

赵敏. 2003. 外来入侵生物豚草的综合防治与对策. 农业环境与发展，（5）：38，39

中国科学院中国植物志编辑委员会. 1979. 中国植物志. 第七十五卷. 北京：科学出版社. 329～331

周早弘，戴凤凤. 2003. 运用植物替代控制豚草的蔓延和传播. 江西植保，26（2）：68～70

周早弘，舒洪岚. 2004. 用生态经济型植物控制豚草的"绿色污染". 江西林业科技，（1）：37～39

周忠实，郭建英，万方浩等. 2008. 豚草防治措施综合评价. 应用生态学报，（9）：1917～1924

祖元刚，沙伟. 1999. 三裂叶豚草和普通豚草的染色体核型研究. 植物研究，19（1）：48～53

祖元刚，王文杰，陈华峰等. 2006. 豚草叶片和果实气体交换特性与 11 种土壤重金属相关性. 应用生态学报，
　　（12）：2321～2326

Abul-Fatih H A，Bazzaz F A. 1979. The biology of *Ambrosia tri fida* L. II. Germination, emergence, growth and
　　survival. New Phytologist，83（3）：817～827

Abul-Fatih H A，Bazzaz F A. 1980. The biology of *Ambrosia tri fida* L. IV. Demography of plants and leaves.
　　New Phytologist，84（1）：107～111

Abul-Fatih H A，Bazzaz F A，Hunt R. 1979. The biology of *Ambrosia trifida* L. III. Growth and biomass allocation. New Phytologist，83（3）：829～838

Ballard T O，Foley M E，Bauman T T. 1996. Response of common ragweed（*Ambrosia artemisiifolia*）and giant ragweed（*Ambrosia trifida*）to postemergence imazethapyr. Weed Science，44（2）：248～251

Bassett I J，Crompton W C. 1982. The biology of Canadian weeds. 55. *Ambrosia trifida* L. Canadian Journal of Plant Science，63：1003～1010

Buhler D D. 1997. Effects of tillage and light environment on emergence of 13 annual weeds. Weed Technology，11（3）：496～501

DiTommaso A. 2004. Germination behavior of common ragweed（*Ambrosia artemisiifolia*）populations across a range of salinities. Weed Science，52（6）：1002～1009

Hoss N E，Al-Khatib K，Peterson D E et al. 2003. Efficacy of glyphosate，glufosinate，and imazethapyr on selected weed species. Weed Science，51（1）：110～117

Igrc J，Deloach C J，Zlof V. 1995. Release and establishment of *Zygogramma suturalis* F.（Coleoptera：Chrysomelidae）in Croatia for control of common ragweed（*Ambrosia artemisiifolia* L.）. Biological Control，5（2）：203～208

Maryushkina V Y. 1991. Peculiarities of common ragweed（*Ambrosia artemisiifolia* L.）strategy. Agriculture Ecosystems and Environment，36：207～216

USDA-NRCS PLANTS Database/USDANRCS. Wetland flora：Field of fice illustrated guide to plant species. USDA Natuaral Resources Conservation Service

Zelaya I A，Owen M D K. 2003. Evolved resistance to acetolactate synthase-inhibiting herbicides in common sunflower（*Helianthus annuus*），giant ragweed（*Ambrosia trifida*），and shattercane（*Sorghum bicolor*）in Iowa. Weed Science，52（4）：538～548

六、豚草防控应急预案（样本）

根据《农业重大有害生物及外来生物入侵突发事件应急预案》的要求，为建立豚草的日常监测和预警预报制度，提高监测预警能力，健全豚草疫情的快速反应机制，防止其扩散和蔓延，在借鉴国内外有关外来入侵生物防治经验的基础上，制定本预案。

1. 豚草危害情况的确认、报告与分级

1）确认

疑似豚草发生地的农业主管部门在24h内将采集到的豚草标本送到上级农业行政主管部门所属的外来入侵生物管理机构，由省级外来入侵生物管理机构指定专门科研机构鉴定，省级外来入侵生物管理机构根据专家鉴定报告，报请农业部外来入侵生物管理办公室确认。

2）报告

确认本地区发生豚草后，当地农业行政主管部门应在24h内向同级人民政府和上级农业行政主管部门报告，并迅速组织对本地区进行普查，及时查清发生和分布情况。省农业行政主管部门应在24h内将豚草发生情况上报省人民政府和农业部，同时抄送省级林业部门和出入境检验检疫部门。

3）分级

一级危害：2个或2个以上省（直辖市、自治区）发生豚草危害；在1个省（直辖市、自治区）所辖的2个或2个以上地级市（区）发生豚草危害严重的。

二级危害：在1个地级市辖的2个或2个以上县（市、区）发生豚草危害；或者在1个县（市、区）范围内发生豚草危害程度严重的。

三级危害：在1个县（市、区）范围内发生豚草危害。

出现以上一至三级程度危害时，启动本预案。

2. 应急响应

各级人民政府按分级管理、分级响应、属地管理的原则，根据农业部外来入侵生物管理机构的确认豚草危害范围及程度，一级危害启动一级响应，二级危害启动二级响应，三级危害启动三级响应。

1）一级响应

农业部预警和风险评估咨询委员会根据各地上报的豚草疫情信息进行分析，并发布突发事件一级预警后，经联合工作小组决定，启动一级应急响应，相关省（自治区、直辖市）和疫情发生地县政府及有关部门即启动相应的应急响应。农业部应立即成立外来有害生物防控工作领导小组，迅速组织协调各省、市（直辖市）人民政府及部级相关部门开展豚草防控工作，并由农业部报告国务院；农业部主管部门要迅速组织对全国豚草发生情况进行调查评估，制定防控工作方案，组织农业行政及技术人员采取防控措施，并及时将豚草发生情况、防控工作方案及其执行情况报国务院主管部门；部级其他相关部门密切配合做好豚草防控工作；农业部根据豚草危害严重程度在技术、人员、物资、资金等方面对豚草发生地给予紧急支持，必要时，请求国务院给予相应援助。

2）二级响应

省级技术咨询委员会根据各地上报的豚草疫情信息进行分析评估，并作出二级危害预警后，经省级联合工作小组决定，启动相应的应急响应，并报国家联合工作小组办公室备案。地级以上市或省（自治区、直辖市）人民政府立即成立外来有害生物防控工作领导小组，迅速组织协调各县（市、区）人民政府及市相关部门开展豚草防控工作，并由本级人民政府报省人民政府；市级农业行政主管部门要迅速组织对本市豚草发生情况进行全面调查评估，制定防控工作方案，组织农业行政及技术人员采取防控措施，并及时将豚草发生情况、防控工作方案及其执行情况报省级农业行政主管部门；市级其他相关部门密切配合做好豚草防控工作；省级农业行政主管部门加强督促指导，并组织查清本省豚草发生情况；省人民政府根据豚草危害严重程度和市级人民政府的请求，在技术、人员、物资、资金等方面对发生豚草地区给予紧急援助支持。

3）三级响应

县级技术咨询委员会根据上报的豚草疫情信息进行分析评估，并作出三级危害预警后，经县级联合工作小组决定，启动相应的应急响应，并报省级联合工作小组办公室备案。县级人民政府立即成立外来有害生物防控工作领导小组，迅速组织协调各乡镇政府及县相关部门开展豚草防控工作，并由本级人民政府报告上一级人民政府；县级农业行政主管部门要迅速组织对豚草发生情况进行全面调查评估，制定防控工作方案，组织农业行政及技术人员采取防控措施，并及时将豚草发生情况、防控工作方案及其执行情况报市级农业行政主管部门；县级其他相关部门密切配合做好豚草防控工作；市级农业行政主管部门加强督促指导，并组织查清全市豚草发生情况；市级人民政府根据豚草危害严重程度和县级人民政府的请求，在技术、人员、物资、资金等方面对发生豚草地区给予紧急援助支持。

3. 工作原则和部门职责

1）工作原则

对豚草疫情的处理，应由农业行政主管部门统一指挥协调相关部门，保证对豚草进行有效控制和快速处置。同时，各级农业行政主管部门也要组织相关单位共同实施应急处理。要把应急管理的各项工作落实到日常管理当中，将事前预防与事后应急有机结合。严格执行国家有关法律法规，根据豚草发生的具体情况实行分级预警。发生豚草突发事件，应充分利用和发挥现有资源，对已有的各类应急指挥机构、人员、设备、物资、信息、工作方式进行资源整合，保证实现农业部门的统一指挥和调度。各系统、各部门和地方都应建立预警和处置突发事件的快速反应机制，保证人力、物力、财力的储备，一旦出现豚草疫情，确保发现、报告、指挥、处置等环节紧密衔接，及时应对。

2）部门职责

各级外来有害生物防控工作领导小组负责本地区豚草防控的指挥、协调工作，并负责监督应急预案的实施。农业部门具体负责组织豚草监测调查、防控和及时报告、通报等工作；宣传部门负责引导传媒正确宣传报道豚草有关情况；财政部门及时安排拨付豚草防控应急经费；科技部门组织豚草防控技术研究；经贸部门组织防控物资生产供应，以及豚草对贸易和投资环境影响的应对工作；林业部门负责林地的豚草调查及防控工作；出入境检验检疫部门加强出入境检验检疫工作，防止豚草的传入和传出；发展改革、建设、交通、环境保护、旅游、水利、民航等部门密切配合做好相关工作。

4. 豚草发生点、发生区和监测区的划定

发生点：豚草危害寄主植物外缘周围100m以内的范围划定为一个发生点（两棵豚草或两个豚草发生斑块距离在100m以内为同一发生点）；划定发生点若遇河流和公路，应以河流和公路为界，其他可根据当地具体情况作适当的调整。

发生区：发生点所在的行政村（居民委员会）区域划定为发生区范围；发生点跨越多个行政村（居民委员会）的，将所有跨越的行政村（居民委员会）划为同一发生区。

监测区：发生区外围5000m的范围划定为监测区；在划定边界时若遇到水面宽度

大于 5000m 的湖泊和水库，以湖泊或水库的内缘为界。

5. 封锁、控制和扑灭

豚草发生区所在地的农业行政主管部门对发生区内的豚草危害寄主植物上设置醒目的标志和界线，并采取措施进行封锁控制和扑灭。

1）封锁控制

对豚草发生区内机场、码头、车站、停车场、机关、学校、厂矿、农舍、庭院、街道、主要交通干线两旁区域、有外运产品的生产单位以及物流集散地，有关部门要进行全面调查，货主单位和货运企业应积极配合有关部门做好豚草的防控工作。豚草危害情况特别严重时，经省人民政府批准，可在发生区周边主要交通要道设立临时植物检疫检查站，对外运的种苗、花卉、盆景、草皮、蔬菜、水果等植物产品进行检疫，禁止豚草发生区内树枝落叶、杂草、菜叶等垃圾外运，防止豚草随水流传播。

2）防治与扑灭

经常性开展扑杀豚草行动，采用化学、物理、人工、综合防治方法灭除豚草。点状小范围发生的可予以人工铲除，片状大面积发生的应喷施化学除草剂进行灭杀，并进行植物替代控制，以保护生态环境。

6. 调查、监测和预警机制

1）疫情调查与监测

以省、市、县植物保护和植物检疫站、农业环境保护监测站等有害生物防治机构为核心，建立覆盖全国的豚草监测网络。各级农业植物检疫机构要加强对本地区的调查和监测，通过定点调查和区域监控，对豚草的发生及传播等进行实时监测，获取本地区豚草的分布情况、发生规律、危害程度及传播蔓延趋势等信息。做好监测结果记录，保存记录档案，定期汇总上报。豚草未发生地区要加强对来自豚草发生区的植物及植物产品的检疫，防止豚草传入，并对农产品进口和调入情况、口岸截获情况等进行监测。

2）信息分析与预警

各级农业环境保护监测站、植物保护站、动植物检疫机构等负责监测信息的统计汇总，并在各级农业行政主管部门的领导下，组织成立相应的预警和风险评估咨询委员会，负责对监测信息进行综合分析与评估。根据豚草在发生地的发生消长动态，结合气候条件对其蔓延扩散能力进行风险分析，预测疫情发生范围及严重程度，确定相应的预警级别。

3）应急决策

各级农业行政主管部门组织外来有害生物风险评估咨询委员会对上报的豚草疫情信

息进行综合分析，为联合工作小组决策提供及时、准确、全面的信息资料。经同级农业行政主管部门报上一级农业行政主管部门和联合工作小组，决定是否启动应急响应。在发生影响重大、损失巨大的情况下，联合工作小组还应及时向国务院报告。

7. 应急保障

1）队伍保障

各级人民政府要组建由农业行政主管部门技术人员以及有关专家组成的豚草应急防控队伍，加强专业技术人员培训，提高豚草识别、防治、风险评估和风险管理技能，以便对豚草及时、准确、简便地进行鉴定和快速除害处理。建立豚草管理与防治专家资源库，当发生疫情时，相关管理和技术人员必须服从指挥部的统一调配。提高应急防控队伍人员的专业素质和业务水平，为应急预案的启动提供高素质的应急队伍保障，成立防治专业队；要充分发动群众，实施群防群控。

2）物资保障

省、市、县各级人民政府要建立豚草防控应急物资储备制度，编制药品和物资明细表，由专人负责看管、进入库登记。所有药品和物资的使用实行审批制度，由同级农业行政主管部门分管领导或委托专人负责严格审批。当疫情发生时，各级指挥部可以根据需求，征集社会物资并统筹使用，确保物资供应。

3）经费保障

各级人民政府应安排专项资金，用于豚草应急防控工作。应急响应启动时，当地农业行政主管部门会商有关部门提出经费使用计划，由同级财政部门核拨，财政、农业、审计等部门对专项资金的使用和管理情况进行严格的监督检查，确保专款专用。

4）技术保障

科技部门要大力支持豚草防控技术研究，为持续有效控制豚草提供技术支撑。在豚草发生地，有关部门要组织本地技术骨干力量，加强对豚草防控工作的技术指导。

5）宣传保障

各级宣传部门要积极引导媒体正确报道豚草发生及控制情况。有关新闻和消息，应通过政府部门正常渠道获取，防止炒作，避免失实报道引起社会不安。在豚草发生区，要利用适当的方式进行科普宣传，重点宣传防范知识、防控技术方法。当媒体上出现不实报道或社会上流传谣言时，应立即正面澄清，加强舆论引导，减少负面影响。

8. 应急解除

通过采取全面、有效的防控措施，达到防控效果后，县、市农业行政主管部门向省农业行政主管部门提出申请，经省农业行政主管部门组织专家评估论证，防治效果达到标准的，由省外来有害生物防控领导小组报请农业部批准，可解除应急。

经过连续 6 个月的监测仍未发现豚草，经省农业行政主管部门组织专家论证，确认扑灭豚草后，经豚草发生区农业行政主管部门逐级向省农业行政主管部门报告，由省农业行政主管部门报省人民政府及农业部批准解除豚草发生区，同时将有关情况通报林业部门和出入境检验检疫部门。

9. 后期处置

对由于豚草危害造成农业减产、绝收的，农业行政主管部门应制订计划，尽快组织灾后重建和生产自救，弥补灾害损失。受豚草损害严重地区的地方政府，应该及时调拨救助物资，保障受灾农民生活和生产的稳定，并应建立社会救助的机制。资金和物资统一管理，做好登记和监督，严禁将救助资金和物资挪作他用。

10. 附则

省（直辖市、自治区）各级人民政府根据本预案制定本地区豚草防控应急预案。

本预案自发布之日起实施。

本预案由农业部外来物种管理办公室负责解释。

（魏守辉　曹坳程）

薇甘菊应急防控技术指南

一、薇　甘　菊

学　　名：*Mikania micrantha* Kunth ex H. B. K.

英 文 名：mile-a-minute weed，bittervine，climbing hempweed，Chinese creeper，American rope，liane americaine

中文别名：山瑞香、蔓菊、（小花）假泽兰、米甘草、（小花）蔓泽兰

分类地位：菊科（Asteraceae）假泽兰属（*Mikania*）

1. 起源与分布

起源：起源于热带南美洲和中美洲。

国外分布：印度、孟加拉国、斯里兰卡、泰国、菲律宾、马来西亚、印度尼西亚、巴布亚新几内亚和太平洋诸岛屿（斐济、拉罗汤加岛、库克岛、所罗门群岛、萨摩亚群岛、圣诞岛、新不列颠和新圭亚那）、毛里求斯、澳大利亚、中南美洲各国以及美国南部。

国内分布：广东、广西（玉林市）、云南（德宏傣族景颇族自治州、保山市、临沧市）、海南（海口市、临高县、文昌市）、香港、澳门、台湾。

2. 主要形态特征

多年生草质或稍木质藤本，茎细长，匍匐或攀缘，多分枝，被短柔毛或近无毛，幼时绿色，近圆柱形，老茎深褐色，具多条肋纹。茎中部叶三角状卵形至卵形，长 4～13cm，宽 2～9cm，基部心形，偶近戟形，先端渐尖，边缘具数个粗齿或浅波状圆锯齿，两面无毛，基出 3～7 脉；叶柄长 2～8cm，上部的叶渐少，叶柄亦短。头状花序多数，在枝端常排成复伞房花序状，花序梗纤细，顶部的头状花序花先开放，依次向下逐渐开放，头状花序长 4.5～6.0mm，含小花 4 朵，全为结实的两性花。总苞片 4 枚，狭长椭圆形，顶端渐尖，部分急尖，绿色，长 2.0～4.5mm，总苞基部有一线状椭圆形的小苞叶（外苞片），长 1～2mm。花有香气；花冠白色，管状，长 3.0～3.5（4）mm，檐部钟状，5 齿裂。瘦果长 1.5～2.0mm，黑色，被毛，具 5 棱，被腺体，冠毛由 32～38（40）条刺毛组成，白色，长 2.0～3.5mm。

3. 主要生物学和生态学特性

不同种群的薇甘菊其染色体类型不同，有的种群为二倍体，有的为四倍体（这是薇甘菊生存力极强的原因之一）。

薇甘菊幼苗初期生长缓慢，在 1 个月内苗高仅为 11cm，单株叶面积 0.33cm²，但

随着苗龄的增长，其生长随之加快，其茎节极易出根，伸入土壤吸取营养，故其营养茎可进行旺盛的营养繁殖，而且较种子苗生长要快得多，薇甘菊一个节 1 天生长近 20cm。在内伶仃岛，薇甘菊的一个节在一年中所分枝出来的所有节的生长总长度为 1007m。薇甘菊花的数量极大，在 0.25m² 内有 34 137～50 297 个头状花序，合计 136 548～201 188 朵小花，占地上部分总生物量的 38.4%～42.8%。

在实验室控制条件下，薇甘菊种子在 25～30℃ 萌发率 83.3%，在 15℃ 萌发率 42.3%，低于 5℃、高于 40℃ 条件下萌发极差。光照条件下有利于种子萌发，黑暗条件下很难萌发。种子在萌发前可能有 10 天左右的"后熟期"。种子成熟后自然储存 10～60 天，萌发率较高，储存时间越长，萌发率越低。小花从现蕾至盛开的时间为 5 天，开花后 10～12 天内种子成熟。种子成熟后在植株上存留 7～10 天，待冠毛完全舒展，借风或外力作用散播出去，生活周期很短。薇甘菊小花在日中太阳光照最强的中午时开放，小花的花粉数量大，每朵小花花粉量高达 1275～2377 粒。薇甘菊花的结实率与光照时间长短有密切关系。每天光照 12h，其结实率高达 68.4%，每天光照 6h，结实率达 36.9%，而光照 3h，结实率仅 14.2%。每年都可开花结实。花果期：在广东南部从 8 月至翌年 2 月。在广西玉林 8～10 月开花，12 月至翌年 2 月结果。

4. 传播与扩散

薇甘菊种子细小而轻，且基部有冠毛，易借风力、水流、动物、昆虫以及人类的活动而远距离传播，也可随带有种子、藤茎的载体、交通工具传播。薇甘菊茎节可进行无性繁殖，入侵后扩散速度很快。

5. 发生与危害

薇甘菊是多年生藤本植物，在其适生地攀缘缠绕于乔灌木植物，重压于其冠层顶部，阻碍附主植物的光合作用继而导致附主死亡，是世界上最具危险性的有害植物之一。

在我国，薇甘菊主要危害天然次生林、人工林，主要对当地 6～8m 以下的几乎所有树种，尤其对一些郁密度小的林分危害最为严重。危害严重的乔木树种有红树（*Rhizophora apiculata*）、血桐（*Macaranga tanarius*）、紫薇（*Lagerstroemia indica*）、山牡荆（*Vitex quinata*）、小叶榕（*Ficus microcarpa*）；危害严重的灌木树种有马缨丹（*Lantana camara*）、酸藤子（*Embelia laeta*）、白花酸藤果（*E. ribes*）、梅叶冬青（*Ilex asprella*）、盐肤木（*Rhus chinensis*）、叶下珠（*Phyllanthus urinaria*）、红背桂（*Excoecaria cochinchinensis*）等；危害较重的乔木树种有龙眼（*Dimocarpus longan*）、人心果（*Manikara zapota*）、刺柏（*Juniperus formosana*）、芒果（*Mangifera indica*）、苦楝（*Melia azedarach*）、番石榴（*Psidium guajava*）、朴树（*Celtis sinensis*）、荔枝（*Litchi chinensis*）、九里香（*Murraya exotica*）、铁冬青（*Ilex rotunda*）、黄樟（*Cinnamomum porrectum*）、樟树（*C. camphora*）、乌桕（*Sapium sebiferum*）；危害较重的灌木植物有桃金娘（*Rhodomyrtus tomentosa*）、四季柑（*Citrus* sp.）、华山矾（*Symplocos* sp.）、地桃花（*Urena lobata*）、狗牙根（*Cynodon dactylon*）等。

薇甘菊生长迅速，通过攀缘缠绕并覆盖附主植物，对森林和农田土地造成巨大影响。由于薇甘菊的快速生长，茎节随时可以生根并繁殖，快速覆盖生境，且有丰富的种子，能快速入侵，通过竞争或化感作用抑制自然植被和作物的生长。在马来西亚，由于薇甘菊的覆盖，橡胶树的种子萌发率降低 27%，橡胶树的橡胶产量在早期 32 个月内减产 27%～29%；在东南亚地区，薇甘菊严重威胁木本作物，油棕、椰子、可可、茶叶、橡胶、柚木等都受危害。由于薇甘菊常常攀缘至 10m 高的树冠或灌木丛的上层，因此，清除它时常伤害附主作物。

在广东内伶仃岛，发育典型的"白桂木、刺葵、油椎群落"常绿阔叶林，几乎被薇甘菊覆盖，除较高大的白桂木外，刺葵以下灌木全被覆盖，长势受到严重影响，群落中灌丛、草本的种类组成明显减少。疏林树木、林缘木被薇甘菊缠绕，出现枝枯、茎枯现象，呈现明显的逆行演替趋势。

图版 13

图版说明

    A. 薇甘菊开花期

    B. 薇甘菊覆盖灌木丛

    C. 薇甘菊花形态

    D. 薇甘菊叶形态

    E. 薇甘菊种子形态

图片作者或来源

    A. 付卫东

    B. 付卫东

    C. 张国良

    D. 张国良

    E. http://www.lucidcentral.com/keys/FNW/FNW%20seeds/html/large%20image%20pages/Mikania

二、薇甘菊检验检疫技术规范

1. 范围

    本规范规定了薇甘菊的检疫检验及检疫处理操作办法。

    本规范适用于农业植物检疫机构对薇甘菊植物活体、种子、藤茎及可能携带其种子、藤茎的载体、交通工具的检疫检验和检疫处理。

2. 产地检疫

    (1) 踏查范围为海拔 600m 以下，重点踏查海拔 50～200m 的山谷、河溪两侧湿润地带以及公路和铁路沿线。

    (2) 发现疫情后，应立即报告给当地农业检疫部门和外来入侵生物管理部门。

3. 调运检疫

    (1) 检查调运的植物和植物产品有无黏附薇甘菊的种子或藤茎。

    (2) 在种子扬飞季节，对来自疫情发生区的可能携带种子或藤茎的载体进行检疫。

4. 检验及鉴定

    (1) 根据以下特征，鉴定是否属菊科：草本、亚灌木；叶通常互生，全缘或具齿或分裂，无托叶；花整齐或左右对称，5 基数，少数或多数密集成头状花序或为短穗状花序，头状花序单生或数个至多数排列成总状、聚伞状、伞房状或圆锥状；子房下位，合生皮 2 枚，1 室，具 1 个直立的胚珠；果为不开裂的瘦果；种子无胚乳，具 2 个，稀 1 个子叶。

    (2) 根据以下特征，鉴定是否属管状花亚科：头状花序全部为同形的管状花，或有异形的小花，中央花非舌状；植物无乳汁。

（3）根据以下特征，鉴定是否属假泽兰属：总苞片 4 个，稍不相等；头状花序有 4 个小花；攀缘草本；冠毛毛状，多数，分离。

（4）在放大 10～15 倍体视解剖镜下检验。根据种的特征（附录 A）和近缘种的比较（附录 B，附录 C），鉴定是否为薇甘菊。

5. 检疫处理和通报

在调运检疫或复检中，发现薇甘菊的种子、藤茎应全部检出销毁。

产地检疫中发现薇甘菊后，应根据实际情况，启动应急预案，立即进行应急治理。疫情确定后一周内应将疫情通报给植物和植物产品调运目的地的农业外来入侵生物管理部门和农业植物检疫部门。

附录 A　薇甘菊形态图

1. 植株一部分；2. 头状花序；3. 小苞叶（外苞片）；4. 总苞片；5. 两性花；6. 花冠展开示雄蕊着生；
7. 展开的雄蕊群；8. 瘦果；9. 冠毛及局部放大；10. 瘦果横切面示棱及毛

（仿孔国辉等，2000b）

附录 B 薇甘菊及其近缘种检索表

1. 叶卵形，或披针形，基部不为戟形
    2. 叶基部圆形至楔形，膜质，通常薄或软，大，长 12～21cm，宽 9～12cm，表面具柔毛，背面具软近黄褐色绒毛；头状花序长 10～12mm；冠毛刚毛状，约 65 条，浅黄色至黄色 ……………………………………………………………… 降蛇假泽兰 *Mikania guaco* H. & B.
    2. 中部茎叶卵形，长 4～10cm，宽 2～7cm，基部心形，全缘或具波状齿，上部叶渐小，基部平截或楔形；头状花序长 7～7.5mm；冠毛刚毛状，40～45 条，灰白色或红褐色 …………………………………………………… 假泽兰 *Mikania cordata*（Burm. f.）B. L. Robinson
1. 叶心形，或戟形
    3. 茎常无毛；叶片近全缘，或具波状锯齿；聚伞花序或圆顶状；总苞片白色，绿色或带紫色，狭矩圆形；花冠粉红色，带紫色或白色；冠毛白色或微红色 … 攀缘假泽兰 *Mikania scandens* Willd.
    3. 茎、叶柄、叶片常多少被毛；叶片常具深波刻，粗波状锯齿或牙状齿；聚伞花序开展，侧生的花序常超过顶生的花序；总苞片无毛，干后近红色；花冠常白色，带红色 ……………………………………………………… 薇甘菊 *Mikania micrantha* Kunth ex H. B. K.

附录 C 薇甘菊及其近缘种的比较

特征	薇甘菊 *M. micrantha*	攀缘假泽兰 *M. scandens*	假泽兰 *M. cordata*	降蛇假泽兰 *M. guaco*
茎	茎圆柱形或管状，有浅沟及棱，茎和叶柄常被暗白色柔毛	茎圆柱形，无毛	茎多分枝，被短柔毛或几无毛	茎圆柱形，很快无毛；分枝被暗色绒毛
叶片	卵形，心脏形，具深凹刻，近全缘或粗波状齿或牙状齿，长 5～13cm，叶表面常被暗白色柔毛	三角状箭形，或戟形，卵形，卵状椭圆形，顶端锐尖或渐尖，具波状齿；通常无毛或多少被毛；北美的该种毛被明显	卵状三角形，深锯齿，或形成裂片状；两面疏被短柔毛	卵形，锐尖至渐尖，具波形状小齿或全缘；基部圆形至楔形；长 12～21cm，表面具柔毛，背面具金黄褐色绒毛
头状花序	长 4～6cm，常聚集成开展圆锥聚伞状，花序伸展时侧生的花序常超过顶生的	长约 7mm，大多数聚集成圆顶状聚伞花序，顶生或腋生，具花序梗	开展聚伞圆锥状，基部稍开展；头状花序长 7～7.5mm；花序梗 3～5mm	聚伞花序具长花序梗；头状花序长约 10mm；花序几无柄
总苞鳞	狭披针形至椭圆形，通常长度为总苞片的 1/2～2/3	近线形至狭披针形，通常长度为小总苞的 2/3	线形，披针状，长约 3mm	矩圆形，背面被毛
总苞片	线形，披针形，锐尖，呈绿色至禾秆色，长 2.5～4.5mm	渐狭，白色，绿色或略带紫色	狭长椭圆形，长 5～7mm，尖端收缩成短尖头	矩圆形，背面被毛
花冠	细长管状，长 1.5～1.7mm，白色，有小齿或弯曲成长约 0.5mm 的齿尖	花冠粉红色，苍白紫色，稀白色	长 3.5～5mm，5 齿裂，白色	管细长，3～3.5mm，齿裂三角形

续表

特征	薇甘菊 *M. micrantha*	攀缘假泽兰 *M. scandens*	假泽兰 *M. cordata*	降蛇假泽兰 *M. guaco*
冠毛	附毛状，33～36 条，白色或多少红色	刚毛状，35～39 条，白色或有时紫色	刚毛状，40～45 条，灰白至红褐色	刚毛状，达 65 条，浅黄色至黄色
瘦果	瘦果黑色，长 1.7mm，表面散布粒状突起物	瘦果近无毛，黑褐色	瘦果长 3.5mm，有腺点	瘦果长 3.3mm，有糙点
备注	与假泽兰相比，巴西的薇甘菊有时有明显的红色冠毛，头状花序更小，刚毛更少，苞片更狭，较园林中采的标本刚毛更硬	接近海岸地区花冠倾向于白色和被柔毛，如 Gulf States to Texas	与北美洲的攀缘假泽兰相比，该种花序更开展，头状花序稍大，苞片灰褐色，冠毛更多	与攀缘假泽兰、薇甘菊相比，该种叶膜质，阔卵形，多少被毛，基部圆形或楔形，具长柄，极不相同

注：总苞鳞指总苞外侧的附属小苞片，有时不加区别称为总苞片。

三、薇甘菊调查监测技术规范

1. 范围

本规范规定了对薇甘菊进行调查和监测的技术方法。

本规范适用于农业部门对薇甘菊进行的调查和监测工作。

2. 调查

1）访问调查

向当地居民询问有关薇甘菊发生地点、发生时间、危害情况，分析薇甘菊传播扩散情况及其来源。每个社区或行政村询问调查 30 人以上。对询问过程发现的薇甘菊可疑存在地区，进行深入重点调查。

2）实地调查

（1）调查地域。

重点调查山谷、河溪两侧湿润地带以及公路和铁路沿线的人工林地、天然次生林地，特别是林缘、林中裸地以及垃圾场、机关、学校、厂矿、农舍、庭院、村道、主要交通干线两旁区域、苗圃、有外运产品的生产单位以及物流集散地等场所。

（2）调查方法。

调查设样地不少于 10 个，随机选取，每块样地面积不小于 $1m^2$，用 GPS 仪测量样地的经度、纬度、海拔，记录样地的地理信息、生境类型、物种组成。

观察有无薇甘菊危害，记录薇甘菊发生面积、密度、危害植物（种类等，乔木类记录树高、树冠直径)、被薇甘菊覆盖的程度（百分比），无林木和其他植物的地方则调查薇甘菊占据的程度（百分比）。

（3）面积计算方法。

发生于农田、果园、湿地、林地等生态系统内的薇甘菊，其发生面积以相应地块的面积累计计算，或以划定包含所有发生点的区域面积进行计算；发生于路边、房前屋后、绿化带等地点的外来入侵生物，发生面积以实际发生面积累计获得或持 GPS 仪沿分布边界走完一个闭合轨迹后，围测面积；发生在山上的面积以持 GPS 仪沿分布边界走完一个闭合轨迹后，围测的面积为准，如山高坡陡，无法持 GPS 仪走完一个闭合轨迹的，也可采用目测法估计发生面积。

（4）危害等级划分。

按覆盖或占据程度确定危害程度。适用于农田、林地、草地、环境等生态系统。具体等级按以下标准划分。

等级 1：零星发生，覆盖度 <5%；
等级 2：轻微发生，覆盖度为 5%～15%；
等级 3：中度发生，覆盖度为 15%～30%；
等级 4：较重发生，覆盖度为 30%～50%；
等级 5：严重发生，覆盖度为 50%～90%；
等级 6：极重发生，覆盖度为 90%～100%。

3. 监测

1）监测区的划定

发生点：薇甘菊植株发生外缘周围 100m 以内的范围划定为一个发生点（两棵薇甘菊植株或两个薇甘菊发生斑块的距离在 100m 以内为同一发生点）；划定发生点若遇河流和公路，应以河流和公路为界，其他可根据当地具体情况作适当的调整。

发生区：发生点所在的行政村（居民委员会）区域划定为发生区范围；发生点跨越多个行政村（居民委员会）的，将所有跨越的行政村（居民委员会）划为同一发生区。

监测区：发生区外围 5000m 的范围划定为监测区；在划定边界时若遇到水面宽度大于 5000m 的湖泊和水库，以湖泊或水库的内缘为界。

2）监测方法

根据薇甘菊的传播扩散特性，在监测区的每个村庄、社区、街道、山谷、河溪两侧湿润地带以及公路和铁路沿线的人工林地等地设置不少于 10 个固定监测点，每个监测点选 10m²，悬挂明显监测位点牌，一般每月观察一次。

4. 样本采集与寄送

在调查中如发现可疑薇甘菊，将可疑薇甘菊用 70% 酒精浸泡或晒干，标明采集时间、采集地点及采集人。将每点采集的薇甘菊集中于一个标本瓶中或标本夹中，送外来物种管理部门指定的专家进行鉴定。

5. 调查人员的要求

要求调查人员为经过培训的农业技术人员，掌握薇甘菊的形态学、生物学特性，危害症状以及薇甘菊的调查监测方法和手段等。

6. 结果处理

调查监测中，一旦发现薇甘菊，严格实行报告制度，必须于 24h 内逐级上报，定期逐级向上级政府和有关部门报告有关调查监测情况。

四、薇甘菊应急控制技术规范

1. 范围

本规范规定了薇甘菊新发、爆发等生物入侵突发事件发生后的应急控制操作方法。

本规范适用于各级外来入侵生物管理机构和农业环境保护机构在生物入侵突发事件发生后的应急处置。

2. 应急控制方法

对新发、爆发的薇甘菊采取紧急施药、最终灭除的方式进行防治。在新发、爆发发生区进行化学药剂直接处理，防治后要进行持续监测，发现薇甘菊再根据实际情况反复使用药剂处理，直至 2 年内不再发现或经专家评议后认为危害水平可以接受为止。

1）农田防治

甘蔗田：甘蔗田中，在中耕管理后的 5 月～6 月中旬，杂草没有萌发时或杂草的幼苗期，每公顷使用莠去津可湿性粉剂 1800g，兑水 450L，进行甘蔗田杂草的封闭处理；

甘蔗田杂草盛发期的 6 月下旬～8 月，可使用草甘膦铵盐可溶性粒剂 $1800g/hm^2$ 或百草枯水剂 $600g/hm^2$，兑水 450L，均匀喷雾。

2）果园防治

草甘膦铵盐可溶性粒剂，每公顷用量 1800g，兑水 450L，在柠檬、香蕉、橘、柚、茶叶、麻竹等经济作物园及园边空地、河埂、沟堤，均匀喷雾。

3）荒地防治

采用 250g/L 环嗪酮水剂注射茎根，每株用量 0.1～0.3mL，可以在 5～6 个月内彻底杀灭薇甘菊；或嘧磺隆 70g/亩，配制成水溶液喷洒薇甘菊茎叶，可在 2～3 个月内彻底杀灭薇甘菊；或氯化钠（盐）和乙酸，0.5% 以上的氯化钠溶液或 0.2% 以上的乙酸溶液可完全致使薇甘菊种子丧失萌发能力；2.5% 以上的氯化钠溶液或 0.5% 以上的乙酸溶液可以在 5 天内彻底杀灭不同苗龄的薇甘菊幼苗；17% 的氯化钠溶液或 10% 的乙酸溶液可以在 7 天内彻底杀灭薇甘菊成熟植株。

4）林地防治

采用除草剂甲嘧磺隆。

施药方法：非定向喷雾法，对大面积薇甘菊区域且几乎没有其他植物生长的地方，向茎和叶面喷洒。定向喷雾法，薇甘菊与其他植物伴生或覆盖其他植物时，采用此法。施药标准：非定向喷雾法和定向喷雾法以药液顺薇甘菊叶片流淌为标准。施药最佳时间，每年 5~11 月，薇甘菊生长旺盛期。施药次数，大面积喷药 3 次为最佳，一普、二补漏、三杀灭。

5）水源地防治

对河埂、沟堤等薇甘菊发生区可用每公顷草甘膦铵盐可溶性粒剂 1800g 兑水 450L，均匀定向喷雾。

3. 注意事项

喷雾时，注意选择晴朗天气进行，注意雾滴不要飘移到邻近的作物上。在沟边或农田边采用化学除草剂喷雾时，避免药剂随雨水进入农田而造成药害。喷药时应均匀周到。实施很低容量喷雾时，应远离农田，防止雾滴飘移到农作物上。茎叶处理剂不要在下雨天施药，若施药后 6h 内降雨，应补喷一次；干旱时施药应添加助剂或酌情增加 5%~10%的施药量。在施药区应插上明显的警示牌，避免造成人、畜中毒或其他意外。

五、薇甘菊综合治理技术规范

1. 范围

本规范规定了薇甘菊的综合治理方法及使用条件。

本规范适用于各级农业外来入侵生物管理部门对薇甘菊进行的综合治理工作。

2. 专项防治措施

1）化学防治

可使用药剂及施用方法见"薇甘菊应急控制技术规范"一节。

2）人工铲除

对散生或者不适宜使用化学药剂的区域，在薇甘菊营养生长期，人工铲除薇甘菊地上部的藤蔓，用刀、枝剪等将攀缘生长的薇甘菊藤蔓在离地面 0.5m 处割断，并挖出根部，集中烧毁或就地深埋。

3）植物群落改造

薇甘菊是喜阳性植物，在较郁闭的植物群落中生长不良，因此，通过植被改造增加群落郁闭度，可减少直至控制薇甘菊危害和扩散。在薇甘菊为害严重的山地，铲除薇甘菊等杂草后种植乡土阔叶树种，搭配种植三裂蟛蜞菊、野牡丹等灌木草本植物，以营造不利于薇甘菊生长的群落环境，从而在群落自然生长中逐渐抑制薇甘菊生长。

4）利用天敌昆虫

利用天敌紫红短须螨（*Brevipalpus phoenicis*）对薇甘菊控制有良好效果。

3. 综合防控措施

1）化学防治与群落改造相结合

根据薇甘菊的种子和幼苗生长对光有很强依赖性的习性，在施用化学药剂嘧磺隆灭杀薇甘菊后除治区留下的空地，采取植树造林，尽快使栽培树木把空地占领，减少或避免薇甘菊的重新生长。特别是对于已经受到危害的人工林、次生林和丢荒地，可以在施用化学药剂草甘膦、百草枯或甲嘧磺隆 2～3 个月后，在林中的空地上或树木不太密集的地方（通常树木荫蔽度在 70% 以下），人工种植速生乡土阔叶树种，如幌伞枫、海南蒲桃、藜蒴、红荷（荷木）等，尽快郁闭生境，达到防治薇甘菊的目的。

2）不同生境中薇甘菊的综合防治

（1）山坡地上的次生林：化学防除＋群落改造。
（2）山沟或湿润地（光照较好）：化学防除＋群落改造。
（3）山沟或湿润地（光照不好）：化学防除＋群落改造。
（4）丢荒地或草丛或小灌木林：化学防除＋植树造林。
（5）林缘：化学防除。
（6）薇甘菊大面积分布区域：化学防除。
（7）农田等不适宜使用化学防除的区域：人工铲除。

主要参考文献

冯惠玲，曹洪麟，梁晓东等. 2002. 薇甘菊在广东的分布与危害. 热带亚热带植物学报，10（3）：263～270

韩诗畴，李开煌，罗莉芬等. 2002. 菟丝子致死薇甘菊. 昆虫天敌，24（1）：7～14

胡玉佳，毕培曦. 1994. 薇甘菊生活史及其对除莠剂的反应研究. 中山大学学报（自然科学版），33（4）：88～95

胡玉佳，毕培曦. 2000. 薇甘菊花的形态结构特征. 中山大学学报（自然科学版），39（6）：123～125

孔国辉，吴七根，胡启明等. 2000a. 外来杂草薇甘菊（*Mikania micrantha* H. B. K.）在我国的出现. 热带亚热带植物学报，80（1）：21

孔国辉，吴七根，胡启明等. 2000b. 薇甘菊（*Mikania micrantha*）的形态、分类与生态资料补记. 热带亚热带植物学报，8（2）：128～130

邵华，彭少麟，刘运笑等. 2002. 薇甘菊的生物防治及其天敌在中国的新发现. 生态科学，21（1）：33～36

邵婉婷，韩诗畴，黄寿山等. 2002. 控制外来杂草薇甘菊的研究进展. 广东农业科学，（1）：43～48

王伯荪，廖文波，昝启杰等. 2003. 薇甘菊 *Mikania micrantha* 在中国的传播. 中山大学学报（自然科版），42（4）：47～54

王勇军，昝启杰，王彰九等. 2003. 入侵薇甘菊的化学防除. 生态科学，22（1）：58～62

温达志，叶万辉，冯惠玲等. 2000. 外来入侵杂草薇甘菊及其伴生种基本光合特性的比较. 热带亚热带植物学报，8

（2）：139～146

昝启杰，王伯荪，王勇军等. 2000. 外来杂草薇甘菊的分布与危害. 生态学杂志，19（6）：58～61

张炜银，王伯荪，廖文波等. 2002. 外域恶性杂草薇甘菊研究进展. 应用生态学报，13（12）：1684～1688

六、薇甘菊防控应急预案（样本）

1. 总则

1）目的

为及时防控薇甘菊，保护农林生产和生态安全，最大限度地降低灾害损失，根据《中华人民共和国农业法》、《森林病虫害防治条例》、《植物检疫条例》、农业部《农业重大有害生物及外来入侵生物突发事件应急预案》等有关法律法规，结合实际，制定本预案。

2）防控原则

坚持预防为主、检疫和防治相结合的原则。将保障生产和环境安全作为应急处置工作的出发点，提前介入，加强监测检疫，最大限度地减少薇甘菊灾害造成的损失。

坚持统一领导、分级负责原则。各级农林业部门及相关部门在同级政府的统一领导下，分级联动，规范程序，落实相关责任。

坚持快速反应、紧急处置原则。各级地（市、州）各有关部门要加强相互协作，确保政令畅通，灾情发生后，要立即启动应急预案，准确迅速传递信息，采取及时有效的紧急处置措施。

坚持依法治理、科学防控原则。充分听取专家和技术人员的意见建议，积极采用先进的监测、预警、预防和应急处置技术，指导防灾减灾。

坚持属地管理，以地方政府为主防控的原则。

2. 薇甘菊危害情况的确认、报告与分级

1）确认

疑似薇甘菊发生地的农业主管部门在48h内将采集到的薇甘菊标本送到上级农业行政主管部门所属的植物保护、环境保护机构，由省级农业行政主管部门指定专门科研机构鉴定，省级农业行政主管部门根据专家鉴定报告确认。

2）报告

确认本地区发生薇甘菊后，当地农业行政主管部门应在48h内向同级人民政府和上级农业行政主管部门报告，并组织对本地区进行普查，及时查清发生和分布情况。省农业行政主管部门应在48h内将薇甘菊发生情况上报省人民政府和农业部，同时抄送省级林业部门和出入境检验检疫部门。

3）分级

依据薇甘菊发生量、疫情传播速度、造成农业生产损失和对社会、生态危害程度等，将突发事件划分为由高到低的三个等级：

一级：在1个省（直辖市、自治区）所辖的2个或2个以上地级市（区）新发生薇甘菊严重危害。

二级：在1个地级市辖的2个或2个以上县（市、区）新发生薇甘菊危害；或者在1个县（市、区）范围内新发生薇甘菊严重危害。

三级：在1个县（市、区）范围内新发生薇甘菊危害。

3. 应急响应

各级人民政府按分级管理、分级响应、属地管理的原则，根据薇甘菊危害范围及程度，一级危害以上启动一级响应，二级危害启动二级响应，三级危害启动三级响应。

1）一级响应

省级农业行政主管部门立即成立薇甘菊防控工作领导小组，迅速组织协调本省各市、县人民政府及部级相关部门开展薇甘菊防控工作，对全省（自治区、直辖市）薇甘菊发生情况进行调查评估，制定防控工作方案，组织农业行政及技术人员采取防控措施，并及时将薇甘菊发生情况、防控工作方案及其执行情况报农业部及邻近各省市主管部门。省级其他相关部门密切配合做好薇甘菊防控工作；省级财政部门根据薇甘菊危害严重程度在技术、人员、物资、资金等方面对薇甘菊发生地给予紧急支持，必要时，请求农业部给予相应援助。

2）二级响应

地级以上市人民政府立即成立薇甘菊防控工作领导小组，迅速组织协调各县（市、区）人民政府及市相关部门开展薇甘菊防控工作，并由本级人民政府报省人民政府；市级农业行政主管部门要迅速组织对本市薇甘菊发生情况进行全面调查评估，制定防控工作方案，组织农业行政及技术人员采取防控措施，并及时将薇甘菊发生情况、防控工作方案及其执行情况报省级农业行政主管部门；市级其他相关部门密切配合做好薇甘菊防控工作；省级农业行政主管部门加强督促指导，并组织查清本省薇甘菊发生情况；省人民政府根据薇甘菊危害严重程度和市级人民政府的请求，在技术、人员、物资、资金等方面对发生薇甘菊地区给予紧急援助支持。

3）三级响应

县级人民政府立即成立薇甘菊防控工作领导小组，迅速组织协调各乡镇政府及县相关部门开展薇甘菊防控工作，并由本级人民政府报告上一级人民政府；县级农业行政主管部门要迅速组织对薇甘菊发生情况进行全面调查评估，制定防控工作方案，组织农业行政及技术人员采取防控措施，并及时将薇甘菊发生情况、防控工作方案及其执行情况报市级农业行政主管部门；县级其他相关部门密切配合做好薇甘菊防控工作；市级农业行政主管部门加强督促指导，并组织查清全市薇甘菊发生情况；市级人民政府根据薇甘菊危害严重程度和县级人民政府的请求，在技术、人员、物资、资金等方面对发生薇甘菊地区给予紧急援助支持。

4. 部门职责

各级薇甘菊防控工作领导小组负责本地区薇甘菊防控的指挥、协调工作，并负责监督应急预案的实施。农业部门具体负责组织薇甘菊监测调查、防控和及时报告、通报等工作；宣传部门负责引导传媒正确宣传报道薇甘菊有关情况；财政部门及时安排拨付薇甘菊防控应急经费；科技部门组织薇甘菊防控技术研究；经贸部门组织防控物资生产供应，以及薇甘菊对贸易和投资环境影响的应对工作；出入境检验检疫部门加强出入境检验检疫工作，防止薇甘菊的传入和传出；发展改革、建设、交通、环境保护、旅游、水利、民航等部门密切配合做好相关工作。

5. 薇甘菊发生点、发生区和监测区的划定

发生点：薇甘菊危害寄主植物外缘周围 100m 以内的范围划定为一个发生点（两个寄主植物距离在 100m 以内为同一发生点）；划定发生点若遇河流和公路，应以河流和公路为界，其他可根据当地具体情况作适当的调整。

发生区：发生点所在的行政村（居民委员会）区域划定为发生区范围；发生点跨越多个行政村（居民委员会）的，将所有跨越的行政村（居民委员会）划为同一发生区。

监测区：发生区外围 1000m 的范围划定为监测区；在划定边界时若遇到水面宽度大于 1000m 的湖泊和水库，以湖泊或水库的内缘为界。

6. 封锁扑灭、调查监测

薇甘菊发生区所在地的农业行政主管部门对发生区内的薇甘菊危害寄主植物上设置醒目的标志和界线，并采取措施进行封锁控制和扑灭。

1）封锁控制

对薇甘菊发生区内机场、码头、车站、停车场、机关、学校、厂矿、农舍、庭院、街道、主要交通干线两旁区域、有外运产品的生产单位以及物流集散地，有关部门要进行全面调查，货主单位和货运企业应积极配合有关部门做好薇甘菊的防控工作。薇甘菊危害情况特别严重时，经省人民政府批准，可在发生区周边主要交通要道设立临时植物检疫检查站，对外运的种苗、花卉、盆景、草皮等植物产品进行检疫，禁止薇甘菊发生区内树枝落叶、杂草等垃圾外运。

2）防治与扑灭

经常性开展扑杀薇甘菊行动，采用化学、物理、人工、综合防治方法灭除薇甘菊，即先喷施化学除草剂进行灭杀，人工铲除发生区薇甘菊，直至扑灭。

3）调查和监测

薇甘菊发生区及周边地区的各级农业植物检疫机构要加强对本地区的调查和监测，做好监测结果记录，保存记录档案，定期汇总上报。其他地区要加强对来自薇甘菊发生区的植物及植物产品的检疫和监测，防止薇甘菊传入。

7. 宣传引导

各级宣传部门要积极引导媒体正确报道薇甘菊发生及控制情况。有关新闻和消息，应通过政府部门正常渠道获取，防止炒作，避免失实报道引起社会不安。在薇甘菊发生区，要利用适当的方式进行科普宣传，重点宣传防范知识、防控技术方法。当媒体上出现不实报道或社会上流传谣言时，应立即正面澄清，加强舆论引导，减少负面影响。

8. 应急保障

1）队伍保障

各级人民政府要组建由农业行政主管部门技术人员以及有关专家组成的薇甘菊应急防控队伍，加强专业技术人员培训，提高应急防控队伍人员的专业素质和业务水平，为应急预案的启动提供高素质的应急队伍保障，成立防治专业队；要充分发动群众，实施群防群控。

2）物资保障

省、市、县各级人民政府要建立薇甘菊防控应急物资储备制度，确保物资供应，对薇甘菊危害严重的地区，应该及时调拨救助物资，保障受灾农民生活和生产的稳定。

3）经费保障

各级人民政府应安排专项资金，用于薇甘菊应急防控工作。应急响应启动时，当地农业行政主管部门会商有关部门提出经费使用计划，由同级财政部门核拨，财政、农业、审计等部门对专项资金的使用和管理情况进行严格的监督检查，确保专款专用。

4）技术保障

科技部门要大力支持薇甘菊防控技术研究，为持续有效控制薇甘菊提供技术支撑。在薇甘菊发生地，有关部门要组织本地技术骨干力量，加强对薇甘菊防控工作的技术指导。

9. 应急解除

通过采取全面、有效的防控措施，达到防控效果后，县、市农业行政主管部门向省农业行政主管部门提出申请，经省农业行政主管部门组织专家评估论证，防治效果达到标准的，由省人民政府批准，并报告农业部，可解除应急。

10. 附则

　　地（市、州）各级人民政府根据本预案制定本地区薇甘菊防控应急预案。

　　本预案自发布之日起实施。

　　本预案由省级农业行政主管部门负责解释。

（付卫东　张国良　杨明丽　刘　坤）

银胶菊应急防控技术指南

一、银 胶 菊

学　　名：*Parthenium hysterophorus* L.

异　　名：*Parthenium lobatum* Buckl

英 文 名：parthenium weed，parthenium，white top，false ragweed

中文别名：银胶菊

分类地位：菊科（Asteraceae）银胶菊属（*Parthenium*）

1. 起源与分布

起源：原产墨西哥海湾及美洲中南部。

国外分布：目前分布在美国西南部、西印度群岛、南美洲及非洲、亚洲（印度、越南、中国）和澳大利亚及南太平洋等国和地区。

国内分布：银胶菊于 1926 年在云南被采到标本。20 世纪 70～90 年代广泛传播扩散，现在主要分布在云南、广西、广东、海南、贵州、福建、四川（西昌）、湖南（永州、长沙）、山东（临沂）和香港等地，近年来仍在不断向其他地区扩散蔓延。

2. 主要形态特征

一年生草本。具主根。茎直立，高 0.6～1.0m，多分枝，具纵沟，被短柔毛。叶的形态及大小变化多样，中下部的叶具柄，叶片轮廓为卵形，腹面被基部为疣状的疏糙毛，背面毛较密而柔软，一至三回不规则羽状深裂，羽片 3 或 4 对；上部叶无柄，叶片羽裂，裂片线状长圆形，有时指状三裂或不裂，条状。头状花序小，放射状，直径 3～5mm，于枝顶排列呈疏散的伞房状；总苞钟状或半球形，总苞片 2 层，覆瓦状相对排列，外层窄，与内层等长或略短；有异型小花，外层雌花一层，5 朵，花冠舌状，舌片宽短，顶端凹入，白色，花柱分枝 2，连萼瘦果黑色，背面扁平，腹面龙骨状，无毛，与内向左右侧 2 朵被托片包裹的两性花一同着生于总苞片的基部，并有黑色细丝相连，形成瘦果复合体（achene complex），冠毛 2，卵形鳞片状，顶端具细齿；中央花为两性，多数，不结实，具膜质托片，花冠管状，向上渐膨大，顶端 4 裂，白色，雄蕊 4枚，聚药，花药顶端卵形渐尖或锥形，基部无尾，花柱不分枝，顶端头状或圆球状。

3. 主要生物学和生态学特性

银胶菊喜高温，喜强光，夏季高温雨水充沛时生长旺盛。根系发达，耐旱，耐瘠薄。一般分布于开阔向阳的环境，多生长在路边、废弃地、果园、耕地和抛荒时间较短的生境（如建筑工地和新建公路两侧），可分布在海拔 90～2400m 的环境中。银胶菊生长、繁殖都比较迅速，从种子萌发到植株发育成熟、开花结果仅需 30～40 天的时间。花果期主要在 4～10 月，以种子繁殖。完成一个生活史周期后，只要条件适宜，种子便萌发产生新的个体。银胶菊种子发芽的适宜温度为 12～28℃，20℃时发芽快且发芽率高。有光照时发芽率可达 70% 以上，种子在土壤表面有 40% 的发芽率，覆土 0.5cm 时萌发率减少 50%，覆土 1～2cm 时几乎不萌发。银胶菊能产生大量的种子，每朵花有 3～5 个黑色的楔形瘦果，一般每株银胶菊能产生约 10 万粒种子。种子在土壤表层能保持至少 6 年的生活力，也可不经休眠就萌发。

生活史：在广西，银胶菊在其分布地区一年四季都能开花、结果和萌芽。在南宁市，银胶菊的出苗始于 3 月中旬，停止于 9 月底；出苗期主要集中在 3～5 月和 7～9 月，高峰期分别为 4 月上旬和 8 月下旬。银胶菊完成一个生育周期（从出苗到果实成熟）需经历 170 天左右。3 月中旬为始苗期；4 月下旬至 5 月中旬为现蕾期；5 月中旬至 7 月初为分枝期；5 月下旬至 8 月初为开花期，开花盛期出现在 6 月下旬；7 月中旬至 8 月下旬为结果盛期；8 月底植株开始枯死，9 月中旬大部分植株已死亡，至此，银胶菊完成整个生长周期。

开花结实性：在广西南宁市，4 月下旬即有少数银胶菊出现花蕾；5 月中旬开始分枝，单株主茎分枝数为 12～15；从 5 月底植株陆续开花，花期持续时间较长，可延至 8 月初，花为头状花序，单株花序数量为 1500～2000 个，多者可达 3000 个左右，单个花序可产 5 粒种子；7 月上旬，所有植株进入结果期，7 月中旬种子逐渐成熟，种子成熟后容易脱落；单株种子产量为 7500～10 000 粒，千粒重为 0.74～0.77g；不同植株，以及同一植株的不同分枝之间的开花时间差异较大，种子成熟时间也不甚相同。

4. 传播与扩散

银胶菊有很强的传播特性。银胶菊以种子进行有性繁殖，具有多实性，繁殖力强，成熟种子具有脱落性，有利于保持该杂草种子在土壤中的稳定，使其种群得以不断延续，同时，成熟种子具有的休眠特性，使其能够顺利度过恶劣的环境；种子小，且具有冠毛，种子很容易随交通工具、器械、牲畜、谷物和饲料等进行传播。远距离的传播可随生产、交通工具和农业器械，还可以随洪水和动物进行传播，能在短时间内从一个孤立的地区传播开来，并迅速建立种群。

银胶菊有很强的环境适应性。庞大而持久的土壤种子库、高速萌发率和抗休眠能力使银胶菊很好地适应了半干旱环境。它在碱性黏土中生长最好，但同时也能在多种土壤类型中生长。它入侵的地区一般土壤贫瘠或地表裸露，如荒地、路边和过度放牧的牧区。它一般不会在没受过干扰的植物多样性高的或者生长旺盛的草地建群。干旱和随之而来的植被减少为银胶菊的入侵提供了理想条件。洪水多发的地区同样易于银胶菊的定居。

5. 发生与危害

银胶菊目前主要分布在我国南方热带或亚热带地区，扩散范围和危害面积正在快速增加。银胶菊常常在公路旁形成单优势群落，侵占道路，影响交通和道路环境；银胶菊具有强烈的他感作用，其根系分泌肉桂酸，能抑制其他种类植物生长。在银胶菊生长茂盛时，短时间内就能爆发成灾，压制并排挤原有物种，对本地其他物种造成危害，减少群落中的物种丰富度，降低当地的生物多样性，大面积生长和不断扩增，对生态系统、生物多样性构成威胁。

银胶菊侵占草地，影响放牧。在澳大利亚，银胶菊主要发生在昆士兰市，使当地牧场遭受严重危害，每年在牧草业上造成的经济损失达 1650 万澳元。在印度、埃塞俄比亚等国银胶菊也成为当地严重危害农牧业生产的主要杂草之一。银胶菊侵入耕地，影响作物产量。银胶菊开花时期能产生大量的花粉，抑制重要农作物玉米、小麦和大豆的生长，引起作物减产，在美洲、大洋洲和东亚地区危害沿海植物和农作物，还给畜牧业带来严重的经济损失，为了抑制银胶菊的发生，每年要花几千万元的管理费用。银胶菊具有很大的毒性，有些人对银胶菊的花粉会产生严重的过敏反应，引发皮炎、发热和哮喘，采食过这种草的家畜的肉也会被污染，严重影响人畜的健康。

图版 14

图版说明

    A. 银胶菊成株、开花状

    B. 银胶菊侵占高速公路边

    C. 银胶菊入侵柑橘园

    D. 银胶菊侵入菜园

    E. 银胶菊侵入幼林地

图片作者或来源

    A～E. 张国良

二、银胶菊检验检疫技术规范

1. 范围

本规范规定了银胶菊的检疫检验及检疫处理操作办法。

本规范适用于农业植物检疫机构对银胶菊植物活体、种子、根茎及可能携带其种子、根茎的载体、交通工具的检疫检验和检疫处理。

2. 产地检疫

（1）重点调查荒地、绿地、宅基地、农田以及河溪两侧、公路和铁路沿线。

（2）发现疫情后，应立即报告给当地农业检疫部门和外来入侵生物管理部门。

3. 调运检疫

（1）检查调运的植物和植物产品有无黏附银胶菊的种子或根状茎。

（2）在种子扬飞季节，对来自疫情发生区的可能携带种子的载体（包括活体畜禽）进行检疫。

4. 检验及鉴定

（1）根据以下特征，鉴定是否属菊科：草本、亚灌木；叶通常互生，全缘或具齿或分裂，无托叶；花整齐或左右对称，五基数，少数或多数密集成头状花序或为短穗状花序，头状花序单生或数个至多数排列成总状、聚伞状、伞房状或圆锥状；子房下位，合生皮2枚，1室，具1个直立的胚珠；果为不开裂的瘦果；种子无胚乳，具2个，稀1个子叶。

（2）根据以下特征，鉴定是否属管状花亚科：头状花序全部为同形的管状花，或有异形的小花，中央花非舌状；植物无乳汁。

（3）根据以下特征，鉴定是否属银胶菊属：灌木或草本。叶互生。头状花序小，异性，放射状，排成圆锥花序或伞房花序；舌状花少数，1列，短，雌性结实，白色或黄色；盘花两性，不结实，花冠5齿裂；总苞片2列，瘦果扁平，与托片合生，冠毛鳞片状或芒刺状。

（4）根据以下特征，鉴定是否属为银胶菊。

①叶二回羽状深裂；头状花序小，径 3～4mm，两性花花冠 4 裂，雄蕊 4 个；冠毛鳞片状，顶端截平或有疏细齿 ·· 1. 银胶菊 *P. hysterophorus* L.

②叶具齿或羽裂；头状花序径约 6mm 或更大，两性花花冠 5 裂，雄蕊 5 枚；冠毛刺芒状，顶端锐尖 ·· 2. 灰白银胶菊 *P. argentatum* A. Gray

5. 检疫处理和通报

在调运检疫或复检中，发现银胶菊的种子、根茎应全部检出销毁。

产地检疫中发现银胶菊后，应根据实际情况，启动应急预案，立即进行应急治理。疫情确定后一周内应将疫情通报给对植物和植物产品调运目的地的农业外来入侵生物管理部门和农业植物检疫部门，以加强目的地监测力度。

三、银胶菊调查监测技术规范

1. 范围

本规范规定了对银胶菊进行调查监测的技术操作方法。

本规范适用于对银胶菊发生面积、危害等级进行监测和结果的处理。

2. 调查

1）访问调查

向当地居民询问有关银胶菊发生地点、发生时间、危害情况，分析银胶菊传播扩散情况及其来源。每个社区或行政村询问调查 30 人以上。对询问过程发现的银胶菊可疑存在地区，进行深入重点调查。

2）实地调查

（1）调查地域。

重点调查荒地（农田的抛荒地、建筑工地）、路边（铁路、公路、乡村路）、河边、绿地（公路绿地、新村绿地等）、宅基地（城镇小区、农民住宅区）和农田（果园、田埂、林地）。

（2）调查方法。

银胶菊处于 5～8 月盛花期时进行调查。调查样地不少于 10 个，随机选取，以约 500m² 为一个调查样方，用目测法对样方内的银胶菊覆盖度进行估计，然后根据划分标准确定其危害级别。并用 GPS 仪测量样地的经度、纬度、海拔，记录样地的地理信息、生境类型、物种组成。调查面积占每个乡（镇）辖区总面积的 20％ 以上，且具有代表性。

观察有无银胶菊危害，记录银胶菊发生面积、密度、危害植物（种类等，乔木类记录树高、树冠直径）、被银胶菊覆盖的程度（百分比），无林木和其他植物的地方则调查银胶菊占据的程度（百分比）。

（3）面积计算方法。

发生于农田、果园、湿地、林地等生态系统内的银胶菊，其发生面积以相应地块的面积累计计算，或以划定包含所有发生点的区域面积进行计算；发生于路边、房前屋后、绿化带等地点的银胶菊，发生面积以实际发生面积累计获得或持 GPS 仪沿分布边界走完一个闭合轨迹后，围测面积；发生在山上的面积以持 GPS 仪沿分布边界走完一个闭合轨迹后，围测的面积为准，如山高坡陡，无法持 GPS 仪走完一个闭合轨迹的，也可采用目测法估计发生面积。

（4）危害等级划分。

按覆盖或占据程度确定危害程度。具体等级按以下标准划分：

等级 1：零星发生，覆盖度在 5％以下；

等级 2：轻度发生，覆盖度为 5％～15％；

等级 3：中度发生，覆盖度为 15％～30％；

等级 4：较重发生，覆盖度为 30％～50％；

等级 5：重度发生，覆盖度在 50％以上。

3. 监测

1）监测区的划定

发生点：银胶菊植株发生外缘周围 100m 以内的范围划定为一个发生点（两个银胶菊植株距离在 100m 以内为同一发生点）；划定发生点若遇河流和公路，应以河流和公路为界，其他可根据当地具体情况作适当的调整。

发生区：发生点所在的行政村（居民委员会）区域划定为发生区范围；发生点跨越多个行政村（居民委员会）的，将所有跨越的行政村（居民委员会）划为同一发生区。

监测区：发生区外围 5000m 的范围划定为监测区；在划定边界时若遇到水面宽度大于 5000m 的湖泊和水库，以湖泊或水库的内缘为界。

2）监测方法

根据银胶菊的传播扩散特性，在监测区的每个村庄、社区、街道、山谷、河溪两侧湿润地带以及公路和铁路沿线的人工林地等地设置不少于 10 个固定监测点，每个监测点选 10m^2，悬挂明显监测位点牌，一般每月观察一次。

4. 样本采集与寄送

在调查中如发现可疑银胶菊，将可疑银胶菊用 70％酒精浸泡或晒干，标明采集时间、采集地点及采集人。将每点采集的银胶菊集中于一个标本夹中，送外来物种管理部门指定的专家进行鉴定。

5. 调查人员的要求

要求调查人员为经过培训的农业技术人员，掌握银胶菊的形态学、生物学特性、危害症状以及银胶菊的调查监测方法和手段等。

6. 结果处理

调查监测中,一旦发现银胶菊,严格实行报告制度,必须于24h内逐级上报,定期逐级向上级政府和有关部门报告有关调查监测情况。

四、银胶菊应急控制技术规范

1. 范围

本规范规定了银胶菊新发、爆发等生物入侵突发事件发生后的应急控制操作方法。

本规范适用于各级外来入侵生物管理机构、农业技术部门和环境保护机构在生物入侵突发事件发生后的应急处置。

2. 防控原则

(1)统一领导、属地管理原则。在农业行政主管部门组织领导下,开展银胶菊疫情防治工作,实行条块结合、以块为主、属地负责的原则。各市、县政府对各乡镇内的防治工作负总责。

(2)依靠科技、综合防治原则。采用行政和技术手段相结合,依靠专家指导,大力推广应用银胶菊防治新技术,提倡专业防治公司承包防治,对新发疫点,争取做到斩草除根,彻底灭除银胶菊。

(3)防控结合、持续控制原则。大力宣传普及银胶菊防治基本知识,提高公众的防护意识,加强日常监测,及时发现疫情,组织全面普查,尤其是对银胶菊可能发生的重点区域,如进口粮加工厂、废弃的厂矿、工地和滨海、河边、沟渠边、道路两旁等进行调查监测,及时掌握银胶菊发生动态,并采取有效的扑灭措施,控制疫情的传播和蔓延。

3. 检疫措施

银胶菊非常易于扩散,有机会接触银胶菊的人和工具在离开本地时要经过严格的检查和清理。从疫区调出、调入的货物、动植物产品要进行严格的检疫,确保其不携带任何银胶菊种子。对现场检查检出带有银胶菊种子的货物或其他产品,应进行检疫处理。对不能及时销毁或退回原地的物品要及时就地封存,然后视情况作应急处理:

(1)产品销毁处理:港口检出货物及包装材料可以直接沉入海底;机场、车站的检出货物及包装材料可以直接就地安全烧毁。

(2)产品加工处理:对不能现场销毁的可利用作物产品,可以在检疫机构监督下就近将其加工成成品,其下脚料就地销毁。经过加工后不带杂草种子的成品才允许投放市场销售使用。

(3)采用浮选等物理方法汰除杂草种子。

4. 应急控制

（1）非耕地银胶菊的应急处理：对非疫区农田和闲置田地发现的银胶菊，应采取有效措施及时加以铲除。

①人工除草。由于银胶菊是以种子传播、繁殖的一年生草本植物，4～6 月是银胶菊苗期，加强调查。对零星发生、低密度地块，连根拔除，集中烧毁，做到斩草除根。

②化学除草。在 5 月中旬前后银胶菊大部已出苗，并且苗较小时，可选用 10％草甘膦 AS 100 倍液或 74.7％草甘膦 SWG 1000 倍液喷施除治。

（2）农田银胶菊的应急处理：在作物播后苗前土壤处理和苗后早期茎叶处理为佳。

①土壤处理。施用苄嘧磺隆 30～40g ai/hm²、乙草胺＋苄嘧磺隆（500～600g ＋ 20g ai/hm²）、乙草胺＋莠去津（400g＋300g ai/hm²）等药剂对银胶菊均可取得较好的防除效果。

②茎叶处理。银胶菊 3～4 叶期为最佳施药时期，二甲四氯 900～1200g ai/hm²、莠灭净 1200～1500g ai/hm²，乙草胺＋莠去津（400g＋300g ai/hm²）等药剂对银胶菊的防效最为理想，药后 30 天株防效和鲜重防效均达 85％以上。

5. 注意事项

喷药时，注意选择晴朗天气进行，注意雾滴不要飘移到邻近的作物上。在沟边或农田边采用化学除草剂喷雾时，避免药液飘移进入农田而造成药害。喷药时应均匀周到。超低容量喷雾时，应远离农田，防止雾滴飘移到农作物上。茎叶处理剂不要在下雨天施药，若施药后 6h 内降雨，应补喷一次；干旱时施药应添加助剂或酌情增加 5％～10％的施药量。在施药区应插上明显的警示牌，避免造成人、畜中毒或其他意外。

五、银胶菊综合治理技术规范

1. 范围

本规范规定了控制银胶菊的基本策略和综合技术措施。

本规范主要适用于银胶菊已经常年发生的疫区应用。

2. 控制策略

对银胶菊，需要依据其发生发展规律和成灾条件，实行"预防为主，综合控制"的基本策略，结合当地发生情况协调地采用有效的杂草控制技术措施，经济而安全地避免草情扩散和引起明显的经济损失及生态危害。

1）农作措施

银胶菊的种子落在土壤表层，其萌发率最高，当被埋入 1.5cm 以下的土层时不能出苗，因此在生产实际中可通过犁耙、翻耕等农事活动降低银胶菊出苗率，控制农田中银胶菊的发生为害。

2）人工铲除

由于银胶菊是以种子传播、繁殖的一年生草本植物，人工铲除银胶菊也是极为有效的防除措施。4～6月是银胶菊苗期，也是铲除银胶菊的最佳时期。在4月底5月初银胶菊出苗期至7月未结籽之前对零星发生、低密度地块，连根拔除，带出田外集中烧毁，做到斩草除根。对成片发生地区，可先割除植株，再耕翻晒根，拾尽根茬，将拔除的植株集中焚烧或用粉碎机粉碎。对未及时进行铲除的已成熟的银胶菊，要利用秋、冬季银胶菊植株枯萎的季节，也是银胶菊瘦果成熟的季节，收集其植物体集中焚烧。

3）化学防除

对发生面积较大、密度高、集中连片的地段、地块，在银胶菊出苗前后及时开展化学除治。

（1）非耕地：在银胶菊萌发前可选用50％阿特拉津可湿性粉剂、80％敌草隆可湿性粉剂、70％嗪草酮可湿性粉剂和23.5％乙氧氟草醚乳剂等对银胶菊都有较好防除效果。萌发后除草剂用24％百草枯、41％草甘膦等对银胶菊的防效可达85％以上。

（2）农耕田：在作物播后苗前土壤处理和苗后早期茎叶处理为佳。土壤处理可施用苄嘧磺隆30～40g ai/hm²、乙草胺＋苄嘧磺隆（500～600g ＋ 20g ai/hm²）、乙草胺＋莠去津（400g＋300g ai/hm²）等药剂对银胶菊均可取得较好的防除效果；茎叶处理可选银胶菊3～4叶期为最佳施药时期，二甲四氯900～1200g ai/hm²、莠灭净1200～1500g ai/hm²，乙草胺＋莠去津（400g～300g ai/hm²）等药剂对银胶菊的防效最为理想，药后30天株防效和鲜重防效均达85％以上。

4）替代控制

银胶菊多分布在路边、弃耕地，因此，经常清除道路杂草，在道路两旁有针对性地选择种植一些本土豆科植物，可抑制其生长、繁殖及进一步扩散。

5）生物防治

在澳大利亚、印度等国采用生物方法控制银胶菊已经取得好的成效，已有九种昆虫和两种锈病毒被释放应用。可以借鉴国外经验引进天敌，开展生物防治。

主要参考文献

曾东强，韦家书，张国良等. 2008a. 银胶菊植株水浸提液对几种植物的化感作用. 杂草科学，3：34～36

曾东强，韦家书，张国良等. 2008b. 外来入侵植物银胶菊的生物学特性. 广西农业生物科学，27（3）：261～265

常兆芝，张德满，原永兰等. 2009. 恶性杂草银胶菊发生规律及综合除治措施初步研究. 中国植保导刊，29（8）：26，27

潘玉梅，唐赛春，蒲高忠等. 2008. 外来入侵植物银胶菊水提物对三叶鬼针草和茶条木种子萌发的化感作用. 广西植物，28（4）：534～538

唐赛春，吕仕洪，何成新等. 2008. 外来入侵植物银胶菊在广西的分布与危害. 广西植物，28（2）：197～200

吴海荣，胡学难，钟国强等. 2009. 外来杂草银胶菊. 杂草科学，2：66～76

六、银胶菊防控应急预案（样本）

根据《农业重大有害生物及外来生物入侵突发事件应急预案》的要求，为建立银胶菊的日常监测和预警预报制度，提高监测预警能力，健全银胶菊疫情的快速反应机制，防止其扩散和蔓延，在借鉴国内外有关外来入侵生物防治经验的基础上，制定本预案。

1. 银胶菊危害情况的确认、报告与分级

1）确认

疑似银胶菊发生地的农业主管部门在24h内将采集到的银胶菊标本送到上级农业行政主管部门所属的外来入侵生物管理机构，由省级外来入侵生物管理机构指定专门科研机构鉴定，省级外来入侵生物管理机构根据专家鉴定报告，报请农业部外来入侵生物管理办公室确认。

2）报告

确认本地区发生银胶菊后，当地农业行政主管部门应在24h内向同级人民政府和上级农业行政主管部门报告，并迅速组织对本地区进行普查，及时查清发生和分布情况。省农业行政主管部门应在24h内将银胶菊发生情况上报省人民政府和农业部，同时抄送省级林业部门和出入境检验检疫部门。

3）分级

一级危害：2个或2个以上省（直辖市、自治区）发生银胶菊危害；在1个省（直辖市、自治区）所辖的2个或2个以上地级市（区）发生银胶菊危害严重的。

二级危害：在1个地级市辖的2个或2个以上县（市、区）发生银胶菊危害；或者在1个县（市、区）范围内发生银胶菊危害程度严重的。

三级危害：在1个县（市、区）范围内发生银胶菊危害。

出现以上一至三级程度危害时，启动本预案。

2. 应急响应

各级人民政府按分级管理、分级响应、属地管理的原则，根据农业部外来入侵生物管理机构的确认、银胶菊危害范围及程度，一级危害启动一级响应，二级危害启动二级响应，三级危害启动三级响应。

1）一级响应

农业部预警和风险评估咨询委员会根据各地上报的银胶菊疫情信息进行分析，并发布突发事件一级预警后，经联合工作小组决定，启动一级应急响应，相关省（直辖市、自治区）和疫情发生地县政府及有关部门即启动相应的应急响应。农业部应立即成立外

来有害生物防控工作领导小组，迅速组织协调各省（直辖市、自治区）人民政府及部级相关部门开展银胶菊防控工作，并由农业部报告国务院；农业部主管部门要迅速组织对全国银胶菊发生情况进行调查评估，制定防控工作方案，组织农业行政及技术人员采取防控措施，并及时将银胶菊发生情况、防控工作方案及其执行情况报国务院主管部门；部级其他相关部门密切配合做好银胶菊防控工作；农业部根据银胶菊危害严重程度在技术、人员、物资、资金等方面对银胶菊发生地给予紧急支持，必要时，请求国务院给予相应援助。

2）二级响应

省级技术咨询委员会根据各地上报的银胶菊疫情信息进行分析评估，并作出二级危害预警后，经省级联合工作小组决定，启动相应的应急响应，并报国家联合工作小组办公室备案。地级以上市或省（直辖市、自治区）人民政府立即成立外来有害生物防控工作领导小组，迅速组织协调各县（市、区）人民政府及市相关部门开展银胶菊防控工作，并由本级人民政府报省人民政府；市级农业行政主管部门要迅速组织对本市银胶菊发生情况进行全面调查评估，制定防控工作方案，组织农业行政及技术人员采取防控措施，并及时将银胶菊发生情况、防控工作方案及其执行情况报省级农业行政主管部门；市级其他相关部门密切配合做好银胶菊防控工作；省级农业行政主管部门加强督促指导，并组织查清本省银胶菊发生情况；省人民政府根据银胶菊危害严重程度和市级人民政府的请求，在技术、人员、物资、资金等方面对发生银胶菊地区给予紧急援助支持。

3）三级响应

县级技术咨询委员会根据上报的银胶菊疫情信息进行分析评估，并作出三级危害预警后，经县级联合工作小组决定，启动相应的应急响应，并报省级联合工作小组办公室备案。县级人民政府立即成立外来有害生物防控工作领导小组，迅速组织协调各乡镇政府及县相关部门开展银胶菊防控工作，并由本级人民政府报告上一级人民政府；县级农业行政主管部门要迅速组织对银胶菊发生情况进行全面调查评估，制定防控工作方案，组织农业行政及技术人员采取防控措施，并及时将银胶菊发生情况、防控工作方案及其执行情况报市级农业行政主管部门；县级其他相关部门密切配合做好银胶菊防控工作；市级农业行政主管部门加强督促指导，并组织查清全市银胶菊发生情况；市级人民政府根据银胶菊危害严重程度和县级人民政府的请求，在技术、人员、物资、资金等方面对发生银胶菊地区给予紧急援助支持。

3. 工作原则和部门职责

1）工作原则

对银胶菊疫情的处理，应由农业行政主管部门统一指挥协调相关部门，保证对银胶菊进行有效控制和快速处置。同时，各级农业行政主管部门也要组织相关单位共同实施应急处理。要把应急管理的各项工作落实到日常管理当中，将事前预防与事后应急有机结合。严格执行国家有关法律法规，根据银胶菊发生的具体情况实行分级预警。发生银胶菊突发事件，应充分利用和发挥现有资源，对已有的各类应急指挥机构、人员、设备、物资、信息、工作方式进行资源整合，保证实现农业部门的统一指挥和调度。各系统、各部门和地方都应建立预警和处置突发事件的快速反应机制，保证人力、物力、财力的储备，一旦出现银胶菊疫情，确保发现、报告、指挥、处置等环节紧密衔接，及时应对。

2）部门职责

各级外来有害生物防控工作领导小组负责本地区银胶菊防控的指挥、协调工作，并负责监督应急预案的实施。农业部门具体负责组织银胶菊监测调查、防控和及时报告、通报等工作；宣传部门负责引导传媒正确宣传报道银胶菊有关情况；财政部门及时安排拨付银胶菊防控应急经费；科技部门组织银胶菊防控技术研究；经贸部门组织防控物资生产供应，以及银胶菊对贸易和投资环境影响的应对工作；林业部门负责林地的银胶菊调查及防控工作；出入境检验检疫部门加强出入境检验检疫工作，防止银胶菊的传入和传出；发展改革、建设、交通、环境保护、旅游、水利、民航等部门密切配合做好相关工作。

4. 银胶菊发生点、发生区和监测区的划定

发生点：银胶菊危害寄主植物外缘周围100m以内的范围划定为一个发生点（两棵银胶菊或两个银胶菊发生斑块距离在100m以内为同一发生点）；划定发生点若遇河流和公路，应以河流和公路为界，其他可根据当地具体情况作适当的调整。

发生区：发生点所在的行政村（居民委员会）区域划定为发生区范围；发生点跨越多个行政村（居民委员会）的，将所有跨越的行政村（居民委员会）划为同一发生区。

监测区：发生区外围5000m的范围划定为监测区；在划定边界时若遇到水面宽度大于5000m的湖泊和水库，以湖泊或水库的内缘为界。

5. 封锁、控制和扑灭

银胶菊发生区所在地的农业行政主管部门对发生区内的银胶菊危害寄主植物上设置醒目的标志和界线，并采取措施进行封锁控制和扑灭。

1）封锁控制

对银胶菊发生区内机场、码头、车站、停车场、机关、学校、厂矿、农舍、庭院、街道、主要交通干线两旁区域、有外运产品的生产单位以及物流集散地，有关部门要进行全面调查，货主单位和货运企业应积极配合有关部门做好银胶菊的防控工作。银胶菊危害情况特别严重时，经省人民政府批准，可在发生区周边主要交通要道设立临时植物检疫检查站，对外运的种苗、花卉、盆景、草皮、蔬菜、水果等植物产品进行检疫，禁止银胶菊发生区内树枝落叶、杂草、菜叶等垃圾外运，防止银胶菊随水流传播。

2）防治与扑灭

经常性开展扑杀银胶菊行动，采用化学、物理、人工、综合防治方法灭除银胶菊。点状小范围发生的可予以人工铲除，片状大面积发生的应喷施化学除草剂进行灭杀，并进行植物替代控制，以保护生态环境。

6. 调查、监测和预警机制

1）疫情调查与监测

以省、市、县植物保护和植物检疫站、农业环境保护监测站等有害生物防治机构为核心，建立覆盖全国的银胶菊监测网络。各级农业植物检疫机构要加强对本地区的调查和监测，通过定点调查和区域监控，对银胶菊的发生及传播等进行实时监测，获取本地区银胶菊的分布情况、发生规律、危害程度及传播蔓延趋势等信息。做好监测结果记录，保存记录档案，定期汇总上报。银胶菊未发生地区要加强对来自银胶菊发生区的植物及植物产品的检疫，防止银胶菊传入，并对农产品进口和调入情况、口岸截获情况等进行监测。

2）信息分析与预警

各级农业环境保护监测站、植物保护站、动植物检疫机构等负责监测信息的统计汇总，并在各级农业行政主管部门的领导下，组织成立相应的预警和风险评估咨询委员会，负责对监测信息进行综合分析与评估。根据银胶菊在发生地的发生消长动态，结合气候条件对其蔓延扩散能力进行风险分析，预测疫情发生范围及严重程度，确定相应的预警级别。

3）应急决策

各级农业行政主管部门组织外来有害生物风险评估咨询委员会对上报的银胶菊疫情信息进行综合分析，为联合工作小组决策提供及时、准确、全面的信息资料。经同级农业行政主管部门报上一级农业行政主管部门和联合工作小组，决定是否启动应急响应。在发生影响重大、损失巨大的情况下，联合工作小组还应及时向国务院报告。

7. 应急保障

1）队伍保障

各级人民政府要组建由农业行政主管部门技术人员以及有关专家组成的银胶菊应急防控队伍，加强专业技术人员培训，提高银胶菊识别、防治、风险评估和风险管理技能，以便对银胶菊及时、准确、简便地进行鉴定和快速除害处理。建立银胶菊管理与防治专家资源库，当发生疫情时，相关管理和技术人员必须服从指挥部的统一调配。提高应急防控队伍人员的专业素质和业务水平，为应急预案的启动提供高素质的应急队伍保障，成立防治专业队；要充分发动群众，实施群防群控。

2) 物资保障

省、市、县各级人民政府要建立银胶菊防控应急物资储备制度，编制药品和物资明细表，由专人负责看管、进入库登记。所有药品和物资的使用实行审批制度，由同级农业行政主管部门分管领导或委托专人负责严格审批。当疫情发生时，各级指挥部可以根据需求，征集社会物资并统筹使用，确保物资供应。

3) 经费保障

各级人民政府应安排专项资金，用于银胶菊应急防控工作。应急响应启动时，当地农业行政主管部门会商有关部门提出经费使用计划，由同级财政部门核拨，财政、农业、审计等部门对专项资金的使用和管理情况进行严格的监督检查，确保专款专用。

4) 技术保障

科技部门要大力支持银胶菊防控技术研究，为持续有效控制银胶菊提供技术支撑。在银胶菊发生地，有关部门要组织本地技术骨干力量，加强对银胶菊防控工作的技术指导。

5) 宣传保障

各级宣传部门要积极引导媒体正确报道银胶菊发生及控制情况。有关新闻和消息，应通过政府部门正常渠道获取，防止炒作，避免失实报道引起社会不安。在银胶菊发生区，要利用适当的方式进行科普宣传，重点宣传防范知识、防控技术方法。当媒体上出现不实报道或社会上流传谣言时，应立即正面澄清，加强舆论引导，减少负面影响。

8. 应急解除

通过采取全面、有效的防控措施，达到防控效果后，县、市农业行政主管部门向省农业行政主管部门提出申请，经省农业行政主管部门组织专家评估论证，防治效果达到标准的，由省外来有害生物防控领导小组报请农业部批准，可解除应急。

经过连续 6 个月的监测仍未发现银胶菊，经省农业行政主管部门组织专家论证，确认扑灭银胶菊后，经银胶菊发生区农业行政主管部门逐级向省农业行政主管部门报告，由省农业行政主管部门报省人民政府及农业部批准解除银胶菊发生区，同时将有关情况通报林业部门和出入境检验检疫部门。

9. 后期处置

对由于银胶菊危害造成农业减产、绝收的，农业行政主管部门应制订计划，尽快组织灾后重建和生产自救，弥补灾害损失。受银胶菊损害严重地区的地方政府，应该及时调拨救助物资，保障受灾农民生活和生产的稳定，并应建立社会救助的机制。资金和物资统一管理，做好登记和监督，严禁将救助资金和物资挪作他用。

10. 附则

省（直辖市、自治区）各级人民政府根据本预案制定本地区银胶菊防控应急预案。

本预案自发布之日起实施。

本预案由农业部外来物种管理办公室负责解释。

（张国良　付卫东　郑　浩　韩　颖）

紫茎泽兰应急防控技术指南

一、紫 茎 泽 兰

学　　名：*Eupatorium adenophorum* Spreng.

异　　名：*Ageratina adenophora*（Spreng.）K. & R.

　　　　　Eupatorium glandulosum H. B. K. Non Michx.

　　　　　Eupatorium coelestinum L.

英 文 名：crofton weed，pamakani，mistflower eupatorium

中文别名：破坏草、解放草、细升麻、醉马草、烂脚草、花升麻

分类地位：菊科（Asteraceae）泽兰属（*Eupatorium*）

1. 起源与分布

起源：原产于中美洲的墨西哥。

国外分布：现广泛分布于世界热带、亚热带地区 30 余个国家和地区。除中美洲原产地外，其中还包括美国、澳大利亚、新西兰、南非、西班牙、印度、菲律宾、马来西亚、新加坡、印度尼西亚、巴布亚新几内亚、泰国、缅甸、越南、尼泊尔、巴基斯坦以及太平洋群岛。

国内分布：云南、四川、贵州、广西、重庆、湖北、广东。

2. 主要形态特征

紫茎泽兰为多年生丛生型半灌木植物。茎直立，高 30～90cm，分枝对生，斜上，全部茎枝被白色或锈色短柔毛。叶对生，叶片质薄，卵形，略三角状或菱形，基部平截或稍心形，顶端急尖；边缘有粗大圆锯齿，花序下方的叶为波状浅齿缘或近全缘；叶面绿色，叶背色浅，两面均被稀疏短柔毛，叶背及沿叶脉处毛稍密，基出三脉，叶柄长 4～5cm。总苞钟形，长 3mm，宽 4mm，含 40～50 朵小花；总苞片 1 或 2 层，线形或线状披针形，长 3mm，先端渐尖。花序托凸起，呈圆锥状。管状花，两性，淡紫色冠长 3.5mm；花药基部钝，子叶宽卵形，长约 2.2mm，宽 1.7mm，先端钝圆宽出，下胚轴发达，被稀疏柔状毛，上胚轴亦发达，密被短柔伏毛，均呈紫色。瘦果，黑褐色，长椭圆形，具 5 棱，长 1.5mm；冠毛白色，纤细，长约 3.5mm（图 1，图 2）。

图 1　紫茎泽兰的花　　　　　　　　　　图 2　紫茎泽兰的幼苗

3. 主要生物学和生态学特性

1）紫茎泽兰生活史

紫茎泽兰单个种群的生活史被分为 1～2 年（岁）的幼稚期、3～6 年（岁）的青年期、7～11 年（岁）的成熟期、12～15 年（岁）的衰老期，共 4 个时期。其中 1～4 年为其种群旺盛生长阶段，5～6 年则进入成熟阶段，其种群最大，繁殖能力强。随后逐渐衰老，进而演替成木本群落。紫茎泽兰的寿命一般为 13～14 年。有学者认为，在特定环境条件下紫茎泽兰形成并发展的次生植被过渡类型，在次生植被演替中的持续存在期为 20～30 年。

紫茎泽兰是一种无融合生殖的三倍体（$x=17$），通常形成无配子种子。Baker 发现了其体细胞染色体为 51 条，不经授粉受精就形成种子。冯玉龙等（2006）报道，紫茎泽兰根尖细胞染色体核型公式为 $2n=3x=30m+21sm$。紫茎泽兰以种子繁殖为主，按生育旺盛的一丛紫茎泽兰有 15 个生殖枝计，每年可生产成熟种子 69.53 万粒。紫茎泽兰种群的花期一般在当年 11 月下旬开始孕蕾，12 月下旬现蕾，花蕾于翌年 2 月形成，2 月中旬始花，3 月中旬～4 月初盛花，4 月中旬～5 月中旬为结实期，此时叶片果枝随之黄枯。种子成熟恰值干燥多风的季节，瘦果顶端有冠毛的种子极轻，可随风四处飘散。在自然条件下，紫茎泽兰种子自进入雨季后从 5 月下旬开始萌发出苗，6 月为出苗高峰，6～7 月的出苗数占全年总出苗数量的 85%，且以土表的种子出苗率最高，达50.8%，1cm 以下土层的种子出苗率仅有 2.4%。茎的月增长高峰在 7 月，生物量的增长高峰在 8 月。6～8 月为紫茎泽兰的旺盛营养生长阶段，11 月进入生殖生长，其茎高度、生物量的月增长量逐渐下降。通常 6～11 月紫茎泽兰可生长 14～16 对叶片，在植株开花和种子形成时营养生长停止。对于生存率很高的当年生苗至当年停止生长时，叶片可达 8～12 对，株高一般为 30～80cm，已具有分枝能力，但是不开花结实，一般到翌年 2 月中下旬始花，4 月初～5 月中旬种子相继成熟。紫茎泽兰生活史见图 3。

紫茎泽兰的根系十分发达，其根与木质化的茎基均能生长不定根和不定芽，进行无

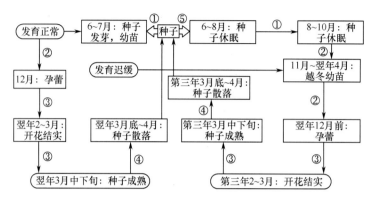

图 3　紫茎泽兰生活史
①种子萌发；②营养生长；③生殖生长；④种子扩散；⑤种子潜伏

性繁殖。当地上部分被割除弃于地面时，气生根伸入土内形成新植株，或残留的根部产生不定芽，形成新的地上枝，使其在竞争和拓展生存空间中处于有利地位，最终通过无性繁殖生产 3 倍的种子来扩大种群数量。人工割除地上茎，其营养体生长规律也和正常植株基本一致，但是 8 月以后割除，对开花结果影响较大。10 月以后割除，萌枝不再开花结实，营养生长仍在进行。仅生长 6 个月的紫茎泽兰成半木质化植物，木质化的植株能耐受冷、干和热，易侵入其他群落。此外，在火烧地上生长的紫茎泽兰种群增加要比非火烧地快，幼苗在火烧地的成活率比非火烧地更高。紫茎泽兰种群遗传多样性丰富，且与定殖时间有关，特别是紫茎泽兰定殖最早的云南省，其遗传多样性丰富，变异大，而且紫茎泽兰的遗传基因对该省多样的气候条件或生境可能产生了明显的适应性变化。新定殖地区的紫茎泽兰遗传多样性相对较低，并与云南省邻近地区具有明显的种源地的地源性亲缘关系。

2）紫茎泽兰生长的营养

紫茎泽兰养分齐全，含全氮 0.372%、全磷 0.062%、全钾 0.580%、钙 0.478%、镁 0.059%、铁 0.017%、硫 0.069%、硅 0.279%、铜 2.459%、锌 10.139mg/kg、锰 29.527mg/kg、硼 5.259mg/kg。其植株干重的氮、磷、钾含量分别为 3.08g/kg、22.165g/kg、12.046g/kg，特别是紫茎泽兰定殖 210 天后，可以利用土壤中速效氮、速效磷、速效钾分别达 56%～95%、46%～53%、6%～33%。当生物量达 48 810kg/hm² 时，可吸收土壤中的氮、磷、钾分别达 150.3kg、1082.19kg、588kg。一般分析物种对氮资源响应的可塑性，可了解物种对养分环境的适应机制和生态分布规律。在低氮水平下，紫茎泽兰的生长速率低，植株矮小，分枝少，叶面积指数低，很难表现其竞争优势。但是紫茎泽兰可以分配更多的生物量到养分吸收器官，增大根生物量比和根冠比，扩大吸收表面积，从而增加对氮素的吸收，减少氮素对生长的限制。高氮水平下，氮素不再是紫茎泽兰生长的限制因子，其生长速率、株高、分枝数和叶面积指数增长加快，更多的生物量投入到碳同化器官，待其长到群落上层后可通过遮阳排挤本地物种，达到对氮资源的适应性更强的特性。高氮还促进了紫茎泽兰光合能力的提高，利于碳积累,增强抵御光破坏的能力。在野外干季(11月~翌年4月)的全光条件下,大部分本地植物叶片枯落或停止生长,生境中的光和养分资源增多,紫茎泽兰光合潜能得以发挥,加之较高氮水平下紫茎泽兰生长速率仍很高,以致在时间上紫茎泽兰可以利用本地种不能利用的资源。Milberg等(1999)发现,干季紫茎泽兰相对生长速率(RGR)高于夏威夷本地种,最适氮水平(分别为0.4g/kg和0.2g/kg)高于澳大利亚外来种和本地种。

王满莲等研究发现,云南省澜沧县竹塘乡紫茎泽兰生长茂盛的撂荒地土壤养分含量是:pH4.67,有机质94.37g/kg,全氮4.07g/kg,总磷1.41g/kg,总钾12.23g/kg,有效氮358.7mg/kg,有效磷5mg/kg,有效钾105.2mg/kg。刘伦辉等的盆栽试验表明,紫茎泽兰在不同肥力土壤下增长速度由高到低依次为:混合土>菜园土>旱地荒地土>生红土。这表明紫茎泽兰在肥沃的生境中,特别是土壤含氮量高的情况下,种群数量生长量仍可处于较高水平,反之则低。

3)紫茎泽兰生长的环境

紫茎泽兰的生态适应幅度极宽,性喜温凉、耐阴、耐旱、耐寒、耐高温,可以在热带甚至温带的宽气候带下发生和生长,以热带和亚热带分布最多,并蔓延到广大湿润、半湿润的亚热带季风气候地区。由于受植物体本身生长特点及有效积温的影响,多分布在22°N~28°N。从气候生境上看,紫茎泽兰分布地一般年均温度超过10℃,多为12.5~19.3℃,但是绝对最低温度不低于-11.5℃,能耐受-5℃低温和<35℃最高气温,或最冷月平均温度>6℃的气候条件均适宜其生长和迅速蔓延。在年降水量为776~1800mm、无霜期200~300天、年平均相对湿度高于68%的地区也能生长。紫茎泽兰萌芽的pH为4.0~7.0,过酸过碱不能萌发。种子萌发的土壤湿度在30%以上,最适湿度60%左右,发芽的最适温度15~20℃,土壤含水量低于16%,植物体不能生存。在干旱条件下,紫茎泽兰光合速率减慢,当土壤含水量在11%以下时,植株会干枯死亡。赵国晶等通过调查也发现,温度和湿度是影响紫茎泽兰发生的主要气候因子。

孟秀祥等在研究紫茎泽兰喜好生境的典型生态特征中,海拔、坡向、土壤湿润度、杂草盖度和距耕地距离5个因子对紫茎泽兰生境生态变量的信息贡献达57.11%,这充分证明紫茎泽兰多分布在土壤湿润的地区,如沿海的澳大利亚、雨水较多的东南亚和我国西南地区。

从垂直分布来看,紫茎泽兰在海拔为165~3000m的范围内均能生长,覆盖了热带、亚热带、暖温带和温带等气候带,集中分布在海拔为500m以上的中低山地,在海拔为1000~2000m、坡度≥20°的山地生长最为茂盛,并形成密集成片的单优植物群落。随着海拔的升高,紫茎泽兰的分布逐渐减少,生长势变弱,在海拔3000m以上几乎不见分布。李振宇等报道的紫茎泽兰垂直分布上限为2500m。

4)紫茎泽兰生长的适应性

水热条件和光照是影响紫茎泽兰生长的限制因子。只要是有水分和光照的地方,紫茎泽兰都能生存,特别能在农田、草地、退化草地、路边、宅旁、采伐迹地、幼林地、经济林地和森林里生长，以潮湿土地上生长最为茂盛，在瘠薄的荒地、荒坡、屋顶、水沟边、岩石缝隙、沙砾、丢荒轮歇地也能生长，尤其在山地草丛草地、灌丛草地、疏林草地等类型草地上能形成优势，并能很快形成单一群落。紫茎泽兰还能在光山秃岭、陡坡、峭壁、沟堤等地生长，特别是在 20°以上的坡地生长最为茂盛，对保持水土流失有一定的生态作用。

5）紫茎泽兰生长的需光特性

紫茎泽兰可以根据生长环境光强的变化调节其形态和生理过程，保证高光强下光合机构不受光破坏，低光强下能有效地利用光能，以维持叶片光能平衡和植株正常生长。刘文耀等（1988）发现，紫茎泽兰是一种阳性偏阴的 C3 类植物，对光照的适应范围比较宽，光饱和点为 40 000lx，补偿点为 700lx，而光合速率相对较高，最大净光合速率达 $23\mu mol CO_2/(m^2 \cdot s)$，且在一年的较长时间内能保持较高水平。紫茎泽兰种子萌发需要光，光照持续时间和光波对紫茎泽兰的种子发芽有影响，种子发芽率达到最高时的光是白炽光，最低是蓝光，随着光照时间延迟超过 48h，发芽率逐渐提高。光的强度亦会影响苗期紫茎泽兰的生长。小苗可以在 4％的光强下存活、生长，并保持较高的光合能力，在 6 月雨季来临时，散落地面的瘦果在湿润和有 10％以上的日光条件下，5 天后开始萌发，幼苗很耐阴，在 10％的日光条件下也能存活。刘文耀等还发现，从夏季到秋季，紫茎泽兰一直处于旺盛的生长状态，而此时正是牧草及其他一些植物幼苗、幼树生长能力衰退的时期。另外，紫茎泽兰在营养生长期的夏季湿润季节，基生叶的光合速率、羧化效率和气孔导度往往较顶生叶高，不同类型紫茎泽兰叶片的最大净光合速率多数集中在 $11\sim15\mu mol/(kgDW \cdot s)$，而生殖生长期间正是一年最旱的春季，平均净光合速率只达到夏季的 1/3，明显低于营养生长期，其叶片的净光合速率则以成叶＞嫩叶＞老叶。随着生长环境光强的升高，紫茎泽兰最大净光合速率、净同化速率、相对生长速率、单位面积叶片类胡萝卜素含量升高，单位干重叶片叶绿素含量降低，平均叶面积比和生长对叶根比的响应系数均降低，从而使紫茎泽兰能通过形态和生理特性的变化适应大幅度的光强范围。100％强光下紫茎泽兰光抑制不严重，叶生物量比、叶重分数和叶面积指数高于低光强下的值，但是紫茎泽兰叶片自遮阴严重。在弱光下叶面积、平均单叶面积和叶面积比较大，紫茎泽兰增加高度以截获更多光能，此时的紫茎泽兰根生物量比降低，支持生物量结构增大，尤其是在针阔混交林及针叶林林冠较密的林中，紫茎泽兰的株数和株高均较低。这说明紫茎泽兰的生物量分配策略可以更好地反映弱光环境中的资源变化情况。

6）紫茎泽兰生长的生理特性

紫茎泽兰的呼吸速率为：嫩叶＞成叶＞老叶。紫茎泽兰的生殖器官具有较强的生理代谢能力，其呼吸速率普遍较根系和茎秆高 4 倍以上。紫茎泽兰的非同化器官部分的代谢能力也比较旺盛，但是与其他植物呼吸能力比较没有差异。祖元刚等发现，紫茎泽兰通过气孔调节光合速率和水分蒸腾散失，保证紫茎泽兰在水分充足时的最大光合速率，甚至降低水分利用效率。在干旱条件下，紫茎泽兰以提高水分利用效率为目的，保证植物能够最大限度地存活。紫茎泽兰的光合午休现象明显，在气孔导度相差不大，土壤的有机质、pH 和有效氮含量差异不明显的情况下，湿生生境的光合速率和蒸腾速率显著高于干生生境，并导致叶片含氮量显著提高。气孔在调节紫茎泽兰水分利用效率方面具有在湿生生境下随气孔导度下降、水分利用效率下降的特性。在干生生境下则具显著的"省水"植物和"费水"植物的双重特点。贺俊英等研究了紫茎泽兰种群间的气孔器密度、气孔器指数、气孔器长度等随地理条件的变化而表现出明显差异，而且气孔器密度、气孔器指数与海拔呈正相关。其中在叶的远轴面上具有凸出型和凹陷型的两型性气孔器。在花瓣的近轴面和柱头表面有长乳突状细胞，可减少器官表面水分的损失，有效地防御昆虫啃食，减轻高强度的光照射所引起的损伤等。此外，紫茎泽兰及其该属植物表面均分布有具分泌黏液的腺体，同样具有防止昆虫啃食的功能。

7）紫茎泽兰的土壤种子库

紫茎泽兰种群具有长久性的土壤种子库，能在不同生境的土壤中广泛分布，它的种子至少能存活到新的萌发季节到来前，在适应多变的生境和不良的生长条件方面具有优越性。超过 90% 的种子主要分布在 5mm 的表土中，而且种子密度仅与植被的覆盖状况有关。0～10cm 土层的种子密度平均为 2202 粒/m^2。在土壤的垂直方向上，0～2cm、2～5cm 和 5～10cm 土层的种子占总数百分率平均值分别为 56.1%、25.2% 和 18.6%。紫茎泽兰的种子不具有生理休眠特性，在温室内的土壤种子随着扰动而不断萌发，萌发历时很长，从而使 5～10cm 土层内仍有高达 270 粒/m^2 密度的紫茎泽兰种子存在。

4. 传播与扩散

紫茎泽兰可通过种子繁殖和根茎繁殖。主要传播是种子随风传播，种子落入水中，可随水流远距离传播。种子还可随交通工具进行远距离传播。

5. 发生与危害

紫茎泽兰多在海拔为 1000～1900m 的地区分布。近 30 年来快速蔓延，向高海拔地区（2500m）发展，并以每年 30～60km 的速度向北、向东传播。目前分布范围已达云南、贵州、广东、广西、四川、西藏等省（自治区）。

紫茎泽兰的危害表现为：

（1）天然草地被紫茎泽兰入侵后，牧草基本消失，失去放牧价值。

（2）紫茎泽兰入侵农田，导致土壤肥力严重下降，土地严重退化。

（3）对西南地区宝贵的生物资源造成严重破坏，大批野生名贵中药材失去生存环境。

（4）生态、景观严重破坏。

（5）引起牲畜患病，严重导致牲畜死亡。

紫茎泽兰所到之处对畜牧业的生产具有毁灭性的打击。其带纤毛的种子和花粉会引起马属动物的哮喘病，重者会导致动物肺部组织坏死甚至死亡；用紫茎泽兰茎、叶垫圈或下田沤肥，会引起牲畜烂蹄病和人的手脚皮肤发炎，所以又有人称它为"烂脚草"；牲畜误食紫茎泽兰后，轻则引起腹泻、脱毛、走路摇晃，重则致使母畜流产，甚至四肢痉挛，最后死亡。

图版 15

图版说明

    A. 紫茎泽兰侵占人工林地发生危害状

    B. 紫茎泽兰幼株

    C. 紫茎泽兰花序

    D. 紫茎泽兰被实蝇寄生后产生的虫瘿

    E. 泽兰实蝇成虫

图片作者或来源

    A. 曹坳程

    B～E. 虞国跃

二、紫茎泽兰检验检疫技术规范

1. 范围

本规范规定了紫茎泽兰的检疫检验及检疫处理操作办法。

本规范适用于农业植物检疫机构对紫茎泽兰植物活体、种子及可能携带其活体和种子的载体、交通工具的检疫检验和检疫处理。

2. 产地检疫

（1）踏查荒地、草场、林地、建筑垃圾、农田、果园、路边、房前屋后等旱地。

（2）发现疫情后，应立即报告给当地农业检疫部门和外来入侵生物管理部门。

3. 调运检疫

（1）检查调运的植物和植物产品有无黏附紫茎泽兰的种子、根茎。

（2）在种子成熟季节，对来自疫情发生区的可能携带紫茎泽兰种子的载体进行检疫。

4. 检验及鉴定

在放大 10～15 倍体视解剖镜下检验。根据种的特征（附录 A）和近缘种的比较（附录 B，附录 C），鉴定是否为紫茎泽兰。

5. 检疫处理和通报

在调运检疫或复检中，发现紫茎泽兰的种子应全部检出销毁。

产地检疫中发现紫茎泽兰后，应根据实际情况，启动应急预案，立即进行应急治理。疫情确定后一周内应将疫情通报给植物和植物产品调运目的地的农业外来入侵生物管理部门和农业植物检疫部门，以加强目的地监测力度。

附录 A　紫茎泽兰形态图

1. 植株上部；2. 植株下部；3. 瘦果

（仿史志诚等，1997）

附录 B　紫茎泽兰及其近缘种检索表

1. 头状花序圆柱状；瘦果上有稀疏紧贴的短柔毛 ······················· 飞机草 *Chromolaena odorata* L.

　头状花序钟状；瘦果无毛 ·· 2

2. 花序托突出，呈圆锥形；头状花序内有 40～50 朵花 ···

　··································· 紫茎泽兰 *Eupatorium adenophorum* Spreng.

　花序托平；头状花序内通常只有 5 朵花················· 台湾泽兰 *Eupatorium formosanum* Hayata

附录 C　紫茎泽兰及其近似种的比较

　　飞机草和紫茎泽兰极为相似，不同点是紫茎泽兰稍矮、茎紫色；总苞 1 或 2 层，花淡紫或白色。

三、紫茎泽兰调查监测技术规范

1. 范围

本规范规定了对紫茎泽兰进行调查监测的技术方法。

本规范适用于紫茎泽兰疫区和非疫区对紫茎泽兰进行的调查和监测。

2. 调查

1）访问调查

向当地居民询问有关紫茎泽兰发生地点、发生时间、危害情况，分析紫茎泽兰传播扩散情况及其来源。每个社区或行政村询问调查30人以上。对询问过程发现的紫茎泽兰可疑存在地区，进行深入重点调查。

2）实地调查

（1）调查地域。

重点调查山谷、河溪两侧湿润地带以及公路和铁路沿线的人工林地、天然次生林地，特别是林缘、林中裸地以及垃圾场、机关、学校、厂矿、农舍、庭院、村道、主要交通干线两旁区域、苗圃、有外运产品的生产单位以及物流集散地等场所。

（2）调查方法。

调查设样地不少于10个，随机选取，每块样地面积不小于$1m^2$，用GPS仪测量样地的经度、纬度、海拔，记录样地的地理信息、生境类型、物种组成。

观察有无紫茎泽兰危害，记录紫茎泽兰发生面积、密度、危害植物（种类等，乔木类记录树高、树冠直径）、被紫茎泽兰覆盖的程度（百分比），无林木和其他植物的地方则调查紫茎泽兰占据的程度（百分比）。

（3）面积计算方法。

发生于农田、果园、湿地、林地等生态系统内的外来入侵植物，其发生面积以相应地块的面积累计计算，或以划定包含所有发生点的区域面积进行计算；发生于路边、房前屋后、绿化带等地点的外来入侵生物，发生面积以实际发生面积累计获得或持GPS仪沿分布边界走完一个闭合轨迹后，围测面积；发生在山上的面积以持GPS仪沿分布边界走完一个闭合轨迹后，围测的面积为准，如山高坡陡，无法持GPS仪走完一个闭合轨迹的，也可采用目测法估计发生面积。

（4）危害等级划分。

按覆盖或占据程度确定危害程度。适用于农田、林地、草地、环境等生态系统。具体等级按以下标准划分。

等级1：零星发生，覆盖度<5%；

等级2：轻微发生，覆盖度为5%～15%；

等级3：中度发生，覆盖度为15%～30%；

等级 4：较重发生，覆盖度为 30%～50%；

等级 5：严重发生，覆盖度为 50%～90%；

等级 6：极重发生，覆盖度为 90%～100%。

3. 监测

1）监测区的划定

发生点：紫茎泽兰植株发生外缘周围 100m 以内的范围划定为一个发生点（两棵紫茎泽兰植株或两个紫茎泽兰发生斑块的距离在 100m 以内为同一发生点）；划定发生点若遇河流和公路，应以河流和公路为界，其他可根据当地具体情况作适当的调整。

发生区：发生点所在的行政村（居民委员会）区域划定为发生区范围；发生点跨越多个行政村（居民委员会）的，将所有跨越的行政村（居民委员会）划为同一发生区。

监测区：发生区外围 5000m 的范围划定为监测区；在划定边界时若遇到水面宽度大于 5000m 的湖泊和水库，以湖泊或水库的内缘为界。

2）监测方法

根据紫茎泽兰的传播扩散特性，在监测区的每个村庄、社区、街道、山谷、河溪两侧湿润地带以及公路和铁路沿线的人工林地等地设置不少于 10 个固定监测点，每个监测点选 10m^2，悬挂明显监测位点牌，一般每月观察一次。

4. 样本采集与寄送

在调查中如发现可疑紫茎泽兰，将可疑紫茎泽兰用 70% 酒精浸泡或晒干，标明采集时间、采集地点及采集人。将每点采集的紫茎泽兰集中于一个标本瓶中或标本夹中，送外来物种管理部门指定的专家进行鉴定。

5. 调查人员的要求

要求调查人员为经过培训的农业技术人员，掌握紫茎泽兰的形态学、生物学特性，危害症状以及紫茎泽兰的调查监测方法和手段等。

6. 结果处理

调查监测中，一旦发现紫茎泽兰，严格实行报告制度，必须于 24h 内逐级上报，定期逐级向上级政府和有关部门报告有关调查监测情况。

四、紫茎泽兰应急控制技术规范

1. 范围

本规范规定了紫茎泽兰新发、爆发等生物入侵突发事件发生后的应急控制操作方法。

本规范适用于各级外来入侵生物管理机构和农业环境保护机构在生物入侵突发事件发生后的应急处置。

2. 应急控制方法

对成片发生区域可采用人工拔除、机械割除和化学防治的方法进行防治。根据紫茎泽兰发生的生境不同，采取不同的防除方法。

1) 农田中防治方法

作物种植前，如发现紫茎泽兰，可用草甘膦或百草枯进行防治。杀死紫茎泽兰即可马上栽种作物。

在小麦田、玉米田、大豆田的紫茎泽兰，可选用噻吩磺隆进行防治。也可选用登记用于防治小麦、玉米、大豆田的磺酰脲类除草剂或吡啶类除草剂，但不能使用甲嘧磺隆。

2) 果园中防治方法

果园中的紫茎泽兰用草甘膦进行防治，慎用甲嘧磺隆。

3) 松树林中防治方法

松林下的紫茎泽兰可用甲嘧磺隆进行防治。每公顷用嘧磺隆可溶性粉剂 157.5～315g，紫茎泽兰苗小用低量，苗大时用高量，使用时将药剂倒入一小杯中，加水待药剂充分溶解后，按每公顷兑水 600～900L，对紫茎泽兰均匀喷雾。

在水源不方便且紫茎泽兰发生量大的地区，如土壤潮湿，可用嘧磺隆颗粒剂 $187.5\sim225g/hm^2$，也可收到良好的效果。如无颗粒剂，可将相同有效成分的嘧磺隆可溶性粉剂制成毒土撒施。

4) 沟渠边紫茎泽兰的防治

沟渠边或池塘附近的紫茎泽兰可用草甘膦进行防治。每公顷用草甘膦异丙胺盐水剂 2220～2460g，兑水 600～900L，对紫茎泽兰均匀喷雾。

5) 荒地

每公顷用胺氯吡啶酸乳油 1080～1620g，兑水 600～900L，对紫茎泽兰均匀喷雾。

3. 注意事项

喷雾时，注意选择晴朗天气进行，注意雾滴不要飘移到邻近的作物上。在沟边或农田边采用化学除草剂喷雾时，避免药剂随雨水进入农田而造成药害。喷药时应均匀周到。实施很低容量喷雾时，应远离农田，防止雾滴飘移到农作物上。茎叶处理剂不要在下雨天施药，若施药后 6h 内降雨，应补喷一次；干旱时施药应添加助剂或酌情增加 5%～10% 的施药量。在施药区应插上明显的警示牌，避免造成人、畜中毒或其他意外。

喷药后喷药机械应反复清洗。

草甘膦对作物的嫩株、叶片会产生严重的药害，喷雾时勿将药液喷雾到作物上。草甘膦只有当紫茎泽兰出苗后，做茎叶处理才能杀死杂草。对未出土的紫茎泽兰无效。使用过草甘膦的喷雾器具应反复清洗，以免在其他作物上使用时出现药害。

甲嘧磺隆仅能用于非耕地或针叶林下，油松、樟子松、马尾松有很强的耐药性；落叶松幼苗和杉树较为敏感。该配方不能用于沟边或农田边，以免药剂随雨水进入农田而造成药害。喷药时应均匀周到，勿将药液喷雾到邻近作物上。

胺氯吡啶酸不能用于沟边或农田边，以免药剂随雨水进入农田而造成药害。

五、紫茎泽兰综合治理技术规范

1. 范围

本规范规定了紫茎泽兰的综合治理技术方法及使用条件。

本规范适用于紫茎泽兰发生地区进行综合治理工作。

2. 专项防治措施

1）人工防治

在生态稳定区，对散生或者不适宜使用化学药剂的区域，在紫茎泽兰营养生长期，人工拔除紫茎泽兰，并集中烧毁或就地深埋。

为了防止紫茎泽兰种子的扩散和蔓延，在紫茎泽兰开花期，人工剪除紫茎泽兰的花枝。

在生态脆弱区，可人工采集紫茎泽兰的叶，进行利用，保护根茎。

2）化学防治

每公顷用草甘膦异丙胺盐水剂 2220～2460g，兑水 600～900L，对紫茎泽兰均匀喷雾。

每公顷用甲嘧磺隆可溶性粉剂 157.5～315g，兑水 600～900L，对紫茎泽兰均匀喷雾。

每公顷用胺氯吡啶酸乳油 1080～1620g，兑水 600～900L，对紫茎泽兰均匀喷雾。

在上述有效成分用量的甲嘧磺隆和胺氯吡啶酸中，每公顷加入 1500～2250mL 的机油乳油，采用很低容量喷雾法或静电喷雾法，每公顷喷液量 30L，对紫茎泽兰有优异的防治效果。但在靠近农田和大风天气不能使用，以免对周围农作物产生药害。

3）替代控制

有计划地种植栎木（又称青杠），可抑制紫茎泽兰的生长。

4）生物防治

释放天敌泽兰实蝇（*Procecidochares utilis* Stone）进行防治。

3. 综合防控措施

紫茎泽兰发生量大，分布广泛。据国家林业局 2005 年完成的全国第一次林业有害生物普查，紫茎泽兰发生面积 370 万 hm^2，列林业有害生物的首位。达平馥等报道，在云南境内的 $26°30'N$ 以南，10 多个地级市（州）90 多个县（市）26 万 hm^2 的土地上都有紫茎泽兰的发生，资源储藏量达 1200 万 t 以上。在重灾区实施防治，每年将需要巨额的费用，如果加以利用，将实现变废为宝。

通过调查和分析，根据紫茎泽兰的发生和危害，以及地理分布，将其划分为防御区、扩散区、重灾区和生态脆弱区。实施监测防御区、控制扩散区、利用重灾区、恢复生态脆弱区的策略，有效控制紫茎泽兰的危害。紫茎泽兰控制战略见图 4。

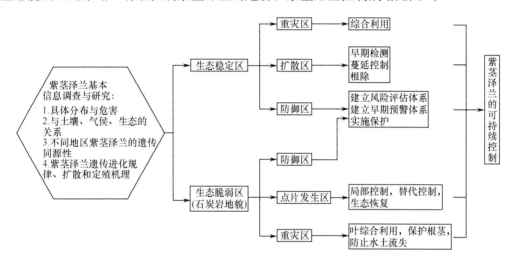

图 4　紫茎泽兰防控与利用技术路线

在扩散区，主要实施蔓延控制和根除。在点片发生时，实施人工拔除和局部施药技术，保护非靶标植物。

在成片大面积发生区，实施以化学防治为主的高效防除技术。同时辅以人工剪花枝的措施，减少紫茎泽兰的种子量，从而减少紫茎泽兰的蔓延控制。

在重灾区，由于紫茎泽兰发生量大，主要以紫茎泽兰利用为主。

在紫茎泽兰点片发生区或生态脆弱区，采用涂抹法施用甲嘧磺隆或胺氯吡啶酸，杀死紫茎泽兰，以恢复生态。

主要参考文献

段惠，强胜，苏秀红等. 2005. 用 AFLP 技术分析紫茎泽兰的遗传多样性. 生态学报，25（8）：2109~2114

段惠，强胜，吴海荣等. 2003. 紫茎泽兰（*Eupatorium adenophorum* Spreng.）. 杂草科学，(2)：36~38

冯玉龙，王跃华，刘元元等. 2006. 入侵物种飞机草和紫茎泽兰的核型研究. 植物研究，26（3）：356~360

何萍，刘勇. 2003. 四川凉山天然草场遭受外来物种入侵的调查研究. 草业科学，20（4）：31~33

和爱军，刘伦辉. 1990. 紫茎泽兰浸提液对几种植物发芽的影响. 杂草学报，4（4）：35~38

贺俊英，强胜，宋小玲等. 2005. 外来植物紫茎泽兰 18 个种群的茎叶形态结构比较研究. 西北植物学报，25（6）：

1089～1095

黄梅芬, 奎嘉祥, 徐驰等. 2008. 紫茎泽兰的生态学研究概况. 杂草科学, (1)：1～4

李爱芳, 高贤明, 党伟光等. 2007. 不同生境条件下紫茎泽兰幼苗生长动态. 生物多样性, 15 (5)：479～485

李扬汉. 1998. 中国杂草志. 北京：中国农业出版社. 312～316

李振宇, 解焱. 2002. 中国外来入侵种. 北京：中国林业出版社

梁小玉, 张新全. 2004. 紫茎泽兰发生特点、防治及其利用. 四川草原, (2)：13～15

刘伦辉, 刘文耀, 郑征等. 1989. 紫茎泽兰个体生物及生态学特性研究. 生态学报, 9 (1)：66～70

刘伦辉, 谢寿昌, 张建华. 1985. 紫茎泽兰在我国的分布、危害与防除途径的探讨. 生态学报, 5 (1)：1～6

刘锐章, 方树生. 1992. 论紫茎泽兰在长防林建设中的运用. 林业调查规划, (2)：34

刘士奇. 2004. 综合治理外来入侵生物刻不容缓. 福建农业, (1)：33

刘文耀, 刘伦辉, 郑征. 1988. 紫茎泽兰的光合作用特征及其生态学意义. 云南植物研究, (10)：175～181

吕洪飞, 徐常丹, 邵邻相等. 2005. 紫茎泽兰器官表面微形态的观察. 电子显微学报, 24 (2)：157～163

罗强, 张薇, 李立娜. 2004. 紫茎泽兰的生物入侵及利用现状. 西昌农业高等专科学校学报, 18 (2)：9～11

马建列, 白海燕. 2004. 入侵生物紫茎泽兰的危害及综合防治. 农业环境与发展, (4)：33, 34

孟秀祥, 冯金朝, 周宜君等. 2003. 四川西南紫茎泽兰（*Eupatorium adenophorum*）入侵生境因子分析. 中央民
　　族大学学报（自然科学版）, 12 (4)：293～300

牛红榜, 刘万学, 万方浩. 2007. 紫茎泽兰（*Ageratina adenophora*）入侵对土壤微生物群落和理化性质的影响.
　　生态学报, 27 (7)：3051～3060

强胜. 1998. 世界恶性杂草——紫茎泽兰研究的历史及现状. 武汉植物学研究, 16 (4)：366～372

沈有信, 刘文耀. 2004. 长久紫茎泽兰土壤种子库. 植物生态学报, 28 (6)：768～772

史志诚, 李毓堂, 李守德等. 1997. 中国草地重要有毒植物. 北京：中国农业出版社. 125

孙启铭. 2002. 野生有机肥料资源紫茎泽兰的利用. 农业科技通讯, (4)：28, 29

孙锡治, 全俊纯, 饶维维等. 1992. 紫茎泽兰个体生物学特性与防除技术. 云南农业科技, (4)：13～16

王俊峰, 冯玉龙, 梁红柱. 2004a. 紫茎泽兰光合特性对生长环境光强的适应. 应用生态学, 15 (8)：1373～1377

王俊峰, 冯玉龙. 2004b. 光强对两种入侵植物生物量分配、叶片形态和相对生长速率的影响. 植物生态学报, 28
　　(6)：781～786

王林, 秦瑞豪. 2004. 外来恶性杂草紫茎泽兰研究进展. 西南林学院学报, 24 (3)：72～75

王满莲, 冯玉龙. 2005. 紫茎泽兰和飞机草的形态、生物量分配和光合特性对氮营养的响应. 植物生态学报, 29
　　(5)：679～705

王文杰, 祖元刚, 孟庆焕等. 2005. 紫茎泽兰的 CO_2 交换特性. 生态学报, 25 (8)：1898～1907

王银朝, 赵宝玉, 樊泽锋等. 2005. 紫茎泽兰及其危害研究进展. 动物医学进展, 26 (5)：45～48

温三明. 2005. 植物"食人鱼"紫茎泽兰的好归宿. 农村实用技术, (2)：11

吴志红, 覃贵亮, 邓铁军. 2004. 广西局部地区紫茎泽兰的入侵定植及风险评估. 西南农业学报, 17 (4)：
　　469～471

姚朝辉, 张无敌, 刘祖明. 2003. 恶性有毒杂草紫茎泽兰的防治与利用. 农业与科学, 23 (1)：23～28

于兴军, 于丹, 马克平. 2004. 不同生境条件下紫茎泽兰化感作用的变化与入侵力关系的研究. 植物生态学报, 28
　　(6)：73～78

赵国晶, 马云萍. 1989. 云南省紫茎泽兰的分布与危害的调查研究. 杂草学报, 3 (2)：37～40

郑元超, 冯玉龙. 2005. 西双版纳两种生态特性不同的外来草本植物对生长环境光强的适应策略. 生态学报, 25
　　(4)：727～732

周俗, 谢永良. 1999. 四川省毒害植物——紫茎泽兰调查报告. 四川草原, 15 (2)：39～42

祖元刚, 王文杰, 杨逢建等. 2005. 紫茎泽兰叶片气体交换的气孔调节特性：对入侵能力的意义. 林业科学, 41
　　(3)：25～35

Elberse I A M, van Danmme J M M, van Tienderen P H. 2003. Plasticity of growth characteristics in wild barley
　　(*Hordeum spontaneum*) in response to nutrient limitation. Journal of Ecology, 91：371～382

Milberg P，Lamont B B，Pérez-Fernández M A. 1999. Survival and growth of native and exotic composites in response to a nutrient gradient. Plant Ecology，145：125～132

Sun X Y，Lu Z H，Sang W G. 2004. Review on studies of *Eupatorium adenophorum*——an important invasive species in China. Journal of Forestry Research，15（4）：319～322

六、紫茎泽兰防控应急预案（样本）

1. 紫茎泽兰危害情况的确认、报告与分级

1）确认

疑似紫茎泽兰发生地的农业主管部门在 24h 内将采集到的紫茎泽兰标本送到上级农业行政主管部门所属的外来物种管理机构，由省级外来物种管理机构指定专门科研机构鉴定，省级外来入侵生物管理机构根据专家鉴定报告，报请农业部外来物种管理办公室确认。

2）报告

确认本地区发生紫茎泽兰后，当地农业行政主管部门应在 24h 内向同级人民政府和上级农业行政主管部门报告，并迅速组织对本地区进行普查，及时查清发生和分布情况。省农业行政主管部门应在 24h 内将紫茎泽兰发生情况上报省人民政府和农业部，同时抄送省级林业部门和出入境检验检疫部门。

3）分级

一级危害：2 个或 2 个以上省（直辖市、自治区）发生紫茎泽兰危害；在 1 个省（直辖市、自治区）所辖的 2 个或 2 个以上地级市（区）发生紫茎泽兰危害严重的。

二级危害：在 1 个地级市辖的 2 个或 2 个以上县（市、区）发生紫茎泽兰危害；或者在 1 个县（市、区）范围内发生紫茎泽兰危害程度严重的。

三级危害：在 1 个县（市、区）范围内发生紫茎泽兰危害。

出现以上一至三级程度危害时，启动本预案。

2. 应急响应

各级人民政府按分级管理、分级响应、属地管理的原则，根据农业部外来入侵生物管理机构的确认、紫茎泽兰危害范围及程度，一级危害启动一级响应，二级危害启动二级响应，三级危害启动三级响应。

1）一级响应

农业部立即成立紫茎泽兰防控工作领导小组，迅速组织协调各省、市（直辖市）人民政府及部级相关部门开展紫茎泽兰防控工作，并由农业部报告国务院；农业部主管部门要迅速组织对全国紫茎泽兰发生情况进行调查评估，制定防控工作方案，组织农业行政及技术人员采取防控措施，并及时将紫茎泽兰发生情况、防控工作方案及其执行情况

报国务院主管部门；部级其他相关部门密切配合做好紫茎泽兰防控工作；农业部根据紫茎泽兰危害严重程度在技术、人员、物资、资金等方面对紫茎泽兰发生地给予紧急支持，必要时，请求国务院给予相应援助。

2）二级响应

地级以上市人民政府立即成立紫茎泽兰防控工作领导小组，迅速组织协调各县（市、区）人民政府及市相关部门开展紫茎泽兰防控工作，并由本级人民政府报省人民政府；市级农业行政主管部门要迅速组织对本市紫茎泽兰发生情况进行全面调查评估，制定防控工作方案，组织农业行政及技术人员采取防控措施，并及时将紫茎泽兰发生情况、防控工作方案及其执行情况报省级农业行政主管部门；市级其他相关部门密切配合做好紫茎泽兰防控工作；省级农业行政主管部门加强督促指导，并组织查清本省紫茎泽兰发生情况；省人民政府根据紫茎泽兰危害严重程度和市级人民政府的请求，在技术、人员、物资、资金等方面对紫茎泽兰发生地区给予紧急援助支持。

3）三级响应

县级人民政府立即成立紫茎泽兰防控工作领导小组，迅速组织协调各乡镇政府及县相关部门开展紫茎泽兰防控工作，并由本级人民政府报告上一级人民政府；县级农业行政主管部门要迅速组织对紫茎泽兰发生情况进行全面调查评估，制定防控工作方案，组织农业行政及技术人员采取防控措施，并及时将紫茎泽兰发生情况、防控工作方案及其执行情况报市级农业行政主管部门；县级其他相关部门密切配合做好紫茎泽兰防控工作；市级农业行政主管部门加强督促指导，并组织查清全市紫茎泽兰发生情况；市级人民政府根据紫茎泽兰危害严重程度和县级人民政府的请求，在技术、人员、物资、资金等方面对发生紫茎泽兰地区给予紧急援助支持。

3. 部门职责

各级外来有害生物防控工作领导小组负责本地区紫茎泽兰防控的指挥、协调工作，并负责监督应急预案的实施。农业部门具体负责组织紫茎泽兰监测调查、防控和及时报告、通报等工作；宣传部门负责引导传媒正确宣传报道紫茎泽兰有关情况；财政部门及时安排拨付紫茎泽兰防控应急经费；科技部门组织紫茎泽兰防控技术研究；经贸部门组织防控物资生产供应，以及紫茎泽兰对贸易和投资环境影响的应对工作；林业部门负责林地的紫茎泽兰调查及防控工作；出入境检验检疫部门加强出入境检验检疫工作，防止紫茎泽兰的传入和传出；发展改革、建设、交通、环境保护、旅游、水利、民航等部门密切配合做好相关工作。

4. 紫茎泽兰发生点、发生区和监测区的划定

发生点：紫茎泽兰危害寄主植物外缘周围100m以内的范围划定为一个发生点（两株紫茎泽兰或两个紫茎泽兰种群斑块在100m以内为同一发生点）；划定发生点若遇河流和公路，应以河流和公路为界，其他可根据当地具体情况作适当的调整。

发生区：发生点所在的行政村（居民委员会）区域划定为发生区范围；发生点跨越多个行政村（居民委员会）的，将所有跨越的行政村（居民委员会）划为同一发生区。

监测区：发生区外围 5000m 的范围划定为监测区；在划定边界时若遇到水面宽度大于 5000m 的湖泊和水库，以湖泊或水库的内缘为界。

5. 封锁、控制和扑灭

紫茎泽兰发生区所在地的农业行政主管部门对发生区内的紫茎泽兰危害寄主植物上设置醒目的标志和界线，并采取措施进行封锁控制和扑灭。

1）封锁控制

对紫茎泽兰发生区内机场、码头、车站、停车场、机关、学校、厂矿、农舍、庭院、街道、主要交通干线两旁区域、有外运产品的生产单位以及物流集散地，有关部门要进行全面调查，货主单位和货运企业应积极配合有关部门做好紫茎泽兰的防控工作。紫茎泽兰危害情况特别严重时，经省人民政府批准，可在发生区周边主要交通要道设立临时植物检疫检查站，对外运的种苗、花卉、盆景、草皮、蔬菜、水果等植物产品进行检疫，禁止紫茎泽兰发生区内树枝落叶、杂草、菜叶等垃圾外运，防止紫茎泽兰随水流传播。

2）防治与扑灭

经常性开展扑杀紫茎泽兰行动，采用化学、物理、人工、综合防治方法灭除紫茎泽兰，即先喷施化学除草剂进行灭杀，人工铲除发生区杂草，直至扑灭紫茎泽兰。

6. 调查和监测

紫茎泽兰发生区及周边地区的各级农业植物检疫机构要加强对本地区的调查和监测，做好监测结果记录，保存记录档案，定期汇总上报。其他地区要加强对来自紫茎泽兰发生区的植物及植物产品的检疫和监测，防止紫茎泽兰传入。

7. 宣传引导

各级宣传部门要积极引导媒体正确报道紫茎泽兰发生及控制情况。有关新闻和消息，应通过政府部门正常渠道获取，防止炒作，避免失实报道引起社会不安。在紫茎泽兰发生区，要利用适当的方式进行科普宣传，重点宣传防范知识、防控技术方法。当媒体上出现不实报道或社会上流传谣言时，应立即正面澄清，加强舆论引导，减少负面影响。

8. 应急保障

1）队伍保障

各级人民政府要组建由农业行政主管部门技术人员以及有关专家组成的紫茎泽兰应急防控队伍，加强专业技术人员培训，提高应急防控队伍人员的专业素质和业务水平，为应急预案的启动提供高素质的应急队伍保障，成立防治专业队；要充分发动群众，实施群防群控。

2）物资保障

省、市、县各级人民政府要建立紫茎泽兰防控应急物资储备制度，确保物资供应，对紫茎泽兰危害严重的地区，应该及时调拨救助物资，保障受灾农民生活和生产的稳定。

3）经费保障

各级人民政府应安排专项资金，用于紫茎泽兰应急防控工作。应急响应启动时，当地农业行政主管部门会商有关部门提出经费使用计划，由同级财政部门核拨，财政、农业、审计等部门对专项资金的使用和管理情况进行严格的监督检查，确保专款专用。

4）技术保障

科技部门要大力支持紫茎泽兰防控技术研究，为持续有效控制紫茎泽兰提供技术支撑。在紫茎泽兰发生地，有关部门要组织本地技术骨干力量，加强对紫茎泽兰防控工作的技术指导。

9. 应急解除

通过采取全面、有效的防控措施，达到防控效果后，县、市农业行政主管部门向省农业行政主管部门提出申请，经省农业行政主管部门组织专家评估论证，防治效果达到标准的，由省外来有害生物防控领导小组报请农业部批准，可解除应急。

经过连续 6 个月的监测仍未发现紫茎泽兰，经省农业行政主管部门组织专家论证，确认扑灭紫茎泽兰后，经紫茎泽兰发生区农业行政主管部门逐级向省农业行政主管部门报告，由省农业行政主管部门报省人民政府及农业部批准解除紫茎泽兰发生区，同时将有关情况通报林业部门和出入境检验检疫部门。

10. 附则

省（直辖市、自治区）各级人民政府根据本预案制定本地区紫茎泽兰防控应急预案。

本预案自发布之日起实施。

本预案由农业部外来物种管理办公室负责解释。

（曹坳程　王秋霞）

稻水象甲应急防控技术指南

一、稻水象甲

学　　名：*Lissorhoptrus oryzophilus* Kuschel

异　　名：*Lissorhoptrus simplex*（Say）

英　文　名：rice water weevil，root-maggot

分类地位：鞘翅目（Coleoptera）象甲科（Curculionidae）象甲属（*Lissorhoptrus*）

1. 起源与分布

起源：稻水象甲原产美国东部，是北美大陆的土著种。

国外分布：朝鲜半岛、日本、加拿大、美国、墨西哥、古巴、多米尼加、哥伦比亚、圭亚那、危地马拉、哥斯达黎加及北非等国家和地区。

国内分布：河北、天津、北京、辽宁、山东、浙江、吉林、福建、安徽、湖南、山西、陕西、江苏、福建、江西、云南、台湾。

2. 主要形态特征

1）卵

珍珠白色，圆柱形（图版 16A，B）。向内弯曲，两端头为圆形，长径约 0.8mm，短径约 0.2mm，长为宽的 3～4 倍，肉眼几乎看不见。

2）幼虫

白色，无足，头部褐色，腹节 2～7 背面有成对朝前伸的钩状气门。幼虫被水淹没后，可以从植物的根内和根周围获得空气。活虫可见体内大的气管分支。美国学者报道幼虫有 4 龄，各龄幼虫头壳宽度分别为 0.14～0.18mm、0.20～0.22mm、0.33～0.35mm 和 0.44～0.45mm。日本报道孤雌生殖型各龄头壳宽度分别为 0.19mm、0.272mm、0.368mm 和 0.496mm。老熟幼虫体长约 10mm。从其水生栖所、腹部背面钩状气门形状以及延长的新月形身体，通常可以区别出稻水象甲的幼虫（图版 16C，D）。

3）蛹、茧

老熟幼虫在附着于根部上的土制茧中化蛹。土茧形似绿豆，长径 4～5mm，短径 3～4mm，颜色土色。蛹白色，大小、形状近似成虫（图版 16F，H，I）。

4）成虫

体长 2.6～3.8mm，体宽 1.15～1.75mm（图版 16J）。雌虫比雄虫略大，体壁褐色，密布相互连接的灰色鳞片，前胸背板和鞘翅的中区没有这种鳞片，而呈暗褐色斑。前胸背板宽大于长，两侧边近于直，只在中间稍向两侧突起，中间最宽，前胸明显收缩，眼叶相当明显。小盾片不可见。喙端部和腹部、触角沟两侧、头和前胸背板基部、眼四周、前中后足基节基部、可见腹节 3、4 的腹面及腹节 5 的末端被覆黄色圆形鳞片。喙几乎和前胸背板一样长，有些弯曲，近乎扁圆筒形。额宽于喙。触角红褐色着生于喙中间之前，柄节棒形，索节 6 节，索节 1 膨大呈球形，雌虫索节 1 长几乎为索节 2 的 1.2 倍，雄虫的为 1.1 倍，索节 2 长大于宽，索节 3～6 宽大于长。触角棒呈倒卵形或长椭圆形，长为宽的 2.0～2.1 倍，棒为 3 节，棒节 1 光亮无毛。两眼下方间距大于喙的直径。

鞘翅亚平行，宽为前胸背板的 1.5 倍，鞘翅长也是宽的 1.5 倍。鞘翅明显具肩，肩斜，翅端平截或稍凹陷，行纹细不明显，行间宽为行纹的数倍，奇数行间宽于偶数行间。行间平坦或稍隆起，每行间被覆至少 3 行鳞片，在中间之后，行间 1、3、5、7 上有瘤突。股节棒形，不具齿。胫节细长、弯曲，中足胫节两侧各有 1 排长的游泳毛。雄虫后足胫节无前锐突，锐突短而粗，深裂呈两叉形。雌虫的锐突单个的长而尖，有前锐突。后足胫节锐突形状是稻水象甲成虫性别鉴定的一个有用特征。跗节 3 不呈二叶状，和跗节 2 等宽，雌虫后足跗节 2 长为宽的 1.7 倍（图版 16L, N, M）。

稻水象甲雌虫的腹部比雄虫粗大。雌虫可见腹节 1、2 的腹面中央平坦或凸起，雄虫在中央有较宽的凹陷。两性成虫可见腹节 5 腹面隆起的形状和程度也不同：雄虫隆起不达腹节 5 长度的一半，隆起区的后缘是直的；雌虫隆起区超过腹节 5 长度的一半，隆起区的后缘为圆弧形。雌虫腹部背板 7 后缘呈深的凹陷（有个体变异），而雄虫为平截或稍凹陷。

3. 主要生物学和生态学特性（含生活史）

1）越冬、滞育和迁飞

稻水象甲在我国以成虫在山地、荒地和田埂等场所越冬，主要在 4～5cm 的土表层或浅土层。越冬场所都具有背阴向阳、土壤疏松干燥等特点，但干燥对其越冬不利，土表具有枯草落叶等覆盖是必需条件。越冬成虫具群集性，一个越冬点具多个成虫。稻水象甲耐低温性较强，在 −5℃ 下 3 个月后的生存率在半数以上。在我国辽宁东港的模拟实验表明，覆盖条件下，土表层、埋入 2～3cm 土层和 4～5cm 土层稻水象甲越冬死亡率分别为 3.33%、8.33% 和 86.67%，表明稻水象甲在实际越冬条件下，具有极低的越冬死亡率。在浙江乐清（28.14°N，120.94°E），稻水象甲越冬成虫从 11 月下旬～3 月下旬平均过冷却点温度为 −15.3～−21.2℃，结冰点温度为 −14.0～−18.6℃，结合当地气温条件，推测在该地区冬春季低温对稻水象甲越冬中存活的影响较小。

稻水象甲的滞育分为冬季滞育和夏季滞育。稻水象甲越冬的部分成虫能产生第二代卵而发育为成虫，但仍以滞育成虫占优势，成虫滞育性与温、光、食物等条件关系密切，而水条件可能是其越冬的主要调控因子。在我国浙江省双季稻区，光照和温度可排除在稻水象甲夏季种群一代成虫夏季滞育的诱导因子之外，而不同的食料条件是引发滞育的主导因素。对双季稻区稻水象甲发生消长和迁飞动态的系统研究表明，稻水象甲的飞行肌和卵巢发育随生活史的季节性变化出现兴衰交替，从而迁入迁出稻田和越冬场所，表现出典型的卵子发生-飞行共轭，即春季越冬代成虫从越冬场所迁入早稻田后飞行肌消解而卵巢发育，繁殖形成一代致害种群。夏季一代成虫生殖滞育，飞行肌和脂肪体发达，绝大部分个体迁出早稻田行夏蛰并越冬；少量落入秧田者和早稻收割时散落田内而晚稻插秧时尚未迁离的个体卵巢恢复发育，飞行肌消解而构成二代虫源。秋季二代成虫羽化后生殖滞育，迁飞上山越冬；10月中旬后羽化的个体卵巢和飞行肌均不再发育而滞留田内外越冬。取食高质量食料时，一代夏蛰成虫飞行肌再生，新羽一代成虫则首先发育飞行肌，而后解除生殖滞育。

成虫迁飞性是稻水象甲适应不同环境的表现，但其飞行力较弱。在迁飞扩散的过程中，风速和风向对其远距离传播起着重要的促进作用。如我国吉林集安稻水象甲发生的主要原因就是在稻水象甲迁飞期随风入侵。对我国浙江省双季稻区稻水象甲飞行行为的研究表明，稻水象甲飞行扩散的行为特征是：①长时间的起飞准备（1～2h）和不高的起飞成功率，每晚的迁出率只有 1/3 左右；②卵巢、飞行肌呈季节性消长，因而无局地飞行（trivial flight）现象；③飞行速度不快，飞行能力不强，且风力稍大便无法起飞，一般情况下不会形成远距离自然扩散。

2）发生世代

稻水象甲在美国为两性生殖型，雌雄比为 1∶1，每年发生两代，而在我国发生的稻水象甲为孤雌生殖型，年发生世代数因区域不同而有所差异。气候和水稻栽培条件是影响稻水象甲在不同地区的发生和世代数的主要因素。在寒冷和单季稻区每年发生一代，如我国的河北、辽宁、吉林、北京和山东等地。在温暖和双季稻地区每年发生一代或两代，如浙江温岭、玉环，湖南等地每年发生一代和一个不完全两代；在温州等沿海地区和台湾的双季稻区每年发生两代，但主要以第一代幼虫危害早稻，一代成虫羽化后大多迁飞到稻田附近的山上越夏、越冬，仅少量个体发育为第二代。

3）生活史特性

稻水象甲经过 4 个发育期：卵、幼虫、蛹和成虫。其中，卵、幼虫、蛹期的发育要在水中完成，成虫具半水生习性（图 1）。成虫一般在水淹后开始产卵。研究表明，93%的卵产在淹在水下的叶鞘的基部一半，5.5%的卵产在淹水的上部，1.5%产在根部。

新孵化的幼虫在叶鞘内经短暂钻蛀取食后离开叶鞘掉入土中，由于幼虫无足，只能在泥浆中缓慢移动。因此 1 龄幼虫要在植物体外存活一段时间，这时期是它生活史中最薄弱的环节。幼虫在发育过程中，可从一个根钻出转入另外根危害，造成一系列穿孔。幼虫在株间移动距离可达 30～40cm。老熟幼虫身体卷缩，结一个光滑的囊包住自己，形成一个附着根系的、不漏水的土茧，并在其中化蛹。成虫从根部的土茧里孵化。

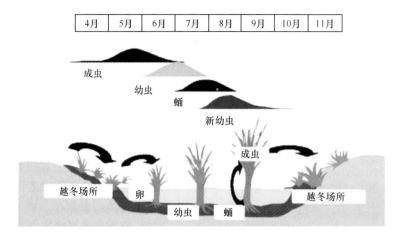

图1　稻水象甲在日本的生活史（仿 Saito et al.，2005）

4. 寄主范围

稻水象甲食物复杂，寄主范围非常广泛。Chen（2005）援引孙汝川和毛志农（1996）报道，根据野外调查和室内实验的结果表明，稻水象甲在河北栾南和唐海两县的植物寄主多达 10 科 64 种，其幼虫能在其中 5 科 15 种上取食。寄主多为禾本科植物，也有部分从属莎草科，还有少数泽泻科、牛栓藤科、花蔺科、鸭跖草科、鸢尾科、灯心草科、眼子菜科、香蒲科等科植物。尽管稻水象甲的寄主很广，但在有水稻的环境下，仍以水稻为主要寄主取食为害。以上寄主详细列表见相关文献，以下列出的是笔者从其他来源获得的寄主信息。

泽泻科：瓜皮草（矮慈姑）（*Sagittaria pygmaea* Miq.）。

鸭跖草科：鸭跖草（*Commelina communis*）、疣草（*Murdannia keisak*）。

莎草科：陌上菅（*Carex thunbergii*）、密花荸荠（*Eleocharis congesta*）、黑川荸荠（*E. kuroguwai*）、细杆茧蔺（*Scirpus juncoide shotarui*）、双穗飘拂草（*Fimbristylis tristachya* var. *subbispicata*）。

禾本科：荩草（*Arthraxon hispidus*）、*Beckmannia syzigachne*、稗（*Echinochloa crusgalli*）、甜茅（*Glyceria acutiflora* subsp. *japonica*）、牛鞭草（*Hemarthria sibirica*）、柳叶箬（*Isachne globosa*）、假稻（*Leersia japonica*）、秕壳草（*L. sayanuka* Ohwi）、稻（*Oryza sativa*）、双穗雀稗（两耳草）（*Paspalum distichum*）、雀稗（*P. thunbergii*）、狗尾草变种（*Setaria viridis* var. *minor*）、菰（*Zizania latifolia*）。

灯心草科：雷森灯心草（*Juncus leschenaultii*）。

5. 发生与危害

1）发生

我国稻作面积大、分布广，因而稻水象甲的发生规律具有较明显的区域性。辽宁 5 月初成虫开始活动，于 5 月中下旬迁入稻田，7 月上中旬～8 月中旬为危害盛期。在河北 4 月初当气温升至 10℃左右，越冬代成虫开始活动，4 月中旬开始向秧田转移。5 月下旬~6月上旬为危害高峰期。在山西代县,稻水象甲一年发生一代,越冬成虫4月下旬开始出土,5月上旬开始产卵,5月下旬~6月中旬为产卵高峰,卵期7~8天,幼虫期1个月左右,6月下旬开始化蛹,蛹期8天左右。7月上旬一代成虫开始羽化,羽化盛期在7月中旬~8月中旬,9月下旬开始入土越冬。安徽安庆在3月下旬始见稻水象甲,4月中旬开始危害。5月中旬为早稻大田危害盛期,直到6月初。在湖南,稻水象甲一年发生不完全两代。成虫迁入高峰是在早稻抛插后一周左右,4月下旬末~5月上旬初为产卵高峰。第一代完成一个生活史历时46天左右,第二代完成一个生活史历时54天左右。成虫迁入、危害期长达40余天。浙江一代成虫于6月中旬始见,6月下旬~7月上中旬达高峰期;二代成虫于8月底始见,9月中旬到高峰,但二代虫量低,对晚稻危害轻于早稻。

此外,稻水象甲的发生与种植制度的相适应性。在水稻单、双季混栽区,稻水象甲早稻发生量大于单季晚稻和连作晚稻,发生随单、双季水稻播种时间变化而变化。单季晚稻早移栽而发生早,迟移栽而发生迟,单季稻发生期成虫要比连作晚稻早,且发生量也比连作晚稻大。

2)危害

稻水象甲以成虫和幼虫为害水稻作物(图版16E,G,O,P)。成虫在幼嫩水稻叶片上取食上表皮和叶肉,留下下表皮,在叶表面留下1纵条斑痕。成虫危害一般来说没有重要经济意义。蔡雪涛等(2007)研究了每丛植物上稻水象甲一代成虫的取食斑数量与长度间的线性回归关系,建立了成虫取食斑数量与总长度的直线回归模型,可用于稻水象甲控制阈值的确定。

幼虫对植株的危害是造成水稻损失的主要方面,幼虫密集水稻根部,在根内或根上取食,根系被蛀食,刮风时植株易倾倒,甚至被风拔起浮在水面上。在害虫严重的田块,在一丛水稻植株根部可找到数十头幼虫。受损害重的根系变黑并腐烂。稻水象甲对水稻根系造成的危害,使植株变得矮小,成熟期推迟,产量降低。稻水象甲的发生危害会随着早稻面积的调减而逐步减轻。

成虫与幼虫同时加害水稻,对苗高、苗数、产量的影响要比成虫或幼虫单独危害造成的损失大得多。稻水象甲给水稻生产造成的损失一般田块减产10%~20%,受害严重田块减产50%左右。损失程度取决于地区、栽培情况和虫口密度。

6. 传播与扩散

稻水象甲原产美国东部,以禾本科、莎草科等杂草为寄主。18世纪后半叶随密西西比河流域各州大规模种植水稻而逐渐转移危害水稻。1959年在加利福尼亚州首次发现孤雌生殖型的稻水象甲。1976年孤雌生殖型的稻水象甲从美国传入日本,仅10年时间便遍及日本诸岛。1988年传入韩国和朝鲜,同年6月在我国河北省唐山市首次发现稻水象甲。其后的10年间,相继在中国台湾、天津、北京、辽宁、山东、吉林、浙江、福建、湖南、安徽等地稻田发现稻水象甲危害。自然传播与人为活动是稻水象甲的两种主要传播方式。前者主要由自身的飞翔、爬行、游泳,同时借助于风力、流水而传播;后者主要是人为活动由稻谷、稻草、交通工具进行的远距离传播。

图版 16

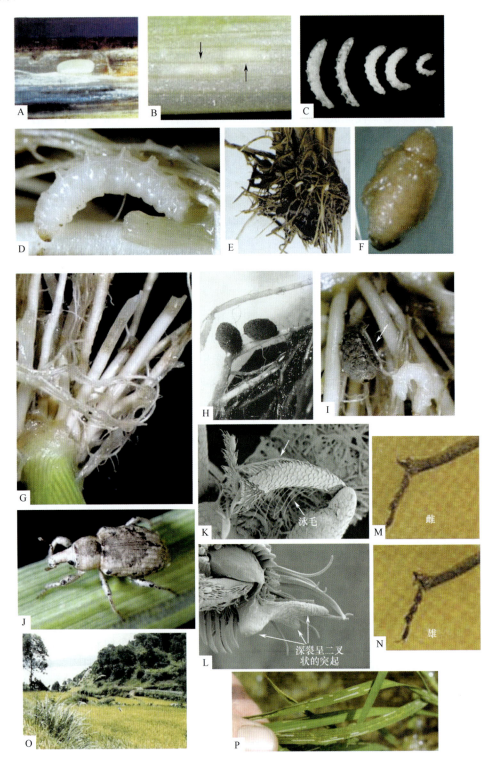

图版说明

 A. 产在叶鞘中的卵，图为剖面

 B. 卵（黑箭头所指）在叶鞘未剥开时的形态，形同香肠

 C. 不同龄期的幼虫

 D. 幼虫，背有气管，无足

 E，G. 幼虫危害稻根的症状，G 为幼虫为害后在根上造成的一系列穿孔

 F. 蛹

 H，I. 附着在根系、不漏水的土茧

 J. 成虫，从前胸背板前沿到鞘翅后 3/4 处有一黑色鳞片组成的暗斑，形似倒挂的花苞

 K. 成虫中足胫节上有梳状泳毛

 L，N. 雄虫后足胫节近跗节端的突起深裂呈二叉状（箭头所指）

 M. 雌虫后足胫节近跗节端钩状前锐突

 O. 稻田被害状

 P. 成虫在叶片叶脉间取食，留下白色的疤纹，但不会造成严重的经济损失

图片作者或来源

 A，E，F，O. 作者引自绿农网 http://www.lv-nong.cn

 C，H. 引自 Saito T，Hirai K，Way M O. 2005. The rice water weevil, *Lissorhoptrus oryzophilus* Kuschel (Coleoptera：Curculionidae). Applied Entomology and Zoology，40（1）：31～39.

 B，D，G，I，J. Jack Kelly Clark，引自 Rice Water Weevil. UC Pest Management Guidelines. Statewide IPM Program，Agriculture and Natural Resources，University of California. （下载自 http://www.ipm.ucdavis.edu/PMG/r682300511.html，最后访问日期：2009-12-7）

 M，N. 引自张志涛，商晗武，傅强等. 2005. 关于稻水象甲形态的几个问题. 中国水稻科学，19（2）：190～192

 K，L. 引自 Plant Health Australia. 2009. Diagnostic Methods for Rice Water Weevil Lissorhoptrus oryzophilus. PaDIL- Plant Biosecurity Toolbox（下载自 http://www.padil.gov.au/pbt/index.php?q=node/15&pbtID=91♯，最后访问日期：2009-12-7）

 P. 下载自 LSU AgCenter.（http://www.lsuagcenter.com/en/crops_livestock/crops/rice/Insects/Rice+Water+Weevil+Lissorhoptrus+oryzophilus.htm，最后访问日期：2009-12-7）

二、稻水象甲检验检疫技术规范

1. 范围

 本规范规定了稻水象甲的检疫检验及检疫处理操作办法。

 本规范适用于农业植物检疫机构对稻水象甲各虫态及可能携带其的载体、交通工具的检疫检验和检疫处理。

2. 产地检疫

 （1）严格选择无稻水象甲发生区作为基地，如果在稻水象甲轻发生区，必须具有一定的、按不同作物产地规程标准所要求的隔离条件。

（2）选种及稻苗消毒处理，稻苗必须来自无稻水象甲发生区，并经检疫合格的健康种苗，对新引进的、来源地不清的稻苗，首先要进行复检，然后再进行温汤浸种、热处理等消毒处理。

（3）生长期的田间防疫措施，严格参照本规程中描述的稻水象甲形态特征、症状，按照稻水象甲调查的方法进行调查。

3. 调运检疫

（1）若尚未调运，对于可能染疫的植物、植物产品必须经植物检疫机构检疫合格后，方可调运，防止稻水象甲随稻苗、稻谷和禾本科、莎草科等杂草调运人为传播。种用稻谷一定要进仓熏蒸作灭虫处理后方可调运。

（2）若已调运，应检查调运的种子、稻苗，禾本科、莎草科等杂草及相关产品中有无稻水象甲，对所有来自稻水象甲疫情发生区的可能携带该虫的载体进行检疫。

4. 检验及鉴定

1）仪器、用具及药品

铲、桶、8目筛子、40目筛子、60～80目纱网袋、塑料布、塑料袋、剪刀、试管、酒精灯、解剖镜、放大镜、镊子、记号笔、标签、记录本等。70％酒精、氯化钠（食盐）。

2）抽样

（1）土壤抽样。

采取随机取样，样点数量不少于 30 个，每个点的面积为 $0.25m^2$，将样点内土表（0～3cm）的土壤用 8 目和 40 目筛重叠筛样，再将中间土样带回实验室检测。

（2）稻谷抽样。

对同一批稻谷（含稻种）按总件数 2％～10％抽样，抽样最低数不少于 10 件。在取样时，按对角线 5 点、棋盘式或分层取样，每件取样 1000g（对邮包邮寄的少量稻谷种子，在报检时进行全样检测）。

（3）植株抽样。

将捆扎的秧苗按 5％～10％随机抽样，带回室内检测。

（4）稻草抽样。

按 0.5％～5％比例抽样，每个稻草堆分上、中、下层，每层抽查不少于 5 把稻草。

3）检测

（1）土壤样品检测。

土壤样品用 8 目和 40 目筛子重叠筛样，在筛样中直接拣出疑似稻水象甲成虫，然后将剩下的筛样倒入盛水容器内漂洗并收集疑似稻水象甲成虫。

（2）稻谷样品检测。

通过肉眼或手持放大镜检查稻谷（稻种）是否带有或混有疑似稻水象甲成虫。

未发现时，将稻谷（含稻种）代表样品，倒入规定孔径上层为 2.5mm、下层为 1.5mm 的标准筛中过筛，然后用肉眼或放大镜检查下层筛上有无疑似稻水象甲成虫。

（3）植株样品检测。

在稻苗捆扎时，先看秧苗外表稻叶有无被害状，根基部和叶丛内是否有疑似稻水象甲成虫隐藏。然后解开秧捆，将稻苗在白瓷盘上轻轻抖动，看有无成虫坠落，并收集疑似昆虫。

（4）稻草样品检测。

将抽取的稻草样品开捆，在白色塑料布上抖落蛰伏其中的成虫，过筛筛掉断梗残叶，检查有无疑似稻水象甲成虫坠落在白色塑料布上，并收集虫样。

4）鉴定

在解剖镜下对上述方法检测到的疑似稻水象甲成虫、幼虫、蛹和卵的形态特征进行观察、测量和记述，与稻水象甲形态特征比较，符合下列记述特征的昆虫可确定为稻水象甲。

卵：珍珠白色，圆柱形。向内弯曲，两端头为圆形，长径约 0.8mm，短径约 0.2mm，长为宽的 3～4 倍，肉眼几乎看不见。

幼虫：白色，无足，头部褐色，腹节 2～7 背面有成对朝前伸的钩状气门。幼虫头壳宽度为 0.14～0.45mm。

蛹：老熟幼虫在附着于根部上的土制茧中化蛹。土茧形似绿豆，长径 4～5mm，短径 3～4mm。颜色土色。蛹白色。大小、形状近似成虫。

成虫：体长 2.6～3.8mm，体宽 1.15～1.75mm。体壁褐色，密布相互连接的灰色鳞片。前胸背板宽大于长，两侧边近于直，只在中间稍向两侧突起，前胸明显收缩。鞘翅宽为前胸背板的 1.5 倍，鞘翅长也是宽的 1.5 倍，鞘翅明显具肩，肩斜。股节棒形，不具齿。胫节细长、弯曲，中足胫节两侧各有 1 排长的游泳毛。

5. 检疫处理和通报

1）检疫处理

一旦发现稻水象甲疫情，应在检疫人员的监督下，立即进行封锁。迅速查清疫情，立即采取有效防治措施，将有疫情种子或稻苗全部检出销毁。

2）检疫通报

检疫检验过程中发现稻水象甲，应根据实际情况，启动应急预案，立即进行应急治理。疫情确定后一周内应将疫情通报给植物和植物产品调运目的地的农业外来入侵生物管理部门和农业植物检疫部门，以加强目的地监测力度。

附录 A 稻水象甲及其近缘种的比较

美国学者早期研究认为美国的稻水象甲只有 1 种，即 *Lissorhoptrus simplex* (Say)，经过 Kuschel 的研究，通常被称为 *Lissorhoptrus simplex* 的组群至少有 6 个种，它们是：*L. buchanani* Kuschel、*L. chapini* Kuschel、*L. lacustris* Kuschel、*L. longipennis* Kuschel、*L. oryzophilus* Kuschel、*L. simplex* (Say)。

从跗节的宽度上，可将稻水象甲 *L. oryzophilus* 与 *L. buchanani* 和 *L. chapini* 区别开：前者的跗节 3 和跗节 2 是等宽的，而后两者的跗节 3 则均明显宽于跗节 2。这两个跗节 3 宽于跗节 2 的种类的主要区别是：*L. buchanani* 的喙全部被覆鳞片，中足胫节具长游泳毛，后足胫节有前锐突，而 *L. chapini* 的喙背面是光裸的，后足胫节无前锐突。

从肩突的形状可将稻水象甲 *L. oryzophilus* 和 *L. lacustris* 区别开：稻水象甲的肩突明显，后者的肩突不明显。

从鞘翅长与宽的比例上可将稻水象甲 *L. oryzophilus* 和 *L. longipennis* 区别开：前者鞘翅长为宽的 1.5 倍，后者的鞘翅较细长，长为宽的 1.65 倍。

L. simplex (Say) 体长 2.7～3.6mm，体宽 1.25～1.7mm。由于稻水象甲 *L. oryzophilus* 和 *L. simplex* 在外部形态特征和生活习性上极其相似，因此两个种极易混淆。可根据附录 B 所列特征仔细加以区别。

附录 B 两种稻水象甲的形态区别

	L. oryzophilus Kuschel	*L. simplex* (Say)
雌虫背板 7 后缘形状	凹陷较深	平截，或稍具凹陷
后足胫节锐突	1. 雌虫具前锐突，雄虫缺无 2. 雄虫锐突短而粗、深地分裂呈两叉形	1. 两性成虫均具前锐突 2. 雄虫锐突具 3 齿，中间的较长、钩状，其余 2 齿突出
两鞘翅端部形状	两鞘翅端部会合线呈连续弧形，无三角形凹陷	两鞘翅端部会合线呈三角形凹陷

另外，在我国许多水稻种植区有另一种水稻重要害虫——稻鳞象甲 *Echinocnemus squameus* Billberg，从害虫的习性、为害状和形态特征上可将这两种象甲区别开（附图）。

附图 不同体色的稻水象甲（左）和稻鳞象甲（右）成虫（下载自绿农网 http://www.lv-nong.cn/）

　　稻鳞象甲个体较稻水象甲大，体长约 5mm，宽约 2.3mm。身体被覆卵形鳞片，额窄于喙。喙长几乎等于前胸背板。触角柄节不达眼前缘，索节 7 节，索节 1 棒形，棒节不光裸，具细绒毛。小盾片明显可见，被覆白色鳞片。鞘翅行纹刻点明显，行间 1、3、5、7 端部不具瘤突，在行间 3 近端部各有一明显长椭圆形灰白色斑。跗节 3 明显宽于跗节 2，呈两叶型。前、中、后足胫节外缘无细长游泳毛，但各具一排长刚毛和一排非常明显的小齿。腹板 5 腹面末端具一深的圆形凹陷窝。

　　两种象甲幼虫的主要区别：稻鳞象甲腹部 2～7 节的两侧各有单一的钩状突起，稻水象甲这些体节的背面有成对的钩状突起。前者身体肥胖、多皱，生活在须根间，后者身体呈延长的新月形，可生活在根内和根上。

三、稻水象甲调查监测技术规范

1. 范围

　　本规范规定了对稻水象甲进行调查和监测的技术方法。

　　本规范适用于调查、监测稻水象甲的发生情况。

2. 调查

　　1）访问调查

　　向当地居民询问有关稻水象甲发生地点、发生时间、危害情况，分析稻水象甲传播扩散情况及其来源。每个社区或行政村询问调查 30 人以上。对询问过程发现的稻水象甲可疑存在地区，进行深入重点调查。

　　2）实地调查

　　选择有代表性的田块，重点检查田边、沟边水稻植株的地上部分、地下部分以及稻田周围山边、田埂上的杂草，发现可疑成虫、幼虫、蛹（茧），带回室内鉴定。

　　（1）土壤调查。

　　在越夏越冬场所调查稻水象甲，采取随机取样调查，样点数量不少于 30 个点，每个点的面积为 0.25m²。

　　（2）稻谷调查。

　　对同一批稻谷（含稻种）按总件数 2%～10% 调查，抽样最低数不少于 10 件。

　　（3）植株调查。

　　成虫：在秧苗移栽前，选秧板两端及两侧取样，每 1/15hm² 取样 10 点，抽样最低数不少于 10 点，每样点取 50 株秧苗调查。在秧苗捆扎后，按 5%～10% 随机抽样调查。在秧苗移栽后 5～7 天，在靠近越冬场所的稻田，采用 5 点取样法，每样点取 100 株稻苗调查。

　　虫卵：在每次调查成虫样点各取 10 株稻苗进行调查。

　　幼虫和蛹：大田水稻植株采用 5 点取样法，每点挖取 5 丛带泥土的完整稻株调查。

（4）稻桩调查。

用于繁种或生产的再生稻稻桩，按 10％抽样调查，调查最低数不少于 10 丛。

（5）稻草调查。

按 0.5％～5％比例抽样调查，每个稻草堆，分上、中、下层，每层抽查不少于 5 把稻草。

（6）稻田外周调查。

在稻田周围随机取样调查稻水象甲成虫、幼虫、卵和蛹（茧），每样点 1m×1m。

3. 监测

稻水象甲主要通过成虫的扩散进行自然传播。利用稻水象甲成虫强烈的趋光性，根据监测区面积的大小，在监测区的内缘设固定监测点，每点相距不超过 10km。每个监测点设置 10 盏黑光灯诱集稻水象甲成虫，来监测该虫的扩散情况。每盏黑光灯控制面积约为 4hm²。根据当地实际情况调节监测期的长短。在监测期，每天观察黑光灯内有无稻水象甲。监测结果应及时上报有关部门。

4. 样本采集与寄送

在调查中如发现疑似稻水象甲，将其浸泡于 70％酒精，标明采集时间、采集地点及采集人。将每点采集的疑似稻水象甲集中于一个标本瓶中，送外来物种管理部门指定的专家进行鉴定。

5. 调查人员的要求

要求调查人员为经过培训的农业技术人员，掌握稻水象甲各虫态的形态、生物学特性、危害症状以及稻水象甲的调查监测方法和手段等。

6. 调查结果处理

调查监测中，一旦发现稻水象甲，严格实行报告制度，定期逐级向上级政府和有关部门报告有关调查监测情况。

四、稻水象甲应急控制技术规范

1. 范围

本规范规定了稻水象甲新发、爆发时的应急控制操作办法。

本规范适用于稻水象甲的应急控制。

2. 应急控制方法

1）检疫检验处理

检疫检验过程中一旦发现稻水象甲疫情，应立即进行封锁。迅速查清疫情，立即将有疫情的稻谷、稻种、秧苗、杂草及其他植物性产品全部检出销毁。

2）稻田应急防治

当稻水象甲在局部地区爆发成灾时，应采取田内与田外、物理与化学防治相结合的综合防治措施。利用稻水象甲成虫强烈的趋光性，在田间离大片水稻边缘 200m 以内设置诱虫灯，每盏灯控制面积 4hm²，吊挂高度略高于水稻，适时处理灯诱残虫体。组织人员对稻水象甲田外聚集植株及田内稻株喷洒化学农药紧急灭虫。必要时可采用飞机施药防治。当稻水象甲在局部地区大发生或爆发，或其发生地块无法进行人工防治时，启动飞机防治方法。该方法适用于作物连片种植、无障碍物的平原地区。使用"运五"飞机在风速小于 3m/s，飞行高度为 10～15m，作业速度 110km/h，采用超低量或常量喷洒技术。所用化学农药可在表 1 中列出的化学农药中任选一种。

表 1　防治稻水象甲药剂种类、用药量及施药方法

药剂名称	剂型	单次用药量/(g/hm²)	施药方法及注意事项
辛硫磷	50%乳油	375～750	兑水 75～100L/hm² 喷雾。稻田施药时连同田边杂草及附近玉米苗上的稻水象甲成虫一起防治。水稻本田或直播田施药时田间水层 3～5cm,保水 5～7 天
毒死蜱	48%乳油	360～720	
倍硫磷	50%乳油	375～750	
醚菊酯	10%悬浮剂	60～90	
乙氰菊酯	10%乳油	150～200	

注：除表中的 5 种药剂外,也可使用其他对稻水象甲防治有效的药剂,但需符合有关农药安全使用标准及农药合理使用准则。

3. 注意事项

（1）应加强疫情调查，提高预警能力。

（2）严禁在疫区调运稻谷、秧苗、种子。

（3）一旦发现稻水象甲疫情，立即报告当地植物保护和植物检疫站，并及时采取封锁控制措施。

（4）化学药剂仍然是目前防治突发病虫害最有效的应急手段，为减少污染，必须选用高效、低毒化学药剂防治病虫害。

五、稻水象甲综合治理技术规范

1. 范围

本规范规定了稻水象甲的单项控制操作技术及综合治理操作办法。

本规范适用于稻水象甲综合治理。

2. 专项防治措施

1）植物检疫

严格执行植物检疫法规，禁止携带带有稻水象甲的稻苗、稻草、稻种、草坪和蟹苗等物品运出稻水象甲发生区。

2）农业防治

（1）选育抗虫品种。

选育抗虫品种是防治稻水象甲的有效途径之一。发根力强的品种，自身补偿能力强，耐稻水象甲幼虫危害，损失相对轻。叶脉间距小，硅化细胞数目多的品种，耐稻水象甲成虫危害。目前，美国已培养成强抗虫性品种 WC-1403、CI-9881、毛稻、陆羽 20 号。菲律宾和日本型水稻品种比美国及朝鲜品种更具抗性。我国的 T03 和新竹 64 号也是抗虫品种。选用晚熟品种较选用早熟品种受害轻，因为早熟品种孕穗期正值幼虫为害，而晚熟品种的孕穗期却能避开幼虫的为害。

（2）培育壮秧，适时调整播期。

秧苗根系发达，插秧后不仅返青快，且对幼虫危害的补偿能力强，可减轻稻水象甲的危害。扦插越早受害越重，适当调整播插时期，使成虫危害盛期或产卵盛期与水稻受害敏感期错开，能减轻水稻受害程度。

（3）加强田间管理。

稻水象甲的发生与水分条件密切相关。浅水管理或适时排水保持湿润，将使成虫产卵处于不利环境中（因成虫一般在水下稻组织中产卵），并增加卵和幼虫的死亡率。而浅水管理或干湿交替管理对水稻生长更为有利。水稻收割后至土壤封冻前，对稻田进行翻耕或耕耙，可消灭稻田中大部分的越冬成虫，从而减轻第二年的危害程度和防治压力。烧掉田埂上的杂草可降低越冬成虫的数量。

3）物理防治

（1）灯光诱杀。

物理防治主要是利用稻水象甲第一代成虫的强趋光性，在稻田附近架设诱集灯，以达到降低成虫越冬基数的目的。

（2）设置防虫网。

因为稻水象甲的飞行能力差，可以设置防虫网阻止稻水象甲迁移进入稻田。

（3）覆膜栽培。

由于稻水象甲成虫产卵需要有水的条件，因此可覆膜无水栽培，减少稻株上的落卵量。

4）生物防治

稻水象甲的捕食性天敌较少，对成虫具有一定捕食作用的天敌主要有鸟类、蛙类和蜘蛛等，未见专一性强的天敌，寄生性的真菌也不多，主要有寄生成虫的金龟绿僵菌、球孢白僵菌和虫霉菌等。

5）化学防治

掌握好防治指标和防治适期，选用低毒高效农药，在水稻生育前期施药，通过防治迁入水稻本田或直播田的稻水象甲越冬代成虫，控制其成虫直接为害，并预防下一代幼虫和成虫的发生。防治指标为成虫虫口密度 0.3 头/丛或 10 头/m²。

水稻秧苗移栽前 1～2 天在秧田施药 1 次，使秧苗带药进本田；从越冬场所迁入水稻本田或直播田的稻水象甲成虫达防治指标时施药 1 次；此后继续迁入的稻水象甲成虫虫口密度若又达防治指标时，再次施药。此期施药 2 或 3 次。所用药剂从表 1 中任选其一，需连续施药 2 次以上时，提倡交替使用不同种类的农药。

3. 综合防控措施

实施植物检疫措施，控制稻水象甲的传播蔓延；在已有该虫发生又难以将其扑灭的稻区，本着"安全、经济、有效"的原则，采取农业防治与化学防治相结合，以化学防治为主的措施。在稻水象甲疫区，以水稻高产、稳产为主要目的，采取有利于水稻生长发育而不利于稻水象甲发生的栽培措施，培育壮秧，适时晚插，以抛秧为主，有条件的情况下可在适当时期进行田间排水。在此基础上，针对田间的实际虫量适时采用适当药剂防治，在移栽后 5 天左右实施边行防治，采用甲基异硫磷等残效期长、残留在允许条件下的药剂以毒土法施用，一次性防治成虫，兼治幼虫。

主要参考文献

蔡雪涛，郑永敏，商晗武等. 2007. 寄主植物对田间稻水象甲一代成虫取食斑数量与长度关系的影响. 中国水稻科学，21（3）：309～315

郭立兵，周社文，肖铁光等. 2007. 湖南省稻水象甲发生状况与防治. 作物研究，（1）：68～73

江春，王育选. 2007. 检疫对象——稻水象甲在我省发生规律的研究. 山西农业大学学报（自然科学版），27（4）：372～374

林云彪，赵琳. 1998. 稻水象甲在浙江的发生及防治. 植物保护，（1）：22～24

吕利华，马春森，宋淑云. 1996. 集安市稻水象甲的传入及蔓延的控制对策. 吉林农业科学，（3）：40～42

商晗武，程家安，蒋明星等. 2003. 起始供食时间对稻水象甲冬后成虫繁殖、取食和存活的影响. 中国水稻科学，17（1）：77～81

孙汝川，毛志农. 1996. 稻水象. 北京：中国农业出版社

唐学友，章炳旺，方海维等. 2008. 安庆市稻水象甲发生规律与综合控制技术研究简报. 安徽农学通报，14（13）：139，140

田春晖，赵文生，孙富余等. 1997. 稻水象甲的发生规律与防治研究V：稻水象甲的生物学特性研究. 辽宁农业科学，3：3～10

余守武，杨长登，李西明. 2006. 我国稻水象甲的发生及其研究进展. 中国稻米，（6）：10～12

翟保平，程家安，黄恩友等. 1999a. 稻水象甲（*Lissorhoptrus oryzophilus* Kuschel）的卵子发生-飞行共轭. 生态学报，19（2）：242～249

翟保平，商晗武，程家安等. 1998. 双季稻区稻水象甲一代成虫的滞育. 应用生态学报，9（4）：400～404

翟保平，商晗武，程家安等. 1999b. 稻水象甲卵巢发育程度的分级及其应用. 中国水稻科学，13（2）：109～113

翟保平，郑雪浩，商晗武等. 1999c. 稻水象甲（*Lissorhoptrus oryzophilus* Kuschel）滞育征候群中的飞行行为. 生态学报，19（4）：453～457

翟保平，郑雪浩，商晗武等. 1999d. 风对稻水象甲起飞的影响. 中国农业气象，20（3）：24～27

张春辉. 1990. 警惕稻水象甲传入我省. 陕西农业科学，（6）：36

张文俊，蒋明星，郑雪浩等. 2004. 稻水象甲越冬成虫的耐寒力测定. 昆虫知识，41（4）：339～341

张玉江. 1997. 唐海县稻水象甲的发生特点及其防治. 植物检疫, 11 (1): 40, 41

张志涛, 商恰武, 傅强等. 2005. 关于稻水象甲形态的几个问题. 中国水稻科学, 19 (2): 190~192

Chen H, Chen Z, Zhou Y. 2005. Rice water weevil (Coleoptera: Curculionidae) in mainland China: Invasion, spread and control. Crop Protection, 24: 695~702

Grigarick A A. 1993. Study of the rice water weevil, past, present, and future in the United States with emphasis on California. In: Hirai K. Establishment, Spread and Management of the Rice Water Weevil and Migratory Rice Insect Pests in East Asia. Tsukuba: NARC. 12~31

Kisimoto R. 1992. Spread and management of the rice water weevil, an imported insect pest of rice. In: Hirai K. Establishment, Spread and Management of the Rice Water Weevil and Migratory Rice Insect Pests in East Asia. Tsukuba: NARC. 32~36

Lee I Y, Uhm K B. 1992. Landing, settling and spreading of the rice water weevil in Korea. In: Hirai K. Establishment, Spread and Management of the Rice Water Weevil and Migratory Rice Insect Pests in East Asia. Tsukuba: NARC. 42~57

Saito T, Hirai k, Way M O. 2005. The rice water weevil, *Lissorhoptrus oryzophilus* kuschel (Coleoptera: Curculionidae). Applied Entomology and Zoology, 40 (1): 31~39

六、稻水象甲防控应急预案（样本）

稻水象甲从 1988 年传入我国，已在我国的十几个省市发生危害，为控制疫情的进一步扩散蔓延，制定本防控应急预案。

1. 稻水象甲危害情况的确认、报告与分级

1）确认

疑似稻水象甲发生地的农业主管部门在 48h 内将采集到的稻水象甲标本送到上级农业行政主管部门所属的植物检疫机构，由省级植物检疫机构指定专门科研机构鉴定，省级植物检疫机构根据专家鉴定报告，报请农业部确认。

2）报告

确认本地区发生稻水象甲后，当地农业行政主管部门应在 48h 内向同级人民政府和上级农业行政主管部门报告，并组织对本地区进行普查，及时查清发生和分布情况。省农业行政主管部门应在 48h 内将稻水象甲发生情况上报省人民政府和农业部，同时抄送省级林业部门和出入境检验检疫部门。

3）分级

依据稻水象甲发生量，疫情传播速度，造成农业生产损失和对社会、生态危害程度等，将突发事件划分为由高到低的三个等级：

一级：在 1 个省（直辖市、自治区）所辖的 2 个或 2 个以上地级市（区）新发生稻水象甲严重危害。

二级：在 1 个地级市辖的 2 个或 2 个以上县（市、区）新发生稻水象甲危害；或者在 1 个县（市、区）范围内新发生稻水象甲严重危害。

三级：在 1 个县（市、区）范围内新发生稻水象甲危害。

2. 应急响应

各级人民政府按分级管理、分级响应、属地管理的原则，根据稻水象甲危害范围及程度，一级危害以上启动一级响应，二级危害启动二级响应，三级危害启动三级响应。

1）一级响应

省级农业行政主管部门立即成立稻水象甲防控工作领导小组，迅速组织协调本省各市、县人民政府及部级相关部门开展稻水象甲防控工作，对全省（直辖市）稻水象甲发生情况进行调查评估，制定防控工作方案，组织农业行政及技术人员采取防控措施，并及时将稻水象甲发生情况、防控工作方案及其执行情况报农业部及邻近各省市主管部门。省级其他相关部门密切配合做好稻水象甲防控工作；农业厅根据稻水象甲危害严重程度在技术、人员、物资、资金等方面对稻水象甲发生地给予紧急支持，必要时，请求农业部给予相应援助。

2）二级响应

地级以上市人民政府立即成立稻水象甲防控工作领导小组，迅速组织协调各县（市、区）人民政府及市相关部门开展稻水象甲防控工作，并由本级人民政府报省人民政府；市级农业行政主管部门要迅速组织对本市稻水象甲发生情况进行全面调查评估，制定防控工作方案，组织农业行政及技术人员采取防控措施，并及时将稻水象甲发生情况、防控工作方案及其执行情况报省级农业行政主管部门；市级其他相关部门密切配合做好稻水象甲防控工作；省级农业行政主管部门加强督促指导，并组织查清本省稻水象甲发生情况；省人民政府根据稻水象甲危害严重程度和市级人民政府的请求，在技术、人员、物资、资金等方面对发生稻水象甲地区给予紧急援助支持。

3）三级响应

县级人民政府立即成立稻水象甲防控工作领导小组，迅速组织协调各乡镇政府及县相关部门开展稻水象甲防控工作，并由本级人民政府报告上一级人民政府；县级农业行政主管部门要迅速组织对稻水象甲发生情况进行全面调查评估，制定防控工作方案，组织农业行政及技术人员采取防控措施，并及时将稻水象甲发生情况、防控工作方案及其执行情况报市级农业行政主管部门；县级其他相关部门密切配合做好稻水象甲防控工作；市级农业行政主管部门加强督促指导，并组织查清全市稻水象甲发生情况；市级人民政府根据稻水象甲危害严重程度和县级人民政府的请求，在技术、人员、物资、资金等方面对发生稻水象甲地区给予紧急援助支持。

3. 部门职责

各级稻水象甲防控工作领导小组负责本地区稻水象甲防控的指挥、协调工作，并负责监督应急预案的实施。农业部门具体负责组织稻水象甲监测调查、防控和及时报告、通报等工作；宣传部门负责引导传媒正确宣传报道稻水象甲有关情况；财政部门及时安排拨付稻水象甲防控应急经费；科技部门组织稻水象甲防控技术研究；经贸部门组织防控物资生产供应，以及稻水象甲对贸易和投资环境影响的应对工作；出入境检验检疫部门加强出入境检验检疫工作，防止稻水象甲的传入和传出；发展改革、建设、交通、环境保护、旅游、水利、民航等部门密切配合做好相关工作。

4. 稻水象甲发生点、发生区和监测区的划定

发生点：被稻水象甲为害的稻株外缘周围100m以内的范围划定为一个发生点（两个发生点距离在100m以内为同一发生点）。

发生区：发生点所在的行政村（居民委员会）区域划定为发生区范围；发生点跨越多个行政村（居民委员会）的，将所有跨越的行政村（居民委员会）划为同一发生区。

监测区：发生区外围5000m的范围划定为监测区；在划定边界时若遇到水面宽度大于5000m的湖泊和水库，以湖泊或水库的内缘为界。

5. 封锁控制和扑灭

稻水象甲发生区所在地的农业行政主管部门对发生区内的稻水象甲危害寄主植物上设置醒目的标志和界线，并采取措施进行封锁控制和扑灭。

1）封锁控制

对稻水象甲发生区内机场、码头、车站、停车场、机关、学校、厂矿、农舍、庭院、街道、主要交通干线两旁区域、有外运产品的生产单位以及物流集散地，有关部门要进行全面调查，货主单位和货运企业应积极配合有关部门做好稻水象甲的防控工作。稻水象甲危害情况特别严重时，经省人民政府批准，可在发生区周边主要交通要道设立临时植物检疫检查站，对外运的种苗、花卉、盆景、草皮等植物产品进行检疫，禁止稻水象甲发生区内树枝落叶、杂草等垃圾外运。

2）防治与扑灭

经常性开展扑杀稻水象甲行动，采用化学、物理、人工、综合防治方法灭除稻水象甲，即先喷施化学杀虫剂进行灭杀，人工铲除发生区稻水象甲，直至扑灭。

6. 调查和监测

稻水象甲发生区及周边地区的各级农业植物检疫机构要加强对本地区的调查和监测，做好监测结果记录，保存记录档案，定期汇总上报。其他地区要加强对来自稻水象甲发生区的植物及植物产品的检疫和监测，防止稻水象甲传入。

7. 宣传引导

各级宣传部门要积极引导媒体正确报道稻水象甲发生及控制情况。有关新闻和消息，应通过政府部门正常渠道获取，防止炒作，避免失实报道引起社会不安。在稻水象甲发生区，要利用适当的方式进行科普宣传，重点宣传防范知识、防控技术方法。当媒体上出现不实报道或社会上流传谣言时，应立即正面澄清，加强舆论引导，减少负面影响。

8. 应急保障

1）队伍保障

各级人民政府要组建由农业行政主管部门技术人员以及有关专家组成的稻水象甲应急防控队伍，加强专业技术人员培训，提高应急防控队伍人员的专业素质和业务水平，为应急预案的启动提供高素质的应急队伍保障，成立防治专业队；要充分发动群众，实施群防群控。

2）物资保障

省、市、县各级人民政府要建立稻水象甲防控应急物资储备制度，确保物资供应，对稻水象甲危害严重的地区，应该及时调拨救助物资，保障受灾农民生活和生产的稳定。

3）经费保障

各级人民政府应安排专项资金，用于稻水象甲应急防控工作。应急响应启动时，当地农业行政主管部门会商有关部门提出经费使用计划，由同级财政部门核拨，财政、农业、审计等部门对专项资金的使用和管理情况进行严格的监督检查，确保专款专用。

4）技术保障

科技部门要大力支持稻水象甲防控技术研究，为持续有效控制稻水象甲提供技术支撑。在稻水象甲发生地，有关部门要组织本地技术骨干力量，加强对稻水象甲防控工作的技术指导。

9. 应急解除

通过采取全面、有效的防控措施，达到防控效果后，县、市农业行政主管部门向省农业行政主管部门提出申请，经省农业行政主管部门组织专家评估论证，防治效果达到标准的，由省人民政府批准，并报告农业部，可解除应急。

10. 附则

地（市、州）各级人民政府根据本预案制定本地区稻水象甲防控应急预案。

本预案自发布之日起实施。

本预案由省级农业行政主管部门负责解释。

（马春森 马 罡）

非洲大蜗牛应急防控技术指南

一、非洲大蜗牛

学　　名：*Achatina fulica*（Bowdich，1822）

异　　名：*Helix*（*Cochlitoma*）*fulica* Ferussac，1821

　　　　　Helix mauritiana Lamarck，1822

　　　　　Achatina couroupa Lesson，1830

　　　　　Achatina fulica Tryon，1904

　　　　　Achatina（*Lissachatina*）*fulica* Bowdich，1822

英 文 名：giant African snail，giant African landsnail，giant African land snail

中名别名：褐云玛瑙螺、褐色玛瑙螺、玛瑙蜗牛、非洲蜗牛、菜螺、花螺、路螺、东风螺

分类地位：软体动物门（Mollusca）腹足纲（Gastropoda）柄眼目（Stylommatophora）玛瑙螺科（Achatinidae）玛瑙螺属（*Achatina*）

非洲大蜗牛（*Achatina fulica* Bowdich，1822），又称褐云玛瑙螺，该螺不但严重危害农林生产，造成巨大的经济损失，而且传播广州管圆线虫（*Angiostrongylus cantonensis* Chen，1935）病等重要人畜共患传染病，对人类健康危害极大，引起了国际上有关国家植物保护、环境保护、兽医和卫生部门的高度重视。非洲大蜗牛既是国家环保总局 2002 年首批公布的入侵我国的 16 种重大外来入侵生物名单和《中华人民共和国进境植物检疫性有害生物名录》名单中的成员，也是国际自然保护联盟（IUCN）公布的全球 100 种最具破坏力的入侵物种名单中的成员。由于历史的原因，我国农林院校植物保护专业没有开设有害蜗牛方面的课程，因此植物保护工作者普遍缺乏有害蜗牛的知识，给实际防控工作带来了极大的不便。本节简要介绍非洲大蜗牛的防控背景资料，供有关植物保护、环境保护、兽医和卫生部门的科技工作者从事该螺的防控工作时参考。

1. 起源与分布

起源：起源于东非沿海。玛瑙螺属已有 80 种或亚种记述，其祖先均起源于桑给巴尔岛和奔巴岛对岸的东非沿海岸一带。据文献记载，非洲大蜗牛最初由费尔萨斯（Ferussac）于 1821 年在东印度洋的毛里求斯采集到标本并定名。但实际上早在 1803 年博斯克（Bosc）已在此岛有过记载。目前，一般认为该螺起源于东非沿海的桑给巴尔岛、坦桑尼亚一带。

非洲大蜗牛自然分布十分有限，但由于人为引种和随运输工具传播，目前该螺已广泛分布于世界上许多国家和地区。但总的说来，非洲大蜗牛是热带、亚热带地理种，它

目前的实际分布范围为 28°N~26°S 的区域。

国外分布：太平洋地区（萨摩亚群岛、圣诞岛、马里亚纳群岛、波尼西亚群岛、关岛、新西兰、巴布亚新几内亚、努瓦阿图、新喀里多尼亚、玛丽安娜岛北部、社会群岛、小笠原群岛、新赫布里群岛、沙捞越、帝文岛、爪哇、加里曼丹、图瓦卢、马绍尔群岛）、亚洲（印度、安达曼群岛、尼科巴群岛、西孟加拉湾、菲律宾、印度尼西亚、马来西亚、马尔代夫、新加坡、斯里兰卡、缅甸、越南、泰国、柬埔寨、老挝、土耳其）、北美洲（美国）、中美洲（危地马拉、马提尼克岛）、南美洲（巴西）、非洲（科特迪瓦、摩洛哥、马达加斯加、毛里求斯、留尼汪、塞舌尔、坦桑尼亚、科摩罗群岛、奔巴岛）。

国内分布：台湾、海南、广东（广州、深圳、英德、湛江）、福建（厦门、福州、泉州、漳州）、广西（防城、北海、东兴、宾阳）、云南（西双版纳、河口、勐腊、富宁、泸水、保山、广南、临沧、盈江、瑞丽、昌宁、永德、景洪、麻栗坡）。

2. 主要形态特征

1）卵

卵粒圆形或椭圆形，有石灰质的外壳，色泽乳白色或淡黄色，卵粒长 4.5~6.5mm，宽 4.0~5.0mm。

2）贝壳

成螺贝壳大型，壳质稍厚，有光泽，呈长卵圆形。壳高 130mm，壳宽 54mm。有6.5~8 个螺层，各螺层增长缓慢，螺旋部呈圆锥形，体螺层膨大，其高度约为壳高的3/4。壳顶尖，缝合线深，壳面为黄或深黄底色，带焦褐色雾状花纹，胚壳一般呈玉白色，其他各螺层有断续的棕色条纹，生长线粗而明显。壳内为淡紫色或蓝白色。体螺层上的螺纹不明显，各螺层的螺纹与生长线交错。壳口呈卵圆形，口缘简单、完整，外唇薄而锋利，易碎，内唇贴覆于体螺层上，形成"S"形的蓝白色胼胝部。轴缘外折，无脐孔。

幼螺贝壳个体较小，壳质薄，易碎，形态特征与成螺贝壳基本一致。

3）螺体

软体部主要分为：头、颈、足、外套和螺旋形的内脏隆起等部分。头、颈、足三部分是不可分割的相连部分；色泽由黄、棕、黑三色相杂，除了背面正中线颜色略深外，一般背面以中央处的色泽较淡，而四周边缘较深呈棕黑色；螺体色泽变化很大，一般为黑褐色，但也有白色且能稳定遗传的变异品种（0.04% 左右），螺体色泽不能作为鉴定的依据。幼螺螺体在外部形态上与成螺无多大差异。幼螺和成螺均无厣，将该螺置于无食物和水分的环境中，则会进入休眠形成膜厣。膜厣的内缘呈"〈"形，外缘呈弓形，轮廓与外套领的形状相吻合。

（1）头部。头部的前端腹面具有一个缝形的口部。口部的四周由带有许多纵横嵴或网目状乳突的背、侧及腹唇所环绕。一对可伸缩的小触角位于头部前端的左右两侧；小触角的后面有一对也可伸缩的大触角。眼位于大触角的顶部，左右共一对。大触角是非洲大蜗牛的重要嗅觉器官，在觅食、求偶及定向运动中具有重要作用，其活动还具有简单的学习、记忆功能。

（2）颈部。前端在头部相继的后面，后端与外套相连，位置在足部的背面。其背面除了许多网目状纹外，尚有纵贯的皱褶沟，这些沟在螺爬行时，从后往前不断地做宽狭张缩。在右大触角的后面，有生殖孔的开口。

（3）足部。足部发达，肌肉质丰富，位于内脏隆起的腹面，前端钝而后端较尖锐。背面暗棕黑色，蹠面则呈灰黄色。足腺纵贯于足部中央而开孔于头足部交界处，足腺分泌的黏液，自此孔流出。这种黏液有润滑作用有助于爬行。

（4）齿舌。在分类鉴定上常用到的内部解剖特征是齿舌。非洲大蜗牛的齿舌结构为：中央齿1枚，侧齿27枚，缘齿35枚，侧齿有3个齿尖。

3. 主要生物学和生态学特性

1）世代和生活史

非洲大蜗牛是雌雄同体的软体动物，它通过异体交配受精而繁殖后代完成生活史。在我国福州、广州，非洲大蜗牛成螺经越冬后从翌年3～4月开始活动，并于4月底、5月初开始产卵，一年产卵4次。据粗略统计，非洲大蜗牛每次产卵量为150～300粒，一年4次产卵为600～1200粒。按非洲大蜗牛的平均寿命为5～6年计算，一生可产卵6000余粒，因此在世代循环中，它的繁殖速度惊人，只要能在新的环境中扎下根来，就很容易建立起一个新的种群危害作物。

非洲大蜗牛卵孵化所需的时间随温度变化而有差异，在适温范围内，随温度升高，孵化时间缩短，一般以25～30℃为最适孵化温度。

从幼螺生长发育到能产卵的成螺，在自然条件下大约需要5个月左右的时间。贝壳长到5个螺层，体重达到50g时，即性成熟。

在福州，每年11月上旬开始，气温逐渐下降到14℃时，非洲大蜗牛会分泌一种乳白色黏液膜将壳口封闭，逐渐进入冬眠。在冬眠期间，温度剧烈起伏，非洲大蜗牛易被回升的气温打破休眠，春季解除冬眠后突然遭寒流袭击，会发生大量死亡。

从上述情况可以看出，非洲大蜗牛以休眠方式越冬，在我国广州、福州一带，一年产卵4次左右，它的平均寿命为5～6年，一生产卵高达6000余粒，卵粒孵化期为6～12天，从卵孵化生长至成螺产卵约需要5个月。

2）非洲大蜗牛的生态习性

非洲大蜗牛同其他蜗牛一样，需要特定的生活环境条件、充足的食物来源和安全而不动乱的栖息场所，这是它赖以生存繁殖的基本要求。

（1）生栖环境。非洲大蜗牛适于生长在南北回归线之间的潮湿温热地带，生存区为北（南）纬28°±2°以内地区，喜欢栖息于阴暗潮湿的杂草丛、农作物繁茂的山冈坡地、农田、菜园、果园、房前屋后的墙脚等荫蔽处，以及腐殖质多而疏松的土壤表层、枯草堆中、乱石穴下、枯枝落叶层下，遇到地面干燥或太潮湿等不良条件时，往往爬到树干、芭蕉叶腋或叶子背面躲藏而休眠。毛里求斯常以此螺的迁移来观察天气，当它们爬到树上时，就预示着雨季的来临。一般季节则在地面活动，常生活在气温为17～24℃、湿度为15％～27％、pH5～7的表面土层或钻入土下250mm处。

石灰质岩性结构土壤也是决定陆生软体动物分布的一个重要因素，据报道，有些陆生腹足类也可以在相对较酸性的地区生存。在调查中发现，非洲大蜗牛的分布与土壤类型没有必然的联系。石灰岩土壤主要是满足它生长坚硬贝壳的需要，在非洲大蜗牛的饲料配方中加入少许石灰，能促进生长就证明了这一点。

(2) 昼伏夜出。非洲大蜗牛和其他多数陆生软体贝类动物一样，主要在夜间活动觅食。每天日落后，当光照度降到5～30lx时，蜗牛便出来四处活动寻食，等食饱后有的仍停留在原地休息，有的陆续返回原处，有的钻入饲料堆或菜叶堆下面，它害怕直射的阳光，要求光照度在100lx以内，故在天亮前，都要陆续返回原处或躲藏在蔽光的处所。陈德牛 (1993) 发现在高山上很难寻找到非洲大蜗牛的足迹，这固然与人为传播概率小有关，但高山上阳光充足、紫外辐射强烈也是一个重要原因。

在阴湿和浓雾的白天，非洲大蜗牛也频繁出来活动觅食，有的会爬到高高的大树、石壁、房屋等地方。

(3) 群居习性。非洲大蜗牛具有群居的生活习性，在田间调查时，只要抓到其中的一只蜗牛，一般就能在附近找到更多的蜗牛，因而它容易在局部迅速给农作物造成毁灭性的破坏，但有关非洲大蜗牛在田间空间分布的数学模型，迄今未见有人做过深入的研究，了解其分布类型，可为防治决策提供科学依据。

(4) 视力不佳、嗅觉灵敏。非洲大蜗牛的眼位于大触角顶部，由许多小眼点组成，然而视力不佳。大触角好像人的拐杖，当触及物体或感受到外界刺激时，会立即从末梢向内卷缩，感到无危险时再缓慢伸出，一边探索一边爬行，据观察该贝在泥地上每小时平均爬行4～17m。非洲大蜗牛的小触角具有灵敏的嗅觉，主要靠嗅觉来完成觅食和寻偶交配。炒米糠的香味可引诱非洲大蜗牛来取食，在炒米糠中混入灭蜗剂，就可作为毒饵用于防治非洲大蜗牛。

(5) 喜温性。非洲大蜗牛在15～20℃范围内就能正常地出来活动觅食，20～28℃时，蜗牛的活动觅食最活跃，生长也最快，交配产卵也最多。但温度上升到30～36℃时，它们的活动相应减少，超过38℃时，蜗牛呈休眠或半休眠状态，气温超过42℃，蜗牛就有被热死的危险，反之气温降低到0℃以下，也难以生存。如果温度变化剧烈，气温突然降到10℃以下，螺体也会因突然的降温而死亡。由此可见非洲大蜗牛是一种喜温怕冷的动物，既不能耐高温，也不耐寒。

(6) 生活喜湿忌水。非洲大蜗牛和其他陆生腹足类一样，虽然已进化到离开水环境生活，但体内必须保持一定的水分，所以适宜的湿度是该螺生栖不可缺少的环境条件，它活动最合适的空气相对湿度是75％～95％，地面表土层湿度为40％左右。在适宜的温度条件下，如果空气干燥，表土层相对湿度低于20％，蜗牛便将软体钻入表土中，然后分泌出一种不透明的白色黏液膜，封闭螺口休眠。有的甚至爬到树干上、植物叶子背面或石块下、石缝中或洞穴里躲藏起来，然后进入休眠。所以，即使适宜于非洲大蜗牛分布的地区，久旱无雨，蜗牛也不出来活动，冬季的自然休眠和旱季的强迫休眠是不同的。冬季休眠的螺一般要在春季气温回升到16℃以上时才出来活动，生长期的强迫休眠是浅休眠，当不利的气候因子恢复到休眠的临界值时，即可解除休眠。例如，因干燥而强迫休眠的螺如果遇到雨天，它可随时解除休眠，恢复正常的生长活动。

非洲大蜗牛虽然喜湿，但忌水。试验证明，爬行中的非洲大蜗牛遇到水会立即缩回躯体，然后慢慢调转方向爬行。因此，人工饲养时可以用水沟来防逃。非洲大蜗牛栖息场所过分潮湿或有积水，会迫使它逃离原栖息场所另辟新的生栖住处。在斯里兰卡森林中，当雨季快要来临时，非洲大蜗牛会爬到树干上，进入休眠状态，当地居民常以此来正确判断和预测雨季的到来。

（7）抗逆性强。非洲大蜗牛遇到低温、高温或干燥等不良环境时，都能以休眠方式顽强地生存下来。田间观察热带的非洲大蜗牛即使在干旱期缺乏水分和食物的情况下，也可夏眠达5～12个月。在实验室观察，休眠期至少可持续8个月以上。

3）非洲大蜗牛的基本生物学参数

致死温度、发育起点温度和有效积温是有害生物最基本的生物学参数，这些指标往往决定了有害生物能否在某一地区定殖以及定殖后可能发生危害的严重程度，非洲大蜗牛的基本生物学参数是对其进行适生性研究的基础，在风险分析中具有十分重要的意义。

（1）最高和最低致死温度。关于非洲大蜗牛的致死温度，有关文献的报道不一致，如最高致死温度有的报道39℃，也有的报道43℃。为了明确非洲大蜗牛的致死温度，我们于1992年进行了精确的测定。

最低致死温度测定：选择在1992年12月的寒冷季节进行，将已休眠的成螺移至饲养盆，每盆20只共6盆。先用2℃每8h的速率降温预处理至2℃，接着按1.0℃→0.5℃→0.0℃→-0.2℃→-0.5℃→-1.0℃降温梯度各处理12h。具体操作方法是：1℃处理12h后取出一盆，接着降温至0.5℃再处理12h后再取出一盆，余类推直至-1.0℃。各处理后的贝用15～16℃的温水浸泡法解除休眠，观察贝生死情况。各处理重复3次。三次测定的平均值和标准误为（-0.2±0.3）℃。

最高致死温度测定：选择在1992年7月的高温季节进行，将成螺移至饲养盆，每盆20只共7盆。先用2℃每8h的速率升温预处理至36℃，接着按38℃→39℃→40℃→41℃→42℃→43℃→44℃升温梯度各处理12h。具体操作和检验贝生死的方法同上。各处理重复3次。三次测定的平均值和标准误为（41.2±1.5）℃。

上述测定的最低和最高致死温度，可作为非洲大蜗牛热处理的指标，也可用于非洲大蜗牛潜在定殖区的预测。

（2）发育起点温度和世代有效积温。众所周知，非洲大蜗牛完成一个世代大约需要5个月的时间，但对其发育起点温度和有效积温，尚未见有人做过系统的研究报道。我们于1993年测定了该螺的休眠温度，并以此作为发育起点温度的近似值，研究该螺的世代有效积温。

休眠观察和发育起点温度测定：1993 年 9 月将成螺移至饲养盆，每盆 10 只，重复 6 次。初始饲养温度为 16℃，以后按 1℃/2d 降低培养温度，观察休眠情况，直至全部螺休眠为止。计算休眠温度的均值作为发育起点温度。其统计结果为（12±0.7)℃。

有效积温的测定：每年 4 月或 5 月起，将成螺饲养在垫有海绵的盆中，产下卵后移去成螺，在自然条件下孵化饲养至成螺产卵。在生长过程中逐渐降低饲养密度，最后降至 2～5 只/盆。根据试验点每天观察的加权平均气温计算卵生长发育为成螺（产卵）历期内的有效积温。1989 年、1992 年、1995 年共试验 3 批次。其统计结果为（2422.6±137.77）日·度。

4. 寄主范围

非洲大蜗牛的寄主植物很多，几乎无所不吃，包括林木、果树、灌木、蔬菜、花卉和各种草本植物，甚至能啃食消化水泥，是一个典型的杂食性害虫。这一特性，是形成该种广泛分布于热带和亚热带地区的重要因素之一。

尽管非洲大蜗牛的寄主范围很广，但对其喜好的植物有一定的选择性。所谓无所不吃，只是饥不择食时的现象。非洲大蜗牛饲养在喜食的瓜果蔬菜上，配以适当的精饲料，生长发育快，产卵就多。在自然界，以取食蔬菜、草本花卉为主的种群数量大，对农作物的破坏也严重。因此，在不同寄主植物上建立种群的快慢多少，也就能够较为客观地反映出寄主植物对非洲大蜗牛的营养价值。

根据室内饲养喂食观察生长发育状况和田间调查，将非洲大蜗牛的寄主植物大致分为以下三个主要的类群。

（1）喜食植物：菊花、青菜类、瓜果类、地瓜、花生、豇豆等。非洲大蜗牛对这些植物危害最大，有时会使生产完全损失。厦门园林植物园一次从外地引进几百盆菊花苗，非洲大蜗牛一个晚上就把它们全部吃掉。

（2）一般植物：果树、林木的幼苗和叶片，可可、椰子、菠萝等热带植物的幼苗和橡胶树汁。

（3）不常危害的植物：马唐、车前草等杂草类，非洲大蜗牛平时不取食这些植物，但当食物缺乏时，也取食它们以度过不良环境。

在下列植物上，非洲大蜗牛一般不能完成生活史，如辣椒、葱、蒜等，这些植物都有强烈的刺激性。

非洲大蜗牛的日摄食量大概是其体重的 1/10，一只成螺一天取食 5g 左右。非洲大蜗牛对绿色植物也有喜嫩性，一般喜食鲜嫩植物或植物的幼嫩部分，所以在田间受害最严重的往往是蔬菜瓜果和鲜嫩多汁的鲜切花。

据国外文献记载，非洲大蜗牛危害的农作物有 500 多种。根据我们在福建省厦门、泉州、漳州、福州等市非洲大蜗牛发生地的初步调查，现已发现受害寄主植物至少有 121 种，分别隶属于 23 个科。

非洲大蜗牛为了生长坚硬的贝壳，除取食植物外，还必须补充钙质，它能取食泥土和石灰，人工饲养时发现它常取食房屋墙壁上的旧石灰和水泥，也取食纸张和同伴尸体。

5. 发生与危害

1) 发生与环境

决定非洲大蜗牛大发生的生态因子很多，其中气候与天敌为两个最主要的因素。从生态学的观点看，非洲大蜗牛适于生长在南北回归线之间的潮湿温暖地带，目前在世界上的实际分布为 28°N～26°S 的地区。在此区域内是一种可塑性较强的有害生物，能适应多种不同类型的生态环境，在森林地带、小丛林地带、灌木林、农田、果园、菜园、屋前房后均能发现非洲大蜗牛的踪迹。

非洲大蜗牛喜欢生活在湿润温暖和荫蔽的地方，在庭园花圃和菜园尤为集中，这些地方疏松的土壤有利于蜗牛在阳光到来之前钻入土中蔽光和获得温湿条件，南方水稻田不会发生非洲大蜗牛，因为非洲大蜗牛属陆生贝类，忌水。在温暖湿润地区的非洲大蜗牛发育快，繁殖力强，成螺将卵产在疏松的表土层或乱石堆下干燥处，既保持了湿度，又避免了积水，这一生物学特性恰恰反映了非洲大蜗牛卵发育上的温湿要求。

从温湿度条件来看，温度过高或过低均不利于非洲大蜗牛的发育，每年 4～5 月的低温和降雨可以阻止成螺的产卵和幼螺的发育，而 7～8 月的高温往往又迫使蜗牛进入夏眠，据报道，非洲大蜗牛在低于 14℃ 或高于 40℃ 或干旱的环境条件下都会进入休眠。1988 年夏季，福州长期干旱无雨，曾使省军区卫生学校附近山坡上的大批蜗牛死亡。另外，温暖和湿润的年份，往往造成非洲大蜗牛的大发生。在南方沿海地区和台湾、海南两省，环境条件有利于非洲大蜗牛发生，其常年发生危害，有些年份突然大爆发，不得不动用大量的人力来防治。这些事实也在一定程度上反映了非洲大蜗牛发生危害所需的温湿条件。

越冬对非洲大蜗牛的发生影响极大。非洲大蜗牛春季数量远较夏秋季少，主要原因在于越冬时死亡一部分和天敌捕杀一部分。非洲大蜗牛虽然可以用冬眠方式经受低温的考验，但对春季温度的骤然变化十分敏感，气温回升后解眠的蜗牛突然遭到寒流袭击会大批死去，加之天敌的捕食与寄生，进一步减少了蜗牛的种群数量。

环境条件，尤其是土壤和温湿，可以决定非洲大蜗牛在一个地区能否适生和造成危害，疏松的土壤可使蜗牛钻入土层下免遭阳光照射和保持躯体的湿润。根据非洲大蜗牛的群体试验，它的发育起点温度为 12℃。在福建厦门和漳州多年的观察发现，一般情况下，每年春季气温达到 12℃，即蜗牛活动的起码条件时，休眠仍不解除，通常的情况是气温稳定回升到 16℃ 时蜗牛才开始活动觅食，而冬季 11 月左右气温下降到 12～14℃ 时就进入休眠。当环境温度低于 −0.2℃ 12h 或高于 41.2℃ 12h 时，即使是休眠的非洲大蜗牛，也会被冻死或灼死，这是决定非洲大蜗牛地理分布的主要气候指标。

2) 危害性

非洲大蜗牛危害作物与昆虫危害作物相比，其景观完全不一样，很易区别。陆生软体动物不像昆虫有咀嚼器官，它们有类似锉刀一样的齿舌和角质的颚片。以颚片来固定食物，用齿舌来舐刮食物，因而被危害的叶片形成孔洞，而不像昆虫取食后形成缺刻。

作物被害典型症状是呈孔洞或被咬断幼芽和嫩枝。

非洲大蜗牛是多种农作物、蔬菜、花卉、林木、果树的重要有害生物，在国际上号称"园田杀手"。自从传入太平洋沿岸各地后，气候条件适宜繁殖生长，尤其是非洲大蜗牛需要的温暖湿润条件得到满足，又无抑制其种群增长的有效天敌，故肆意啃食农作物，造成难以控制的农业灾难。如1947年，夏威夷政府因大蜗牛爆发成灾，不得不耗巨资用钱收购的办法来减轻非洲大蜗牛的危害，并聘请生物专家研究防治方法；非洲大蜗牛传入佛罗里达，曾一度是该州最重要的农业有害生物之一；Coltro（1997）报道，在南美巴西圣保罗的 Miracatu 小镇上，非洲大蜗牛几乎消灭了所有农作物，大面积的莴苣、蚕豆、玉米等作物遭受毁灭性损害，当地农民请专家提供防治措施。非洲大蜗牛传入加勒比海地区，已成为当地最主要的农业害虫之一（NAPPO PAS，2000）。在马来西亚，也有报道毁灭了大批成片的橡胶幼林。在留尼汪岛、斯里兰卡、沙捞越等地都有非洲大蜗牛危害成灾的报道。

非洲大蜗牛20世纪30年代初期传入我国台湾，4年后第一次爆发成灾，给台湾农业造成相当严重的破坏，据台湾《植物保护工作》一书记载："非洲大蜗牛，本省昔称食用蜗牛，原产东非，1932年由下条久马一博士自新加坡引进本省，初提倡大量生产，借人食用，并认为该蜗牛肉味鲜美、营养价值极高，且兼有医疗药效能治多种疾病，后复证实其讹而纷纷予以抛弃于田野，故此大蜗牛转而加害农林作物，日据时期已下令防除，且严禁输入日本。1958年省农林厅召开全省植物病虫害防治推广会议时，彰化等数县代表报告各地非洲大蜗牛之猖獗情形，并称药物防治无法收效，人工捕杀已不能彻底，因此呼请农林厅从速提供防治对策。"北京农业大学一位曾在中国台湾工作过的美国专家也介绍过50年代以来台湾因非洲大蜗牛造成的灾难情况，他目睹用各种农药防治均无效，发动民众捕杀也无法彻底，蜗牛多到连飞机场都到处都是，甚至跑到飞机的引擎中，这种蜗牛为了生长坚硬的躯壳，可以溶解和取食建筑物的水泥，可见这种蜗牛的危害还不仅仅限于农林作物。

在福建厦门、泉州、漳州一带，非洲大蜗牛危害的作物包括草本、木本和藤本共100多种植物，但受害最严重的是园艺作物如蔬菜、花卉、地瓜和花生。20世纪60年代初，迫于非洲大蜗牛严重危害农作物，漳州市政府动员全市人民开展捕杀工作，在校学生被组织成捕螺队伍去田间拾螺灭蜗。厦门园林植物园为了保护某些花卉免遭危害，不得不采用晚上轮班巡逻捕杀的办法，根据该园科技人员反映，非洲大蜗牛对草本花卉的危害十分严重，当天新引进的几百盆花木，第二天往往只留下茎秆，一只蜗牛一个晚上就能把一盆草本花木的叶片吃个精光；泉州市郊菜农也反映这种蜗牛对蔬菜生产危害很大，新种的一块菜地，如果不采取保护措施，第二天往往只有菜根。有些地方的蔬菜生产，虽然由于菜农的精耕细作和采取有效的保护措施，蔬菜没有遭到毁灭性的损失，但咬成的缺角和它爬行过后留下令人厌恶的白色黏液，大大降低了蔬菜的商品价值。

据报道，非洲大蜗牛在厦门给兰花生产带来很大危害。由于厦门气候温暖多湿，尤其是兰棚里湿度更大，这对于性喜温暖潮湿的非洲大蜗牛而言，是它们生存繁殖最理想的环境。它们啃食兰株的新芽、新叶、新根、花穗和花瓣，使兰花残缺不全，它们爬过的叶片，都留下银灰色的痕迹，使兰花失去观赏价值。

在福建疫区，非洲大蜗牛田间种群密度很高，厦门、泉州、漳州一带到处可见。尤其是清晨傍晚，草丛、路上、房前屋后都可见到活动觅食的非洲大蜗牛，厨房里也常有发现。1988 年前后，由于蜗牛肉可加工外销，厦门、漳州一带非洲大蜗牛在自然界的种群数量已明显减少，但泉州市郊种群密度仍然很高。1989 年以来，非洲大蜗牛养殖业陷入绝境，田间种群密度又开始大幅度回升，对农作物的危害日益严重，因此它仍是当前园艺生产上的心腹大患。

在云南潞江坝地区，非洲大蜗牛危害作物的高峰期是 6～9 月，此时正值热带经济作物育苗种植期，非洲大蜗牛取食咖啡、胡椒、芒果、龙眼、香蕉、烟草、甘蔗、棉麻、木瓜及各种蔬菜，1985 年严重受害面积 1333hm^2，给当地造成了很大的经济损失。

除了对农林作物危害外，非洲大蜗牛还是许多人畜寄生虫的中间宿主。据报道，非洲大蜗牛能传带引起人类嗜酸性脑膜炎的广州管圆线虫，也是家畜、家禽和野生动物的多种寄生吸虫、线虫、绿虫的中间宿主。尤其是非洲大蜗牛传播的广州管圆线虫病系人畜共患传染病，危害极大，在福州已有食用该螺引起群体发病事件报道，必须引起卫生和兽医检疫部门的高度重视。非洲大蜗牛经常爬进厨房，取食饭菜和它爬行过后留下令人厌恶的黏液痕迹，影响环境卫生。Annandale（1919）曾报道，在印度加尔各答以西的 Sibpur（现名为 Haora），死亡的螺还会招引蝇类，据报道此蝇类与伤寒病的传播有关，因而控制这种螺的传播也成为人类流行病学重要的研究课题，有些国家为此提出了一些相应的防治措施。

除了危害农作物和传播人畜疾病外，非洲大蜗牛还危害建筑物。该螺为了生长坚硬的贝壳，可取食水泥和石灰，国外曾有报道可危害桥墩，引起桥梁的倒塌，造成重大伤亡和经济损失。

6. 传播与扩散

非洲大蜗牛是人为传播造成广为地理分布最为典型的事例之一。目前，一般认为该螺原产地为东非沿海的桑给巴尔岛、坦桑尼亚一带。Bequaert 认为此螺于 1760 年从东非沿海传入马达加斯加岛，1800 年从马达加斯加岛传入毛里求斯岛。1821 年传入留尼汪岛，并成为当地危害农业生产的主要害虫。1840 年从马达加斯加岛传入塞舌尔群岛；1860 年延伸到科摩罗群岛。Benson 于 1847 年将此大蜗牛从毛里求斯带到印度的加尔各答，1847 年又散布到孟马等地，1900 年传入斯里兰卡，1901 年曾报道此螺大量繁殖成灾。该物种 1911 年进入马来西亚吉打州，1922 年由华侨带入毗邻的威斯利省，作为鸭子的饲料，此后该螺已在马来西亚形成一个自然种群，严重危害当地农作物。1922 年该物种在新加坡被发现。1928 年传入沙捞越，据保守估计，当年 10 月中旬就繁殖了 50 万个螺和 20 亿个卵，成为农业上的重要有害生物。1948 年 Weel 报道此螺于 1930 年传入印度尼西亚的北苏门答腊。Jutting 于 1933～1934 年报道在爪哇有此种发生。1937～1938 年此螺由马来西亚传入泰国、老挝、越南等地。1936 年由台湾岛传入美国夏威夷群岛；第二次世界大战后，非洲大蜗牛传入美国加利福尼亚州和佛罗里达州，成为后者当地最重要的农业有害生物之一。现据报道，通过生物防治和人工捕杀，这两州的非洲大蜗牛已被成功铲除。在巴西的里约热内卢等地区，非洲大蜗牛田间种群密度也很高,但如何传入未见报道。1940 年传入加里曼丹。1945 年以前又传入新爱尔兰、新不列颠。据报道,小笠原群岛、马里亚纳群岛和加罗林群岛、新赫布里底群岛、新喀里多尼亚群岛、社会群岛都发现了这种蜗牛。1999 年传入马绍尔群岛和萨摩亚群岛。现已广泛分布于印度洋、太平洋诸岛屿及东南亚、南亚一带,成为日趋严重的农业害虫。

传入我国途径及其在国内的传播:非洲大蜗牛传入南洋群岛后,1933 年由日本的下条久马一博士二度从新加坡引进种螺共育成 12 枚,经繁殖后作为食用、药用和饲料在台湾推广,后因无销路弃之田野,给农作物造成灾难。关于非洲大蜗牛如何传入大陆的说法不一,厦门有些居民反映是新中国成立前居住在鼓浪屿的法国人因嗜好蜗牛从国外带入鼓浪屿饲养作为食用,后逸出到田间逐渐扩展开来。这些传说好像有些道理,据我们 1987 年的调查,在福建省厦门、漳州、泉州三市,凡有外国人长期居住过的地方,都发现了非洲大蜗牛。1931 年,赫尔格斯(Herklots,1948;Jarrett,1931)首次在我国厦门大学校园中发现此螺,并记述是位华侨从新加坡运回的植物中夹带此螺的卵和幼螺繁殖衍生起来的,这是唯一有文字记载传入我国大陆的途径,也有可能从其他途径传入大陆的。一般认为,非洲大蜗牛是以福建厦门为中心,逐渐传播蔓延到广东、海南、广西和云南等其他省(自治区)。

图版 17

图版说明

A. 贝壳正侧面观

B. 贝壳背侧面观

C. 卵

D. 成螺，螺体色泽变化很大，一般为黑褐色

E，F. 白色且能稳定遗传的变异品种（万分之四左右），螺体色泽不能作为鉴定的依据

G. 为害状（加勒比圣露西亚岛）

H. 生活史（卵和各龄期的贝壳形态）

图片作者或来源

A，B，D，H. 由作者提供

C，E，F. Yuri Yashin（俄罗斯 achatina. ru 网站）. achatina. ru. Bugwood. org

C. UGA 1265029（http：//www. forestryimages. org/browse/detail. cfm?imgnum＝1265029，最后访问日期 2009-12-07）

E. UGA 1265030（http：//www. forestryimages. org/browse/detail. cfm?imgnum＝1265030，最后访问日期 2009-12-07）

F. UGA 1265024（http：//www. forestryimages. org/browse/detail. cfm?imgnum＝1265024，最后访问日期 2009-12-07）

G. David G. Robin son（美国农业部植物保护与检疫处 USDA APHIS PPQ）. David G. Robinson，USDA APHIS PPQ. UGA 1265031（http：//www. forestryimages. org/browse/ detail. cfm? imgnum＝1265031，最后访问日期 2009-12-07）

二、非洲大蜗牛检验检疫技术规范

1. 范围

本规范规定了非洲大蜗牛的检疫鉴定及检疫处理操作办法。

本规范适用于进出境检疫、农林植物检疫机构对植物种苗、花卉盆景、未经加工的植物材料、运输工具等携带非洲大蜗牛的检疫鉴定和检疫处理。

2. 产地检疫

重点检查菜地、花圃及周边等环境中有无非洲大蜗牛分布。该螺昼伏夜出，白天常隐藏在人们不易发现的土层下或菜地附近的乱石堆中，可将麦麸、米糠、豆粕等炒香后与杀蜗剂拌成毒饵，于傍晚撒施在田间，第二天即可诱捕到蜗牛。一些抵抗力强的大个蜗牛取食毒饵后既使不死，也将昏迷在田间，可于第二天早上捡去集中销毁。确认待调运种苗或农产品生产地外缘 500m 范围内无非洲大蜗牛时，判定产地检疫合格。

3. 调运检疫

出入境检验检疫局负责口岸检疫，国内检疫由各级农业植物保护和植物检疫站和各

级森林植检站负责。对来自疫区的运输工具和货物实施重点查验。仔细检查运输工具、木质包装物、未经加工的植物材料等是否有蜗牛附着其上，非洲大蜗牛昼伏夜出，尤其要注意阴暗蔽光处的检查，用手电筒仔细寻找蜗牛的行迹。非洲大蜗牛爬行过后，一般会留下银灰色的丝带状黏液痕迹，这是判定是否有蜗牛污染的重要依据。发现蜗牛标本，随时装入塑料自封袋或标本瓶带回实验室做进一步的检验鉴定。发现盆景等携带土壤或其他细碎衬垫材料时，需过筛检查是否有卵或幼螺。

4. 检验及鉴定

根据检验检疫行业标准《非洲大蜗牛检疫鉴定方法》(SN/T1397—2004) 对非洲大蜗牛进行检验鉴定。该标准实施日期是 2004 年 12 月 1 日，目前国家标准《进出境非洲大蜗牛检疫鉴定方法》也已通过审定，即将公布实施，到时可按国家标准对非洲大蜗牛进行检验鉴定。也可按上节描述的"主要形态特征"进行鉴定，鉴定时要注意与近似种的鉴别（附录 A）。

5. 检疫处理和通报

在进境植物检疫中发现非洲大蜗牛的，应填写"进境植物检疫性有害生物截获单"，并在 24h 内向上级主管部门报告，并逐级上报到国家质检总局。在国内检疫中发现非洲大蜗牛的，应及时向当地农业主管部门（县、市植物保护和植物检疫站）报告，并逐级上报到农业部。

农业部与国家质检总局建立重大检疫信息互通机制，农业部和国家质检总局根据疫情性质，及时发布风险警示公告和疫情公告。

附录 A 非洲大蜗牛及其近缘种的比较

种类	虎斑玛瑙螺 A. achatina	非洲大蜗牛 A. fulica	边缘玛瑙螺 A. marginata
螺层数	7～8.5	6.5～8	7
壳面斑纹	壳面具有"Z"字形火红色斑纹，轴缘玫瑰红色	壳面具有褐色及白色斑纹，轴缘灰褐色	壳面具有黑色斑纹，轴缘白色
壳顶螺旋部	壳顶螺旋部淡褐色	壳顶螺旋部淡白色	壳顶螺旋部粉红色
壳高×壳宽	170mm×95mm	130mm×54mm	150mm×75mm

三、非洲大蜗牛调查监测技术规范

1. 范围

本规范规定了对非洲大蜗牛进行调查与监测的操作办法。

本规范适用于农林植物检疫机构对非洲大蜗牛的疫情调查和疫情动态监测。

2. 调查

1）访问调查

携带标本或图片并向当地居民出示，了解本地区是否有非洲大蜗牛养殖史，询问有关非洲大蜗牛的发生地点、发生时间、危害情况，分析该螺的疫源地和传播扩散情况。每个社区或行政村询问调查 30 人以上。根据询问过程中发现的非洲大蜗牛可疑存在地区，确定重点调查地区。

2）实地调查

重点调查地区确定后，可在调查区域范围内重点调查农作物繁茂的山冈坡地、农田、菜园、果园、房前屋后的墙脚等荫蔽处，以及腐殖质多而疏松的土壤表层、枯草堆中、乱石穴下、枯枝落叶层下等非洲大蜗牛栖息处，雨后晴天要注意检查躲藏在树干、芭蕉叶腋或叶子背面等隐蔽处的非洲大蜗牛。调查季节以选择气温＞10℃为宜。

采用全面普查与样方调查相结合的方法。全面普查主要检查调查区内有无非洲大蜗牛分布，记载受害寄主、栖息环境、纬度和经度等信息，统计发生面积。样方调查是在普查的基础上，选择有非洲大蜗牛分布的区域用对角线五点取样法进行调查。每一样点面积为 1m² 左右。详细记载和填写调查表，确定危害等级。

非洲大蜗牛调查记载表（五点取样法）

样地编号_____ 土壤类型_____
采集地点_____ 采集日期_____
采集季节_____ 受害寄主_____

	幼螺（＜5g）	中螺（5～15g）	大螺（＞15g）
样点 1			
样点 2			
样点 3			
样点 4			
样点 5			
合计			
平均			

注：每个样点调查 1m²。

发生面积指调查地区非洲大蜗牛实际发生的各个地块面积的累计总和，某一具体地块的发生面积可用 GPS 仪测定。

根据样地调查结果确定危害等级。统计 5 个样地（5m²）的累计值，按螺量划分螺害等级：

等级 1：零星发生，5m² 螺量＜1 头；

等级 2：轻微发生，5m² 螺量 1～2 头；

等级 3：中度发生，5m² 螺量 3～6 头；

等级 4：较重发生，5m² 螺量 6～20 头；

等级 5：严重发生，5m² 螺量 20～60 头；

等级 6：极重发生，5m² 螺量＞60 头。

3. 监测

1）监测区的划定

发生点：在非洲大蜗牛发现点周围 150m 以内的范围内划定为一个发生点，划定的发生点如遇河流或湖泊等大的水系，则以河流或湖泊的内缘为界。其他情况可因地制宜作适当的调整。

发生区：发生点所在的行政村（居民委员会）区域划定为发生区范围。发生点跨越多个行政村（居民委员会）的，将所有跨越的行政村（居民委员会）区域划为同一发生区。

监测区：发生区外围 3000m 的区域划定为监测区。在划定边界时若遇到河流或湖泊等大的水系，则以河流或湖泊内缘为界。若遇到沟渠或池塘等小的水系，则跨越沟渠或池塘划定监测区边界。

2）监测方法

根据非洲大蜗牛的生态习性，在该螺喜栖息的坡地、农田、菜园、果园、房前屋后的墙脚等荫蔽处，以及腐殖质多而疏松的土壤表层、枯草堆、乱石穴、枯枝落叶层等处，设置诱捕毒饵进行监测。具体方法：①5％梅塔颗粒剂，每平方米设饵点 40 个（粒），第二天早晨检查结果；②6％的灭达颗粒剂，每平方米设饵点 40 个（粒），第二天早晨检查结果；③用多聚乙醛等杀蜗药剂，与土或棉籽饼、米糠、白薯干、青草等混合，拌成毒土或毒饵，于傍晚撒施在非洲大蜗牛出没处，第二天早晨检查结果，记录和统计诱捕数量。

4. 样本采集与寄送

为确保安全，在一般情况下一律将非洲大蜗牛活体标本灭活后再行寄送。可将采集的标本用水冲洗干净后，置于盛满水的瓶中，逐渐加入少量硫酸镁，进行麻醉闷杀。

将闷杀后伸展的标本置于 5％的甲醛溶液中浸泡 1～2 天，然后在 75％的酒精溶液中固定，每隔 1～2 天换 1 次酒精溶液，共换 3 或 4 次，便可长期保存于 75％的酒精溶液中。

如用于紧急寄送鉴定，则在麻醉闷杀后直接用 75％的酒精浸泡即可寄送。目前邮局一般不允许邮寄液体标本。可倒掉标本浸泡液，用酒精湿棉球包裹后密封在不透水的容器中邮寄。注意所选外包装箱要坚固耐压。标本标签应注明采集地点、采集时间、危害寄主、栖息环境等信息，寄送到外来物种管理部门指定的专家进行鉴定。

5. 调查人员的要求

毕业于大专院校动物分类专业，或毕业于植物保护专业并接受过软体动物分类、鉴定培训，具备一定的动物分类、鉴定等相关专业的基础理论知识。熟悉检测法规和检测标准，熟悉生物安全和有害生物防逃逸知识，并能采取有效的安全防护措施。

6. 结果处理

在调查与监测过程中，一旦发现非洲大蜗牛新的疫情，应实行严格的报告制度，必须于 24h 内逐级上报，定期逐级向上级政府和有关部门报告有关调查与监测情况。

四、非洲大蜗牛应急控制技术规范

1. 范围

本规范规定了非洲大蜗牛新发、爆发等突发事件发生后的应急控制操作方法。

本规范适用于各级外来入侵生物管理机构和农业技术部门在非洲大蜗牛入侵突发事件发生时的应急处置。

2. 应急控制方法

对非洲大蜗牛新发生区域可采用水旱轮作、毒饵诱杀、人工捕螺、综合治理等方式进行防治，最终灭除疫情。在进行相关防治的同时，要进行持续的监测，再根据实际情况反复交替使用药剂处理和人工捕螺，直至 2 年内不再发现非洲大蜗牛为止。

1）水旱轮作防治

如在适于种植水稻的地区发现非洲大蜗牛新发生区时，应立即对非洲大蜗牛的发生情况进行调查和评估，果断采取改种水稻等水生作物 2 年以上，使非洲大蜗牛在有水环境中窒息死亡。这是早期根绝非洲大蜗牛最为有效的技术措施之一。

2）化学农药诱杀

在山坡上的花圃、菜地等处发现非洲大蜗牛危害时，宜选用毒饵诱杀的防治方法控制螺害扩展，直至消灭螺害。可供选择的灭螺药剂较多。推荐使用灭达和梅塔。

（1）灭达。灭达（META）商品剂型为 6％的颗粒剂，是一种高效、安全、选择性强的杀螺剂。通过螺类、蛞蝓的吸食或接触后，能迅速破坏它们的消化系统，使其大量失水，从而导致其在短时间内死亡。该杀螺剂在很多国家使用，证明对鸟类和水生生物高毒，但对蚯蚓、土壤微生物和许多天敌无害。根据初步观察，对非洲大蜗牛也有很好的防治效果，但对天敌的杀伤性还是存在的，只是程度较其他药剂轻一些。使用方法如下。

使用量：每公顷 630g，每平方米设饵点 40 个（粒）。

使用期：可选择在移植菜苗后 1 天内使用，如螺害严重可在施药后 10 天再次投药撒施。作为一种应急扑灭措施时，可每隔 10 天施药 1 次，连续施药多次，直至监测不到疫情为止。

施药方法：均匀撒施于菜地中，尽量避免药粒直接撒在菜苗上。

该药剂属低毒农药，用完尽快洗手。应保存在阴凉处，远离火种。使用于蔬菜安全间隔期为一个星期，使用于其他作物不需要安全间隔期。

（2）梅塔。梅塔是一种优良的杀螺剂，商品剂型为5％颗粒剂，使用安全，选择性强。对鱼类、水生生物及有益生物较为安全。

用药量：$112.5g/hm^2$，最高不超过$150g/hm^2$，每平方米设饵点50个（粒）。

使用期：选择非洲大蜗牛活动期（4～10月）的傍晚施药。

施药方法：撒施诱杀，防治同一茬作物螺害施药次数不超过2次。其间与其他防治方法交替使用。

3）人工捕螺

在房前屋后等不宜施药的地方，可采用人工捕螺的方法。具体方法是在晴天的早晨或傍晚非洲大蜗牛出来活动时捕捉，雨天或潮湿的阴天则全天都可捕捉。美国曾用该方法根绝了传入佛罗里达的非洲大蜗牛，具体做法是用财政资金收购个人从田间捕获的非洲大蜗牛，然后集中销毁。这一事件成为植物检疫史上成功根绝外来入侵有害生物最为典型的事例之一，值得我们在扑灭和防治该螺时借鉴。

4）其他防治方法

在"非洲大蜗牛综合治理技术规范"一节中详细介绍的一些方法也可应用于应急控制，这里不再评述。

3. 注意事项

（1）适宜改种水稻等水生作物的地区，尽量使用水旱轮作防治，减少施用农药造成的环境污染。

（2）使用毒饵诱杀时，注意选择在晴朗天气的傍晚进行。不要在下雨天施药，若施药后6h内下雨，应补施一次。在施药区应标有明显的警示牌，避免造成人、畜中毒或其他意外。

（3）人工捕螺贵在坚持。持之以恒坚持多年，必能取得良好的防治效果，直至根绝。半途而废必然前功尽弃。

五、非洲大蜗牛综合治理技术规范

1. 范围

本规范规定了非洲大蜗牛的综合治理操作办法。

本规范适用于植物保护、环境保护、卫生防疫等部门对非洲大蜗牛的专项防治和综合治理。

2. 专项防治措施

1）化学防治

（1）毒杀。用化学药剂防治蜗牛可把药液稀释喷洒到寄主植物上或制成毒饵撒到土壤中诱杀。一般优良的杀虫剂对蜗牛防效并不理想。施药时间宜选择蜗牛活动期，由于非洲大蜗牛昼伏夜出，一般以下午 5 时施药为好，阴天可在上午进行。休眠期施药，蜗牛软体缩在壳内，药剂无法发挥作用。下面介绍几种防治非洲大蜗牛的药剂。

硫酸铜：又称蓝矾，是一种杀菌杀蜗剂，斐济曾用此药防治从集装箱传入港口的非洲大蜗牛，此药易造成药害，铜又是重要物资，所以近年来用得很少。使药方法用 800 倍液喷雾寄主植物。使用时注意以下几点：①硫酸铜对作物有药害，喷洒要均匀；②不能用铁器存放，该药有毒，不可口入。

五氯酚钠：它本是一种触杀性除草剂，微碱性，容易溶解在水中，对蚂蟥、钉螺、非洲大蜗牛也有防效，对鱼类剧毒，对人畜毒性中等，主要商品为 80％的可湿性粉剂。使用方法可用 0.5％的五氯酚钠喷雾作为养殖结束时对隔离场地的灭螺处理，注意鱼塘附近避免施药，操作时要戴口罩和手套。

聚乙醛：是一种较理想的杀蜗剂，属神经毒性类药剂，蜗牛食后与神经胆碱（一种阿摩尼物）作用而毒杀蜗牛。此种药剂在实验室对福寿螺效果较好，据中国台湾报道对非洲大蜗牛防效甚好，只是没有介绍具体的施药方法。

灭达：见"非洲大蜗牛应急控制技术规范"一节。

氧化乐果：广谱性、内吸性杀虫、杀蜗剂。可防治多种刺吸式口器的害虫，对蜗牛也有较好防效。常用浓度为 400g/L 乳油 1000～2000 倍液。因为具有很强的内吸作用，故既可用作快速喷雾，也可采用根施、涂抹、包扎等多种施药方式。氧化乐果属高毒农药，且残留期长，使用时必须注意安全，蔬菜、果实采收前 1 个月内禁止使用。建议最好用作冬春清园。

梅塔：见"非洲大蜗牛应急控制技术规范"一节。

茶籽饼：茶籽饼又名茶枯，是一种植物性农药，内含生物碱，具有良好的灭螺效果，也可杀虫，对人畜安全。每公顷用茶籽饼 150～180kg，敲碎，加温水 375L 浸泡 3h（若用冷水，浸泡时间要加长），过滤后（滤渣可作肥料）在滤液中兑水 750L 喷雾，或兑水 2625L 泼浇，可防治非洲大蜗牛和其他蜗牛。使用时应不使茶籽饼浸出液过多地沾着植物，以免造成药害。

在福建厦门、泉州市郊，当地农民用生石灰在农田、蔬菜和花卉地上撒下一圈保护带，即可在短期内阻止非洲大蜗牛侵入危害。

化学药剂还可用来制成毒饵诱杀蜗牛：具体方法是用多聚乙醛等杀蜗药剂，与土或棉籽饼、米糠、白薯干、青草等混合，拌成毒土或毒饵，于傍晚撒施在田间，效果较好。一些抵抗力强的大个蜗牛取食毒饵后既使不死，也将昏迷在田间，可于第二天早上捡去集中销毁。

（2）熏蒸。利用容易挥发出有毒气体的化学药剂作为熏蒸剂，通过物理或化学的方法使熏蒸剂成为气体而杀死蜗牛，统称为熏蒸灭螺法。使用熏蒸剂杀蜗，必须在适当的温度和固定空间条件下，才能使蒸发的气体在短时间内达到杀蜗的浓度，所以熏蒸时的温度和密闭程度与杀蜗效果有密切关系，一般来说，温度较高和熏蒸密闭条件好，有利于熏蒸效果的充分发挥。同时，空气湿度和货物含水量对熏蒸效果也有影响，空气湿度过大和货物含水量高，对毒气分子的表面吸附作用增加，渗透力相应减小。

熏蒸剂的种类很多，目前常用的有溴甲烷、磷化铝、氯化苦和甲醛等。在我国口岸常用溴甲烷熏蒸法做带疫货物的除害处理。该方法基本上适用于杀死一切有害蜗牛、害虫和部分病菌。由于它的渗透力很强，对各种蜗牛的卵、幼螺和成螺，都有强烈的毒杀作用，杀蜗效果可达100%，所以特别适合于以彻底杀螺为目的检疫处理。

2）物理防治

物理防治法可根据非洲大蜗牛的生态习性，设计出简单可行的具体措施。对于进口少量苗木，可用水泡浸1h，即可除去蜗牛；对于种子携带螺卵，可用阳光曝晒，使其卵壳破裂死亡；热处理是植物检疫上一种常用的物理处理方法，高于41.2℃处理12h，可杀死螺体，但对苗木可能造成灼伤；低于−0.2℃处理12h，螺体也将死亡，但对苗木的冻伤可能比高温灼伤小得多，在进行高温或低温灭螺处理时，首先要了解苗木的耐寒抗热性，各种植物对高、低温的敏感性指标可查阅有关文献。热处理具有处理效果好、不污染环境的优点，但同时存在成本高、难以克服对苗木的灼伤或冻伤、难以大规模使用等问题。

辐射处理是近年来被广泛应用于植物检疫的一种有效的物理除害处理方法。由于辐射处理具有安全、可靠、有效、快捷等优点，且没有残留和环境污染的问题、处理时不需要拆除包装、不受温度影响等特点，越来越多的国家不但将该方法作为一种重要的食品处理方法，甚至被当作一种有效的植物检疫处理措施，用来代替对大气臭氧层有破坏作用的溴甲烷，并可代替磷化铝用于对磷化铝有抗药作用的有害生物的检疫处理。1997年，北美植物保护组织（NAPPO）发布了植物检疫措施标准《辐射处理作为一种植物检疫处理的指南》（Guidelines for the Use of Irradiation as a Phytosanitary Treatment）。在国内由于设备投资规模等方面的原因，目前只是小范围应用，未能在检疫处理上广泛应用。

3）人工捕杀

人工捕杀非洲大蜗牛在降低螺口密度，减少危害方面效果较好，其缺点是不彻底，且花费大量的人力。非洲大蜗牛昼伏夜出，活动于夜间至翌日6时，通常是日落后开始从隐藏处爬出来活动，晚间嚼食植物、交配，至翌日6时左右又回到附近竹篱缝隙、石堆底下和密集的花木树叶之间隐藏起来。非洲大蜗牛喜欢密集于堆有瓜皮、菜叶的垃圾堆中。如遇下雨，蜗牛大量爬出，房前屋后随地可见。因此人工捕杀可利用下雨之后或黎明、黄昏、夜间非洲大蜗牛出来活动觅食时，巡视田野路旁以及附近竹篱缝处，随手拾螺捕杀，或于傍晚堆置瓜皮、菜叶成为一堆（每隔一定距离分堆最好）散布于田间周围作诱饵，引诱它们爬伏在诱集堆下，天亮后掀开，便可集中捕捉到大量蜗牛。

人工捕捉到的中小螺可以集中销毁，大螺可作为饲料或商品螺销售给罐头厂，为国家创造外汇收入。美国夏威夷政府曾用钱收购的办法，奖励捕杀非洲大蜗牛成效显著，我们也可因地制宜地用人工捕杀方法防治非洲大蜗牛。在福建漳州，1987 年前后大量收购非洲大蜗牛加工外销，田间种群密度有所下降，但自 1988 年蜗牛外销市场逆转，生产陷入绝境后，非洲大蜗牛对农作物的危害又逐渐加剧了。

有害生物的开发利用和防治是相辅相成的。靠政府出资收购的办法来减轻危害，只能是暂时的，如果能开发成为一种有益资源加以利用，人工捕杀必将成为群众自觉持久的行动，起到事半功倍的作用。许多国家的实践已证明：发展非洲大蜗牛加工业是在重灾区控制危害的有效措施，关键是要因地制宜地加以科学引导。除拓宽销售渠道、组织外销外，要提高疫区农民的采收加工技术，同时搞好综合利用，当外销过剩时就地加工成饲料或提取有益的化学成分。

4）耕作防治

耕作防治的基本原理是根据非洲大蜗牛的生物学和生态学特性，创造一个有利于作物生长、不利于非洲大蜗牛生栖的生态环境。如非洲大蜗牛是肺螺亚纲中较高等的陆生蜗牛，鳃已完全退化，靠肺呼吸，有条件的地块可水旱轮作，将菜地改作水田种水稻，非洲大蜗牛就会缺氧而窒息死亡。每年产卵盛期，结合中耕除草，可将大量的螺卵暴露在空气中，经阳光曝晒，卵壳破裂而死亡，可大量降低螺口密度。福建漳州一些地区的实践证明，每年中耕除草三次，可基本控制非洲大蜗牛的危害在经济阈值以下。

5）生物防治

饲养鸡鸭，啄食蜗牛，可减轻非洲大蜗牛的危害，据调查，每只 0.5kg 的鸭子，每天能啄食幼螺 35～50 只。但鸡鸭同时也危害农作物，因此，只有在作物休耕期，才有可能组织放养鸡群、鸭群捕食蜗牛。

台湾地区农业委员会农业试验所于 1959 年开展非洲大蜗牛生物防治研究，先后从外国引进天敌玫瑰蜗牛（*Euglandina rosea*）和嘉纳蜗牛（*Gonaxis quadrilateralis*），其后又在本土找到了台湾窗萤虫等近十种天敌。但由于非洲大蜗牛繁殖迅速，加之其他一些未为人知的原因，都一直无法控制非洲大蜗牛的发生量。世界上许多疫区国家也相继开展了生物防治工作，在菲律宾、新几内亚、西太平洋所属关岛和马里亚纳群岛，一种扁平虫（*Platydemus manokwari*）被用来有效地防治非洲大蜗牛。在斯里兰卡，有一种印度萤火虫（*Lamprophorus tenebrosus*）的幼虫，能大量地吃掉非洲大蜗牛和其他蜗牛，在发育期间，一只雄性幼虫可吃掉 20～40 个螺，一只雌性幼虫可吃掉 40～60 个螺，这种幼虫具有弯曲而很锐利的颈头部，并可以捕食和撕碎螺肉，还可大量吮吸蜗牛的体液和黏液，当地还发现了龟、豸、蒙、乌鸦、鼠和食肉蚁等几种天敌，它们在控制非洲大蜗牛田间种群密度方面起了一定的作用。

玫瑰蜗牛在佛罗里达、夏威夷等地是非洲大蜗牛的致命天敌，但也捕食当地的本土蜗牛，破坏了生态平衡，成为新的重大外来有害生物，已被国际自然保护联盟列入全球最具破坏性的 100 种外来入侵物种名单之中。因此笔者认为，非洲大蜗牛的生物防治主要应立足于本地天敌资源的利用，适当引进外地天敌。首先要查清本地天敌的种类和分布，在此基础上开展防治研究，然后才有可能推广到生产中去应用。引进国外天敌资源必须持十分谨慎的态度，否则玫瑰蜗牛的悲剧还会重演。

3. 综合防控措施

化学防治、生物防治、人工捕杀和耕作措施必须有机地结合起来，才能达到预期的防治目标。对待一种新入侵的危险性有害生物，应该立足于彻底消灭。化学农药杀伤力强，作用迅速，为其独特的优点。在新发现非洲大蜗牛的地方或带有疫情的货物，急需将其全部歼灭，或在螺害大发生时，危害日趋严重，急需将螺口密度压下来，这些情况下，化学农药显得尤其重要。

由于化学农药容易引起药害、杀伤天敌以及污染环境等缺点，我们一方面应尽量考虑科学用药，另一方面要广泛地探索其他有效的防治手段。杀蜗剂一般对鱼类毒性较大，在靠近鱼塘的地方应慎重使用。

生物防治和耕作措施对人畜、农作物无害，也不伤害天敌，不污染环境。应该积极地开展非洲大蜗牛的天敌种类调查和利用研究，这是疫区长期控制螺害的一项重要战略措施。但生物防治作用缓慢，杀伤力不彻底，而且受环境因子影响较大。因此，生物防治作为一种检疫除害处理技术是不适当的。

人工捕杀有很多优点，但花时费神。因此决定非洲大蜗牛防治决策时，必须全面考虑防治区的特点，因地制宜地制订切实可行的防治方案。在螺口数量大的地区，应考虑化学防治为主，如附近有加工外销的罐头厂，也可以考虑人工捕杀，化害为利；在鱼塘、市郊菜地、居民区，为避免农药对环境的污染，要提倡人工捕杀；在不易彻底扑灭的老区，可考虑用天敌来制约其种群密度，不致造成大害；对带有螺害的进口物品，熏蒸处理彻底可靠，也可视情况用农药毒杀或人工捕杀；新发生区，应以化学农药扑灭为宜。同时，应积极研究新的检疫处理方法，如辐射处理集装箱可解决蜗牛随集装箱传播的查验和处理难题，是一种很有发展前途的检疫处理技术。

主要参考文献

陈德牛，高家祥. 1987. 中国经济动物志：陆生软体动物. 北京：科学出版社. 186

陈德牛，李碧华. 1993. 中国褐云玛瑙螺的研究. 云南师范大学学报（自然科学版），13（2）：41～46

国家质量监督检验检疫总局. 2004. SN/T 1397—2004 非洲大蜗牛检疫鉴定方法. 北京：中国标准出版社. 1，2

农业部. 1988. 农（检疫）字第 1 号文件《关于对非洲大蜗牛实施检疫的紧急通知》

周卫川. 1993. 非洲大蜗牛见：中国植物保护学会植物检疫学分会. 植物检疫害虫彩色图谱. 北京：科学出版社. 198，199

周卫川. 2002. 非洲大蜗牛及其检疫. 北京：中国农业出版社. 212

周卫川. 2006. 非洲大蜗牛种群生物学研究. 植物保护，32（2）：86～88

周卫川，蔡金发，陈德牛等. 1998. 褐云玛瑙螺在我国的适生性研究. 动物学报，44（2）：138～143

周卫川，陈德牛. 2004a. 非洲大蜗牛进境风险分析. 中国青年农业科学学术年报，1（1）：321～325

周卫川，陈德牛. 2004b. 进境植物检疫危险性有害腹足类概述. 植物检疫，18（2）：90～93

周卫川，佘书生，陈德牛等. 2007. 广州管圆线虫中间宿主——软体动物概述. 中国人兽共患病学报，23（4）：401～408

周卫川，吴宇芬，蔡金发等. 2001. 褐云玛瑙螺发育零点和有效积温的研究. 福建农业学报，12（3）：25～27

Abbott R T. 1989. Compendium of landshells：a color guide to more than 2000 of the world's terrestrial shell. New York：American Malacologists，Madison Publishing Associates Inc. 240

Annandale N. 1919. Mortality among snails and the appearance of blue bottle flies. Nature，104：412～413.

AQIS. 1997. Giant African Snail. Plant quarantine leaflet No. 3. Canberra：Australian Government Pub. Service

Bequaert J C. 1950. Studies on the achatinae，a group of African land snails. Harvard University：Bulletin of the Museum Comparative Zoology，105：3～216

Burch J B. 1960. Some snails and slugs of quarantine significance to the United States. Sterkiana，2：13～53

Chang K M. 1981. The giant African snail，*Achatina fulica* Bowich（supplement）-albino type of *Achatina fulica*. Bulletin of Malacology R O C，（8）：33～42

Chen D N. 1991. A study on *Achatina fulica* Fer. in China（classification，distribution and artifical breeding）. *In*：Meier-Brook C. Proceedings of Tenth International Malacology Congress Tübingen 1989. Unitas Malacologica，Daja，Hungazy，297～301

Coltro J. 1997. *Achatina fulica*（Bowdich，1822）：a new old problem. conchologists of American，Inc. http：// www. conchologists of america. ozg/articles/y1997/9T06 _ coltro. asp. 2009-11-20

FAO. 1989. Presence of the giant African snail，*Achatina fulica*［in Martinique］. FAO Plant Protection Bulletin，37（2）：97

Godan D. 1983. Pest Slugs and Snails Biology and Control. Berlin：Springer Verlag. 445

Herklots G A C. 1948. Giant African snail *Achatina fulica* Fer. Food & Flowers，1（1）：1-4

Jarrett V H C. 1931. The spread of the snail *Achatina fulica* to South China. Hong Kong Naturalist. 2（4）：262～264

Jutting W S S van Benthem. 1934. *Achatina fulica*（Fer）in the Netherland east Indies. Jour Conch，20（2）：43，44

Mead A R. 1961. The Giant African Snail：a Problem in Economic Malacology. Chicago：the University of Chicago Press

Mead A R. 1963. A flatworm predator of the giant African snail *Achatina fulica* in Hawaii. Malacologia，1：305～311

Mead A R. 1979. Economic malacology with particular reference to *Achatina fulica*. *In*：Fretter V，Peake J. The Pulmonates. London：Academic Press. 36

Muniappan R. 1987. Biological control of the giant African snail，*Achatina fulica* Bowdich，in the Maldives. FAO Plant Protection Bulletin，35（4）：127～133

Muniappan R，Duhamel G，Santiago R M et al. 1986. Giant African snail control in Bugsuk island，Philippines，by *Platydemus manokwari*. Oleagineux，41（4）：183～188

NAPPO-PAS. 2000. Pest alert：Achatina（Lissachatina）fulica Bowdich. An emerging snail in the Caribbean which poses a threat to both agriculture and human health. http：//www. pestalert. 028/viewArchPestAlert. com? rid ＝10. 2009-11-20

Pilsbry H A. 1904. Manual of conchology. Proc Acad Nat Sci Philadelphia，17：55～57

Raut S K，Ghara T K. 1989. Impact of individual's size on the density of the giant land snail pest *Achatina fulica* Bowdich（Gastropoda：Achatinidae）. Bollettino Malacologico，25：9～12，301～306

Raut S K，Panigrahi A. 1989. Diseases of indian pest slugs and snails. Journal of Medical and Applied Malacology，（1）：113～121

Reeve L A. 1849. Conchologia Iconica V（*Achatina*）. London：L. Reeve & Co

Shah N K. 1992. Management of the giant African snail. Indian Farming，41：11～21

South Pacific Commission（SPC）. 1993. Giant African snail（2nd edition）. Pest advisory leaflet No. 6

South Pacific Commission（SPC）. 1999. Giant African snail（3rd edition）. Pest advisory leaflet No. 6

Takeuchi K，Nakane M. 1991. Occurrence of the giant African snail in the Ogasaware (Bonin) Islands，Japan. Micronesica，Supplement，(3)：109～116

Tomiyama K，Nakane M. 1993. Dispersal patterns of the giant African snail，*Achatina fulica* (Ferussac) (Stylommatophora：Achatinidae)，equipped with a radio transmitter. Journal of Molluscan Studies，59：315～322

van Bruggen A C. 1987. *Achatina fulica* in Morocco，North African. Basteria，51：66

Well P B van. 1948. Some notes on the African giant snail，*Achatina fulica* L. on its spread in the Asiatic tropics. Chronica Naturae，104 (8/9)：241～243

六、非洲大蜗牛应急防控预案（样本）

1. 危害情况的确认、报告与分级

1）确认

当地农业主管部门接到非洲大蜗牛新发疫情报告后，应立即派出 2 名以上的专职人员到现场进行诊断、提出初步诊断意见。对怀疑为非洲大蜗牛的应在 24h 内将采集到的标本送到上级农业行政主管部门所属的外来物种管理机构，由省级外来物种管理机构指定专门科研机构鉴定，省级外来物种管理机构根据专家鉴定报告，报请农业部外来物种管理办公室确认。

2）报告

根据检疫鉴定结果，确认某地为非洲大蜗牛新发生区后，当地农业行政主管部门应在 24h 内向同级人民政府和上级农业行政主管部门报告，并迅速组织对本地区进行普查，及时查清发生和分布情况。省农业行政主管部门应在 24h 内将非洲大蜗牛发生情况上报省人民政府和农业部，同时抄送省级林业部门和出入境检验检疫部门。

3）分级

（1）特大疫情。在远离老疫区的 2 个或 2 个以上省（直辖市、自治区）发现新的非洲大蜗牛危害；或在 1 个省（直辖市、自治区）所辖的 2 个或 2 个以上地级市（区）发现新的非洲大蜗牛且危害严重的。

（2）重大疫情。在以前为非疫区的 1 个地级市辖的 2 个或 2 个以上县（市、区）发现新的非洲大蜗牛危害；或者在 1 个县（市、区）范围内发现新的非洲大蜗牛危害且程度严重的。

（3）一般疫情。在 1 个县（市、区）范围内新发现非洲大蜗牛危害的。

由非洲大蜗牛新入侵导致并发广州管圆线虫病的，危害等级酌情上调。

2. 应急响应

1）应急指挥系统

各级外来物种管理机构成立应急防控工作指挥部，负责本地区新发现非洲大蜗牛疫情的应急封锁、扑灭、控制的指挥工作，指挥部办公室设在同级农业局（厅/部），具体负责日常工作。各级防控指挥部要根据本预案原则制定具体的应急封锁、扑灭、控制预案。

2）应急预案的启动

发生特大疫情时，农业部启动部级应急预案，有关省市同时启动本级应急预案，必要时向国务院报告；发现重大疫情时当地农业厅启动厅级应急预案，并及时上报农业部和省政府，有关县（市）区同时启动本级应急预案；发生一般疫情时，当地县（市）政府启动县（市）级应急预案。

3. 部门职责

各级外来有害物种防控工作指挥部负责本地区新发现非洲大蜗牛应急封锁、扑灭、控制的指挥、协调工作，并负责监督应急预案的实施。农业行政主管部门要负责划定新疫区、保护区和制定防控工作方案，负责非洲大蜗牛的监测、疫源追踪调查和应急封锁、扑灭、控制所需物资储备管理工作，组织力量销毁带疫农作物和农产品，严格检疫隔离措施，对保护区实行施药保护，并发广州管圆线虫病的，应及时向同级卫生防疫部门通报。发展改革、财政、公安、工商、交通、铁路、卫生、科技、出入境检验检疫、新闻、气象等有关部门，应当在各自的职责范围内做好应急控制所需的物资、人员、经费的落实，防止疫情传播蔓延、确保农产品卫生安全、宣传普及防疫知识等工作。出入境检验检疫部门应与农业植物检疫部门建立信息互通平台，及时通报疫情动态，加强检疫工作。

4. 发生点、发生区和监测区的划定

发生点：非洲大蜗牛危害点周围150m以内的范围划定为一个发生点；划定发生点时若遇河流和公路，应以河流和公路为界，其他可根据当地具体情况作适当的调整。

发生区：发生点所在的行政村（居民委员会）区域划定为发生区范围；发生点跨越多个行政村（居民委员会）的，将所有跨越的行政村（居民委员会）划为同一发生区。

监测区：发生区外围3000m的范围划定为监测区；在划定边界时若遇到河流、湖泊和水库等大的水系，则以河流、湖泊或水库的内缘为界。若遇到沟渠或池塘等小的水系，则跨越沟渠或池塘划定监测区边界。

5. 封锁、控制和扑灭

非洲大蜗牛发生区所在地的农业行政主管部门对发生区应设置醒目的标志和界线，并采取措施进行封锁控制和扑灭。非洲大蜗牛属新颁布的《中华人民共和国进境植物检疫性有害生物》，可对发生区周围3km范围内和来自新疫区的所有未经加工的植物材料和运载工具等实行强制检疫处理措施。

对确认发生疫情的农作物或染疫货物要进行彻底销毁处理。对带疫铺垫物、菜地要进行无害化处理。定期开展灭螺行动，采用化学、物理、人工、生物、综合防治方法灭

除非洲大蜗牛，可将灭螺药剂与炒香的豆粕、米糠等混合制成毒饵，连续在发生区进行诱杀，直至扑灭疫情。美国曾用财政资金收购的方法根除了从夏威夷传入佛罗里达且已在当地建立起自然种群的非洲大蜗牛，美国的人工收购方法值得我们在扑灭该螺时借鉴。

6. 调查和监测

非洲大蜗牛发生区及周边地区的各级农业植物检疫机构要加强对本地区的调查和监测，毒饵诱杀既是监测的好办法，也是灭螺的有效措施之一，要认真做好监测结果的记录，保存好记录档案，定期汇总上报。其他地区要加强对来自疫区的运输工具和植物及植物产品的检疫和监测，防止非洲大蜗牛传入新区。同时也要注意农贸市场的监测，发现出售非洲大蜗牛的要没收销毁，并追踪疫源，消灭疫源地。

7. 宣传引导

各级宣传部门要积极引导媒体向大众普及蜗牛知识。有关新闻和消息，应通过政府部门正常渠道获取，防止炒作，避免失实报道引起社会不安。在非洲大蜗牛发生区，要利用适当的方式进行科普宣传，重点宣传如何识别非洲大蜗牛、对农林生产危害性和传播危害人类健康的广州管圆线虫病。防止儿童将其当作宠物从疫区带到非疫区。

8. 应急保障

1）队伍保障

各级人民政府要组建由农业行政主管部门技术人员以及有关专家组成的非洲大蜗牛应急防控队伍，加强专业技术人员培训，提高应急防控队伍人员的专业素质和业务水平，成立防治专业队，为应急预案的启动提供队伍保障。

2）物资保障

省、市、县各级人民政府要建立非洲大蜗牛防控应急物资储备制度，确保物资供应，对非洲大蜗牛危害严重的地区，应该及时调拨救助物资，保障受灾农民生活和生产的稳定。

3）经费保障

各级人民政府应安排专项资金，用于非洲大蜗牛应急防控工作。应急响应启动时，当地农业行政主管部门会商有关部门提出经费使用计划，由同级财政部门核拨，财政、农业、审计等部门对专项资金的使用和管理情况进行严格的监督检查，确保专款专用。

4）技术保障

科技部门要大力支持非洲大蜗牛防控技术研究。在非洲大蜗牛发生地，有关部门要对本地技术骨干开展培训，加强对非洲大蜗牛防控工作的技术指导，为持续有效控制螺害提供技术支撑。

9. 应急解除

通过采取有效的防控措施，达到防控效果后，县、市农业行政主管部门向省农业行政主管部门提出申请，经省农业行政主管部门组织专家评估论证，防治效果达到标准的，由省外来有害生物防控工作指挥部报请农业部批准，方可解除应急。

经过连续 12 个月的监测仍未发现非洲大蜗牛，经省农业行政主管部门组织专家论证，确认扑灭该螺后，经发生区农业行政主管部门逐级向省农业行政主管部门报告，由省农业行政主管部门报省人民政府及农业部批准解除封锁区，同时将有关情况通报林业部门和出入境检验检疫部门。

10. 附则

省、（直辖市、自治区）各级人民政府根据本预案制定本地区非洲大蜗牛防控应急预案。

本预案自发布之日起实施。

本预案由农业部外来物种管理部门负责解释。

（周卫川）

福寿螺应急防控技术指南

一、福　寿　螺

学　　名：*Pomacea canaliculata*（Lamarck，1819）

异　　名：*Pomacea insularus* D'Orbigny，1839

　　　　　Ampullaria canaliculata Lamarck，1822

　　　　　Ampullarium crosseana Hidalgo，1871

　　　　　Ampullaria gigas Spix，1827

　　　　　Pomacea haustrum Reeve，1858

　　　　　Pila gigas Spix，1827

英 文 名：Ampullaria snail，apple snail，golden apple snail，Amazonian snail

中文别名：大瓶螺、亚马逊苹螺、苹果螺、元宝螺、雪螺、黄金螺、龙凤螺、玉宫螺、丰纹螺、锦螺

分类地位：软体动物门（Mollusca）腹足纲（Gastropoda）中腹足目（Mesogastropoda）瓶螺科（Ampullariidae）福寿螺属（*Pomacea*）

福寿螺不但是我国南方和东南亚地区水稻生产上的恶性外来入侵物种，威胁着我国粮食安全，而且逐渐成为这些地区传播广州管圆线虫（*Angiostrongylus cantonensis* Chen，1935）病最重要的中间宿主，对人类健康危害极大，引起了国际植物保护、环境保护和卫生部门的高度关注。福寿螺既是国家环保总局 2002 年首批公布入侵我国的 16 种重大外来入侵生物名单中的成员，也是国际自然保护联盟（IUCN）公布的全球 100 种最具破坏力的入侵物种名单中的成员。本节简要介绍福寿螺防控的背景资料，供有关植物保护、环境保护和卫生部门的科技工作者从事该螺的防控工作时参考。由于目前国内外对福寿螺的监测、预警和应急控制等关键技术缺乏研究，所以这方面可以介绍的材料仍然十分有限。

关于福寿螺的学名、中文名和分类都十分混乱。我国早期报道该螺的一些文献中曾用"大瓶螺（*Pila gigas*）"之名，其实大瓶螺属于苹果螺科的瓶螺属（*Pila*），与该螺的分类地位相差甚远（同科不同属）。从学术上看应以英文译名"苹果螺"或"金苹螺"较为规范，但在我国台湾和内地民间推广养殖时，广泛地应用了"福寿螺"这个名称，迄今福寿螺已被如此广泛接受，以至于用苹果螺或金苹螺反而容易造成误解。在 2002 年国家环境保护总局首批公布的入侵我国的重大外来物种名单中，选用了"福寿螺"这一名称。在农业部有关检疫和控制该螺的文件中也用"福寿螺"。因此本指南也采用该名称。

称苹果螺科 Ampullariidae（＝Pilidae）是世界上许多热带地区常见的淡水螺类，一

些品种已成为受欢迎的水族箱宠物螺，但其分类也很混乱。例如，最受欢迎的一些水族书籍称它们为 *Ampullaria gigas* 和 *Ampullaria cuprina*，然而这些在科学性刊物上流传多年的名称是错误的。从历史上看，这些名称问题由来已久，因为早在 17 或 18 世纪时著书描述这些螺的作者们都是业余爱好者，一般都以贝壳形态特征作为分类的唯一依据，不考虑软体解剖特征和生理生态习性。在目前所被接受的命名法中，瓶螺科被分为下列几类：*Asolene*、*Felipponea*、*Marisa* 和 *Pomacea* 等属物种属于新大陆种类（南美、中美、西印度群岛和美国南方），而 *Afropomus*、*Lanistes* 和 *Saulea* 属物种则分布在非洲，而 *Pila* 属在非洲和亚洲都有原生种。显然，福寿螺原产于南美洲，不是亚洲的原生种，国内一些学者用 *Pila gigas* 是错误的，而在一些刊物上发表的 *Ampullarum crossean* 则是同种异名。

国内所称的福寿螺实际上可能不是一个种，它们在生态习性、危害特点和防控措施上有较大差异。因此，当前急需开展疫情普查和种类鉴定等应用基础研究，只有这样，才能为科学的防控工作提供理论依据和实际指导。

1. 起源与分布

福寿螺起源于南美洲的亚马逊河流域（阿根廷、玻利维亚、巴西、巴拉圭、秘鲁）。20 世纪 80 年代以来，由于人为引种，福寿螺已传播到世界上许多国家和地区，尤其对我国南方和东南亚各国的水稻生产构成威胁，已成为各地区日益严重的生物灾害。

福寿螺分布如图 1 所示。

国外分布：阿根廷、玻利维亚、巴西、巴拉圭、秘鲁、印度尼西亚、日本、朝鲜、韩国、泰国、越南、老挝、马来西亚、菲律宾、新加坡、新几内亚、斯里兰卡、美国（加利福尼亚、佛罗里达、得克萨斯、夏威夷、关岛）、加勒比海地区（多米尼加共和国）。

国内分布：台湾、海南、广东、广西、福建、云南、湖南等省（自治区）的大部分地区和浙江、江西、湖北、四川、贵州等省的局部地区。

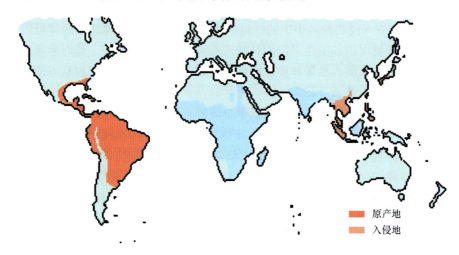

图 1　福寿螺的世界分布（原产地和入侵地）

2. 主要形态特征

1）卵

卵粒球形或圆球形，直径 2mm 左右，刚产下的卵为粉红色至鲜红色，卵的表面有一薄层不明显的白色粉状物，在 5～6 月的常温下，卵粒 4～5 天后变为灰白色至褐色，此时卵内已孵化为幼螺。卵块呈椭圆形，大小不一，随母螺大小而异，卵粒排列整齐，卵层明显，不易脱落，颜色鲜红色，形如桑椹，小卵块只有数十粒，大卵块可达千粒以上，卵块产在离开水面的石块、木桩、田埂、水生植物和水族箱壁等固形物上。

2）贝壳

福寿螺的贝壳为一大型的螺旋形贝壳，右旋。壳质较厚而坚固，外形呈卵圆球形。有 5 或 6 个螺层，均外凸，螺层在宽度上增长迅速。螺旋部低矮，体螺层极膨大，其高度占全部壳高的 5/6～6/7。各螺层上部呈肩状，体螺层肩部更明显。缝合线深，凹入成锐角。壳面光滑，有光泽，呈绿色或黄绿色或黑色。壳口大，近卵圆形，周缘简单，内唇上方贴覆于体螺层上，形成薄的蓝灰色胼胝部。脐孔大而深，略被轴缘遮盖。厣为角质的黄褐色薄片，具有同心圆的生长线，厣核偏于内侧中部。成螺壳高 40～80mm，壳径 40～70cm，最大壳径可达 150mm。

3）螺体

福寿螺的软体部可分为头、足、内脏囊三部分。在活动状态时，可明显见到头部和腹足从壳口伸出，但内脏囊仍然留在壳内。头部发达，呈圆柱状。头的前端突出成吻，吻的前端伸出一对叉状的唇须（前触角），吻的腹面为口。吻的基部两侧各有一条细长的后触角，后触角的伸缩性强，伸长时可达 50mm。每一后触角基部外侧的隆起上有一个棕色的眼。在头的左右两侧各有肌肉皱褶形成的管子。右侧的为出水管，短而扁平；左侧的为呼吸管（没有入水管），内通外套腔，呼吸管的伸缩性极强。当水中氧气不足时，常卷成一粗大的葱管状的空管，不时地伸达水面进行呼吸。由于福寿螺的头、足伸出壳外时，头的左侧（呼吸管之上方）与壳口之间有较大的空隙与外套腔相通，可以进水。因此，福寿螺的呼吸管在不伸长呼吸时，也并不充当入水管的功能。头部的后下方有一个发达的肌肉质的腹足，用以匍匐爬行或附着于其他物体上。足具有宽大的蹠面，大小可达 65mm×35mm，前端钝，后端较尖。去贝壳可见外套膜和内脏囊，内脏囊突出于身体背面，和贝壳螺旋式的扭转相一致。

3. 主要生物学和生态学特性

1）世代与生活史

福寿螺是雌雄异体的淡水螺类，必须通过雌雄交配，才能繁殖后代，完成生活史。福寿螺的生活史分为卵、幼螺和成螺三个阶段。雌雄交配后，受精作用在体内进行。产卵部位主要在离水面 10～20cm 的杂草、木棍、作物植株或沟渠石壁上，初孵幼螺软体部分呈红色，经风吹日晒散落于水中，即能浮游觅食，独立生活。

在福州，福寿螺一年发生两代（曾有报道广州一年发生三代，笔者考证原文：其实也是一年两代，只是把前年的越冬代幼螺也作为一代），越冬代成螺从 3 月开始交配产卵，卵孵化后经过 4 个月左右的生长，体重达到 36～42g，即性成熟，又开始交配产卵，完成了一个世代。第二世代在 11 月下旬～12 月上旬，开始交配产卵。成螺每交配一次可连续产卵 10 多次，产卵量大。根据李承龄（1995）在广州实验，一个越冬代成螺，经过一年两代的繁殖，每个成螺可产后代 32.5 万只左右。因此在世代循环中，它的繁殖速度惊人，只要能在新的环境中扎下根来，就很容易建立起一个新的种群对作物造成严重危害。福寿螺的寿命可长达 4 年，繁殖期一般为 2～3 年，主要随水体温度的不同而异。

福寿螺卵孵化所需的时间随温度变化而有差异，在适温范围内，随温度升高，孵化时间缩短，一般以 25～30℃为最适孵化温度。卵粒孵化期为 5～10 天。福寿螺生长发育完成一个世代所需的时间也随温度变化而差异，在平均气温为 26～27℃的自然条件下饲养，一个世代的发育历期仅为 3 个月。在台湾也有报道 50 天就可完成一个世代。

福寿螺越冬代死亡率与冬季温度高低、越冬环境是否有水等因素密切相关。在福州，每年 12 月下旬开始，气温逐渐下降到 4～8℃时，福寿螺的活动明显减少，停止产卵，但并没有发现进入冬眠现象。在福州冬季期间，未休眠的福寿螺突遭大规模的寒流袭击，会发生大量死亡，这种现象笔者近年在福州市郊泉头农场的沟渠和新店附近的稻田水沟中进行越冬代调查时多次发现过。

2）生态习性

（1）栖息环境。

福寿螺可分布于热带及亚热带地区的淡水或半淡咸水中，即湖沼、池塘、沟渠等静水或流水水域。常栖息于 10～100cm 水深区域，适宜的水温为 20～30℃。对恶劣环境的耐受性强，即使在高度污染的水域内亦可发现其踪迹。但是，饲养于水缸内，水质容易恶化发出臭味，如不换水，福寿螺随即死亡。笔者曾几次用水缸养殖福寿螺观察生活史，最终以失败而告终，但改在有缓慢流水的小水池（底部是土壤）中养殖，则很容易成功。

福寿螺喜欢生活在有缓慢流水的地方，常常顺水游动或逆水爬行，根据这一特性在水稻田灌水入口处设置金属丝网，就能大量捕获福寿螺。根据田间调查，福寿螺常栖息于水田、灌溉沟渠、池塘、水库、山间小溪、湿地、沼泽地等所有有水环境。福寿螺白天多沉于水底和附在池边，或聚集在水生植物下面，夜晚取食。

（2）喜温性。

福寿螺在 8～12℃就能正常地活动觅食，25～30℃时，它的活动觅食最活跃，生长也最快，交配产卵也最多。但温度上升到 30～36℃时，它们的活动相应减少，超过 38℃时，福寿螺呈休眠或半休眠状态，气温超过 40℃，该螺就有被热死的危险，反之气温降低到 0℃以下，也难以生存，但福寿螺对低温的耐性比同属中的其他种类要强。如果温度变化剧烈，气温突然降到 4℃以下，螺体也会因突然的降温而大量死亡。冬季，福寿螺一般沉入水底或在较深水层处越冬。由此可见福寿螺是一种喜温怕冷的动物，既不能耐高温，也不耐寒。

（3）抗逆性强。

福寿螺由于有特殊的解剖结构（肺吸管）及其生理功能，使它能够在有水环境中以鳃呼吸，在水质不良或无水环境中以肺呼吸，因而对环境的抗逆性比田螺等淡水螺类要强得多。福寿螺遇到低温或干燥等不良环境时，都能以休眠方式顽强地生存下来，一旦气温回升、发洪水或被灌溉时，它们又能再次活跃起来。田间观察福寿螺即使在冬季无水或干旱期缺乏水分和食物的情况下，也可休眠达 3～4 个月。在实验室观察，休眠期至少可持续 6 个月以上。傅先源等（1999）观察了成螺、中螺在无水环境里的存活能力：福寿螺在室内无水时，不食不动，厣紧闭，进入休眠状态。室温 2～17℃时，休眠 1 个月之后，放入 20℃ 水中，2h 后所有螺均能活动摄食，并能交配产卵，存活率达 100％；连续休眠 3 个月，存活率达 57.6％。冬季在恒温箱无水环境中，使成螺、中螺在 20～30℃ 温度范围内休眠 30 天，其存活率达 50％；夏季在室温 20～32℃ 的无水环境中，迫使福寿螺连续休眠 3 个月，其成活率 94％。秋季放在室外水泥池中，只要保持池底湿润，成螺、中螺可顺利休眠，但池底干涸时，经阳光照射，加上蚂蚁、老鼠等天敌的活动，福寿螺就会很快死亡。

在福州市区内河、下水道等水质环境及其恶劣的水域中，也可以发现福寿螺的卵块、幼螺和成螺，证明福寿螺的抗逆性很强，也有报道福寿螺可净化水质，作为环境指示动物用于环境监测。在菲律宾，当旱季到来时，福寿螺以厣封住壳口，把自己埋在潮湿的泥土里，可连续夏眠 6 个月，当雨季到来后又开始活动。

福寿螺的两栖性，是其传播广州管圆线虫的重要原因。根据广州管圆线虫的生活史，螺类主要通过吞食带有 1 龄广州管圆线虫幼虫的老鼠大便而感染。虽然许多淡水螺类也是广州管圆线虫的中间宿主，但生活在水中，吞食到老鼠大便的概率较小，福寿螺可离开水域，爬到地面吞食老鼠大便，因而感染的概率大大高于其他淡水螺类。

3）福寿螺的繁殖与孵化特性

（1）福寿螺的性比。杨代勤等（1994）认为：雄螺的厣中间稍凸起，而雌螺的厣中间凹平。并根据此特征对 632 只螺进行鉴别。得雌螺 399 只，雄螺 233 只，雌雄比为 1∶0.58。各采集点雌螺的百分比均大于雄螺，且比例都比较一致。雄螺少于雌螺，说明每个雄螺能多次与不同雌螺交配，才能使得数量较少的雄螺能维持其种群的延续。但实际上笔者认为仅根据福寿螺厣的形态是较难区别雌雄的。

（2）性成熟及产卵季节。在湖北，福寿螺性成熟年龄平均为 3.6 月龄，雌螺性成熟个体平均体重 46.9g，雄螺性成熟个体平均体重 36.7g，雌螺最小成熟个体重 38.7g，雄螺最小成熟个体重 28.8g，当水温稳定在 22℃ 以上（6 月中旬）时，即有卵块出现。7 月、8 月、9 月水温为 28～32℃，为其产卵高峰期，直到 10 月中旬水温下降到 20℃ 时为止。因此，福寿螺一年产卵时间有近 5 个月。在福州，每年的 3 月中旬～12 月上旬，都可在田间看到福寿螺的卵块，产卵期长达 9 个月。一般卵孵化后，经过 3 个月左右的生长，体重达到 36g 左右时，即性成熟，开始交配产卵。交配时雄螺爬于雌螺壳上，雄螺阴茎鞘翻出插入雌螺雌性孔中，交配时间长达 2～4h。

（3）产卵习性和生殖力。福寿螺交配后约一星期产卵。产卵行为在日落后进行，产卵时，雌螺爬出水面，在离水面 10cm 以上的固形物处（池埂、田埂、水生植物和水族箱壁）产卵，产卵后再潜回水中。这与我们熟悉的田螺、大沼螺等前鳃亚纲种类的产卵习性完全不同。这种独特的产卵行为迄今为止也只有在苹果螺家族中发现，不过也并非所有的苹果螺都在离开水面的空气中产卵，如 *Asolene*、*Felipponea*、*Lanistes*、*Marisa* 等属的种类都在水中的植物、石块或其他物体上产下凝胶状的卵块。

福寿螺系分批产卵类型的螺类，雌螺 1 个月可连续产卵 2～5 次，两次产卵相隔时间为 5～12 天，每次产卵量为 200～500 粒，一个螺全年可产卵 5000～9000 粒（不考虑子代产卵），其繁殖力相当强。据李承龄（1995）在广州实验：第一代螺在当年 7 月开始产卵，产卵高峰在 8 月，每雌螺平均产卵 7.2 块，共 2060.7 粒，此阶段温度较高，为 29.8℃，12 月和翌年 2 月未见产卵。1 月和 3 月产卵数量很少，每只雌螺平均产卵 0.2～0.8 块，卵 15～92 粒。此期间温度均低于 17℃，该代 7 月～翌年 3 月每只雌螺累计平均产卵 20.4 块，计 4352.4 粒，每卵块平均 213.35 粒，卵孵化率为 70.8%，每只雌螺平均繁殖力为 20.4×213.35×70.08%＝3050.1 只。第二代从当年 9 月开始产卵，此时温度较低，产卵较少，每只雌螺平均产卵 10.7 块，卵粒 1798.4 粒，每卵块平均 168.07 粒，卵孵化率为 59.4%，繁殖力为 10.7×168.07×59.4%＝1068.2 只。从孵出第一只幼螺开始，1 只雌螺经 1 年可繁殖幼螺 $3.25×10^6$ 余只，其繁殖力极强。一代生长速度较慢，但繁殖力较强，二代生长速度较快，但繁殖力较弱。影响繁殖力的主要因素是温度，其适宜的繁殖温度为 27.7～30.6℃。

（4）孵化。福寿螺的受精卵在高出水面的田埂、池壁或水族箱壁等附着物上孵化。其孵化时间、孵化率与气温关系密切（表 1）。从表 1 可以看出，温度为 20～32℃时，其孵出时间与温度呈负相关；温度为 28～30℃时，其孵化率最高；而温度低于 22℃时，不仅孵出时间长，且大部分受精卵孵不出幼螺，孵化率相当低。不过我们在实验中观察到，在 15～18℃条件下卵仍然可以孵化，只是孵化时间相当长，需要 25～35 天左右。

表 1　福寿螺受精卵的孵化时间、孵化率与温度的关系（湖北，1994 年）

温度/℃	受精卵/粒	孵化数/只	孵化时间/天	孵化率/%
20 以下	125	0	—	0
20～22	108	15	18～21	13.89
24～26	115	87	13～15	75.65
28～30	119	109	7～11	91.60
30～32	106	95	5～8	89.62

4）福寿螺的生长

杨代勤等在湖北观察测定了福寿螺的生长速度，其结果列于表 2。从表 2 可以看出，在温度适宜时，福寿螺生长速度较快，孵出幼螺经 1 个月生长，其平均体重可达

22.4g，3 个月达 95.8g，4 个月达 136.5g，5 个月达 167.6g，一年可达 317.4g。

表 2　福寿螺的生长速度（湖北，1994 年）

水族箱 编号	抽查 样本数	体重/g					
		30 天	60 天	90 天	120 天	150 天	360 天
I	30	22.4	45.7	98.2	141.7	172.4	327.6
II	30	23.5	46.2	97.6	138.9	168.7	315.8
III	30	21.8	43.8	94.2	136.4	170.6	320.7
IV	30	23.7	43.9	96.7	134.3	165.4	313.5
室外水泥池	30	20.5	41.2	92.5	131.2	160.8	309.6
平均	30	22.4	44.2	95.8	136.5	167.6	317.4

根据上表数据，以观察天数 d 为自变量，平均体重 g 为因变量，用牛顿-马夸法拟合 Richards 方程，建立描述福寿螺体重生长过程的动态模型如下：

$$g = \frac{353.7652}{(1 - 0.8785e^{-0.008459d})^{\frac{1}{0.3911}}}$$

该模型 $R^2 = 0.9980$，$F = 337.5934$，$P < 0.001$。

在福寿螺迅速生长的 5～10 月，其软体部分生长虽然迅速，但不及螺壳生长快。在螺壳停止生长后，软体部分还继续生长，直至填满整个螺壳。因此，个体小的螺比重大，而个体大的螺比重相对较小。福寿螺的这种生长特性，与中国的大沼螺相似。

4. 寄主范围

福寿螺嗜食各种水生植物，若水中食物缺乏时，也会爬出水面，啃食岸边绿色植物。根据笔者野外观察，有时也会取食动物尸体或同类残骸。福寿螺虽为杂食性，但主要还是偏向植物食性之螺类，摄食种类甚广，包括水生植物、陆生蔬菜类及鱼类尸体等均在摄食之列。从中国台湾的嗜食试验可知福寿螺对绿色植物的嗜食性为：莴苣≥浮萍≥金鱼草＞空心菜＞布袋莲根芽＞菱角＞秧苗。根据在福州的田间调查，福寿螺危害的水生作物主要有水稻、茭白、菱角、空心菜、茨实、水葫芦、莲藕、荷花、睡莲、慈姑、芋头、荸荠、紫云英、西洋菜等水生作物以及水域附近的甘薯、蔬菜等旱生作物。

5. 发生与危害

1）发生环境

决定福寿螺大爆发的因素很多，除了福寿螺本身的生物学特性外，还与环境中的许多生态因子有关，其中气候与天敌是两个最主要的因素。目前该螺在世界上的实际分布为热带和亚热带地区。该螺能适应多种不同类型的生态环境，在湖泊、河流、沟渠、小溪、水田甚至城市排污水管等有水的环境均能发现福寿螺的踪迹。

在气温较高的地区福寿螺发育快，繁殖力强，对水稻等农作物的危害就大。在海南、广东、台湾等地，冬季气温较高，福寿螺不需要休眠，全年均能生长繁殖，这是这些地区经常爆发福寿螺危害水稻事件的重要原因。在亚热带地区，越冬对福寿螺翌年发生的螺害有明显的影响，春季福寿螺种群数量远较夏秋季少，主要原因在于越冬时寒冷和缺水死亡一部分，老鼠等天敌捕杀一部分。福寿螺虽然可以用休眠方式经受低温的考验，但对春季温度的骤然变化十分敏感，气温回升后解除休眠的福寿螺突然遭到寒流袭击会大批死去，加之天敌的捕食与寄生，进一步减少了它的种群数量。冬季偏暖年份，福寿螺越冬代螺口密度基数大，翌年就容易造成螺害。在实验中，38℃以上的高温对福寿螺的生长不利，但实际上夏季田间水温都不会长时间超过 38℃，因此高温不构成对福寿螺的生栖的影响。

台风暴雨直接诱发福寿螺的大爆发。如果秧苗刚移栽后不久，突然遭受台风暴雨的袭击，或者长期下雨，河流、池塘和沟渠的水位上涨，洪水通过田埂漫入稻田，栖息在上述水域的福寿螺也乘势侵入水田，而这时的秧苗生长势差，抗螺性弱，往往导致螺害的大爆发，造成重大的经济损失。2006 年，"洛美"台风侵袭广西，直接导致了福寿螺灾情的发生，全区有 16.7 万 hm² 水稻田遭受严重危害，政府为控制螺害，投入了大量的财力和物力。1994 年春耕生产期间，福建省晋东平原连续下雨，福寿螺从池塘、沟渠等疫源地侵入秧田，造成水稻生产的重大损失。

根据福寿螺的群体试验，它的致死温度为 0℃，在我国亚热带的许多地区冬季温度低于 0℃，福寿螺就不可能越冬。但事实上由于福寿螺生活在水中，即使河面结冰，冰层下的水温都在 0℃以上，因此福寿螺仍可安全越冬。这些地区的年有效积温也能保证福寿螺一年发生 1 或 2 代，由于它的繁殖力很高，越冬后的种群迅速增长，就能对水稻等水生农作物造成严重危害。

有人认为福寿螺在冬季气温低于 0℃的地区不能越冬，这种观点是值得商榷的。我国浙江宁波、湖北、四川等地冬季温度都低于 0℃，但仍然发生螺害就证明了这一点。在日本，福寿螺已分布到 38°N 以南地区（图 2），冬季调查的福寿螺一般在水下 0.3～1.7m 水深处越冬。

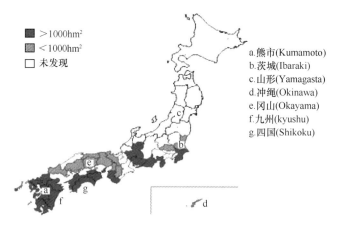

图 2　福寿螺在日本稻田的分布（Ito，2003b）
根据 Plant Protection Department，MAFF，Japan 的数据，其中茨城（b）数据引自 Ito（2003a）

2）福寿螺的危害性

（1）福寿螺对水稻的危害。螺害造成少苗缺株，需多次补苗，在采取防治措施时，秧田和分蘖期稻株一般受害率为 4％～7％，高的达 13％～15％，如不防治，螺害大爆发时将秧苗食尽，基本上绝收。在福寿螺的原产地，水稻不是当地的主要水生作物，当地的天敌秧鹤（Aramus guarauna）和食蜗鸢（Rostrhamus sociabilis）有效地控制了福寿螺的种群数量。引种传入我国后，由于失去了原有天敌的制约，水稻秧苗又是它的喜食植物，因此种群数量激增，再加上人为地在全国范围内广泛引种养殖，目前该螺已成为南方水稻生产最为重要的有害生物之一。水稻第一期插秧后的 24 天内、第二期插秧后的 14 天内，是福寿螺危害率最高的时期。受害轻者，秧苗在齐水面（3～5cm）处被食断，造成分蘖数减少，生育缓慢，抽穗延迟，进而导致减产；受害重者，秧苗在基部整株被啃食，如没有立即补植，全年几乎无收成可言。水稻度过了上述秧苗期，由于禾苗基数大增，福寿螺也不喜食较老的水稻植株和叶片，对水稻的危害相对较轻。所以农民每年应该选择在水稻苗期投入人力、经费来加以防治。

（2）福寿螺造成的巨大经济损失。根据世界粮农组织的估计，福寿螺造成的水稻产量损失，占水稻总产量 1％～40％。该螺 1981 年引种传入我国内地，现已成为我国南方主要水生农作物的重要有害生物，尤其对水稻苗期生产威胁极大，爆发时可将秧苗食尽。据调查，福建省晋江市的福寿螺是 1985 年从广东引入，在西滨农场养殖，后弃之于农田，1992 年首先在西滨、南霞发生危害，1993 年晋东平原爆发成灾，1994 年蔓延到青阳、池店、磁灶、内坑等地区发生危害，1996 年晋江市发生螺害面积 5300hm²。当前，福寿螺在福建南平、云霄、三明、闽南地区一些乡镇成片发生，造成严重危害。在福建疫区，福寿螺主要危害水稻，如不及时防治可减产 3～5 成，不但严重威胁水稻生产，而且逐年遗留在水田中的螺壳，极易割破皮肉致伤，农民不得不穿雨靴下田作业，给农田基本作业造成极大不便。据不完全统计，福建省每年用于防治水稻福寿螺的农药费用为 2.7 亿元，全国估计接近或超过 20 亿元。2006 年"洛美"台风过后，福寿螺乘机随台风带来的雨水侵入水稻苗田，给水稻生产造成危害。如在广西南宁、防城港、柳州、北海、玉林、崇左、钦州等地稻田的福寿螺泛滥成灾，其中有 16.7 万 hm² 水稻田严重受害（图 3），为此，广西壮族自治区政府有关部门于 2006 年 8 月下发了《关于进一步做好福寿螺防治工作的紧急通知》，号召全区农民紧急行动起来，打赢防治福寿螺这场攻坚战，并组织召开了福寿螺应急防治现场会，指导农民科学防治。又如在广东，借助台风和暴雨的袭击，福寿螺被大量冲进水田，肇庆、高明等地农村螺灾严重。在高明更合镇平塘村的路边田里，禾苗被福寿螺吃得疏疏落落，田里有大量的螺在缓缓蠕动。肇庆市睦岗镇大龙村一村民家有七分稻田，插秧前因杀螺药放得不足，插秧后几天，秧苗就被福寿螺吃了个精光。据称广东中山、汕尾、惠州、珠海、肇庆、汕头、佛山、梅州等市

图 3　福寿螺在广西危害成灾（新华社）

的大部分地区发生螺害。据不完全统计，全省不同程度遭受螺害的范围已达 37 个县（区），发生面积 13.3 多万 hm²。另外，当年湖南、浙江、江西、云南、福建、湖北、四川等省都有福寿螺严重危害水稻和茭白的报道。

除了狂噬禾苗外，福寿螺还会大量爬进水田的供水和排水管道产卵，成螺也会大量蛰伏其中，造成严重的管道堵塞。

在我国台湾，1982 年首次报道福寿螺危害水生作物，受害农作物面积达 17 000hm²，其中水稻田面积达 4000hm²（图 4），此后福寿螺继续危害，至 1986 年台湾省受害农作面积高达 171 425hm²，其中水稻田面积达 19 980hm²，单就稻米损失即高达 3090 万美元。近年来由于广泛使用杀螺剂，螺害得到控制，但造成了严重的环境污染。

图 4　福寿螺危害台湾稻田惨景（农试所，1982）

福寿螺引种传入亚洲后，在亚洲稻区也危害成灾，给当地的水稻和其他水生作物造成了严重的灾害。据报道，东南亚国家水稻产量损失 10%～90%，在泰国一些地区，由于福寿螺严重危害，水稻颗粒无收，造成饥荒和难民，农民不得不逃荒到外地谋生。该螺 1982 年从中国台湾传入菲律宾，1986 年首次记录了卡洛扬（Cagayan）河流域 300hm² 左右的灌溉稻田福寿螺受害非常严重，已成为该地水稻上的一种主要有害生物，从此，稻田福寿螺危害的面积越来越大，发展成为全国性的害虫，在菲律宾群岛 300万 hm² 的水稻田中，有 120 万～160 万 hm² 的水稻遭受福寿螺的危害。1989 年作为食用螺从菲律宾引种传入美国夏威夷群岛，福寿螺很快成为当地芋头生产最为重要的有害生物。在美国本土加利福尼亚州和得克萨斯州，福寿螺主要威胁当地的水稻生产。

（3）防治和根绝困难。福寿螺体内有鳃又有肺。它既可以在水中生活，也可以在无水的环境中用肺呼吸。在无水分和食物的恶劣条件下，它常常钻入泥土下，以休眠方式长时间生存下来，等待雨季到来时再出来活动。福寿螺的防治非常困难，用"灭达"等化学药剂防治虽可解一时之急，但不能解决可持续控制问题，每季水稻秧苗期都需进行化学防治，不但防治成本很高，而且严重污染环境。近年来，福建、浙江、湖南和广东等省科技部门拨专款，开展防治研究，但实际的可持续防治效果并不理想，生物防治可能是解决福寿螺可持续防治的关键措施，但技术上还没有突破性进展。

（4）对人畜的有害影响。福寿螺是广州管圆线虫的重要中间宿主，螺体携带广州管圆线虫可感染人类引发嗜酸性脑膜炎。在我国台湾、温州、福州、广东、北京等地，近年来由于食用该螺引起嗜酸性脑膜炎群体发病事件屡有报道。如 1987 年浙江省温州市42 人在饭店食用福寿螺集体发病，2002 年 8 月福建省长乐市 8 名中小学生在田间捕获福寿螺烧烤食用集体发病。2006 年北京 135 人因食用凉拌螺肉或麻辣肉（福寿螺制品）集体发病。除了上述群体发病案例外，还有许多散发病例无法统计。据公开报告统计：台湾省至 1988 年已报告广州管圆线虫病 310 多例，其中死亡 9 例，失明后遗症 7 例。内地也已发生 300 多例，其中死亡病例 10 例。因此该螺对人类健康构成严重威胁。据报道福寿螺也是卷棘口吸虫的中间宿主，可对人畜造成危害。

（5）对生态方面的影响。福寿螺能够迅速从农田侵入湿地、水库、江河等自然淡水生态系统，导致本地水生植物群落的消失或功能改变，也影响包括其他淡水螺类在内的水生动物群落的生长和繁殖。福寿螺在新区定殖后，大量繁殖，种群增长极快，该螺与其他水生生物竞争食物，打破了原有的生态平衡，使种群的生长受到威胁。据台湾报道，福寿螺还会直接捕食热带鱼。我们在调查中也发现，福寿螺入侵的水域，鱼类资源和贝类资源受到了不同程度的破坏。国外研究已证实，福寿螺入侵后，亚洲原生种瓶螺科的一些种群（*Pila* spp.）已开始衰退。

6. 传播与扩散

1）自然传播和迁移能力

爬行速度：福寿螺离开有水环境时，就要依靠其腹足蹠面肌肉伸缩运动使螺体向前移动。这种运动方式使爬行十分缓慢。

在有水环境中，福寿螺可以用游动方式进行迁移，运动速度比地面上爬行快得多。特别是可随水流迅速远距离扩展。Ozawa（1989）根据在日本的观察认为：在一个星期内，福寿螺可在水渠中顺水下游 500m，逆水上游 100m。灌水是水稻生产中的常规作业，当向水稻田灌溉水时，福寿螺可随水流从池塘和沟渠等疫源地轻易侵入水田，并迅速在水田中传播。这是福寿螺在水田中危害成灾的重要机理之一。防治方法就是在灌溉水入口处设置丝网，控制福寿螺随灌溉水侵入田间。

2）福寿螺的扩散规律

福寿螺是一种外来生物，考证各地的螺害可以发现：其扩散规律和成灾原因基本上是相同的。即开始把该螺作为高蛋白资源引进，通过媒体广泛宣传，在当地推广养殖，后发现该螺并不具有良好的经济价值，口味不佳，市场滞销，在养殖亏本的情况下，农民将大量种螺随意遗弃或任其逃逸，因而很快从养殖池扩散到农田或天然湿地。由于福寿螺繁殖极强，食量很大，经过 3～4 年的繁衍，最终酿成重大螺害。如中国台湾 1980

年从阿根廷引进，1982 年爆发成灾；广东 1982 年从中国台湾引进，1987 年在 37 个县市爆发成灾；福建 1985 年从广东引进，1992 年在晋东平原爆发成灾；菲律宾 1982 年从中国台湾引进，1986 年在卡洛扬河流域爆发成灾，1990 年已发展成为全国性重要水稻有害生物。日本 1980 年前后从中国台湾和南美洲地区大量引进饲养，1985 年发生危害水稻事件，以后螺害逐年加重，成为水稻生产的重要有害生物（图 5）。但令人担忧的是：人们并没有从已有的历史事件中吸取教训，一些媒体和有关单位仍在宣传福寿螺的食用价值和经济意义，忽视其危害性，鼓励农民盲目引种养殖，最后导致疫区扩散，形成新的危害，历史的悲剧仍在一些国家和地区反复重演。因此，加强宣传教育，实施严格的植物检疫措施是非疫区预防福寿螺最为经济有效的技术手段。

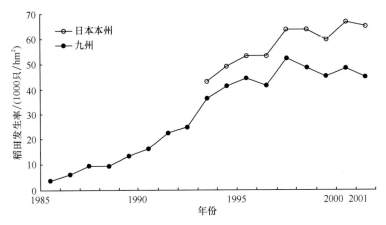

图 5　日本稻田福寿螺 1985～2001 年逐年发生率（Ito，2003b）

图版 18

图版说明

    A. 卵块和卵粒

    B. 幼螺

    C. 逸散到野外沟渠的成螺

    D. 厣

    E. 螺壳

    F. 成螺

    G. 福寿螺贝壳颜色的变异（随养殖环境和螺龄不同而异）

    H. 肺吸管（呼吸管）

    I. 生活史

图片有作者提供

    A，D～I. 由作者提供

    B. Susan Ellis，Bugwood. org. UGA 5153011（http://www. forestryimages. org/browse/detail. cfm?imgnum＝5153011，最后访问日期 2009-12-07）

    C. Susan Ellis，Bugwood. org. UGA 5153016（http://www. forestryimages. org/browse/detail. cfm?imgnum＝5153016，最后访问日期 2009-12-07）

二、福寿螺检验检疫技术规范

1. 范围

    本规范规定了福寿螺的检疫鉴定及检疫处理操作办法。

    本规范适用于农业植物检疫机构对植物种苗，尤其是水稻秧苗、菱角、空心菜、水葫芦等可能携带福寿螺的水生作物和船舶等交通运输工具的检疫鉴定和检疫处理。

2. 产地检疫

    重点检查有水环境中福寿螺的卵块。卵块颜色鲜红色，产在离开水面的固形物上，非常容易辨认，产地检疫重点调查田间有无鲜红色的卵块。然后仔细检查灌溉沟渠等有水环境有无福寿螺活动。确认待调运种苗或农产品生产地外缘 1000m 范围内无福寿螺时，判定产地检疫合格。

3. 调运检疫

    重点检查水生种苗、植株是否携带福寿螺，尤其要注意幼螺的检查。福寿螺在无水环境下也能以休眠状态附着在固体物上（如集装箱的内壁）长期生存，因此对运输工具也应认真检疫。

4. 检验及鉴定

    根据福寿螺卵、贝壳、螺体形态特征描述［第一部分 2 中 1）、2）、3）］进行鉴定。

一般来说，福寿螺贝壳的颜色变异很大（图版 G），所以当用比较图形的方法来鉴定种类时，螺的贝壳颜色和体螺层上的色带不能作为鉴定的依据，同一种螺因生活环境和螺龄的不同，其贝壳和螺体都可以存在着许多不同的颜色变化。在进行鉴定时，要注意准确鉴别福寿螺的近似种（附录 A）。

5. 检疫处理和通报

经调运检疫发现福寿螺疫情的种苗不得向非疫区调运。集装箱等运输工具或货物带疫的可用溴甲烷在常压下进行熏蒸处理。

对以前尚未发现福寿螺的地区调运的货物中或产地检疫中截获福寿螺的，应及时发布风险警示公告，列入疫区名单加强检疫。同时根据实际情况，启动应急预案，立即进行应急控制和扑灭处理。

附录 A　福寿螺与其近似种的比较

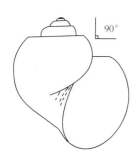 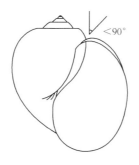 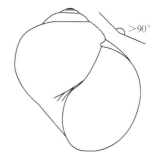

Pomacea bridgesii：平坦肩膀和 90° 的缝合处。然而，平肩在最后一个螺纹并不清晰
大小：45～65mm

Pomacea canaliculata：缩进去的缝合处，小于 90°。壳比 *Pomacea bridgesii* 圆滑
大小：45～80mm

Pomacea paludosa：几乎是超过 90° 的平坦缝合处，使得此螺的壳看起来像圆锥状
大小：45～65mm

三、福寿螺调查监测技术规范

1. 范围

本规范规定了对福寿螺进行调查与监测的操作办法。

本规范适用于各级外来有害生物管理机构、植物检疫机构和农业环境保护部门对有水环境中福寿螺的疫情调查和疫情动态监测。

2. 调查

1）访问调查

携带标本并向当地居民出示，了解本地区是否有福寿螺养殖史，询问有关福寿螺的发生地点、发生时间、危害情况，分析福寿螺疫源地和传播扩散情况。每个社区或行政村询问调查 30 人以上。根据询问过程中发现的福寿螺可疑存在地区，确定重点调查地区。

2）实地调查

重点调查地区确定后，可在调查区域范围内重点调查水田、水沟、池塘、河流等有水环境中有无福寿螺分布。调查季节以选择气温＞10℃为宜。

全面普查与样方调查相结合。全面普查主要检查调查区内有无福寿螺分布，记载受害寄主、环境、纬度和经度等信息，统计发生面积。样方调查是在普查的基础上，选择有福寿螺分布的水田、沟渠等有水环境用对角线五点取样法进行。每一样点面积为 1m² 左右。详细记载和填写调查表，确定危害等级。

福寿螺调查记载表（五点取样法）

样地编号_____土壤类型_____
采集地点_____采集日期_____
采集季节_____受害寄主_____

	卵块	幼螺（＜5g）	中螺（5～15g）	大螺（＞15g）
样点 1				
样点 2				
样点 3				
样点 4				
样点 5				
合计				
平均				

注：每个样点调查 1m²。

发生面积指调查地区福寿螺实际发生的各个地块面积的累计总和，某一具体地块的发生面积可用 GPS 仪测定。

根据样地调查结果确定危害等级。统计 5 个样地（5m²）的累计值，按螺量划分螺害等级。

等级 1：零星发生，5m² 螺量＜1 头；

等级 2：轻微发生，5m² 螺量 1～2 头；

等级 3：中度发生，5m² 螺量 3～10 头；

等级 4：较重发生，5m² 螺量 10～30 头；

等级 5：严重发生，5m² 螺量 30～100 头；

等级 6：极重发生，5m² 螺量＞100 头。

3. 监测

1）监测区的划定

发生点：在福寿螺发现点周围 500m 以内的水域范围内划定为一个发生点，划定的发生点如为河流或沟渠，则沿河流或沟渠顺水方向延伸 1500m，逆水方向延伸 500m。

发生区：发生点所在的行政村（居民委员会）内所有水域划定为发生区范围；发生点跨越多个行政村（居民委员会）的，将所有跨越的行政村（居民委员会）的水域划为同一发生区。

监测区：发生区外围 5000m 范围的水域划定为监测区。在划定边界时若遇到河流或沟渠，则沿河流或沟渠顺水方向延伸 10 000m，逆水方向延伸 5000m。若为湖泊和水库，则以湖泊或水库的内缘为界。

2）监测方法

在灌溉沟渠的入水口、河边、池塘等处插入直径 5～10cm 的木桩，木桩露出水面至少 50cm，引诱福寿螺产卵进行监测。在螺口密度很低时，直接捕螺监测是困难的，但福寿螺的卵块鲜丽夺目，很容易观察到。

4. 样本采集与寄送

为确保安全，一般情况下一律将福寿螺活体标本灭活后再行寄送。可将采集的标本用水冲洗干净后，置于盛满水的瓶中，逐渐加入少量硫酸镁，进行麻醉闷杀。

将闷杀后伸展的标本置于 5% 的甲醛溶液中浸泡 1～2 天，然后在 75% 的酒精溶液中固定，每隔 1～2 天换 1 次酒精溶液，共换 3 或 4 次，便可长期保存于 75% 的酒精溶液中。

如用于紧急寄送鉴定，则在麻醉闷杀后直接用 75% 的酒精浸泡即可寄送。目前邮局一般不允许邮寄液体标本。可倒掉标本浸泡液，用酒精湿棉球包裹后密封在不透水的容器中邮寄。注意所选外包装箱要坚固耐压。标本标签应注明采集地点、采集时间、危害寄主、栖息环境等信息，寄送到外来物种管理部门指定的专家进行鉴定。

5. 调查人员的要求

毕业于大专院校动物分类专业，或毕业于植物保护专业并接受过软体动物分类、鉴定培训，具备一定的动物分类、鉴定等相关专业的基础理论知识。熟悉检测法规，熟悉生物安全和有害生物防逃逸知识，并能采取有效的安全防护措施。

6. 结果处理

在调查与监测过程中，一旦发现福寿螺新的疫情，应实行严格的报告制度，必须于 24h 内逐级上报，定期逐级向上级政府和有关部门报告有关调查与监测情况。

四、福寿螺应急控制技术规范

1. 范围

本规范规定了福寿螺新发、爆发等突发事件发生后的应急控制操作方法。

本规范适用于各级外来入侵生物管理机构和农业环境保护机构在福寿螺入侵突发事

件发生时的应急处置。

2. 应急控制方法

福寿螺一旦入侵河流、湖泊等大的水系，现有的技术基本上无法将其控制或扑灭。所以应急控制应力争在农田或沟渠等可控的水域范围内完成。对发生区域可采用更改耕作制度、分步施药、人工捕螺摘卵、最终灭除的方式进行防治，首先在发生区停种水稻等水生作物、进行化学药剂防治，防治后要进行持续的监测和持续的捕螺摘卵工作，再根据实际情况反复使用药剂处理，直至2年内不再发现福寿螺为止。根据发生区生境的实际情况，采取相应的应急防除措施。

（1）更改耕作制度。发现福寿螺新区时，应立即对福寿螺的发生情况进行调查和评估，确认没有入侵大的水系时，果断采取停止种植水稻等水生作物2年以上，使福寿螺长期缺水而死亡。这是早期根绝福寿螺最为有效的技术措施。

（2）农田化学防治。在水稻秧苗田、茭白田福寿螺大爆发时，可以用化学农药防治法迅速控制螺害扩展。可供选择的灭螺药剂较多。推荐使用灭达和梅塔。

灭达：在水稻移栽后1天内每公顷用密达杀螺颗粒剂450~630g拌细土或化肥均匀撒施稻田中，施药后田中保持3~4cm水层3~5天，螺害严重的田块隔10天再施药1次。

梅塔：水稻插秧后在稻田中均匀撒药，常用药量为112.5g/hm²，最高不超过150g/hm²，每平方米50~70粒，并保持2~5cm水位7天。

（3）水域防治方法。在河流或湖泊等水系，由于无法正确估计水量、环境污染和防治成本等原因，不可能用化学农药进行防治，生物防治是必然的选择。可在水域放养鸭群，养殖中华鳖、青鱼、鲤鱼、桂花鱼、淡水白鲳等鱼类控制福寿螺。同时持续摘除卵块。

（4）其他防治方法。在福寿螺综合治理技术规范中详细介绍的一些方法也可应用于应急控制，这里不再评述。

3. 注意事项

（1）应急控制一定要抓住战机，对于小范围新发地区，果断采取停止种植水生作物、改种旱生作物措施，将其根绝。一旦入侵大的水系，后患无穷。

（2）使用药剂防治时，注意选择晴朗天气进行。不要在下雨天施药，若施药后6h内下大雨，应补喷一次。在施药区应插上明显的警示牌，避免造成人、畜中毒或其他意外。

（3）药剂防治是直接将化学农药施入田水中，排放时要注意对周围池塘、河域等水域的污染。

五、福寿螺综合治理技术规范

1. 范围

本规范规定了福寿螺的综合治理操作办法。

本规范适用于植物保护、环境保护、卫生防疫等部门对福寿螺的专项防治和综合治理。

2. 专项防治措施

1）化学防治

化学防治的特点是防效迅速，在螺害大爆发时，可以用该方法迅速控制。但由于其药害问题不能广泛使用。一般防效 2～4 天，不能持续地控制螺害，因此，防治时机的选择至关重要。根据农业科技工作者多年的实践，防治适期宜为水稻秧苗期和冬季沟渠防治。水稻植株并不是福寿螺最喜食的植物，但水稻秧苗期植株幼嫩量少，福寿螺往往能在几天内将其食尽，造成重大损失。控制住苗期螺害，待禾苗长大后，即使水田中有福寿螺，也不会造成大害。冬季天气寒冷，雨水稀少，福寿螺被限制在田间沟渠的低洼结水处，它们是翌年福寿螺的重要侵染源，此时防治施药面积小，用药量少，不易对环境造成大的污染，能收到事半功倍的效果，但农民往往忽略冬季防治，给翌年的水稻螺害留下隐患。

（1）毒杀。有机杀软体动物剂有 10 多个品种，按化学结构分为下列几类：①酚类，如五氯酚钠（PCP-Na，五氯苯酚钠）、杀螺胺（clonitralide，百螺杀、贝螺杀）、B-2；②吗啉类，如蜗螺杀（trifenmorph，蜗螺净）；③有机锡类，如丁蜗锡（biomet，氧化双三丁锡）、三苯基乙酸锡（百螺敌）；④沙蚕毒素类，如杀虫环（thiocyclam，易卫杀、杀噻环、甲硫环）、杀虫丁（硫环己烷盐酸盐）；⑤其他，如四聚乙醛（metaldehyde，密达、蜗牛敌、多聚乙醛）、灭梭威（methiocarb，灭旱螺）、硫酸烟酰苯胺。目前防治福寿螺的主要药剂有 70％百螺杀可湿性粉剂、6％密达颗粒剂、5％梅塔颗粒剂、80％五氯酚钠粉剂。当苗期稻田平均有螺 2 或 3 只/m² 以上时，应马上防治。

下面对几种重要的杀螺剂做一简单介绍，供防治福寿螺时参考。

密达：水稻秧苗移栽后 1 天内每公顷用密达颗粒剂 450～630g 拌细土或化肥均匀撒施稻田中，施药后田中保持 3～4cm 水层 3～5 天，螺害严重的田块隔 10 天再施药 1 次。多年来该药在福建控制水稻福寿螺危害方面发挥了重要作用，近年来由于抗药性问题，防治效果不及梅塔。

本药应保存在阴凉处，远离火种。使用于蔬菜安全间隔期为 1 个星期，使用于其他作物不需要安全间隔期。

密达引进中国，为防治螺害提供了新的选择。几年来，在全国各地经几百次试验、示范，证实密达是安全、环保、杀螺效果好的杀螺剂。实践证明，在种植时使用密达，杀灭了软体动物，能保证作物后期正常生长。

杀螺胺（百螺杀、氯螺消、贝螺杀）：为酚类有机杀软体动物剂，在土中半衰期1.1～2.9天。用于水田灭钉螺，有效浓度为0.3～1mg/L。用药时应注意安全防护措施，必须穿保护服，戴口罩、风镜和胶皮手套等，以防中毒。该药能有效防除包括田螺、蜗牛、蛞蝓等在内的危害农作物的多种软体动物。它对鱼类、蛙类、贝类有毒，使用时要多加注意。

防治福寿螺时，一般在水稻移栽前1～2天或移栽后当天每公顷用百螺杀可湿性粉剂315g拌细土225kg撒施，保持田水3cm，水中浓度为有效成分1mg/kg，可杀死所有害螺。由于百螺杀对鱼类有毒，5天内不能将田水排入河塘。

梅塔：用药量112.5g/hm^2，最高不超过150g/hm^2。撒施诱杀，防治同一茬作物螺害施药次数不超过2次。

水稻：插秧后在稻田中均匀撒药，保持2～5cm水位7天。用药量50～70粒/m^2。

蔬菜：播下的种子刚发芽即均匀撒药，种植菜田在移栽后即均匀撒药。用药量50～70粒/m^2。

棉花、烟草：幼苗期在幼苗周围均匀撒药。用药量50～60粒/m^2。

该产品每千克不低于10万颗粒药，颗粒硬实、遇水不易散化。按用药量撒施，即可达良好的防治效果。也可根据螺的密度适量用药。但施药后如遇大雨，药粒可能被冲散或埋至土壤中，需补施药。小雨则对药效无影响。据福州市农业局反映，5％梅塔颗粒剂防治水稻田福寿螺效果优于灭达。

五氯酚钠：它本是一种触杀性除草剂，微碱性，容易溶解在水中，对蚂蟥、钉螺、福寿螺、非洲大蜗牛也有防效，对鱼类剧毒，对人畜毒性中等，主要商品为80％的可湿性粉剂。使用方法可用0.5％的五氯酚钠喷雾作为养殖结束时对隔离场地的灭螺处理，注意鱼塘附近避免施药，操作时要戴口罩和手套。防治水稻福寿螺一般在秧苗移栽后每公顷用五氯酚钠6000g，拌半干湿细土225～300kg撒施，具有杀螺兼治杂草的作用，但五氯酚钠不能用于抛秧田、直播田及秧田，易造成药害，只能用于手插移栽田。

（2）熏蒸。使用熏蒸剂杀螺，必须在适当的温度和密闭空间条件下，才能充分发挥熏蒸效果。同时，空气湿度和货物含水量对熏蒸效果也有影响，空气湿度过大和货物含水量高，对毒气分子的表面吸附作用增加，渗透力相应减小。

熏蒸剂的种类很多，目前常用的有溴甲烷、氯化苦和甲醛等。根据我们的日常经验，溴甲烷熏蒸基本上适用于杀死一切有害生物。由于它的渗透力很强，对各种螺类的卵、幼螺和成螺，都有强烈的毒杀作用，杀螺效果可达100％，所以特别适合于以彻底杀螺为目的的检疫处理。熏蒸灭螺可作为可疑货物带螺的检疫处理方法，但对田间福寿螺的防治则是不适合的。

2）农业防治

农业防治的基本原理是根据福寿螺的生物学特性，创造一个有利于作物生长，不利于福寿螺生栖繁殖的生态环境。如福寿螺主要是一种淡水螺类，虽然可在无水环境中生存一段时间，但长期缺水便会大量死亡。有条件的地块可水旱轮作，将水稻田改作菜地，福寿螺就会缺水而窒息死亡。每年冬季，结合农田水利基本建设，整修沟渠，清理淤泥，可将大量的越冬代福寿螺暴露在空气中，经阳光曝晒，低温侵袭和缺水窒息而死亡，可大量降低螺口密度。

一些植物对福寿螺有毒杀作用，这些植物包括如榼藤（*Entada phaseoloides*）树枝、牛角瓜（*Calotropis gigantea*）叶、印楝（*Azadirachta indica*）叶等。简单的防治方法就是在水稻移栽前，开沟以限制福寿螺的活动，然后在沟中放一些上述植物。

在灌溉水渠入口处放一张金属丝编织的网即可阻止福寿螺幼螺和成螺入侵。也可用该方法收集福寿螺集中销毁。把毛竹桩插在水稻田或沟中吸引成螺产卵，这种方法很容易大量收集到卵块，然后集中销毁。控制灌溉稻田和适时晒田等农事活动可限制福寿螺的迁移和取食活动。在菲律宾，国际水稻研究所推荐使用福寿螺最不喜欢的、分蘖力强的水稻品种如 PSB Rc36、PSB Rc38、PSB Rc40 和 PSB Rc68 来减轻福寿螺的危害。

3）人工捕杀

人工捕杀主要是通过捕捉成螺和摘除卵块两种办法。捕捉成螺可用于刚移栽的稻田或水沟，捕捉到的成螺和幼螺可用作动物饲料。由于福寿螺的卵块都产于离开水面的固形物上，鲜艳夺目，因此摘卵灭螺也比较可行，是有效降低福寿螺密度的简单方法，渠面上螺卵可用木板压碎杀死，或从稻株上摘下卵块集中捣毁。人工捕杀在降低螺口密度、减少危害方面效果较好，其缺点是不彻底，且花费大量的人力。

有害生物的开发利用和防治是相辅相成的。在我国南方疫区，福寿螺种群密度很高，几乎有水域的地方都有福寿螺，给农业生产造成了重大经济损失。如果福寿螺能被开发成为一种有益资源加以利用，人工捕杀必将成为群众自觉持久的行动，起到事半功倍的作用。一些地区的实践已证明：发展福寿螺加工业是在重灾区控制危害的有效措施，关键是要因地制宜地加以科学引导。

4）生物防治

福寿螺天敌有鸭子、鳖、鱼、鼠、红蚂蚁、萤火虫等 30 多种动物，它们在控制福寿螺方面的作用正在进行评价。中国台湾有人进行了生物制剂 Bt 防治福寿螺试验，目前仍处在实验阶段。

饲养鸭群，啄食福寿螺，可减轻螺害。据调查，一只一斤①重的鸭子，每天能啄食幼螺 35～50 只。但鸭群同时也危害农作物，因此，只有在作物休耕期，才有可能组织放养鸭群捕食福寿螺，可在水稻收割后立即在稻田放养鸭群直到下一季作物翻耕播种。早熟品种在移栽后 30～35 天和迟熟品种在移栽后 40～45 天中也可再次放养鸭群。在福建和广东地区，养鸭灭螺，主要适用于较浅的水沟或秧苗移栽后的空秧田，效果良好。可把鸭子赶到水沟或空水田让其自由取食。

在湖泊、河流、池塘等水系，可以放养草鲢鱼或乌鳢等鱼类捕食福寿螺。据浙江报道，茭白田养殖中华鳖可控制螺害。

---

① 1 斤＝500g，后同。

由于福寿螺分布范围如此广泛，水田、池塘、河流等凡有水的环境均有福寿螺的存在，用化学防治的方法根本不可能彻底根绝福寿螺，而且化学防治产生的环境污染问题特别严重。因此，生物防治前景广阔，但有关福寿螺天敌种类的调查、本地天敌的利用和外地天敌的引进等一些生物防治的基本问题还不甚清楚，有待于进一步研究和开发利用。

在福寿螺的原产地中美洲或南美洲，秧鹤（*Aramus guarauna*）喜食福寿螺，每次可捕食 10～12 枚福寿螺。当地的食蜗鸢（*Rostrhamus sociabilis*）更是专性捕食福寿螺的能手。这两种天敌在控制当地福寿螺种群方面发挥了重要作用，也是当地福寿螺没有爆发成灾的基本原因之一。然而我国并未发现福寿螺的有效天敌，虽然秧鹤和食蜗鸢是福寿螺的重要天敌，但将这些动物引进来防治福寿螺仍需作审慎的风险评估，以避免造成更严重的另一种生态灾害。

3. 综合防控措施

福寿螺的防治必须采取"预防为主，综合防治"的方针，策略上重点突出抓好越冬代成螺和第一代成螺产卵盛期前的防治，降低第二代的发生量，并及时抓好第二代的防治。

（1）狠抓冬防，减少冬后残螺量：福寿螺主要集中在溪河渠道中和水沟低洼积水处越冬，是集中消灭的有利时机。因此要结合冬修水利，整治沟渠，破坏福寿螺的越冬场所，降低越冬螺的成活率和冬后的残螺量。同时对沟渠和低洼积水处，可用药物进行防治。

（2）人工捕螺摘卵：这是减少螺量和控制扩散的有效方法，具有简单易行、见效快的特点。尤其是螺害还未大面积扩散之前更易见效。因此，掌握在福寿螺越冬或产卵盛期前，对沟渠、池塘和农田，进行人工捕螺摘卵。

（3）放养鸭群食螺：在福寿螺的发生地，有计划地组织放养鸭群，在螺卵盛孵期放鸭到江河、沟渠和农田啄食幼螺。

（4）适期化学防治：水稻田福寿螺的化学防治适宜期为水稻秧苗期和冬季沟渠防治。

化学防治、生物防治、人工捕杀和耕作措施必须有机地结合起来，才能达到预期的防治目标。因此决定福寿螺的防治决策时，必须全面考虑防治区的特点，因地制宜地制订切实可行的防治方案。对待一种新入侵的危害性有害生物，应该立足于彻底消灭。化学农药杀伤力强，作用迅速，为其独特的优点，在新发现福寿螺的地方或带有疫情的货物，急需将其全部消灭，或在螺害大发生时，危害日趋严重，急需将螺口密度压下来，这些情况下，化学农药显得尤其重要。

由于化学农药有容易引起药害、抗药、杀伤天敌以及污染环境等缺点，我们一方面应尽量考虑科学用药和适时用药，另一方面更要广泛地探索其他有效的防治手段。杀螺剂一般对鱼类毒性较大，在靠近鱼塘的地方应慎重使用。

人工捕杀有很多优点，但花时费神。耕作措施和生物防治对人畜、农作物无害，也不伤害天敌，不污染环境。有条件的地区，可以通过水旱轮作控制螺害。应该积极地开展福寿螺的天敌种类调查和利用研究，这是老疫区长期控制螺害的一项重要战略措施。但生物防治作用缓慢，灭螺不彻底，而且受环境影响较大。因此，生物防治作为一种农田新发区应急扑灭技术是不适当的。但是在河流、水库、湖泊等大的水系，化学防治无法实施，只有依赖生物防治等其他措施。

主要参考文献

蔡汉雄，陈日中. 1990. 新的有害生物——大瓶螺. 广东农业科学，(5)：36～38

傅先源，王洪全. 1999. 温度对福寿螺生长发育的影响. 水产学报，23 (1)：21～26

李承龄. 1995. 福寿螺的生长速度和繁殖力试验. 植物保护，21 (4)：12～14

林金树. 1986. 福寿螺生态及防除. 台中区农推专讯，(59)：1～4

农试所. 1982. 福寿螺生态之初步防治. 兴农，162：38～41

杨代勤，陈芳，刘百韬等. 1994. 福寿螺繁殖和生长的初步研究. 湖北农学院学报，14 (1)：40～44

张文重. 1982. 福寿螺之生态与防治. 兴农，162：12～14

赵国珊，周卫川. 1993. 防止福寿螺扩散蔓延. 植物检疫，7 (2)：128，129

赵国珊，周卫川. 1996. 福寿螺在福建晋江、云霄暴发成灾. 植物检疫，10 (5)：290

周卫川. 1993. 非洲大蜗牛. 见：中国植物保护学会植物检疫学分会. 植物检疫害虫彩色图谱. 北京：科学出版社. 198～199

周卫川. 2004. 外来入侵生物福寿螺的风险分析. 检验检疫科学，14 (6)：37～39

周卫川，陈德牛. 2004. 进境植物检疫危险性有害腹足类概述. 植物检疫，18 (2)：90～93

周卫川，佘书生，陈德牛等. 2007. 广州管圆线虫中间宿主——软体动物概述. 中国人兽共患病学报，23 (4)：401～408

周卫川，佘书生，肖琼. 2009. 福寿螺天敌资源. 亚热带农业研究，5 (1)：39～43

周卫川，吴宇芬，杨加佳. 2003. 福寿螺在中国的适生性研究. 福建农业学报，18 (1)：25～28

周晓农，张仪，吕山. 2009. "福寿螺" 学名中译名的探讨. 中国寄生虫学与寄生虫病杂志，27 (1)：62～64

Albrecht E A，Carreno N B，Castro-Vasquez A. 1996. A quantitative study of copulation and spawning in south American apple snail *Pomacea canaliculata* (Prosobranchia：Ampullariidae). The Veliger，39 (2)：142～147

Alejandra L E，Nestor J C. 1992. Growth and demography of *Pomacea canaliculata* under laboratory condition. Malacological Review，25：1～12

Barros R M F，Cruz-Höfling M A，Matsuura M S A. 1993. Functional and dissociation properties and structural organization of the hemocyanin of *Ampullaria canaliculata* (Gastropoda：Mollusca). Comparative Biochemistry and Physiology，105B：725～730

Cazzaniga N J，Estebenet A L. 1990. Brief communications-A sinistral *Pomacea canaliculata* (Gastropoda：Ampullariidae). Malacological Review，23：99～102

Creese R G. 1976. The role of food availability in determining the degree of shell coloration and banding in *Austrocochlea constricta*. Malacological Review，9：136

FAO. 1998. The golden apple snail in the rice fields of Asia [EB/OL]. FAO. http：//www. fao. org/english/newsroom/highlights/1998/rifili-e. htm. 2009-02-17

Habe T. 1986. Japanese and scientific names of the apple snail introduced from South America. Chilibotan，17 (2)：27，28

Halwart M. 1994. The golden apple snail *Pomacea canaliculata* in Asian rice farming system：present impart and future threat. International Journal of Pest Management，40 (2)：199～206

Imlay M J，Winger P V. 1983. Toxicity of copper to gastropoda with notes on the relation to the apple snail：a review. Malacological Review，16：11～15

Ito K. 2003a. Enviornmental factors influencing overwintering success of the golden apple snail, *Pomacea canalicu-*

lata (Gastropoda：Ampullariidae)，in the northermost population in Japan. Applied Entomology and Zoology，37：655～661

Ito K. 2003b. Expansion of the Golden Apple Snail, *Pomacea canaliculata*, and feature of its habitat，Food & Fertilizer Technology center for the Asian and Pacific Region Expansion Bulletins. http：//www. agnet. org/library/eb/5401). 2009-11-20

Keawjam R S. 1986. The apple snail of Thailand：distribution，habitats and shell morphology. Malacological Review，19：61～81

Litsinger J A，Estano D B. 1993. Management of the golden apple snail *Pomacea canaliculata* Lamarck in rice. Crop Protection，12（5）：363～370

Litsinger J A，Estano D B. 1993. Management of the golden apple snail *Pomacea canaliculata* lamarck in rice. Crop Protection，12（5）：363～370

Lutfy R G，Demain E S. 1967. The histology of the alimentary system of *Marisa cornuarietis*. Malacologia，5（3）：375～422

Ministry of Agriculture and Forestry. 1985b. Report on *Pomacea* snails，their occurrence，damage and control for 1985. Nantou：MAF. 6

Ministry of Agriculture and Forestry. 1986. Comprehensive report on the control of *Pomacea* snail for 1986. Nantou，MAF. 9

Ministry of Agriculture and Forestry（MAF）. 1985a. Control of apple snail. Nantou：MAF. 2

Mochida O. 1991. Spread of freshwater *Pomacea* snail（Pilidae，Mollusca）from Argentina to Asia. Micronesica，Supplement 3：51～62

Naylor R. 1996. Invasions in agriculture：assessing the cost of the golden apple snail in Asia. Ambio，25：443～448

Ozawa A T，Makino T. 1989. Biology of the apple snail，*Pomacea canaliculata*（Lamarck），and its control. Shokubutsu-Boeki，43：502～505

South Pacific Commission（SPC）. 1992. Golden apple snail in Papua New Guinea. Ag-Alert No. 1

六、福寿螺防控应急预案（样本）

1. 危害情况的确认、报告与分级

1）确认

可疑福寿螺新发地的农业主管部门应在 24h 内将采集到的福寿螺标本送到上级农业行政主管部门所属的外来物种管理机构，由省级外来物种管理机构指定专门科研机构鉴定，省级外来物种管理机构根据专家鉴定报告，报请农业部确认。

2）报 告

确认本地区新发生福寿螺后，当地农业行政主管部门应在 24h 内向同级人民政府和上级农业行政主管部门报告，并迅速组织对本地区进行普查，及时追查疫源和分布情况。省农业行政主管部门应在 24h 内将福寿螺发生情况上报省人民政府和农业部，同时抄送省级林业部门和出入境检验检疫部门。

3）分 级

一级危害：远离老疫区的 2 个或 2 个以上省（直辖市、自治区）新发现福寿螺危害；或在远离老疫区 1 个省（直辖市、自治区）所辖的 2 个或 2 个以上地级市（区）新发现福寿螺且危害程度严重的。

二级危害：在过去无福寿螺分布的 1 个地级市辖的 2 个或 2 个以上县（市、区）新发现福寿螺危害；或在过去无福寿螺分布的 1 个县（市、区）范围内新发现福寿螺且危害程度严重的。

三级危害：在 1 个县（市、区）范围内新发现福寿螺危害的。

由福寿螺新入侵导致并发广州管圆线虫病的，危害等级酌情上调。出现以上一至三级危害时，启动本预案。

2. 应急响应

各级人民政府按分级管理、分级响应、属地管理的原则，根据农业部外来入侵生物管理机构的确认、福寿螺危害范围和程度以及并发广州管圆线虫病等情况，一级危害启动一级响应，二级危害启动二级响应，三级危害启动三级响应。

1）一级响应

农业部立即成立福寿螺防控工作领导小组，迅速组织协调各省（直辖市、自治区）人民政府及部级相关部门开展新发生区福寿螺防控工作，并由农业部报告国务院；农业部主管部门要迅速组织对全国福寿螺分布情况进行调查评估，划定新的疫区、保护区，制定防控工作方案，组织农业行政及技术人员采取防控措施，并及时将福寿螺发生情况、防控工作方案及其执行情况报国务院主管部门；部级其他相关部门密切配合做好福寿螺防控工作；农业部根据福寿螺危害严重程度在技术、人员、物资、资金等方面对福寿螺的发生地给予紧急支持，必要时，请求国务院给予相应援助。

2）二级响应

地级以上市人民政府立即成立福寿螺防控工作领导小组，迅速组织协调各县（市、区）人民政府及市相关部门开展福寿螺防控工作，并由本级人民政府报省人民政府；市级农业行政主管部门要迅速组织对本市福寿螺分布情况进行调查评估，划定新疫区和保护区、制定防控工作方案，组织农业行政及技术人员采取防控措施，并及时将福寿螺发生情况、防控工作方案及其执行情况报省级农业行政主管部门；市级其他相关部门密切配合做好福寿螺防控工作；省级农业行政主管部门负责督促指导，并组织查清本省福寿螺分布情况；省人民政府根据福寿螺危害严重程度和市级人民政府的请求，在技术、人员、物资、资金等方面对发生福寿螺新疫区给予紧急援助支持。

3）三级响应

县级人民政府立即成立福寿螺防控工作领导小组，迅速组织协调各乡镇政府及县相关部门开展福寿螺防控工作，并由本级人民政府报告上一级人民政府；县级农业行政主管部门要迅速组织对福寿螺分布情况进行调查评估，制定防控工作方案，组织农业行政及技术人员采取防控措施，并及时将福寿螺发生情况、防控工作方案及其执行情况报市级农业行政主管部门；县级其他相关部门密切配合做好福寿螺防控工作；市级农业行政主管部门负责督促指导，并组织查清全市福寿螺发生情况；市级人民政府根据福寿螺危害严重程度和县级人民政府的请求，在技术、人员、物资、资金等方面对福寿螺新疫区给予紧急援助支持。

3. 部门职责

各级福寿螺防控工作领导小组负责本地区新发现福寿螺应急封锁、扑灭、控制的指挥、协调工作，并负责监督应急预案的实施。农业行政主管部门要负责划定新疫区、保护区和制定扑灭疫情的处理方案，负责福寿螺的监测、疫源追踪调查和应急封锁、扑灭、控制所需物资储备管理工作，组织力量销毁带疫农作物和农产品，严格检疫隔离措施，对保护区实行施药保护，并发广州管圆线虫病的，应及时向同级卫生防疫部门通报。发展改革、财政、公安、工商、交通、铁路、卫生、科技、出入境检验检疫、新闻、气象等有关部门，应当在各自的职责范围内做好应急控制所需的物资、人员、经费的落实，防止疫情传播蔓延，宣传普及防疫知识等工作。出入境检验检疫部门应与农业植物检疫部门建立信息互通平台，及时通报疫情动态，加强检疫工作。

4. 福寿螺发生点、发生区和监测区的划定

发生点：福寿螺危害点周围 500m 以内的范围划定为一个发生点；在划定发生点若遇旱地，以旱地内 20m 为界，若遇河流、沟渠，则沿河流或沟渠顺水方向延伸 1500m，逆水方向延伸 500m。其他可根据实际情况作适当的调整。

发生区：发生点所在的行政村（居民委员会）管辖的水域划定为发生区范围；发生点跨越多个行政村（居民委员会）的，将所有跨越的行政村（居民委员会）管辖的水域划为同一发生区。

监测区：发生区外围 5000m 范围的水域划定为监测区；在划定边界时若遇到河流或沟渠，则沿河流或沟渠顺水方向延伸 10 000m，逆水方向延伸 5000m。若为湖泊和水库，则以湖泊或水库的内缘向旱地延伸 20m 为界。

5. 封锁、控制和扑灭

福寿螺新发地区所在地的农业行政主管部门对发生区应设置醒目的标志和界线，并采取措施进行封锁、控制和扑灭。疫情特别严重时，报经省人民政府批准，可在发生区周边主要交通要道设立临时植物检疫检查站，对向外调运的水稻秧苗、菱角、茭白、西洋菜、水葫芦等水生植物实施强制检疫。

对确认发生疫情的农作物或染疫货物要进行彻底销毁处理。对水稻田、莲藕田、茭白田等浅水域发现疫情，经评估疫情尚未扩展到大的水系时，应不惜任何代价，立即采取有效措施控制田水外排，并用化学农药灭螺后，烤干田块或改种其他旱生作物 2 年以上，即可彻底根绝螺害。其他水域可定期开展灭螺行动，采用化学、物理、人工、生物、综合治理方法防治福寿螺，每日巡视，发现卵块立即摘除，集中销毁，直至扑灭疫情。

6. 调查和监测

福寿螺新发地区及周边地区的各级农业植物检疫机构要加强对本地区的调查和监测，一个简单有效的方法是调查和监测福寿螺的卵块，要认真做好监测记录，建立保存档案制度，定期汇总上报。同时也要注意农贸市场的监测，发现出售福寿螺的要没收销毁，并追踪疫源，消灭疫源地。

7. 宣传引导

福寿螺曾作为有益生物从国外引进，各级宣传部门要积极引导媒体向大众普及蜗牛知识，提高公众防范福寿螺入侵的自觉性。在福寿螺新发生区，可印制和张贴或发放宣传品进行科普宣传，重点宣传如何识别福寿螺、对水生作物的危害性和传播人类疾病。也应向水族馆散发宣传品，防止无恶意少量引进而酿成重大生态悲剧。

8. 应急保障

1）人员保障

各级人民政府要组建由当地农业行政管理人员、专职植物检疫员、植物保护专家、农业贝类专家等组成的农业重大外来有害生物疫情防疫应急控制预备队，按照本级防控指挥部的要求开展工作。必要时，公安机关、武警部队应依法协助执行任务。

2）物资保障

建立省、市、县（市）区三级农业重大外来有害生物封锁、扑灭、控制物质储备制度。省、市、县（市）区植物检疫机构负责本辖区物资储备管理工作。疫情扑灭所需的专用防疫车辆、农药、药械、汽油等物资，应储存在交通便利、安全可靠的区域，确保发现重大螺害时能及时彻底扑灭。

3）资金保障

各级政府应将农业重大外来有害生物应急所需经费和防治技术研究经费纳入各级财政预算，并积极争取国家财政的支持。经费主要用于普查监测、紧急隔离、无害化处理、施药保护、因更改种植旱生作物或销毁已种作物对农民的补贴和防控试验研究等。

4）技术保障

省、市、县（市）区植物检疫实验室负责本辖区的疫情监测和福寿螺标本的初步鉴定。新疫区可聘请贝类学专家或植物保护专家对本地植物检疫骨干力量进行技术培训，加强对福寿螺防治工作的业务指导。

9. 应急解除

通过采取有效的防控措施，达到预期效果后，县、市农业行政主管部门向省农业行政主管部门提出申请，经省农业行政主管部门组织专家评估鉴定，防控效果达到标准的，由省外来有害生物防控领导小组报请农业部批准，可解除应急。

经过水田连续 12 个月的监测（池塘、河流、湖泊等水系连续 24 个月的监测）仍未发福寿螺卵块和螺，通过省农业行政主管部门组织专家论证，确认扑灭该螺后，经发生区农业行政主管部门逐级向省农业行政主管部门报告，由省农业行政主管部门报省人民政府及农业部批准解除封锁区，同时将有关情况通报林业部门和出入境检验检疫部门。

10. 附则

省（直辖市、自治区）各级人民政府根据本预案制定本地区福寿螺防控应急预案。

本预案自发布之日起实施。

本预案由农业部外来物种管理机构负责解释。

（周卫川）

柑橘大实蝇应急防控技术指南

一、柑橘大实蝇

学　　名：*Bactrocera minax*（Enderlein）

异　　名：*Mellesis citri* Chen

　　　　　Tetradacus citri（Chen）

　　　　　Dacus citri Chen

　　　　　Callantra minax（Enderlein）

　　　　　Bactrocera citri（Chen）

　　　　　Dacus minax（Enderlein）

　　　　　Polistomimetes minax Enderlein

英　文　名：Chinese citrus fly

中文别名：柑橘大食蝇、柑橘大果蝇、柑橘大果实蝇、黄果蝇，幼虫俗称柑蛆

分类地位：双翅目（Diptera）实蝇科（Tephritidae）果实蝇属（*Bactrocera*）

1. 起源与分布

起源：我国于20世纪30年代就发现了柑橘大实蝇，历史上生产柑橘的地方都是山区。60～90年代，大实蝇的疫情零星在国内某些省份发生过。

国外分布：亚洲，如不丹、印度、锡金地区、日本等。

国内分布：四川、重庆、贵州、云南、湖南、湖北、广西、陕西、江西、江苏、台湾等省（自治区、直辖市）。柑橘大实蝇是我国西南柑橘产区的重要害虫。

2. 寄主植物

寄主为柑橘类的甜橙、京橘、酸橙、红橘、柚子等，偶尔也可为害柠檬、香橼和佛手。

3. 发生与危害

成虫产卵于柑橘类果实的果皮下近果瓤处或果瓤中，产卵处在果皮外形成一个小突起，突起周边略高，中心略凹陷，称之为产卵痕；幼虫孵化后在果内蛀食果肉和种子，被害果实未熟先黄（黄中带红）、变软，多提前脱落。且被害果极易腐烂，丧失食用价值，严重影响产量和品质。为害严重时造成大量落果（图版19A）。

一般果实受害率为10％～30％，严重的可达70％～80％，给柑橘产区造成不同程度的损失。此虫曾在四川、贵州、湖南等省猖獗成灾；2008年在四川广元市的旺苍县发生的柑橘大实蝇事件曾引发部分消费者恐慌，造成湖北、重庆、江西、北京等部分主

产区和主销区柑橘销售受阻，销量大减，价格大跌，造成的经济损失不可估量。

4. 形态特征

柑橘大实蝇为全变态昆虫，一生经历卵、幼虫、蛹以及成虫四个发育阶段（图版19E）。

1）成虫

体黄褐色，体长 10～13mm，翅展 20～24mm。

复眼大，肾形，金绿色或紫红色；单眼三角区黑色，颊部复眼下有小黑斑一对。触角黄色或橘黄色，第 3 节黄褐色到深棕黄色；触角芒裸，基黄端黑。侧额鬃上下分别为 1 对和 2 对，鬃基有时具褐色小点；内、外顶鬃各 1 对，黑色。中胸背板中央具 1 条赤褐色至黑色倒 Y 形斑纹；在沟前，此斑纹两侧各有 1 宽的灰黄色粉被条；沟后有 3 个黄色纵条，两侧的 1 对呈弧形，向后伸至后翅上鬃基部，中间的 1 条较短，介于倒 Y 形纹叉内。胸部鬃序（6 对）：肩板鬃 1 对，后翅上鬃 2 对，前、后背侧鬃各 1 对，小盾鬃 1 对，上述胸鬃为黑色。翅透明，前缘区一淡棕黄色条纹，其宽度自前缘脉至 R_{2+3} 脉；翅痣和翅端斑点棕色；前缘室色淡或透明；肘室区棕黄色。足黄色，腿节末端之后色较深。腹部黄色至黄褐色，第 1 节背板扁方形，长略大于宽；第 3 背板基部有一黑色横带，与腹背中央从基部伸达腹端的一黑色长纵纹交成十字形；第 4、5 腹节背板基部也有黑色横纹，但色较浅，且中部间断不与长纵纹相接；第 2～4 腹节背板侧缘色也较深。雄性第 3 腹节背板两侧后缘具栉毛；第 5 腹板后缘向内洼陷的深度达此腹板长度的 1/3，侧尾叶的 1 对端叶近乎退化。雌性产卵器长约 6.5mm，由 3 节组成；基节粗壮，近瓶形，其长度约等于第 2～5 腹节背板长度之和；端部 2 节细长，长于第 5 腹节；产卵管末端尖锐。

2）卵

长椭圆形，一端较尖细，另一端较圆钝，中部略弯；两端透明，中部乳白色（图版19E）。长 1.2～1.5mm，宽 0.3～0.4mm。

3）幼虫

成熟幼虫长 14～16mm，乳白色，咀形，前端小，尾端大而钝（图版 19C，E）。前气门扇形，外缘中部凹陷，两侧端向下弯曲，具指突 30 余个，排列成行。第 2、3 节腹面前端和气门周围各有 1 小刺带；第 4～11 节腹面前端各有 1 小刺梭形区。后气门 1 对位于末节后端，内侧中间各有 1 盘状体，气门板上有 3 个长椭圆形裂孔，其外侧有 4 丛呈放射状的细毛群。

4）蛹

椭圆形，长 8～10mm，宽约 4mm；鲜黄色，近羽化时变为黄褐色；幼虫前、后气门遗痕依然存在。

5. 生物学特性

柑橘大实蝇1年发生1代,以蛹在土壤内越冬。越冬蛹于4~5月羽化为成虫,整个夏季都有成虫活动。成虫羽化出土多在上午9~12时,特别是雨后天晴,气温较高时羽化最盛。成虫羽化后常群集在橘园附近的青杠林和竹林内,取食蚜虫等分泌的蜜露,作为补充营养。成虫在水分和食物充足时则生命力旺盛,平均寿命达35~40天。成虫羽化后20余日开始交尾,交尾后约15天开始产卵。大实蝇可多次产卵,产卵盛期在5月~6月中旬。卵产于柑橘类植物的幼果内,且喜欢选择较高处的橘园,故坡上橘园较坡下橘园受害重。此外,产卵还与品种有关,通常以锦橙最重,脐橙次之,红橘最少。产卵部位及症状随柑橘种类不同也有差异。在甜橙上卵产于果脐和果腰间,产卵处呈乳状突起;在红橘上卵产于近脐部,产卵处呈黑色圆点;在柚子上卵产于果蒂处,产卵处呈圆形或椭圆形内陷的褐色小孔。每孔产卵2~14粒,最多可达40~70多粒。每雌产卵量约为150粒。

幼虫一般7月中旬开始孵化,孵化高峰期在8月中旬~9月上旬。孵化后,幼虫在果内取食瓤瓣汁液,破坏果肉组织,以致腐烂。10月中、下旬被害果大量脱落。幼虫老熟后随果实落地或在果实未落地前即穿孔爬出,入土化蛹、越冬,入土深度通常在土表下3~7cm,以3cm处最多。极少数迟发的幼虫和蛹能随果实运输,在果内越冬,到1月、2月老熟后脱果。

不同地区各发生期有一定差异,如贵州惠水各发生期均较重庆、四川迟10~20天。

各虫态历期:卵期1个月左右;幼虫期3个月左右,蛹期6个月左右;成虫期为数日至45天。

6. 发生与环境的关系

气候 柑橘大实蝇成虫适宜温度为20~25℃,相对湿度在80%以上,如果气温超过30℃,成虫则发生自然死亡;幼虫具有强的耐寒能力,在0℃条件下,幼虫最长可活近30天,最短可成活10天,大多数可成活20天;在3℃和6℃条件下,所有幼虫可完成化蛹;蛹的抗寒能力与幼虫相比,相对较低,因此耐寒力的强弱决定了分布范围和地理区域。

食物 柑橘大实蝇主要为害橙,其次是蜜柑,而橘类很少受害。在橙和柑橘类混栽的地方,常集中为害橙类。分布区内大量发展橙类,会大大加重其害。据对橙类和柑橘上饲育出的150头大实蝇蛹的测量结果表明,以橙类上育出的个体较大,平均体长10.77~11.16mm,而蜜柑和红橘上育出的个体平均体长仅8.87mm。

7. 传播途径

卵和幼虫随被害果实、种子运输传播蔓延,柑蛆可随水流传播,越冬蛹也可随带土苗木及包装物传播。成虫飞翔是发生区内果园间近距离传播的主要途径。

图版 19

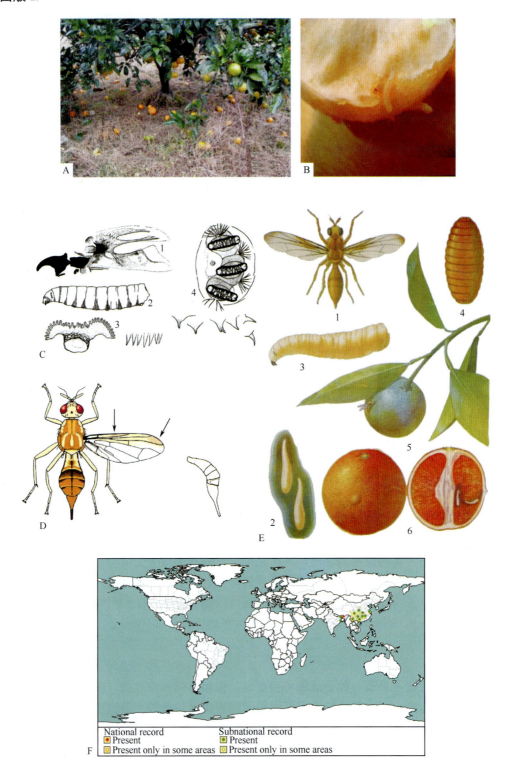

图版说明

A. 柑橘大实蝇的危害：造成大量落果

B. 幼虫在柑橘果实内为害状

C. 幼虫形态

    1. 头咽骨

    2. 侧面观

    3. 前气门扇形，外缘中部凹陷，两侧端向下弯曲，具指突 30 余个，排列成行

    4. 后气门 1 对位于末节后端，内侧中间各有 1 盘状体，气门板上有 3 个长椭圆形裂孔，其外侧有 4 丛呈放射状的细毛群。

D. 雌虫成虫形态

    左：翅前缘区有一淡棕黄色条纹，其宽度自前缘脉至 R_{2+3} 脉；翅痣和翅端斑点棕色（箭头示）

    右：腹部侧面观

E. 柑橘大实蝇各虫态及为害状

    1. 雌成虫

    2. 卵

    3. 幼虫

    4. 蛹

    5. 成虫产卵

    6. 为害状

F. 地理分布（2006 年 9 月 19 日数据）

红色代表仅有该国家或地区的分布数据

绿色代表有国家以下行政区划的分布数据

实心代表分布相对普遍

空心代表仅在某些地方有分布

图片来源及作者

A，B，E. 由作者提供。E 翻拍于四川省农牧厅挂图

C. 引自 *Bactrocera minax*（Enderlein）in L. E. Carroll, A. L. Norrbom, M. J. Dallwitz, and F. C. Thompson. 2004 onwards. Pest fruit flies of the world-larvae. Version：8th December 2006. http://delta-intkey.com（网页地址 http://delta-intkey.com/ffl/www/bac_mina.htm,最后访问日期：2009-12-9）

D. 引自 *Bactrocera minax*（Enderlein）in L. E. Carroll, I. M. White, A. Freidberg, A. L. Norrbom, M. J. Dallwitz, and F. C. Thompson. 2002 onwards. Pest fruit flies of the world. Version：8th December 2006. http://delta-intkey.com（网页地址 http://delta-intkey.com/ffa/www/bac_mina.htm，最后访问日期：2009-12-9）

F. 下载自 EPPO 图片地址：http://www.eppo.org/QUARANTINE/insects/Bactrocera_minax/DACUCT_map.htm，最后访问日期：2009-12-9

二、柑橘大实蝇检验检疫技术规范

1. 范围

本规范规定了柑橘大实蝇检验检疫的技术方法。

本规范适用于柑橘产区各相关单位及检疫部门对柑橘大实蝇的检验检疫。

2. 原理

柑橘大实蝇的形态学特征及其寄主范围、地理分布、生物学特性、为害症状和传播途径等为制定检验检疫鉴定技术提供了依据。

3. 仪器、用具及试剂

1) 仪器及用具

解剖镜、手持放大镜、镊子、60～100mL 广口瓶、聚乙烯塑料样品袋、糖浆引诱剂及设备、油性记号笔、标签、记录本、大号及小号瓷盘各一个、水果刀、一次性水杯、防虫网罩等。

2) 药品

95％酒精、40％甲醛（福尔马林）、甘油、冰醋酸、蒸馏水等。

4. 现场抽样

1) 产地检疫

(1) 调查对象。
柑橘大实蝇主要寄主橙、橘及柚类。
(2) 调查时间。
成虫：长江以北地区的诱捕时间为每年的 6 月 1 日～9 月 30 日，长江流域地区的诱捕时间为每年的 5 月 1 日～9 月 30 日，长江以南地区的诱捕时间为每年的 5 月 1 日～10 月 31 日。
幼虫：采果调查时间一般在 7 月中旬～10 月底，可根据各地区气候特点或发生规律进行适当调整。
(3) 果园调查。
初次调查选择现果早的橘园，按不同品种选择 4 或 5 个橘园，每个橘园面积通常不小于 $1/15\text{hm}^2$。
(4) 取样方法。
果实取样：对角线 5 点取样，每点捡拾地面落果 10～30 个；每点选一株分东西南北中 5 个部位，每个部位检查 5～10 个果实，采集未熟先黄的果实。所采集果实分类装入样品袋中待检验。
成虫：配制糖浆引诱剂（糖∶酒∶醋∶水＝6∶1∶2∶10，加适量敌百虫），引诱剂盛入敞口瓶内，每 5 天补充一次，保持液面高度 3～5cm；诱剂盆放置高度为1.5～2m，每间隔 3m 放置一个；每天检查并收集诱集的昆虫，将收集到的昆虫放入盛有 95％酒精的广口瓶内待检验。

2）调运检疫

（1）调查对象和范围。

在柑橘打蜡加工厂、水果批发市场、货运交通集散地（机场、车站、码头等）实施调运检验检疫。

检查调运的柑橘类果实及其包装和运载工具等是否带有柑橘大实蝇的成虫、幼虫和卵。

（2）调查时间。

柑橘类果实成熟、采收销售季节。

（3）取样方法。

根据 GB15569—1995《农业植物调运检疫规程》进行抽样检查（按货物总件数抽样 0.2%～5.0%，抽样最低数为 5 件或 100kg，不足抽样最低数的要全部检验），将调查抽样的可疑果实分类装入样品袋中待检验（表 1）。

表 1　现场取样份数参考表

货物总量/件	取样份数/件	每份样品数量/kg
100 以下	5	2～2.5
101～500	5～25	（可根据果实大小换算为具体果子
501～3000	25～150	数进行取样）
3000 以上	150 以上	

5. 现场检验

1）成虫

肉眼（手持放大镜）检出诱捕标本中柑橘大实蝇成虫，确定为柑橘大实蝇的标本存放入装有 95% 酒精的广口瓶内，用记号笔注明标本来源、寄主、采集时间、采集地点及采集人，带回室内制作标本。肉眼不能鉴定的标本用记号笔编号后带回室内鉴定。

2）果实

以肉眼观察、手触摸或放大镜检查柑橘果实表面有无产卵痕（果皮上类似火山的突起，中间微陷呈黑色小圆点）。将有产卵痕的果实装入样品袋带回实验室饲养、鉴定。

用水果刀剖开采集的样果，肉眼（或用放大镜）检查果瓤中是否有蛆状幼虫。有幼虫的果实分类装入干净的样品袋，用记号笔标号，带回室内鉴定。未见幼虫的果实浸入 90% 晶体敌百虫 1000 倍液中集中处理。

3）样品保存

带回实验室鉴定的虫果，平摊于大号瓷盘内，放于适当大小的盛水水盆中，上罩防虫罩暂存，两天内进行鉴定。

6. 检测鉴定

1）幼虫饲养

将有产卵痕的果实、带虫果实平铺在小号白瓷盘里，放在装有自来水的大号白瓷盘内，用防虫网罩盖及小号白瓷盘，罩的下方边缘浸没于大号白瓷盘的自来水中，在常温下培养5～10天。每天至少观察2次，如发现大号白瓷盘的水中有幼虫，用镊子将幼虫夹起，一部分放入盛有洁净水的广口瓶内，用于幼虫鉴定；另一部分幼虫放入盛有半干、洁净细沙的一次性杯中化蛹。将化蛹杯移至养虫箱继续培养，待成虫羽化后进行鉴定。

2）成虫鉴定

按照成虫的形态特征描述和附录A在解剖镜下进行观察鉴定。

3）幼虫鉴定

按照幼虫的形态特征描述和附录A在解剖镜下对收集到的幼虫进行观察鉴定。

4）结果判定

以形态特征为依据，符合"一、柑橘大实蝇"中4.形态特征和附录A描述的形态特征的可确定为柑橘大实蝇。

7. 标本的制作与保存

1）成虫

干标本：经鉴定为柑橘大实蝇的成虫标本，在室内阴凉处晾干后用昆虫针插于中胸背板中央即可。并填写标签，注明标本来源（寄主、采集时间、采集地点、采集人）以及制作时间、制作人等。将制作好的干标本针插于标本盒中，标本盒中要放置驱虫剂，置于阴凉、干燥的标本柜中保存。

液浸标本：将鉴定为柑橘大实蝇的成虫标本放入盛有95％酒精78mL＋甘油1mL＋蒸馏水21mL的广口瓶内，以石蜡封口，并填写标签，注明标本来源（寄主、采集时间、采集地点、采集人）以及制作时间、制作人等。置于阴凉、干燥的标本柜中保存。

2）幼虫

将鉴定为柑橘大实蝇的幼虫标本放入盛有40％甲醛1份、水17～19份的混合液的广口瓶中浸渍，或放入盛有80％酒精15份、40％甲醛5份、冰醋酸1份的混合液的广口瓶中浸渍，以石蜡封口，并填写标签，注明标本来源（寄主、采集时间、采集地点、采集人）以及制作时间、制作人等。置于阴凉、干燥的标本柜中保存。

附录A 柑橘大实蝇与蜜柑大实蝇、橘小实蝇的特征比较

虫态	柑橘大实蝇 B. minax	蜜柑大实蝇 B. tsuneonis	柑橘小实蝇 B. dorsalis
成虫	体黄褐色，长12～13mm。胸背无小盾片前鬃，也无前翅上鬃，肩板鬃通常仅具侧对，中对缺或极细微，不呈黑色，腹部较瘦长，背面中央黑色纵纹从腹基直达腹端（第1～5腹节）。产卵器基节瓶形，长度约等于腹部第2～5节长度之和其后方狭小部分长于第5节，末端不呈三叶状	体黄褐色，长10～12mm。胸背也无小盾片前鬃，但具前翅上鬃1～2对，肩板鬃通常2对，中对较粗、发达、黑色。腹部也较瘦长，背面纵纹似柑橘大实蝇。产卵器基节瓶形，长度约为腹部1～5节长之和的1/2，末端三叶状	体深褐色或黑色，长7～8mm。胸背具小盾片前鬃1对，前翅上鬃1对，肩板鬃2对。腹部较粗短，背面中央黑色纹仅限于第3～5节上。产卵器较短，基节不呈瓶形
幼虫	体肥大。前气门甚宽大，扇形，外缘中部凹入，两侧下弯，具指突30多个。后气门肾脏形，上有3个长椭圆形裂口，其外侧具4丛排列成放射状的细毛群（2、3龄幼虫）	体肥大。前气门宽阔，呈"T"形，外缘较平直，微曲，具指突33～35个。后气门肾脏形，上有3个长椭圆形裂口，其周围具细毛群5丛（2、3龄幼虫）	体较细小，末节端部有瘤。前气门较狭小，略呈环柱形，前缘具指突10～13个。后气门新月形，也具3个长裂口，其外侧具4丛细毛群，每群细毛特别多
寄主	柑橘类、柚类	柑橘类	柑橘类、番石榴、芒果、枇杷、柿、桃、枣、杏、梨、苹果、无花果、香蕉、番荔枝、葡萄、西瓜、辣椒和番茄等

三、柑橘大实蝇监测预警技术规范

1. 范围

本规范规定了柑橘大实蝇的监测和预警技术方法。

本规范适用于柑橘大实蝇发生区和未发生区的监测和预警。

2. 监测

1）监测内容

柑橘大实蝇的监测主要包括监测范围、成虫的监测、幼虫和蛹的监测及标本收集与鉴定。

2）监测范围

监测范围包括各柑橘产区、水果市场及周围有柑橘大实蝇寄主植物的种植田块等。

未发生区：重点监测高风险区域，如曾发生过疫情的区域、经过疫情发生区的交通沿线、来自疫情发生区的寄主植物及植物产品以及其他限定物的集散地和主要消费区、

进口寄主植物产品集散地和主要消费区等。主要监测检疫性实蝇是否传入。

发生区：重点监测发生疫情的有代表性地块和发生边缘区。主要监测疫情发生动态和扩散趋势。

3）监测方法

成虫的监测：5月上旬～7月下旬在果园内进行踏查，用目测方法发现确定树冠和幼果上有无疑似柑橘大实蝇成虫，用捕虫网捕获后置于毒瓶中，带回室内待鉴定；于5月上旬～7月下旬进行诱集监测成虫，每$1/15hm^2$随机悬挂3个Steiner诱捕器，诱捕器距地面1.5～2m，将引诱剂（糖6份、酒1份、醋2～3份、水10份，加适量敌百虫；或90%晶体敌百虫500倍液：米酒：红糖：麦醋＝60：3：10：5；或90%晶体敌百虫500倍液：红糖＝100：3）注入诱捕器的底部，每5～7天加注一次引诱剂，并收集诱集的成虫。

幼虫和蛹的监测：9月上旬～11月中旬，柑橘果园中用目测方法观察柑橘果实，采集未熟先黄果，拣拾落地果，分类装入样品袋中。并检查落地果周围5cm深的表土中有无幼虫和蛹。将采集到的果实和虫体带回室内，用肉眼或低倍放大镜对样品果实逐个进行检查，查看果皮上有无产卵孔、脱果孔，发现有可疑症状的，根据"二、柑橘大实蝇检验检疫技术规范"中"6. 检测鉴定"中的方法在实验室进一步检验鉴定。

标本收集与害虫鉴定：每7天收集1次虫体，每个诱捕器每次收集的虫体作为一个样本，对照柑橘大实蝇主要形态识别特征，对所收集的标本进行鉴定。

3. 预警

疫区：系统调查柑橘大实蝇的发生范围、发生情况、为害程度等数据信息，相关部门要高度重视，及时制定相应的综合防治策略，采用恰当的防控技术，有效地控制柑橘大实蝇的为害，减轻损失。

保护区：若在柑橘大实蝇的监测中发现可疑虫果，应及时联系农业技术部门或科研院所或相关单位，并采集虫果，带回室内进行鉴定。如果室内检测确定为柑橘大实蝇，应进一步详细调查附近一定范围内的发生情况，同时及时向当地政府和上级主管部门汇报疫情，对发病区域实行严格封锁，并立即进行应急控制。疫情确定后应及时将疫情通报给当地植物检疫部门和外来入侵生物监测防控中心以及相关的管理部门，以加强监测防控力度。

发布预警：疫情预警可以通过网络、电视、无线广播、报刊和新闻发布会发出。但是，疫情的发布必须经过上级领导机关严格审查批准后，由特定的行政和技术部门发布，任何其他部门、新闻媒体或个人均无权私自发布疫情预警或泄露疫情。

四、柑橘大实蝇应急控制技术规范

1. 范围

本规范规定了柑橘大实蝇新发、爆发等的应急控制技术方法。

本规范适用于各级外来入侵生物管理机构和农业技术部门在生物入侵突发事件发生时的应急处理。

2. 应急控制技术

无论是调运检疫中还是在田间监测中发现柑橘大实蝇的虫果，都需要及时地采取应急控制技术，有效地扑灭或控制其传播蔓延。

1）调运检疫中疫情应急控制处理

严禁从疫区调运带虫的果实、种子和带土的苗木。一旦发现虫果，必须进行就地深埋、销毁处理。

2）田间监测中疫情应急控制处理

若在田间监测中发现柑橘大实蝇的虫果，应对其发生范围和程度做进一步详细的调查，对附近果园进行监测，并立即报告上级行政主管部门和技术部门，同时要及时采取措施封锁柑橘大实蝇发生的果园，严防疫情扩散蔓延。然后做进一步应急控制处理。

（1）摘除虫果，杀灭幼虫。

9月下旬～11月中旬，摘除未熟先黄、黄中带红的蛆果，拾净地上所有的落地果进行煮沸、焚烧、水烫、集中深埋等处理，达到杀死幼虫、断绝虫源的目的。

（2）诱杀成虫。

常用药剂：90％敌百虫晶体、800g/L敌敌畏乳油、75％灭蝇胺可湿性粉剂、500g/L辛硫磷乳油、480g/L毒死蜱乳油。

常用糖酒醋敌百虫液或敌百虫糖液制成诱剂诱杀成虫。具体方法有喷雾法和挂罐法。

喷雾法：用90％晶体敌百虫1000倍液或800g/L敌敌畏乳油1500倍液，加3％红糖液，在上午9时成虫开始取食前，喷洒于果园中枝叶茂密、结果较多的柑橘树叶背面。每隔5～7天喷1次，连续喷施5或6次。

挂罐法：用红糖5kg、酒1kg、醋0.5kg、晶体敌百虫0.2kg、水100L的比例配制成药液，盛于15cm以上口径的平底容器内（如可乐瓶、挂篮盆、罐等），药液深度以3～4cm为宜，罐中放几节干树枝便于成虫在上面取食，然后挂于树枝上诱杀成虫。一般每3～5株树挂1个罐。从5月下旬开始挂罐，到6月下旬结束，每5～7天更换一次药液。

五、柑橘大实蝇综合治理技术规范

1. 范围

本规范规定了控制柑橘大实蝇的基本策略和综合技术措施。

本规范主要适用于柑橘大实蝇已经发生的疫区。

2. 防治策略

柑橘大实蝇属国际、国内植物检疫性有害生物,是一种严重危害柑橘类果树的害虫,危害程度大。因此必须严格加强疫区管理。对已发生柑橘大实蝇为害的地区,加强对柑橘大实蝇的防除工作,建立完善的监测和防控体系,通过政府调控,加大联防力度。

具体对该虫的防治应加强植物检疫的措施与力度,采取农业防治、物理防治和药剂防治等相结合的综合防治技术。

3. 防治方法

1) 植物检疫

柑橘大实蝇的幼虫可随果实的运销而传播,越冬蛹也可随带土苗木传播。因此必须严格执行检疫制度。严禁从疫区调运带虫的果实、种子和带土的苗木。非调运不可时,应就地检疫,对疫区的果实、种子、苗木必须严格检疫,合格后方可调运,防止柑橘大实蝇扩散蔓延。一旦发现虫果必须进行就地深埋、销毁处理。

2) 农业防治

(1) 冬耕灭蛹。

在冬季霜雪来临前,结合冬季修剪清园、翻耕施肥,浅耕园土15cm左右,以增加蛹的机械伤亡、被天敌取食或因蛹体位置变动不适生存而死亡。

(2) 及时清除果园落果、摘除树上虫果,杀死幼虫。

从9月下旬至11月中旬止,摘除未熟先黄、黄中带红的蛆果,拾净地上所有的落地果进行煮沸、集中深埋等处理,达到杀死幼虫的目的。有虫果可用水浸、深埋、焚烧、水烫等简易方法杀死果内幼虫;用水浸泡虫果8天可使果内幼虫全部死亡;深埋虫果的深度至少要在45cm以上;虫果与干草层堆放焚烧1h以上,即可使幼虫全部死亡;另外也可用沸水烫杀果内幼虫,一般用沸水处理2min亦可使幼虫全部死亡。

(3) 切断虫源。

摘除青果:在柑橘树比较分散,柑橘大实蝇发生危害严重的地方,在7~8月将所有的柑橘、红橘、柚子、枳壳类的青果全部摘光,使果实中的幼虫不能发育成熟,达到断代的目的。

砍树断代:对柑橘种植十分分散、品种老化、品质低劣的区域,可以采取砍一株老树补栽一株良种柑橘苗的办法进行换代。

在摘除青果和砍树断代的地方,不需要用药液诱杀成虫。

(4) 果实套袋。

在果实坐果期内、转色前10~15天套上白色塑料袋,扎口朝下,保果率可达100%。但这种措施只适用于幼年果树,对于树势高大的果树则操作比较费工时。

3）物理防治

通过辐射处理使雄蝇失去生殖能力，然后将不育雄蝇在田间大量释放，干扰田间雌蝇的交配，降低田间雌蝇的交配率，从而达到降低田间柑橘大实蝇种群数量的目的。

4）药剂防治

（1）毒土灭蛹法。

4月下旬～5月上旬每 1/15hm² 果园用甲基粉 3kg 拌细土 20kg，均匀撒施于土中，结合田耕松土，杀灭虫蛹。

（2）毒杀成虫。

①地面毒土封杀成虫。大实蝇羽化成虫出土（4月下旬～5月中旬）前，在落果量较大的柑橘树冠内的地面上喷洒 90％晶体敌百虫或 500g/L 辛硫磷乳油、480g/L 毒死蜱乳油 800 倍液，使土面湿透，或 10％辛硫磷大粒剂 1kg＋细土 50～60kg 的比例拌匀撒施，毒杀羽化出土的成虫。

②诱杀成虫。利用柑橘大实蝇成虫产卵前有取食补充营养（趋糖性）的生活习性，可用敌百虫（或敌敌畏）糖液或糖酒醋液制成诱剂诱杀成虫。具体方法有喷雾法和挂罐法。

喷雾法：对柑橘大实蝇可在成虫活动盛期（产卵以前，通常在5月中下旬～6月下旬），用 90％晶体敌百虫 1000 倍液或 800g/L 敌敌畏乳油 1500 倍液，加 3％红糖液，在上午 9 时成虫开始取食前，喷洒于果园中枝叶茂密、结果较多的柑橘树叶背面。全园喷1/3 的树，每树喷 1/3 的树冠，隔 5～7 天改变方位喷雾一次，连续喷 4 或 5 次。

挂罐法：用红糖 5kg、酒 1kg、醋 0.5kg、晶体敌百虫 0.2kg、水 100L 的比例配制成药液，盛于 15cm 以上口径的平底容器内（如可乐瓶、挂篮盆、罐等），药液深度以3～4cm 为宜，罐中放几节干树枝便于成虫在上面取食，然后挂于树枝上诱杀成虫。一般每 3～5 株树挂 1 个罐。从 5 月下旬开始挂罐，到 6 月下旬结束，每 5～7 天更换一次药液。

以上方法可根据具体情况任选一种。药液必须现配现用，防止敌百虫或敌敌畏农药失效。同时要按标准配药液，不得随便加大或减少药剂的用量，以免降低诱杀效果或造成药害。

主要参考文献

邓国云. 2006. 柑橘大实蝇监测治理技术研究与应用. 植物医生，19（4）：20

黄大树，肖桂章，杨佑安等. 2007. 桃源县柑橘大实蝇的发生危害与防控技术. 植物检疫，21（4）：233～235

黄月英，陈军. 2006. 橘小实蝇的发生特点与综合防治技术. 华东昆虫学报，15（1）：63～66

李敏，顿耀元，陆学忠等. 2008. 严把"四关"控制柑橘大实蝇. 湖北植保，6：8

李泳江，吴泳辉，蒲祖康等. 2008. 柑橘大实蝇控防与扑灭技术措施. 果农之友，8：40，41

李云瑞. 2006. 农业昆虫学. 北京：高等教育出版社，6～29，266，267

刘洪，董鹏，周浩东等. 2008. 重庆市柑橘非疫区建设方案及其实施. 植物检疫，22（4）：260～262

刘元明，向子钧，许红等. 2008. 橘小实蝇及其近似种的特征比较. 湖北植保，1：19，20

吕志藻. 2006. 宜昌地区柑橘大实蝇羽化交配和产卵习性的观察. 植物检疫，20（4）：215，216

吕志藻，赵逸潮，姜自民. 2007. 三峡河谷地区柑橘大实蝇羽化、交配及产卵习性. 昆虫知识，44（2）：277～279

邱柱石，黄美玲. 2001. 柑橘主要害虫的综合治理. 广西园艺，44：24，25

四川省质量技术监督局. 2007. DB51/T　725—2007　蜜柑大实蝇监测与鉴定技术规程.，1～8

王华嵩，胡建国，路大光等. 1995. 利用辐射不育技术防治柑桔大实蝇的示范试验. 中国生物防治，11（4）：13～16

西北农林科技大学植物保护学院. 2008. 柑橘大实蝇. 陕西杨凌：植保在线. http：//www. cnipm. com/friut/2006/1027/content_220. html. 2009-03-28

肖桂章，黄大树，杨佑安等. 2007. 柑橘大实蝇传入新区后的发生规律及防控方法探讨. 中国植保导刊，27（2）：22～24

许志刚. 2003. 植物检疫学. 北京：中国农业出版社. 237～240

易阔每日财经网. 2008. 大实果蝇和桔蛆. 深圳：易阔财经. http：//community. yikuo. com/discuz/news/2008-10-24/1307_2008102414573813071680439. html. 2009-03-28

余乐明. 2007. 柑桔大实蝇的发生为害及综合防治技术. 南方农业，1（5）：37～39

张小亚，张长禹，韩庆海等. 2007a. 柑橘大实蝇诱杀方法研究及防治效果初步评估. 中国植保导刊，27（1）：5～8

张小亚，周兴苗，黄绍哲等. 2007b. 柑橘大实蝇的产卵特性. 昆虫知识，44（6）：867～870

中华人民共和国农业部. 2007. NY/T　1484—2007　柑橘大实蝇检验检疫与鉴定技术规范. 北京：中国农业出版社. 1～6

朱西儒，徐志宏，陈枝楠. 2004. 植物检疫学. 北京：化学工业出版社. 275～283

Bateman M A. 1982. Chemical methods for suppression or eradication of fruit fly populations. *In*：Drew R A I, Hooper G H S, Bateman M A. Economic Fruit Flies of the South Pacific Region（2nd edition）. Brisbane：Queensland Department of Primary Industries. 115～128

CABI/EPPO. Data Sheets on Quarantine Pests on *Bactrocera minax*（Enderlein）. EPPO quarantine pest

Carroll L E, Norrbom A L, Dallwitz MJ et al. 2004. Pest Fruit flies of the world-Larvae. 8th. December 2006 http：//delta-intkey. com

Dorji C, Clarke A R, Drew R A I et al. 2006. Seasonal phenology of *Bactrocera minax*（Diptera：Tephritidae）in western Bhutan. Bulletin of Entomological Research，96：531～538

Drew R A I, Dorji C, Romig C et al. 2006. Attractiveness of various combinations of colors and shapes to females and males of *Bactrocera minax*（Diptera：Tephritidae）in a commercial mandarin grove in bhutan. Journal of Economic Entomology，99（5）：1651～1656

Drew R A I, Dorji C, Romig C et al. 2007. Records of dacine fruit flies and new species of Dacus（Diptera：Tephritidae）in Bhutan. The Raffles Bulletin of Zoology，55（1）：1～25

EPPO/CABI. 1996. *Bactrocera tsuneonis*. *In*：Smith I M, McNamara D G, Scott P R et al. Quarantine Pests for Europe. 2nd. Wallingford：CAB International

Fan J A, Zhao X Q, Zhu J. 1994. A study on cold-tolerance and diapause in T*etradacus citri*. Journal of Southwest Agricultural University，16：532～534

Fletcher B S. 1989. Ecology；movements of tephritid fruit flies. *In*：Robinson A S, Hooper G. World Crop Pests 3（B）. Fruit Flies；Their Biology，Natural Enemies and Control. Amsterdam：Elsevier. 209～219

IIE. 1991. Distribution Maps of Pests，Series A No. 526. Wallingford：CAB International

OEPP/EPPO. 1983. Data sheets on quarantine organisms No. 41，Trypetidae（non-European）. Bulletin OEPP/EPPO Bulletin，13（1）

Roessler Y. 1989. Control；insecticides；insecticidal bait and cover sprays. *In*：Robinson A S, Hooper G. World Crop Pests 3（B）. Fruit Flies；Their Biology，Natural Enemies and Control. Amsterdam：Elsevier，329～336

USDA. 1994. Treatment manual. USDA/APHIS, Frederick, USA

Wang H S, Zhao C D, Li H X et al. 1990. Control of *Dacus citri* by the irradiated male sterile technique. Acta Agriculturae Nucleatae Sinicae，4：135～138

White I M，Elson-Harris M M. 1992. Fruit flies of economic significance：their identification and bionomics. Wallingford：CAB International

White I M，Wang X J. 1992. Taxonomic notes on some dacine（Diptera：Tephritidae）fruit flies associated with citrus，olives and cucurbits. Bulletin of Entomological Research，82（2）：275～279

六、柑橘大实蝇防控应急预案（样本）

1. 柑橘大实蝇危害情况的确认、报告与分级

1）确认

疑似柑橘大实蝇发生地的农业主管部门在24h内将采集到的柑橘大实蝇标本送到上级农业行政主管部门所属的植物保护管理机构，由省级植物保护管理机构指定专门科研机构鉴定，省级植物保护管理机构根据专家鉴定报告，报请农业部确认。

2）报告

确认本地区发生柑橘大实蝇后，当地农业行政主管部门应在24h内向同级人民政府和上级农业行政主管部门报告，并迅速组织对本地区进行普查，及时查清发生和分布情况。省农业行政主管部门应在24h内将柑橘大实蝇的发生情况上报省人民政府和农业部，同时抄送省级林业部门和出入境检验检疫部门。

3）分级与应急预案的启动

一级危害：在1省（直辖市、自治区）所辖的2个或2个以上地级市（区）发生柑橘大实蝇危害严重的。

二级危害：在1个地级市辖的2个或2个以上县（市、区）发生柑橘大实蝇危害；或者在1个县（市、区）范围内发生柑橘大实蝇危害程度严重的。

三级危害：在1个县（市、区）范围内发生柑橘大实蝇危害。

出现以上一至三级程度危害时，启动本预案。

2. 应急响应

各级人民政府按分级管理、分级响应、属地管理的原则，根据农业部植物保护机构的确认、柑橘大实蝇发生范围及危害程度，一级危害启动一级响应，二级危害启动二级响应，三级危害启动三级响应。

1）一级响应

省级人民政府立即成立柑橘大实蝇防控工作领导小组，迅速组织协调各省、市（直辖市）人民政府及部级相关部门开展柑橘大实蝇防控工作，并报农业部；省级农业行政主管部门要迅速组织对全省（直辖市、自治区）柑橘大实蝇发生情况进行调查评估，制定防控工作方案，组织农业行政及技术人员采取防控措施，并及时将柑橘大实蝇发生情

况、防控工作方案及其执行情况报农业部主管部门；省级其他相关部门密切配合做好柑橘大实蝇防控工作；省级财政部门根据柑橘大实蝇危害严重程度在技术、人员、物资、资金等方面对柑橘大实蝇发生地给予紧急支持，必要时，请求上级部门给予相应援助。

2）二级响应

地级以上市人民政府立即成立柑橘大实蝇防控工作领导小组，迅速组织协调各县（市、区）人民政府及市相关部门开展柑橘大实蝇防控工作，并由本级人民政府报省人民政府；市级农业行政主管部门要迅速组织对本市柑橘大实蝇发生情况进行全面调查评估，制定防控工作方案，组织农业行政及技术人员采取防控措施，并及时将柑橘大实蝇发生情况、防控工作方案及其执行情况报省级农业行政主管部门；市级其他相关部门密切配合做好柑橘大实蝇防控工作；省级农业行政主管部门加强督促指导，并组织查清本省柑橘大实蝇发生情况；省人民政府根据柑橘大实蝇危害严重程度和市级人民政府的请求，在技术、人员、物资、资金等方面对发生柑橘大实蝇地区给予紧急援助支持。

3）三级响应

县级人民政府立即成立柑橘大实蝇防控工作领导小组，迅速组织协调各乡镇政府及县相关部门开展柑橘大实蝇防控工作，并由本级人民政府报告上一级人民政府；县级农业行政主管部门要迅速组织对柑橘大实蝇发生情况进行全面调查评估，制定防控工作方案，组织农业行政及技术人员采取防控措施，并及时将柑橘大实蝇发生情况、防控工作方案及其执行情况报市级农业行政主管部门；县级其他相关部门密切配合做好柑橘大实蝇防控工作；市级农业行政主管部门加强督促指导，并组织查清全市柑橘大实蝇发生情况；市级人民政府根据柑橘大实蝇危害严重程度和县级人民政府的请求，在技术、人员、物资、资金等方面对发生柑橘大实蝇地区给予紧急援助支持。

3. 部门职责

各级柑橘大实蝇防控工作领导小组负责本地区柑橘大实蝇防控的指挥、协调工作，并负责监督应急预案的实施。农业部门具体负责组织柑橘大实蝇监测调查、防控和及时报告、通报等工作；宣传部门负责引导传媒正确宣传报道柑橘大实蝇有关情况；财政部门及时安排拨付柑橘大实蝇防控应急经费；科技部门组织柑橘大实蝇防控技术研究；经贸部门组织防控物资生产供应，以及柑橘大实蝇对贸易和投资环境影响的应对工作；林业部门负责林地的柑橘大实蝇调查及防控工作；出入境检验检疫部门加强出入境检验检疫工作，防止柑橘大实蝇的传入和传出；发展改革、建设、交通、环境保护、旅游、水利、民航等部门密切配合做好相关工作。

4. 柑橘大实蝇发生点、发生区和监测区的划定

发生点：柑橘大实蝇危害的果园划定为一个发生点（两个果园距离在100m以内为同一发生点）；划定发生点若遇河流和公路，应以河流和公路为界，其他可根据当地具

体情况作适当的调整。

发生区：发生点所在的行政村（居民委员会）区域划定为发生区范围；发生点跨越多个行政村（居民委员会）的，将所有跨越的行政村（居民委员会）划为同一发生区。

监测区：发生区外围 8000m 的范围划定为监测区；在划定边界时若遇到水面宽度大于 8000m 的湖泊和水库，以湖泊或水库的内缘为界。

5. 封锁、控制和扑灭

1）封锁控制

主要措施如在陆路交通口岸、航空口岸和水路货物和旅客人为携带物品发现柑橘大实蝇，以及非法从疫区调运柑橘类果实或苗木，应即刻予以扣留封锁，并进行销毁或其他检疫处理；对疑似藏匿或逃逸现场进行定期的调查和化学农药喷雾处理，严防其可能出现的扩散。

2）扑灭

针对柑橘大实蝇突发疫情，应立即采取应急扑灭措施：则立刻用敌百虫或敌敌畏等药剂喷雾处理植株；及时清除果园落果、摘除树上虫果，以杀死幼虫；并敌百虫等药剂对园内地面土壤做适当处理等。

6. 调查和监测

柑橘大实蝇发生区及周边地区的各级农业植物检疫机构要加强对本地区的调查和监测，做好监测结果记录，保存记录档案，定期汇总上报。其他地区要加强对来自柑橘大实蝇发生区的果实和苗木等的检疫和监测，防止柑橘大实蝇传入。具体应据柑橘大实蝇入侵生物学、生态学规律，结合监测区域自然、生态、气候特点和生产实际，通过制定和实施科学的技术标准，规范柑橘大实蝇疫情监测方法，建立布局合理的监测网络和信息发布平台，预防可能出现的柑橘大实蝇突发疫情，做到早发现、早报告、早隔离、早防控，防范柑橘大实蝇疫情向未发生区传播，保障农业生产、生态安全。

7. 宣传引导

各级宣传部门要积极引导媒体正确报道柑橘大实蝇的发生及控制情况。有关新闻和消息应通过政府部门正常渠道获取，防止炒作，避免失实报道引起社会不安。在柑橘大实蝇发生区，要利用适当的方式进行科普宣传，重点宣传防范知识、防控技术方法。当媒体上出现不实报道或社会上流传谣言时，应立即正面澄清，加强舆论引导，尽量减轻负面影响。

8. 应急保障

1）队伍保障

各级人民政府要组建由农业行政主管部门技术人员以及有关专家组成的柑橘大实蝇

的应急防控队伍，加强专业技术人员培训，提高应急防控队伍人员的专业素质和业务水平，成立防治专业队，为应急预案的启动提供高素质的应急队伍保障；要充分发动群众，实施群防群控。

2）物资保障

有关的省、市、县各级人民政府要建立柑橘大实蝇防控应急物资储备制度，确保物资供应，对柑橘大实蝇危害严重的地区，应及时调拨救助物资，保障受灾农民的生活和生产稳定。

3）经费保障

在必要的情况下，有关地区的各级人民政府应安排专项资金，用于柑橘大实蝇应急防控工作。应急响应启动时，当地农业行政主管部门会商有关部门提出经费使用计划，由同级财政部门核拨，财政、农业、审计等部门对专项资金的使用和管理情况进行严格的监督检查，确保专款专用。

4）技术保障

科技部门要大力支持柑橘大实蝇防控技术研究，为持续有效控制柑橘大实蝇提供技术支撑。在柑橘大实蝇发生地，有关部门要组织本地技术骨干力量，加强对柑橘大实蝇防控工作的技术指导。

9. 应急状态解除

通过采取全面、有效的防控措施，达到防控效果后，县、市农业行政主管部门向省农业行政主管部门提出申请，经省农业行政主管部门组织专家评估论证，防治效果达到标准的，由省级人民政府批准解除应急状态，并通报农业部。

经过连续 2 年的监测仍未发现柑橘大实蝇，经省农业行政主管部门组织专家论证，认为可以解除封锁时，经柑橘大实蝇发生区农业行政主管部门逐级向省农业行政主管部门报告，由省农业行政主管部门报省级人民政府及农业部批准解除柑橘大实蝇发生区，同时将有关情况通报林业部门和出入境检验检疫部门。

10. 附则

地（市、州）各级人民政府根据本预案制定本地区柑橘大实蝇防控应急预案。
本预案自发布之日起实施。
本预案由省级农业行政主管部门负责解释。

（杜喜翠　谭万忠）

红火蚁应急防控技术指南

一、红　火　蚁

学　　　名：*Solenopsis invicta* Buren

异　　　名：*Solenopsis saevissima* var. *wagneri*（Santschi）

　　　　　　Solenopsis wagneri（Santschi）

英 文 名：red imported fire ant（RIFA）

中文别名：入侵红火蚁、外来红火蚁、赤外来火蚁、外引红火蚁、泊来红火蚁

分类地位：膜翅目（Hymenoptera）蚁科（Formicidae）火蚁属（*Solenopsis*）

1. 起源与分布

起源：南美洲巴拉纳河流域的巴西、巴拉圭、阿根廷等国。

国外分布：美国南部的 19 个州和地区、美属维尔京群岛、安提瓜和巴布达、巴哈马国、英属维尔京群岛、开曼群岛、波多黎各、特立尼达和多巴哥、特克斯和凯科斯群岛、澳大利亚、新西兰、马来西亚、新加坡等。

国内分布：广东、广西（南宁市、陆川县、北流市、岑溪市）、湖南（张家界市）、福建（上杭县和新罗区）、香港、澳门及台湾省。

2. 主要识别特征

红火蚁是一种地栖型的社会性昆虫。红火蚁的识别主要包括三个方面：工蚁个体大小呈连续性的分布，地表可见用细土建造的拱形土丘且其纵切面呈蜂巢状，当蚁丘受惊扰时工蚁会蜂拥而出，叮螯巢旁任何东西，人被叮螯后会有脓疱产生。

1）形态特征

红火蚁由多个品级组成，即蚁后、有翅雌蚁、有翅雄蚁及工蚁（图版 20J）。

（1）工蚁。

工蚁体形大小具有连续性的多态型，可分为大型工蚁、中型工蚁及小型工蚁（图版 20J）。这种工蚁个体大小的多态型分布是红火蚁鉴别的主要形态特征之一。

小型工蚁：体长 2.4～4.0mm。头、胸、触角及足均为棕红色，腹部常呈棕褐色，腹节间色略淡，腹部第 2、第 3 节腹背面中央常具有近圆形的淡色斑纹。头部略呈方形，复眼细小，由数十个小眼组成，黑色，位于头部两侧上方。触角 10 节，柄节最长，但不达头顶，鞭节端部两节膨大呈棒状。额下方连接的唇基明显，两侧各有齿 1 个，唇基内缘中央具三角形小齿 1 个，齿基部上着生刚毛 1 根（图版 20E）。上颚发达，内缘

有数个小齿。

前胸背板前端隆起，前、中胸背板的节间缝不明显，中后胸背板的节间缝明显；胸腹连接处有2个腹柄结，第一结节呈扁锥状，第二结节呈圆锥状（图版20A，B）。腹部卵圆形，可见第4节，腹部末端有螫刺伸出（图版20C）。

中型工蚁：体长4～6mm，形态、体色均与小型工蚁相似。

大型工蚁：体长6～7mm，形态与小型工蚁相似，体橘红色，腹部背板呈深褐色。上颚发达，黑褐色。体表略有光泽。

（2）繁殖蚁。

雄蚁：体长6～7mm，体黑色，着生翅2对，头部细小，触角呈丝状，胸部发达，前胸背板显著隆起（图1）。

雌蚁：有翅雌蚁体长8～10mm，头及胸部棕褐色，腹部黑褐色，着生翅2对，头部略小，触角膝状，胸部发达，前胸背板显著隆起。婚飞交尾后，有翅雌蚁落地，翅脱落后，变成蚁后（图2）。

图1　红火蚁有翅雄蚁
（http://mississippientomologicalmuseum.
org. msstate. edu）

图2　室内红火蚁新蚁后筑巢及产卵行为观察

2）蚁丘外形及巢外形结构

红火蚁是一种在地下营巢的地栖型蚂蚁。新蚁后筑巢4～6个月，地面上出现可见的拱形蚁丘，高10～30cm、直径30～50cm（图版20Q）。蚁丘表面无进出蚁巢的孔口，红火蚁通常通过位于土表下方的、从蚁丘辐射几米之外的蚁道出口出入蚁丘。

红火蚁蚁丘通常在农田、庭院、公园、学校、堤坝、高尔夫球场等生境中出现，或形成高10cm以上的蚁丘，或形成沙堆状蚁丘，但其内部结构呈蜂巢状（图版20P）。

3）工蚁攻击行为

与切叶蚁亚科（Myrmicinae）的大多数蚂蚁一样，红火蚁具有叮螫习性。当蚁丘受惊扰时工蚁会蜂拥而出，叮螫巢旁任何东西（图版20K）。

工蚁叮咬人时会用上颚牢牢咬住皮肤，再将螫针刺入皮肤并注入毒液（图版20M）。人被红火蚁叮咬后会有剧烈疼痛感觉，然后出现脓疱，感到瘙痒。这是其被称为红火蚁的原因。蚂蚁叮螫引起的脓疱会持续几天，有的持续数周；受红火蚁叮螫严重者会感觉身体不适，甚至有过敏反应。

3. 主要生物学和生态学特性

1）社会型

红火蚁是社会型昆虫，根据蚁巢中蚁后数量其可被分为两种社会型：

单蚁后型：蚁巢仅有1头具有生殖能力的蚁后，工蚁具有较强的地域性行为，对其他蚁巢的蚂蚁有极强攻击性。蚁丘间的距离较大，一般蚁丘密度20～100个/hm²，高的可达200个/hm²。

多蚁后型：一个蚁巢中有1头以上的蚁后，工蚁的地域性行为不强，攻击性较弱。在发生区域内可产生数量较多的蚁巢，一般400～600个/hm²，甚至超过1000个/hm²。

2）品级

按照红火蚁的形态特征、行为和社会分工，红火蚁可被划分为以下3个基本品级：

有翅雄蚁：雄性专伺交配，成熟后在巢内等待婚飞。一旦在空中婚飞交配结束，随即死亡。

有翅雌蚁和蚁后：有翅雌蚁指发育完全的有翅雌性繁殖蚁，雌蚁的2对翅在婚飞交尾后脱去，即成为蚁后，蚁后寿命6～7年。

工蚁：工蚁是一类不具有生殖能力的雌蚁，无翅，其卵巢部分或完全退化，寿命1～6个月。

工蚁可分为以下几种亚型：小型工蚁、大型工蚁、中型工蚁及微型蚁。在成熟蚁巢中，蚁群由少量的大型工蚁、大量的小型工蚁以及中间型工蚁（个体大小积居于两者之间，此亚型不被认为是一种类型）（图版20J）。另外，微型工蚁是一种特殊的、较小型工蚁小的工蚁类型。微型工蚁是由新建巢蚁后所产下的第1批卵发育而来的，体长小于3mm。

3）蚁群结构及生长发育

蚁后是红火蚁蚁群存活的中心，通过产卵控制蚁群数量和结构，通过释放信息素调控工蚁和有性繁殖蚁的生理及行为活动。蚁后产的卵有3种类型：营养卵为不育的卵，被用于饲喂幼虫；受精卵发育成不育的雌性工蚁或繁殖雌蚁；未受精卵发育成雄蚁。

在微型工蚁幼虫及成蚁产生后，蚁后每天会生产出较大个体的工蚁，蚁丘体积也开始增大。2～3个月，蚁丘增长到宽7～15cm、高3～6cm，巢内有数千只蚂蚁，此时蚁巢才易被发现。

经6个月的生长发育蚁巢成熟并可产生有翅繁殖蚁，1年后才会大量产生。成熟的蚁群每年能产生4000～6000头有翅繁殖蚁。

在最初1天蚁后产下10～20粒卵（图2），6～10天后这批卵孵化成幼蚁。之后，蚁后才开始每天产十几粒卵，其中有营养卵和受精卵。第1批幼蚁靠取食营养卵或蚁后喂哺而发育为成蚁，成为最早和体型最小的工蚁，即"微型工蚁"。微型工蚁只能由筑巢蚁后产生而且是不能被替代的。微型工蚁羽化后便担负起维系整个蚁群的哺育、防御等功能。

初产的卵乳白色，具黏性，常粘连成块。经 7～10 天的胚胎发育，卵孵化成无足的"蛴螬状"幼虫。幼虫被有稀疏弯曲的钩状毛。卵通常与 1 龄、2 龄幼虫黏结成团块。

幼虫有 4 个龄期，其生长发育主要是体积和被毛的增长，体重增长最快时期是 4 龄期。1～3 龄幼虫只取食工蚁交哺喂食的液体食物，而 4 龄幼虫可通过分泌酶和咀嚼口外消化较大颗粒固体食物，工蚁成蚁会将消化成小颗粒的食物转运并饲喂蚁后、有翅繁殖蚁及幼蚁等蚁群成员。

工蚁蛹期 9～16 天，新形成的蛹呈亮白色，形状似成熟工蚁，一般被放在一起，与幼虫分开，蛹成熟时颜色变深。新羽化的成蚁色浅，1～2 天后变深。

各品级的从卵至成虫发育历期相差较大。小型工蚁 20～45 天、大型工蚁 30～60 天、蚁后和雄蚁 80 天。蚁后寿命可达 6～7 年，工蚁寿命可达 1～6 年。由于幼蚁和蛹的适宜生长发育条件略有不同，工蚁常常在蚁巢中搬运幼蚁（包括卵、幼虫和蛹）和蚁后至最适宜温度区域，以满足各品级不同虫态的生长发育要求。

蚁巢中每头工蚁的社会分工是由其年龄、个体大小及蚁巢需求决定的。新羽化的工蚁被称为"育幼蚁"，常与幼蚁和蚁后一起度过几天至几周，其主要职责是饲喂和照料幼蚁和蚁后，转移幼蚁和蚁丘至最适温湿度区域。随着虫龄增加，除继续照料幼蚁和蚁后外，它们的功能逐渐转到蚁巢的维护、清洁及防卫方面。当需要时，它们也会出巢搬运食物。处于该阶段的工蚁被称为"居留蚁"。再年老的工蚁即为"觅食蚁"，其职责出巢外搜寻食物。

交哺行为是成蚁之间或与幼虫之间口对口的食物传递方式。红火蚁食物分液态和固态两种食物，但工蚁只取食液体食物，其搬回蚁巢的多数食物是液态状的。其中，油类食物通常被储存在觅食蚁的嗉囊和后咽腺中，而水溶性的液体只储存在嗉囊里。觅食蚁通过反刍将嗉囊中储存的液体食物饲喂其他工蚁，获得食物的工蚁返回蚁巢，立即将液体食物中的油类慢慢地传送给育幼蚁，然后由育幼蚁再传给幼虫、有翅繁殖蚁及蚁后。4 龄幼虫能取食食物颗粒，并粉碎较大的颗粒，然后进行口外消化蛋白质，因此工蚁觅食到的食物颗粒等固体食物的碎片可直接喂饲 4 龄幼虫。育幼蚁可将 4 龄幼虫磨碎并酶解消化的食物饲喂其他蚂蚁个体。红火蚁蚂蚁个体间的交哺行为对维持蚁群生长发育具有重要的作用。

成熟蚁巢中的蚁群由 20 万～50 万头工蚁成蚁、几百头有翅繁殖性蚁（雌蚁和雄蚁）、1 头（单蚁后型）或多头（多蚁后型）蚁后及幼蚁（卵、幼虫及蛹）组成。其中，蚁后可存活 6～7 年，每天产卵数千粒，绝大部分发育成无生殖能力的工蚁。

4）婚飞与筑巢

成熟蚁巢产生大量的有翅雄蚁和雌蚁，在条件适合时发生婚飞活动，然后在空中交尾，有翅雌蚁落地筑巢。

成熟蚁巢产生的大量繁殖蚁在巢中聚集，一旦气候条件适宜，它们就会爬出巢外婚飞（图 3）。婚飞发生在一年中的任何时候，多发生在春季和秋季。通常，在雨后的 1～2 天，当气温高于 24℃、晴朗无风时，工蚁在蚁巢表面挖掘出直径 6～10mm 的蚁道开口。雄蚁会先爬出起飞或爬到周围植被上再起飞，1h 后有翅雌蚁也爬出并加入婚飞行列。

图 3　飞时蚁丘表面有翅雌蚁、工蚁及待起飞的有翅雌蚁（图左下方）

婚飞交配发生在 90～300m 的高空，可在山顶或高层建筑的上空形成婚飞云。婚飞交尾后，有翅雌蚁通常降落在潮湿地面，有的也会随风降落到离原蚁巢几千米的地方，而有翅雄蚁随后死亡。婚飞是红火蚁自然扩散和传播的途径之一。

落地的雌蚁脱去双翅，迅速寻找适宜筑巢的地方，如树枝、落叶、石块下或裂缝中。然后挖掘垂直的、深 7～20cm 的隧道，然后用泥土将入口封住。蚁巢建在隧道底部，蚁后开始产出第 1 批卵。

5）生态学特性

温度： 红火蚁的觅食活动与温度有密切关系。红火蚁觅食的土壤表面温度为 10～51℃，温度超过 10℃时，工蚁开始觅食，但是只有当气温和土温达 19℃以上，才会出现持续觅食现象。红火蚁觅食活动的温度范围是土壤温度（2cm 深）为 15～43℃，工蚁觅食的最佳温度范围为 22～36℃。

红火蚁的繁殖、婚飞及分布北限也与温度有关。当春天土壤周平均温度（5cm 深处）上升到 10℃以上，红火蚁开始繁殖活动。20℃以上工蚁及繁殖蚁的蛹产生，在22.5℃条件下，蛹可羽化为成蚁。新交尾蚁后要寻找到平均土壤温度在 24℃以上的场所才能成功筑巢。据报道，婚飞的最适的空气温度为 24～32℃。年最低温度 12.5℃是限制红火蚁向北扩散的北限。

湿度： 水是红火蚁蚁群存活不可缺少的条件之一。蚁后常常在池塘、河流、沟渠旁筑巢，容易获得水源和适生环境。在远离水源的区域也会有蚁巢分布，这些蚁群可利用向下挖掘的隧道获取地下水。试验观察，婚飞活动时空气相对湿度均在 80%以上。

天敌及种内竞争： 在婚飞及筑巢过程中，有翅雌蚁或蚁后易被蜻蜓、步甲、蜘蛛或本地蚂蚁等捕食天敌捕捉和取食。在南美红火蚁原产地，寄生蚤蝇和小芽孢真菌是红火蚁不爆发成灾的生物限制因素。此外，婚飞的雌蚁降落在红火蚁入侵地已有蚁巢，通常会受到其他蚁巢工蚁的攻击并被杀死。因此，在红火蚁婚飞繁殖期，约有 99% 的有翅雌蚁或蚁后受到天敌捕食而死亡。

风和洪水：风是影响蚁群短距离扩散的因子之一。据观察，89% 的新蚁群是在下风侧区域内。红火蚁可凭借流动的水流而扩散蔓延。洪水到来，水面上升，红火蚁蚁群可形成"蚁筏（蚁团）"，漂浮在水上并生存数周。洪水一旦退去，蚁群会漂流到堤岸上定居，重新建立蚁巢。这种季节性的洪水泛滥是导致在较大范围内自然扩散的主要途径。

4. 取食习性

红火蚁食性杂，喜食昆虫和其他节肢动物，猎食无脊椎动物、小型或年幼的脊椎动物和植物，还兼腐食性。

在地表活动的红火蚁对土栖动物的为害具有极大浩劫性，而且破坏了土壤生态环境。红火蚁取食作物种子、果实、幼芽、嫩茎与根系，对作物生长与产量造成极大损害。据报道，红火蚁可取食 149 种野生花草种子及 57 种农作物。此外，红火蚁种群增长需要大量糖分，工蚁常取食植物汁液、花蜜或"放牧"蚜虫和介壳虫的蜜露。

红火蚁工蚁觅食或取食活动通常在凉爽季节的白天或炎热季节的傍晚和夜间最活跃。红火蚁蚁群在蚁丘周围有明确的地域范围，包括地下蚁道延伸覆盖的区域。觅食蚁是通过在地表下挖掘的四通八达的蚁道出巢寻找食物的，一个成熟蚁巢的觅食蚁道可从蚁丘向外延伸数米，最远可达几十米，蚁道有通往地面的出口。

5. 发生与危害

截至 2006 年 3 月，全国普查发现广东、广西、福建和湖南 4 省（自治区）16 个地级市发生红火蚁，发生面积 1.3 万 hm²。红火蚁广泛分布在农田、荒坡地、村道、垃圾场、居民区、学校、果园、公园、园林绿化带、草地和高尔夫球场等处，重发区随处可见大量活动的红火蚁及突起的蚁丘。

红火蚁的入侵已对我国农业生产、人畜健康、公共安全和生态环境造成了较重危害。在红火蚁入侵区，人畜被螫咬，影响当地农业生产及人民正常生活。有些地方出现菜田出苗稀疏、稻田弃耕、果园丢荒的现象；据不完全统计，在红火蚁发生区，已有 15 000 多人次被叮螫致伤，200 多人不得不接受专门治疗；有些地方电力、交通等设备和堤坝等设施遭到破坏。据专家估计，在未来 35 年内，如不采取有效防控措施，红火蚁将造成 1280 亿元的经济损失。

红火蚁对人的危害*：由于红火蚁可能在人居住或活动的任何地方筑巢，而且多蚁后型具有庞大的种群数量，因此红火蚁会对人类生活的各方面具有直接或间接的影响。

红火蚁对人造成直接影响之一是它们对人的叮螫和频繁接触所引起。一项调查显示，居住在红火蚁入侵地区的居民中，89% 的人曾经遭受红火蚁的叮螫。低于 1% 的人被红火蚁叮咬后会对其毒蛋白产生过敏反应，过敏反应表现为急性红肿、出汗和呼吸急促等症状，严重者会休克，导致呼吸停止和心脏衰竭。

当人们被叮螫后，毒液注入皮肤时会感觉到阵阵刺痛和火辣辣的灼烧感觉，红火蚁名称便由此而来。几分钟后被叮螫的地方会出现局部红肿。1h 左右，在被叮螫部位出现变红的水疱，感觉刺痒并逐渐加重。10～20h 后开始形成小脓疱，这些脓疱奇痒难忍，极易被挠破和受到感染。脓疱会愈合，但留下瑕斑。注入的大量酸性毒液中的毒蛋白往往会造成被攻击者产生过敏反应，甚至有休克死亡危险。

红火蚁入侵人们居住或生产的环境对生产生活有严重影响。红火蚁可建巢于居室的地毯下、衣橱及阁楼中，它建巢时所携带的大量的泥土，一方面造成清除时的额外负担，另一方面存在电器短路引起火灾的潜在危险。此外，为了避免与红火蚁相遇，人们往往取消日常的户外活动。红火蚁入侵果园、菜地和花生地等农田导致农民被叮蜇并放弃耕种。

红火蚁对动物的危害：红火蚁不仅叮蜇人，而且还叮蜇和伤害宠物、家畜及野生动物。新出生动物易受红火蚁叮蜇和为害。红火蚁受黏液和伤口吸引，极易伤害年幼动物的眼睛及周围，并使其变盲，嘴和鼻周围被叮蜇则会引起红肿和窒息；动物伤口易受红火蚁攻击并加重伤势。

红火蚁会引起家畜和野生动物饥饿或缺水。红火蚁过度捕食生境中的无脊椎动物，成为捕食者中的优势种群，从而造成其他取食同样食物的动物种群受到抑制。由于红火蚁种群数量巨大，在与其他动物争抢食物时，红火蚁具有绝对优势；在旱季水源不足时，在水源地附近如水塘和湖边筑巢的红火蚁会导致动物不敢或不能接近水源，这些均致使其他物种面临饥饿和死亡。红火蚁在牲畜自动饮水系统中大量聚集，致设备不能正常工作，最终导致牲畜脱水死亡。

红火蚁对经济作物的影响：红火蚁能取食植物种子、为害植株，对庭园和农田作物种植产生严重影响。它们不仅毁坏种子，而且钻蛀植株的根和茎而杀死作物。它们还钻蛀水果和蔬菜，咬食幼果引起畸形，降低其品质。红火蚁还因为保护同翅目昆虫，助长植物病毒病的扩散传播。此外，它们还通过捕食人工释放的有益天敌，间接影响生物防治的效果。

红火蚁妨碍作物的种植、收获等农事操作活动。对在田间和花园手工操作的人来讲，红火蚁叮蜇造成健康问题，结果放弃耕作、荒弃果园和菜园。对于农业机械作业来讲，突出地面的并变硬的红火蚁蚁丘会严重妨碍收割机作业，其不得不提升刀片高度，那么作物收获量相应减少。

红火蚁对公共设施的危害：在干旱季节，红火蚁进入园林喷灌系统管道，阻塞水流，堵塞喷淋出口；红火蚁还破坏滴灌管道的出水孔，并在水管上咬出许多孔洞，从而影响市政园林管理工作。在洪水来临时，蚁丘中红火蚁浮出地面，形成大型"蚁筏"随水漂流，遇到堤坝或船只后，"蚁筏"会在地势较高的地方登陆，从而妨碍救援人员抢救洪水受害者；在洪水逼迫下，红火蚁可能进入住房、汽车和其他较干燥的地方筑巢。

红火蚁喜欢在非绝缘的电器设备附近聚集和筑巢。在电线接头、保险丝及开关附近，它们的数量不断聚集，引起短路或干扰电闸的正常关闭。红火蚁经常造成电话交换设备、交通控制箱、变压器、机场指示灯、高速公路测速仪等公共设备故障，从而导致火灾等其他重大公共事件发生。人行道、公路和地基下的空蚁丘也会导致地面下沉或损坏，引起交通事故等。

红火蚁对娱乐和旅游业的影响：红火蚁筑巢及大量活动严重影响公园、草地等公共场所的利用，并影响旅游业发展。在人们徒步旅行的路边、在宿营地和野餐区，由于随意丢弃的食物增多，吸引红火蚁来筑巢，同时为其大量繁殖提供了充足的食物。红火蚁数量的增加，人与红火蚁接触概率也相应增加，娱乐及旅游行业发展受影响。红火蚁大量存在还影响人们野外狩猎和垂钓。

6. 传播与扩散

红火蚁的扩散、传播包括自然扩散和人为传播。

自然扩散主要包括繁殖蚁婚飞、随洪水较远距离携带和蚁巢搬迁，前两种方式扩散的范围较大，而后者仅是在短距离内扩散。其中，红火蚁自然扩散以繁殖蚁的婚飞扩散较为持续和有规律。成熟蚁巢全年都有新的繁殖蚁形成，一旦气候条件适合即可婚飞。有翅雌蚁和有翅雄蚁在高空进行婚飞与交配，雌蚁交尾后可在 3～5km 内降落寻觅筑巢地点，如有风力协助，这种扩散范围可能更远些。随洪水或河水水流传播是无规律的，但其扩散距离较远。此外，在受到干扰或环境不适时，红火蚁有分巢或迁巢现象，蚁巢在较小范围内搬迁。

人为传播主要包括随受红火蚁污染的园艺植物、草皮、建筑垃圾、堆肥、集装箱柜、运输工具等发生的长距离传播。带土园艺植物的频繁调运，有利于红火蚁传播和扩散。在进口种苗、花卉等植物产品时，要求严格检疫，同时要求不能携带泥土，避免带入红火蚁。国内调运的种苗、花卉、草坪、观赏植物等植物带有土壤或栽培基质，有些地方甚至还长途运输堆肥、垃圾废品等，这些贸易活动显著地增强了红火蚁传播的可能性，加快了扩散蔓延速度。掌握红火蚁的人为传播途径对实施检疫、防止红火蚁进一步扩散传播有着十分重要的意义。

综上所述，红火蚁是一种土栖的社会型入侵蚂蚁，其蚁巢隐蔽性强，鉴别普查难度大；种群数量庞大，具多个蚁后且繁殖力强，缺乏有效的本地天敌，而且易随人类生产活动远距离传播，检疫和防控难度极大；对人、农牧业、公共安全及生态安全带来潜在的严重影响。

为了更好地有效延缓红火蚁的进一步扩散蔓延，科学监测发生扩散范围及评价防控效果，有效地根除新疫点，可持续地大面积控制其发生为害，从而降低红火蚁对我国经济、社会及生态的危害，因此，撰写制定红火蚁检验检疫技术、调查监测技术、应急控制技术和综合治理技术及应急防控预案，为我国红火蚁防控提供可操作的技术指南。

备注：

*入侵红火蚁叮咬后处理：

（1）先冰敷处理被叮咬的部位，并用肥皂与清水清洗被叮咬的患部。

（2）请在医生诊断指示下使用含类固醇的外敷药膏或是口服抗组织胺药剂来缓解瘙痒与肿胀的症状。

（3）被叮咬后尽量避免将脓疱弄破，避免伤口的二次感染。

（4）若是有过敏病史或叮咬后有较剧烈的反应，如全身性瘙痒、荨麻疹、脸部燥红肿胀、呼吸困难、胸痛、心跳加快等症状或其他特殊生理反应时，必须尽快至医疗院所就医。

图版 20

图版说明

A. 火红蚁工蚁侧面扫描电镜照，箭头示胸腹连接处的 2 个腹柄结，第一结节呈扁锥状，第二结节呈圆锥状

B. 侧面放大照，箭头所示见图 A 说明

C. 工蚁腹部末端有螯刺

D. 头部，触角鞭节端部两节膨大呈棒状

E. 图 D 局部放大图，头部唇基有两侧齿（黑箭头）；内缘中央有三角形小齿（白箭头），基部上着生刚毛 1 根；上颚发达，内缘有数个小齿（红箭头）

F. 生活史

G. 蛹

H. 将羽化的蛹

I. 成虫工蚁

J. 蚁后（右一）、有翅雌蚁（右二）及多态型工蚁

K. 红火蚁工蚁从巢内涌出并发动攻击

L. 将攻击时，工蚁翘腹并摆动螯刺，螯刺末端毒液可见

M. 受到叮咬后产生的脓疱及伤痕

N. 受叮咬后产生的早期伤痕

O. 受叮咬后产生的伤痕后期脓疱

P. 蚁巢内的蜂巢结构

Q. 成熟蚁丘

图片来源及作者

A. Freder Medina. 下载自 Arthropods Image Salon. Department of Entomology, Texas A&M University. USA.（图片地址 http://insects. tamu. edu/salon/2007/entrants _ originals/medina _ freder /fmedina2. jpg,最后访问日期:2009-12-8）

B. Ken Walker（澳大利亚墨尔本维多利亚博物馆）. Pest and Diseases Image Library, Bugwood. org. UGA 5314042（http://www. forestryimages. org/browse/detail. cfm?imgnum= 5314042，最后访问日期 2009-12-08）

C. 作者引自 www. fireant-tw. org

D，E. April Noble, Antweb. org, Bugwood. org. UGA 2121037（http://www. forestryimages. org/ browse/detail. cfm?imgnum=2121037，最后访问日期 2009-12-08）

F~H,N，O. USDA APHIS PPQ Archive, USDA APHIS PPQ, Bugwood. org.

F. UGA 1148019（http://www. forestryimages. org/browse/detail. cfm?imgnum=1148019，最后访问日期 2009-12-08）

G. UGA 1148025（http://www. forestryimages. org/browse/detail. cfm? imgnum= 1148025，最后访问日期 2009-12-08）

H. UGA 1148023（http://www. forestryimages. org/browse/detail. cfm? imgnum= 1148023，最后访问日期 2009-12-08）

N. UGA 1148040（http://www. forestryimages. org/browse/detail. cfm? imgnum= 1148040，最后访问日期 2009-12-08）

O. UGA 1148031（http://www. forestryimages. org/browse/detail. cfm? imgnum= 1148031，最后访问日期 2009-12-08）

K，M，P，Q. 由作者提供

I，L. Alex Wild. http：//www.myrmecos.net

I. http：//www.myrmecos.net/myrmicinae/SolGem3.html，最后访问日期 2009-12-08

L. http：//www.myrmecos.net/myrmicinae/SolInv1.html，最后访问日期 2009-12-08

二、红火蚁检验检疫技术规范

1. 范围

本规范规定了红火蚁的检疫检验及检疫处理操作办法。

本规范适用于农业植物检疫机构对红火蚁活体及可能携带其蚁后、幼蚁及成蚁的载体、交通工具的检疫检验和检疫处理。

2. 产地检疫

（1）在红火蚁发生地区，认真普查花卉、苗木种植场、草坪种植区、货运码头、货场等地点，并对途经红火蚁发生地区的主要交通干线两旁 50m 内地区进行地毯式调查，彻底清除蚁巢，诱杀红火蚁。

（2）发现疫情后，应立即报告给当地农业检疫部门和外来入侵生物管理部门。

3. 调运检疫

（1）对发生区内苗木、草坪生产企业进行摸底调查，对有大宗产品外运的生产单位由专人负责做好产地检疫工作，同时对生产场地、货运交通工具进行灭杀处理，并在装车前实施检查，防止红火蚁随货物传出。

（2）对从发生区外运的物品、货柜、运输工具、园艺农耕机具设备等进行严格检查，重点检查货物包装是否携带红火蚁，运输工具、货柜底部是否藏匿红火蚁。如发现红火蚁，需及时处理，防止其随货物外运。

（3）对发生区内的大型停车场进行清理和灭蚁处理。

（4）禁止发生区内的生活垃圾、建筑垃圾、堆肥外运，对带泥土的苗木、花卉、草皮等植物产品进行严格检疫方可外运。

（5）加强流经发生区的江河堤岸的红火蚁巡查，彻底铲除沿岸堤坝上红火蚁蚁巢，防止随水流传播。

4. 检验及鉴定

（1）样本采集与寄送。在调查中发现地面上拱形蚁丘，惊扰后蚁丘涌出大量个体大小不一蚂蚁，蚂蚁叮螫巢旁任何东西，挖开的蚁丘内有蜂巢状结构，可以初步判断这种蚂蚁是红火蚁。然后，用镊子、小木棍等挑取 20～30 头蚂蚁放入 75％酒精瓶中，标明采集时间、采集地点及采集人。将每点采集的可疑标本集中于一个标本瓶中，然后按照下面步骤进行鉴定，或送外来物种管理部门指定的专家进行鉴定。利用蚂蚁叮螫东西的习性，用工具采集蚂蚁样本，而且取样时动作要迅速，切勿被蚂蚁叮咬。

（2）根据以下特征，鉴定是否属蚁科：体小，黑色、褐色、黄色或红色。体光滑或有毛。触角膝状，4～13节，柄节很长，末端2节、3节膨大。腹部第1节或第1、第2节呈结状。有翅或无翅。前足的距大，梳状，为净角器（清理触角用）。为多态型的社会昆虫。

（3）根据以下特征，鉴定是否属蚁科切叶蚁亚科（Myrmicinae）：各品级腹柄结均由2节组成。

（4）根据以下特征，鉴定是否属火蚁属：触角10节，触角棒由鞭节末端2节组成，后胸背板无刺或齿。

（5）在体视解剖镜下检查。根据以下特征，鉴定是否为红火蚁。前胸背板前侧角圆，通常无突起；背板后面部分中部平或凸起，无刺或齿；头部黄色，至少在上颚基和唇基附近如此，有深色额中斑；额下方连接的唇基明显，两侧各有齿1个，唇基内缘中央具三角形小齿1个，齿基部上着生刚毛1根（附录A）；后腹柄结后面观长方形，顶部光亮，下面2/3或更大部分着生横纹与刻点。与近缘种的形态比较见附录B、附录C。

5. 检疫处理及通报

在调运检疫或复查中，对从红火蚁发生区调运出的已污染红火蚁的货物、包装物、运输工具等应销毁。

产地检疫中发现带土的苗木、花卉、草皮等植物产品或包装物，应根据实际情况，启动应急预案，立即进行应急处理。疫情确定后一周内应将疫情通报给植物和植物产品调运目的地的农业入侵生物管理部门和农业植物检疫部门，以加强目标的监测力度。

备注：

＊药剂处理：选取阿维菌素、氯氰菊酯、联苯菊酯、七氟菊酯、氟虫腈、毒死蜱等药剂，进行喷雾、浸液或灌巢等处理方法。对交通工具、货柜等可喷施上述药剂或熏蒸进行处理。

附录A　红火蚁主要特征

附图1　蚁亚科分类特征：各品级腹柄结均由2节组成

附图2　红火蚁工蚁头部主要特征：触角10节，触角棒由鞭节末端2节组成；唇基明显，两侧各有齿1个，唇基内缘中央具三角形小齿1个，齿基部上着生刚毛1根（David Almquist，University of Florida）

附录 B 红火蚁及其重要近缘种的检索表

依据 Trager（1991）几种火蚁检索表，同时参考其他有关文献，列出红火蚁及其重要近缘种的检索表：

1 唇基中齿缺如，罕见不明显的小齿 ·· 2
  唇基有明显的中齿 ··· 4

2 头部前面观两侧近于平行；头顶中间明显下凹，有带横纹的纵沟伸向额部；并胸腹节背面和其后斜面两侧具脊状突起 ································ 热带火蚁 S. geminata
  头部前面观上宽下窄；头顶中间纵沟浅，不带横纹；并胸腹节背面和其后斜面两侧无脊状突起，至多在背面和其后斜面交接处有短脊或突起 ······················· 3

3 较大个体头宽在 1.5mm 以上，最大工蚁的并胸腹节背面和其后斜面的交界处两侧有一对短的纵脊或不规则形状突起 ·············· 热带火蚁与木火蚁杂交种 S. geminata×S. xyloni
  最大个体头宽不超过 1.48mm，并胸腹节无背侧脊 ······················ 木火蚁 S. xyloni

4 前胸背板前侧角呈角状，常有明显的突起；背板后面部分中部通常下凹；头部黑褐色；上颚通常黄褐色；额无深色中斑，或极少能与周围区域分开；柄后腹第 1 背板有明显的黄褐色斑 ··············
  ·· 黑火蚁 S. richteri
  前胸背板前侧角圆，通常无突起；背板后面部分中部平或凸起；头部黄色，至少在上颚基和唇基附近如此 ··· 5

5 无深色额中斑；后腹柄结后面观上半或 2/3 部分光亮或稍呈纹状，下半或 1/3 部分着生横纹与刻点 ·· 巴西火蚁 S. saevissima
  有深色额中斑；后腹柄结后面观长方形，顶部光亮，下面 2/3 或更大部分着生横纹与刻点 ········
  ·· 红火蚁 S. invicta

附录 C 红火蚁及其重要近似种的部分特征（仿 Trager）

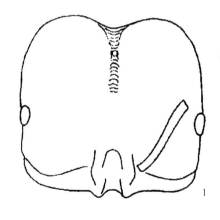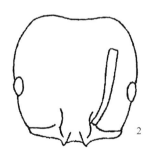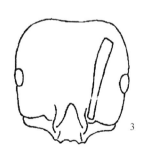

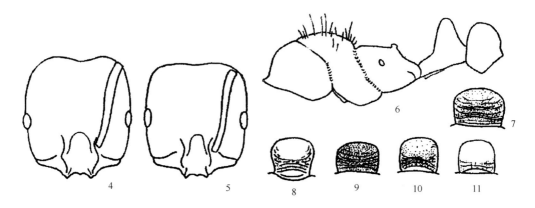

1～5. 头部前面观；6. 并腹胸和腹柄结侧面观；7～11. 后腹柄结后面观；1，7. 热带火蚁（*S. geminata*）；2，8. 木火蚁（*S. xyloni*）；3，9. 红火蚁（*S. invicta*）；4，10. 黑火蚁（*S. richteri*）；5，11. 巴西火蚁（*S. saevissima*）；6. 热带火蚁与木火蚁杂交种（*S. geminata × S. xyloni*）

备注：

　　＊红火蚁在 1972 年被正式命名，但早在 20 世纪初在南美已受到注意，被记录在 *S. saevissima* 名下。在 20 世纪三四十年代，红火蚁和后来被同时正式命名的黑火蚁 *S. richteri* Forel 被带入美国。直至 60 年代，人们才清醒地认识到入侵的火蚁其实有两种类型。1972 年，William F. Buren 对有关的火蚁进行了分类研究，红火蚁作为新种发表，黑火蚁也被赋予了种级地位。红火蚁的拉丁名意指"无敌的"（invincible）蚂蚁，因难以防治而得名。其通用名为红火蚁，则指被其螫伤后会出现火灼感。几年后，Wojcik 等对佛罗里达州的火蚁进行了研究，并制订了热带火蚁 *S. geminata*（F.）、木火蚁 *S. xyloni* MacCook 和红火蚁的鉴别检索表。

＊＊在我国红火蚁发生区现在只发现了热带火蚁和红火蚁，因此根据唇基内缘有无明显中齿、齿基部上是否着生刚毛就可区分这两个近缘种。

三、红火蚁调查监测技术规范

1. 范围

　　本规范规定了对红火蚁进行调查监测的内容、方法及调查人员要求、调查上报程序。

　　本规范适合于红火蚁发生与分布的调查与监测。

2. 调查

　　1）访问调查

　　向当地居民询问有关红火蚁发生地点、发生时间、危害情况，分析红火蚁传播扩散情况及其来源。每个社区或行政村询问调查 30 人以上。对询问过程发现的红火蚁可疑存在地区，进行深入重点调查。

2）实地调查

（1）调查地域。

重点调查杂草丛生的荒地、农田田埂、近水源的地方、堤坝、公路边、村道、草坪、绿地以及庭院附近的垃圾堆、公园、学校等场所。

（2）调查方法。

在每个行政村或社区不同类型调查地块不少于 10 个，每块样地面积不小于 $50m^2$，用 GPS 仪测量样地的经度、纬度、海拔，记录调查样地的地理信息、生境类型。

观察有无红火蚁蚁丘或沙堆状的蚁巢，记录蚁丘或蚁巢的发生区域、发生范围、蚁巢密度及其直径和高度，用工具剖开蚁巢，观察其内部结构，并观察蚂蚁是否迅速出巢，是否有很强的攻击行为。

（3）发生面积和发生密度计算方法。

①发生面积计算方法。发生于农田、果园、湿地、林地等生态系统内的红火蚁，其发生面积以蚁巢所在地块的面积累计计算，或以划定包含所有发生点的区域面积进行计算；发生于路边、房前屋后、绿化带等地点的红火蚁，发生面积以实际发生面积累计获得或持 GPS 仪沿分布边界走完一个闭合轨迹后，围测面积；发生在山上的面积以持 GPS 仪沿分布边界走完一个闭合轨迹后，围测的面积为准，如山高坡陡，无法持 GPS 仪走完一个闭合轨迹的，也可采用目测法估计发生面积。

②发生密度计算方法。调查计数发生区内的有效蚁丘（受到惊扰后 10s 内有工蚁涌出的蚁丘即为有效蚁巢），然后计算单位面积红火蚁有效蚁丘数量，即为发生密度。

（4）发生程度划分。

按单位面积内蚁丘数量确定发生程度，适用于农田、林地、苗木场、公园等生境。具体等级按以下标准划分。

等级 1：无发生，$100m^2$ 有效蚁丘数为 0 个；

等级 2：轻微发生，$100m^2$ 有效蚁丘数为 1～5 个；

等级 3：中度发生，$100m^2$ 有效蚁丘数为 6～10 个；

等级 4：中偏重发生，$100m^2$ 有效蚁丘数为 11～15 个；

等级 5：严重发生，$100m^2$ 有效蚁丘数超过 16 个。

3. 监测

1）监测区的划定

发生点：距最外围蚁巢 100m 以内的范围划定为一个发生点（两个距离在 400m 以内蚁巢为同一发生点）；划定发生点若遇河流和公路，应以河流和公路为界，其他可根据当地具体情况作适当的调整。

发生区：发生点所在的行政村（居民委员会）区域划定为发生区范围；发生点跨越多个行政村（居民委员会）的，将所有跨越的行政村（居民委员会）划为同一发生区。

监测区：发生区外围 8000m 的范围划定为监测区；在划定边界时若遇到水面宽度大于 8000m 的湖泊和水库，以湖泊或水库的内边缘为界。

2）监测方法

根据红火蚁的传播扩散特点和筑巢习性，在监测区的每个村庄、社区、街道、河流两侧湿润地带及公路两侧绿地等生境设置不少于 5 个固定监测点，每个监测点选 50m² 以上面积，悬挂明显监测点牌，每半个月监测 1 次。

（1）诱饵。

利用红火蚁喜食的火腿肠或蜂蜜作为饵料。将火腿肠切成厚 2～3mm 的片，并装入直径 1.5cm、长 8cm 有盖塑料离心管中部或其他透明器皿中，或将蜂蜜少许滴入离心管中。放置时注意使离心管口紧贴地表，30～60min 后回收。收集时轻敲管壁，并快速将离心管盖紧，编号后带回实验室，放入冰箱将蚂蚁冻死。鉴定蚂蚁种类并记录数量。

（2）诱饵放置。

每个村庄或社区各类型地块诱饵放置点不少于 5 个。选择红火蚁觅食活跃的、温度在 20℃以上的时段进行监测。每点面积达 50m² 以上，放 5 个诱集管，间距 5m 以上，随机或直线排列。

（3）跟踪观察。

每次收集完后更换诱饵，每半个月监测 1 次（如遇雨，重新诱集）。对诱集到的蚂蚁进行形态观察，如发现疑似红火蚁，则对调查区内蚁巢及蚂蚁的攻击行为和蚁丘内部结构等跟踪调查。如发现蚁丘，随即采集巢内蚂蚁作为样本。

4. 样本采集与寄送

在调查中如发现可疑蚂蚁，将可疑蚂蚁用 70％酒精浸泡，标明采集时间和采集地点和采集人。将每点采集的蚂蚁集中于一个标本瓶或标本中，采集可疑蚂蚁标本数量 20 只以上。将样本送外来物种管理部门指定的专家进行鉴定。

5. 调查人员的要求

要求调查人员为经过培训的植物保护技术人员，掌握红火蚁的形态学、行为学及蚁巢等主要识别特征、危害症状以及红火蚁的调查监测方法和手段等。

6. 结果处理

调查监测中，一旦发现红火蚁，严格实行报告制度，必须于 24h 内逐级上报，每 15 天逐级向上级政府和有关部门报告有关调查监测情况。

四、红火蚁应急控制技术规范

1. 范围

本规范规定了红火蚁新发、爆发等生物入侵突发事件发生后的应急控制操作方法。

本规范适用于各级外来入侵生物管理机构和农业技术部门在生物入侵突发事件发生时的应急处置。

2. 应急控制方法

根据红火蚁发生和为害的特点，可采取环境治理与化学药剂防治相结合进行防除扑灭。

1）清理环境、铲除红火蚁滋生地

（1）住宅区。

搞好室内清洁卫生，经常清理居室住房地面和墙角堆放的杂物或食物，清除垃圾和食物残渣，尽量减少适宜红火蚁生存和为害的环境。清理房屋附近的杂物，铲除杂草并疏导排水设施。

（2）荒坡地。

对于蚁巢密度较大、杂草丛生且不易处理的荒坡地，可先施用除草剂，待杂草干枯后露出蚁丘，再采用药剂防治。蚁巢密度较小的荒坡地，查到蚁巢后，对蚁丘及其周围的杂草喷施除草剂，再采用药剂防治。

（3）农田和旱作地。

清除农田和旱地周围的杂草、灌木和堆肥，阻断通向农田的蚁道。

（4）园林绿化带。

及时清除枯枝落叶和垃圾。

（5）垃圾处理。

彻底清理发生区内垃圾及垃圾回收点，采取农药处理或高温堆沤等方法就地处理垃圾，禁止外运，以防传播。注意不要在野外和住宅区随便抛弃和堆放垃圾废品。

2）化学药剂防治

采用分步施药、最终扑灭的方式进行防治。首先在蚁丘附近投放饵剂，2～4周后再对蚁巢进行药剂灌巢或单蚁巢直接处理。防治后要进行持续监测，发现红火蚁再根据实际情况反复使用诱饵和药剂处理，直至连续9个月不再发现红火蚁为止。

（1）饵剂毒杀。

红火蚁个体间存在食物交哺传递，利用饵剂可杀死包括蚁后在内的全部个体。

①饵剂。饵剂有商品，也可简单配制。常用饵剂的种类浓度及用量见表1。可采用饼干或面包碎末等为载体，将药剂溶于豆油等植物油中，与载体以3:7混合，制成饵剂。

表1　红火蚁防治饵剂种类、浓度及用量

通用名	浓度/%	药剂用量/(g/hm²)(制剂量)	作用速度	控制周期	适用地点
氟蚁腙	0.73	1125～1680	2～4 周	6～12 个月	草坪、花卉
蚁蝇醚	0.5	1125～1680	2～4 个月	6～18 个月	草坪、花卉
苯氧威	1.0	1125～1680	2～6 个月	6～18 个月	草坪、花卉及部分农田
烯虫酯	0.5	1125～1680	2～6 个月	6～18 个月	草坪、花卉及农田

通用名	浓度/%	药剂用量/(g/hm²)(制剂量)	作用速度	控制周期	适用地点
阿维菌素	0.011	1125~1680	2~6 个月	6~18 个月	草坪、花卉及部分农田
氟虫腈	0.000 15	4500~6720	2~4 周	6~18 个月	草坪、花卉
多杀菌素	0.015	4500~6720	2~4 周	6~12 个月	草坪、花卉及单蚁巢处理
茚虫威	0.045	3375	3d~2 周	6~18 个月	草坪、花卉及部分农田

注：数据引自 http://texaserc.tamu.edu。表中药剂施用量是依每 1/15hm² 平均蚁巢数 25 个计算的，因此药剂用量可依蚁巢数增加或降低。目前在我国红火蚁应急防控饵剂均在应急登记阶段，而且有效期仅 1 年。因此，本规范参照美国研究及应用实际给出单位面积的有效成分用量，仅供我国红火蚁应急防控及综合治理药剂施用参考。

②施用方法。选择红火蚁活动较活跃时段（温度 20~30℃）大面积撒播投放，也可用于饵剂单蚁巢处理。撒放量 1~1.5g/10m²，在距蚁丘 1.0~1.5m 范围内撒施。第 1 次投放后 4~5 周再撒 1 次为宜。

（2）单蚁巢处理。

①化学药剂。建议使用药剂：毒死蜱、氯氰菊酯、阿维菌素、吡虫啉、多杀菌素、氟虫腈、胺甲萘、溴氰菊酯等。以上药剂使用浓度按照商品的使用说明配制。

②使用方法。将上述药剂的液剂或可湿性粉剂兑水。灌巢药液量至少是蚁巢体积的 2 倍以上，对较大的蚁巢适当增加药液量。药液灌巢时，先用药液淋湿软化蚁丘表面，然后在约 1m 高处用药液向蚁丘浇灌，最后用 1/4 药液从更高处向蚁丘内倾倒。

3. 注意事项

1）饵剂毒杀

不要破坏蚁丘和扰动蚁巢，防止红火蚁蚁巢搬迁扩散。当日平均温度高于 20℃时，饵剂防治效果较好。使用新鲜饵剂，切忌将饵剂与其他农药、化肥混合施用。勿在下雨天施药，施饵剂于干燥地面，尽量避免阳光直射。在施药区插明显的警示牌，避免造成人、畜中毒或其他意外发生。

2）灌巢处理

施药前勿惊扰蚁丘，灌巢后还可在蚁丘周围浇洒少量药液杀死逃逸的蚂蚁；灌巢药液量要充足。

3）公共场所

在住宅区、公共场所、建筑物、学校和工厂等地方防控，建议使用阿维菌素、多杀菌素和氯氰菊酯、溴氰菊酯等药剂，施药防除方法可参照卫生害虫施用方法。在城市园林绿化带灭蚁要注意尽量减少对行人的影响；在公园、广场和高尔夫球场等人流较密集的地方要使用较安全的药剂，在其他人流较少的地方也可使用氟虫腈、吡虫啉等。在居室内施药后，应打开窗户通风。

4) 水田、旱作地、果园和荒坡地

建议使用上述药剂其中一种，但注意对蜜蜂的影响。

5) 在水体及附近地区

在河流、水库和鱼塘附近地区应注意安全用药，禁用阿维菌素、菊酯类、氟虫腈等，防止污染水源，并避免对鱼、虾等造成杀伤。

4. 防治效果检查与监测

1) 防治效果检查

在饵剂毒杀 2～4 周后，调查有效蚁丘数量。如发现巢内仍有工蚁活动，应进行药剂灌巢处理，或再撒放饵剂防除。

2) 防治效果检测

使用药剂处理 4 周后，在防治区域或监测区内，根据"红火蚁调查监测技术规范"一节中的方法进行防治后监测，直至连续 9 个月不再发现红火蚁才停止用药。

五、红火蚁综合治理技术规范

1. 范围

本规范规定了红火蚁发生后的综合治理技术操作方法。

本规范适用于各级外来入侵生物管理机构和农业技术部门在红火蚁入侵发生后的防控。

2. 专项防治措施

1) 化学防治

(1) 使用 0.73％氟蚁腙饵剂，地面撒播每公顷用量 0.075～0.112kg，可在 2～4 周杀灭红火蚁，持效期达 6～12 个月。可在任何时间使用，秋天使用效果最佳，可用于牧场、草坪、跑马场和非农业用地的红火蚁防治。

(2) 使用 0.5％蚁蝇醚饵剂，每公顷撒播量 1125～1680g，在 2～4 个月杀灭红火蚁，持效期达 6～18 个月。施用时间在晚春至早秋季节。

(3) 使用 1.0％苯氧威饵剂，每公顷撒播量 1125～1680g，在 2～6 个月杀灭红火蚁，持效期达 6～18 个月。施用时间在晚春至早秋季节。

(4) 使用 0.5％烯虫脂饵剂，每公顷撒播量 1125～1680g，在 2～6 个月杀灭红火蚁，持效期达 6～18 个月。施用时间在晚春至早秋季节。

(5) 使用 0.011％阿维菌素饵剂，每公顷撒播量 1125～1680g，在 2～6 个月红火蚁开始死亡，持效期达 6～18 个月。施用时间在晚春至早秋季节。用于草地和观赏植物种植环境中红火蚁防治。

（6）使用 0.000 15％氟虫腈饵剂，每公顷撒播量 4500～6720g，在 2～4 周红火蚁开始死亡，6～8 周蚁巢死亡率达 80％，持效期达 6～18 个月。施用时间可在任何季节。该化合物既可混配成饵剂，又可作为触杀性颗粒剂，具有双重作用方式，而大多数红火蚁饵剂的化学农药仅有胃毒作用。其颗粒剂可被混到盆栽土壤用于处理集装箱运输的苗木。

（7）使用 0.015％多杀菌素饵剂，每公顷撒播量 4500～6720g，在 2～4 周红火蚁开始死亡，持效期达 6～12 个月。施用时间可在任何时间，但秋天防效最好，在春天使用时防治效果不稳定。

（8）使用 0.045％茚虫威饵剂，每公顷撒播量 3375g，4 天后可见效，在 2～4 周红火蚁开始死亡，持效期达 4～6 个月。也可用于单蚁巢处理，每蚁巢 60g，施用时间可在夏天和秋天。

（9）使用 50g/L 氟虫腈悬浮剂，兑水配制成 2000～2500 倍液灌巢。7 天后可彻底杀死巢内全部蚂蚁。施用时注意药液量要充足，而且灌药前惊扰蚁巢。

（10）使用菊酯类液剂，兑水 2000～3000 倍液灌巢，3 天可杀死巢内大部分蚂蚁。药剂即效性好，但持效性差。

（11）使用 750g/L 乙酰甲胺磷水剂，兑水配制成 1500～2000 倍液灌巢。7 天后可彻底杀死巢内全部蚂蚁。施用时注意药液量要足，而且灌药前惊扰蚁巢。

（12）使用毒死蜱水剂（每巢 6.75g 有效成分），兑水配制成 1000～1500 倍液灌巢。7 天后可杀死巢内全部蚂蚁。

（13）本规范中饵剂使用量均为饵剂制剂的量，非有效成分量。

2）沸水处理

将加热到 80～100℃的沸水灌巢处理，每巢用量达 10～15L，能杀死巢内 80％的蚂蚁。沸水处理适合庭院、花园中零星发生的蚁巢防控，对环境无污染。

3）清理环境、铲除红火蚁滋生地

清理居住区室内外杂物及食物残渣，尽量减少适宜红火蚁生存和为害的环境。对于蚁巢密度较大、杂草丛生且不易处理的荒坡地，可先施用除草剂。清除农田和旱地周围的杂草、灌木，阻断通向农田的蚁道。及时清除园林绿化带枯枝落叶和垃圾。彻底清理发生区内垃圾及垃圾回收点，采取农药处理或高温堆沤等方法就地处理垃圾，禁止外运，以防传播。注意不要在野外和住宅区随便抛弃和堆放垃圾废品。

4）生境改造及本地蚂蚁保护利用

红火蚁是一种喜温昆虫，在绿化地树木郁闭度较高时，其会迁出荫蔽处。因此，通过增加公路旁种植树冠大的植物，可增加绿化树林郁闭度，可减少红火蚁发生密度。在红火蚁为害严重的绿化地，密植树木，营造不利于红火蚁生存的生境，从而抑制红火蚁种群发展，为其他蚂蚁种群获得更多生态空间创造条件。

5）利用天敌昆虫

有条件的地方可利用释放人工培养的专一性强的蚤蝇防治红火蚁，可限制其获取食物资源，从而限制其种群发展。

6）利用病原微生物

有条件的地方可利用人工大量繁殖的球孢白僵菌、绿僵菌和火蚁微孢子虫等可有效地持续控制红火蚁种群的发展。

3. 综合防控措施

红火蚁是一种杂食性昆虫，可在多种环境下生存，尤其适宜在人为活动较频繁的地方。根据红火蚁发生和为害的特点，可采取环境治理与化学药剂防治相结合的方法进行防除扑灭。

1）单蚁巢处理与本地蚂蚁保护

无论是单个蚁巢的灌巢处理或饵剂点播处理，均能降低红火蚁种群数量，降低药剂与其他本地蚂蚁的伤害，从而有效地增加本地蚂蚁对红火蚁的自然抵御作用。

2）不同生境中红火蚁的综合防治

按照红火蚁危害严重程度及生境状况，采取相应的综合防治措施。

（1）住宅区。

搞好室内外清洁卫生，化学防治"两步法"（饵剂撒播和单蚁巢处理），或者在红火蚁轻度发生区，采用沸水处理蚁巢。

（2）荒坡地。

对于蚁巢密度较大、杂草丛生且不易处理的荒坡地，可先喷施除草剂，再采用单蚁巢处理，或者直接多次撒播饵剂。蚁巢密度较小的荒坡地，排查蚁巢后，对蚁丘及其周围的杂草喷施除草剂，再采用单蚁巢处理。

（3）农田和旱作地。

清除农田和旱地周围的杂草，然后采取单蚁巢的饵剂或灌巢处理。

（4）园林绿化带。

及时清除枯枝落叶和垃圾，然后选择饵剂单蚁巢处理，并结合树木密植，逐渐压低红火蚁种群数量。

（5）垃圾处理。

彻底清理发生区内垃圾及垃圾回收点，采取高度触杀性农药喷施处理或高温堆沤等方法就地处理垃圾，禁止外运，以防传播。

主要参考文献

陈乃中，施宗伟，张生芳. 2005. 红火蚁的发生及有关检疫的研究与实践. 植物检疫，19（2）：90～93

黄德昌，周泳成，邹慧娟. 2001. 台湾入侵红火蚁之发生与防治. 入侵红火蚁防治技术研讨会专刊，1～13

刘杰，吕利华，陈焕瑜等. 2006. 灌巢对红火蚁的防效评价及对蚂蚁群落的影响. 广东省农业科学，5：24～27

刘杰，吕利华，冯夏等. 2006. 美国红火蚁防治饵剂的研制应用与启示. 广东省农业科学，5：13～17

吕利华，何余容，刘杰等译. 2006. 红火蚁的入侵、扩散、生物学及其危害. 广东省农业科学，5：3～12

曾玲，陆永跃，陈忠南等. 2005. 红火蚁监测与防治. 广州：广东科学技术出版社

曾玲，陆永跃，何晓芳等. 2005. 入侵中国内地的红火蚁的鉴定及发生危害调查. 昆虫知识，42（2）：44～48

张润志，任立，刘宁. 2005. 严防危险性害虫红火蚁入侵. 昆虫知识，42（1）：6～10

Barr C L. 2005. Broadcast baits for fire ant control [EB/OL]. Texas：AgriLife Extension Service. https://agrilife-bookstore. org/publications _ details. cfm?whichpublication＝1190。2009-02-03

Callcott A M A. 2001. Rang expansion of the imported fire ant-1918-2001. In：Diffie S K. Annual Imported Fire Ant Research Conference. Athens，Georgia

Natrass R，Vanderwoude C. 2001. A preliminary investigation of fire ants in Brisbane. Ecological Management ＆ Restoration，2：220～223

Pascoe A. 2001. Turning up the heat on fire ants. Biosecuity，32：6

Taber S W. 2000. Fire Ants. Texa A ＆ M University Press，College Station，Texa. 308

Trager J C. 1991. A revision of the fire ants，solenopsis geminata group（Hymenoptera：Formicidae：Myrmicinae）. Journal of the New York Entomological Society，99（2）：141～198

Vinson S B. Invasion of the red imported fire ant（Hymenoptera：Formicidae）spread，biology，and impact. American Entomologist，43（1）：23～29

Wojcik D P，Allen C R，Brenner R J et al. 2001. Red imported fire ants：impact on biodiversity. American Entomologist，47（1）：16～23

六、红火蚁防控应急预案(样本)

1. 红火蚁危害情况的确认、报告与分级

1）确认

疑似红火蚁发生地的农业主管部门在24h内将采集到的蚂蚁标本送到上级农业行政主部门所属的植物检疫机构，由省级植物检疫机构指定的专门科研机构鉴定，省级植物检疫机构根据专家鉴定报告，报请农业部确认。

2）报告

确认本地区发生红火蚁后，当地农业行政主管部门应在24h内向同级人民政府和上级农业行政主管部门报告，并迅速组织对本地区进行普查，及时查清发生和分布情况。省农业行政主管部门应在24h内将红火蚁发生情况上报省人民政府和农业部，同时抄送省级林业部门和出入境检验检疫部门。

3）分级

一级危害：在省（直辖市、自治区）所辖的2个或2个以上地级市（区）发生红火蚁危害的。

二级危害：在1个地级市辖的2个或2个以上县（市、区）发生红火蚁危害；或者在1个县（市、区）范围内发生红火蚁危害程度严重的。

三级危害：在1个县（市、区）范围内发生红火蚁危害。

出现以上一至三级程度危害时，启动本预案。

2. 应急响应

各级人民政府按分级管理、分级响应、属地管理的原则，根据农业部植物检疫机构的确认、红火蚁危害范围及程度，一级危害启动一级响应，二级危害启动二级响应，三级危害启动三级响应。

1）一级响应

省级人民政府成立红火蚁防控工作领导小组，迅速组织协调各省、市（直辖市）人民政府及部级相关部门开展红火蚁防控工作，并报告农业行政主管部门；农业主管部门要迅速组织对全省（直辖市、自治区）内红火蚁发生情况进行调查评估，制定防控工作方案，组织农业行政及技术人员采取防控措施，并及时将红火蚁发生情况、防控工作方案及其执行情况报省级人民政府和农业部；省级其他相关部门密切配合做好红火蚁防控工作；财政部门根据红火蚁危害严重程度在技术、人员、物资、资金等方面对红火蚁发生地给予紧急支持，必要时，请求上级部门给予相应援助。

2）二级响应

地级以上市人民政府立即成立红火蚁防控工作领导小组，迅速组织协调各县（市、区）人民政府及市相关部门开展红火蚁防控工作，并由本级人民政府报省人民政府；市级农业行政主管部门要迅速组织对本市红火蚁发生情况进行全面调查评估，制定防控工作方案，组织农业行政及技术人员采取防控措施，并及时将红火蚁发生情况、防控工作方案及其执行情况报省级农业行政主管部门；市级其他相关部门密切配合做好红火蚁防控工作；省级农业行政主管部门加强督促指导，并组织查清本省红火蚁发生情况；省人民政府根据红火蚁危害严重程度和市级人民政府的请求，在技术、人员、物资、资金等方面对发生红火蚁地区给予紧急援助支持。

3）三级响应

县级人民政府立即成立红火蚁防控工作领导小组，迅速组织协调各乡镇政府及县相关部门开展红火蚁防控工作，并由本级人民政府报告上一级人民政府；县级农业行政主管部门要迅速组织对红火蚁发生情况进行全面调查评估，制定防控工作方案，组织农业行政及技术人员采取防控措施，并及时将红火蚁发生情况、防控工作方案及其执行情况报市级农业行政主管部门；县级其他相关部门密切配合做好红火蚁防控工作；市级农业行政主管部门加强督促指导，并组织查清全市红火蚁发生情况；市级人民政府根据红火蚁危害严重程度和县级人民政府的请求，在技术、人员、物资、资金等方面对发生红火蚁地区给予紧急援助支持。

3. 部门职责

各级红火蚁防控工作领导小组负责本地区红火蚁防控的指挥、协调工作，并负责监督应急预案的实施。农业部门具体负责组织红火蚁监测调查、防控和及时报告、通报等工作；卫生部门负责红火蚁伤人防治工作；宣传部门负责引导传媒正确宣传报道红火蚁有关情况；财政部门及时安排拨付红火蚁防控应急经费；科技部门组织红火蚁防控技术研究；经贸部门组织防控物资生产供应，以及红火蚁对贸易和投资环境影响的应对工作；林业部门负责林地和木本植物的红火蚁调查及防控工作；出入境检验检疫部门加强出入境检验检疫工作，防止红火蚁的传入和传出；发展改革、建设、交通、环境保护、旅游、水利、民航等部门密切配合做好相关工作。

4. 红火蚁发生点、发生区和监测区的划定

发生点：距最外围蚁巢 100m 以内的范围划定为一个发生点（两个距离在 400m 以内蚁巢为同一发生点）；划定发生点若遇河流和公路，应以河流和公路为界，其他可根据当地具体情况作适当的调整。

发生区：发生点所在的行政村（居民委员会）区域划定为发生区范围；发生点跨越多个行政村（居民委员会）的，将所有跨越的行政村（居民委员会）划为同一发生区。

监测区：发生区外围 8000m 的范围划定为监测区；在划定边界时若遇到水面宽度大于 8000m 的湖泊和水库，以湖泊或水库的内边缘为界。

5. 封锁、控制和扑灭

红火蚁发生区所在地的农业行政主管部门对发生区内的有效蚁巢和红火蚁活动区域设置醒目的标志和界线，并采取措施进行封锁控制和扑灭。

1）封锁控制

对红火蚁发生区内机场、码头、车站、停车场、主要交通干线两旁区域、有外运产品的生产单位以及物流集散地，有关部门要进行全面调查，货主单位和货运企业应积极配合有关部门做好红火蚁的防控工作。红火蚁危害情况特别严重时，经省人民政府批准，可在发生区周边主要交通要道设立临时植物检疫检查站，对相关执法人员进行专业操作培训后，对外运的种苗、花卉、盆景、草皮等植物产品和介质以及废旧物品进行检疫，禁止红火蚁发生区内土壤、垃圾、建筑余泥、堆肥外运，防止红火蚁随水流传播。

2）防治与扑灭

大力开展爱国卫生运动，清理红火蚁发生区的垃圾及其他红火蚁滋生地，保持环境整洁。

经常性开展化学、物理、综合防治方法扑杀红火蚁行动，采用"两步法"铲除红火蚁蚁巢，即先投放饵剂毒杀，再用药液灌巢或撒施颗粒剂等，直至扑灭红火蚁。

6. 防范叮蛰与伤人治疗处理

提醒群众不到发生红火蚁的地方活动，防止红火蚁叮蛰伤人。需在发生红火蚁区劳动作业的，要采取防护措施，防止与红火蚁接触。一旦有人员被红火蚁叮蛰，要及时对伤口进行处理。

7. 调查和监测

红火蚁发生区及周边地区的各级农业植物检疫机构要加强对本地区的调查和监测，做好监测结果记录，保存记录档案，定期汇总上报。其他地区要加强对来自红火蚁发生区的植物及植物产品的检疫和监测，防止红火蚁传入。

8. 宣传引导

各级宣传部门要积极引导媒体正确报道红火蚁发生及控制情况。有关新闻和消息，应通过政府部门正常渠道获取，防止炒作，避免失实报道引起社会不安。在红火蚁发生区，要利用适当的方式进行科普宣传，重点宣传注意事项、防范知识、防控技术和伤人防治方法。当媒体上出现不实报道或社会上流传谣言时，应立即正面澄清，加强舆论引导，减少负面影响。

9. 应急保障

1）队伍保障

各级人民政府要组建由农业行政主管部门工作人员以及有关专家组成的红火蚁应急防控队伍，加强专业技术人员培训，提高应急防控队伍人员的专业素质和业务水平，为应急预案的启动提供高素质的应急队伍保障，成立灭蚁专业队；要充分发动群众，实施群防群控。

2）物资保障

省、市、县各级人民政府要建立红火蚁防控应急物资储备制度，确保物资供应，对红火蚁危害严重的地区，应该及时调拨救助物资，保障受灾农民生活和生产的稳定。

3）经费保障

各级人民政府应安排专项资金，用于红火蚁应急防控工作。应急响应启动时，当地农业行政主管部门商有关部门提出经费使用计划，由同级财政部门核拨，财政、农业、审计等部门对专项资金的使用和管理情况进行严格的监督检查，确保专款专用。

4）技术保障

科技部门要大力支持红火蚁防控技术研究，为持续有效控制红火蚁提供技术支撑。在红火蚁发生地，有关部门要组织本地植物检疫技术骨干力量，加强对红火蚁防控工作的技术指导。

10. 应急解除

通过采取全面、有效的防控措施，达到防控效果后，县、市农业行政主管部门向省农业行政主管部门提出申请，经省农业行政主管部门组织专家评估论证，防治效果达到标准的，由省红火蚁防控领导小组报请省级人民政府批准，可解除应急。

经过连续 9 个月的监测仍未发现红火蚁，经省农业行政主管部门组织专家论证，确认扑灭红火蚁后，经红火蚁发生区农业行政主管部门逐级向省农业行政主管部门报告，由省农业行政主管部门报省人民政府批准解除红火蚁发生区，并报农业部备案，同时将有关情况通报林业部门和出入境检验检疫部门。

11. 附则

地（市、州）各级人民政府根据本预案制定本地区红火蚁防控应急预案。

本预案自发布之日起实施。

本预案由省级农业行政主管部门负责解释。

（吕利华　高　燕　冼海辉　何余容）

橘小实蝇应急防控技术指南

一、橘 小 实 蝇

学　　名：*Bactrocera* (*Bactrocera*) *dorsalis* (Hendel)

异　　名：*Dacus dorsalis* Hendel

　　　　　Musca ferruginea Fabricius

　　　　　Bactrocera conformis Doleschall

　　　　　Chaetodacus haetodacus ferruginesus var. *Okinawanus* Shiraki

　　　　　Strumeta dorsais Okinawanus (Shiraki)

英 文 名：oriental fruit fly

中文异名：柑橘小实蝇、东方果实蝇

分类地位：双翅目（Diptera）实蝇科（Tephrifidae）果实蝇属（*Bactrocera*）

1. 起源与分布

起源：东南亚。

国外分布：日本、不丹、斯里兰卡、印度、印度尼西亚、缅甸、马来西亚、柬埔寨、菲律宾、巴基斯坦、老挝、尼泊尔、印度（锡金地区）、新加坡、泰国、越南、美国。

国内分布：广东、广西、海南、香港、台湾、福建沿海地区、四川、重庆、云南、贵州、陕西、湖北、江西、湖南、江苏、上海、浙江部分地区。

2. 主要形态特征

1）成虫

体长 6~8mm。头部黄色至黄褐色，具近圆形黑色颜面斑 1 对，颜面斑较大。中胸背板大部分黑色，具缝后黄色侧纵条 1 对，侧纵条两侧近平行，且后缘略宽圆，伸达上后翅上鬃之后；肩胛、背侧胛完全黄色。小盾片除基部有一黑色狭横带外，余均黄色，形成"U"形黄色斑纹。头、胸部鬃序：上侧额鬃 1 对，下侧额鬃 2 对，颊鬃、内顶鬃、外顶鬃、中侧鬃、前翅上鬃、小盾前鬃和小盾鬃各 1 对，肩板鬃、背侧鬃、后翅上鬃各 2 对。翅前缘带暗褐色，狭窄，其宽度不超过 R_{2+3} 脉，伸达翅尖，终于 M 脉端部之前；臀条暗褐色，狭窄，不达后缘。足大部黄色，前足胫节浅褐色，后足胫节暗褐色至黑色，中足胫节具一红褐色端距。腹部棕黄色至锈褐色，第一背板色泽多变，但多为橙褐色，其侧淡褐色或完全黑色；第二背板前缘具一不规则的暗褐至黑色的横带，且横带不近侧缘；第三背板的前半部有一黑色宽横带，且直达两侧缘；腹背中央有一黑色狭纵带，始于第三背板的黑横带，终于第五腹节背板末端之前，构成"T"形黑斑。第五背板具腺斑1对。雄虫第三背板具栉毛，第五腹板后缘深凹，阳茎端膜状组织上具透明的刺状物，背针突前叶短。雌虫产卵管基节棕黄色，其长度略短于第五背板，产卵管端部略圆。

2）卵

梭形，长约1.0mm，宽约0.1mm，乳白色，两端尖，精孔一端稍尖，尾端略钝。

3）幼虫

蛆形，乳白或淡黄色，老熟3龄幼虫体长7～11mm（平均约10mm），前端细小，后端圆大，由大小不等的11节组成。前气门具9或10个指状突。肛门隆起明显突出，全都伸到侧区的下缘，形成一个长椭圆形的后端。臀叶腹面观，两外缘呈弧形。

4）蛹

围蛹，椭圆形，长约5mm，黄褐色至深褐色，蛹体上残留有由幼虫前气门突起而成的暗点，后端后气门处稍收缩。

3. 主要生物学和生态学特性

橘小实蝇在我国南方各省一年发生3～9代。卵期1～3天，幼虫期9～35天，蛹期7～14天，成虫期27～75天，室内饲养越冬代成虫在提供充足的食物时，最长寿命可达330天。以蛹在果树上或地上杂草里有遮蔽的地方越冬，但无明显的冬眠现象。冬季成虫在温暖的天气仍会活动、取食补充营养，在缺乏食物时成虫不能安全越冬。世代重叠明显，同一时期各种虫态均能见到，以5～9月虫口密度最大。

成虫全天均可羽化，但以上午8～9时羽化最盛。成虫羽化后需经历一段时间方能产卵，一般在夏季气温较低的情况下，成虫经10～20天的补充营养后即可交配产卵，雌雄虫均可多次交尾，交尾高峰在晚上7～10时，每次交尾时间持续1～4h，天亮前完全停止。雌虫一般白天产卵，产卵高峰在下午4～6时；雌虫产卵时，将产卵管刺入果实1～2mm处产卵，多数深度为1.2～1.6mm。产卵孔直径0.2～0.3mm，每个产卵孔产5～10粒卵，密集排列，1头雌虫一生可产卵400～1800粒。营养对成虫寿命影响很大，在没有食物和水的情况下，成虫寿命只有2～4天；只提供水的条件下，成虫寿命为4～9天；在水和食物充足的条件下，成虫可活10～73天。成虫的扩散能力较强，能长距离飞行。

初孵幼虫蛆形，乳白色，有群聚性和负趋光性，幼虫孵出后便潜入果肉为害、生长发育，幼虫较活跃，自孵化后数秒钟便开始活动，昼夜不停地取食为害。幼虫分三龄，3龄幼虫食量最大，为害最重。

幼虫老熟后会立即脱果入土化蛹，入土深度通常在3cm左右。如无法找到合适环境时，也可以直接裸露化蛹，有些来不及脱离或无法脱离受害果的个体，也能在受害果里化蛹。

4. 寄主范围

该虫是一种发生危害十分严重的水果、蔬菜害虫，寄主范围广，可以为害芒果、番石榴、番荔枝、樱桃、桃、杨桃、枇杷、鳄梨、番木瓜、柑橘、橙、柚、黄皮、香蕉、咖啡、李、葡萄、杏、番茄、茄子、辣椒等250多种植物。

5. 发生与危害

橘小实蝇以成虫和幼虫为害果实。雌成虫产卵于各类果实果皮下，产卵时刺伤果实，导致果实汁液流溢，引起病原物入侵而腐烂。幼虫潜居果瓤中取食沙瓤汁液，致使沙瓤被穿破，瘪平收缩，而成灰褐色，被害果外表虽佳，色泽尚鲜，但内部已空虚，故被害果常未熟先黄，早期脱落，造成严重落果现象。若果内幼虫不多，果实虽暂不脱落，但由于老熟幼虫急于化蛹，常穿孔而生，导致被害果于幼虫穿孔后数日内脱落，也有少数不脱落，但其果肉已变坏并有异味，不能食用。

6. 传播与扩散

主要以卵和幼虫随各类被害果实和蔬菜通过国际贸易、交通运输、旅游等人类活动远距离传播、扩散，或以蛹随果蔬苗木、包装物的运输等人为传播。还可通过河流等将受害果蔬带到异地而传播，也可较长距离飞行而传播扩散。

图版 21

图版说明

    A. 成虫

    B. 蛹

    C. 幼虫

    D. 卵

    E. 被为害的杨桃

    F. 被为害的番石榴

    G. 被为害的木瓜 (*Carica papaya*)

图片作者或来源

    A～F. 由作者提供

    G. William M, Brown Jr. (美国). Bugwood. org. UGA 5356945（http://www. forestryimages. org/browse/detail. cfm?imgnum=5356945，最后访问日期 2009-12-08）

二、橘小实蝇检验检疫技术规范

1. 范围

本规范规定了橘小实蝇的检疫检验及检疫处理操作办法。

本规范适用于农业植物检疫机构对可能携带橘小实蝇的水果、蔬菜及交通工具的检疫检验和检疫处理。

2. 产地检疫

（1）对可能为害的寄主作物用甲基丁香酚（methyl eugenol，Me）作为橘小实蝇引诱剂定点监测橘小实蝇。

（2）发现疫情后，应立即报告给当地农业检疫部门和外来入侵生物管理部门。

3. 调运检疫

（1）检查调运的果蔬和果苗产品是否携带橘小实蝇的卵、幼虫和蛹。

（2）在寄主果蔬成熟季节，对来自疫情发生区的可能携带果蔬载体进行检疫。

4. 检验及鉴定

（1）产卵痕检查法。橘小实蝇在果实上产卵后，果皮上留下针头大小灰色至褐色小斑点。如产卵痕难于辨认，可选用 1% 的红色素（erythrosin）和伊红（eosin）或甲基绿（methyl green）之一配成水溶液染色。其中，红色素对产卵痕的染色效果最佳，染色率达 100%。

（2）剖果检查法。剖开可疑果，检查有无幼虫，并对幼虫进行鉴定或饲养。

（3）塑料袋密封法。将具有一定成熟度或有产卵痕的果实用塑料袋密封数小时后，其中的果实蝇幼虫会因缺氧破果而出。

（4）水盆观察法。将水果或蔬菜放入一个小瓷盆内，放于盛有清水的大瓷盆中，再用 40 目尼龙纱罩上。在室温下观察 7～10 天，幼虫即可从果内弹出，落到水盆中供观察鉴定。该方法主要适用于成熟度不高的新鲜水果。

（5）在发现果实蝇的情况下，卵进行进一步饲养，幼虫、成虫根据种的特征（附录 A 与附录 B）与近缘种比较，确定是否为橘小实蝇。

5. 检疫处理和通报

在调运检疫或复检中，发现橘小实蝇的卵、幼虫和蛹的果蔬应全部销毁。

产地检疫中发现橘小实蝇后，应根据实际情况，启动应急预案，立即进行应急防控。疫情确定后 1 周内应将疫情通报给植物和植物产品调运目的地的农业外来入侵生物管理部门和农业植物检疫部门，以加强目的地监测力度。

附录 A　橘小实蝇及其近缘种检索表

Bactrocera（*Bactrocera*）属种成虫检索

1. 翅上具 3 条横带斑纹，横跨整个翅面。自前缘带到翅的后缘［翅长 5.5～8.1mm。产卵器长 2.0mm；端部宽圆。雄虫对甲基丁香酚有反应。幼虫常为害桑科植物（*Artocarpus* spp.）的果实。分布于东南亚到新几内亚和新喀里多尼亚］ ……………………………………………………… 三带实蝇 *B.*（*B.*）*umbrosa*

   翅通常无任何横带；至多有 1 条完整的横带，或具 1 条完整的横带盖及 r-m 横脉 ……………………………………… 2

2. r-m 和 dm-cu 横脉为一横带盖及（雌虫对 cuelure 即习惯称为"瓜实蝇诱剂"有反应） ………… 3

   r-m 和 dm-cu 横脉无横带盖及，至多有一短横带盖及 r-m 横脉 ……………………… 5

3. 前缘带显然是从翅基到翅端，宽抵 R$_{4+5}$ 脉。横带略略跨进 r-m 横脉、M 脉和 dm-cu 的部分，小盾片全为橙黄色（翅长 6.2～7.3mm。产卵器长 1.8mm。雄虫对瓜实蝇诱剂有反应，分布于南太平洋地区） …………………………… 印加按实蝇 *B.*（*B.*）*distincta*

   前缘带超出 R$_1$ 脉以外处色很淡。横带均匀弯曲，小盾片常具一三角形黑斑，此斑可延抵小盾片的顶端 …………………………………………………………………………………………… 4

4. 肩胛黑色，有时在后半部有一小的黄色区（翅长 4.6～5.9mm。产卵管长 1.3mm；末端形如 *B. dorsalis*。雄虫对瓜实蝇诱剂有反应。分布于新几内亚、澳大利亚和南太平洋） …………………………………………………………………………………… 单带果实蝇 *B.*（*B.*）*frauenfeldi*

   肩胛前方 1/3 大部分黑色，后方 2/3 大部分为黄色［翅长 4.7～5.7mm。产卵器长 0.9mm；端部形如 *B. dorsalis*，但端前刚毛略靠近端部。雄虫对瓜实蝇诱剂有反应。分布于马来西亚和印度尼西亚（伊里安查亚西部）］ …………………………………… 双带果实蝇 *B.*（*B.*）*albistrigata*

5. r-m 横脉为一短的清晰横带所覆盖（尤如前缘带伸出的距）；小盾片无三角形黑斑（翅长 4.7～5.7mm。产卵器长 1.0mm；端部形如 *B. dorsarlis*，但端前刚毛略较短，雄虫对瓜实蝇诱剂有反应。幼虫通常在柑橘类果实中生长发育，分布于南太平洋地区） …… 橘实蝇 *B.*（*B.*）*curvipennis*

   r-m 横脉不被任何清晰的斑纹所覆盖；如果具一模糊的斑纹（*B. melanota* 和 *B. psidii* 可能有一模糊烟褐色斑纹沿 r-m 和 dm-cu 横脉走），则小盾片为黑色或具一三角形黑斑 …………………… 6

6. 中胸背板无侧黄色或橙色的色条 …………………………………………… 7

   中胸背板具侧黄色或橙色的色条 …………………………………………… 9

7. 颜面具 2 颜面斑（小盾片除侧部之外为黑色，翅长 4.8～6.0mm。产卵器长 1.3mm；端部形如 *B. dorsalis*。雄虫对瓜实蝇诱剂有反应。分布于南太平洋）………… 基尔基实蝇 *B.（B.）kirki*

　颜面全为橙黄色，在触角沟处无任何黑色斑 ………………………………………… 8

8. 小盾片黑色。雄虫对甲基丁香酚有反应（翅长 5.8～7.2mm。产卵器长 1.6～1.8mm；端部形如 *B. dorsalis*，幼虫常在柑橘类果实中生长发育，分布于南太平洋）…… 柑橘黑实蝇 *B.（B.）melanota*

　小盾片除在端部外为黄色。雄虫对瓜实蝇诱剂有反应（翅长 4.2～5.4mm，产卵器长 1.4mm；端部形如 *B. dorsalis*，分布于南太平洋）……………………………………………

　……………………………………………………… 斐济实蝇 *B.（B.）passiflore*

9. 颜面全为黑色，颜下缘无横线，在触角沟处也无斑（小盾片基本黑色；侧条暗橙色；肩胛和背侧板胛黄色。翅长 4.6～6.1mm。产卵器长 1.6mm；端部形如 *B. dorsalis*，雄虫对瓜实蝇诱剂有反应，分布于南太平洋地区）………………………………………………

　……………………………………………… 汤加光颜实蝇 *B.（B.）facialis*

　颜面具斑，或者是在各触角沟处有一斑，或者是在触角沟附近有一暗色横斑，此斑通常在颜缘下方连成一横线 ……………………………………………… 10

10. 颜面在触角沟附近有暗色横斑，此斑通常在颜缘下方连成一横线（翅无完整的前缘带；br 室区紧接 bm 室上方无微刺。翅长 4.3～6.0mm，产卵器长 1.1mm；端部形如 *B. dorsalis*。雄虫对甲基丁香酚有反应。分布于斯里兰卡到泰国一带）………………………………………………

　……………………………………………… 番石榴实蝇 *B.（B.）correcta*

　颜面在每一触角沟处具一斑 ……………………………………………… 11

11. 翅无清晰的前缘带；Sc 室常为黄色，R_{4+5} 脉端部具一褐斑；如果有一清晰的前缘带（*B. psidii* 可能在沿翅缘有一模糊烟褐色纹），则小盾片上具有一三角形黑色斑 ………………………………

　……………………………………………………………………………… 12

　翅至少从 Sc 脉端到 R_{4+5} 脉端之外具一清晰的前缘带；小盾片全为淡色，有时在基部具一狭黑色横线 ……………………………………………… 14

12. 小盾片背面具一三角形黑色斑，侧区和端区黄色。br 室区紧接 bm 室区上方具微刺。翅全为透明，至多在 Sc 室略带黄色，或沿前缘和沿 r-m 及 dm-cu 横脉具模糊烟褐色（翅长 5.6～5.8mm，产卵管长 1.9mm；端部形如 *B. dorsalis*。雄虫对瓜实蝇诱剂有反应，分布于南太平洋地区）………………………………………………

　……………………………………………… 黑肩角柑橘实蝇 *B.（B.）psidii*

　小盾片全为淡色，有时在基部具一狭窄的黑色横线。br 室区紧接 bm 室上方无任何微刺。Sc 室为黄色，R_{4+5} 脉端部为一褐斑所掩盖。但幼嫩的标本可能无任何翅斑 ……………………………………………………

　……………………………………………………………………………… 13

13. 胸部和腹部为淡橙褐色到红褐色（翅长 5.2～6.1mm，产卵管长 1.0～1.2mm，雄虫对甲基丁香酚有反应，分布于斯里兰卡到越南；外来于毛里求斯）…… 桃实蝇 *B.（B.）zonata*

　胸部和腹部黑色；即使该种幼嫩的标本，可能翅斑没有，但仍为暗橙褐色，而且比 *B. zonata* 的色更暗（翅长 5.2～6.2mm，产卵器长 1.6mm；端部形如 *B. zonata*，但端前不甚狭，比 *B. dorsalis* 的狭窄，雄虫对甲基丁香酚有反应，分布于缅甸、泰国、越南）………………………………………………

　……………………………………………… 瘤胫实蝇 *B.（B.）tuberculata*

14. 前缘带从翅基延伸到近翅端，因此 bc 室和 C 室具色；整个 C 室和至少在 bc 室的端前区被覆密集微刺（雄虫对瓜实蝇诱剂有反应）……………………………… 15

　前缘带仅从 Sc 脉的端部延伸到近翅端。因此 bc 室和 C 室透明；这些室的微刺通常严格局限于 C 室的端前区；C 室通常全裸，但 *B. musae* 的 bc 室有时散布少量的微刺……………… 17

15. 肩胛褐色，中胸背板上的色泽比侧黄色条更暗。翅长 5.2~5.8mm，产卵器长 1.3mm；端部形如 B1. *tryoni*（雄虫对瓜实蝇诱剂有反应，分布于澳大利亚和新几内亚）·················
·························· 褐肩果实蝇 B.（B.）*neohumeralis*
肩胛黄色，中胸的色泽与侧色条相同 ·································· 16

16. 中胸背板和腹部为红褐色，但肩胛、背侧板胛和侧色条为黄色，腹部红褐色，但有一淡黄色区横过腹 1+2 节的后部（翅长 5.2~6.0mm，产卵器长 1.2mm；端部形如 B. *dorsalis*。雄虫对瓜实蝇诱剂有反应，分布于澳大利亚）·················
·························· 番茄枝果实蝇 B.（B.）*aquilonis*
中胸背板和腹部为黑色。但肩胛、背侧板胛和侧色条为黄色。腹部色泽由红褐色到黑色的变化，第 2~5 背板节上有一黑色 T 形斑（翅长 4.8~6.3mm，产卵器长 1.3mm。雄虫对瓜实蝇诱剂有反应。分布于澳大利亚、新几内亚和南太平洋地区）·············· 昆士兰实蝇 B.（B.）*tryoni*

17. 前缘带在靠近 r_{2+3} 室端部延伸到 R_{4+5} 脉下方明显扩展形成一个斑；腹部红褐色，常无任何黑斑，但有时在第 3~5 节背板上有一清晰的 T 形斑，产卵器端前呈三叶状（翅长 4.5~6.1mm，产卵器长 1.7mm，雄虫对瓜实蝇诱剂或甲基丁香酚都无反应，幼虫常在茄科植物的果实中生长发育。分布于斯里兰卡到中国台湾；外来的发生于夏威夷）··············· 辣椒实蝇 B.（B.）*latifrons*
前缘带通常不在近端部扩展成斑；如果略有扩展（如 B. *occipitalis* 的一些个体），则腹部在第 3~5 节背板上有一明显的 T 形黑色斑纹。产卵管端部均匀渐尖 ·················· 18

18. 腹部第 4 节背板侧宽黑色，其余中部区为黄色；无 T 形斑（翅长 5.7~6.8mm，产卵器长 1.8mm；端部形如 B. *dorsalis*。雄虫对瓜实蝇诱剂有反应。分布于澳大利亚到印度尼西亚的苏拉威西）··········· B.（B.）*trivialis*
腹部第 4 节背板侧狭黑色；如果第 3~5 节背板具黑色斑，则有一个 T 形斑纹 ·················
····························· 19

19. 腹部第 3~5 节背板无清晰的黑 T 形纹，但有些个体可能有一不明显的狭窄暗色中条和在第 3 节背板上有狭窄的暗色横斑纹，形成一不清晰的 T 形纹。幼虫通常为害香蕉（*Musa* spp.）（中胸背板通常黑色，但有时为红褐色。翅长 4.9~6.7mm。产卵器长 1.7mm，雄虫对甲基丁香酚有反应。分布于澳大利亚和新几内亚）·················· 香蕉实蝇 B.（B.）*musae*
腹部第 3~5 节背板有一清晰的黑 T 形纹。幼虫稀有为害香蕉［翅长 5.0~6.8mm，产卵器长 1.3~2.1mm，雄虫（有害和潜在有害的种类）对甲基丁香酚有反应］·················
······················· 橘小实蝇 B.（B.）*dorsalis* 复合种

Bactrocera 属重要的种幼虫检索

1. 大型，长 13.0~15.0mm（口脊有 16~18 条。前气门指突 17~19 个。为害柑橘类的果实。分布于中国和印度次大陆北部）··············· 蜜柑大实蝇 B.（*Tetradacus*）*minax*
小型，体长不足 13mm ··· 2

2. 口钩各具一端前齿 ··· 3
口钩无端前齿 ··· 4
［要注意的是：B.（*Hemigymnodacus*）*diversa*（为害葫芦类植物的花和果实）也将纳入第 3 条，但材料尚不足以将其与其他种区分。］

3. 老熟幼虫在中间叶之间（第 8 腹节末端）有一明显的色素横线（通常为害葫芦类植物的果实。分布于热带亚洲到新几内亚；外来到东非、夏威夷、毛里求斯和留尼汪）

.... 瓜实蝇 B.（Zeugodacus）cucurbitae

老熟幼虫在中间叶之间稀有一色素横线（通常为害葫芦类植物的果实，分布于澳大利亚）………

.... 黄瓜果实蝇 B.（Austrodacus）cucumis

4. 为害油橄榄果实；幼虫体长 6.5～7.0mm；口脊 10～12 条；第 1～5 腹节上具背刺（分布于非洲和
欧洲南部到印度北部）…………………………………………… 橄榄实蝇 B.（Dacula）oleae

通常不为害油橄榄果实；如果为害油橄榄（记录了 B. tryoni 和可能其他多食性的种类），则不与
上述特征相符 ………………………………………………………………………… 5

5. 具甚短齿（不足脊宽的 1/6）的口脊 17～21 条。第 1 胸节腹面具一心形色素斑［通常为害波萝蜜
（Artocarpus spp.）的果实。分布于东南亚到新几内亚和新喀里多尼亚］…………………
……………………………………………………………………… 三带实蝇 B.（B.）umbrosa

口脊具较长的齿（大于脊宽的 1/6）。第 1 胸节腹面无色素斑 ……………………………… 6

6. 口脊具中等长（脊宽的 1/4～1/2）、尖锐、间格大、参差不齐的齿（分布于澳大利亚）…………
……………………………………………………………… 澳洲果实蝇 B.（Afrodacus）jarvisi

口脊无尖锐而参差不齐的齿 …………………………………………………………………… 7

7. 至少有 17 条具中等长齿（脊宽的 1/4～1/2）的口脊。老熟幼虫第 8 腹节于中间叶之间有一明显的
色素横线；肛叶围以粗刺［第 1 胸节为粗刺宽带（8～12 列）所围绕］………………… 8

口脊少于 16 条齿列。老熟幼虫第 8 腹节上无色素横线 ……………………………………… 9

8. 前口叶具锯齿形的边缘（通常为害葫芦类植物的果实。分布于热带亚洲）……………………
……………………………………………………………… 南瓜实蝇 B.（Zeugodacus）tau

前口叶无锯齿形的边缘（分布于南太平洋）……………………………………………………
…………………………………………………… 黄侧条实蝇 B.（Notodacus）xanthodes

9. 口脊具长齿（大于脊宽的 1/2）……………………………………………………………… 10

口脊具短到中等长的齿（不足脊宽的 1/2）………………………………………………… 15

10. 口脊具间隙甚大的齿［副板常壳状（有时为长形），具强锯齿边缘］……………………… 11

口脊具紧密的齿 …………………………………………………………………………… 13

11. 口脊上的齿两侧几乎平行，端钝圆（分布于印度尼西亚、马来西亚、泰国南部或南美）………
…………………………………………………………… sp. 近橘小实蝇 B.（B.）dorsalis（A）

口脊上的齿显然尖，端部渐圆 ……………………………………………………………… 12

12. 前口叶具粗齿，在某些叶上间隙大齿；副板壳形。通常为害茄科果实（分布于斯里兰卡到中国台
湾；外来在夏威夷）…………………………………… 辣椒实蝇 B.（B.）latifrons

前口叶无粗齿；副板长形。常为害香蕉（分布于澳大利亚和新几内亚）……………………
……………………………………………………………… 香蕉实蝇 B.（B.）musae

13. 幼虫体长至少 8.0mm。第 8 腹节上的一些感器长且尖削［分布于南太平洋（斐济、纽埃和汤加）］
……………………………………………………………… 斐济实蝇 B.（B.）passiflorae

幼虫体长不到 8.0mm。第 8 腹节无长尖的感器（可能分布于南太平洋，但斐济、纽埃或汤加不知
是否有发生）………………………………………………………………………… 14

14. 前气门指突 2 倍长于宽。后气门裂 3.0 倍长于宽［分布于马来西亚和印度尼西亚（伊里安查亚的
西部）］…………………………………………… 双带果实蝇 B.（B.）albistrigata

前气门指突长宽几乎相等。后气门裂 3.5～4.0 倍长于宽（分布于新几内亚、澳大利亚和南太平洋
地区）…………………………………………………… 单带果实蝇 B.（B.）frauenfeldi

15. 肛叶被长、粗、尖的刺所围绕。一些前口叶具明显的锯齿边缘（分布于印度尼西亚、马来西亚和
泰国南部）………………………………………… sp. 近橘小实蝇 B.（B.）dorsalis（B）

附录 B　橘小实蝇及其近缘种的比较

特征		橘小实蝇	洋桃实蝇	木瓜实蝇	菲律宾实蝇	斯里兰卡实蝇
侧后缝色条		宽，两侧平行	宽，两侧平行	宽，两侧平行	宽，两侧平行	宽，两侧平行
小盾片黑色基带		狭窄	狭窄	狭窄	狭窄	中等宽
足	腿节	黄褐色	黄褐色	黄褐色	黄褐色	端部有暗色斑
	胫节	前足淡褐色，中足黄褐色，后足暗褐色	暗褐色但中足色较淡	前足暗褐色，中足基部暗褐色端部黄褐色，后足暗褐色	黑褐色但中足端部较淡	前足暗褐色，中足黄褐色，后足黑褐色
翅前缘带		狭窄，与 R_{2+3} 脉汇合	狭窄，与 R_{2+3} 脉重叠并在端部略扩展	狭窄，与 R_{2+3} 脉汇合	狭窄，与 R_{2+3} 脉重叠	狭窄，与 R_{2+3} 脉汇合
腹部第 3～5 节背板		有 1 狭窄的黑褐色中纵条	有 1 宽的黑褐色中纵条	有 1 狭窄的黑褐色中纵条	有 1 狭窄的黑褐色中纵条	有 1 狭窄的黑褐色中纵条
产卵器长与第五腹节背板长之比		0.7∶1	1∶1	1.2∶1	1∶1	1.1∶1

续表

特征	橘小实蝇	洋桃实蝇	木瓜实蝇	菲律宾实蝇	斯里兰卡实蝇
产卵管长	1.4~1.6mm	1.4~1.6mm	1.7~2.12mm	1.85mm	1.68mm
产卵器反转膜刺状鳞片及其上的小齿	长形，8~16个，近等长	贝壳形，8~15个，形状和大小相近	狭长，10~24个，大小略异	中等长，6~10个，宽三角形，大小相近	中等长，9~13个，大小相近
产卵管端部	针状	针状	针状	针状	针状
3龄幼虫口脊	11~14列，缘齿短	8~10列，缘齿深，两侧近平行且端钝	10~15列，齿短	10~12列，缘齿中等长，渐尖	
寄主	众多的商品水果和其他果实	洋桃、洋蒲桃、芒果、番石榴等众多的商品水果和其他果实	众多的商品水果和其他果实	面包树、马六甲蒲桃、*Pouteria duklitan*、木瓜、芒果	芒果、*Garcinia* sp.
分布	印度、斯里兰卡、尼泊尔、不丹、缅甸、泰国、老挝、越南、柬埔寨，中国南部包括台湾和香港，夏威夷	泰国南部、马来西亚半岛、新加坡、婆罗洲、印度尼西亚、安达曼群岛（印度）、苏里南和圭亚那	泰国南部（半岛状地区）、马来西亚半岛、新加坡、婆罗洲、印度尼西亚、苏拉威西、圣诞岛	菲律宾	斯里兰卡
引诱剂	甲基丁香酚	甲基丁香酚	甲基丁香酚	甲基丁香酚	甲基丁香酚

三、橘小实蝇调查监测技术规范

1. 范围

本标准规定了对橘小实蝇进行调查监测的方法、鉴定技术、保存方法等内容。

本标准适用于橘小实蝇发生区、低密度发生区和未发生区的疫情监测。

2. 调查

1）访问调查

向当地农业技术部门询问当地果树种植情况以及有关橘小实蝇发生地点、发生时间、危害情况，分析橘小实蝇传播扩散情况及其来源。每个社区或行政村询问调查30人以上。对询问过程发现的橘小实蝇可疑存在地区，进行深入重点调查。

2）实地调查

利用雄性橘小实蝇对甲基丁香酚具有的强烈趋性，作为橘小实蝇引诱剂监测橘小实蝇及相关种类的数量。

（1）发生区。

橘小实蝇普遍发生，田间出现受害的落果，用引诱剂诱捕，每个诱捕器5天诱集虫量在30头以上。

（2）低密度发生区。

有橘小实蝇分布，但虫量少，只是零星发生，田间未出现受害的落果，用引诱剂诱捕，每个诱捕器5天诱集虫量在30头以下。

（3）未发生区。

尚未有橘小实蝇入侵为害的地区，用引诱剂诱捕，未见成虫。

3. 监测

1）监测时间和地点

监测时间：全年监测，重点监测时间为5月1日～10月31日。
监测地点：当地水果、蔬菜批发市场和主要生产区。

2）监测点范围和数量

监测点范围：我国长江以南各省（自治区，直辖市），包括福建、广东、广西、四川、江苏、湖南、上海、贵州、江西、浙江、海南、云南、陕西、重庆、湖北等。

监测点数量：在橘小实蝇低密度发生区，每个监测点按每 $1/15hm^2$ 悬挂1个诱捕器进行监测；在橘小实蝇发生区，每个监测点每 $1/15hm^2$ 悬挂3个诱捕器；在未发生区，$50～100hm^2$ 范围内挂1个诱捕器。

3）监测方法

先将脱脂棉搓成长约2cm的棉条，制成棉芯［棉条必须搓紧，可使棉芯内的引诱剂（甲基丁香酚）挥发更缓慢，能维持较长使用时间］，然后将棉芯安装在诱捕器内顶部的铁丝钩上，每2个月更换1次棉芯。将引诱剂注入诱捕器内的棉芯中，每次2mL，20天补充一次。诱捕器挂在寄主树下，如果就近无寄主树，也可挂在其他非寄主树下，离地面1.5m左右的高度上，并选取上风向，避免受树叶直接遮蔽和阳光直射，在诱捕器的吊线上涂凡士林，以防止蚂蚁等昆虫取食。

4. 样本采集与寄送

在调查中如发现疑似橘小实蝇，将其浸泡于70%酒精，标明采集时间、采集地点及采集人。将每点采集的疑似橘小实蝇集中于一个标本瓶中，送外来物种管理部门指定的专家进行鉴定。

5. 调查人员的要求

要求调查人员为经过培训的农业技术人员，掌握橘小实蝇的形态特征、危害症状等。

6. 结果处理

调查监测中，一旦发现橘小实蝇，严格实行报告制度，必须于24h内逐级上报，定期逐级向上级政府和有关部门报告有关调查监测情况。

四、橘小实蝇应急控制技术规范

1. 范围

本规范规定了橘小实蝇新发、爆发等生物入侵突发事件发生后的应急控制操作方法。

本规范适用于各级外来入侵生物管理机构和农业技术部门在生物入侵突发事件发生时的应急处置。

2. 应急控制方法

1）检疫

实施植物检疫国内省间、地区间，应用相关的法规，通过行政手段，加强对进出本地区间调运水果的检疫，禁止从橘小实蝇发生区调运水果到非发生区。

2）扑灭

橘小实蝇在某个地区首次发现的时候，清理寄主果蔬的全部果实，并及时处理，处理方法主要有如下几种。

（1）深埋。将果实埋入50cm以上深度的土坑中，用土覆盖压实。

（2）杀虫药液浸泡。将收集到的果实倒入盛有杀虫药液的容器内，浸泡2天或2天以上。

（3）化粪池浸泡。可因地制宜利用果园中的化粪池，将收集到的果实倒入池内，池中加入敌百虫等杀虫剂，果实在池中浸泡一段较长的时间后，可杀死实蝇幼虫。

3）诱杀

（1）通过甲基丁香酚诱杀橘小实蝇的雄性成虫，这种方法可以将果园中的大量雄性成虫杀死，减小雌虫接受雄虫交配的概率从而降低野外整体虫口密度。

（2）食物诱杀两性成虫，将橘小实蝇喜食的番石榴或芒果等果实捣烂，并加入少量敌百虫农药。食物诱杀可以吸引两性成虫前来取食，并杀死它们。

（3）水解蛋白诱杀，水解蛋白是实蝇繁殖后代必需的营养物，对实蝇的成虫尤其是雌虫具有吸引力。因此，用水解蛋白与杀虫剂混合，对诱杀两性成虫有一定的防治效果。

4）化学防治

化学防治方法是一种快速有效降低虫口密度的措施，但必须根据虫情有针对性地应用。

（1）毒饵点喷。在成虫发生量低的情况下，为了控制早春期间成虫的发生量，降低早熟水果受感染率，从而抑制第一代成虫高峰期的发生数量，可采用水解蛋白加杀虫剂混合点喷。将有机磷杀虫剂（如马拉硫磷）0.6mL 与水解蛋白 3.69g 兑水 600mL，混合配制成毒饵，混合液按每 1/15hm² 果园随机选 6 个点喷施，每个点喷混合液约 100mL，喷射到树叶上。

（2）杀虫剂覆盖式喷雾。用有机磷杀虫剂，雾状喷洒覆盖寄主植物的树冠上，直接将正在树冠上活动的雌雄成虫杀死。喷洒时间拟在一天中成虫活动盛期的上午 10～11 时或下午 4～6 时。由于实蝇成虫对杀虫剂比较敏感，故很容易被杀死，可根据实际情况选用杀虫剂，如敌百虫、敌敌畏、马拉硫磷等。

（3）土壤施药处理。实蝇有在土壤中化蛹的习性，幼虫在果实中发育成熟，然后从果实中钻出落地，跳入土表层下化蛹。在幼虫进入土壤至成虫羽化期间，采取土壤药剂处理，在很大程度上可将下一代实蝇发生的基数降低，从而降低了实蝇发生数量，并控制其扩散蔓延。国外多用二嗪磷喷于受害的寄主树下，紧接着喷适量的水让药物渗入土表。用作土壤杀虫处理的杀虫剂，可选用 500g/L 辛硫磷乳油，按 800～1200 倍的浓度使用，药液必须渗透土表层。

3. 注意事项

橘小实蝇的防除，需要通过政府行为，组织和落实对该疫区橘小实蝇进行全面的防除。可通过在省级或地市级农业主管部门的领导下，组织县、镇落实到村，再由村将措施落实到果农。

五、橘小实蝇综合治理技术规范

1. 范围

本规范规定了橘小实蝇发生后的综合治理技术。

本规范适用于橘小实蝇疫区采取的综合治理工作。

2. 专项防治措施

1）检疫

对来自疫区果蔬、果苗及运输工具等进行检疫和检疫处理。

2) 农业防治

(1) 合理调整种植结构，避免把不同成熟期的水果安排在同一果园，尽量隔断橘小实蝇的寄主食物来源。

(2) 搞好田园清洁。及时（一般 2～3 天）收集田间虫害烂果、落地果，摘除被害果，集中深埋、沤浸或用杀虫药液浸泡，深埋的深度至少要在 50cm 以上。

(3) 翻耕灭虫。结合果园管理，冬春季翻耕果园土层，有条件的可根据管理需要，灌水 2 或 3 次，杀死土中的老熟幼虫、蛹和刚羽化的成虫。

3) 物理防治

在幼果期，对经济价值高、易操作的果蔬可选择质地好、透气性较强的套袋材料及时进行果实套袋，套袋时扎口朝下。

4) 生物防治

对待橘小实蝇已经发生的果园，要合理使用化学药剂，尽量避免大面积喷洒化学药剂，保护利用自然天敌。

5) 诱杀

(1) 通过甲基丁香酚诱杀橘小实蝇的雄性成虫的这种方法，可以将果园中的大量雄性成虫杀死，可以减少雌虫接受雄虫交配的概率而降低野外整体虫口密度。

(2) 食物诱杀两性成虫，将橘小实蝇喜食的番石榴或芒果等果实捣烂后混入敌百虫农药，可以吸引两性成虫前来取食而被杀死。

(3) 水解蛋白诱杀，水解蛋白是实蝇繁殖后代必需的营养物，对实蝇的成虫尤其是雌虫具有吸引力。因此，用水解蛋白与杀虫剂混合，诱杀两性成虫有一定的防治效果。

6) 化学防治

化学防治方法是快速降低虫口密度的有效措施，但必须根据虫情有针对性地应用。

(1) 毒饵点喷。在成虫发生量低的情况下，为了控制早春期间成虫的发生量，降低早熟水果受感染率，从而抑制第一代虫峰的发生数量，可采用水解蛋白加杀虫剂混合点喷，方法是将有机磷杀虫剂（如马拉硫磷）0.6mL 与水解蛋白 3.6g 兑水 600mL，混合配制成毒饵，混合液按每 $1/15hm^2$ 果园随机选 6 个点喷施，每个点喷混合液约 100mL，喷射到树叶上。

(2) 杀虫剂覆盖式喷雾。用有机磷杀虫剂，雾状喷洒覆盖于寄主植物树冠上，直接将正在树冠上活动的两性成虫杀死。喷洒的时间拟在一天中成虫活动盛期的 10：00～13：00 或 16：00～18：00。由于实蝇成虫对杀虫剂比较敏感，故很容易被杀死，可根据实际情况选用杀虫剂，如敌百虫、敌敌畏、马拉硫磷等。

(3) 土壤施药处理。实蝇有在土壤中化蛹的习性，幼虫在果实中发育成熟，然后从果实中外出落地，钻入土表层下化蛹。在幼虫进入土壤至成虫羽化这段时间，采取土壤药剂处理，在很大程度上可将下一代实蝇发生的基数降低，从而降低了实蝇发生数量及控制其扩散蔓延。国外多用二嗪磷喷于受害的寄主树下，紧接着喷适量的水让药物渗入土表。用作土壤杀虫处理的杀虫剂，可选用 500g/L 辛硫磷乳油，按 800 倍或 1200 倍的浓度使用，药液必须渗透土表层。

3. 综合防控措施

1）果园清洁与土壤处理相结合

及时清理落果并用药剂进行土壤处理，降低虫口密度。

2）性诱杀和食物诱杀相结合

性诱杀只能诱杀雄成虫，结合食物毒饵可同时诱杀雌虫。这样将大大降低虫口。

3）药剂防治与诱饵相结合

橘小实蝇飞翔能力较强，当果园进行喷药时，有部分成虫会飞走，影响防治效果，在药剂中加入 3％的红糖水或糖蜜（糖厂副产品），田间虫口减退率可提高 20％。

主要参考文献

李文蓉. 1988. 东方果实蝇之防治. 中华昆虫（特刊），（2）：51，60

梁广勤. 1997. 简述橘小实蝇及其四个近似种. 中国进出境动植检，（3）：38～40

梁广勤，梁帆，吴佳教等. 2003. 实蝇的防治原理及防治措施. 广东农业科学，2003，（1）：36～38

梁广勤，梁国真，林明. 1993. 实蝇及其防除. 广州：广东科学技术出版社

刘玉章. 1981. 台湾东方果实蝇之研究. 兴大昆虫学会会报，16（1）：9～26

全国农业技术推广中心. 2001. 植物检疫性有害生物图鉴. 北京：中国农业出版社. 116，117

沈发荣，赵焕萍. 1997. 柑橘小实蝇生物学特性及其防治研究. 西北林学院学报，12（1）：85～89

张清源，林振基，刘金耀等. 1998. 橘小实蝇生物学特性. 华东昆虫学报，7（2）：65～68

中华人民共和国农业部. 2008. NY/T 1480—2007 热带水果橘小实蝇防治技术规范. 北京：中国农业出版社. 1～9

六、橘小实蝇防控应急预案（样本）

1. 橘小实蝇危害情况的确认、报告与分级

1）确认

疑似橘小实蝇发生地的农业主管部门在 24h 内将采集到的橘小实蝇标本送到上级农业行政主管部门所属的植物保护管理机构，由省级植物保护管理机构指定专门科研机构鉴定，省级植物保护管理机构根据专家鉴定报告，报请农业部确认。

2）报告

确认本地区发生橘小实蝇后，当地农业行政主管部门应在 24h 内向同级人民政府和上级农业行政主管部门报告，并迅速组织对本地区进行普查，及时查清发生和分布情

况。省农业行政主管部门应在24h内将橘小实蝇的发生情况上报省人民政府和农业部,同时抄送省级林业部门和出入境检验检疫部门。

3) 分级与应急预案的启动

一级危害:在1省(直辖市或自治区)所辖的2个或2个以上地级市(区)发生橘小实蝇危害严重的。

二级危害:在1个地级市辖的2个或2个以上县(市或区)发生橘小实蝇危害;或者在1个县(市、区)范围内发生橘小实蝇危害程度严重的。

三级危害:在1个县(市、区)范围内发生橘小实蝇危害。

出现以上一至三级程度危害时,启动本预案。

2. 应急响应

各级人民政府按分级管理、分级响应、属地管理的原则,根据农业部植物保护机构的确认、橘小实蝇发生范围及危害程度,一级危害启动一级响应,二级危害启动二级响应,三级危害启动三级响应。

1) 一级响应

省级人民政府立即成立橘小实蝇防控工作领导小组,迅速组织协调各省、市(直辖市)人民政府及部级相关部门开展橘小实蝇防控工作,并报农业部;省级农业行政主管部门要迅速组织对全省(直辖市、自治区)橘小实蝇发生情况进行调查评估,制定防控工作方案,组织农业行政及技术人员采取防控措施,并及时将橘小实蝇发生情况、防控工作方案及其执行情况报农业部主管部门;省级其他相关部门密切配合做好橘小实蝇防控工作;省级财政部门根据橘小实蝇危害严重程度在技术、人员、物资、资金等方面对橘小实蝇发生地给予紧急支持,必要时,请求上级部门给予相应援助。

2) 二级响应

地级以上市人民政府立即成立橘小实蝇防控工作领导小组,迅速组织协调各县(市、区)人民政府及市相关部门开展橘小实蝇防控工作,并由本级人民政府报省人民政府;市级农业行政主管部门要迅速组织对本市橘小实蝇发生情况进行全面调查评估,制定防控工作方案,组织农业行政及技术人员采取防控措施,并及时将橘小实蝇发生情况、防控工作方案及其执行情况报省级农业行政主管部门;市级其他相关部门密切配合做好橘小实蝇防控工作;省级农业行政主管部门加强督促指导,并组织查清本省橘小实蝇发生情况;省人民政府根据橘小实蝇危害严重程度和市级人民政府的请求,在技术、人员、物资、资金等方面对发生橘小实蝇地区给予紧急援助支持。

3）三级响应

县级人民政府立即成立橘小实蝇防控工作领导小组，迅速组织协调各乡镇政府及县相关部门开展橘小实蝇防控工作，并由本级人民政府报告上一级人民政府；县级农业行政主管部门要迅速组织对橘小实蝇发生情况进行全面调查评估，制定防控工作方案，组织农业行政及技术人员采取防控措施，并及时将橘小实蝇发生情况、防控工作方案及其执行情况报市级农业行政主管部门；县级其他相关部门密切配合做好橘小实蝇防控工作；市级农业行政主管部门加强督促指导，并组织查清全市橘小实蝇发生情况；市级人民政府根据橘小实蝇危害严重程度和县级人民政府的请求，在技术、人员、物资、资金等方面对发生橘小实蝇地区给予紧急援助支持。

3. 部门职责

各级橘小实蝇防控工作领导小组负责本地区橘小实蝇防控的指挥、协调工作，并负责监督应急预案的实施。农业部门具体负责组织橘小实蝇监测调查、防控和及时报告、通报等工作；宣传部门负责引导传媒正确宣传报道橘小实蝇有关情况；财政部门及时安排拨付橘小实蝇防控应急经费；科技部门组织橘小实蝇防控技术研究；经贸部门组织防控物资生产供应，以及橘小实蝇对贸易和投资环境影响的应对工作；林业部门负责林地的橘小实蝇调查及防控工作；出入境检验检疫部门加强出入境检验检疫工作，防止橘小实蝇的传入和传出；发展改革、建设、交通、环境保护、旅游、水利、民航等部门密切配合做好相关工作。

4. 橘小实蝇发生点、发生区和监测区的划定

发生点：橘小实蝇危害的果园划定为一个发生点（两个果园距离在100m以内为同一发生点）；划定发生点若遇河流和公路，应以河流和公路为界，其他可根据当地具体情况作适当的调整。

发生区：发生点所在的行政村（居民委员会）区域划定为发生区范围；发生点跨越多个行政村（居民委员会）的，将所有跨越的行政村（居民委员会）划为同一发生区。

监测区：发生区外围8000m的范围划定为监测区；在划定边界时若遇到水面宽度大于8000m的湖泊和水库，以湖泊或水库的内缘为界。

5. 封锁、控制和扑灭

1）封锁控制

主要措施如在陆路交通口岸、航空口岸和水路货物和旅客人为携带物品发现橘小实蝇，以及非法从疫区调运橘类果实或苗木，应即刻予以扣留封锁，并进行销毁或其他检疫处理；对疑似藏匿或逃逸现场进行定期的调查和化学农药喷雾处理，严防其可能出现的扩散。

2）扑灭

针对橘小实蝇突发疫情，应立即采取应急扑灭措施：即立刻用敌百虫或敌敌畏等药剂喷雾处理植株；及时清除果园落果、摘除树上虫果，以杀死幼虫；用敌百虫等药剂对园内地面土壤做适当处理等。

6. 调查和监测

橘小实蝇发生区及周边地区的各级农业植物检疫机构要加强对本地区的调查和监测，做好监测结果记录，保存记录档案，定期汇总上报。其他地区要加强对来自橘小实蝇发生区的果实和苗木等的检疫和监测，防止橘小实蝇传入。具体应据橘小实蝇入侵生物学、生态学规律，结合监测区域自然、生态、气候特点和生产实际，通过制定和实施科学的技术标准，规范橘小实蝇疫情监测方法，建立布局合理的监测网络和信息发布平台，预防可能出现的橘小实蝇突发疫情，做到早发现、早报告、早隔离、早防控，防范橘小实蝇疫情向未发生区传播，保障农业生产、生态安全。

7. 宣传引导

各级宣传部门要积极引导媒体正确报道橘小实蝇的发生及控制情况。有关新闻和消息应通过政府部门正常渠道获取，防止炒作，避免失实报道引起社会不安。在橘小实蝇发生区，要利用适当的方式进行科普宣传，重点宣传防范知识、防控技术方法。当媒体上出现不实报道或社会上流传谣言时，应立即正面澄清，加强舆论引导，尽量减轻负面影响。

8. 应急保障

1）队伍保障

各级人民政府要组建由农业行政主管部门技术人员以及有关专家组成的橘小实蝇的应急防控队伍，加强专业技术人员培训，提高应急防控队伍人员的专业素质和业务水平，成立防治专业队，为应急预案的启动提供高素质的应急队伍保障；要充分发动群众，实施群防群控。

2）物资保障

有关的省、市、县各级人民政府要建立橘小实蝇防控应急物资储备制度，确保物资供应，对橘小实蝇危害严重的地区，应及时调拨救助物资，保障受灾农民的生活和生产稳定。

3）经费保障

在必要的情况下，有关地区的各级人民政府应安排专项资金，用于橘小实蝇应急防控工作。应急响应启动时，当地农业行政主管部门会商有关部门提出经费使用计划，由同级财政部门核拨，财政、农业、审计等部门对专项资金的使用和管理情况进行严格的监督检查，确保专款专用。

4）技术保障

科技部门要大力支持橘小实蝇防控技术研究，为持续有效控制橘小实蝇提供技术支撑。在橘小实蝇发生地，有关部门要组织本地技术骨干力量，加强对橘小实蝇防控工作的技术指导。

9. 应急状态解除

通过采取全面、有效的防控措施，达到防控效果后，县、市农业行政主管部门向省农业行政主管部门提出申请，经省农业行政主管部门组织专家评估论证，防治效果达到标准的，由省级人民政府批准解除应急状态，并通报农业部。

经过连续2年的监测仍未发现橘小实蝇，经省农业行政主管部门组织专家论证，认为可以解除封锁时，经橘小实蝇发生区农业行政主管部门逐级向省农业行政主管部门报告，由省农业行政主管部门报省级人民政府及农业部批准解除橘小实蝇发生区，同时将有关情况通报林业部门和出入境检验检疫部门。

10. 附则

地（市、州）各级人民政府根据本预案制定本地区橘小实蝇防控应急预案。

本预案自发布之日起实施。

本预案由省级农业行政主管部门负责解释。

（李敦松）

螺旋粉虱应急防控技术指南

一、螺 旋 粉 虱

学　　名：*Aleurodicus dispersus* Russell

英 文 名：spiraling whitefly

分类地位：同翅目（Homoptera）粉虱科（Aleyrodidae）复孔粉虱属（*Aleuroeicus*）

1. 起源与分布

螺旋粉虱起源于中美洲和加勒比地区。1905 年于西印度群岛的马提尼克岛（Martinique）的番石榴上首次被记录，此后分别向东、西蔓延，随后几年在古巴、巴西、厄瓜多尔、秘鲁，非洲西北角的加纳利群岛等地陆续被发现，再分别逐渐蔓延至太平洋地区及非洲西岸地区。

目前螺旋粉虱在世界分布的地区已有：欧洲的西班牙；亚洲的文莱、印度尼西亚、马来西亚、印度、马尔代夫、菲律宾、新加坡、中国、斯里兰卡、泰国、越南；非洲的尼日利亚、多哥、贝宁、加纳、刚果、加纳利群岛；美洲的巴哈马、巴巴多斯、巴西、哥斯达黎加、古巴、多米尼加、多米尼加共和国、厄瓜多尔、海地、马提尼克岛、巴拿马、秘鲁、波多黎各、美国；大洋洲的夏威夷、美属萨摩亚、澳大利亚、库克群岛、斐济、关岛、密克罗尼西亚、瑙鲁、北马里亚纳群岛、巴布亚新几内亚、加罗林群岛、基里巴斯、马朱罗（Majuro）、托克劳、汤加、帕劳（Palau）。

2. 主要形态特征（图版 22A，B，C，D)

螺旋粉虱生活史分为卵、1 龄若虫、2 龄若虫、3 龄若虫、拟蛹及成虫 6 期。其分类特征主要依据蛹壳，即在其腹部第 3~6 节各节背方左右分生一对复合孔共 4 对，各对大小不同，直径大于 28μm，加上胸部 1 对共 5 对，而异于其他种。故由复合孔之有无、大小及着生位置而将螺旋粉虱定位于粉虱亚科的复孔粉虱属。

卵：卵粒散列成螺旋状或不规则形，上覆白色蜡粉，卵一端有一丝柄与叶面相接。卵长椭圆形，表面光滑，初产时为淡黄色，后转为黄褐色，长、宽分别为 0.293mm 和 0.108mm。

1 龄若虫：体扁平，黄色透明，前端两侧具红色眼点，触角 2 节，足分 3 节，体长、宽分别为 0.275mm 和 0.121mm，刚孵化的若虫在蜡丝下爬行，不久固定一处，通常多固着在叶脉处或脉缘。

2 龄若虫：体椭圆稍薄，黄绿色，前端两侧眼点转成褐色，触角 2 节稍退化至分节不清，足分 3 节，由体背、体侧及边缘分泌白色蜡带、毛絮及蜡丝等。体长、宽分别为 0.475mm 和 0.263mm。

3 龄若虫：体与 2 龄若虫相似，但体型稍大且分泌蜡物较茂密，触角与足退化因而分节不清，体长、宽分别为 0.666mm 和 0.487mm。

拟蛹：体型呈盾状，黄绿色，与 3 龄若虫相似，但较厚实且硬，边缘齿状也较明显。体背有 5 对复合孔，于前胸有 1 对，腹部第 3～6 节各 1 对，为分类上重要特征。每对复合孔之口径均不相同，以腹部第 3 节者最大，胸部者最小。其他背面孔有隔膜孔、8 型孔、双轮孔、宽轮孔及微宽轮孔。管状孔位于雄虫腹部第 9 节背面，雌虫则位于腹部第 8 节延伸处。体长、宽分别为 1.061mm 和 0.880mm。

成虫：刚羽化时体为黄色半透明，成熟时呈不透明。头部三角形，口器刺吸式。触角丝状共 7 节。第 2 节上具 2 支长刚毛，第 3、第 5 及第 7 节具有疣状突起感器，其数量分别为 4～6 个、3 个及 1 个，各感觉器上嵌有一短刚毛。单眼一对褐色，位于复眼上方。翅脉较其他粉虱类复杂，可见前缘、亚前缘、径、径分、中、肘等脉，前翅略大于后翅，雌、雄虫前后翅长比值分别为 1.0951、1.148。足跗节 2 节具前跗节。腹部共 8 节，2～4 节腹面各具蜡板 1 对，雌虫第 5 节亦有 1 对。雄虫腹端有铗状交配器。雌、雄体长分别为 1.967mm、2.097mm。

3. 主要生物学和生态学特性

螺旋粉虱的幼虫阶段，仅 1 龄若虫可以主动运动。卵通常产在叶片背面。在 20～39℃的室温条件下，卵在 9～11 天孵化，1 龄若虫历期 6～7 天，2 龄若虫 4～5 天，3 龄若虫 5～7 天，蛹 10～11 天。在实验室条件下，成虫最长可存活 39 天。在孵化的当天便可产卵，并且可以一直产卵直至死亡。未经配对的雌虫只能产雄性后代，经配对的雌虫可产雌或雄性后代。

降雨及低温会影响螺旋粉虱的田间密度。在台湾南部，螺旋粉虱田间种群由 10 月开始增加，11 月达高峰，12 月下旬逐渐下降；据 2007 年和 2008 年在海南屯昌的观察表明，螺旋粉虱成虫田间数量在 2 月、3 月最低，10 月最多，说明干旱温暖气候有利于其发生，而低温或降雨均对其生存不利。螺旋粉虱幼虫阶段在 40～45℃而成虫在 35～40℃死亡率显著增加，温度低于 10℃死亡率也明显增加。

4. 寄主范围

螺旋粉虱的寄主植物种类很多，主要危害蔬菜、花卉、果树和行道树。至 2000 年，国内外所报道的寄主种类已从 20 世纪 70 年代报道的 26 属 44 种增加至 295 属 481 种之多。其中非洲的佛得角群岛记录有 64 属、205 种；印度记录有 60 科、253 种；夏威夷记录有 27 科，100 种以上；我国台湾也记录了包括番石榴、番荔枝、木瓜、辣椒等经济作物在内的 64 科 144 种植物受到危害。自螺旋粉虱在海南被发现以来，其危害性日益显现，一是陆续在陵水以外的区域发现有螺旋粉虱危害，二是在越来越多的寄主植物上发现，且有从绿化树、行道树向农田扩散的危险。

在我国海南省，发现的螺旋粉虱的寄主种类包括 47 科 103 属 120 种（表 1）。其中，

豆科 11 种、大戟科 10 种；桑科 7 种；菊科 6 种；茄科、芸香科、禾本科各 5 种；百合
科、葫芦科、锦葵科、苋科、桃金娘科各 4 种；棕榈科、十字花科、无患子科、马鞭草
科、木棉科、千屈菜科各 3 种；紫茉莉科、漆树科、旋花科、楝科各 2 种；酢浆草科、芭
蕉科、鸢尾科、玄参科等 24 科植物各 1 种。寄主植物中野生植物和观赏绿化植物最多，
分别为 40 种和 31 种，占受害寄主种类的 33.3% 和 25.8%，其次为果树类 22 种，占
18.3%，蔬菜 18 种，占 15.0%，热带经济作物 6 种，占 5.0%，农作物 3 种，占 2.5%。

表 1　海南省螺旋粉虱的寄主植物

种名	分类地位	危害程度
果树类(22 种)		
大蕉(*Musa paradisiaca* L.)	芭蕉科(Musaceae)芭蕉属(*Musa*)	＋＋＋＋
阳桃(*Averrhoa carambola* L.)	酢浆草科(Oxalidaceae)阳桃属(*Averrhoa*)	＋＋
余甘子(*Phyllanthus emblica* L.)	大戟科(Euphorbiaceae)叶下珠属(*Phyllanthus*)	＋
番荔枝(*Annona squamosa* L.)	番荔枝科(Annonaceae)番荔枝属(*Annona*)	＋＋＋＋
番木瓜(*Carica papaya* L.)	番木瓜科(Cariaceae)番木瓜属(*Carica*)	＋＋＋＋
桃(*Amygdalus persica* L.)	蔷薇科(Rosaceae)桃属(*Amygdalus*)	＋
榴莲(*Durio zibethinus* Murr.)	木棉科(Bombaceae)榴莲属(*Durio*)	＋
杧果(*Mangifera indica* L.)	漆树科(Anacardiaceae)杧果属(*Mangifera*)	＋
波罗蜜(*Artocarpus heterophyllus* Lam.)	桑科(Moraceae)波罗蜜属(*Artocarpus*)	＋＋
无花果(*Ficus carica* L.)	桑科(Moraceae)榕属(*Ficus*)	＋
石榴(*Punica granatum* L.)	千屈菜科(Lythraceae)石榴属(*Punica*)	＋＋＋
柿(*Diospyros kaki* Thunb.)	柿科(Ebenaceae)柿属(*Diospyros*)	＋
枣(*ziziphus jujuba* Mill.)	鼠李科(Rhamnaceae)枣属(*Ziziphus*)	＋
番石榴(*Psidium guajava* L.)	桃金娘科(Myrtaceae)番石榴属(*Psidium*)	＋＋＋＋
洋蒲桃[*Syzygium samarangense*(Blume)Merr. & Perry]	桃金娘科(Myrtaceae)蒲桃属(*Syzygium*)	＋＋＋
荔枝(*Litchi chinensis* Sonn.)	无患子科(Sapindaceae)荔枝属(*Litchi*)	＋＋
龙眼(*Dimocarpus longan* Lour.)	无患子科(Sapindaceae)龙眼属(*Dimocarpus*)	＋＋＋＋
红毛丹(*Nephelium lappaceum* L.)	无患子科(Sapindaceae)韶子属(*Nephelium*)	＋
柑橘(*Citrus reticulata* Blanco)	芸香科(Rutaceae)柑橘属(*Citrus*)	＋
橙[*Citrus sinensis*(L.)Osbeck]	芸香科(Rutaceae)柑橘属(*Citrus*)	＋
柚[*Citrus maxima*(Burman)Merill]	芸香科(Rutaceae)柑橘属(*Citrus*)	＋
黄皮[*Clausena lansium*(Lour.)Skeels]	芸香科(Rutaceae)黄皮属(*Clausena*)	＋＋
蔬菜类(18 种)		
蒜(*Allium sativum* L.)	百合科(Liliaceae)葱属(Allium)	＋＋
韭(*Allium tuberosum* Rottler ex Spreng.)	百合科(Liliaceae)葱属(Allium)	＋
守宫木[*Sauropus androgynus*(L.)Merr.]	大戟科(Euphorbiaceae)守宫木属(*Sauropus*)	＋
菜豆(*Phaseolus vulgaris* L.)	豆科(Fabaceae)菜豆属(*Phaseolus*)	＋＋＋＋
木豆[*Cajanus cajan*(L.)Mill sp.]	豆科(Fabaceae)木豆属(*Cajanus*)	＋＋
豆薯[*Pachyrhizus erosus*(L.)Urban]	豆科(Fabaceae)豆薯属(*Pachyrhizus*)	＋
苦瓜(*Momordica charantia* L.)	葫芦科(Cucurbitaceae)苦瓜属(*Momordica*)	＋
丝瓜(*Luffa aegyptiaca* Miller)	葫芦科(Cucurbitaceae)丝瓜属(*Luffa*)	＋
甜瓜(*Cucumis melo* L.)	葫芦科(Cucurbitaceae)黄瓜属(*Cucumis*)	＋
西瓜[*Citrullus lanatus*(Thunb)Matsumura & Nakai]	葫芦科(Cucurbitaceae)西瓜属(*Citrullus*)	＋

续表

种名	分类地位	危害程度
姜(*Zingiber officinale* Roscoe)	姜科(Zingiberaceae)姜属(*Zingiber*)	＋
莴苣(*Lactuca sativa* L.)	菊科(Asteraceae)莴苣属(*Lactuca*)	＋
辣椒(*Capsicum annuum* L.)	茄科(Solanaceae)辣椒属(*Capsicum*)	＋＋＋
茄(*Solanum melongena* L.)	茄科(Solanaceae)茄属(*Solanum*)	＋＋＋＋
萝卜(*Raphanus sativus* L.)	十字花科(Brassicaceae)萝卜属(*Raphanus*)	＋＋
芥菜[*Brassica juncea*(L.)Czernajew]	十字花科(Brassicaceae)芸薹属(*Brassica*)	＋＋
青菜[*Brassica rapa*. var. *chinensis*(L.)Kitamura]	十字花科(Brassicaceae)芸薹属(*Brassica*)	＋＋
苋菜(*Amaranthus mangostanus* L.)	苋科(Amaranthaceae)苋属(*Amaranthus*)	＋
农作物类(3 种)		
木薯(*Manihot esculenta* Crantz)	大戟科(Euphorbiaceae)木薯属(*Manihot*)	＋＋＋＋
芋头[*Colocasia esculenta*(L.)Schott]	天南星科(Araceae)芋属(*Colocasia*)	＋＋
番薯[*Ipomoea batatas*(L.)Lamark]	旋花科(Convolvulaceae)番薯属(*Ipomoea*)	＋＋＋
热带经济作物类(6 种)		
可可(*Theobroma cacao* L.)	梧桐科(Sterculiaceae)可可属(*Theobroma*)	＋
甘蔗(*Saccharum officinarum* L.)	禾本科(Poaceae)甘蔗属(*Saccharum*)	＋＋
烟草(*Nicotiana tabacum* L.)	茄科(Solanaceae)烟草属(*Nicotiana*)	＋＋
椰子(*Cocos nucifera* L.)	棕榈科(Palmae)椰子属(*Cocos*)	＋＋
槟榔(*Areca catechu* L.)	棕榈科(Palmae)槟榔属(*Areca*)	＋＋
桑(*Morus alba* L.)	桑科(Moraceae)桑属(*Morus*)	＋
绿化及观赏植物类(31 种)		
变叶木(*Codiaeum variegatum*(L.)A. Juss.)	大戟科(Euphorbiaceae)变叶木属(*Codiaeum*)	＋
红桑(*Acalypha wilkesiana* Müll. Arg.)	大戟科(Euphorbiaceae)铁苋菜属(*Acalypha*)	＋
重阳木[*Bischofia polycarpa*(H. Léveille)Airy Shaw]	大戟科(Euphorbiaceae)秋枫属(*Bischofia*)	＋＋
刺桐[*Erythrina variegata* var. *orientalis*(L.)Merr.]	豆科(Fabaceae)刺桐属(*Erythrina*)	＋＋
降香(*Dalbergia odorifera* T. Chen.)	豆科(Fabaceae)黄檀属(*Dalbergia*)	＋
紫荆(*Cercis chinensis* Bunge)	豆科(Fabaceae)紫荆属(*Cercis*)	＋＋＋＋
紫檀(*Pterocarpus indicus* Willd.)	豆科(Fabaceae)紫檀属(*Pterocarpus*)	＋＋＋＋
文丁果(*Muntingia calabura* L.)	文丁果科(Muntingiaceae)文丁果属(*Muntingia*)	＋
马占相思(*Acacia mangium* Willd)	豆科(Fabaceae)金合欢属(*Acacia*)	＋＋
红鸡蛋花(*Plumeria rubra* L.)	夹竹桃科(Apocynaceae)鸡蛋花属(*Plumeria*)	＋＋
朱槿(*Hibiscus rosa-sinensis* L.)	锦葵科(Malvaceae)木槿属(*Hibiscus*)	＋＋
楝(*Melia azedarach* L.)	楝科(Meliaceae)楝属(*Melia*)	＋＋
大叶桃花心木(*Swietenia macrophylla* King)	楝科(Meliaceae)桃花心木属(*Swietenia*)	＋
柬埔寨龙血树(*Dracaena cambodiana* Pierre ex Gagnep.)	百合科(Liliaceae)龙血树属(*Dracaena*)	＋
长花龙血树(*Dracaena angustifolia* Roxb.)	百合科(Liliaceae)龙血树属(*Dracaena*)	＋
美人蕉(*Canna indica* L.)	美人蕉科(Cannaceae)美人蕉属(*Canna*)	＋＋＋＋
玉兰(*Magnolia denudata* Desr.)	木兰科(Magnoliaceae)木兰属(*Magnolia*)	＋＋
瓜栗(*Pachira aquatica* Aubl.)	木棉科(Bombacaceae)瓜栗属(*Pachira*)	＋
木棉(*Bombax ceiba* L.)	木棉科(Bombacaceae)木棉属(*Bombax*)	＋＋＋
厚皮树[*Lannea cormandelica*(Houttuyn)Merrill]	漆树科(Anacardiaceae)厚皮树属(*Lannea*)	＋＋＋
榕树(*Ficus microcarpa* L.)	桑科(Moraceae)榕属(*Ficus*)	＋＋＋
黄葛榕(*Ficus virens* Aiton)	桑科(Moraceae)榕属(*Ficus*)	＋＋
印度榕(*Ficus elastica* Roxb. ex Hornem.)	桑科(Moraceae)榕属(*Ficus*)	＋＋

续表

种名	分类地位	危害程度
对叶榕(*Ficus hispida* L. f.)	桑科(Moraceae)榕属(*Ficus*)	+
榄仁树(*Terminalia catappa* L.)	使君子科(Combretaceae)诃子属(*Terminalia*)	++++
桉(*Eucalyptus robusta* Smith)	桃金娘科(Myrtaceae)桉属(*Eucalyptus*)	+
乌墨[*Syzygium cumini*(L.)Skeels]	桃金娘科(Myrtaceae)蒲桃属(*Syzygium*)	+
叶子花(*Bougainvillea spectabilis* Willd.)	紫茉莉科(Nyctaginaceae)叶子花属(*Bougainvillea*)	+
散尾葵(*Chrysalidocarpus lutescens* H. Wendl.)	棕榈科(Palmae)散尾葵属(*Chrysalidocarpus*)	++
九里香(*Murraya exotica* L.)	芸香科(Rutaceae)九里香属(*Murraya*)	++
小花紫薇(*Lagerstroemia micrantha* L.)	千屈菜科(Lythraceae)紫薇属(*Lagerstroemia*)	+
野生植物(40 种)		
紫茉莉(*Mirabilis jalapa* L.)	紫茉莉科(Nyctaginaceae)紫茉莉属(*Mirabilis*)	+
番红花(*Crocus sativus* L.)	鸢尾科(Iridaceae)番红花属(*Crocus*)	+
五爪金龙[*Ipomoea cairica*(L.)Sweet]	旋花科(Convolvulaceae)番薯属(*Ipomoea*)	+
野甘草(*Scoparia dulcis* L.)	玄参科(Scrophulariaceae)野甘草属(*Scoparia*)	+++
土牛膝(*Achyranthes aspera* L.)	苋科(Amaranthaceae)牛膝属(*Achyranthes*)	+
丰花草[*Borreria stricta*(L. f.)G. Mey.]	茜草科(Rubiaceae)丰花草属(*Borreria*)	+
指甲花(*Lawsonia inermis* L.)	千屈菜科(Lythraceae)散沫花属(*Lawsonia*)	+++
马缨丹(*Lantana camara* L.)	马鞭草科(Verbenaceae)马缨丹属(*Lantana*)	+
牡荆[*Vitex negundo* var. *cannabifolia*(Sieb. et Zucc.)Hand. -Mazz.]	马鞭草科(Verbenaceae)牡荆属(*Vitex*)	+
假马鞭[*Stachytarpheta jamaicensis*(L.)Vahl]	马鞭草科(Verbenaceae)假马鞭属(*Stachytarpheta*)	+
火炭母(*Polygonum chinense* L.)	蓼科(Polygonaceae)蓼属(*Polygonum*)	+
藿香蓟(*Ageratum conyzoides* L.)	菊科(Asteraceae)藿香蓟属(*Ageratum*)	+
飞机草(*Chromolaena odoratum* L.)	菊科(Asteraceae)香泽兰属(*Chromolaena*)	++
苏门白酒草[*Conyza sumatrensis*(Retz.)Walker]	菊科(Asteraceae)白酒草属(*Conyza*)	+
鬼针草(*Bidens pilosa* L.)	菊科(Asteraceae)鬼针草属(*Bidens*)	+
小蓬草[*Comnyza canadensis*(L.)Cronq.]	菊科(Asteraceae)假蓬属(*Comnyza*)	+
磨盘草[*Abutilon indicum*(L.)Sweet]	锦葵科(Malvaceae)苘麻属(*Abutilon*)	+
黄花稔(*Sida acuta* Burm.)	锦葵科(Malvaceae)黄花稔属(*Sida*)	+++
地桃花(*Urena lobata* L.)	锦葵科(Malvaceae)梵天花属(*Urena*)	+++
假蒟(*Piper sarmentosum* Roxb.)	胡椒科(Piperaceae)胡椒属(*Piper*)	+
含羞草(*Mimosa pudica* L.)	豆科(Fabaceae)含羞草属(*Mimosa*)	+
决明[*Senna tora*(L.)Roxburgh]	豆科(Fabaceae)番泻决明属(*Senna*)	+
望江南[*Senna occidentalis*(L.)Link]	豆科(Fabaceae)番泻决明属(*Senna*)	+
飞扬草(*Euphorbia hirta* L.)	大戟科(Euphorbiaceae)大戟属(*Euphorbia*)	+++
叶下珠(*Phyllanthus urinaria* L.)	大戟科(Euphorbiaceae)叶下珠属(*Phyllanthus*)	+
秋枫(*Bischofia javanica* Bl.)	大戟科(Euphorbiaceae)秋枫属(*Bischofia*)	+
铁苋菜(*Acalypha australis* L.)	大戟科(Euphorbiaceae)铁苋菜属(*Acalypha*)	+
青葙(*Celosia argentea*)	苋科(Amaranthaceae)青葙属(*Celosia*)	+
莲子草[*Alternanthera sessilis*(L.)DC.]	苋科(Amaranthaceae)莲子草属(*Alternanthera*)	+
毛蔓豆(*Calopogonium mucunoides* Desv.)	豆科(Fabaceae)毛蔓豆属(*Calopogonium*)	+
香附子(*Cyperus rotundus* L.)	莎草科(Cyperaceae)莎草属(*Cyperus*)	+
芒草(*Miscanthus* spp.)	禾本科(Poaceae)芒属(*Miscanthus*)	+
竹节草[*Chrysopogon aciculatus*(Retz.)Trin.]	禾本科(Poaceae)金须茅属(*Chrysopogon*)	+
海南马唐(*Digitaria microbachne* Roth ex Roem. & Schult)	禾本科(Poaceae)马唐属(*Digitaria*)	+
竹子(未明确种)(Tribe Bambuseae)	禾本科(Poaceae)簕竹族(Tribe Bambuseae)	++

续表

种名	分类地位	危害程度
紫苏[*Perilla frutescens*（L.）Britt.]	唇形科（Lamiaceae）紫苏属（*Perilla*）	＋
落葵（*Basella alba* L.）	落葵科（Basellaceae）落葵属（*Basella*）	＋
少花龙葵（*Solanum americanum* Miller）	茄科（Solanaceae）茄属（*Solanum*）	＋
假烟叶树（*Solanum erianthum* D. Don）	茄科（Solanaceae）茄属（*Solanum*）	＋
蕨类（1种,未明确种名）		＋

注:严重为害＋＋＋＋,较严重为害＋＋＋,一般为害＋＋,发现为害＋。

5. 发生与危害

螺旋粉虱属杂食性,其危害主要以寄主叶部为主,但发生严重时会危害果实或茎部,甚至危害花。若虫于叶片背面吸食汁液,并分泌蜜露滴黏于叶面,诱发煤污病,阻碍叶片光合、呼吸及散热功能,促使枝叶老化,甚至严重枯萎。2龄若虫以后由体背及体侧部位分泌白色蜡物,影响植物的外观。其危害寄主速度相当快,如一品红（*Euphorbia pulcherrima*）红受螺旋粉虱危害至28天时,全株约有1/3叶片感染煤污病,至35天时,全株叶片大都感染煤污病,至48天时大部叶片枯萎,丧失观赏价值;番石榴遭受危害4个月后,其产量损失可达79.7%。

该虫蔓延时,如无有效天敌,种群快速增加,每到一地便造成相当大的危害,导致受害植物叶片凋萎、干枯及掉落,如有适宜的寄生和气候,更易造成爆发。

调查表明,螺旋粉虱在海南已有较广的分布,且寄主范围广,寄主种类多,海南目前已发现并记录到寄主种类隶属49科105属120种,其中包括许多海南重要的果树、蔬菜和经济作物。随着入侵时间的延续及不断进行的调查,将还会有新的寄主种类被发现受害。目前螺旋粉虱的发生仍呈线、点状分布,尚未向农田和果园等区域扩散和造成严重危害,但在路边地头及街道、学校和居民生活区,番石榴、番木瓜、木薯、茄子、四季豆等果蔬及美人蕉、飞扬草、野甘草等受害极为严重,表现出极大的危险性,其一旦向农田和果园蔓延,将对热带果蔬产业造成严重危害。为此,应加强对螺旋粉虱分布与危害的调查监测,及时掌握分布区域与寄主范围,为实施防治提供依据;同时应加强对寄主植物在不同地区间调运的管理,控制虫源随寄主植物向非疫区传播扩散,而对一些小的疫点应继续进行铲除,以减少疫点,阻断连线,抑制蔓延,从而避免或减缓造成更大的损失。

6. 传播与扩散

螺旋粉虱的成虫可进行短距离与长距离飞翔活动。短距离飞翔通常指成虫由植株低部飞向顶部的纵向飞行和飞向旁株的横向飞行;长距离飞翔指受外力（风、气流、紫外线、光）影响或密度很高导致寄主植物营养不良而发育成分散型,借风或气流飘飞或迁移至远距离。

螺旋粉虱除靠成虫飞翔外,还可随寄主植物（如观赏植物、花卉盆景）迁移、动物（猫、狗、人等）携带、交通工具及落叶等传播。

图版 22

图版说明

　A. 卵

　B. 成虫

　C. 若虫

　D. 成虫

　E～H. 螺旋粉虱在不同寄主植物上危害状

图片作者或来源

　A，B，C. 刘奎

　D. 张国良

　E～H. 符悦冠，刘奎，韩冬银

二、螺旋粉虱检验检疫技术规范

1. 范围

　　本规范规定了重要外来入侵害虫螺旋粉虱与检疫有关的检疫依据、现场检疫、实验室检疫、检疫监管和检疫处理等技术规范。

　　本规范适用于植物苗木、植株、离体叶片调运时对螺旋粉虱的检疫监管和检疫处理。

2. 产地检疫

　　严禁从螺旋粉虱发生区调出植物苗木。拟调出的植物苗木应是非疫产区或非疫生产点的健康苗木。进行产地检疫，抽查点数按表2要求执行。

表 2　检查面积与随机抽查的选点数关系表

种植面积/hm²	抽查点数
≤0.3	10
0.4～0.6	15
0.7～3.3	30
3.4～6.6	50
>6.6	每增加 0.1hm² 增加 1 点

　　注：每点不小于 50 株。

3. 调运检疫

　　调入植物苗木时，经现场检疫和室内检验后，进入专业隔离检疫圃隔离检疫或所在地植物检疫机构指定的隔离检疫场（圃）隔离检疫。隔离时间1年。

　　对进入隔离检疫圃隔离检疫的植物苗木和植株，在隔离期间，按有关规定执行检疫监管和疫情监测，定期进行抽查，抽查面积为总面积的 5%～20%，随机抽查的选点数按表3要求执行。隔离检疫期间检疫发现害虫时，应采集样品或虫样，在实验室进行人

表 3　苗木和植株的随机抽样数

苗木和植株数量/件	抽样数/份
≤50	1
51～200	2
201～1000	3
1001～5000	4
>5001	每增加 5000 株增取 1 份

工饲养和鉴定，并做好检疫原始记录。一旦发现螺旋粉虱，及时做除害处理。

4. 检验及鉴定

1）抽查

（1）在植物种苗、植株和离体叶片输入或输出现场进行。

（2）抽查方法要视装载的植物植株大小而定，苗木、植株和离体叶片可采用随机法进行，以开顶集装交通工具装运的成株要逐株进行查验。

（3）抽查数量按总量的 5％～20％抽取，苗木和植株最低抽取总量不少于 500 株，离体叶片最低抽取总量不少于 1500 支，达不到此数量的全部检查。如有需要可加大抽检比例。

2）抽样

（1）抽样原则。

应重点抽取具有代表性的样品。根据螺旋粉虱危害的特性，注意抽取长势差和叶片有较明显的害虫为害症状的作为样品。

（2）抽样数量。

植物检疫机构结合查验情况按表 3、表 4 比例随机抽取代表性复合样品送实验室检查检疫。苗木和植株每份样品为 50～100 株，不足 5000 株的余量计取 1 份样品，离体叶片每份样品为 10 支，不足 5000 支的余量计取 1 份样品。

表 4　离体叶片的随机抽样数

离体叶片数量/件	抽样数/份
≤100	1
101～500	2
501～2000	3
2001～5000	4
>5001	每增加 5000 支增取 1 份

3）检疫方法

（1）现场检疫。

在现场用放大镜对出入境植物植株或叶片等仔细查找。

先观察植株叶片是否有螺旋粉虱分泌的白色蜡物，螺旋状的白色蜡物是螺旋粉虱发生的典型症状；检查植株叶片是否有成虫、卵和幼虫，对集装箱、外包装纸箱等装载容器查看有无脱落为害叶、成虫、若虫和卵；对现场检疫发现的各种虫态害虫用镊子或毛笔收集，以指形管保存（必要时幼虫用75％酒精保存液浸泡），加贴标签，带回实验室鉴定。

（2）取样检疫。

发现有可疑虫卵和幼虫的植物植株及叶片，应将寄主一并取样，及时安全地送往实验室检疫，经室内饲养至成虫再做种类鉴定。

4）实验室鉴定

（1）现场鉴定。

用现场检疫同样的方法对取回的植物植株或种苗的叶片进行认真检疫，有螺旋状蜡粉或其他不规则形状的蜡粉或蜡丝的叶片上要重点检查是否有卵和若虫，检查时需注意卵的体形较小，色泽淡黄色至黄褐色，1龄幼虫体扁平，黄色透明，多固着于叶脉处或脉缘，应在叶部仔细查找。3、4龄若虫体型较大，且分泌的蜡物较茂密。

（2）饲养检疫。

对送达实验室的疑似螺旋粉虱卵和若虫等未成熟虫态，先进行初步鉴定，然后饲养至成虫再做进一步鉴定。

（3）镜检。

在室内对疑似带虫的样品特别是卵和低龄幼虫等虫态的观察，肉眼较难判定，需借助显微镜观察；现场取样的成虫和若虫也要用体视显微镜进行鉴定。

5. 检疫处理和通报

1）检疫处理

（1）隔离种植观察。

对于来自疫区而检疫未发现螺旋粉虱各虫态的，可准予试种一段时间，并加强后续监管监测。试种期间尽量与其他植物隔离。

（2）原柜退回或烧毁。

口岸检疫时即发现严重受害的，可考虑采取此措施。

（3）剪除并烧毁带虫寄主植物的叶片或果实。

由于螺旋粉虱通常在叶部发生，对于部分带果的果树也可发生于果面。因此，剪除并烧毁带症叶或果可有效降低虫口密度。剪除受害叶、果后最好结合施用杀虫剂。

（4）化学防除。

45g/L高效氯氰菊酯、100g/L联苯菊酯、400g/L乐果、50g/L啶虫脒水乳剂1000倍液、400g/L乙酰甲胺磷等处理均表现出良好的速效性和持效性，且受药植株均未出现药害，因此认为是化学防除时可供选用的良好药剂，用药间隔期在7天以上。视植株高低可选用手动喷雾器或用高扬程喷雾器（如嘉陵-本田汽油发动机，台湾荣盛动力喷雾机）将药剂进行整株喷施，力求整株着药充分、均匀。现场检疫发现有该虫的，可先不予种植，待经药物处理且检查不再带虫后才准予种植。

（5）生物防治。

螺旋粉虱一旦传入并大发生时，剪除心叶和化学防治难以达到持续控制的效果，可考虑引进或利用本地的生物因素进行防治。螺旋粉虱于 2006 年 4 月发现传入我国海南，初步调查发现了一些捕食性天敌，如台湾凯瓢虫（*Keiscymnus taiwanensis* Yang & Wu）、1 种弯叶毛瓢虫（*Nephus* sp.）、日本方头甲（*Cybocephalus nipponicus* Endödy-Younga）和草蛉、双翅目蝇类等；国外已记录的天敌有 91 种，其中，捕食性 81 种，寄生性 10 种，有重要意义的有 3 种小毛瓢虫，包括 *Delphastus catalinae*（Horn）、*Nephaspis oculatus*（Blatchley）、*Nephaspis bicolor* Gordon 和 3 种寄生蜂，即海地恩蚜小蜂（*Encarsia haitiensis* Dozier）、哥德恩蚜小蜂（*Encarsia guadeloupae* Viggiani）和釉小蜂（*Euderomphale vittata* Dozier）。这三种寄生蜂尤被重视。一些天敌被引入后在防控螺旋粉虱中已取得了一定的效果，我国尚未引入上述天敌。

（6）其他措施。

严格检疫审批制度，不予审批疫区寄主植物，限量审批疫区其他植物。

2）疫情通报

经检疫后，将疫情检测鉴定情况和疫情处理情况向有关部门进行通报。

三、螺旋粉虱调查监测技术规范

1. 范围

本规范是为满足螺旋粉虱的调查和监测技术需求而制定的，适用于螺旋粉虱发生区和未发生区。

对螺旋粉虱发生区和邻近区域的调查是指对包括以螺旋粉虱发生区为中心，分别向外延伸 10km、20km 和 30km 的区域。其中 10km 区域内每年全面调查 1 次，10～20km 区域每年随机选择 1/3 区域进行全面调查，20～30km 区域每年随机选择 1/3 区域进行重点调查。

对于远离螺旋粉虱发生区的区域的调查是指对与螺旋粉虱发生区之间距离 30km 以上的区域，可先调查高风险场所、可能的传入途径等。然后采取分年度抽样调查的方法，每年调查高风险发生区域面积的 1/2 或 1/3，每 2～3 年调查完整个面积。

2. 调查与监测方法

调查监测螺旋粉虱采用取样调查法。以各乡镇为单位按东、西、南、北、中 5 个方位选定 5 个调查区域，重点选择番石榴、番荔枝、番木瓜等果树和紫檀、榄仁树等绿化树种植的区域，每个调查区域进行调查监测的植株数不少于 100 株，每季度对调查区域的螺旋粉虱疫情调查 1 次。记录寄主植物种名、数量及分布情况。

调查时采用直接目测、观察确认，并在调查过程中采集标本、统计、拍照同时记录寄主植物受螺旋粉虱危害的程度。

从调查到有螺旋粉虱危害的树种中随机选 5 株统计虫口，按东、西、南、北从植株的四个方位取叶，每个方位随机取 10 片叶，计算单个叶片虫口的平均数。

植物受害状况分级标准：极严重，单个叶片虫口平均数≥50 头；严重，单个叶片虫口平均数达到 31～50 头；中度，单个叶片虫口平均数达 11～30 头；轻度，单个叶片虫口平均数≤10 头。

3. 样本采集与寄送

螺旋粉虱调查与监测由专业技术人员实施。调查中如发现可疑虫体，应迅速采集、制作标本并寄送至省、部指定的相关专家进行鉴定，同时要确保运送过程中样本的安全。采集样本的数量应多于 30 头。有关专门机构/人员接到标本后应尽快鉴定种类，并向省级植物检疫机构和标本采集单位提交鉴定报告。

4. 调查人员的要求

要求调查人员为经过培训的专职、兼职农业技术人员，培训的主要内容为调查对象的识别特征、入侵途径、传播方式、危害特点、调查取样、分析方法等。

5. 结果处理

对调查收集的资料、笔录、数据和照片等进行整理、归档。定期完成调查技术报告和工作总结。

在调查中，一旦发现新的外来入侵生物，需严格实行报告制度，必须于 24h 内逐级上报，每 10 天逐级向上级政府和有关部门报告有关调查情况。

四、螺旋粉虱应急控制技术规范

1. 范围

本规范是为满足螺旋粉虱的应急控制技术需求而制定的，适用于螺旋粉虱新疫区，螺旋粉虱分布呈点状，有明显的中心区，且尚未向周边扩散。

2. 应急控制方法

根据螺旋粉虱发生和危害的特点，可采用喷化学药剂防治和剪除受害枝叶并烧毁相结合的方法进行防除扑灭，防治后 7～10 天检查，根据实际情况反复使用药剂喷雾进行防治，直至半年内不再发现螺旋粉虱为止。施药必须在专业技术人员指导下进行。

药剂喷雾法：可选用 100g/L 高效灭百可、45g/L 高效氯氰菊酯、100g/L 联苯菊酯、3%啶虫脒水乳剂 1000 倍液、40%乙酰甲胺磷等药剂。视植株高低可选用手动喷雾器或用高扬程喷雾器（如嘉陵-本田汽油发动机，台湾荣盛动力喷雾机）将药剂进行整株喷施，力求整株着药充分、均匀。一次药剂喷杀难于达到杀灭效果，上述药剂每隔

10~15 天喷药一次，连续进行 2 或 3 次，防治效果可达 95% 以上。

剪除并烧毁受害严重的枝叶：由于螺旋粉虱常在叶部为害，且产卵也在叶部。因此，剪除并烧毁带症枝叶可有效降低虫口密度。剪除受害叶后最好结合施用杀虫剂。

3. 注意事项

应依据正确的施药方法和药量进行施药防治。对于较高的植株通常采用高扬程喷雾器和剪除烧毁受害枝叶法；对于低秆植株可直接进行手动喷雾防治。

如在街道或居民区实施防治，应采用菊酯类高效低毒农药，尽量减少对环境的影响。

剪除受害枝叶时应注意不要伤到植株，剪除时动作要尽量轻柔，避免惊飞螺旋粉虱成虫，影响防治效果。

五、螺旋粉虱综合治理技术规范

1. 范围

本规范是为满足螺旋粉虱的综合治理技术需求而制定的，适用于螺旋粉虱大面积发生区域，螺旋粉虱在发生区域内已造成较为严重的危害，且应急扑灭的可能性很小。

2. 专项防治措施

螺旋粉虱的专项防治措施主要有植物检疫、农业防治、化学防治和生物防治四大类。

植物检疫措施就是通过各级植物检疫部门，加强对地区与地区之间植物的调运检疫，一旦发现螺旋粉虱，及时做除害处理。同时，对非法经销植物的违法行为进行打击。

农业防治主要是剪除受害枝叶并烧毁，剪除时动作要尽量轻柔，避免惊飞螺旋粉虱成虫，影响防治效果。剪除心叶时还要注意不要破坏到植株，以免造成损失。

化学防治主要是药剂喷雾法，具体操作方法参照"螺旋彩虱应急控制技术规范"一节。

生物防治：螺旋粉虱一旦传入并大发生时剪除受害枝叶和化学防治难以取得长期控制的效果，可考虑引进或利用本地的生物因素进行防治。目前有效用于螺旋粉虱生物防治的有 3 种小毛瓢虫，包括 *Delphastus catalinae* (Horn)、*Nephaspis oculatus* (Blatchley)、*Nephaspis bicolor* Gordon 和 3 种寄生蜂，即海地恩蚜小蜂、哥德恩蚜小蜂和釉小蜂。这 3 种寄生蜂尤被重视。一些天敌被引入后在防控螺旋粉虱中已取得了一定的效果。美国 1979~1980 年由加勒比海地区引进 2 种寄生蜂 *Encarsia* sp. 及海地恩蚜小蜂与 3 种捕食性瓢虫 *Nephaspis amnicola* Wingo、*Nephaspis pusillus* (LeConte) 及 *Nephaspis bicolor* Gordon 等天敌到夏威夷，除 *N. bicolor* 外，其他均在当地定殖，且在 Oahu 及 Maui 有抑制螺旋粉虱密度效果。1981 年调查发现，在海拔较低地区螺旋粉虱种群密度减少 79%，海拔较高地区减少 98.8%。其中以海地恩蚜小蜂防治潜能最佳，故后来由 1981～1987 年分别引入太平洋的库克群岛、斐济、关岛及萨摩亚群岛等均能有效防治螺旋粉虱。我国尚未引入上述天敌。

应用寄生蜂防治螺旋粉虱的具体操作如下。

放蜂前的准备工作：放蜂前要对放蜂点进行调查，了解放蜂点螺旋粉虱的危害程度，放蜂点受害植株数量和面积，确定螺旋粉虱寄生蜂释放数量。原则上寄生蜂与螺旋粉虱的比例为 3∶1。

田间释放方法：目前田间释放螺旋粉虱寄生蜂的方法有 2 种，一是直接释放寄生蜂成虫，即把刚羽化的寄生蜂接入指形管内，用 5％的蜜糖水饲喂，直接将装有寄生蜂的指形管固定于螺旋粉虱寄主的叶鞘处，打开指形管即可。选择晴天放蜂，放蜂时间在上午 8∶00～11∶00 为宜。二是释放被寄生的螺旋粉虱若虫，这种方法通常要制作专门的放蜂器（由细铁丝、纸杯、一次性塑料碗和塑料碟制作而成），放蜂器悬挂密度为每隔 30～50m 挂 1 个放蜂器。每个放蜂器放被寄生螺旋粉虱僵虫的量，是根据放蜂点植株受害程度及受害植株数量而定，每隔 1 周放 1 次，通常需连续放蜂 6 个月才会有防治效果。

田间放蜂方法的比较：释放螺旋粉虱寄生蜂成蜂适用于螺旋粉虱重度发生期，成蜂可以马上开始搜索寄主，且补充营养后，其寿命延长，寄生力有所提高。其缺点是阴雨天不能释放，放蜂成本也比较高。制作放蜂器释放被寄生的螺旋粉虱幼虫或拟蛹，可以减少放蜂次数，阴雨天对放蜂效果影响不大，但放蜂过程中易受蚂蚁等天敌及人为因素的影响。

3. 综合防控措施

螺旋粉虱综合防控措施就是依据生态学原理，在准确掌握螺旋粉虱发生和为害规律的基础上，综合地利用检疫的、农业的、物理的、化学的和生物的防控方法和技术措施，使之有机地组成一个治理体系，经济、安全、持续有效地控制螺旋粉虱为害，将其种群数量长期控制在经济危害水平以下，求得最佳的经济、社会和生态效益。

螺旋粉虱寄主及分布范围甚广，对种植面积小的果园受害时可用药剂加以控制，而范围较大的行道树、公园、学校等树木受害时，药剂防治很困难，且考虑到环境及人类健康，必须优先考虑非药剂防治方法。如要控制螺旋粉虱，必须采用综合治理的方法。

首先要严把检疫关，加强对地区之间植物的调运检疫，严禁从螺旋粉虱的发生区调运植株。发生地区的植株外调时，必须经当地植物检疫机构检疫检验合格，并取得植物检疫证书方可调运。发现疫情立即进行疫情通报，并及时启动相关检疫程序对带虫植株进行检疫处理，彻底杀灭虫口，清除传播虫源。一旦疫情扩散到田间，需立即启动螺旋粉虱调查监测预案，锁定疫情范围，调查监测疫情动态，同时启动螺旋粉虱应急防控预案，迅速组织专业防控队伍，综合使用剪除烧毁受害枝叶、高效化学药剂喷雾等农业防治和化学防治措施，将疫情及时扑灭；如果疫情进一步扩散，难以全部扑灭，则启动螺旋粉虱综合防治预案，按照生物防治为主，农业防治和化学防治为辅的原则，在田间种群大量爆发，为害严重的情况下，先采用剪除烧毁受害枝叶、药剂喷雾的方法降低虫口数量，减轻危害，然后采用生物防治的方法，按螺旋粉虱天敌寄生蜂的扩繁和释放技术规范，大量扩繁和定期释放天敌寄生蜂，坚持持久释放，从而有效控制螺旋粉虱种群数量，同时保护环境安全。

主要参考文献

刘奎，姚刚，符悦冠等. 2007. 常用杀虫剂对新入侵害虫螺旋粉虱的田间药效试验. 中国农学通报，23（12）：333～335

刘奎，姚刚，符悦冠等. 2008. 新入侵害虫螺旋粉虱的田间药效试验及防效. 热带作物学报，29（2）：220～223

钱景秦，周梁益，张淑贞. 2002. 螺旋粉虱（*Aleurodicus dispersus*）之发生与生物防治. 台湾昆虫特刊，3：93～109

温宏治，许洞庆，陈秋男. 1994a. 螺旋粉虱（*Aleurodicus dispersus* Russell）之形态补述及寄主植物. 中华昆虫，14（2）：147～161

温宏治，许洞庆，陈秋男. 1994b. 温度对螺旋粉虱（*Aleurodicus dispersus* Russell）发育、成虫寿命、活动及产卵之影响. 中华昆虫，14：421～431

徐岩. 1999. 警惕螺旋粉虱传入中国. 植物检疫，4（13）：232～236

虞国跃，张国良，彭正强等. 2007. 螺旋粉虱入侵我国海南. 昆虫知识，44（3）：428～431

Srinivasa M V. 2000. Host plants of the spiraling whitefly *Aleurodicus dispersus* Russell（Hemiptera：Aleyrodidae）. Pest Management in Horticultural Ecosystems，6：79～105

六、螺旋粉虱防控应急预案（样本）

2006 年 4 月，螺旋粉虱在海南爆发。2006 年的 5～6 月，海南省进行第 1 次螺旋粉虱的普查工作时，发现全省 16 个市县出现疫情，寄主种类超过 60 种，害虫感染区面积就达 3333hm²，受害果蔬减产，苗木因疫情禁运，带来巨大经济损失。为控制疫情的进一步扩散蔓延，制定本防控应急预案。

1. 螺旋粉虱危害情况的确认、报告与分级

1）确认

疑似螺旋粉虱发生地的农业主管部门在 24h 内将采集到的螺旋粉虱标本送到上级农业行政主管部门所属的植物保护管理机构，由省级植物保护管理机构指定专门科研机构鉴定，省级植物保护管理机构根据专家鉴定报告，报请农业部确认。

2）报告

确认本地区发生螺旋粉虱后，当地农业行政主管部门应在 24h 内向同级人民政府和上级农业行政主管部门报告，并迅速组织对本地区进行普查，及时查清发生和分布情况。省农业行政主管部门应在 24h 内将螺旋粉虱的发生情况上报省人民政府和农业部，同时抄送省级林业部门和出入境检验检疫部门。

3）分级

根据螺旋粉虱发生量、传播扩散速度、造成农业生产损失和对社会、生态危害程度对螺旋粉虱的危害情况进行确认、报告和分级。

一级危害：造成 667hm² 以上连片或跨地区农作物减产、绝收或经济损失达 1000

万元以上，且有进一步扩大趋势；或在 1 省（直辖市、自治区）所辖的 2 个或 2 个以上地级市（区）发生螺旋粉虱危害严重的。

二级危害：造成 333hm² 以上连片或跨地区农作物减产、绝收或经济损失达 500 万元以上，且有进一步扩大趋势；或在 1 个地级市辖的 2 个或 2 个以上县（市或区）发生螺旋粉虱危害；或者在 1 个县（市、区）范围内发生螺旋粉虱危害程度严重的。

三级危害：造成 66.7hm² 以上连片或跨地区农作物减产、绝收或经济损失达 50 万元以上，且有进一步扩大趋势；或在 1 个县（市、区）范围内发生螺旋粉虱危害。

2. 应急响应

各级人民政府按分级管理、分级响应、属地管理的原则，根据螺旋粉虱危害范围及程度，一级危害以上启动一级响应，二级危害启动二级响应，三级危害启动三级响应。

1）一级响应

省级农业行政主管部门立即成立螺旋粉虱防控工作领导小组，迅速组织协调本省各市、县人民政府及部级相关部门开展螺旋粉虱防控工作，对全省（直辖市、自治区）螺旋粉虱发生情况进行调查评估，制定防控工作方案，组织农业行政及技术人员采取防控措施，并及时将螺旋粉虱发生情况、防控工作方案及其执行情况报农业部及邻近各省市主管部门。省级其他相关部门密切配合做好螺旋粉虱防控工作；农业厅根据螺旋粉虱危害严重程度在技术、人员、物资、资金等方面对螺旋粉虱发生地给予紧急支持，必要时，请求农业部给予相应援助。

2）二级响应

地级以上市人民政府立即成立螺旋粉虱防控工作领导小组，迅速组织协调各县（市、区）人民政府及市相关部门开展螺旋粉虱防控工作，并由本级人民政府报省人民政府；市级农业行政主管部门要迅速组织对本市螺旋粉虱发生情况进行全面调查评估，制定防控工作方案，组织农业行政及技术人员采取防控措施，并及时将螺旋粉虱发生情况、防控工作方案及其执行情况报省级农业行政主管部门；市级其他相关部门密切配合做好螺旋粉虱防控工作；省级农业行政主管部门加强督促指导，并组织查清本省螺旋粉虱发生情况；省人民政府根据螺旋粉虱危害严重程度和市级人民政府的请求，在技术、人员、物资、资金等方面对发生螺旋粉虱地区给予紧急援助支持。

3）三级响应

县级人民政府立即成立螺旋粉虱防控工作领导小组，迅速组织协调各乡镇政府及县相关部门开展螺旋粉虱防控工作，并由本级人民政府报告上一级人民政府；县级农业行政主管部门要迅速组织对螺旋粉虱发生情况进行全面调查评估，制定防控工作方案，组织农业行政及技术人员采取防控措施，并及时将螺旋粉虱发生情况、防控工作方案及其执行情况报市级农业行政主管部门；县级其他相关部门密切配合做好螺旋粉虱防控工作；市级农业行政主管部门加强督促指导，并组织查清全市螺旋粉虱发生情况；市级人民政府根据螺旋粉虱危害严重程度和县级人民政府的请求，在技术、人员、物资、资金等方面对发生螺旋粉虱地区给予紧急援助支持。

3. 部门职责

各级螺旋粉虱防控工作领导小组负责本地区螺旋粉虱防控的指挥、协调工作，并负责监督应急预案的实施。农业部门具体负责组织螺旋粉虱监测调查、防控和及时报告、通报等工作；宣传部门负责引导传媒正确宣传报道螺旋粉虱有关情况；财政部门及时安排拨付螺旋粉虱防控应急经费；科技部门组织螺旋粉虱防控技术研究；经贸部门组织防控物资生产供应，以及螺旋粉虱对贸易和投资环境影响的应对工作；出入境检验检疫部门加强出入境检验检疫工作，防止螺旋粉虱的传入和传出；发展改革、建设、交通、环境保护、旅游、水利、民航等部门密切配合做好相关工作。

4. 螺旋粉虱发生点、发生区和监测区的划定

调查发现螺旋粉虱的点作为发生点，以螺旋粉虱发生点为中心，分别向外延伸10km、20km 和 30km 的区域作为发生区。其中 10km 区域内每年全面调查 1 次，10～20km 区域每年随机选择 1/3 区域进行全面调查，20～30km 区域每年随机选择 1/3 区域进行重点调查。距离发生点 30km 以上的区域作为监测区，可先调查高风险场所、可能的传入途径等。然后采取分年度抽样调查的方法，每年调查高风险发生区域面积的1/2 或 1/3，每 2～3 年调查完整个面积。

5. 封锁、控制和扑灭

对螺旋粉虱疫情发生边缘 200m 内区域实施全封闭隔离，切断螺旋粉虱所有的传播和蔓延渠道。未经省级应急指挥部批准，禁止可能携带螺旋粉虱的生物及制品进出疫区。

6. 调查和监测

各级植物保护和植物检疫机构、农业环境保护监测站等对疫情发生地派专人实施全天 24h 监测，并每天向上级应急指挥部报告一次监测信息。

调查监测内容包括螺旋粉虱在疫源地的基数及发生、分布和扩散情况；螺旋粉虱疫情对农业生产、社会经济造成的影响；螺旋粉虱的生态影响；影响螺旋粉虱入侵发生过程的因子，包括螺旋粉虱增殖潜能和生态学特点。

7. 宣传引导

充分利用广播、电视、报纸等媒介对螺旋粉虱的危害和案例进行宣传教育，加强对螺旋粉虱危害性的公众教育，提高社会各界对螺旋粉虱的防范意识，并做好相应的管理与防治工作。

各级农业行政主管部门要按照应急预案定期组织不同类型的实战演练，提高防范与处理螺旋粉虱和其他农业重大有害生物及外来入侵突发事件的技能，增强实战能力。

8. 应急保障

1）财力保障

处置外来生物入侵突发事件所需财政经费，按财政部《突发事件财政应急保障预案》执行。严格专账专户，专款专用。

2）人力保障

对各级有关部门的管理人员和技术人员进行法律、法规、规章等专业知识和技能的培训，提高其农业重大有害生物及外来入侵生物识别、防治、风险评估和风险管理技能，以便对螺旋粉虱及时、准确、简便地进行鉴定和快速除害处理。建立螺旋粉虱管理与防治人才资源库，当发生疫情时，相关管理和技术人员必须服从应急指挥部的统一调配。

3）物资保障

省级以下农业行政主管部门要分别建立防治螺旋粉虱的药品和物资储备库，编制明细表，由专人负责看管、进入库登记。所有药品和物资的使用实行审批制度，由同级农业行政主管部门分管领导或委托人负责严格审批。当疫情发生时，各级应急指挥部可以根据需求，征求社会物资并统筹使用。

4）法制保障

研究制定《外来入侵生物防治条例》和其他相关政策文件，对管理的内容、对象、权利和责任等问题作出明确规定，对防治和控制行动作出规定，并保证法规条文的有关规定与相应的国际公约、协议的一致性。

5）科研保障

完善阻止和预防螺旋粉虱的检测和清除技术；提高螺旋粉虱种群的野外监测技术；开展更深层次的螺旋粉虱发生机制的研究；提高消灭或控制螺旋粉虱的技术与方法，建立消灭和控制螺旋粉虱的综合治理技术体系，制定最佳的优选方案与组合技术；强化螺旋粉虱的生物防治基础、技术与方法的研究；开展螺旋粉虱对发生区的生态代价与经济代价的影响预测模式研究；开展被螺旋粉虱入侵破坏的生态系统的恢复和替代技术研究；创建螺旋粉虱可持续管理示范区。

9. 应急解除

在采用各种扑灭和铲除方法后的 9 个月内，由省级农业环境保护、植物保护和检验检疫机构监测未发现新疫情出现，由当地农业行政主管部门提请省级人民政府结束本次应急响应。经农业部预警和风险评估咨询委员会评估，提请农业部外来入侵生物防治协作决定解除疫情。

10. 附则

地（市、州）各级人民政府根据本预案制定本地区螺旋粉虱防控应急预案。

本预案自发布之日起实施。

本预案由省级农业行政管理部门负责解释。

（符悦冠　刘　奎　虞国跃）

马铃薯甲虫应急防控技术指南

一、马铃薯甲虫

学　　名：*Leptinotarsa decemlineata*（Say）

异　　名：*Doryphora decemlineata* Say，1824

　　　　　Myocoryna multitaeniata，1859

　　　　　Chrysomela decemlineata Stal，1865

　　　　　Leptinotarsa decemlineata Kraatz，1874

　　　　　Leptinotarsa intermedia Tower，1906

　　　　　Leptinotarsa oblongata Tower，1906

　　　　　Leptinotarsa rubicunda Tower，1906

英 文 名：Colorado potato beetle

分类地位：鞘翅目（Coleoptera）叶甲科（Chrysomelidae）瘦跗叶甲属（*Lepitinotarsa*）。

1. 起源与分布

　　马铃薯甲虫是国际公认的毁灭性检疫害虫，也是我国重要外来入侵物种之一和对外重大检疫对象。马铃薯甲虫原产于美国洛基山山脉东坡，最初在野生杂草刺萼龙葵（*Solanum rostratum*）上发现，并于 1824 年作为新种记述。1855 年首次报道了马铃薯甲虫作为农作物害虫在美国科罗拉多州马铃薯产区造成严重危害，故此其英文名称为 Colorado potato beetle（简称 CPB），意为"科罗拉多马铃薯甲虫"。此后马铃薯甲虫每年以 85km 的速度向东扩散，1875 年传播到大西洋沿岸，并向周边国家传播，相继传入加拿大和墨西哥。第一次世界大战后，在法国西南城布波尔多（Bordeaux）美军驻地附近发现已定殖的马铃薯甲虫，此后传入比利时、荷兰和西班牙，并分三路向东扩散，在前捷克斯洛伐克、今克罗地亚地区、匈牙利、波兰等东欧国家定殖，20 世纪 50 年代侵入苏联边境，1975 年传至里海西岸，80 年代继续向东蔓延至中亚各国。目前马铃薯甲虫分布于欧洲、非洲、亚洲和北美洲的 30 多个国家和地区。在世界上主要分布于美洲 15°N～55°N，以及欧亚大陆 33°N～60°N。

　　马铃薯甲虫于 1993 年 5 月在我国新疆伊犁地区霍城县、塔城地区塔城市首次发现。马铃薯甲虫传入新疆 15 年以来，其向东直线距离扩散了约 800km，平均每年扩散速度约为 80km。截止到 2008 年，分布扩展至天山以北准噶尔盆地 8 个地州，35 个县市约 26 万 km² 的区域，以及上述区域兵团所属团场马铃薯种植区。目前，马铃薯甲虫被成功的阻截在我国新疆天山以北昌吉回族自治州木垒县大石头乡以西的马铃薯种植区，距新疆与甘肃交界处550km。虽然目前马铃薯甲虫在我国仅分布于新疆天山以北准噶尔盆地马铃薯种植区，我国其他马铃薯产区尚未发生，但是，马铃薯甲虫在我国的适生性研究和风险评估表明，我国大部分地区均有马铃薯甲虫定殖风险（除荒原沙漠、森林、水体等不适宜农业害虫生存的区域），其中，新疆北部大部分区域、甘肃中东部、宁夏、青海南部、黑龙江大部、吉林、四川、云南、贵州大部、重庆、湖北大部、湖南西北部集中部、河南西部、山西大部、胶东半岛、江苏、辽宁和吉林东部地区具有高定殖风险；新疆南部局部地区、西藏南部、内蒙古中东部、西藏中部、陕北、辽宁西部、安徽北部、陕西中南部、陇南陇东地区、河北大部、河南东部、河南北部、山东西部、湖南东部、广西西北部具有中等定殖风险；青海西部、西藏北部、甘肃西部部分地区、内蒙古西部、广西东南部、广东、浙江南部、江西、福建、台湾、海南岛等地区具有较低入侵定殖风险或无入侵定殖风险。而且马铃薯甲虫穿越新疆继续向东传播扩散至我国其他省区的风险正在加剧。其次，在我国东北区域，马铃薯甲虫现已蔓延到俄罗斯的滨海边区西南部，距我国绥芬河仅50多千米，该虫从周边疫情发生国传入我国东北马铃薯主产区的可能性也逐渐增大。另外，近年来我国检疫部门，通过口岸检疫截获马铃薯甲虫的频率在逐步增加，对我国马铃薯生产也构成潜在威胁。因此，我国马铃薯甲虫的防控形势十分严峻（图1）。

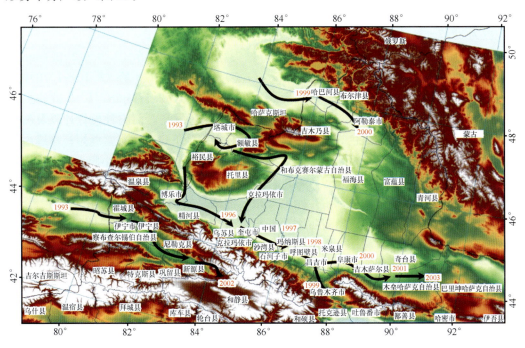

图1　马铃薯甲虫在新疆地区的扩散示意图

2. 主要形态特征

马铃薯甲虫是一种全变态昆虫，其一生中有四种虫态：卵、幼虫、蛹和成虫。

（1）成虫。体长9～12mm，宽6～7mm，短卵圆形，体背显著隆起。淡黄色至红褐色，具多数黑色条纹和斑。头顶的黑斑多呈三角形。复眼后方有一黑斑，但通常被前胸背板遮盖。口器淡黄色至黄色，上颚端部黑色，下颚须末端色暗。触角 11 节，第 1 节粗而长，第 2 节短，第 5、第 6 节约等长；触角基部 6 节黄色，端部 5 节膨大而色暗。上唇显著横宽，中央缺切钱，着生前缘刚毛；上颚有齿 4 个，其中 3 个明显；下颚的轴节和茎节发达，茎节端部又分为内颚叶及外颚叶，上面密被刚毛，下颚须短，末节端部呈截形，短于其前一节。前胸背板隆起，长 1.7～2.6mm，宽 4.7～5.7mm；基缘呈弧形，后侧角稍钝，前侧角突出；顶部中央有一"U"形斑纹或 2 条黑色纵纹，两侧各有 5 个黑斑，有时侧方的黑斑相互连接；中区的刻点细小，近侧缘的刻点粗而密。小盾片光滑，黄色至近黑色。鞘翅卵圆形，显著隆起。每一鞘翅有 5 个黑色纵条纹，全部由翅基部延伸到翅端。翅合缝黑色，条纹 1 与翅合缝在翅端几乎相接，条纹 2、3 在翅端相接，条纹 4 与 3 的距离一般情况下小于条纹 4 与 5 的距离，条纹 5 与鞘翅侧线接近。鞘翅刻点粗大，沿条纹排成不规则的刻点行。足短；转节呈三角形；腿节稍粗而侧扁；胫节在端部方向放宽，跗节 5 节，假 4 节，第 4 节极短；爪的基部无附齿。腹部第 1～5 腹板两侧具黑斑，第 1～4 腹板的中央两侧另有长椭圆形黑斑。雄虫外生殖器的阳茎呈圆筒状，显著弯曲，端部扁平，长为宽的 3.5 倍。雌雄两性外形差别不大。雌虫个体一般稍大。雄虫最末端腹板比较隆起，具一凹线，雌虫无此特征（图版 23D）。

（2）卵。椭圆形，顶部钝尖，初产时鲜黄，后变为橙黄色或浅红色。卵长 1.5～1.8mm；卵宽 0.7～0.8mm。卵主要产于叶片背面，多聚产呈卵块，15～60 粒，平均卵粒数为 32.7±17.88。卵粒与叶面多呈垂直状态（图版 23A）。

（3）幼虫。分为 4 个龄期。幼虫的体长×头宽分别为：1 龄 (3.20～2.10)mm×(0.67～0.5)mm；2 龄 (5.60～4.40)mm×(1.00～0.84)mm；3 龄 (9.10～7.70)mm×(1.50～1.17)mm；4 龄 (15.40～12.40)mm×(2.50～2.17)mm。1、2 龄幼虫暗褐色，3 龄开始逐渐变鲜黄色、粉红色或橘黄色；头黑色发亮，前胸背板骨片以及胸部和腹部的气门片暗褐色或黑色。幼虫背面显著隆起。头为下口式，头盖缝短；额缝由头盖缝发出，开始一段相互平行延伸，然后呈一钝角分开。头的每侧有小眼 6 个，分成 2 组，上方 4 个，下方 2 个。触角短，3 节。上唇、唇基及额之间由缝分开。头壳上仅着生初生刚毛，刚毛短；每侧顶部着生刚毛 5 根；额区呈阔三角形，前缘着生刚毛 8 根，上方着生刚毛 2 根。唇基横宽，着生刚毛 6 根，排成 1 排。上唇横宽。明显窄于唇基，前线略直，中部凹缘狭而深；上唇前缘着生刚毛 10 根，中区着生刚毛 6 根和毛孔 6 个。上颚三角形，有端齿 5 个，其中上部的 1 个齿小。

1 龄幼虫前胸背板骨片全为黑色，随着龄的增加，前胸背板颜色变淡，仅后部仍为黑色。除最末两个体节外，虫体每侧有两行大的暗色骨片，即气门骨片和上侧骨片。腹节上的气门骨片呈瘤状突出，包围气门。中、后胸由于缺少气门，气门骨片完整；4 龄幼虫的气门骨片和上侧片骨片上无明显的长刚毛。体节背面的骨片退化或仅保留短刚毛，每一体节背约有 8 根刚毛，排成两排。第 8、第 9 腹节背板各有一块大骨化板，骨化板后缘着生粗刚毛，气门圆形，缺气门片；气门位于前胸后侧及第 1～8 腹节上。足转节呈三角形，着生 3 根短刚毛；爪大，骨化强，基部的附齿近矩形（图版 23B）。

（4）蛹。离蛹，椭圆形呈尾部略尖，体长 9～12mm，宽 6～8mm，橘黄色或淡红色；老熟幼虫在被害株附近入表层土壤中化蛹，黏性土壤化蛹主要集中在 1～5cm；沙性化蛹土壤主要集中在 1～10cm（图版 23C）。

3. 主要生物学和生态学特性

1）主要生物学特性

马铃薯甲虫以成虫在寄主作物田土壤中越冬，越冬成虫潜伏的深度随土壤类型、土壤结构和理化特性、土壤的温湿度及通气状况等因素而变化，一般成虫越冬在深度 6～30cm 的土层。沙性土壤主要分布于 11～20cm 土层（91.2%）；黏性土壤主要集中在 1～10cm 土层。马铃薯甲虫单雌平均产卵量为（1682±804）粒，平均约 1000 粒；世代发育起点温度为 5.99℃；属兼性滞育（光照＜14h；温度 19～22℃）；马铃薯甲虫具有迁飞习性，在我国新疆马铃薯甲虫发生区的研究表明，一个生育季节主动迁飞最远距离可达 115km，迁飞活动主要集中在越冬成虫翌年春天取食后的阶段。风对该虫的传播起很大作用。该虫扩展的方向与发生季节优势风的方向一致，成虫可被大风吹到 150～350km 之外。在欧洲，该虫大发生季节盛刮西风，因此马铃薯甲虫向东扩展十分迅速，向其他方向则大大减缓。在前苏联该虫每年向东扩展的速度 20 世纪 60 年代平均为 120km，70 年代增加到 130～170km。气流和水流也有助于该虫的扩展。曾记载成虫被气流带到 170km 之外。由于马铃薯甲虫的高繁殖率、滞育、迁飞和世代重叠等生物学特性，其具有较强的环境适应能力和生态可塑性。这也是该虫危害重、难以防治的根本原因之一。

根据在我国新疆对马铃薯甲虫生态学的系统研究和国外相关研究，马铃薯甲虫越冬成虫春季出土时期与气温回升快慢直接相关，当 4 月 8℃以上有效积温达 50 日·度时，成虫开始出土，有效积温达到 99 日·度（5 月上中旬）时，越冬成虫进入出土盛期，越冬成虫春季出土分两个阶段：早春气温回升至 10℃，首先甲虫从越冬土层上移至离地表 1～1.9cm 处，然后在该层滞留一段时间（3～7 天）后再出土。气温突然上升或降雨、灌水可加速成虫出土过程。越冬成虫需取食寄主植物后方可产卵，未取食或仅食清水的雌虫均不产卵。取食马铃薯叶片后，雌虫不论是否进行交尾，均可产卵。未取食的越冬成虫有 50% 可活 30 天，最长的可存活 44 天；仅食清水则有 66.7% 可活 30 天，最长的可存活 101 天。

马铃薯甲虫对温度具有较强的适应性，越冬成虫的致死低温为－8℃。也就是说寒冷地区冬季上层 10～15cm 深处若温度低于－8℃，马铃薯甲虫则不能越冬。这可作为预测马铃薯甲虫在不同年份发生情况的依据，同时也可作为划分马铃薯甲虫适生区的重要依据。44℃是越冬后成虫的致死高温，40～42℃为亚致死高温区，在亚致死高温区成虫 30 天后除少部分死亡（26.7%）外，其余全部入土滞育，以抵御不良环境的影响。

马铃薯甲虫的扩散发生在幼虫和成虫阶段，但以成虫扩散为主。幼虫扩散是靠爬行。田间扩散只发生在寄主地块和植株之间，距离和范围很小。

滞育后的出土越冬成虫在 5 月下旬～6 月上旬以及羽化于 7 月的当地第 1 代成虫极易扩散。扩散一般有两种方式。一是爬行，主要是发生于春季和秋季，属田间扩散，距离一般为 15～100m；二是飞行。马铃薯甲虫的飞行行为有三种：一种是小范围的低空飞行，局限于田块内或临近田块的飞行，这种飞行的方向不受气流的影响，属自主飞行，飞行距离一般为几米至数百米，飞行高度不超过20m，可连续多次进行。夏季第1代成虫和8月中旬前第2代成虫的飞行属此种行为。其二是高空非自主迁飞。这种迁飞距离一次飞行超过1km，飞行高度超过50m，其飞行方向与气流方向一致，其飞行距离与气流强度成正比。这种飞行多发生于春季滞育出土后成虫寻找新寄主地块的阶段。其三是长距离迁飞。这是马铃薯甲虫扩散的主要原因。这种迁飞主要发生在越冬后成虫迁入寄主田，紧接着产卵高峰后。这种迁飞的发生主要是由于受温度和日照强度的刺激，其飞行方向和距离取决于优势风。在高温和大风的配合下，马铃薯甲虫可发生大规模地远距离迁飞。

环境因子对甲虫的迁飞行为具有十分重要的作用。光照和温度对马铃薯甲虫的迁飞影响作用最为突出。在自然条件下，太阳光线以散射光的形式存在时，如清晨、傍晚或云层遮挡太阳等情况下，成虫不进行迁飞活动。只有太阳光线直射地面时，成虫迁飞活动才出现。而在较强的太阳光线下成虫的迁飞活动较频繁，表现为成虫迁飞频率随太阳光照射强度的增加而增加。

气温也是影响甲虫迁飞的主要因素之一，在气温低于20℃时，成虫常静伏于草丛、土缝之中或缓慢爬行，不迁飞。只有气温高于20℃时，成虫才可始迁飞活动。当气温超过22℃后，迁飞活跃。成虫迁飞活跃高峰一般为22～28℃；当气温超过35℃时，成虫迁飞活动停止，很快出现死亡现象，短时间内（15min）死亡率可达100%。根据在我国新疆伊犁河谷区马铃薯甲虫迁飞规律的研究表明，越冬后的成虫在取食后产卵期的大规模迁飞行为是马铃薯甲虫远距离传播的主要阶段和主要蔓延途径。

2）马铃薯甲虫生活史

在我国新疆马铃薯甲虫发生区，马铃薯甲虫一年可发生1～3代。在我国新疆准噶尔盆地热量资源较为丰富的区域如新疆伊犁河谷地区伊宁市、察布查尔和霍城、塔城市、沙湾县、玛纳斯县、昌吉市、奇台县等地一年发生2或3代，以2代为主；个别地区可完成3代；在新疆伊犁河谷昭苏、乌鲁木齐市南山地区一年仅发生1代。在欧洲和美洲，每年发生1～3代，有时多达4代。在二代发生区，越冬代成虫一般4月底～5月初开始出土，5月上中旬大量出土后转移至野生寄主植物取食并为害早播马铃薯。第一代卵盛期为5月中下旬，第一代幼虫危害盛期出现在5月下旬～6月下旬，第一代蛹盛期出现在6月下旬～7月上旬，第一代成虫发生盛期出现在7月上旬～7月下旬，第一代成虫产卵盛期出现在7月上旬～7月下旬。第二代幼虫发生盛期出现在7月中旬～8月中旬，第二代幼虫化蛹盛期出现在7月下旬～8月上旬。第二代成虫羽化盛期出现在8月上旬～8月中旬，第二代（越冬代）成虫入土休眠盛期出现在8月下旬～9月上旬。由此可见，该虫世代重叠十分严重，其生活史见表1。在新疆伊犁河谷昭苏县马铃薯甲虫一代发生区，越冬代成虫一般于6月上中旬出土并为害马铃薯，第一代卵发生期为6月下旬～7月中旬，高峰是7月上旬，第一代幼虫发生期为7月上旬～7月下旬，高峰期是7月中旬，第一代蛹发生期为7月中旬～8月上旬，高峰期是7月下旬。第一代成虫发生期为8月上旬～9月上旬，高峰期是8月中旬，8月下旬～9月上旬开始入土越冬。马铃薯甲虫幼虫发育历期为 15～34 天，幼虫发育的速度与温、湿度以及食物质量和白昼长度有关。最低的有效发育温度为 11～13℃，最适温度 23～28℃，发育的最高温度为 37～38℃。4 龄幼虫末期停止进食，在被害植株附近入土化蛹，预蛹期为 3～15 天，蛹期为 8～24 天，随温、湿度条件而变化：日平均温 20℃时，预蛹期为 5～9 天，蛹期 6～10 天；当 22～23.5℃ 条件下，蛹期为 7～8 天，25～27℃时蛹期为 5.5～6 天。马铃薯甲虫发育一代需要 30～70 天，如发育起点温度按 11.5℃计，有效积温为 335 日·度。

表 1　马铃薯甲虫年生活史（新疆，霍城）

月份	1～3	4	5	6	7	8	9	10	11～12
旬	上中下	上中下	上中下	上中下	上中下	上中下	上中下	上中下	上中下
越冬代成虫	○○○	○○○ +	○○○ +++	+++	+++	+++ ○○	+++ ○○○	++ ○○○	○○○
第一代			∘∘∘ —	∘∘∘ — △△△ ++	∘∘∘ — △△△ +++	∘∘∘ — △△△ +++ ○○	△△△ +++ ○○○	△△ ++ ○○○	○○○
第二代				∘ △	∘∘∘ ———	∘∘∘ ——— △△△ +++ ○○	∘∘ ——— △△△ +++ ○○○	— △△ +++ ○○○	○○○
马铃薯生育期	—	—	出苗期	幼苗期	发棵期	花期	结薯期	采收期	
物候			出苗～8叶期	8叶期～16叶期	茎叶生长减少，块茎膨大迅速		地上部分逐渐黄枯		

注：○表示滞育成虫；+正常成虫；—幼虫；△蛹；∘卵。

4. 寄主范围

马铃薯甲虫的寄主范围相对较窄，主要包括茄科 20 个种，多为茄属（*Solanum*）的植物。其中，取食后可完成世代发育的寄主为"独立寄主"。包括马铃薯、茄子、番茄等寄主作物，以及天仙子属的天仙子（*Hyoscyamus niger*）和茄属的刺萼龙葵（*Solanum rostratum*）等野生寄主植物。此外也取食茄科的颠茄属、曼陀罗属的个别植物。

5. 发生与危害

马铃薯甲虫危害通常是毁灭性的，以成虫和幼虫危害马铃薯叶片和嫩尖。1～4 龄幼虫取食量分别占幼虫总取食量 1.5%、4.5%、19.4%和74.6%。其主要以成虫和3～4 龄幼虫暴食寄主叶片，危害初期叶片上出现大小不等的孔洞或缺刻，其继续取食可将叶肉吃光，留下叶脉和叶柄，尤其是马铃薯始花期至薯块形成期受害，对产量影响最大。研究表明：5头/株马铃薯甲虫低龄幼虫可造成14.9%的产量损失；20头/株马铃薯甲虫幼虫导致产量损失可达60%以上。总之，马铃薯甲虫危害一般造成30%～50%的产量损失，严重者减产可达90%，甚至造成绝收。因此，该虫所到之处，给当地马铃薯等茄科蔬菜生产构成严重威胁（图版23E，F，G，H）。另外，马铃薯甲虫还传播马铃薯褐斑病和环腐病等。

6. 传播和扩散途径

马铃薯甲虫可通过风、气流、水流、爬行和迁飞等自然方式传播。也可通过货物调运、包装物携带和运输工具等人为方式传播。来自发生区的薯块、水果、蔬菜等农产品，以及包装材料、运载工具等均可携带传播马铃薯甲虫。根据目前国内外的相关研究，马铃薯甲虫越冬代成虫以春季取食后，产卵前的主动迁飞作为主要扩散方式。

图版 23

图版说明

   A. 卵

   B. 幼虫

   C. 蛹（左为腹面，右为背面）

   D. 成虫

   E. 被为害的马铃薯植株

   F. 被为害的茄子植株

   G. 被为害的番茄植株

   H. 被为害的天仙子植株

   I. 在刺萼龙葵花上交配的成虫

图片作者或来源

   A～H. 由作者提供

   I. Whitney Cranshaw（美国科罗拉多州立大学）Bugwood. org. UGA 5393571（http://www. forestryimages. org/browse/detail. cfm?imgnum＝5393571，最后访问日期2009-12-08）

二、马铃薯甲虫检疫检验技术规范

1. 范围

　　本规范规定了马铃薯甲虫的检疫和鉴定方法。

　　本规范适用于农业植物检疫机构对马铃薯甲虫及可能携带马铃薯甲虫的旅客携带物品、农产品、各类货物以及交通工具的检疫检验和检疫处理。

2. 现场检疫

　　1）抽查

　　（1）用随机方法进行抽查。

　　（2）抽查件数：按货物总件数的 0.5%～5% 抽查。10 件以下的（含 10 件）全部抽查；500 件以下的抽查 13～15 件；501～1000 件抽查16～20 件；1001～3000 件抽查 21～30 件；3001 件以上，每增加 500 件抽查件数增加一件（散装货物以 100kg 比照一件计算）。

　　（3）来自疫区的茄科植物种子、苗木及其产品，发现可疑疫情，可增加抽查件数，每批抽查宜多于 50 件（批量少于 50 件的则全部检查）。

　　（4）现场抽查中发现可疑虫样，带回室内做检查鉴定。

　　2）运输工具的现场检疫

　　（1）汽车、飞机、船舶抵达入境口岸前，货主及其代理人去口岸检验检疫机关报检，并按要求提交有关文件。

　　（2）认真查询运输工具的始发站、途经站及所载货物的产地、种类、数量等情况。

（3）检查入境运输工具、集装箱、包装物内外表面、缝隙边角等害虫潜伏和活动场所是否有马铃薯甲虫分布和危害。

3）旅客携带物品的检疫

对来自疫区的入境旅客严格检查其携带物，尤其是茄科植物种子、苗木及其产品应重点检查。

4）疫区动物产品的检疫

对来自疫区的动物产品特别是绒毛类产品，也按上述抽查检验。

5）检疫检查方法

（1）过筛检查：对易筛货物，如谷物、豆类、油料、花生仁、干果、坚果及植物种子，采用过筛检查，检查货物中是否带有幼虫和成虫。

（2）肉眼检查：对包装物、填充物、铺垫材料、集装箱、运输工具、动物产品等，采用肉眼检查，特别是麻袋的边、角、缝隙处，棉花包及羊毛（绒）包的皱褶、边、角缝隙片，纸盒的夹缝等隐蔽场所，来自疫区的运输工具的轮胎边缘及缝隙处做重点检查。

6）收集标本

通过检查收集的成虫、幼虫、蛹、卵及脱皮壳，分别保存于标本盒及相关溶液中，根据鉴定方法进行结果判定。

3. 室内鉴定

（1）将现场检疫中收集的卵及幼虫放入养虫盒或养虫缸中，在室温 25～26℃ 下培养 5～15 天。每天至少观察两次，并饲喂新鲜马铃薯叶片。待幼虫老熟后，用镊子将幼虫夹起，放入半干湿砂土的杯状容器（如烧杯）中化蛹。将容器移至养虫盒继续培养。待成虫羽化后，在养虫盒再饲养 2～3 天后制成标本。

（2）根据附录 A 和附录 B，以成虫、幼虫形态特征为依据，鉴定马铃薯甲虫。

4. 检疫处理和通报

在现场对调运货物、交通工具和旅客携带物检疫或复检中，发现马铃薯甲虫成虫、幼虫蛹和卵应立即采取措施全部销毁。并根据实际情况，启动应急预案，方法参照本技术指南中应急防控技术相关措施。疫情确定后 7 天内应将疫情通报给植物和植物产品调运目的地的农业外来入侵生物管理部门和农业植物检疫部门，以加强马铃薯甲虫的监测工作。

附录 A　马铃薯甲虫成虫、幼虫形态特征

成虫：体长 11.25mm±0.93mm，宽 6.33mm±0.45mm。短卵圆形，淡黄色至红

褐色，有光泽，每一鞘翅上具有黑色纵条纹5条，第一与第三纵带在尾部交汇。第六节显著宽于第五节，末节呈圆锥形。口器咀嚼式，上颚有3节向端膨粗，第四节细而短，圆柱形，端末平截。足短，转节呈三角形，股节稍粗而侧扁，胫节端部方向放宽，跗节显4节，第四节极短，爪基部无附齿。雌雄两性成虫外形差异不大，雌虫最末腹板比较隆起，具一纵凹线，雌虫无上述凹线。

幼虫：1龄幼虫体长2.76mm±0.22mm，头宽0.59mm±0.09mm；2龄幼虫体长5.08mm±0.27mm，头宽0.90mm±0.08mm；3龄幼虫体长8.31mm±0.35mm，头宽1.93mm±0.12mm；4龄幼虫体长13.94mm±0.83mm，头宽2.29mm±0.15mm。体色1、2龄幼虫暗褐色，3龄以后逐渐变为粉红色或黄色。头部黑色，头为下口式两侧有6个疣状小眼分成两组，上方4个，下方2个和1个三节的触角，上唇半圆形，中间有缺刻。前胸明显大于中胸和后胸，后缘有褐色宽带。中胸和后胸各有3个斑点，每侧各有1个，中间有2个。1龄幼虫前胸背板骨片全为黑色，随着虫龄的增加前胸背板颜色变淡，仅后部为黑色。除最末两个体节外，虫体两侧有两行大的暗色骨片，即气门骨片和上侧骨片。腹节上的气门骨片呈瘤状突出，包围气门，中、后胸由于缺少气门，气门骨片完整。腹部较胸部显著膨大，中央部分特别膨大，向上隆起，以后各节急剧缩小，末端细尖。腹部各有9节，1～7节背面两侧各有2个斑点，上面的一个较大，位于气门的周围。腹部腹面有三行小斑点，斑点由密集的短刚毛组成。前胸背板及腹部第8节、第9节背部有黑色色素斑。足黑褐色。

附录B　马铃薯甲虫成虫、幼虫形态图

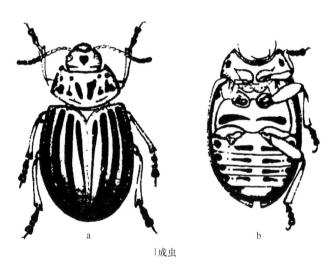

I 成虫

a. 背面观；b. 腹面观

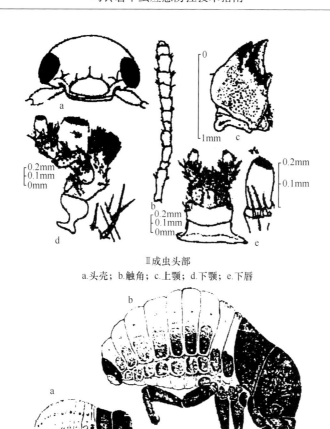

Ⅱ成虫头部
a.头壳；b.触角；c.上颚；d.下颚；e.下唇

Ⅲ幼虫
a.1龄幼虫；b.2龄幼虫

三、马铃薯甲虫调查监测技术规范

1. 适用范围

本规范规定了马铃薯甲虫发生区和未发生区对马铃薯甲虫进行监测和调查的方法，适用于我国新疆马铃薯甲虫发生区和非发生区，以及马铃薯甲虫传入风险较高的我国其他马铃薯种植区，如邻近我国新疆马铃薯甲虫发生区的甘肃、宁夏、内蒙古等西北马铃薯种植区；距离俄罗斯滨海区马铃薯甲虫发生较近的我国吉林、黑龙江和辽宁等东北马铃薯种植区；以及可能通过人为携带传入的云南、贵州、四川和重庆等西南马铃薯种植区的主要航空口岸、可能发生疫情的陆路交通枢纽附近农田种植马铃薯诱虫带，在马铃薯主产或常年种植县区设立观察点，定期调查马铃薯甲虫疫情发生动态或是否发生马铃薯甲虫疫情。

2. 马铃薯甲虫发生区的监测方法

于马铃薯甲虫寄主作物和野生寄主的生长期，在马铃薯、茄子、番茄等马铃薯甲虫的寄主作物和天仙子等野生寄主植物分布区及其农产品运输、储藏、加工场所及周围地区，对已经发生疫情的寄主作物种植区和野生寄主分布区开展疫情监测，每年定点调查两次，第一次在越冬代成虫出土后，第二次在越冬代成虫入土前。每个监测区采取对角线式或棋盘式取样方法取样。监测区内 4hm² 以下地块取 10 个调查点，每个点调查 10 株；4hm² 以上地块取 20 个调查点，每个点调查 5 株。记录每株植物上马铃薯甲虫卵、幼虫和成虫数量（卵记录卵块数量），监测点数量按寄主植物（马铃薯、茄科蔬菜，天仙子等野生寄主）分布区，以县级行政区域为单位设立。发生区设立 2～4 个监测点。对新发现马铃薯甲虫的地块，以作物种植行为中心取点，4hm² 以下地块取 10 个调查点，4hm² 以上地块取 20 个调查点。每个调查点采挖 0.5m²，取 20cm 以内的所有表土，用抬把式粗筛（筛架 100cm×70cm，筛孔直径 0.5cm）除去泥土，统计蛹和成虫数量。

3. 马铃薯甲虫未发生区的监测方法

1）风险区的监测方法

在马铃薯甲虫风险区（指靠近马铃薯甲虫发生区边缘的未发生区）内以寄主作物区和野生寄主分布区及交通枢纽、农贸市场为监测重点进行普查，每年两次。若发现疑似虫体，立即做好标记，记录调查情况，扩大调查范围（半径 10km）做进一步调查，风险区设立 8～10 个监测点。

2）一般未发生区监测方法

对一般未发生区（指风险区以外的未发生区）的寄主作物区和野生寄主分布区，开展定点调查，每年调查 1 次。每个监测点采取对角线或棋盘式取样方法取样。监测区内 4hm² 以下地块取 10 个调查点，每个点调查 10 株，4hm² 以上地块以面积大小确定 20～40 个调查点，每个点调查 10 株。记录调查情况，若发现疑似马铃薯甲虫虫体，扩大调查范围（方法同风险区），一般未发生区设立 2～4 个监测点。

4. 监测点范围

马铃薯甲虫的专性寄主马铃薯、茄子、番茄等寄主作物和天仙子等野生寄主植物分布区及其农产品运输、储藏、加工场所及周围地区。

5. 监测点数量

监测点数量按寄主植物（马铃薯、茄科蔬菜，天仙子等野生寄主）分布区，以县级行政区域为单位设立。发生区设立 2～4 个监测点；风险区设立 8～10 个监测点；一般未发生区设立 2～4 个监测点。

6. 监测结果记录和室内鉴定

详细记录、汇总监测区内各调查点结果。记载调查地点、时间、寄主植物名称、发生面积、可疑监测对象的虫态等；在实验室对采集的标本，按照马铃薯甲虫形态进行鉴定（鉴定参照检疫检验技术规范中马铃薯甲虫鉴定特征和方法）。

7. 监测结果的通报和应急防控处理

各级农业行政部门将监测结果定期上报当地人民政府。一旦发生马铃薯甲虫疫情，经同级农业行政主管部门报上一级农业行政主管部门和决策领导机构，决定启动、变更和结束应急响应。在发生影响重大、损失巨大的突发事件时，农业厅及时向省政府和农业部报告。

四、马铃薯甲虫应急控制技术规范

1. 适用范围

本规范规定了马铃薯甲虫入侵突发事件发生后的应急防控技术和方法，适用于各级外来入侵生物管理机构和农业技术部门在马铃薯甲虫入侵突发事件发生时的应急处置。

2. 马铃薯甲虫疫情的封锁扑灭和应急防控技术

（1）对已进入我国境内的来自疫区国家或地区的相关过境植物及其产品，运输途中发生马铃薯甲虫疫情或疑似马铃薯甲虫疫情的，立即采取除害处理或销毁措施。在我国马铃薯主要种植区的航空口岸、陆路和水路交通枢纽所在地的货物和旅客携带物品中发现马铃薯甲虫，一律做退回或销毁处理，并对可能受污染的物品、疫源地进行严格检疫处理，采取应急扑灭除害措施，必要时进行熏蒸处理。所有出入疫情发生地点的相关人员和运输工具必须经检验检疫机构批准，经严格消毒除害后，方可出入。对易感染的物品、用具、场地等进行严格消毒除害防疫；进行销毁或其他检疫处理；对疑似马铃薯甲虫藏匿或逃逸的现场进行定期的调查和化学农药喷雾处理，严防其可能出现的扩散。加强对来自疫区运输工具的检疫和防疫消毒。对途经我国或在我国停留的国际航行船舶、飞机、火车、汽车等运输工具进行检验检疫，如发现有来自疫区的相关植物及其产品，一律做封存并做无害化处理；加强与海关、边防等部门配合，监督对截获来自疫区的非法入境植物及其产品的销毁处理。毗邻国家或者地区发生马铃薯甲虫疫情时，根据国家或者当地人民政府的规定，配合有关部门建立有效隔离区；关闭相关植物、植物产品交易市场，停止边境地区相关植物及其产品的交易活动。与马铃薯甲虫疫区国家或地区主管部门协商，加强境外疫区虫害的防治及封锁工作，以防止马铃薯甲虫传入。

（2）在马铃薯种植区，一旦出现马铃薯甲虫突发疫情，应果断采取疫情防疫、除害、销毁、熏蒸等检疫处理应急扑灭技术。主要包括：①销毁寄主被感染物。②熏蒸处理。采用磷化铝 $8g/m^3$ 处理卵 72h，$2g/m^3$ 处理幼虫 24h，$8g/m^3$ 处理土壤中的蛹 24h，$1g/m^3$ 处理裸蛹 48h，$6g/m^3$ 处理成虫 24h 杀灭效果均可达 100%。溴甲烷熏蒸处理：

成虫，25℃，16mg/m³ 4h，每下降5℃增加4mg的剂量到15℃为止。对蛹只在≥25℃条件下进行熏蒸处理。③人工捕捉（参照本技术规范相关内容）。④物理机械防治（参照本技术规范相关内容）。⑤人工诱杀（参照本技术规范相关内容）。⑥建立生物隔离保护带措施防止疫情扩散：马铃薯甲虫有可能通过自然传播，在疫情发生地点周边建立80km宽的无马铃薯甲虫寄主植物的生物隔离带，防止马铃薯甲虫传入、定殖和扩散。

五、马铃薯甲虫综合治理技术规范

1. 适用范围

本规范是针对已经发生疫情的马铃薯种植区实施马铃薯甲虫有效防控，减轻其危害的技术和方法，适用于马铃薯甲虫发生区各级农业技术推广部门的植物保护人员指导或开展马铃薯甲虫防治。

2. 马铃薯甲虫发生区的防控策略

采取加强检疫、杜绝人为传播，防治上实施"压前控后、治本清源"的对策，在已发生马铃薯甲虫的区域，根据马铃薯甲虫的发生规律和危害特点，采取与环境相容的化学防治、生物防治、生态调控和保健栽培等关键技术组成的马铃薯甲虫持续防控技术，防控的最终目标是降低马铃薯甲虫种群密度，高效、经济和环保地控制其发生与危害，有效遏制马铃薯甲虫进一步扩散蔓延。

3. 马铃薯甲虫综合防控技术

1）生态调控技术

（1）利用生态调控措施恶化马铃薯甲虫的生活环境。如进行秋耕冬灌，可有效降低马铃薯甲虫越冬虫口基数，明显减轻马铃薯甲虫的危害。

（2）与冬小麦等禾本科作物和大豆等豆科作物合理轮作，有效恶化越冬代成虫取食、交尾的环境条件，减少其产卵量，从而推迟或减轻第一代为害程度。同时推迟播期到5月上旬可避开马铃薯甲虫出土及产卵高峰期，有效减轻越冬代马铃薯甲虫和第一代马铃薯甲虫的危害。

（3）采取与马铃薯间作，或在马铃薯作物周围种植非寄主作物构成屏障，适时清除茄科杂草，均可以显著降低马铃薯甲虫的密度和危害。

（4）种植马铃薯诱杀马铃薯甲虫。利用寄主作物对马铃薯甲虫有明显的引诱作用，在早春集中种植马铃薯以诱集杀灭马铃薯甲虫成虫，这一措施为统防统治创造了有利条件。另外在马铃薯播种期，因地制宜地实施地膜覆盖技术，可在一定程度上抑制越冬成虫出土。

2）生物防治技术

保护利用马铃薯田间自然天敌。如中华长腿胡蜂（*Polistes chinensis*）、草蛉、蠋蝽

［*Arma chinensis*（Fallou）］等对马铃薯甲虫捕食效应相对较强，具有一定的控害能力。可采取天敌招引技术，发挥这些天敌的控害作用。另外，文献报道马铃薯甲虫优势天敌的斑腹刺益蝽（*Podisus maculiventris*）、二点益蝽（*Perillus bioculatus*）、一种寄蝇（*Doryphorophaga doryphorae*）和大步甲（*Lebia grandis*）对马铃薯甲虫具有很强控害效应，但是仅分布于欧洲和北美。此外，在马铃薯甲虫卵孵化始盛期至低龄幼虫期，使用专一性较好的 Bt 制剂或白僵菌制剂可取得理想防治效果。如在马铃薯甲虫幼虫发生期或 4 龄末幼虫期，可应用中国农业科学院环境与可持续发展研究所开发生产的具有较高生物杀虫活性的 300 亿/g 球孢白僵菌可湿性粉剂，用量为 1500～3000g（制剂）/（hm²・次），喷雾防治 3 次，间隔期 7 天。在虫害较为严重的地块可加大菌剂的使用量；使用菜喜、多杀菌素（spinosad）以及除虫菊等生物源农药在卵孵化盛期至 3 龄幼虫期或成虫期使用效果也较好；Bt、多杀菌素与拟除虫菊酯混合使用可杀灭各龄幼虫。

3）与环境相容的化学防治技术

马铃薯甲虫田间防治的关键时期主要是在各代马铃薯甲虫 1～2 龄幼虫发生期，即在幼虫进入暴食期前进行防治为宜，一般每代幼虫喷药防治 1 或 2 次，用药间隔期为 10～15 天。在新疆马铃薯甲虫发生区第一代幼虫化学防治适期一般为 6 月中旬～6 月下旬；第二代幼虫防治适期一般为 7 月下旬～8 月上旬。具体防治应根据当年的田间虫情测报结果，在技术人员的指导下，在各代低龄幼虫发生高峰期，进行喷药防治。由于马铃薯甲虫极易产生抗药性。根据近年来的研究结果和防治经验，在施药时重视采用药剂交替使用，可避免或延缓抗药性的产生。在实际防治过程中，只要抓住防治时机、合理用药，采用有机磷类、烟碱类、菊酯类、生物源类、昆虫生长调节剂类等多种类型和不同剂型的农药品种防治马铃薯甲虫，均可取得较为理想的防治效果。

（1）适宜叶面喷施的药剂及其使用量或浓度：有机磷类农药如毒死蜱乳油 432g/hm²；菊酯类杀虫剂如 Zeta-氯氰菊酯乳油 54.3g/hm²、25g/L 高效氯氰菊酯 1500 倍液；苯吡唑类杀虫剂：如氟虫腈悬浮剂 13.5g/hm²；烟碱和新烟碱类杀虫剂：如吡虫啉 18g/hm²、噻虫嗪水分散粒剂 4.5g/hm²、吡虫啉水分散粒剂 21g/hm²、啶虫脒乳油 6.75g/hm²、啶虫脒可溶性液剂 30g/hm² 等；微生物源类杀虫剂：如催杀和菜喜（放线菌多杀霉素）悬浮剂 22.5g/hm²、森乐（100 亿活芽孢/g 苏云金杆菌＋1.8g/L 阿维菌素乳油）800 倍液、植物源杀虫剂：如绿晶（3g/L 印楝素乳油）800 倍液；昆虫生长调节剂类杀虫剂：如 3％高渗苯氧威（B）500 倍液；10％呋喃虫酰肼（JS118）悬浮剂 500 倍液等。

（2）采用药剂沟施或种子处理可有效防治马铃薯甲虫危害。如在马铃薯播种期，越冬代成虫出土前，使用丁硫克百威颗粒剂，每公顷使用 1500～2250g，掺细砂拌匀后撒施、穴施或沟施进行药剂土壤处理；或用烟碱类农药 10％吡虫啉浓可湿性粉剂（imidacloprid）（或称一遍净、蚜虱净、大功臣、康复多等）1％～2％浓度的药液浸种薯块 1h 后，晾干后播种；也可直接用种量 0.05％～0.08％的 10％吡虫啉浓可湿性粉剂与用种量 5％的清水配制成药液，均匀喷施在种薯薯块表面进行拌种处理。上述药剂沟施或种子处理，可有效杀灭越冬代成虫和绝大部分一代幼虫，持效期可达 50 天以上。

4）保健栽培技术

在马铃薯甲虫发生区，合理的施肥和管理可有效提高马铃薯的耐害性。一般中等肥力土壤采取施肥技术，即每公顷施用氮肥 375kg＋磷肥 225kg＋钾肥 225kg，可显著提高马铃薯的耐害性，降低马铃薯甲虫为害造成的产量损失。尤其是适当增施钾肥，可明显减轻马铃薯甲虫的危害。

5）捕杀越冬马铃薯甲虫成虫

人工捕捉马铃薯甲虫成虫是经济的有效防治措施之一，针对早春马铃薯甲虫成虫出土不整齐、出土期长等特点，以及药剂防治难以取得理想效果，易产生抗性等问题，在新疆马铃薯甲虫发生区，在 4 月下旬～5 月中旬马铃薯甲虫越冬成虫出土期，积极动员种植户，利用马铃薯甲虫成虫具有"假死性"的习性，在田间定期（1 或 2 次/周）捕捉越冬成虫，摘除叶片背后的卵块，带出田外集中销毁，可有效压低马铃薯甲虫虫口基数，对于减轻危害，降低传播概率效果明显。

主要参考文献

国家动植物检疫局，农业部植物检疫实验所. 1996. 中国进境植物检疫有害生物选编. 北京：中国农业出版社
农业部全国植保站检疫处. 1994. 马铃薯甲虫. 北京：中国农业出版社
姚文国，崔茂森. 2001. 马铃薯有害生物及其检疫. 北京：中国农业出版社
张学祖. 1994. 马铃薯叶甲在世界的发生、分布及研究现状. 新疆农业科学，31（5）：214～217
张生芳. 1994. 由美洲引入欧洲的马铃薯甲虫天敌. 植物检疫，（6）：342，343
中华人民共和国国家质量监督检验检疫总局. 2003. SN/T 1178—2003 马铃薯甲虫检疫鉴定方法. 北京：中国标准出版社
Asscheman E. 1994. Potato Diseases：Diseases，Pest and Defects. Netherlands：Aardappelwereld
Baker M B，D N Ferro，A H Porter. 2001. Invasions on large and small scales：management of a well-established crop pest，the Colorado potato beetle. Biological Invasions，3（3）：295～306
CIE. 1991. Distribution Maps of Pests. Series A，Map no. 139
Hoy C W，Vaughn T T，East D A. 2000. Increasing the effectiveness of spring trap crops for *Leptinotarsa decemlineata*. Entomologia Experimentalis et Applicata，96（3）：193～204
International Institute of Entomology（IIE）. 1991. *Leptinotarsa decemlineata*（Say）. Distribution Maps of Pests. Series A（Agricultural）Map No. 139，2nd Revision. Wallingford：CAB International
Reed G，Jensen A，Riebe J et al. 2001. Transgenic Bt potato and conventional insecticides for Colorado potato beetle management：comparative efficacy and non-target impacts. Entomologia Experimentalis et Applicata，100：89～100

六、马铃薯甲虫防控应急预案（样本）

1. 适用范围

针对马铃薯甲虫突发事件，需要省级农业行政主管部门作出响应或更多相关职能部门给予配合与援助时，即启动本预案。

2. 预警预报

疑似马铃薯甲虫发生地的农业行政主管部门在 24h 内将采集到的马铃薯甲虫标本送

到上级农业行政主管部门所属的植物检疫机构，由省级植物检疫机构指定专门科研机构鉴定，省级植物检疫机构根据专家鉴定报告，报请农业部确认。经同级农业行政主管部门报上一级农业行政主管部门和决策领导机构，决定启动、变更和结束应急响应。在发生影响重大、损失巨大的突发事件时，省级农业行政主管部门及时向省政府和农业部报告。

3. 信息发布

疫情确认后，当地农业行政主管部门应在24h内向同级人民政府和上级农业行政主管部门报告，并迅速组织对本地区进行普查，及时查清发生和分布情况。省农业行政主管部门应在24h内将发生情况上报省人民政府和农业部，同时抄送省级林业部门和出入境检验检疫部门。

4. 马铃薯甲虫疫区、保护区的划定及响应措施

一旦局部地区发生马铃薯甲虫疫情，应划为疫区，采取封锁、扑灭措施，防止植物检疫对象传出。已普遍发生的地区，则应将周边未发生地区划为保护区，防止马铃薯甲虫传入。疫区和保护区的划定，由疫情发生当地省级农业行政主管部门提出，报当地省级人民政府批准，并报农业部备案。疫区和保护区由省级人民政府宣布确定。按照"政府组织、上下联动、部门配合、分工协作、统防统治、全面防控"的要求，具体采取"统一部署、统一指挥、统一技术、统一药械"等"四统一"，确保隔离、跟踪调查、封锁、控制、预防等措施及时到位。保护区要建立有效免疫防护带，根据疫情发生动态，采取必要的响应措施，切断主要传播途径，避免疫情的扩散蔓延。

1）马铃薯甲虫突发事件分级

依据马铃薯甲虫发生量、疫情传播速度、造成农业生产损失和对社会、生态危害程度等，将突发事件划分为由高到低的三个等级。

一级：在省（直辖市、自治区）所辖的2个或2个以上地级市（区）发生马铃薯甲虫严重危害。

二级：在1个地级市辖的2个或2个以上县（市、区）发生马铃薯甲虫危害；或者在1个县（市、区）范围内发生马铃薯甲虫严重危害。

三级：在1个县（市、区）范围内发生马铃薯甲虫危害。

2）应急响应

（1）Ⅰ级响应。发生超过Ⅰ级突发事件，由省级农业厅上报农业部应急指挥部，按照农业部《关于印发农业重大有害生物及外来生物入侵突发事件应急预案》（农办发〔2005〕9号）精神执行，经省级农业厅启动Ⅰ级应急响应。相关省辖市和疫情所发生县（市、区）政府及有关部门即启动相应的应急响应。

（2）Ⅱ级响应。地级技术咨询委员会根据各县（市）上报信息进行分析评估，并作

出突发事件Ⅱ级预警后，经地级决策领导机构决定，启动相应的应急预案，并由本级人民政府报省人民政府备案。突发事件所在地级政府及有关部门即启动相应的应急预案，开展应急处理工作。

（3）Ⅲ级响应。县级技术咨询委员会根据上报信息进行分析评估，并作出突发事件Ⅲ级预警后，经市级决策领导机构决定，启动相应的应急预案，并报省级决策领导机构办公室备案。

3）马铃薯甲虫疫情的应急扑灭与封锁控制技术

根据我国外来有害生物防控和管理的相关法律、法规和条例，结合马铃薯产区的实际，制定科学、可行的马铃薯甲虫疫情封锁扑灭、应急防控技术方案。

（1）对确认发生马铃薯甲虫疫情的寄主作物要进行彻底销毁处理（参照本技术指南应急防控技术部分）。

（2）对感染马铃薯甲虫的包装物、出现疫情的农田等要进行无害化处理（参照本技术指南应急防控技术部分）。对疫源地周围 5km 范围内的所有同种作物和来自疫区的人、畜和运载工具等实行强制处理保护，并进行销毁、疫情防疫、除害等应急防控措施。同时，对疫源地周边方圆 80km 的范围内列为重点疫情检测区，在确定的时间范围内实施连续重点监测，严密监控疫情的发生动态。

4）马铃薯甲虫疫区应采取的检疫措施

疫区内的种子、苗木及其他繁殖材料和应施检疫的植物、植物产品，只限在疫区内种植和使用，禁止运出疫区，防止马铃薯甲虫传出和扩散蔓延；一旦发生疫情，要迅速启动疫情控制预案，由县级以上人民政府发布封锁令，组织农业、铁路、民航、邮政、工商、公安等有关部门，对疫区、受威胁区采取封锁、控制和保护措施。有关部门要做好疫区内人民群众生产、生活安排，立即采取隔离预防、封闭处理、在出入疫区交通路口进行检疫检查等措施封锁疫区，严防疫情传播扩散。加强对来自疫区运输工具及包装材料的检疫和防疫处理，禁止邮寄或旅客从疫区带出种子、种苗和农产品。

5）马铃薯甲虫保护区应采取的措施

在广大的保护区，实行马铃薯甲虫疫情实时监测，掌握马铃薯甲虫疫情发生动态，构建马铃薯甲虫疫情信息处理和疫情监测技术体系。县级以上植物检疫机构要确定检疫监测员专门负责马铃薯甲虫的监测工作，建立反应灵敏的马铃薯甲虫监测网络。严格制定和执行马铃薯甲虫疫情报告和新闻报道制度，加强马铃薯甲虫检疫工作。严禁从马铃薯甲虫疫区调运种子、种苗和农产品，防止马铃薯甲虫传入和扩散蔓延。积极开展技术宣传与培训，提高公众和基层技术人员对马铃薯甲虫的防范意识。

5. 保障措施

1）财力保障

处置农业重大有害生物马铃薯甲虫突发事件所需财政经费，按财政部《突发事件财政应急保障预案》执行。严格专账专户，专款专用。

2）人力保障

疫情发生后，当地人民政府应组建由农业行政主管部门技术人员以及有关专家组成的马铃薯甲虫应急防控队伍，加强专业技术人员培训，提高应急防控队伍人员的专业素质和业务水平，为应急预案的启动提供高素质的应急队伍保障，成立防治专业队；要充分发动群众，实施群防群控。

3）物资保障

各级农业行政主管部门要分别建立防治马铃薯甲虫的药品和物资储备库，编制明细表，由专人负责看管、进入库登记。所有药品和物资的使用实行审批制度，由同级农业行政主管部门分管领导或委托专人负责严格审批。当疫情发生时，各级应急指挥部可以根据需求，征集社会物资并统筹使用。

4）技术保障

应组织相关科研教学单位专家、学者组成研究团队，进一步完善阻止和预防马铃薯甲虫的检测和清除技术，提高马铃薯甲虫种群的监测技术，为有效控制其发生和危害提供科学依据；建立消灭和控制农业重大有害生物马铃薯甲虫的综合治理技术体系，制定最佳的优选方案与组合技术；引进和推广国外先进成熟的技术成果和经验；开展马铃薯应急防控的宣传和技术指导。

6. 技术宣传与培训

在我国马铃薯主产区，进行广泛宣传和技术培训工作，提高公众和基层技术人员对马铃薯甲虫的防范意识，宣传植物检疫有关法规、规章，普及马铃薯甲虫识别与应急控制技术。具体而言，可通过广播、电视、宣传标语、举办培训班、发放相关技术资料，多途径宣传提高基层技术人员、领导干部和广大群众对马铃薯甲虫的识别、危害性和马铃薯甲虫防控工作重要性和紧迫性的认识。鼓励马铃薯产区群众发现马铃薯甲虫虫情及时报告当地检疫部门，做到早发现、早报告、早部署、早控制，及时铲除，防止疫情扩大。并提高他们的综合防治水平和防控能力，为马铃薯甲虫的有效封锁扑灭和应急防控奠定良好的基础。

7. 解除封锁和撤销疫区

在马铃薯甲虫疫区，通过连续两年监控未发现新的马铃薯甲虫疫情，经专家现场考察验收，认为可以解除封锁时，由当地农业行政主管部门向本级人民政府提供可解除封锁的报告，由当地人民政府向省级人民政府提出解除封锁申请报告，由省级人民政府发布马铃薯甲虫疫区的解除令。

本预案由省农业行政主管部门负责解释。

（郭文超）

美洲斑潜蝇应急防控技术指南

一、美洲斑潜蝇

学　　　名：*Liriomyza sativae* Blanchard，1938

异　　　名：*Liriomyza pulata* Frick，1952

Liriomyza munde Frick，1957

Liriomyza canomarginis Frick，1952

Liriomyza guytona Freeman，1952

Liriomyza propepusilla Frost，1954

英　文　名：vegetable leafminer

中文别名：蔬菜斑潜蝇、蛇形斑潜蝇、甘蓝斑潜蝇

分类地位：属双翅目（Diptera）潜蝇科（Agromyzidae）斑潜蝇属（*Liriomyza*）

1. 起源与分布

起源：美洲斑潜蝇起源于南美洲，由 Blanchard（1938）于南美洲的阿根廷紫花苜蓿 *Medicago sativa* 上首次发现并命名。

国外分布：20 世纪 40 年代末以来陆续爆发于美国佛罗里达、夏威夷等地，七八十年代又发现于大洋洲一些岛屿上，1990 年在阿拉伯半岛南部也发现此虫，分布范围仍在扩展。现广泛分布于南美洲的阿根廷、巴西、智利、哥伦比亚、法属圭亚那、秘鲁、委内瑞拉；北美洲的加拿大、墨西哥、美国；中美洲和加勒比海地区的安提瓜和巴布达、巴哈马、巴巴多斯、哥斯达黎加、古巴、多米尼加、瓜德罗普、牙买加、马提尼克岛、蒙特塞拉特岛、巴拿马、波多黎各、特立尼达和多巴哥、圣文森特和格林纳丁斯、圣卢西亚、圣基茨和尼维斯；大洋洲的关岛、密克罗尼西亚、新喀里多尼亚、瓦努阿图、马里亚纳群岛北部、美属所罗门、法属波利尼西亚、库克群岛；亚洲的阿曼、中国、日本、韩国等；欧洲的英国，芬兰等；非洲的津巴布韦等六个洲 60 多个国家和地区。

国内分布：我国自 1993 年底在海南发现该虫以来，经过几年的调查发现，我国 29 个省、自治区和直辖市已有该虫的分布。在广东、福建、湖南、湖北、江西、四川、云南、贵州、重庆、山东、北京、浙江等省（自治区、直辖市），美洲斑潜蝇已成为当地的重要害虫，并对瓜果蔬菜、烟草、棉花等经济作物和花卉造成严重危害，已成为我国农业生产上的一个突出问题。

美洲斑潜蝇具有繁殖力强，发育周期短，寄主范围广等特点，故可在短时间爆发成灾，许多国家已将其列为重要的检疫性害虫。

2. 主要形态特征（图版 24A）

（1）成虫。体型小，长 1.3~2.3mm，浅灰黑色。头部：额鲜黄色，侧额上面部分色深，近黑色，外顶鬃着生于黑色区域，内顶鬃着生于黑黄交界处，眼眶（orbit）浅褐色，上眶鬃 2 根等长，下眶鬃 2 根细小，触角三节，黄色，第三节圆形，着生的触角芒浅褐色。胸部：中胸背板黑色，无灰色绒毛，被有光泽背中鬃 3+1 根，第Ⅲ、第Ⅳ根稍短小，第Ⅰ、第Ⅱ根之间距离是第Ⅱ、第Ⅲ根之间距离的 2 倍，第Ⅱ、第Ⅲ根及第Ⅲ、第Ⅳ根之间距离约相等，小中毛不规则排成 4 列。小盾片半圆形，黄色，两侧黑色，缘鬃 4 根，中胸侧板以黄色为主，具不稳定的黑色斑纹。胸部腹面在前足与中、后足基节间为黑色。腹部：可见 7 节，各节背板黑褐色，有宽窄不等的黄色边缘；腹板黄，中央常为暗褐色，但亦有呈橙黄色；雌虫产卵鞘（第Ⅶ腹节）黑色，呈圆筒形；雄虫第Ⅶ腹节短钝，黑色；端阳体豆荚状，柄部短。足：基节黑黄色，腿节基色为黄色，但有大小不定的黑纹，最黑的标本可能全为黑色，但内侧总有黄色区域，胫、跗节通常黑色，有时棕色。翅：前翅长 1.3~1.7mm，翅腋瓣黄色，但边缘及边缘毛黑色。亚前缘脉发育不完全，前缘脉加粗达中脉 R_{1+2} 脉的末端，亚前缘脉末端变为皱褶，并终止于前缘脉折断处，中室小，R_{3+4} 脉后段为中室长度的 3 倍。平衡棒黄色。

（2）卵。椭圆形，长径为 0.2~0.3mm，短径为 0.1~0.15mm，乳白色，略透明。

（3）幼虫。蛆状，初孵化近无色，渐变淡黄绿色，后期变为鲜黄或浅橙色至橙黄色，长约 3mm；后气门突呈近圆锥状突起，顶端三分叉，各具一个小孔开口，两端的突起呈长形，共 3 龄。

（4）蛹。椭圆形，围蛹，腹面稍扁平，长 1.3~2.3mm，宽 0.5~0.7mm，椭圆形，橙黄色。后气门突与幼虫相同。脱出叶外化蛹。

3. 主要生物学和生态学特性

1）生活史

美洲斑潜蝇分卵、幼虫、蛹、成虫四个虫态。卵半透明，椭圆形，产在叶肉组织内。幼虫 3 龄，蛆状，初孵化时近无色，渐变淡黄绿色，后期变为鲜黄或浅橙色至橙黄色。初孵幼虫潜食叶肉，形成先细后宽的蛇形弯曲或蛇形盘绕虫道，其内有交替排列整齐的黑色虫粪，虫道呈不规则线状伸展，虫道端部常明显变宽，老虫道后期呈棕色的干斑块区，一般 1 虫 1 道，1 头老熟幼虫 1 天可潜食 3cm 左右长。以老熟幼虫在叶片正面潜道末端或距末端 1cm 处咬一半圆形小孔爬出，多数从叶面滚入土中化蛹，少数在叶片或叶柄上化蛹。

美洲斑潜蝇在我国南方可终年发生，无越冬现象；在北方露地自然条件下不能越冬，但可以以蛹在储藏室越冬或在温室大棚中越冬。美洲斑潜蝇在山东潍坊（36°42′N）自然条件下不能越冬，这与国外报道该虫在 35°N 以北自然环境中不能越冬是一致的。该虫在我国年发生代数南北差异较大。南方自然条件下年发生 16~24 代，华北地区 6~14 代。内蒙古赤峰市露地年仅发生 3 或 4 代，但在温室内可发生 8~11 代。内蒙古乌兰浩特市（46°N以北）是我国已报道有美洲斑潜蝇地理分布最北的城市。该市每年3月下旬～9月中旬，在保护地和露地重叠发生5或6代。吉林长白山地区发生8代、北京8或9代、天津10～12代、四川省10代左右、河南洛阳12代、江苏金湖9或10代、扬州10或11代、山东菏泽8～12代、皖西8～10代、湖南长沙9或10代、海南21～24代。山西常年发生9代，1～9代的发生期为4月下旬～10月上中旬；广东汕头16代，2～16代的发生期为4月初～翌年2月下旬。

2）主要生活习性

成虫羽化多在10～14时，田间成虫羽化高峰在上午植物叶表面露滴稍干无水渍时，羽化率88%左右，雌雄性比接近1∶1。不同温度、湿度和土壤含水量对美洲斑潜蝇成虫的羽化率都有显著的影响，其中湿度是影响成虫羽化的重要因子之一，并影响到成虫寿命、生殖力以及行为等生命活动。成虫羽化高峰出现在相对湿度为85%～95%，高湿有利成虫的羽化，湿度较低，则常出现死亡。成虫羽化借助额囊的作用从围蛹背部前端羽化而出。这一过程需5min～1h。刚羽化的成虫静伏大约25min，舒展其翅和虫体。在1h之后虫体充分硬化和体色加深，表现出趋光特性。雄虫常先于雌虫羽化。羽化后18～24h可交配产卵，交尾时间短的约为1/4h，长的1.2h，最长的可达3h以上。雌成虫以产卵器刺破叶片表皮，卵产于管形刺伤点中，多分布在叶尖或叶缘，严重时布满叶片。成虫具有趋黄性（对浅黄、中黄趋性最强）、夜伏昼出性、趋光性（向光面成虫数是背光面的10倍）、趋化性、趋上性（上部叶片的成虫数占调查总数的77.5%）和趋嫩性。成虫产卵前期1.2天±0.5天（32.5℃）至2.9天±0.5天（20℃），产卵期7.8天±2.5天（32.5℃）至21.9天±5.8天（20℃），平均产卵量与温度呈抛物线关系，产卵量于27.5℃时最高，达（146.9±10.3）粒。

成虫扩散习性：美洲斑潜蝇成虫的扩散具一定的规律性，在蔬菜田越冬蛹羽化为成虫后，开始传播的速度很慢，一般从前作向早春作物如西瓜、香瓜、黄瓜、豇豆等作物扩散。种群密度以发生源中心最大，随着距离的增加，种群密度逐渐下降。作物种类、生育期可影响美洲斑潜蝇的迁移和为害。

卵孵化幼虫后，立即开始在叶片内取食叶肉组织，刚开始为害时，在叶片上出现浅绿色的丝状虫道，随着虫龄的增长，形成由细渐粗的弯曲或缠绕的蛇形虫道，虫道宽度由窄变宽，末端膨大，黑色虫粪交替排列在虫道两侧。幼虫每天取食叶片的长度为4～12mm，虫道长度一般在36mm以上，最长可达57.8mm；取食宽度：1龄为0.1～0.3mm，2龄0.3～0.7mm，3龄0.8～1.2mm，幼虫存活率很高，达95%以上。幼虫在作物上分布以中下部为主。

化蛹：老熟幼虫化蛹前停止取食，常在潜道末端叶片表皮划开一半圆形的开口爬出潜叶道，在叶表面爬行2～5min，掉落地面爬至背对阳光的荫蔽场所化蛹。

化蛹的位置受温度的影响较大，7～8月气温超过30℃时，幼虫全部在地面化蛹。9～10月，在叶片上化蛹数逐渐增多，10月中旬达到32.4%。幼虫具有负趋性和正趋性。4～8月，常具负趋性，主要由于环境条件引起（光照和温度）；9～10月则呈现出正趋性。幼虫老熟后钻出虫道化蛹，有的直接在叶面化蛹，有的落到地面化蛹，叶面上

的蛹也大量落入土中。在土表 0～1cm 土层中化蛹者占 70.2%，1～2cm 土层中占
24.3%，2～3cm 土层中占 2.7%。

3）主要生态学特性

（1）光照。美洲斑潜蝇对光谱的反应是很敏感的，对橙色、黄色和绿色有较强的趋
性，以波长 350～490nm 的橙黄色对斑潜蝇吸引力最强，所以黄卡对斑潜蝇成虫有吸引
力，黄色比其他颜色更能吸引斑潜蝇成虫，所以带黏性的黄色卡片是有效的监测工具。

（2）光周期。美洲斑潜蝇各虫态对光照周期都有反应。美洲斑潜蝇幼虫可在长光周
期（有明暗比）的前 5h 孵化，在连续光照条件下都可孵化。连续光照和光照与黑暗交
替节律对美洲斑潜蝇幼虫离叶及成虫羽化有时显的影响。在连续光照条件下，幼虫离叶
化蛹和成虫羽化都可发生；在光照与黑暗交替的节律下，幼虫离叶化蛹及成虫羽化则主
要发生在光周期，特别是 7：00～13：00。在成虫羽化过程中，在长光照（有明暗比）
条件下几乎所有的蛹（98.5%）可以羽化为成虫，在光照阶段的前 7h 之内，羽化率为
69%，而在连续光照条件下，羽化在 24h 内都可发生。

美洲斑潜蝇成虫在田间主要集中在作物的上部叶区活动，上部叶区的成虫数占调查
总数的 77.5%；向光面成虫数是背面的 10 倍。前蛹的负趋光性是影响蛹分布的重要的
原因之一。蛹的田间分布主要集中在叶片的中下部，中部四周叶片的蛹占调查总数的
65.7%，下部叶片的蛹占调查数的 14.3%。

蛹对光的反应表现在蛹历期的长短上。不遮光的蛹历期正常，羽化率高。夏季蛹历
期为 6～10 天，秋季为 9～25 天，羽化率为 95%～100%；遮光的蛹历期延长 10 天左
右，羽化率下降；夏季羽化率为 60%，秋季羽化率仅为 10% 左右，其余蛹仍为有效蛹。
光是导致美洲斑潜蝇世代重叠的重要因子之一，因为美洲斑潜蝇的蛹在田间的分布位置
不同，所接受的光强、光质亦有差别，因而导致不同位置蛹的历期不同，从而影响世代
重叠。美洲斑潜蝇成虫的向光性，决定了其在作物上的分布位置。

（3）温度。美洲斑潜蝇是喜温生物，其发育速率、历期受温度影响，蛹在温度过
高、过低的条件下发育受到抑制。美洲斑潜蝇完成一个世代所需要的总有效积温为
241.07 日·度，发育起点温度为 10.74℃，卵、幼虫、蛹的发育起点温度分别为
9.47℃、10.81℃ 和 10.96℃，其有效积温分别为 39.20 日·度、65.97 日·度和
136.40 日·度。完成一个世代需 11.91～68.53 天。美洲斑潜蝇在 15～31℃ 范围内，随
温度升高，发育历期缩短，但蛹在 35℃ 恒温下发育受到抑制，不能羽化，30℃ 时种群
的内禀增长力最大，是发育的最适宜温度。

美洲斑潜蝇的扩散靠其强大的飞行能力。21～23℃ 是飞行的适温区，适飞温度
33℃，飞行距离可达 0.95km，靠空气进行远距离传播。18℃ 以下难以起飞。

（4）湿度。湿度对美洲斑潜蝇的影响主要表现在对蛹的生长发育与存活方面。相对
湿度和土壤含水量对蛹的存活及成虫羽化影响很大，高温低湿及高温高湿对成虫羽化均
不利。20～30℃ 时，蛹存活及羽化最适宜的相对湿度为 65% 和 85%，相对湿度低于
45% 或者高于 95% 时羽化率都低于 60%；土壤含水量在 25% 时，成虫羽化率在 84% 以
上，当含水量达到 40% 时，大部分蛹都不能正常羽化。短期暴雨对美洲斑潜蝇蛹的存

活没有明显影响，大暴雨和连续降雨时，雨水冲刷、浸泡、土壤积水、湿度大，常致美洲斑潜蝇幼虫、蛹和成虫大量死亡，因此多雨水季节美洲斑潜蝇种群密度下降显著。

（5）寄主种类及布局。蔬菜栽培品种不同，其受害程度也不相同。四季豆为最嗜好寄主，豇豆、丝瓜、番茄、黄瓜、南瓜、茄子为次嗜好寄主，辣椒、甜椒、葫芦为非嗜好寄主。美洲斑潜蝇的发生量与危害程度与寄生作物布局有很密切的关系。美洲斑潜蝇喜食的豆类、瓜类，其种植面积大、种植时间长、复种频率高，极有利于该虫的发生与为害，有利于该虫产卵。因此，在嗜好蔬菜上产卵量多，同时孵化率高。反之，一些新蔬菜区、集中种植蔬菜区、非嗜好蔬菜种植面积大的地区，美洲斑潜蝇发生较轻。

（6）天敌。美洲斑潜蝇的天敌昆虫越冬期间以捕食性天敌为主。越冬代美洲斑潜蝇蛹种群数量下降的主要因素之一，是美洲斑潜蝇越冬蛹在较长的 4～5 个月时间里被天敌大量捕食的结果。6～11 月作物生长季节以寄生性天敌昆虫为主。美洲斑潜蝇寄生性天敌有 4 科 13 属 50 余种，全部为幼虫或幼虫-蛹寄生蜂。自然条件下，天敌尤其是寄生蜂对控制美洲斑潜蝇危害起重要作用。在不施药的田块，寄生率可达 42.7%～68.4%，一般情况下只有 15%～20%，经常施药的田块，寄生率就很低，不到 2%。另外，寄生率的高低还与当时的温度、作物的生育期和作物种类有密切的关系。

4. 寄主范围

美洲斑潜蝇目前已有报道的寄主植物达 26 科 312 种，为害蔬菜达 80 余种。主要寄主植物有葫芦科的黄瓜、甜瓜、西葫芦、西瓜、冬瓜、节瓜、白瓜、丝瓜、无棱丝瓜、南瓜、青瓜、蛇瓜、毛瓜、水瓜、蜜瓜、苦瓜、瓠瓜、佛手瓜、蒲瓜、白瓜等，豆科的菜豆、豇豆、豌豆、木豆、羽扁豆、兰豆、玉豆、青豆、峨眉豆、刀豆、白银豆、大豆、荷兰豆、蚕豆、绿豆、红豆、龙须豆、压草豆、落花生、紫花苜蓿、白香草木犀、利马豆（金甲豆），茄科的茄子、香茄、番茄、马铃薯、辣椒、烟草、龙葵等。次要寄主植物有十字花科的大白菜、小白菜、包心菜、花椰菜、芥菜、生菜、萝卜、莲花白、塘葛菜、蔓菁、芥蓝、雪里蕻等，伞形科的芹菜、胡萝卜、香菜等，藜的菠菜、土荆芥，苋科的苋菜，百合科的洋葱、大葱、蒜，落葵科的落葵，旋花科的蕹菜，锦葵科的冬寒菜、棉花，大戟科的蓖麻等；其他寄主植物还有菊科的菊花、莴苣、向日葵、万寿菊、茼蒿、紫菀、金盏花、大丽花、牛膝菊、百日菊、大叶青蒿、菊芋、艾草、小臭菊、秋菊等，茜草科的满天星，芍药科的芍药，金莲科的金莲花，天胡荽科的天胡荽属（*Hydrocotyle*），唇形花科的水苏属（*Stachys*），豆科的羊蹄甲属（*Bauhinia*）、木蓝属（*Indigofera*）、野豌豆属（*Vicia*）、山蚂蝗属（*Desmodium*）和车轴草属（*Trifolium*），锦葵科的黄花棯属（*Sida*）、戟叶葵属（*Anoda*），辣木科的辣木属（*Moringa*），西番莲科的西番莲属（*Passiflora*），车前科的车前属（*Plantago*），茄科的夜香树属（*Cestrum*）和曼陀罗属（*Datura*）等。其中瓜类（黄瓜、冬瓜、西瓜、甜瓜、丝瓜等）、豆类（豇豆、刀豆、扁豆、豌豆、蚕豆等）、茄果类（番茄、辣椒、茄子等）蔬菜受害较重。严重的受害株率 100%，叶片受害率 70%。

5. 发生与危害

美洲斑潜蝇在南方温暖和北方温室条件下，全年都能繁殖，一年可发生十多代。深圳、广州等南方一些地区，美洲斑潜蝇常年都有为害。冬春两季气温较低，大田美洲斑潜蝇主要以蛹在土表越冬，少数在留种的茼蒿、荷兰豆、番茄或芥蓝等作物上以幼虫形态越冬。3 月底，越冬代斑潜蝇连续羽化迁移到大田叶菜幼苗取食和产卵。4 月初为第1 代成虫羽化，中旬进入第 2 代幼虫期，并在 4～6 月形成第 1 个高峰期。随着温度的升高，斑潜蝇的发育周期逐渐缩短，并出现世代重叠，多世代多种群为害。温度超过34℃该虫的发生受到抑制，11 月以后逐渐下降，12 月～翌年 3 月发生量小。在北京地区，田间 5 月初见，7 月中旬～9 月中下旬是主要为害时期，10 月虫量逐渐减少。保护地种植条件下有两个发生高峰期，即 5～6 月和 10～11 月。该虫在北京地区露天条件下不能越冬，保护地是主要的越冬场所。由于美洲斑潜蝇年发生世代多，世代历期短，各虫态历期一般以成虫期最长，蛹期其次，卵期最短，所以美洲斑潜蝇从第 2 代以后成虫、卵、幼虫、蛹往往同进并存，田间世代重叠的现象十分严重。

美洲斑潜蝇的发生与环境有很大关系。一是与寄主有关，美洲斑潜蝇寄主植物比较多，当田间同时种植瓜、菜、豆类等作物时，成虫即可转移、扩散和为害。二是与气候有关，气温在 15～35℃，幼虫即可活动，最适温度为 25～30℃。降水也有影响，主要是由于该虫虫体小，抗暴风雨和连续降雨能力差，易受冲刷。当遇这些条件时，自然死亡率较高。同时，土壤积水和温度高对蛹的发育极为不利。虽然干旱对该虫的发生不利，但蔬菜田一般灌溉条件较好，田间小环境仍然有利于美洲斑潜蝇的发生与为害。

美洲斑潜蝇繁殖能力强，世代短，成虫和幼虫均可造成为害。它们对植物的为害和影响主要是：①传播疾病；②使幼苗死亡；③导致减产；④加速落叶；⑤降低植物观赏价值；⑥使一些本不需要检疫的植物进行检疫。

成虫产卵、取食都能造成危害。雌虫刺破叶片上的表皮，舐食汁液，并产卵其中。雄虫虽不刺伤叶片，但也在被雌虫刺伤过的叶片伤孔中取食汁液。成虫的取食、产卵使叶表面留下许多白色斑痕，可以使叶片水分大量蒸发；刺孔破坏叶肉细胞和叶绿体，导致叶片枯黄，光合作用面积减少，植株生长发育缓慢。番茄的受害叶片的光合作用率比正常的减少 62％。豇豆的受害叶片光合作用率比正常的减少 57％。同时，由于有伤口存在，容易使病菌侵入，造成病害的发生和流行。危害果实时，使果面留下白色斑点和虫道。叶背面虫量较少，卵在叶内孵化以后，幼虫蛀食上下表皮之间的叶肉组织，形成干褐区域的黄白色虫道，虫道由细渐粗，蛇形弯曲，不规则，受害严重的植株，斑潜蝇幼虫的虫道布满整个叶片，导致叶片脱落、枯死，幼苗则可整株死亡，直接影响到各类瓜果豆叶菜的产量。被为害的叶菜不便于食用，观赏植物被为害后出现难看的虫道和取食点，降低植物的观赏价值，外观大受影响，造成巨大损失。例如，阿根廷曾有紫花苜蓿被害株率达 80％的记录；1947 年，美国佛罗里达州有马铃薯植株因斑潜蝇严重危害，叶子变褐，呈灼烧状，有的植株被害致死。豆类和葫芦瓜类幼苗期可严重被害，后者可致绝收。红菜幼苗严重被害则会死亡，其他幼苗被害则延长生长导致作物损失。在美国，自 1952 年以来，美洲斑潜蝇已成为得克萨斯州辣椒生产的主要问题。在佛罗里达

州，斑潜蝇的严重为害，曾经使番茄的产量显著减产；在加利福尼亚州，仅 1981～
1985 年就损失 9300 万美元。1995 年美洲斑潜蝇在我国 21 个省（市、自治区）的蔬菜
产区爆发为害，受害面积达 $1.488 \times 10^6 \mathrm{hm}^2$，减产 30％～40％。

6. 传播与扩散

美洲斑潜蝇成虫飞行能力有限，据报道，在无风温室中，7 天内飞行扩散 21.5m，
而雄虫平均只飞行扩散 18.0m，因此美洲斑潜蝇自然扩散能力较弱。远距离传播以随寄
主植物的调运为主要途径：主要靠卵和幼虫随寄主植株、切条、切花、叶菜、带叶的瓜
果类豆菜或作为瓜果类豆菜铺垫、填充、包装物的叶片，或蛹随盆栽植株、土壤、交通
工具等远距离传播。其中以带虫叶片作远距离传播为主，茎和蔓等植物残体夹带传播次
之。鲜切花可能是一种更加危险的传播途径，应该引起注意。

图版 24

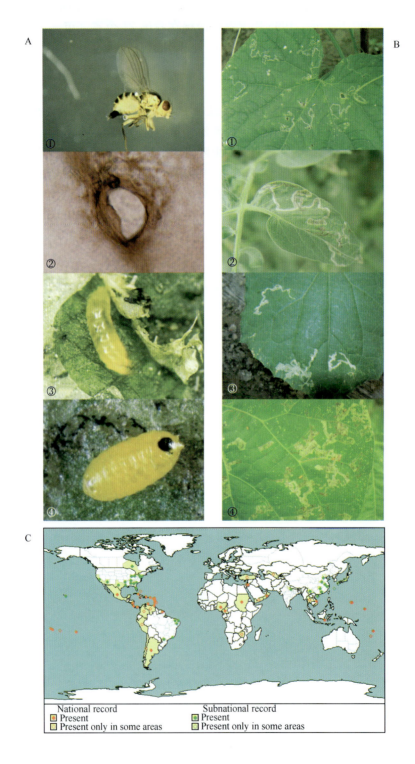

图版说明

 A. 美洲斑潜蝇各虫态
  ①成虫（雌）
  ②卵
  ③幼虫
  ④蛹

 B. 美洲斑潜蝇在蔬菜上的为害状
  ①黄瓜叶
  ②番茄叶
  ③南瓜叶
  ④四季豆叶

 C. 美洲斑潜蝇的地理分布（2006 年 9 月 19 日数据）
  红色代表仅有该国家或地区的分布数据
  绿色代表有国家以下行政区划的分布数据
  实心代表分布相对普遍
  空心代表仅在某些地方有分布

图片作者或来源

 A①～③，B①～④. 由作者提供
 A①. 吕要斌
 A②，B④. 贝亚维
 A③，B①～③. 林文彩
 A④. 由作者引自 http://www.padil.gov.au
 C. 下载自 EPPO，图片地址：http://www.eppo.org/QUARANTINE/insects/Liriomyza_sati-vae/ LIRISA_map.htm，最后访问日期：2009-12-8

二、美洲斑潜蝇检验检疫技术规范

1. 范围

 本规范规定了美洲斑潜蝇的检疫检验及检疫处理操作办法。

 本规范适用于农业植物检疫机构对美洲斑潜蝇的卵和幼虫随寄主（包括蔬菜、瓜类及菊科、豆科、葫芦科、茄科、十字花科、锦葵科、苋科、伞形花科作物、花卉等）植株、切条、切花、叶菜、带叶的瓜果类豆菜或作为瓜果类豆菜铺垫、填充、包装物的叶片，或蛹随盆栽植株、土壤、交通工具的检疫检验和检疫处理。

2. 产地检疫

 1）产地检疫

 指本规范适用的植物生产过程中的全部检疫工作，包括田间调查，室内检疫及出证。

2）田间调查

在疫情不明的地区，于 8～10 月对适用植物及田边杂草进行逐田踏查；在美洲斑潜蝇发生区，应在适用作物生产阶段进行 2 或 3 次疫情调查。

3）田间初步鉴别

成虫（雌虫）取食叶片成不规则的白色斑点，直径 0.1～0.15mm，产卵点小（0.05mm），产卵孔圆而一致；幼虫体鲜黄色，蛀食叶肉，虫道白色。沿叶脉呈蛇形盘绕，黑色虫粪交替排在蛀道两侧，蛀道随幼虫生长而逐渐加宽，终端常常明显变宽。老熟幼虫爬出蛀道在叶面和土壤中化蛹。蛹初为鲜黄色，后为黄褐色。8～10 月，田间叶片上可见大量的蛹。

4）室内检验

（1）卵的检验。

将采回的叶片放入乳酸酚的品红溶液中煮 5min，然后冷却 3～5h 用温水冲洗，将叶片放在盛有温水的玻璃皿中，将染色完成的叶片放在解剖镜下检验，被染成污黑色的斑点为斑潜蝇的卵，而取食孔为环状斑，中间颜色较浅。

（2）幼虫和蛹的检验。

用昆虫针将标本刺几个孔后放进约 2mL 浓度为 2.5mol/L 的氢氧化钾的小坩埚中微火煮沸，经 5～10min，取出虫体在清水中冲洗杂质，置玻片上，加滴乳酚油，在解剖镜下整理虫体，盖上玻片，在 400 倍显微镜下观察虫体的后气门，有一对形似圆锥的后气门，每侧后气门呈三叉状，各具一气孔开口。

（3）成虫的检验。

头部：额部稍突于眼，上额眶鬃和下额眶鬃均 2 对，触角第 3 节小，圆，明显被毛。中胸背板：背中鬃 3+1 式，第 3 和第 4 根细弱；第 1 和第 2 根的距离达第 2 根和第 3 根距离的 2 倍，第 2、第 3 和第 4 根等距；中鬃排成不规则 4 列。颜色：头及触角和颜面黄亮；眼后绿黑，外顶鬃着生于黑色区域，内顶鬃着生在黄黑交界处。小盾片黄色，足腿节和基节鲜黄色，茎节和跗节色深，前足棕黄色，后足棕黑色，翅腋瓣黄色，缘毛为黑色。

雄成虫外生殖器：端阳体具圆锯齿状外缘，中阳体后段暗色，精泵具短柄，叶片略不对称，背针突末端具 1 齿。

5）出　证

经田间调查和室内检验，未发现美洲斑潜蝇的适用植物及其产品，可签发"产地检验合格证"。对田间检查发现有美洲斑潜蝇的田块应签发"控制除害通知单"。

3. 调运检疫

1）准备工作

（1）凭介绍信（或身份证）受理并审核农业植物调运检疫报验申请单，调入地提交要审核的农业植物检疫要求书，复检时核查植物检疫证书。

（2）向申报人查询货源安排、运输工具、包装材料等情况，准备检疫工具，确定检疫时间、地点和方法。

2）现场检疫

（1）检查内容。

现场应检查适用植物及其产品、包装材料、运载工具、堆放场所等，有无美洲斑潜蝇各虫态；寄主植物的叶、茎、蔓等植株残体上是否有美洲斑潜蝇的各虫态，复检时应检查调运产品与检疫证书是否相符。

（2）抽样。

根据不同适用植物产品、不同包装、不同数量（表1），分别采用对角线5点取样或分层设点等方法取样。

表1　现场抽样标准

种类	按货物总件数抽样百分率/%	抽样最低数
种子类	≥4000kg 的 2～5	10 件
	<4000kg 的 5～10	
叶菜	>10 000 株的 3～5	100 株
花卉类	<10 000 株的 6～10	
瓜及果实类	0.2～5	5 件或 100kg

注：散装种 100kg 为 1 件，苗木 100 株为 1 件。不足抽样低数仍全部检验。

用肉眼或手持放大镜直接观察样品。

对现场检查中发现的可疑为害叶片、虫态应进行室内检验，检验方法参照本规范 2 中 4）。

3）评定与签证

（1）评定。根据现场或室内检验结果，对受检植物及其产品进行评定。

（2）签证。对未发现美洲斑潜蝇的植物产品签发植物检疫证书并放行，复检不签证。

发现带有美洲斑潜蝇的植物产品，调入未发生区的应做销毁处理；调入发生区的应先做除害处理，然后使用；从发生区调出的适用植物及其产品做消毒除害处理后，可签证放行，但仅限调往发生区；发生区的瓜类、果实类产品禁止带叶运输。

4. 检验及鉴定

（1）田间为害症状鉴定。成虫取食点呈白色斑点，直径 0.10～0.15mm，产卵点小

（0.05mm）且较一致，幼虫蛀食叶表皮、叶肉，虫道白色，沿叶脉呈蛇形不规则盘绕，黑色虫粪交替排在蛀道两侧，蛀道随幼虫成长而加宽，终端明显变宽。老熟幼虫爬出蛀道在叶面或土壤中化蛹。若有可疑为害状，采集标本带回室内鉴定。

（2）卵的鉴定。将采回的叶片放入乳酸酚的品红溶液煮 3～5min，然后冷却 3～5h，用温水冲洗，将叶片放在盛有温水的玻璃皿中。染色完成的叶片放在解剖镜下检验。被染成黑色的斑点为斑潜蝇的卵，取食孔为环状斑，中间颜色较浅。

（3）幼虫和蛹的鉴定。检查作物的叶片、茎、蔓和与植株枝叶垂直覆盖的地面，发现幼虫、蛹，带回室内鉴定。用昆虫针将标本刺几个孔后放进约 2mL 浓度为 2.5mol/L 的 KOH 的小坩埚中煮沸 5～10min 后，取出虫体在清水中冲洗杂质，置玻片上，加滴乳酚油，在解剖镜下整理虫体，盖上盖玻片，在 400 倍显微镜下观察虫体的后气门，有一对形似圆锥的后气门，每侧后气门开口于 3 个气孔。

（4）成虫鉴定。成虫形态小，体长 1.3～2.3mm，雌虫较雄虫体稍大，翅长 1.3～1.7mm，前缘脉加粗达中脉 M_{1+2} 脉的末端，亚前缘脉末端变为一皱褶，并终止于前缘脉折断处，中室小，M_{3+4} 脉后段为中室长度的 3 倍。头部：额部稍突于眼，上额眶鬃和下额眶鬃均为 2 对；触角第三节小、圆，明显披毛。中胸背板：黑色有光泽，背中鬃 3+1 式，第 3 根和第 4 根细弱；第 1 根和第 2 根的距离为第 2 根和第 3 根距离的 2 倍，第 2、第 3 根的距离和第 3、第 4 根的距离约相等；中鬃排成不规则 4 列。颜色：头，包括触角和颜面亮黄色；眼后缘黑色，外顶鬃着生于黑色区域，内顶鬃着生在黄黑交界处；成虫小盾板黄色，足腿节和基节鲜黄色，胫节和跗节色深，前足棕黄色，后足棕黑色；腹部大部分黑色但背板边缘黄色，翅腋瓣黄色，缘毛为黑色。雄虫外生殖器：端阳茎腹面观壶形，腹部 6 不特别肥大，边缘波状。

因三叶草斑潜蝇（*L. trifolii*）、番茄斑潜蝇（*L. bryoniae*）、南美斑潜蝇（*L. huidobrensis*）与美洲斑潜蝇的形态颇为相似，较易混淆，可按附录 A、附录 B、附录 C 鉴定。

5. 检疫处理和通报

（1）严格检疫制度对应检物品严格实施检疫，严禁从疫区调运果菜。未发生地区建立保护区，发生地区严禁将带有美洲斑潜蝇的秧苗、残株和叶菜类蔬菜外运，即使外运也要熏蒸或冷冻处理，确保无虫，减少传播概率。控制美洲斑潜蝇向未发生的地区蔓延。

（2）在调运检疫或复检中，发现寄主植物的叶、茎、蔓等植株残体及其包装材料、运载工具，堆放场所等有美洲斑潜蝇的各虫态，应全部检出清理或销毁。

（3）产地检疫中发现美洲斑潜蝇后，应根据实际情况，启动应急预案，立即进行应急治理。疫情确定后一周内应将疫情通报给对植物和植物产品调运目的地的农业外来入侵生物管理部门和农业植物检疫部门，以加强目的地监测力度。

附录 A　美洲斑潜蝇形态特征

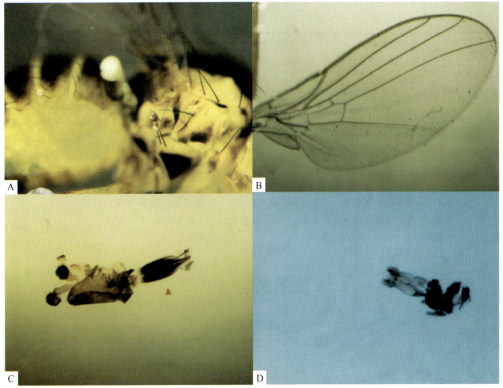

A.雌成虫中胸侧板(吕要斌 摄)；B.雌成虫前翅；C.雌成虫外生殖器；D.雄成虫外生殖器 (B~D　贝亚维 摄)

附录 B　美洲斑潜蝇及其近缘种检索表
（张维球和吴佳教，1997）

1. 成虫头顶的内外顶鬃着生处黄色 ·· 2
   成虫头顶的内外顶鬃着生处暗黑色 ··· 3
2. 成虫胸背板灰黑色无光泽，前翅 M_{3+4} 后段为中室长度的 3~4 倍 ········· 三叶草斑潜蝇 L. trifolii
   成虫胸背板灰黑色具光泽，前翅 M_{3+4} 后段为中室长度的 2.5 倍 ········· 番茄斑潜蝇 L. bryoniae
3. 成虫头顶外顶鬃处暗黑色，各跟前股节暗黑色；前翅 M_{3+4} 后段为中室长度的 1.5~2.0 倍 ········
   ·· 南美斑潜蝇 L. huidobrensis
   成虫头顶外顶鬃着生处黑色，内顶鬃生于黄黑交界处；各足股节黄色；前翅 M_{3+4} 后段为中室长度
   的 3 倍 ·· 美洲斑潜蝇 L. sativae

附录 C 美洲斑潜蝇与其他近似种主要特征比较
（刘元明，1998）

特征	美洲斑潜蝇 *L. sativae*	南美洲斑潜蝇 *L. huidobrensis*	番茄斑潜蝇 *L. bryoniae*	三叶草斑潜蝇 *L. trifolli*
成虫体长	1.3～2.3mm	1.3～2.3mm	2mm 左右	1.3～2.3mm
成虫特征	内顶鬃着生在黄色区，外顶鬃着生在黄色或黄黑交界处，中胸背板亮黑色有光泽；中胸侧板有不规则褐色斑翅 M_{3+4} 脉末段为次末段的 3～4 倍；阳茎端长壶状；前足色淡，后足色暗，基、腿节黄色，胫、附节褐色	内、外顶鬃均着生在黑色区，中胸侧板有灰黑斑，翅 M_{3+4} 脉末段为次末段的 1.5～2 倍；阳茎端双鱼形，足基部黄色，腿节有黑斑，内侧黄色，胫、跗节色很暗	内、外顶鬃均着生在黄色区，中胸侧板有褐色纵条纹，翅 M_{3+4} 脉末段为次末段的 2～2.5 倍；阳茎端双卵形，三足相同，茎腿节黄色，有线褐斑，胫、跗节色稍暗	内、外顶鬃均着生在黄色区，中胸背板灰黑粉状；中胸侧板全部黄色，下缘有黑色纹，翅 M_{3+4} 脉末段为次末段的 3 倍；阳茎端短壶状；足茎、腿节黄色有灰褐纹，胫、跗节有淡褐
卵大小	(0.2～0.3)mm×(0.1～0.15)mm	0.28mm×0.15mm	0.23mm×0.15mm	(0.2～0.3)mm×(0.1～0.15)mm
幼虫体色	淡黄至金黄	黄色	淡黄色、老熟幼虫前半部金黄色	淡黄至金黄
幼虫、蛹后气门形态	3 叉状	6 或 7 个气门孔扇形	7～12 个气门孔	3 叉状、3 个气门孔
化蛹习性	叶片外或土表化蛹	虫道终端化蛹	叶片上、下表皮或土表化蛹	叶片外或土表化蛹
为害状	叶片上表皮，出现典型蛇形虫道，终端扩大，排泄物呈虚线状	虫道沿叶脉伸展，虫道粗宽，常呈块状，并可出现在叶片的下表皮	虫道在上表皮，不规则线状伸展，终端可明显变宽，虫道较宽，在叶面表皮隐约可见	虫道在上表皮呈不规则线状伸展，终端不明显变宽

三、美洲斑潜蝇调查监测技术规范

1. 范围

本规范规定了对美洲斑潜蝇进行调查和监测的方法和技术要求。

本规范适用于技术人员对美洲斑潜蝇进行的调查和监测。

2. 调查

1）卵的取样和监测方法

（1）镜检法。

将田间采回的叶片带回实验室显微镜下检测，并统计数量。

（2）染色法。

将采回的叶片放入乳酸酚的品红溶液煮 3～5min，然后冷却 3～5h，用温水冲洗，将叶片放在盛有温水的玻璃皿中。染色完成的叶片放在解剖镜下检验，并统计数量。被染成黑色的斑点为斑潜蝇的卵，取食孔为环状斑，中间颜色较浅。

2）幼虫的取样和监测方法

幼虫田间密度调查。瓜、豆类藤生作物在生长前期，按对角线 5 点取样，定点整株调查，每点查 20 片叶；生长中、后期，对角线 5 点取样，分段调查，从心叶往下，按上、中、下每点调查 20 片叶；直生型作物和叶菜类蔬菜生长前期采取定点整株调查，生长中后期则以分枝为单位调查，调查每 1/15hm² 不少于 200 片叶。可采取随机取样（近期被害叶片），检查虫道内幼虫数、虫道数、株被害率及叶被害率。一般 6～7 天调查 1 次，并进行详细记录，在 8～10 月，每 2～3 天调查 1 次。

3）蛹的取样和监测方法

瓜、豆类及番茄等作物，在生长中后期，适宜用蛹盘法进行虫情监测。可用市售塑料筐（30cm×20cm×10cm，带网眼）作蛹盘，用白的确良布缝制一个衬里铺在里面并固定，在塑筐四周涂一圈防蚊粉，将蛹盘用 15cm 支架托起，平行放置两排交叉的竹篱之间。每种类型田块放置 5 个蛹盘，每 2～3 天收集统计并清理蛹盘。

4）成虫的取样和监测技术

（1）扫网法。

每周或每两周在田间用扫网来收集成虫，收集到的成虫立即投入酒精瓶中，按每个取样单位分装。然后将这些标本样品带回实验室计算。这种方法在瓜类和果菜类蔬菜结果时取样受到一定的限制。

（2）黄卡法。

将粘蝇黄卡放置在作物的顶部，一般菜田设置 5 张，每张相距 5m，主害代每 2～3 天检查 1 次诱测的虫量，并详细记载诱集到的成虫数量。每次调查后，更换粘蝇卡，便于下次调查。

5）结果统计和计算方法。

（1）
$$被害株率/\% = \frac{被害株数}{调查总株数} \times 100\%$$

注：只要有产卵取食孔或潜叶道均为被害株。

（2）
$$百叶虫量 = \frac{被调查叶片虫量}{调查总叶片数} \times 100$$

（3）发生面积估算。

$$发生面积 = \sum Ni \cdot S$$

式中，S 为作物种植面积；Ni 为 2 级以上田块百分率，$Ni =$（2 级以上田块/调查总田块数）$\times 100$。

（4）危害损失估算。

$$平均损失率(Di) = \sum D \cdot Ni$$

式中，D 为各级损失率；Ni 为 2 级以上田块百分率。

$$自然损失率(XT) = T \cdot Ai \cdot Di$$

式中，T 为寄主作物总体产量；Ai 为寄主作物种植面积/发生面积。

$$挽回损失量(XU) = XT \cdot Bi \cdot Be$$

式中，Bi 为发生面积/防治面积；Be 为防治效果。

$$实际损失量(XE) = T \cdot Bi \cdot Di$$

（5）幼虫分龄标准（表 2）。

表 2　幼虫分龄标准

龄期	蛀食长度	体色
1 龄	1.0cm 以下	幼虫体无色
2 龄	1.0～2.2cm	幼虫体淡橙黄色
3 龄	2.2cm 以上	幼虫体橙黄色

（6）叶片受害分级标准（表 3）。

表 3　叶片受害分级标准

级别	叶片被害面积占叶片总表面积（P）
0 级	无蛀食
1 级	$P \leqslant 5\%$
3 级	$5\% < P \leqslant 10\%$
5 级	$10\% < P \leqslant 20\%$
7 级	$20\% < P \leqslant 50\%$
9 级	$P > 50\%$

3. 样本采集与寄送

在调查中如发现可疑美洲斑潜蝇，用 75％酒精浸泡，标明采集时间、采集地点及采集人。送外来物种管理部门指定的专家进行鉴定。

4. 调查人员的要求

要求调查人员为经过培训的农业技术人员，掌握美洲斑潜蝇的形态学、生物学特性，危害症状以及美洲斑潜蝇的调查监测方法和手段等。

5. 结果处理

调查监测中，一旦发现美洲斑潜蝇，严格实行报告制度，必须逐级上报，定期逐级向上级政府和有关部门报告有关调查监测情况。

四、美洲斑潜蝇应急控制技术规范

1. 范围

本规范规定了美洲斑潜蝇新发、爆发等生物入侵突发事件发生后的应急控制操作方法。

本规范适用于各级外来入侵生物管理机构和农业技术部门在生物入侵突发事件发生时的应急处置。

2. 应急控制方法

对成片发生区域可采用分步施药、最终灭除的方式进行防治，首先在美洲斑潜蝇发生区进行化学药剂直接处理，防治后要进行持续监测，发现美洲斑潜蝇再根据实际情况反复使用药剂处理，直至2年内不再发现美洲斑潜蝇为止。根据美洲斑潜蝇发生的生境不同，采取相应的化学防除方法。

3. 注意事项

在防治美洲斑潜蝇上要采用单剂交叉使用，尽量避开混用，防止美洲斑潜蝇抗药性急剧增加。在防治策略上要抓"早"抓"准"两个字。"早"是指在田间要及早发现，一般是发生初期每10天查1次，严重时每4天查1次，及时掌握虫情虫态。集中成片种植的蔬菜基地采取统防统治，防止乱打药，保护利用好天敌；零星种植区要采取综合防治和挑选治理的方法。防治技术要在成虫活动高峰和幼虫1~2龄期，从植株上部向下部，从外部向内部喷药，从叶正面向叶下面喷，及时注意土壤表面喷药和田边杂草的防治。选择较好的喷雾技术，如静电喷雾技术是植物保护施药的新技术。

五、美洲斑潜蝇综合治理技术规范

1. 范围

本规范规定了美洲斑潜蝇综合治理的操作方法。

本规范适用于各级部门对美洲斑潜蝇的综合治理。

2. 综合防控措施

1）农业防治

（1）合理布局、间套种植及调整播种期。因地制宜将不同的蔬菜种类进行合理布局；采取间种、轮作和不要大面积连片种植不同植期的豆、瓜类蔬菜；抗虫作物与感虫作物套种、轮作、换作、换茬，形成田间隔虫屏障；调整播种期，错开幼虫发生为害高峰期，以减轻为害。

（2）清洁田园。蔬菜收获后，应及时将豆、瓜类蔬菜的植株残体收集起来，放置

2～3 天后再烧毁或深埋，以保护天敌和减少虫源。

（3）人工摘除虫叶。冬前，结合栽培管理人工摘除虫叶，并带出棚外处理。大田亦应摘除下部虫叶、残叶集中堆沤、深埋，以减少虫源。

（4）适当疏植、通风透光。合理疏植，减少枝叶荫蔽，造成不利于该虫生长发育的环境，可降低虫口密度，有效控制危害。

（5）合理施肥。增施农家肥等有机肥，少施化肥与氮肥。

（6）深耕在蔬菜收后或播前实行深耕晒白。将蛹埋入土壤深层，使其不能羽化出土。

2）物理防治

利用美洲斑潜蝇的趋黄性，在美洲斑潜蝇的成虫发生高峰期，在田间设置"黄板"（将涂有废机油的透明塑料袋套在 20cm×20cm 黄色夹板上）和"粘蝇纸"（40cm×4cm 的黄色胶带纸），"黄板"挂于作物顶部 10～20cm 处，每棚放 6～10 块，每公顷放 600～750 块，每块距离 5m。"粘蝇纸"每隔 2～3m 悬挂 1 条。直接诱杀成虫，可收到事半功倍的效果。

3）生物防治

美洲斑潜蝇的天敌有寄生蜂、虫生真菌、蜘蛛、瓢虫等，对美洲斑潜蝇种群增长有很强的控制作用，应注意加强保护，提倡使用生物农药。美洲斑潜蝇的寄生蜂已知的有 4 科 13 属 50 余种，全部为幼虫和幼虫-蛹寄生蜂。它们对美洲斑潜蝇的种群自然控制起着重要的作用。

4）化学防治

（1）加强虫情监测，确定防治适期和防治田块。采取黄板诱测、蛹盆法和田间调查（幼虫、蛹、天敌寄生率）方法进行发生期、发生量和为害程度监测，确定防治适期和防治田块。防治适期：一般应掌握在 1～2 龄幼虫盛发期，即田间受害叶出现 2cm 以下虫道时进行防治；大棚熏蒸应在成虫发生高峰期进行。瓜类、豆类及茄果类的防治指标：苗期有虫叶率 5%～10%、生长前中期 10%～15%、中期 15%～20%、结荚期（结果期）20%～30%。

（2）棚内熏蒸防治成虫。于作物定殖后，每公顷用敌敌畏乳油 1440g 兑水 15kg 稀释，拌锯末 150kg，撒在行间，闭棚 1.5～2h，消灭棚内成虫。

（3）喷药防治幼虫。在化学防治药剂种类选择上，应坚持轮用不同类型的药剂，减缓或防止抗药性的产生。最佳用药时间为晨露干后至上午 11：00。防治美洲斑潜蝇最好的药剂是生物农药阿维菌素类，其次是沙蚕毒素类（杀虫单可溶性粉剂 720g/hm²、杀虫双水剂 810g/hm²、杀螟丹可溶性粉剂 367.5g/hm² 等），有机磷类的毒死蜱乳油 320g/hm²、农地乐乳油（毒死蜱＋氯氟氰菊酯的复配杀虫剂）262.5g/hm² 以及拟除虫菊酯（高效氯氟氰菊酯乳油 93.75g/hm²）等。阿维菌素类的农药对美洲斑潜蝇成虫的产卵和取食有显著的驱避作用，对幼虫有很大的杀伤力且持效期长，与其他农药相比，对美洲斑潜蝇寄生蜂的杀伤力也最小，因此阿维菌素类农药及其复配制剂已成为防治斑潜蝇的首选药剂。沙蚕毒素类农药效果很好，但持效期短，因此在成虫大量发生期，可考虑采用菊酯类农药进行防治。斑潜蝇各虫态对药剂的敏感程度为成虫＞幼虫＞蛹，低龄幼虫盛发期为药剂防治适期，有虫株为 $5\% \sim 10\%$ 时为防治的关键时期。先进的静电喷雾技术可选用农药：氟虫脲油剂 $16.2g/hm^2$、氯氟氰菊酯油剂 $13.125g/hm^2$。静电喷雾技术的工效比常规喷雾高 20 倍以上，药效延长 $10 \sim 15$ 天，对环境安全，是防治大棚蔬菜美洲斑潜蝇较好的施药方法。

主要参考文献

贝雪芳，郎国良，胡水泉等. 2000. 美洲斑潜蝇化学防治技术试验. 上海蔬菜，(2)：33，34

常兴发，王宝瑛，申彩霞等. 1997. 应用静电喷雾技术防治美洲斑潜蝇. 植物保护，23 (4)：22，23

陈兵，赵云鲜，康乐. 2002. 外来斑潜蝇入侵和适应机理及管理对策. 动物学研究，23 (2)：155～160

陈常铭，宋慧英. 2000. 长沙地区美洲斑潜蝇生物学特性. 湖南农业科学，(4)：27～29

陈丽芳，陈国庆. 1999. 扬州地区蔬菜潜叶蝇发生规律的研究. 江苏农业研究，20 (4)：24～28

陈石金，孙军东，吴昌勤. 2000. 美洲斑潜蝇发育起点温度和有效积温的研究. 江苏农业科学，(2)：44，45

陈小琳，汪兴鉴. 2000. 世界 23 种斑潜蝇害虫名录及分类鉴定. 植物检疫，14 (5)：266～271

陈艳，赵学玮，范育海. 1999. 温度对美洲斑潜蝇发育、存活和繁殖的影响. 应用生态学报，10 (6)：710～712

陈忠南，钟妙文，杨永雄等. 1997. 广东省美洲斑潜蝇的监测及综合防治. 广东农业科学，(6)：2～4

戴万安，罗布，杨雪莲等. 2004. 美洲斑潜蝇的发生与为害. 西藏农业科技，26 (4)：20～22

戴小华，尤民生，付丽君. 2001. 福州郊区美洲斑潜蝇、南美斑潜蝇寄主植物初步名录. 华东昆虫学报，10 (2)：22～28

董慈祥，杨青蕊，胡树香等. 2000. 美洲斑潜蝇的普查及其防治. 华东昆虫学报，9 (1)：113～115

郭贵明，范仁俊，张润祥. 2000. 美洲斑潜蝇在山西省的发生及防治. 山西农业科学，28 (3)：66～68

黄居昌，林智慧，陈家骅等. 1999. 6 种常用杀虫剂对美洲斑潜蝇及冈崎姬小蜂的选择毒杀作用. 福建农业大学学报，28 (4)：452～456

蒋辉，彭炜. 2000. 美洲斑潜蝇和南美斑潜蝇预测预报技术研究及应用. 西南农业大学学报，22 (5)：438～440

金辉，王世喜，龙立新等. 2004. 蔬菜潜叶蝇的寄主种类及其发生动态规律初报. 黑龙江农业科技，(6)：18～20

康乐. 1996. 斑潜蝇的生态学与持续控制. 北京：科学出版社. 3～80

雷仲仁，王音. 2005. 美洲斑潜蝇. 见：万方浩，郑小波，郭建英. 重要农林外来入侵物种的生物学与控制. 北京：科学出版社. 177～205

李洪奎，刘建生，沈孝恩等. 1998. 美洲斑潜蝇在潍坊越冬试验研究. 华东昆虫学报，7 (1)：114，115

李秀文. 2001. 天津市美洲斑潜蝇研究及检疫综合防除对策. 天津农林科技，(1)：32～35

李学峰，黄华章，张文吉等. 2000. 美洲斑潜蝇和拉美斑潜蝇对三类药剂的敏感性测定. 植物保护学报，27 (2)：179～182

林进添，宾淑英，凌远方等. 2000. Avermectin 类农药对美洲斑潜蝇的生物活性. 昆虫学报，43 (1)：28～34

林进添，凌远方，宾淑英. 1999. 几种拟除虫菊酯类杀虫剂对美洲斑潜蝇的防治效果. 昆虫知识，36 (1)：20～24

林进添，凌远方. 1998. 几种有机磷类杀虫药剂对美洲斑潜蝇活性的研究. 中国蔬菜，(2)：6～10

林裕正，张稻友，李永坚. 1997. 汕头市美洲斑潜蝇的发生及预测预报. 广东农业科学，(6)：8～10

刘培廷，赵刚，沈素云. 2000. 美洲斑潜蝇成虫对不同色板的趋性. 植物检疫，(4)：203，204

刘淑杰，李惠春，王忠元. 2000. 美洲斑潜蝇在乌兰浩特市发生与防治. 植物检疫，14 (1)：25

刘思义，柯道秀，彭超美. 2001. 5.2%乐·齐 EC 防治蔬菜美洲斑潜蝇田间药效试验. 湖北植保，(2)：38，39

刘元明. 1998. 美洲斑潜蝇及其近似种的特征比较. 湖北植保，10 (1)：26，27

鲁栋，朱贤才，程理群. 1997. 美洲斑潜蝇的发生与防治. 安徽农学通报，3 (2)：57，58

鲁栋. 1998. 光对美洲斑潜蝇影响的初步研究. 植物检疫, 12 (4): 207

孟玲, 王刚, 张英. 2000. 3 种生物农药对美洲斑潜蝇的药效试验. 植物检疫, (2): 117, 118

农业部全国植保总站. 1995. 瓜菜斑潜蝇. 北京: 中国农业出版社

彭炜, 赵学谦, 杨光超等. 1999. 四川攀西地区斑潜蝇发生和综合防治研究. 西南农业大学学报, 21 (1): 59~63

孙宗瑜, 韩太国, 李巧芝等. 2001. 洛阳市美洲斑潜蝇发生动态及生物学特性研究. 洛阳农业高等专科学报, 21 (2): 91~93

王宏平, 负淑芬. 1999. 美洲斑潜蝇的发生因子及防治. 植物检疫, 13 (3): 63, 64

王军, 石宝才, 宫亚军等. 1999. 美洲斑潜蝇寄主植物调查名录. 北京农业科学, 17 (1): 37~39

王伟新, 鲁栋, 李秀珍. 2001. 美洲斑潜蝇检疫与控制技术规范. 安徽农业科学, 29 (3): 345~348

王音, 雷仲仁, 问锦曾等. 2000a. 美洲斑潜蝇的越冬与耐寒性研究. 植物保护学报, 27 (1): 32~36

王音, 雷仲仁, 问锦曾等. 2000b. 温度对美洲斑潜蝇发育、取食、产卵和寿命的影响. 植物保护学报, 27 (3): 210~214

肖铁光. 1999. 斑潜蝇研究. 长沙: 湖南科学技术出版社

谢琼华, 何谭连, 蔡德江等. 1997. 美洲斑潜蝇发生危害及其防治. 植物保护, 23 (1): 20~23

杨文兰, 吉志新, 张卫青. 2001. 冀东地区美洲斑潜蝇的综合防治. 河北职业技术师范学院学报, 15 (2): 44~47

曾益良, 秦小薇, 严炳丽等. 2001. 氨基甲酸酯类杀虫剂及其与阿维菌素的混配制剂对美洲斑潜蝇 (Diptera: Agromyzidae) 的防治效果. 农药学报, 3 (1): 79~82

张慧杰, 李建社, 张丽萍等. 2000. 美洲斑潜蝇在中国山西的生活史及其主要习性. 应用与环境生物学报, 6 (6): 565~571

张维球, 吴佳教. 1997. 四种多食性斑潜蝇的识别. 植物检疫, 11 (增刊): 50~54

赵刚, 刘培廷, 卢川平. 2000. 美洲斑潜蝇地方发生规律与防治技术研究. 安徽农业科学, 28 (3): 326~328

钟国华, 胡美英, 吴启松. 2000. 黄杜鹃花萃取物防治美洲斑潜蝇和菜粉蝶幼虫的研究. 植物保护, 26 (3): 19~21

钟妙文, 曹俐, 李梅辉等. 1997. 广东省蔬菜斑潜蝇检疫操作规程. 广东农业科学, (6): 5~7

邹艳华, 何金旭, 陈春鹏等. 2001. 长白山地区美洲斑潜蝇发生规律的探讨. 吉林农业大学学报, 23 (1): 29~34

Blanchard E E. 1938. Descripciones y anotaciones de dipteros argentinos Agromyzidae. Anales de la sociedad Cientifica Argentina. 126: 352~359

Deeming J C. 1992. *Liriomyza sativae* Blanchard (Diptera: Agromyzidae) established in the Old World. Tropical Pest Management, 38 (2): 218, 219

Johnson M W, Welter S C, Toscano N C et al. 1983. Reduction of tomato leaflet photosynthesis rates by minig activity of *Liriomyza sativae* (Diptera: Agromyzidae). J Econ Entomol, 76 (5): 1061~1063

Oudman L, Aukema B, Menken S B J et al. 1995. A procedure for identification of polyphagous *Liriomyza* species using enzyme electrophoresis. Bulletin OEPP, 25: 349~355

Parrella M P. 1987. Biology of *Liriomyza sativae*. Ann Rev Entomol, 32: 204~224

Schuster D J, Jones J P, Everett P H et al. 1976. Effect of leafminer (*Liriomyza sativae*) control on tomato yield. J Am Sci, 89: 154~156

六、美洲斑潜蝇防控应急预案（样本）

1. 美洲斑潜蝇危害情况的确认、报告与分级

1）确认

疑似美洲斑潜蝇发生地的农业主管部门在 24h 内将采集到的美洲斑潜蝇标本送到上

级农业行政主管部门所属的植物保护管理机构，由省级植物保护管理机构指定专门科研机构鉴定，省级植物保护管理机构根据专家鉴定报告，报请农业部确认。

2）报告

确认本地区发生美洲斑潜蝇后，当地农业行政主管部门应在24h内向同级人民政府和上级农业行政主管部门报告，并迅速组织对本地区进行普查，及时查清发生和分布情况。省农业行政主管部门应在24h内将美洲斑潜蝇的发生情况上报省人民政府和农业部，同时抄送省级林业部门和出入境检验检疫部门。

3）分级与应急预案的启动

一级危害：在1省（直辖市、自治区）所辖的2个或2个以上地级市（区）发生美洲斑潜蝇危害严重的。

二级危害：在1个地级市辖的2个或2个以上县（市、区）发生美洲斑潜蝇危害；或者在1个县（市、区）范围内发生美洲斑潜蝇危害程度严重的。

三级危害：在1个县（市、区）范围内发生美洲斑潜蝇危害。

出现以上一至三级程度危害时，启动本预案。

2. 应急响应

各级人民政府按分级管理、分级响应、属地管理的原则，根据农业部植物保护机构的确认、美洲斑潜蝇发生范围及危害程度，一级危害启动一级响应，二级危害启动二级响应，三级危害启动三级响应。

1）一级响应

省级人民政府立即成立美洲斑潜蝇防控工作领导小组，迅速组织协调各省、市（直辖市）人民政府及部级相关部门开展美洲斑潜蝇防控工作，并报农业部；省级农业行政主管部门要迅速组织对全省（直辖市、自治区）美洲斑潜蝇发生情况进行调查评估，制定防控工作方案，组织农业行政及技术人员采取防控措施，并及时将美洲斑潜蝇发生情况、防控工作方案及其执行情况报农业部主管部门；省级其他相关部门密切配合做好美洲斑潜蝇防控工作；省级财政部门根据美洲斑潜蝇危害严重程度在技术、人员、物资、资金等方面对美洲斑潜蝇发生地给予紧急支持，必要时，请求上级部门给予相应援助。

2）二级响应

地级以上市人民政府立即成立美洲斑潜蝇防控工作领导小组，迅速组织协调各县（市、区）人民政府及市相关部门开展美洲斑潜蝇防控工作，并由本级人民政府报省人民政府；市级农业行政主管部门要迅速组织对本市美洲斑潜蝇发生情况进行全面调查评估，制定防控工作方案，组织农业行政及技术人员采取防控措施，并及时将美洲斑潜蝇发生情况、防控工作方案及其执行情况报省级农业行政主管部门；市级其他相关部门密切配合做好美洲斑潜蝇防控工作；省级农业行政主管部门加强督促指导，并组织查清本省美洲斑潜蝇发生情况；省人民政府根据美洲斑潜蝇危害严重程度和市级人民政府的请求，在技术、人员、物资、资金等方面对发生美洲斑潜蝇地区给予紧急援助支持。

3）三级响应

县级人民政府立即成立美洲斑潜蝇防控工作领导小组，迅速组织协调各乡镇政府及县相关部门开展美洲斑潜蝇防控工作，并由本级人民政府报告上一级人民政府；县级农业行政主管部门要迅速组织对美洲斑潜蝇发生情况进行全面调查评估，制定防控工作方案，组织农业行政及技术人员采取防控措施，并及时将美洲斑潜蝇发生情况、防控工作方案及其执行情况报市级农业行政主管部门；县级其他相关部门密切配合做好美洲斑潜蝇防控工作；市级农业行政主管部门加强督促指导，并组织查清全市美洲斑潜蝇发生情况；市级人民政府根据美洲斑潜蝇危害严重程度和县级人民政府的请求，在技术、人员、物资、资金等方面对发生美洲斑潜蝇地区给予紧急援助支持。

3. 部门职责

各级美洲斑潜蝇防控工作领导小组负责本地区美洲斑潜蝇防控的指挥、协调工作，并负责监督应急预案的实施。农业部门具体负责组织美洲斑潜蝇监测调查、防控和及时报告、通报等工作；宣传部门负责引导传媒正确宣传报道美洲斑潜蝇有关情况；财政部门及时安排拨付美洲斑潜蝇防控应急经费；科技部门组织美洲斑潜蝇防控技术研究；经贸部门组织防控物资生产供应，以及美洲斑潜蝇对贸易和投资环境影响的应对工作；林业部门负责林地的美洲斑潜蝇调查及防控工作；出入境检验检疫部门加强出入境检验检疫工作，防止美洲斑潜蝇的传入和传出；发展改革、建设、交通、环境保护、旅游、水利、民航等部门密切配合做好相关工作。

4. 美洲斑潜蝇发生点、发生区和监测区的划定

发生点：美洲斑潜蝇危害的果园划定为一个发生点（两个果园距离在 100m 以内为同一发生点）；划定发生点若遇河流和公路，应以河流和公路为界，其他可根据当地具体情况作适当的调整。

发生区：发生点所在的行政村（居民委员会）区域划定为发生区范围；发生点跨越多个行政村（居民委员会）的，将所有跨越的行政村（居民委员会）划为同一发生区。

监测区：发生区外围 8000m 的范围划定为监测区；在划定边界时若遇到水面宽度大于 8000m 的湖泊和水库，以湖泊或水库的内缘为界。

5. 封锁、控制和扑灭

1）封锁控制

主要措施：如在陆路交通口岸、航空口岸和水路货物及旅客人为携带物品发现美洲斑潜蝇，以及非法从疫区调运柑橘类果实或苗木，应即刻予以扣留封锁，并进行销毁或其他检疫处理；对疑似藏匿或逃逸现场进行定期的调查和化学农药喷雾处理，严防其可

能出现的扩散。

　　2）扑灭

　　针对美洲斑潜蝇突发疫情，应立即采取应急扑灭措施：即立刻用敌百虫或敌敌畏等药剂喷雾处理植株；及时清除果园落果、摘除树上虫果，以杀死幼虫；用敌百虫等药剂对园内地面土壤做适当处理等。

6. 调查和监测

　　美洲斑潜蝇发生区及周边地区的各级农业植物检疫机构要加强对本地区的调查和监测，做好监测结果记录，保存记录档案，定期汇总上报。其他地区要加强对来自美洲斑潜蝇发生区的果实和苗木等的检疫和监测，防止美洲斑潜蝇传入。具体应据美洲斑潜蝇入侵生物学、生态学规律，结合监测区域自然、生态、气候特点和生产实际，通过制定和实施科学的技术标准，规范美洲斑潜蝇疫情监测方法，建立布局合理的监测网络和信息发布平台，预防可能出现的美洲斑潜蝇突发疫情，做到早发现、早报告、早隔离、早防控，防范美洲斑潜蝇疫情向未发生区传播，保障农业生产、生态安全。

7. 宣传引导

　　各级宣传部门要积极引导媒体正确报道美洲斑潜蝇的发生及控制情况。有关新闻和消息应通过政府部门正常渠道获取，防止炒作，避免失实报道引起社会不安。在美洲斑潜蝇发生区，要利用适当的方式进行科普宣传，重点宣传防范知识、防控技术方法。当媒体上出现不实报道或社会上流传谣言时，应立即正面澄清，加强舆论引导，尽量减轻负面影响。

8. 应急保障

　　1）队伍保障

　　各级人民政府要组建由农业行政主管部门技术人员以及有关专家组成的美洲斑潜蝇的应急防控队伍，加强专业技术人员培训，提高应急防控队伍人员的专业素质和业务水平，成立防治专业队，为应急预案的启动提供高素质的应急队伍保障；要充分发动群众，实施群防群控。

　　2）物资保障

　　有关的省、市、县各级人民政府要建立美洲斑潜蝇防控应急物资储备制度，确保物资供应，对美洲斑潜蝇危害严重的地区，应及时调拨救助物资，保障受灾农民的生活和生产稳定。

　　3）经费保障

　　在必要的情况下，有关地区的各级人民政府应安排专项资金，用于美洲斑潜蝇应急防控工作。应急响应启动时，当地农业行政主管部门会商有关部门提出经费使用计划，由同级财政部门核拨，财政、农业、审计等部门对专项资金的使用和管理情况进行严格的监督检查，确保专款专用。

4）技术保障

科技部门要大力支持美洲斑潜蝇防控技术研究，为持续有效控制美洲斑潜蝇提供技术支撑。在美洲斑潜蝇发生地，有关部门要组织本地技术骨干力量，加强对美洲斑潜蝇防控工作的技术指导。

9. 应急状态解除

通过采取全面、有效的防控措施，达到防控效果后，县、市农业行政主管部门向省农业行政主管部门提出申请，经省农业行政主管部门组织专家评估论证，防治效果达到标准的，由省级人民政府批准解除应急状态，并通报农业部。

经过连续 2 年的监测仍未发现美洲斑潜蝇，经省农业行政主管部门组织专家论证，认为可以解除封锁时，经美洲斑潜蝇发生区农业行政主管部门逐级向省农业行政主管部门报告，由省农业行政主管部门报省级人民政府及农业部批准解除美洲斑潜蝇发生区，同时将有关情况通报林业部门和出入境检验检疫部门。

10. 附则

地（市、州）各级人民政府根据本预案制定本地区美洲斑潜蝇防控应急预案。

本预案自发布之日起实施。

本预案由省级农业行政主管部门负责解释。

（吕要斌　贝亚维）

苹果蠹蛾应急防控技术指南

一、苹 果 蠹 蛾

学　　　名：*Cydia pomonella* L.
异　　　名：*Carpocapsa pomonella* L.
　　　　　Laspeyresi pomonella（Linnaeus）
英　文　名：codling moth
中文别名：苹果小卷蛾
分类地位：鳞翅目（Lepidoptera）卷蛾科（Tortricidae）小卷蛾属（*Cydia*）

1. 起源与分布

　　苹果蠹蛾起源于欧亚大陆南部，属古北、新北、新热带、澳洲、非洲区系共有种。据报道，除日本外，苹果蠹蛾现已广泛分布于世界五大洲几乎所有的苹果产区。国外主要分布于印度、朝鲜、哈萨克斯坦、吉尔吉斯斯坦、塔吉克斯坦、乌兹别克斯坦、土库曼斯坦、格鲁吉亚、阿塞拜疆、巴基斯坦、阿富汗、伊朗、以色列、伊拉克、叙利亚、黎巴嫩、约旦、巴勒斯坦、塞浦路斯、土耳其、丹麦、挪威、瑞典、芬兰、爱沙尼亚、拉脱维亚、立陶宛、俄罗斯、白俄罗斯、乌克兰、波兰、捷克、斯洛伐克、匈牙利、德国、奥地利、瑞士、荷兰、比利时、英国、爱尔兰、法国、西班牙、葡萄牙、意大利、马耳他、前南斯拉夫地区、罗马尼亚、保加利亚、阿尔巴尼亚、希腊、利比亚、突尼斯、阿尔及利亚、摩洛哥、毛里求斯、南非、马德拉群岛、加那利群岛、澳大利亚、新西兰、加拿大、美国、哥伦比亚、秘鲁、巴西、玻利维亚、智利、阿根廷、乌拉圭等70多个国家和地区。目前在我国苹果蠹蛾仅分布于新疆以及甘肃河西走廊地区，在我国其他省份尚未发生。

2. 主要形态特征

　　（1）成虫。体长 8mm，翅展 19～20mm，全体黑褐色而带紫色金属光泽。前翅颜色可明显分为 3 区：臀角的椭圆形大斑色最深，为深褐色，有 3 条青铜色条纹；翅基部褐色，此褐色部分的外缘突出，略成三角形，此区杂有颜色较深的斜形波状纹；翅中部色最浅，淡褐色，杂有褐色斜纹。雌雄前翅腹部有很大区别，雄虫沿中室后缘有一条黑色鳞片，雌虫翅缰 4 根，雄虫仅 1 根（图版 25J）。

　　（2）卵。略呈椭圆形，长 1.10～1.20mm，宽 0.10～1.00mm，扁平，中央部分略隆起，随着胚胎发育，中央呈黄色，并出现断续的红色斑点，后渐连成一圈，至孵化前红圈又逐渐消失，表面无明显刻纹（图版 25B）。

（3）幼虫。初孵幼虫白色，随着发育，背面显淡红色、玉红色；老熟幼虫体长8～14mm，背面色深而腹面色浅，头部黄褐色，前胸呈淡黄色并有较规则的褐色斑点。前胸气门群3根刚毛位于同一毛片上。第1腹节足群的3根刚毛位于同一毛片上，第8腹节足群有2根刚毛，臀板较前胸盾片色更浅，其上有小褐色斑点，无臀棘，腹足趾钩单序缺环（外缺）（图版25D）。

（4）蛹。长7～10mm，黄褐色，雌雄蛹肛门两侧各有2根钩状毛，加上蛹末端的6根共10根（图版25G，H）。

3. 主要生物学和生态学特性

1）主要生物学特性

以老熟幼虫在树皮下结茧越冬。通常在苹果花期结束时，成虫才开始羽化，成虫羽化后，白天潜伏于叶片背面和树干背光处，夜晚活动，交尾产卵，交配时间多在黄昏或凌晨。交配的雌虫产卵高峰为交配后的2～4天，单雌产卵量一般为40粒，最多达140粒。雌成虫寿命为4～13天。雄成虫寿命为4～7天。大多数雌蛾在果实附近的叶片上产卵，果实多的苹果树上产卵多，结果少的产卵少。成虫产卵因树冠部位不同而有差异，一般树冠顶部和中部较多，下部较少；向阳面多，背阳面少。苹果蠹蛾喜产卵在较光滑的表面上，叶正面多，背面少，在大多数情况下，每片叶上仅产1粒卵。第1代卵期为5～24天，第2、第3代卵期为5～10天，平均9天。

卵孵化后幼虫向果实移动，期间如遇捕食和不利气候，幼虫死亡率很高。幼虫找到果实后钻蛀，钻蛀率达48％～76％，如遇不利气候条件则降低。因此，1龄幼虫能否成活、定居危害是最关键时期。幼虫卵孵化后需经历三个运动阶段：①寻找果实的运动；②在果实表面的运动；③钻蛀过程中的运动。在苹果上，1龄幼虫多从胴体蛀入果实，占60％以上，且绝大多数从两果相靠处蛀果；40％以下的幼虫从萼洼部蛀入。1龄幼虫的死亡率正常年份10％左右，特殊年份60％左右。1龄幼虫蛀入果实后，在果实内咬一小室，并在此脱第1次皮，而后向种室蛀入，并在种室旁脱第2次皮，脱皮后蛀入种室，并在其中脱第3次皮，然后脱果，转入另一果实。苹果蠹蛾的存活需要种子。因此，幼虫有偏嗜种子的习性。果园中，一个果实内一般只有一头幼虫，苹果蠹蛾幼虫有转果危害的习性，一般一头幼虫为害3或4个果。成熟的幼虫从果实中爬出或随果实落到地上，随机寻找结茧场所，或滞育越夏越冬，或化蛹，寻找运动多发生在夜间。95％以上的幼虫选择树干作为结茧场所。幼虫蛀果的部位随果树种类、品种及不同生长期而异。对质地较软的沙果，幼虫多从果面蛀入；对早期质地较硬的如夏立蒙，则多从萼洼蛀入；到后期质地较软熟时，从果面蛀入者增多。第二代幼虫蛀入香梨部位，多为萼洼。而蛀入杏实的部位，绝大多数为梗洼。越冬幼虫死亡率一般为15％～36％，一般幼虫蛀食历期为30天左右。

在新疆苹果蠹蛾发生区，越冬代蛹期最长39天，最短19天，平均29天；第一代蛹期9～16天，平均11天。随着纬度的增加，分布地区的北移，幼虫越冬场所可由树干中部转向树干下部乃至土壤中。据文献报道，在波兰大部分在树干中部树皮下越冬；

俄罗斯的下诺夫哥罗德市和圣彼得堡市，在树干下部根的附近做茧越冬，而在西伯利亚的伊尔库茨克，则有半数以上是在土壤中越冬。在新疆北部即发现有在果树根际土壤中越冬者，有时可深达 5cm。由此可见，幼虫的抗寒性不仅表现在对零下温度抗性的提高，而且还能选择掩护较好的越冬场所。

2）主要生态学特征

（1）苹果蠹蛾对寄主的选择性。

苹果蠹蛾成虫产卵对树种和品种具有选择性，一般在苹果和沙果树产卵多于梨树；苹果树中以中秋里蒙、倭锦、黄元帅、黄太平等品种产卵多，国光、祝光、红元帅、富士等品种产卵较少；梨树中以酥梨、香梨较多，苹果梨、锦丰梨、乌酒香次之，鸭梨上产卵很少。产卵多的果树受害严重。此外，有研究认为，被苹果蠹蛾为害的苹果能吸引苹果蠹蛾的初孵幼虫进一步为害，引诱物的活性成分为（E，E）-α-法尼烯。

（2）温度对苹果蠹蛾的影响。

苹果蠹蛾生长发育的适宜温度为 15～30℃，温度低于 11℃ 或高于 32℃ 时不利于其生长发育。研究表明苹果蠹蛾的发育起点温度为 9℃，开春后当有效积温达 230 日·度时，第一代卵即开始孵化。不同虫态或生理状态对低温的抗性不同，卵和非滞育性幼虫对低温较敏感，而滞育性幼虫则有较强的抗低温能力，其过冷却点可达－27℃，所以，只有当温度非常低（－20～－27℃）时，才能导致大量滞育幼虫死亡。同样，苹果蠹蛾也有较强的抗高温能力，当温度达到 33℃ 时，幼虫发育受影响，但只有当温度超过38℃ 时，才能造成大量幼虫死亡。所以，在一定时间内，一般苹果主产区的气温很难达到或超过苹果蠹蛾的致死高温。因此，多数苹果及水果产区的温度条件适合苹果蠹蛾的生存和发育。

（3）湿度对苹果蠹蛾的影响。

苹果蠹蛾生长发育的最适湿度为 70％～80％，但田间相对湿度对成虫的交配和产卵影响较大，当相对湿度大于 70％ 时，成虫的飞行受到影响，对成虫交配产卵不利；相对湿度小于 70％ 时，成虫才产卵，即使相对湿度为 35％～50％ 时，也不影响成虫的产卵。因此，苹果蠹蛾是一种喜干厌湿的昆虫。

（4）降水对苹果蠹蛾的影响。

降水与苹果蠹蛾幼虫、蛹的存活，幼虫化蛹和蛹羽化以及成虫的存活有密切的关系。降雨能明显降低田间卵量、幼虫存活率和蛀果率。不同降雨强度能导致苹果蠹蛾幼虫和蛹的死亡率不同。随着降雨强度加大，老熟幼虫和蛹死亡率增加，化蛹率和羽化率降低。浸水时间长短直接影响老熟幼虫和蛹的存活与发育，浸水时间愈长，老熟幼虫和蛹的死亡率愈高，而越冬代老熟幼虫的化蛹率和蛹的羽化率愈低。此外，持续降水能显著影响成虫产卵，经常给苹果树浇水以及水中矿物含量差异均能影响成虫产卵和降低苹果的危害。

（5）光周期对苹果蠹蛾的影响。

苹果蠹蛾属于兼性滞育昆虫，短日照是直接引起成熟幼虫滞育的主要因素。短光周期一般可导致成熟幼虫滞育的百分率为 25％～30％。在北美苹果蠹蛾种群中，临界光周期与纬度密切相关，纬度每增加 10°，光周期增加 1.25h（在欧洲为 1.5h）。

3）苹果蠹蛾的生活史

在我国新疆和甘肃河西走廊地区的苹果蠹蛾发生区 1 年发生 2 代和不完整的 3 代，世代重叠现象十分明显，以老熟幼虫在粗皮裂缝、树干和主枝的翘皮下、树洞中及主枝分权处缝隙中结茧越冬。当早春气温超过 9℃，4 月上旬，越冬幼虫陆继开始化蛹，5 月上旬为化蛹盛期。4 月下旬末越冬代成虫开始羽化，5 月中旬末为羽化高峰期。5 月中下旬一代幼虫开始蛀果为害，6 月中旬一代幼虫开始脱果，6 月下旬为脱果盛期，脱果后在树皮裂缝中、主干和主枝的翘皮下及树洞中作茧化蛹。第 1 代部分幼虫出现滞育，6 月下旬一代成虫出现。7 月上旬二代幼虫孵化蛀果，取食为害到 8 月上旬脱果，

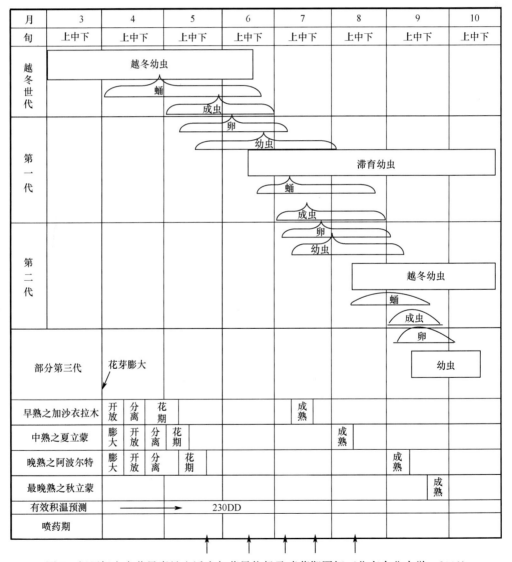

图 1　新疆伊宁市苹果蠹蛾生活史与苹果物候及喷药期图解（北京农业大学，2001）

寻找适宜的越冬场所越冬。部分未脱果的幼虫随着采收到室内或果窖、室内墙缝或包装箱内作茧越冬，部分发育比较迟的幼虫，脱后在树皮裂缝、翘皮下及树洞内作茧化蛹，并于8月下旬～9月上中旬羽化，交尾产卵，9月中下旬孵化出第3代幼虫（图版25B，D，G，H，J）

4. 寄主范围

苹果（*Malus pumila*）、花红（*Malus asiatica*）、海棠花（*Malus spectabilis*）、沙梨（*Pyrus pyrifolia*）、香梨（*Pyrus aromatica*）、榅桲（*Cydonia oblonga*）、山楂（*Crataegus pinnatifida*）、野山楂（*Crataegus cuneata*）、李（*Prunus salicina*）、杏（*Armeniaca vulgaris*）、扁桃（*Amygdalus communis*）、桃（*Amygdalus persica*）、胡桃（*Juglans regia*）、石榴（*Punica granatum*）、栗（*Castanea* spp.）、榕属（无花果属，*Ficus*）、花楸（*Sorbus* spp.）等二十余种水果。

5. 危害

苹果蠹蛾是世界上最严重的蛀果害虫之一。其以幼虫蛀食苹果、梨、杏等的果实，造成大量虫害果，并导致果实成熟前脱落和腐烂，1头幼虫往往蛀食两个或两个以上的果实。在新疆第一代幼虫对苹果和沙果的蛀果率普遍在20%以上，受害严重者可达70%～100%，严重影响了国内外水果的生产和销售。

6. 传播途径

苹果蠹蛾为小蛾类害虫，在田间最大飞行距离仅500m左右，因此，该虫自然飞行扩散能力不强。其传播主要以幼虫和蛹随果品、包装箱、填充物等远距离传播。据报道，杏干也是传带苹果蠹蛾的重要载体。

图版 25

图版说明

 A. 在苹果叶上产的卵，多在叶正面

 B. 叶片上的卵近照

 C. 幼虫在苹果果内为害状

 D. 幼虫侧面观

 E. 示幼虫危害果核和种子

 F. 幼虫危害果实，将虫粪排出果外

 G，H. 蛹

 I. 幼虫蛀食果实，造成大量虫害果

 J. 成虫标本

 K. 在梨上的成虫

图片作者或来源

 B，D，E，F，H，J. 由作者提供

 A. Eugene E. Nelson. Bugwood. org. UGA 5360742. http://www. forestryimages. org/browse/detail. cfm?imgnum=5360742

 C. Whitney Cranshaw（美国科罗拉多州立大学）. Bugwood. org. UGA 1243015（http://www. forestryimages. org/browse/detail. cfm? imgnum=1243015）

 G. Whitney Cranshaw（美国科罗拉多州立大学）. Bugwood. org. UGA 1243017（http://www. forestryimages. org/browse/detail. cfm? imgnum=1243017）

 I. Clemson University，USDA Cooperative Extension Slide Series，USA，Bugwood. org. UGA 1236184（http://www. forestryimages. org/browse/detail. cfm? imgnum=1236184）

 K. Scott Bauer（美国农业部农业研究局），Bugwood. org. UGA 1318056（http://www. forestry images. org /browse/detail. cfm? imgnum=1318056）

二、苹果蠹蛾检疫检验技术规范

1. 适用范围

  本规范规定了苹果蠹蛾的检疫检验及检疫处理操作办法，适用于林业植物检疫机构对苹果属（*Malus*）、梨属（*Pyrus*）、山楂属（*Crataegus*）、李属（*Prunus*）、栗属（*Castanea*）、榕属（无花果属，*Ficus*）、花楸属（*Sorbus*），以及胡桃（*Juglans regia*）、石榴（*Punica granatum*）等植物活体、果品、果制品、包装物、果品堆放地、果品储藏室及运载工具的检疫检验和检疫处理。

2. 产地检疫

  1）种苗繁育基地的建立

  （1）培育上述植物时选用无虫的矮化砧木和接穗，加强抚育管理，增强树势，提高抗虫能力。

（2）疫情发生区必须育苗时，应进行严格的隔离，并对土壤进行消毒处理，所产苗木应就地使用。

2）踏查

（1）在种苗繁育基地、寄主栽植地的果园、集贸市场、果品堆放地、储藏室，以自然界线、道路为单位，进行线路（目测）踏查。

（2）调查幼果是否脱落及检查果实表面是否有蛀孔或堆积有褐色丝状虫粪和碎屑等。

（3）查苗木（含砧木、接穗等）或树干的开裂处、翘起的老树皮下、树干分枝处、裂缝处、树洞及支撑果树的支柱裂缝等处，是否有老熟幼虫和茧。

（4）经踏查确认有疫情，需进一步掌握危害情况的，应设标准地（或样方）做详细调查。

3. 标准地（或样方）设置与调查

1）种苗繁育基地样方设置与调查

（1）样方的累计面积应不少于调查总面积的 5%。

（2）在样方内采取对角线法，随机抽取 10 株以上样树或采摘（拾）果实 100 个，进行调查。

2）果园标准地设置与调查

（1）按果园面积设置，每 $10m^2$ 以下设 1 块；$10hm^2$ 以上每增加 $5m^2$ 增设 1 块。

（2）标准地面积为 $0.1hm^2$，采取对角线取样法，抽取样树 20 株或采摘（拾）果实 100 个，进行调查。

3）集贸市场、储存场所样方设置与调查

（1）采取分层方式抽取果品样本，按每批总件数（箱、筐）的 15% 抽取。

（2）在每件（箱、筐）中按总量的 15% 抽取果品进行检查，不足 50 个的，逐个进行检查。

4. 发生程度分级标准

轻度：果品被害率低于 3%；

中度：果品被害率为 3%～5%；

重度：果品被害率达 5% 以上。

5. 调运检疫

1）抽样比例

（1）苗木（含接穗等）按一批货物总件数（株）的 1% 抽取。

（2）果品按每批总量（箱、筐）的 1％抽取，不足 20 件（箱、筐）的全部检查。

（3）运载工具内残留的果实、苗木（含接穗等）、包装物等应全部检查。

2）抽样方法

（1）在运载工具卸货或堆垛过程中实行甩箱抽样，也可在堆垛后实行分层设点抽样。

（2）果品按抽样比例，从每件（箱、筐）中抽取 20～30 个逐个进行检查，不足前述数量的全部检查。

（3）现场检验。

①检查果品上是否有蛀孔及丝状虫粪、碎屑及各虫态；②检查运载工具的四周缝隙等处是否有残留果品、包装物及幼虫、蛹。

6. 室内鉴定

（1）根据以下特征，鉴定是否属卷蛾科：成虫触角基部不膨大，不形成眼罩；下唇须只有鳞片或疏松的毛，第 3 节长而尖或短，而有粗糙鳞片或多或少呈三角形；下颚须平伸或退化；头顶和颜部光滑；后翅宽大，顶角不尖突，外缘不凹陷，有明显臀角，比缘毛宽，有 M_1 脉；前翅 Cu_2 脉出自中室端部 1/4 以前。

（2）根据以下特征，鉴定是否属小卷蛾亚科：后翅中室下缘肘脉（Cu）基部有栉状毛，前翅前缘有 1 列白色钩状纹，肛上纹发达，但基斑、中带和端纹不发达。

（3）根据以下特征，鉴定是否属小卷蛾属：唇须或多或少向上弯曲，第 2 节不特别膨大，末节小；前翅各脉彼此分离，R_1 脉出自中室中部或稍前，R_2 脉距 R_3 脉比 R_1 脉近，无前缘褶，后翅 M_2 和 M_3 脉平行，M_3 和 Cu_1 脉同出于一点，共柄或偶尔彼此分离。雄虫腹节 8 两侧无毛丛。

（4）根据种的特征（附录 A）、苹果蠹蛾近似种常见成虫检索表（附录 B）、苹果蠹蛾末龄幼虫及近似种检索表（附录 C），鉴定是否为苹果蠹蛾。

7. 除害处理和通报

（1）对携带有苹果蠹蛾的果品、繁殖材料、包装物、运载工具等采用溴甲烷熏蒸，用药量为 $32g/m^3$，熏蒸时间 2h。

（2）对携带有苹果蠹蛾的果品、繁殖材料、包装材料等可采用销毁或在安全季节里改变用途，如在成虫羽化前将果品做果酱、果汁等。

（3）根据实际情况，启动应急预案，方法参照本技术指南中应急防控技术相关措施。疫情确定后 7 天内应将疫情通报给植物和植物产品调运目的地的农业外来入侵生物管理部门和农业植物检疫部门，以加强苹果蠹蛾的监测工作。

附录 A　苹果蠹蛾主要鉴定特征

成虫前翅臀角处有深色大圆斑，内有 3 条青铜色条纹；幼虫背面显淡粉红色，臀足趾钩 14～18 个，雄性第五腹节背面之内可见一对紫红色的睾丸；蛹腹部末端共有臀棘

10 根（附图 1～附图 3）。

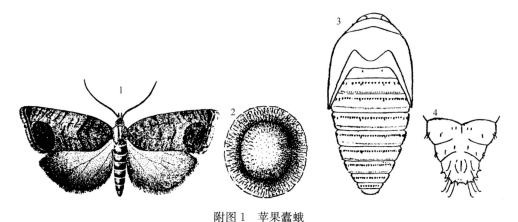

附图 1　苹果蠹蛾
1. 成虫；2. 卵；3. 雄蛹背面观；4. 雌蛹腹面末端

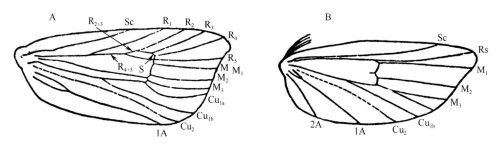

附图 2　苹果蠹蛾翅脉图
A. 前翅脉相；B. 雌虫后翅脉相

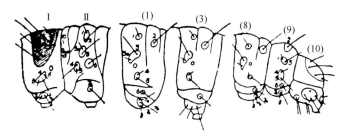

附图 3　幼虫体节侧面毛序（中国农业大学，2001）
Ⅰ、Ⅱ. 前、中胸，(1)、(3)、(8)、(9)、(10) 腹节

附录 B　苹果蠹蛾近似种常见成虫检索表

1. 后翅 $Sc+R_1$ 脉与 R_S 脉在中室有一段合并；前翅 R 脉在中室外常共柄；前翅前缘基部（肩区）不前突，翅近三角形；后翅后缘毛常超过翅宽 ·· 大蛾类 2

　后翅 $Sc+R_1$ 脉与 R_S 脉分离不合并；前翅 R 在中室外多不共柄（仅 R_4 脉与 R_5 脉共柄）；前翅肩区多前突，翅多近长方形；后翅后缘毛常超过翅宽 ·································· 小蛾类 3

2. 前翅中室下角呈三岔形，M_1 脉与 M_2 脉共柄，在中室外独立，后翅无 M_2 脉 ……………………
………………………………………………… 香梨优斑螟 *Euzophera pyriella* Yan

前翅中室下角呈四岔形，M_1 脉与 M_2 脉不共柄，后翅有 M_2 脉 …………………………………………
………………………………………………… 梨大食心虫 *Nephopteryx pirivella* Mat.

3. 前翅 Cu_2 脉起自中室下缘端部；后翅无 M 脉 …………………………………………………………
……………………… 蛀果蛾科（Carposinidae）桃小食心虫 *Carposina niponensis* Wal.

前翅 Cu_2 脉起自中室下缘中部；后翅有 M_1 脉；前翅多有基斑、中带、端纹 ……………………
…………………………………………………………………………………… 卷蛾科 Tortricidae 4

4. 后翅 Cu_2 脉基部多无节状毛；雄性抱器瓣基部无孔穴；雌性囊突一个 ……………………… 5

后翅 Cu_2 脉基部多有长的节状毛；雄性抱器瓣基部有孔穴；雌性囊突两个 ……………………
………………………………………………… 小卷蛾亚科 Olethreutinae Walsingham 13

5. 雄性颚形突发达，末端合并上举；雌性囊突呈角状、齿状、星状等 ……… 卷蛾亚科 Tortricidae 6

雄性颚形突不发达，末端合并下垂；雌性囊突呈带状、索状、袋状等 ……………………………
………………………… 长须卷蛾亚科葡萄长须卷蛾 *Spargano pilleriana* Den & Sch.

6. 翅展：13～23mm，前翅 R_4 脉与 R_5 脉在中室外共柄；基斑、中带、端纹明显，深褐色 ……
………………………………………………… 棉褐带卷蛾 *Adoxophyes orana* Fis.

前翅 R_4 脉与 R_5 脉在中室外共柄 …………………………………………………………………… 7

7. 前翅 R_2 脉基部与 R_3 脉、R_1 脉等距 …………………………………………………………………… 8

前翅 R_2 脉基部近于 R_3 脉，远于 R_1 脉，不等距 ……………………………………………………… 10

8. 前翅中带与基斑、端纹共呈"小"字形；中带完整，呈狭长条状；前翅红褐色 ………………… 9

前翅中带与基斑、端纹不呈"小"字形；中带不完整，上窄下宽；前翅略呈红褐色 …………………
………………………………………………… 山楂黄卷蛾 *Archips crataegana* Hub

9. 前翅翅尖突出，呈钩状 ………………………………… 梨黄卷蛾 *Archips breviplicana* Wal.

前翅翅尖稍突出，不呈钩状 …………………………………… 苹黄卷蛾 *Archips ingentana* Chr.

10. 雄性触角第二节上无凹陷；前翅红褐色，后翅黄褐色 ……… 桃褐卷蛾 *Pandemis dumetana* Tre.

雄性触角第二节上有凹陷；前翅暗褐色或略呈红褐色，后翅灰褐色或略带红褐色 ……………… 11

11. 前翅基斑明显向后缘伸出呈一带状，并与中带平行，全翅呈两条带纹 …………………………
………………………………………………… 醋栗褐卷蛾 *Pandemis ribeana* Hub.

前翅基斑不向后缘伸出带状，全翅仅一条带纹即中带 ………………………………………………… 12

12. 前翅端纹不明显；前翅略呈红褐色 …………………………… 苹褐卷蛾 *Pandemis heparana* Den.

前翅端纹较大，明显；前翅暗褐色 …………………………… 松褐卷蛾 *Pandemis cinnamoeana* Tre.

13. 后翅 M_2 脉与 M_3 脉平行，基部不紧靠，雄性抱器端钝圆 …………………………………………… 14

后翅 M_2 脉基部紧靠 M_3 脉，常弯曲，雄性抱器端呈鹅头状 ……………………………………………… 17

14. 前翅肛上纹明显；抱器腹凹处外侧有一个尖刺；阳茎粗短，端部有大刺6～8根 ……………………
………………………………………………… 苹果蠹蛾 *Cydia pomonella* L.

前翅肛无纹明显；抱器腹无尖刺；或仅有一个指状小突起 ……………………………………………… 15

15. 阳茎细长；前翅前缘白色斜纹小于10个 ……………… 苹小食心虫 *Grapholitha inpinana* Hei.

阳茎粗短；前翅前缘白色斜纹大于10个 …………………………………………………………………… 16

16. 雄性抱器腹中部有一个小突起 …………………… 李小食心虫 *Grapholitha funebrana* Tre.

雄性抱器腹中部无突起 …………………………… 梨小食心虫 *Grapholitha molesta* Bus.

17. 前翅基斑全为黑褐色，中无灰色斑 …………… 苹白小卷蛾 *Spilonota ocellana* Fab.

前翅基斑不全为黑褐色，中有灰色斑 …………………………………………………………………… 18

18. 灰色斑两个，大小相近，明显 ················ 梨白小卷蛾（芽白小卷蛾）*Spilonota lechriaspis* Mey
灰色斑两个，上小下大，不明显·············· 白小食心虫（桃白食心虫）*Spilonota albicana* Mot

附录 C　苹果蠹蛾近似种常见幼虫检索表

1. 前胸气门只有一根或两根毛 ·· 螟蛾科 Pyralidae 2
前胸气门有三根毛 ··· 小卷蛾亚科 Olethreutinae Walsingham 4
2. 腹足趾钩二序 ·· 香梨优斑螟 *Euzophera pyriella* Yan
腹足趾钩三序 ··· 3
3. 前胸背板黑色 ··· 梨大食心虫 *Nephopteryx pirivrella* Mat.
前胸背板褐色 ·················· 蛀果蛾科（Carposinidae）桃小食心虫 *Carposina niponensis* Wal.
4. 无臀节 ··· 5
有臀节 ··· 6
5. 末龄幼虫 14～18mm，老熟幼虫粉红色 ················· 苹果蠹蛾 *Cydia pomonella* L.
末龄幼虫 8～10mm，老熟幼虫污白色 ····· 梨白小卷蛾（芽白小卷蛾）*Spilonota lechriaspis* Mey
6. 腹部背板具红褐色横纹 ····························· 苹小食心虫 *Grapholitha inpinana* Hei.
腹部背板不具红褐色横纹 ··· 7
7. 末龄幼虫白色，头部浅棕黄色 ················· 白小食心虫（桃白食心虫）*Spilonota albicana* Mot
末龄幼虫非白色 ··· 8
8. 末龄幼虫红褐色，头褐色，胸足漆黑色 ············· 苹白小卷蛾 *Spilonota ocellana* Fab.
末龄幼虫淡红、玫瑰红或桃红色，胸足非漆黑色 ············· 9
9. 臀足趾钩 13～17 个 ····························· 李小食心虫 *Grapholitha funebrana* Tre.
腹足趾钩 20～30 个 ····························· 梨小食心虫 *Grapholitha molesta* Bus.
备注：引自中华人民共和国出入境检验检疫行业标准 SN/T1178—2003 苹果蠹蛾检疫鉴定方法。

三、苹果蠹蛾调查监测技术规范

1. 适用范围

苹果蠹蛾的适生区为 23.2°N～48.0°N、75.1°E～132.6°E，有效积温为 230 日·度的区域。北京、河北、山西、内蒙古、辽宁、吉林、黑龙江、江苏、安徽、福建、江西、山东、河南、湖北、湖南、重庆、四川、贵州、云南、西藏、陕西、甘肃、宁夏、新疆、青海等省（自治区、直辖市）属于该区域，应适时组织开展苹果蠹蛾的虫情调查和监测。其中人口密集的城镇、大中型水果交易市场或集散地周边地区 3km 以内的该虫可寄生的果园、国道及主要省道两侧 1km 范围内该虫可寄生的果园、新疫情发生地周边 15km 范围内该虫可寄生的果园作为重点调查监测区域。

2. 调查方法

1）成虫期调查

成虫期调查主要以诱捕器调查为主，即以诱捕到的苹果蠹蛾雄成虫数量来调查该虫的发生状况。具体方法如下。

（1）诱捕器及诱芯的选用。

一般使用三角胶黏式诱捕器进行诱捕。诱芯的载体中空，由硅橡胶制成，每个重0.3～0.5g。每个诱芯的性信息素含量不低于0.001g，纯度90%～97%。成品诱芯应放置在密闭塑料袋内，保存于冰箱中（冰箱温度控制于1～5℃），保存时间不超过1年。

（2）调查时间。

一般在每年的4月中下旬（成虫羽化前7～10天）开始，于10月下旬结束。

（3）调查点的选取。

应在全面踏查、掌握本地苹果蠹蛾寄主分布和疫情分布的基础上，结合本地的交通、水果流通渠道等选取调查点。调查点的选取要具有代表性。在疫情发生地，应按照苹果蠹蛾危害程度及调查的需要分别选取不同受害程度、不同的果园作为调查点，以调查掌握该虫的种群动态；在疫情发生地的外围，应重点选择15km范围内的果园作为调查点，调查掌握该虫的传播扩散情况；在未发生区，应重点选取人口密集的城镇、大中型水果交易市场或集散地周边地区3km以内或国道及主要省道两侧1km范围内的果园作为调查点，以掌握该虫的发生情况。

（4）诱捕器安放位置。

诱捕器应安放于苹果蠹蛾的寄主植物上，若没有寄主植物，也可安放于其他树木上。三角胶黏式诱捕器的悬挂高度一般为果树树冠上部1/3处通风较好且稍粗的枝条上，距地面高度不低于1.7m。

（5）悬挂密度。

每个调查点设置5个诱捕器，每个诱捕器的调查控制面积不少于1/15hm²。

（6）诱捕器的检查与维护。

定期检查成虫的诱捕情况，及时清理黏虫板上的昆虫及植物残片。如在检查中发现诱捕器丢失或损坏，应及时补换。苹果蠹蛾诱芯每3～4周更换一次，黏虫胶板根据黏虫数量进行更换。

（7）数据记录。

调查时，工作人员应每3日检查诱捕器的诱捕情况，记录诱捕结果。

2）幼虫期调查

幼虫期调查主要采用抽样调查的方法，即通过抽样方法确定苹果蠹蛾幼虫的蛀果率及危害状况。

（1）调查前设标准地（或样方）调查果园的苹果蠹蛾幼虫的蛀果率或受害株率。果园标准地设置与调查。按果园面积设置，每10hm²以下设1块标准地；10hm²以上每增加5hm²再增设1块标准地；每块标准地面积为0.1hm²。

（2）调查时间。

每年进行2次抽样调查，具体时间分别为5月下旬～6月上旬（第1代幼虫为害期）及8月中、下旬（第2代幼虫为害期）。

（3）调查点的选取。

应结合成虫调查点选取幼虫调查点，宜选在成虫调查点附近，以便使幼虫调查结果能够与成虫诱捕器调查结果进行比较。

（4）取样方法。

在标准地调查采用棋盘式取样，每块样地随机取 10 个样点；如调查点果树分散，可以在调查点附近随机选取 10 个样点；若某种果树在调查点区域内数量较少，同样可在调查点附近随机选取 10 个样点。在各个样点选取同一类果树的同一品种，用目测检查的方法调查 100 个果实，对发现的虫果剖果检查，确认是否为苹果蠹蛾幼虫。记录检查结果。此外，还可通过对越冬幼虫调查来确定苹果蠹蛾的化蛹和羽化情况。具体方法为：选取 10 株树干光滑的果树，于每年 8 月上旬开始用粗麻布或胡麻草绑缚树干，诱集越冬幼虫。次年春季取下，统计越冬幼虫的数量，记录越冬幼虫化蛹及羽化的情况。

3）卵期调查

卵期主要通过调查苹果蠹蛾寄主的果枝确定该虫的产卵情况，一般在果树阳面和背风处的果枝上产卵量大，调查时应予注意。具体方法：每年 5 月中、下旬随机选取 10 株果树，在这些果树的树冠上半部分共调查 100 个果枝，检查这些果枝上的果实表面、叶片表面以及果（叶）簇生的基部雌性苹果蠹蛾产卵的数量，记录成虫的产卵情况。

3. 发生程度划分标准

以寄主果实被害率（蛀果率）作为发生标准，将受害果树划分为重度发生、中度发生和轻度发生。分级划分标准为轻度发生：蛀果率≤3%；中度发生：蛀果率 3%～5%；重度发生：蛀果率≥5%。

4. 监测结果记录和室内鉴定

详细记录、汇总监测区内各调查点结果。记载调查地点、时间、寄主植物名称、发生面积、可疑监测对象的虫态等；在实验室对采集的标本按照苹果蠹蛾形态进行鉴定（鉴定参照检疫检验技术规范中苹果蠹蛾主要鉴定特征和方法）。

5. 监测结果的通报和应急防控处理

各级农业行政部门将监测结果定期上报当地人民政府。一旦发生苹果蠹蛾疫情，经同级农业行政主管部门报上一级农业行政主管部门和决策领导机构，决定启动、变更和结束应急响应。在发生影响重大、损失巨大的突发事件时，农业厅及时向省政府和农业部报告。

四、苹果蠹蛾应急控制技术规范

1. 适用范围

本规范规定了苹果蠹蛾入侵突发事件发生后的应急防控技术和方法，适用于各级外来入侵生物管理机构和农业技术部门在苹果蠹蛾入侵突发事件发生时的应急处置。

2. 苹果蠹蛾疫情的封锁扑灭和应急防控技术

1）口岸处置

对已进入我国境内的来自疫区国家或地区的相关过境植物及其产品，运输途中发生苹果蠹蛾疫情或疑似苹果蠹蛾疫情的，立即采取除害处理或销毁措施。在我国苹果、梨、杏等苹果蠹蛾主要寄主果树种植区的航空口岸、陆路和水路交通枢纽所在地的货物和旅客携带物品中发现苹果蠹蛾，应做销毁处理。并对可能受污染的运载工具内残留的果实、苗木（含接穗等）、包装物等全部检查，进行严格检疫处理，采取熏蒸处理等应急扑灭除害措施。对可能携带有苹果蠹蛾的果品、繁殖材料、包装物、运载工具等进行严格消毒除害防疫；进行销毁或其他检疫处理；对疑似苹果蠹蛾藏匿或逃逸的现场进行定期的调查和化学农药喷雾处理，严防其可能出现的扩散。加强对来自疫区运输工具的检疫和防疫消毒。对途经我国或在我国停留的国际航行船舶、飞机、火车、汽车等运输工具进行检验检疫，如发现有来自疫区的相关植物及其产品，应做无害化处理。

2）产地处置

在苹果、梨和杏等苹果蠹蛾寄主果树种植区，一旦出现苹果蠹蛾突发疫情，应果断采取防疫、除害、销毁、熏蒸等检疫处理、封锁控制和应急扑灭等措施。主要包括如下几点。

（1）焚烧或深埋集中销毁携带苹果蠹蛾的果品、繁殖材料、包装物等。

（2）熏蒸处理。溴甲烷是口岸检疫常用的熏蒸处理剂，处理效果比较理想。在21℃条件下，用溴甲烷48g/m³处理带卵油桃2h，苹果蠹蛾1日龄卵死亡率达100%，而且包装在运输容器中的油桃对溴甲烷的吸附低于直接熏果，熏蒸后48h，果表残留无机溴为20mg/kg，在2.5℃条件下储藏5天后，平均有机溴残留小于0.001mg/kg，符合检疫处理安全标准。带虫苹果在2.2℃以下低温储藏55天后，在10℃条件下用溴甲烷56g/m³熏蒸2h，没有苹果蠹蛾的卵和幼虫存活。

（3）低氧空气或混合气体处理。在空气中降低氧气含量提高非氧气体含量是一种检疫害虫的处理方法，用这种方法处理苹果蠹蛾可取得较好效果。在20℃下，用含0.4% O_2 和5% CO_2 的空气处理苹果蠹蛾不同龄期幼虫发现，缩短了达到99%死亡率的时间，且不同龄期的敏感性为5龄幼虫（包括滞育和非滞育幼虫）＞3龄幼虫＞1龄幼虫。采用 CO_2、N_2 和空气的混合气体处理苹果蠹蛾的卵、成熟幼虫、滞育幼虫、蛹和成虫的结果表明，苹果蠹蛾对含 CO_2 较多的空气比缺乏 O_2 的空气更敏感，在相对湿度为60%时的死亡率大于95%时的死亡率，在相对湿度60%时，苹果蠹蛾各虫态对富含 CO_2 空气忍受能力为成虫＜卵＜幼虫＜蛹＜滞育幼虫。

（4）高温低氧低温冷藏处理。在美国，采用高温低氧低温冷处理一种梨，能有效杀灭苹果蠹蛾各虫态。在30℃和低氧（＜1kPa）条件下处理带有苹果蠹蛾各虫态的梨；在0℃冷藏30天，能杀死所有的卵、幼虫和成虫，仅有4%的蛹能羽化。另外，采用30℃低氧处理30h后冷藏30天，可以100%杀死苹果蠹蛾的5龄幼虫，而对梨不造成伤害。

（5）人工防治（参照本指南综合防治技术相关内容）。

（6）物理防治（参照本指南综合防治技术相关内容）。

（7）化学防治（参照本指南综合防治技术相关内容）。

五、苹果蠹蛾综合治理技术规范

1. 适用范围

本规范是针对已经发生苹果蠹蛾疫情的苹果、梨和杏等产区开展苹果蠹蛾有效防控，减轻其危害的技术和方法，适用于苹果蠹蛾发生区各级农业技术推广部门的植物保护人员指导或开展苹果蠹蛾防治。

2. 检疫防治

（1）严禁从疫区输入新鲜苹果、梨、沙果、杏、樱桃、桃、梅和有壳胡桃等。对从新疆、甘肃等疫区输入保护区的水果及包装物和填充物，必须严格检疫，发现疫情立即采取处理措施。

（2）调运检疫。对调出的果品及包装物、运输工具要进行严格检疫，防止传入未发生区。

3. 人工防治

1）清洁果园，加强管理

在果树结果期，及时摘除树上的虫蛀果和收集地面上的落果，清理下来的虫蛀果应集中堆放并进行深埋。同时，及时清除果园中的废弃纸箱、废木堆、废弃化肥袋、杂草、灌木丛等所有可能为苹果蠹蛾提供越夏越冬场所的物品和设施。

2）刮老翘皮，清除虫源

在冬季果树休眠期及早春发芽之前，刮除果树主干和主枝上的粗皮、翘皮，以消灭越冬虫体。刮树皮时，要在地面上放置铺垫物，将刮除的树皮和越冬害虫全面收集，然后集中烧毁或深埋。刮完树皮后，可用5波美度的石硫合剂涂刷果树主干和主枝，或用生石灰、石硫合剂、食盐、黏土和水，按10∶2∶2∶2∶40的比例混合，再加少量氨戊菊酯、溴氰菊酯等农药制成的涂白剂涂刷果树主干和主枝。

3）束草、布环（麻袋），诱集幼虫

人工营造苹果蠹蛾化蛹和越夏、越冬的场所，诱集老熟幼虫。每年6月中旬，用长麦草或粗麻布在果树的主干及主要分枝处距地面40cm的主干上绑扎一周，绑缚宽15～20cm的草、布环（麻袋），诱集苹果蠹蛾老熟幼虫，然后于果实采收之后取下草、布环（麻袋）集中烧毁，杀死老熟幼虫。防治时，还可于6月下旬～7月上旬在草、麻袋上喷高浓度内吸性强的杀虫药剂，防治效果会更好。

4）果实套袋，阻止蛀果

在苹果蠹蛾越冬代成虫的产卵盛期前，将果实套袋阻止该虫蛀果为害。套袋的果树，要精细修剪、适量留花留果。套袋前要将整捆果实袋放于潮湿处，使之返潮柔韧，以便使用。套袋时，先撑开袋口，托起袋底，使两底角通气、放水口张开，使袋体膨起，然后手执袋口下 2～3cm 处，套住果实后，从中间向两侧依次按折扇方式折叠袋口，于袋口上方从连接点处撕开，将捆扎丝沿袋口扎紧即可。

5）高接换优，停产休园

对于危害严重且果实品质较差的果园，可对全园果树实行一次性高接换优，并连续两年内控制果树不结果，以阻断苹果蠹蛾生长发育环境，有效防治苹果蠹蛾，提升果品质量。

4. 物理防治

应用频振式杀虫灯和性诱剂诱杀苹果蠹蛾。使用频振式杀虫灯时，每盏可控制 1～1.3hm² 果园，棋盘式布局可取得较好的诱杀成虫效果；使用性诱剂诱杀苹果蠹蛾时，在成虫期用苹果蠹蛾性诱剂诱捕器，挂在距地面 1.5m 处，每个诱芯含 1.25mg 信息素，每公顷果园悬挂 30 个，诱杀苹果蠹蛾成虫。而且使用苹果蠹蛾性诱剂还可起到迷向作用从而干扰成虫交尾，达到降低虫口密度、取得较好防治效果的目的。在国外，采用性诱剂能有效降低苹果蠹蛾对苹果和梨造成的损失。同时，在果品销售前的储藏期，利用低氧空气或混合气体和高温低氧低温冷藏处理等无害化、无残留的处理方法，对苹果蠹蛾的各虫态达到较好杀灭效果。

5. 生物防治

采取积极措施保护果园自然天敌，利用天敌有效控制苹果蠹蛾的发生与危害。苹果蠹蛾的天敌有：鸟类、蜘蛛、步甲、寄生蜂、真菌、线虫等。还可通过释放人工繁殖赤眼蜂（*Trichogramma* spp.）等寄生蜂，以及喷施苏云金芽孢杆菌［*Bacillus thuringiensis*（Bt）］和 *Granulosis virus*（GV）颗粒病毒等生物制剂进行防治。如 20 世纪 80 年代末在法国苹果园试用，效果较好，使用剂量为 $1×10^{13}$ GTB/hm²，间隔 14 天，每年使用 3～7 次能较好控制苹果蠹蛾的危害。同样，该病毒制剂在奥地利使用，取得了与灭幼脲接近的效果。在美国加利福尼亚州胡桃园和梨园释放商品化赤眼蜂（*Trichogramma platneri*）防治苹果蠹蛾的效果很好，大面积释放赤眼蜂能减少苹果蠹蛾造成损失的 60%。

6. 化学防治

各代苹果蠹蛾的卵孵化至初龄幼虫蛀果前是防治的关键时期，由于苹果蠹蛾第 1 代幼虫的发生相对整齐，第 1 代幼虫应作为防治的重点。具体施药方法：在每年第一代幼虫出现高峰期时集中喷药至少 1 次。可选用多种杀虫剂品种，若使用残效期短的农药品种，需连续喷施 2 或 3 次，间隔期 7～10 天。防治苹果蠹蛾可选择药剂及其使用浓度：

30g/L 高渗苯氧威乳油 2000～3000 倍液、25％胺甲萘可湿性粉剂 400 倍液、240g/L 虫酰肼或抑虫肼悬浮剂 1000～2000 倍液、100g/L 氯菊酯（二氯苯醚菊酯）乳油 1000～2000 倍液、480g/L 毒死蜱乳油 1000 倍液、500g/L 二嗪磷乳油 800～1000 倍液、250g/L 亚胺硫磷乳油 500 倍液、350g/L 硫丹乳油 1000～2000 倍液、25g/L 氰戊菊酯乳油 4000 倍液、400g/L 水胺硫磷乳油、100g/L 联苯菊酯乳油 4000～6000 倍液、200g/L 甲氰菊酯乳油 2000～3000 倍液、25g/L 溴氰菊酯乳油 3000～4000 倍液、25g/L 高效氯氟氰菊酯乳油 2500～3000 倍液等。应多选择低毒、低残留杀虫剂品种，同时应根据防治区苹果蠹蛾的发生规律和不同农药的残效期选用药剂，此外，可选用不同类型、不同作用机理的农药交替使用，避免苹果蠹蛾的抗药性产生。在化学防治时，应倡导采取区域性统一措施，组织群众进行联合防治方可取得较好的效果。

主要参考文献

北京农业大学. 2001. 果树昆虫学：下册（第二版）. 北京：中国农业出版社. 10～15

蔡青年，赵欣. 2007. 苹果蠹蛾入侵的影响因素及检疫调控措施. 中国农学通报，(11)：279～284

常小蓉. 2005. 金塔县苹果蠹蛾发生与综防研究. 中国植保导刊，4：35，36

金瑞华，张家娴，章红. 1996. 苹果蠹蛾分布与降雨关系研究初报. 植物检疫，(3)：129～135

金瑞华. 1989. 植物检疫学：中册. 北京：北京农业大学出版社. 115～120

林伟，林长军，庞金. 1996. 生态因子在苹果蠹蛾地理分布中的作用. 植物检疫，10 (1)：1～7

马德成，马玉玲. 1997. 杏干也是传带苹果蠹蛾的载体. 植物检疫，11 (2)：117，118

秦晓辉，马德成. 2006. 苹果蠹蛾在我国西北的发生为害状况. 植物检疫，(2)：95，96

薛光华，严钧，王广文等. 1995. 性信息素监测和防治苹果蠹蛾的应用技术研究. 植物检疫，9 (4)：198～203

杨富海，李国权，杜明. 2008. 苹果蠹蛾的发生规律与防治方法. 农业科技与信息，(9)：39，40

于江南，吾木尔汗，肉孜加玛丽等. 2004. 苹果蠹蛾越冬生物学及有效积温的研究. 新疆农业科学，41 (5)：319～321

曾大鹏. 1998. 中国进境森林植物检疫对象及危险性病虫. 北京：中国林业出版社. 168～171

张学祖. 1957. 苹果蠹蛾在我国的新发现. 昆虫学报，7 (4)：467～472

中华人民共和国动植物检疫局，农业部植物检疫实验所. 1997. 中国进境植物检疫有害生物选编. 北京：中国农业出版社. 23～26

中华人民共和国国家质量监督检验检疫总局. 2003. SN/T 1178—2003 苹果蠹蛾检疫鉴定方法. 北京：中国标准出版社

周昭旭，罗进仓，陈明. 2008. 苹果蠹蛾的生物学特及消长动态. 植物保护，(4)：111～114

Hartsell P L, Harris C M, Vail P V et al. 1992. Toxic effects and residues in six nectarine cultivars following methyl bromide quarantine treatment. HortScience, 27 (12)：1286～1288

Yokoyama V Y, Miller G T, Hartsell P L. 1994. Methyl bromide efficacy and residues in large-scale quarantine tests to control codling moth (Lepidoptera：Tortricidae) on nectarines in field bins and shipping containers for export to Japan. J Econ Entomol, 87 (3)：730～735

六、苹果蠹蛾防控应急预案（样本）

1. 适用范围

针对苹果蠹蛾突发事件，需要省级农业行政主管部门作出响应或更多相关职能部门给予配合与援助时，即启动本预案。

2. 预警预报

疑似苹果蠹蛾发生地的农业主管部门在24h内将采集到的苹果蠹蛾标本送到上级农业行政主管部门所属的植物检疫机构，由省级农业植物检疫机构指定专门科研机构鉴定，根据专家鉴定报告，报请农业部确认。经同级农业行政主管部门报上一级农业行政主管部门和决策领导机构，决定启动、变更和结束应急响应。在发生影响重大、损失巨大的突发事件时，省级农业行政主管部门及时向省政府和农业部报告。

3. 信息发布

苹果蠹蛾疫情确认后，当地农业行政主管部门应在24h内向同级人民政府和上级农业行政主管部门报告，并迅速组织对本地区进行普查，及时查清发生和分布情况。省农业行政主管部门应在24h内将苹果蠹蛾发生情况上报省人民政府和农业部，同时抄送省级林业部门和出入境检验检疫部门。

4. 苹果蠹蛾疫区、保护区的划定及响应措施

一旦局部地区发生苹果蠹蛾疫情，应划为疫区，采取封锁、扑灭措施，防止植物检疫对象传出。已普遍发生的地区，则应将周边未发生地区划为保护区，防止苹果蠹蛾传入。疫区和保护区的划定，由疫情发生当地省级农业行政主管部门提出，报当地省级人民政府批准，并报农业部备案。疫区和保护区由省级人民政府宣布确定。按照"政府组织、上下联动、部门配合、分工协作、统防统治、全面防控"的要求，具体采取"统一部署、统一指挥、统一技术、统一药械"等"四统一"，确保隔离、跟踪调查、封锁、控制、预防等措施及时到位。保护区要建立有效免疫防护带，根据疫情发生动态，采取必要的响应措施，切断主要传播途径，避免疫情的扩散蔓延。

1）苹果蠹蛾突发事件分级

依据苹果蠹蛾发生量、疫情传播速度、造成农业生产损失和对社会、生态危害程度等，将突发事件划分为由高到低的三个等级。

一级：在省（直辖市、自治区）所辖的2个或2个以上地级市（区）发生苹果蠹蛾严重危害。

二级：在1个地级市辖的2个或2个以上县（市、区）发生苹果蠹蛾危害；或者在1个县（市、区）范围内发生苹果蠹蛾严重危害。

三级：在1个县（市、区）范围内发生苹果蠹蛾危害。

2）应急响应

（1）Ⅰ级响应。发生超过Ⅰ级突发事件，由省级农业厅上报农业部应急指挥部，按照农业部《关于印发农业重大有害生物及外来生物入侵突发事件应急预案》（农办发〔2005〕9号）精神执行，经省级农业厅启动Ⅰ级应急响应。相关省辖市和疫情所发生县（市、区）政府及有关部门即启动相应的应急响应。

（2）Ⅱ级响应。地级技术咨询委员会根据各县（市）上报信息进行分析评估，并作出突发事件Ⅱ级预警后，经地级决策领导机构决定，启动相应的应急预案，并由本级人民政府报省人民政府备案。突发事件所在地级政府及有关部门即启动相应的应急预案，开展应急处理工作。

（3）Ⅲ级响应。县级技术咨询委员会根据上报信息进行分析评估，并作出突发事件Ⅲ级预警后，经市级决策领导机构决定，启动相应的应急预案，并报省级决策领导机构办公室备案。

3）苹果蠹蛾疫情的应急扑灭与封锁控制技术

根据我国外来有害生物防控和管理的相关法律、法规和条例，结合苹果、梨和杏产区的实际，制定科学、可行的苹果蠹蛾疫情封锁扑灭、应急防控技术方案。

（1）对确认发生苹果蠹蛾疫情的寄主果园的感染虫果要进行彻底销毁处理（参照本技术指南应急防控技术部分）。

（2）对感染苹果蠹蛾的种苗、果品、包装物、出现疫情的果园等要进行无害化处理（参照本技术指南应急防控技术部分）。

4）苹果蠹蛾疫区应采取的检疫措施

疫区内的果品、苗木及其他繁殖材料和应施检疫的植物、植物产品，只限在疫区内种植和使用，禁止运出疫区，防止苹果蠹蛾传出和扩散蔓延；一旦发生疫情，要迅速启动疫情控制预案，由县级以上人民政府发布封锁令，组织农业、铁路、民航、邮政、工商、公安等有关部门，对疫区、受威胁区采取封锁、控制和保护措施。有关部门要做好疫区内人民群众生产、生活安排，立即采取隔离预防、封闭处理、在出入疫区交通路口进行检疫检查等措施封锁疫区，严防疫情传播扩散。加强对来自疫区运输工具及包装材料的检疫和防疫处理，禁止邮寄或旅客从疫区带出种子、种苗和农产品。

5）苹果蠹蛾保护区应采取的措施

在广大的保护区，实行苹果蠹蛾疫情实时监测，掌握苹果蠹蛾疫情发生动态，构建苹果蠹蛾疫情信息处理和疫情监测技术体系。县级以上植物检疫机构要确定检疫监测员专门负责苹果蠹蛾的监测工作，建立反应灵敏的苹果蠹蛾监测网络。严格制定和执行苹果蠹蛾疫情报告和新闻报道制度，加强苹果蠹蛾检疫工作。严禁从苹果蠹蛾疫区调运种子、种苗和农产品，防止苹果蠹蛾传入和扩散蔓延。积极开展技术宣传与培训，提高公众和基层技术人员对苹果蠹蛾的防范意识。

5. 保障措施

1）财力保障

处置农业重大有害生物苹果蠹蛾突发事件所需财政经费，按财政部《突发事件财政应急保障预案》执行。严格专账专户，专款专用。

2）人力保障

疫情发生后，当地人民政府应组建由农业行政主管部门技术人员以及有关专家组成的苹果蠹蛾应急防控队伍，加强专业技术人员培训，提高应急防控队伍人员的专业素质和业务水平，为应急预案的启动提供高素质的应急队伍保障，成立防治专业队；要充分发动群众，实施群防群控。

3）物资保障

各级农业行政主管部门要分别建立防治苹果蠹蛾的药品和物资储备库，编制明细表，由专人负责看管、进入库登记。所有药品和物资的使用实行审批制度，由同级农业行政主管部门分管领导或委托专人负责严格审批。当疫情发生时，各级应急指挥部可以根据需求，征集社会物资并统筹使用。

4）技术保障

应组织相关科研教学单位专家、学者组成研究团队，进一步完善阻止和预防苹果蠹蛾的检测和清除技术，提高苹果蠹蛾种群的监测技术，为有效控制其发生和危害提供科学依据；建立消灭和控制农业重大有害生物苹果蠹蛾的综合治理技术体系，制定最佳的优选方案与组合技术；引进和推广国外先进成熟的技术成果和经验；开展苹果蠹蛾应急防控的宣传和技术指导。

6. 技术宣传与培训

在我国苹果等北方果树主产区，进行广泛宣传和技术培训工作，提高公众和基层技术人员对苹果蠹蛾的防范意识，宣传植物检疫有关法规、规章，普及苹果蠹蛾识别与应急控制技术。具体而言，可通过广播、电视、宣传标语、举办培训班、发放相关技术资料，多途径宣传提高基层技术人员、领导干部和广大群众对苹果蠹蛾的识别、危害性和苹果蠹蛾防控工作重要性和紧迫性的认识。鼓励苹果产区群众发现苹果蠹蛾虫情及时报告当地检疫部门，做到早发现、早报告、早部署、早控制，及时铲除，防止疫情扩大。并提高他们的综合防治水平和防控能力，为苹果蠹蛾的有效封锁扑灭和应急防控奠定良好的基础。

7. 解除封锁和撤销疫区

在苹果蠹蛾疫区，通过连续两年监控未发现新的苹果蠹蛾疫情，经专家现场考察验收，认为可以解除封锁时，由当地农业行政主管部门向本级人民政府提供可解除封锁的报告，由当地人民政府向省级人民政府提出解除封锁申请报告，由省级人民政府发布苹果蠹蛾的解除令。

本预案由省级农业行政主管部门负责解释。

（郭文超）

三叶草斑潜蝇应急防控技术指南

学　　名：*Liriomyza trifolii*（Burgess，1880）

异　　名：*Liriomyza alliovora* Frick，1955

　　　　　Liriomyza phaseolunulata Frost，1943

英 文 名：American serpentine leaf miner，chrysanthemum leaf miner

中文别名：三叶斑潜蝇

分类地位：双翅目（Diptera）潜蝇科（Agromyzidae）斑潜蝇属（*Liriomyza*）

一、三叶草斑潜蝇

三叶草斑潜蝇是一种严重危害蔬菜和花卉植物的多食性潜叶害虫，是近几十年来在世界范围内蔓延成灾的害虫，入侵后造成严重危害并被证明难以防治。很久以来，在分类上三叶草斑潜蝇与同属内的美洲斑潜蝇、南美斑潜蝇极易混淆。由于这 3 种斑潜蝇属于多食性种类，寄主范围广，生态适应性强，危害严重，一旦爆发可造成巨大的经济损失，现已被许多国家和地区列为重要的危险性害虫。

1. 起源与分布

起源：三叶草斑潜蝇起源于北美洲，早期分布在美国东部、加拿大和加勒比海地区，20 世纪 60～80 年代随国际贸易扩散传播到世界其他地区，成为观赏植物及农作物的重要害虫。目前广泛分布于美洲、欧洲、非洲、亚洲、大洋洲和太平洋岛屿的 80 多个国家和地区，其中部分国家或地区声称已根除。1988 年我国台湾在非洲菊上发现其为害，2005 年 12 月首次发现入侵中国内地广东省中山市。

国外分布（图 1）：

美洲：加拿大、墨西哥、美国、巴哈马、古巴、巴巴多斯、百慕大、特立尼达和多巴哥、哥斯达黎加、多米尼加、危地马拉、瓜德罗普、马提尼克、巴西、哥伦比亚、法属圭亚那、圭亚那、秘鲁、委内瑞拉、美属汤加。

欧洲：捷克、奥地利、比利时、保加利亚、法国、希腊、爱尔兰、斯洛伐克、德国、意大利、马耳他、荷兰、波兰、西班牙、瑞典、瑞士、前南斯拉夫地区、丹麦、芬兰、匈牙利、冰岛、挪威、葡萄牙、俄罗斯、斯洛文尼亚、英国、克罗地亚。

大洋洲：美属萨摩亚、关岛、北马里亚纳群岛、萨摩亚、密克罗尼西亚、汤加。

非洲：埃及、埃塞俄比亚、肯尼亚、毛里求斯、尼日利亚、留尼汪、塞内加尔、南非、坦桑尼亚、几内亚、突尼斯、马达加斯加、马约特岛、苏丹、赞比亚、津巴布韦、贝宁、科特迪瓦。

亚洲：塞浦路斯、印度、以色列、韩国、菲律宾、土耳其、黎巴嫩、日本。

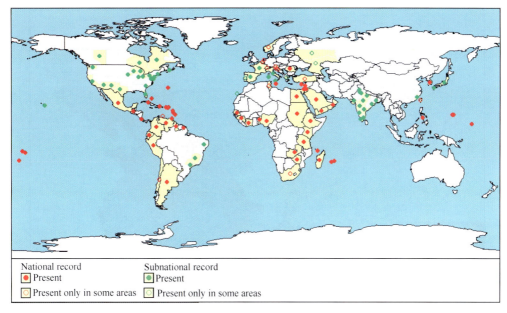

图1 三叶草斑潜蝇的地理分布

红色代表仅有该国家或地区的分布数据；绿色代表有国家以下行政区划的分布数据；实心代表分布相对普遍；空心代表仅在某些地方有分布（2006年9月19日数据，http://www.eppo.org/QUARANTINE/insects/Liriomyza_trifolii/LIRITR_map.htm，下载日期：2009-12-8）

国内分布：

该虫于1988年传入我国台湾，1999年在昆明99世博园内日本参展鲜切花的满天星、菊花、小向日葵叶片上被先后查获。2005年12月在广东省中山市首次发现，对当地两个菜场约66.7hm² 蔬菜造成危害，其中以芹菜受害最重，被害株率几乎达到100％。2006年4月在海南海口市郊、澄迈、凌水、文昌和三亚，2006年10月在浙江的宁波和杭州又相继发现三叶草斑潜蝇的为害；随后云南、上海也有发生为害的报道。据调查，海南、广东、浙江等省发生区较广，几乎遍布全省，欧洲及地中海植物保护组织（EPPO）（2006）的三叶草斑潜蝇世界分布图显示福建省也有分布。

陈洪俊等（2005）应用CLIMEX和GARP两种方法研究预测三叶草斑潜蝇在中国的潜在分布区和高度适生区，其中CLIMEX预测的三叶草斑潜蝇如图2所示，主要覆盖黑龙江大部，吉林、辽宁、河北、北京、天津、山西、陕西、河南、安徽、江苏、浙江、湖北、重庆、贵州等省（自治区、直辖市）市的全境，内蒙古西部、宁夏中南部、甘肃东部、四川东部和南部、云南大部、广西西部、湖南绝大部分地区、江西北部和福建北部和沿海地区；其高度适生区主要分布在辽宁部分地区、山东东部、江苏北部、安徽北部、山西南部、陕西中南部、河南中部、湖北北部、甘肃东南部、四川东部、云南大部和贵州西部等。雷仲仁等（2007）预测三叶草斑潜蝇主要分布于华南、华中、华东、西南等绝大部分地区，特别是长江以南的广大地区以及华北的山东、河北、天津和北京，东北的辽宁等部分地区，并在我国较北的地区（内蒙古、黑龙江）以及西部的新疆、西藏个别地点该虫也能适生，这些地区的EI值较小，不是非常适宜该虫的定居，

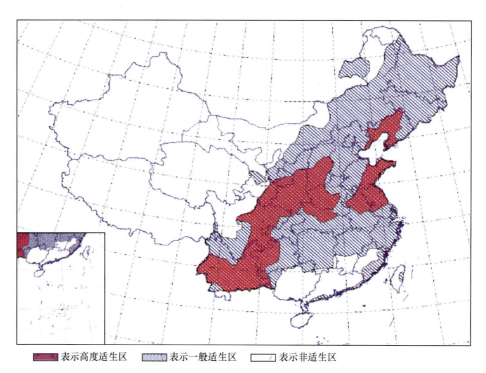

■ 表示高度适生区　　▨ 表示一般适生区　　□ 表示非适生区

图 2　CLIMEX 预测的三叶草斑潜蝇在中国的潜在分布区和高度适生区示意图（陈洪俊，2005）

但并不能排除三叶斑潜蝇在这些地区温室大棚中发生为害的可能性。

三叶草斑潜蝇在秋冬较低温季节发生危害较重，该虫的繁殖能力和抗逆能力均强于美洲斑潜蝇。其发育起点比南美斑潜蝇略高或相当，故目前南美斑潜蝇和美洲斑潜蝇疫情发生区均有可能发生三叶草斑潜蝇。加上三叶草斑潜蝇在温室发生，我国北方地区存在其大面积的野外潜在适生区，因为温室的存在使得该虫潜在适生区预测更为复杂，即使野外冬季气候条件下不适合该虫生存，冬季温室环境也可能具备该虫的生存条件。

2. 主要形态特征

（1）成虫。体型小，成虫长 1.3～2.3mm，雌虫较雄虫稍大，主要呈黑灰色和黄色，头顶和额区黄色，内、外顶鬃均着生于黄色区域，极少部分外顶鬃着生在黑黄混合区。触角 3 节均黄色，末节圆形被微毛。中胸背板灰黑无光泽，明显具粉被；背板两后侧角靠近小盾片处黄色，小盾片黄色，中胸侧板下缘黑色，腹侧片大部分黑色，仅上缘黄色；翅长 1.3～1.7mm，前缘脉加粗达中脉 M_{1+2} 脉的末端，亚前缘脉末端成一皱褶，并终止于前缘脉折断处，中室小，M_{3+4} 脉末段长是次末段长的 3～4 倍，平衡棒黄色；足基节黄色，股节黄色，具淡棕色条纹，胫节和附节暗棕色；腹部可见 7 节，各节背板黑褐色，腹板黄色，背板中央有不连续的黄色中带纹，其中雄虫的中条纹大多贯穿至第五腹节，而多数雌虫仅第二腹节有纵纹；雌虫产卵鞘锥形，黑色；雄虫第 7 腹节短钝，黑色；外生殖器端阳体分为两瓣，中央明显收窄，基阳体端部全为灰白色。

（2）卵。长 0.2～0.3mm，宽 0.10～0.15mm，卵圆形，米色略透明，将孵化时呈浅黄色。

（3）幼虫。蛆状，共 3 龄。初孵幼虫体长 0.5mm，老熟幼虫体长 3mm。初孵幼虫无色略透明，渐变淡黄色，末龄幼虫橙黄色，若被寄生蜂寄生，后期幼虫呈黑褐色。后气门 1 对，呈三叉状突起，其中两个分叉较长；各叉各具一气孔，位于突起的顶端，与美洲斑潜蝇十分相似。

（4）蛹。椭圆形，围蛹，腹面稍扁平，长 1.3～2.3mm，宽 0.5～0.75mm，蛹颜色变化很大，从浅橙黄色，初蛹呈橘黄色，后期蛹色变深呈金棕色，脱出叶外化蛹。后气门突与幼虫相似。

3. 主要生物学和生态学特性

1）生活史

三叶草斑潜蝇分卵、幼虫、蛹、成虫四个虫态。成虫在植株叶片上取食、产卵，卵产在叶表下，历期 2～5 天；幼虫孵出后，即潜食叶片，分三龄，在 20～30℃下，历期 4～7 天，在土壤表层或叶面上化蛹，蛹历期 7～14 天；成虫羽化 24h 后即可交尾产卵，有取食花蜜补充营养习性，寿命 15～30 天。完成一个世代大约需要 3 周，但温度对其影响大，其世代周期在 35℃时为 12 天，在 20℃时为 26 天，在 15℃为 54 天。在菊花上，20℃条件下仅 20 天就完成 1 代。在高温地区和低纬度地区的温室内，全年都能繁殖。该虫每年可发生多代，部分地区达 10 代以上，种群发生高峰期与衰退期极为突出。在美国南部，三叶草斑潜蝇全年都能繁殖，第一代成虫在 4 月出现高峰。如在佛罗里达南部地区，芹菜上的三叶草斑潜蝇经历了 2 或 3 个连续的世代后，接下来是许多不完全的和重叠的世代，种群具有巨大的增长能力。

2）主要生活习性

三叶斑潜蝇成虫一般在 7：00～14：00 羽化，高峰在上午 10：00 以前。雄虫比雌虫早羽化，24h 之内就可以交配产卵，一次交尾足够供全部卵受精。雌虫在寄主植物上取食补充营养并在叶片上产卵，产卵器将叶片表皮刺破散产于刺伤点的叶肉中，形成扇形或者圆筒形的刺伤刻点，产生的伤口用作取食或产卵的位点。取食刻点直径约 0.15mm，常毁坏大量的细胞，肉眼清晰可见，而产卵刻点较小且圆，直径仅 0.05mm，约 15％的刻点含卵。雄虫不能在叶面上造成刻点，但见到有的雄虫在雌虫造成的刻点上取食。雄虫和雌虫都能从花上取食花蜜补充营养。

三叶草斑潜蝇的卵通常产于叶表下，产卵的数量依温度和寄主而异。三叶草斑潜蝇雌虫在旱芹上单雌产卵量，15℃时为 25 粒，30℃时约 400 粒；而在豌豆产卵量 493 粒，在菊花上达 639 粒。

三叶草斑潜蝇卵期一般 3～5 天。幼虫孵化后在叶片潜食为害，形成白色带湿黑或干褐区域的幼虫潜道，典型的蛇状，绕曲，形状不规则，随幼虫成熟变宽。幼虫分为三龄，幼虫发育期也随温度和寄主植物不同而异，但平均气温高于 24℃时，一般幼虫发育期为 4～7 天，其中，1 龄 2.02 天，2 龄 1.87 天，3 龄 1.44 天；气温高于 30℃时，未成熟幼虫的死亡率迅速上升。幼虫老熟后化蛹前常常爬出潜叶隧道或咬一小孔爬出，在叶片上或从叶面落入土中或杂草上化蛹，也有在叶片内部化蛹的现象。高湿和干燥环境均不利于三叶斑潜蝇化蛹。在20~30℃时幼虫化蛹后7~14天羽化，低温下羽化推迟。

在实验条件下，三叶草斑潜蝇在4.5℃的条件下可存活8周。20~35℃是三叶斑潜蝇发育的适温区，40℃高温下三叶斑潜蝇各虫态均无法存活。在美国，三叶斑潜蝇能够忍受-26℃的低温，可在野外越冬。在菊切花上，该虫在1.7℃下至少存活10天。菊上初产卵0℃冷藏可存活达3周，而36~48h卵在相同条件下可存活1周，各龄幼虫在此条件下1~2周后死亡。湿度对三叶斑潜蝇预蛹的影响大于对蛹的影响，当相对湿度达到100%时蛹能正常发育，但常因生霉致死，成虫不能羽化。成虫除具有趋嫩性还具有趋光性，并对黄色具有强烈的趋性。

三叶草斑潜蝇成虫飞翔能力较强，一次可飞行100m，具有主动扩散和寻找寄主的能力，其成虫一周内可扩散102m。该虫喜欢选择植株高的个体为害和产卵，雌虫的产卵量、取食量和产卵期与寄主植物叶片的含氮量成正比，在田间和温室内，三叶草斑潜蝇可以从寄主植物上迁移到野生杂草上交替繁殖。

该虫产生抗药性的能力比美洲斑潜蝇更高。在美国加州，氯菊酯（permethrin）登记2年后，该虫对它的抗性增加了20倍；在加拿大，对定菌磷（pyrazophos）的抗性一年即增加了15倍，而一温室种群对它的抗性在一年中增加了155倍；在日本，开始时期佳硫磷很有效，不久后效果也明显降低；美国佛罗里达州治理三叶草斑潜蝇的农药有效期平均不超过3年，旱芹一度不能生产就是因为无药可治。已发现该虫对有机磷农药多个品种，如一零五九、毒死蜱和三唑磷等有交互抗性。据日本和美国等地的试验，脱离农药一定时期，并不能使该虫恢复对药剂的敏感性。抗药性的产生意味着防治办法的选择受到限制，防治更加困难。

4. 寄主范围

三叶斑潜蝇是典型的多食性昆虫，为潜蝇科昆虫中食性最杂的物种之一，寄主范围比美洲斑潜蝇和南美斑潜蝇更广，已记载的寄主有25科300多种植物；其中菊科、葫芦科和茄科植物及伞形科旱芹是其选择产卵和取食危害的嗜好寄主，其次为豆科、锦葵科、十字花科等。重要寄主作物包括甜菜、辣椒、芹菜、菠菜、白菜、黄瓜、棉花、大蒜、韭菜、莴苣、洋葱、豌豆、红花菜豆、利马豆、菜豆、马铃薯、番茄、豇豆、西瓜及其他瓜类、葫芦科蔬菜、紫花苜蓿、菊花以及紫菀属、鬼针草属、大丽花属、石竹属、扶朗花属、丝石竹属、香豌豆属、旱金莲属、百日菊等植物和多种杂草，意大利有为害大麦叶片的报道。在美国，芹菜、番茄、青椒等受三叶斑潜蝇危害较重，1982年，由于其大发生，许多芹菜种植者被迫停止生产。在中国台湾，主要危害的花卉是非洲菊、菊花、大理花、满天星、桔梗、金孔雀等；主要危害的蔬菜是番茄、茄子、马铃薯、豌豆、甘蓝、白菜、茼蒿、胡瓜、花椰菜及辣椒等。三叶斑潜蝇最初的危害对象是菊花、丝石竹、扶郎花等花卉，后逐渐转移到蔬菜上。在前南斯拉夫地区，该虫通过带虫的大丁草侵入，后为害番茄、黄瓜、芹菜和马铃薯幼苗。荷兰花卉种植业生产与出口也曾因该虫的为害曾遭受重大打击。该虫在印度取食为害 30 余种作物和 20 余种杂草。经对广东省冬后蔬菜调查结果表明，三叶草斑潜蝇在当地的寄主主要有菊科茼蒿、非洲菊，伞形科西芹、香芹，豆科豆角，葫芦科冬瓜，茄科番茄等；其中，茼蒿、芹菜、番茄等受害较重。在浙江宁波、杭州和嘉兴地区的调查发现芹菜、番茄、非洲菊、菜豆、豇豆、白菜等发生较重。

5. 发生与危害

1）发生

三叶草斑潜蝇主要危害蔬菜、花卉、经济作物等，是北美菊花上的重要害虫。20 世纪 70 年代后，该虫从美国开始向世界各地传播，多随植物材料夹带进入非分布区。该虫最先随菊花苗从美国佛罗里达州传至肯尼亚和马耳他。1973 年以后，又通过菊花切枝、大丁草等花卉传至非洲各国、南美洲及英国、荷兰等几个欧洲国家。1976 年在荷兰首次爆发，继而从荷兰温室进一步向外传播。1977 年，通过丝石竹苗从荷兰传至意大利、匈牙利、法国、前南斯拉夫地区。1978 年通过非洲菊传至以色列，其后成为丝石竹、菊花和蔬菜的常发害虫。1990 年 6 月在日本静冈县的菊花、非洲菊、番茄、旱芹等作物上大发生，2 年后的 1992 年 8 月，已遍布关东地区 15 个都县，占日本全境的 1/3。目前，该虫也在挪威、瑞典、芬兰、瑞士、希腊、罗马尼亚、波兰、西班牙等国发现，1984 年被欧洲和地中海地区植物保护组织列为 A2 类检疫对象。我国台湾 1988 年即发现该虫，系进口非洲菊种苗时检疫不彻底而夹带侵入。目前，已在 8 科 31 种植物上发现三叶草斑潜蝇危害，包括菊科花卉，豆科、茄科、十字花科、葫芦科的多种蔬菜及一些杂草等。我国已发生的美洲斑潜蝇和拉美斑潜蝇在短短几年之内几乎传遍全国各地，而该虫的繁殖能力和抗逆能力均强于美洲斑潜蝇，传入可能意味着在全国各地迅速蔓延，疫情形势相当严峻。

三叶草斑潜蝇已成为加拿大、美国和地中海国家菊花上的严重害虫，而且随着三叶草斑潜蝇传入新的地区，它的寄主范围将不断扩大，其扩散和蔓延的途径多，速度快。随着三叶草斑潜蝇的广泛传播，为害不断被认识。防范其传入的管理措施相继被公布。自 1987 年以来，三叶草斑潜蝇已被欧洲和地中海地区植物保护组织定为检疫对象，也是我国法定的农业与检疫性有害生物。前苏联曾几次截获该虫，被列入ⅢA 类内，即"对前苏联有潜在危险的害虫"。

2）经济影响

三叶草斑潜蝇主要以幼虫潜食寄主叶片，与美洲斑潜蝇的危害程度相近。成虫为害叶片，在叶片上刺孔形成刻点破坏细胞，降低光合作用，严重时导致落果落叶。幼虫在叶片和叶柄内取食，被害部表面开始形成的油渍状斑点，最后形成枯死斑点。幼虫在寄主叶片和叶柄内潜食，形成不规则虫道，破坏叶内的叶绿体细胞、降低植物的光合作用，严重时导致落叶甚至枯死，使植株发育推迟、作物产量降低、严重时致死幼苗，使叶片形成枯死斑或果实出现伤疤而降低或丧失经济价值，影响花卉、果蔬等园艺植物的观赏和经济价值。据报道，因该虫的为害，美国加利福尼亚州菊花 1981～1985 年损失 9300 万美元，佛罗里达州旱芹一度不能生产，1980 年损失 900 万美元；土耳其温室中石竹被害株率 58.3%，室外菊花被害株率达 30%，巴勒克埃西省豌豆被害株率 100%；印度番茄减产 25%，棉花受害造成枯萎，蓖麻叶上虫道覆盖面积达 60%；韩国樱桃、番茄被害叶片率高达 60% 以上；该虫在南非已上升为第二大蔬菜害虫。该虫还是多种植物病毒和细菌的媒介昆虫，对棉花和其他观赏苗木也有潜在的危害。由于该虫产生抗药性的能力很强，该虫对蔬菜、花卉生产威胁极大，很可能给治理工作带来巨大困难和无穷的后患。

三叶草斑潜蝇为害寄主主要通过幼虫取食以及产卵咬刻，对于不同寄主植物表现出的影响程度不同，评价造成的损失也因利用目的不同而异。一般来讲，三叶草斑潜蝇幼虫取食对寄主植物造成的损失最大，随着幼虫的增大其损失量也不断加大。3 龄幼虫消耗叶片材料的体积是 1 龄幼虫的 643 倍，取食比例为 50 倍。在叶片或叶柄上常常形成曲折的隧道，破坏叶绿体和叶肉细胞，削弱光合作用，导致植物发育明显延迟并枯死，从而造成减产。由于叶片大量脱落，花蕾和正在发育的果实遭受日灼。幼苗和幼株对该虫特别敏感，严重受害株丧失商品价值，有时也可导致某些水果或蔬菜的绝收。末龄幼虫在化蛹前将叶片食成窟窿，使得茎秆对风吹更敏感。此外，幼虫潜道和成虫取食形成的刺孔促使病原菌侵入叶片。在美国，已发现三叶草斑潜蝇是某些植物病毒的传播媒介。

作为全球范围内蔬菜和花卉上的重要害虫，斑潜蝇类害虫造成 6 个方面的影响：传播病毒病；毁灭幼苗；引起作物减产；加速叶片脱落，引起果实的日灼；降低观赏植物的观赏性和商业价值；因植物检疫引起的损失。由于斑潜蝇的寄主范围广，生态适应性强，繁殖潜能大，近年来该害虫在世界各地的发生危害有愈演愈烈的趋势。

6. 传播与扩散

三叶草斑潜蝇成虫一次可飞行 100m，但飞翔能力有限，该虫主要以卵和幼虫随植株（或部分）叶片远距离传播，茎和蔓等植物残体夹带传播次之；蛹和成虫也有可能被包装材料和交通工具传带。菊花、扶郎花、番茄苗以及一些带叶的蔬菜是该虫的重要传播、扩散载体。鲜切花是最危险的传播方式，瓶插菊花就足以使该有害生物完成生活史。全球的传播历史足以说明该虫的扩散速度极快，可随切花和蔬菜的调运在很短的时间内扩散开来。

三叶草斑潜蝇的耐低温能力强，该虫可以耐受 −26℃ 的低温，在美国和加拿大北部可以成功越冬。花卉与蔬菜的运输一般以空运为主，而成虫体型微小，寿命为 10～20 天，在这个时段内足以到达世界上任何一个地方。同时该虫的幼虫与卵都十分隐蔽，虽然在不同的寄主上其卵期和幼虫期存在差异，但在其转运途中，存活所需要的条件一般能够满足。

图版 26

图版说明

    A. 成虫危害及产卵后叶片

    B. 卵与产卵孔

    C. 幼虫潜食危害

    D. 幼虫

    E. 菜豆叶片严重危害症状及在叶片的蛹

    F. 蛹

    G. 成虫（背面观）

    H. 成虫（侧面观）

图片作者或来源

    A～H. 由作者提供

    照片作者：赵永旭，黄特跃，郑丹

二、三叶草斑潜蝇检验检疫技术规范

1. 范围

本规范规定了三叶草斑潜蝇的检疫检验及检疫处理操作办法。

本规范适用于农业植物检疫机构对三叶草斑潜蝇的卵和幼虫随寄主（包括蔬菜、瓜类及菊科、豆科、葫芦科、茄科、十字花科、锦葵科、苋科、伞形花科作物、花卉等）植株、切条、切花、叶菜、带叶的瓜果类豆菜或作为瓜果类豆菜铺垫、填充、包装物的叶片，或蛹和成虫随盆栽植株、土壤、交通工具的检疫检验和检疫处理。

2. 产地检疫

1）产地检疫

产地检疫指本规范适用的植物生产过程中的全部检疫工作，包括田间调查、室内检验及出证。

2）田间调查

在疫情不明的地区，以主要蔬菜基地设立监测点，于10～11月对其适宜的蔬菜和花卉等寄主植物及杂草进行抽样调查或踏查或设立黄板诱集点；在三叶草斑潜蝇发生区，应在适用作物生产阶段进行2或3次疫情调查。发现疑似疫情时抽样进行室内检验。调查方法如下。

（1）选择蔬菜和花卉生产与出口基地或蔬菜花卉种植相对集中的地段进行定点系统调查，采用随机取样或五点取样法，每隔3～5天（或1～2周）调查1次，连续调查整个生长季节，并在更广泛的地区开展常规普查。

（2）采集具有危害状（潜道）的芹菜，茄科、葫芦科、豆科等蔬菜，以及菊科等花卉的叶片、叶柄，分别放入塑料袋内，注明寄主种类、采集地点、采集时间和采集人

（我国植物多样性丰富，要查清其栽培和野生寄主，注意其潜在寄主）；并根据三叶草斑潜蝇具有趋黄习性，采用平行跳跃取样法，在调查地块中设置黄板、黄卡诱集成虫，黄板或黄卡垂直放置，下端距地面高度以 0.2～0.5m 为宜，黄板间距大于 5m 以上。

（3）将装有采集的蔬菜、花卉受害叶的塑料袋置于室内（温度最好为 25～30℃）进行培养，每天检查化蛹情况，将叶片上或袋中的蛹分别放入玻璃或玻璃指形管中，并附寄主种类、采集地点、采集时间和采集人的标签，待成虫羽化。

（4）将羽化 1 天以上的成虫杀死后制成针插标本（成虫黏在三角签上；决不可放在酒精溶液中浸泡，否则体表粉被会溶解），插上采集地点、寄主种类、采集人和采集时间的标签。

（5）对成虫标本置于解剖镜下进行种类鉴定，确定三叶草斑潜蝇有无入侵。

（6）采用上述取样方法，调查幼虫虫口密度与发育进度、蛹量等；监测成虫消长动态；结合资料预测其种群数量、成虫高峰期及卵孵化高峰期，为预报防治适期提供基础资料。

3）田间初步鉴别

孵化后潜食危害形成白色，典型的蛇状，绕曲，形状不规则，随幼虫成熟变宽。

成虫（雌虫）取食叶片成不规则的白色斑点，直径 0.1～0.15mm，产卵点小（0.05mm），产卵孔圆而一致；幼虫体淡黄色至黄色，蛀食叶肉和叶柄，主要取食叶片正面叶肉，形成盘绕污斑状、终端没有明显变宽的白色带湿黑或干褐区域的幼虫潜道（附录 C 图）。三叶草斑潜蝇主要以形成盘绕的白斑状虫道，与美洲斑潜蝇的不规则端部明显变宽的蛇形虫道，以及南美斑潜蝇的受叶脉限制、上下叶表皮间可见粗细不匀呈波纹状的虫道明显不同〔附录 C 图，EPPO（2005）〕。老熟幼虫爬出蛀道在叶面或土壤中化蛹。蛹初为橘黄色，后为金棕色，10～11 月，田间叶片上可见大量的蛹。

4）室内检验

（1）卵的检验。

将采回的叶片放入乳酸酚的品红溶液中煮 5min，然后冷却 3～5h 用温水冲洗，将叶片放在盛有温水的玻璃皿中，将染色完成的叶片放在解剖镜下检验，被染成污黑色的斑点为斑潜蝇的卵，而取食孔为环状斑，中间颜色较浅。

（2）幼虫和蛹的检验。

用昆虫针将标本刺几个孔后放进约 2mL 浓度为 2.5mol/L 的 KOH 的小坩埚中微火煮沸，经 5～10min，取出虫体在清水中冲洗杂质，置玻片上，加滴乳酚油，在解剖镜下整理虫体，盖上玻片，在 400 倍显微镜下观察虫体的后气门，有一对形似圆锥的后气门，每侧后气门呈三叉状，各具一气孔开口。但卵、幼虫和蛹均无法鉴别近似种，需饲养到成虫进行进一步鉴定。

（3）成虫的检验。

斑潜蝇属的主要鉴别特征：额黄色，眼眶与额同一平面；眶毛后倾，上眶鬃 2 根，中胸背板黑色，小盾片黄色，盾前区一般黑色，肩胛通常黄色，并具有一小的褐色斑点。侧板大部分黄色；前缘脉加粗达中脉 M_{1+2} 脉末端，后者结束于近翅尖处。亚前缘脉末端变为一皱折，并结束于前缘脉折断处；雄性第九背板内缘具毛，且不呈黑色。

三叶草斑潜蝇的内顶鬃均着生于黄色区，蝇外顶鬃大多着生于黄色区域，少部分着生在黑黄混合区；其中胸盾片覆有灰白色粉被，呈灰黑色、无光泽。雄虫腹部纵纹一般贯穿第二到第五腹节。经初步鉴定为斑潜蝇属后，根据内外顶鬃均着生于黄色区域及中胸盾片灰黑色、无光泽可快速鉴别三叶草斑潜蝇，其中雄性个体的腹部纵纹大多贯穿至第五腹节，而多数雌虫仅第二腹节有纵纹，利用此特征可快速进行三叶草斑潜蝇的雌雄个体初筛；并初步确定混发种群中三叶草斑潜蝇是否为优势种。首次发现的需送专家鉴定。

5）出证

经田间调查和室内检验，未发现三叶草斑潜蝇的应施检疫的植物和植物产品，可签发"产地检验合格证"。对田间检查发现有三叶草斑潜蝇的区域和田块，签发"检疫除害处理通知单"，并立即指导控害处理工作。

3. 调运检疫

1）准备工作

（1）凭介绍信（或身份证）受理并审核农业植物调运检疫报检申请单，调入地提交要审核的农业植物检疫要求书，复检时核查植物检疫证书。

（2）向申报人查询货源安排、运输工具、包装材料等情况，准备检疫工具，确定检疫时间、地点和方法。

2）现场检疫

（1）检查内容。

现场应检查适用植物及其产品、包装材料、运载工具、堆放场所等，以及有无三叶草斑潜蝇危害症状和各虫态；寄主植物的叶、茎、蔓等植株残体上是否有美洲斑潜蝇的危害症状和各虫态，复检时应检查调运产品与检疫证书是否相符。

（2）抽样。

根据不同适用植物产品、不同包装、不同数量，分别采用对角线 5 点取样或分层设点等方法取样（表 1）。

表 1　现场抽样标准

种类	按货物总件数抽样百分率/%	抽样最低数
种子类	≥4000kg 的 2～5 ＜4000kg 的 5～10	10 件
叶菜 花卉类	＞10 000 株的 3～5 ＜10 000 株的 6～10	100 株
瓜及果实类	0.2～5	5 件或 100kg

注：①散装种 100kg 为 1 件，苗木 100 株为 1 件。②不足抽样低数仍全部检验。

用肉眼或手持放大镜直接观察样品。

对现场检查中发现的可疑为害叶片、虫态应进行室内检验，检验方法参照本规范 2 中 4）。

3）评定与签证

（1）评定。

根据现场或室内检验结果，对受检植物及其产品进行评定。

（2）签证。

对未发现三叶草斑潜蝇的植物和植物产品签发植物检疫证书并放行，复检不签证。

发现带有三叶草斑潜蝇的植物产品，调入未发生区的应做退回、改变用途或销毁处理；调入发生区的应先做除害处理，然后使用；从发生区调出的适用植物及其产品做消毒除害处理后，可签证放行，但仅限调往发生区；发生区的瓜类、果实类产品禁止带叶运输。

4. 检验及鉴定

1）田间为害状鉴定

成虫取食点呈白色斑点，直径 0.10～0.15mm，产卵点小（0.05mm）且较一致，幼虫蛀食叶表皮、叶肉，虫道白色，沿叶脉呈蛇形不规则盘绕，黑色虫粪交替排在蛀道两侧，蛀道随幼虫成长而加宽，终端明显变宽。老熟幼虫爬出蛀道在叶面或土壤中化蛹。若有可疑为害状，采集标本带回室内鉴定。

2）卵的鉴定

将采回的叶片放入乳酸酚的品红溶液煮 3～5min，然后冷却 3～5h，用温水冲洗，将叶片放在盛有温水的玻璃皿中。染色完成的叶片放在解剖镜下检验。被染成黑色的斑点为斑潜蝇的卵，取食孔为环状斑，中间颜色较浅。

3）幼虫和蛹的鉴定

检查作物的叶片、茎、蔓和与植株枝叶垂直覆盖的地面，发现幼虫、蛹，带回室内鉴定。用昆虫针将标本刺几个孔后放进约 2mL 浓度为 2.5mol/L 的 KOH 的小坩埚中煮沸 5～10min 后，取出虫体在清水中冲洗杂质，置玻片上，加滴乳酚油，在解剖镜下整理虫体，盖上盖玻片，在 400 倍显微镜下观察虫体的后气门，有一对形似圆锥的后气门，每侧后气门开口于 3 个气孔。

4）成虫鉴定

成虫形态小，体长 1.3～2.3mm，雌虫较雄虫体稍大，翅长 1.3～1.7mm，前缘脉加粗达中脉 M_{1+2} 脉的末端，亚前缘脉末端变为一皱褶，并终止于前缘脉折断处，中室小，M_{3+4} 脉后段为中室长度的 3 倍。头部：额部稍突于眼，上额眶鬃和下额眶鬃均为 2 对；触角第三节小、圆，明显披毛。中胸背板：黑色有光泽，背中鬃 3+1 式，第 3 根和第 4 根细弱；第 1 根和第 2 根的距离为第 2 根和第 3 根距离的 2 倍，第 2、第 3 根的距离和第 3、第 4 根的距离约相等；中鬃排成不规则 4 列。颜色：头，包括触角和颜面亮黄色；眼后缘黑色，外顶鬃着生于黑色区域，内顶鬃着生在黄黑交界处；成虫小盾板黄色，足腿节和基节鲜黄色，胫节和跗节色深，前足棕黄色，后足棕黑色；腹部大部分黑色但背板边缘黄色，翅腋瓣黄色，缘毛为黑色。雄虫外生殖器：端阳体腹面观壶形，腹部6不特别肥大，边缘波状。

因三叶草斑潜蝇（*L. trifolii*）、番茄斑潜蝇（*L. bryonine*）、南美斑潜蝇（*L. huidobrensis*)与美洲斑潜蝇的形态颇为相似，较易混淆，可按附录A、附录B鉴定。

5. 检疫处理和通报

（1）严格检疫制度。对应检物品严格实施检疫，严禁从疫区调运果菜。未发生地区建立保护区，发生地区严禁将带有三叶草斑潜蝇的秧苗、残株和叶菜类蔬菜外运，即使外运也要熏蒸或冷冻处理，确保无虫，减少传播概率。控制三叶草斑潜蝇向未发生的地区蔓延。

（2）在调运检疫或复检中，发现寄主植物的叶、茎、蔓等植株残体及其包装材料、运载工具，堆放场所等有三叶草斑潜蝇的各虫态，应全部检出清理或销毁。

（3）产地检疫中发现三叶草斑潜蝇后，应根据实际情况，启动应急预案，立即进行应急治理。疫情确定后一周内应将疫情通报给植物和植物产品调运目的地的农业外来入侵生物管理部门和农业植物检疫部门，以加强目的地监测力度。

附录A　美洲斑潜蝇及其近缘种检索表
（张维球和吴佳教，1997）

1. 成虫头顶的内外顶鬃着生处黄色 ·· 2
　成虫头顶的内外顶鬃着生处暗黑色 ·· 3
2. 成虫胸背板灰黑色无光泽，前翅 M_{3+4} 后段为中室长度的 3～4 倍 ······· 三叶草斑潜蝇 *L. trifolii*
　成虫胸背板灰黑色具光泽，前翅 M_{3+4} 后段为中室长度的 2.5 倍 ········· 番茄斑潜蝇 *L. bryonine*
3. 成虫头顶外顶鬃处暗黑色，各跟前股节暗黑色；前翅 M_{3+4} 后段为中室长度的 1.5～2.0 倍 ········
　·· 南美斑潜蝇 *L. huidobrensis*
　成虫头顶外顶鬃着生处黑色，内顶鬃生于黄黑交界处；各足股节黄色；前翅 M_{3+4} 后段为中室长度的 3 倍 ·· 美洲斑潜蝇 *L. sativae*

附录B　美洲斑潜蝇与其他近似种主要特征比较
（刘元明，1997）

特征	美洲斑潜蝇 *L. sativae*	南美洲斑潜蝇 *L. huidobrensis*	番茄斑潜蝇 *L. bryonine*	三叶草斑潜蝇 *L. trifolii*
成虫体长	1.3～2.3mm	1.3～2.3mm	2mm 左右	1.3～2.3mm
成虫特征	内顶鬃着在黄色区，外顶鬃着生在黄色或黄黑交界处，中胸背板亮黑色有光泽；中胸侧板有不规则褐色斑，翅 M_{3+4} 脉末段为次末段的 3～4 倍；阳茎端长壶状；前足色淡，后足色暗，基、腿节黄色，胫、跗节褐色	内、外顶鬃均着生在黑色区，中胸侧板有灰黑色斑，翅 M_{3+4} 脉末段为次末段的 1.5～2 倍；阳茎端双鱼形，足基部黄色，腿节有黑斑，内侧黄色，胫、跗节色很暗	内、外顶鬃均着生在黄色区，中胸侧板有褐色纵条纹，翅 M_{3+4} 脉末段为次末段的 2～2.5 倍；阳茎端双卵形，三足色相同，茎腿节黄色，有线褐斑，胫、跗节色稍暗	内、外顶鬃均着生在黄色区，中胸背板灰黑粉状；中胸侧板全部黄色，下缘有黑色纹，翅 M_{3+4} 脉末段为次末段的 3 倍；阳茎端短壶状；足茎、腿节黄色有灰褐条纹，胫、跗节淡褐色

续表

特征	美洲斑潜蝇 *L. sativae*	南美洲斑潜蝇 *L. huidobrensis*	番茄斑潜蝇 *L. bryonine*	三叶草斑潜蝇 *L. trifolii*
卵大小	(0.2~0.3)mm× (0.1~0.15)mm	0.28mm×0.15mm	0.23mm×0.15mm	(0.2~0.3)mm× (0.1~0.15)mm
幼虫体色	淡黄至金黄	黄色	淡黄色，老熟幼虫前半 部金黄色	淡黄至金黄色
幼虫、蛹后 气门形态	3叉状	6或7个气门孔扇形	7~12个气门孔	3叉状、3个气门孔
化蛹习性	叶片外或土表化蛹	虫道终端化蛹	叶片上、下表皮或土表 化蛹	叶片外或土表化蛹
为害状	叶片上表皮，出现典型 蛇形虫道，终端扩大， 排泄物呈虚线状	虫道沿叶脉伸展，虫道 粗宽，常呈块状，并可 出现在叶片的下表皮	虫道在上表皮，不规则 线状伸展，终端可明显 变宽，虫道较宽，在叶 面表皮隐约可见	虫道在上表皮呈不规则 线状伸展，终端不明显 变宽

附录C 美洲斑潜蝇（左）、三叶草斑潜蝇（中）、南美 斑潜蝇（右）典型危害状

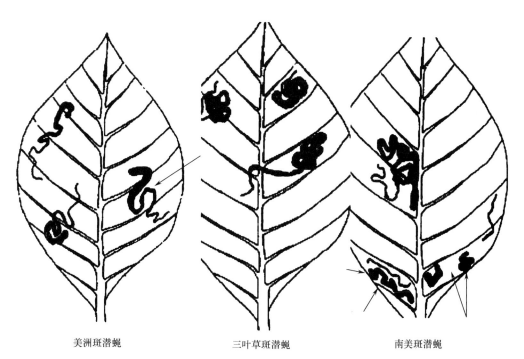

美洲斑潜蝇　　　　　　　　三叶草斑潜蝇　　　　　　　　南美斑潜蝇

引自 EPPO（2005）。美洲斑潜蝇：松散不规则的蛇形潜道；三叶草斑潜蝇：盘绕的白斑状潜道；南美斑潜
蝇：不规则的、受叶脉限制的、上下叶表皮间粗细不匀呈波纹状的潜道

三、三叶草斑潜蝇调查监测技术规范

1. 范围

本规范规定了对三叶草斑潜蝇进行调查和监测的方法和技术要求。

本规范适用于技术人员对三叶草斑潜蝇进行的调查和监测。

2. 调查

1）卵的取样和监测方法

（1）镜检法。

将田间采回的叶片带回实验室显微镜下检测，并统计数量。

（2）染色法。

将采回的叶片放入乳酸酚的品红溶液煮 3～5min，然后冷却 3～5h，用温水冲洗，将叶片放在盛有温水的玻璃皿中。染色完成的叶片放在解剖镜下检验，并统计数量。被染成黑色的斑点为斑潜蝇的卵，取食孔为环状斑，中间颜色较浅。

2）幼虫的取样和监测方法

幼虫田间密度调查。瓜、豆类藤生作物在生长前期，按对角线 5 点取样，定点整株调查，每点查 20 片叶；生长中、后期，对角线 5 点取样，分段调查，从心叶往下，按上、中、下每点调查 20 片叶；直生型作物和叶菜类蔬菜生长前期采取定点整株调查，生长中后期则以分枝为单位调查，调查不少于 200 片叶。可采取随机取样（近期被害叶片），检查虫道内幼虫数、虫道数、株被害率及叶被害率。一般间隔 6～7 天调查 1 次，并进行详细记录，在 8～10 月，每 2～3 天调查 1 次。

3）蛹的取样和监测方法

瓜、豆类及番茄等作物，在生长中后期，适宜用蛹盘法进行虫情监测。可用市售塑料筐（30cm×20cm×10cm，带网眼）作蛹盘，用白的确良布缝制一个衬里铺在里面并固定，在塑筐四周涂一圈防蚊粉，将蛹盘用 15cm 支架托起，平行放置两排交叉的竹篱之间。每种类型田块放置 5 个蛹盘，每 2～3 天收集统计并清理蛹盘。

4）成虫的取样和监测技术

（1）扫网法。

每周或每两周在田间用扫网来收集成虫，收集到的成虫立即投入酒精瓶中，按每个取样单位分装。然后将这些标本样品带回实验室计算。这种方法在瓜类和果菜类蔬菜结果时取样受到一定的限制。

（2）黄卡法。

将粘蝇黄卡放置在作物的顶部，一般菜田设置 5 张，每张相距 5m，主害代每 2～3

天检查 1 次诱测的虫量，并详细记载诱集到的成虫数量。每次调查后，更换粘蝇卡，便于下次调查。

5）结果统计和计算方法

（1）
$$被害株率\% = \frac{被害株数}{调查总株数} \times 100\%$$

注：只要有产卵取食孔或潜叶道均为被害株。

（2）
$$百叶虫量 = \frac{被调查叶片虫量}{调查总叶片数} \times 100$$

（3）发生面积估算：
$$发生面积 = \sum Ni \cdot S$$

式中，S 为作物种植面积；Ni 为 2 级以上田块百分率，$Ni =$（2 级以上田块/调查总田块数）$\times 100$。

（4）危害损失估算：
$$平均损失率(Di) = \sum D \cdot Ni$$

式中，D 为各级损失率；Ni 为 2 级以上田块百分率。
$$自然损失率(XT) = T \cdot Ai \cdot Di$$

式中，T 为寄主作物总体产量；Ai 为寄主作物种植面积/发生面积。
$$挽回损失量(XU) = XT \cdot Bi \cdot Be$$

式中，Bi 为发生面积/防治面积；Be 为防治效果。
$$实际损失量(XE) = T \cdot Bi \cdot Di$$

（5）幼虫分龄标准（表2）。

表 2　幼虫分龄标准

龄期	蛀食长度	体色
1 龄	1.0cm 以下	幼虫体无色
2 龄	1.0～2.2cm	幼虫体淡橙黄色
3 龄	2.2cm 以上	幼虫体橙黄色

（6）叶片受害分级标准（表3）。

表 3　叶片受害分级标准

级别	叶片被害面积占叶片总表面积（P）
0 级	无蛀食
1 级	$P \leqslant 5\%$
3 级	$5\% < P \leqslant 10\%$
5 级	$10\% < P \leqslant 20\%$
7 级	$20\% < P \leqslant 50\%$
9 级	$P > 50\%$

3. 监测

1）监测区的划定

发生点：三叶草斑潜蝇危害寄主植物外缘周围 200m 以内的范围划定为一个发生点（两个寄主植物距离在 100m 以内为同一发生点）。

发生区：距发生点 1000m 以内为发生区；发生点所在的行政村（居民委员会）区域划定为发生区范围；发生点跨越多个行政村（居民委员会）的，将所有跨越的行政村（居民委员会）划为同一发生区。

监测区：发生区外围 7000m 的范围划定为监测区。

2）监测方法

根据三叶草斑潜蝇的传播扩散特性，在监测区的蔬菜地、花卉区、棉田、杂草密集处分别设立监测点，悬挂黄色诱虫板，一般每周更换一次诱虫板，并将更换下来的诱虫板带回室内镜检是否有三叶草斑潜蝇（镜检方法见"三叶草斑潜蝇检验检疫技术规范"一节）。

4. 样本采集与寄送

在调查中如发现可疑三叶草斑潜蝇，用 75% 酒精浸泡，标明采集时间、采集地点及采集人。送外来物种管理部门指定的专家进行鉴定。

5. 调查人员的要求

要求调查人员为经过培训的农业技术人员，掌握三叶草斑潜蝇的形态学、生物学特性，危害症状以及三叶草斑潜蝇的调查监测方法和手段等。

6. 结果处理

调查监测中，一旦发现三叶草斑潜蝇，严格实行报告制度，必须逐级上报，定期逐级向上级政府和有关部门报告有关调查监测情况。

四、三叶草斑潜蝇应急控制技术规范

1. 范围

本规范规定了三叶草斑潜蝇新发、爆发等生物入侵突发事件发生后的应急控制操作方法。

本规范适用于各级外来入侵生物管理机构和农业技术部门在生物入侵突发事件发生时的应急处置。

2. 应急控制方法

对成片发生区域可采用分步施药、最终灭除的方式进行防治，首先在三叶草斑潜蝇发生区进行化学药剂直接处理，防治后要进行持续监测，发现三叶草斑潜蝇再根据实际情况反复使用药剂处理，直至 2 年内不再发现三叶草斑潜蝇为止。根据三叶草斑潜蝇发生的生境不同，采取相应的化学防除方法。

化学防治：化学防治是三叶草斑潜蝇种群应急控制的重要措施。在三叶草斑潜蝇发生时，及时喷药。可以用生物农药 18g/L 的阿维菌素乳油 2000～3000 倍液、1％ 7501 生物杀虫素 2000～3000 倍液、250g/L 斑潜净乳油 1500 倍液、10g/L 揭阳霉素乳油 2000 倍液、18g/L 阿巴丁乳油 2500 倍液、0.12％灭虫丁可湿性粉剂 800 倍液、Bt 可湿性粉剂 1000 倍液、200g/L 绿保素乳油 1000 倍液、6g/L 虫螨光乳油 1000 倍液、10g/L 威宝乳油 1500 倍液、黄杜鹃花萃取物 EOAc100 倍液等。拟除虫菊酯类 25g/L 高效氯氟氰菊酯乳油 1000～1500 倍液。有机磷类 480g/L 毒死蜱乳油 1000～1500 倍液、400g/L 辛硫磷乳油 1500 倍液。氨基甲酸酯类 250g/L 扑蚜威乳油、250g/L 速灭威乳油、300g/L 灭蚜威乳油、250g/L 间乙威乳油、250g/L 异丙威乳油、300g/L 间异丙威乳油、20％ β-西维因乳油、300g/L 氯氰菊酯乳油、300g/L 灭除威乳油。沙蚕毒素类 180g/L 杀虫双水剂 500 倍液。混剂 20％扑蚜威＋阿维菌素乳油、20％速灭威＋阿维菌素乳油、20％灭蚜威＋阿维菌素乳油、20％异丙威＋阿维菌素乳油等；52g/L 乐・齐乳油 1000～1500 倍液、522.5g/L 农地乐乳油 1000 倍液、80％比双灵可湿性粉剂 1000 倍液。

物理防治：在一些情况下，物理防治也是三叶草斑潜蝇种群应急控制的重要措施。三叶草斑潜蝇有强烈的趋黄特性，可用黄板对三叶草斑潜蝇进行诱杀或监测。黄板的放置高度要高于植物 10～20cm 最好。

3. 注意事项

在防治三叶草斑潜蝇上要采用单剂交叉使用，尽量避开混用，防止三叶草斑潜蝇抗药性急剧增加。在防治策略上要抓"早"抓"准"两个字。"早"是指在田间要及早发现，一般是发生始期每 10 天查 1 次，严重时每 4 天查 1 次，及时掌握虫情虫态。"准"指的是集中成片种植的蔬菜基地采取统防统治，防止乱打药，保护利用好天敌；零星种植区要采取综合防治和挑选治理的方法。防治技术要在成虫活动高峰和幼虫 1～2 龄期，从植株上部向下部，从外部向内部喷药，从叶正面向叶下面喷，及时注意土壤表面喷药和田边杂草的防治。选择较好的喷雾技术，如静电喷雾技术是植物保护施药的新技术。

五、三叶草斑潜蝇综合治理技术规范

1. 范围

本规范规定了三叶草斑潜蝇综合治理的操作方法。
本规范适用于各级部门对三叶草斑潜蝇的综合治理。

2. 专项防治措施

1）化学防治

选用对口高效、低毒、低残留农药如生物类的阿维菌素，有机磷类的480g/L毒死蜱，沙蚕毒素类的98％杀螟丹、95％杀虫单、25％杀虫双等。施药适期及方法：施药一般在上午8：11～11：00较好，一般从作物的顶部向下均匀喷雾。

2）物理措施

利用三叶草斑潜蝇的趋黄性，在蔬菜、花卉等作物上悬挂诱虫黄卡进行诱杀。在温室、大棚等保护地内，利用黄卡诱杀三叶草斑潜蝇成虫，一般放置黄卡450～750张/hm²，定期观察并更换黄卡。

3）人工措施

在植物生长期间适当进行疏植，摘除有虫植株（或叶片），减少枝叶的荫蔽，增强田间通透性。清洁田园，减少虫源。作物收获后，及时将田间的残枝落叶及杂草等收集起来，堆放在一起2～3天后，再将其深埋，以保护利用天敌；有条件的地区在收获后，将田块进行深耕，并浇水浸泡24h，可大大减少虫源。

3. 综合防控措施

1）农业防治

（1）合理布局、间套种植及调整播种期。因地制宜将不同的蔬菜种类进行合理布局；采取间种、轮作和不要大面积连片种植不同植期的豆、瓜类蔬菜；抗虫作物与感虫作物套种、轮作、换作、换茬，形成田间隔虫屏障；调整播种期，错开幼虫发生为害高峰期，以减轻为害。

（2）清洁田园。蔬菜收获后，应及时将豆、瓜类蔬菜的植株残体收集起来，放置2～3天后再烧毁或深埋，以保护天敌和减少虫源。

（3）人工摘除虫叶。冬前，结合栽培管理人工摘除虫叶，并带出棚外处理。大田亦应摘除下部虫叶、残叶集中堆沤、深埋，以减少虫源。

（4）适当疏植、通风透光。合理疏植，减少枝叶荫蔽，造成不利于该虫生长发育的环境，可降低虫口密度，有效控制危害。

（5）合理施肥。增施农家肥等有机肥，少施化肥与氮肥。

（6）深耕。在蔬菜收后或播前实行深耕晒白。将蛹埋入土壤深层，使其不能羽化出土。

2）物理防治

利用三叶草斑潜蝇的趋黄性，在三叶草斑潜蝇的成虫发生高峰期，在田间设置黄色诱虫板，诱虫板挂于作物顶部10～20cm处，每棚放6～10块，每公顷放600～750块，每块距离 5m，直接诱杀成虫，可收到事半功倍的效果。

3）生物防治

三叶草斑潜蝇的天敌有寄生蜂、虫生真菌、蜘蛛、瓢虫等，对三叶草斑潜蝇种群增长有很强的控制作用，应注意加强保护，提倡使用生物农药。三叶草斑潜蝇的寄生蜂已知的有 4 科 13 属 50 余种，全部为幼虫和幼虫-蛹寄生蜂。潜蝇姬小蜂是目前世界各国防治斑潜蝇的首选天敌，它发育快、繁殖力强、耐低温、易于大量繁殖。潜蝇姬小蜂对三叶草斑潜蝇平均寄生率为 72.5%，最高达 81%，每头雌蜂平均可寄生 43.2 头幼虫，最高可达 48.6 头。该寄生蜂在北方温室寄生率和刺死率高，如使用得当，完全可以控制三叶草斑潜蝇的危害。

4）化学防治

（1）加强虫情监测，采取黄板诱测、蛹盆法和田间调查（幼虫、蛹、天敌寄生率）方法进行发生期、发生量和为害程度监测，确定防治适期和防治田块。

防治适期：一般应掌握在 1～2 龄幼虫盛发期，即田间受害叶出现 2cm 以下虫道时进行防治；大棚熏蒸应在成虫发生高峰期进行。瓜类、豆类及茄果类的防治指标：苗期有虫叶率 5%～10%、生长前中期 10%～15%、中期 15%～20%、结荚期（结果期）20%～30%。

（2）棚内熏蒸防治成虫　于作物定殖后、每公顷用敌敌畏乳油 1440mL 兑水 15kg 稀释，拌锯末 150kg，撒在行间，闭棚 1.5～2h，消灭棚内成虫。

（3）喷药防治幼虫　在化学防治药剂种类选择上，应坚持轮用不同类型的药剂，减缓或防止抗性的产生。最佳用药时间为晨露干后至上午 11：00。防治三叶草斑潜蝇最好的药剂是生物农药阿维菌素类，其次是沙蚕毒素类（杀虫双、杀螟丹等），有机磷类的毒死蜱、农地乐以及拟除虫菊酯等。阿维菌素类的农药对三叶草斑潜蝇成虫的产卵和取食有显著的驱避作用，对幼虫有很大的杀伤力且持效期长，与其他农药相比，对三叶草斑潜蝇寄生蜂的杀伤力也最小，因此阿维菌素类农药及其复配制剂已成为防治斑潜蝇的首选药剂。沙蚕毒素类农药效果很好，但持效期短，因此在成虫大量发生期，可考虑采用菊酯类农药进行防治。斑潜蝇各虫态对药剂的敏感程度为成虫＞幼虫＞蛹，低龄幼虫盛发期为药剂防治适期，有虫株率 5%～10% 时为防治的关键时期。先进的静电喷雾技术可选用农药：氟虫脲油剂 16.2g/hm²、氟氯氰菊酯油剂 13.125g/hm²。静电喷雾技术的工效比常规喷雾高 20 倍以上，药效延长 10～15 天，对环境安全，是防治大棚蔬菜三叶草斑潜蝇较好的施药方法。

主要参考文献

陈洪俊，李镇宇，骆有庆. 2005. 检疫性有害生物三叶草斑潜蝇. 植物检疫，19（2）：99～102

陈洪俊. 2005. 西花蓟马和三叶草斑潜蝇在中国的风险评估及管理对策研究. 北京林业大学博士学位论文

陈小琳，汪兴鉴. 2000. 世界 23 种斑潜蝇害虫备录及分类鉴定. 植物检疫，14（6）：329～334

邓福珍. 2000. 99'世博园截获三叶草斑潜蝇. 植物检疫，14（3）：191

冯贤. 2007. 三叶草斑潜蝇实时荧光 PCR 检测及地理种源关系研究. 湖南农业大学硕士学位论文

管维，王章根，蔡先全等. 2006. 三叶草斑潜蝇和美洲斑潜蝇的分子鉴定. 昆虫知识，43（4）：558～561

康乐. 1996. 斑潜蝇的生态学与持续控制. 北京：科学出版社

雷仲仁，朱灿健，张长青. 2007. 重大外来入侵害虫三叶斑潜蝇在中国的风险性分析. 植物保护，33（1）：73～77

雷仲仁. 2008. 斑潜蝇防控技术要点［EB/OL］. 贵州希望网. http://www.gzxw.gov.cn/Njtd/Syjs/Sc/200812/5767.shtm. 2009-02-25

刘春燕，陆永跃，曾玲等. 2007. 广东省春季三叶草斑潜蝇寄主种类. 昆虫知识，44（4）：574～576

刘元明. 1998. 美洲斑潜蝇及其近似种的特征比较. 湖北植保，10（1）：26，27

汪兴鉴，黄顶成，李红梅等. 2006. 三叶斑潜蝇的入侵、鉴定及在中国适生区分析. 昆虫知识，43（4）：540～545

王音，问锦曾. 1995. 三叶草斑潜蝇发生动态及检疫. 植物检疫，9（1）：10，11

王章根，管维，陈定虎. 2007. 中山地区发现三叶草斑潜蝇初报. 植物检疫，21（1）：19，20

吴佳教，梁广勤，梁帆等. 1999. 三叶草斑潜蝇的检疫处理. 植物检疫，13（2）：84～86

肖良. 1994. 三叶草斑潜蝇. 中国进出境动植检，2：39，40

杨龙龙. 1995. 对斑潜蝇属中检疫性害虫的研究——双翅目：潜蝇科. 植物检疫，9（1）：1～5

余道坚，郑文华，林朝森等. 1998. 警惕三叶草斑潜蝇的侵入. 中国进出境动植检，（3）：40～42

张维球，吴佳教. 1997. 四种多食性斑潜蝇的识别. 植物检疫，11（增刊）：50～54

赵永旭，商晗武，崔旭红. 2008. 三叶草斑潜蝇及其近缘种的形态鉴别. 浙江农业学报，20（5）：362～366

中华人民共和国农业部. 2006. 第617号公告：全国农业植物检疫性有害生物名单

钟妙文，曹俐，李梅辉等. 1997. 广东省蔬菜斑潜蝇检疫操作规程. 广东农业科学，（6）：5～7

Collins D W. 1996. The separation of *Liriomyza huidobrensis* (Diptera：Agromyzidae) from related indigenous and non-indigenous species encountered in the United Kingdom using cellulose acetate electrophoresis. Annals of Applied Biology，128（3）：387～398

EPPO. 2005. Liriomyza spp. OEPP/EPPO Buletin，35：335～344

EPPO. 2006. Distribution maps of quarantine pests of Europe . http://www.eppo.org/Quarantine/insects/Liriomyza_trifolii/Liritr_map.htm. 2006-09-19

Foster R E，Sanchez C A. 1988. Effect of *Liriomyza trifolii* (Diptera：Agromyzidae) larval damage on growth，yield，and cosmetic quality of celery in Florida. J Econ Entomol，81（6）：1721～1725

Harris H M，Tate H D. 1933. A leaf miner attacking the cultivated onion. Journ Econ Entomol，26：515，516

Kang L，Chen B，Wei J et al. 2009. Roles of thermal adaptation and chemical ecology in liriomyza distribution and control. Annu Rev Entomol，54：127～145

Menken B S，Ukenberg S A. 1986. Allozymatic diagnosis of four economically important *Liriomyza* species (Diptera，Agromyzidae). Ann Appl Biol，109：41～47

Miller G W，Isger M B. 1985. Effects of temperature of the development or *Liriomyza trifolii* （Burgess） (Diptera：Agromyzidae). Bull Ent Res，75：321～328

Miller G W. 1978. *Liriomyza* spp. and other American leafminer pests associated with chrysanthemums. Diptera：Agromyzidae. EPPO Publications，Series C No. 57：28～33

Minkenberg O P J M. 1988. Dispersal of *Liriomyza trifolii*. Bulletin OEPP/EPPO Bulletin，18：173～182

Parrella M P，Allen W W，Marishita P. 1981. Leafminer species causes California chrysanthemum growers new problems. California Agriculture，35：28～30

Parrella M P，Keil C B，Morse J G. 1984. Insecticide resistance in *Liriomyza trifolii*. California Agriculture，38，22～33

Parrella M P. 1987. Biology of *Liriomyza*. Annu Rev Entomol，32：201～224

Saito T. 1993. Occurrence of the leafminer，*Liriomyza trifolii* （Burgess），and its control in Japan. Agrochemicals Japan，62：1～3

Scheffer S J，Lewis M L. 2005. Mitochondrial phylogeography of vegetale pest *Liriomyza sativae* (Diptera：Agromyzidae)：Divergent clades and invasive populations. Ann Entomol Soc Am，98（2）：181～186

Smith I M, McNamara D G, Scott P R et al. 2006. EPPO. Data sheets on quarantine pests-*Liriomyza trifolii* [EB/OL]. CAB International & EPPO. http://chaos.bibul.slu.se/sll/eppo/EDS/E-LIRITR.HTM. 2009-02-25

Spencer K A, Steyskal G C. 1986. Manual of the Agromyzidae (Diptera) of the United States. U S Dept of Agric, A R S, Agriculture Handbook No. 638

Spencer K A. 1973. Agromyzidae (Diptera) of economic importance. The Hague, Netherlands: Ser. Entomol. 9. Dr. W Junk, B V. 1~418

Trumble J T, Ting I P, Bates L. 1985. Analysis of physiological, growth, and yield respones of celery to *Liriomyza trifolii*. Entomol Exp Appl, 38 (1): 15~21

Wang C L, Lin F C. 1988. A newly invaded insect pest *Liriomyza trifolii* (Diptera: Agromyzidae) in Taiwan. J Agric Res China, 37: 453~457

六、三叶草斑潜蝇防控应急预案（样本）

1. 三叶草斑潜蝇危害情况的确认、报告与分级

1）确认

疑似三叶草斑潜蝇发生地的农业主管部门在24h内将采集到的三叶草斑潜蝇标本送到上级农业行政主管部门所属的植物保护管理机构，由省级植物保护管理机构指定专门科研机构鉴定，省级植物保护管理机构根据专家鉴定报告，报请农业部确认。

2）报告

确认本地区发生三叶草斑潜蝇后，当地农业行政主管部门应在24h内向同级人民政府和上级农业行政主管部门报告，并迅速组织对本地区进行普查，及时查清发生和分布情况。省农业行政主管部门应在24h内将三叶草斑潜蝇的发生情况上报省人民政府和农业部，同时抄送省级林业部门和出入境检验检疫部门。

3）分级与应急预案的启动

一级危害：在1省（直辖市、自治区）所辖的2个或2个以上地级市（区）发生三叶草斑潜蝇危害严重的。

二级危害：在1个地级市辖的2个或2个以上县（市或区）发生三叶草斑潜蝇危害；或者在1个县（市、区）范围内发生三叶草斑潜蝇危害程度严重的。

三级危害：在1个县（市、区）范围内发生三叶草斑潜蝇危害。

出现以上一至三级程度危害时，启动本预案。

2. 应急响应

各级人民政府按分级管理、分级响应、属地管理的原则，根据农业部植物保护机构的确认、三叶草斑潜蝇发生范围及危害程度，一级危害启动一级响应，二级危害启动二级响应，三级危害启动三级响应。

1）一级响应

省级人民政府立即成立三叶草斑潜蝇防控工作领导小组，迅速组织协调各省、市（直辖市）人民政府及部级相关部门开展三叶草斑潜蝇防控工作，并报农业部；省级农业行政主管部门要迅速组织对全省（直辖市、自治区）三叶草斑潜蝇发生情况进行调查评估，制定防控工作方案，组织农业行政及技术人员采取防控措施，并及时将三叶草斑潜蝇发生情况、防控工作方案及其执行情况报农业部主管部门；省级其他相关部门密切配合做好三叶草斑潜蝇防控工作；省级财政部门根据三叶草斑潜蝇危害严重程度在技术、人员、物资、资金等方面对三叶草斑潜蝇发生地给予紧急支持，必要时，请求上级部门给予相应援助。

2）二级响应

地级以上市人民政府立即成立三叶草斑潜蝇防控工作领导小组，迅速组织协调各县（市、区）人民政府及市相关部门开展三叶草斑潜蝇防控工作，并由本级人民政府报省人民政府；市级农业行政主管部门要迅速组织对本市三叶草斑潜蝇发生情况进行全面调查评估，制定防控工作方案，组织农业行政及技术人员采取防控措施，并及时将三叶草斑潜蝇发生情况、防控工作方案及其执行情况报省级农业行政主管部门；市级其他相关部门密切配合做好三叶草斑潜蝇防控工作；省级农业行政主管部门加强督促指导，并组织查清本省三叶草斑潜蝇发生情况；省人民政府根据三叶草斑潜蝇危害严重程度和市级人民政府的请求，在技术、人员、物资、资金等方面对发生三叶草斑潜蝇地区给予紧急援助支持。

3）三级响应

县级人民政府立即成立三叶草斑潜蝇防控工作领导小组，迅速组织协调各乡镇政府及县相关部门开展三叶草斑潜蝇防控工作，并由本级人民政府报告上一级人民政府；县级农业行政主管部门要迅速组织对三叶草斑潜蝇发生情况进行全面调查评估，制定防控工作方案，组织农业行政及技术人员采取防控措施，并及时将三叶草斑潜蝇发生情况、防控工作方案及其执行情况报市级农业行政主管部门；县级其他相关部门密切配合做好三叶草斑潜蝇防控工作；市级农业行政主管部门加强督促指导，并组织查清全市三叶草斑潜蝇发生情况；市级人民政府根据三叶草斑潜蝇危害严重程度和县级人民政府的请求，在技术、人员、物资、资金等方面对发生三叶草斑潜蝇地区给予紧急援助支持。

3. 部门职责

各级三叶草斑潜蝇防控工作领导小组负责本地区三叶草斑潜蝇防控的指挥、协调工作，并负责监督应急预案的实施。农业部门具体负责组织三叶草斑潜蝇监测调查、防控和及时报告、通报等工作；宣传部门负责引导传媒正确宣传报道三叶草斑潜蝇有关情况；财政部门及时安排拨付三叶草斑潜蝇防控应急经费；科技部门组织三叶草斑潜蝇防控技术研究；经贸部门组织防控物资生产供应，以及三叶草斑潜蝇对贸易和投资环境影响的应对工作；林业部门负责林地的三叶草斑潜蝇调查及防控工作；出入境检验检疫部门加强出入境检验检疫工作，防止三叶草斑潜蝇的传入和传出；发展改革、建设、交通、环境保护、旅游、水利、民航等部门密切配合做好相关工作。

4. 三叶草斑潜蝇发生点、发生区和监测区的划定

发生点：三叶草斑潜蝇危害的果园划定为一个发生点（两个果园距离在 100m 以内为同一发生点）；划定发生点若遇河流和公路，应以河流和公路为界，其他可根据当地具体情况作适当的调整。

发生区：发生点所在的行政村（居民委员会）区域划定为发生区范围；发生点跨越多个行政村（居民委员会）的，将所有跨越的行政村（居民委员会）划为同一发生区。

监测区：发生区外围 8000m 的范围划定为监测区；在划定边界时若遇到水面宽度大于 8000m 的湖泊和水库，以湖泊或水库的内缘为界。

5. 封锁、控制和扑灭

1）封锁控制

主要措施：如在陆路交通口岸、航空口岸和水路货物及旅客人为携带物品发现三叶草斑潜蝇，以及非法从疫区调运柑橘类果实或苗木，应即刻予以扣留封锁，并进行销毁或其他检疫处理；对疑似藏匿或逃逸现场进行定期的调查和化学农药喷雾处理，严防其可能出现的扩散。

2）扑灭

针对三叶草斑潜蝇突发疫情，应立即采取应急扑灭措施：立刻用敌百虫或敌敌畏等药剂喷雾处理植株；及时清除果园落果、摘除树上虫果，以杀死幼虫；用敌百虫等药剂对园内地面土壤做适当处理等。

6. 调查和监测

三叶草斑潜蝇发生区及周边地区的各级农业植物检疫机构要加强对本地区的调查和监测，做好监测结果记录，保存记录档案，定期汇总上报。其他地区要加强对来自三叶草斑潜蝇发生区的果实和苗木等的检疫和监测，防止三叶草斑潜蝇传入。具体应根据三叶草斑潜蝇入侵生物学、生态学规律，结合监测区域自然、生态、气候特点和生产实际，通过制定和实施科学的技术标准，规范三叶草斑潜蝇疫情监测方法，建立布局合理的监测网络和信息发布平台，预防可能出现的三叶草斑潜蝇突发疫情，做到早发现、早报告、早隔离、早防控，防范三叶草斑潜蝇疫情向未发生区传播，保障农业生产、生态安全。

7. 宣传引导

各级宣传部门要积极引导媒体正确报道三叶草斑潜蝇的发生及控制情况。有关新闻

和消息应通过政府部门正常渠道获取，防止炒作，避免失实报道引起社会不安。在三叶草斑潜蝇发生区，要利用适当的方式进行科普宣传，重点宣传防范知识、防控技术方法。当媒体上出现不实报道或社会上流传谣言时，应立即正面澄清，加强舆论引导，尽量减轻负面影响。

8. 应急保障

1）队伍保障

各级人民政府要组建由农业行政主管部门技术人员以及有关专家组成的三叶草斑潜蝇的应急防控队伍，加强专业技术人员培训，提高应急防控队伍人员的专业素质和业务水平，成立防治专业队，为应急预案的启动提供高素质的应急队伍保障；要充分发动群众，实施群防群控。

2）物资保障

有关的省、市、县各级人民政府要建立三叶草斑潜蝇防控应急物资储备制度，确保物资供应，对三叶草斑潜蝇危害严重的地区，应及时调拨救助物资，保障受灾农民的生活和生产稳定。

3）经费保障

在必要的情况下，有关地区的各级人民政府应安排专项资金，用于三叶草斑潜蝇应急防控工作。应急响应启动时，当地农业行政主管部门会商有关部门提出经费使用计划，由同级财政部门核拨，财政、农业、审计等部门对专项资金的使用和管理情况进行严格的监督检查，确保专款专用。

4）技术保障

科技部门要大力支持三叶草斑潜蝇防控技术研究，为持续有效控制三叶草斑潜蝇提供技术支撑。在三叶草斑潜蝇发生地，有关部门要组织本地技术骨干力量，加强对三叶草斑潜蝇防控工作的技术指导。

9. 应急状态解除

通过采取全面、有效的防控措施，达到防控效果后，县、市农业行政主管部门向省农业行政主管部门提出申请，经省农业行政主管部门组织专家评估论证，防治效果达到标准的，由省级人民政府批准解除应急状态，并通报农业部。

经过连续2年的监测仍未发现三叶草斑潜蝇，经省农业行政主管部门组织专家论证，认为可以解除封锁时，经三叶草斑潜蝇发生区农业行政主管部门逐级向省农业行政主管部门报告，由省农业行政主管部门报省级人民政府及农业部批准解除三叶草斑潜蝇发生区，同时将有关情况通报林业部门和出入境检验检疫部门。

10. 附则

地（市、州）各级人民政府根据本预案制定本地区三叶草斑潜蝇防控应急预案。

本预案自发布之日起实施。

本预案由省级农业行政主管部门负责解释。

（吕要斌　商晗武）

西花蓟马应急防控技术指南

一、西花蓟马

学　　名：*Frankliniella occidentalis*（Pergande）

异　　名：*Frankliniella californica*（Moulton）

Frankliniella helianthi（Moulton）

Frankliniella moultoni Hood

Frankliniella trehernei Morgan

英文名称：western flower thrips

分类地位：缨翅目（Thysanoptera）蓟马科（Thripidae）花蓟马属（*Frankliniella*）

1. 起源与分布

起源：起源于北美洲。

国外分布：西花蓟马最早于 1895 在美国西部地区发现并报道，当时只是零星发生并危害。1934 年新西兰、墨西哥陆续有报道。20 世纪七八十年代开始在美国境内蔓延，并遍布整个北美。1983 年被传进欧洲荷兰，1986 年入侵到法国，1987 年到意大利和比利时。亚洲地区，日本 1990 年报道，韩国 1994 发现并报道。澳大利亚首次于 1993 年报道发生。

国内分布：我国于 2003 年首次报道在北京发生并造成严重危害。现已在北京海淀、昌平、大兴、朝阳和丰台 5 个近郊区县和云南昆明、大理、楚雄、保山、玉溪、曲靖、西双版纳傣族自治州的广大地区广泛分布，在山东、浙江的部分地区也有零星分布。

2. 主要形态特征

西花蓟马属渐变态昆虫，有卵、若虫、预蛹和蛹以及成虫等发育阶段。

卵：肾形，白色，长 200μm。

若虫：有 2 个龄期。初孵若虫体白色，蜕皮前变为黄色；2 龄若虫蜡黄色，非常活跃。

蛹：分为预蛹和蛹，区别在于预蛹翅芽短，触角前伸；蛹的翅芽长，长度超过腹部一半，几乎达腹末端，触角向头后弯曲。

成虫：头部触角 8 节，第 I 节淡色，第 II 节褐色，第 IV～VIII 节褐色；具 3 个单眼，呈三角状排列，一对复眼；单眼三角区内一对刚毛与复眼后方一对刚毛等长。前胸前缘一对角刚毛与一对前缘刚毛等长，后缘具两对刚毛也与一对后缘角刚毛等长；后胸背板中央网纹简单，前缘两对刚毛着生位置几乎平行且等高，中央一对刚毛下方后缘处具一对感觉孔；前翅具有两列完整连续的刚毛。成虫腹部背板中央有 T 形褐色块；第Ⅷ节背板两侧的气孔外方具两弯状微毛梳，后缘具稀疏但完整的梳状毛。雄虫体色淡，体小，腹部第Ⅲ～Ⅶ节腹板前方具有淡褐色椭圆形的腺室，但第Ⅷ节背板后缘无梳状毛。

3. 主要生物学和生态学特性

西花蓟马具有卵，1、2 龄若虫，预蛹，蛹和成虫六个发育阶段。1、2 龄若虫食量大，且活跃，预蛹、蛹不吃也不动。西花蓟马产卵于植物表皮内部，卵呈乳白色、肾形，通常零星单个分布，但有时沿叶脉排成一排。17～37℃环境下，卵期 2.5～4 天。初孵若虫就可以取食，呈白色、透明，随后变为黄色，体长 0.2～0.5mm。2 龄若虫呈黄色，比 1 龄若虫大，纺锤状，蜕皮转化为预蛹前发白，钻入土壤或植物碎屑里。预蛹和蛹都在土壤或植物碎屑内，除非受到惊扰，不吃也不动。预蛹翅芽短，触角未发育完全，而蛹翅芽更长，触角发育完全并沿着头部伸向后方。蛹期可以明显地区分性别。通常情况下，西花蓟马大部分在 2cm 深的土壤中化蛹，随着深度加深，西花蓟马越少，8～10cm 深时没有发现西花蓟马。蛹羽化成成虫时，具翅。雌虫比雄虫个大，颜色从黄色变化成黑褐色，腹部较圆。雄虫淡黄，腹部窄且修长。西花蓟马雌虫未交配就可以产卵，未受精卵孵化出来的子代通常为雄虫。雌虫为二倍体，雄虫为单倍体。西花蓟马从卵发育到成虫平均需要 2～3 周。不过所处的温度和寄主植物不同，发育历期有所不同。

西花蓟马在美国南部冬天发育缓慢，主要以躲藏在土壤或碎叶和残骸中的成虫越冬。在美国的得克萨斯州、佐治亚州和加利福尼亚州、北卡罗来纳州，西花蓟马可以在室外越冬。在中西部地区的北部，西花蓟马在室外不能越冬，而在亚特兰大和宾夕法尼亚州的土壤和苜蓿中可以越冬。在温室，西花蓟马可以周年繁殖。在加拿大的安大略湖南部和丹麦，由于天气严寒，西花蓟马不能越冬。西花蓟马个体微小、修长，具有缨状翅膀。虽然不能远距离飞行，但是体形微小、缨翅有利于西花蓟马随风远距离传播。由于寄主范围广及其自身的扩散能力，西花蓟马极易从温室周围环境传入温室。西花蓟马于我国因地处纬度、海拔不同，发生世代明显不同。

4. 寄主范围

西花蓟马食性杂，寄主植物多达 500 多种，主要包括菊科、葫芦科、豆科、十字花科等 60 多个科的作物和杂草，如菠萝、番木瓜、新西兰番茄、番茄和葡萄等水果，蚕豆、豌豆、花生等农作物，菜豆、甘蓝、花椰菜、芹菜、黄瓜、茄子、莴苣、豌豆、甜椒、辣椒、马铃薯、菠菜、大葱等蔬菜，非洲紫罗兰、紫菀、秋海棠、金盏草、马蹄莲、菊花、瓜叶菊、仙客来、大丽花、天竺葵、大丁草、唐菖蒲、石头花、凤仙花、新几内亚凤仙、矮牵牛、樱草、金鱼草、百日菊以及翠省属、藻百年属、毛茛属等花卉，同时也危害许多种类杂草。

5. 发生与危害

1）直接危害

西花蓟马是锉吸式口器。蓟马取食时，喙贴于寄主体表，用口针将寄主组织刮破，然后吸取寄主流出的汁液，导致被刺寄主表皮细胞死亡。根据寄主种类不同，西花蓟马危害果、花、花蕾、叶和叶芽。若虫和成虫都能够取食危害。若虫通常取食未成熟叶芽边缘，损伤不易被发现，但是随着叶片的进一步展开，被伤害的区域无法伸展而导致叶片变形。这样，只有损伤已经发生之后一段时间，危害才表现出来。西花蓟马也可以取食充分展开的成熟叶片，被取食损害的细胞死亡导致叶片表面银化，同时在植株表面留下黑绿色斑状排泄物。西花蓟马危害已开的鲜花导致花瓣斑驳，黑色花瓣通常呈现白色条纹，而浅色花瓣通常表现棕色疤痕，导致作物的美学价值降低。西花蓟马危害花蕾，不仅导致花瓣斑驳，而且导致花冠畸形，严重的可能导致花不能正常开放。

2）间接危害

西花蓟马是许多植物病毒害的传播媒介，其中最重要的是番茄斑萎病毒属的两种植物病毒：凤仙花坏死斑病毒（INSV）和番茄斑萎病毒（TSWV）。番茄斑萎病毒属是一类重要的病害，它能够感染600多种花卉植物。凤仙花坏死斑病毒和番茄斑萎病毒是番茄斑萎病毒属中唯一感染园艺作物的病毒，并且植株一旦被感染，能被蓟马在植株间携带传播并造成大面积损失的两种病毒病。两种病毒病危害植株的症状因植物种类不同而不同，主要包括：皱缩、叶片畸形、叶面斑点、明脉、叶面上出现线状波纹、叶面或花上出现同心环和茎秆坏疽等。这两种病毒病，在北美温室作物上，凤仙花坏死斑病毒是主要病毒病，而在欧洲，番茄斑萎病毒危害更为普遍。这可能跟番茄斑萎病毒主要危害蔬菜，凤仙花坏死斑病毒主要危害花卉有关。

6. 传播与扩散

西花蓟马可随风带入温室，也可随工作人员衣服、毛发、仪器、植物材料等传播。地区、国与国间通常随蔬菜、花卉等各种栽培植物传播。

图版 27

图版说明

 A. 卵

 B. 初龄若虫

 C. 2 龄若虫

 D. 预蛹

 E. 蛹

 F. 成虫

 G，H. 西花蓟马造成的直接危害

 I，J. 西花蓟马造成的间接危害

图片作者或来源

 图片由作者提供

二、西花蓟马检验检疫技术规范

1. 范围

  本规范规定了西花蓟马的检疫检验及检疫处理操作办法。

  本规范适用于农业植物检疫机构对西花蓟马和携带西花蓟马的植物材料的检疫检验处理。

2. 产地检疫

  1）产地检疫

  指本规范适用的植物生产过程中的全部检疫工作，包括田间调查、室内检验、疫情报告、出证。

  2）田间调查

  在疫情不明的地区，对适用植物及田边杂草进行逐田踏查；在西花蓟马发生区，应在适用作物生产阶段进行 2 或 3 次疫情调查。

  3）室内检验

  将田间调查过程中采集的标本带回室内进行进一步检验，检验方法参考本规范 4.。

  4）疫情报告

  发现疫情后，应立即报告给当地农业检疫部门和外来入侵生物管理部门。

  5）出证

  经田间调查和室内检验，未发现西花蓟马的适用植物及其产品，可签发"产地检验合格证"。对田间检查发现有西花蓟马的田块应签发"控制除害通知单"。

3. 调运检疫

1）准备工作

（1）凭介绍信（或身份证）受理并审核农业植物调运检疫报验申请单，调入地提交要审核的农业植物检疫要求书，复检时核查植物检疫证书。

（2）向申报人查询货源安排、运输工具、包装材料等情况，准备检疫工具，确定检疫时间、地点和方法。

2）现场检疫

（1）检查内容。

现场应检查适用植物及其产品、包装材料、运载工具、堆放场所等，有无西花蓟马各虫态；寄主植物的花、叶、茎、果等植株残体上是否有西花蓟马的各虫态，复检时应检查调运产品与检疫证书是否相符。

（2）抽样。

根据不同适用植物产品、不同包装、不同数量，分别采用对角线 5 点取样或分层设点等方法取样。用肉眼或手持放大镜直接观察样品。对现场检查中发现的可疑为害植物组织（花、叶等）、虫态应进行室内检验，检验方法参照本规范 4。

3）评定与签证

（1）评定。

根据现场或室内检验结果，对受检植物及其产品进行评定。

（2）签证。

对未发现西花蓟马的植物产品签发植物检疫证书并放行，复检不签证。

4. 检验及鉴定

1）仪器、用具及试剂

（1）体视显微镜、生物显微镜。

（2）手持放大镜、小镊子、解剖针、剪刀、白瓷盘、脱脂棉、载玻片、盖玻片、吸管、小毛笔、玻璃瓶、酒精灯、小玻璃瓶。

（3）5% KOH、75%酒精、85%酒精、95%酒精、无水酒精、蒸馏水、二甲苯、丁香油、中性树脂、蓟马保存液（75%酒精＋5%冰醋酸）、Hoyer 氏液（阿拉伯胶 30g，水合氯醛 200g，甘油 20g，蒸馏水 50mL，混合加热，待充分融合后再过滤）。

2）现场检疫

（1）卵。

在 25～30℃下，卵历期 3～4 天，可在室温下将样品植株插于盛装适量水的容器内保水，冬天可在 25℃植物生长箱内放置 4 天，之后检查是否有若虫。或直接将可能有虫卵的叶片剪下，浸泡于 75%酒精中，待叶片变色后，置体视显微镜下检查。

（2）若虫和成虫。

① 检查切花时，先在地上或实验台上置一白瓷盘，最好再铺上一层深色纸，然后倒持切花轻轻抖动，蓟马受惊后会从花内掉落到盘上，将盘上的蓟马（1 龄若虫色浅，近白色，2 龄若虫黄色）用蘸有 75%酒精的小毛笔收集到盛有蓟马保存液的透明小瓶内。

② 检查植株时，应注意检查花、叶面和叶背、枝条和隐蔽处，仔细检查是否有蓟马为害症状，其中是否有隐藏该虫。

3）玻片标本制作

（1）临时性玻片标本。

将浸泡标本置于载玻片上，用 Hoyer 氏液封盖，置于 40～50℃，恒温箱内烘烤2～3 天，使其身体略透明即可用作鉴定标本。

（2）永久性玻片标本。

将浸泡标本渐至 85%酒精、95%酒精、100%酒精中脱水，每浓度酒精中约经 20min，在载玻片上滴上丁香油数滴，放入标本，用小针对翅、触角及足等整姿，用吸水纸吸干丁香油，然后滴上数滴中性树胶，盖上盖玻片，置入 40～50℃恒温箱内烘烤 2～3 天。

4）室内鉴定

（1）鉴定方式。

用体视显微镜观察各虫态浸泡标本的形态特性。

用生物显微镜观察玻片标本的形态特征。

（2）花蓟马属成虫的主要形态特征（图1，图2）。

触角 8 节，头部具有 1 对单眼间鬃，前胸前缘、前缘角各有 1 对长鬃，后者长于前者；后缘角有 2 对长鬃，后缘有 1 对较长鬃，其外有 2 对短鬃，其内有 1 对短鬃。前翅前脉于后脉着生排列等距的鬃。腹部末段雄性端部圆形，雌性为圆锥状，腹面纵裂，雌虫产卵器呈锯状，由 4 片组成。雄虫体略小体色较淡，腹部腹片没有附属鬃，一般第 Ⅲ～Ⅶ节腹片具腹腺域。

（3）西花蓟马的形态特征。

① 成虫（图1，图2）。

体型体色：雌虫体长 1.2～1.7mm，体淡黄色至棕色，头及胸部色较腹部略淡，雄虫与雌虫形态相似，但体型较瘦小，体色淡。

头部：头宽略大于长，短于前胸，颊后部略收窄，单眼间鬃位于前、后单眼中间连线上，复眼后鬃 6 对，从内向外第 4 对鬃最长，约与单眼间鬃等长。

触角：触角有 8 节，第Ⅲ、Ⅳ节具交叉状感觉锥。

前胸背板：前胸背板有 4 对长鬃，前缘角及前缘各有 1 对长鬃，前缘角长于前缘长

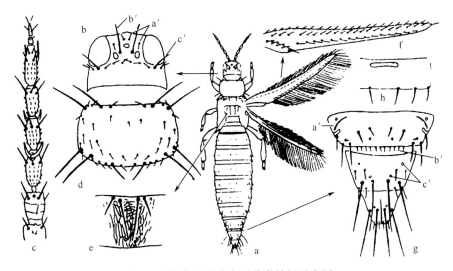

图1　西花蓟马成虫主要分类特征示意图

（仿 Hayase and Fukuda，1991；仿雷仲仁等，2004）

a～g. 雌成虫形态：a. 整体；b. 头部（a′. 单眼前鬃；b′. 单眼间鬃；c′复眼后鬃）；c. 触角；
d. 前胸；e. 后胸背盾板；f. 右前翅（缨毛略）；g. 腹部第8～10背板（a′. 微弯梳；b′. 梳状毛；
c′. 钟状感觉器）；h. 雄成虫腹部第Ⅰ腹板

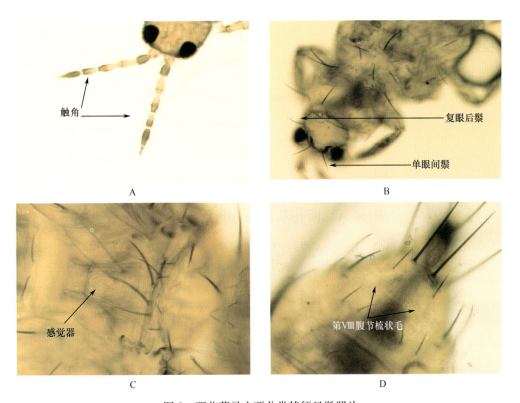

图2　西花蓟马主要分类特征显微照片

鬃，后缘角有 2 对长鬃，后缘鬃 5 对，其中从中央向外第 2 对鬃最长。

中、后胸背板：中后胸背板愈合，前缘具 4 根长鬃，中胸盾片布满细横纹，后胸盾片中央有不规则的网纹状，后方有 1 对钟形感觉孔（呈亮点状）。

前翅：前脉鬃 22 根，后脉鬃 18 根，均等距排列。

腹部：第Ⅷ节背片后缘梳完整，两侧梳毛较长，中央则较短，雄虫腹部第Ⅲ～Ⅶ节腹片上有长椭圆形颜色较浅的腹腺域。

② 卵。不透明，肾形，约 $200\mu m$ 长。

③ 若虫。若虫有 4 个龄期。第一龄若虫一般无色透明，虫体包括头、3 个胸节、11 个腹节；在胸部有 3 对结构相似的胸足，没有翅芽。第二龄若虫金黄色，形态与第一龄若虫相同。第三龄若虫白色，具有发育完好的胸足，具有翅芽和发育不完全的触角，身体变短，触角直立，少动，又称"前蛹"。第四龄若虫白色，在头部具有发育完全的触角、扩展的翅芽及伸长的胸足，又称"蛹"。

5）结果评定

(1) 成虫符合本技术规范 4. 中 4)、(2) 和本技术规范 4. 中 4)、(3)、①可鉴定为西花蓟马。

(2) 卵、若虫分别符合本技术规范 4. 中 4)、(3) ②、③可作为西花蓟马鉴定的参考依据。

5. 检疫处理和通报

在调运检疫或复检中，发现带有西花蓟马的植物产品，调入未发生区的应做销毁处理；调入发生区的应先做除害处理，然后使用。从发生区调出的适用植物及其产品做消毒除害处理后，可签证放行，但仅限调往发生区。

产地检疫中发现西花蓟马后，应根据实际情况，启动应急预案，立即进行应急治理。疫情确定后一周内应将疫情通报给植物和植物产品调运目的地的农业外来入侵生物管理部门和农业植物检疫部门，以加强监测力度。

附录 A 西花蓟马及其近缘种检索表

1. 体鬃较短而细。前脉鬃 11～15 根，后脉鬃 9～12 根。单眼间鬃长，位于前、后单眼外缘连接线上。后胸盾片具多条纵相线纹，近后方有钟形感觉器一对。腹部第Ⅷ背板后缘梳状毛缺 ························ ··· 菱笋花蓟马 *F. zizaniophila*
   体鬃较长而粗。前脉鬃 19～22 根，后脉鬃 15～18 根 ····································· 2

2. 头长于前胸，头顶略呈拱圆，两架平直。单眼间鬃位于前、后单眼外缘连线上。后胸盾片密布纵走线纹，无钟形感觉器 ······················ 禾花蓟马 *F. tenuicornis*
   头短于前胸，前缘不拱圆，颊后部略收窄 ·· 3

3. 复眼后鬃长，最长的鬃几乎与单眼间鬃等长。单眼间鬃位于前、后单眼中间连线上，后胸盾片中央具长网状纹，并具 1 对钟形感觉器 ·············· 西花蓟马 *F. occidentalis*
   复眼后鬃短，长度仅为单眼间鬃的一半，颊后部较窄。单眼间鬃位于后单眼前内方，在前后单眼中心连线上。触角较粗。后胸盾片中部以网纹为主。腹部第Ⅷ背板后缘梳状毛细小而稀疏 ……
………………………………………………………………………… *花蓟马 F. intonsa*

三、西花蓟马调查监测技术规范

1. 范围

本规范规定了对西花蓟马进行调查监测的技术操作办法。
本规范适用于农业植物检疫机构对西花蓟马的检疫检验和检疫处理。

2. 调查

1) 访问调查

向调查地居民询问有关西花蓟马发生地点、发生时间、危害情况，分析西花蓟马传播扩散情况及其来源。对询问过程发现的西花蓟马可疑存在地区，进行深入重点调查。

2) 实地调查

(1) 调查地域。
城市：重点调查城市里的各类花卉、蔬菜交易市场及周边绿化带；
农村：重点调查城市郊区农村的各类花卉、蔬菜生产基地及周围杂草。
(2) 调查方法。
调查样地每 $1/15hm^2$ 设点不少于 5 个，随机选取，每点调查 3～5 株植株，每株植株花、叶、果等器官总数≤20，调查整株各器官上蓟马若虫、蛹和成虫数量；每株植株花、叶、果等器官总数＞20，每株取花、叶、果等器官总数 20，然后按比例估计整株各器官上蓟马若虫、蛹和成虫数量。同时用 GPS 仪测量样地的经度、纬度、海拔，记录样地的地理信息、生境类型、物种组成。

采集蓟马成虫室内镜检，确定是否有西花蓟马，记录西花蓟马发生面积、密度、危害植物（蔬菜、花卉、杂草等）。
(3) 面积计算方法。
发生于农田、果园等生态系统内的外来入侵西花蓟马，其发生面积以相应地块的面积累计计算，或以划定包含所有发生点的区域面积进行计算；发生于路边、房前屋后、绿化带等地点的外来入侵生物，发生面积以实际发生面积累计获得；或持 GPS 仪沿分布边界走完一个闭合轨迹后，围测面积。
(4) 危害等级划分。
根据蔬菜、花卉不同作物和不同部位，统计西花蓟马的数量。具体等级按以下标准划分（表1）：

表 1　西花蓟马为害等级划分

等级	西花蓟马数量/蔬菜叶或花	西花蓟马数量/花卉花
1	0	0
2	1~3	1
3	4~10	2~3
4	11~30	4~7
5	31~100	8~15
i	$(\sqrt{10})^{i-2} \sim (\sqrt{10})^{i-1}$	$2^{i-2i} \sim 2^{i-1}$

3. 监测

1）监测区的划定

发生点：西花蓟马发生田块外缘周围 100m 以内的范围划定为一个发生点（两个发生田块距离在 100m 以内为同一发生点）；划定发生点若遇河流和公路，应以河流和公路为界，其他可根据当地具体情况作适当的调整。

发生区：发生点所在的行政村（居民委员会）区域划定为发生区范围；发生点跨越多个行政村（居民委员会）的，将所有跨越的行政村（居民委员会）划为同一发生区。

监测区：发生区外围 5000m 的范围划定为监测区。

2）监测方法

根据西花蓟马的传播扩散特性，在监测区的蔬菜地、花卉区、棉田、杂草密集处等地分别设置不少于 10 个固定监测点，悬挂蓝色诱虫板，一般每周更换一次诱虫板，并将更换下来的诱虫板带回室内镜检是否有西花蓟马（镜检方法见"西花蓟马检验检疫技术规范"一节）。

4. 样本采集与寄送

在调查中如发现可疑西花蓟马，用 70% 酒精浸泡可疑西花蓟马，标明采集时间、采集地点及采集人。将每点采集的可疑西花蓟马集中于一个标本瓶中，送外来物种管理部门指定的专家进行鉴定。

5. 调查人员的要求

要求调查人员为经过培训的农业技术人员，掌握西花蓟马的形态学、生物学特性、危害症状以及西花蓟马的调查监测方法和手段等。

6. 结果处理

调查监测中，一旦发现西花蓟马，严格实行报告制度，必须于 24h 内逐级上报，定期逐级向上级政府和有关部门报告有关调查监测情况。

四、西花蓟马应急控制技术规范

1. 范围

本规范规定了西花蓟马新发、爆发后的应急控制操作方法。

本规范适用于各级外来入侵生物管理机构和农业技术部门在生物入侵突发事件发生时的应急处置。

2. 应急控制方法

1）对田间尚未建立稳定种群地区的防治方法

对田间尚未建立稳定种群的地区，发现少量或小范围的西花蓟马种群，首先人工铲除西花蓟马发生地上的所有植株，然后每隔3～5天连续喷洒农药3次。其次对于比较珍贵、经济价值高的植物采用施药处理，并严格监测西花蓟马发生情况，然后及时处理。

2）对田间已建立稳定种群地区的防治方法

对田间已建立稳定种群地区的在应急防治时主要以化学防治为主，可以使用的化学药剂主要有：

（1）用甲基溴按每立方米20g的剂量进行熏蒸；

（2）400g/L毒死蜱乳油800～1000倍液、450g/L马拉硫磷乳油800～1000倍液和250g/L喹硫磷乳油800～1000倍液喷雾效果较好；新型杀虫剂18g/L阿维菌素乳油8000倍液、25g/L多杀菌素悬浮液10 000倍液防治西花蓟马的效果显著；烟碱类药剂10%吡虫啉可湿性粉剂2500倍液。

注意不同种类药剂轮用和换用。

3. 注意事项

喷雾时，注意选择晴朗天气进行。在沟边或农田边采用杀虫剂喷雾时，避免药剂随雨水进入农田、河沟而造成环境污染。喷药时应均匀周到。实施很低容量喷雾时。注意不要在下雨天施药，若施药后6h内降雨，应补喷一次；干旱时施药应添加助剂或酌情增加5%～10%的施药量。在施药区应插上明显的警示牌，避免造成人、畜中毒或其他意外。

五、西花蓟马综合治理技术规范

1. 范围

本规范规定了西花蓟马综合治理的操作方法。

本规范适用于各级部门对西花蓟马的综合治理。

2. 专项防治措施

1）农业防治

（1）加强植物检疫，严禁从疫区引种苗木，对苗木进行严格检疫及消毒。

（2）夏季休耕期进行高温闷棚，首先清除田间所有作物、杂草，棚室周围的植物一并铲除，将棚室温度升至40℃左右，保持3周，残存的若虫均会因缺乏食物而饿死。

（3）培育抗虫品种在害虫防治中起越来越重要的作用。国外对番茄、黄瓜、辣椒等不同品种对西花蓟马的抗虫性测定表明，不同品种间对该害虫的敏感性最大相差可达76倍。

（4）把西花蓟马的寄主植物与生长比较快的非寄主谷类作物间作，可以阻碍蓟马和番茄斑萎病毒的传播。

2）物理防治

（1）采用近紫外线不能穿透的特殊塑料膜做棚膜。

（2）加盖防虫网是阻止蓟马进入温室最简单有效的措施，可减少农药使用量50%～90%。

（3）将烟碱乙酸酯和苯甲醛混合在一起制成诱芯，或将茴香醛与上述两种化合物混合后制成粘板，在田间使用，能够大量诱杀成虫。

（4）悬挂淡蓝色、淡黄色的诱虫板，可诱杀成虫。

（5）保持葡萄温室里面 CO_2 的含量在45%～55%，可有效防治西花蓟马。

（6）将大棚温度加热到40℃并保持6h以上，可全部杀死西花蓟马的雌成虫。

3）生物防治

西花蓟马的天敌包括花蝽、捕食螨、寄生蜂、真菌和线虫等。释放天敌应掌握在害虫发生初期，一旦害虫出现即开始释放。

（1）小花蝽包括 *Orius laevigatus*，*O. armatus*，*O. heterorioides*，淡翅小花蝽 *O. tantillus*，*O. insidiosus* 等。其中 *O. insidiosus* 最常用；我国常见的西花蓟马天敌花蝽有南方小花蝽 *O. similis* Zheng 和东亚小花蝽 *O. sauteri*。

（2）捕食螨包括巴氏钝绥螨和胡瓜钝绥螨，与小花蝽不同的是，胡瓜钝绥螨只取食西花蓟马的1龄和2龄若虫，因此田间只释放捕食螨不能有效控制西花蓟马为害，而同时释放小花蝽和捕食螨效果较好。

（3）虫生真菌和线虫：西花蓟马的预蛹和蛹一般生活在基质或土壤中，采用土壤施用线虫，其中异小杆线虫 *Heterorhabditis bacteriophora* HP88 和 *Thripinema nickle-woodi* 较常见，线虫能够阻止或降低西花蓟马产卵。另外施用病原线虫斯氏线虫（*Steinernema carpocapsae*）$2.5×10^5$/L，防治效果可达76.6%。同时在西花蓟马密度较低（3或4头/叶）时，喷施金龟子绿僵菌制剂和球孢白僵菌制剂，间隔6天，连喷2或3次。

4）化学防治

（1）用甲基溴按每立方米 20g 的剂量进行熏蒸，处理温室、大棚和待调运的蔬菜、花卉产品。

（2）400g/L 毒死蜱乳油 800～1000 倍液、450g/L 马拉硫磷乳油 800～1000 倍液和 250g/L 喹硫磷乳油 800～1000 倍液喷雾效果较好；新型杀虫剂 18g/L 阿维菌素乳油 8000 倍液、25g/L 多杀菌素悬浮液 10 000 倍液防治西花蓟马的效果显著；烟碱类药剂 10％吡虫啉可湿性粉剂 2500 倍液；昆虫生长调节剂灭幼脲、吡丙醚、氟虫脲等能够阻止幼虫蜕皮和成虫产卵，但作用速度较慢。使用药剂防治西花蓟马要注意不同作用机理药剂的轮用和交替使用。由于西花蓟马能够进行孤雌生殖，因此抗性个体能够在短时间内产生大量后代，抗性发展迅速，应尽量减少同类药剂的使用频率，防止抗药性的产生。同时由于西花蓟马的预蛹及蛹期都通常在土壤中度过，所以喷洒药剂往往对它不起作用。为了有效控制西花蓟马的发生，推荐在若虫和成虫期每隔 3～5 天喷药 1 次，重复 2 或 3 次，可取得良好的防治效果。

3. 综合防控措施

1）化学防治与农业防治相结合

（1）在大面积种植抗性品种时，零星套种敏感品种或对蓟马具有引诱作用的植物，监测敏感品种植株或引诱植物上蓟马发生动态。每片叶上发现 2～10 头或每 200cm² 叶面积有 8 头西花蓟马若虫时，必须采取化学防治。

（2）夏季休耕期进行高温闷棚时，茬末植株上虫口密度大，尤其是成虫数量大的情况下，首先清除田间所有作物、杂草，棚室周围的植物一并铲除，然后喷洒速效性药剂，杀死成虫，防止其逃逸、扩散。最后将棚室温度升至 40℃左右，保持 3 周，残存的若虫均会因缺乏食物而饿死。

2）化学防除与生物防治相结合

利用植物苗期，虫口基数小的情况释放捕食螨，密切监测蓟马种群动态，在蓟马种群进一步扩大时，释放小花蝽，进一步压制种群增长。若种群达到化学防治指标，使用对天敌相对安全的化学药剂，如 25g/L 多杀菌素悬浮液等。

3）化学防除与物理防治相结合

从作物定殖时开始，悬挂蓝板，密切监测蓝板上蓟马成虫数量。在花卉植物上，10～40 头/（板·星期）；在蔬菜上，20～50 头/（板·d）时，使用化学药剂压制虫口密度。

主要参考文献

程俊峰，万方浩，郭建英. 2006a. 入侵昆虫西花蓟马的潜在适生区分析. 昆虫学报，49（3）：438～446

程俊峰，万方浩，郭建英. 2006b. 西花蓟马在中国适生区的基于 CLIMEX 的 GIS 预测. 中国农业科学，39（3）：525～529

雷仲仁，问锦曾，王音. 2004. 危险性外来害虫——西花蓟马的鉴别、危害及防治. 植物保护，30（3）：63～66

张友军，吴青君，徐宝云等. 2003. 危险性外来入侵生物——西花蓟马在北京发生危害. 植物保护，29（4）：58，59

Chamberlin J R，Todd J W，Beshear R J et al. 1992. Overwintering hosts and wing form of thrips, *Frankliniella* spp., in Georgia (Thysanoptera：Thripidae)：implications for management of spoted wilt disease. Environ Entomol，21（1）：121～128

Chung B K，Kang S W，Kwon J H. 2001. Chemical control system of *Frankliniella occidentalis* (Thysa-noptera：Thripidae) in greenhouse eggplant. J Asia-Pacific Entomol，3：1～9

Daughtrey M L，Wick R L，Peterson J L. 1995. Compendium of Flowering Potted Plant Diseases. St Paul，Minne-sota：APS Press

Daughtrey M L. 1996. Detection and identification of tospoviruses in greenhouses. Acta Hort，431：90～98

Del Bene G，Gargani E. 1989. Contributo alla conoscenza di *Frankliniella occidentalis* (Pergande) (Thysanoptera：Thripidae). Redia，72（2）：359～410

Deligeorgidis P N，Ipsilandis C G. 2004. Determination of soil depth inhabited by *Frankliniella occidentalis* (Pergande) and *Thrips tabaci* Lindeman (Thysan：Thripidae) under greenhouse cultivation. J Appl Ent，128（2）：108～111

Guerra-Sobrevilla L. 1989. Effectiveness of aldicarb in control of the western flower thrips, *Frankliniella occidentalis* (Pergande)，in table grapes in Northwestern Mexico. Crop Prot，8（4）：277～279

Hayase T，Fukuda H. 1991. Occurrence of the western flower thrips, *Frankliniella occidentalis* (Pergande)，on cyclamen and its identification [In Japanese]. Shokubutsu Boeki，45：59～61

Heungens A，Buysse G，Vermaerke D. 1989. Control of *Frankliniella occidentalis* and *Chrysanthemum indicum* with pesticides. Med Fac Landbouww Rksuniv Gent，54（3）：957～981

Kirk W D J，Terry L I. 2003. The spread of the western flower thrips *Frankliniella occidentalis* (Pergande). Agr Forest Entomol，5：301～310

Kirk W D J. 2002. The pest and vector from the West：*Frankliniella occidentalis*. In：Marullo R，Mound L A. Thrips and Tospoviruses：Proceedings of the 7th International Symposium on Thysanoptera. Canberra：Australian National Insect Collection. 33～44

Mound L A，Walker A K. 1982. Terebrantia (Insecta：Thysanoptera). Fauna of New Zealand [number] 1. Wellington：Science and Information Division，Department of Scientific and Industrial Research，1：1～113

Pergande T. 1895. Observations on certain Thripidae. USDA：Insect life，7：390～395

Rampinini G. 1987. Un nuovo parassita della Saintpaulia：*Frankliniella occidentalis*. Clamer informa，12（1～2）：20～23

Yudin L S，Tabashnik B E，Cho J J et al. 1988. Colonization of weeds and lettuce by thrips (Thysanoptera：Thripidae). Environ Entomol，17（3）：522～526

Yudin L S，Cho J J，Michell W C. 1986. Host range of western Flower thrips, *Frankliniella occidentalis* (Thysanoptera：Thripidae)，with special reference to *Leucaena glauca*. Environ Entomol，15（6）：1292～1295

Yudin L S，Mitchell W C，Cho J J. 1987. Color preference of thrips (Thysanoptera：Thripidae) with reference to aphids (Homoptera：Aphidae) and leaf miners in Hawaiian lettuce farms. J Econ Entomol，80（1）：50，51

六、西花蓟马防控应急预案（样本）

1. 总则

1）目的

为及时防控西花蓟马，保护农林生产和生态安全，最大限度地降低灾害损失，根据

《中华人民共和国农业法》、《森林病虫害防治条例》、《植物检疫条例》等有关法律法规，结合实际，制定本预案。

2）防控原则

坚持预防为主、检疫和防治相结合的原则。将保障生产和环境安全作为应急处置工作的出发点，提前介入，加强监测检疫，最大限度地减少西花蓟马灾害造成的损失。

坚持统一领导、分级负责原则。各级农林业部门及相关部门在同级政府的统一领导下，分级联动，规范程序，落实相关责任。

坚持快速反应、紧急处置原则。各级地（市、州）各有关部门要加强相互协作，确保政令畅通，灾情发生后，要立即启动应急预案，准确迅速传递信息、采取及时有效的紧急处置措施。

坚持依法治理、科学防控原则。充分听取专家和技术人员的意见建议，积极采用先进的监测、预警、预防和应急处置技术，指导防灾减灾。

坚持属地管理，以地方政府为主防控的原则。

2. 西花蓟马危害情况的确认、报告与分级

1）确认

疑似西花蓟马发生地的农业主管部门在48h内将采集到的西花蓟马标本送到上级农业行政主管部门所属的植物检疫机构，由省级植物检疫机构指定专门科研机构鉴定，省级植物检疫机构根据专家鉴定报告，报请农业部确认。

2）报告

确认本地区发生西花蓟马后，当地农业行政主管部门应在48h内向同级人民政府和上级农业行政主管部门报告，并组织对本地区进行普查，及时查清发生和分布情况。省农业行政主管部门应在48h内将西花蓟马发生情况上报省人民政府和农业部，同时抄送省级林业部门和出入境检验检疫部门。

3）分级

依据西花蓟马发生量、疫情传播速度、造成农业生产损失和对社会、生态危害程度等，将突发事件划分为由高到低的三个等级：

一级：在1个省（直辖市、自治区）所辖的2个或2个以上地级市（区）新发生西花蓟马严重危害。

二级：在1个地级市辖的2个或2个以上县（市、区）新发生西花蓟马危害；或者在1个县（市、区）范围内新发生西花蓟马严重危害。

三级：在1个县（市、区）范围内新发生西花蓟马危害。

3. 应急响应

各级人民政府按分级管理、分级响应、属地管理的原则，根据西花蓟马危害范围及

程度，一级危害以上启动一级响应，二级危害启动二级响应，三级危害启动三级响应。

1）一级响应

省级农业行政主管部门立即成立西花蓟马防控工作领导小组，迅速组织协调本省各市、县人民政府及部级相关部门开展西花蓟马防控工作，对全省（自治区、直辖市）西花蓟马发生情况进行调查评估，制定防控工作方案，组织农业行政及技术人员采取防控措施，并及时将西花蓟马发生情况、防控工作方案及其执行情况报农业部及邻近各省市主管部门。省级其他相关部门密切配合做好西花蓟马防控工作；农业厅根据西花蓟马危害严重程度在技术、人员、物资、资金等方面对西花蓟马发生地给予紧急支持，必要时，请求农业部给予相应援助。

2）二级响应

地级以上市人民政府立即成立西花蓟马防控工作领导小组，迅速组织协调各县（市、区）人民政府及市相关部门开展西花蓟马防控工作，并由本级人民政府报省人民政府；市级农业行政主管部门要迅速组织对本市西花蓟马发生情况进行全面调查评估，制定防控工作方案，组织农业行政及技术人员采取防控措施，并及时将西花蓟马发生情况、防控工作方案及其执行情况报省级农业行政主管部门；市级其他相关部门密切配合做好西花蓟马防控工作；省级农业行政主管部门加强督促指导，并组织查清本省西花蓟马发生情况；省人民政府根据西花蓟马危害严重程度和市级人民政府的请求，在技术、人员、物资、资金等方面对发生西花蓟马地区给予紧急援助支持。

3）三级响应

县级人民政府立即成立西花蓟马防控工作领导小组，迅速组织协调各乡镇政府及县相关部门开展西花蓟马防控工作，并由本级人民政府报告上一级人民政府；县级农业行政主管部门要迅速组织对西花蓟马发生情况进行全面调查评估，制定防控工作方案，组织农业行政及技术人员采取防控措施，并及时将西花蓟马发生情况、防控工作方案及其执行情况报市级农业行政主管部门；县级其他相关部门密切配合做好西花蓟马防控工作；市级农业行政主管部门加强督促指导，并组织查清全市西花蓟马发生情况；市级人民政府根据西花蓟马危害严重程度和县级人民政府的请求，在技术、人员、物资、资金等方面对发生西花蓟马地区给予紧急援助支持。

4. 部门职责

各级西花蓟马防控工作领导小组负责本地区西花蓟马防控的指挥、协调工作，并负责监督应急预案的实施。农业部门具体负责组织西花蓟马监测调查、防控和及时报告、通报等工作；宣传部门负责引导传媒正确宣传报道西花蓟马有关情况；财政部门及时安排拨付西花蓟马防控应急经费；科技部门组织西花蓟马防控技术研究；经贸部门组织防控物资生产供应，以及西花蓟马对贸易和投资环境影响的应对工作；出入境检验检疫部门加强出入境检验检疫工作，防止西花蓟马的传入和传出；发展改革、建设、交通、环保、旅游、水利、民航等部门密切配合做好相关工作。

5. 西花蓟马发生点、发生区和监测区的划定

发生点：西花蓟马危害寄主植物外缘周围100m以内的范围划定为一个发生点（两个寄主植物距离在100m以内为同一发生点）；划定发生点若遇河流和公路，应以河流和公路为界，其他可根据当地具体情况作适当的调整。

发生区：发生点所在的行政村（居民委员会）区域划定为发生区范围；发生点跨越多个行政村（居民委员会）的，将所有跨越的行政村（居民委员会）划为同一发生区。

监测区：发生区外围1000m的范围划定为监测区；在划定边界时若遇到水面宽度大于1000m的湖泊和水库，以湖泊或水库的内缘为界。

6. 封锁扑灭、调查监测

西花蓟马发生区所在地的农业行政主管部门对发生区内的西花蓟马危害寄主植物上设置醒目的标志和界线，并采取措施进行封锁控制和扑灭。

1）封锁控制

对西花蓟马发生区内机场、码头、车站、停车场、机关、学校、厂矿、农舍、庭院、街道、主要交通干线两旁区域、有外运产品的生产单位以及物流集散地，有关部门要进行全面调查，货主单位和货运企业应积极配合有关部门做好西花蓟马的防控工作。西花蓟马危害情况特别严重时，经省人民政府批准，可在发生区周边主要交通要道设立临时植物检疫检查站，对外运的种苗、花卉、盆景、草皮等植物产品进行检疫，禁止西花蓟马发生区内树枝落叶、杂草等垃圾外运。

2）防治与扑灭

经常性开展扑杀西花蓟马行动，采用化学、物理、人工、综合防治方法灭除西花蓟马，即先喷施化学杀虫剂进行灭杀，人工铲除发生区西花蓟马，直至扑灭。

3）调查和监测

西花蓟马发生区及周边地区的各级农业植物检疫机构要加强对本地区的调查和监测，做好监测结果记录，保存记录档案，定期汇总上报。其他地区要加强对来自西花蓟马发生区的植物及植物产品的检疫和监测，防止西花蓟马传入。

7. 宣传引导

各级宣传部门要积极引导媒体正确报道西花蓟马发生及控制情况。有关新闻和消息，应通过政府部门正常渠道获取，防止炒作，避免失实报道引起社会不安。在西花蓟马发生区，要利用适当的方式进行科普宣传，重点宣传防范知识、防控技术方法。当媒体上出现不实报道或社会上流传谣言时，应立即正面澄清，加强舆论引导，减少负面影响。

8. 应急保障

1）队伍保障

各级人民政府要组建由农业行政主管部门技术人员以及有关专家组成的西花蓟马应急防控队伍，加强专业技术人员培训，提高应急防控队伍人员的专业素质和业务水平，为应急预案的启动提供高素质的应急队伍保障，成立防治专业队；要充分发动群众，实施群防群控。

2）物资保障

省、市、县各级人民政府要建立西花蓟马防控应急物资储备制度，确保物资供应，对西花蓟马危害严重的地区，应该及时调拨救助物资，保障受灾农民生活和生产的稳定。

3）经费保障

各级人民政府应安排专项资金，用于西花蓟马应急防控工作。应急响应启动时，当地农业行政主管部门会商有关部门提出经费使用计划，由同级财政部门核拨，财政、农业、审计等部门对专项资金的使用和管理情况进行严格的监督检查，确保专款专用。

4）技术保障

科技部门要大力支持西花蓟马防控技术研究，为持续有效控制西花蓟马提供技术支撑。在西花蓟马发生地，有关部门要组织本地技术骨干力量，加强对西花蓟马防控工作的技术指导。

9. 应急解除

通过采取全面、有效的防控措施，达到防控效果后，县、市农业行政主管部门向省农业行政主管部门提出申请，经省农业行政主管部门组织专家评估论证，防治效果达到标准的，由省人民政府批准，并报告农业部，可解除应急。

10. 附则

地（市、州）各级人民政府根据本预案制定本地区西花蓟马防控应急预案。

本预案自发布之日起实施。

本预案由省级农业行政主管部门负责解释。

（吕要斌　张治军）

烟粉虱应急防控技术指南

一、烟　粉　虱

学　　名：*Bemisia tabaci*（Gennadius）

异　　名：*Aleyrodae tabaci*（Gennadius）

　　　　　Bemisia inconspicua（Quaintance）

英 文 名：tobacco whitefly，cotton whitefly，sweetpotato whitefly

中文别名：棉粉虱、甘薯粉虱

分类地位：同翅目（Homoptera）粉虱科（Aleyrodidae）小粉虱属（*Bemisia* Quaintance & Baker）

1. 起源与分布

烟粉虱首先报道于 1889 年，在希腊的烟草上被发现，命名为 *Aleyrodae tabaci* Gennadius。此后与之相近似的粉虱新种不断增加，分类地位也变得混淆不清，先后出现过 22 个同物异名。到 1978 年，Mound 和 Halsey 将原报道的同物异名种都归属为 *Bemisia tabaci*。依据目前的系统发生分析，可推测其起源于非洲。目前，烟粉虱已广泛分布于全球除南极洲外的 90 多个国家和地区，是棉花、蔬菜和园林花卉等植物的主要害虫之一。

在我国，烟粉虱始记载于 1949 年，在此后的一段时间里，由于发生较轻，一直未被列入主要害虫。20 世纪 90 年代以来，烟粉虱在我国发生为害逐年加重，分布区域不断扩大。1997 年，自烟粉虱在广东省东莞地区发生危害以来，逐年加重，2000 年，在我国北方许多省份大爆发，造成严重的损失。研究发现，在我国存在许多土著烟粉虱，而近十多年烟粉虱的爆发成灾与外来烟粉虱（B 型与 Q 型）的传入密切相关。

根据生物学的差异，烟粉虱可以分为多种不同的生物型，截至 2001 年，至少确定了 24 个生物型，而且许多烟粉虱种群的生物型尚未确定。其中，B 型烟粉虱和 Q 型烟粉虱是目前受到广泛关注的两种生物型。①B 型烟粉虱是一种入侵性很强的生物型，它可能来源于非洲东/北部、中东或阿拉伯半岛地区，现已成功传入了美国、哥伦比亚、澳大利亚、韩国、巴西、法国、中国等许多国家和地区。目前，B 型烟粉虱已成为一种世界性的入侵害虫，几乎全世界均有分布。在我国多数省（自治区、直辖市）均有分布。在我国，B 型烟粉虱分布十分广泛。已报道的地区有：北京、广东（广州、深圳、佛山、珠海、中山、梅州、新会、阳山）、山东（青州、泰安、青岛、枣庄）、上海、陕西（西安）、新疆（吐鲁番、石河子）、安徽（合肥）、江西（南昌）、福建（福州）、贵州（贵阳）、湖北、重庆（万州）、广西（南宁）、四川、山西、江苏（扬州、南京）、吉林、海南（儋州、海口）、河南（郑州）、浙江（金华）；②Q型烟粉虱是近年来才引起国际上高度重视的一种生物型，该生物型来源于地中海或中东地区或北非地区，主要在伊比利亚半岛、萨丁尼亚、西西里岛以及摩洛哥地区。近年来，Q型烟粉虱在世界范围内不断蔓延扩散，在西班牙、意大利、以色列、摩洛哥和日本、美国、墨西哥、塞浦路斯、土耳其、韩国、危地马拉等国家也相继发现了Q型烟粉虱。在我国，已发现的地区有：云南（昆明）、北京（海淀区）、河南（郑州）、江苏（南通、盐城）、辽宁（沈阳）、山东（潍坊、淄博、聊城）、浙江、湖北、湖南以及台湾。

2. 主要形态特征

烟粉虱的生活周期包括卵、4个若虫期和成虫期，通常将第4龄若虫称为伪蛹。

卵：椭圆形。长×宽约为0.21mm×0.096mm，顶部尖，端部有卵柄，卵通过卵柄插入叶表裂缝中。卵初产时为白色或淡黄绿色，孵化前颜色加深至深褐色。

1龄至3龄若虫：1龄若虫椭圆形，长×宽约0.27mm×0.14mm，有3对足（4节）和1对触角（3节），体腹部平、背部微隆起，淡绿色至黄色。2龄、3龄若虫足和触角退化至只有一节，体缘分泌蜡质，帮助其附着在叶片上；体椭圆形，腹部平、背部微隆起，淡绿色至黄色，2、3龄体长分别是0.36mm和0.50mm。

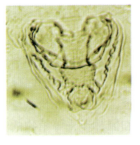

4龄若虫（伪蛹）：烟粉虱伪蛹蛹壳黄色，长0.6～0.9mm，有2根尾刚毛，背部有1～7对粗壮的刚毛或没有。皿状孔（图1）三角形，长大于宽，舌状器长匙状，明显伸于盖瓣之外，腹沟清楚，由皿状孔通向腹末，其宽度前后相近。

成虫：虫体黄色，翅白色无斑点，体长雌虫约0.91mm、雄虫约0.85mm。触角7节。复眼黑红色，分上下两部分，中间有一小眼连接。前翅纵脉2条，后翅1条。跗节2爪，中垫狭长如叶片。雌虫尾部尖形，雄虫呈钳状。

图1　烟粉虱伪蛹皿状孔

3. 主要生物学和生态学特性

1）生物学特性

（1）寄主范围。

烟粉虱为多食性害虫，寄主范围广，有明显的寄主扩展现象。1978年报道的烟粉虱寄主有74科420多种（变种）；到1998年所报道的寄主超过600种（变种）。在国内，罗晨等（2000）调查表明北京地区烟粉虱的寄主有24科74种；邱宝利等（2001）调查表明广州地区烟粉虱的寄主有46科176种（亚种）；周福才等（2003）调查表明江苏地区烟粉虱危害寄主为40科139种（变种）；何玉仙等（2003）调查表明福建地区的烟粉虱危害寄主为17科62种（变种）；张丽萍等（2005）调查表明山西省烟粉虱的寄主植物有27科103种（变种）。

（2）生物学。

烟粉虱成虫营产雄孤雌生殖。受精卵为二倍体，发育成雌虫；而未受精卵发育成雄虫。在热带和亚热带地区一年可发生 11～15 代，且世代重叠。烟粉虱不同阶段的发育速度依温带、寄主植物以及生物型等不同而异。

①卵：烟粉虱成虫只在自身羽化的叶片上产少量卵就转移到更新的叶片上。卵不规则散产在叶背面（少见叶正面）。

②1 龄至 3 龄若虫：1 龄若虫有足和触角，在孵化时身体半弯直到前足能抓住叶片，脱离废弃的卵壳。一般在叶片上爬行几厘米寻找合适的取食点，也可爬行到同一植株的其他叶片上。在叶背将口针插入到韧皮部取食汁液。开始取食后，大多 2～3 天脱皮进入 2 龄。1 龄若虫只要成功取食合适寄主的汁液，就固定在原位直到成虫羽化。

③4 龄若虫（伪蛹）：烟粉虱伪蛹蛹壳规则比例、蛹壳背部大刚毛数量、蛹壳整体的长度和宽度、前缘蜡饰的宽度、后缘蜡饰的宽度、皿状孔盖瓣的长度和宽度以及舌状突的长度等许多性状在不同寄主植物上具有不同程度的形态可塑性，而且这种可塑性与寄主植物叶背特征具有密切的相关性。

④成虫：成虫绝大多数在光期羽化，很少在黑暗中羽化。在恒温 29.5℃，光周期 14：10（光：暗）条件下，90% 以上蛹能羽化为成虫。成虫可在植株内或植株间做短距离扩散，也可借风或气流作长距离迁移。

2）生态学特性

环境因素对烟粉虱种群的发生和危害影响很大，其中主要的环境因素包括温度、湿度、光照、降水、风、寄主和天敌等。

（1）温度对烟粉虱种群发生的影响。温度是影响烟粉虱种群的重要因子，研究表明 25～30℃ 是烟粉虱种发育、存活和繁殖的最适宜的温度范围。

（2）湿度对烟粉虱种群的影响。林克剑等（2003，2004）研究表明 B 型烟粉虱种群在 25℃ 组合相对湿度 90%、70%、50% 和 30% 环境下的种群内禀增长率（r）分别为 0.0499、0.0596、0.064 和 0.0856。可见，相对湿度 30%～70% 是其发育的适宜范围，低湿干燥的环境有利于烟粉虱种群的发生。

（3）光照对烟粉虱种群的影响。陈夜江等（2003）研究表明发现光周期对烟粉虱种群增长影响显著，表现为光照时间越长（9～18h），越有利于该虫的发育，其发育速率、存活率、成虫寿命及产卵量、种群增长指数都随之增大。研究表明，至少在 12h 以上的光照条件下，才有利于烟粉虱种群的增长。

（4）寄主对烟粉虱种群的影响。尽管烟粉虱的寄主植物范围广泛，但对植物的选择有一定的嗜好性，不同的寄主对烟粉虱的各虫态大小、存活率、发育历期、成虫寿命和平均产卵量等生物学参数都有影响。中国农业科学院蔬菜花卉研究所等单位系统研究了 B 型烟粉虱在甘薯、芥蓝、茄子、番茄、黄瓜、甘蓝、棉花、烟草和菜豆等十种主要寄主植物上的生长发育特性。结果发现，烟粉虱成虫期前在十种寄主植物上的死亡集中在卵期和 1、2 龄若虫期，3 龄若虫和伪蛹死亡较少甚至不死亡。主要死亡原因是卵不孵化、若虫干瘪及脱落等。不同寄主上烟粉虱成虫羽化后 9～27 天存活率高，其后的死亡趋势均近似呈对角线形式。十种寄主植物中甘薯、芥蓝、茄子、番茄、黄瓜、甘蓝和棉花上未成熟期各虫态均有较高的存活率，其存活曲线呈拱形；而在辣椒、烟草和菜豆上，烟粉虱幼龄若虫死亡率极高，超过 40%，其存活曲线下凹。烟粉虱在供试的十种寄主植物中，内禀增长率均大于零，种群呈明显增长趋势。其中，甘薯、黄瓜和番茄上的内禀增长率最大，种群增长能力强，芥蓝、茄子和甘蓝次之，菜豆上最小。烟粉虱在十种寄主植物上的平均世代历期为 33.9～44.1 天，种群增长迅速。由此可见，烟粉虱较广的寄主范围、较高的内禀增长率、较强的增长潜能，加上世代重叠严重，给该害虫种群迅速发展并造成显著危害提供了先天的条件。烟粉虱主要解毒酶活性在不同的寄主植物上具有一定的生理可塑性。

4. 传播与扩散

据研究，随着花卉和其他植物苗木的调运，B 型、Q 型烟粉虱在世界各地广泛传播和蔓延，已成为全球性的严重问题。①B 型烟粉虱：20 世纪 80 年代中期，在美国佛罗里达州等烟粉虱大发生，后来确定这些大发生的烟粉虱为新入侵的 B 型烟粉虱；1988～1989 年，在亚利桑那、加利福尼亚、得克萨斯 3 州发现 B 型烟粉虱零星发生，1990～1991 年就已普遍发生。与此同时，美洲、欧洲的温带地区以及日本的温室作物上都报道烟粉虱大发生。到 1993 年，中美、南美国家都已经报道烟粉虱大发生。在多米尼加和波多黎各，B 型烟粉虱于 1987～1988 年通过一品红及其生产设备传入这两个地区，然后通过观赏植物传到各地；而在每一个地区，则从温室观赏植物、番茄的幼苗传播开来，然后扩散到四周的豆类、木薯、棉花、瓜类、辣椒、烟草等作物上。②Q 型烟粉虱：Q 型烟粉虱起源于地中海/中东/北非地区，该生物型最初在伊比利亚半岛地区被，后来证实该生物型已遍布伊比利亚半岛、萨丁尼亚、西西里岛、摩洛哥、意大利、德国、以色列、塞浦路斯、埃及等国家和地区。褚栋等（2005b）通过线粒体细胞色素氧化酶Ⅰ（mtDNA COI）分子标记，首次证实 2003 年云南省昆明市某花卉市场上的烟粉虱是 Q 型，这也是在非地中海周边国家首次发现该生物型。2005 年 3 月，首次报道了 Q 型烟粉虱传入美国。随后，许多国家相继报道了 Q 型烟粉虱的入侵与危害。

在我国，1994 年上海地区引自国外一品红后，烟粉虱在园林植物上大发生。1997 年在东莞发生，并逐年加剧，至 2000 年不少地区大发生。2002 年，罗晨通过比较线粒体细胞色素氧化酶Ⅰ（mtDNA COI）基因序列，显示了采自北京、广东、陕西、新疆 4 个地区的 5 个烟粉虱种群均为 B 型，Wu 等（2003）采用 RAPD 和核糖体 ITS1 技术对采自北京、青岛、福州、南宁等地的多个烟粉虱种群研究发现均为 B 型。随后在我国广大地区发现了 B 型烟粉虱的危害。自从在云南首次发现 Q 型烟粉虱以来，随后又相继在北京、河南、浙江、江苏以及山东等地区发现了该生物型的危害。目前，该生物型在国内呈现不断蔓延扩散的趋势。

5. 发生与危害

烟粉虱危害方式主要包括以下几个方面：①成虫、若虫可固定在叶片背面从寄主植物叶内大量吸取汁液，造成寄主营养缺乏，影响寄主的正常生理活动，造成植株的叶片、果实脱落，使作物严重减产；②烟粉虱排出的蜜露招致灰尘污染叶面和霉菌寄生，影响寄主的光合作用和外观品质；③传播多种植物病毒，易引起病毒病的大发生，严重时可造成作物绝产。

对蔬菜的危害：研究表明，蔬菜是烟粉虱的主要危害作物，而且是其重要寄主。烟粉虱可影响蔬菜的品质和经济价值，例如，对于果实类蔬菜，如番茄、黄瓜和南瓜等则表现为果实不均匀成熟；对于叶菜类蔬菜，如甘蓝、花椰菜等，烟粉虱造成的危害表现为受害叶片萎缩、白化、黄化、枯萎；对于根茎类蔬菜，如萝卜、花菜等，受害表现为根部颜色白化、无味、重量减轻。与温室白粉虱不同的是，烟粉虱能够危害的十字花科作物羽衣甘蓝、球茎甘蓝、甘蓝、青花菜和花椰菜，十字花科作物是其主要寄主。此外，烟粉虱还可以在番茄、辣椒等作物上传播多种植物病毒，如番茄黄曲叶病毒（TYLCV）、莴苣黄叶病毒（LIYV）等。

对花卉和园林植物的危害：花卉和园林植物是烟粉虱嗜好的植物类群之一，其中一品红、扶桑、菊花和变叶木等受害严重。烟粉虱在花卉和园林植物上取食危害，造成植物茎秆褪色、叶片黄化、脱落，同时分泌蜜露，诱发煤污病，影响花卉的观赏价值。

对经济作物的危害：烟粉虱在棉花、大豆、烟草和花生等经济作物上发生也比较严重。近年来，随着农业结构调整，一些地区大力提倡种植的经济作物油葵、牧草紫花苜蓿和中药材黄芪、黄芩和桔梗上均有烟粉虱发生。

图版 28

图版说明

A. 卵。高密度的产卵会导致寄主植株死亡，图所示寄主为哈密瓜

B. 卵的显微形态

C. 若虫

D. 在哈密瓜叶片上密布的老龄幼虫，许多已经成为伪蛹

E. 在一品红（*Euphorbia pulcherrima*）叶片上的伪蛹

F~H. 伪蛹的显微形态

I. 成虫

J. 伪蛹腹末显微形态。示两根尾刚毛；皿状孔三角形，长大于宽，舌状器长匙状，明显伸出于盖瓣之外，腹沟清楚，由皿状孔通向腹末，其宽度前后相近

K. 烟粉虱分泌的蜜露在大豆叶片上形成烟霉

L. 一品红新叶被烟粉虱若虫为害出现褪绿症状

M. 烟粉虱为害番茄植株导致果实畸形（左），右为对照

N. 烟粉虱造成的间接为害，示番茄黄化曲叶病毒为害状

图片作者或来源

A. David Riley（美国佐治亚大学）. Bugwood. org. UGA 2511052（http://www. forestryimages. org/browse/detail. cfm?imgnum＝2511052，最后访问日期：2009-12-9）

B. 引自 UF/IFAS Entomology and Nematology Department. Sweetpotato Whitefly Bemisia tabaci（Gennadius）. United States Department of Agriculture，WHITEFLY KNOWLEDGEBASE（http://www. entnemdept. ufl. edu/fasulo/whiteflies/wfly0019. htm，图片地址：http://www. entnemdept. ufl. edu/fasulo/whiteflies/egg. gif，最后访问日期：2010-03-28）

C. Charles Olsen，USDA APHIS PPQ，Bugwood. org UGA 5165041（http://www. forestryimages. org/browse/detail. cfm?imgnum＝5165041，最后访问日期：2009-12-9）

D. David Riley（美国佐治亚大学）. Bugwood. org. UGA 2511050（http://www. forestryimages. org/browse/detail. cfm?imgnum＝ 2511050，最后访问日期：2009-12-9）

E. Central Science Laboratory，Harpenden Archive，British Crown，Bugwood. org，UGA 0177096（http://www. forestryimages. org/browse/detail. cfm?imgnum＝0177096，最后访问日期：2009-12-9）

F. W. Billen，Pflanzenbeschaustelle，Weil am Rhein，Bugwood. org，UGA 1263014（http://www. forestryimages. org/browse/detail. cfm?imgnum＝1263014，最后访问日期：2009-12-9）

G. W. Billen，Pflanzenbeschaustelle，Weil am Rhein，Germany，EPPO（http://photos. eppo. org / albums/pests/Insects/Bemisia＿tabaci/BEMITA＿06. jpg，最后访问日期：2009-12-9）

H. http://www. apsnet. org/online/feature/view. aspx?ID＝758，最后访问日期：2009-12-9

I. Stephen Ausmus，USDA ARS，（http://www. ozanimals. com/Insect/Silverleaf-whitefly/Bemisia/tabaci. html，最后访问日期：2009-12-9）

J. W. Billen，Pflanzenbeschaustelle，Weil am Rhein，Germany，EPPO（http://photos. eppo. org / albums/pests/Insects/Bemisia＿tabaci/BEMITA＿12. jpg，最后访问日期：2009-12-9）

K~N. 引自 Heather J. McAuslane（美国佛罗里达大学）. Bemisia tabaci（Gennadius）or Bemisia argentifolii Bellows & Perring（Insecta：Hemiptera：Aleyrodidae）（http://entomology. ifas. ufl. edu/creatures/veg/leaf/silverleaf＿whitefly. htm，最后访问日期：2009-12-9）

K，M. James Castner

L. Shahab Hanif-khan，University of Florida

N. Gary Simone

二、烟粉虱检验检疫技术规范

1. 范围

本规范规定了烟粉虱的检疫检验及检疫处理操作办法。

本规范适用于农业植物检疫机构对烟粉虱的寄主植物及可能载体的检疫检验和检疫处理。

2. 产地检疫

（1）检查种苗、花卉、蔬菜、棉花等作物以及附近的杂草叶面尤其是背面是否有粉虱成虫或伪蛹。

（2）发现疫情后，用95％酒精保存好成虫或伪蛹，立即报告并将样本送给当地农业检疫部门和外来入侵生物管理部门。

3. 调运检疫

通过检疫措施，加强对调入、调出的种苗、寄主植物及其包装材料进行严格检疫，控制烟粉虱的传播和扩散。特别是发生轻、发生少的地区，更要严格检疫，将烟粉虱的防治做在发生之前。

4. 检验及鉴定

（1）根据以下特征，鉴定是否是粉虱科昆虫：体型小，体表及翅面有白色蜡质粉。复眼肾形，分为上下两群。单眼2个，位于复眼前上方。触角7节。喙着生于头部下方。翅膀两对，膜质，脉序鉴定，静止时平放背面或呈屋脊状。该科最显著的特征是成虫与幼虫第九腹节背面有皿状孔。

（2）检查伪蛹，以鉴定烟粉虱物种：在解剖镜下观察，烟粉虱伪蛹边缘薄，比较平坦；伪蛹周围没有蜡层所包围；蛹周缘无均匀发亮的细小蜡丝，但在胸气门和尾气门外常有蜡缘，胸气门处蜡缘呈左右对称。烟粉虱伪蛹亚缘体周边没有小乳突，背盘区也没有圆锥状大乳突。在显微镜下观察烟粉虱伪蛹的标本玻片，其皿状孔长三角形，舌状突较长，匙状，顶部三角形，具一对刚毛。

（3）根据下面的方法，鉴定烟粉虱的生物型：利用分子生物学手段，利用 C1-J-2195（5′-TTGATTTTTTGGTCATCCAGAAGT-3′）和 L2-N-3014（5′-TCCAATG-CACTAATCTGCCATATTA-3′）扩增烟粉虱种群线粒体细胞色素氧化酶 I（mtDNA COI）基因序列，PCR 产物测序，将所获得的序列与已知的烟粉虱生物型利用 Clustal W 软件进行序列比对，利用 MEGA 软件等分析软件构建系统树，确定烟粉虱的生物型。

5. 检疫处理和通报

在调运检疫或复检中，发现烟粉虱成虫或伪蛹，则使用化学农药的方法消灭烟粉虱活体；或销毁载体并土埋。产地检疫中发现烟粉虱后，应根据实际情况，启动应急预案，立即进行应急治理。疫情确定后一周内应将疫情通报给植物和植物产品调运目的地的农业外来入侵生物管理部门和农业植物检疫部门，以加强目的地的监测力度。

附录 A　烟粉虱及其近缘种检索表

（1）实体镜下粉虱自然状态检索表

1. 蛹壳漆黑色，中部隆起。椭圆形，前端稍窄。边缘有栅状蜡质分泌物 ············
   ···································· 黑刺粉虱 *Aleurocanthus spiniferus*
   蛹壳为白色或淡黄色 ·· 2
2. 蛹壳淡黄色或浅褐色，阔椭圆形，在胸气管孔处稍变窄；胸气管褶、皿状孔颜色浅，稍凸起；尾沟清晰，稍突起 ··························· 橘绿粉虱 *Dialeurodes citri*
   蛹壳为白色，长椭圆形 ·· 3
3. 蛹壳较厚，为蜡层和蜡缘所包围 ············· 温室粉虱 *Trialeurodes vaporariorum*
   蛹壳平坦，没有或极少蜡质分泌物 ·· 4
4. 蛹壳稍大，边缘规则，胸、尾气门处稍凹入 ············· 非洲小粉虱 *Bemisia afer*
   蛹壳较小，在有毛的叶片上边缘陷入，呈不对称形态 ·········· 烟粉虱 *Bemisia tabaci*

（2）显微镜下粉虱蛹壳检索表

1. 碱液处理后，蛹壳呈棕色，边缘有 20～22 根长刚毛 ···························
   ···································· 黑刺粉虱 *Aleurocanthus spiniferus*
   蛹壳染色后，呈淡红或粉红色，刚毛不如上述 ···································· 2
2. 皿状孔近圆形，盖片心形，几盖住孔，舌状突不暴露 ···························
   ···································· 橘绿粉虱 *Dialeurodes citri*
   皿状孔心形或长椭圆形，舌状突暴露 ·· 3
3. 蛹壳背面有许多乳突，皿状孔心形，舌状突三叶草状 ···························
   ···································· 温室白粉虱 *Trialeurodes vaporariorum*
   蛹壳背面没有乳突，皿状孔长椭圆形，舌状突长匙状 ···························· 4
4. 蛹壳稍大，规则的长椭圆形；胸、尾气门处稍凹入，气门冠齿硬化程度高；皿状孔后缘有横脊纹 ··· 非洲小粉虱 *Bemisia afer*
   蛹壳较小，边缘常凹入；胸、尾气门特征不如上述；皿状孔后缘没有横脊纹 ··········
   ···································· 烟粉虱 *Bemisia tabaci*

附录 B　烟粉虱及其近缘种的比较

		烟粉虱 *B. tabaci*	温室白粉虱 *Trialeurodes vaporariorum*
	产卵习性	卵散产	在光滑叶片上，卵呈半圆形或圆形排列，在多毛叶片上卵散产
	卵	卵在孵化前呈琥珀色，不变黑	卵初产时淡黄色，孵化前变为黑色
伪蛹	解剖镜观察	1. 蛹淡绿色或黄色，长 0.6～0.9mm 2. 蛹壳边缘偏薄或自然下陷，无周缘蜡丝 3. 胸气门和尾气门外常有蜡缘饰，在胸气门处呈左右对称 4. 蛹背蜡丝有无常随寄主而异	1. 蛹白色至淡绿色，半透明，0.7～0.8mm 2. 蛹壳边缘厚，蛋糕状，周缘排列有均匀发亮的细小蜡丝 3. 蛹背面通常有发达的直立蜡丝，有时随寄主而异
	制片镜检	1. 瓶形孔长三角形，舌状突长，匙状，顶部三角形，具一对刚毛 2. 管状肛门孔后端有 5～7 个瘤状突起	1. 瓶形孔长心脏形，舌状突短，上有小瘤状突起，轮廓呈三叶草状，顶端有一对刚毛 2. 亚缘体周边单列分布有 60 多个小乳突，背盘区还对称有 4 或 5 对较大的圆锥形大乳突（第四腹节乳突有时缺）
	成虫	1. 雌虫体长(0.91±0.04)mm，翅展(2.13±0.06)mm 2. 雄虫体长(0.85±0.05)mm，翅展(1.81±0.06)mm。虫体淡黄色，前翅脉一条不分叉，左右翅合拢呈屋脊状 3. 上部复眼、下部复眼之间有一个小眼连接	1. 雌虫体长(1.06±0.04)mm，翅展(2.65±0.12)mm 2. 雄虫体长(0.99±0.03)mm，翅展(2.41±0.06)mm。虫体黄色前翅脉有分叉，左右翅合拢平坦 3. 上部复眼、下部复眼是完全分离的 4. 当与其他粉虱混合发生时，多分布于高位嫩叶

三、烟粉虱调查监测技术规范

1. 范围

本规范规定了对烟粉虱进行调查和监测的方法和技术要求。

本规范适用于技术人员对烟粉虱进行的调查和监测。

2. 调查

1）访问调查

向当地居民询问有关烟粉虱发生地点、发生时间、危害情况，分析烟粉虱传播扩散情况及其来源。每个社区或行政村询问调查 30 人以上。对询问过程发现的烟粉虱可疑存在地区，进行深入重点调查。

2）实地调查

（1）调查地域。

重点调查加温温室、节能日光温室、日光温室、大中小塑料棚或露地等不同生产方式的各类蔬菜、花卉以及棉花等植物。其中，蔬菜中应包括番茄、茄子、甜椒、黄瓜、西葫芦、丝瓜、苦瓜、甜瓜、菜豆、豇豆、毛豆（菜用大豆）、甘蓝、青花菜、萝卜、白菜、生菜、莴苣、茼蒿、芹菜、菠菜等；花卉包括一品红、一串红、菊花、月季、蔷薇等。

（2）实地调查。

调查设样地不少于 10 个，随机选取，每块样地面积不小于 $1m^2$，用 GPS 仪测量样地的经度、纬度、海拔，记录样地的地理信息、生境类型、物种组成。观察有烟粉虱危害，记录烟粉虱发生面积、密度、危害植物种类、被烟粉虱危害的程度等。

（3）调查方法。

调查取样方法：调查时，先目测调查的作物或植物是否有粉虱成虫，然后随机调查 30～60 张叶片（蔬菜叶片较大的，如黄瓜等可酌情减少，但最少不能少于 20 片叶；叶片较小的如一些果树和虫口密度较小的，则需调查 60 片叶；植株高大的农作物，如棉花及花卉要分上中下 3 层取样调查；其他观赏植物需要分东、南、西、北、中及上、中、下调查取样）。如果是烟粉虱，则将镜检后的叶片上的成虫或伪蛹（伪蛹用拨针挑下）浸泡到 100％的酒精内以便用于生物型鉴定，分析其种群遗传分化情况。收集的数量最好在 30 头以上。建议将所调查到有粉虱伪蛹（包括烟粉虱）的叶片都收集一些放到牛皮纸信封里，这样会收集到一些寄生蜂标本。此外，收集的标本一定要写上标签。

检查方法：在显微镜下，根据伪蛹标本的皿状孔进行形态观察。进行烟粉虱物种的初步鉴定。粉虱玻片标本的制作如下：①将采到的标本在解剖镜下用极细的昆虫针从叶上轻轻取下放置在 5％的 NaOH 溶液内，文火加热 5～10min，时间长短视标本的大小、厚薄坚硬程度和色泽而定，以去除内脏，使之透明；②将标本移入冰醋酸内脱脂及中和碱性；③然后移入酸性复红的酒精或水溶液内染色；④复转入冰醋酸内以脱去水分和去除过分染色；⑤移至二甲苯与苯酚（3：1）混合液内脱水、透明 10min 左右；⑥中性树胶封片。

（4）烟粉虱危害程度分级。

调查时当发现有烟粉虱的成虫、卵、若虫同时寄生或伪蛹壳存在时，将带有烟粉虱的若虫或伪蛹的叶片带回室内镜检。对寄主植物上烟粉虱若虫和伪蛹的数量以叶为单位进行统计。

根据下列标准判别粉虱的危害程度：

1 级：小于 10 头/叶，记作"＋"；

2 级：10～30 头/叶，记作"＋＋"；

3 级：30～50 头/叶，记作"＋＋＋"；

4 级：大于 50 头/叶，记作"＋＋＋＋"。

3. 监测

1）监测区的划定

发生点：烟粉虱危害寄主植物外缘周围 200m 以内的范围划定为一个发生点（两个寄主植物距离在 100m 以内为同一发生点）。

发生区：距发生点 1000m 以内为发生区；发生点所在的行政村（居民委员会）区域划定为发生区范围；发生点跨越多个行政村（居民委员会）的，将所有跨越的行政村（居民委员会）划为同一发生区。

监测区：发生区外围 7000m 的范围划定为监测区。

2）监测方法

根据烟粉虱的传播扩散特性，在监测区的蔬菜地、花卉区、棉田、杂草密集处分别设立监测点，不少于 10 个固定监测点，每个监测点选 10m²，悬挂明显监测位点牌，一般每隔 5～7 天观察一次。

4. 样本采集与寄送

在调查中如发现可疑烟粉虱，将可疑烟粉虱的成虫或伪蛹用 100％酒精浸泡，标明采集时间、采集地点、采集人及寄主。将每点采集的烟粉虱集中于一个标本瓶中，送相关部门或指定的专家进行鉴定。

5. 调查人员的要求

要求调查人员为经过培训的农业技术人员，掌握烟粉虱的形态学、生物学特性，危害症状以及烟粉虱的调查监测方法和手段等。

6. 结果处理

在调查监测中，一旦发现烟粉虱，严格实行报告制度，必须于 24h 内逐级上报，定期逐级向上级政府和有关部门报告有关调查监测情况。

四、烟粉虱应急控制技术规范

1. 范围

本规范规定了烟粉虱新发、爆发等生物入侵突发事件发生后的应急控制操作方法。

本规范适用于各级外来入侵生物管理机构和农业技术部门在烟粉虱突发事件发生时的应急处置。

2. 应急控制方法

对于刚刚传入或正在定殖的烟粉虱种群要采取化学防治等措施，尽量地采用紧急扑灭和处理措施将其消灭。

1）化学防治

化学防治是烟粉虱种群应急控制的重要措施。主要有以下几种施药方法：①烟雾法：每公顷用敌敌畏烟剂1650g，于傍晚前将大棚密闭熏烟，可杀灭成虫。或在花盆内放锯末后洒敌敌畏乳油3200～6000g/hm²，放上几个烧红的煤球即可。②喷雾法：在烟粉虱发生时，及时喷药，一定要喷在植株叶子背面，动作尽量要轻、快，避免成虫受到惊动飞移。可轮换使用的药剂有：18g/L阿维菌素乳油2000～3000倍液、植物源杀虫剂60g/L烟百素乳油1000倍液、400g/L阿维菌素乳油1000倍液、昆虫几丁质酶抑制剂、25%噻嗪酮可湿性粉剂1000～1500倍液、10%吡虫啉可湿性粉剂2000倍液、25g/L联苯菊酯乳油1000倍液；200g/L灭扫利乳油2000倍液。在喷药的同时，也可同时喷施粉虱座壳孢和释放烟粉虱天敌对烟粉虱有很好的控制作用。

2）物理防治

在一些情况下，物理防治也是烟粉虱种群应急控制的重要措施。烟粉虱有强烈的趋黄特性，可用黄板对烟粉虱进行诱杀或监测。黄板的放置高度与植物的顶端平齐最好；在植株高度较低时，黄板应水平放置；寄主高度较高时，黄板垂直放置；若植株的行距较大时，将黄板置于作物的株间比置于作物的行间对粉虱的诱集效果要好。

3. 注意事项

（1）喷药时间应在清晨烟粉虱成虫活动性弱时进行，晨、晚露水未干时喷药，可提高防成虫效果。要做到仔细、认真，叶正反面都要均匀喷洒。及时清除周围杂草等桥梁寄主。

（2）由于化学农药的大量使用，入侵烟粉虱种群，常常具有或极易产生抗药性而难以控制，施药时要根据实际情况加大药剂用量，同时增加施药次数，成虫消失后10天内再追杀1次，以消灭新孵化若虫。

（3）农药的选择应坚持以生物农药，低毒、高效、安全农药为主的原则，尽可能地减少对天敌的杀伤和农残的产生。要尽量避免连续使用同一类农药，多种农药混合交替使用，以延缓烟粉虱抗药性的产生，提高化学防治的效果。

五、烟粉虱综合治理技术规范

1. 范围

本规范规定了烟粉虱综合治理的操作方法。
本规范适用于各级部门对烟粉虱的综合治理。

2. 专项防治措施

1) 农业防治

（1）加强田园管理：①清除田间杂草，降低虫口基数。在温室、棚室、大田内或露地上，在农作物收获以后或入冬以前，粉虱害虫往往会集中在温室周围、田边、路边和沟边的杂草上面，成为危害下一季农作物或翌年春天粉虱害虫爆发的虫源。因此，清除温室、田边的杂草可以大大降低粉虱种群的虫口基数，减少其危害。②健全育苗措施，培育无虫苗。通过幼苗在温室或棚室内外传播是粉虱害虫一个主要的侵染途径，因此生产中应严格把好育苗关，培育无虫苗，切断通过幼苗传入蔬菜、花卉生产大棚的途径。

（2）改进耕作制度：作物轮作、间作和诱杀。将烟粉虱嗜好和非嗜好的作物进行轮作，可以减少棚室或大田中烟粉虱的种群数量。在棉田、大豆田等周围种植烟草、番茄作为诱集带，对烟粉虱进行集中诱杀。这样既可以降低棉花、大豆上烟粉虱的危害，又可减少化学农药的使用。

（3）选择农作物种植品种：选择抗性品种或经过人为育种改良使作物具有某种抗虫性能达到防治粉虱害虫的目的。利用作物的物理性状如叶片的厚度、韧度、毛刺密度、叶片蜡质来农防粉虱危害。

2) 物理防治

（1）利用防虫设施隔离粉虱：反季节蔬菜和花卉的生产多是在大棚内进行，大棚的通风口、门窗要加设 60 筛目防虫网，防止粉虱成虫迁入，从而切断粉虱的生活年史，起到根治的效应。

（2）利用高温闷杀粉虱：研究表明，相对湿度提高至 90% 以上，45℃ 处理 1h 后烟粉虱成虫、若虫死亡率分别提高至 88.8% 和 68.3%；当将处理时间延长至 2h 时，烟粉虱成虫 100% 死亡，若虫死亡率提高至 91.5%。

（3）利用趋避性诱杀和趋避烟粉虱：利用烟粉虱对黄色具有强烈正趋性的特点，用黄板来诱杀烟粉虱。烟粉虱对银白色具有负趋性。在大田作物种植前，可先起好田垄，做好土壤消毒，播种以后用银白色的地膜覆盖，在作物的整个生长季节中，银白色的地膜都可以减少粉虱和蚜虫等害虫的数量。中国农业科学院蔬菜花卉研究所昆虫组根据烟粉虱趋性行为试验结果，研制出了三种规格的环保捕虫板，并建立了商品化生产线（商品名为林贸牌黄板）和产品质量标准，分别为防治专用的 40cm×25cm 大型板，防治、监测用的 25cm×13.5cm 中型板和苗房、花圃用 13.5cm×10cm 小型板。不同种类黄板诱捕粉虱成虫的对比试验显示，林贸牌黄板（40cm×25cm）悬挂 1 天、30 天和 60 天，每块黄板平均诱集成虫分别为 35 头、399.6 头和 8006.7 头，明显优于类似产品（台湾高冠牌和中国科学院动物所所产黄板），其中第 60 天的诱粉虱量分别提高 2 倍和 17.4 倍，且具有使用简便，平整不卷曲，高温（38℃）不流胶等特点，可连续使用 3 个月以上，销售单价仅为国际同类产品的 1/10。在保护地粉虱发生初期使用，每 20m^2 挂一块对粉虱有良好的控制作用。

3）化学防治

药剂防治仍然是粉虱类害虫防治的重要手段，但农药的使用一定要遵循科学、合理、适量、适时的原则，要有选择性地使用农药，注意农药的混用和轮用。严禁使用剧毒、高毒、高残留、高生物富集体、高"三致"（致畸、致癌、致突变）农药及其复配制剂。在生产中，粉虱类害虫常有的杀虫剂类型和种类主要有以下几种。

昆虫生长调节剂：噻嗪酮、苯氧威、蚊蝇醚、伏虫隆、呋喃虫酰肼；

烟碱类杀虫剂：吡虫啉、氯噻啉、噻虫嗪、氟虫腈、啶虫脒、吡蚜酮；

植物源杀虫剂：苦皮藤素、印楝素、苦参碱、桉叶素、血根碱；

微生物源杀虫剂：阿维菌素；

有机磷类杀虫剂：敌敌畏、马拉硫磷、硝虫硫磷；

拟除虫菊酯类杀虫剂：甲氰菊酯、三氟氯氰菊酯、氟氯菊酯。

4）生物防治

我国已报道或研究过的烟粉虱寄生性天敌昆虫有 21 种，其中在我国北方，烟粉虱天敌的优势种为丽蚜小蜂（*Encarsia formosa*）；在华南地区田间的优势种主要是桨角蚜小蜂（*Eretmocerus* sp. nr. *furuhashii*）、双斑恩蚜小蜂（*Encarsia bimaculata*）和浅黄恩蚜小蜂（*Encarsia sophia*），其中前两者在所采集到的烟粉虱寄生蜂种群中的比例接近 70%，而且这两种蚜小蜂的发生期与烟粉虱的危害期相吻合对烟粉虱具有较强的控制作用。据有关资料报道，在全世界范围内，烟粉虱的捕食性天敌涉及 9 目 31 科 127 种，我国已知 21 种，其中日本刀角瓢虫（*Serangium japonicus*）、淡色斧瓢虫（*Axinoscymnus cardilolus*）是我国优势种捕食性天敌；除此之外，烟粉虱还要一些病原性微生物，如球孢白僵菌（*Beauveria bassiana*）、蜡蚧轮枝菌（*Verticillum lecanii*）、玫烟色拟青霉（*Paecilomyces fumosoroseus*）和粉虱座壳孢（*Aschersonia aleyrodis*）等。以上这些天敌在自然界对烟粉虱的种群消长起着重要的自然控制作用。

5）联合防治

国内对粉虱害虫综合治理的研究主要是在充分利用农业和物理防治的基础上，研究不同天敌之间、天敌和微生物药剂之间以及天敌同化学药剂之间的联合使用技术。

物理防治与化学农药防治措施的组合：黄板诱杀施用与噻嗪酮组合对烟粉虱种群的控制作用最佳，烟粉虱种群趋势指数 I 仅为 0.3365，其后依次为黄板诱杀与施用阿维菌素组合、施用吡虫啉、施用阿维菌素、施用噻嗪酮、黄板诱杀。

寄生性天敌和昆虫生长调节剂的组合：钱明惠研究了三种昆虫生长调节剂，增效醚（piperonyl butoxide，PB）、保幼激素类似物（methoprene ZR-515）和 50g/L 氟虫脲可分散液剂，同双斑恩蚜小蜂对大棚黄瓜上烟粉虱的联合控制效果。增效醚、ZR-515 和氟虫脲处理区，烟粉虱的种群趋势增长指数分别为 4.60、4.10 和 7.28，烟粉虱若虫的寄生率分别平均为 48.37%、47.42% 和 41.60%。数据显示，三种昆虫生长调节剂可以明显提高蚜小蜂对烟粉虱的寄生率，从而提高了对烟粉虱种群的控制作用。同时，由于昆虫生长调节剂能够延缓烟粉虱,从而大大减少了一个生产季节内烟粉虱种群的数量。

瓢虫与昆虫病原性真菌的联合控制作用:释放日本刀角瓢虫,一周后再喷施 5×10^7 孢子/mL 的玫烟色拟青霉 1 次,连续 5 周,两者对烟粉虱种群的联合控制作用达到 99.67%。

寄生蜂与昆虫病原性真菌的联合控制作用:释放蚜小蜂 2 次,期间再喷施粉虱座壳孢 2 次对烟粉虱种群的联合控制作用达到 97.91%。先在第一周释放 1 对桨角蚜小蜂,一周后再喷施 5×10^7 孢子/mL 的玫烟色拟青霉 1 次。连续 5 周,两者对烟粉虱种群的联合控制作用为 97.70%。

3. 综合防控措施

1) 隔离

加温温室和节能日光温室/大棚果菜种殖前清洁田园,并于通风口、门窗加设 60 筛目防虫网,防止粉虱成虫迁入,从而切断粉虱的生活年史,起到根治的效果。

2) 净苗

控制初始种群数量培育无虫苗(或清洁苗),是防治粉虱的关键措施。只要抓住这一环节,棚室蔬菜可免受粉虱为害或受害程度明显减轻,也为其他防治措施打下良好基础。冬春季育苗房要与生产温室隔开,育苗前清除残株和杂草,必要时用烟剂熏杀残余成虫,避免在发生粉虱的温室内育苗;夏秋季育苗房适时覆盖遮阳网和 60 筛目防虫网防止成虫迁入。

3) 诱捕

在粉虱初发期悬挂黄色粘板(300 片/hm²),稍高于植株上部叶片,诱捕成虫和监测粉虱发生动态,同时可兼治斑潜蝇、蚜虫、蓟马等重要害虫。

4) 寄生

在加温温室及节能日光温室春、夏、秋季果菜上,当粉虱成虫发生密度较低时(平均 0.1 头/株以下),挂蜂卡每次每公顷释放丽蚜小蜂 15 000~30 000 头,隔 7~10 天一次,共挂蜂卡 5~7 次,使寄生蜂建立种群有效控制粉虱发生为害。也可在释放丽蚜小蜂的棚室蔬菜生长中、后期,辅助释放大草蛉,隔 7~10 天一次,共 2 或 3 次,可提高防治效果。

5) 调控

在没有采用生物防治的菜区,应从种群控制的观点出发,在粉虱发生初期及时进行化学防治,注意轮换交替用药,延缓粉虱产生抗药性。

(1)灌根法。幼苗定殖前可用内吸杀虫剂 25% 噻虫嗪水分散粒剂 6000~8000 倍液,每株用 30mL 灌根,对粉虱等刺吸式口器害虫具有良好预防和控制作用。

（2）喷雾法。在粉虱数量较低时（2～5头/株），早期施药是化学防治成功的关键。可选用25％噻虫嗪5000～6000倍液，或10％吡虫啉2000～2500倍液，或25g/L联苯菊酯1500～2500倍液，或18g/L阿维菌素乳油2000～2500倍液，或10％氯噻林2000倍液等。一般10天左右喷1次，连喷2～3次。

（3）烟雾法。棚室内可选用敌敌畏烟剂825g/hm²，或异丙威烟剂750g/hm²等，在傍晚收工时将棚室密闭，把烟剂分成几份点燃熏烟杀灭成虫。在应用丽蚜小蜂等天敌的棚室，可选用对天敌安全的药剂结合使用。

主要参考文献

安志兰，褚栋，郭笃发等. 2008. 寄主植物对B型烟粉虱几种重要解毒酶的影响. 生态学报，28（4）：1536～1543

陈夜江，罗宏伟，黄建等. 2001. 湿度对烟粉虱实验种群的影响. 华东昆虫学报，10（2）：76～80

陈夜江，罗宏伟，黄建等. 2003. 光周期对烟粉虱实验种群的影响. 华东昆虫学报，12（1）：38～41

褚栋. 2004. 外来烟粉虱的生物型鉴定、群体遗传结构及入侵分子机制研究. 沈阳农业大学博士学位论文

褚栋，毕玉平，张友军等. 2005a. 烟粉虱生物型研究进展. 生态学报，25（12）：3398～3405

褚栋，王斌，张四海等. 2008. 一种快速鉴别烟粉虱与温室白粉虱成虫的方法——复眼镜检法. 昆虫知识，45（1）：138～140

褚栋，张友军，丛斌等. 2005b. 云南Q型烟粉虱种群的鉴定. 昆虫知识，42（1）：59～62

褚栋，张友军，万方浩. 2005c. 美国对Q型烟粉虱入侵的应急反应及其启示. 见：成卓敏. 农业生物灾害预防与控制研究. 北京：中国农业科学技术出版社. 130～135

方华，褚栋，丛斌等. 2008. B型烟粉虱不同寄主种群伪蛹表型可塑性的比较研究. 昆虫知识，45（4）：585～588

符伟，徐宝云，吴青君等. 2008. 寄主植物对B型烟粉虱个体发育和种群繁殖的影响. 植物保护，34（5）：63～66

何玉仙，杨秀娟，翁启勇. 2003. 农田烟粉虱寄主植物调查初报. 华东昆虫学报，2：20～24

金党琴. 2004. 烟粉虱的生物学及暴发机理研究. 扬州大学硕士学位论文

李瑛，丁志宽，杨秋萍. 2004. 江苏东台市烟粉虱的发生危害及控制. 植物检疫，18（4）：209～211

林克剑，吴孔明，魏洪义等. 2003. 寄主作物对B型烟粉虱生长发育和种群增殖的影响. 生态学报，23（5）：870～877

林克剑，吴孔明，魏洪义等. 2004. 温度和湿度对B型烟粉虱发育、存活和生殖的影响. 植物保护学报，31（2）：166～172

刘树生，张友军，罗晨等. 2005. 烟粉虱. 见：万方浩，郑小波，郭建英. 重要农林外来入侵物种的生物学与控制. 北京：中国农业出版社. 5～22

罗晨，姚远，王戎疆等. 2002. 利用mtDNA COI基因序列鉴定我国烟粉虱的生物型. 昆虫学报，45（6）：759～763

罗晨，张君明，石宝才等. 2000. 北京地区烟粉虱 *Bemisia tabaci*（Gennadius）调查初报. 北京农业科学，（增刊）：42～47

罗晨，张芝利. 2000. 烟粉虱 *Bemisia tabaci*（Gennadius）研究概述. 北京农业科学，（增刊）：4～13

牟吉元，柳晶莹. 1993. 普通昆虫学. 北京：北京农业大学出版社

钱明惠. 2005. 双斑恩蚜小蜂和昆虫生长调节剂对烟粉虱的生理调控. 华南农业大学博士学位论文

邱宝利，任顺祥，孙同兴等. 2001. 广州地区烟粉虱寄主植物调查初报. 华南农业大学学报，22（4）：43～47

邱宝利，任顺祥，肖燕等. 2003. 国内烟粉虱B生物型的分布及其控制措施研究. 华东昆虫学报，12（2）：27～31

曲鹏. 2005. 温度对B型烟粉虱和温室白粉虱的影响. 山东农业大学硕士学位论文

任顺祥，邱宝利. 2008. 中国粉虱及其可持续控制. 广州：广东科学技术出版社

沈斌斌，任顺祥. 2003. 不同防治措施对烟粉虱种群和黄瓜产量的影响. 江西农业大学学报，25（5）：728～731

吴秋芳. 2006. 烟粉虱发生规律及防治技术的研究. 西北农林科技大学硕士学位论文

吴杏霞, 胡敦孝. 2000. 温室白粉虱、烟粉虱及银叶粉虱的识别. 北京农业科学,（增刊）. 18：36～41

阎凤鸣, 李大建. 2000. 粉虱分类的基本概况和我国常见种的识别. 北京农业科学,（增刊）, 18：20～30

张丽萍, 张文吉, 张贵云等. 2005. 山西烟粉虱寄主植物及其被害程度调查. 植物保护, 31（1）：24～27

周福才, 杜予州, 孙伟等. 2003. 江苏省烟粉虱寄主植物调查及其危害评价. 扬州大学学报, 24（1）：71～74

周福才, 王勇, 任顺祥等. 2007. 烟粉虱的飞行行为与害虫综合治理策略应用. 生态学报, 18（2）：451～455

周尧. 1949. 中国粉虱名录. 中国昆虫学, 3（4）：1～18

Boykin L M, Shatters R G, Rosell R C et al. 2007. Global relationships of *Bemisia tabaci* (Hemiptera：Aleyrodidae) revealed using Bayesian analysis of mitochondrial COI DNA sequence. Mol Phylogenet Evol, 44：1306～1319

Brown J K, Frohlich D, Rosell R C. 1995. The sweetpotato or silverleaf whiteflies：biotypes of *Bemisia tabaci* (Genn.), or a species complex? Ann Rev Ent, 40：511～534

Chu D, Jiang T, Liu G X et al. 2007. Biotype status and distribution of *Bemisia tabaci* (Hemiptera：Aleyrodidae) in Shandong province of China based on mitochondrial DNA markers. Environmental Entomology, 36 (5)：1290～1295

Chu D, Zhang Y J, Brown J K et al. 2006. The introduction of the exotic Q biotype of *Bemisia tabaci* (Gennadius) from the Mediterranean region into China on ornamental crops. Florida Entomologist, 89（2）：168～174

Wu X X, Hu D X, Li Z X et al. 2002. Using RAPD-PCR to distinguish biotypes of *Bemisia tabaci* (Homoptera：Aleyrodidae) in China. Ent Sin, 9（3）：1～8

Wu X X, Hu D X, Li Z X et al. 2003. Identification of Chinese population of *Bemisia tabaci* (Gennadius) by analyzing ribosomal ITS1 sequence. Progress Nat Sci, 13（4）：276～281

六、烟粉虱防控应急预案（样本）

1. 烟粉虱危害情况的确认、报告与分级

1）确认

疑似烟粉虱发生地的农业主管部门在 24h 内将采集到的烟粉虱标本送到上级农业行政主管部门所属的植物保护管理机构，由省级植物保护管理机构指定专门科研机构鉴定，省级植物保护管理机构根据专家鉴定报告，报请农业部确认。

2）报告

确认本地区发生烟粉虱后，当地农业行政主管部门应在 24h 内向同级人民政府和上级农业行政主管部门报告，并迅速组织对本地区进行普查，及时查清发生和分布情况。省农业行政主管部门应在 24h 内将烟粉虱的发生情况上报省人民政府和农业部，同时抄送省级林业部门和出入境检验检疫部门。

3）分级

根据烟粉虱发生量、传播扩散速度、造成农业生产损失和对社会、生态危害程度对烟粉虱的危害情况进行确认、报告和分级。

一级危害：造成 667hm² 以上连片或跨地区农作物减产、绝收或经济损失达 1000 万元以上，且有进一步扩大趋势；或在 1 省（直辖市、自治区）所辖的 2 个或 2 个以上地级市（区）发生烟粉虱危害严重的。

二级危害：造成 333hm² 以上连片或跨地区农作物减产、绝收或经济损失达 500 万元以上，且有进一步扩大趋势；或在 1 个地级市辖的 2 个或 2 个以上县（市或区）发生烟粉虱危害；或者在 1 个县（市、区）范围内发生烟粉虱危害程度严重的。

三级危害：造成 66.7hm² 以上连片或跨地区农作物减产、绝收或经济损失达 50 万元以上，且有进一步扩大趋势；或在 1 个县（市、区）范围内发生烟粉虱危害。

2. 应急响应

各级人民政府按分级管理、分级响应、属地管理的原则，根据烟粉虱危害范围及程度，一级危害以上启动一级响应，二级危害启动二级响应，三级危害启动三级响应。

1）一级响应

省级农业行政主管部门立即成立烟粉虱防控工作领导小组，迅速组织协调本省各市、县人民政府及部级相关部门开展烟粉虱防控工作，对全省（自治区、直辖市）烟粉虱发生情况进行调查评估，制定防控工作方案，组织农业行政及技术人员采取防控措施，并及时将烟粉虱发生情况、防控工作方案及其执行情况报农业部及邻近各省市主管部门。省级其他相关部门密切配合做好烟粉虱防控工作；农业厅根据烟粉虱危害严重程度在技术、人员、物资、资金等方面对烟粉虱发生地给予紧急支持，必要时，请求农业部给予相应援助。

2）二级响应

地级以上市人民政府立即成立烟粉虱防控工作领导小组，迅速组织协调各县（市、区）人民政府及市相关部门开展烟粉虱防控工作，并由本级人民政府报省人民政府；市级农业行政主管部门要迅速组织对本市烟粉虱发生情况进行全面调查评估，制定防控工作方案，组织农业行政及技术人员采取防控措施，并及时将烟粉虱发生情况、防控工作方案及其执行情况报省级农业行政主管部门；市级其他相关部门密切配合做好烟粉虱防控工作；省级农业行政主管部门加强督促指导，并组织查清本省烟粉虱发生情况；省人民政府根据烟粉虱危害严重程度和市级人民政府的请求，在技术、人员、物资、资金等方面对发生烟粉虱地区给予紧急援助支持。

3）三级响应

县级人民政府立即成立烟粉虱防控工作领导小组，迅速组织协调各乡镇政府及县相关部门开展烟粉虱防控工作，并由本级人民政府报告上一级人民政府；县级农业行政主管部门要迅速组织对烟粉虱发生情况进行全面调查评估，制定防控工作方案，组织农业行政及技术人员采取防控措施，并及时将烟粉虱发生情况、防控工作方案及其执行情况报市级农业行政主管部门；县级其他相关部门密切配合做好烟粉虱防控工作；市级农业行政主管部门加强督促指导，并组织查清全市烟粉虱发生情况；市级人民政府根据烟粉虱危害严重程度和县级人民政府的请求，在技术、人员、物资、资金等方面对发生烟粉虱地区给予紧急援助支持。

3. 部门职责

各级烟粉虱防控工作领导小组负责本地区烟粉虱防控的指挥、协调工作，并负责监督应急预案的实施。农业部门具体负责组织烟粉虱监测调查、防控和及时报告、通报等工作；宣传部门负责引导传媒正确宣传报道烟粉虱有关情况；财政部门及时安排拨付烟粉虱防控应急经费；科技部门组织烟粉虱防控技术研究；经贸部门组织防控物资生产供应，以及烟粉虱对贸易和投资环境影响的应对工作；出入境检验检疫部门加强出入境检验检疫工作，防止烟粉虱的传入和传出；发展改革、建设、交通、环境保护、旅游、水利、民航等部门密切配合做好相关工作。

4. 烟粉虱发生点、发生区和监测区的划定

调查发现烟粉虱的点作为发生点，以烟粉虱发生点为中心，分别向外延伸 10km、20km 和 30km 的区域作为发生区。其中 10km 区域内每年全面调查 1 次，10～20km 区域每年随机选择 1/3 区域进行全面调查，20～30km 区域每年随机选择 1/3 区域进行重点调查。距离发生点 30km 以上的区域作为监测区，可先调查高风险场所、可能的传入途径等。然后采取分年度抽样调查的方法，每年调查高风险发生区域面积的 1/2 或 1/3，每 2～3 年调查完整个面积。

5. 封锁、控制和扑灭

对烟粉虱疫情发生边缘 200m 内区域实施全封闭隔离，切断烟粉虱所有的传播和蔓延渠道。未经省级应急指挥部批准，禁止可能携带烟粉虱的生物及制品进出疫区。

6. 调查和监测

各级植物保护和植物检疫机构、农业环境保护监测站等对疫情发生地派专人实施全天 24h 监测，并每天向上级应急指挥部报告一次监测信息。

调查监测内容包括烟粉虱在疫源地的基数及发生、分布和扩散情况；烟粉虱疫情对农业生产、社会经济造成的影响；烟粉虱的生态影响；影响烟粉虱入侵发生过程的因子，包括烟粉虱增殖潜能和生态学特点。

7. 宣传引导

充分利用广播、电视、报纸等媒介对烟粉虱的危害和案例进行宣传教育，加强对烟粉虱危害性的公众教育，提高社会各界对烟粉虱的防范意识，并做好相应的管理与防治工作。

各级农业行政主管部门要按照应急预案定期组织不同类型的实战演练，提高防范与处理烟粉虱和其他农业重大有害生物及外来入侵突发事件的技能，增强实战能力。

8. 应急保障

1) 财力保障

处置外来生物入侵突发事件所需财政经费，按财政部《突发事件财政应急保障预案》执行。严格专账专户，专款专用。

2) 人力保障

对各级有关部门的管理人员和技术人员进行法律、法规、规章等专业知识和技能的培训，提高其农业重大有害生物及外来入侵生物识别、防治、风险评估和风险管理技能，以便对烟粉虱及时、准确、简便地进行鉴定和快速除害处理。建立烟粉虱管理与防治人才资源库，当发生疫情时，相关管理和技术人员必须服从应急指挥部的统一调配。

3) 物资保障

省级以下农业行政主管部门要分别建立防治烟粉虱的药品和物资储备库，编制明细表，由专人负责看管、进入库登记。所有药品和物资的使用实行审批制度，由同级农业行政主管部门分管领导或委托人负责严格审批。当疫情发生时，各级应急指挥部可以根据需求，征求社会物资并统筹使用。

4) 法制保障

研究制定《外来入侵生物防治条例》和其他相关政策文件，对管理的内容、对象、权利和责任等问题作出明确规定，对防治和控制行动作出规定，并保证法规条文的有关规定与相应的国际公约、协议的一致性。

5) 科研保障

完善阻止和预防烟粉虱的检测和清除技术；提高烟粉虱种群的野外监测技术；开展更深层次的烟粉虱发生机制的研究；提高消灭或控制烟粉虱的技术与方法，建立消灭和控制烟粉虱的综合治理技术体系，制定最佳的优选方案与组合技术；强化烟粉虱的生物防治基础、技术与方法的研究；开展烟粉虱对发生区的生态代价与经济代价的影响预测模式研究；开展被烟粉虱入侵破坏的生态系统的恢复和替代技术研究；创建烟粉虱可持续管理示范区。

9. 应急解除

在采用各种扑灭和铲除方法后的 9 个月内，由省级农业环境保护、植物保护和检验检疫机构监测未发现新疫情出现，由当地农业行政主管部门提请省级人民政府结束本次应急响应。经农业部预警和风险评估咨询委员会评估，提请农业部外来入侵生物防治协作决定解除疫情。

10. 附则

地（市、州）各级人民政府根据本预案制定本地区烟粉虱防控应急预案。

本预案自发布之日起实施。

本预案由省级农业行政管理部门负责解释。

（张友军　褚　栋　吕要斌）

椰心叶甲应急防控技术指南

一、椰 心 叶 甲

学　　名：*Brontispa longissima*（Gestro）

英 文 名：coconut leaf beetle

分类地位：鞘翅目（Coleoptera）铁甲科（Hispidae）

1. 起源与分布

起源：椰心叶甲起源于印度尼西亚和巴布亚新几内亚。

国外分布：目前主要分布于亚洲的印度尼西亚、越南、泰国、缅甸、老挝、柬埔寨、马来西亚、马尔代夫；大洋洲的澳大利亚、巴布亚新几内亚、所罗门群岛、新喀里多尼亚、萨摩亚群岛、法属波利尼西亚、新赫布里底群岛、俾斯麦群岛、社会群岛、塔西提岛、关岛、斐济群岛、瓦努阿图、瑙鲁、法属瓦利斯和富图纳群岛和非洲的马达加斯加、毛里求斯、塞舌尔。

国内分布：台湾、香港、澳门、海南、广东、广西。

2. 主要形态特征

椰心叶甲各虫态形态特征如下。

成虫：体长 8.0～10.0mm，鞘翅宽约 2.0mm，体狭长扁平。头部除触角、复眼及头顶外其余部分、前胸背板、鞘翅基部 1/5～1/3 及端缘红黄色（有时鞘翅全部为黑色），中胸背板、前胸及中胸侧板及腹板、后胸、足及各节腹部腹板褐色；触角 1～6 节褐色，端部 5 节黑褐色；腹部背板暗褐色，后翅黑褐色。

上唇宽略大于长，端部弧形凹入；额唇基中央纵向隆起；头部背面平伸出近方形板块，两侧略平行，在复眼间稍隆起，角间突向后具纵沟，向后渐窄浅；触角 11 节，丝状，约为虫体 1/3 长，柄节最长，长于梗节 2 倍，1～6 节筒形，7～11 节侧扁，略呈长方形；角间突喙状，由基部向端部渐尖，长超过柄节长的 1/2；前胸背板略呈方形，长宽相当，显著宽于头部，前缘中部弧形凸出，后缘近平直，两侧缘弯曲呈波浪状，前部及后部凸出，中部凹入，两后侧角各具一齿突；小盾片舌形；鞘翅两侧接近平形，基部及端半部稍呈弧形凸出，末端收敛，刻点深大，排列规则，小盾片行具 2～5 个刻点，鞘翅基半部具 8 行刻点，端半部第 5、6 行各多 1 行刻点，刻点大多窄于横向刻点间距，除两侧和末梢外，刻点间区较平；翅面平坦，两侧和末梢行距隆起，端部偶数行距呈弱脊状，第 2、4 行距尤甚，且第 2 行距伸达边缘；足短而粗壮，股节向端部明显膨大，胫节端部具 3 齿，第 1～3 跗节扁平，向两侧膨大，尤以第 3 跗节显著，几乎包住第 4

跗节，第 4、5 跗节完全愈合；爪 1 对，不伸出第 3 跗节外，约为第 4 跗节 1/2 长。

卵：长 1.5mm，椭圆形，近褐色，上表面有蜂窝状扁平凸起，下表面无此构造。

幼虫：老熟幼虫体淡黄色；体长 8mm，扁长，中部稍阔，背面微拱；头部外露，半圆形，前口式；头壳后端中央不凹；侧单眼 6 对；触角 2 节；前胸最发达，骨化较中、后胸强；具胸足，胫端有爪垫，爪为单爪，钩状；具 9 对气门，前、中胸具 1 对，1～7 节腹部两侧各具 1 对，第 9 对气孔较大，位于凹盘中部的两侧；腹部 9 节；前胸及 1～8 腹节各具刺突 1 对，各节在背腹面的中部有 1 条横沟纹；8、9 腹节合并，在腹端形成一块骨化极强的凹盘，尾端两侧向后突伸，形成 1 对尾突，周缘具锐刺。

蛹：与幼虫相似，个体稍粗；体淡黄色，扁长，两端稍狭，头部及口器外露；触角 11 节，伸向后侧，外侧具一列小刺；触角基部附近具 1 对齿状突；前胸背板较发达，具刺状侧突；两翅折向腹面，前翅覆盖在后翅上；足 3 对，外露；腹部背面 9 节，前 8 节两侧具刺突，中部具不规则排列的小刺，各节腹板中部亦各具 1 列横向排列的小刺，第 9 节腹板形成一对宽阔的骨盘和一对尾突，周缘具锐刺；气孔 8 对，末一对最大，位于尾突基部之前。

3. 主要生物学和生态学特性

椰心叶甲在海南一年发生 4 或 5 代，世代重叠。成虫寿命长达 200 多天，幼虫 5 龄，幼虫期为 30～40 天，卵期为 3～4 天，蛹期 5～6 天。

不同温度条件下椰心叶甲各虫态的发育历期见表 1。

表 1　椰心叶甲各虫态在不同温度下的发育历期　　　　　（单位：天）

虫态	温度			
	16℃	20℃	24℃	28℃
卵	12.86±1.53	7.21±0.52	4.25±0.60	3.89±0.31
1 龄	12.88±1.44	7.79±0.98	5.18±1.16	3.96±0.60
2 龄	15.7±1.01	8.42±0.57	6.19±0.57	4.03±0.35
3 龄	18.37±1.60	8.81±2.06	6.27±0.87	4.36±0.50
4 龄	22.08±2.51	11.56±2.10	6.73±1.22	6.04±0.93
5 龄	31.75±6.45	14.74±3.44	11.15±1.35	8.84±1.31
蛹	17.45±1.09	9.52±0.89	5.96±0.34	5.08±0.50
产卵前期	67.5±6.53	43.3±5.37	26.11±3.06	20.7±1.99
全代	193.5±7.50	111.4±4.22	73±3.16	57.6±10.33

椰心叶甲各虫态的生活习性如下。

成虫：成虫白天、夜晚均可羽化，羽化时，蛹的前端裂开，蛹的头、胸部从蛹的裂口蠕动到蛹外，然后羽化爬出，成虫羽化需时 10min 左右。成虫羽化时体初为黄白色，后体色变深，羽化第二天即可取食。成虫羽化后无需取食即可交配，野外调查雌雄性比为 0.63：1。雌雄成虫均多次交配，一般交配时间为 2～3min，雌虫经过一次交配后可终身产正常发育的卵，雌虫可不经交配也可产卵。交配的雌虫经 20 天的产卵前期后产卵，正常情况下，日产卵 1～3 粒，间隔期为 1～2 天，成虫产卵期较长，可达 5～6 个月。成虫和幼虫均取食寄主未展开的心叶表皮薄壁组织，形成与叶脉平行的狭长褐色条斑；成虫惧光，喜聚集在未展开的心叶基部活动，见光即迅速爬离，寻找隐蔽处。具有一定的飞翔能力，可近距离飞行扩散，但较慢，白天多缓慢爬行。

卵：卵产于心叶的虫道内，1～3 个黏着于叶面，少数超过 4 个，偶见 7 个。周围有取食的残渣和排泄物。刚产下的卵半黄色透明，后颜色逐渐加深变成棕褐色。温度过高对卵的孵化率影响极大，16～28℃ 条件下，随着的温度的升高，卵期缩短，但孵化率不变，温度超过 32℃ 卵全部不能孵化。

幼虫：孵化时幼虫从卵的端部或近端部裂缝内钻出，初孵及刚蜕皮时体色为乳白色，慢慢体色变为黄白色。幼虫在适宜条件下，孵化 4～5h 后就可开始取食，有的需要较长时间。幼虫喜聚集在新鲜心叶内取食，1～4 龄幼虫蜕皮前 0.5～1.5 天、5 龄幼虫在化蛹前 2～3 天停止取食，时间随温度的降低而延长。正常条件下，幼虫 5 龄，在环境不适宜条件下可进入 6～7 龄。

蛹：老熟幼虫经过 3 天的预蛹期，在腐烂或展开的叶片内化蛹，温、湿度过高或过低及食料的好坏均会影响化蛹，使蛹期延长或不化蛹。

4. 寄主范围

椰心叶甲可以危害棕榈科许多重要经济林木及绿化观赏林木，寄主植物包括椰子（*Cocos nucifera*）、槟榔（*Areca catechu*）、假槟榔（*Archontophoenix alexandrae*）、金山葵（*Syagrus romanzoffianum*）、省藤（*Calamus rotang*）、鱼尾葵（*Caryota ochlandra*）、散尾葵（*Chrysalidocarpus lutescens*）、西谷椰子（*Metroxylon sagu*）、大王椰子（*Roystonea regia*）、棕榈（*Trachycarpus fortunei*）、大丝葵（*Washingtonia robusta*）、东澳棕（*Carpentaria acuminata*）、油棕（*Elaeis guineensis*）、蒲葵（*Livistona chinensis*）、短穗鱼尾葵（*Caryota mitis*）、软叶刺葵（*Phoenix roebelenii*）、象牙椰子（*Phytelephas microcarpa*）、酒瓶椰子（*Hyophorbe lagenicaulis*）、公主棕（*Dictyosperma album*）、红椰子（*Cyrtostachys renda*）、*Bentinckia nicobarica*、青棕（*Ptychosperma macarthurii*）、邹籽椰（*Ptychosperma elegans*）、丝葵（*Washingtonia filifera*）、海枣（*Phoenix dactylifera*）、隐萼棕（*Laccospadix australasica*）、小花豆棕（*Thrinax parviflora*）、斐济桐（*Pritchardia pacifica*）、短蒲葵（*Livistona muelleri*）、*Gulubia costata*、红棕榈（*Latania lontaroides*）、美丽针葵（*Phoenix loureirii*）、岩海枣（*Phoenix rupicola*）、董棕（*Caryota urens*）等棕榈科植物，其中椰子为最主要的寄主（陈义群等，2004）。

5. 发生与危害

椰心叶甲以成虫和幼虫取食为害，主要危害未展开的幼嫩心叶。成虫和幼虫在折叠叶内沿叶脉平行取食表皮，幼虫孵化后，沿箭叶叶轴纵向取食小叶的薄壁组织，在叶上留下与叶脉平行、褐色至深褐色的狭长条纹，严重时食痕连成坏死斑，叶尖枯萎下垂，顶部叶片均呈现火燎焦枯，整叶坏死。绿色叶面积大大减缩，导致树势减弱、果实脱落、茎干变细；一株幼树上只要有 20~30 头幼虫就会严重影响树势生长，甚至可导致整株死亡；多虫危害时可导致整株死亡。印度尼西亚报道过由于椰心叶甲大发生，曾使当地椰子减产 75%。由于成虫期较长，因此成虫的危害远远超过幼虫。

6. 传播与扩散

椰心叶甲各虫态随苗木进行远距离传播，成虫也可靠飞行逐渐扩散，但飞行能力较弱。初步研究结果表明，雌成虫单次可飞行 200m 左右，雄虫单次可飞行约 100m。因此该虫远距离扩散传播主要靠苗木调运。从疫区调运棕榈科植物苗木，若未经处理，椰心叶甲的存活率较高。椰心叶甲从国外传入我国是借助于棕榈科植物种苗的运输。

图版 29

图版说明

　　A. 卵

　　B. 低龄幼虫

　　C. 高龄幼虫

　　D. 蛹

　　E. 雄成虫

　　F. 雄成虫腹部末端

　　G. 雌成虫

　　H. 雌成虫腹部末端

　　I. 成虫前胸背板

　　J～M. 在不同寄主植物上的为害状

图片作者或来源

　　A～H. 作者提供

　　I. Cameron Brumley，DAFWA，下载自 http：//www. padil. gov. au/viewPest. aspx?id＝1138，最后访问日期：2009-12-9

　　J. 下载自 http：//agriqua. doae. go. th/Coconut％20hispine％20beetle/Coconut％20beelte. htm（图片地址：http：//agriqua. doae. go. th/Coconut％20hispine％20beetle/Picture％20045. jpg，最后访问日期：2009-12-9）

　　K～M. 符悦冠，彭正强

二、椰心叶甲检验检疫技术规范

1. 范围

　　本检验检疫技术规范规定了棕榈科植物重要害虫椰心叶甲与检疫有关的检疫依据、现场检疫、实验室检疫、检疫监管和检疫处理等技术规范。适用于棕榈科植物苗木、植株、离体叶片调运时对椰心叶甲的检疫监管和检疫处理。

2. 产地检疫

　　严禁从椰心叶甲发生区调出棕榈科植物苗木。拟调出的棕榈科植物苗木应是非疫产区或非疫生产点的健康苗木。进行产地检疫，抽查点数按表 2 要求执行。

表 2　检查面积与随机抽查的选点数关系表

种植面积/hm²	抽查点数
≤0.3	10
0.4～0.6	15
0.7～3.3	30
3.4～6.6	50
>6.6	每增加 0.1hm² 增加 1 点

注：每点不小于 50 株。

3. 调运检疫

调入棕榈科植物苗木，经现场检疫和室内检验后，进入专业隔离检疫圃隔离检疫或所在地植物检疫机构指定的隔离检疫场（圃）隔离检疫。隔离时间1年。

对进入隔离检疫圃隔离检疫的棕榈科植物苗木和成株，在隔离期间，按有关规定执行检疫监管和疫情监测，定期进行抽查，抽查面积为总面积的5%～20%，随机抽查的选点数按表3要求执行。隔离检疫期间检疫发现害虫时，应采集虫样，在实验室进行人工饲养和鉴定，并做好检疫原始记录。一旦发现椰心叶甲，及时做除害处理。

表 3　苗木和成株的随机抽样数

苗木和成株数量/株	抽样数/份
≤50	1
51～200	2
201～1000	3
1001～5000	4
>5001	每增加 5000 株增取 1 份

4. 检验及鉴定

1）抽查

（1）在棕榈科植物种苗、成株和离体叶片输入或输出现场进行。

（2）抽查方法要视装载的棕榈科植物植株大小而定，苗木、成株和离体叶片可采用随机法进行，以开顶集装交通工具装运的成株要逐株进行查验。

（3）抽查数量按总量的5%～20%抽取，苗木和成株最低抽取总量不少于500株，离体叶片最低抽取总量不少于1500片，达不到此数量的全部检查。如有需要可加大抽检比例。

2）抽样

（1）抽样原则。

应重点抽取具有代表性的样品。根据椰心叶甲危害的特性，注意抽取长势差和叶片有较明显的害虫为害状的作为样品。

（2）抽样数量。

植物检疫机构结合查验情况按表3、表4比例随机抽取代表性复合样品送实验室检查检疫。苗木和成株每份样品为50～100株，不足5000株的余量计取1份样品，离体叶片每份样品为10片，不足5000片的余量计取1份样品。

表 4　离体叶片的随机抽样数

离体叶片数量/片	抽样数/份
≤100	1
101～500	2
501～2000	3
2001～5000	4
>5001	每增加 5000 片增取 1 份

3）检疫方法

（1）现场检疫。

在现场用放大镜对调入或调出的棕榈科植物植株或叶片等仔细查找。

先观察植株外围老叶是否有椰心叶甲取食形成的褐色条状"灼伤"为害状；检查植株未展开的心叶、周边叶和离体叶片，检查有无取食为害状、成虫、卵、幼虫和蛹，检查心叶时可用手紧压心叶，将接合缝打开，顺势展开心叶；对集装箱、外包装纸箱等装载容器查看有无脱落的受害叶、成虫、幼虫和蛹；用镊子或毛笔收集在现场检疫发现的各虫态害虫，以指形管保存（必要时幼虫用 75％酒精保存液浸泡），加贴标签，带回实验室鉴定。

（2）取样检疫。

发现有可疑虫卵、幼虫和蛹的棕榈科植物植株及叶片，应将寄主一并取样，及时安全地送往实验室检疫，经室内饲养至成虫再进行种类鉴定。

4）实验室鉴定

（1）现场鉴定。

用现场检疫同样的方法对取回的棕榈科植物植株或种苗的叶片进行认真检疫，有灼伤状褐斑的叶片上要重点检查有无虫卵，检查时需注意：卵的体形较小，色泽与受害寄主相似，多位于成虫取食后的食痕内且周围常有叶片碎片和排泄物，要用解剖针将上述杂物剔除；幼虫和蛹颜色与棕榈科植物心叶部分颜色相近，应在心叶部位仔细查找。

（2）饲养检疫。

对送到实验室的疑似椰心叶甲的卵、幼虫和蛹等未成熟虫态的样本，先进行初步鉴定，然后饲养至成虫再做进一步鉴定。

（3）镜检。

在室内对疑似带虫的样品特别是卵和低龄幼虫等虫态的观察，肉眼较难判定，需借助显微镜观察；现场取样的成虫、幼虫和蛹也要用体视显微镜进行鉴定。

5. 检疫处理和通报

1）检疫处理

（1）隔离种植观察。

对于来自疫区而检疫未发现椰心叶甲各虫态的，可准予试种一段时间，但要加强后续监管监测。试种期间尽量与其他棕榈科植物隔离。

（2）原柜退回或烧毁。

口岸检疫时当发现植株严重受害的，可考虑采取此项措施。

（3）剪除并烧毁受害严重的心叶。

由于椰心叶甲只取食未展开和初展开的心叶，且其产卵和化蛹也均在折叠的叶内，因此，剪除并烧毁带有症状的心叶可有效降低虫口密度。剪除受害叶后最好结合施用杀虫剂，确保处理效果。

（4）化学防除。

可选用甲萘威、甲胺磷、敌百虫等农药，使用时混合少量农用湿润剂以增加附着能力。对未展开的心叶可采取灌心防治方法，或先使折叠的心叶适当弯曲并散开后再喷施药剂；对初展开的心叶可直接喷雾。喷灌心叶可选择傍晚进行。现场检疫发现有该虫的，可先不予种植，待经过药剂处理且检查不再带虫后才准予种植。

（5）生物防治。

椰心叶甲一旦传入并大发生时剪除心叶和化学防治难以奏效，可考虑引进或利用本地的生物因素进行防治。椰心叶甲最有效的天敌是椰心叶甲幼虫寄生蜂椰甲截脉姬小蜂（*Asecodes hispinarum* Bouček）和蛹寄生蜂椰扁甲啮小蜂［*Tetrastichus brontispae*（Ferr.）］。此外，还可使用绿僵菌进行防治。

（6）其他措施。

严格执行检疫审批制度，不予审批疫区寄主植物的调运，限量审批疫区其他棕榈植物。

2）疫情通报

经检疫后，将疫情检测鉴定情况和疫情处理情况向有关部门进行通报。

三、椰心叶甲调查监测技术规范

1. 范围

本规范是为满足椰心叶甲的调查和监测技术需求而制定的，适用于椰心叶甲发生区和未发生区。

对椰心叶甲发生区和邻近区域的调查是指对包括以椰心叶甲发生区为中心，分别向外延伸 10km、20km 和 30km 的区域。其中，10km 区域内每年全面调查 1 次，10～20km 区域每年随机选择 1/3 区域进行全面调查，20～30km 区域每年随机选择 1/3 区域进行重点调查。

对于远离椰心叶甲发生区的区域的调查是指对与椰心叶甲发生区之间距离 30km 以上的区域，可先调查高风险场所、可能的传入途径等。然后采取分年度抽样调查的方法，每年调查高风险发生区域面积的 1/2 或 1/3，每 2~3 年调查完整个面积。

2. 调查与监测方法

调查监测椰心叶甲采用取样调查法。以各乡镇为单位按东、西、南、北、中 5 个方位选定 5 个调查区域，重点选择椰子和棕榈科植物种植区域，每个调查区域进行调查监测的植株数不少于 100 株，每季度对调查区域的椰心叶甲疫情调查 1 次。记录棕榈科植物种名、数量及分布情况。

对于高干树种采用望远目测法，观察有无椰心叶甲为害的典型特征；对于矮干树种直接目测、观察确认，并在调查过程中记录寄主植物受椰心叶甲危害的程度并采集标本、拍照。

高秆植株受害状况分级标准：极严重，3/4 以上的叶受害焦枯；严重，1/2~3/4 叶受害焦枯；中度，1/4~1/2 叶受害焦枯；轻度，1/4 以下叶受害焦枯。

低秆植株受害状况分级标准：

从调查到有椰心叶甲危害的树种中随机选 5 株统计虫口，计算单株虫口的平均数。

极严重，单株虫口平均数≥50 头；严重，单株虫口平均数达到 31~50 头；中度，单株虫口平均数达 11~30 头；轻度，单株虫口平均数≤10 头。

3. 样本采集与寄送

椰心叶甲调查与监测由专业技术人员实施。调查中如发现可疑虫体，应迅速采集、制作标本并寄送至省、部指定的相关专家进行鉴定，同时要确保运送过程中样本的安全。采集样本的数量应多于 30 头。有关专门机构/人员接到标本后应尽快鉴定种类，并向省级植物检疫机构和标本采集单位提交鉴定报告。

4. 调查人员的要求

要求调查人员为经过培训的专职、兼职农业技术人员，培训的主要内容为调查对象的识别特征、入侵途径、传播方式、危害特点、调查取样、分析方法等。

5. 结果处理

对调查收集的资料、笔录、数据和照片等进行整理、归档。定期完成调查技术报告和工作总结。

在调查中，一旦发现新的外来入侵生物，需严格实行报告制度，必须于 24h 内逐级上报，每 10 天逐级向上级政府和有关部门报告有关调查情况。

四、椰心叶甲应急控制技术规范

1. 范围

本规范是为满足椰心叶甲的应急控制技术需求而制定的，适用于椰心叶甲新疫区，椰心叶甲分布呈点状，有明显的中心区，且尚未向周边扩散。

2. 应急控制方法

根据椰心叶甲发生和危害的特点，可采用挂药包、喷化学药剂防治等化学防治方法和剪除受害心叶并烧毁相结合的方法进行防除扑灭，防治后 7～10 天检查，根据实际情况反复使用药包或药剂喷雾进行防治，直至半年内不再发现椰心叶甲为止。施药必须在专业技术人员指导下进行。

药包法：针对高大植株（干高在 15m 以上）及阴雨绵绵的冬春季节，采用挂药包法可取得良好防治效果。药包可选用椰甲清粉剂（杀虫单和啶虫脒复配制）。该粉剂具有毒性较低、渗透性强、内吸性好及持效期长且杀虫率高的特点，其药效可持续 4 个月左右，迅速降低虫口密度，杀虫率达 85% 以上。具体使用方法是将一个药包用细铁线绑于未展开心叶的上方，另一包绑在最靠近心叶上方的内侧，再用水淋湿药包让药液顺着叶柄流到椰子的心叶内。

药剂喷雾法：喷雾速杀法适用于干高在 8m 以下的椰子树。可选用甲萘威、甲胺磷、敌百虫、毒死蜱、联苯菊酯、高效氯氰菊酯等农药，使用时混合少量农用湿润剂以增加附着能力。具体操作方法是在喷药之前，为提高喷药效果应先清除已焦枯的老叶，其次将心叶轻轻打开，最后采用低、高压喷雾器及喷药车从植株各个方向重点喷灌心叶直至整个树冠心叶湿透有药液流到地上为止。一次药剂喷杀难于达到杀灭效果，每隔 7～10 天喷药一次，连续进行 2 或 3 次，防治效果可达 95% 以上。

剪除并烧毁受害严重的心叶：由于椰心叶甲只取食未展开和初展的心叶，且产卵和化蛹也均在其折叠的叶内，因此，剪除并烧毁带症心叶可有效降低虫口密度。剪除受害叶后最好结合施用杀虫剂。

3. 注意事项

应依据正确的施药方法和药量进行施药防治。对于较高的植株通常采用药包法和剪除受害心叶法；对于低秆植株可直接进行喷雾防治。

如在街道或居民区实施防治，应采用菊酯类高效低毒农药，尽量减少对环境的影响。要注意收集换下的药包，并集中处理。

剪除受害心叶时应注意不要伤到植株生长点，剪除时动作要尽量轻柔，避免惊飞椰心叶甲成虫，影响防治效果。

五、椰心叶甲综合治理技术规范

1. 范围

本规范是为满足椰心叶甲的综合治理技术需求而制定的，适用于椰心叶甲大面积发生区域，椰心叶甲在发生区域内已造成较为严重的危害，且应急扑灭的可能性很小。

2. 专项防治措施

椰心叶甲的专项防治措施主要有植物检疫、农业防治、化学防治和生物防治四大类。

1）植物检疫

植物检疫措施就是通过各级植物检疫部门，加强对地区与地区之间棕榈科植物的调运检疫，一旦发现椰心叶甲，及时做除害处理。同时，对非法经销椰子等棕榈科植物的违法行为进行打击。

2）农业防治

农业防治主要是用枝剪剪除受害心叶并烧毁，剪除时动作要尽量轻柔，避免惊飞椰心叶甲成虫，影响防治效果。剪除心叶时还要注意不要破坏到植株生长点，以免造成损失。

3）化学防治

化学防治包括挂药包法和药剂喷雾法，具体操作方法参照应急控制技术规范。

4）生物防治

生物防治：椰心叶甲一旦传入并大发生时，剪除心叶和化学防治难以取得长期控制的效果，可考虑引进或利用本地的生物因素进行防治。目前有效用于椰心叶甲生物防治的有寄生蜂和绿僵菌。

控制椰心叶甲最有效的寄生蜂是椰心叶甲幼虫寄生蜂——椰甲截脉姬小蜂和蛹寄生蜂——椰扁甲啮小蜂。目前，利用椰甲截脉姬小蜂和椰扁甲啮小蜂两种寄生蜂防治椰心叶甲的技术已比较成熟，已大量用于椰心叶甲的田间防治。具体操作如下。

放蜂前的准备工作：放蜂前对放蜂点进行调查，了解放蜂点椰心叶甲的危害程度，放蜂点受害植株数量和面积，确定椰心叶甲寄生蜂释放数量。可参考以下标准确定放蜂量：平均每植株虫口密度 10 头以下，为轻度危害，释放椰心叶甲寄生蜂 4.5 万～6 万头/hm²，啮小蜂与姬小蜂的比例为 1∶2；平均植株虫口密度为 10～30 头，为中度危害，释放椰心叶甲寄生蜂 10.5 万～12 万头/hm²，啮小蜂与姬小蜂的比例为 1∶2；平均植株虫口密度为 30 头以上，为重度危害，释放椰心叶甲寄生蜂 21 万～45 万头/hm²，啮小蜂与姬小蜂的比例为 1∶2。

　　田间释放方法：目前田间释放椰心叶甲引进天敌啮小蜂和姬小蜂的方法有两种，一是直接释放寄生蜂成虫，即把刚羽化的寄生蜂接入指形管内，用 5% 的蜜糖水饲喂，直接将装有寄生蜂的指形管固定于椰心叶甲寄主的叶鞘处，打开指形管即可。选择晴天放蜂，放蜂时间在上午 8：00～11：00 为宜，每周放蜂 1 次，连续释放 3 或 4 次。二是释放被寄生的椰心叶甲幼虫或蛹，这种方法通常要制作专门的放蜂器（由细铁丝、纸杯、一次性塑料碗和塑料碟制作而成），放蜂器悬挂密度为每隔 30～50m 挂 1 个放蜂器。每个放蜂器内放置椰心叶甲僵虫和僵蛹的量，是根据放蜂点植株受害程度及受害植株数量而定，每隔 1 周放 1 次，通常需连续放蜂 6 个月才会有防治效果。

　　田间放蜂方法的比较：释放椰心叶甲寄生蜂成蜂适用于椰心叶甲重度发生期，成蜂可以马上开始搜索寄主，且补充营养后，其寿命延长，寄生力有所提高。其缺点是阴雨天不能释放，放蜂成本也比较高。制作放蜂器释放被寄生的椰心叶甲幼虫或蛹，可以减少放蜂次数，阴雨天对放蜂效果影响不大，但放蜂过程中易受蚂蚁等天敌及人为因素的影响。

　　绿僵菌对椰心叶甲具有较好的防治效果。施用绿僵菌进行防治时，根据绿僵菌在寄主间可互相传染的特点，实施隔株施药，一般隔两株防治一株，通过传播，没有施放绿僵菌的椰树上的害虫也会感染致死。具体操作方法如下：

　　把绿僵菌倒入盛有半桶水的喷雾器中并加入 20 滴洗洁精液，搅拌均匀后再加满水对椰子心叶进行喷雾。喷雾后 7 天内椰心叶甲致死率可达 60%，15 天后杀虫效果达85% 以上。绿僵菌的速效性较差，但能够持续控制椰心叶甲种群增长，害虫一旦感染后一般都滞食或停止摄食直至死亡，大面积防治效果显著，病原体通过流行传播、持效和后效明显。相对化学农药绿僵菌的作用时间较慢，且高温高湿的气候条件不利于其生长。建议选择适合当地气候条件的优势菌株，并在春冬两季气候低温潮湿时期使用将更为有效。

3. 综合防控措施

　　椰心叶甲综合防控措施就是依据生态学原理，在准确掌握椰心叶甲发生和为害规律的基础上，综合地利用检疫的、农业的、物理的、化学的和生物的防控方法和技术措施，使之有机地组成一个治理体系，经济、安全、持续有效地控制椰心叶甲为害，将其种群数量长期控制在经济危害水平以下，求得最佳的经济、社会和生态效益。

　　首先要严把检疫关，加强对地区之间棕榈科植物的调运检疫，严禁从椰心叶甲的发生区调运棕榈科植株。发生地区的棕榈科植株外调时，必须经当地植物检疫机构检疫检验合格，并取得植物检疫证书方可调运。发现疫情立即进行疫情通报，并及时启动相关检疫程序对带虫植株进行检疫处理，彻底杀灭虫口，清除传播虫源。一旦疫情扩散到田间，需立即启动椰心叶甲调查监测预案，锁定疫情范围，调查监测疫情动态，同时启动椰心叶甲应急防控预案，迅速组织专业防控队伍，综合使用剪除烧毁受害心叶、高效化学药剂挂包和喷雾等农业防治和化学防治措施，将疫情及时扑灭；如果疫情进一步扩散，难以全部扑灭，则启动椰心叶甲综合防治预案，按照生物防治为主，农业防治和化学防治为辅的原则，在田间种群大量爆发，为害严重的情况下，先采用剪除烧毁受害心叶、挂药包和药剂喷雾的方法压低虫口数量，减轻危害，然后采用生物防治的方法，按椰心叶甲天敌寄生蜂的扩繁和释放技术规范，大量扩繁和定期释放天敌寄生蜂，坚持持久释放，从而达到安全、有效控制椰心叶甲种群数量的效果。在气候适宜的条件下，还可配合使用昆虫病原微生物绿僵菌作为生物防治的措施控制椰心叶甲种群数量。

主要参考文献

陈义群，黎仕波，王书秘等. 2004. 椰心叶甲的研究进展. 热带林业，32（3）：25～30

杜伟杰. 2008. 椰心叶甲在海南的发生、危害及防治措施的探讨. 安徽农学通报，14（23）：187～189

黄法余，梁广勤，梁琼超. 2000. 椰心叶甲的检疫及防除. 植物检疫，14（3）：158～160

黄小青，张先敏. 2007. 椰心叶甲引进天敌啮小蜂和姬小蜂规模繁殖及其田间释放技术研究. 现代农业科技，17：87，88

陆永跃，曾玲. 2004. 椰心叶甲传入途径与入侵成因分析. 中国森林病虫，23（4）：12～15

伍筱影，钟义海，李洪等. 2004. 椰心叶甲生物学研究及室内毒力测定. 植物检疫，18（3）：137～140

钟义海，刘奎，彭正强等. 2003. 椰心叶甲———一种新的高危害虫. 热带农业科学，23（4）：67～72

六、椰心叶甲防控应急预案（样本）

2002年6月，椰心叶甲在海南爆发。2002年的7～9月，海南省进行第1次椰心叶甲的普查工作时，发现海口、三亚和文昌等地出现疫情，共调查棕榈科植物1152万株，出现被害状的株数有3.1万株，害虫感染区面积就达6000多公顷，受害椰树减产，全省棕榈科苗木因疫情禁运，带来巨大经济损失。为控制疫情的进一步扩散蔓延，制定本防控应急预案。

1. 椰心叶甲危害情况的确认、报告与分级

1）确认

疑似椰心叶甲发生地的农业主管部门在24h内将采集到的椰心叶甲标本送到上级农业行政主管部门所属的植物保护管理机构，由省级植物保护管理机构指定专门科研机构鉴定，省级植物保护管理机构根据专家鉴定报告，报请农业部确认。

2）报告

确认本地区发生椰心叶甲后，当地农业行政主管部门应在24h内向同级人民政府和上级农业行政主管部门报告，并迅速组织对本地区进行普查，及时查清发生和分布情况。省农业行政主管部门应在24h内将椰心叶甲的发生情况上报省人民政府和农业部，同时抄送省级林业部门和出入境检验检疫部门。

3）分级

根据椰心叶甲发生量、传播扩散速度、造成农业生产损失和对社会、生态危害程度

对椰心叶甲的危害情况进行确认、报告和分级。

一级危害：造成 667hm² 以上连片或跨地区农作物减产、绝收或经济损失达 1000 万元以上，且有进一步扩大趋势；或在 1 省（直辖市、自治区）所辖的 2 个或 2 个以上地级市（区）发生椰心叶甲危害严重的。

二级危害：造成 333hm² 以上连片或跨地区农作物减产、绝收或经济损失达 500 万元以上，且有进一步扩大趋势；或在 1 个地级市辖的 2 个或 2 个以上县（市或区）发生椰心叶甲危害；或者在 1 个县（市、区）范围内发生椰心叶甲危害程度严重的。

三级危害：造成 66.7hm² 以上连片或跨地区农作物减产、绝收或经济损失达 50 万元以上，且有进一步扩大趋势；或在 1 个县（市、区）范围内发生椰心叶甲危害。

2. 应急响应

各级人民政府按分级管理、分级响应、属地管理的原则，根据椰心叶甲危害范围及程度，一级危害以上启动一级响应，二级危害启动二级响应，三级危害启动三级响应。

1）一级响应

省级农业行政主管部门立即成立椰心叶甲防控工作领导小组，迅速组织协调本省各市、县人民政府及部级相关部门开展椰心叶甲防控工作，对全省（自治区、直辖市）椰心叶甲发生情况进行调查评估，制定防控工作方案，组织农业行政及技术人员采取防控措施，并及时将椰心叶甲发生情况、防控工作方案及其执行情况报农业部及邻近各省市主管部门。省级其他相关部门密切配合做好椰心叶甲防控工作；农业厅根据椰心叶甲危害严重程度在技术、人员、物资、资金等方面对椰心叶甲发生地给予紧急支持，必要时，请求农业部给予相应援助。

2）二级响应

地级以上市人民政府立即成立椰心叶甲防控工作领导小组，迅速组织协调各县（市、区）人民政府及市相关部门开展椰心叶甲防控工作，并由本级人民政府报省人民政府；市级农业行政主管部门要迅速组织对本市椰心叶甲发生情况进行全面调查评估，制定防控工作方案，组织农业行政及技术人员采取防控措施，并及时将椰心叶甲发生情况、防控工作方案及其执行情况报省级农业行政主管部门；市级其他相关部门密切配合做好椰心叶甲防控工作；省级农业行政主管部门加强督促指导，并组织查清本省椰心叶甲发生情况；省人民政府根据椰心叶甲危害严重程度和市级人民政府的请求，在技术、人员、物资、资金等方面对发生椰心叶甲地区给予紧急援助支持。

3）三级响应

县级人民政府立即成立椰心叶甲防控工作领导小组，迅速组织协调各乡镇政府及县相关部门开展椰心叶甲防控工作，并由本级人民政府报告上一级人民政府；县级农业行政主管部门要迅速组织对椰心叶甲发生情况进行全面调查评估，制定防控工作方案，组织农业行政及技术人员采取防控措施，并及时将椰心叶甲发生情况、防控工作方案及其执行情况报市级农业行政主管部门；县级其他相关部门密切配合做好椰心叶甲防控工作；市级农业行政主管部门加强督促指导，并组织查清全市椰心叶甲发生情况；市级人民政府根据椰心叶甲危害严重程度和县级人民政府的请求，在技术、人员、物资、资金等方面对发生椰心叶甲地区给予紧急援助支持。

3. 部门职责

各级椰心叶甲防控工作领导小组负责本地区椰心叶甲防控的指挥、协调工作，并负责监督应急预案的实施。农业部门具体负责组织椰心叶甲监测调查、防控和及时报告、通报等工作；宣传部门负责引导传媒正确宣传报道椰心叶甲有关情况；财政部门及时安排拨付椰心叶甲防控应急经费；科技部门组织椰心叶甲防控技术研究；经贸部门组织防控物资生产供应，以及椰心叶甲对贸易和投资环境影响的应对工作；出入境检验检疫部门加强出入境检验检疫工作，防止椰心叶甲的传入和传出；发展改革、建设、交通、环境保护、旅游、水利、民航等部门密切配合做好相关工作。

4. 椰心叶甲发生点、发生区和监测区的划定

调查发现椰心叶甲的点作为发生点，以椰心叶甲发生点为中心，分别向外延伸10km、20km和30km的区域作为发生区。其中10km区域内每年全面调查1次，10～20km区域每年随机选择1/3区域进行全面调查，20～30km区域每年随机选择1/3区域进行重点调查。距离发生点30km以上的区域作为监测区，可先调查高风险场所、可能的传入途径等。然后采取分年度抽样调查的方法，每年调查高风险发生区域面积的1/2或1/3，每2～3年调查完整个面积。

5. 封锁、控制和扑灭

对椰心叶甲疫情发生边缘200m内区域实施全封闭隔离，切断椰心叶甲所有的传播和蔓延渠道。未经省级应急指挥部批准，禁止可能携带椰心叶甲的生物及制品进出疫区。

6. 调查和监测

各级植物保护和植物检疫机构、农业环境保护监测站等对疫情发生地派专人实施全天24h监测，并每天向上级应急指挥部报告一次监测信息。

调查监测内容包括椰心叶甲在疫源地的基数及发生、分布和扩散情况；椰心叶甲疫情对农业生产、社会经济造成的影响；椰心叶甲的生态影响；影响椰心叶甲入侵发生过程的因子，包括椰心叶甲增殖潜能和生态学特点。

7. 宣传引导

充分利用广播、电视、报纸等媒介对椰心叶甲的危害和案例进行宣传教育，加强对椰心叶甲危害性的公众教育，提高社会各界对椰心叶甲的防范意识，并做好相应的管理与防治工作。

各级农业行政主管部门要按照应急预案定期组织不同类型的实战演练，提高防范与处理椰心叶甲和其他农业重大有害生物及外来入侵突发事件的技能，增强实战能力。

8. 应急保障

1）财力保障

处置外来生物入侵突发事件所需财政经费，按财政部《突发事件财政应急保障预案》执行。严格专账专户，专款专用。

2）人力保障

对各级有关部门的管理人员和技术人员进行法律、法规、规章等专业知识和技能的培训，提高其农业重大有害生物及外来入侵生物识别、防治、风险评估和风险管理技能，以便对椰心叶甲及时、准确、简便地进行鉴定和快速除害处理。建立椰心叶甲管理与防治人才资源库，当发生疫情时，相关管理和技术人员必须服从应急指挥部的统一调配。

3）物资保障

省级以下农业行政主管部门要分别建立防治椰心叶甲的药品和物资储备库，编制明细表，由专人负责看管、进入库登记。所有药品和物资的使用实行审批制度，由同级农业行政主管部门分管领导或委托人负责严格审批。当疫情发生时，各级应急指挥部可以根据需求，征求社会物资并统筹使用。

4）法制保障

研究制定《外来入侵生物防治条例》和其他相关政策文件，对管理的内容、对象、权利和责任等问题作出明确规定，对防治和控制行动作出规定，并保证法规条文的有关规定与相应的国际公约、协议的一致性。

5）科研保障

完善阻止和预防椰心叶甲的检测和清除技术；提高椰心叶甲种群的野外监测技术；开展更深层次的椰心叶甲发生机制的研究；提高消灭或控制椰心叶甲的技术与方法，建立消灭和控制椰心叶甲的综合治理技术体系，制定最佳的优选方案与组合技术；强化椰心叶甲的生物防治基础、技术与方法的研究；开展椰心叶甲对发生区的生态代价与经济代价的影响预测模式研究；开展被椰心叶甲入侵破坏的生态系统的恢复和替代技术研究；创建椰心叶甲可持续管理示范区。

9. 应急解除

在采用各种扑灭和铲除方法后的 9 个月内，由省级农业环境保护、植物保护和检验检疫机构监测未发现新疫情出现，由当地农业行政主管部门提请省级人民政府结束本次应急响应。经农业部预警和风险评估咨询委员会评估，提请农业部外来入侵生物防治协作决定解除疫情。

10. 附则

地（市、州）各级人民政府根据本预案制定本地区椰心叶甲防控应急预案。

本预案自发布之日起实施。

本预案由省级农业行政管理部门负责解释。

（符悦冠　刘　奎　彭正强）

蔗扁蛾应急防控技术指南

一、蔗 扁 蛾

学　　名：*Opogona sacchari*（Bojer）

异　　名：*Alucita sacchari* Bojer，*Opogona subcervinella*（Walker）

英 文 名：banana moth

中文别名：香蕉蛾

分类地位：鳞翅目（Lepidopterra）辉蛾科（Hieroxestidae）扁蛾属（*Opogona*）

1. 起源与分布

起源：蔗扁蛾起源于毛里求斯。

国外分布：日本、印度、南非、马达加斯加、毛里求斯、卢旺达、塞舌尔、尼日利亚、圣赫勒拿岛、佛得角、罗得里格斯、法国、德国、希腊、英国、比利时、芬兰、瑞典、意大利、丹麦、荷兰、波兰、葡萄牙（马德拉、亚速尔）、西班牙（加那利群岛）、瑞士、巴西、秘鲁、委内瑞拉、巴巴多斯、洪都拉斯、美国、百慕大（英）等地。

国内分布：辽宁、北京、河北、山东、浙江、上海、福建、江西、广东、广西、海南、新疆。

2. 主要形态特征

1）成虫

体长 7.5～9mm，翅展 18～26mm，雄虫略小。体主要呈黄灰色，具强金属光泽，腹面色淡。头部鳞片大而光滑，头顶部分色暗且向后平覆，额区部分则向前弯覆，二者之间由一横条蓬松的竖毛分开，颜面平而斜、鳞片小且色淡；下唇须粗长，斜伸微翘；下颚须细长卷折，喙极短小；触角细长纤毛状，长达前翅的 2/3，梗节粗长稍弯。胸背鳞片大而平滑，体较扁，翅平覆；前翅披针形，有 2 个明显的黑褐色斑点和许多断续的褐纹，雄蛾则多连成较完整的纵条斑；后翅色淡，披针形，后缘的缘毛很长，雄蛾翅基具长毛束。足的基节宽大而扁平，紧贴体下，后足胫节具长毛，中距靠上。腹部平扁，腹板两侧具褐斑列；雄蛾外生殖器小而特化，雌蛾产卵管细长、常伸露腹端。

2）卵

短卵形，长约 0.5mm，长径 0.38mm，横切面圆，精孔器在顶端，单孔围以放射形长沟，卵壳密布小刻点及五或六边形网纹。

3）幼虫

老熟幼虫体长约 20mm，充分伸长可达 30mm；体径平均约 3mm。头部暗红褐色；前口式，上颚发达具 5 齿，但基齿微弱而不显；下唇须色淡而延伸，2 节具长毛；侧单眼不明显。前胸盾和气门片暗红褐色，周缘色淡，气门与 3 根侧毛（L）在同一毛片上；中和后胸背面的毛片几合成一大块褐斑，侧毛（L_2）单独在一毛片上，与 L_1 和 L_3 分开；3 对胸足均发达，跗爪延长且基部具双叶突。腹部色淡而略透明，与胸同样具大型毛片，形成整齐的褐斑；背面的 4 片大而长，侧面的较小且略圆或不规则；侧毛 3 根均单成一毛片，亚腹毛（SV）3 根多在同一毛片上，但第 8 腹节的 SV_1 分开，第 9 腹节则 SV_2 根各在一毛片上，且侧毛 L_2 与 L_3 共一毛片。腹足 5 对，第 3～6 节的腹足趾钩呈二横带，趾钩单序密集 40 余根，周围另有许多小刺环绕；第 10 节的一对臀足则趾钩呈单横带排列，仅 20 多根且小刺仅限于前缘处。

4）茧

长 14～20mm，宽约 4mm；由白色丝织成，外面黏以木丝碎片及粪粒等。羽化前蛹由茧的前端钻出，露出大半再蜕壳羽化，蛹壳就留在茧上。

5）蛹

长约 10mm，宽约 3mm；背面暗红褐色而腹面淡褐色。头顶具大而坚硬的额突，几呈黑色，是羽化前顶破茧的工具；上唇具 1 对侧毛，其两侧各有 1 片明显的结构（应为下颚须），喙和下唇须均短宽约等长；触角绕过复眼外侧，沿翅芽前缘伸过翅尖与后足一起突伸；后足伸达第 6 腹节，稍长过触角；翅尖则伸达第 5 腹节中部；蛹疏生明显刚毛，背面 4～8 腹节近基部各有一横列小刺突，羽化时能帮助其在茧里向前移动；腹端有 1 对粗壮的黑褐色钩状臀棘，向背面弯突。

3. 主要生物学和生态学特性

蔗扁蛾一生要经过 4 个发育阶段，即卵、幼虫、蛹及成虫。在 25℃下，卵的孵化率可达 88.37%。卵历期短则 4 天，长的可达 9 天，大都为 6～7 天。幼虫期可达 29～48 天，幼虫可分为 7 龄。3 龄幼虫以后危害开始加重，高龄幼虫对发财树的日取食量最大的可达 0.53g，平均 0.14g。1 龄期为 4 天，2、3 龄期为 3～5 天，4 龄期为 5～6 天，5 龄期为 7～9 天，6 龄期为 13～16 天，7 龄期为 14～16 天。老熟幼虫一般结茧化蛹，幼虫结茧化蛹的时间需 3～4 天才能完成，幼虫化蛹前，其体重减轻，化蛹部位一般在皮层间或木质中间的疏松部分，有的也在土壤中化蛹，茧外粘有碎木屑或土粒。蛹历期一般 10～24 天，以 11～17 天居多；成虫在羽化前，头胸部露出茧外，1～2 天后羽化；整个世代的发育历期在 39～59 天不等。雌性的寿命略短于雄性。雌性成虫寿命最长 28 天，最短 3 天；雄性成虫寿命最长 29 天，最短 4 天，平均 11.5 天。成虫的羽化时间在夜间 11 点 30 分到凌晨 1 点左右；刚羽化的成虫卵巢发育未完全成熟，需要补充营养；羽化后如用 15% 的蜂蜜水补充营养，寿命大多可达 5～9 天，最长可达 14 天；不补充营养的成虫寿命只有 3~4 天。成虫可以连续交尾 2 或 3 次，交尾时间在凌晨零点至四点，极少数可在清晨交尾；交尾持续时间短则 1~2h，长则可达 3~4h。在室内，用巴西木木段饲养该虫时，成虫大多将卵产于较隐蔽的下断面或木质部中心的细小的孔洞内；成虫可以连续产卵 5 天，产卵始于凌晨零点，卵散产或块产。在室外大棚中，成虫大多喜在巴西木未开展的叶与茎上产卵。在 25℃ 的条件下，以巴西木为寄主的每头雌虫最多时可产卵 600 多粒，平均 236 粒；卵孵化率可达 80% 以上，表明蔗扁蛾具有很强的繁殖能力。此外，由于该虫寄主范围广，对环境条件适应性强，加之其为外来入侵种，幼虫生活隐蔽（在树皮下蛀食），缺乏有效的天敌控制。因此，如果条件适宜，虫口数量可迅速增加，为其蔓延危害提供足够的虫量。成虫没有趋光性。

4. 传播与扩散

蔗扁蛾依靠成虫的飞翔而进行自然传播，但飞行能力较弱，一般一次只能飞行 10m 左右。远距离传播主要随寄主材料的携带进行。

1）蔗扁蛾从国外传入我国的情况

蔗扁蛾自身飞行能力十分有限，成虫只能飞行 10m 左右，为非迁飞性昆虫。该虫危害大田作物香蕉主要是在加纳利群岛及巴西等地，而在欧洲及北美等地则主要危害温室花卉。由于受危害的国家大都同我国远隔重洋，所以仅凭蔗扁蛾自身能力是无法传入我国的。地理屏障的影响是其过去多年以来该虫一直没有传入我国的主要原因。

自 20 世纪 80 年代以来，随着我国的改革开放，贸易活动频繁，观赏花木巴西木由于其独特美感，开始深受我国广大居民的喜爱。而由于其生长繁殖的环境条件要求较高，我国大部分地区缺乏繁殖能力，主要依赖进口解决供应问题。由于早期人们对蔗扁蛾缺乏认识，加之该虫在巴西木上危害之初通过检疫很难发现，造成该虫随寄主调运进入我国。欧洲有些植物保护组织认为，巴西木进口、出口要经过 3 个月的隔离检疫才能证明其是否带有蔗扁蛾，但由于其运程日期要求紧，所以在检疫过程中出现了许多纰漏，由于人为的原因导致检疫屏障不能完全阻挡该虫的传入和传出。如程桂芳等 1997 年报道，北京的一些地区刚刚从国外进口的巴西木竟然未经打开包装检查就直接入境，而这些巴西木上就带有蔗扁蛾。可以推测，源区和目标地检疫的低检出率和检疫处理的忽视是导致蔗扁蛾传入我国的直接原因。

此外，由于蔗扁蛾是钻蛀性害虫，一般在巴西木的皮层内危害。试验表明，该虫完全可以在离体巴西木上自然生存很长一段时间，因此，在寄主的调运过程中，该虫可以完全存活到达目的地。

综上所述，蔗扁蛾是从国外随寄主巴西木的调运传入我国。虽然 1997 年以后，由于该虫的危害，巴西木的进口量减少，但由于蔗扁蛾的寄主范围极广，在其他相关寄主的调运过程中，对该虫的对外检疫工作仍然不能忽视。

2）蔗扁蛾从华南地区向北传播情况

蔗扁蛾最早传入我国的广东省，主要是在巴西木上危害。巴西木是热带地区的植物，对环境条件要求较高，正常生长所需温度为 20～30℃，冬季 10℃以上才可过冬。在我国，只有华南地区才适合其盆栽品种常年在自然界生长，正由于此，广州、海南等地则成为我国巴西木的主要繁殖基地。北方的巴西木一般均由广州等南方地区调入。我国每年大约有 300 个集装箱的巴西木产品经广东销往全国各地，其国内调运日益频繁。然而，通过我们 2001～2002 年调查发现，参加内调的巴西木几乎没有经过检疫处理就直接运达目的地；此外，由于调运时间有的要长达几天才可完成，所以，路途中的短暂停顿，也有可能造成蔗扁蛾对途经地花卉的扩散危害，货物到达目的地后，一般很少经过检疫部门就直接到达花卉生产经营商手中。对于许多生产经营商来讲，他们是很少有意识去对这些刚刚运达的巴西木进行蔗扁蛾预防处理，正由于此，蔗扁蛾才在短短十几年中先后随各种观赏性的寄主植物而传播到我国的许多省（自治区、直辖市）。

5. 发生与危害

　　蔗扁蛾为多食性害虫，该虫在全球扩散以后，寄主范围不断扩大，到目前，寄主种类已经涉及 29 个科 100 余种植物，新寄主还在不断地出现之中。蔗扁蛾寄主植物虽然广泛，但危害较为严重的还是以龙舌兰科、木棉科、棕榈科、禾本科为主的植物，其中包括很多重要的经济作物和观赏植物。

　　蔗扁蛾是钻蛀性害虫，危害症状隐蔽，不易识别。寄主植物种类多，在不同寄主植物上的危害症状也不相同，给调查工作带来困难。在我国，近年来由于蔗扁蛾的危害而造成损失最大的还是以巴西木、发财树以及棕榈科植物为主的观赏园林植物。在北京，根据北京市植物保护站 2002 年的调查，北京丰台区、朝阳区、海淀区、顺义区、密云县、平谷区等花卉主产区（县）的巴西木、发财树等主要寄主株危害率为 11.7%～100%。海淀区所属的一家花木公司 2002 年 6 月中旬从我国台湾购进的 4500 株发财树，受蔗扁蛾危害严重，其中，大株（株高 1.8～2.5m）2500 株中危害率为 1.2%，小株（株高 0.3～0.5m）2000 株中危害率为 5.7%，单株虫口数量高达 34 头；北京地区受害严重的温室每年巴西木的淘汰率达 50% 以上。在广西北海，自发现蔗扁蛾后 7 个月，巴西木、发财树这两种市场行情看好的室内观赏植物遭遇灭顶之灾，有虫株率达 50%～90%，单株虫口密度高达 150 头。自此以后，几乎所有的花卉市场都停止引进或栽培发财树和巴西木。其他花木如苏铁、散尾葵、凤尾葵、马尾铁等不同程度受害。截至 2000 年 10 月底，北海市共有 13 种植物受害，其发生范围从生产场所到经营点，从道路、宾馆、花坛到家庭阳台盆花，扩展速度惊人，受害花木的经济损失已达 200 余万元；在江苏，根据调查，凡有发财树、巴西木等寄主的地区，均发现蔗扁蛾的危害。2001 年，在苏州某盆景开发中心调查时，发现发财树受害株率达 52.6%，巴西木的受害株率达 27.8%，印度橡树的受害株率达 46%，直接经济损失达几万元；2002 年，在苏州下辖的吴江、常熟、张家港、昆山、太仓、吴中六市（区）调查，发现各花卉生产基地和苗圃的巴西木、发财树均不同程度地受到危害，且寄主范围也在进一步扩大；在扬州，2001 年 3 月第一次调查时，蔗扁蛾仅零星发生，但是到当年 10 月调查时，巴西木的受害株率已达 90% 以上；而在泰州的一个大型苗圃，几百株巴西木则全部被蛀食；在盐城某公园，除巴西木、发财树受害（危害株率达 95% 和 36.7%）以外，散尾葵的受害株率也达 44.4%。在上海，根据调查，凡有发财树、巴西木等寄主的地区，均不同程度地发现蔗扁蛾的危害。在上海植物园绿化服务公司温室，巴西木受害率达71.42%，平均每盆巴西木有 1 或 2 根木桩受害；发财树受害率达 75%，一般五瓣发财树有 2 或 3 瓣受害，造成直接经济损失近万元。在上海其他的南方花卉生产、中转基地和苗圃的巴西木、发财树均不同程度地受到危害，且寄主范围也在进一步扩大。在上海植物园展览温室，几种重要的热带引进植物，如桑科的高山榕（Ficus altissima）、垂叶榕（Ficus benjamina）和兰科的鼓槌石斛（Dendrobium chrysotoxum）、细叶石斛（Dendrobium hancockii）、选鞘石斛（Dendrobium denneanum）等也受到零星危害。该温室是上海热带植物的种质库和基因库所在地，是上海对外的科普教育基地之一，其中大量植物均是蔗扁蛾的可食寄主，如果不及早引起重视，造成该虫在展览温室中定殖建立种群，扩散到其他展览植物上危害，造成的经济效益和社会效益损失将不堪设想。在山东济宁，每年经营巴西木、发财树等木本观赏性植物 3 万多盆，受害较重的约 1.2 万盆。巴西木被害株率加权平均值为 42.3%，幅度为 15.4%～78.7%，重者达 95.6%；发财树被害株率平均值为 37.9%，重者达 89.4%。其次是棕榈科的鱼尾葵、散尾葵，大戟科的一品红，牻牛儿苗科的天竺葵，平均被害株率为 15%～35%。天南星科的海芋、喜林芋、红柄喜林芋，锦葵科的朱槿，桑科的橡皮树和棕榈科的蒲葵危害较轻，平均被害株率为 5%～15%，其他在 5% 以下。因蔗扁蛾的危害，每年给济宁造成损失约45 万元。在山东枣庄，蔗扁蛾还危害重要的造纸和人造棉原料构树，受害构树多分布在居民区附近的道旁、闲散地以及苗圃周围，其中居民区道旁构树受害率 15% 左右，苗圃周围 37% 左右，严重的达到 100%。而在广东、海南一些巴西木、发财树的繁殖基地，被蔗扁蛾危害致死的巴西木、发财树堆积如山，每年的损失更是不计其数。

目前，在各地情况来看，蔗扁蛾主要还是危害巴西木和发财树，其他寄主虽然已经发现危害，但程度相对较轻，经济损失也不是十分严重，尚属零星发生阶段。但是，在局部地区，已经发现蔗扁蛾传入大田开始危害农作物和经济作物。如广东等地 1998 年已报道蔗扁蛾危害蔗、玉米、香蕉等大田作物。其他已传入的地区包括广西梧州、河池和北海等地。事实上，在美国夏威夷、巴西圣保罗和加纳利群岛，蔗扁蛾早已经是香蕉上的重要害虫，据报道，在加纳利群岛，蔗扁蛾导致香蕉产量下降了 5%～10%，玻利维亚拉巴斯的损失甚至达到 30%。而在南美巴巴多斯，蔗扁蛾则是甘蔗上的重要害虫，其危害甚至曾经超过蔗螟。

图版 30

图版说明

    A. 卵

    B. 幼虫

    C. 蛹

    D. 成虫

    E. 为害状（示寄主龙血树属植物）

    F. 蛹壳及虫粪

图片作者或来源

    A. Universitá di Napoli Archive，Università di Napoli，Bugwood. org. UGA 0176096（http://www. forestryimages. org/browse/detail. cfm?imgnum＝0176096，最后访问日期：2009-12-9）

    B. A. van Frankenhuijzen，Plant Protection Service，Bugwood. org. UGA 0176097（http://www. forestryimages. org/browse/detail. cfm?imgnum＝0176097，最后访问日期：2009-12-9）

    C. 下载自 http://draf. lorraine. agriculture. gouv. fr/phpwebgallery/picture. php?cat＝18&image_id＝124http://www. invasive. org/images/768x512/0176098. jpg，最后访问日期：2009-12-9

    D. A. van Frankenhuijzen，Plant Protection Service，Bugwood. org UGA 0660044（http://www. forestryimages. org/browse/detail. cfm?imgnum＝0660044，最后访问日期：2009-12-9）

    E. A. van Frankenhuijzen，Plant Protection Service，Bugwood. org UGA 0176100（http://www. forestryimages. org/browse/detail. cfm?imgnum＝0176100，最后访问日期：2009-12-9）

    F. A. van Frankenhuijzen，Plant Protection Service，Bugwood. org UGA 0176098（http://www. forestryimages. org/browse/detail. cfm?imgnum＝0176098，最后访问日期：2009-12-9）

二、蔗扁蛾检验检疫技术规范

1. 范围

    本规范规定了蔗扁蛾的检疫检验及检疫处理操作办法。

    本规范适用于农业植物检疫机构对蔗扁蛾各虫态及可能携带其卵、幼虫、蛹、成虫的寄主载体的检疫检验和检疫处理。

2. 产地检疫

    （1）踏查范围在原寄主产地苗圃或花卉市场，重点踏查巴西木、发财树等苗圃、花场和花卉市场以及室内摆花，以巴西木、发财树、印度橡树（橡皮树）为重点，向棕榈科、天南星科等其他寄主植物辐射，对重发花圃的周围农田种植的马铃薯、茄子、辣椒、玉米、甘薯等农业作物及竹子等林业植物，仔细搜寻为害状，注意监测，摸清其分布范围和寄主植物种类。

    （2）发现疫情后，应立即报告给当地农业检疫部门和外来入侵生物管理部门。

3. 调运检疫

    （1）对来自国内疫情发生区的观赏植物和绿化苗木调运复检，检查调运的植物和植物产品有无附着蔗扁蛾各虫态活体。

（2）对国外引进的观赏植物和绿化苗木，做好隔离试种工作，加强监管，隔离期满后，确实不带危险性病虫的，经检疫机构确认，方可分散种植。

4. 检验及鉴定

（1）根据以下特征，鉴定是否属辉蛾科（Hieroxestidae）。

成虫体小型或中型，细长；休息时前后翅折叠，覆盖腹部。

头顶平滑（*Oinophila* 属除外）；触角长，约为前翅的 0.8 倍。雄性触角丝状，无栉毛；触角基部不膨大，无"眼罩"；具单眼，无毛隆；下颚须发达，丝状，3～5 节，折叠；下唇须前伸，发达，3 节，喙短小或不明显。

翅展 8～12mm（如 *Oinophila* 属）或 18～28mm（如扁蛾属 *Opogona*），为胸宽的 14～16 倍。休息时，前翅顶角明显上翘或下弯（*Oinophila* 属下卷）。前翅狭长（长为宽的 4～4.6 倍），顶角尖锐，主为赭石色至暗褐色，翅臀不明显。后翅狭长，缘毛极长，翅披针形，明显窄于前翅，顶角明显尖锐。后翅缘毛长，为膜质部的 5～6 倍，表面平整，无明显中斑和横纹，具翅缰。前、后翅脉相明显不同；前翅脉序发达，具 14 条脉（如扁蛾属 *Opogona*），或翅脉退化，仅 9 条脉（如 *Oinophila* 属缺失 3，4，11 脉等），臀脉一条（1b）或 2 条（1b，1c），1b 脉简单；具中室，内无中脉。后翅翅脉退化，6 或 7 条，无明显臀脉，无中室。前足胫节具胫突；中足胫节具一对距；后足胫节具 2 对距，具毛束。

（2）根据以下特征，鉴定是否属扁蛾属（*Opogona*）。

体扁平，翅平覆体背，足基节扁宽紧贴体下，额区平扁斜向后伸、与头顶成锐角等体形扁平特点是该属的重要鉴别特征。

头顶鳞片平滑倒伏（与 *Oinophila* 属和其他谷蛾科的松散蓬乱完全不同）；鳞片宽大而层叠，头顶者向后而额部的向前弯覆，二者之间由一横条竖毛隔开。触角纤毛状，柄节粗长且略弯；下颚须细长而卷折、5 节，下唇须粗长向两侧斜伸并微翘，喙短小。

翅展 18～28mm；翅披针形；前翅通常具 14 条脉，有的略有退化；后翅翅脉退化，仅 6 或 7 条，而且缘毛极长。足基节平扁而光滑，后足胫节多长毛束，胫距发达、中距靠上。腹部较扁，雄外生殖器小而特化，雌产卵管狭长，常伸露尾端。

（3）在体视解剖镜下，根据种的特征，鉴定是否为蔗扁蛾。

5. 检疫处理和通报

在调运检疫或复检中，发现蔗扁蛾的各虫态应全部检出并进行检疫处理或寄主销毁。在大规模温室内，可用 10g/m³ 磷化铝片剂熏蒸 24h。也可用 44℃热水处理受害部位 30min。将染疫的植株放入 ZXX-65 真空循环熏蒸设备中，在 5～20kPa 的熏蒸压力，20℃以上，24g/m³ 的条件下熏蒸 1h，即可达到 100% 杀虫效果。对于染疫的植株，用 20% 菊杀乳油等刷树干、淋干、喷雾，开始 7～10 天 1 次，后可逐渐延长至每月 1 次。

三、蔗扁蛾调查监测技术规范

1. 范围

本规范规定了蔗扁蛾的相关调查方法及监测技术。

本规范适用于各级农业植物检疫机构、外来入侵生物管理机构对蔗扁蛾及其相关寄主进行监测调查。

2. 调查

1）访问调查

向调查地居民询问有关蔗扁蛾相关寄主的种植地点、种植时间、受害情况，分析蔗扁蛾危害可能、传播扩散情况及其来源。每个社区或行政村询问调查 30 人以上。对询问过程发现的蔗扁蛾可疑存在地区，进行深入重点调查。

2）实地调查

（1）调查地域。

重点调查花卉市场和苗圃。组织技术人员，查找有巴西木、发财树等苗圃、花场和花卉市场以及室内摆花，以巴西木、发财树、印度橡树（橡皮树）为重点，向棕榈科、天南星科等其他寄主植物辐射，对重发花圃的周围农田种植的马铃薯、茄子、辣椒、玉米、甘薯等农业作物及竹子等林业植物，农林部门最好联合搜寻调查。

（2）调查方法。

调查时间：一年四季均可调查，因目前发现的寄主植物主要是园林花卉植物。

调查次数：因花卉植物流动快，且蔗扁蛾本身一年四季都能发生，故对该虫在绿化林业系统的调查次数要求不是很严，但是不同季节的危害程度不同，因此，一年要调查 2 或 3 次，即 5～6 月、8～9 月、11 月各一次。如果和农业部门结合下，对农林植物等寄主，在上半年、下半年各调查一次。

检查方法：目测检查寄主植物是否有蔗扁蛾的危害症状；同时，用手捏寄主茎干感觉是否松软，如果寄主皮层松软，需剥开树皮查看韧皮部和木质部是否有蔗扁蛾幼虫危害。此外，还需要查看蔗扁蛾寄主叶背、茎干等处是否有成虫存在。

（3）面积计算方法。

发生于农田内的外来入侵昆虫，其发生面积以相应地块的面积累计计算，或以划定包含所有发生点的区域面积进行计算；发生于绿化带或苗圃等地点的外来入侵生物，发生面积以实际发生面积累计获得或持 GPS 仪沿分布边界走完一个闭合轨迹后，围测面积，无法持 GPS 仪走完一个闭合轨迹的，也可采用目测法估计发生面积。

（4）危害等级划分。

蔗扁蛾发生程度危害等级划分为三级，分别为轻度发生、中度发生和严重发生，划分标准如下。

轻度发生：有虫株率20%以下；

中度发生：有虫株率20%～50%；

严重发生：有虫株率50%以上。

3. 监测

1）监测区的划定

发生点：根据蔗扁蛾的活动特点，从受害中心为圆心向外扩展调查，调查到蔗扁蛾发生边缘点的温室之后，再向外扩展100m，调查邻近摆放蔗扁蛾寄主植物的温室，此段范围内为感染区边缘，边缘以内的部分即为感染区。

发生区：发生点所在的行政村（居民委员会）区域划定为发生区范围；发生点跨越多个行政村（居民委员会）的，将所有跨越的行政村（居民委员会）划为同一发生区。

监测区：发生区外围1000m的范围划定为监测区；在划定边界时若遇到水面宽度大于1000m的湖泊和水库，以湖泊或水库的内缘为界。

2）监测方法

根据蔗扁蛾的传播扩散特性，在监测区的每个苗圃、可感染农田等地设置不少于10个固定监测点，每个监测点选$10m^2$，悬挂明显监测位点牌，一般每月观察一次。

4. 样本采集与寄送

在调查中如发现可疑蔗扁蛾幼虫用75%酒精浸泡，如为成虫，可将其用毒瓶毒死，然后放在三角纸袋内，标明采集时间、采集地点及采集人。将每点采集的可疑对象集中起来，寄送外来物种管理部门指定的专家进行鉴定。

5. 调查人员的要求

要求调查人员为经过专门培训的农业技术人员，掌握蔗扁蛾的形态学、生物学特性，危害症状以及蔗扁蛾的调查监测方法和手段等。

6. 调查结果处理

调查监测中，一旦发现蔗扁蛾，严格实行报告制度，必须于24h内逐级上报，定期逐级向上级政府和有关部门报告有关调查监测情况。

四、蔗扁蛾应急控制技术规范

1. 范围

本规范规定了蔗扁蛾新发、爆发等生物入侵突发事件发生后的应急控制操作方法。

本规范适用于各级外来入侵生物管理机构和农业技术部门在生物入侵突发事件发生时的应急处置。

2. 应急控制方法

1）检疫封锁

对于出现蔗扁蛾的地区，根据需要设立植物检疫检查站，对调运植物、交通工具及其他可能携带蔗扁蛾的应检物进行严格的检疫检查，严密封锁带虫寄主植物的调运，禁止范围包括有疫情的区（县）内、区（县）间和省际的调运，一旦发现违规调运，立即查扣，报当地植物检疫部门，根据寄主不同情况进行检疫处理，带虫植物及时销毁或熏蒸等检疫处理后，确信已经不带虫方可放行。不带虫植物表面进行药剂喷雾处理后方可放行。

2）熏蒸处理

在大规模温室内，可用 $10g/m^3$ 磷化铝片剂熏蒸 24h。也可用 44℃热水处理受害部位 30min。将染疫的植株放入 ZXX-65 真空循环熏蒸设备中，在 5～20kPa 的熏蒸压力，20℃以上，$24g/m^3$ 的条件下熏蒸 1h，即可达到 100%杀虫效果。

3）药剂处理

将有疫情温室内的有虫植株集中烧毁或深埋，对所有植物用菊酯类农药 1500～2000 倍液喷洒处理。对于染疫的植株，用 20%菊杀乳油等刷树干、淋干、喷雾，开始 7～10 天 1 次，后可逐渐延长至每月 1 次。

3. 注意事项

药剂熏蒸时因为采用的药剂为剧毒，应注意严格密封，确保操作安全。在密封的温室大棚里使用，每一粒片剂可用于 2～$3m^3$ 空间；如有堆积物，每一粒片剂可用于 $1m^3$ 空间。使用时必须在完全密封的条件下进行，以确保防治效果。磷化铝吸收空气后会立即释放出有毒气体，在施放完成后，人、畜必须立即离开现场，并要在 48h 后，打开仓库、大棚、塑料袋通风，彻底散发有毒气体，确保人、畜安全。磷化铝片剂要密封、避光、避湿保存。一旦片剂呈松散状即已失效。不要让儿童接触，残留片剂用后立即埋入土中。喷雾时，注意选择晴朗天气进行，喷药时应均匀周到，如果在野外或田间施药，若施药后 6h 内下雨，应补喷一次。在施药区应插上明显的警示牌，避免造成人、畜中毒或其他意外。

五、蔗扁蛾综合治理技术规范

1. 范围

本规范规定了蔗扁蛾发生后的综合治理操作方法。

本规范适用于各级农业机构或绿化机构在蔗扁蛾常发地带的日常治理。

2. 专项防治措施

1）化学防治

在花木种植前可用20%氰戊菊酯2500倍液浸泡5min，晾干后再植入。对于染疫的植株，用20%菊杀乳油等刷树干、淋干、喷雾，开始7～10天1次，后可逐渐延长至每月1次。

在大规模温室内，可用10g/m³磷化铝片剂熏蒸24h。将染疫的植株放入ZXX-65真空循环熏蒸设备中，在5～20kPa的熏蒸压力，20℃以上，24g/m³的条件下熏蒸1h，即可达到100%杀虫效果。

2）生物防治

使用小卷蛾线虫（*Steinernema carpocapsae*）A24品系防治蔗扁蛾（对4～5龄幼虫的LD_{50}为15条/头），大面积使用时可喷雾，2857条/mL。也可用注射器直接注入受害部位，以空隙被湿润为准。

3. 综合防控措施

1）检疫隔离

对来自国内疫情发生区的观赏植物和绿化苗木跟踪复检，严防该虫传入；对国外引进的观赏植物和绿化苗木，做好隔离试种工作，加强监管，隔离期至少30天以上，隔离期满后，确实不带该虫的，经检疫机构确认，方可分散种植。

2）检疫处理

检疫过程中一旦发现蔗扁蛾，要立即采取有效的检疫处理措施予以杀灭。44℃下高温处理30min，蔗扁蛾的幼虫和卵就会被杀灭，而调运的植物60min后都可以不受破坏；或者利用真空熏蒸技术进行了真空熏蒸处理，熏蒸药剂为溴甲烷，熏蒸压力为5kPa，熏蒸剂量24g/m³，熏蒸时间为1h，温度控制在25℃，相对湿度30%，可全部杀死发财树里的蔗扁蛾，杀虫效果达100%。

3）栽前预防

在花木种植前可用20%氰戊菊酯2500倍液浸泡5min，晾干后再植入。

4）跟踪检查

经常检查寄主植物茎干，如不坚实而有松软感。可剥开受害部分的表皮，杀死皮下幼虫、蛹。

5）对发生疫情的温室及时采取措施

严禁发生疫情的温室内植物调出。将有疫情温室内的有虫植株集中烧毁或深埋，对所有植物用菊酯类农药1500～2000倍液喷洒处理。对于染疫的植株，用20％菊杀乳油等刷树干、淋干、喷雾，开始7～10天1次，后可逐渐延长至每月1次。也可使用小卷蛾线虫A24品系防治蔗扁蛾（对4～5龄幼虫的LD_{50}为15条/头），大面积使用时可喷雾，2857条/mL。也可用注射器直接注入受害部位，以空隙被湿润为准。在大规模温室内，可用$10g/m^3$磷化铝片剂熏蒸24h。也可用44℃热水处理受害部位30min。

主要参考文献

程桂芳，鲁琦，张爱清等. 2000. 蔗扁蛾室内饲养及观察. 植物检疫，14（2）：70～72

程桂芳，杨集昆. 1997. 北京发现的检疫性新害虫——蔗扁蛾初报. 植物检疫，11（2）：95～101

杜予州，鞠瑞亭，陆亚娟等. 2002. 江苏地区蔗扁蛾发生危害及防治. 江苏农业科学，（2）：38～41

杜予州，鞠瑞亭，郑福山等. 2006. 环境因子对蔗扁蛾实验种群生长发育影响的研究. 植物保护学报，33（1）：11～16

国家林业局. 2006. 中国林业检疫性有害生物及检疫技术操作办法. 北京：中国林业出版社

何国锋，温瑞贞，张古忍等. 2001. 蔗扁蛾生物学及温度对发育的影响. 中山大学学报，40（6）：63～66

鞠瑞亭. 2003. 入侵害虫蔗扁蛾的生物学及其在中国的风险性分析. 扬州大学硕士学位论文

鞠瑞亭，杜予州，于淦军等. 2003. 蔗扁蛾生物学特性及幼虫耐寒性初步研究. 昆虫知识，40（3）：255～258

鞠瑞亭，李跃忠，杜予州. 2005. 蔗扁蛾在中国的入侵成因分析. 植物检疫，18（3）：129～131

鞠瑞亭，李跃忠，王凤等. 2006. 警惕园林入侵害虫蔗扁蛾向大田农作物扩散. 植物保护，32（1）：109，110

庞联东，庞万伟，高飞等. 2001. 蔗扁蛾幼虫空间分布型及抽样技术研究. 植物检疫，15（4）：208～210

孙学海. 2003. 蔗扁蛾在构树上的为害特点及防治方法. 植保技术与推广，23（11）：15，16

王伯辉. 2005. 警惕危险性甘蔗新害虫——蔗扁蛾. 广西蔗糖，（3）：3～5，9

魏靖，惠祥海，左秀峰. 2005. 蔗扁蛾在济宁市的发生及危害调查. 山东农业科学，（1）：47～49

温瑞贞，张古忍，何国峰等. 2002. 新侵入害虫蔗扁蛾的生活史研究. 昆虫学报，45（4）：556～558

张古忍，古德祥，刘秀玲等. 2000. 新害虫蔗扁蛾的形态、寄主、食性、生物学及其生物防治. 广西植保，13（4）：6～9

张古忍，张文庆，古德祥等. 1998. 新侵入害虫蔗扁蛾的寄主范围调查初报. 昆虫天敌，20（4）：187

张建华，张香云，张金良等. 2003. 北京市蔗扁蛾发生情况调查及检疫控制措施. 植物检疫，17（5）：300～302

Alam M M. 1984. New insect pests of sugarcane in Barbados. West Indies Second Annual Conference，Barbasos Sugar Technologist' Association，1～6

Davis D R，Peña J E. 1990. Biology and morphology of the banana moth，*Opogona sacchari*（Bojer），and its introduction into Florida（Lepidoptera：Tinedae）. Proceedings of the Entomological Society of Washington，92（4）：593～618

Perez-Padron F，Carnero-Hernandez A. 1984. An introduction to current knowledge of the species *Opogona sacchari*（Bojer）（Lepidoptera：Tineidae）. Boletim da Sociedade Portuguesa de Entomologia，11-17：185～194

Takahashi K，Ohbayashi T，Sota N. 2000. Investigation of stored-product insect pests and their natural enemies in Chichijima Island，Ogasawara（Bonin），Japan. Japanese Journal of Entomology（New Series），13（3）：97～103

六、蔗扁蛾防控应急预案（样本）

1. 总则

1）目的

为及时防控蔗扁蛾，保护农林生产和生态安全，最大限度地降低灾害损失，根据

《中华人民共和国农业法》、《森林病虫害防治条例》、《植物检疫条例》等有关法律法规，结合实际，制定本预案。

2）防控原则

坚持预防为主、检疫和防治相结合的原则。将保障生产和环境安全作为应急处置工作的出发点，提前介入，加强监测检疫，最大限度地减少蔗扁蛾灾害造成的损失。

坚持统一领导、分级负责原则。各级农林业部门及相关部门在同级政府的统一领导下，分级联动，规范程序，落实相关责任。

坚持快速反应、紧急处置原则。各级地（市、州）各有关部门要加强相互协作，确保政令畅通，灾情发生后，要立即启动应急预案，准确迅速传递信息、采取及时有效的紧急处置措施。

坚持依法治理、科学防控原则。充分听取专家和技术人员的意见建议，积极采用先进的监测、预警、预防和应急处置技术，指导防灾减灾。

坚持属地管理，以地方政府为主防控的原则。

2. 蔗扁蛾危害情况的确认、报告与分级

1）确认

疑似蔗扁蛾发生地的农业主管部门在48h内将采集到的蔗扁蛾标本送到上级农业行政主管部门所属的植物检疫机构，由省级植物检疫机构指定专门科研机构鉴定，省级植物检疫机构根据专家鉴定报告，报请农业部确认。

2）报告

确认本地区发生蔗扁蛾后，当地农业行政主管部门应在48h内向同级人民政府和上级农业行政主管部门报告，并组织对本地区进行普查，及时查清发生和分布情况。省农业行政主管部门应在48h内将蔗扁蛾发生情况上报省人民政府和农业部，同时抄送省级林业部门和出入境检验检疫部门。

3）分级

依据蔗扁蛾发生量、疫情传播速度、造成农业生产损失和对社会、生态危害程度等，将突发事件划分为由高到低的三个等级。

一级：在1个省（直辖市、自治区）所辖的2个或2个以上地级市（区）新发生蔗扁蛾严重危害。

二级：在1个地级市辖的2个或2个以上县（市、区）新发生蔗扁蛾危害；或者在1个县（市、区）范围内新发生蔗扁蛾严重危害。

三级：在1个县（市、区）范围内新发生蔗扁蛾危害。

3. 应急响应

各级人民政府按分级管理、分级响应、属地管理的原则，根据蔗扁蛾危害范围及程

度，一级危害以上启动一级响应，二级危害启动二级响应，三级危害启动三级响应。

1）一级响应

省级农业行政主管部门立即成立蔗扁蛾防控工作领导小组，迅速组织协调本省各市、县人民政府及部级相关部门开展蔗扁蛾防控工作，对全省（自治区、直辖市）蔗扁蛾发生情况进行调查评估，制定防控工作方案，组织农业行政及技术人员采取防控措施，并及时将蔗扁蛾发生情况、防控工作方案及其执行情况报农业部及邻近各省市主管部门。省级其他相关部门密切配合做好蔗扁蛾防控工作；农业厅根据蔗扁蛾危害严重程度在技术、人员、物资、资金等方面对蔗扁蛾发生地给予紧急支持，必要时，请求农业部给予相应援助。

2）二级响应

地级以上市人民政府立即成立蔗扁蛾防控工作领导小组，迅速组织协调各县（市、区）人民政府及市相关部门开展蔗扁蛾防控工作，并由本级人民政府报省人民政府；市级农业行政主管部门要迅速组织对本市蔗扁蛾发生情况进行全面调查评估，制定防控工作方案，组织农业行政及技术人员采取防控措施，并及时将蔗扁蛾发生情况、防控工作方案及其执行情况报省级农业行政主管部门；市级其他相关部门密切配合做好蔗扁蛾防控工作；省级农业行政主管部门加强督促指导，并组织查清本省蔗扁蛾发生情况；省人民政府根据蔗扁蛾危害严重程度和市级人民政府的请求，在技术、人员、物资、资金等方面对发生蔗扁蛾地区给予紧急援助支持。

3）三级响应

县级人民政府立即成立蔗扁蛾防控工作领导小组，迅速组织协调各乡镇政府及县相关部门开展蔗扁蛾防控工作，并由本级人民政府报告上一级人民政府；县级农业行政主管部门要迅速组织对蔗扁蛾发生情况进行全面调查评估，制定防控工作方案，组织农业行政及技术人员采取防控措施，并及时将蔗扁蛾发生情况、防控工作方案及其执行情况报市级农业行政主管部门；县级其他相关部门密切配合做好蔗扁蛾防控工作；市级农业行政主管部门加强督促指导，并组织查清全市蔗扁蛾发生情况；市级人民政府根据蔗扁蛾危害严重程度和县级人民政府的请求，在技术、人员、物资、资金等方面对发生蔗扁蛾地区给予紧急援助支持。

4. 部门职责

各级蔗扁蛾防控工作领导小组负责本地区蔗扁蛾防控的指挥、协调工作，并负责监督应急预案的实施。农业部门具体负责组织蔗扁蛾监测调查、防控和及时报告、通报等工作；宣传部门负责引导传媒正确宣传报道蔗扁蛾有关情况；财政部门及时安排拨付蔗扁蛾防控应急经费；科技部门组织蔗扁蛾防控技术研究；经贸部门组织防控物资生产供应，以及蔗扁蛾对贸易和投资环境影响的应对工作；出入境检验检疫部门加强出入境检验检疫工作，防止蔗扁蛾的传入和传出；发展改革、建设、交通、环境保护、旅游、水利、民航等部门密切配合做好相关工作。

5. 蔗扁蛾发生点、发生区和监测区的划定

发生点：蔗扁蛾危害寄主植物外缘周围100m以内的范围划定为一个发生点（两个寄主植物距离在100m以内为同一发生点）；划定发生点若遇河流和公路，应以河流和公路为界，其他可根据当地具体情况作适当的调整。

发生区：发生点所在的行政村（居民委员会）区域划定为发生区范围；发生点跨越多个行政村（居民委员会）的，将所有跨越的行政村（居民委员会）划为同一发生区。

监测区：发生区外围1000m的范围划定为监测区；在划定边界时若遇到水面宽度大于1000m的湖泊和水库，以湖泊或水库的内缘为界。

6. 封锁扑灭、调查监测

蔗扁蛾发生区所在地的农业行政主管部门对发生区内的蔗扁蛾危害寄主植物上设置醒目的标志和界线，并采取措施进行封锁控制和扑灭。

1）封锁控制

对蔗扁蛾发生区内机场、码头、车站、停车场、机关、学校、厂矿、农舍、庭院、街道、主要交通干线两旁区域、有外运产品的生产单位以及物流集散地，有关部门要进行全面调查，货主单位和货运企业应积极配合有关部门做好蔗扁蛾的防控工作。蔗扁蛾危害情况特别严重时，经省人民政府批准，可在发生区周边主要交通要道设立临时植物检疫检查站，对外运的种苗、花卉、盆景、草皮等植物产品进行检疫，禁止蔗扁蛾发生区内树枝落叶、杂草等垃圾外运。

2）防治与扑灭

经常性开展扑杀蔗扁蛾行动，采用化学、物理、人工、综合防治方法灭除蔗扁蛾，即先喷施化学杀虫剂进行灭杀，人工铲除发生区蔗扁蛾，直至扑灭。

3）调查和监测

蔗扁蛾发生区及周边地区的各级农业植物检疫机构要加强对本地区的调查和监测，做好监测结果记录，保存记录档案，定期汇总上报。其他地区要加强对来自蔗扁蛾发生区的植物及植物产品的检疫和监测，防止蔗扁蛾传入。

7. 宣传引导

各级宣传部门要积极引导媒体正确报道蔗扁蛾发生及控制情况。有关新闻和消息，应通过政府部门正常渠道获取，防止炒作，避免失实报道引起社会不安。在蔗扁蛾发生区，要利用适当的方式进行科普宣传，重点宣传防范知识、防控技术方法。当媒体上出现不实报道或社会上流传谣言时，应立即正面澄清，加强舆论引导，减

少负面影响。

8. 应急保障

1）队伍保障

各级人民政府要组建由农业行政主管部门技术人员以及有关专家组成的蔗扁蛾应急防控队伍，加强专业技术人员培训，提高应急防控队伍人员的专业素质和业务水平，为应急预案的启动提供高素质的应急队伍保障，成立防治专业队；要充分发动群众，实施群防群控。

2）物资保障

省、市、县各级人民政府要建立蔗扁蛾防控应急物资储备制度，确保物资供应，对蔗扁蛾危害严重的地区，应该及时调拨救助物资，保障受灾农民生活和生产的稳定。

3）经费保障

各级人民政府应安排专项资金，用于蔗扁蛾应急防控工作。应急响应启动时，当地农业行政主管部门会商有关部门提出经费使用计划，由同级财政部门核拨，财政、农业、审计等部门对专项资金的使用和管理情况进行严格的监督检查，确保专款专用。

4）技术保障

科技部门要大力支持蔗扁蛾防控技术研究，为持续有效控制蔗扁蛾提供技术支撑。在蔗扁蛾发生地，有关部门要组织本地技术骨干力量，加强对蔗扁蛾防控工作的技术指导。

9. 应急解除

通过采取全面、有效的防控措施，达到防控效果后，县、市农业行政主管部门向省农业行政主管部门提出申请，经省农业行政主管部门组织专家评估论证，防治效果达到标准的，由省人民政府批准，并报告农业部，可解除应急。

10. 附则

地（市、州）各级人民政府根据本预案制定本地区蔗扁蛾防控应急预案。

本预案自发布之日起实施。

本预案由省级农业行政主管部门负责解释。

（杜予洲　鞠瑞亭）

大豆疫病应急防控技术指南

一、病原与病害

学　　名：*Phytophthora sojae* M. J. Kaufman & J. W. Gerdemann
异　　名：*P. megasperma* Drechsler f sp. *glycinea* Kuan & Erwin（大雄疫霉菌）
　　　　　P. megasperma Drechsler var. *sojae* Hildebrand
病害的英文名：phytophthora root rot of soybean
中　文　名：大豆疫霉

1. 起源与分布

大豆疫霉（*Phyphothora sojae*）侵染大豆引起的疫霉根腐病是世界大豆三大病害之一，是一种分布广泛、危害极其严重的毁灭性土传病害，也是我国对外公布的 A1 类进境植物检疫对象。该病 1948 年首次发现于美国的印第安纳州，在随后的几年里成为美国大豆生产上仅次于大豆胞囊线虫的第二大病害，目前在世界大豆主产国巴西、阿根廷、加拿大、巴拉圭、意大利、新西兰等 20 余个国家先后发现该病。我国黑龙江省也发现了此病，但仅发生在长期积水的黏土和高感品种上，近年来有加重趋势，必须预防并严格加强检疫。

2. 分类与形态特征

分类地位：卵菌门（Oomycota）卵菌纲（Oomycetes）霜霉目（Peronosporales）霜霉科（Peronosporaceae）疫霉属（*Phytophthora*）。

病原形态：有性态产生卵孢子。卵孢子球形，壁厚而光滑。卵孢子在不良条件下可长期存活，条件适宜可萌发形成芽管，发育成菌丝或孢子囊。卵孢子为同宗配合，雄器多侧生偶有穿雄生。孢子囊萌发可产生游动孢子，也可直接形成芽管。游动孢子是主要侵染源。孢囊梗分化不明显，顶生单个卵形、无色单胞孢子囊，无乳突。

3. 主要生物学和生态学特性

1）病原生物学

菌丝生长的温度为 8~35℃，适温 24~28℃。孢子囊直接萌发的最适温度为 25℃，间接萌发最适温度 14℃。卵孢子形成和萌发最适温度为 24℃。在 PDA 培养基上生长缓慢，在利马豆培养基和自来水中可形成大量孢子囊。病组织中可形成大量卵孢子，卵孢子有休眠期，形成后 30 天才能萌发。土壤、根部分泌液及低营养水平均有助于卵孢子萌发。光照和换水有利于游动孢子产生和萌发。

2）病原菌生理分化

大豆疫霉根腐病菌寄生专化性很强，除为害大豆外，也可侵害羽扁豆属，菜豆、豌豆。侵染苜蓿和三叶草的疫霉是另外一个专化型。大豆疫霉根腐病菌生理小种分化十分明显，美国已报道 39 个生理小种，澳大利亚已鉴定出生理小种 1、4、13、15 号和一个未定名小种。大豆主产国阿根廷用美国的大豆疫霉根病菌小种鉴别寄主体系对该国 46 个大豆疫霉根腐病菌菌株进行鉴定，发现所有菌系均为 1 号小种，阿根廷推广的多数品种都感病。我国的大豆疫霉根腐病菌来自何处尚不清楚，急需建立自己的小种鉴别体系，进一步研究小种分布和消长。

3）病害循环

初侵染：此病为典型土传病害。初侵染来源于土壤中大豆残体携带的卵孢子。卵孢子在土中可存活多年，条件适宜萌发形成孢子囊，当土壤水分饱和时孢子囊产生大量游动孢子，游动孢子附着于种子或幼苗根上，进而萌发侵染。

传播：主要通过土壤带菌传播。灌溉实验表明，无论是刚播种以后或植株较大时灌溉，都会加重大豆疫霉根腐病的发生。这是因为土壤水分饱和，不仅有利于孢子囊释放大量游动孢子，而且水流还可直接传播。水对发病十分重要。带病土壤飞溅引起的叶部侵染会导致比根部侵染严重得多的叶部病害症状。

侵入与发病：当土壤中有自由水时，孢子囊萌发产生大量游动孢子，随水传播，侵入寄主根部。病菌在根的细胞间生长，形成球状或指状吸器吸收营养，引起发病。

再侵染：生长季节中病组织上可以迅速地不断形成孢子囊，并萌发形成游动孢子进行再侵染。在大豆生长期内可进行多次再侵染。但寄主以苗期为最易感病，随着植株生长发育，寄主抗病性也随之增强。

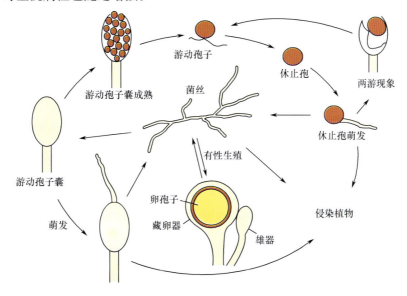

图 1　大豆疫霉生活史

图版 31

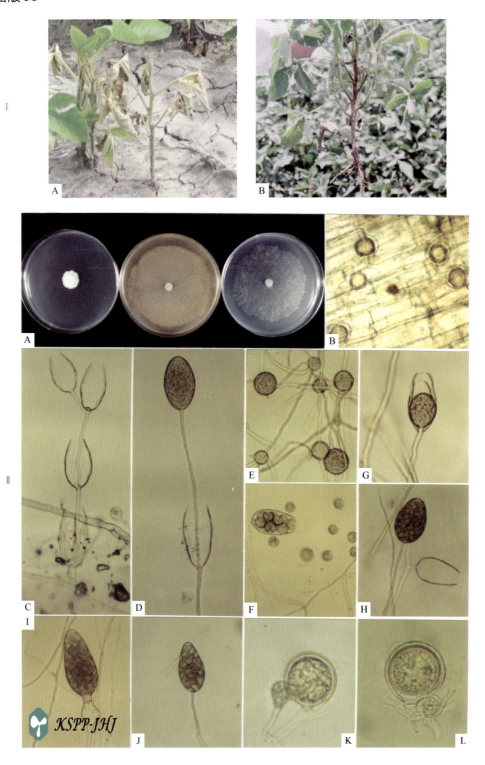

图版说明

　　Ⅰ. 大豆疫病在大豆上的为害状

　　　　A. 幼苗枯萎

　　　　B. 根腐

　　Ⅱ. 大豆疫霉的显微形态

　　　　A. 不同培养基上的菌落形态

　　　　从左至右：马铃薯葡萄糖琼脂培养基（PDA）

　　　　　　　　　　10％ V8A 培养基

　　　　　　　　　　玉米粉琼脂培养基（CMA）

　　　　B，K，L. 卵孢子

　　　　E. 菌丝膨大状

　　　　C，D，F～J. 孢子囊

图片作者或来源

　　I. 作者：Anne Dorrance（美国俄亥俄州立大学），引自 Tyler B M. 2007. *Phytophthora sojae*：root rot pathogen of soybean and model oomycete. Molecular Plant Pathology. 8(1)：1～8

　　II. 作者：Jee H J（韩国国家农业科技研究院，NIAST），下载自 Korean Agricultural Culture Collection（KACC）（Accession No. KI4523）（http：//kacc. rda. go. kr/search/imageview1. asp? seq ＝ 25026&kacc ＝，最后访问日期：2009-11-30）

4. 所致病害症状

　　出苗前引起种子腐烂。出苗后由于根或茎基部腐烂而萎蔫或立枯，根变褐，软化，直达子叶节。真叶期发病，茎上可出现水渍斑、叶黄化、萎蔫、死苗。侧根几乎全腐烂，主根变为深褐色（咖啡色）。这种深褐色沿主茎可向上延伸几厘米，有时甚至达第十节。成株发病，枯死较慢，下部叶片脉间变黄，上部叶片褪绿，植株逐渐萎蔫，叶片凋萎而仍悬挂植株上。后期病茎的皮层及维管束组织均变褐。耐病品种被侵染后仅根部受害，病苗生长受阻。抗病品种上仅茎部出现长而下陷的褐色条斑，植株一般不枯死。

　　Phytophthora 引起的根腐症状往往易与 *Pythium*、*Fusarium* 和 *Rhizoctonia* 引起的根腐症状相混淆，所以单凭症状鉴别大豆疫霉根腐病很不可靠。

5. 危害与损失

　　该病原菌可以在大豆的各个生育期侵染大豆，一般发生年份减产 10％～30％，重病田块可减产 60％。美国目前大约有 800 万 hm² 大豆受害，是危害大豆生产的三大严重病害之一，高感品种受害几乎绝产。仅在 1989～1991 年的 3 年中，大豆疫病在美国中北部的 12 个州即造成 279 万 t 的产量损失，经济价值高达 5.6 亿美元。目前全球每年由于大豆疫霉的危害造成的直接经济损失高达数十亿美元。

二、大豆疫霉菌检验检疫技术规范

1. 范围

本规范规定了大豆疫霉的检疫检验及检疫处理操作办法。

本规范适用于农业植物检疫机构对大豆活体、种子、茎叶及可能携带其种子、茎叶的载体、交通工具的检疫检验和检疫处理。

2. 产地检疫

（1）踏查范围在黑龙江省及其周边地区，重点在大豆作物及其周边田块。

（2）发现疫情后，应立即报告给当地农业检疫部门和外来入侵生物管理部门。

3. 调运检疫

（1）检查调运的植物和植物产品有无病症。

（2）在收获季节，对来自疫情发生区的可能携带病菌的大豆及其附加产品进行检疫。

4. 检验及鉴定

该病原真菌是典型的土壤习居菌，主要以抗逆性很强的卵孢子在土壤中和土壤中的寄主残体内越冬并长期生存。当田间温度和湿度适宜时，卵孢子打破休眠萌发，产生孢子囊。雨后或灌溉后有积水时，孢子囊很快释放出大量游动孢子，游动孢子被雨水冲溅到寄主表面，或受寄主分泌物的吸引，朝根系游动并最终侵染寄主。有水时，在寄主根部外表形成大量孢子囊，在内部形成大量卵孢子。根据这一特性进行鉴定，先收集土壤并在适宜条件下培养一定时间，使卵孢子萌发产生孢子囊，然后加水浸泡，使孢子囊释放出游动孢子，再加感病大豆品种的叶碟诱集游动孢子，待游动孢子侵染叶碟并在叶碟边缘（偶尔在叶碟表面）产生新的孢子囊并释放出游动孢子时，即可进行病原菌的分离和鉴定。由于大豆疫霉病害的特殊性，症状学和形态学鉴定方法并不可靠，国际上一般不使用症状学和形态学的鉴定方法鉴定此病。

1）提取 DNA

（1）活体组织中病原菌 DNA 的提取。

取一段新发病的植株组织，每克组织加入 $10\mu L0.5mol/L$ NaOH，在研钵中充分研磨后转移至 1.5mL 的 Eppendorf 管中，12 000r/min 离心 5min，取 $5\mu L$ 上清液加入 $495\mu L0.1mmol/L$ Tris（pH8.0），混匀后取 $1\mu L$ 直接用于 PCR 反应（此方法也适用于提取长在培养基上的新鲜菌丝的 DNA）。

（2）从土壤中提取 DNA。

①抽干。

将研钵置于冷冻干燥机中（可用真空泵或 37℃培养箱替代），直至液态水蒸发完全。

②从土壤中提取 DNA。

A. 研钵中加少量石英砂，倒入液氮充分研磨，将研磨后的土壤细粉分装至 1.5mL EP 管中，每管加入 500μL 0.4% 脱脂奶粉溶液，涡旋混匀。12 000r/min 离心 15min。

B. 取上清 400μL，加入 400μL 蛋白酶 K 缓冲液，加终浓度为 10μg/mL 蛋白酶 K。55℃水浴 1~3h。

C. 水浴结束后，加入 1/2 V（400μL）7.5mol/L NH_4Ac 溶液，上下颠倒混匀。12 000r/min 离心 15min。

D. 吸取上清 500μL，加 2V（1mL）无水乙醇沉淀 1h 或更长。

E. 沉淀结束后，12 000r/min 离心 15min。

F. 用 70% 乙醇洗涤沉淀后倾去，室温下倒扣晾干至无醇味。

G. 每份样品所提 DNA 用 10μL TE 缓冲液或无菌超纯水溶解沉淀，用作扩增模板。

2）PCR 扩增

根据王立安等设计的引物，F：5′-CTGGATCATGAGCCCACT-3′ R：5′-GCAGC-CCGAAGGCCAC-3′。

（1）按下列比例混合 PCR 反应体系。

10×PCR 缓冲液（Mg^{2+} free）	2.5μL
$MgCl_2$（5mmol/L）	2.5μL
dNTP（2.5mmol/L）	1μL
上游引物（20pmol/μL）	0.25μL
下游引物（20pmol/μL）	0.25μL
Taq 酶	0.25μL
吐温-20（Tween-20）	0.25μL
BSA（0.1%）	2.5μL

反应总体系为 25μL，加入模板 DNA 0.25μL 之后，剩余体积用无菌超纯水补足。

（2）按下面程序运行。

94℃	5min	
94℃	30s	
60℃	30s	35 个循环
72℃	1min	
72℃	10min	

End

（3）电泳检测。

1%~1.5% TAE 或 TBE 胶，上样量为 10μL 左右，在阴性对照旁边泳道加 Marker。电压调至 5V/cm，电泳时间 30~45min。

（4）结果观察与鉴定。

电泳结束后，将胶放在紫外灯下观察，并拍照记录。

如果样品泳道有和阳性对照一样 330bp 大小的扩增条带，阴性对照无条带，则可确认该土壤样品中含有大豆疫霉，如果样品泳道无扩增条带或无 330bp 的扩增条带，则认为该土壤样品中无大豆疫霉。

为保证结果准确，建议每份土样做 2 或 3 个重复。

5. 检疫处理和通报

在调运检疫或复检中，发现带大豆疫霉的产品应全部检出销毁。

产地检疫中发现大豆疫霉后，应根据实际情况，启动应急预案，立即进行应急治理。疫情确定后一周内应将疫情通报给植物和植物产品调运目的地的农业外来入侵生物管理部门和农业植物检疫部门，以加强目的地监测力度。

三、大豆疫病调查监测技术规范

1. 范围

本规范规定了对大豆疫病进行调查监测的操作办法。

本规范适用于农业植物检疫机构对大豆活体、种子、茎叶及可能携带其种子、茎叶的载体、交通工具以及地区检疫检验和检疫处理。

2. 调查

1）访问调查

向当地农民询问有关大豆疫霉发生地点、发生时间、危害情况，分析大豆疫霉传播扩散情况及其来源。每个社区或行政村询问调查 30 人以上。对询问过程发现的大豆疫霉可疑存在地区，进行深入重点调查。

2）实地调查

（1）调查地域。

重点调查常年种植大豆地区、大豆加工生产单位以及物流集散地等场所。

（2）调查方法。

调查设样地不少于 10 个，随机选取，每块样地面积不小于 $1m^2$，用 GPS 仪测量样地的经度、纬度、海拔，记录样地的地理信息、生境类型、物种组成。

观察有无大豆疫霉危害，记录大豆疫霉发生面积、密度，大豆减产程度（百分比）。

（3）面积计算方法。

发生于农田、果园、湿地、林地等生态系统内的外来入侵植物，其发生面积以相应地块的面积累计计算，或以划定包含所有发生点的区域面积进行计算；发生于路边、房前屋后、绿化带等地点的外来入侵生物，发生面积以实际发生面积累计获得或持 GPS 仪沿分布边界走完一个闭合轨迹后，围测面积；发生在山上的面积以持 GPS 仪沿分布边界走完一个闭合轨迹后，围测的面积为准，如山高坡陡，无法持 GPS 仪走完一个闭合轨迹的，也可采用目测法估计发生面积。

（4）危害等级划分。

按减产程度确定危害程度。适用于农田生态系统。具体等级按以下标准划分。

等级 0：未受害；

等级 1：受害轻，幼根或子叶下轴有微小斑点或条纹；

等级 2：受害中等，幼根或子叶下轴有褐色条斑，形成绞缢；

等级 3：受害严重，变褐部分大于幼根长度的一半，绞缢部分明显变黑褐色；

等级 4：幼根及子叶下轴干枯变黑死亡，地上部变黄枯萎。

3. 监测

1）监测区的划定

发生点：发病株 $100m^2$ 以内的范围划定为一个发生点；划定发生点若遇河流和公路，应以河流和公路为界，其他可根据当地具体情况作适当的调整。

发生区：发生点所在的行政村区域划定为发生区范围；发生点跨越多个行政村的，将所有跨越的行政村划为同一发生区。

监测区：发生区外围 5000m 的范围划定为监测区；在划定边界时若遇到水面宽度大于 5000m 的湖泊和水库，以湖泊或水库的内缘为界。

2）监测方法

根据大豆疫霉的传播扩散特性，在监测区的每个村庄、社区、街道、山谷、河溪两侧湿润地带以及公路和铁路沿线的人工林地等地设置不少于 10 个固定监测点，每个监测点选 $10m^2$，悬挂明显监测位点牌，一般每月观察一次。

4. 样本采集与寄送

在调查中如发现可疑病样，将可疑病样用 70% 酒精浸泡或晒干，标明采集时间、采集地点及采集人。将每点采集的样品集中于一个标本瓶中或标本夹中，送外来物种管理部门指定的专家进行鉴定。

5. 调查人员的要求

要求调查人员为经过培训的农业技术人员，掌握大豆疫霉的形态学、生物学特性，危害症状以及大豆疫霉的调查监测方法和手段等。

6. 结果处理

调查监测中，一旦发现大豆疫霉，严格实行报告制度，必须于 24h 内逐级上报，定期逐级向上级政府和有关部门报告有关调查监测情况。

四、大豆疫病应急控制技术规范

1. 范围

本规范规定了大豆疫霉新发、爆发等生物入侵突发事件发生后的应急控制操作方法。

本规范适用于各级外来入侵生物管理机构和农业技术部门在生物入侵突发事件发生时的应急处置。

2. 应急控制方法

对成片发生区域可采用分步施药、最终灭除的方式进行防治，首先在大豆疫霉发生区进行化学药剂如甲霜灵直接处理，防治后要进行持续监测，发现大豆疫霉再根据实际情况反复使用药剂处理，直至 2 年内不再发现大豆疫霉为止。根据大豆疫霉发生的生境不同，可采取相应的化学防除方法。常使用的化学药剂有甲霜灵、克露等。甲霜灵做种子处理，如种衣剂，可有效抑制苗期猝倒，每公顷用甲霜灵可湿性粉剂 500g，3 叶期前防治效果达 87%，但对成株期无效。

3. 注意事项

喷雾时，注意选择晴朗天气进行，注意雾滴不要飘移到邻近的作物上。

五、大豆疫病综合治理技术规范

1. 范围

本规范规定了大豆疫病的综合治理的操作办法。

本规范适用于农业植物检疫机构对出现大豆疫霉地区检疫检验和检疫处理。

2. 防治措施

1）利用抗、耐病品种

尽管大豆疫霉根腐病生理小种很多，新小种出现较快，利用抗病品种仍然是最有效的防治手段。最好使用对当地小种抵抗的品种。此外，应不断针对小种变化情况更换抗病品种，以免被新小种侵染。要积极利用耐病品种，由于它们由多基因控制，不易丧失抗性。还可把抗性基因转到有耐病遗传背景的品种中，既可有效防治病害，又可保持抗性的持久性。

2）耕作栽培措施

早播、少耕、免耕、窄行、除草剂使用增加、连作和一切降低土壤排水性、通透性的措施都将加重大豆疫霉根腐病的发生和危害。做到适期播种，保证播种质量，合理密植，宽行种植，及时中耕增加植株通风透光是防治病害发生的关键措施。

3）药剂防治

利用甲霜灵进行种子处理可控制早期发病，但对后期无效。利用甲霜灵进行土壤处理防治效果较好，有沟施、带施或撒施。用量 $0.28\sim1.12kg/hm^2$，根据品种耐病程度决定用量，一般耐病性好的比耐病性差的品种用量要少。目前还没发现大豆疫霉抗甲霜灵的报道，在美国俄亥俄州连续使用了 8 年尚未发现抗药性。

4）加强检疫

因病菌可随种子远距离传播，各地要做好种子调运的检疫工作。

主要参考文献

蒋继志，郑小波. 1995. 植物病原真菌的脉冲电泳分子核型. 见：中国植病学会青年委员会. 中国植物病理学会第二届青年学术年会论文集. 北京：中国农业科学技术出版社. 19～23

王立安，张文利，王源超等. 2004. 大豆疫霉的 ITS 分子检测. 南京农业大学学报，27（3）：38～41

余永年. 1993. 余永年菌物学论文集. 北京：化学工业出版社

郑小波. 1987. 江苏、浙江、福建、上海三省一市疫霉种的研究. 南京农业大学硕士学位论文

郑小波. 1990. 掘氏疫霉有性生殖与遗传学研究. 南京农业大学博士学位论文

Chang T T，Ko W H. 1990. Resistance to fungicides and antibiotics in *Phytophthora parasitica*：genetic nature and use in hybrid determination. Phytopathol，80：1414～1421

Chern L L，Ko W H. 1994. Effects of high temperature on physiological processes leading to sexual reproduction in *Phytophthora parasitica*. Mycologia，83（3）：416～420

Erwin D C，Bartnicki-Garcia B，Tsao P H. 1983. *Phytophthora*：Itsbiology，Taxonomy，Ecolony，and Pathology. St Paul：The American Phytopathology Society Press

Ho H H. 1981. Synoptic keys to the species of *Phytophthora*. Mycologia，73：705～714

Ko W H. 1988. Hormonal heterothallism and homothallism in *Phytophthora*. Ann Rev Phytopathol，26：57～73

Newhook F J，Waterhouse G M，Stamps D J. 1978. Tabular key to the species of *Phytophora* de Bary. Mycological Paper，143：1～20

Ribeiro O K. 1978. A Source Book of the Genus *Phtophthora*. Vaduz，Liechtenstein：J Gramer

Stamps D J，Waterhouse G M，Newhook F J et al. 1990. Revised tabular key to the species of *Phytophthora*. Mycological Paper，162：1～28

Tyler B M. 2007. *Phytophthoza sojae*：root rot pathogen of soybean and model oomycete. Moleculor Plant Pathology，8（1）：1～8

Waterhouse G M. 1963. Key to the species of *Phytophthora* de Bary. Mycological Paper，92：1～22

Yamamoto D T，Uchida J Y. 1982. Rapid nuclear staining of *Rhizoctonia solani* and related fungi with acridine orange and with Safranin O. Mycologia，74（1）：145～149

六、大豆疫病防控应急预案（样本）

为确保在大豆疫病疫情发生时，能够做到及时、迅速、高效、有序地进行应急处理，确保各省（自治区、直辖市）农业的安全健康发展，保护人体健康，维护社会稳

定，根据国务院《植物检疫条例》、农业部《农业重大有害生物及外来生物入侵突发事件应急预案》和有关法律法规的规定，特制定大豆疫病防控应急预案。

1. 疫情报告

各级人民政府要按照"早发现、早报告、早隔离、早控制、早扑灭"的原则，构建大豆疫病疫情监测系统。各级农业植物检疫机构在本辖区内设立若干大豆疫病监测点，对大豆疫病进行"拉网式"普查和动态监测。各市农业植物检疫机构一旦发现疫情，立即采取有效措施控制，坚决防止疫情扩散蔓延。在发生疫情后，各市农业植物检疫机构应每3天向省（自治区、直辖市）植物保护机构报告一次疫情，没有发现疫情的实行零报告制。

任何单位和个人发现可疑大豆疫病时，应及时向当地植物检疫机构报告。植物检疫机构接到报告后，应立即派员到现场核实，现场不能确认时，应在2h内将情况逐级上报到省植物检疫机构，并按规定送样到省农业行政主管部门指定的科研、教学等有资质的机构鉴定，经诊断确认为大豆疫病有害生物后，省（自治区、直辖市）农业行政主管部门报告省人民政府和农业部。

2. 疫情确认

植物检疫机构接到疫情报告后，立即派出2名以上的专职检疫员到现场进行诊断，提出初步诊断意见；对怀疑为大豆疫病有害生物且当地植物检疫机构不能确诊的，要请省（自治区、直辖市）专家到现场协助诊断，并按检疫操作规程的规定送样到省农业行政主管部门指定的科研、教学等有资质的机构鉴定，做进一步检验；省（自治区、直辖市）内检疫鉴定机构还不能确诊的，应送样到农业部指定的机构、实验室鉴定，进行最后确诊；根据检疫检验结果，某地确诊发生检疫性有害生物大豆疫病时，发生重大或一般疫情的，由省（自治区、直辖市）人民政府宣布为疫情发生区。发生特大疫情的，报请农业部予以公布。

3. 疫情分级

大豆疫病疫情分为特大疫情（Ⅰ级）、重大疫情（Ⅱ级）和一般疫情（Ⅲ级）。

1）特大疫情（Ⅰ级）

大豆疫病疫情造成5000亩以上连片农作物减产、绝收；或经济损失达500万元以上，且有进一步扩大趋势的；或在省（自治区、直辖市）的不同省辖市内同时新发生大豆疫病疫情，且已对当地农业生产和社会经济造成影响的。

2）重大疫情（Ⅱ级）

大豆疫病疫情造成500亩以上连片农作物减产、绝收或经济损失达50万元以上，且有进一步扩大趋势的；或在一个省辖（地、市、州）内新发生大豆疫病疫情。

3）一般疫情（Ⅲ级）

大豆疫病疫情造成50亩以上连片农作物减产、绝收或经济损失达5万元以上，且有进一步扩大趋势的；或在一个县（市、区）域内新发生大豆疫病疫情。

4. 应急指挥及分工

1）应急防治指挥系统

各级要成立大豆疫病疫情防治指挥部，由各级人民政府分管领导任总指挥，成员由政府农业、发展改革、财政、广电、公安、交通、科技、气象、卫生和工商等部门负责人组成。指挥部办公室设在同级人民政府农业行政主管部门，具体负责日常工作。各级防治指挥部要根据本预案原则制定当地大豆疫病疫情应急封锁、扑灭、控制预案。

发生特大疫情时，省（自治区、直辖市）人民政府大豆疫病防治指挥部启动省级应急预案，并及时上报农业部，有关市（州）、县（市、区）同时启动本级应急预案；发生重大疫情时，疫情发生市（州）人民政府防治指挥部启动市（州）级应急预案；发生一般疫情时，疫情发生县（市、区）人民政府防治指挥部启动县（市、区）级应急预案。

2）部门分工

大豆疫病疫情的应急封锁、扑灭、控制工作由各级人民政府统一领导，有关部门分工负责。

县（市、区）级以上农业行政主管部门要制定疫情发生区、保护区的处理方案，负责大豆疫病疫情监测、流行学调查、疫情传播途径调查和应急封锁、扑灭、控制所需物资储备管理工作，组织力量销毁染疫农作物和农产品，严格检疫隔离措施，对保护区实行喷药保护。发展改革、财政、公安、工商、交通、卫生、科技、广电、气象等部门，应当在各自的职责范围内做好应急控制所需的物资、人工的经费落实、防治技术攻关研究、应急控制物资运输、防止疫情传播蔓延、农产品卫生安全及市场监管、维护社会治安、受灾群众思想工作和防疫知识宣传普及等工作。出入境检验检疫部门应与农业植物检疫部门建立信息互通平台，及时了解口岸及周边省份疫情截获情况。

5. 控制措施

1）划定疫情发生区和保护区，封锁疫情发生区，保护保护区

疫情发生区是大豆疫病疫情在未广泛发生的情况下，为了防止其向未发生区传播扩散，经省人民政府批准而划定，并采取封锁、消灭措施的区域。保护区是大豆疫病疫情发生已较普遍的情况下，对尚无大豆疫病疫情分布的地区经省人民政府批准而划定，采取保护措施的区域。疫情发生区由省人民政府宣布确定。疫情发生区要确保隔离、跟踪调查、消毒、预防等措施及时到位。保护区要建立有效免疫防护带。

2) 疫情发生区内应采取的措施

加强检疫，强制封锁疫区。一旦发生疫情，要迅速启动疫情控制预案，由县级以上人民政府发布封锁令，组织农业、卫生、工商、公安等有关部门，对疫情发生区、受威胁区采取封锁、扑灭和保护措施。有关部门要做好疫情发生区内农民群众生产、生活安排，立即采取隔离预防、封闭消毒、在出入疫情发生区交通路口进行检查检疫等措施封锁疫情发生区，严防疫情传播扩散。加强对来自疫情发生区运输工具的检疫和防疫消毒，禁止邮寄或旅客携带来自疫情发生区的种子、种苗和农产品。

疫情铲除和控制。对确认发生疫情的农作物要进行彻底销毁处理。对染疫铺垫物、田地、水源要进行无害化处理。对疫情发生区周围 3000m 范围内的所有同种作物和来自疫情发生区的人、畜和运载工具等实行强制喷药保护。

3) 保护区内应采取的措施

实行疫情监测，掌握疫情发生动态，构建大豆疫病疫情信息处理系统。县级以上植物检疫机构要确定一名防疫监测员。

严格疫情报告和发布制度。省（自治区、直辖市）大豆疫病疫情防治指挥部办公室设立 24h 值班及疫情监控和联系电话。各市（州）、县（市、区）防治指挥部及时收集相关信息，并及时向上一级和省（自治区、直辖市）防治指挥部报告情况，紧急或特殊情况随时上报。省（自治区、直辖市）防治指挥部办公室及时将疫情报告有关部门和领导，并随时与农业部植物检疫机构保持密切联系。未经批准其他各媒体不得随意发布关于大豆疫病疫情信息。

加强各省（自治区、直辖市）具有出口优势农产品的定期监测和种子、苗木的检疫、检验。依据"疫情干净"原则，对大豆疫病务必进行铲除。开展对"非疫生产区"的农民技术培训工作，普及大豆疫病的识别与控制技术常识。对来自疫情发生区的种子、种苗和农产品一律禁止调入，防止大豆疫病传入和扩散蔓延，建立疫情档案制度。

加强检疫，严禁到疫情发生区调运种子、种苗和农产品。

4) 解除封锁

疫情发生区内所有染疫种子、种苗和农产品按规定处理后，在当地植物检疫机构的监督下，进行彻底消毒。通过连续 2 年监控未发现新的疫情，经专家现场考察验收，认为可以解除封锁时，由当地县（市、区）农业行政主管部门向县（市、区）人民政府提供可解除封锁的报告，由县（市、区）人民政府向省（自治区、直辖市）人民政府提出解除封锁申请报告，由省（自治区、直辖市）人民政府发布解除令。疫情发生区解除封锁后，要继续对该区域进行疫情监测，1 年后如未发现新的疫情，即可宣布该次疫情被扑灭。

5) 处理记录

(1) 调查确认疫情发生区内农作物种类、品种名称、来源、染疫面积。

（2）调查确认染疫农作物危害率和危害程度。

（3）确定要销毁的染疫农作物面积、农产品数量。

（4）对染疫农作物和农产品的销毁过程进行拍照、录像。

（5）核实销毁染疫农作物和农产品所需的物资、人工的数量，计算所需的费用。

（6）调查确认受威胁区内农作物的面积，制订保护计划。

6. 保障措施

保障措施要着眼于及时诊断、隔离、控制疫情，达到及时预防、控制、扑灭疫情的目的。要树立"防大疫、防大灾"的思想，做到未雨绸缪，防患于未然。当发现大豆疫病疫情时，要科学制定封锁、扑灭、控制应急预案和技术方案，并把这些措施切实落实到疫区各乡镇农户。

1）物资保障

大豆疫病疫情的封锁、控制、扑灭所需的专用车辆、农药、药械、汽油等物质，应储存在交通便利、安全保险的区域，确保发现大豆疫病疫情能及时控制、彻底扑灭。

2）资金保障

大豆疫病疫情应急所需经费和疫情防治技术试验研究经费纳入各级财政预算。主要用于普查监测、紧急隔离、无害化处理、喷药保护、因铲除疫情对农民的补贴和防治技术试验研究等。同时争取中央财政支持。

3）技术保障

疫情发生区要调集本地植物检疫方面的骨干力量，必要时请国家和省级植物检疫专家组成技术顾问小组。

4）人员保障

各级人民政府要组建大豆疫病疫情防疫应急控制预备队。应急预备队按照本级防治指挥部的要求开展工作。应急预备队由当地农业行政管理人员、专（兼）职植物检疫员、植物保护专家、环境保护专家、农业专家等组成。必要时，公安机关、武警部队应依法协助执行任务。

7. 工作督导

各级人民政府及所属农业行政主管部门要根据预案，对辖区各地开展督导工作。重点检查控制疫情的各种措施的落实情况，包括指挥机构、预案、人员、资金、物资、技术到位情况、疫情发生动态以及疫情封锁、扑灭、控制效果等。在工作结束后，各级要写出工作总结材料，并向上级政府和农业行政主管部门报告。

省（自治区、直辖市）人民政府和省（自治区、直辖市）大豆疫病疫情防治指挥部将对应急封锁、扑灭、控制工作做得较好的市（州）、县（市、区）进行表彰，对因工作不力，造成农作物严重受灾减产的市（州）、县（市、区）和有关部门及其责任人，将给予通报批评，并追究相关责任。

8. 附则

1）预案管理

本预案的修订与完善，由省（自治区、直辖市）农业行政主管部门根据实际工作需要进行修改，经省（自治区、直辖市）政府批准后生效并实施。

2）奖励与责任追究

大豆疫病疫情防治指挥部要对大豆疫病疫情应急处置中作出突出贡献的集体和个人给予表彰。对玩忽职守造成损失的，要依照有关法律、法规和纪律追究当事人责任，并予以处罚。构成犯罪的，依法移交司法机构追究刑事责任。

3）预案解释部门

本预案由省（自治区、直辖市）农业行政主管部门负责解释。

4）实施时间

本预案自发布之日起实施。

（刘凤权　王源超　董莎萌）

柑橘溃疡病应急防控技术指南

一、病原与病害

学　　名：*Xanthomonas axonopodis* pv. *citri*（Hasse）Vauterin，Hoste，Kersters & Swings 1995

异　　名：*Xanthomonas campestris*（Pammel）Dowson pv. *citri*（Hasse）Dye 1978

Pseudomonas citri Hasse

Xanthomonas citri（Hasse）Dowson

Xanthomonas citri（Hasse）Dowson f. sp. *aurantifolia* Namekata & Oliveira

Xanthomonas citri（ex Hasse）*nom. rev.* Gabriel et al.

Xanthomonas campestris（Pammel）Dowson pv. *aurantifolii* Gabriel et al.

所致病害英文名：citrus canker，bacterial canker of citrus，citrus bacterial canker（all strains）；根据病原菌菌株和发生地区不同分别还有 Asiatic canker，canker A，cancrosis A，South American canker，false canker，canker B，cancrosis B，Mexican lime cancrosis，canker C，citrus bacteriosis，canker D 等英文名称

1. 起源与分布

起源：可能起源于东南亚。

国外分布：亚洲的阿富汗、孟加拉、印度、印度尼西亚、日本、柬埔寨、韩国、朝鲜、老挝、马来西亚、马尔代夫、缅甸、尼泊尔、巴基斯坦、菲律宾、沙特阿拉伯、斯里兰卡、泰国、阿拉伯联合酋长国、越南、也门等，病菌主要为 A 菌系；南美洲的阿根廷（A 菌系）、巴西（A 和 C 菌系）、巴拉圭（A、B 和 C 菌系）和乌拉圭（A 和 B 菌系）等；北美洲的墨西哥（D 菌系）和美国（A 菌系）等；大洋洲的圣诞岛、柯克斯群岛（Cocos Islands）、斐济、关岛、北马里亚纳群岛、密克罗尼西亚、巴布新几内亚、新西兰、澳大利亚等，病菌为 A 菌系。非洲的科摩罗、留尼汪、瑟尔群岛和刚果（金）等，病菌为菌系 A；中非和加勒比海的瓜得罗普岛、马提尼岛、多米尼加、海地、圣卢西亚、特立尼达和多巴哥等，缺乏菌系详情。

国内分布：广东、广西、福建、台湾、上海、江苏、江西、浙江、湖南、湖北、四川、云南和贵州等省（自治区、直辖市）。

2. 分类与形态特征

分类地位：柑橘溃疡病菌属于真细菌界（Bacteria）变形菌门（Proteobacteria）γ-变形菌纲（Gamma Proteobacteria）黄单胞菌目（Xanthomonadales）黄单胞菌科（Xanthomonadaceae）黄单胞菌属（*Xanthomonas*）。目前发现有 A、B、C、D 和 E 五个菌系（strain），大多数地区分布和为害的病菌主要是 A 菌系，即亚洲菌系（Asiatic strain）。

形态特征：在 PDA 培养基上，菌落呈微黄色，圆形，表面光滑，周围有狭窄的白带。在牛肉汁蛋白胨培养基（NA）上，菌落圆形，蜡黄色，有光泽，全缘，微隆起，黏稠。细菌菌体为短杆状，两端钝圆，极生单鞭毛，在水里能运动，有荚膜，无芽孢，革兰氏染色阴性，好氧性。大小为 $(1.5\sim2.0)\mu m \times (0.5\sim0.7)\mu m$（图版 32Ⅱ）。

3. 寄主范围

柑橘属（*Citrus*）、降真香（*Acronychia acidula*）、木橘（*Aegle marmelos*）、香肉果（*Casimiroa edulis*）、黄皮（*Clausena lansium*）、葡萄柚（*Citrus × paradisi*）、金橘属（*Fortunella*）、木苹果（*Limonia acidissima*）、*Lunasia amara*、绒毛小芸木（*Micromelum minutum*）、卵叶九里香（*Murraya ovatifoliolata*）和枳壳（*Poncirus trifoliata*）。

A（亚洲）菌株的寄主范围最广，可为害芸香科的多种植物，主要包括酸橙、柠檬、莱蒙、蜜柑、柚子、枳壳、夏橙、葡萄柚、椪柑、甜橙、脐橙、马蜂橙、沙橘、香蕉橘、金橘、山橘、牛奶橘、指橘、樱桃橘、木橘、木苹果、九里香、香橼、瓯柑、茱萸、柚×枳壳、椪柑×柚、椪柑×枳壳、枳壳×甜橙等。其中最感病的是甜橙、柚子、脐橙、枳壳和柠檬，轻度感病的有香橼、瓯柑、蕉柑、椪柑和温州蜜橘等，金柑比较抗病。

4. 所致病害症状

柑橘溃疡病菌可侵染叶片、枝梢和果实（图版 32Ⅰ）。

叶片感病后背面开始出现黄色或暗黄色针状大小油渍状斑点并逐渐扩大，同时正反面均逐渐隆起，为近圆形、米黄色病斑。以后病部表皮破裂，隆起更为显著，木栓化，表面粗糙，灰白色或灰褐色，病部中心凹陷，现微细轮纹，周围有黄色或黄绿色晕圈，在紧靠晕圈处常有褐色釉光边缘。病斑大小随品种而有差异，一般直径 3～5mm。有时病斑愈合形成不规则的较大病斑。成熟病斑呈火山口状开裂。

柑橘枝梢以夏梢感病较重，病斑与叶片症状相似，开始表现为油渍状小圆斑，暗绿色或蜡黄色，病斑扩大后为灰褐色，木栓化，较叶片上的病斑隆起更为明显，中心火山口状开裂，但无黄色晕圈。感染严重的枝条叶片可全部脱落或枯死。

果实上的病斑也与叶片病斑相近，但一般更大些，直径 4～6mm，最大可达12mm，木栓化程度更严重，中心火山口状开裂更显著。有的品种在病斑周围有深褐色釉光边缘。病斑限于果皮上，严重时可引起果实早期脱落。

5. 主要生物学和生态学特性

1）病害循环（图版 32 Ⅲ）

细菌主要在叶片、枝梢和果实病斑中越冬，也可以随病残体掉入土壤中越冬。引起春季侵染的初始病原主要来源于前一年秋季侵染枝梢和叶片病斑中越冬的菌体，在生长季节中形成的病斑是引起再次侵染的菌源。

在温暖潮湿的春末夏初季节，在自由水膜存在的条件下细菌菌体从越冬的病斑组织喷出，侵染旺盛生长的嫩叶和枝梢。菌体主要通过自然孔口（如气孔）和伤口侵入到寄主组织内，随着寄主细胞分裂而在细胞间隙增值，从而引起疮痂状病斑。

菌体可以在柑橘和非柑橘寄主、感病植株组织残体及土壤中存活的时间不同。有关附生于柑橘植物表面的细菌存活的情况还不是很清楚。残存在病组织残体中的细菌一般存活期较短，受气候和环境条件的影响较大。在植株根围和杂草植株的细菌尚可存活7～62 天，依植物种类、环境条件和特定位点而定。然而，对细菌在非柑橘寄主杂草、植株残体和土壤中存活的流行学意义的了解还不全面，只有在柑橘等芸香科寄主病斑中残存的细菌才被认为具有病害流行学重要性。病菌侵染后的潜育期在我国广西南部的暗柳橙的春梢上为12～15 天，秋梢上为 6～21 天，果实上为 7～25 天；在四川的甜橙夏梢上潜育期一般为5～11 天，最短 4 天，最长 16 天，而在夏季高温条件下可达 30 天以上；在某些情况下潜育期更长，如病菌侵入秋梢后冬季不表现症状，到次年春末夏初才显症，称为病害流行的初次侵染来源，其经历 140 天以上。

2）传播途径

病原菌主要在病果、病苗、带菌接穗及砧木中残存，借助于果实、种苗和接穗调运远距离传播扩散；种子主要是外部黏附病菌，内部不带菌，所以其传病作用不大。在果园主要借助于雨水飞溅、昆虫、人畜活动和枝梢间相互接触在不同植株间传播。

3）病菌主要生物学特性

柑橘溃疡病菌生长的最适温度为 20～30℃，最低为 5～10℃，最高为 35～38℃，致死条件为 55～60℃ 下 10min；病菌发育的酸碱度适应范围为 pH6.1～8.8，最适 pH6.6；病菌耐干燥，一般实验室条件下能存活 120～130 天，但在日光曝晒下 2h 即失去活性，同时也耐低温，在冰冻下 24h 其活力不受影响。

病菌主要侵染芸香科的柑橘属、枳壳属、金橘属，由于其对不同植物有致病性差异，可分为 A、B、C、D 和 E 五个菌系。A 菌系对葡萄柚、莱蒙和甜橙的致病性最强，是分布最广泛和危害最严重的菌系，由于发现于亚洲，其引起的溃疡病被称为亚洲或东方溃疡病（Asiatic or oriental canker）；B 菌系对柠檬致病性强，引起的病害被称为"B 溃疡病"（cancrosis B）；C 菌系仅侵染墨西哥莱蒙（C. aurantifolia），所以被称之为墨西哥莱蒙专化型，引起的病害被称为"墨西哥莱蒙溃疡病"（Mexican lime cancrosis）；而 D 菌系目前尚有争议，仅在墨西哥有报道，引起的病害称为"柑橘细菌病"

（citrus bacteriosis），这两个菌系被命名为一个致病型，即 *X. axonopodis* pv. *aurantifolii*；E菌系侵染 *citrumelo* 植物，所以被命名为 *citrumelo* 专化型，即 *X. axonopodis* pv. *citrumelo*，引起的病害称为"柑橘细菌斑病"（citrus bacterial spot）。

4）侵染发病条件

①气象因子。高温高湿是病菌侵染和病害流行的必要条件，在适宜的温度下，雨量与病害的发生呈正相关。高温多雨，尤其是台风雨有利于病菌的繁殖、传播和侵入，病害发生重。②栽培管理因素。适时摘除夏梢或抹芽控梢，使得秋梢抽生整齐，可显著减轻病害发生。合理施肥，增施磷、钾肥和适当修剪，可减少夏梢抽生和促进新梢整齐抽发，可以减轻侵染发病。而不合理施肥或施氮肥过多，使柑橘抽梢次数多，老熟速度不一致，会加重病害的发生。此外，危害柑橘叶片的害虫如潜叶蛾、凤蝶幼虫等发生数量多，造成大量伤口，利于病菌侵入，病害发生严重。③品种感病性。不同的柑橘品种对溃疡病的感病性差异很大，一般是甜橙类、柚类及柠檬最易感病，柑类次之，橘类较抗病，金柑最抗病。这种差异与品种的气孔分布、密度及开放大小有密切关系。④寄主生育期。溃疡病菌一般只侵染一定发育阶段的幼嫩组织，对刚抽出的嫩梢、刚谢花的幼果以及老熟的组织不侵染或很少侵染，因为优良、嫩器官组织的自然孔口尚未形成，病菌无法侵入，而老熟器官组织表面革质化，不形成新的气孔等自然孔口，病菌也很难侵入。另外，生长旺盛的苗木和幼年树体，新梢重叠抽生，病菌易于侵染，所以一般发病较严重；树龄越大，发病越轻。

6. 危害与损失

柑橘溃疡病菌主要危害柑橘、柠檬、橙、柚等芸香科栽培果树。受害植株生长发育严重受阻，引起落叶、落花，枝梢枯死，果实变小而木栓化，果品质量和经济价值大大降低。更重要的是，柑橘溃疡病是国内外的检疫对象，只要发现一个溃疡病病斑，果实就不能出口外销，造成巨大的经济损失。我国一些省区为了铲除柑橘溃疡病，花费了大量的人力、物力和财力，估计四川省花费在20亿元以上，全国花费200亿元以上。美国的佛罗里达州在1910年发现柑橘溃疡病后实施铲除措施，烧毁25.7万株成年果树和近310万株果苗，花费600万美元。

图版 32

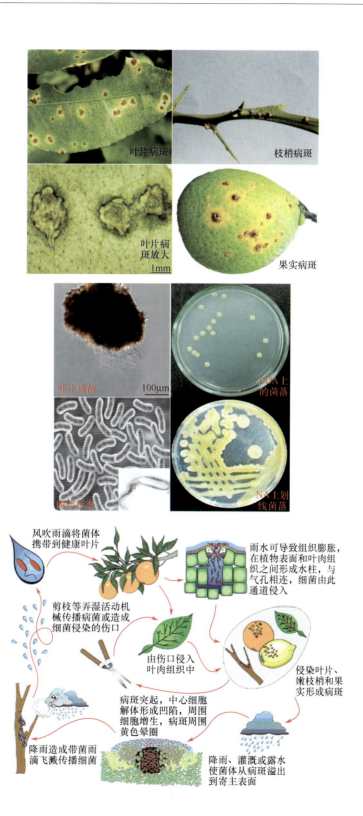

Ⅰ

叶片病斑　　　　枝梢病斑

叶片病斑放大 1mm　　　果实病斑

Ⅱ

叶片喷菌 100μm　　　PDA 上的菌落

菌体形态　　　NA 上划线菌落

Ⅲ

风吹雨滴将菌体携带到健康叶片

雨水可导致组织膨胀，在植物表面和叶肉组织之间形成水柱，与气孔相连，细菌由此通道侵入

剪枝等弄湿活动机械传播病菌或造成细菌侵染的伤口

由伤口侵入叶肉组织中

侵染叶片、嫩枝梢和果实形成病斑

病斑突起，中心细胞解体形成凹陷，周围细胞增生，病斑周围黄色晕圈

降雨造成带菌雨滴飞溅传播细菌

降雨、灌溉或露水使菌体从病斑溢出到寄主表面

图版说明

Ⅰ. 柑橘溃疡病的症状

Ⅱ. 柑橘溃疡病菌形态特征

Ⅲ. 柑橘溃疡病的病害循环

图片作者或来源

Ⅰ，Ⅱ. 作者提供

Ⅲ. 引自 Gottwald T R，Graham J H，Schubert T S. 2002. Citrus canker：The pathogen and its impact. On-line. Plant Health Progress doi：10.1094/PHP-2002-0812-01-RV. （http://www. apsnet. org/online/feature/citruscanker/ 最后访问日期：2009-11-30）

二、柑橘溃疡病（菌）检验检疫技术规范

1. 范围

本规范规定了柑橘溃疡病及病菌的检疫检验及检疫处理操作办法。

本规范适用于实施柑橘产地检疫的检疫部门和所有生产柑橘、繁殖柑橘苗的各种植单位（农户）；适用于农业植物检疫部门对柑橘果实、种苗及可能携带溃疡病菌的包装、交通工具等进行的检疫检验和检疫处理。

2. 产地检疫

（1）在原产地生产过程中对柑橘苗圃、果园进行的检疫检验工作，包括田间调查、室内检验、签发证书及监督生产单位做好病害控制和疫情处理等。

（2）检疫踏查主要进行田间症状观察，重点在适合于柑橘溃疡病发生流行的高温高湿地区、公路和铁路沿线的果园和苗圃、水果批发市场。

（3）产地检验的田间调查主要在高温高湿的发病季节夏季和秋季进行，具体可在春梢发病盛期（长江流域约在 5 月下旬）、夏梢发病盛期（6 月下旬～7 月上旬）及果实发病期（7 月下旬）调查。田间调查是需要分品种观察，仔细检查叶片、枝梢和果实上有无溃疡病病斑。需要记载病害普遍率（病叶率、病株率、病果率）和严重度（按病情分级）。

（4）产地检疫的市场调查在柑橘果实成熟上市时进行。先进行批发市场存放的待批发柑橘果实的广泛观察，同时抽取一定量的果实回室内检验。

（5）室内检验主要检测柑橘果实和植株等是否带有病菌。

（6）经田间症状踏查和室内检验不带有病菌果实、接穗及苗木等给予签发准予输出的许可证。

3. 调运检疫

（1）在果品货运交通集散地（机场、车站、码头）实施调运检疫检验。

（2）检查调运的柑橘类果品、接穗、苗木、包装和运载工具等是否带有柑橘溃疡

病菌。

（3）对受检果实、接穗和苗木等做直观观察，看是否有表现溃疡病症状的个体；同时做科学地有代表性地抽样，取适量的果实、接穗或果苗（视货运量），带回室内做病菌检查。

（4）对检验发现带菌的果实或果苗予以检疫处理或拒绝入境；对于不带菌的货物签发许可证放行。

4. 检验及鉴定方法

1）直接症状检验

直接观察调运的柑橘类果实、接穗或果苗上是否具有溃疡病症状。

2）病组织喷菌检验

取下较新鲜的病斑，表面冲洗干净，放于载玻片的水滴中，静置 $10\sim30min$ 后在显微镜下观察细菌菌体溢出情况。

3）显症组织中的病菌分离

分离是选初期典型病斑的病健交接处，切取 $2\sim3mm$ 的组织小块 10 个，在室温下于 2.0mL 无菌水中浸泡 20min，将浸提液在 PDA 平板培养基上划线，于 25℃温箱中培养 $3\sim5$ 天后挑取淡黄色圆形黏滑菌落，转移到新的培养基上培养保存，用于致病性接种试验。

4）未显症组织中的病菌分离

对症状不明显或未显症的可疑标样，可采用间接分离法。先取适量的叶片、枝梢或果实，用 1％蛋白胨磷酸缓冲液洗涤，洗涤液经离心制成浓缩的抽提液。取感病品种的嫩梢上的幼叶，自来水冲洗干净，用 1％次氯酸钠溶液表面消毒 2min，在无菌条件下彻底冲洗，针刺叶片背面表皮造成伤口（每叶 $10\sim20$ 个针眼），然后叶背面朝上地漂浮在 1％水琼脂表面，每叶用 $10\sim20\mu L$ 浓缩抽提液接种处理（涂抹），在 $25\sim30℃$ 和光照下放置 7 天或待有可见症状后按照上法分离。

5）致病性检验

用无菌水将分离获得的细菌纯培养制成约 10^7 个/mL 的细菌悬浮液；将配制好的细菌悬浮液喷雾或涂抹到事先准备好的感病品种叶片或植株上，避光保湿 24h，然后在 25℃条件下放置，观察发病情况。

6）酶联免疫吸附测定(ELISA)和斑点酶联免疫吸附测定(dot-ELISA)检验

采用王中康等（1997）研制的技术。先制备柑橘溃疡病菌的兔抗血清，将其涂抹到硝酸纤维膜上制成测试卡。将从柑橘样品分离的细菌待测液滴到测试卡上，经 $1\sim2h$ 后观察反应结果，显现红色的为阳性，否则为阴性。

采用美国农业部（USDA）研制的 Flashkit® Xac 试剂盒检测。该试剂盒中配有测试卡、SEB1 样品提取缓冲液和样品提取袋，可用于快速检测果实、叶片或枝梢上的柑橘溃疡病。

7）胶体金免疫层析检验

采用李平（2006）研制的胶体金免疫层析技术。利用柑橘溃疡病免疫家兔获得抗血清，提纯出柑橘溃疡病的多克隆抗体，用柠檬酸三钠还原氯金酸法制备 30nm 的胶体金颗粒，将胶体金溶液的 pH 调节到 9.0，加入柑橘溃疡病菌多克隆抗体 $20\mu g/mL$，用磁力搅拌器连续搅拌 60min，制备得到金标抗体；再通过高速离心纯化的金标抗体，结合免疫层析技术制成柑橘溃疡病菌的测试卡。将测试卡的玻璃纤维端朝下浸入待测样品液中（不可使金标结合垫浸到样品液），当样品液沿着测试卡通过毛细作用从下往上泳动时，若待测样品中含有柑橘溃疡病菌，其先与胶体金标抗体结合形成金标抗体-柑橘溃疡病菌复合物。当其泳动到柑橘溃疡病菌多克隆抗体处时，则形成金标抗体-柑橘溃疡病菌多克隆抗体夹心结构而被截留，显现出肉眼可见的红色圆点（检测点）。未与柑橘溃疡病菌结合的金标抗体继续向上泳动至印迹的羊抗兔 IgG 处被截留，显现肉眼可见的红色圆点（质控点）。同时出现检测点和质控点的反应为阳性，只有质控点的反应为阴性。

8）病菌 PCR 分子检验

采用王中康等（2004a）研制的技术，按前述方法从被测样品分离细菌，提取的细菌 DNA，采用 JYF5/JYR5 引物（5′-TTCGGCGTCAACAACCTG-3′，5′-AACTC-CAGCACATACGGGTC-3′）做 PCR 扩增：用 TaKaRa 公司 Ex *Taq* DNA 聚合酶或者 Promega 公司 *Taq* DNA 聚合酶 1U/25L，最佳 Mg^{2+} 浓度为 2mmol/L，dNTP$200\mu mol/L$；PCR 扩增反应程序在 BioRad 和 Biometra 热循环仪进行，95℃裂解变性 4min，随后 35 次循环包括：94℃变性 30s，58℃退火 30s，72℃延伸 30s，最后是 72℃延伸 7min。也可用 Hybaid 热循环仪，PCR 扩增反应程序为 95℃裂解变性 4min，随后进行 35 次循环包括：94℃变性 15s，58℃退火 15s，72℃延伸 15s；再经 72℃末次延伸 7min。最后通过电泳检测出检出柑橘组织表面所带溃疡病菌的 DNA 靶带（413bp）。

5. 检疫处理

在产地检疫中发现柑橘溃疡病后，应根据实际情况，启动应急预案，立即进行应急治理。疫情确定后一周内应将疫情通报给植物和植物产品调运目的地的农业外来入侵生物管理部门和农业植物检疫部门，以加强目的地监测力度。

在调运检疫或复检中，发现柑橘溃疡病果实或带菌果实后应及时就地销毁。

三、柑橘溃疡病调查监测技术规范

1. 范围

本规范适用于柑橘溃疡病的田间调查和监测技术操作办法。

本规范适用于柑橘溃疡病发生的疫区和尚未发生该病的非疫区。

2. 调查

1）访问调查

向当地居民询问有关柑橘溃疡病发生地点、发生时间、危害情况，分析病害和病原菌传播扩散情况及其来源。每个社区或行政村询问调查 30 人以上。对询问过程发现的溃疡病可疑存在地区，进一步做深入重点调查。

2）实地调查

（1）调查地域。

重点调查适合柑橘溃疡病发生的高温高湿和大面积栽培柑橘的地区，特别是交通干线两旁区域、苗圃、有外运产品的生产单位以及物流集散地等场所的柑橘类植物和其他芸香科植物。

（2）调查方法。

大面积踏勘：在柑橘溃疡病的非疫区，于柑橘溃疡病发病期（春末至秋末）进行一定区域内的大面积踏勘，粗略地观察果园树体上的病害症状发生情况。观察时注意是否有植株枝梢、叶片和果实上出现溃疡症状。

系统调查：从春末到秋末期间做定点、定期调查。调查设样地不少于 10 个，随机选取，每块样地选取 10～20 棵果树；用 GPS 仪测量样地的经度、纬度、海拔。记录柑橘类果树的种类、品种、树龄、栽培管理制度或措施等。

观察有无柑橘溃疡病发生。若发现病害，则需详细记录发生面积、病株率（％）、病叶率（％）和严重度。

3）病害严重度和为害程度等级划分

（1）病级划分：按叶片上的病斑数量将柑橘溃疡病严重度分为 5 级。

0 级：无病斑；

1 级：每个叶片有 1～3 个病斑；

2 级：每个叶片有 4～9 个病斑；

3 级：每个叶片有 10～20 个病斑；

4 级：每个叶片有 21～40 个病斑。

（2）病害发生为害程度分级。根据大面积调查记录的发生和为害情况将柑橘溃疡病发生危害程度分为 6 级。

0 级：无病害发生；

1 级：轻微发生，发病面积很小，只见零星的发病植株，病株率 3％以下，病级一般在 2 级以下；

2 级：中度发生，发病面积较大，发病植株少而分散，病株率 4％～10％，病级一般在 3 级以下；

3 级：较重发生，发病面积较大，发病植株较多，病株率 11％～20％，少数植株病级达 4 级，少量叶片脱落；

4 级：严重发生，发病面积较大，发病植株较多，病株率 21％～40％，较多植株病级达 4 级，较多叶片脱落，可见植株上部分枝梢叶片全部脱落。

5 级：极重发生，发病面积大，发病植株很多，病株率 41％以上，很多植株病级达 4 级，大量叶片脱落，植株上许多枝梢叶片完全脱落，部分植株死亡。

3. 监测

1) 监测区的划定

发病点：发生柑橘溃疡病的一个病田或数个相邻发病田块可确定为一个发病点。

发病区：柑橘溃疡病发病点所在的行政村区域划定为发生区；发生点跨越多个行政村的，将所有跨越的行政村划为同一发生区。

监测区：发生区外围 5000m 的范围划定为监测区；在划定边界时若遇到水面宽度大于 5000m 的湖泊和水库，以湖泊或水库的内缘为界。

2) 监测方法

根据柑橘溃疡病的发生和传播扩散特点，在监测区内每个村庄、社区及公路和铁路沿线等地设置不少于 10 个固定监测点，每个监测点面积 10m²，悬挂明显监测位点牌，一般在柑橘类果树生长期间每月观察一次树上的病情。

4. 样本采集与寄送

在调查中如发现可疑溃疡病植株，一是要现场拍摄异常植株的田间照片（包括地上部和根部症状）；二是要采集具有典型症状的病株标本（包括地上部和根部症状的完整植株），将采集病株标本分别装入清洁的塑料标本袋内，标明采集时间、采集地点及采集人。送外来物种管理部门指定的专家进行鉴定。

5. 调查人员的要求

要求调查人员为经过培训的农业技术人员，掌握柑橘溃疡病的为害症状、发生流行学规律、调查监测方法和手段等。

6. 结果处理

在非疫区：若大面积踏勘和系统调查中发现可疑病株，应及时联系农业技术部门或科研院所，采集具有典型症状的标本，带回室内，按照前述病菌的检测和鉴定方法做病原菌检验观察。如果室内检测确定了柑橘溃疡病菌，应进一步详细调查当地附近一定范围内的作物发病情况。同时及时向当地政府和上级主管部门汇报疫情，对发病区域实行严格封锁。

在疫区：用调查记录的溃疡病发生范围、病株率和严重度等数据信息制定病害的综合防治策略，由此采用恰当的病害控制技术措施，有效地控制病害的为害，减轻作物损失。

四、柑橘溃疡病应急控制技术规范

1. 范围

本规范规定了柑橘溃疡病新发、爆发等生物入侵突发事件发生后的应急控制操作方法。

本规范适用于各级外来入侵生物管理机构、农业技术部门在生物入侵突发事件发生时的应急处置。

2. 应急控制技术

在柑橘溃疡病菌的非疫区，无论是在交通航站检出带菌物品还是在田间监测中发现病害发生，都需要及时地采取应急控制技术，以有效地扑灭病原菌或病害。

1）检出柑橘溃疡病菌的应急处理

对现场检查旅客携带的柑橘类产品，应全部收缴扣留并销毁。对检出带有柑橘溃疡病菌的货物和其他产品，应拒绝入境或将货物退回原地。对不能及时销毁或退回原地的物品要即时就地封存，然后视情况做应急处理。

（1）产品销毁处理。港口检出货物及包装材料可以直接沉入海底。机场、车站的检出货物及包装材料可以直接就地安全烧毁。

（2）产品加工处理。对不能现场销毁的可利用柑橘类果实，可以在国家检疫机构监督下，就近将其加工成果汁或其他成品，其下脚料就地销毁。注意加工过程中使用过的废水不能直接排出。经过加工后不带活菌体的成品才允许投放市场销售使用。

（3）检疫隔离处理。如果是引进用的柑橘类种苗和接穗等，必须在检疫机关设立的植物检疫隔离中心或检疫机关认定的安全区域隔离种植，经生长期间观察，确定无病后才可允许释放出去。我国在上海、北京和大连等设立了"一类植物检疫隔离种植中心"或种植苗圃。

2）田间柑橘溃疡病的应急处理

在柑橘溃疡病菌的非疫区监测发现果园或小范围溃疡病疫情后，应对病害发生的程度和范围做进一步详细的调查，并报告上级行政主管部门和技术部门，同时要及时采取措施封锁病田，严防病害扩散蔓延。然后做进一步处理。

（1）铲除果园类柑橘植株并彻底销毁。

（2）铲除柑橘果园附近及周围芸香科植物及各种杂草并销毁。

（3）使用 $1000\sim2000U/mL$ 链霉素＋1％酒精的混合液，或用20％噻菌铜600～700倍液喷施果树植株和做果园土壤处理。

经过应急处理后的果园及其周围田块，要在小面积上继续对种植柑橘连续进行观察检测，若在3年内都没有溃疡病发生，就可认定应急控制和铲除的效果，并考虑申请解除当地的应急状态。在当地大面积上最好不再种植柑橘类植物，而改种其他作物。

五、柑橘溃疡病综合控制技术规范

1. 范围

本规范规定了控制柑橘溃疡病的基本策略和综合技术措施。

本规范主要适用于柑橘溃疡病已经常年发生的疫区应用。

2. 病害控制策略

柑橘溃疡病的防治要坚持"预防为主，综合防治"的策略，重点围绕橙类、柚类、杂柑类等易感病品种开展综合防治。对种子、苗木、砧木、接穗等繁殖材料，要加大产地检疫和植物检疫执法力度；对易感病的结果成年树果园和混栽果园，要加强栽培管理，并及时做好药剂防治。

3. 病害的综合控制技术

1）植物检疫

划定柑橘溃疡病的疫区和非疫区，严禁疫区的果实和苗木向外调运，严防病菌扩散蔓延；在非疫区杜绝从疫区引种调种，严防病菌传入。带病的种子、苗木、砧木、接穗等繁殖材料和果实是柑橘溃疡病远距离传播的主要载体。因此，在引进或调出种子、苗木、砧木、接穗等繁殖材料和易感病品种的果实时，要严格地进行检疫检验，凡经检验查出带有柑橘溃疡病病斑的繁殖材料，一律予以烧毁；凡查出带有病斑的果实，须经剔除病果和除害处理后才允许调运。对引进的繁殖材料，必要时进行复检、消毒处理、隔离试种。

2）消毒处理

①种子先在 $50\sim52℃$ 热水中预热5min，然后转入 $55\sim56℃$ 恒温热水中浸50min，立即转入冷水中冷却。也可用1％甲醛溶液浸10min，再用清水洗净后，晾干播种。②未抽芽的苗木或接穗消毒，可用49℃湿热空气处理50min后，立即用冷水降温；对已嫁接的苗木，可用 $1000\sim2000U/mL$ 链霉素＋1％酒精的混合液，浸苗1～3h，能把病苗治好，对生长无影响。

3）使用无病种苗

建立无病苗圃，严格按照国家《柑橘苗木产地检疫规程》，建立无病苗圃，培育无病柑橘苗。在苗木繁育生长期间，要开展正常性的产地检疫，一旦发现病株，必须进行除害处理，甚至拔除烧毁，并及时喷药保护健苗。苗木出圃前要经过全面检疫检查，确认无发病苗木后，才允许出圃种植或销售。

4）加强栽培管理

①肥水管理。不合理的施肥会扰乱树体的营养生长，会使抽梢时期、次数、数量及老熟速度等不一致。一般多施氮肥的情况下会促进病害的发生，如在夏至前后施用大量速效性氮肥易促发大量夏梢，从而加重发病，故要控制氮肥施用量，增施钾肥。同时，要及时排除果园的积水，保持果园通风透光，降低湿度。②治虫控病。溃疡病极易从伤口侵入，所以要及时进行潜叶蛾、凤蝶、象甲虫、恶性叶甲等害虫的防治，以减少伤口，切断病原菌的侵入途径。③树体管理。控制夏梢，抹除早秋梢，适时放梢。夏梢抽发时期正值高温多雨、多热带风暴或台风的季节，温、湿度对柑橘溃疡病的发生较为有利，同时也是潜叶蛾为害比较严重的时期，及时抹除夏梢和部分早秋梢，有助于降低病原菌侵入的概率，溃疡病的发病程度能显著降低，待7月底或8月统一放梢后，及时连续地喷几次化学农药，即可达到较好的效果。在抹梢时，要注意选择晴天或露水干后进行操作。

5）控制和降低病原菌的初始接种体量

①冬季对采收后的果园进行清园，结合冬季修剪剪除病枝、枯枝、病叶，同时清扫落叶、病果、残枝，集中烧毁，并喷施3～4波美度石硫合剂进行全园消毒，以减少翌年的菌源。②清除病区所有枳壳篱笆，改种杉木或其他非芸香科植物作篱笆，也可以有效降低初始病原量。③翻土：翻表土至10cm以下深处，使残留细菌无再浸染机会。

6）合理使用化学杀菌剂防治病害

供选择的主要药剂有：①石硫合剂50～70倍液，在冬季清园时或春季萌芽前使用，有利于消灭该病菌源和其他病虫害。②0.4%～0.7%等量式波尔多液，选择在6月前使用，6月后使用易诱发锈壁虱；不能与其他农药或微肥混用；喷波尔多液后要间隔15～30天后再喷其他农药。③77%氢氧化铜可湿性粉剂500倍液，要注意不能与磷酸二氢钾及微肥混喷。④200g/L噻菌铜悬浮剂500倍液。⑤538g/L氢氧化铜干悬浮剂500倍液。⑥$6\times10^{-4}$农用链霉素＋1%酒精。⑦20%噻枯唑可湿性粉剂500倍液。

对易感病果园，要掌握春、夏、秋梢在梢长1～2.5cm时喷第一次农药，以后间隔10天左右再喷1或2次；幼果在谢花后10～15天喷第一次农药，以后间隔15天左右，连续喷药2或3次。若遇到台风或暴雨后要及时喷药一次，以便保梢保果。对普通发生园，主要在台风季节保护果实。不能混用的农药要坚持单用，同时还要注意农药的轮换使用，以防产生抗药性。

主要参考文献

洪霓，高必达. 2005. 植物病害检疫学. 北京：科学出版社 .96～99

赖传雅. 2005. 农业植物病理学. 北京：科学出版社. 258～263

李怀方，刘凤权，郭小密. 2002. 园艺植物病理学. 北京：中国农业大学出版社. 283～287

李平. 2006. 利用胶体金免疫层析技术快速检测柑橘溃疡病菌. 西南大学硕士学位论文

王中康，罗怀海，舒正义等. 1997. 应用斑点免疫技术快速检测柑桔溃疡病菌. 西南农业大学学报，19 (6)：529～532

王中康，孙宪昀，夏玉先等. 2004a. 柑桔溃疡病菌 PCR 快速检验检疫技术研究. 植物病理学报，34 (1)：14～20

王中康，夏玉先，孙宪昀等. 2004b. PCR、DIA 与致病性测定法检测柑桔溃疡病菌的比较. 中国农业科学，37 (11)：1728～1732

夏建平，夏建美，夏建红等. 2006. 柑橘溃疡病综合治理技术探讨. 中国植保导刊，26 (8)：26，27

朱西儒，徐志宏，陈枝楠 .2004. 植物检疫学. 北京：化学工业出版社. 183～188

CABI/EPPO. 1998. *Xanthomonas axonopodis* pv. *citri*. Distribution Maps of Quarantine Pests for Europe No. 281. Wallingford：CAB International

Campbell N A，Reece J B，Mitchell L G. 1999. Biology. 5th Edition. Menlo Park：Addison Wesley Longman，Inc. 1，75

Crop Protection Compendium 2005 Edition. 2005. *Xanthomonas axonopodis* pv. *citri* (citrus canker). Wallingford：CAB International

EPPO. 2005. *Xanthomonas axonopodis* pv. *citri*. EPPO Bulletin，35 (2)：289～294

Florida Department of Agriculture and Consumer Services (FDOACS)，Division of Plant Industry. 2006. Citrus Canker Quarantine Information：Schedule 20 [EB/OL]. Florida：FDOACS. http：//www. doacs. state. fl. us/pi/ canker/maps. html. 2009-03-29

Gaskalla R. 2006. Comprehensive Report on Citrus Canker Eradication Program in Florida Through 14 January 2006 Revised. Florida：Department of Agriculture and Consumer Services，Division of Plant Industry. 25

Gottwald T R，Graham J H. 2000. Canker. *In*：Timmer L W，Garnsey S M，Graham J H. Compendium of citrus diseases. St Paul：APS Press. 5～7

Gottwald T R，Graham J H，Shubert T S. 2002. Citrus canker：The pathogen and its impact [EB/OL]. Plant Health Progress doi：10. 1094/PHP-2002-0812-01-RV. St. Paul，MN：Plant Management Network. http：// www. plantmanagementnetwork. org/pub/php/review/citruscanker/. 2009-03-29

Hailstones D L，Weinert M P，Smith M W et al. 2005. Evaluating potential alternate hosts of citrus canker. Proceedings of the 2nd International Citrus Canker and Huanglongbing Research Workshop，Nov. 7～11/2005. Orlando，Florida，71

Hayward A C，Waterston J M. 1964. *Xanthomonas citri* CMI descriptions of pathogenic fungi and bacteria No. 11. (Commonwealth Mycological Institute：Kew，UK)

Integrated Plant Genetics Inc. Citrus canker in-depth. Alachua，FL：Integrated Plant Genetics Inc. http：//www. ipgenetics. com/citruscanker2. asp. 2009-03-29

Kumar S，Mackie A，Burges N. 2004. Citrus canker：exotic threat to Western Australia. State of Western Australia Department of Agriculture Factsheet，No. 13

Liberato J R，Miles A K，Rodrigues Neto J et al. 2009. Citrus canker (canker A) (*Xanthomonas axonopodis* pv. *citri*) [EB/OL]. Pest and Diseases Image Library，Updated on. http：//www. padil. gov. au/viewPestDiagnosticImages. aspx?id=470. 2009-03-29

Obata T. 1974. Distribution of *Xanthomonas citri* strain in relation to sensitivity to phages CP1 and CP2. Annuals of

Phytopathological Society of Japan，40：6~13

Schaad N W，Postnikova E，Lacy G H et al. 2005. Reclassification of *Xanthomonas campestris* pv. *citri*. Applied Microbiology，28：494~518

Schubert T S，Rizvi S A，XiaoAn S et al. 2001. Meeting the challenge of eradicating citrus canker in Florida-again. Plant Disease，85：340~356

Schubert T S，Sun X. 2003. Bacterial citrus canker. Plant Pathology Circular No. 377［EB/OL］. Florida：Department of Agriculture and Conservation Services，Division of Plant Industry. http://www. Doacs. state. fl. us/ pi/enpp/pathology/pathcirc/ppcirc377-rev5. pdf. 2009-03-29

Starr M P，Stephens W L. 1964. Pigmentation and taxonomy of the genus *Xanthomonas*. Journal of Bacteriology，87：293~302

Wang Z K，Comstock J C，Hatziloukas E et al. 1999. Comparison of PCR，BIO-PCR，DIA，ELISA and isolation on semiselective medium for detection of *Xanthomonas albilineans*，the causal agent of leaf scald of sugarcane. Plant Pathology，48（2）：245~252

六、柑橘溃疡病防控应急预案（样本）

1. 柑橘溃疡病菌危害情况的确认、报告与分级

1）确认

疑似柑橘溃疡病发生地的农业行政主管部门在24h内将采集到的柑橘溃疡病标本送到上级农业行政主管部门所属的植物检疫机构，由省级农业行政主管部门指定专门科研机构鉴定，省级农业行政主管部门根据专家鉴定报告，报请省级人民政府确认并报告农业部。

2）报告

确认本地区发生柑橘溃疡病后，当地农业行政主管部门应在24h内向同级人民政府和上级农业行政主管部门报告，并迅速组织对本地区进行普查，及时查清发生和分布情况。省农业行政主管部门应在24h内将柑橘溃疡病发生情况上报省人民政府和农业部，同时抄送省级林业部门和出入境检验检疫部门。

3）危害程度分级与应急预案的启动

一级危害：在1个省（直辖市、自治区）所辖的2个或2个以上地级市（区）发生柑橘溃疡病菌危害严重的。

二级危害：在1个地级市辖的2个或2个以上县（市、区）发生柑橘溃疡病菌危害。

三级危害：在1个县（市、区）范围内发生柑橘溃疡病菌危害程度严重的。

出现以上一至三级程度危害时，启动本预案。

2. 应急响应

各级人民政府按分级管理、分级响应、属地管理的原则，根据农业行政主管部门植

物检疫机构的确认、柑橘溃疡病菌危害范围及程度，一级危害启动一级响应，二级危害启动二级响应，三级危害启动三级响应。

1) 一级响应

省级人民政府立即成立柑橘溃疡病防控工作领导小组，按照属地管理原则，迅速组织协调各地（市、州）人民政府及省级相关部门开展柑橘溃疡病防控工作，并报告农业部；省农业行政主管部门要迅速组织对全省（自治区、直辖市）柑橘溃疡病发生情况进行调查评估，制定防控工作方案，组织农业行政及技术人员采取防控措施，并及时将柑橘溃疡病菌发生情况、防控工作方案及其执行情况报农业部；省级其他相关部门密切配合做好柑橘溃疡病防控工作；省级财政部门根据柑橘溃疡病危害严重程度在技术、人员、物资、资金等方面对柑橘溃疡病发生地给予紧急支持，必要时，请求上级财政部门给予相应援助。

2) 二级响应

地级以上市人民政府立即成立柑橘溃疡病防控工作领导小组，迅速组织协调各县（市、区）人民政府及市相关部门开展柑橘溃疡病防控工作，并由本级人民政府报省人民政府；市级农业行政主管部门要迅速组织对本市柑橘溃疡病发生情况进行全面调查评估，制定防控工作方案，组织农业行政及技术人员采取防控措施，并及时将柑橘溃疡病发生情况、防控工作方案及其执行情况报省级农业行政主管部门；市级其他相关部门密切配合做好柑橘溃疡病防控工作；省级农业行政主管部门加强督促指导，并组织查清本省柑橘溃疡病发生情况；省人民政府根据柑橘溃疡病危害严重程度和市级人民政府的请求，在技术、人员、物资、资金等方面对发生柑橘溃疡病地区给予紧急援助支持。

3) 三级响应

县级人民政府立即成立柑橘溃疡病防控工作领导小组，迅速组织协调各乡镇政府及县相关部门开展柑橘溃疡病防控工作，并由本级人民政府报告上一级人民政府；县级农业行政主管部门要迅速组织对柑橘溃疡病发生情况进行全面调查评估，制定防控工作方案，组织农业行政及技术人员采取防控措施，并及时将柑橘溃疡病菌发生情况、防控工作方案及其执行情况报市级农业行政主管部门；县级其他相关部门密切配合做好柑橘溃疡病防控工作；市级农业行政主管部门加强督促指导，并组织查清全市柑橘溃疡病发生情况；市级人民政府根据柑橘溃疡病危害严重程度和县级人民政府的请求，在技术、人员、物资、资金等方面对发生柑橘溃疡病地区给予紧急援助支持。

3. 部门职责

各级防控工作领导小组负责本地区柑橘溃疡病防控的指挥、协调工作，并负责监督应急预案的实施。农业部门具体负责组织柑橘溃疡病监测调查、防控和及时报告、通报等工作；宣传部门负责引导传媒正确宣传报道柑橘溃疡病有关情况；财政部门及时安排拨付柑橘溃疡病防控应急经费；科技部门组织柑橘溃疡病防控技术研究；经贸部门组织防控物资生产供应，以及柑橘溃疡病菌对贸易和投资环境影响的应对工作；林业部门负责林地的柑橘溃疡病调查及防控工作；出入境检验检疫部门加强出入境检验检疫工作，防止柑橘溃疡病的传入和传出；发展改革、建设、交通、环境保护、旅游、水利、民航等部门密切配合做好相关工作。

4. 柑橘溃疡病发生点、发生区和监测区的划定

发生点：柑橘溃疡病危害寄主植物外缘周围 100m 以内的范围划定为一个发生点（两株寄主植物距离在 100m 以内为同一发生点）；划定发生点若遇河流和公路，应以河流和公路为界，其他可根据当地具体情况作适当的调整。

发生区：发生点所在的行政村区域划定为发生区范围；发生点跨越多个行政村的，将所有跨越的行政村划为同一发生区。

监测区：发生区外围 5000m 的范围划定为监测区；在划定边界时若遇到水面宽度大于 5000m 的湖泊和水库，以湖泊或水库的内缘为界。

5. 封锁、控制和扑灭

柑橘溃疡病菌发生区所在地的农业行政主管部门对发生区内的柑橘溃疡病菌危害寄主植物上设置醒目的标志和界线，并采取措施进行封锁控制和扑灭。

1）封锁控制

对柑橘溃疡病发生区有外运产品的生产单位以及物流集散地，有关部门要进行全面调查，货主单位和货运企业应积极配合有关部门做好柑橘溃疡病的防控工作。柑橘溃疡病危害情况特别严重时，经省人民政府批准，可在发生区周边主要交通要道设立临时植物检疫检查站，对外运的柑橘果实和种苗进行严格检疫，禁止柑橘溃疡病发生区内土壤、杂草、菜叶等垃圾、有机肥外运，防止柑橘溃疡病菌传播。

2）防治与扑灭

采用化学、物理、人工、综合防治方法灭除柑橘溃疡病菌，先喷施化学杀菌剂进行灭杀，人工铲除感病植株和发生区杂草，同时进行土壤消毒灭菌，直至扑灭柑橘溃疡病。

6. 调查和监测

柑橘溃疡病发生区及周边地区的各级农业植物检疫机构要加强对本地区的调查和监测，做好监测结果记录，保存记录档案，定期汇总上报。其他地区要加强对来自柑橘溃疡病发生区的植物及植物产品的检疫和监测，防止柑橘溃疡病菌传入。

7. 宣传引导

各级宣传部门要积极引导媒体正确报道柑橘溃疡病的发生及控制情况。有关新闻和

消息应通过政府部门正常渠道获取，防止炒作，避免失实报道引起社会不安。在柑橘溃疡病菌发生区，要利用适当的方式进行科普宣传，重点宣传防范知识、防控技术方法。当媒体上出现不实报道或社会上流传谣言时，应立即正面澄清，加强舆论引导，尽量减轻负面影响。

8. 应急保障

1）队伍保障

各级人民政府要组建由农业行政主管部门技术人员以及有关专家组成的柑橘溃疡病的应急防控队伍，加强专业技术人员培训，提高应急防控队伍人员的专业素质和业务水平，成立防治专业队，为应急预案的启动提供高素质的应急队伍保障；要充分发动群众，实施群防群控。

2）物资保障

有关的地（市、州）各级人民政府要建立柑橘溃疡病防控应急物资储备制度，确保物资供应，对柑橘溃疡病危害严重的地区，应及时调拨救助物资，保障受灾农民的生活和生产稳定。

3）经费保障

在必要的情况下，有关地区的各级人民政府应安排专项资金，用于柑橘溃疡病应急防控工作。应急响应启动时，当地农业行政主管部门会商有关部门提出经费使用计划，由同级财政部门核拨，财政、农业、审计等部门对专项资金的使用和管理情况进行严格的监督检查，确保专款专用。

4）技术保障

科技部门要大力支持柑橘溃疡病防控技术研究，为持续有效控制柑橘溃疡病提供技术支撑。在柑橘溃疡病发生地，有关部门要组织本地技术骨干力量，加强对柑橘溃疡病防控工作的技术指导。

9. 应急状态解除

通过采取全面、有效的防控措施，达到防控效果后，地（市、州）农业行政主管部门向省农业行政主管部门提出申请，经省农业行政主管部门组织专家评估论证，防治效果达到标准的，由省级防控领导小组报请省级人民政府批准，可解除应急状态。

经过连续2~3个生长季节的监测仍未发现柑橘溃疡病，经省农业行政主管部门组织专家论证，确认扑灭柑橘溃疡病后，经柑橘溃疡病发生区农业行政主管部门逐级向省农业行政主管部门报告，由省农业行政主管部门报省人民政府批准解除柑橘溃疡病发生区，同时将有关情况通报农业部和出入境检验检疫部门。

10. 附则

地（市、州）各级人民政府根据本预案制定本地区柑橘溃疡病菌防控应急预案。

本预案自发布之日起实施。

本预案由省级农业行政主管部门负责解释。

（谭万忠　毕朝位　孙现超）

哥伦比亚根结线虫应急防控技术指南

一、哥伦比亚根结线虫

学　　名：*Meloidogyne chitwoodi* Golden，O'Bannon，Santo & Finley，1980
英 文 名：Columbia root-knot nematode
中文别名：奇氏根结线虫

1. 起源与分布

哥伦比亚根结线虫（*Meloidogyne chitwoodi*）是马铃薯的重要有害生物。1980年在美国北大平洋地区首次发现，随后在荷兰、比利时和法国发现，2001年在澳大利亚和新西兰报道。目前已确定分布的国家是美国、墨西哥、阿根廷、比利时、荷兰、德国、匈牙利和南非等。我国未有报道。其相似种伪根结线虫（*Meloidogyne fallax*）1992年首先在荷兰 Baexem 北部的试验地中被检测到。起初，该线虫被认为是哥伦比亚根结线虫的种群变异；根据其同工酶表型的不同，van Meggelen 等认为是哥伦比亚根结线虫的一个新小种；而后，Karssen 将其命名为哥伦比亚根结线虫 B 型。但由于后来发现了不同于哥伦比亚根结线虫更多的特征，1996年 Karssen 将其描述为一新种。很快，这一线虫在荷兰南方和东南部，靠近德国、比利时边境地区马铃薯田块和法国温室中发现。2001年，这一线虫也在欧洲以外的新西兰、澳大利亚、南非等地报道。我国未有分布。

2. 分类与形态特征

线虫门（Nematoda）侧尾腺纲（Secernentea）垫刃目（Tylenchida）垫刃亚目（Tylenchina）垫刃总科（Tylenchoidea）异皮科（Heteroderidae）根结亚科（Meloidogyninae）根结属（*Meloidogyne*）。

（1）哥伦比亚根结线虫（*Meloidogyne chitwoodi*）（图1）。

雌虫：体圆形，颈短，后部稍隆起；口针长11～14(13)μm，基部球小、卵圆形到不规则状，向后倾斜；排泄孔恰在口针基部球水平线下方；会阴花纹圆至卵圆形，纹相对粗糙，侧线不明显。

雄虫：头部不缢缩，头帽圆，唇盘不高，有侧唇；口针长17～19(18)μm；基部球小，向后倾斜，卵圆形至不规则形状；DGO（dorsal esophageal gland orifice，背食管腺开口）距口针基部球2.5～4.0μm。

2龄幼虫：体长360～420μm；半月体在排泄孔前端与其相邻；尾圆锥形，长40～45μm，透明尾长9～12μm，前端有明显的界限，尾端钝圆。

同工酶表型：酯酶 S1 型，苹果酸脱氢酶 N1a 型。

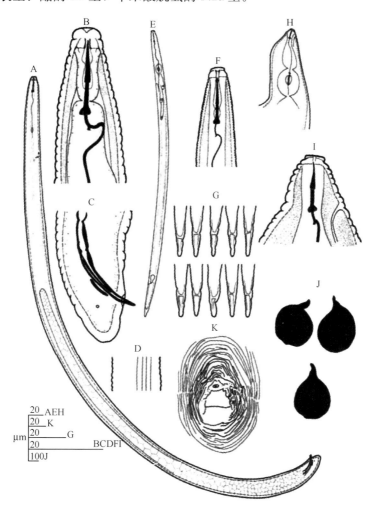

图 1　哥伦比亚根结线虫（*Meloidogyne chitwoodi*）形态特征（仿 Santo et al.，1980）
雄虫：A. 整体；B. 体前部；C. 体后部；D. 侧区. 2 龄幼虫：E. 整体；F. 体前部；G. 尾部.
雌虫：H～I. 体前部；J. 整体；K. 会阴花纹

（2）伪根结线虫（*Meloidogyne fallax*）（图 2）。

雌虫：体圆，后部稍微隆起，颈短；口针长 13.5～15.5(14.5)μm；基部球大而圆，稍向后倾斜；排泄孔恰好位于口针基部球水平下面；会阴花纹圆到卵圆形，纹相对粗糙，侧线不明显。

雄虫：头部稍缢缩，头帽圆，唇盘高，有侧唇；口针长 19～21(20)μm；基部球大而圆，且缢缩；DGO 距口针基部球 3～6μm。

2 龄幼虫：体长 380～440μm；半月体与排泄孔在同一水平面上；尾圆锥形，长 40～45μm，透明尾长 12～16μm，前部有清晰的环纹，端部钝圆。

同工酶表型：酯酶 F3 型（需要延长着色时间），苹果酸脱氢酶 N1b 型。

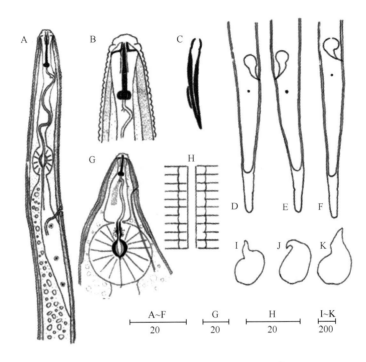

图 2　伪根结线虫（*Meloidogyne fallax*）形态特征（仿 Karssen，1997）

2 龄幼虫：A. 体前部；D～F. 尾部. 雄虫：B. 体前部；C. 交接刺，引带；H. 侧区. 雌虫：G. 体前部；I～K. 整体

3. 寄主范围

哥伦比亚根结线虫最重要寄主是马铃薯，还包括番茄、甜菜、鸦葱、大麦、燕麦、玉米、豌豆、菜豆、小麦、三叶草、胡萝卜、西瓜和多种草本植物。

伪根结线虫的田间自然寄主是马铃薯，但在温室与田间试验表明，该线虫也可寄生多种重要经济作物，包括胡萝卜、番茄、伊伯利鸦葱（*Scorzonera hispanica*）。

4. 所致病害症状

上述两种线虫在马铃薯块茎、胡萝卜、伊伯利鸦葱上均表现同样的症状。地上部分的症状表现不明显，但在严重侵染时植株出现矮化、黄化症状。地下部分根部或块茎外部表现根结，但其根结大小较几种常见种引起的根结小，不出现次生根。在马铃薯块茎表面常出现疙瘩状突起，而在皮层下形成坏死的内部症状。在一些马铃薯品种上，尽管受到严重侵染，但可能在外部不表现可见症状，而只在病薯皮层组织中表现坏死、褐变现象。两种线虫在田间往往引起混合侵染。

5. 主要生物学和生态学特性

哥伦比亚根结线虫与伪根结线虫生物学特性相似。在适宜条件下，完成一代生活史需要 21～28 天。哥伦比亚根结线虫 2 龄幼虫从寄主组织（根）或土壤中孵化后，从寄主根尖侵入根部，诱导寄主组织形成巨大型细胞。3龄幼虫停止取食和活动，体形膨大成为香肠状，并迅速发育成雌、雄成虫。雄虫线形，活动。雌虫典型为梨形，珍珠白色，固定在寄主的组织里。卵产于寄主组织的近表皮层，包被于几丁质卵囊中，形成卵块。在马铃薯块茎上，畸形细胞形成如"篮子"状保护组织包围卵块。哥伦比亚根结线虫以卵或2龄幼虫越冬，可忍耐半冬冻的土壤温度，当土壤温度达到5℃时，线虫开始发育；完成第1代生活史，需要积温600～800日·度，其第2～3代生活史需要500～600日·度。哥伦比亚根结线虫在寄主的一个生长季节在英国可完成3代，在芬兰可完成2代。哥伦比亚根结线虫可垂直迁移120cm侵染寄主的根部；根据寄主选择性，可进一步分为2种生理小种。而伪根结线虫目前未有小种分化的报道。哥伦比亚根结线虫与北方根结线虫相比较，前者由于发育起始温度较低，有更强的抗低温能力。在中国马铃薯适生的大部分地方，哥伦比亚根结线虫都能生存。哥伦比亚根结线虫自身扩散能力较弱，但是可随着自然雨水、农业活动和贸易等人为因素传播扩散。

6. 危害与损失

哥伦比亚根结线虫是美国西北海岸各州马铃薯上的重要线虫，导致产量减少、收获马铃薯市场价值降低，每年因此经济损失达4千万美元。每当前一季土壤中2龄幼虫或卵的密度达133条/L时，第二年10%的马铃薯种薯受害，当5%马铃薯受害时，整批马铃薯就失去市场价值。

伪根结线虫至今未有关于损失的报道，估计与哥伦比亚根结线虫的情形相似。

图版 33

图版说明

A～E，I. 伪根结线虫

    A. 侵染胡萝卜引起的症状

    B. 被侵染的马铃薯（表面）

    C. 被侵染的马铃薯（截面）

    D. 在被侵染的马铃薯表面形成的虫瘿

    E. 在被侵染的西红柿根部形成的虫瘿

    I. 雌虫显微形态

F～H，J. 哥伦比亚根结线虫

    F. 被侵染的马铃薯，右示削去皮的染虫马铃薯

    G. 被侵染的马铃薯（表面）

    H. 被侵染的马铃薯（截面）

    J. 雌虫显微形态

图片作者或来源

A. 荷兰植物保护局（Plant Protection Service，The Netherlands）

B，C. 英国中央科学实验室（CSL，York，Great Britain）

D，E. Vanstone V. 2007. *Meloidogyne fallax* Karssen. 1996. Pathogen of the Month. May. Australasian Plant Pathology Society Inc.［Online］

F. Kathy Merrifield

G，H. 澳大利亚环境食品与农村事务部（DEFRA）

I，J. Karssen G. 1996. Description of *Meloidogyne fallax* n. sp.（Nematoda：Heteroderidae），a root-knot nematode from the Netherlands. Fundamental and applied Nematology. 19（6）：593～599

A～C，J. 下载自 EPPO Gallery（http://photos. eppo. org/index. php/album/199-meloidogyne-fallax- melgfa- 最后访问日期：2009-11-30）

D. Ehttp://www. australasianplantpathologysociety. org. au/Regions/POTM/may07％ 20POTM. pdf（最后访问日期：2009-11-30）

F. 下载自 An Online Guide to Plant Disease. Oregon State of University 相关网页（http://ipmnet. org/plant-disease/image. cfm?RecordID＝1422 最后访问日期：2009-11-30）

G，H. 下载自 http://www. srpv-midi-pyrenees. com/ _ publique/sante _ vgtx/organismes _ nuisibles _ et _ lutte _ obligatoire/fiches/meloidogyne _ chitwoodi. htm（最后访问日期：2009-11-30）

二、哥伦比亚根结线虫检验检疫技术规范

1. 范围

本规范规定了哥伦比亚根结线虫的检疫检验及检疫处理操作办法。

本规范适用于实施马铃薯种薯产地检疫的检疫部门和所有繁育、生产马铃薯种薯的各种植单位（农户）；适用于农业植物检疫部门对马铃薯种薯、种子、食用活体马铃薯块茎及可能携带根结线虫的包装、交通工具等进行的检疫检验和检疫处理。

2. 产地检疫

（1）在原产地生产过程中对马铃薯及其产品（含种苗及其他繁殖材料）进行的检疫工作，包括田间调查、室内检验、签发证书及监督生产单位做好选地、选种和疫情处理等。

（2）检疫踏查主要进行田间症状观察，重点在海拔 1000m 左右的高山冷凉地区、公路和铁路沿线的种薯田。

（3）室内检验主要检测马铃薯植株、块茎和种子、土壤等是否带有病原根结线虫。

（4）经田间症状踏查和室内检验不带有病原根结线虫的马铃薯及其产品给予签发准予输出的许可证。

3. 调运检疫

（1）在货运交通集散地（机场、车站、码头）实施调运检疫检验。

（2）检查调运的马铃薯及其产品、包装和运载工具等是否带有哥伦比亚根结线虫和伪根结线虫，特别注意检验薯块和运载工具上黏附的土壤带虫情况。

（3）对受检马铃薯薯块做直观观察，看是否有表现根结线虫病症状的个体；同时科学地有代表性地抽样，取 2~10kg 薯块（视货运量），带回室内做线虫检查。

（4）对检验发现带病原线虫的薯块予以检疫处理或拒绝入境；对于不带病原线虫的货物签发许可证放行。

4. 检验及鉴定方法

1）症状检验

直接观察调运植物材料的块茎或根部中是否有肿瘤状或根结症状。

2）病根或块茎线虫检验

（1）雌虫分离检验　块茎或根部肿瘤状或肿大组织中存在成熟雌虫，可用直接解剖植物组织的方法得到，这些直接得到的雌虫应储存于 0.9% NaCl 溶液保存，以免因渗透压变化而出现破裂，雄虫和 2 龄幼虫则通过适当技术从植物或土壤中获得。

（2）2 龄幼虫分离检验　可将根或块茎剪成 5cm 左右，用改进贝曼漏斗法进行分离线虫，也可用下列快速分离方法：将样品放于电子浸提器中，用 12 600r/min 离心 30s；将悬浮液倒入 1200μm 孔的筛子中进行冲洗；在上述过筛的水溶液中加入 1% Kaolin 粉末，在 1500g 下离心 4min；将沉淀在蔗糖、$MgSO_4$ 或 $ZnSO_4$ 溶液中重悬（蔗糖 484g/L，相对密度 1.18，其他相对密度 1.16），在 1500g 下离心 4min；上清液倒进 5μm 孔的筛子进行过筛，线虫将存在于筛子表面；轻轻地用自来水把线虫冲离筛子表面，并收集于烧杯中，在解剖镜下检查线虫。

3）病土线虫分离检验

改进贝曼漏斗法：用一小段橡皮管接到漏斗颈上，然后用一止水夹或弹簧夹夹住漏斗颈底部；将漏斗固定于一支架上，往其中注入 3/4 水；取一小块面巾纸，置于一粗尼龙网或浅盆上；将土壤样品充分混匀，取其中 50～100mL 置于尼龙网或浅盆上的面巾纸上，平摊成 2～3mm 的土层，然后将其轻轻放于漏斗上；沿漏斗壁补充水至刚好浸没土壤；经 24～48h 后，线虫集中于漏斗底部水中；轻轻放出漏斗底部水到一培养皿中，在解剖镜下检查线虫。

4）病原线虫鉴定

（1）形态鉴定。

雌虫表皮薄，具环纹，梨形至球形，（400～1300）μm×（300～700）μm；口针 10～25μm，向背面弯曲，具圆形至椭圆形基部球，基部球向后倾斜。雄虫纺锤状，表皮具环纹，体前端渐尖，后端钝圆；（700～2000）μm×（25～45）μm；口针 13～30μm，基部球形态多变。2 龄幼虫纺锤状，具环纹，体两端渐尖，（250～700）μm×（12～18）μm；尾长 15～100μm，具 5～30μm 的透明尾区。

哥伦比亚根结线虫与伪根结线虫是近似种，尽管均具有上述共同特征，但存在形态学的明显差异，表 1 列出了两种根结线虫的形态差异。伪根结线虫在扫描电镜下雄虫具较高的唇盘，雌虫会阴花纹的背弓较高，2 龄幼虫半月体开口位于排泄孔开口同等位置的水平（哥伦比亚根结线虫的位置稍前）。

表 1　哥伦比亚根结线虫与伪根结线虫的形态差异　　　（单位：μm）

	哥伦比亚根结线虫 *M. chitwoodi*	伪根结线虫 *M. fallax*
雌虫口针长	10.7～13.3	13.9～14.5
雄虫口针长	15.8～18.3	18.1～20.8
雄虫口针基部球形状	小，不规则	明显，圆
2 龄幼虫体长	336～385	368～410
2 龄幼虫尾长	39.2～44.9	46.1～55.6
2 龄幼虫透明尾长	8.2～12.6	12.1～15.8

（2）生化鉴定。

在形态鉴定的同时，应采用同工酶方法或 PCR 技术进行辅助鉴定。

同工酶方法：可采用酯酶和苹果酸脱氢酶酶谱方法鉴别伪根结线虫和哥伦比亚根结线虫。哥伦比亚根结线虫在酯酶和苹果酸脱氢酶酶谱电泳表型分别为 S1 和 N1a，而伪根结线虫分别为 F3 和 N1b。同工酶方法主要针对年青产卵雌虫的鉴定，可以鉴定到单个雌虫样品。

PCR 技术：基于 rDNA-IGS 的 PCR 技术快速鉴定伪根结线虫、哥伦比亚根结线虫的方法，其特异引物为 JMV1 5′-GGATGGCGTGCTTTCAAC-3′，JMV2 5′-TTTC-CCCTTATGATGTTTACCC-3′。哥伦比亚根结线虫和伪根结线虫分别获得 540bp 和 670bp 的扩增产物。PCR 鉴定方法可以应用的材料包括雄虫、2 龄幼虫、卵或根部结节。

5. 检疫处理

在产地检疫中发现哥伦比亚根结线虫和伪根结线虫后，应根据实际情况，启动应急预案，立即进行应急治理。疫情确定后一周内应将疫情通报给植物和植物产品调运目的地的农业外来入侵生物管理部门和农业植物检疫部门，以加强目的地监测力度。

在调运检疫或复检中，如果发现哥伦比亚根结线虫和伪根结线虫存在的植物材料，应对货物及时就地销毁或做其他检疫处理。

三、哥伦比亚根结线虫调查监测技术规范

1. 范围

本规范适用于哥伦比亚根结线虫的田间调查和监测技术操作办法，同时也适用于伪根结线虫的田间调查和监测。

本规范适用于哥伦比亚根结线虫和伪根结线虫发生的疫区和尚未发生该病（线虫）的非疫区。

2. 调查

1）访问调查

向当地居民询问有关哥伦比亚根结线虫和伪根结线虫发生地点、发生时间、大田作物种植历史、危害情况，分析病害和病原线虫传播扩散情况及其来源。每个社区或行政村询问调查 30 人以上。对询问过程发现的根结线虫可疑存在地区，进一步做深入重点调查。

2）实地调查

（1）调查地域。

重点调查海拔 1000m 以上的湿润地带以及公路和铁路沿线的马铃薯种植区；主要交通干线两旁区域、苗圃、有外运产品的生产单位以及物流集散地等场所的马铃薯和其他茄科植物。

（2）调查方法。

大面积踏勘：在哥伦比亚根结线虫和伪根结线虫的非疫区，于作物生长期间的适宜发病期进行一定区域内的大面积踏勘，粗略地观察田间作物的病害症状发生情况。观察时注意是否有植株异常矮化、黄化；同时，扒开土壤观察植株地下部分的块茎和根系是否有瘤状物或根结。

系统调查：在作物生长期间做定点、定期调查。调查设样点不少于 10 个，随机选取，每块样点面积不小于 4m²，调查 5 株植物；用 GPS 仪测量样地的经度、纬度、海拔。记录作物品种、种苗种薯来源、栽培管理制度或措施等。

观察有无根结线虫病发生。若发现病害，则需详细记录发生面积、病田率（％）、

病株率（%）和严重度，另外还需要采集标本，带回室内做线虫形态观察和其他检验。

（3）病害严重度划分。

以根结指数代表病害严重度。根结指数的调查按每调查区设 10 个样点，每样点 5 株，共调查 50 株作物，进行分级计数，根结指数的分级标准如下。

0 级：根系健康，无根结；

1 级：根结数占根系的 1%～25%；

3 级：根结数占根系的 26%～50%；

5 级：根结数占根系的 51%～75%；

7 级：根结数占根系的 76%～100%。

3. 监测

1）监测区的划定

发病点：发生根结线虫病的一个病田或数个相邻发病田块可确定为一个发病点。

发病区：根结线虫病发病点所在的行政村区域划定为发生区；发生点跨越多个行政村的，将所有跨越的行政村划为同一发生区。

监测区：发生区外围 5000m 的范围划定为监测区；在划定边界时若遇到水面宽度大于 5000m 的湖泊和水库，以湖泊或水库的内缘为界。

2）监测方法

根据根结线虫病的发生和传播扩散特点，在监测区内每个村庄、社区及公路和铁路沿线等地设置不少于 10 个固定监测点，每个监测点面积 10m²，悬挂明显监测位点牌，一般在马铃薯生长期间每月观察一次作物植株上的病情。

4. 样本采集与寄送

在调查中如发现可疑根结线虫病植株，一是要现场拍摄异常植株的田间照片（包括地上部和根部症状）；二是要采集具有典型症状的病株标本（包括地上部和根部症状的完整植株），将采集病株标本分别装入清洁的塑料标本袋内，标明采集时间、采集地点及采集人。送外来物种管理部门指定的专家进行鉴定。

5. 调查人员的要求

要求调查人员为经过培训的农业技术人员，掌握根结线虫病的为害症状、发生流行学规律、调查监测方法和手段等。

6. 结果处理

在非疫区：若在大面积踏勘和系统调查中发现可疑病株，应及时联系农业技术部门或科研院所，采集具有典型症状的标本，带回室内，按照前述病原线虫的检测和鉴定方法做线虫检验观察。如果室内检测确定了哥伦比亚根结线虫和伪根结线虫，应进一步详细调查当地附近一定范围内的作物发病情况。同时及时向当地政府和上级主管部门汇报疫情，对发病区域实行严格封锁。

在疫区：用调查记录根结线虫病的发生范围、病株率和严重度等数据信息制定病害的综合防治策略，由此采用恰当的病害控制技术措施，有效地控制病害的为害，减轻作物损失。

四、哥伦比亚根结线虫应急控制技术规范

1. 范围

本规范规定了哥伦比亚根结线虫新发、爆发等生物入侵突发事件发生后的应急控制操作方法。同时也适用于伪根结线虫。

本规范适用于各级外来入侵生物管理机构和农业技术部门在生物入侵突发事件发生时的应急处置。

2. 应急控制技术

在哥伦比亚根结线虫和伪根结线虫的非疫区，无论是在交通航站检出带线虫物品，还是在田间监测中发现病害发生，都需要及时地采取应急控制技术，以有效地扑灭病原线虫或病害。

1）检出哥伦比亚根结线虫和伪根结线虫的应急处理

对检出带有哥伦比亚根结线虫和伪根结线虫的货物和其他产品，应拒绝入境或将货物退回原地。对不能退回原地的物品要即时就地封存，然后视情况做应急处理。

（1）产品销毁处理。港口检出货物及包装材料可以直接沉入海底。机场、车站的检出货物及包装材料可以直接就地安全烧毁。

（2）产品加工处理。对不能现场销毁的植物或其他物品，可以在国家检疫机构监督下，就近将马铃薯加工成淀粉或其他成品，其下脚料就地销毁。注意加工过程中使用过的废水不能直接排出。经过加工后不带活线虫的成品才允许投放市场销售使用。

（3）检疫隔离处理。如果是引进作种薯，必须在检疫机关设立的植物检疫隔离中心或检疫机关认定的安全区域隔离种植，经生长期间观察，确定无病后才可允许释放出去。我国在上海、北京和大连等设立了"一类植物检疫隔离种植中心"或种植苗圃。

2）田间哥伦比亚根结线虫和伪根结线虫的应急处理

在哥伦比亚根结线虫和伪根结线虫的非疫区监测发现农田或小范围疫情后，应对病害发生的程度和范围做进一步详细的调查，并报告上级行政主管部门和技术部门，同时要及时采取措施封锁病田，严防病害扩散蔓延。然后做进一步处理。

（1）铲除病田马铃薯作物并彻底销毁。

（2）铲除马铃薯病田附近及周围茄科作物及各种杂草并销毁。

（3）使用350g/L威百亩水剂、10％苯线磷颗粒剂等对病田及周围做土壤处理。

五、哥伦比亚根结线虫病综合治理技术规范

1. 范围

本规范规定了控制哥伦比亚根结线虫的基本策略和综合技术措施。同时也适用于伪根结线虫病。

本规范主要适用于哥伦比亚根结线虫和伪根结线虫已经常年发生的疫区。

2. 病害控制策略

对哥伦比亚根结线虫和伪根结线虫引起的根结线虫病，需要依据病害的发生发展规律和流行条件，执行"预防为主，综合控制"的基本策略，结合当地病害发生情况协调地采用有效的病害控制技术措施，经济而安全地避免病害发生流行和造成明显的经济损失。

3. 病害的综合控制技术

（1）植物检疫。划定哥伦比亚根结线虫和伪根结线虫的疫区和非疫区，严禁疫区的种薯、苗木和带根植物、鳞球茎等向外调运，严防病原线虫扩散蔓延；在非疫区杜绝从疫区引种调种，严防病原线虫传入。

（2）抗病品种的培育与应用。Janssen（1996）研究了几种具有块茎的茄科作物的抗性，对哥伦比亚根结线虫和伪根结线虫表现高抗的种包括野生种马铃薯（S. bulbocastanum）、S. hougasii、S. cardiophyllum、S. fendleri 和 S. brachistotrichum。

（3）建立无线虫苗圃。选择没有种植过寄主植物和没有根结线虫病的田块，或前作用水淹的田块和用熏蒸性杀线虫剂处理过的地方建立苗圃，培育无线虫健苗壮苗。

（4）农业防治措施。采取与非寄主植物轮作或水旱轮作技术、销毁病根、适期播种、合理密植、科学施肥（增施钾肥和有机肥）、改良土壤（减少土壤砂性等）、土壤淹水和曝晒、及时除草等栽培措施，减少田间线虫密度，促进作物健康生长，增强抗病力，减轻病害的发生和为害。

（5）化学杀线剂防治。可用苯线磷颗粒剂 $4.5kg/hm^2$、噻唑磷颗粒剂 $2.25kg/hm^2$、灭线磷颗粒剂 $9kg/hm^2$、棉隆微粒剂 $58.8kg/hm^2$、威百亩水剂 $26.25kg/hm^2$ 等进行大田土壤处理。对种苗种薯可用苯线磷乳油、阿维菌素乳油处理。在使用上述各种杀线剂时，要特别注意使用方法以及毒性和药害等问题。

主要参考文献

杜宇，丁元明，寸东义等. 2007. 输华马铃薯上哥伦比亚根结线虫风险分析. 植物保护，33（4）：45～49

冯志新. 2001. 植物线虫学. 北京：中国农业出版社

Baker R H A, Dickens J S W. 1993. Practical problems in pest risk assessment. *In*：Ebbels D. Plant Health and the European Single Market. Farnham：BCPC. 209～220

EPPO. 2004. *Meloidogyne chitwoodi* and *Meloidogyne fallax*. OEPP/EPPO Bulletin，34：315～320

EPPO/CABI. 1997. *Meloidogyne chitwoodi*. *In*：Smith I M, McNamara D G, Scott P R et al. Quarantine Pests for Europe. 2nd ed. Wallingford: CAB International. 612～618

Esbenshade P R, Triantaphyllou A C. 1985. Use of enzyme phenotypes for identification of *Meloidogyne* species. Journal of Nematology, 17 (1): 6～20

Janssen G J W, van Norel A, Verkerk-Bakker B et al. 1996. Resistance to *Meloidogyne chitwoodi*, *M. fallex* and *M. hapla* in wild tuber-bearing *Solanum* spp. Euphytica. 92: 287～294

Jepson S B. 1987. Identification of Root-Knot Nematodes (*Meloidogyne* spp). Wallingford: CAB International

Karssen G. 1995. Morphological and biochemical differentiation in *Meloidogyne chitwoodi* populations in the Netherlands. Nematologica, 41: 314～315

Karssen G. 1996a. Description of *Meloidogyne fallax* n. sp. (Nematoda: Heteroderidae), a root-knot nematode from the Netherlands. Fundamental and Applied Nematology, 19: 593～599

Karssen G. 1996b. Differentiation between *Meloidogyne chitwoodi* and *Meloidogyne fallax*. In: Annual Report of Diagnostic Centre. Wageningen: Plant Protection Service. 101～104

Karssen G. 2002. The Plant-Parasitic Nematode Genus *Meloidogyne* in Europe. Köln: Brill Leiden

Karssen G, van Hoenselaar T, Verkerk-Bakker B et al. 1995. Species identification of cyst and root-knot nematodes from potato by electrophoresis of individual females. Electrophoresis, 16: 105～109

Marshall J W, Zijlstra C, Knight K W L. 2001. First record of *Meloidogyne fallax* in New Zealand. Australasian Plant Pathology, 30: 283～284

den Nijs L, Karssen G. 2004. Diagnostic protocols for regulated pests *Meloidogyne chitwoodi* and *Meloidogyne fallax*. Bulletin OEPP/EPPO Bulletin, 34: 155～157

Peterson D J, Vrain T C. 1996. Rapid identification of *Meloidogyne chitwoodi*, *M. hapla* and *M. fallax* using PCR primers to amplify their ribosomal intergenic spacer. Fundamental and Applied Nematology, 19: 601～605

Santo G S, O'Bannon J H, Finley A M et al. 1980. Occurrence and host range of a new root-knot nematode (*Meloidogyne chitwoodi*) in the Pacific Northwest. Plant Disease, 64: 951～952

Southey J F. 1986. Laboratory Methods for Work with Plant and Soil Nematodes. London: HMSO

Tiilikkala K, Carter T, Heikinheimo M et al. 1995. Pest risk analysis of *Meloidogyne chitwoodi*. Bulletin OEPP/EPPO Bulletin, 25: 419～436

Wishart J, Phillips M S, Blok V C. 2002. Ribosomal intergenic spacer: a polymerase chain reaction diagnostic for *Meloidogyne chitwoodi*, *M fallax* and *M hapla*. Phytopathology, 92: 884～892

六、哥伦比亚根结线虫防控应急预案（样本）

1. 哥伦比亚根结线虫危害情况的确认、报告与分级

1）确认

疑似哥伦比亚根结线虫发生地的农业行政主管部门在24h内将采集到的哥伦比亚根结线虫标本送到上级农业行政主管部门所属的植物检疫机构，由省级农业行政主管部门指定专门科研机构鉴定，省级农业行政主管部门根据专家鉴定报告，报请省级人民政府确认并报告农业部。

2）报告

确认本地区发生哥伦比亚根结线虫后，当地农业行政主管部门应在24h内向同级人民政府和上级农业行政主管部门报告，并迅速组织对本地区进行普查，及时查清发生和

分布情况。省农业行政主管部门应在24h内将哥伦比亚根结线虫发生情况上报省人民政府和农业部,同时抄送省级林业部门和出入境检验检疫部门。

3)危害程度分级与应急预案的启动

一级危害:在1个省(直辖市、自治区)所辖的2个或2个以上地级市(区)发生哥伦比亚根结线虫危害严重的。

二级危害:在1个地级市辖的2个或2个以上县(市或区)发生哥伦比亚根结线虫危害。

三级危害:在1个县(市、区)范围内发生哥伦比亚根结线虫危害程度严重的。

出现以上一至三级程度危害时,启动本预案。

2. 应急响应

各级人民政府按分级管理、分级响应、属地管理的原则,根据农业行政主管部门植物检疫机构的确认、哥伦比亚根结线虫和伪根结线虫危害范围及程度,一级危害启动一级响应,二级危害启动二级响应,三级危害启动三级响应。

1)一级响应

省级人民政府立即成立哥伦比亚根结线虫防控工作领导小组,按照属地管理原则,迅速组织协调各地(市、州)人民政府及省级相关部门开展哥伦比亚根结线虫防控工作,并报告农业部;省农业行政主管部门要迅速组织对全省(自治区、直辖市)哥伦比亚根结线虫发生情况进行调查评估,制定防控工作方案,组织农业行政及技术人员采取防控措施,并及时将哥伦比亚根结线虫发生情况、防控工作方案及其执行情况报农业部;省级其他相关部门密切配合做好哥伦比亚根结线虫防控工作;省级财政部门根据哥伦比亚根结线虫危害严重程度在技术、人员、物资、资金等方面对哥伦比亚根结线虫发生地给予紧急支持,必要时,请求上级财政部门给予相应援助。

2)二级响应

地级以上市人民政府立即成立哥伦比亚根结线虫防控工作领导小组,迅速组织协调各县(市、区)人民政府及市相关部门开展哥伦比亚根结线虫防控工作,并由本级人民政府报省人民政府;市级农业行政主管部门要迅速组织对本市哥伦比亚根结线虫发生情况进行全面调查评估,制定防控工作方案,组织农业行政及技术人员采取防控措施,并及时将哥伦比亚根结线虫发生情况、防控工作方案及其执行情况报省级农业行政主管部门;市级其他相关部门密切配合做好哥伦比亚根结线虫防控工作;省级农业行政主管部门加强督促指导,并组织查清本省哥伦比亚根结线虫发生情况;省人民政府根据哥伦比亚根结线虫危害严重程度和市级人民政府的请求,在技术、人员、物资、资金等方面对发生哥伦比亚根结线虫地区给予紧急援助支持。

3）三级响应

县级人民政府立即成立哥伦比亚根结线虫防控工作领导小组，迅速组织协调各乡镇政府及县相关部门开展哥伦比亚根结线虫防控工作，并由本级人民政府报告上一级人民政府；县级农业行政主管部门要迅速组织对哥伦比亚根结线虫发生情况进行全面调查评估，制定防控工作方案，组织农业行政及技术人员采取防控措施，并及时将哥伦比亚根结线虫发生情况、防控工作方案及其执行情况报市级农业行政主管部门；县级其他相关部门密切配合做好哥伦比亚根结线虫防控工作；市级农业行政主管部门加强督促指导，并组织查清全市哥伦比亚根结线虫发生情况；市级人民政府根据哥伦比亚根结线虫危害严重程度和县级人民政府的请求，在技术、人员、物资、资金等方面对发生哥伦比亚根结线虫地区给予紧急援助支持。

3. 部门职责

各级防控工作领导小组负责本地区哥伦比亚根结线虫防控的指挥、协调工作，并负责监督应急预案的实施。农业部门具体负责组织哥伦比亚根结线虫监测调查、防控和及时报告、通报等工作；宣传部门负责引导传媒正确宣传报道哥伦比亚根结线虫有关情况；财政部门及时安排拨付哥伦比亚根结线虫防控应急经费；科技部门组织哥伦比亚根结线虫防控技术研究；经贸部门组织防控物资生产供应，以及哥伦比亚根结线虫对贸易和投资环境影响的应对工作；林业部门负责林地的哥伦比亚根结线虫调查及防控工作；出入境检验检疫部门加强出入境检验检疫工作，防止哥伦比亚根结线虫的传入和传出；发展改革、建设、交通、环境保护、旅游、水利、民航等部门密切配合做好相关工作。

4. 哥伦比亚根结线虫发生点、发生区和监测区的划定

发生点：哥伦比亚根结线虫危害寄主植物外缘周围 100m 以内的范围划定为一个发生点（两个寄主植物距离在 100m 以内为同一发生点）；划定发生点若遇河流和公路，应以河流和公路为界，其他可根据当地具体情况作适当的调整。

发生区：发生点所在的行政村区域划定为发生区范围；发生点跨越多个行政村的，将所有跨越的行政村划为同一发生区。

监测区：发生区外围 5000m 的范围划定为监测区；在划定边界时若遇到水面宽度大于 5000m 的湖泊和水库，以湖泊或水库的内缘为界。

5. 封锁、控制和扑灭

哥伦比亚线虫发生区所在地的农业行政主管部门对发生区内的哥伦比亚根结线虫危害寄主植物上设置醒目的标志和界线，并采取措施进行封锁控制和扑灭。

1）封锁控制

对哥伦比亚根结线虫发生区有外运产品的生产单位以及物流集散地，有关部门要进行全面调查，货主单位和货运企业应积极配合有关部门做好哥伦比亚根结线虫的防控工

作。哥伦比亚根结线虫危害情况特别严重时，经省人民政府批准，可在发生区周边主要交通要道设立临时植物检疫检查站，对外运的马铃薯及其他茄科植物及植物产品进行检疫，禁止哥伦比亚根结线虫发生区内土壤、杂草、菜叶等垃圾、有机肥外运，防止哥伦比亚根结线虫传播。

2）防治与扑灭

采用化学、物理、人工、综合防治方法灭除哥伦比亚根结线虫，先喷施化学杀菌剂进行灭杀，人工铲除感病植株和发生区杂草，同时进行土壤消毒灭菌，直至扑灭哥伦比亚根结线虫。

6. 调查和监测

哥伦比亚根结线虫发生区及周边地区的各级农业植物检疫机构要加强对本地区的调查和监测，做好监测结果记录，保存记录档案，定期汇总上报。其他地区要加强对来自哥伦比亚根结线虫发生区的植物及植物产品的检疫和监测，防止哥伦比亚根结线虫传入。

7. 宣传引导

各级宣传部门要积极引导媒体正确报道哥伦比亚根结线虫的发生及控制情况。有关新闻和消息应通过政府部门正常渠道获取，防止炒作，避免失实报道引起社会不安。在哥伦比亚根结线虫发生区，要利用适当的方式进行科普宣传，重点宣传防范知识、防控技术方法。当媒体上出现不实报道或社会上流传谣言时，应立即正面澄清，加强舆论引导，尽量减轻负面影响。

8. 应急保障

1）队伍保障

各级人民政府要组建由农业行政主管部门技术人员以及有关专家组成的哥伦比亚根结线虫的应急防控队伍，加强专业技术人员培训，提高应急防控队伍人员的专业素质和业务水平，成立防治专业队，为应急预案的启动提供高素质的应急队伍保障；要充分发动群众，实施群防群控。

2）物资保障

有关的地（市、州）各级人民政府要建立哥伦比亚根结线虫防控应急物资储备制度，确保物资供应，对哥伦比亚根结线虫危害严重的地区，应及时调拨救助物资，保障受灾农民的生活和生产稳定。

3）经费保障

在必要的情况下，有关地区的各级人民政府应安排专项资金，用于哥伦比亚根结线虫应急防控工作。应急响应启动时，当地农业行政主管部门会商有关部门提出经费使用计划，由同级财政部门核拨，财政、农业、审计等部门对专项资金的使用和管理情况进行严格的监督检查，确保专款专用。

4）技术保障

科技部门要大力支持哥伦比亚根结线虫防控技术研究，为持续有效控制哥伦比亚根结线虫提供技术支撑。在哥伦比亚根结线虫发生地，有关部门要组织本地技术骨干力量，加强对哥伦比亚根结线虫防控工作的技术指导。

9. 应急状态解除

通过采取全面、有效的防控措施，达到防控效果后，地（市、州）农业行政主管部门向省农业行政主管部门提出申请，经省农业行政主管部门组织专家评估论证，防治效果达到标准的，由省级防控领导小组报请省级人民政府批准，可解除应急状态。

经过连续 6 个月的监测仍未发现哥伦比亚根结线虫，经省农业行政主管部门组织专家论证，确认扑灭哥伦比亚根结线虫后，经哥伦比亚根结线虫发生区农业行政主管部门逐级向省农业行政主管部门报告，由省农业行政主管部门报省人民政府批准解除哥伦比亚根结线虫发生区，同时将有关情况通报农业部和出入境检验检疫部门。

10. 附则

地（市、州）各级人民政府根据本预案制定本地区哥伦比亚根结线虫防控应急预案。

本预案自发布之日起实施。

本预案由省级农业行政主管部门负责解释。

（廖金铃　卓　侃）

瓜类细菌性果斑病应急防控技术指南

一、病原与病害

学　　名：*Acidovorax avenae* subsp. *citrulli*（Schaad，Sowell，Goth，Colwell ＆ Webb 1978）Willems，Goor，Thielemans，Gillis，Kersters ＆ DeLey 1992

异　　名：*Pseudomonas pseudoalcaligenes* subsp. *citrulli* Schaad，Sowell，Goth，Colwell ＆ Webb 1978

英　文　名：bacterial fruit blotch of watermelon（BFB）

中文别名：西瓜水渍病、果实腐斑病、瓜类细菌性斑点病

分类地位：真细菌界（Bacteria）变形菌门（Proteobacteria）β-变形菌纲（Beta proteobacteria）伯克氏菌目（Burkholderiales）丛毛单胞菌科（Comamonadaceae）噬酸菌属（*Acidovorax*）

1. 起源与分布

起源：1969 年在美国佛罗里达州首次被发现。

国外分布：美国、澳大利亚、土耳其、马利亚纳群岛、巴西、日本、韩国、印度尼西亚和泰国。

国内分布：新疆、内蒙古、福建、海南等。

2. 分类与形态特征

1978 年 Schaad 等根据研究将西瓜细菌性果斑病的病原菌定名为类产碱假单胞菌西瓜亚种（*Pseudomonas pseudoalcaligenes* subsp. *citrulli*），但尚有争论，1988 年美国植物病理学年会上正式将其命名为 *Pseudomonas pseudoalcaligenes* subsp. *citrulli*。1992 年 *Pseudomonas pseudoalcaligenes* subsp. *citrulli* 被重新命名为噬酸菌属燕麦种西瓜亚种（*Acidovorax avenae* subsp. *citrulli*）。

瓜类细菌性果斑病菌（*Acidovorax avenae* subsp. *citrulli*）属革兰氏阴性菌，严格好氧。无芽孢，无荚膜；菌体短杆状，直或稍弯，大小为$(0.5\sim1.0)\mu m\times(2\sim3)\mu m$。菌体极生单鞭毛，鞭毛长 $4\sim5\mu m$。菌株在 NA 平板上生长 24h 后形成乳白色圆形菌落，光滑，中间稍隆起，边缘整齐，质地均匀，大小为 $1\sim2mm$。NA 斜面上生长 48h 后丝状菌苔，表面光滑，半透明，无黏性，培养基不变色。肉汁胨培养液中生长良好，无菌膜、菌环产生，表面下生长呈云雾状，有沉积物，有少量絮状沉淀，无色无味。在 KB 培养基上 28℃培养 2 天，菌落乳白色、圆形、光滑、全缘、隆起、不透明、菌落直径 $1\sim2mm$，无黄绿荧光，对光观察菌落周围有透明圈。在 YDC 培养基上，菌落圆形，突起，黄褐色，在 30℃下培养 5 天直径可达 $3\sim4mm$。病菌最高生长温度 42℃，最低

生长温度 4℃。菌株在 1‰～9‰ 的盐度范围内均能生长。

3. 寄主范围

瓜类细菌性果斑病菌主要侵染葫芦科植物，目前报道主要在西瓜上发病。美国 9 个州都是在西瓜上发病，但 1999 年美国有在黄瓜上发生的报道，同年澳大利亚有在南瓜上发生的报道，中国新疆有在哈密瓜和甜瓜上发生的报道。另外，该病菌已报道的自然发病寄主还有糙皮甜瓜、丝瓜、蜜露洋香瓜、网纹洋香瓜和罗马甜瓜等；人工接种也可以侵染其他葫芦科植物（节瓜、瓤瓜、苦瓜、西葫芦）及番茄、胡椒、茄子、玉米、大豆等。

4. 所致病害症状

西瓜从苗期到成株期均可感染此病，病菌可危害叶片、茎及果实。幼苗期，子叶张开时，病菌感染西瓜子叶，造成水渍状病斑，并逐渐向子叶基部扩展形成条形或不规则形暗绿色水浸状病斑。在条件适宜时，子叶病斑可扩展到嫩茎，引起嫩茎腐烂，使整株幼苗坏死。随后侵染真叶，真叶受害初期出现不明显的褐色小斑，周围有黄色晕圈，通常沿叶脉发展成暗棕色，严重时出现受叶脉限制的水浸状病斑，病斑沿叶脉蔓延，有的扩展到叶缘，在高湿环境下病斑分泌出菌脓。种子带菌的瓜苗在发病后 1～3 周死亡。植株生长中期，叶片上病斑很少，病斑呈水浸状，通常不显著，暗棕色，圆形至多角形；植物生长后期，病斑背面常有细菌溢出，并且中间变薄，干后成一薄膜，灰白色，发亮，可以穿孔或脱落，叶脉也可被侵染。

开花后 14～21 天的果实最容易被感染。首先在果皮上出现直径仅为几毫米的水浸状凹陷斑点（如同炭疽病的症状），圆形或卵圆形，呈绿褐色。随后，斑点迅速扩展成几厘米不规则的大型病斑，颜色逐渐加深呈褐色至黑褐色，并不断扩展，7～10 天内便布满除接触地面部分的整个果面。初期病部只局限在果皮，而果肉组织仍然正常，但西瓜的商品价值已明显降低，不能储藏；发病中、后期，病原菌及腐生菌蔓延到果肉，使果肉变成水浸状，果皮龟裂，常溢出黏稠、透明的琥珀色菌脓，果肉很快腐烂，失去食用价值。该病多见于成瓜向阳面，与地面接触处未见发病，瓜蔓不萎蔫，病瓜周围叶片上出现褐色小斑，病斑通常在叶脉边缘，有时被黄色组织带包围，周围呈水渍状，这是该病区别于其他细菌性病害的重要特征。茎、叶柄和根部通常不受此病菌侵染。

哈密瓜被感染时，在叶片上的症状与黄瓜细菌性角斑病在黄瓜叶片上的症状基本相似，但叶脉也可被侵染，并沿叶脉蔓延。叶片上病斑呈圆形、多角形或由边缘向叶基延伸的"V"字形，病斑背面可溢出白色菌脓，后期病斑干枯。果实上表皮首先出现水浸状小斑点，逐渐变褐，稍凹陷，后期受感染的果皮经常会龟裂。发病初期病变只局限在果皮，果肉组织仍然正常，中期以后，病菌可单独或随同腐生菌蔓延到果肉，使果肉变成水浸状，并因杂菌次级感染而向内部腐烂。

厚皮甜瓜感染此病，果皮上形成深褐色或墨绿色小斑点，有的品种具有水浸状晕圈，斑点通常不扩大；有的品种病菌侵入果肉组织造成水浸状、褐腐或木栓化；有的品种病斑只局限于表皮，中后期条件适宜病菌造成果肉腐烂。子叶、真叶、茎、蔓均可被侵染。真叶症状类似霜霉病，病斑受叶脉限制，沿叶脉蔓延，形成深褐色水浸状病斑，在高湿条件下可见病原细菌分泌出乳白色菌脓的痕迹。苦瓜的症状与甜瓜基本相似。

黄瓜在感病时，子叶也能够形成水渍状病斑，后真叶表面产生角形的水渍状病斑，并逐渐发展为干燥、淡棕色的枯斑。病斑受叶脉限制，适宜条件下，在新鲜病斑的背面有菌脓流出。

南瓜在感病时，叶片的边缘出现"V"字形的枯斑并且延伸进入中脉。果实受为害后，在果实表面出现圆形枯斑或在直径上裂开几厘米，随着果实的生长，环绕这些病斑的组织变得软腐和皱缩，进一步发展，软腐延伸进入南瓜果肉，导致感染的南瓜整体地倒塌。

5. 主要生物学和生态学特性

瓜类细菌性果斑病菌不能使明胶液化或明胶液化弱；脂酶、2-酮葡萄糖酸实验，氧化酶反应呈阳性；羟甲基纤维素、β-羟基丁酸盐反应呈阳性；精氨酸双水解酶反应呈阴性；可造成马铃薯软腐（有些菌株不可以）；可水解吐温-80；不能使葡萄糖酸氧化；不产生吲哚；不水解淀粉；没有脱氮反应；不使果胶水解；不产生苯丙氨酸脱氮酶；能够利用丙氨酸、L-阿拉伯糖、肌醇、糊精、果糖、甘油、半乳糖、L-亮氨酸、海藻糖作为碳源；不能利用乳糖、鼠李糖、纤维二糖、丙酸、酒石酸、戊二酸、乙二酸、乙酸、柠檬酸、甘露醇、山梨醇。利用葡萄糖和蔗糖作碳源结果不一致；但利用β-丙氨酸、柠檬酸盐、乙醇、乙醇胺、果糖、L-亮氨酸、D-丝氨酸、丙氨酸、L-阿拉伯糖、肌醇、果糖、甘油、半乳糖、海藻糖、羟甲基纤维素、β-羟基丁酸盐结果一致；烟草过敏性反应结果不一致。

瓜类细菌性果斑病菌以附着在种子表面或侵入种子胚乳内越冬为主。田间病果、病残体、染病杂草、自生瓜苗和野生南瓜等寄主植物是病害侵染源。病害的远距离传播主要靠带菌种子，研究表明，病菌能在西瓜种子上存活 19 年，并随种子做远距离传播，导致病菌不容易被消灭，从而使病菌得以定殖和流行。另有试验证明，带菌种子储存在 12℃条件下，12 个月后病菌传播能力没有降低，0.01％种子带菌即可引起西瓜植株发病。在病果上采集的种子带菌率高，自然带菌种子田间发病率高，有的苗期发病可达 100％。用病菌悬浮液浸渍含有土壤、介质和西瓜根组织的有机残渣，放在 4℃条件下储存，病菌能存活 63 天，且随温度升高存活能力降低。但在自然状态下，病菌在病残体、杂草等寄主植物体内和在土壤中存活的具体时间，还有待进一步试验。

瓜类细菌性果斑病菌主要通过伤口和气孔侵染；已定殖于田间的病菌主要以风雨传播；污染的刀具及耕种过程中的机械损伤也都是病菌传播流行的途径。用蜡涂抹瓜叶片使其气孔堵塞，发现可以明显降低病害的严重度。研究证明，高温、多湿是该病害的流行条件，强光、雷雨是该病害的传播媒介。该病在高温、高湿的午后，雷阵雨的条件下容易流行，特别是炎热季节伴之暴风雨的条件下，有利于病菌的繁殖与传播，病害发生重。该病最适发病温度为 25～32℃，阴雨天气条件下，能迅速扩展蔓延，3～5 天即可形成病斑。播种带菌种子，种子发芽后病菌可以感染幼苗的子叶和真叶，子叶背面即呈现黑色水浸状病斑，病斑很快坏死。在温室中，由于人工灌溉等原因，病菌可自然接种到同株叶片或邻近的幼苗上，幼苗下胚轴发病可导致幼苗猝倒。病菌定殖后，可借雨水、灌水（包括喷灌等）、昆虫如黄瓜条纹甲虫、农事活动，经伤口或气孔侵染。幼苗受感染后病斑不明显，但到果实成熟前病斑迅速扩大，病菌也可以直接感染中、后期果实。在高温、高湿环境条件下，由病斑龟裂处溢出菌脓，成为田间的二次侵染源。病果如果继续留在田间，最终腐烂而释放出带菌种子。带病菌的种子散落田间后长出的瓜株、残留在田间的染病瓜皮以及田间可能的带菌葫芦科杂草都是感染下茬西瓜的重要菌源。

6. 危害与损失

自 1989 年，美国佛罗里达州、印第安纳州及特拉华州发生该病害以来，该病不断扩展蔓延至美国的 15 个州，使当年美国的西瓜产量损失 50％～90％。数千公顷的西瓜受到影响，80％的西瓜不能上市销售。由于该病害主要是通过种子带菌传播，所以1994 年瓜类细菌性果斑病大发生时，美国的许多种子公司都暂停了种子的销售，直到1994 年底才有两、三家种子公司继续种子的销售，但他们要求生产者签署种子公司不为种子上可能存在瓜类细菌性果斑病负责的文件。一些公司明确表示其种子不对一些州销售，原因是在这些地区瓜类细菌性果斑病发生的风险太大。目前美国大多数种子公司都在最适病害症状形成的条件下进行万粒种子的发芽率实验，但此举仍不能保证没有西瓜果斑病的侵染。在美国，瓜类细菌性果斑病不仅造成了巨大的经济损失，而且该病已经成为一个社会性的问题，对农业生产存在很大的威胁。

在我国，内蒙古和新疆哈密瓜上近几年都有瓜类细菌性果斑病的发生，并且危害逐年加重。1998 年以来，阿勒泰地区哈密瓜每年发生细菌性果斑病，发病率 100％，平均减产 46％，商品瓜率仅有 1/3；新疆生产建设兵团农六师 103 团，近年种植 2667hm² 哈密瓜，细菌性果斑病普遍发生，1999 年由于细菌性果斑病，每公顷产商品瓜仅10 500kg（正常年份平均 22 500～37 500kg），经济亏损 3000 万～4000 万元。内蒙古巴颜淖尔盟地区 1996 年开始发生瓜类细菌性果斑病，2000 年 7 月 15～18 日调查表明，10 000～11 333hm² 的哈密瓜发病，病株率 10％～90％，有的地块几乎 100％发病，导致绝收，瓜农损失惨重。另外，据福建省霞浦县植保植检站周桂珍（2006）调查报道，瓜类细菌性果斑病于 2002 年 6 月在霞浦县盐田、沙江，洲洋 3 个乡（镇）首次发现，发生面积约 12hm²，并于近年来迅速扩展到长春、崇儒、伯洋、牙城等 7 个主产西瓜的乡（镇），年发生面积 120～200hm²，染病瓜地西瓜产量损失 30％～100％，造成毁灭性危害。

图版 34

图版说明

为害植株以及叶片的症状

A. 在西瓜幼苗子叶上形成的水渍状块斑

B. 与露水临时导致的水渍相区别，西瓜幼苗子叶上的病斑在午后干燥环境下呈油渍状

C，U. 上述水渍状病斑最终干燥，沿子叶叶脉扩展，形成暗褐至红褐色枯斑

D. 在甜瓜幼苗上也会出现类似图 C 所示症状

E. 在哈密瓜植株叶片上沿叶脉形成棕黄色到红褐色的病斑

F. 在哈密瓜植株叶片上还能形成由叶边缘向叶基延伸的"V"字形病斑

G. 在南瓜植株叶片上也会沿叶脉形成棕黄色的病斑

H. 南瓜植株叶片还会出现明显的褪绿症状

为害果实的症状

I，T. 西瓜开始成熟时，在瓜体顶面形成形状不规则的橄榄色斑点

J. 斑点扩大，覆盖瓜体整个顶面，进而出现褐色裂纹

K. 有琥珀色渗出物

L. 成熟的西瓜内部完全水化腐烂

M. 甜瓜开始成熟时，在瓜体顶部会形成分散的暗绿斑

N，W. 在暗绿斑处会内陷（示表面）

O. 在暗绿斑处会内陷（示剖面）

P. 南瓜果内腐烂

Q. 在哈密瓜表面会形成斑点，斑点处不能正常形成网纹，且内陷

R. 甜瓜上形成的斑点不会扩散，但会刺穿果壁，在内形成褐色的腐烂空腔

S. 在南瓜果皮上形成水渍状病斑，并有裂纹

V. 在苦瓜上的为害状

X. 28℃条件下在 KMB 培养基（King's medium B）上培养 48h 的菌落形态

图片作者或来源

A～S. 引自 Walcott，R. R. 2005. Bacterial fruit blotch of cucurbits. The Plant Health Instructor. DOI：10. 1094/PHI-I-2005-1025-02（http://www. apsnet. org/Education/lessonsPlantPath/Bacterial-Blotch/default. htm，最后访问日期2009-12-2）

T～W. 作者提供

二、瓜类细菌性果斑病菌检验检疫技术规范

1. 范围

本规范规定了瓜类细菌性果斑病及病菌的检疫检验及检疫处理操作办法。

本规范适用于农业植物保护相关机构对携带有瓜类细菌性果斑病的果实、种子、藤茎及可能携带其种子、藤茎的载体、交通工具的检疫检验和检疫处理。

2. 产地检疫

发现疫情后，应立即报告给当地农业相关部门。

3. 调运检疫

（1）严格种子检疫，加强种子的调运检疫，未经检疫的种子不能调运销售和种植，防止瓜类果斑病进一步扩大蔓延。

（2）加强瓜类生产的产地检疫，在疫区生产的植物产品，未经检疫不准外调。因此，必须加强对瓜类生产的产地检疫，在瓜类成熟前逐田逐块进行产地检疫调查，未发生果斑病的，发给产地检疫合格证，凭证外调，促进瓜类的生产、流通和销售。尽量减少因瓜类果斑病发生造成的损失。

4. 检验及鉴定

（1）苗期和成株均可发病，以西瓜成熟前 7～10 天和成熟时发病较重。西瓜感染此病后，在子叶下侧最初出现水渍状褪绿斑点，子叶张开时，病斑变为暗棕色，且沿主脉逐渐发展为黑褐色坏死斑。西瓜生产中期，叶片病斑暗棕色，略呈多角形，周围有黄色晕圈，对光透明，通常沿叶脉发展。严重时多个病斑连一起。种子带菌的瓜苗在发病后 1～3 周即死亡。开花后 14～21 天的果实容易感染。

（2）果实染病，初在果面上出现数个深绿色至暗绿色水渍状斑点，后迅速扩展成大型不规则的橄榄色水浸状斑块，病斑边缘不规则，并不断扩展，7～10 天内便布满除接触地面部分的整个果面。早期形成的病斑老化后表皮变褐或龟裂，常溢出黏稠、透明的琥珀色菌脓，果实很快腐烂。

5. 病菌分离技术及鉴定技术

1）病原分离

（1）从病株上分离。在新鲜病斑边缘切取部分组织，用常规方法分离培养病原细菌。病瓜上病原菌的分离方法为：70％酒精棉球擦洗果实上病斑及其边缘的表皮组织以做表面消毒，用灭菌解剖刀切取病斑边缘组织，置于灭菌的蒸馏水中磨碎，15min 后，无菌操作下用接种环沾取细菌悬浮液在 KB 培养基上划线，接种后的培养皿置于 28℃下培养 2～3 天，将形成的单个菌落再经 2 次划线培养纯化后，转接于斜面试管中培养，并进行病原鉴定。

（2）从种子中分离。选取西瓜、甜瓜种子样品，用95％酒精洗去种子表面的染料和农药（拌种用的），用无菌水冲数遍，然后在无菌容器中破碎，加入适量的 0.01mol/L pH7.2 的 PBS，4℃浸泡过夜。浸泡液经纱布过滤和差速离心浓缩，然后在 KB 培养基上做稀释平板分离。接种好的培养基在 28℃培养 2 天以后，根据瓜类细菌性果斑病菌的菌落特征，挑取生长慢的、乳白色、圆形、光滑、全缘、隆起、不透明的单菌落进行分离培养。

2）血清学鉴定

（1）间接 ELISA（indirect ELISA）。

主要参照回文广等方法：将 $200\mu L$ 系列稀释的纯培养的疑似分离物在水浴或加热块中 $100℃$ 处理 $10min$，吸取 $50\mu L$ 加入聚苯乙烯微量滴定板的单孔里，以加热过的 10^9 个细胞/mL 的 A. avenae subsp. citrulli 纯培养菌悬液为阳性对照，以其他近似种细菌培养液为阴性对照，$37℃$ 包被 $30min$。在每孔中缓慢加入封闭缓冲液 $200\mu L$，室温孵育 $30min$。用洗净缓冲液冲洗 3 次、在吸水纸上拍干，再加入 $50\mu L$ 稀释过的抗体（1：320）轻摇 $30s$，整个聚苯乙烯板室温孵育 $30min$。再用洗净缓冲液洗 3 次、拍干，加 $50\mu L$ 抗-抗血清（羊抗兔 IgG-AP，1：1000 稀释）到每孔，孵育 $30min$。用洗净缓冲液洗 3 次、吹干，加 $50\mu L$ pNPP，反应板在 $37℃$ 反应 $30min$，直到变色，加入 1mol/L HCl $50\mu L$ 终止反应，用酶联读数仪于 $405nm$ 波长读取数值。以 CK 的 OD 值为标准，若样品 OD $\geqslant$（$2\times OD_{ck}$）视为阳性反应，OD ＜（$2\times OD_{ck}$）视为阴性。

（2）免疫分离法（imnuno-isolation，IIS）。

主要参考王政等方法：将用包被液（50mmol/L 的碳酸盐缓冲液，pH9.5）稀释抗血清 200 倍后加入细胞培养板孔内（每孔 $300\mu L$），$4℃$ 包被过夜后倾去孔内液体，用洗涤液（含 0.05% Tween-20 的 PBS）洗 3 次，每次 $5min$，然后每孔加 $300\mu L$ 封闭液（含 1% 牛血清白蛋白，0.1% Tween-20 的 PBS），$4℃$ 放置 $1h$，倾去孔内液体，再用洗涤液洗 3 次，每次 $5min$。然后加以上种子抽提液，$4℃$ 过夜后倾去凹孔内的液体，用洗涤液洗 4 次，每次 $5min$，再用灭菌棉签吸去孔内液滴。每孔加熔化并冷却至 $45℃$ 的 KB 培养基，$28℃$ 下加盖培养，观察。每处理重复 8 次。将生长出的菌落逐个移出培养，用抗血清对生长出的菌落分别进行载玻片凝集反应。免疫分离法可用来检测种子中的潜伏细菌。

（3）琼胶双相扩散法（direct double diffusion，DDD）。

主要参考王政等方法：在培养皿中制成琼胶平板，用木塞穿孔器在平板上打 1 个直径为 5mm 的孔，其周围打 6 个同样大小的孔，孔间距为 5mm。孔内琼胶用细管吸去。中央孔加抗血清，周围孔加同一浓度的供试菌株悬浮液，于 $37℃$ 下加盖保湿，$24\sim48h$ 后检查结果。供试菌株悬浮液浓度设 $10^6 CFU/mL$、$10^7 CFU/mL$、$10^8 CFU/mL$ 和 $10^9 CFU/mL$ 4 个处理。以生理盐水为对照。琼胶双相扩散的灵敏度为 $10^7 CFU/mL$，不能用来检测组织中的潜伏细菌。

（4）免疫凝聚试纸条法。

用商品化 Aac 专化型免疫凝聚试纸条检测上述配制的系列梯度细菌悬液和组织浸泡液。打开试纸条包装袋，取出标有"Agida"字样的试纸条，插入不同梯度的细菌悬液和组织浸泡液中，浸泡深度不超过试纸条规定的示意线；$5min$ 后取出试纸条，用吸水纸吸干并观察。检测结果判断标准：试纸条只出现对照线表明检测结果为阴性；对照线和检测线同时出现，表明检测结果为阳性。A. avenae subsp. citrulli 菌株的蛋白质作为抗原与试纸条中的特异性抗体结合，通过显色反应来表示菌悬液或病组织浸泡液的检测结果，因此这种方法的特异性中等，灵敏度较低（$10^6 CFU/mL$），但投入成本低、操作简易，适合田间快速检测。

3）分子检测

（1）DNA 提取（DNA extraction）。

直接取 1mL 的样品解离液或样品富集解离液进行 DNA 提取。室温下 13 000g 离心 5min，弃上清。500μL 提取缓冲液（见"亚洲梨火疫病应急防控技术指南"附录 B）重新悬浮沉淀，室温下振荡 1h。5000g 离心 5min，取 450μL 上清于新的 Eppendorf 管内并加入等体积的异丙醇，倒置数次。室温下静置 1h。13 000g 离心 5min，弃上清，于室温干燥沉淀。如果离心管底部存在褐色或绿色的沉淀物，则应在吸取上清时小心地将其避开，以便获得更加纯净的 DNA。通常 DNA 更多地附着于管壁而不是管底。用 200μL 水重新悬浮沉淀。依据不同的 PCR 扩增体系，加入 1μL 或 5μL 作为 PCR 反应的模板。

（2）传统 PCR（单一 PCR）[conventional（single）PCR]。

①rRNA-PCR。

目前已经验证的传统 PCR 检测方法主要根据 Walcott 等（2000a）的报道，特异性引物（WFB1）和（WFB2）来源于西瓜果斑病菌（*Acidovorax avenae* subsp. *citrulli*）标准菌株 16S rRNA，所处位置分别为 293～310 和 652～669。具体的引物序列、扩增体系、反应条件如下：

WFB1：5′- GAC CAG CCA CAC TGG GAC-3′

WFB2：5′- CTG CCG TAC TCC AGC GAT-3′

PCR 反应体系为：超纯水 13.5μL，10×缓冲液 2.5μL，50mmol/L $MgCl_2$ 1.5μL，10mmol/L dNTPs 0.5μL，10pmol/μL 的 WFB1 和 WFB2 各 2.5μL，5U/μL *Taq* 酶 0.05μL，模板 1μL，总体积为 25μL。

PCR 反应条件：95℃预变性 5min；95℃变性 30s，65℃退火 30s，72℃延伸 30s，30 个循环，最后 72℃延伸 5min。扩增产物为 360bp。

此外，根据张祥林（2007）对 *A. avenae* subsp. *citrulli* 的 16S rDNA 序列设计的引物对 BFB64/65。具体的引物序列、扩增体系、反应条件如下：

BFB64：5′-TCT TCG GAT GCT GAC GAC T-3′

BFB65：5′-AGG CTT TTC GTT CCG TAC A-3′

PCR 反应体系为：10×PCR 缓冲液 2.5μL，2mmol/L dNTP 3.0μL，25mmol/L Mg^{2+} 1.8μL，10μmol/L BFB64/65 各 1μL，5U/μL *Taq* 酶 0.15μL，模板 1.5μL。加灭菌双蒸水使体积至 25μL。

PCR 反应条件：95℃预变性 5min；95℃变性 50s，57℃退火 35s，72℃延伸 55s，35 个循环，最后 72℃延伸 10min。扩增产物为 374bp。

目前国内外用 PCR 法对 *A. avenae* subsp. *citrulli* 的检测所选引物多为 Walcot 等设计的 WFB51 和 WFB52，该对引物序列分别对应于 *A. avenae* subsp. *citrulli* 16S rDNA 序列（1481bp，登录号为 AF137506）的 293～310 位置和 652～669 位置，其扩增产物大小为 376bp。通过对其 16S rDNA 序列与其他病原细菌的 16S rDNA 序列比较发现，*A. avenae* subsp. *citrulli* 和假单胞杆菌属中的类产碱假单胞杆菌的序列在该引物序列区只有一个碱基的差异，用该引物对类产碱假单胞杆菌和嗜酸菌属的几个种进行 PCR 扩增，结果都呈阳性，并且扩增产物大小也一致。说明该对引物用于 *A. avenae* subsp. *citrulli* 的特异性不强，而本研究所设计的引物对 BFB64/65 的序列区内，

A. avenae subsp. *citrulli* 和假单胞杆菌属中的类产碱假单胞杆菌有 7～11 个碱基的差异，对 *A. avenae* subsp. *citrulli* 的特异性很强，以此构建的 PCR 检测体系更灵敏、准确，对 *A. avenae* subsp. *citrulli* 的检测灵敏度可达 50CFU/μL，用该引物对类产碱假单胞杆菌和嗜酸菌属的几个种进行 PCR 扩增，结果只有 *A. avenae* subsp. *citrulli* 呈阳性，扩增产物的大小与期望值相同。

②ITS-PCR。

根据 Song 等（2002）的专利，特异性引物（SEQID4）和（SEQID5）来源于西瓜果斑病菌（*A. avenae* subsp. *citrulli*）标准菌株 16S-23S ITS，具体的引物序列条件如下：

SEQID4：5′-GTCATTACTGAATTTCAACA-3′

SEQID5：5′-CCTCCACCAACCAATACGCT-3′

（3）*Taq*Man 荧光实时定量 PCR（realtime quantitative PCR）。

根据 Song 等（2003）的报道，将配制的系列 10 倍梯度菌悬液用特异引物对 Aacf3/Aacr2 和探针 Aap2 进行实时荧光 PCR 检测，具体的引物序列、扩增体系、反应条件如下：

Aacf3：5′-CCT CCA CCAACCAAT ACG CT-3′

Aacr2：5′-TCG TCA TTA CTG AAT TTC AAC A-3′

探针 Aap2：6FAM-CGG TAG GGC GAA GAA ACC AAC ACC-TAMRA

PCR 反应体系为：10 × 缓冲液 2.5μL，25mmol/L MgCl₂1μL，2.5mmol/L dNTP2μL，10μmol/L 的 Aacf3 和 Aacr2 各 1μL，10μmol/L 探针 Aap20.75μL，5U/μL *Taq* 酶 0.2μL，模板 2μL，超纯水补足体积为 25μL。

PCR 反应条件：95℃预变性 2min；95℃变性 20s，60℃退火 60s，40 个循环。扩增产物为试验结果通过软件 ABI Prism 7000SDS 观察并分析荧光信号。

4）免疫学和 PCR 技术相结合的检测方法

（1）免疫 PCR（immuno-PCR）。

赵丽涵等（2006）采用将免疫学和经典 PCR 结合的免疫捕获 PCR（IC-PCR）技术对带菌种子进行检测，方法如下：

制备抗血清的菌株为西瓜果斑病菌株 Ab 和 Ab1。免疫原制备、抗血清效价及专化性测定参考方中达（1998）的方法，制备的抗血清命名为 1001 和 1002。

引物采用 Walcott 等（2000a）报道的特异性引物（WFB1）和（WFB2），来源于西瓜果斑病菌标准菌株 16S rRNA，所处位置分别为 293～310bp 和 652～669bp，引物之间的片段长度为 360bp，引物的核苷酸序列：

WFB1：5′-CACCAGCCACACTGGGAC-3′；

WFB2：5′-CTGCCGTACTCCAGCGAT-3′

将抗血清做 1∶2000 倍稀释后取 200mL 包被 0.25mL Eppendorf 离心管，37℃包被 3h 后用 PBS-T 洗涤 3 次；用 200μL5％的脱脂奶粉封闭 0.5h；加入 200μL 待测菌悬液，4℃包被过夜；PBS-T 洗涤 3 次，双蒸水洗涤 1 次，加入 PCR 反应体系，充分混合后进

PCR 扩增反应。

PCR 反应条件：95℃预变性 5min；95℃变性 30s，65℃退火 30s，72℃延伸 30s，30 个循环，最后 72℃延伸 5min。扩增产物为 360bp。

6. 检疫处理和通报

在调运检疫或复检中，发现瓜类细菌性果斑病的种子应全部检出销毁。

产地检疫中发现瓜类细菌性果斑病后，应根据实际情况，启动应急预案，立即进行应急治理。疫情确定后一周内应将疫情通报给植物和植物产品调运目的地的农业外来入侵生物管理部门和农业植物检疫部门，以加强目的地监测力度。

三、瓜类细菌性果斑病调查监测技术规范

1. 范围

本规范规定了对瓜类细菌性果斑病进行调查监测的技术方法。

本规范适用于农业植物保护相关机构对瓜类细菌性果斑病发生地点、发生时间、危害情况的监测。

2. 调查

1）访问调查

向当地居民询问有关瓜类细菌性果斑病发生地点、发生时间、危害情况，分析瓜类细菌性果斑病传播扩散情况及其来源。每个社区或行政村询问调查 30 人以上。对询问过程发现的瓜类细菌性果斑病可疑存在地区，进行深入重点调查。

2）实地调查

（1）调查地域。

重点调查瓜类细菌性果斑病疫区，尤其是必须加强对瓜类生产的产地检疫，以及对种子调运区的调查。

（2）调查方法。

调查设样地不少于 10 个，随机选取，每块样地面积不小于 $1m^2$，用 GPS 仪测量样地的经度、纬度、海拔，记录样地的地理信息、生境类型、物种组成。

观察有无瓜类细菌性果斑病危害，记录瓜类细菌性果斑病发生面积、密度、被瓜类细菌性果斑病覆盖的程度（％）。

（3）面积计算方法。

发生于农田、果园等生态系统内的外来入侵植物，其发生面积以相应地块的面积累计计算，或以划定包含所有发生点的区域面积进行计算；发生于路边、房前屋后、绿化带等地点的外来入侵生物，发生面积以实际发生面积累计获得或持 GPS 仪沿分布边界走完一个闭合轨迹后，围测面积；发生在山上的面积以持 GPS 仪沿分布边界走完一个

闭合轨迹后，围测的面积为准，如山高坡陡，无法持 GPS 仪走完一个闭合轨迹的，也可采用目测法估计发生面积。

（4）危害等级划分。

按覆盖或占据程度确定危害程度。适用于农田、环境等生态系统。具体等级按以下标准划分。

等级 1：叶片无病斑；

等级 2：叶面上零星出现小病斑，叶色仍然保持原色；

等级 3：叶面上普遍出现病斑，叶色变黄；

等级 4：叶面上大量出现病斑，且有融合的大斑，叶色发黄；

等级 5：叶面上布满病斑，融合的大斑普遍且叶色干枯发黄。

3. 监测

1）监测区的划定

发生点：瓜类细菌性果斑病植株发生外缘周围 100m 以内的范围划定为一个发生点（两个瓜类细菌性果斑病植株距离在 100m 以内为同一发生点）；划定发生点若遇河流和公路，应以河流和公路为界，其他可根据当地具体情况作适当的调整。

发生区：发生点所在的行政村区域划定为发生区范围；发生点跨越多个行政村的，将所有跨越的行政村划为同一发生区。

监测区：发生区外围 5000m 的范围划定为监测区；在划定边界时若遇到水面宽度大于 5000m 的湖泊和水库，以湖泊或水库的内缘为界。

2）监测方法

根据瓜类细菌性果斑病的传播扩散特性，在监测区的每个村庄设置不少于 10 个固定监测点，每个监测点选 $10m^2$，悬挂明显监测位点牌，一般每月观察一次。

4. 样本采集与寄送

在调查中如发现可疑瓜类细菌性果斑病，标明采集时间、采集地点及采集人。将每点采集的瓜类细菌性果斑病集中于一个标本瓶中或标本夹中，送外来物种管理部门及当地植保站指定的专家进行鉴定。

5. 调查人员的要求

要求调查人员为经过培训的农业技术人员，掌握瓜类细菌性果斑病的形态学、生物学特性，危害症状以及瓜类细菌性果斑病的调查监测方法和手段等。

6. 结果处理

调查监测中，一旦发现瓜类细菌性果斑病发生，严格实行报告制度，必须于 24h 内逐级上报，定期逐级向上级政府和有关部门报告有关调查监测情况。现有的瓜类细菌性果斑病可疑存在地区，进行深入重点调查。

四、瓜类细菌性果斑病应急控制技术规范

1. 范围

本规范规定了瓜类细菌性果斑病新发、爆发等生物入侵突发事件发生后的应急控制操作方法。

本规范适用于各级外来入侵生物管理机构和农业技术部门在生物入侵突发事件发生时的应急处置。

2. 应急控制方法

（1）田间防治。

要选择经检疫的无病种子。种植前进行种子消毒，可采用次氯酸钙 300 倍液，浸种 30～60min，或 40％的福尔马林 150 倍液浸种 2h，或 100 万单位的硫酸链霉素 500 倍液浸种 2h，或 1％盐酸浸种 5min，冲洗干净后催芽播种。

（2）药剂防治。

①选用铜制剂或抗生素防治效果较好。可用 140g/L 络氨铜水剂 300 倍液或 50％甲霜铜可湿性粉剂 600 倍液，50％琥胶肥酸铜可湿性粉剂 500 倍液，60％琥乙磷铝可湿性粉剂 500 倍液，77％氢氧化铜可湿性粉剂 400 倍液，900～1050L/hm²，每隔 7～10 天喷 1 次，连续 3 或 4 次。

②对生产有机瓜的田块，发病初期可选择抗生素进行防治。可用硫酸链霉素或农用链霉素可溶性粉剂 4000 倍液。47％春雷霉素・王铜 800～1000 倍液，1000 万单位链霉素＋80 万单位青霉素＋15L 水；1000 万单位新植霉素＋60L 水；在发病初期喷施。

五、瓜类细菌性果斑病综合治理技术规范

1. 范围

本规范规定了瓜类细菌性果斑病的综合治理技术细节及其操作方法。

本规范适用于各级农业植物保护相关部门对瓜类细菌性果斑病病害在不同发生地区的预防及综合治理。

2. 专项防治措施

瓜类果斑病的防治原则是选用抗病或无病种子，加强栽培管理，必要时采用药剂防治的综合管理措施。

1）生产无病种子

带菌种子是重要的初侵染源，解决种子带菌问题是果斑病防治的关键措施，应做好三方面工作。

（1）无病田繁种。首先保证病田不采种。从苗期开始，发现病株立即带土摘除，移至田外烧毁，并按防治要求做好种子处理。

（2）种子处理。从健康植株的健康果实上采收种子并进行处理。方法是：采种时，种子与果汁、果肉一同发酵24～48h，然后，将种子放入1%的盐酸中浸泡5min（或用1%的次氯酸钙浸泡15min）后，立即用清水洗净、风干。此法能杀死种子上的病菌，大幅度降低田间发病率，且对种子发芽无不良影响。

（3）种子带菌检测。必要时，应进行种子带菌检测。最直接的方法是抽样试种。

2）选用较抗病品种

试验证明，西瓜及甜瓜对该病尚未发现免疫性和抗性品系，且各品种均表现为感病。但品种间感病程度差异较大。因此，在发病较重的地区，应换掉原来的感病品种，改种较抗病的品种。通常三倍体较二倍体抗病，瓜皮色深绿的较浅的抗病。在我国新红宝品种感病程度较高。轮作倒茬西瓜、厚皮甜瓜，轮作年限越长，防效越好。轮作倒茬是防治果斑病简单有效的措施之一。

3）药剂防治

当田间出现病害后，可选用铜制剂、抗生素进行喷雾防治。应用铜制剂时，应注意对西瓜和甜瓜的药害，最好是先做好咨询、试验后再使用。抗生素可选用农用链霉素、四环素等药剂，在发病初期喷洒，根据天气及发病情况每7～10天用药1次。

4）田园措施

（1）秋翻地。实行秋季深翻地可以将病残体、野生寄主及病菌等翻入土壤深处或破坏其生存环境，从而降低菌源数量，减少侵染概率。

（2）设置通气道。在种植有网纹的厚皮甜瓜时可在定殖前，在定殖穴行的正下方挖一条宽30cm、深40cm的沟，并在沟底铺上15～20cm厚的稻草，覆土。这样能够增加根部透气性，保证植株健康，提高抗病能力，使瓜体发网均匀、粗壮、美观。

（3）清洁田园。首先是整地时，清除田间病株、病果、杂草及野生寄主植物体，以减少侵染来源。其次，田间发现病株要及时带土拔除，并移出瓜田烧毁，清除田间杂草，尤其是葫芦科杂草。

（4）播前浸种。瓜农在购到种子后，为减少发病，可在播种前，用1%盐酸浸种20min后，再用清水冲洗20min，然后风干、播种。

（5）消毒农事用具。为防止因农事活动而造成人为传播果斑病，对育苗用具、定殖用具、田间管理用具等采取使用前、使用后的消毒措施，以杀灭用具上的病菌。

（6）灌水管理尽量采用滴灌或软管等管式灌溉，避免喷灌、顶灌等方式，以降低因灌水而造成人为传播病害的概率。

3. 综合防治措施

根据不同种类、不同品种、不同地块的瓜类，可综合使用上述防治措施，减轻细菌性果斑病的危害、降低损失。

主要参考文献

方中达. 1998. 植病研究方法. 北京：中国农业出版社. 212~218

冯建军，许勇，李健强. 2006. 免疫凝聚试纸条和 *TaqMan* 探针实时荧光 PCR 检测西瓜细菌性果斑病菌比较研究. 植物病理学报，36（2）：102~108

胡俊，黄俊霞，刘双平等. 2006. 不同哈密瓜品种对细菌性果斑病抗病性及发展动态的研究. 华北农学报，21（6）：107~110

回文广，赵廷昌，Schaad N W 等. 2007. 哈密瓜细菌性果斑病菌快速检测方法的建立. 中国农业科学，40（11）：2495~2501

林德佩. 2005. 瓜类作物细菌性果实腐斑病（BFB）防治研究概述. 中国瓜菜，33（4）：35~37

任毓忠，李晖，李国英等. 2004. 哈密瓜种子带细菌性果斑病菌检测技术的研究. 植物检疫，18（2）：65~68

王政，胡俊. 2005. 哈密瓜细菌性果斑病种子带菌血清学检测技术的初探. 内蒙古农业大学学报，26（1）：20~23

张祥林，莫桂花. 1997. 西瓜细菌性果斑病. 植物检疫，11（4）：229~235

张昕，李国英. 金潜. 2001. 新疆哈密瓜细菌性斑点病病原的鉴定. 石河子大学学报，5（1）：245~247

赵丽涵，王笑，谢关林等. 2006. 免疫捕捉 PCR 法检测西瓜细菌性果斑病. 农业生物技术学报，14（6）：946~951

赵廷昌，孙福在，王兵万. 2001a. 西瓜细菌性果斑病研究进展. 植保技术与推广，21（3）：37~39

赵廷昌，孙福在，王兵万等. 2001b. 哈密瓜果斑病病原菌鉴定. 植物病理学报，31（4）：357~364

Assouline I，Milshtein H，Mizrahi M et al. 1997. *Acidovorax avenae* subsp. *citrulli* transmitted by solanaceous seeds. Phytoparasitica，25（2）：117~118

Demir G. 1996. A new bacterial disease of watermelon in Turkey：bacterial fruit blotch of watermelon (*Acidovorax avenae* subsp. *citrulli* (Schaad et al.) Willems et al.). Journal of Turkish Phytopathology，25（1/2）：43~49

Fessehaie A，Walcott R R. 2005. Biological control to protect watermelon blossoms and seed from infection by *Acidovorax avenae* subsp. *citrulli*. Phytopathology，95（4）：413~419

Frankle W G，Hopkins D L，Stall R E. 1993. Ingress of the watermelon fruit blotch bacterium into fruit. Plant Disease，77：1090~1092

Isakeit T，Black M C，Jones J B. 1998. Natural infection of citronmelon with *Acidovorax avenae* subsp. *citrulli*. Plant disease，82（3）：351

Kucharek T，Pérez Y，Hodge C. 1993. Transmission of the watermelon blotch bacterium from infested seed to seedlings. Phytopathology，83：467

Langston D B，Jr Walcott R D，Gitaitis R D et al. 1999. First report of fruit rot of pumpkin caused by *Acidovorax avenae* subsp. *citrulli* in Georgia. Plant Disease，83（2）：199

Latin R X，Hopkins D L. 1995. Bacterial fruit blotch of watermelon：the hypothetical exam question becomes reality. Plant Disease，79（8）：761~765

Martin H L，O'Brien R G，Abbott D V. 1999. First report of *Acidovorax avenae* subsp. *citrulli* as pathogen of cucumber. Plant Disease，83（10）：965

Mora-Umana F，Araya C M. 2002. Bacterial spot of fruits of melon and watermelon：integrated management of an emergency. Manajo Integrado Plagas Agroecol，66：105~110

Nomura T，Shirakawa T. 2001. Efficacy of hot water and bactericide treatments of watermelon seed Infested by *Acidovorax avenae* subsp. *citrulli*. Proceedings of the Kansai Plant Protection Society，（43）：1~6

O'Brien R G，Martin H L. 1999. Bacterial blotch of melons caused by strains of *Acidovorax avenae* subsp. *citrulli*. Aust J Exp Agric，39（4）：479~485

Rushing J W，Keinath A P，Cook W P. 1999. Postharvest development and transmission of watermelon fruit blotch. Hort Techology, 9 (2): 33～35

Schaad N W, Postnikova E, Randhawa P. 2003. Emergence of *Acidovorax avenae* subsp. *citrulli* as a crop threatening disease of watermelon and melon. *In*: Iacobellis N S, Collmer A, Hutcheson S W D. *Pseudomonas syringae* and Related Pathogens-Biology and Genetics. Presentations from the 6th International Conference on *Pseudomonas syringae* Pathovars and Related Pathogens. Dordrecht, Netherlands: Kluwer Academic Publishers, 46 (2): 573～582

Schaad N W, Sowell G, Goth R W et al. 1978. *Pseudomonas pseudoalcaligenes* subsp. *citrulli* subsp. nov. Int J Syst Bacteriol, 28 (1): 117～125

Shirakawa T, Kikuchi S, Kato T et al. 2000. Occurrence of watermelon bacterial fruit blotch in Japan. Annals of the Phytopathological Society of Japan, 66 (3): 223～231

Song W Y, Kim H M, Schaad N W. 2002. PCR primers for detection and identification of plant pathogenic species, subspecies, and strains of *Acidovorax*. United States Patent, No.: US 6423499B1, Date: 07/23/2002

Song W Y, Sechler A J, Hatziloukas et al. 2003. Use of PCR for the rapid identification of *Acidovorax avenae* and *A. avenae* subsp. *citrulli*. *In*: Iacobellis N S, Collmar A, Hutcheson S W et al. *Pseudomonas syringae* and Related Patogens. Dordrecht, The Netherland: Kluwer Academic Publishers. 531～544

Walcott R R, Gitaitis R D. 2000a. Detection of *Acidovorax avenae* subsp. *citrulli* in watermelon seed using immunomagnetic separation and the polymerase chain reaction. Plant Disease, 84 (4): 470～474

Walcott R R, Langston D B, Jr Sanders F H et al. 2000b. Investigating intraspecific variation of *Acidovorax avenae* subsp. *citrulli* using DNA fingerprinting and whole cell fatty acid analysis. Bacteriology, 90 (2): 191～196

Walcott R R, Langston D B, Jr Sanders F H et al. 2000c. Natural outbreak of a bacterial fruit rot of cantaloupe in Georgia caused by *Acidovorax avenae* subsp. *citrulli*. Plant Disease, 84 (3): 372

六、瓜类细菌性果斑病应急防控预案（样本）

1. 瓜类细菌性果斑病危害情况的确认、报告与分级

1）确认

疑似瓜类细菌性果斑病发生地的农业主管部门在 24h 内将采集到的瓜类细菌性果斑病标本送到上级农业行政主管部门所属的外来入侵生物管理机构，由省级外来入侵生物管理机构指定专门科研机构鉴定，省级外来入侵生物管理机构根据专家鉴定报告，报请农业部外来入侵生物管理办公室确认。

2）报告

确认本地区发生瓜类细菌性果斑病后，当地农业行政主管部门应在 24h 内向同级人民政府和上级农业行政主管部门报告，并迅速组织对本地区进行普查，及时查清发生和分布情况。省农业行政主管部门应在 24h 内将瓜类细菌性果斑病发生情况上报省人民政府和农业部，同时抄送省级林业部门和出入境检验检疫部门。

3）分级

一级危害：2 个或 2 个以上省（直辖市、自治区）发生瓜类细菌性果斑病危害；在 1 个省（直辖市、自治区）所辖的 2 个或 2 个以上地级市（区）发生瓜类细菌性果斑病

危害严重的。

二级危害：在 1 个地级市辖的 2 个或 2 个以上县（市、区）发生瓜类细菌性果斑病危害；或者在 1 个县（市、区）范围内发生瓜类细菌性果斑病危害程度严重的。

三级危害：在 1 个县（市、区）范围内发生瓜类细菌性果斑病危害。

出现以上一至三级危害程度时，启动本预案。

2. 应急响应

各级人民政府按分级管理、分级响应、属地管理的原则，根据农业部外来入侵生物管理机构的确认瓜类细菌性果斑病危害范围及程度，一级危害启动一级响应，二级危害启动二级响应，三级危害启动三级响应。

1) 一级响应

农业部立即成立瓜类细菌性果斑病防控工作领导小组，迅速组织协调各省、市（直辖市）人民政府及部级相关部门开展瓜类细菌性果斑病防控工作，并由农业部报告国务院；农业部主管部门要迅速组织对全国瓜类细菌性果斑病发生情况进行调查评估，制定防控工作方案，组织农业行政及技术人员采取防控措施，并及时将瓜类细菌性果斑病发生情况、防控工作方案及其执行情况报国务院主管部门；部级其他相关部门密切配合做好瓜类细菌性果斑病防控工作；农业部根据瓜类细菌性果斑病危害严重程度在技术、人员、物资、资金等方面对瓜类细菌性果斑病发生地给予紧急支持，必要时，请求国务院给予相应援助。

2) 二级响应

地级以上市人民政府立即成立瓜类细菌性果斑病防控工作领导小组，迅速组织协调各县（市、区）人民政府及市相关部门开展瓜类细菌性果斑病防控工作，并由本级人民政府报省人民政府；市级农业行政主管部门要迅速组织对本市瓜类细菌性果斑病发生情况进行全面调查评估，制定防控工作方案，组织农业行政及技术人员采取防控措施，并及时将瓜类细菌性果斑病发生情况、防控工作方案及其执行情况报省级农业行政主管部门；市级其他相关部门密切配合做好瓜类细菌性果斑病防控工作；省级农业行政主管部门加强督促指导，并组织查清本省瓜类细菌性果斑病发生情况；省人民政府根据瓜类细菌性果斑病危害严重程度和市级人民政府的请求，在技术、人员、物资、资金等方面对发生瓜类细菌性果斑病地区给予紧急援助支持。

3) 三级响应

县级人民政府立即成立瓜类细菌性果斑病防控工作领导小组，迅速组织协调各乡镇政府及县相关部门开展瓜类细菌性果斑病防控工作，并由本级人民政府报告上一级人民政府；县级农业行政主管部门要迅速组织对瓜类细菌性果斑病发生情况进行全面调查评估，制定防控工作方案，组织农业行政及技术人员采取防控措施，并及时将瓜类细菌性果斑病发生情况、防控工作方案及其执行情况报市级农业行政主管部门；县级其他相关部门密切配合做好瓜类细菌性果斑病防控工作；市级农业行政主管部门加强督促指导，并组织查清全市瓜类细菌性果斑病发生情况；市级人民政府根据瓜类细菌性果斑病危害严重程度和县级人民政府的请求，在技术、人员、物资、资金等方面对发生瓜类细菌性果斑病地区给予紧急援助支持。

3. 部门职责

各级瓜类细菌性果斑病防控工作领导小组负责本地区瓜类细菌性果斑病防控的指挥、协调工作，并负责监督应急预案的实施。农业部门具体负责组织瓜类细菌性果斑病监测调查、防控和及时报告、通报等工作；宣传部门负责引导传媒正确宣传报道瓜类细菌性果斑病有关情况；财政部门及时安排拨付瓜类细菌性果斑病防控应急经费；科技部门组织瓜类细菌性果斑病防控技术研究；经贸部门组织防控物资生产供应，以及瓜类细菌性果斑病对贸易和投资环境影响的应对工作；林业部门负责林地的瓜类细菌性果斑病调查及防控工作；出入境检验检疫部门加强出入境检验检疫工作，防止瓜类细菌性果斑病的传入和传出；发展改革、建设、交通、环境保护、旅游、水利、民航等部门密切配合做好相关工作。

4. 瓜类细菌性果斑病发生点、发生区和监测区的划定

发生点：瓜类细菌性果斑病危害寄主植物外缘周围 100m 以内的范围划定为一个发生点（两个寄主植物距离在 100m 以内为同一发生点）；划定发生点若遇河流和公路，应以河流和公路为界，其他可根据当地具体情况作适当的调整。

发生区：发生点所在的行政村区域划定为发生区范围；发生点跨越多个行政村的，将所有跨越的行政村划为同一发生区。

监测区：发生区外围 5000m 的范围划定为监测区；在划定边界时若遇到水面宽度大于 5000m 的湖泊和水库，以湖泊或水库的内缘为界。

5. 封锁、控制和扑灭

瓜类细菌性果斑病发生区所在地的农业行政主管部门对发生区内的瓜类细菌性果斑病危害寄主植物上设置醒目的标志和界线，并采取措施进行封锁控制和扑灭。

1）封锁控制

对瓜类细菌性果斑病发生区内机场、码头、车站、停车场、机关、学校、厂矿、农舍、庭院、街道、主要交通干线两旁区域、有外运产品的生产单位以及物流集散地，有关部门要进行全面调查，货主单位和货运企业应积极配合有关部门做好瓜类细菌性果斑病的防控工作。瓜类细菌性果斑病危害情况特别严重时，经省人民政府批准，可在发生区周边主要交通要道设立临时植物检疫检查站，对外运的种苗、花卉、盆景、草皮、蔬菜、水果等植物产品进行检疫，禁止瓜类细菌性果斑病发生区内树枝落叶、杂草、菜叶等垃圾外运，防止瓜类细菌性果斑病随水流传播。

2）防治与扑灭

经常性开展扑杀瓜类细菌性果斑病行动，采用化学、物理、人工、综合防治方法灭除瓜类细菌性果斑病，即先喷施化学杀虫剂进行灭杀，人工铲除发生区杂草，直至扑灭瓜类细菌性果斑病。

6. 调查和监测

瓜类细菌性果斑病发生区及周边地区的各级农业植物检疫机构要加强对本地区的调查和监测，做好监测结果记录，保存记录档案，定期汇总上报。其他地区要加强对来自瓜类细菌性果斑病发生区的植物及植物产品的检疫和监测，防止瓜类细菌性果斑病传入。

7. 宣传引导

各级宣传部门要积极引导媒体正确报道瓜类细菌性果斑病发生及控制情况。有关新闻和消息，应通过政府部门正常渠道获取，防止炒作，避免失实报道引起社会不安。在瓜类细菌性果斑病发生区，要利用适当的方式进行科普宣传，重点宣传防范知识、防控技术方法。当媒体上出现不实报道或社会上流传谣言时，应立即正面澄清，加强舆论引导，减少负面影响。

8. 应急保障

1）队伍保障

各级人民政府要组建由农业行政主管部门技术人员以及有关专家组成的瓜类细菌性果斑病应急防控队伍，加强专业技术人员培训，提高应急防控队伍人员的专业素质和业务水平，为应急预案的启动提供高素质的应急队伍保障，成立防治专业队；要充分发动群众，实施群防群控。

2）物资保障

省、市、县各级人民政府要建立瓜类细菌性果斑病防控应急物资储备制度，确保物资供应，对瓜类细菌性果斑病危害严重的地区，应该及时调拨救助物资，保障受灾农民生活和生产的稳定。

3）经费保障

各级人民政府应安排专项资金，用于瓜类细菌性果斑病应急防控工作。应急响应启动时，当地农业行政主管部门会商有关部门提出经费使用计划，由同级财政部门核拨，财政、农业、审计等部门对专项资金的使用和管理情况进行严格的监督检查，确保专款专用。

4）技术保障

科技部门要大力支持瓜类细菌性果斑病防控技术研究，为持续有效控制瓜类细菌性果斑病提供技术支撑。在瓜类细菌性果斑病发生地，有关部门要组织本地技术骨干力量，加强对瓜类细菌性果斑病防控工作的技术指导。

9. 应急解除

通过采取全面、有效的防控措施，达到防控效果后，县、市农业行政主管部门向省农业行政主管部门提出申请，经省农业行政主管部门组织专家评估论证，防治效果达到标准的，由省外来有害生物防控领导小组报请农业部批准，可解除应急。

经过连续6个月的监测仍未发现瓜类细菌性果斑病，经省农业行政主管部门组织专家论证，确认扑灭瓜类细菌性果斑病后，经瓜类细菌性果斑病发生区农业行政主管部门逐级向省农业行政主管部门报告，由省农业行政主管部门报省人民政府及国家农业部批准解除瓜类细菌性果斑病发生区，同时将有关情况通报林业部门和出入境检验检疫部门。

10. 附则

省（直辖市、自治区）各级人民政府根据本预案制定本地区瓜类细菌性果斑病防控应急预案。

本预案自发布之日起实施。

本预案由农业部外来入侵生物管理办公室负责解释。

（刘凤权　钱国良）

黄瓜绿斑驳花叶病毒应急防控技术指南

一、病原与病害

学　　名：*Cucumber green mottle mosaic virus*
异　　名：*Cucumber virus* 3，*Cucumis virus* 2
英　文　名：cucumber green mottle mosaic virus（CGMMV）
中　文　名：黄瓜绿斑驳花叶病毒

1. 起源与分布

起源：黄瓜绿斑驳花叶病毒于 1935 年在英国的黄瓜上首次发现并报道，当时被命名为 *Cucumber virus* 3 和 *Cucumber virus* 4。

国外分布：目前在英国、希腊、罗马尼亚、匈牙利、印度、沙特阿拉伯、丹麦、德国、俄罗斯、保加利亚、捷克、巴西、爱尔兰、摩尔多瓦、瑞典、芬兰、韩国、朝鲜、以色列、波兰、日本、巴基斯坦分布。

国内分布：北京（平谷）、辽宁（盖州、新民、大石桥）、河北（滦县、新乐）、广东（海丰）、山东（昌乐、茌平）以及湖北（武汉）、台湾部分地区。

2. 分类与形态特征

分类地位：番茄丛矮病毒科（*Tombusviridae*）烟草花叶病毒属（*Tobamovirus*）。

单链 RNA 病毒，病毒粒体直杆状，大小为 300nm×18nm。最早由 Ainsworth 于 1935 年记述。CGMMV 存在株系分化，目前报道有 5 个株系，即西瓜株系、黄瓜株系、Yodo 株系、印度 C 株系、黄瓜奥克巴株系。

结构：在电镜下，CGMMV 呈直杆状，长度约 300nm，直径为 18nm，一个螺旋 2.3nm，半径 2.0nm，RNA 位于距中心 4.0nm 处，一个螺旋由 49 个亚单位或 3 个转角组成。

病毒基因组为正单链线性 RNA，全长约 6.4kb，编码 4 个蛋白；病毒基因组 5′ 和 3′ 端分别含有一段非编码区。基因组为单一组分，碱基比 G：A：C：U＝25：26：19：30，占粒子重的 6%。基因组不带 Poly（A）尾巴，而具有类似 tRNA 结构（tRNA-like structure）。

3. 寄主范围

黄瓜绿斑驳花叶病毒在自然界主要侵染西瓜（*Citrullus lanatus*）、甜瓜（*Cucumis melo*）、黄瓜（*Cucumis sativus*）、南瓜（*Cucurbita moschata*）、瓠子（*Lagenaria siceraria* var. *hispida*)、丝瓜（*Luffa cylindrica*）、苦瓜（*Momordica charantia*）等葫芦科植物。一些杂草也是 CGMMV 的寄主，主要包括北美苋（*Amaranthus blitoides*）、反枝苋（*Amaranthus retroflexus*）、天芥菜（*Heliotropium europaeum*）、马齿苋（*Portulaca oleracea*）、龙葵（*Solanum nigrum*）等。

4. 所致病害症状

黄瓜：新叶出现黄色小斑点，后逐渐发展成斑驳、花叶和浓绿泡状突起，叶片畸形；有时黄色小斑点沿叶脉扩展成星状，或脉间褪色，叶脉呈绿带状，植株往往矮化。果实上可产生严重的斑驳、浓绿色瘤状突起，果实严重受损。

西瓜：带毒种子出苗后，幼苗的瓜蔓先端幼叶出现不规则的褪色或淡黄色花叶，继而绿色部分隆起，叶面凹凸不平，叶片老化后症状逐渐不明显，与健叶无大区别。接种株经 10~15 天开始显示病症，斑驳是主要症状，叶片硬化凹凸卷曲，有时也黄化；如在坐果期或坐果后不久受侵染，则果实表面出现浓绿色、略圆的斑纹，有时病斑中央产生坏死点；果实成熟时果肉周边接近果皮部呈黄色水渍状，进而种子周围的果肉变成紫红色或暗红色水渍状，果肉内出现块状黄色纤维，逐渐成为空洞呈丝瓜瓤状，味苦不能食用。

甜瓜：受害枝蔓的新叶出现黄斑，但随着叶片的老化，症状逐渐减轻；成株侧枝的叶片呈现不整形或星状黄化叶，生长后期顶部叶片有时产生大型黄色轮斑。幼果有绿色花纹，后期为绿色斑，或在绿色斑中央再出现灰白色斑。

瓠子：叶片出现花叶，有绿色突起，脉间黄化，叶脉呈绿带状。植株上部叶片变小、黄化，下部叶片边缘波浪状，叶脉皱缩，叶片畸形；未成熟果实出现轻微斑驳，绿色部分稍突起，成熟后症状消失，果梗坏死。

5. 理化性质

CGMMV 是一种很稳定的病毒，特别是在黄瓜汁液中，所有病毒株系都极其稳定。致死温度：典型株系为 90℃，10min；西瓜和 Yodo 株系为 90~100℃，10min；印度 C 株系为 86~88℃，10min；稀释限点：典型株系为 10^{-6}，西瓜株系为 10^{-7}；体外保毒期：室温下为 240 天以上，0℃时可长达数年。

6. 传播途径

黄瓜绿斑驳花叶病毒是世界上许多国家和地区葫芦科植物上的重要检疫性病毒，自 2005 年起在我国辽宁、广东以及北京等地陆续发生。

农事操作是田间病害流行的主要因素之一。病株中的病毒浓度极高且极为稳定，所有田间作业如嫁接、整枝、搭架、摘心、授粉、采收均可传播，受污染的花盆、架材、架绳、旧薄膜、农具、刀片等也都能传毒，剪枝用的刀片最高传毒率为 45%，接触到病株汁液的植株可在 7~12 天内发病；介体、汁液和被病残体污染的土壤等也能传毒。带毒种子是 CGMMV 远距离传播的主要侵染源，在黄瓜、西瓜嫁接过程中，砧木中的病毒也可传到接穗。没有明确的传毒介体，有试验表明桃蚜（*Myzus persicae*）和棉蚜（*Aphis gossypii*）不传毒。但有报道黄瓜叶甲（*Raphidopalpa fevicolis*）可传毒。因此引进带毒种子和进行带毒嫁接是 CGMMV 得以广泛传播的主要因素。

7. 经济损失

黄瓜绿斑驳花叶病毒病曾给日本的西瓜、甜瓜生产带来严重损失。1971 年仅静冈县的厚皮甜瓜损失就达 1 亿日元；关东地区的西瓜发病面积达 1250hm²，损失 9 亿日元，以后蔓延到西部和北部各地。1987 年和 1995 年，韩国西瓜上爆发此病，造成果实倒瓤，恶称"血果肉"，1998 年，受害的葫芦科作物面积达 463hm²，经济损失惨重。在前苏联的格鲁吉亚地区，CGMMV 发生率达 80%～100%，受害西瓜内部呈丝瓜瓤状和大量空洞，味苦而不能食用，减产 30%，甚至绝收。近几年，我国的西瓜、甜瓜上已经出现了由 CGMMV 引起的新病害，农民视为"瘟疫"。塑料大棚和小拱棚栽培从 4 月中下旬、露地栽培 5 月下旬～6 月上旬开始发病，对产量影响较大。2005 年辽宁省盖州市西瓜染病面积达 333hm²，其中 13hm² 绝收。

图版 35

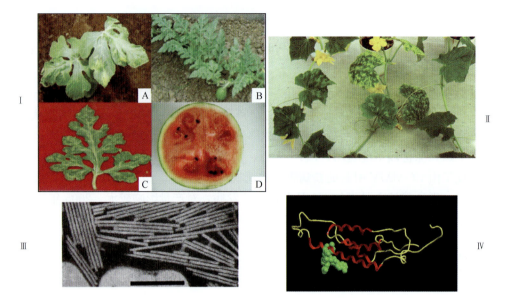

图版说明

Ⅰ. 在西瓜上的为害状

    A. 西瓜幼苗上出现症状

    B. 西瓜得病的植株

    C. 西瓜叶片上出现花叶

    D. 西瓜病果的剖面

Ⅱ. 在黄瓜植株上的为害状

最左植株被黄瓜绿斑驳花叶病毒（CGMMV）侵染；中间植株被黄瓜花叶病毒（CMV）侵染；最右为健康植株

Ⅲ. 杆状病毒颗粒。示 2% 磷钨酸钾处理样品的电镜照片。图中指示尺为 0.3μm

Ⅳ. 病毒外壳蛋白结构，红色示折叠成反向平行的四个螺旋二级结构。绿色示病毒 RNA

图片作者或来源

Ⅰ. 作者提供

Ⅱ. 下载自 http://www. staff. kvl. dk/～thluj3/symptoms/cucucmv. html（最后访问日期2009-12-2）

Ⅲ. Hollings M，Komuro Y，Tochihara H. 1975. Cucumber green mottle mosaic virus. Description of Plant Viruses. 154（http://www. dpvweb. net/dpv/showdpv. php?dpvno＝ 154，最后访问日期 2009-12-2）

Ⅳ. 下载自 Biomolecules Gallery（http://gibk26. bse. kyutech. ac. jp/jouhou/image/dna-protein/all/N1cgm. gif，最后访问日期 2009-12-2）根据 Wang H，Srubbs G. 1994. Structure determination of cucumber green mottle mosaic virus by X-ray fiber diffraction：significance for the evolution of tobamoviruses. Journal of Molecular Biology，239：371～384 Accession：1CGM

二、黄瓜绿斑驳花叶病毒检验检疫技术规范

1. 范围

本规范规定了黄瓜绿斑驳花叶病毒（CGMMV）的检验检疫及检疫处理操作办法。

本规范适用于外来入侵生物管理部门和农业植物检疫部门对 CGMMV 携毒植株、果实、种苗及可能携带病毒的包装、交通工具等进行的检疫检验和检疫处理。

2. 仪器设备、用具及试剂

1）仪器设备

洗板机、酶联检测仪、高速冷冻离心机、涡旋混合仪、实时荧光 PCR 仪、电泳仪、电泳槽、紫外透射仪、隔离温室、电子天平（感量 0.001g）、超净工作台、榨汁机、水浴锅。

2）用具

微量移液器（0.5μL，2μL，10μL，20μL，100μL，200μL，1000μL）、PCR 反应管或 96 孔光化学 PCR 反应板、酶联板、研钵。

3）试剂

酶联测定试剂（附录 A）和 RT-PCR 检测试剂（附录 B）。

3. 样品制备

1）种子样品制备及检疫鉴定

挑取 500 粒种子（重点挑取畸形、不成熟的种子）播于灭菌土中，待长出 3 或 4 片叶后将表现症状的植株编号，未表现症状的植株分组（10 株为 1 组）并编号。采集的叶片分成两份，分别用于酶联测定和分子生物学检测。

也可以挑取畸形、不成熟的种子直接进行酶联测定和分子生物学检测。

2）苗木检验鉴定

有症状的苗木单独检测，没有症状的分组检测。

3）植物产品的检验鉴定

植物产品有症状的部分（如果实上的畸形、斑驳等）单独检测。没有症状或无法观察症状的植物产品，应按比例取样，检测方法为酶联测定和分子生物学检测。

4. 检测方法

1）双抗体夹心酶联免疫吸附测定

把制备的样品上清液加入已包被 CGMMV 抗体的 96 孔酶联板中，进行 DAS-ELISA 检测。每个样品平行加到两个孔中。健康的植物组织作阴性对照，感染 CGM-MV 的植物组织作阳性对照，样品提取缓冲液作空白对照，其中阴性对照种类和材料（如种子或叶片）应尽量与检测样品一致。具体操作如下。

（1）包被抗体。

用包被缓冲液将抗体按说明稀释，加入酶联板的孔中，$100\mu L$/孔，加盖，室温避光孵育 4h 或 4℃冰箱孵育过夜，清空酶联板孔中溶液，PBST 缓冲液洗涤 4～6 次，每次至少 5min。

（2）样品制备。

待测样品按 1：10（m/V）加入抽提缓冲液，用研钵研磨成浆，2000r/min，离心 10min，上清即为制备好的检测样品。样品提取缓冲液作空白对照，阴性对照、阳性对照作相应的处理或按照说明书进行。

（3）加样。

加入制备好的检测样品、空白对照、阴性对照、阳性对照，$100\mu L$/孔，加盖，室温避光孵育 2h 或 4℃冰箱孵育过夜，清空酶联板孔中溶液，PBST 缓冲液洗涤 4～6 次，每次至少 5min。

（4）加酶标抗体。

用酶标抗体稀释缓冲液按说明将酶标抗体稀释至工作浓度，并加入到酶联板中，$100\mu L$/孔，加盖，室温避光孵育 2h，清空酶联板孔中溶液，PBST 缓冲液洗涤 4～6 次，每次至少 5min。

（5）加底物。

将底物 PNPP 加入到底物缓冲液中使终浓度为 1mg/mL（现配现用），按 $100\mu L$/孔，加入到酶联板中，室温避光孵育。

（6）读数。

用酶标仪在 30min、1h 和 2h 于 405nm 处读 OD 值。

（7）结果判断。

对照孔的 OD_{405} 值（缓冲液孔、阴性对照孔及阳性对照孔），应该在质量控制范围内，即缓冲液孔和阴性对照孔的 OD_{405}＜0.15，当阴性对照孔的 OD_{405}＜0.05 时，按 0.05 计算。阳性对照有明显的颜色反应；阳性对照 OD_{405}/阴性对照 OD_{405}＞2；孔的重复性应基本一致。

在满足了上述质量要求后，结果原则上可判断如下：样品 OD_{405}／阴性对照 OD_{405} 明显＞2，判为阳性。样品 OD_{405}／阴性对照 OD_{405} 在阈值附近，判为可疑样品，需重新做一次，或用其他方法加以验证。样品 OD_{405} 阴性／对照 OD_{405} 值明显＜2，判为阴性。若满足不了质量要求，则不能进行结果判断。

2）RT-PCR 检测

分别提取样品和对照的总 RNA，逆转录合成 cDNA 后，进行 PCR 扩增。健康的植物组织作阴性对照，感染 CGMMV 的植物组织作阳性对照，用超纯水作空白对照。具体操作如下。

（1）总 RNA 提取。

称取 0.1g 植物组织加液氮研磨成粉末状，迅速将其移入灭菌的 1.5mL 离心管中，加入 1mL 的 Trizol 试剂，剧烈振荡摇匀，室温静置 3min；4℃，12 000g 离心 10min，取上清；加入 200μL 氯仿，上下颠倒混匀，室温静置 3min；4℃，12 000g 离心 10min，取上层水相；加等体积的异丙醇，颠倒混匀；4℃，12 000g 离心 10min，弃上清；加 1mL75％的乙醇洗涤沉淀，4℃，7500g 离心 5min，弃乙醇；沉淀于室温下充分干燥后，溶于 30μL 经 DEPC（焦碳酸二乙酯）处理的 ddH$_2$O，－20℃保存备用。

（2）RT-PCR 反应。

① 引物序列。

上游引物 CGMMV1：5′-CGTGGTAAGCGGCATTCTAAACCTC -3′。

下游引物 CGMMV2：5′-CCGCAAACCAATGAGCAAACCG -3′。

RT-PCR 产物大小 654bp。

② cDNA 合成。

逆转录总体系为 12.5μL。在 PCR 管中依次加入 3μL 总 RNA，1μL CGMMV2 引物，在 65℃温浴 7min，然后，冰浴 5min，瞬离，再向 PCR 管中加入下列试剂：M-MLV RT（200U/μL）0.5μL、5×RT 缓冲液 2.5μL、dNTP（10mmol/L）0.5μL、RNasin（40U/μL）0.5μL、DEPC 处理的 ddH$_2$O 4.5μL。反应参数：37℃，60min，95℃，10min。合成的 cDNA 于－20℃冰箱保存备用。

③PCR 扩增。

PCR 反应体系见表 1。反应参数：95℃，4min；95℃，60s；60℃，50s；72℃，60s；30 个循环；72℃，10min。也可采用一步法 RT-PCR 试剂盒进行扩增。

表 1　PCR 反应体系

试剂名称	加样量/μL	试剂名称	加样量/μL
10×PCR 缓冲液	2.5	CGMMV2(20pmol/μL)	0.5
MgCl$_2$(25mmol/L)	2.5	Taq 酶(5U/μL)	0.2
dNTP(10mmol/L)	1.0	cDNA 模板	3.0
CGMMV1(20pmol/μL)	0.5	ddH$_2$O	补足反应总体积至 25μL

④ 琼脂糖电泳。

将适量（2～3μL）的 6×加样缓冲液与 8μL 样品混合，然后选择适合的 DNA 分子质量标准物分别加入到琼脂糖凝胶孔中在 1×TAE 缓冲液中电泳。当加样缓冲液中的溴酚蓝迁移至足够分离 DNA 片段时，关闭电源。将整个胶置于紫外透射仪上观察。

阳性对照在 654bp 左右处有扩增片段，阴性对照和空白对照无特异性扩增，样品出现与阳性对照一致的扩增条带，可判定为阳性。

阳性对照、阴性对照和空白对照正确，样品未出现与阳性对照一致的扩增条带，判定结果为阴性。

3）实时荧光 RT-PCR 检测

分别提取样品和对照的总 RNA，进行实时荧光 RT-PCR 检测。健康的植物组织作阴性对照，感染 CGMMV 的植物组织作阳性对照，超纯水作空白对照。具体操作如下。

（1）主要试剂。

*Taq*Man One-Step RT-PCR Master Mix Reagents。RNA 提取试剂见本节"总RNA 提取"。

（2）引物与探针。

引物和探针序列见表 2。

表 2 引物和探针序列及其在基因组中的位置

引物名称	序列	位置
CGMMV-FP	5′-GCATAGTGCTTTCCCGTTCAC-3′	6284~6304nt
CGMMV-RP	5′-TGCAGAATTACTGCCCATAGAAAC-3′	6361~6384nt
CGMMV-FAM	FAM -CGGTTTGCTCATTGGTTTGCGGA -TAMARA	6315~6337nt

（3）RNA 提取。

操作方法见本节"总 RNA 提取"。

（4）反应体系。

实时荧光 PCR 反应体系见表 3。

表 3 实时荧光 RT-PCR 反应体系

试剂名称	加样量/μL	试剂名称	加样量/μL
2×Master Mix without UNG	25.0	CGMMV - RP(20μmol/L)	1.0
40×MultiScribe and RNase Inhibitor Mix	1.25	CGMMV - FAM(20μmol/L)	0.5
CGGMV 模板(RNA)	3.0	DEPC 处理水	补足反应总体积至50μL
CGMMV - FP(20μmol/L)	1.0		

（5）实时荧光 RT-PCR 反应参数。

检测 CGMMV 反应参数见表 4。

表 4 实时荧光 RT-PCR 反应参数

作用	温度	时间
逆转录	48℃	30min
活化 DNA 合成酶和预变性	95℃	10min
PCR(40 个循环)		
变性	95℃	15s
延伸	60℃	1min

（6）结果判定。

检测样品的 Ct 值大于或等于 40 时，则判定黄瓜绿斑驳花叶病毒阴性。

检测样品的 Ct 值小于或等于 35 时，则判定黄瓜绿斑驳花叶病毒阳性。

检测样品的 Ct 值小于 40 而大于 35 时，应重新进行测试，如果重新测试的 Ct 值大于或等于 40 时，则判定黄瓜绿斑驳花叶病毒阴性；如果重新测试的 Ct 值小于 40，则判定黄瓜绿斑驳花叶病毒阳性。

4）生物学接种试验

病叶加 1 : 3（m/V）的磷酸盐缓冲液（0.01mol/L，pH7.2）于研钵中充分研碎，在待接种植物叶片表面均匀洒上硅藻土，用手指蘸取研磨好的汁液轻轻涂抹于叶片表面。鉴别寄主接种后分别表现为——黄瓜（*Cucumis sativus*）：系统侵染，褪绿斑或花叶；西瓜（*Citrullus lanatus*）：系统花叶。苋色藜（*Chenopodium amaranticolor*）、曼陀罗（*Datura stramonium*）、碧冬茄（*Petunia hybrida*）表现为局部枯斑。

5. 结果判定

本节 4. 中 1）、2）、3）、4）中如果两种方法的检测结果为阳性，即可判断该批种子或苗木携带黄瓜绿斑驳花叶病毒。一般是酶联测定为阳性后，RT-PCR 或实时荧光 RT-PCR 检测结果为阳性即可判断为携带黄瓜绿斑驳花叶病毒。必要时可进行生物接种试验。

6. 样品保存、结果记录与资料保存

1）样品保存

经检验确定携带黄瓜绿斑驳花叶病毒的样品应在合适的条件下保存，种子保存在 4℃，病株在−20℃或者−80℃冰箱中保存，做好标记和登记工作。

2）结果记录与资料保存

完整的实验记录包括：样品的来源、种类，检测时间、地点、方法和结果等，并要有经手人和检测人员的签字。酶联测定应有酶联板反应原始数据，RT-PCR 检测应有扩增结果图片，生物学接种应有症状照片。

附录 A　双抗体夹心酶联免疫吸附测定试剂

1. 包被抗体
特异性的黄瓜绿斑驳花叶病毒抗体。
2. 酶标抗体
碱性磷酸酯酶标记的黄瓜绿斑驳花叶病毒抗体。
3. 底物
对-硝基苯磷酸二钠（p-NPP）

4. PBST 缓冲液（洗涤缓冲液 pH7.4）

NaCl	8.0g
Na_2HPO_4	1.15g
KH_2PO_4	0.2g
KCl	0.2g
Tween-20	0.5mL

加入 900mL 蒸馏水溶解，用 NaOH 或 HCl 调节 pH 到 7.4，蒸馏水定容至 1L。
每升 PBS 中加入 0.5mL 的 Tween-20。

5. 样品抽提缓冲液（pH7.4）

PBST	1L
Na_2SO_3	1.3g
PVP（MW24 000~40 000）	20g
NaN_3	0.2g

用 NaOH 或 HCl 调节 pH 到 7.4。4℃储存。

6. 包被缓冲液（pH9.6）

Na_2CO_3	1.59g
$NaHCO_3$	2.93g
NaN_3	0.2g

加入 900mL 蒸馏水溶解，用 HCl 调节 pH 到 9.6，蒸馏定容至 1L。4℃储存。

7. 酶标抗体稀释缓冲液（pH7.4）

PBST	1L
BSA（牛血清白蛋白）或脱脂奶粉	2.0g
PVP（MW24 000~40 000）	20.0g
NaN_3	0.2g

用 NaOH 或 HCl 调节 pH 到 7.4。4℃储存。

8. 底物（p-NPP）缓冲液（pH9.8）

$MgCl_2$	0.1g
NaN_3	0.2g
二乙醇胺	97mL

溶于 800mL 蒸馏水中，用 HCl 调 pH 至 9.8，蒸馏水定容至 1L。4℃储存。

附录 B　RT-PCR 检测试剂

1. RNA 提取试剂

Trizol 裂解液、氯仿、异丙醇、75%乙醇。

2. 逆转录试剂

M-MLV RT（200U/μL）、5×RT 缓冲液、dNTP（10mmol/L）、RNasin（40U/μL）、DEPC 处理过的 ddH_2O。

3. PCR 试剂

10×PCR 缓冲液、MgCl$_2$（25mmol/L）、dNTP（10mmol/L）、Taq 酶（5U/μL）。

4. 电泳试剂

4.1　50×TAE

Tris	242g
冰醋酸	52.1mL
Na$_2$EDTA・2H$_2$O	37.2g

加水至 1L。用时加水稀释至 1×TAE。

4.2　6×加样缓冲液

0.25%溴酚蓝

40%（m/V）蔗糖水溶液

三、黄瓜绿斑驳花叶病毒所致病害监测预警技术方法

1. 加强对国外引进种苗的管理

应严格按照《关于加强葫芦科植物种苗引进检疫审批管理的紧急通知》（农技植保〔2007〕3 号）要求，控制从疫情发生地引进葫芦科植物种苗。

2. 加强调查监测，摸清疫情分布及发生动态

应组织检疫人员，充分发动群众，密切注意疫情的发生动态，严防疫情传入。开展从疫情发生区引进寄主种苗的调查，查清市场销售种苗的流向，引种数量，种植面积，种植地点，病虫害发生、防治等情况，实时监控生长期间疫情动态。另外，对高风险区域内的西瓜等葫芦科作物进行全面调查，重点加强对瓜果生产基地的调查监测，对新发现疫情要追溯来源，及时处置。发现可疑植株要采样送相关检测单位检测。对于监测中发现的可疑疫情，必须及时查清情况，采取检疫措施进行封锁控制，并立即报告省级农业行政主管部门，省级农业主管部门要立即上报省级人民政府和农业部。由农业部发布疫情信息。

3. 加强检疫监管，严防疫情传播扩散

严格规范葫芦科瓜类种子种苗繁育和生产的检疫管理，加强产地检疫和调运检疫，禁止从疫情发生区调运葫芦科种子种苗。要结合当地的农时及检疫工作安排，组织开展种子种苗专项检疫检查，重点检查黄瓜绿斑驳病毒寄主植物种子，对违规调运或无证销售的要依法查处。各地结合市场检疫和调运检疫，加强对来自国内外疫情发生区的相关植物及植物产品的检疫检验，尤其是产地检疫，通过检疫监管主动切断疫情传入的途径，认真做好疫情的调查监测工作。

4. 加强协作交流，提高监测与防控科学性

要充分利用植物检疫部门与科研院校协作组平台，加强信息和技术交流，及时总结

经验，不断完善监测与防控技术方案，确保疫情调查和铲除工作的扎实有效，提升疫情防控的科学技术水平。

5. 做好宣传培训工作

通过开展各种形式的科普宣传培训活动，提高基层检疫技术人员的防控技能，引导农民正确认识黄瓜绿斑驳花叶病毒病的危害，提高群防群控的水平。

四、黄瓜绿斑驳花叶病毒所致病害应急控制技术规范

（1）任何单位和个人发现黄瓜绿斑驳花叶病毒病疑似病株后，要在24h内向当地农业行政主管部门或其所属植物保护、植物检疫机构报告，农业行政主管部门及上级植物保护、植物检疫机构接到黄瓜绿斑驳花叶病毒疫情报告后，要在3天内派技术人员到现场调查情况和鉴定疑似生物样本，在5天内完成风险分析。同时将疑似样品在第一时间送至农业部委托的具黄瓜绿斑驳花叶病毒检测资质的植物检疫部门或高校、科研院所检测。疫情确认后由当地农业行政主管部门向当地农业植物生物灾害控制工作领导小组或指挥部报告，并逐级上报。

（2）由当地疫情防控指挥办公室启动相应的应急预案。向上级提出封锁、控制、扑灭建议。通过相关部门对疫情的确认后，对疫情向社会公布，应及时划定疫点、疫区和受威胁地区，树立明显标识；组织力量销毁染疫农作物和农产品，严格检疫隔离措施，对保护区实行喷药保护。

（3）组建黄瓜绿斑驳花叶病毒病疫情应急防控预备队和开展技术培训，发放黄瓜绿斑驳花叶病毒病的相关画册、书籍以及光盘，对技术人员快速培训，并开展疫区、监测区及周围受威胁地区群众的宣传教育，普及黄瓜绿斑驳花叶病毒病的识别与控制技术常识。应急预备队应由农业行政管理人员、专（兼）职植物检疫员、植物保护专家、农业专家等组成。必要时，公安机关、武警部队应依法协助执行任务。

（4）及时采取封锁控制措施，立即禁止从疫情发生区调运种子、种苗和农产品。对确认发生疫情的农作物要进行彻底销毁处理，对染疫铺垫物、田地、水源要进行无害化处理。应由专业技术人员着一次性防护服、手套、鞋套进入现场，拔除病株，将染疫农作物和农产品包裹严密，带出室外或田外深埋或烧掉，并在病株区撒入生石灰进行消毒。对疫情发生区周围7km范围内的所有同种作物和农用工具等可喷洒20g/L宁南霉素水剂200倍液喷雾、25％吗胍·硫酸锌粉剂1000倍液喷雾或20％吗胍·乙酸铜可湿性粉剂500倍液喷雾等进行药剂防治。按照"早、快、严"的原则进行防控，坚决防止疫情扩散。

（5）对于已划定为黄瓜绿斑驳花叶病毒病疫区和监测区开展入户调查，所有农户的大棚及田间的葫芦科作物的秧苗、瓜果及种子采取调查、监测、检疫、确认、疫源追踪等工作。调查确认黄瓜绿斑驳花叶病毒病疫情发生区内农作物种类、品种名称、来源、染疫面积；调查确认感染黄瓜绿斑驳花叶病毒病的农作物危害率和危害程度；确定要销毁的农作物面积、农产品数量；调查确认疫情监测区和受威胁区内农作物的面积，制订

保护计划。

（6）加强对来自疫情发生区运输工具的检疫和防疫消毒，禁止旅客携带或邮寄来自疫情发生区的种子、种苗和农产品。依法实施植物检疫，防止疫情的传入和传出，将疫情封锁在可控制范围内。

（7）疫区的疫情相关数据每隔 5 天向上级业务部门报告一次；监测区和受威胁区发现疫情时，各级农业部门所属植物保护、植物检疫机构要在 24h 内向当地农业行政主管部门和上级植物保护、植物检疫机构报告。

（8）对疫情发生区的组织机构、防控经费、技术人员和工作措施进行督导和检查，组织有关专家提供防控技术咨询及现场指导，监督指导疫区、监测区和受威胁地区农业植物及植物产品的销售和调运。

总之，要做到发现疫情于新传入之际，扑灭新疫情于立足未稳之时，控制疫情于局部区域。

五、黄瓜绿斑驳花叶病毒所致病害综合治理技术规范

目前没有较好的防治方法，主要采取以预防为主的综合防治措施。

1. 加强植物检疫

植物检疫部门要对瓜类种苗繁育基地进行严格的产地检疫；加强瓜类种苗和种子的调运检疫。禁止从发病区调运种子秧苗，西瓜调运时，必须经过检疫合格后方可外运。发病区严禁叶片、藤蔓做铺垫物和填充物，对调入的葫芦等砧木种子要进行复检，发现疫情，及时处理。

2. 选用抗病品种

加强引种管理，绝不能从病区引种和病地采种，选用无病砧木种子接穗是防治该病的重要措施。严禁种子带毒，各种瓜类种子要进行种子消毒处理。目前行之有效的方法是热处理。国内报道，70℃干热处理72h 对种子发芽及种苗生长几乎没有影响，但可以去除和钝化病毒。但在进行干热处理时必须注意的是接受处理的种子含水量一般应低于4%，并且处理时间要严格控制。还可以用 10% 磷酸三钠溶液浸种，先将种子在清水中浸4h，再放进 10% 磷酸三钠溶液 20~30min 后捞出，清水洗净催芽播种，也有一定的效果。

3. 用无病土育苗

育苗土选择远离瓜类作物种植区的肥沃土壤，并对育苗土及粪肥进行消毒，消毒方法如下。

1）甲醛消毒法

将 40% 的甲醛溶液均匀撒在育苗土上，土壤用药量为 400~500mL/m³，充分拌匀后堆成土堆，盖塑料薄膜，闷48h 后揭膜，将甲醛气体散去，消毒即完成。

2）溴甲烷消毒法

将育苗土筛好后堆成 30cm 厚土方，土壤湿度适中，外边用塑料薄膜封严，用一支塑料管将溴甲烷放入土壤中，50g/m²，放药后，保持密封熏蒸 48～72h，揭开薄膜后通风 14 天以上使用。通风期间注意防雨。

3）蒸煮消毒法

如果用土量较少可采用此法，即把已配制好的栽培土壤放入适当的容器中，隔水在锅中消毒。也可将蒸汽放入土壤中消毒，要求蒸汽 100～120℃，消毒时间 40～60min。此法只限少量栽培用土。

4. 农事操作防止病毒传播

进行瓜苗嫁接时，应注意刀具和手的消毒处理，每嫁接一次，刀具要用 75% 的酒精消毒，防止交叉传染。移栽、摘心、打杈等农事操作，应避免碰伤植株，防止人为传播。另外在植株可能受伤的部位喷洒 0.2%～0.5% 的脱脂奶粉，喷后立即进行绑蔓、打杈等农事操作，能有效地降低传播概率。

5. 加强田间管理，做好卫生栽培防治

科学施肥，提高植株营养条件，灌水采用滴灌的方法，控制棚室温度，以防生理代谢失调，这些可以有效地控制植株发病和病毒的传播。田间发现病株后应立刻铲除，带出田外深埋或烧掉，并在病株区撒入生石灰进行消毒。

6. 合理轮作倒茬，避免连作

陆地或棚室种植的西瓜、黄瓜等葫芦科的植物与非葫芦科的植物（如茄子、辣椒、番茄、白菜等）进行 2～3 年的轮作倒茬。这是防治该病非常有效的措施。

7. 棚室土壤消毒

对没有轮作条件的可采用溴甲烷进行土壤消毒的办法控制该病的大发生。钢瓶装溴甲烷的包装规格有 25kg、40kg、100kg 等，每个钢瓶压力 7～8 个大气压[①]，为了使用安全，98% 的商品溴甲烷中一般需加入 2% 的氯化苦作催泪剂，用作预警。每平方米用量 50g，根据土壤类型和湿度可适当调整。进行溴甲烷消毒时要特别注意安全操作。

8. 药剂防治

试验表明药剂防治该病并不是理想的办法，但可以作为辅助的防治措施。具体用药：在西瓜发病初期 20g/L 宁南霉素水剂 200 倍液喷雾；20% 吗胍·乙酸铜可湿性粉剂 500 倍液喷雾；25% 吗胍·硫酸锌可溶性粉剂 1000 倍液喷雾；66.5% 霜霉威盐酸盐

---

① 1 大气压＝1.013 25×10⁵Pa，后同。

1000 倍液喷雾；三氮唑核苷铜 800 倍液喷雾；1.45％苷・醇・硫酸铜 500 倍液喷雾；5％盐酸吗啉胍 700 倍液喷雾。

主要参考文献

陈红运，白静，朱水芳等. 2006. 黄瓜绿斑驳花叶病毒辽宁分离物外壳蛋白基因与 3′非编码区的序列分析. 中国病毒学，21（4）：516～518

陈京，李明福. 2007. 新入侵的有害生物——黄瓜绿斑驳花叶病毒. 植物检疫，21（2）：94

冯兰香，谢丙炎，杨宇红等. 2007. 检疫性黄瓜绿斑驳花叶病毒的检测和防疫控制. 中国蔬菜，(9)：34～38

古勤生. 2007. 防治监控黄瓜绿斑驳花叶病毒，确保瓜类安全生产. 中国瓜菜，(1)：47，48

季良. 1995. 植物种传病毒与检疫. 北京：中国农业出版社. 152～154

马光恕，廉华. 2001. 瓜类作物病毒病的研究进展. 黑龙江农业科学，(1)：44～47

秦碧霞，蔡健和，刘志明等. 2005. 侵染观赏南瓜的黄瓜绿斑驳花叶病毒的初步鉴定. 植物检疫，19（4）：198～200

张永江. 2006. 黄瓜绿斑驳花叶病毒研究进展. 河南农业科学，(8)：9～13

中华人民共和国农业部. 2006. 中华人民共和国农业部第 788 号公告［EB/OL］. 北京：中华人民共和国农业部. http：//www. agri. gov. cn/ztzl/zwjy/t20061225＿745522. htm. 2009-02-03

Ainsworth G C. 1935. Mosaic disease of cucumber. Ann App Biol，22：55～67

Ali A，Natsuaki T，Okuda S. 2004. Identification and molecular characterization of viruses infecting cucurbits in Pakistan. Journal of Phytopathology，152（11，12）：677～682

Al-Shahwan I M，Abdalla O A. 1992. A strain of cucumber green mottle mosaic virus（CGMMV）from bottlegourd in Saudi Arabia. Journal of Phytopathology，134（2）：152～156

Antignus Y，Pearlsman M，Ben-Yoseph R et al. 1990. Occurrence of a variant of *Cucumber green mottle mosaic virus* in Israel. Phytoparasitica，18（1）：50～56

Aveglis A D，Vovlas C. 1986. Occurrence of *Cucumber green mottle mosaic virus* in the island of Crete（Greece）. Phytopathologia Mediterranea，25（1～3）：166～168

Avgelis A D，Manios V I. 1992. Elimination of *Cucumber green mottle mosaic tobamovirus* by composting infected cucumber residues. Acta Horticulturae，302：311～314

Chen M J，Wang S M. 1986. A strain of *Cucumber green mottle virus* in bottlegourd in Taiwan. *In*：Plant virus diseases of horticultural crops in tropics and subtropics. Food Fertilizer Technology Center for Asian and Pacific Region. Taiwan：Book Series，33：38～42

Choi G S. 2001. Occurrence of two tobamovirus diseases in cucurbits and control measures in Korea. Plant Pathology Journal，17（5）：243～248

Daryono B S，Natsuaki K T. 2002. Application of random amplified polymorphic DNA markers for detection of resistant cultivars of melon（*Cucumis melo* L.）against cucurbit viruses. Acta Horticulturae，588：321～329

Franchi R I B，Hu J，Palukaitis P. 1986. Taxonomy of cucurbit-infecting tobamoviruses as determined by serological and molecular hybridization analyses. Intervirology，26（3）：156～163

Hollings M，Komuro Y，Tochihara H. 1975. Cucumber green mottle mosaic virus. *In*：Descriptions of plant viruses No. 154. Kew：CMI/AAB. 4

Hseu S H，Huang C H，Chang C A et al. 1987. The occurrence of five viruses in six cucurbits in Taiwan. Protection Bulletin，29（3）：233～244

Inouye T，Inouye N，Asatani M et al. 1967. Studies on *Cucumber green mottle mosaic virus* in Japan. Nogaku Kenkyu，51：175～186

Kawai A，Kimura S，Nishio T et al. 1985. Detection for *Cucumber green mottle mosaic virus* in cucumber seeds using enzyme-linked immunosorbent assay. Research Bulletin of the Plant Protection Service，21：47～53

Kim D H，Lee J M. 2000. Seed treatment for *Cucumber green mottle mosaic virus*（CGMMV）in gourd（*Lagenaria siceraria*）seeds and its detection. Journal of the Korean Society for Horticultural Science，41（1）：1～6

Kitani K，Kiso A，Shigematsu Y. 1970. Studies on a new virus disease of cucumber（*Cucumis sativus* L. var. Fl Kurume-Otiai-H type）discovered in Yodo. *In*：Proceedings of the association for plant protection. Shikoku，5：59～66

Komuro Y，Tochihara H，Fukatsu R et al. 1971. *Cucumber green mottle mosaic virus*（watermelon strain）in watermelon and its relationship to the fruit deterioration known as 'konnyaku' disease. Annals Phytopathological Society of Japan，37：34～42

Lee G P，Min B E，Kim C S et al. 2003. Plant virus cDNA chip hybridization for detection and differentiation of four cucurbit infecting Tobamoviruses. Journal of Virological Methods，110（1）：19～24

Lee K Y，Lee B C，Park H C et al. 1990. Occurrence of *Cucumber green mottle mosaic virus* disease of watermelon in Korea. Korean Journal of Plant Pathology，6（2）：250～255

Linnasalmi A，Toivianinen A. 1974. The chemical composition of finnish *Cucumber mosaic virus*（CMV）and *Cucumber green mottle mosaic virus*（CGMMV）. Annales Agriculturae Fenniae，13（2）：79～87

Macias W. 2000. Methods of disinfecting cucumber seeds that originate from plants infected by *Cucumber green mottle mosaic tobamovirus*（CGMMV）. Vegetable Crops Research Bulletin，53：75～82

Medvedskaya I G. 1981. Virus diseases of glasshouse cucumber. Zashchita Rastenii，5：44～45

Petersen H I. 1978. Plant diseases in Denmark in 1977，94th annual survey. State Plant Pathology，69（3）：18～20

Pop I，Jilaveanu A. 1985. Identification of *Cucumber green mottle virus* in Romania. Analele Institutului de Cercetari Pentru Protectia Plantelor，18：43～47

Rahimian H，Izadpanah K. 1977. A new strain of *Cucumber green mottle mosaic virus* from Iran. Iranian Journal of Agricultural Research，5（1）：25～34

Raychaudhuri M，Varma A. 1978. Mosaic disease of muskmelon，caused by a minor variant of *Cucumber green mottle mosaic virus*. Journal of Phytopathology，93（2）：120～125

Smith K M. 1957. Book review：a textbook of plant virus diseases. The Scientific Monthly，85（6）：331，332

Tan S H，Nishiguchi M，Murata M et al. 2000. The genome structure of kyuri green mottle mosaic tobamovirus and its comparison with that of *Cucumber green mottle mosaic tobamovirus*. Archives of Virology，145（6）：1067～1079

Tochihara H，Komuro Y. 1974. Infectivity test and serological relationships among various isolates of *Cucumber green mottle mosaic virus*；some deduction of the invasion route of the virus into Japan［in Japanese］. Annals of the Phytopathological Society of Japan，40（1）：52～58

Varveri C，Vassilakos N，Bem F. 2002. Characterization and detection of *Cucumber green mottle mosaic virus* in Greece. Phytoparasitica，30（5）：493～501

Visser D L，den Nijs A P M. 1983. Variation for interspecific crossability of *Cucumis anguria* L. and *C. zeyheri* Sond. Cucurbit Genetics Cooperative Report，6：100，101

Yoon J Y，Min B E，Choi S H et al. 2001. Completion of nucleotide sequence and generation of highly infectious transcripts to cucurbits from full length cDNA clone of *Kyuri green mottle mosaic virus*. Archives of Virology，146（11）：2085～2096

Yoshida K，Goto T，Nemoto M et al. 1980. Squash mosaic virus isolated from melon（*Cucumis melon* L.）in Hokkaido［in Japanese］. Annals of the Phytopathological Society of Japan，46（3）：349～356

六、黄瓜绿斑驳花叶病毒病防控应急预案（样本）

为有效预防、控制黄瓜绿斑驳花叶病毒病疫情的发生扩散，确保在疫情发生时，能够及时、高效、有序地进行应急处理，保障人民健康和农业生产安全，把黄瓜绿斑驳花叶病毒病可能带来的影响和损失降到最低限度，维护社会稳定，促进经济和社会全面、协调、可持续发展。依据国务院《植物检疫条例》等相关法规结合当地实际，制定黄瓜绿斑驳花叶病毒病应急预案。

1. 组织领导

1）应急指挥系统

各级政府要在农业植物生物灾害应急控制工作领导小组或指挥部的基础上成立黄瓜绿斑驳花叶病毒病疫情应急控制工作领导小组或指挥部，研究决定本辖区内黄瓜绿斑驳花叶病毒病灾害控制工作的重要事项和重大决策，负责组织、协调本地区黄瓜绿斑驳花叶病毒病控制工作。领导小组或指挥部由政府主管领导任组长或总指挥，成员由农业、财政、公安、交通、科技、宣传、工商、通信等有关部门主要负责人组成。

领导小组或指挥部设立办公室，挂靠同级政府农业行政主管部门，具体指挥部办公室设在农业中心。负责部门间联络、综合协调、会议筹备和机要值班；起草指挥部和办公室有关上报材料、黄瓜绿斑驳花叶病毒病疫情快报、下发文件以及有关会议的领导讲话、会议纪要等；实施防控应急预案，对疫情公布、解除的口径及各类对外宣传材料进行把关；指导各级政府完成当地的应急工作，统筹协调防控工作。

2）应急组织体系

黄瓜绿斑驳花叶病毒病灾害应急控制工作由各级政府统一领导，农业、财政、公安、交通、科技、宣传、工商、通信等有关部门分工负责。发生黄瓜绿斑驳花叶病毒病疫情时，各级政府按预警级别启动应急预案；各级灾害应急控制领导小组或指挥部做好黄瓜绿斑驳花叶病毒病灾害控制组织协调工作；农业行政主管部门要制定黄瓜绿斑驳花叶病毒病灾害控制工作方案，负责疫情监测预警、传播途径调查和封锁、控制、扑灭等应急防治工作以及采取措施对保护区实行保护的工作；财政部门做好疫情应急控制经费安排；公安部门负责维护社会治安秩序；工商、物资部门做好疫情控制物资组织供应和社会市场监管工作；交通部门保障疫情控制物资顺利运输及配合做好疫情封锁工作；科技部门做好疫情控制科学技术研究工作；宣传部门及时宣传疫情控制工作和普及有关知识，通信部门负责保障应急控制通信顺畅。

2. 运行机制

1）疫情报告

任何单位和个人发现的黄瓜绿斑驳花叶病毒病疑似疫情后，应当及时向当地疫情防控指挥部办公室报告。办公室接到报告后，应当立即派人员赶赴现场进行调查核实。凡怀疑为黄瓜绿斑驳花叶病毒病疫情的，黄瓜绿斑驳花叶病毒病疫情防控指挥部办公室必须在24h内，将疑似疫情上报上级疫情防控指挥部办公室。

2）疫情确认

（1）黄瓜绿斑驳花叶病毒病疫情防控指挥部办公室首次接到黄瓜绿斑驳花叶病毒病

疫情疑似症状报告后，必须立即派出两名以上具备规定资格的植物检疫人员进行现场调查诊断，提出初步调查诊断意见，并及时采集标本送上级疫情防控指挥部办公室，由上级疫情防控指挥部办公室负责组织专家进行诊断和鉴定。

（2）根据专家调查和鉴定结果，经省有害生物疫情防控指挥部和农业部有害生物疫情防控指挥部批准，最终确认黄瓜绿斑驳花叶病毒病疫情。

3）疫情公布

已诊断鉴定确定为黄瓜绿斑驳花叶病毒病疫情的，由市有害生物疫情防控指挥部报市人民政府批准后上报省有害生物疫情防控指挥部，由省人民政府和农业部批准后公布。农业部和省人民政府的有害生物疫情发生公告应印发到有关部门和有关市、县有害生物疫情防控指挥部。

3. 应急启动

发生黄瓜绿斑驳花叶病毒病疫情时，由县有害生物疫情防控指挥部启动相应的应急预案。

4. 封锁控制措施

一旦发现黄瓜绿斑驳花叶病毒病疫情，县有害生物疫情防控指挥部督促、指导发生疫情的镇、乡按照"早、快、严"的原则进行防控，坚决防止疫情扩散。

1）划定疫区和监测区

（1）以黄瓜绿斑驳花叶病毒病发现的疫点为中心，半径7km以内的区域为疫区。
（2）距疫区周边7km以内的区域为监测区。
（3）在疫区内应设置醒目的标识和界线，禁止人员进入。

2）疫情调查和监测

疫情防控指挥部办公室要明确专门的技术人员，加强疫情的调查和监测，做好疫情监测结果记录，保存记录档案，定期汇总上报。

3）封锁控制

根据黄瓜绿斑驳花叶病毒病发生、传播和危害特性，采取严格植物检疫、药剂防治为主，环境治理并举的综合防控措施。
（1）对疫区内的车站、停车场及主要交通干线两旁区域进行全面调查，一旦发现疫情，立即扑灭。
（2）对疫区和物流集散地进行物流摸底调查，重点检查外调货物及其包装是否夹杂携带黄瓜绿斑驳花叶病毒病寄主——葫芦科植物的秧苗、果实及种子，发现后及时处理。
（3）对疫区植物、植物产品外运情况进行全面检查，加强产地检疫，在植物、植物产品运输前实施严格的植物检疫，对未经检疫或虽经检疫但复检发现携带有害生物的货物禁止外运。

（4）对有害生物及时采取有效控制措施，进行封锁防控。

5. 应急结束

通过采取全面、有效的防控、扑灭措施，在疫区没有发现新的疫点，经有害生物疫情防控指挥部办公室组织有关专家和技术人员进行评估论证，疫情防治效果达到防治标准，报省有害生物疫情防控指挥部批准，农业部有害生物疫情防控指挥部备案后，可结束应急。

6. 疫情解除

完成疫情扑灭工作后，疫区和监测区在连续 9 个月内未发现新的疫情，报请省有害生物疫情防控指挥部办公室组织专家进行验收，出具验收和监测报告。省有害生物疫情防控指挥部将有关报告和疫情处理工作总结报农业部有害生物疫情防控指挥部，经农业部有害生物疫情防控指挥部审定后，按照《植物检疫条例》规定，以农业部公告的形式发布疫情解除信息。

7. 应急保障

1）人员保障

各级政府应组建黄瓜绿斑驳花叶病毒病疫情防控应急预备队。应急预备队按照有害生物疫情防控指挥部的要求，具体实施应急处理工作。应急预备队由有害生物疫情防控指挥部办公室和植物检疫等有关技术人员组成。

2）技术保障

（1）建立区、县级黄瓜绿斑驳花叶病毒病疫情监控中心，提高对疫情的监控能力。

（2）组织农业专业技术部门开展黄瓜绿斑驳花叶病毒病疫情检测技术研究及其生物学特性、发生规律和防控措施的学习，提出适合当地疫情防控技术措施。

3）资金保障

黄瓜绿斑驳花叶病毒病疫情防控应急所需经费应纳入县财政预算。县发展改革局、县财政负责有害生物疫情监控中心项目及疫情监测、防控、技术培训及专家鉴定等经费的落实。对本预案涉及的防控有害生物疫情的药剂、器械及其他物资供应按国家规定给予合理补贴。财政会同农业部门，对疫区内因实施防控措施而征用的物品、销毁当地居民的庄稼等所造成的经济损失进行调查和评估，给予相应的补贴和扶持，并监督、检查各项补贴和扶持政策的落实情况。

8. 宣传与培训

黄瓜绿斑驳花叶病毒病疫情防控指挥部应加强对疫情科普知识宣传，依靠广大群众，实行群防群控，把各项防控措施落到实处。黄瓜绿斑驳花叶病毒病疫情防控应急预备队人员在上岗前，要接受黄瓜绿斑驳花叶病毒病疫情监控技术培训，掌握应急工作管理和应急处置的专业知识。

9. 附则

1）预案管理

本预案的修订与完善，由省（自治区、直辖市）农业行政主管部门根据实际工作需要进行修改，经省（自治区、直辖市）政府批准后生效并实施。

2）奖励与责任追究

黄瓜绿斑驳花叶病毒病疫情防治指挥部要对黄瓜绿斑驳花叶病毒病疫情应急处置中作出突出贡献的集体和个人给予表彰。对玩忽职守造成损失的，要依照有关法律、法规和纪律追究当事人责任，并予以处罚。构成犯罪的，依法移交司法机构追究刑事责任。

3）预案解释部门

本预案由省（自治区、直辖市）农业行政主管部门负责解释。

4）实施时间

本预案自发布之日起实施。

（刘　艳　王锡锋）

马铃薯癌肿病应急防控技术指南

一、病原与病害

学　　名：*Synchytrium endobioticum*（Schilb.）Percival

异　　名：*Chrysophlyctis edobiotica*（Schilb.）

　　　　　Synchytrium solani Massee

所致病害英文名：wart disease of potato，black wart disease of potato，potato black scab

1. 马铃薯癌肿病菌的起源与分布

起源：*S. endobioticum* 起源于南非的 Andean 地区，19 世纪 80 年代传入欧洲并在该区域内广泛传播。

国外分布：在欧洲，奥地利、捷克、丹麦、爱沙尼亚、法诺群岛、芬兰、德国、爱尔兰、意大利、拉脱维亚、立陶宛、荷兰、挪威、波兰、罗马尼亚、前苏联（欧洲部分）、斯洛文尼亚、瑞典、瑞士、英国、乌克兰、前南斯拉夫是其主要分布国家和地区。在比利时、法国和卢森堡都有记载，但未被证实；在葡萄牙有记载，但报道已被铲除。

在亚洲，亚美尼亚、不丹、尼泊尔和印度都有分布，在伊朗、韩国、朝鲜和黎巴嫩等国的记载未得到证实。

在非洲，阿尔及利亚、南非和突尼斯都有分布，在津巴布韦和埃及的记载未被证实。

在北美洲，主要分布于加拿大的纽芬兰省、美国的宾夕法尼亚和西弗吉尼亚州；墨西哥报道只在野生马铃薯上发生。

在南美洲，主要分布于玻利维亚、福克兰群岛和秘鲁，在智利过去有发生但被铲除，在厄瓜多尔的记载未经证实，在乌拉圭早期有报道，但受到当局否认。

在大洋洲，新西兰的南岛有分布。

国内分布：云南、贵州、四川。云南主要发生在昭通、宁浪等高寒山区。

2. 分类与形态特征

分类地位：马铃薯癌肿病菌（*S. endobioticum*）属于壶菌门（Chytridio mycota）壶菌目（Chytridiales）集壶菌科（Synchytriaceae）集壶菌属（*Synchytrium*），已报道有 18 个生理小种，广泛分布为害的为生理小种 1。

形态特征：病菌内寄生，其营养菌体初期为一团无胞壁的裸露原生质，称为变形体，后为具胞壁的单胞菌体。当病菌由营养生长转向生殖生长时，整个单胞菌体的原生质就转化为一个具有厚囊壁的休眠孢子囊堆。病菌休眠孢子囊球形或近球形，锈褐色，壁厚，分为三层：内壁薄而无色；中壁光滑，金黄褐色；外壁厚，色较暗，具有不规则的脊突，直径为 $25\sim75\mu m$ ［有的报道为 $(50.4\sim81.8)\mu m\times(37.8\sim69.3)\mu m$］。癌肿病菌的休眠孢子囊萌发形成游动孢子，卵形或梨形，具单鞭毛，这是该菌重要特征之一。其内含物挤出形成孢子囊堆，并分隔成 $4\sim9$ 个孢子囊。孢子囊堆近球形，直径 $(47\sim72)\mu m\times(81\sim100)\mu m$ ［有资料报道为 $(40.3\sim77)\mu m\times(31.4\sim64.4)\mu m$］，单个孢子囊壁薄，呈淡黄色，成熟后散出游动孢子。当条件不适宜时，配子成对结合成双鞭毛的合子，合子侵入寄主细胞，发育成休眠孢子囊，也可称为越冬休眠孢子囊，它单个地存在于寄主细胞内。

3. 寄主范围

马铃薯是其唯一的栽培寄主植物，墨西哥报道可侵染茄属（*Solanum*）杂草，经人工接种可侵染番茄等茄科栽培植物，碧冬茄属、烟草属、酸浆属及原 *Capsicastrum* 属的一些种。

4. 所致病害症状

癌肿病菌主要危害马铃薯植株的地下部分，侵染茎基部、匍匐茎和块茎，病菌侵入寄主刺激组织细胞增生，长出畸形、粗糙、疏松的肿瘤，瘤块大小不一，小的只出现一块隆起，大的覆盖整个薯块，有的圆形，有的形成交织的分枝状，极似花椰菜。地下的癌瘤初呈乳白色，渐变成粉红色或褐色，最后变黑、腐烂。最近报道在高感品种上，植株地上部分出现癌症状，在腋芽处、枝尖、幼芽均可长出卷叶状癌组织。叶背面出现无叶柄、叶脉的畸形小叶；主茎下部变粗、质脆呈畸形；尖端的花序和顶叶色淡，组织变厚易碎。有的植株矮化，分枝增多，后期保持绿色的时间比健株长。凡地上部出现症状的植株，地下部不结薯，几乎全为癌瘤。多数瘤状物在芽眼附近先发生，逐渐扩大到整个块茎，最后类似肉质的瘤状物分散呈烂泥状，黏液有恶臭味，严重污染土壤。

国外报道癌肿病菌不侵染马铃薯根系。但最近有研究报道，马铃薯植株感病后根系发生癌瘤，且发现在个别品种上，病菌只侵染根而不侵染植株其他部分。报道还指出，癌瘤位于根的端部或中部，小的如油菜籽，大的超过薯块百倍，肿块初白色半透明，似水泡，后期与薯块症状相同，并已从根瘤里镜检到癌肿病菌休眠孢子。

5. 主要生物学和生态学特性

1）病害循环

马铃薯癌肿病菌是一种专性寄生菌，一般不产生菌丝，但其孢子囊含有 $200\sim300$ 个可动的游动孢子。病菌以休眠孢子囊在病组织内或随病残体遗落在土壤中越冬。在春季较高温度和湿度条件下，土壤或种薯中越冬的病菌孢子囊在 $8℃$ 以上和湿润条件下萌发释放出游动孢子。游动孢子单核，具有 1 根鞭毛，可以在土壤空隙的水中游动，直到接触寄主，从适合的寄主表皮细胞侵入。夏季在寄主细胞内不断地形成孢子囊，孢子囊迅速释放大量的游动孢子进行多次再侵染。被侵染的细胞肿大，不断地分裂形成包围孢子囊的囊壁，并刺激寄主细胞不断分裂和增生，从而形成癌肿症状。孢子囊可释放出游动孢子或合子，进行重复侵染；到生长季节结束时，病菌又以休眠孢子囊形式越冬，成为作物下一个生长季节的初始侵染源。

2）生活史

马铃薯癌肿病菌的生活史包括无性阶段和有性阶段（图1），它们均在寄主组织内完成。在不良环境条件下，一些游动孢子配对结合形成合子。带有合子的寄主细胞分裂形成一个新孢子囊的囊壁。在秋季，癌肿组织腐烂解体，释放出厚壁休眠孢子进入土壤。这种双倍体休眠孢子经历一个休眠期，在萌发前进行一次减数分裂和数次有丝分裂，形成芽孢子囊。

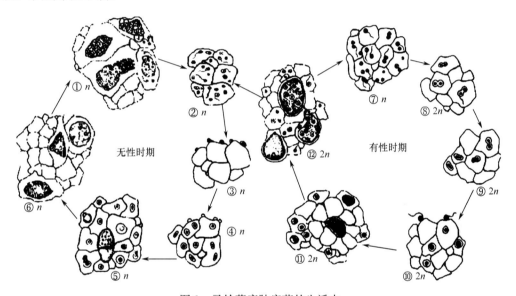

图1　马铃薯癌肿病菌的生活史

① 成熟的薄壁孢子囊释放游动孢子；② 游动孢子散布；③ 寄主细胞形成包膜包被游动孢子；④ 游动孢子进入寄主细胞内；⑤ 游动孢子生长；⑥ 寄主组织内薄壁孢子囊形成；⑦ 游动孢子接触；⑧ 游动孢子细胞融合；⑨ 游动孢子不透明的中心体融合；⑩ 结合子被囊壁包被；⑪ 被包被的结合子形成厚壁孢子囊；⑫厚壁孢子囊释放游动孢子，图中 n 为单倍体，$2n$ 为双倍体

3）传播途径

病原菌主要以病种薯及病土进行远距离传播。农事操作、人畜传带、喂食病薯的牲畜粪、雨水和灌溉水等都可能近距离传播。国外报道，设在病区内的马铃薯食品加工厂，其污水排放也是近距离扩散的主要疫源。一旦种植的马铃薯在田间发病，病菌孢子很难从土壤中消失。据报道，癌肿病菌孢子在土壤中潜伏 20 年仍有生活力。除马铃薯块茎可以带病传播外，农具、人和动物携带的有菌土壤，都可能传播。病薯块和薯苗也常混入肥料中致使厩肥传病等。

4）主要生物学特性

癌肿病的休眠孢子抗逆性特别强，在80℃高温下能忍耐20h，在100℃的水中能活10min左右。休眠孢子在土壤中可长期存活；休眠孢子囊需要相当长的休眠期（几个月至30年或更长），才能萌发分化为孢子囊，并释放游动孢子。通过牲畜消化道仍可存活。一般可存活6～8年，有的人认为可存活30年以上。游动孢子侵入块茎的适宜温度为3.5～24℃，最适温度为15℃。游动孢子或双鞭毛的结合子寿命很短，无合适寄主，一般2～3h后死亡。土壤水分是孢子囊和休眠孢子囊萌发、释放游动孢子以及游动孢子活动和侵入寄主的重要条件。

癌肿病菌主要以菌体进行营养繁殖，其特征是菌体内生，整个菌体转化为一个或多个繁殖体。此病原菌存在生理小种分化，国外报道大约有18个生理小种，但因国家之间没有统一的鉴别寄主，故所鉴定出的小种可能有重复。据报道，多数国家只有1个小种（小种1）。德国、前捷克斯洛伐克、意大利、前苏联和加拿大（纽芬兰省）等中、西欧国家报道有癌肿病菌的其他生理小种存在，这些小种主要发生于这些国家雨淋山区的小马铃薯种植园内，大面积马铃薯栽培区不存在。

病菌对生态条件的要求比较严格，在低温多湿、气候冷凉、昼夜温差大、土壤湿度高、气温在12～24℃的条件下有利病菌侵染。疫区一般在海拔1500～2000m的冷凉山区。在土壤湿度为最大持水量的70％～90％时，地下部发病最严重，土壤干燥时发病轻。此外，土壤有机质丰富和酸性条件有利发病。

6. 危害与损失

马铃薯癌肿病菌主要为害栽培马铃薯，引起地上部植株生长不良（矮化、褪色或黄化）甚至枯死，地下部植株出现大小不均的、不规则的瘤状物，影响马铃薯产量，一般产量损失达20％以上，为害严重者损失71％～80％，甚至可致作物绝产。同时，癌肿病使马铃薯块茎品质严重降低，感病的马铃薯块茎可能对人、畜有毒性，不能食用。据记载，1951年四川凉山州发病面积2773hm²，造成损失1800多吨，其中部分田块产量只有1500～2000kg/hm²，绝收面积近400hm²。

图版 36

图版说明

    A. 被侵染的新收获的马铃薯，有的肿瘤已经开始腐烂

    B. 被侵染的马铃薯植株

    C. 被严重侵染的马铃薯植株，地下部分的肿瘤近黄色，土表附近的肿瘤近绿色

    D. 块茎上的肿瘤在植株生长过程中可能会露出地面

    E. 被侵染的马铃薯

    F. 将释放游动孢子的孢子囊

    G. 有活性的越冬休眠孢子囊

    H. 失去活性的越冬休眠孢子囊

    I. 厚壁休眠孢子囊

图片作者或来源

    A. Central Science Laboratory，York（GB）

    B. CIP-Int'l Potato Center

    C. HLB B. V.，Wijster（NL）

    D. HLB B. V.，Wijster（NL）

    E. CIP-Int'l Potato Center

    F. AJ Silverside

    G. Central Science Laboratory，York（GB）

    H. Central Science Laboratory，York（GB）

    I. 作者提供

    A，C，D，G，H. EPPO Gallery（http://photos. eppo. org/index. php/album/284-synchytrium-endobioticum-syncen-，最后访问日期 2009-12-2）

    B. ESmokin' Doc Thurston's Greatest Hits

（http://www. tropag-fieldtrip. cornell. edu/docthurston/Thumbs％20-％20Potato％201/Potato％201. html，最后访问日期 2009-12-2）

    F. 下载自 University of Winnipeg Department of Biology，05. 2152/3 Algae, Fungi and Mosses Lab Manual Web Site（http://kentsimmons. uwinnipeg. ca/2152/fungi1a. htm，最后访问日期 2009-12-2）

二、马铃薯癌肿病菌检验检疫技术规范

1. 范围

    本规范规定了马铃薯癌肿病及病菌的检疫检验及检疫处理操作办法。

    本规范适用于实施马铃薯种薯产地的检疫部门和所有繁育、生产马铃薯种薯的各种植单位（农户）；适用于农业植物检疫部门对马铃薯种薯、种子、食用活体马铃薯块茎及可能携带癌肿病菌的包装、交通工具等进行的检疫检验和检疫处理。

2. 产地检疫

    （1）在原产地生产过程中对马铃薯及其产品（含种苗及其他繁殖材料）进行的检疫工作，包括田间调查、室内检验、签发证书及监督生产单位做好选地、选种和疫情处

理等。

（2）检疫踏查主要进行田间症状观察，重点在海拔 1000m 以上的高山冷凉地区、公路和铁路沿线的种薯田。

（3）室内检验主要检测马铃薯植株、块茎和种子，土壤等是否带有病菌的孢子囊。

（4）经田间症状踏查和室内检验不带有病菌孢子的马铃薯及其产品给予签发准予输出的许可证。

3. 调运检疫

（1）在货运交通集散地（机场、车站、码头）实施调运检疫检验。

（2）检查调运的马铃薯及其产品、包装和运载工具等是否带有马铃薯癌肿病菌，特别注意检验薯块和运载工具上黏附的土壤带菌情况。

（3）对受检马铃薯薯块做直观观察，看是否有表现癌肿病症状的个体；同时科学地有代表性地抽样，取 2～10kg 薯块（视货运量），带回室内做病菌检查。

（4）对检验发现带菌的薯块予以检疫处理或拒绝入境；对于不带菌的货物签发许可证放行。

4. 检验及鉴定方法

（1）块茎症状检验。直接观察调运马铃薯中是否有肿瘤状病薯。

（2）切片病菌形态观察检验。将马铃薯块茎芽眼及其周围组织带皮做断面切片，镜检薯块皮层组织中有无病原菌。病原菌呈圆形锈褐色，大小为（50.4～81.9）$\mu m \times$（37.8～69.3）μm，壁较厚，平均 4.55μm，分层次，外层有不规则脊突的休眠孢子囊。

（3）薯块切片染色观察检验。将薯块切片或撕下一小块薯片放载玻片上，加 10%藏花红染液一滴，在显微镜下观察，细胞壁呈红色即为健薯，呈污红色即为病薯。

（4）病土检查（清水漂浮法）。将样品马铃薯块黏附的土壤按批次分别用毛刷仔细刷下，集中，研细；称取待检土壤样品。每批次称 2 或 3 份（根据土样多少而定）试样，每份 3g，分别放入聚乙烯离心管（25mm×105mm）中（不能用玻璃离心管）。在通风台上注入浓氢氟酸（含 HF 48%～51%）至半管，放置 48h，小心混匀离心管内液体，以促进土壤中硅溶解；向每个离心管中小心地加入蒸馏水，至液面达到距离心管口约 13mm 处，小心搅匀液体；以 2500～3000r/min 速度离心 10～15min，弃去上清液，再加蒸馏水至原来液面高度，搅匀，同样速度离心 10min，再离心 3 或 4 次；将离心管内的沉淀稀释涂片，镜检有无病菌的休眠孢子囊，并按稀释倍数和批次计数，得马铃薯带菌量。

（5）块茎泥土洗脱液中病菌观察检验。用无菌水（1000mL/kg）直接洗脱下薯块上的泥土，吸取洗脱水直接制片，在显微镜下检查带菌情况。

（6）交通工具等黏附土壤中的病菌检验。直接放入适量无菌水中制成悬浮液后在显微镜下检查孢子囊堆和休眠孢子囊。

（7）病菌游动孢子染色检验：0.1%升汞或 1%锇酸固定，1%酸性品红或 3%龙胆紫染色，观察有无单鞭毛的游动孢子和双鞭毛的结合子。

（8）病菌 PCR 分子检验。国内还没有人研究过马铃薯癌肿病菌的分子检测方法。可参考使用国外 Van-den-Boogert 等创立的技术检测土壤、薯块等携带的病菌。该方法应用 PCR 扩增技术，所用引物为真菌通用引物 ITS1（5′-TCCGTAGGTGAACCTGCGG-3′）和 ITS4（5′-TCCTCCGCTTATTGATATGC-3′），马铃薯癌肿病菌专用引物为 F49（5′-CAACACCATGTGAACTG-3′）和 R502（5′-ACATACACAATTCGAGTTT-3′）。先用湿筛法和离心法从样品中分离病菌的孢子囊，其次用超洁土壤 DNA 提取试剂盒（Ultra Clean Soil DNA extraction kit，Uckit；MoBio Laboratories Carlsbad，USA）提取病菌 DNA，PCR 扩增参数为 95℃，2min；95℃，30s，57℃，30s，72℃，60s，35个循环；72℃，10min，用 PTC200PCR 仪（PTC200，MJ Research，Biozym，Germany）。PCR 产物用 1% 琼脂糖凝胶（m/V）于缓冲液（50mmol/L Tris，45mmol/L 硼酸，0.5mmol/L EDTA，pH8.4）中电泳（120V）60min，经溴化乙锭（0.5μg/mL）染色后在 UV 光下观察拍照。若马铃薯癌肿病菌存在，将会显示一个 472bp 的条带。

（9）病菌实时 PCR 分子检验。Van-den-Boogert 等（2005）还建立了马铃薯癌肿病菌的实时 PCR 检验方法。采用马铃薯癌肿病菌专用引物 F49（5′-CAACACCATGT-GAACTG-3′）、R213（5′-AAGTTGTTTAATAATTGTTGTA-3′）和来源于 *S. endobioticum* ITS-rDNA 引物（5′-TGGTGTATGTGAACGGCTTGCCCAC-3′）。用报告荧光基团 FAM（6-carboxy fuorescein）将 *Taq*Man P1 探针标记到引物的 5′端染色，3′端用荧光猝灭基团 TAMRA（6-carboxy-etramethyl-rhodamine）染色；定量实时 PCR 使用 qPCR™（Eurogentec，Belgium）试剂盒和 ABI PRISM 7700 序列扩增仪：开始 95℃，10min，然后 95℃，15s；55℃，60s，循环 40 次。使用这种方法检测马铃薯癌肿病菌非常灵敏，而且可以做定量检测。

5. 检疫处理

在产地检疫中发现马铃薯癌肿病后，应根据实际情况，启动应急预案，立即进行应急治理。疫情确定后一周内应将疫情通报给植物和植物产品调运目的地的农业外来入侵生物管理部门和农业植物检疫部门，以加强针对性的监测力度。

在调运检疫或复检中，发现马铃薯癌肿病薯块或带菌薯块后应及时就地销毁，或在检疫部门监督下做加工等检疫处理。

三、马铃薯癌肿病调查监测技术规范

1. 范围

本规范规定了对马铃薯癌肿病进行田间调查和监测的技术操作办法。

本规范适用于马铃薯癌肿病疫区和非疫区的调查监测工作。

2. 调查

1) 访问调查

向当地居民询问有关马铃薯癌肿病发生地点、发生时间、危害情况，分析病害和病原菌传播扩散情况及其来源。每个社区或行政村询问调查 30 人以上。对询问过程中发现的癌肿病可疑存在地区，进一步做深入重点调查。

2) 实地调查

（1）调查地域。

重点调查海拔 1000m 以上的湿润地带以及公路和铁路沿线的马铃薯种植区；主要交通干线两旁区域、苗圃、有外运产品的生产单位、薯类批发市场以及物流集散地等场所的马铃薯和其他茄科植物。

（2）调查方法。

大面积踏勘：在马铃薯癌肿病的非疫区，于马铃薯生长期间的适宜发病期进行一定区域内的大面积踏勘，粗略地观察田间作物的病害发生情况。观察时注意是否有植株异常矮化、黄化、枯萎及茎基部是否有不规则瘤状物；若发现这些变化，再扒开土壤观察植株地下部分的块茎和根系是否有瘤状物。

系统调查：在马铃薯生长期间做定点、定期调查。调查设样地不少于 10 个，随机选取，每块样地面积不小于 4m²；用 GPS 仪测量样地的经度、纬度、海拔。记录马铃薯品种、种薯来源、栽培管理制度或措施等。

观察有无马铃薯癌肿病发生。若发现病害，则需详细记录发生面积、病田率（%）、病株率（%）和严重度。

（3）病害严重度和为害程度等级划分。

病害严重度分级：按植株异常和瘤状物情况，将马铃薯癌肿病严重度分为 6 级。

0 级：植株生长正常，茎、块茎和根系均无瘤状物；

1 级：植株轻微黄化和矮化，占健株的 4/5 以上，植株上有 1～3 个小瘤；

2 级：植株黄化和矮化较明显，占健株的 3/5～4/5，植株上有 4～10 个小瘤；

3 级：植株黄化和矮化明显，占健株的 3/5～2/5，植株上有 10 个以上小瘤，分布于 1/3 的根系；或出现中等大小的瘤状物；

4 级：植株严重黄化和矮化，占健株的 2/5～1/5，植株根系上散布许多小瘤和大瘤，但植株未死亡；

5 级：植株严重黄化或枯死，占正常植株高度的 1/5 以下，根系密布小瘤和大瘤，几乎整个根系均被瘤状物代替。

病害发生危害程度分级：根据大面积调查记录的发生和为害情况将马铃薯癌肿发生危害程度分为 6 级。

0 级：无病害发生；

1 级：轻微发生，发病面积很小，只见零星的发病植株，病株率 5% 以下，病级一般在 2 级以下，造成减产＜5％；

2 级：中度发生，发病面积较大，发病植株非常分散，病株率 6％～20％，病级一般在 3 级以下，造成减产 5％～10％；

3 级：较重发生，发病面积较大，发病植株较多，病株率 21％～40％，少数植株病级达 4 级，个别植株死亡，造成减产 11％～30％；

4 级：严重发生，发病面积较大，发病植株较多，病株率 41％～70％，较多植株病级达 4 级以上，部分植株死亡，造成减产 31％～50％；

5 级：极重发生，发病面积大，发病植株很多，病株率 71％以上，很多植株病级达 4 级以上，多数植株死亡，造成减产＞50％。

3. 监测

1）监测区的划定

发病点：发生马铃薯癌肿病的一个病田或数个相邻发病田块可确定为一个发病点。

发病区：马铃薯癌肿病发病点所在的行政村区域划定为发生区；发生点跨越多个行政村的，将所有跨越的行政村划为同一发生区。

监测区：发生区外围 5000m 的范围划定为监测区；在划定边界时若遇到水面宽度大于 5000m 的湖泊和水库，以湖泊或水库的内缘为界。

2）监测方法

根据马铃薯癌肿病的发生和传播扩散特点，在监测区内每个村庄、社区及公路和铁路沿线等地设置不少于 10 个固定监测点，每个监测点面积 $10m^2$，悬挂明显监测位点牌，一般在马铃薯生长期间每月观察一次作物植株上的病情。

4. 样本采集与寄送

在调查中如发现可疑癌肿病植株，一是要现场拍摄异常植株的田间照片（包括地上部和根部症状）；二是要采集具有典型症状的病株标本（包括地上部和根部症状的完整植株），将采集病株标本分别装入清洁的塑料标本袋内，标明采集时间、采集地点及采集人。送外来物种管理部门指定的专家进行鉴定。

5. 调查人员的要求

要求调查人员为经过培训的农业技术人员，掌握马铃薯癌肿病的为害症状、发生流行学规律、调查监测方法和手段等。

6. 结果处理

在非疫区：若大面积踏勘和系统调查中发现可疑病株，应及时联系农业技术部门或科研院所，采集具有典型症状的标本，带回室内，按照前述病菌的检测和鉴定方法做病原菌检验观察。如果室内检测确定了马铃薯癌肿病菌，应进一步详细调查当地附近一定范围内的作物发病情况。同时及时向当地政府和上级主管部门汇报疫情，对发病区域实行严格封锁。

在疫区：用调查记录癌肿病的发生范围、病株率和严重度等数据信息制定病害的综合防治策略，由此采用恰当的病害控制技术措施，有效地控制病害的为害，减轻作物损失。

四、马铃薯癌肿病应急控制技术规范

1. 范围

本规范规定了马铃薯癌肿病新发、爆发等生物入侵突发事件发生后的应急控制操作方法。

本规范适用于各级外来入侵生物管理机构和农业技术部门在生物入侵突发事件发生时的应急处置。

2. 应急控制技术

在马铃薯癌肿病菌的非疫区，无论是在交通航站检出带菌物品，还是在田间监测中发现病害发生，都需要及时地采取应急控制技术，以有效地扑灭病原菌或病害。

1）检出马铃薯癌肿病菌的应急处理

对现场检查旅客携带的马铃薯产品，应全部收缴扣留并销毁。对检出带有马铃薯癌肿病菌的货物和其他产品，应拒绝入境或将货物退回原地。对不能退回原地的物品要即时就地封存，然后视情况做应急处理。

（1）产品销毁处理。港口检出货物及包装材料可以直接沉入海底。机场、车站的检出货物及包装材料可以直接就地安全烧毁。

（2）产品加工处理。对不能现场销毁的可利用马铃薯薯块或其他物品，可以在国家检疫机构监督下，就近将马铃薯加工成淀粉或其他成品，其下脚料就地销毁。注意加工过程中使用过的废水不能直接排出。经过加工后不带活菌体的成品才允许投放市场销售使用。

（3）检疫隔离处理。如果是引进用作种薯，必须在检疫机关设立的植物检疫隔离中心或检疫机关认定的安全区域隔离种植，经生长期间观察，确定无病后才可允许释放出去。我国在上海、北京和大连等设立了"一类植物检疫隔离种植中心"或种植苗圃。

2）田间马铃薯癌肿病的应急处理

在马铃薯癌肿病菌的非疫区监测发现农田或小范围癌肿病疫情后，应对病害发生的程度和范围做进一步详细的调查，并报告上级行政主管部门和技术部门，同时要及时采取措施封锁病田，严防病害扩散蔓延。然后做进一步处理。

（1）铲除病田马铃薯作物并彻底销毁。

（2）铲除马铃薯病田附近及周围茄科作物及各种杂草并销毁。

（3）使用 200g/L 三唑酮乳油 1500 倍液浇灌，对病田及周围做土壤处理。

经过应急处理后，应该留一小面积田块继续种植马铃薯，以观察应急处理措施对马铃薯癌肿病的控制效果。若在 2～3 年内未监测到发病，即可认定应急铲除效果，并可申请解除当地的应急状态。

五、马铃薯癌肿病综合治理技术规范

1. 范围

本规范规定了控制马铃薯癌肿病的基本策略和综合技术措施。

本规范主要适用于马铃薯癌肿病已经常年发生的疫区应用。

2. 病害控制策略

对马铃薯癌肿病菌引起的癌肿病，需要依据病害的发生发展规律和流行条件，执行"预防为主，综合控制"的基本策略，结合当地病害发生情况协调地采用有效的病害控制技术措施，经济而安全地避免病害发生流行和造成明显的经济损失。

3. 病害的综合控制技术

（1）植物检疫。划定马铃薯癌肿病的疫区和非疫区，严禁疫区的种薯向外调运，严防病菌扩散蔓延；在非疫区杜绝从疫区引种调种，严防病菌传入。

（2）培育和应用优质抗病马铃薯品种。马铃薯癌肿病的最主要和有效的控制措施是选用抗病品种。抗癌肿病的品种有米拉、疫不加、阿奎拉、卡它丁、七百万、743239、威芋 3 号、794230、822217 和费乌瑞它等，其中我国云南的马铃薯"米拉"品种表现高抗，由于使用该品种，云南地区发生的马铃薯癌肿病近几年得到了很好的控制。

（3）控制和降低病原菌的初始接种体量。尽量采用无病或不带菌的薯块作种；必要时进行土壤消毒灭菌，亦可进行种薯熏蒸灭菌处理；生长期间定期观察，发现病株及时铲除；重病地次年不能再种植马铃薯而改种非茄科作物。

（4）采用适当的栽培管理控病措施。采取轮作倒茬或与非茄科作物间作、深耕灭茬、适期播种、合理密植、科学施肥、及时除草等栽培措施，促进作物健康生长，增强抗病力，减轻病害的发生和为害。

（5）合理使用化学杀菌剂防治病害。尽早施药防治坡度不大、水源方便的田块，于 70% 植株出苗至齐苗期，用 20% 三唑酮乳油 1500 倍液浇灌；在水源不方便的田块可于苗期、蕾期喷施 200g/L 三唑酮乳油 2000 倍液，每公顷喷兑好的药液 750L，有一定防治效果。

主要参考文献

毕朝位，胡秋舲. 2005. 贵州省六盘水市马铃薯癌肿病综合防治技术. 中国马铃薯，19（6）：369，370

王云月，马俊红，朱有勇. 2002. 云南省马铃薯癌肿病发生现状. 云南农业大学学报，17（4）：430，431

许志刚. 2003. 植物检疫学. 北京：中国农业出版社. 129～131

张敬泽，徐同. 1999. 防腐浸渍除理后马铃薯癌肿病休眠孢子囊的大小变化. 植物检疫，13（1）：8，9

中国百科网. 2007. 马铃薯癌肿病 ［EB/OL］. http://www.chinabaike.com/article/396/398/2007/

2007032099565. html. 2009-02-14

中华人民共和国国家质量监督检验检疫总局. 2002. SN/T 1135. 1—2002 马铃薯癌肿病检疫鉴定方法. 北京：中国标准出版社

朱西儒，徐志宏，陈枝楠. 2004. 植物检疫学. 北京：化学工业出版社 .156～160

Bojnansky V. 1984. Potato wart pathotypes in Europe from the ecological point of view. EPPO Bulletin，14（2）：141～146

CABI/EPPO. 1998. *Synchytrium endobioticum*. Distribution Maps of Quarantine Pests for Europe No. 243. Wallingford：CAB International

Canadian Food Inspection Agency. 2007. *Synchytrium endobioticum*（Schilberzky）Percival potato wart or potato canker［EB/OL］. Canadian Food Inspection Agency. http://www. inspection. gc. ca/english/plaveg/pestrava/synend/tech/synende. shtml. 2009-02-14

Efremenko T S，Yakovleva V A. 1983. Comparative assessment of the methods used in the USSR and abroad for determining soil infestation by *Synchytrium endobioticum*（Schilb.）Perc.，the pathogen of potato wart. Mikologiyai Fitopatologiya，17（5）：427～433

EPPO. 2005. *Synchytrium endobioticum*［EB/OL］. Paris：EPPO. http://www. eppo. org/QUARANTINE/fungi/Synchytrium _ endobioticum/SYNCEN _ ds. pdf. 2009-02-14

Laidlaw W M R. 1985. A method for the detection of the resting sporangia of potato wart disease（*Synchytrium endobioticum*）in the soil of old outbreak sites. Potato Research，28（2）：223～232

Langerfeld E. 1984. Potato wart in the Federal Republic of Germany. EPPO Bulletin，14（2）：135～139

Langerfeld E. 1984. *Synchytrium endobioticum*（Schilb.）Perc. Comprehensive literature survey of the causal agent of potato wart. Mitteilungen aus der Biologischen Bundesanstalt fur Land und Forstwirtschaft Berlin-Dahlem，（219）：142

Mygind H. 1954. Methods for the detection of resting sporangia of potato wart *Synchytrium endobioticum* in infested soil. Acta Agriculturae Scandinavica，4：317～343

Nelson G A，Olsen O A. 1964. Methods for estimating numbers of resting sporangia of *Synchytrium endobioticum* in soil. Phytopathology，54：185，186

Noble M，Glynne M D. 1970. Wart disease of potatoes. FAO Plant Protection Bulletin，18：125～135

Potocek J，Broz J. 1988. A new system of testing potatoes for resistance to potato canker（*Synchytrium endobioticum*）and potato root nematode（*Globodera rostochiensis*）. Sborn TIZ，Ochrana Rostlin，24（1）：47～56

Pratt M A. 1976. A wet-sieving and flotation technique for the detection of resting sporangia of *Synchytrium endobioticum* in soil. Annals of Applied Biology，82（1）：21～29

Pratt M A. 1976. The longevity of resting sporangia of *Synchytrium endobioticum*（Schilb.）Perc in soil. Bulletin OEPP，6（2）：107～109

Stachewicz H. 1984. Application of in vitro culture to identify pathotypes of the potato wart pathogen *Synchytrium endobioticum*（Schilb.）Perc. Archiv fur Phytopathologie und Pflanzenschutz，20（3）：195～205

Stachewicz H. 1989. 100 years of potato wart disease-its distribution and current importance. Nachrichtenblatt fur den Pflanzenschutz in der DDR，43（6）：109～111

van-den Boogert P H J F，van-gent-Pelzer M P E，Bonants P J M et al. 2005. Development of PCR-based detection methods for the quarantine phytopathogen *Synchytrium endobioticum* causal agent of potato wart disease. European Journal of Plant Pathology，113（1）：47～57

六、马铃薯癌肿病防控应急预案（样本）

1. 马铃薯癌肿病菌危害情况的确认、报告与分级

1）确认

疑似马铃薯癌肿病发生地的农业行政主管部门在24h内将采集到的马铃薯癌肿病标

本送到上级农业行政主管部门所属的植物检疫机构，由省级农业行政主管部门指定专门科研机构鉴定，省级农业行政主管部门根据专家鉴定报告，报请省级人民政府确认并报告农业部。

2）报告

确认本地区发生马铃薯癌肿病后，当地农业行政主管部门应在24h内向同级人民政府和上级农业行政主管部门报告，并迅速组织对本地区进行普查，及时查清发生和分布情况。省农业行政主管部门应在24h内将马铃薯癌肿病发生情况上报省人民政府和农业部，同时抄送省级林业部门和出入境检验检疫部门。

3）危害程度分级与应急预案的启动

一级危害：在1个省（直辖市、自治区）所辖的2个或2个以上地级市（区）发生马铃薯癌肿病菌危害严重的。

二级危害：在1个地级市辖的2个或2个以上县（市、区）发生马铃薯癌肿病菌危害。

三级危害：在1个县（市、区）范围内发生马铃薯癌肿病菌危害程度严重的。

出现以上一至三级程度危害时，启动本预案。

2. 应急响应

各级人民政府按分级管理、分级响应、属地管理的原则，根据农业行政主管部门植物检疫机构的确认、马铃薯癌肿病菌危害范围及程度，一级危害启动一级响应，二级危害启动二级响应，三级危害启动三级响应。

1）一级响应

省级人民政府立即成立防控工作领导小组，按照属地管理原则，迅速组织协调各地（市、州）人民政府及省级相关部门开展马铃薯癌肿病防控工作，并报告农业部；省农业行政主管部门要迅速组织对全省（自治区、直辖市）马铃薯癌肿病发生情况进行调查评估，制定防控工作方案，组织农业行政及技术人员采取防控措施，并及时将马铃薯癌肿病菌发生情况、防控工作方案及其执行情况报农业部；省级其他相关部门密切配合做好马铃薯癌肿病防控工作；省级财政部门根据马铃薯癌肿病危害严重程度在技术、人员、物资、资金等方面对马铃薯癌肿病发生地给予紧急支持，必要时，请求上级财政部门给予相应援助。

2）二级响应

地级以上市人民政府立即成立防控工作领导小组，迅速组织协调各县（市、区）人民政府及市相关部门开展马铃薯癌肿病防控工作，并由本级人民政府报省人民政府；市级农业行政主管部门要迅速组织对本市马铃薯癌肿病发生情况进行全面调查评估，制定防控工作方案，组织农业行政及技术人员采取防控措施，并及时将马铃薯癌肿病发生情况、防控工作方案及其执行情况报省级农业行政主管部门；市级其他相关部门密切配合做好马铃薯癌肿病防控工作；省级农业行政主管部门加强督促指导，并组织查清本省马铃薯癌肿病发生情况；省人民政府根据马铃薯癌肿病危害严重程度和市级人民政府的请求，在技术、人员、物资、资金等方面对发生马铃薯癌肿病地区给予紧急援助支持。

3）三级响应

县级人民政府立即成立防控工作领导小组，迅速组织协调各乡镇政府及县相关部门开展马铃薯癌肿病防控工作，并由本级人民政府报告上一级人民政府；县级农业行政主管部门要迅速组织对马铃薯癌肿病发生情况进行全面调查评估，制定防控工作方案，组织农业行政及技术人员采取防控措施，并及时将马铃薯癌肿病菌发生情况、防控工作方案及其执行情况报市级农业行政主管部门；县级其他相关部门密切配合做好马铃薯癌肿病防控工作；市级农业行政主管部门加强督促指导，并组织查清全市马铃薯癌肿病发生情况；市级人民政府根据马铃薯癌肿病危害严重程度和县级人民政府的请求，在技术、人员、物资、资金等方面对发生马铃薯癌肿病地区给予紧急援助支持。

3. 部门职责

各级防控工作领导小组负责本地区马铃薯癌肿病防控的指挥、协调工作，并负责监督应急预案的实施。农业部门具体负责组织马铃薯癌肿病监测调查、防控和及时报告、通报等工作；宣传部门负责引导传媒正确宣传报道马铃薯癌肿病有关情况；财政部门及时安排拨付马铃薯癌肿病防控应急经费；科技部门组织马铃薯癌肿病防控技术研究；经贸部门组织防控物资生产供应，以及马铃薯癌肿病菌对贸易和投资环境影响的应对工作；林业部门负责林地的马铃薯癌肿病调查及防控工作；出入境检验检疫部门加强出入境检验检疫工作，防止马铃薯癌肿病的传入和传出；发展改革、建设、交通、环境保护、旅游、水利、民航等部门密切配合做好相关工作。

4. 马铃薯癌肿病发生点、发生区和监测区的划定

发生点：马铃薯癌肿病危害寄主植物外缘周围 100m 以内的范围划定为一个发生点（两个寄主植物距离在 100m 以内为同一发生点）；划定发生点若遇河流和公路，应以河流和公路为界，其他可根据当地具体情况作适当的调整。

发生区：发生点所在的行政村区域划定为发生区范围；发生点跨越多个行政村的，将所有跨越的行政村划为同一发生区。

监测区：发生区外围 5000m 的范围划定为监测区；在划定边界时若遇到水面宽度大于 5000m 的湖泊和水库，以湖泊或水库的内缘为界。

5. 封锁、控制和扑灭

马铃薯癌肿病菌发生区所在地的农业行政主管部门对发生区内的马铃薯癌肿病菌危害寄主植物上设置醒目的标志和界线，并采取措施进行封锁控制和扑灭。

1）封锁控制

对马铃薯癌肿病发生区有外运产品的生产单位以及物流集散地，有关部门要进行全面调查，货主单位和货运企业应积极配合有关部门做好马铃薯癌肿病的防控工作。马铃薯癌肿病危害情况特别严重时，经省人民政府批准，可在发生区周边主要交通要道设立临时植物检疫检查站，对外运的马铃薯及其产品进行检疫，禁止马铃薯癌肿病发生区内土壤、杂草、菜叶等垃圾、有机肥外运，防止马铃薯癌肿病菌传播。

2）防治与扑灭

采用化学、物理、人工、综合防治方法灭除马铃薯癌肿病菌，先喷施化学杀菌剂进行灭杀，人工铲除感病植株和发生区杂草，同时进行土壤消毒灭菌，直至扑灭马铃薯癌肿病。

6. 调查和监测

马铃薯癌肿病发生区及周边地区的各级农业植物检疫机构要加强对本地区的调查和监测，做好监测结果记录，保存记录档案，定期汇总上报。其他地区要加强对来自马铃薯癌肿病发生区的植物及植物产品的检疫和监测，防止马铃薯癌肿病菌传入。

7. 宣传引导

各级宣传部门要积极引导媒体正确报道马铃薯癌肿病的发生及控制情况。有关新闻和消息应通过政府部门正常渠道获取，防止炒作，避免失实报道引起社会不安。在马铃薯癌肿病菌发生区，要利用适当的方式进行科普宣传，重点宣传防范知识、防控技术方法。当媒体上出现不实报道或社会上流传谣言时，应立即正面澄清，加强舆论引导，尽量减轻负面影响。

8. 应急保障

1）队伍保障

各级人民政府要组建由农业行政主管部门技术人员以及有关专家组成的马铃薯癌肿病的应急防控队伍，加强专业技术人员培训，提高应急防控队伍人员的专业素质和业务水平，成立防治专业队，为应急预案的启动提供高素质的应急队伍保障；要充分发动群众，实施群防群控。

2）物资保障

有关的地（市、州）各级人民政府要建立马铃薯癌肿病防控应急物资储备制度，确保物资供应，对马铃薯癌肿病危害严重的地区，应及时调拨救助物资，保障受灾农民的生活和生产稳定。

3）经费保障

在必要的情况下，有关地区的各级人民政府应安排专项资金，用于马铃薯癌肿病应急防控工作。应急响应启动时，当地农业行政主管部门会商有关部门提出经费使用计划，由同级财政部门核拨，财政、农业、审计等部门对专项资金的使用和管理情况进行严格的监督检查，确保专款专用。

4）技术保障

科技部门要大力支持马铃薯癌肿病防控技术研究，为持续有效控制马铃薯癌肿病提供技术支撑。在马铃薯癌肿病发生地，有关部门要组织本地技术骨干力量，加强对马铃薯癌肿病防控工作的技术指导。

9. 应急状态解除

通过采取全面、有效的防控措施，达到防控效果后，地（市、州）农业行政主管部门向省农业行政主管部门提出申请，经省农业行政主管部门组织专家评估论证，防治效果达到标准的，由省级防控领导小组报请省级人民政府批准，可解除应急状态。

经过连续 2~3 个生长季节的监测仍未发现马铃薯癌肿病，经省农业行政主管部门组织专家论证，确认扑灭马铃薯癌肿病后，经马铃薯癌肿病发生区农业行政主管部门逐级向省农业行政主管部门报告，由省农业行政主管部门报省人民政府批准解除马铃薯癌肿病发生区，同时将有关情况通报农业部和出入境检验检疫部门。

10. 附则

地（市、州）各级人民政府根据本预案制定本地区马铃薯癌肿病菌防控应急预案。

本预案自发布之日起实施。

本预案由省级农业行政主管部门负责解释。

（谭万忠　孙现超　毕朝位）

水稻细菌性条斑病应急防控技术指南

一、病原与病害

学　　名：*Xanthomonas oryzae* pv. *oryzicola* (Fang) Swings et al.
英 文 名：bacterial leaf streak of rice
中 文 名：稻黄单胞菌稻生致病变种

1. 起源与分布

起源：水稻细菌性条斑病最早于 1918 年发生在菲律宾。

国外分布：菲律宾、泰国、印度、巴基斯坦、印度尼西亚、孟加拉国、塞内加尔、尼日利亚、柬埔寨、越南、马来西亚、毛里塔尼亚、澳大利亚、尼泊尔、哥伦比亚、马达加斯加、斯里兰卡和喀麦隆。

国内分布：广东、广西、海南、贵州、云南、四川、福建、浙江、江西、湖南、湖北、安徽和江苏。

2. 分类与形态特征

1958 年 Pordesimo 研究了菲律宾水稻条斑病原，命名为 *Xanthomonas translucens* f. sp. *oryzae*。1957 年方中达经过比较研究，将病原经鉴定命名为 *Xanthomonas oryzicola* Fang et al.，但还存在争论。1990 年 Swing 等根据病原的表型、基因型、化学分类资料，确认拉丁学名为 *Xanthomonas oryzae* pv. *oryzicola*，该菌属于变形菌门 (Proteobacteria) 黄单胞菌科 (Xanthomonadaceae) 黄单胞菌属 (*Xanthomonas*)。

水稻细菌性条斑病菌小短杆状，单胞，偶尔成对，但不成链，大小为（0.4～0.7)μm×(0.7～2.0)μm，单根极生鞭毛，能动，无芽孢，无荚膜，革兰氏染色阴性，好气性；营养琼脂培养基上，菌落淡黄色，圆形，光滑发亮，全缘，凸起，黏性。

3. 寄主范围

主要侵染水稻、陆稻、野生稻，也可侵染李氏禾等植物。

4. 病害症状

病菌主要为害水稻叶片，幼龄叶片最易受害。病斑局限于叶脉间薄壁细胞。初为深绿色水渍状透明小点，很快在叶脉间向上下扩展，成为淡黄色狭条斑，由于受叶脉限制病斑不宽，少数情况下病菌能超过叶脉横向扩展。抗病品种上病斑很短，大小为1mm×10mm，感病品种上病斑较长，有时可达到30～50mm 或更长，许多病斑可连成大块枯死斑。病斑两端呈浸润型绿色。病斑上常溢出大量串珠状黄色菌脓，干后呈胶状小粒。发病严重时条斑融合成不规则黄褐色至枯白色大斑，与白叶枯类似，但对光可看见许多半透明条斑。病情严重时叶片卷曲，田间呈现一片黄白色。水稻在孕穗期可见到典型病状。

5. 主要生物学和生态学特性

病菌生长最适温度 25～28℃，最低温度 8℃，最高温度 38℃，28℃下生长良好，致死温度为 51℃。营养琼脂培养基上，菌落淡黄色，圆形，光滑，全缘，凸起，黏性。斜面上线性生长。营养肉汤中，中度混浊，后期有沉淀，表面环状生长，但不形成显著的菌苔。在含有 5%NaCl 的肉汁胨中不生长，在孔氏和费美氏营养液中不生长。液化明胶，牛乳不凝结但可完全胨化，石蕊反应呈微碱性且使石蕊大部分还原。硝酸盐不还原成亚硝酸盐，产生氨和硫化氢，不产生吲哚。葡萄糖、蔗糖、木糖和甘露糖发酵产生酸，乳糖、麦芽糖、阿戊糖、甘露糖醇、甘油和柳醇发酵不产生酸。固体培养基上不水解淀粉，甲基红和乙酰甲基甲醇试验反应阴性，对青霉素不敏感。

带菌种子是水稻细菌性条斑病夏季初侵染的主要来源。大多数研究者认为，条斑病菌在田间的残体中不能越冬成为侵染源。病粒播种后，病菌侵害幼苗的芽鞘和叶鞘，插秧时又将病残体带入本田，主要通过气孔侵染。在夜间潮湿条件下，病斑表面溢出菌脓，干燥后成为小的黄色珠状物，由于雨水飞溅和叶子间的相互摩擦，菌脓分散开来也可引起再次侵染。病菌可借风雨、露水、泌水叶片接触和昆虫或田间操作等蔓延传播，也可通过灌溉水和雨水传到其他田块。远距离传播通过种子调运。高温、高湿、暴风雨等气候条件有利于病菌的传播和再侵染。粳稻通常较抗病，而籼稻品种大多感病，受害严重。一般杂交稻比常规稻感病，矮秆品种比高秆品种感病。

6. 危害与损失

水稻细菌性条斑病菌主要为害叶片，常引起水稻产量严重损失。水稻细菌性条斑病对籼稻的危害性最大。据广东、广西和海南反映，近年来条斑病造成的损失已超过了白叶枯病，减产幅度达 5%～25%。水稻损失因品种、发病迟早、发病轻重而有很大的差异，各研究者报道的结果很不一致。Optina 等报道在菲律宾旱季因条斑病而造成的产量损失比雨季少。吴培机认为水稻细菌性条斑病所造成的损失主要由其侵害面积和病情严重度来决定，测定的结果为晚稻区造成的损失比早稻区大，分别为 1%～37% 和 1%～15%。李建仁等报道该病对产量影响较大，一般减产 10%～20%。陈玉奇对产量损失估计进行了细致的研究，其结果表明，随着被害叶片面积的增加，其空秕率也随之增加，千粒重也相应降低。将病叶分成 1 级、2 级、3 级、4 级、5 级，其损失率分别为 5.16%、16.48%、27.37%、39.84%、40.16%。Chand 等报道因水稻细菌性条斑病而造成的产量损失率为 5%～35%。童贤明等对水稻细菌性条斑病为害造成的产量损失进行了研究，结果表明产量损失随病斑面积的增加而递增，低于病斑面积占叶面积的 13.07% 的临界值时，病害对有效穗的影响不显著；当病斑占叶面积达 13.07% 时，空秕率增加 5.12%，千粒重降低 2.03g，理论产量减少 23.27%；产量损失与病情指数密切相关，病情指数愈高，损失率愈高；在严重度相似的情况下，随着病叶率的增加，损失率也随之增加。

图版 37

图版说明

水稻细菌性条斑病

　　A. 田间发病症状

　　B. 典型症状及菌脓（箭头所示）

　　C. 病斑扩散后的症状

水稻细菌性条斑病与白叶枯病的比较

　　D. 水稻细菌性条斑病有明显的淡黄色狭条斑，由于受叶脉限制病斑不宽

　　E. 白叶枯病病斑一般始于叶缘，然后向叶基延伸，且不受叶脉限制。在死亡组织和绿色组织之间呈黄色。这些症状自分蘖后达到高峰

　　F. 水稻细菌性条斑病早期黄色狭条斑

　　G. 水稻细菌性条斑病后期褐色狭条斑

　　H. 白叶枯病典型症状

　　I. 水稻细菌性条斑病早期在潮湿环境下会从病斑溢出大量小的串珠状黄色菌脓，干后呈胶状小粒

　　J. 白叶枯病早期在上午潮湿时从病斑渗出乳状黄色菌脓，大小与露水相当

　　K. 被水稻细菌性条斑病为害的稻田

　　L. 被白叶枯病为害的稻田

图片作者或来源

　　A，B. 作者提供

　　C. Donald Groth（美国路易斯安那州立大学农业中心 LSU AgCenter）

　　D，F～H，K，L. 菲律宾国际水稻研究所

　　E，I，J. T. W. Mew（菲律宾国际水稻研究所）

　　C. Forestry Images，UGA5390469 Bugwood. org http://www. forestryimages. org/browse/detail. cfm?imgnum=5390469，最后访问日期 2009-12-2)

　　E. Forestry Images，UGA5390468 Bugwood. org http://www. forestryimages. org/browse/detail. cfm?imgnum=5390468，最后访问日期 2009-12-2)

　　I. Forestry Images，UGA0162040 Bugwood. org http://www. forestryimages. org/browse/detail. cfm?imgnum=0162040，最后访问日期 2009-12-2)

　　J. Forestry Images，UGA0162038 Bugwood. org（http://www. forestryimages. org/browse/detail. cfm?imgnum=0162038，最后访问日期 2009-12-2)

　　D. F～H. Diseases Information Sheets，Rice Doctor，Rice Knowledge Bank（http://www. knowledgebank. irri. org/riceDoctor/index. php? option = com _ content&view = article&id = 553&Itemid = 2735，最后访问日期 2009-12-2)

　　K，L. Elazegui F，Islam Z. 2003. Diagnosis of Common Diseases of Rice. IRRI，Philippines（http://aaqua. persistent. co. in/aaqua/forum/getattachment?attach=2600，最后访问日期 2009-12-2)

二、水稻细菌性条斑病菌检验检疫技术规范

1. 范围

　　本规范规定了水稻细菌性条斑病及病菌的检疫检验及检疫处理操作办法。

本规范适用于农业植物检疫机构对水稻细菌性条斑病菌带菌种子、病残体及可能携带其种子、病残体的载体、交通工具的检疫检验和检疫处理。

2. 产地检疫

（1）在国内调种引种前，尽量到产地做实地考察，尤其是在孕穗抽穗期，对繁种田块做产地检验，十分有效，且完全必要。

（2）发现疫情后，应立即报告给当地农业检疫部门和外来入侵生物管理部门。

3. 调运检疫

（1）检查调运的植物和植物产品有无病症。

（2）在病害发生季节，对来自疫情发生区的可能携带带菌种子或病残体的载体进行检疫。

4. 检验与检测

1）种子检验

对调运中的种子，按种子质量的 0.01%～0.1% 抽样检查，种子样品做下列程序的检验。取种子 100～$500g$，脱壳或粉碎后用 $0.01mol/L$ pH 7.0 磷酸缓冲液按 $1:2$ 比例浸泡 2～$4h$（$4℃$），过滤或离心，清洗经高速离心浓缩（$10\ 000r/min$，$10min$），分为上清液与沉淀两部分。上清液用于噬菌体检验，沉淀经悬浮后做血清学检验和接种试验。

2）噬菌体检验

分别于 3 个培养皿中加上清液 $1mL$ 和指示菌液各 $1mL$ 混匀后加 NA 培养基，摇匀后在 $26℃$ 恒温下培养 12～$16h$，如出现噬菌斑，即可判断该种子来自病区。

3）血清学检验

（1）琼脂双扩散试验。

在 $5cm^2$ 的玻板上加 $3mL$ 琼脂糖凝胶（浓度为 0.8%，生理盐水配制，内含 0.02% 叠氮化钠和 0.01% 台酚蓝），待胶凝固后，打成梅花形孔，周缘孔加入细菌悬浮液，中央孔加抗血清，检测灵敏度为 $10^7CFU/mL$。

（2）酶联免疫吸附测定（ELISA）。

酶标抗体的标记以过碘酸钠氧化法，ELISA 反应以直接法和夹心接法进行，P/N>2 作为阳性判断的标准。P/N：阳性样品 OD_{490} 吸收值、阴性对照 OD_{490} 吸收值。

（3）免疫荧光染色法。

取待测样品涂片，风干，固定，加兔抗 IgG（浓度 $76\mu g/mL$），$37℃$ 静置 $1h$，然后洗去未反应 IgG，风干，加荧光标记的羊抗兔 IgG（工作浓度 $1:40$），再洗涤，风干，加甘油缓冲液封片，最后荧光显微镜下镜检。阳性反应的样本表现为荧光闪亮的两头钝圆的短杆菌；阴性反应表现为无荧光或很弱荧光，看不到菌体形态。

4）致病性检验

取沉淀的悬浮液用针刺法接种在感病品种（汕优 63）5 叶龄稻叶上，若含病菌，5 天后即可出现透明条斑。

5）免疫分离检测

利用抗血清对病原菌的专化吸附功能，将样品中的细菌吸附在固相载体上，通过半选择性培养基，细菌在培养基上生出特征性菌落，即可证明种子样品是否带菌。

6）基于 PCR 技术的分子检测

张华等设计并合成了水稻细菌性条斑病菌的专化性引物，XoocF：5′-ATATT-GGGCTGGTGGGTGATC-3′ 和 XoocR：5′-TTGGTACGCGATGCCCTTTGCGACGG-3′。利用这对引物，可以从水稻细菌性条斑病菌中扩增出 1 条 338bp 的片段。建立相应的 PCR 反应体系和条件，能够高效特异性地检测出水稻细菌性条斑病菌。

5. 检疫处理和通报

在调运检疫或复检中，发现水稻细菌性条斑病菌带菌种子、病残体应全部检出销毁。

产地检疫中发现水稻细菌性条斑病菌后，应根据实际情况，启动应急预案，立即进行应急治理。疫情确定后一周内应将疫情通报给对植物和植物产品调运目的地的农业外来入侵生物管理部门和农业植物检疫部门，以加强目的地监测力度。

三、水稻细菌性条斑病调查监测技术规范

1. 范围

本规范规定了对水稻细菌性条斑病进行调查及监测的操作办法。

本规范适用于农业植物保护相关部门对水稻细菌性条斑病在不同发病时期和在不同地区的监测。

2. 调查

1）访问调查

向当地居民询问有关水稻细菌性条斑病发生地点、发生时间、危害情况，分析水稻细菌性条斑病菌传播扩散情况及其来源。每个社区或行政村询问调查 30 人以上。对询问过程发现的水稻细菌性条斑病可疑存在地区，进行深入重点调查。

2）实地调查

（1）调查地域。

重点调查疫区、重要水稻生产基地、粮种储备区以及种子公司。

（2）调查方法。

调查设样地不少于 10 个，随机选取，每块样地面积不小于 $1m^2$，用 GPS 仪测量样地的经度、纬度、海拔，记录样地的地理信息、生境类型、物种组成。

观察有无水稻细菌性条斑病的发生，记录该病害的发生的时间、面积、密度、危害程度以及水稻的品种。

（3）面积计算方法。

发生于农田生态系统内的，其发生面积以相应地块的面积累计计算，或以划定包含所有发生点的区域面积进行计算；发生于路边、田块周围等地点的（如发病菱白），发生面积以实际发生面积累计获得或持 GPS 仪沿分布边界走完一个闭合轨迹后，围测面积；发生在山上的面积以持 GPS 仪沿分布边界走完一个闭合轨迹后，围测的面积为准，如山高坡陡，无法持 GPS 仪走完一个闭合轨迹的，也可采用目测法估计发生面积。

（4）危害等级划分。

按发病面积确定危害程度。适用于农田等生态系统。具体等级按以下标准划分。

0 级 高抗（HR）：无病斑；

1 级 抗（R）：病斑边缘有病变组织，长度在 5mm 以内；

3 级 中抗（MR）：病斑长度为 6～10mm，无菌脓泌出；

5 级 中感（MS）：病斑长度为 11～20mm，有菌脓可见；

7 级 感（S）：病斑长度为 21～30mm，菌脓多；

9 级 高感（HS）：病斑长度＞30mm，菌脓很多。

3. 监测

1）监测区的划定

发生点：在田间，水稻细菌性条斑病发生的一个区域（发生面积不限）被视为一个发生点；划定发生点若遇河流和公路，应以河流和公路为界，其他可根据当地具体情况作适当的调整。

发生区：发生点所在的行政村区域划定为发生区范围；发生点跨越多个行政村的，将所有跨越的行政村划为同一发生区。

监测区：发生区外围 5000m 的范围划定为监测区；在划定边界时若遇到水面宽度大于 5000m 的湖泊和水库，以湖泊或水库的内缘为界。

2）监测方法

根据水稻细菌性条斑病的传播扩散特性，在监测区的每个村庄设置不少于 10 个固定监测点，每个监测点选 $10m^2$，悬挂明显监测位点牌，一般每月观察一次。

4. 样本采集与寄送

在调查中如发现可疑病株样品，将可疑样品晒干，标明采集时间、采集地点及采集人。将每点采集的可疑病株样品集中于一个标本瓶中或标本夹中，送外来物种管理部门指定的专家进行鉴定。

5. 调查人员的要求

要求调查人员为经过培训的农业技术人员，掌握水稻细菌性条斑病菌的形态学、生物学特性，危害症状以及水稻细菌性条斑病的调查监测方法和手段等。

6. 结果处理

调查监测中，一旦发现水稻细菌性条斑病，严格实行报告制度，必须于24 h 内逐级上报，定期逐级向上级政府和有关部门报告有关调查监测情况。

四、水稻细菌性条斑病应急控制技术规范

1. 范围

本规范规定了水稻细菌性条斑病新发、爆发等生物入侵突发事件发生后的应急控制操作方法。

本规范适用于各级外来入侵生物管理机构和农业技术部门在生物入侵突发事件发生时的应急处置。

2. 应急控制方法

对成片发生区域可采用分步施药、最终灭除的方式进行防治，首先在水稻细菌性条斑病发生区进行化学药剂直接处理，防治后要进行持续监测，发现水稻细菌性条斑病再根据实际情况反复使用药剂处理，直至2年内不再发现该病害为止。根据水稻细菌性条斑病发生的生境不同，采取相应的化学防除方法。

在水稻进入感病生育期后，要及时调查病情，发病初期及时喷药。目前常用药剂有1000万单位的农用链霉素、20％叶枯唑可湿性粉剂 500～600 倍液（300～375g/hm²）、25％敌枯唑可湿性粉剂 200～300 倍液（450～675g/hm²）、500g/L 代森铵水剂 800～1000 倍液（300～450g/hm²）及 3g/L 丁子香酚液剂稀释 600～1000 倍（1.5～3g/hm²）防治水稻细菌性条斑病，在分蘖盛期喷药，防治效果 68.17％～72.48％。

3. 注意事项

（1）在水稻细菌性条斑病高发期，要按时进行田间病害调查，及时发现病害，并迅速进行化学药剂防治。

（2）在台风或暴雨天气过后，立即喷药预防或防治水稻细菌性条斑病，喷药后若遇降雨，应及时补喷；补喷药剂时一定要严格按照药剂说明书进行，防止水稻出现药害。

（3）严禁水稻细菌性条斑病爆发的制种田水稻种子继续作为水稻种子销售。

五、水稻细菌性条斑病综合治理技术规范

1. 范围

本规范规定了水稻细菌性条斑病菌的综合治理技术细节及操作办法。

本规范适用于农业植物保护相关部门对水稻细菌性条斑病在不同发病时期，在不同地区的防治工作。

2. 综合治理

水稻细菌性条斑病是一种传染性病害，其发展迅速、传播快、必须重视其防治工作。经过多年来的探索，该细菌病害应采取以农业防治为主，化学防治为辅的综合防治措施。具体防治措施如下：

(1) 加强种子检疫。严禁到病区调种，杜绝初侵染源。

(2) 选用抗病的优良品种更换易感病的老品种。

(3) 进行播前种子消毒杀菌。用 85％强氯精（三氯异氰尿酸）可湿性粉剂 300 倍液浸种消毒，洗净催芽。浸种方法：将种子先用清水浸 12h，然后浸入 300 倍强氯精药液中 12h，捞出清洗干净后，再用清水浸 12h 后催芽播种。种子经消毒处理可推迟大田发病时间 7～15 天，病叶率降低 30％～50％；用三氯异氰尿酸浸种，消灭种子上所附病菌，延缓苗期发病时间。

(4) 将秧田选在地势较高远离原来发病的田块，并搞好苗床消毒杀菌工作。

(5) 处理病草病株。要求植物保护部门配合疫区加大宣传力度，同时动员农户把病区稻草全部运回家，作为燃料尽可能在 3 月底之前烧掉。病区稻谷全部内部消化，不得流向市场。

(6) 加强肥水管理。大田移栽前用石灰消毒处理，秧苗用配好的药液浸后带药移栽做到浅水栽秧，深水返青，薄水分蘖（控制无效分蘖），足苗晒田，灌水长穗，干湿壮籽。

(7) 药剂防治。稻田发现该病的初期及时用 1000 万单位的农用链霉素、20％叶枯唑可湿性粉剂 500～600 倍液（300～375g/hm²）、25％敌枯唑可湿性粉剂 200～300 倍液（450～675g/hm²）、500g/L 代森铵水剂 800～1000 倍液（300～450g/hm²）及 3g/L 丁子香酚液剂稀释 600～1000 倍（1.5～3g/hm²）防治水稻细菌性条斑病，在分蘖盛期喷药防治。

主要参考文献

陈利锋，徐敬友. 2001. 农业植物病理学. 北京：中国农业出版社. 108～114

陈玉奇，余明志. 1990. 水稻细菌条斑病发生程度与损失率的关系. 植物保护，16（4）：52

成国英，林梅根，侯著卫等. 1996. 免疫荧光技术和固相酶联免疫吸附法检测稻细条病菌的比较研究. 湖北植保，
  （4）：23，24

洪剑鸣，童贤明，徐福寿. 2006. 中国水稻病害及其防治. 上海：上海科学技术出版社. 155～161

赖文姜，曾宪铭. 1987. 水稻细菌性条斑病种子带菌及种子检验技术研究简报. 广东农业科学，（5）：42～44

李建仁，李碧文. 1989. 水稻细菌性条斑病发生规律及防治措施研究. 湖南农业科学，（4）：31～33

童贤明，徐鸿润，朱灿星等. 1995. 水稻细菌性条斑病产量损失估计. 浙江农业大学学报，21（4）：357～360

王汉荣，谢关林. 1992. 水稻细菌性条斑病研究进展. 农牧情报研究，（2）：31～34

吴培机. 1984. 水稻细菌性条斑病的发生流行、病株田间分布及为害损失的初步调查. 广西农业科学. 15（1）：45～50

许志刚. 2002. 普通植物病理学. 北京：中国农业出版社. 319～322

严位中，孙茂林，曾令凑. 1980. 水稻细菌性条斑病发生情况的调查. 云南农业科技，（6）：26～29

张爱红，陈丹，苗洪芹. 2009. 几种检疫性细菌性病害的识别和病原菌的鉴定技术. 植物检疫，23（1）：41～44

张华，姜英华，胡白石等. 2008. 利用 PCR 技术专化性检测水稻细菌性条斑病毒. 植物病理学报，38（1）：1～5

赵友福，张乐. 1992. 植物病原细菌简明手册. 北京：农业部植检实验所. 255

周国义，龚伟荣，胡学英等. 1998. 江苏省泗阳县水稻细菌性条斑病的防治. 植物检疫，（3）：63

Niño-Liu D O，Ronald P C，Bogdanove A J. 2006. *Xanthomonas oryzae* pathovars：model pathogens of a model crop. Molecular Plant Pathology，7（5）：303～324

Opina O S，Exconde O R. 1971. Assessment of yield loss due to bacterial leaf streak of rice. Philippine Phytopathol，7（1/2）：35～39

六、水稻细菌性条斑病防控应急预案（样本）

1. 总则

1）编制目的

为加强省（自治区、直辖市）农业检疫性有害生物监测预警与应急反应能力建设，提高农业防灾减灾能力，建立健全水稻细菌性条斑病灾害应急防控机制，减轻病害损失，确保各省（自治区、直辖市）粮食生产安全，维护社会稳定，特制定本预案。

2）编制依据

依据《中华人民共和国农业法》、《中华人民共和国农业技术推广法》、农业部《农业重大有害生物及外来生物入侵突发事件应急预案》等相关法律法规和文件，制定本预案。

3）工作原则

（1）预防为主，综合防治。全面贯彻"预防为主，综合防治"的植物保护方针，加强测报监测和信息发布，立足预防，抓早抓实，争取主动，防患于未然；实行统防统治与群防群治结合。

（2）依法行政，果断处置。水稻细菌性条斑病流行成灾时，各部门要按照相关法律、法规和政策，本着快速反应、科学引导、果断处置的原则，共同做好水稻细菌性条斑病应急防控工作，确保社会生产生活秩序稳定。

（3）统一领导，分工协作。在省（自治区、直辖市）政府的领导下，各部门应各司其职、整合资源、紧密配合、通力合作，高效开展好防控工作。

2. 组织机构

1）省（自治区、直辖市）水稻细菌性条斑病应急防控指挥部

省（自治区、直辖市）水稻细菌性条斑病应急防控指挥部（以下简称：条斑病防

控）指挥长，由省（自治区、直辖市）人民政府分管省（自治区、直辖市）长担任。

主要职责：负责组织领导全省（自治区、直辖市）水稻细菌性条斑病应急防控工作。负责水稻细菌性条斑病灾害防控重大事项的决策、部署，灾害处置的协调；发布新闻信息；对下级人民政府和有关部门开展防控工作进行协调、指导和督察；完成省（自治区、直辖市）政府交办的其他事项。

2）应急防控成员单位及职责

省（自治区、直辖市）水稻细菌性条斑病防控成员单位由省（自治区、直辖市）农业、宣传、广电、发展改革、财政、气象、工商、救灾、民政、公安、交通、科技等组成，在各自的职责范围内做好应急控制所需的物资、人工的经费落实、防治技术攻关研究、应急控制物资运输、防止疫情传播蔓延、农产品卫生安全及市场监管、维护社会治安、受灾群众思想工作和防疫知识宣传普及等工作。

3）水稻细菌性条斑病防控办公室

在农业行政主管部门内设立水稻细菌性条斑病防控办公室。承办全省（自治区、直辖市）水稻细菌性条斑病防控的日常工作；负责贯彻省（自治区、直辖市）水稻细菌性条斑病防控的各项决策，组织实施水稻细菌性条斑病灾害防控工作；起草相关文件，承办相关会议；负责起草相关新闻信息，公布减灾救灾工作开展情况，调查、评估、总结水稻细菌性条斑病控防动态、控制效果和灾害损失等；完成防控交办的其他工作。

4）水稻细菌性条斑病防控专家组

由科研和农业技术推广部门的有关专家组成。主要职责是开展水稻细菌性条斑病的调查、分析和评估，提供技术咨询，提出防控、处置建议，参与现场处置。

3. 监测与预警

1）监测

省（自治区、直辖市）农业行政主管部门的植物检疫机构是水稻细菌性条斑病监测的实施单位，负责水稻细菌性条斑病灾害的普查监测和预测预报。植物检疫机构实行专业测报和群众测报相结合，按照相关规范、规定开展调查和监测，及时分析预测水稻细菌性条斑病发生趋势。省（自治区、直辖市）人民政府要为植物检疫机构和防控专家组提供开展普查监测工作所必需的交通、经费等工作条件。

2）报告

省（自治区、直辖市）农业行政主管部门负责水稻细菌性条斑病灾害紧急情况的报告和管理。任何单位和个人发现条锈病异常情况时，应积极向省（自治区、直辖市）农业行政主管部门报告。植物检疫机构做出诊断后 4h 内将结果报省（自治区、直辖市）农业行政主管部门，省（自治区、直辖市）农业行政主管部门核实发生程度后 4h 报省

（自治区、直辖市）人民政府，并在 24h 内逐级报上级农业行政主管部门，特殊情况时可越级报告。严禁误报、瞒报和漏报，对拖延不报的要追究责任。在条锈病流行成灾的关键季节，要严格实行值班报告制度，紧急情况随时上报。

3）预警级别

依据水稻细菌性条斑病发生面积、发生程度和病情扩展速度、造成的农业生产损失，将水稻细菌性条斑病灾害事件划分为特别重大（Ⅰ级）、重大（Ⅱ级）、较大（Ⅲ级）、一般（Ⅳ级）四级。预警级别依照水稻细菌性条斑病灾害级别相应分为特别严重（Ⅰ级）、严重（Ⅱ级）、较重（Ⅲ级）和一般（Ⅳ级）四级，颜色依次为红色、橙色、黄色和蓝色。

（1）Ⅰ级。水稻细菌性条斑病疫情造成 10 000 亩以上连片或跨地区农作物减产、绝收或经济损失达 1000 万元以上，且有进一步扩散趋势的；或在不同地（市、州）内同时新发生，且已对当地农业生产和社会经济造成严重影响的。

（2）Ⅱ级。水稻细菌性条斑病疫情造成 5000 亩以上连片或跨地区农作物减产、绝收或经济损失达 500 万元以上，且有进一步扩散趋势的；或在同一地（市、州）内不同县市区同时新发生，且已对当地农业生产和社会经济造成严重影响的。

（3）Ⅲ级。水稻细菌性条斑病疫情造成 2000 亩以上连片农作物减产、绝收或经济损失达 100 万元以上，且有进一步扩散趋势的；或在不同县（市、区）内同时新发生。

（4）Ⅳ级。水稻细菌性条斑病疫情造成 1000 亩以上连片农作物减产、绝收或经济损失达 50 万元以上，且有进一步扩散趋势的；或在一个县（市、区）内新发生。

4）预警响应

省（自治区、直辖市）农业行政主管部门接到水稻细菌性条斑病病情信息后，应及时组织专家进行病情核实和灾情评估，对可能造成大面积流行成灾的，要及时向省（自治区、直辖市）人民政府发出预警信号并做好启动预案的准备。对可能引发严重（Ⅱ级）以上的预警信息，务必在 6h 内上报省（自治区、直辖市）人民政府。

5）预警支持系统

省（自治区、直辖市）农业行政主管部门所属植物保护和植物检疫站是水稻细菌性条斑病灾害监测、预警、防治、处置的具体技术支撑单位。广电、电信部门要建立、增设专门栏目或端口，保证条锈病等重大病虫害信息和防治技术的对点传播。

6）预警发布

根据国家规定，水稻细菌性条斑病等农业重大病虫害趋势预报由农业行政主管部门发布。水稻细菌性条斑病预警信息，由省（自治区、直辖市）农业行政主管部门依照本预案中确定的预警级别标准提出预警级别建议，经省（自治区、直辖市）人民政府决定后发布。特别严重（Ⅰ级）、严重（Ⅱ级）预警信息由省（自治区、直辖市）人民政府发布、调整和解除。其他单位和个人无权以任何形式向社会发布相关信息。

4. 应急响应

1）信息报告

水稻细菌性条斑病灾害发生时，由省（自治区、直辖市）农业行政主管部门向省（自治区、直辖市）人民政府和上级农业行政主管部门报告。省（自治区、直辖市）农业行政主管部门是水稻细菌性条斑病病情信息责任报告单位，植物检疫机构专业技术人员是水稻细菌性条斑病病情信息责任报告人。相关病情信息由省（自治区、直辖市）农业行政主管部门及时向相关下级政府部门通报。

2）先期处置

水稻细菌性条斑病灾害的应急处置，实行属地管理，分级负责。事发地人民政府条斑病防治领导小组，要靠前指挥，实施先期处置，并迅速将病情或灾情和先期处置情况报告上级人民政府和农业行政主管部门。

3）分级响应

（1）Ⅰ级响应。发生Ⅰ级水稻细菌性条斑病灾害时，省（自治区、直辖市）农业行政主管部门向本级人民政府提出启动本预案的建议，经同意后启动本预案，成立水稻细菌性条斑病防控，研究部署应急防控工作；将灾情逐级报至上级人民政府和农业行政主管部门；派出工作组、专家组赴一线加强防控指导，定期发布灾害监控信息，发出督导通报。

省（自治区、直辖市）农业行政主管部门水稻细菌性条斑病防控办公室应密切监视灾害情况，做好灾情的预测预报工作，为灾区提供相应的技术支撑。省（自治区、直辖市）水稻细菌性条斑病防控成员单位按照职责分工，做好相关工作。

（2）Ⅱ级响应。发生Ⅱ级水稻细菌性条斑病灾害时，省（自治区、直辖市）农业行政主管部门向省（自治区、直辖市）人民政府提出启动本预案的建议，经同意后启动本预案，成立省（自治区、直辖市）水稻细菌性条斑病防控，研究部署应急防控工作；加强防控工作指导，组织、协调相关地（市、州）开展工作，并将灾情逐级上报。派出工作组、专家组赴一线加强技术指导，发布灾害监控信息，及时发布督导通报。各防控成员单位按照职责分工，做好有关工作。

（3）Ⅲ级响应。发生Ⅲ级水稻细菌性条斑病灾害时，省（自治区、直辖市）农业行政主管部门向省（自治区、直辖市）人民政府提出启动本预案的建议，经同意后启动本预案，成立省（自治区、直辖市）水稻细菌性条斑病防控，研究部署应急防控工作；将灾情报上级人民政府和农业行政主管部门；派出工作组、专家组赴一线加强防控指导，定期发布灾害监控信息，发出督导通报。省（自治区、直辖市）水稻细菌性条斑病防控办公室应密切监视灾害情况，做好灾情的预测预报工作，为灾区提供相应的技术支撑。广电、报纸等宣传机构，要做好水稻细菌性条斑病专题防治宣传。

（4）Ⅳ级响应。发生Ⅳ级水稻细菌性条斑病灾害时，省（自治区、直辖市）农业行政主管部门向省（自治区、直辖市）人民政府提出启动本预案的建议，省（自治区、直辖市）水稻细菌性条斑病防控办公室应密切监视灾害情况，定期发布灾害监控信息，上报发生防治情况；派出工作组、专家组赴重点区域做好防控指导；植物检疫机构要加强预测预报工作，做好群众防治指导。广电、报纸等宣传机构，要做好水稻细菌性条斑病专题防治宣传。

4）扩大应急

启动相应级别的应急响应后，仍不能有效控制灾害发生，应及时向上级人民政府报告，请求增援，扩大应急，全力控制条斑病灾害的进一步扩大。

5）指挥协调

省（自治区、直辖市）水稻细菌性条斑病防控统一领导应急处置工作。在水稻细菌性条斑病防控统一组织指挥下，相关部门积极配合，密切协同，上下联动，形成应对条斑病灾害的强大合力。根据水稻细菌性条斑病灾害规模启动相应响应级别并严格执行灾情监测、预警、报告、防治、处置制度。应急状态下，特事特办，急事先办。根据需要，省（自治区、直辖市）人民政府可紧急协调、调动、落实应急防控所需的人员、物质和资金，紧急落实各项应急措施。

6）应急结束

省（自治区、直辖市）水稻细菌性条斑病防控办公室负责组织专家对灾害控制效果进行评估，并向省（自治区、直辖市）水稻细菌性条斑病防控提出终结应急状态的建议，经省（自治区、直辖市）水稻细菌性条斑病防控批准后，终止应急状态。

5. 后期处置

1）善后处置

在开展水稻细菌性条斑病灾害应急防控时，对人民群众合法财产造成的损失及劳务、物资征用等，省（自治区、直辖市）农业行政主管部门要及时组织评估，并报省（自治区、直辖市）人民政府申请给予补助，同时积极做好现场清理工作和灾后生产的技术指导。

2）社会救助

水稻细菌性条斑病灾情发生后，按照属地管理、分级负责的原则，实行社会救助。

3）评估和总结

水稻细菌性条斑病灾害防控工作结束后，由省（自治区、直辖市）农业行政主管部门对应急防治行动开展情况、控制效果、灾害损失等进行跟踪调查、分析和总结，建立相应的档案。调查评估结果由省（自治区、直辖市）农业行政主管部门报省（自治区、直辖市）人民政府和上级农业行政主管部门备案。

6. 信息发布

水稻细菌性条斑病灾害的信息发布与新闻报道，在省（自治区、直辖市）防控的领导与授权下进行。

7. 应急保障

1）信息保障

省（自治区、直辖市）农业行政主管部门要指定应急响应的联络人和联系电话。应急响应启动后，及时向省（自治区、直辖市）水稻细菌性条斑病防控和上级农业行政主管部门上报灾情和防控情况。水稻细菌性条斑病灾害信息的传输，要选择可靠的通信联系方式，确保信息安全、快速、准确到达。

2）队伍保障

省（自治区、直辖市）人民政府要加强水稻细菌性条斑病灾害的监测、预警、防治、处置队伍（专业机防队）的建设，不断提高应对水稻细菌性条斑病灾害的技术水平和能力。地（市、州）人民政府要定专人，负责灾情监测和防治指导。

3）物资保障

省（自治区、直辖市）人民政府要建立水稻细菌性条斑病灾害应急物资储备制度和紧急调拨、采购和运输制度，组织相关部门签订应急防控物质紧急购销协议，保证应急处置工作的需要。

4）经费保障

省（自治区、直辖市）财政局应将重大病虫害防治、水稻细菌性条斑病应急处置专项资金纳入政府预算，其使用范围为条斑病灾害的监测、预警、防治和处置队伍建设。省（自治区、直辖市）财政局要对资金的使用严格执行相关的管理、监督和审查制度，确保专款专用。应急响应时，省（自治区、直辖市）财政局根据省（自治区、直辖市）农业行政主管部门提出所需财政负担的经费预算及使用计划，核实后予以划拨，保证防控资金足额、及时到位。必要时向上级财政部门申请紧急援助。

5）技术保障

省（自治区、直辖市）农业行政主管部门负责组织全省（自治区、直辖市）各地（市、州）开展辖区内水稻细菌性条斑病灾情发生区的勘查，水稻细菌性条斑病灾害的调查、监测、预警分析和预报发布。制定本级水稻细菌性条斑病灾害防控的技术方案。组织进行防治技术指导，指导防治专业队伍建设。

6）宣传培训

充分利用各类媒体，加强对水稻细菌性条斑病灾害防控重要性和防控技术的宣传教育，积极开展水稻细菌性条斑病灾害电视预报，提高社会各界对条斑病生物灾害的防范意识。省（自治区、直辖市）人民政府和省（自治区、直辖市）农业行政主管部门负责对参与水稻细菌性条斑病灾害预防、控制和应急处置行动人员的防护知识教育。省（自治区、直辖市）农业行政主管部门所属的植物检疫机构要制订培训计划，寻求多方支持，加强对检疫技术人员、防治专业队伍的专业知识、防治技术和操作技能等的培训；加强水稻细菌性条斑病基本知识和防治技术的农民培训。加强预案演练，不断提高水稻细菌性条斑病灾害的处置能力。

8. 附则

1）预案管理

本预案的修订与完善，由省（自治区、直辖市）农业行政主管部门根据实际工作需要进行修改，经省（自治区、直辖市）政府批准后生效并实施。

2）奖励与责任追究

水稻细菌性条斑病防控要对水稻细菌性条斑病应急处置中作出突出贡献的集体和个人给予表彰。对玩忽职守造成损失的，要依照有关法律、法规和纪律追究当事人责任，并予以处罚。构成犯罪的，依法移交司法机构追究刑事责任。

3）预案解释部门

本预案由省（自治区、直辖市）农业行政主管部门负责解释。

4）实施时间

本预案自发布之日起实施。

（刘凤权　胡白石　韩志成）

香蕉真菌性枯萎病应急防控技术指南

一、香蕉真菌性枯萎病菌 4 号小种及其所致病害

学　　名：尖镰孢古巴专化型 4 号小种 *Fusarium oxysporum* f. sp. *cubense*（E. F. Sm.）Snyder & Hansen Race4，1977

所致病害中文名：香蕉枯萎病，香蕉巴拿马病，香蕉黄叶病

所致病害英文名：Panama disease of banana，fusarium wilt of banana，vascular wilt of banana and abaca

1. 起源与分布

起源：香蕉枯萎病菌被认为起源于东南亚，但 1874 年在澳大利亚发生危害才正式被记载。尽管 1935～1939 年，在南美洲香蕉产区枯萎病大面积发生，致使 4 万 hm² 香蕉被毁，并随着当地香蕉的出口传播到世界各地，可直到 20 世纪 60 年代所记载的病原菌均为 1 号小种。当前严重危害香蕉，威胁世界香蕉生产，在产区引起人们恐慌的则为香蕉枯萎病菌 4 号小种，该小种于 1967 年在我国台湾严重危害能抗 1 号小种的香蕉 Cavendish 品系才被发现和报道。

国外分布：目前，香蕉枯萎病菌 4 号小种在世界上仍只是分布在部分香蕉生产国，如亚洲菲律宾、印度尼西亚、马来西亚，美洲的巴西、哥斯达黎加、瓜德罗普、法属圭亚那、洪都拉斯、牙买加、美国，非洲的南非、尼日利亚，大洋洲的澳大利亚和大西洋岛屿（西班牙加纳利群岛、葡萄牙马德拉群岛）。

国内分布：香蕉枯萎病菌 1 号小种在我国已广泛分布，4 号小种则自 1967 年在台湾发现后的近 20 年里，由于台湾海峡的阻隔，一直未传入内地。1996 年首次传入广东番禺并在珠江三角洲的香蕉产区蔓延，现已传入海南、福建和广西。

2. 分类与形态特征

分类地位：无性型真菌（Anamorphic fungi），镰孢属（*Fusarium*），尖镰孢古巴专化型（*Fusarium oxysporum* f. sp. *cubense*）。

形态特征：可产生 3 种形态的无性孢子：大孢子、小孢子和厚垣孢子。大孢子镰刀形，具 3～5 个隔膜，顶端细胞呈尖刀状或钩状，脚细胞明显，壁薄（22～36）μm×（4～5）μm；小孢子生于瓶梗状的产孢细胞上，圆形或椭圆形至肾形，具 0 或 1 个隔膜，壁薄，（5～7）μm×（2.5～3）μm，在人工培养基上很容易见到。厚垣孢子圆形，壁厚，间生或顶生于菌丝上，多单生，9μm×7μm，可在土壤中存活数年。至今未发现有性态（图 1）。

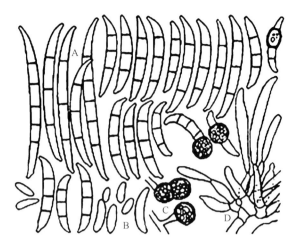

图1　香蕉枯萎病菌的显微形态图（Wollenweber and Reinking，1935）
A：大孢子；B：小孢子；C：厚垣孢子；D：产孢细胞

3. 寄主范围

根据不同的鉴别寄主，将香蕉枯萎病菌划分为4个小种：1号小种呈世界性分布，感染香蕉的栽培种"大蜜啥"[Gros Michel（AAA）]、龙牙蕉（Musa AAB）和矮香蕉[Dwarf Cavendish（AAA）]。2号小种在中美洲的洪都拉斯、萨尔瓦多、波多黎各、多米尼加共和国和维尔京群岛，侵染三倍体杂种煮食蕉（ABB）如棱指蕉（Bluggoe）及其近缘品种和某些Jamaica四倍体（AAAA）等；不侵染"大蜜啥"。3号小种在自然条件下只侵染芭蕉科的蝎尾蕉属植物（Heliconia），对"大蜜啥"和野蕉（BB）有微弱的致病力。4号小种是1967年首先在我国台湾发现而1977年才正式报道的一个新小种，几乎可以感染目前所有的香蕉栽培品系，包括矮香蕉、野蕉（BB）、棱指蕉和较抗1号小种的Cavendish（AAA）品系。

4. 所致病害症状

外部症状：香蕉枯萎病菌4号小种可以侵染香蕉根系和球茎，感病早期无明显外部症状。一段时间后，由于植株输导组织被堵塞，叶片自下而上相继发病。先是叶片边缘变黄，并逐渐扩展至主脉，叶柄在靠近叶鞘处容易折曲、下垂，后期病叶凋萎后倒挂在假茎旁，直至全株枯死，有时假茎基部开裂。若是组培假植苗染病，其叶片褪绿、无光泽，呈黄绿色或局部甚至整叶黄化；严重时整个假茎全部变为褐色，部分根变褐腐烂。

内部症状：横切感病香蕉植株的球茎部，可见维管束组织变成红褐色或暗褐色。纵剖病株球茎，可看到红褐色至暗褐色病变的维管束成线条状，假茎基部颜色深，并一直延伸到球茎部，根系变黑褐色而干枯。若为假植组培苗，纵剖感病小苗的假茎则可见褐色至红褐色的坏死斑点。

5. 主要生物学和生态学特性

病害循环：香蕉枯萎病菌4号小种为土壤习居菌，病株残体及带菌土壤为主要的初侵染源，不存在越冬或越夏问题，而且厚垣孢子在土壤中可存活几年到十几年，但在积水缺氧的情况下存活期则大为缩短。对成株而言，从侵染到表现症状约需 6 个月，一般雨季感病，10～12 月为病害高峰期，且有明显的发病中心。在自然条件下，病株残体、带菌土壤、农具、劳动者的鞋底、病区灌溉水、雨水、线虫等是该病近距离传播的主要方式，而远距离传播则主要通过带菌蕉头、吸芽苗或组培假植苗的远距离调运。

生物学特性：温度、光照和 pH 显著影响该菌菌丝生长和孢子萌发。菌丝生长温度范围为 10～30℃，最适温度为 25℃；分生孢子萌发的温度范围为 5～40℃，适合萌发的温度 15～30℃，最适温度为 25℃；在全暗的条件下菌丝生长最好，而在紫光和全光照射下，孢子萌发较好。病菌生长略喜酸性，适宜生长的 pH 为 4.0～7.0。病菌孢子致死条件为 70℃/10min 或 75℃/5min，由此推测，该病菌在运输过程中存活率较高。

生态学特征：香蕉适合生长在年平均气温为 24～25℃、年降水量大于 1200mm 的热带和亚热带，在我国主要分布于广东、广西、海南、福建、台湾，云南南部及贵州罗甸和红水河流域一带。这些产区的气候均适于香蕉枯萎病菌 4 号小种的生长，只要该菌传入，极易定殖、扩散，最终导致爆发性流行，给当地的香蕉产业带来毁灭性打击。若天气时干时湿，将会影响香蕉的抗性，而且易使香蕉地下部形成伤口，故有利于病菌侵染；地势低洼、土壤酸性偏高、下层土壤渗透性差以及使用带菌的组培假植苗，均有利于病害发生与蔓延。

6. 危害与损失

香蕉是世界著名的热带水果，也是我国华南地区的四大名果（柑橘、香蕉、荔枝和菠萝）之一，栽培面积较大，其中广东省的栽培面积和产量约占全国的一半。但是，4号小种引致的香蕉枯萎病已对香蕉生产构成了最大威胁。由于发病多在抽蕾期至挂果期，极易造成大面积失收，被称为"香蕉癌症"，已给当地果农带来恐慌。

香蕉枯萎病 1874 年在澳大利亚发生危害被正式记载，1890 年在巴拿马发生，故后人称其为巴拿马病。1935～1939 年，南美洲香蕉枯萎病大面积爆发，致使 4 万 hm² 香蕉被毁，并随着当地香蕉的出口传播到世界各地。20 世纪 60 年代，香蕉枯萎病菌的 1号小种几乎摧毁了热带国家的香蕉出口产业。虽然培育出了较抗病的 Cavendish 香蕉品系，一度挽救了这些国家的香蕉生产，但是 1967 年在我国台湾发现了能侵染 Cavendish 香蕉品系的香蕉枯萎病菌 4 号小种。该小种几乎可侵染所有的香蕉品系，在约 10 年的时间内几乎摧毁了台湾的香蕉产业。之后，4 号小种又在澳大利亚、南非、加那利群岛和菲律宾相继被发现和报道，使香蕉生产国再次面临严峻的挑战。

在我国大陆，4 号小种于 1996 年传入广东番禺，引致属于 Cavendish 香蕉品系的巴西蕉和广东 2 号严重发病。其后，4 号小种又相继被传到福建、海南和广西。目前，该病在广东珠江三角洲多个市县的香蕉产区都有分布，发病株率为 10%～40%，严重的达 90% 以上，以致蕉园丢荒，造成了严重的经济损失，而且发生面积和危害程度还在不断扩大，极大地制约了我国香蕉产业的发展。

图版 38

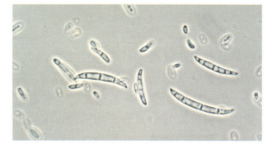

图版说明

I　香蕉枯萎病症状

　　A. 多数植株被感染的蕉园

　　B. 初期症状

　　C. 后期症状

　　D. 球茎横剖面

E. 假茎横剖面

F. 感病的蕉苗

Ⅱ 香蕉枯萎病菌的显微形态图，示镰刀形大孢子

Ⅲ 香蕉枯萎病菌1号（右）和4号（左）小种在Komada改良培养基上的菌落形态

图片作者或来源

Ⅰ，Ⅲ. 作者提供

Ⅱ. 下载自 Doctor Fungus（相关页面 http：//www. doctorfungus. org/thefungi/Fusarium_oxy sporum. htm 图片链接 http：//www. doctorfungus. org/imageban/images/init_images/241MIKE. jpg，最后访问日期 2009-12-2）

二、香蕉真菌性枯萎病菌4号小种检验检疫技术规范

1. 范围

本规范规定了香蕉枯萎病及病菌4号小种的检疫检验及检疫处理操作办法。

本规范适用于实施香蕉产地检疫的检疫部门和所有从事香蕉种苗生产单位（农户）；适用于农业植物检疫部门对香蕉组培假植苗、吸芽苗、蕉头及可能携带香蕉枯萎病菌4号小种的包装、交通工具等进行的检疫检验和检疫处理。

2. 产地检疫

（1）在产地对香蕉种苗及其繁殖材料进行的检疫工作，包括田间调查、室内检验、签发证书及监督生产单位做好繁殖材料选择和疫情处理等。

（2）检疫踏查主要进行田间症状观察，观察植株的生长状况，向香蕉种植者和管理人员询问，确定疑似香蕉枯萎病菌4号小种为害的田块，对疑似田块进行现场检验。对地上部表现症状的植株，剖开其根部和假茎部维管束组织，观察是否发生颜色变化。对地上部无明显症状的植株，随机抽取部分植株，观察其根部及假茎部位维管束组织的颜色变化。采样前需对取样现场及病害症状拍照。疑似病株的取样应选取症状典型、中等发病程度的植株，取样部位包括蕉头病健部交界组织（8cm×8cm）、根、假茎（长20cm）、叶柄；对新植植株应取整个植株，所有样品采用坚韧纸质材料包裹，切勿采用塑料薄膜包裹。样品应附上采集时间、地点、品种的记录和田间照片，带回实验室后做进一步检验。

（3）室内检验主要检测香蕉植株、组培假植苗、吸芽苗、蕉头、土壤等是否有香蕉枯萎病菌4号小种存在。

（4）经田间症状踏查和室内检验不带有香蕉枯萎病菌4号小种的香蕉组培假植苗、吸芽苗和蕉头给予签发准予输出的许可证。

3. 调运检疫

指组培苗、吸芽苗、蕉头等繁殖材料在调运（包括托运、邮寄、携带、销售等）过

程中，实施检疫检验和签证。

4. 检验及鉴定

1）组织分离培养检验法

对香蕉大苗、成株则将有维管束变色的球茎组织切成 1～1.5cm 见方的方块，先放入 70％酒精溶液中 10s，再转入 0.1％升汞溶液中浸泡 1～2min 进行表面消毒处理，然后用灭菌水漂洗 3 次，于无菌滤纸上晾干，用无菌刀片除去外皮后再细切成 0.3～0.5cm 见方的小方块，置于马铃薯葡萄糖琼脂培养基（PDA）平板上，25℃下培养；对香蕉小苗则将球茎切成约 0.3cm 的小方块，先放于 70％酒精溶液中浸泡 5s，再转入0.1％升汞溶液中浸泡 15～60s 进行表面消毒处理，灭菌水漂洗 3 次后于无菌滤纸上晾干，置于 PDA 平板上，25℃下培养。待菌落被纯化后再对其形态进行显微观察。

菌落白色絮状，基质淡紫或淡紫红色；培养 5～7 天可产生大量小型分生孢子，培养 10～15 天可生产少量大型分生孢子，培养 30 天后有厚垣孢子形成。

2）病菌致病性测定方法

采用病菌孢子悬浮液接种香蕉组培苗来确定其致病性。将分离、纯化得到的病原菌菌株在 YPD 培养液中 25℃、黑暗条件下振荡培养 2～3 天，即可产生大量的小型分生孢子。离心去除培养液并用无菌水冲洗，然后配制分生孢子悬浮液，其浓度约为 $1×10^6$ 个孢子/mL。供试蕉苗为目前广泛栽培的 Cavendish 香蕉品系（AAA），如巴西蕉、广东香蕉 2 号、威廉斯香蕉。每个菌株接种香蕉苗 30 株。

采用伤根浸菌接种法：将 4 或 5 叶期健康组培香蕉苗（巴西蕉，或广东香蕉 2 号，或威廉斯香蕉）自沙床中拔出，然后用缓慢流出的自来水冲洗根部以去除附在其根上的沙子（无需专门伤根，因自沙子中拔出及用自来水冲洗已造成对蕉苗根的损伤），再分别浸在配制好的各分离菌株孢子悬浮液中，以清水作对照，30min 后移栽到盛有灭菌细沙的营养杯，置于温室（25～32℃），正常淋水管理，接种后约 20 天即可观察蕉苗的发病症状。

感病蕉苗的症状：叶片褪绿、无光泽，呈黄绿色或局部甚至整叶黄化；横剖假茎基部可见褐色至红褐色的坏死斑点，严重时整个假茎全部变为褐色；部分根已变褐腐烂。

对病株进行组织分离，应得到与原接种菌相同培养性状和形态特征的病原菌。按照柯赫式法则，可初步确定该病原菌为尖孢镰刀菌古巴专化型 4 号小种。

3）Komada 改良培养基鉴别 4 号小种的方法

培养基的配制：熔化 900mL 基本培养基 [K_2HPO_4，1g；KCl，0.5g；$MgSO_4 \cdot 7H_2O$，0.5g；FeNaEDTA，0.01g；天冬素（L-asparagine），2g；半乳糖，10g；琼脂粉，16g；去离子水定容至 900mL，高压灭菌]，在无菌操作下与 100mL 的盐溶液 [75％五氯硝基苯（PCNB），0.9g；牛胆汁粉（Oxgall），0.45g；$Na_2B_4O_7 \cdot 10H_2O$，0.5g；硫酸链霉素，0.3g；用 10％磷酸调 pH 到 3.8±0.2] 混合，倒平板。

将待鉴别的单孢分离菌株接于 Komada 改良培养基平板上，25℃、日光灯相距约 30cm 照射下培养 10～15 天后观察菌落性状，4 号小种的菌落边缘为裂齿状，而 1 号小种及其他的镰刀菌的菌落边缘则平滑，如图版 38Ⅲ所示。

4）结果判定

致病性测定结果与观察分离菌株在 Komada 改良培养基上菌落特征相结合将可保证鉴定结果的准确性。香蕉枯萎病菌 4 号小种不仅侵染巴西蕉或广东香蕉 2 号，导致严重发病，而且在 Komada 改良培养基上菌落边缘呈裂齿状。

5）菌种的保存

对鉴定为香蕉枯萎病菌 4 号小种的菌株进行标注，包括菌株来源、寄主的品系、采集时间、采集人和鉴定人，并将菌株移至 40％甘油管后再保存于－80℃冰箱；或将菌株培养在试管斜面上，长满后存于 4℃冰箱。

5. 检疫处理

在产地检疫中发现香蕉枯萎病菌 4 号小种后，用 GPS 仪定位发生点的地理位置，确定发生面积，严禁发病区蕉类吸芽、组织培养假植苗和蕉头调运出去，确保蕉农种植健康的蕉苗。及时清除香蕉病株，对于零星发病植株，在病株离地面 15cm 处注入草甘膦溶液（大株 10mL，小苗 3mL）让其枯死，20 天后，再挖掘深埋；在已清除了病株的土壤撒施石灰、2％甲醛（福尔马林）、恶霉灵等进行消毒处理；对已发病的田块一般用熏蒸剂或杀菌剂，如甲醛、多菌灵、甲基硫菌灵等药剂，进行 2 或 3 次土壤消毒处理，并改种其他非蕉类作物。在蕉园禁止漫灌和串灌，进出病区的农用工具、土壤、有机肥等需用石灰、高锰酸钾、甲醛、多菌灵、恶霉灵等药剂进行消毒处理，农用工具消毒处理后需隔离存放，以切断介质传播途径。

同时，应加强调运检疫，在产地发现且确定疫情的一周内，应通报给香蕉繁殖材料调运目的地的农业外来入侵生物管理部门和农业植物检疫部门，以加强目的地的监测力度。若调运检疫或复检中，发现香蕉枯萎病菌 4 号小种，应对货物及时就地销毁或做其他检疫处理。

除以上措施外，还应加强对发生区群众的宣传教育，普及防控香蕉枯萎病知识。

三、香蕉真菌性枯萎病调查监测技术规范

1. 范围

本规范规定了对香蕉枯萎病进行田间调查和监测的操作办法。
本规范适用于香蕉枯萎病疫区和非疫区的调查监测工作。

2. 调查

1）访问调查

向香蕉产区居民询问有关香蕉枯萎病菌 4 号小种发生地点、发生时间、危害情况，分析病害和病原菌传播扩散情况及其来源。每个社区或行政村询问调查 30 人以上。对询问过程发现的香蕉枯萎病可疑存在地区，进一步做深入重点调查。

2）实地调查

大面积踏勘：适于非疫区，在香蕉生长期间的适宜发病期，即营养生长中后期（8～9 月）和果实断蕾期（10 月），进行一定区域内的大面积踏勘，注意观察是否有叶片黄化、下垂及植株枯萎现象，若有则剖开疑似植株观察其维管束是否变色，详细记录疑似植株的数量，用 GPS 仪进行定位，并采集标本以做进一步检验。

系统调查：在疫区可在香蕉生长期间做定点、定期调查，调查设样点不少于 10 个，随机选取，每块样点调查面积不少于 $2/15hm^2$，记录总株数、发病株数；用 GPS 仪进行定位，并采集标本以做进一步确认。

3. 监测

1）监测区的划定

发病点：香蕉枯萎病菌 4 号小种危害的一个病田或数个相邻发病田块可确定为一个发病点。

发病区：香蕉枯萎病菌 4 号小种所在的行政村区域划定为发生区；发生点跨越多个行政村的，将所有跨越的行政村划为同一发生区。

监测区：发生区外围 5000m 的范围划定为监测区；在划定边界时若遇到水面宽度大于 5000m 的湖泊和水库，以湖泊或水库的内缘为界。

2）监测方法

各地应根据产区的香蕉分布以及香蕉枯萎病菌 4 号小种发生情况，由省农业植物检疫部门安排香蕉主产区市、县级农业植检部门负责具体监测工作。对于发生了香蕉枯萎病已经改种或作其他用途的病区进行定期监测，确保 3 年内不种蕉类作物，且病土不得外运，及时掌握香蕉枯萎病菌 4 号小种的动态；对于香蕉枯萎病的重病区，在蕉农不愿改种的情况下，进行全面调查，确定发病面积，严禁蕉头、吸芽和病土外运；对零星发生区进行铲除，并对其进行长期的监测；对临近发病区周围的香蕉产区，定期定点进行普查，弄清发病情况。未发生香蕉枯萎病的主产区，对有代表性的香蕉种植田块进行定期的抽样调查。

4. 样本采集与寄送

根据现场检验的情况，选取疑似病株进行取样，做好采样登记，并对取样现场及病害症状进行拍照。取样时应选取症状典型、中等发病程度的植株，取样部位包括蕉头病健组织（8cm×8cm）、根、假茎（长20cm）；对假植的组培苗应取整个植株，所有样品采用坚韧纸质材料包裹。

疑似病株样本应及时送（寄）至植物检疫部门或其委托的有资质鉴定单位进行鉴定，附上采集时间、地点、品种的记录和田间照片，必要时可及时组织专家到现场进行调查和取样。

5. 调查人员的要求

要求调查人员为经过培训的农业技术人员，掌握香蕉枯萎病菌4号小种引致病害的症状、发生流行学规律、调查监测方法和手段等。

6. 结果处理

在非疫区：若发现可疑病株，应及时联系农业技术部门或科研院所，采集具有典型症状的标本，带回室内，按前述的病菌检测和鉴定方法做病原菌检验观察。如果室内检测确定了香蕉枯萎病菌4号小种，应进一步详细调查当地附近一定范围内的作物发病情况。同时及时向当地政府和上级主管部门汇报疫情，对发病区域实行严格封锁。

在疫区：根据4号小种发生范围、病株率和严重度等数据信息制定病害的综合防控策略，以减轻经济损失。

四、香蕉真菌性枯萎病应急控制技术规范

1. 范围

本规范规定了香蕉枯萎病菌4号小种传入非疫区且导致当地香蕉严重受害的应急控制操作方法，适用于各级外来入侵生物管理机构和农业技术部门在香蕉枯萎病菌4号小种传入后所进行的应急处置。

2. 应急控制技术

在香蕉枯萎病菌4号小种的非疫区，无论是在交通航站检出带4号小种材料，还是在田间监测中发现病害发生，都需要及时地采取应急控制技术，对病原菌或病害进行扑灭。

1) 检出香蕉枯萎病菌4号小种的应急处理

对现场检查旅客携带的香蕉繁殖材料，应全部收缴扣留，并销毁。对检出带有香蕉枯萎病菌4号小种的其他各种介质，应拒绝入境或退回原地。对不能退回原地的要即时就地封存，并销毁。

如果是作为引种材料，必须在检疫机关设立的植物检疫隔离中心或检疫机关认定的安全区域隔离种植，经生长期间观察，确定无病后才可允许释放。

2）田间香蕉枯萎病菌 4 号小种的应急处理

在香蕉枯萎病菌 4 号小种的非疫区监测发现疫情后，应对 4 号小种所引致的枯萎病发生程度和范围做进一步详细调查，并报告上级行政主管部门和技术部门；应及时采取措施封锁病田，严防 4 号小种扩散蔓延，同时要加强对发生区群众的宣传教育，普及防控香蕉枯萎病知识。

加强香蕉种苗的产地检疫和调运检疫，严禁发病区蕉类吸芽和假植的组织培养棚苗向外调运，确保蕉农种植健康的假植试管苗。

对于零星发病植株进行及时处理，在病株离地面 15cm 处注入草甘膦溶液（大株 10mL，小苗 3mL）让其枯死，20 天后，再挖掘深埋；在已清除了病株的土壤撒施石灰、2％甲醛（福尔马林）、恶霉灵等消毒处理；对已发病的田块一般进行 2 或 3 次土壤消毒处理，用熏蒸剂或杀菌剂，如甲醛、多菌灵、甲基硫菌灵等药剂，改种其他非蕉类作物。

切断介质传播途径，不漫灌，不串灌，进出病区的农用工具、土壤、有机肥等需用石灰、高锰酸钾、甲醛、多菌灵、恶霉灵等药剂进行消毒处理，农用工具消毒处理后需隔离存放。

五、香蕉真菌性枯萎病综合治理技术规范

1. 范围

本规范规定了控制香蕉枯萎病菌 4 号小种的基本策略，主要适用于已经发生香蕉枯萎病菌 4 号小种危害的疫区。

2. 控制策略

4 号小种引致的香蕉枯萎病是目前世界上最难防治的植物病害之一，现有的化学、物理及生物防治措施独立使用效果十分有限，同时也缺乏理想的抗/耐病香蕉品种；但是在疫区若根据当地病害发生情况协调采用多种防治技术进行综合治理，即严格检疫确保种植健康种苗或改种能抗 4 号小种的香蕉品系，加强农业措施以提高植株的抗病能力或减少 4 号小种侵染机会，必要时辅以一定化学防治，将可避免病害发生大流行，以减少 4 号小种给生产造成的经济损失。

3. 综合控制技术

植物检疫：严禁疫区的种苗向外调运，严防病菌扩散蔓延；在非疫区杜绝从疫区引种调种，严防病菌传入；组培苗出售前，必须经当地植物检疫机构检疫和由经营单位的种子质量检验员检疫检验合格，开具植物检疫证书和质量合格证后，方可调运，确保生产者能种植健康种苗。

及时清除香蕉病株：对于零星发病植株，进行及时处理，在病株离地面 15cm 处注入草甘膦溶液（大株 10mL，小苗 3mL）让其枯死，20 天后，再挖掘深埋；在已清除

了病株的土壤撒施大量石灰、2%甲醛、恶霉灵等消毒处理；对已发病的田块一般进行2或3次土壤消毒处理，用熏蒸剂或杀菌剂，如福尔马林、多菌灵、甲基硫菌灵等药剂，改种其他非蕉类作物。

切断介质传播途径：建立合理的排灌体系，严禁漫灌和串灌，进出病区的农用工具、土壤、有机肥等需用石灰、高锰酸钾、福尔马林、多菌灵、恶霉灵等药剂进行消毒处理，农用工具消毒处理后需隔离存放。

农业防治措施：发病区采取水旱轮作，轮作3～5年，对改种困难的发病田块，需适当增施磷肥或有机肥料，免耕或少耕，采用低压微喷灌技术，种植抗/耐病品种，如华南农业大学培育的粤优抗1号、广东农业科学院培育的抗枯1号和抗枯5号、广州市农业科学研究所培育的农科一号等。

化学处理措施：发病区的田块采用多菌灵、甲基硫菌灵和石灰等进行2或3次土壤消毒处理，降低土壤中病原菌的数量。

主要参考文献

方中达. 1998. 植病研究方法. 第三版. 北京：中国农业出版社. 122～125

李敏慧，习平根，姜子德等. 2007. 广东香蕉枯萎病菌生理小种的鉴定. 华南农业大学学报，（2）：40～43

林时迟，张绍升，周乐峰等. 2000. 福建省香蕉枯萎病鉴定. 福建农业大学学报，29（4）：465～469

孙守恭. 1996. 台湾果树病害. 台北：世维出版社. 12～19

谢艺贤，漆艳香，张欣等. 2005. 香蕉枯萎病菌的培养性状和致病性研究. 植物保护，31（4）：71～73

Bentley S, Pegg K G, Moore N Y et al. 1998. Genetic variation among vegetative compatibility groups of *Fusarium oxysporum* f. sp. *cubense* analyzed by DNA fingerprinting. Phytopathology，88（12）：1283～1293

Hwang S C. 1999. Recent developments on *Fusarium* R & D in Taiwan. *In*：Molina A B, Roa V N. Advancing Banana and Plantain R & D in Asia and the Pacific. Guangzhou：INIBAP-ASPNET，84～91

IPPC. 2002. Glossary of Phytosanitary Terms. International Standards for Phytosanitary Measures（Publication No. 5）. Rome：Secretariat of the International Plant Protection Convention Food and Agriculture Organization of the United Nations

Moore N Y, Hargreaves P A, Pegg K G et al. 1991. Characterisation of strains of *Fusarium oxysporum* f. sp. *cubense* by production of volatiles. Aust J Bot，39：161～166

Nelson P E, Toussoun T A, Marasas W F O. 1983. *Fusarium* Species：An Illustrated Manual for Identification. University Park，USA：Pennsylvania State University Press

O'Donnell K, Kislter H C, Cigelnik E et al. 1998. Multiple evolutionary origins of the fungus causing Panama disease of banana：concordant evidence from nuclear and mitochondrial gene genealogies. Proc Natl Acad Sci.，95（5）：2044～2049

Ploetz R C. 1990. Population biology of *Fusarium oxysporum* f sp. *cubense* in *Fusarium* Wilt of Banana. St Paul，MN：The American Phytopathological Society. 63～76

Ploetz R C. 2005a. Panama Disease：an Old Nemesis Rears its Ugly Head：Part 1，The Beginnings of the Banana Export Trades. St Paul：The American Phytopathological Society. 1～14

Ploetz R C. 2005b. Panama Disease：an Old Nemesis Rears its Ugly Head：Part 2，The Cavendish Era and Beyond. St Paul：The American Phytopathological Society：1～21

Stover R H, Buddenhagen I W. 1986. Banana breeding：polyploidy, disease resistance and productivity. Fruits，41（3）：175～191

Stover R H, Waite B H. 1960. Studies on *Fusarium* wilt of bananas：V，Pathogenicity and distribution of *F.*

oxysporum f. *cubense* races 1 and 2. Can J Bot，38：51～61

Stover R H. 1959. Studies on *Fusarium* wilt of bananas：Ⅳ，Clonal differentiation among wild type isolates of *Fusarium oxysporum* f. sp. *cubense*. Can J Bot，37：245～255

Stover R H. 1962. Studies of *Fusarium* wilt of banana：Ⅷ，Differentiation of clones by cultural interactions and volatile substances. Can J Bot，40：1467～1471

Su H J，Chuang T Y，Kong W S. 1977. Physiological race of fusarial wilt fungus attacking Cavendish banana of Taiwan. Taiwan Banana Res Inst，Special Pub，（2）：21

Sun E J，Su H J，Ko W H. 1978. Identification of *Fusarium oxysporium* f sp *cubense* race 4 from soil or host tissue by cultural characters. Phytopathology，（68）：1672，1673

Sun E J，Su H J. 1984. Rapid method for determining differential pathogenicity of *Fusarium oxysporium* f sp *cubense* using banana plantlets. Trop Agric（Trinidad），61（1）：7，8

Wollenweber H W，Reinking O W. 1935. Die Fursarien. Berlin：Paul Parey

六、香蕉真菌性枯萎病防控应急预案（样本）

1. 总则

1）编制目的

为加强省（自治区、直辖市）农业检疫性有害生物监测预警与应急反应能力建设，提高农业防灾减灾能力，建立健全香蕉枯萎病灾害应急防控机制，减轻病害损失，确保各省（自治区、直辖市）粮食生产安全，维护社会稳定，特制定本预案。

2）编制依据

依据《中华人民共和国农业法》、《中华人民共和国农业技术推广法》、农业部《农业重大有害生物及外来生物入侵突发事件应急预案》等相关法律法规和文件，制定本预案。

3）工作原则

（1）预防为主，综合防治。全面贯彻"预防为主，综合防治"的植物保护方针，加强测报监测和信息发布，立足预防，抓早抓实，争取主动，防患于未然；实行统防统治与群防群治结合。

（2）依法行政，果断处置。香蕉枯萎病流行成灾时，各部门要按照相关法律、法规和政策，本着快速反应、科学引导、果断处置的原则，共同做好香蕉枯萎病应急防控工作，确保社会生产生活秩序稳定。

（3）统一领导，分工协作。在省（自治区、直辖市）政府的领导下，各部门应各司其职、整合资源、紧密配合、通力合作，高效开展好防控工作。

2. 组织机构

1）省（自治区、直辖市）香蕉枯萎病应急防控指挥部

省（自治区、直辖市）香蕉枯萎病应急防控指挥部（以下简称：香蕉枯萎病防指）

指挥长，由省（自治区、直辖市）人民政府分管省（自治区、直辖市）长担任。

主要职责：负责组织领导全省（自治区、直辖市）香蕉枯萎病应急防控工作。负责香蕉枯萎病灾害防控重大事项的决策、部署，灾害处置的协调；发布新闻信息；对下级人民政府和有关部门开展防控工作进行协调、指导和督察；完成省（自治区、直辖市）政府交办的其他事项。

2）应急防控成员单位及职责

省（自治区、直辖市）香蕉枯萎病防控成员单位由省（自治区、直辖市）农业、宣传、广电、发展改革、财政、气象、工商、救灾、民政、公安、交通、科技等组成，在各自的职责范围内做好应急控制所需的物资、人工的经费落实、防治技术攻关研究、应急控制物资运输、防止疫情传播蔓延、农产品卫生安全及市场监管、维护社会治安、受灾群众思想工作和防疫知识宣传普及等工作。

3）香蕉枯萎病防指办公室

在农业行政主管部门内设立香蕉枯萎病防指办公室。承办全省（自治区、直辖市）香蕉枯萎病防指的日常工作；负责贯彻省（自治区、直辖市）香蕉枯萎病防指的各项决策，组织实施香蕉枯萎病灾害防控工作；起草相关文件，承办相关会议；负责起草相关新闻信息，公布减灾救灾工作开展情况，调查、评估、总结香蕉枯萎病控防动态、控制效果和灾害损失等；完成防指交办的其他工作。

4）香蕉枯萎病防指专家组

由科研和农业技术推广部门的有关专家组成。主要职责是开展香蕉枯萎病的调查、分析和评估，提供技术咨询，提出防控、处置建议，参与现场处置。

3. 监测与预警

1）监测

省（自治区、直辖市）农业行政主管部门的植物检疫机构是香蕉枯萎病监测的实施单位，负责香蕉枯萎病灾害的普查监测和预测预报。植物检疫机构实行专业测报和群众测报相结合，按照相关规范、规定开展调查和监测，及时分析预测香蕉枯萎病发生趋势。省（自治区、直辖市）人民政府要为植物检疫机构和防指专家组提供开展普查监测工作所必需的交通、经费等工作条件。

2）报告

省（自治区、直辖市）农业行政主管部门负责香蕉枯萎病灾害紧急情况的报告和管理。任何单位和个人发现香蕉枯萎病异常情况时，应积极向省（自治区、直辖市）农业行政主管部门报告。植物检疫机构做出诊断后 4h 内将结果报省（自治区、直辖市）农业行政主管部门，省（自治区、直辖市）农业行政主管部门核实发生程度后 4h 报省

（自治区、直辖市）人民政府，并在 24h 内逐级报上级农业行政主管部门，特殊情况时可越级报告。严禁误报、瞒报和漏报，对拖延不报的要追究责任。在香蕉枯萎病流行成灾的关键季节，要严格实行值班报告制度，紧急情况随时上报。

3）预警级别

依据香蕉枯萎病发生面积、发生程度和病情扩展速度、造成的农业生产损失，将香蕉枯萎病灾害事件划分为特别重大（Ⅰ级）、重大（Ⅱ级）、较大（Ⅲ级）、一般（Ⅳ级）四级。预警级别依照香蕉枯萎病灾害级别相应分为特别严重（Ⅰ级）、严重（Ⅱ级）、较重（Ⅲ级）和一般（Ⅳ级）四级，颜色依次为红色、橙色、黄色和蓝色。

（1）Ⅰ级。香蕉枯萎病疫情造成 10 000 亩以上连片或跨地区农作物减产、绝收或经济损失达 1000 万元以上，且有进一步扩散趋势的；或在不同地（市、州）内同时新发生，且已对当地农业生产和社会经济造成严重影响的。

（2）Ⅱ级。香蕉枯萎病疫情造成 5000 亩以上连片或跨地区农作物减产、绝收或经济损失达 500 万元以上，且有进一步扩散趋势的；或在同一地（市、州）内不同县市区同时新发生，且已对当地农业生产和社会经济造成严重影响的。

（3）Ⅲ级。香蕉枯萎病疫情造成 2000 亩以上连片农作物减产、绝收或经济损失达 100 万元以上，且有进一步扩散趋势的；或在不同县（市、区）内同时新发生。

（4）Ⅳ级。香蕉枯萎病疫情造成 1000 亩以上连片农作物减产、绝收或经济损失达 50 万元以上，且有进一步扩散趋势的；或在一个县（市、区）内新发生。

4）预警响应

省（自治区、直辖市）农业行政主管部门接到香蕉枯萎病病情信息后，应及时组织专家进行病情核实和灾情评估，对可能造成大面积流行成灾的，要及时向省（自治区、直辖市）人民政府发出预警信号并做好启动预案的准备。对可能引发严重（Ⅱ级）以上的预警信息，务必在 6h 内上报省（自治区、直辖市）人民政府。

5）预警支持系统

省（自治区、直辖市）农业行政主管部门所属植物保护和植物检疫站是香蕉枯萎病灾害监测、预警、防治、处置的具体技术支撑单位。广电、电信部门要建立、增设专门栏目或端口，保证香蕉枯萎病等重大病虫害信息和防治技术的对点传播。

6）预警发布

根据国家规定，香蕉枯萎病等农业重大病虫害趋势预报由农业行政主管部门发布。香蕉枯萎病预警信息，由省（自治区、直辖市）农业行政主管部门依照本预案中确定的预警级别标准提出预警级别建议，经省（自治区、直辖市）人民政府决定后发布。特别严重（Ⅰ级）、严重（Ⅱ级）预警信息由省（自治区、直辖市）人民政府发布、调整和解除。其他单位和个人无权以任何形式向社会发布相关信息。

4. 应急响应

1）信息报告

香蕉枯萎病灾害发生时，由省（自治区、直辖市）农业行政主管部门向省（自治区、直辖市）人民政府和上级农业行政主管部门报告。省（自治区、直辖市）农业行政主管部门是香蕉枯萎病病情信息责任报告单位，植物检疫机构专业技术人员是香蕉枯萎病病情信息责任报告人。相关病情信息由省（自治区、直辖市）农业行政主管部门及时向相关下级政府部门通报。

2）先期处置

香蕉枯萎病灾害的应急处置，实行属地管理，分级负责。事发地人民政府香蕉枯萎病防治领导小组，要靠前指挥，实施先期处置，并迅速将病情或灾情和先期处置情况报告上级人民政府和农业行政主管部门。

3）分级响应

（1）Ⅰ级响应。发生Ⅰ级香蕉枯萎病灾害时，省（自治区、直辖市）农业行政主管部门向本级人民政府提出启动本预案的建议，经同意后启动本预案，成立香蕉枯萎病防指，研究部署应急防控工作；将灾情逐级报至上级人民政府和农业行政主管部门；派出工作组、专家组赴一线加强防控指导，定期发布灾害监控信息，发出督导通报。

省（自治区、直辖市）农业行政主管部门香蕉枯萎病防指办公室应密切监视灾害情况，做好灾情的预测预报工作，为灾区提供相应的技术支撑。省（自治区、直辖市）香蕉枯萎病防指成员单位按照职责分工，做好相关工作。

（2）Ⅱ级响应。发生Ⅱ级香蕉枯萎病灾害时，省（自治区、直辖市）农业行政主管部门向省（自治区、直辖市）人民政府提出启动本预案的建议，经同意后启动本预案，成立省（自治区、直辖市）香蕉枯萎病防指，研究部署应急防控工作；加强防控工作指导，组织、协调相关地（市、州）开展工作，并将灾情逐级上报。派出工作组、专家组赴一线加强技术指导，发布灾害监控信息，及时发布督导通报。各防控成员单位按照职责分工，做好有关工作。

（3）Ⅲ级响应。发生Ⅲ级香蕉枯萎病灾害时，省（自治区、直辖市）农业行政主管部门向省（自治区、直辖市）人民政府提出启动本预案的建议，经同意后启动本预案，成立省（自治区、直辖市）香蕉枯萎病防指，研究部署应急防控工作；将灾情报上级人民政府和农业行政主管部门；派出工作组、专家组赴一线加强防控指导，定期发布灾害监控信息，发出督导通报。省（自治区、直辖市）香蕉枯萎病防指办公室应密切监视灾害情况，做好灾情的预测预报工作，为灾区提供相应的技术支撑。广电、报纸等宣传机构，要做好香蕉枯萎病专题防治宣传。

（4）Ⅳ级响应。发生Ⅳ级香蕉枯萎病灾害时，省（自治区、直辖市）农业行政主管部门向省（自治区、直辖市）人民政府提出启动本预案的建议，省（自治区、直辖市）

香蕉枯萎病防指办公室应密切监视灾害情况，定期发布灾害监控信息，上报发生防治情况；派出工作组、专家组赴重点区域做好防控指导；植物检疫机构要加强预测预报工作，做好群众防治指导。广电、报纸等宣传机构，要做好香蕉枯萎病专题防治宣传。

4）扩大应急

启动相应级别的应急响应后，仍不能有效控制灾害发生，应及时向上级人民政府报告，请求增援，扩大应急，全力控制香蕉枯萎病灾害的进一步扩大。

5）指挥协调

省（自治区、直辖市）香蕉枯萎病防指统一领导应急处置工作。在香蕉枯萎病防指统一组织指挥下，相关部门积极配合，密切协同，上下联动，形成应对香蕉枯萎病灾害的强大合力。根据香蕉枯萎病灾害规模启动相应响应级别并严格执行灾情监测、预警、报告、防治、处置制度。应急状态下，特事特办，急事先办。根据需要，省（自治区、直辖市）人民政府可紧急协调、调动、落实应急防控所需的人员、物质和资金，紧急落实各项应急措施。

6）应急结束

省（自治区、直辖市）香蕉枯萎病防指办公室负责组织专家对灾害控制效果进行评估，并向省（自治区、直辖市）香蕉枯萎病防指提出终结应急状态的建议，经省（自治区、直辖市）香蕉枯萎病防指批准后，终止应急状态。

5. 后期处置

1）善后处置

在开展香蕉枯萎病灾害应急防控时，对人民群众合法财产造成的损失及劳务、物资征用等，省（自治区、直辖市）农业行政主管部门要及时组织评估，并报省（自治区、直辖市）人民政府申请给予补助，同时积极做好现场清理工作和灾后生产的技术指导。

2）社会救助

香蕉枯萎病灾情发生后，按照属地管理、分级负责的原则，实行社会救助。

3）评估和总结

香蕉枯萎病灾害防控工作结束后，由省（自治区、直辖市）农业行政主管部门对应急防治行动开展情况、控制效果、灾害损失等进行跟踪调查、分析和总结，建立相应的档案。调查评估结果由省（自治区、直辖市）农业行政主管部门报省（自治区、直辖市）人民政府和上级农业行政主管部门备案。

6. 信息发布

香蕉枯萎病灾害的信息发布与新闻报道，在省（自治区、直辖市）防指的领导与授权下进行。

7. 应急保障

1）信息保障

省（自治区、直辖市）农业行政主管部门要指定应急响应的联络人和联系电话。应急响应启动后，及时向省（自治区、直辖市）香蕉枯萎病防指和上级农业行政主管部门上报灾情和防控情况。香蕉枯萎病灾害信息的传输，要选择可靠的通信联系方式，确保信息安全、快速、准确到达。

2）队伍保障

省（自治区、直辖市）人民政府要加强香蕉枯萎病灾害的监测、预警、防治、处置队伍（专业机防队）的建设，不断提高应对香蕉枯萎病灾害的技术水平和能力。地（市、州）人民政府要定专人，负责灾情监测和防治指导。

3）物资保障

省（自治区、直辖市）人民政府要建立香蕉枯萎病灾害应急物资储备制度和紧急调拨、采购和运输制度，组织相关部门签订应急防控物质紧急购销协议，保证应急处置工作的需要。

4）经费保障

省（自治区、直辖市）财政局应将重大病虫害防治、香蕉枯萎病应急处置专项资金纳入政府预算，其使用范围为香蕉枯萎病灾害的监测、预警、防治和处置队伍建设。省（自治区、直辖市）财政局要对资金的使用严格执行相关的管理、监督和审查制度，确保专款专用。应急响应时，省（自治区、直辖市）财政局根据省（自治区、直辖市）农业行政主管部门提出所需财政负担的经费预算及使用计划，核实后予以划拨，保证防控资金足额、及时到位。必要时向上级财政部门申请紧急援助。

5）技术保障

省（自治区、直辖市）农业行政主管部门负责组织全省（自治区、直辖市）各地（市、州）开展辖区内香蕉枯萎病灾情发生区的勘查，香蕉枯萎病灾害的调查、监测、预警分析和预报发布。制定本级香蕉枯萎病灾害防控的技术方案。组织进行防治技术指导，指导防治专业队伍建设。

6）宣传培训

充分利用各类媒体，加强对香蕉枯萎病灾害防控重要性和防控技术的宣传教育，积极开展香蕉枯萎病灾害电视预报，提高社会各界对条锈病生物灾害的防范意识。省（自治区、直辖市）人民政府和省（自治区、直辖市）农业行政主管部门负责对参与香蕉枯萎病灾害预防、控制和应急处置行动人员的防护知识教育。省（自治区、直辖市）农业行政主管部门所属的植物检疫机构要制订培训计划，寻求多方支持，加强对检疫技术人员、防治专业队伍的专业知识、防治技术和操作技能等的培训；加强香蕉枯萎病基本知识和防治技术的农民培训。加强预案演练，不断提高香蕉枯萎病灾害的处置能力。

8. 附则

1) 预案管理

本预案的修订与完善，由省（自治区、直辖市）农业行政主管部门根据实际工作需要进行修改，经省（自治区、直辖市）政府批准后生效并实施。

2) 奖励与责任追究

香蕉枯萎病防指要对香蕉枯萎病应急处置中作出突出贡献的集体和个人给予表彰。对玩忽职守造成损失的，要依照有关法律、法规和纪律追究当事人责任，并予以处罚。构成犯罪的，依法移交司法机构追究刑事责任。

3) 预案解释部门

本预案由省（自治区、直辖市）农业行政主管部门负责解释。

4) 实施时间

本预案自发布之日起实施。

（姜子德　李敏慧）

亚洲梨火疫病应急防控技术指南

一、病原与病害

学　　名：*Erwinia pyrifoliae* Kim，Gardan，Rhim et Geider

英 文 名：Black stem blight of pear

中文别名：亚洲梨火疫、亚洲梨枯死病、梨枝条黑枯病、梨枯梢病

分类地位：真细菌界（Eubacteria）变形菌门（Proteobacteria）γ-变形菌纲（Gamma Proteobacteria）肠杆菌目（Enterobacteriales）肠杆菌科（Enterobacteriaceae）欧文氏菌属（*Erwinia*）

1. 起源与分布

起源：1995 年在韩国 Chuncheon 地区首次被发现。

国外分布：主要发生在韩国，分布在汉河以北的 Ka Pyong、Po Cheon、Yang Pyong、Wha Chron、Yang Ku 5 个地区。

2. 主要形态特征

亚洲梨火疫菌为革兰氏阴性，好气短杆菌，周生鞭毛，具有运动性。在 YPDA 培养基上 28℃培养 48h 后菌落直径可达 2mm，菌落呈白色不透明球形，具有黏性。亚洲梨火疫菌不能在 MM1Cu 培养基上生长，在 LB 培养基上生长仅产生少量的果聚糖，在 MM2Cu 培养基上产生淡黄色黏液型菌落并能合成荚膜胞外多糖，在未成熟的梨果切片上产生明显的菌脓，在烟草上引起过敏反应。

3. 寄主范围

亚洲梨火疫菌的寄主范围较窄，主要侵染沙梨（*Pyrus pyrifolia*）和部分西洋梨（*Pyrus communis*）品种，品种间一般以西洋梨或西洋梨的杂交后代较易感病，日本梨较抗病，对苹果的致病力有限。

4. 所致病害症状

亚洲梨火疫菌可危害梨树的枝条、树干、花序、幼果和叶片，发病迅速，危害严重。病树主要从花、叶、嫩枝开始发病，叶片上产生褐色至黑色病斑，叶片中脉产生黑至褐色条斑，病斑可扩展至整个枝条，发病枝条几天后迅速变色并枯死，造成严重减产。

根据病害发生的部位，可分为花腐、枝枯、溃疡及果腐等。①花腐。病原直接侵染

开放的花引起花腐。一般发生于早春，病菌直接从花器侵入，初为水渍状斑，花基部或花柄暗色，不久萎蔫。病菌可扩展至花梗及花簇中其他的花。在温暖潮湿条件下，花梗上有菌脓渗出。②溃疡。溃疡是指前一季越冬溃疡边缘的病菌在春季重新侵染的结果。最初的症状是在溃疡附近的健康树皮组织上出现窄的水渍状区，几天后，树皮内部组织出现褐色条斑，随后病菌侵入附近的枝条内部并引起萎蔫死亡。③枝枯。嫩枝是除花外最感病的部位。细菌直接侵入前1～3叶的枝尖，然后杀死整个嫩梢及支持枝。最初症状是枝尖萎蔫，但萎蔫前不褪色，呈"牧羊鞭"状。枝枯萎发展很快，条件适宜时几天内可移动15～30cm，造成整枝死亡，病枝、枝皮、叶片通常变黑。潮湿时，枝条上出现菌脓。生长后期出现的枝枯一般不会萎蔫，仅在嫩梢部出现坏死。病菌不断深入，并侵染主干、皮层收缩、下陷，形成溃疡斑。病菌亦可直接从气孔、水孔等自然孔口或花蕾、伤口侵入叶片，侵染初期叶边坏死，并向中脉、枝条、茎扩展，后变黑，通常有菌脓。

亚洲梨火疫菌的危害症状与梨火疫菌的非常相似但又不完全相同，梨火疫菌危害后一般在溃疡的表皮下树皮组织呈红褐色，而亚洲梨火疫菌危害后在黑褐色溃疡斑的表皮下树皮组织仍呈绿色，但仅凭症状很难区分两种病原。

5. 主要生物学和生态学特性

亚洲梨火疫菌兼性厌氧，氧化酶反应呈阴性。葡萄糖发酵不产气。V.P. 实验弱阳性。果胶酸盐胶不能酸化或液化。不产生吲哚。利用菊糖、乳糖、乙糖、α-甲基葡萄糖糖苷、D-阿拉伯糖醇、D-阿拉伯糖、蜜三糖不能产酸。利用甘露醇、山梨糖醇、蔗糖可以产酸。不能碱化丙二醇、柠檬酸盐、D-酒石酸盐。不产生 P-半乳糖苷酶。能够利用 D-果糖、D-半乳糖、D-海藻糖、蔗糖、甲-D-葡萄糖苷、D-核糖、L-阿拉伯糖、丙三醇、肌醇、D-甘露醇、D-山梨糖醇、苹果酸酯、N-乙酰葡萄糖胺、D-葡萄糖酸盐、琥珀酸盐、延胡索酸盐、L-谷氨酸盐、L-脯氨酸作为唯一碳源。不能利用 D-甘露糖、D-山梨糖、α-D-蜜二糖、D-蜜三糖、麦芽糖、麦芽三糖、α-乳糖、乳果糖、甲基-P-吡喃半乳糖苷、D-纤维二糖、P-龙胆二糖、D-木糖、异麦芽酮糖、α-L-鼠李糖、α-L-果糖、D-乙糖、D-阿拉伯糖醇、L-阿拉伯糖醇、木糖醇、七叶苷、D-塔格糖、麦芽糖醇、D-松二糖、核糖醇、羟基喹啉、P-葡萄糖醛酸、3-甲基-D-葡萄糖苷、D-糖酸盐、黏液酸盐、L-酒石酸盐、内消旋酒石酸盐、D-苹果酸盐、乌头酸盐、柠檬酸、D-葡萄糖醛酸、半乳糖、D-葡萄糖酸酮、L-色氨酸、乙酸苯酯、原儿茶酸、对-羟基苯甲酸、奎尼酸、m-羟基苯甲酸盐、安息香酸盐、苯丙酸盐、m-香豆酸、葫芦巴碱、甜菜碱、腐胺、氨基丁酸、癸酸盐、组氨 D-乳酸盐、辛酸盐、L-组氨酸、戊二酸、D-甘油酸、氨基戊酸、乙醇胺、色胺、衣康酸、羟基丁酸、D-丙氨酸、丙二酸、丙酸盐、L-酪氨酸、酮戊二酸盐。

亚洲梨火疫菌可在枝干病部皮层组织中越冬，第二年春夏之交，越冬病部繁殖大量细菌，形成菌溢、菌脓，借雨水、昆虫传播，通过伤口侵入梨树的叶、花、果及枝干，引起发病。亚洲梨火疫菌在空气中可存活一年，在土壤中可存活四年。久旱后下暴雨、地势低洼、果园内湿度过大均可加重病害的发生。

6. 危害与损失

亚洲梨火疫菌发病迅速，危害严重，具有持续性。其近缘种梨火疫病就曾于1966～1967年摧毁了荷兰约 8km² 的果园及 21km 的山楂防风篱，至 1975 年荷兰已全国受害，1971 年前联邦德国北部西海岸流行梨火疫病，毁掉梨树 18 000 株，现在北美和欧洲的许多病区，已难以遏制梨火疫病的流行危害。亚洲梨火疫病也同样摧毁了韩国发病区很大面积的梨树。

亚洲梨火疫病一旦侵入我国并流行，将会造成梨等水果的严重减产，会对我国水果的生产构成严重威胁，同时也会严重影响我国发病区优质水果的出口贸易，经济损失不容忽视。

因为亚洲梨枯死病的症状与梨火疫病类似，故列出梨火疫病的症状图以供参考（图1表现为梨火疫的症状，亚洲梨火疫危害后在黑褐色溃疡斑的表皮下树皮组织仍呈绿色）。

图 1　梨火疫病的症状

A. 梨花序受害症状（自 http://www.defra.gov.uk/planth/ph.htm）；B. 苹果枝条受害症状，枝头形成典型的牧羊鞭状（OEPP/EPPO, 2004）；C. 山楂茎受害后细菌浸出液（自 http://www.defra.gov.uk/planth/ph.htm）；D. 梨树干上的溃疡症状（自 M. Cambra, IVIA, Spain）；E. 剥落树皮溃疡组织下的木质部红褐色的条纹（自 http://www.defra.gov.uk/planth/ph.htm）

图版 39

I

II

III

A B C D

A B C D

IV

Ea110　　Ea273　　Ep1/96　　Ejp556　　MR1

图版说明

Ⅰ. 亚洲梨火疫病表状

Ⅱ. 亚洲梨火疫病原电镜下形态

Ⅲ. 在梨上对病菌进行致病性测试的结果

上排系在梨枝上为害状；下排系在梨果实上为害状

图中梨被感病原

A. 1995 年采自韩国春川市（Chuncheon）Jichonri 的野生型菌株 Strain WT3

B. 亚洲梨火疫病原 Ep16 菌株 *E. pyrifoliae* Ep16

C. 梨火疫病原 ATCC15580 菌株 *E. amylovora* ATCC15580

D. 大肠杆菌 *E. coli*

Ⅳ. 亚洲梨火疫病原及其近似种接种梨的表状

各个个体接种 4 处

菌种为：

Ea110，梨火疫病原 Ea110 菌株，感梨和苹果

Ea273，梨火疫病原 Ea273 菌株，感梨和苹果（该株有基因组信息）

Ep1/96，亚洲梨火疫病原 1/96 菌株，感沙梨（亚洲主要梨种）

Ejp556，欧文氏菌属某种 Ejp556 菌株，常见于在日本发生的梨疫病感染植株

MR1，梨火疫病原 MR1 菌株，仅感染蔷薇科悬钩子属植物

图片作者或来源

Ⅰ，Ⅱ. Bacterial Genetics and Biotechnology Laboratory，引自 Pest and Disease Image Library. 2009. Diagnostic Methods for Black Stem Blight of Pear-*Erwinia pyrifoliae*（http://www. padil. gov. au/pbt/index. php?q＝node/70&pbtID＝114 最后访问时间2009-11-26）

Ⅲ. Shrestha R，Koo J H，Park D H，Hwang I，Hur J H and Lim C K. 2003. *Erwinia pyrifoliae*，a Causal Endemic Pathogen of Shoot Blight of Asian Pear Tree in Korea. Plant Pathology Journal，19 (6)：294～300

Ⅳ. Triplett L R，Zhao Y，Sundin G W. 2006. Genetic differences between blight-causing *Erwinia* species with differing host specificities，identified by suppression subtractive hybridization. Applied and Environmental Microbiology，72 (11)：7359～7364

二、亚洲梨火疫病菌检验检疫技术规范

1. 范围

本规范规定了亚洲梨火疫病及病菌的检疫检验及检疫处理操作办法。

本规范适用于农业植物检疫机构对携带有亚洲梨火疫的植物活体、果实及可能携带病菌的包装材料等载体的检疫检验和检疫处理。

2. 产地检疫

（1）踏查范围重点在梨树果园区。

（2）发现疫情后，应立即报告给当地农业检疫部门和外来入侵生物管理部门。

3. 调运检疫

（1）检查调运的相关植物和植物产品有无亚洲梨火疫病的症状。

（2）按照《植物检疫条例》规定，在疫区生产的植物产品，未经检疫不准外调。因此要对疫区的果实、植物活体加强检疫，必须做好相关的检验和鉴定。

4. 检验及鉴定

（1）根据表征情况，初步判断是否有亚洲梨火疫的存在。亚洲梨火疫主要从植物的花、叶、嫩枝开始发病，叶片上产生褐色至黑色病斑，叶片中脉产生黑至褐色条斑，病斑可扩展至整个枝条，发病枝条几天后迅速变色并枯死，亚洲梨火疫菌危害后在黑褐色溃疡斑的表皮下树皮组织仍呈绿色。

（2）取样检测。最适合取样的部位分别为：花、芽或嫩枝、叶片、幼果（如有可能最好是带有坏死斑或细菌渗出液），剥去树皮后树干、树枝、嫩梢的褪色皮层下组织。接下来可以直接进行病原菌的分离，生物测定、荧光免疫检测或 PCR 检测。

5. 病菌分离技术及鉴定技术

1）病原分离

在病健交界处切取部分组织，用常规方法分离培养病原细菌。具体分离方法为：70%酒精棉球擦洗枝条或果实病健交界处的表皮组织以做表面消毒，用灭菌解剖刀切取病健交界处组织，置于灭菌的蒸馏水中切碎，15min 后，无菌操作下用接种环沾取细菌悬浮液在 CCT、MM2Cu、King's B 或 Levan 培养基上划线，接种后的培养皿置于 28℃下培养 2～3 天，将形成的单个菌落再经 2 次划线培养纯化后，转接于斜面试管中培养，并进行病原鉴定。

2）血清学鉴定

因为亚洲梨火疫菌与梨火疫菌无法通过血清学检验区分出来，所以在此列出梨火疫菌的血清学鉴定方法以供参考。

（1）直接组织印迹 ELISA（direct tissue-print ELISA）。

直接组织印记 ELISA 适用于显症植物材料的检测，但由于特异性问题需要进一步再确证。该方法可作为血清学鉴定快速检测技术用于细菌菌落或细菌溢出液的检测。商业化的单克隆抗体检测试剂盒见附录 B。

植物组织印迹或斑点杂交（膜印迹）的制备：首先清洗采自田间的显症芽、花、叶片或幼果，小心地从样品中挤出流出物至硝酸纤维素膜上，细菌溢出物或固体培养基上的菌落也可直接影印到膜上。为了避免交叉污染，削切工具应严格消毒。以人工接种梨火疫病菌的材料及健康植物分别作为阳性和阴性对照。影印膜应干燥几分钟，小心操作，通常影印膜可在干燥的室温条件下保存几个月。用无菌水配制 1% 的牛血清白蛋白（bovine serum albumin，BSA），将膜置于大小合适的盘子、密封盒或塑料袋中，加入 BSA 在室温下温育 1h 或 4℃过夜，最好经常轻微搅动。完成温育后倒掉溶液，用 PBS 稀释梨火疫病菌专一性单克隆抗体（稀释方法见附录 B），将抗体溶液加到膜上，完全浸润，在室温下振动温育 2~3h，倒掉溶液，按照附录 B 的方法准备洗膜溶液，用洗涤缓冲液洗膜 5min，轻微振动。去除洗涤液后重复洗膜 2 次。按照附录 B 的方法制备 BCIP-NBT（Sigma Fast）底物缓冲液，加到膜上，温育直至阳性对照出现紫色（大约 10min）。加入自来水终止反应，将膜放置于吸水纸上晾干，在 10~20 倍放大镜下观察膜上的印迹颜色。如果阳性对照和测试的植物材料均显现紫色，而阴性对照未显色时，可断定检测结果为阳性。

（2）富集 DASI-ELISA（enrichment DASI-ELISA）。

Gorris 等（1996b）采用商业化的富集 DASI-ELISA 试剂盒已被认可用于常规的检测程序。该程序以单克隆抗体为基础（Gorris et al.，1996a，1996b）。以第一次测试显现阴性的样品系列稀释液与 10^8 个细胞/mL 梨火疫菌混合为阳性对照，以溶于 PBS 中的早先测试为不含梨火疫菌及非梨火疫菌株作为阴性对照。在进行 ELISA 检测之前，100℃煮沸测试样品及对照样品 10min（保证盖严盖子）。经富集的样品可用于分离或 PCR 检测。

ELISA 煮沸样品（室温下煮 1 次）在当天进行分析或−20℃冻存可用于以后的分析，加热处理对于方法中检测的灵敏度及专一性是必要的（Gorris，1996a）。以碳酸盐缓冲液（pH 9.6）（附录 B1.3）适当稀释兔抗-梨火疫菌多克隆抗体免疫球蛋白，加 200μL 于 ELISA 板的每个孔中，37℃温育 4h 或 4℃温育 16h。结束后，用洗涤缓冲液（附录 B1.4）洗板 3 次，加 200μL 事先富集的植物材料于各孔中，每个富集的样品加 2 个孔，分别设 2 个阳性和阴性对照，4℃温育 16h。结束后，用洗涤缓冲液洗板 3 次。用 PBS/0.5% BSA 缓冲液稀释专一性的梨火疫菌单克隆抗体（附录 B3.1），加 200μL 于各孔中，37℃温育 2h。反应完成后，用 PBS-吐温洗板 3 次。用 PBS 稀释羊抗鼠-免疫球蛋白-碱性磷酸酯酶结合物（附录 B），加 200μL 于各孔中，37℃温育 2h，结束后，用 PBS-吐温洗板 3 次。

用底物缓冲液（附录 B1.5）配制 1mg/mL 的碱性磷酸酯酶底物磷酸对硝基苯酯溶液，加 200μL 于各孔中，室温下温育 30min、45min 和 60min 后在 405nm 处读取数据。

如果样品孔的 ELISA 检测平均 OD 值小于 2 倍的阴性对照 OD 值时（通常温育 60min 后，阳性对照的 OD 在 1.0 以上，远远大于 2 倍的阴性对照 OD 值），检测结果为阴性。如果样品孔的 ELISA 检测平均 OD 值大于阴性对照平均 OD 值的 2 倍时，检测结果为阳性。为了保证检测结果的可靠性，应重复测试结果或利用其他生物学检测技术加以验证。

（3）间接 ELISA（indirect ELISA）。

将 200μL 系列稀释的纯培养的疑似分离物在水浴或加热块中 100℃处理 10min，减少非专一性反应，加入等体积的碳酸盐缓冲液（附录 B1.3），加 200μL 样品于 ELISA 各孔中，每个样品至少加 2 个孔。以加热过的 10^9 个细胞/mL 的梨火疫纯培养菌悬液为阳性对照，以其他近似种细菌培养液为阴性对照，37℃温育 1h 或 4℃过夜。温育完成后，从孔中去除溶液，用洗涤缓冲液洗孔 3 次，每次洗孔之间至少间隔 5min。用商业试剂盒推荐的缓冲液稀释梨火疫菌单克隆抗体，每孔加 200μL，37℃温育 1h。结束后，从孔中去除溶液，按照上述方法洗板。用 PBS/0.5%BSA 缓冲液稀释，配制适当浓度的 GAM-AP 二抗溶液，每孔加 200μL，37℃温育 1h。完成后，从孔中去除溶液，用洗涤缓冲液洗孔 3 次。用底物缓冲液配制 1mg/mL 的碱性磷酸酯酶底物（磷酸对硝基苯酯）溶液，加 $200\mu L$ 于各孔中，室温下黑暗温育，90min 内，每间隔一定时间在 405nm 处读取数据。

（4）免疫荧光（immunofluorescence，IF）。

主要参照 EU 于 1998 年报道的方法。目前已有 3 个梨火疫病抗体检测商品化试剂盒得到认可，建议使用新的抗体之前进行效价和稀释倍数试验。通常利用新鲜制备的样品进行 IF 检测。如果样品处于 -80℃ 条件下甘油保存状态，应先去除甘油，即加入 1mL PBS7000g，离心 15min，去除上清，重悬菌体于 PBS 中。每套测试需要以已知的 10^6 个细胞/mL 的梨火疫纯培养菌悬液为阳性对照。对于大批量测试，建议设隐蔽的阳性对照板（blind positive control slide）。以 PBS 及已经过几种技术鉴定为阴性的系列稀释的样品提取液为阴性对照。

将未稀释样品以及稀释 10 倍和 100 倍的样品点于一张免疫荧光板（IF Slide），每张仅点一套样品。根据所使用的抗体的特性，可采用空气干燥，以火焰加热固定，也可以用 100% 或 95% 乙醇固定。固定完成后，置于 20℃ 环境待测。使用的单克隆或多克隆抗体应以 PBS 稀释到适当的浓度，板上每孔点 $25\sim30\mu L$，在保湿条件下室温温育 30min。当使用多克隆抗体检测时，应采用 2 种不同的抗体检测与其他细菌的交叉反应。反应完成后，将反应液从免疫荧光板上的反应孔里抖出，小心地用 PBS 缓冲液将反应孔漂洗 2 次，每次 10min。

小心地去除残存的水分。用 PBS 稀释 FITC 结合的抗鼠抗体（GAM-FITC）、抗兔抗体（GAR-FITC）或抗羊抗体。用相应的抗体覆盖全板，在保湿条件下室温温育 30min，反应完成后，重复前一次洗板程度。取 $5\sim10\mu L$ 含 0.5% 对-苯二胺或其他抗衰减物质的 0.1mol/L 磷酸盐缓冲液点于各孔，盖片。在油浸 $500\sim1000$ 倍显微镜下计数，按照 EU（1998）标准，计算各样品每毫升中的细胞个数。

如果只在阳性对照中观察到具有典型的梨火疫菌形态的绿色荧光细胞，而在其他样品中未出现，则测试结果为阴性；如果在阳性对照及其他样品中均观察到具有典型的梨火疫菌形态的绿色荧光细胞，但在阴性对照中未出现，则测试结果为阳性。一般情况下 10^3 个细胞/mL 群体密度是 IF 测试的极限，若样品大于 10^3 个细胞/mL，适合进行 IF 测试，结果可靠。而样品浓度小于 10^3 个细胞/mL，IF 测试结果的可靠性大大降低。因此，应重复取样过程。如果与阳性对照相比，存在大量样品的荧光细胞不完全或很弱时，也需要利用不同的抗体做进一步的测试。

3）分子检测

（1）DNA 提取（DNA extraction）。

直接取 1mL 的样品解离液或样品富集解离液，根据 Llop 等的方法进行 DNA 的提取。室温下 13 000g 离心 5min，弃上清。$500\mu L$ 提取缓冲液（附录 B）重新悬浮沉淀，室温下振荡 1h。5000g 离心 5min，取 $450\mu L$ 上清于新的 Eppendorf 管内并加入等体积的异丙醇，倒置数次。室温下静置 1h。13 000g 离心 5min，弃上清，于室温干燥沉淀。如果离心管底部存在褐色或绿色的沉淀物，则应在吸取上清时小心地将其避开，以便获得更加纯净的 DNA。通常 DNA 更多地附着于管壁而不是管底。用 $200\mu L$ 水重新悬浮沉淀。依据不同的 PCR 扩增体系，加入 $1\mu L$ 或 $5\mu L$ 作为 PCR 反应的模板。

（2）传统 PCR（单一 PCR）［conventional（single）PCR］。

在对梨火疫菌的研究中，有人采用基因外重复回文序列 PCR（Rep-PCR）、随机扩增多态性 DNA 片段（RAPD）、实时荧光 PCR、限制性片段长度多态性（RFLP）等方法，但目前这些方法尚未见在亚洲梨火疫研究中应用的报道。所以亚洲梨火疫的分子检测主要采用的仍旧是传统 PCR 检测方法。

目前已经验证的传统 PCR 检测方法的具体引物序列、扩增体系、反应条件如下。

Primer A：5′-AGATGCGGAAGTGCTTCG

Primer B：5′-ACCGTTAAGGTGGAATC

PCR 反应体系为：$10\times$ 缓冲液 $2.5\mu L$，$25mmol/L$ $MgCl_2$ $1.5\mu L$，$2.5mmol/L$ dNTP $1\mu L$，$10\mu mol/L$ 的 Primer A 和 B 各 $1\mu L$，2500U Taq 酶 $0.1\mu L$，模板 $1\mu L$，加灭菌双蒸水使总体积为 $25\mu L$。

PCR 反应条件：95℃预变性 3min；94℃变性 30s，52℃退火 30s，72℃延伸 1min，30 个循环；最后 72℃延伸 7min。

扩增产物为 700bp。

也可利用另外一对引物进行 PCR 扩增。

Primer A：5′-CGCGGAAGTGGTGAGAA

Primer B：5′-GAACAGATGTGCCGAGTA

PCR 反应体系为：$10\times$ 缓冲液 $2.5\mu L$，$25mmol/L$ $MgCl_2$ $1.5\mu L$，$2.5mmol/L$ dNTP $1\mu L$，$10\mu mol/L$ 的 Primer A 和 B 各 $1\mu L$，2500U Taq 酶 $0.1\mu L$，模板 $1\mu L$，加灭菌双蒸水使总体积为 $25\mu L$。

PCR 反应条件：95℃预变性 3min；94℃变性 30s，52℃退火 30s，72℃延伸 1min，30 个循环；最后 72℃延伸 7min。

扩增产物为 1200bp。

也可通过对样品部分序列及基因的克隆及序列测定、遗传分析来确定亲缘关系。PCR 主要可以扩增 ITS 区域、cps 区域、$hrpN$ 基因、$hrcC$ 基因、$hrcV$ 基因、$dspF$ 基因和 $groEL$ 基因。主要引物及循环程序如下。

ITS 区域：

Primer A：5′-AGTCGTAACAAGGTAGCCGT-3′

Primer B：5′-GTGCCAAGGCATCCACC-3′

PCR 反应条件：95℃预变性 3min；94℃变性 30s，60℃退火 1min，72℃延伸 1min，30 个循环；最后 72℃延伸 5min。

cps 区域：

Primer A：5′-CGCGGAAGTGGTGAGAA-3′

Primer B：5′-GAACAGATGTGCCGAGTA-3′

PCR 反应条件：95℃预变性 3min；94℃变性 30s，52℃退火 30s，72℃延伸 1min，30 个循环；最后 72℃延伸 7min。

*hrp*N 基因：

Primer A：5′-CTGGTCGGCAGGGTACGTTT-3′

Primer B：5′-CCCAGCTTGCCAAGTGCCAT-3′

PCR 反应条件：95℃ 预变性 3min；94℃ 变性 30s，64℃ 退火 1min，72℃ 延伸 2min，30 个循环；最后 72℃ 延伸 7min。

*hrc*C 基因：

Primer A：5′-GGATCCGTGGCCAGATACA

Primer B：5′-ATGGTTGAGAAACGAGCGTTGC

PCR 反应条件：95℃ 预变性 3min；94℃ 变性 30s，63℃ 退火 1min，72℃ 延伸 2min，30 个循环；最后 72℃ 延伸 10min。

*hrc*V 基因：

Primer A：5′-AAGTGGTGGGCGCTGCGATT

Primer B：5′-GTCTGGCGGTGACTGTTGTAA

PCR 反应条件：95℃ 预变性 3min；94℃ 变性 30s，62℃ 退火 1min，72℃ 延伸 2min，30 个循环；最后 72℃ 延伸 10min。

*dsp*F 基因：

Primer A：5′-TTATGCCGCGCTACTATCGTC

Primer B：5′-ATGACAGCGTCACAGCAGCAG

PCR 反应条件：95℃ 预变性 3min；94℃ 变性 30s，52℃ 退火 30s，72℃ 延伸 30s，30 个循环；最后 72℃ 延伸 5min。

*gro*EL 基因：

Primer A：5′-GAAGTKGCCTCTAAAGCGAAYGA

Primer B：5′-GCMACRCCACCACCAGCAACC

PCR 反应条件：94℃ 预变性 2min；94℃ 变性 30s，60℃ 退火 30s，72℃ 延伸 30s，30 个循环；最后 72℃ 延伸 5min。

4）生物测定

以 10μL 悬浮于 PBS 缓冲液中的 10^9 个细胞/mL 待测菌菌悬液及阳性和阴性对照接种梨感病品种的幼果或未成熟果实的切片。接种后，25℃ 条件下培养箱中保湿培养 3～5 天。阳性对照的表现为接种点周围颜色变褐，3～7 天后产生细菌分泌物，而阴性对照仅出现坏死斑。

对整株植物进行接种时，应选用梨等寄主植物的感病品种。分别用经浓度为 10^9 个细胞/mL 各待测菌株的 PBS 悬浮液浸泡过的剪刀，将盆栽植物幼梢上的叶片剪开至其主叶脉处，20～25℃，相对湿度为 80％～100％ 条件下生长。剪取盆栽植物的幼枝进行离体鉴定时也可采用同样的接种方法。剪下的幼嫩枝条以 70％ 的酒精溶液消毒 30s，无菌水清洗 3 次后，按上述方法进行接种后置于 1％ 琼脂表面，20～25℃，80％～100％ 相对湿度，16h 光周期培养。分别于 3 天、7 天和 15 天后，观察试验结果。亚洲梨火疫病的症状和典型的梨火疫病症状类似，包括萎蔫、褪色、组织坏死和细菌分泌物的产生。

6. 检疫处理和通报

在调运检疫或复检中，发现携带亚洲梨火疫菌的植物活体、果实及相关材料应全部检出销毁。

产地检疫中发现亚洲梨火疫后，应根据实际情况，启动应急预案，立即进行应急治理。疫情确定后一周内应将疫情通报给植物和植物产品调运目的地的农业外来入侵生物管理部门和农业植物检疫部门，以加强目的地监测力度。

附录 A　亚洲梨火疫病菌及其近缘种的比较

株系	Ea	Ek	Ejp
枝条症状	典型的梨火疫病的症状,病部皮层下面组织为褐色	与梨火疫病的症状相似,但病部皮层下面组织仍为绿色	与 Ek 症状相似
梨片上细菌溢测定	＋	＋	＋
寄生专化性	各种梨火疫病的典型寄主。可分为苹果株系和悬钩子株系	侵染亚洲梨和部分西洋梨品种。对苹果只有有限的致病力	与 Ek 相似
MM1Cu 培养基	不生长	不生长	不生长
MM2Cu 培养基	黄色菌落	浅黄色菌落	浅黄色菌落
LB2Sucrose 培养基	产果聚糖	不产果聚糖	不产果聚糖
King's B 培养基	无荧光	无荧光	无荧光
生化指标	—	与 Ea 相似,但有 6 项指标不同	不详
16SrDNA 同源程度	100％	99％	99％
ITS 序列相似程度	—	不同于 Ea	不同于 Ea,与 Ek 相似
PCR:pEA29A,B 引物	＋(0.9kb)	—	＋(但扩增的片段比 Ea 的稍大,尚不清楚扩增的片段来源于质粒还是染色体 DNA)
PCR:ams 引物	＋(PCR 产物的 Hae 酶切图谱与 Ek 和 Ejp 的 cps 引物 PCR 产物的 Hae 酶切图谱不同)	—	—
PCR:cps 引物	—	—	＋(片段大小与 Ek 相同)
DNA 指纹图谱:RAPD	不同于 Ek 和 Ejp	不同于 Ea	不同于 Ea。可分为 Ejp-Ⅰ株系和 Ejp-Ⅱ株系
DNA 指纹图谱:PFGE(XbaⅠ消化)	地理远缘的不同分离物可分为 4 种类型:Pt1～Pt4	不同于 Ea。可分为 3 种类型:PtA～PtC	不同于 Ea。可分为两类。一类与 Ek 相似,另一类与 Ek 不同
质粒谱	几乎所有株系都只含有一个 pEA29 质粒。个别株系尚含有 pEA34,pEA56,pEA814 质粒	含有多个质粒,但不含有 pEA29 质粒。而且不同的分离物所含质粒也不尽相同	含有多个质粒,但不含有 pEA29 质粒。Ejp 的质粒谱与 Ek 相似
质粒酶切位点	pEA29 质粒含有一个 BamHⅠ位点	质粒 pEP36 含有九个 BamHⅠ位点	质粒含有 BamHⅠ位点

注: 以上亚洲梨火疫及其近缘种的简写对照分别为: *Erwinia pyrifoliae*（Ek）、*Erwinia amylovora*（Ea）和日本 *Erwinia* sp. 菌株（Ejp）。

附录 B 试剂和材料

1. 缓冲液

1.1 10mmol/L PBS 磷酸盐缓冲液（phosphate buffered saline）：NaCl 8g，KCl 0.2g，Na$_2$HPO$_4$ · 12H$_2$O 2.9g，KH$_2$PO$_4$ 0.2g，调节 pH 至 7.2，去离子水定容至 1000mL。

1.2 抗氧化解离缓冲液（antioxidant maceration buffer）：聚乙烯吡咯烷酮（polyvynilpyrrolidone）20g，甘露醇（mannitol）10g，维生素 C（ascorbic acid）1.76g，还原型谷胱甘肽（reduced glutathione）3g，PBS 10mmol/L pH 7.2。调节 pH 至 7.0，去离子水定容至 1000mL，过滤灭菌。

1.3 碳酸盐缓冲液（carbonate buffer）：Na$_2$CO$_3$ 1.59g，NaHCO$_3$ 2.93g，去离子水定容至 1000mL。调节 pH 至 9.6。

1.4 洗涤缓冲液（washing buffer）（pH 7.2～7.4 的 PBS 缓冲液，含 0.05％的吐温-20）：NaCl 8g，KCl 0.2g，Na$_2$HPO$_4$ · 12H$_2$O 2.9g，KH$_2$PO$_4$ 0.2g；吐温-20 500μL，去离子水定容至 1000mL。

1.5 碱性磷酸酯酶底物缓冲液（substrate buffer for alkaline phosphatase）：将 97mL 二乙醇胺（diethanolamine）加入 800mL 去离子水中，用浓 HCl 调节 pH 至 9.8，去离子水定容至 1000mL。

1.6 碱性磷酸酯酶底物沉淀缓冲液（precipitating substrate buffer for alkaline phosphatase）：BCIP-NBT 片（5-bromo-4-chloro-3-indolyl phosphate/nitro blue tetrazolium tablets）（Cat No. B-5655 Sigma）。

1.7 提取缓冲液（extraction buffer）：Tris HCl pH 7.5 24.2g，NaCl 14.6g，EDTA 9.3g，SDS 5g，PVP-10 20g，去离子水定容至 1000mL，过滤灭菌。

1.8 50×TAE 缓冲液：Tris 242g，0.5mol/L Na$_2$-EDTA pH 8.0 100mL，冰醋酸 57.1mL，去离子水定容至 1000mL。

1.9 上样缓冲液（loading buffer）：溴酚蓝（bromophenol blue）0.025g，甘油 3g，蒸馏水 10mL。

2. 培养基

2.1 CCT 培养基：蔗糖（sucrose）100g，山梨醇（sorbitol）10g，硫酸四癸钠（niaproof）1.2mL，结晶紫（crystal violet）2mL（0.1％ 乙醇溶液），营养琼脂（nutrient agar）23g，蒸馏水 1000mL，调 pH 7.0～7.2。115℃高压灭菌 10min。硝酸铊（thallium nitrate）2mL（1％水溶液），放线菌酮（环己亚胺）（cycloheximide）0.05g（高毒试剂，小心操作），过滤灭菌后加入 1000mL 灭菌的培养基内（约 45℃）。

2.2 King's B 培养基：朊间质蛋白胨（proteose peptone）20g，甘油（glycerol）10mL，K$_2$HPO$_4$ 1.5g，MgSO$_4$·7H$_2$O 1.5g，琼脂 15g，蒸馏水定容至 1000mL，调 pH 7.0～7.2。121℃高压灭菌 15min。

2.3 LB 培养基：胰蛋白胨（tryptone）10g，酵母提取物（yeast extract）5g，NaCl

10g，琼脂 15g，蒸馏水定容至 1000mL，调 pH 7.0～7.4。121℃ 高压灭菌 15min。

2.4 MM1Cu 培养基：L-天冬酰胺酸（L-asparagine）1.5g，K_2HPO_4 3.5g，KH_2PO_4 1.5g，$(NH_4)_2SO_4$ 1g，$MgSO_4 \cdot 7H_2O$ 5mg，二水合柠檬酸钠（sodium citrate）0.25g，烟酸（nicotinic acid）0.25g，盐酸硫胺素（thiamine hydrochloride）0.2g，山梨糖醇（sorbitol）10g，$CuSO_4$ 2mmol/L，琼脂 15g，蒸馏水定容至 1000mL。121℃高压灭菌 15min。

2.5 MM2Cu 培养基：L-天冬酰胺酸（L-asparagine）4g，K_2HPO_4 2g，NaCl 3g，$MgSO_4 \cdot 7H_2O$ 0.2g，烟酸（nicotinic acid）0.2g，盐酸硫胺素（thiamine hydro-chloride）0.2g，山梨糖醇（sorbitol）10g，琼脂 15g，蒸馏水定容至 1000mL。121℃高压灭菌 15min。

2.6 Levan 培养基：酵母提取物（yeast extract）2g，Bactopeptone 5g，NaCl 5g，蔗糖（sucrose）50g，琼脂 20g。蒸馏水定容至 1000mL，调 pH7.0～7.2，121℃高压灭菌 15min。

2.7 Ayers 培养基：$NH_4H_2PO_4$ 1g，KCl 0.2g，$MgSO_4$ 0.2g，Bromothymol blue 75mL，蒸馏水定容至 1000mL。调 pH 7.0～7.2，121℃高压灭菌 15min。

3. 可供商业化使用的对照材料（commercially available standardized control material）

3.1 梨火疫病菌检测推荐用抗体

- Loewe Biochemica GmbH，Mühlweg 2a，D-82054 Sauerlach（DE）梨火疫病菌多克隆抗体，用于 IF 检测（获得认证）。
- IVIA EPS 1430，多克隆抗体，用于植物的 IF 检测（获得认证），S. L.，De la March 36，46512 Faura，Valencia（ES）。
- IVIA Mab 7 A，单克隆抗体，用于植物的 IF 检测（获得认证）（ES）。
- IVIA Mab 8B ＋ 5H，单克隆抗体，用于植物的 DASI-ELISA 富集检测（获得认证）（ES）。

注：在富集步骤后使用推荐的专一性单克隆抗体，以避免交叉反应。

3.2 富集 DASI-ELISA（enrichment DASI-ELISA）

全套单克隆和多克隆抗体检测试剂盒（8B ＋ 5H IVIA）包括提取缓冲液（extrac-tion buffer）、半选择性培养基（semiselective media）、ELISA 板和试剂。由 PLANT PRINT Diagnostics，S. L.，De la March 36，46512 Faura，Valencia（ES）生产。

3.3 直接组织 Print-ELISA（direct tissue print-ELISA）

专一性单克隆抗体试剂盒包括阳性对照和阴性对照、硝酸纤维素膜（nitrocellulose membranes）、碱性磷酸酶结合的抗体（alkaline phosphatase-conjugated antibodies）及底物，由 PLANT PRINT Diagnostics，S. L.，De la March 36，46512 Faura，Valencia（ES）生产。

3.4 免疫球蛋白（immunoglobulin）

- Sigma，Steinhein（DE）碱性磷酸酯酶结合（alkaline phosphataselinked）的羊抗鼠免疫球蛋白（goat antimouse immunoglobulins）。

- Bio-Rad，Marnes-la-Coquette（FR）荧光素标记（fluorescein-labelled）的羊抗鼠免疫球蛋白（goat antimouse immunoglobulins）。
- Bio-Rad，Marnes-la-Coquette（FR）荧光素标记（fluorescein-labelled）的羊抗兔免疫球蛋白（goat antirabbit immunoglobulins）。

三、亚洲梨火疫病调查监测技术规范

1. 范围

本规范规定了对亚洲梨火疫病进行调查和监测的技术规范。

本规范适用于农业植物保护相关机构对亚洲梨火疫病发生地点、发生时间、危害情况的调查和监测。

2. 调查

1）访问调查

向当地居民询问有关亚洲梨火疫的发生地点、发生时间、危害情况，分析亚洲梨火疫传播扩散情况及其来源。每个社区或行政村询问调查 30 人以上。对询问过程发现的亚洲梨火疫可疑存在地区，进行深入重点调查。

2）实地调查

（1）调查地域。

重点调查亚洲梨火疫病疫区。

（2）调查方法。

调查设样地不少于 10 个，随机选取，每块样地面积不小于 1m²，用 GPS 仪测量样地的经度、纬度、海拔，记录样地的地理信息、生境类型、物种组成。

观察有无亚洲梨火疫菌危害，记录亚洲梨火疫病发生面积、密度、被亚洲梨火疫病覆盖的程度（百分比）、危害程度、症状。

（3）面积计算方法。

发生于果园内的，其发生面积以相应地块的面积累计计算，或以划定包含所有发生点的区域面积进行计算；发生于路边、房前屋后、山坡等地点的，发生面积以实际发生面积累计获得或持 GPS 仪沿分布边界走完一个闭合轨迹后，围测面积；发生在山上的面积以持 GPS 仪沿分布边界走完一个闭合轨迹后，围测的面积为准，如山高坡陡，无法持 GPS 仪走完一个闭合轨迹的，也可采用目测法估计发生面积。

（4）危害等级划分。

按发病面积确定危害程度。适用于农田等生态系统。具体等级按以下标准划分。

等级 1：叶片、枝条无病斑发黑症状；

等级 2：叶柄、枝条上零星出现发黑症状，叶色仍然保持原色；

等级 3：叶柄、枝条上普遍出现发黑症状；

等级 4：叶柄、枝条上大面积出现发黑症状，叶片枯死，枝条流脓；

等级 5：叶片羊鞭状枯死，枝条流脓。

3. 监测

1）监测区的划定

发生点：发生亚洲梨火疫病植株外缘周围 100m 以内的范围划定为一个发生点（两个亚洲梨火疫病植株距离在 100m 以内为同一发生点）；划定发生点若遇河流和公路，应以河流和公路为界，其他可根据当地具体情况作适当的调整。

发生区：发生点所在的行政村区域划定为发生区范围；发生点跨越多个行政村的，将所有跨越的行政村划为同一发生区。

监测区：发生区外围 5000m 的范围划定为监测区；在划定边界时若遇到水面宽度大于 5000m 的湖泊和水库，以湖泊或水库的内缘为界。

2）监测方法

根据亚洲梨火疫菌的传播扩散特性，在监测区设置不少于 10 个固定监测点，每个监测点选 $10m^2$，悬挂明显监测位点牌，一般每月观察一次。

4. 样本采集与寄送

在调查中如发现可疑亚洲梨火疫病，标明采集时间、采集地点及采集人。将每点采集的亚洲梨火疫植物材料集中于一个标本瓶中或标本夹中，送外来物种管理部门指定的专家进行鉴定。

5. 调查人员的要求

要求调查人员为经过培训的农业技术人员，掌握亚洲梨火疫的形态学、生物学特性，危害症状以及亚洲梨火疫的调查监测方法和手段等。

6. 结果处理

调查监测中，一旦发现亚洲梨火疫，严格实行报告制度，必须于 24h 内逐级上报，定期逐级向上级政府和有关部门报告有关调查监测情况。对现有的亚洲梨火疫病可疑存在地区，进行深入重点调查。

四、亚洲梨火疫病应急控制技术规范

1. 范围

本规范规定了亚洲梨火疫病新发、爆发等生物入侵突发事件发生后的应急控制操作方法。

本规范适用于各级外来入侵生物管理机构和农业技术部门在生物入侵突发事件发生

时的应急处置。

2. 应急控制方法

对成片发生区域可采用分步施药、最终灭除的方式进行防治，首先在亚洲梨火疫发生区进行化学药剂直接处理，防治后要进行持续监测，发现亚洲梨火疫再根据实际情况反复使用药剂处理，直至 2 年内不再发现亚洲梨火疫为止。根据亚洲梨火疫发生的生境不同，采取相应的化学防除方法。

发病前可喷洒 1∶2∶200 波尔多液，或 77％氢氧化铜可湿性粉剂 300～500 倍液。

从发病初期即可喷洒 20％噻枯唑可湿性粉剂 600 倍液，或 72％农用链霉素可溶性粉剂 3000～4000 倍液。每隔 10～15 天喷 1 次药，连喷 3 或 4 次。

3. 注意事项

喷雾时，注意选择晴朗天气进行，注意雾滴不要飘移到邻近的作物上。在水域边采用化学杀菌剂喷雾时，避免药剂随雨水进入农田而造成药害。喷药时应均匀周到。注意不要在下雨天施药，若施药后 6h 内降雨，应补喷一次；干旱时施药应添加助剂或酌情增加 5％～10％的施药量。在施药区应插上明显的警示牌，避免造成人、畜中毒或其他意外。

五、亚洲梨火疫病综合治理技术规范

1. 范围

本规范规定了亚洲梨火疫的综合治理技术。

本规范适用于各级农业植物保护相关部门对亚洲梨火疫病病害预防及综合治理。

2. 专项防治措施

1）化学防治

（1）发病前可喷洒 1∶2∶200 波尔多液，或 77％氢氧化铜可湿性粉剂 300～500 倍液。

（2）从发病初期即可喷洒 20％噻枯唑可湿性粉剂 600 倍液，或 72％农用链霉素可溶性粉剂 3000～4000 倍液。每隔 10～15 天喷 1 次药，连喷 3 或 4 次。

2）发病前加强保护措施

春季刮除发病树皮，在生长季节每隔 7 天检查 1 次各种发病新梢和组织，发现后及时剪除。对因各种农事操作造成的伤口都要进行涂药保护。

3）选栽抗病品种

果园选用对亚洲梨火疫抗性较好的植株进行栽种。

主要参考文献

葛泉卿. 2003. 梨火疫菌的株系和近缘种. 植物检疫，17（4）：239～242

胡白石，郭亚辉，许志刚等. 2001. 韩国梨树上发生的两种新的细菌病害及其检疫意义. 植物检疫，15（3）：155～157

商明清，赵文军，朱水芳等. 2007. 亚洲梨枯死病研究概况. 植物检疫，21（4）：219～221

王焕英. 2007. 梨枯梢病防控措施. 植保科技，11：39

Bereswill S，Pahl A，Bellemann P et al. 1992. Sensitive and species-specific detection of *Erwinia amylovora* by polymerase chain reaction analysis. Applied and Environmental Microbiology，58（1）：3522～3526

EU. 1998. Council Directive 98/57 EC of 20 July 1998 on the control of *Ralstonia solanacearum* （Smith）Yabuuchi et al. *In*：Official Journal of the European Communities L235 of 21 August 1998. 1～39

Falkenstein H，Zeller W，Geider K. 1989. The 29kb plasmid common in strains of *Erwinia amylovora*，modulates development of fire blight symptoms. J Gen Microbiol，135：2643～2650

Gorris M T，Camarasa E，López M M et al. 1996a. Production and characterization of monoclonal antibodies specific for *Erwinia amylovora* and their use in different serological techniques. Acta Horticulturae，411：47～51

Gorris M T，Cambra M，Llop P et al. 1996b. A sensitive and specific detection of *Erwinia amylovora* based on the ELISA-DASI enrichment method with monoclonal antibodies. Acta Horticulturae，411：41～46

Jock S，Kim W S，Barny M A et al. 2003. Molecular characterization of natural *Erwinia pyrifoliae* strains deficient in hypersensitive response. Applied and Environmental Microbiology，69（1）：679～682

Kim W S，Gardan L，Rhim S L et al. 1999. *Erwinia pyrifoliae* sp. Nov，a novel pathogen that affects Asian pear trees（*Pyrus pyrifolia* Nakai）. International Journal of Systematic Bacteriology，49（3）：899～906

Kim W S，Hildebrand M，Jock S et al. 2001a. Molecular comparison of pathogetic bacteria from pear trees in Japan and the fire blight pathogen *Erwinia amylovora*. Microbiology，147（11）：2951～2959

Kim W S，Jock S，Paulin J P et al. 2001b. Molecular detection and differentiation of *Erwinia pyrifoliae* and host range analysis of the Asian pear pathogen. Plant Dis，85（11）：1183～1188

Llop P，Bonaterra A，Peñalver J et al. 2000. Development of a highly sensitive nested-PCR procedure using a single closed tube for detection of *Erwinia amylovora* in asymptomatic plant material. Applied and Environmental Microbiology，66（5）：2071～2078

Llop P，Caruso P，Cubero J et al. 1999. A simple extraction procedure for efficient routine detection of pathogenic bacteria in plant material by polymerase chain reaction. Journal of Microbiological Methods，37（1）：23～31

McGhee G C，Jones A L. 2000. Complete nucleotide sequence of ubiquitous plasmid pEA29 from *Erwinia amylovora* strain Ea88：gene organization and intraspecies variation. Applied and Environmental Microbiology，66（11）：4897～4907

McGhee G C，Schnabel E L，Maxson-Stein K et al. 2002. Relatedness of chromosomal and plasmid DNAs of *Erwinia pyrifoliae* and *Erwinia amylovora*. Applied and Environmental Microbiology，68（12）：6182～6192

OEPP/EPPO. 2004. Diagnostic protocols for regulated pests PM 7/20（1）*Erwinia amylovora*. Bulletin OEPP/EPPO Bulletin，34：159～171

Rhim S L，Völksch B，Gardan L et al. 1999. Erwinia pyrifoliae，an *Erwinia* species，different from *Erwinia amylovora*，causes a necrotic disease of Asian pear trees. Plant Pathology，48（4）：514～520

六、亚洲梨火疫病防控应急预案（样本）

1. 亚洲梨火疫病菌危害情况的确认、报告与分级

1）确认

疑似亚洲梨火疫病发生地的农业行政主管部门在 24h 内将采集到的亚洲梨火疫病标

本送到上级农业行政主管部门所属的植物检疫机构，由省级农业行政主管部门指定专门科研机构鉴定，省级农业行政主管部门根据专家鉴定报告，报请省级人民政府确认并报告农业部。

2）报告

确认本地区发生亚洲梨火疫病后，当地农业行政主管部门应在24h内向同级人民政府和上级农业行政主管部门报告，并迅速组织对本地区进行普查，及时查清发生和分布情况。省农业行政主管部门应在24h内将亚洲梨火疫病发生情况上报省人民政府和农业部，同时抄送省级林业部门和出入境检验检疫部门。

3）危害程度分级与应急预案的启动

一级危害：在1个省（直辖市、自治区）所辖的2个或2个以上地级市（区）发生亚洲梨火疫病菌危害严重的。

二级危害：在1个地级市辖的2个或2个以上县（市、区）发生亚洲梨火疫病菌危害。

三级危害：在1个县（市、区）范围内发生亚洲梨火疫病菌危害程度严重的。

出现以上一至三级程度危害时，启动本预案。

2. 应急响应

各级人民政府按分级管理、分级响应、属地管理的原则，根据农业行政主管部门植物检疫机构的确认、亚洲梨火疫病菌危害范围及程度，一级危害启动一级响应，二级危害启动二级响应，三级危害启动三级响应。

1）一级响应

省级人民政府立即成立防控工作领导小组，按照属地管理原则，迅速组织协调各地（市、州）人民政府及省级相关部门开展亚洲梨火疫病防控工作，并报告农业部；省农业行政主管部门要迅速组织对全省（自治区、直辖市）亚洲梨火疫病发生情况进行调查评估，制定防控工作方案，组织农业行政及技术人员采取防控措施，并及时将亚洲梨火疫病菌发生情况、防控工作方案及其执行情况报农业部；省级其他相关部门密切配合做好亚洲梨火疫病防控工作；省级财政部门根据亚洲梨火疫病危害严重程度在技术、人员、物资、资金等方面对亚洲梨火疫病发生地给予紧急支持，必要时，请求上级财政部门给予相应援助。

2）二级响应

地级以上市人民政府立即成立防控工作领导小组，迅速组织协调各县（市、区）人民政府及市相关部门开展亚洲梨火疫病防控工作，并由本级人民政府报省人民政府；市级农业行政主管部门要迅速组织对本市亚洲梨火疫病发生情况进行全面调查评估，制定防控工作方案，组织农业行政及技术人员采取防控措施，并及时将亚洲梨火疫病发生情况、防控工作方案及其执行情况报省级农业行政主管部门；市级其他相关部门密切配合做好亚洲梨火疫病防控工作；省级农业行政主管部门加强督促指导，并组织查清本省亚洲梨火疫病发生情况；省人民政府根据亚洲梨火疫病危害严重程度和市级人民政府的请求，在技术、人员、物资、资金等方面对发生亚洲梨火疫病地区给予紧急援助支持。

3）三级响应

县级人民政府立即成立防控工作领导小组，迅速组织协调各乡镇政府及县相关部门开展亚洲梨火疫病防控工作，并由本级人民政府报告上一级人民政府；县级农业行政主管部门要迅速组织对亚洲梨火疫病发生情况进行全面调查评估，制定防控工作方案，组织农业行政及技术人员采取防控措施，并及时将亚洲梨火疫病发生情况、防控工作方案及其执行情况报市级农业行政主管部门；县级其他相关部门密切配合做好亚洲梨火疫病防控工作；市级农业行政主管部门加强督促指导，并组织查清全市亚洲梨火疫病发生情况；市级人民政府根据亚洲梨火疫病危害严重程度和县级人民政府的请求，在技术、人员、物资、资金等方面对发生亚洲梨火疫病地区给予紧急援助支持。

3. 部门职责

各级防控工作领导小组负责本地区亚洲梨火疫病防控的指挥、协调工作，并负责监督应急预案的实施。农业部门具体负责组织亚洲梨火疫病监测调查、防控和及时报告、通报等工作；宣传部门负责引导传媒正确宣传报道亚洲梨火疫病有关情况；财政部门及时安排拨付亚洲梨火疫病防控应急经费；科技部门组织亚洲梨火疫病防控技术研究；经贸部门组织防控物资生产供应，以及亚洲梨火疫病对贸易和投资环境影响的应对工作；林业部门负责林地的亚洲梨火疫病调查及防控工作；出入境检验检疫部门加强出入境检验检疫工作，防止亚洲梨火疫病的传入和传出；发展改革、建设、交通、环境保护、旅游、水利、民航等部门密切配合做好相关工作。

4. 发生点、发生区和监测区的划定

发生点：亚洲梨火疫病危害寄主植物外缘周围100m以内的范围划定为一个发生点（两个寄主植物距离在100m以内为同一发生点）；划定发生点若遇河流和公路，应以河流和公路为界，其他可根据当地具体情况作适当的调整。

发生区：发生点所在的行政村区域划定为发生区范围；发生点跨越多个行政村的，将所有跨越的行政村划为同一发生区。

监测区：发生区外围5000m的范围划定为监测区；在划定边界时若遇到水面宽度大于5000m的湖泊和水库，以湖泊或水库的内缘为界。

5. 封锁、控制和扑灭

亚洲梨火疫病菌发生区所在地的农业行政主管部门对发生区内的亚洲梨火疫病菌危害寄主植物上设置醒目的标志和界线，并采取措施进行封锁控制和扑灭。

1）封锁控制

对亚洲梨火疫病发生区有外运产品的生产单位以及物流集散地，有关部门要进行全面调查，货主单位和货运企业应积极配合有关部门做好亚洲梨火疫病的防控工作。亚洲梨火疫病危害情况特别严重时，经省人民政府批准，可在发生区周边主要交通要道设立临时植物检疫检查站，禁止亚洲梨火疫病发生区内土壤、杂草、菜叶等垃圾、有机肥外运，防止亚洲梨火疫病菌传播。

2）防治与扑灭

采用化学、物理、人工、综合防治方法灭除亚洲梨火疫病菌，先喷施化学杀菌剂进行灭杀，人工铲除感病植株和发生区杂草，同时进行土壤消毒灭菌，直至扑灭亚洲梨火疫病。

6. 调查和监测

亚洲梨火疫病发生区及周边地区的各级农业植物检疫机构要加强对本地区的调查和监测，做好监测结果记录，保存记录档案，定期汇总上报。其他地区要加强对来自亚洲梨火疫病发生区的植物及植物产品的检疫和监测，防止亚洲梨火疫病菌传入。

7. 宣传引导

各级宣传部门要积极引导媒体正确报道亚洲梨火疫病的发生及控制情况。有关新闻和消息应通过政府部门正常渠道获取，防止炒作，避免失实报道引起社会不安。在亚洲梨火疫病菌发生区，要利用适当的方式进行科普宣传，重点宣传防范知识、防控技术方法。当媒体上出现不实报道或社会上流传谣言时，应立即正面澄清，加强舆论引导，尽量减轻负面影响。

8. 应急保障

1）队伍保障

各级人民政府要组建由农业行政主管部门技术人员以及有关专家组成的亚洲梨火疫病的应急防控队伍，加强专业技术人员培训，提高应急防控队伍人员的专业素质和业务水平，成立防治专业队，为应急预案的启动提供高素质的应急队伍保障；要充分发动群众，实施群防群控。

2）物资保障

有关的地（市、州）各级人民政府要建立亚洲梨火疫病防控应急物资储备制度，确保物资供应，对亚洲梨火疫病危害严重的地区，应及时调拨救助物资，保障受灾农民的生活和生产稳定。

3）经费保障

在必要的情况下，有关地区的各级人民政府应安排专项资金，用于亚洲梨火疫病应急防控工作。应急响应启动时，当地农业行政主管部门会商有关部门提出经费使用计划，由同级财政部门核拨，财政、农业、审计等部门对专项资金的使用和管理情况进行严格的监督检查，确保专款专用。

4）技术保障

科技部门要大力支持亚洲梨火疫病防控技术研究，为持续有效控制亚洲梨火疫病提供技术支撑。在亚洲梨火疫病发生地，有关部门要组织本地技术骨干力量，加强对亚洲梨火疫病防控工作的技术指导。

9. 应急状态解除

通过采取全面、有效的防控措施，达到防控效果后，地（市、州）农业行政主管部门向省农业行政主管部门提出申请，经省农业行政主管部门组织专家评估论证，防治效果达到标准的，由省级防控领导小组报请省级人民政府批准，可解除应急状态。

经过连续2～3个生长季节的监测仍未发现亚洲梨火疫病，经省农业行政主管部门组织专家论证，确认扑灭亚洲梨火疫病后，经亚洲梨火疫病发生区农业行政主管部门逐级向省农业行政主管部门报告，由省农业行政主管部门报省人民政府批准解除亚洲梨火疫病发生区，同时将有关情况通报农业部和出入境检验检疫部门。

10. 附则

地（市、州）各级人民政府根据本预案制定本地区亚洲梨火疫病菌防控应急预案。

本预案自发布之日起实施。

本预案由省级农业行政主管部门负责解释。

（刘凤权　胡白石　刘倩倩）

玉米霜霉病应急防控技术指南

一、玉米霜霉病菌

玉米霜霉病是热带和亚热带地区玉米作物的毁灭性病害，据国内外相关文献报道，引起玉米霜霉病的病菌种类比较复杂，其中指梗霜霉属的种类（*Peronosclerospora* spp.）是我国农业部 1992 年颁布的《中华人民共和国进境植物检疫危险性病虫杂草名录》和 1995 年发布的"全国农业植物检疫对象名单"中的"一类"检疫性病原真菌，该属有 5 种玉米霜霉病菌；而在农业部 2007 年发布的《中华人民共和国进境植物检疫性有害生物名录》中除了列入指梗霜霉属外，还将美国发现的玉米褐条霜霉病菌（*Sclerophthora rayssiae* var. *zeae*）列为进境检疫性有害生物，因此，引起玉米霜霉病的检疫性外来入侵生物实际上共有 5 个种，即高粱指霜霉（*P. sorghi*）、甘蔗指霜霉（*P. sacchi*）、菲律宾指霜霉（*P. philippinesis*）、玉蜀黍指霜霉（*P. maydis*）和褐条指疫霉玉米专化型（*S. rayssiae* var. *zeae*），它们都是对我国玉米和高粱等作物构成巨大威胁的重要外来入侵生物，其中有的种类在我国局部地区已有发生和危害的记载。另外还有 2 个种：大孢指疫霉（*S. macrospora*）玉米专化型在我国的发生分布已较普遍，未被列入国家进境检疫对象，但其危害性很严重，是许多省市的地方检疫对象和重要外来入侵微生物；禾生指梗霜霉（*Sclerospora graminicola*）的危害性也非常大，但是在我国尚无记载，亦未被列入检疫对象。

1. 病菌的种类及其起源、分布和危害

1）高粱指霜霉（图 1-A）

（1）学名：*Peronosclerospora sorghi*（Weston et Uppal）Shaw

（2）异名：*Sclerospora sorghi* Weston et Uppal

        Sclerospora graminicola var. *endropogonis sorghi* Kulk

        Sclerospora endropogonis sorghi（Kulk.）Mundkur

        Sclerospora sorghi var. *vulgaris*（Kulk.）Mundkur

（3）英文名：该病菌常可导致玉米霜霉病和高粱霜霉病，英文名称分别为 downy mildew of corn（maize）和 downy mildew of sorghum。

（4）起源和分布：高粱指霜霉最早于 1907 年在印度被发现。

国外分布：目前已记载和报道高粱指霜霉分布和发生危害的国家有巴基斯坦、孟加拉国、印度、尼泊尔、缅甸、日本、泰国、菲律宾、以色列、埃及、伊朗、意大利、俄罗斯、澳大利亚、也门、加纳、埃塞俄比亚、博茨瓦纳、马拉维、扎伊尔、肯尼亚、坦桑尼亚、赞比亚、乌干达、津巴布韦、尼日利亚、索马里、危地马拉、萨尔瓦多、苏丹、

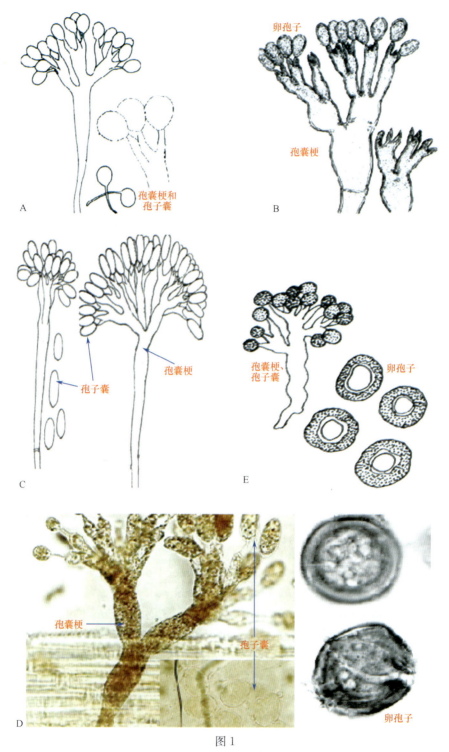

图 1

A. 高粱指霜霉（*P. Sorghi*）；B. 甘蔗指霜霉（*P. sacchari*）；C. 菲律宾指霜霉
（*P. philippinesis*）；D. 玉蜀黍指霜霉（*P. maydis*）；E. 禾生指梗霜霉（*Sclerospora graminicola*）

南非、洪都拉斯、巴拿马、委内瑞拉、玻利维亚、阿根廷、墨西哥、巴西、秘鲁、乌拉圭和美国（16个州）。

国内分布：仅于1939年在河南内乡和1983年在河南宜阳有记载。

（5）危害：高粱指霜霉主要寄主植物是玉米、高粱和谷子，还有一些禾本科植物。1907年Butler报道印度南部发生玉米霜霉病流行，导致作物减产30％～70％；美国1961年在其本国首次发现，以后数年间高粱指霜霉在高粱上造成了巨大的产量损失，仅1969年在得克萨斯州造成的损失就达到250万美元；委内瑞拉1975～1976年在玉米上爆发霜霉病，导致30％以上的玉米作物毁产绝收；以色列因该病害连年流行而不能再种植杂交高粱，甜玉米作物发病非常普遍而严重，发病率达50％；泰国1974年发病面积约10万hm²，减产10％以上，甚至导致大面积绝产。

2）甘蔗指霜霉（图1-B）

（1）学名：*Peronosclerospora sacchari*（T. Miyake）Shirai et Hara

（2）异名：*Sclerospora sacchari* T. Miyake

（3）英文名：该病菌可以导致玉米霜霉病和甘蔗霜霉病，英文名称分别为downy mildew of corn（maize）和downy mildew of sugarcane。

（4）起源与分布：甘蔗指霜霉最早于1909年在我国台湾省从澳大利亚引进的甘蔗田块中被观察到其为害。

国外分布：目前主要分布于日本、菲律宾、泰国、越南、印度尼西亚、印度、尼泊尔、澳大利亚、斐济和巴布新几内亚等国家。

国内分布：我国台湾、四川和江西省曾记载发生在甘蔗和玉米作物上，但未进一步证实和详细报道。

（5）危害：甘蔗指霜霉主要发生在玉米、甘蔗及一些禾本科植物上，造成玉米和甘蔗等作物受害。1954年玉米霜霉病在我国台湾爆发流行，60％以上的杂交玉米严重感病，发病率达90％以上；印度塔瑞地区的杂交玉米也曾发生霜霉病爆发流行病，导致其产量严重受损。

3）菲律宾指霜霉（图1-C）

（1）学名：*Peronosclerospora philippinesis*（Weston）Shaw

（2）异名：*Sclerospora indica* Butler

Sclerospora philippinesis Weston

（3）英文名：该病菌引起的玉米霜霉病英文名为Philippine downy mildew of corn（maize）。

（4）起源与分布：菲律宾指霜霉最早于1912年由Butler在印度首次发现记载。

国外分布：菲律宾、印度尼西亚、泰国、印度、尼泊尔、巴基斯坦、南非、毛里求斯、美国及欧洲的部分国家先后有报道发生的为害。

国内分布：我国曾于1958年在广西龙津和1978年在云南开远先后有过记载。

（5）危害：菲律宾指霜霉主要为害玉米、高粱和甘蔗，在其他一些禾本科植物上也可寄生致病。1970年印度一些地区玉米发病率达80%以上，导致减产40%～60%。在菲律宾为害较严重，1974～1975年全国玉米因霜霉病为害减产达8%，个别地区损失40%～60%甚至毁产绝收，经济损失估计达到2300万美元。

4）玉蜀黍指霜霉（玉米指霜霉）（图1-D）

（1）学名：*Peronosclerospora maydis*（Ricib.）Shaw
（2）异名：*Sclerospora maydis*（Ricib.）Butler
　　　　Sclerospora javanica Palm
　　　　Peronospora maydis Ricib

（3）英文名：该病菌引起的玉米霜霉病英文名为downy mildew of corn（maize），由于最早在印度尼西亚的爪哇记载此病，所以也被称为爪哇霜霉病Java downy mildew of corn。

（4）起源与分布：玉蜀黍指霜霉1987年在印度尼西亚的爪哇由Riciborski发现。

国外分布：印度尼西亚、印度、澳大利亚、刚果（布）、刚果（金）、俄罗斯等。

国内分布：我国主要分布在广西的百色、田阳和云南的文山、曲靖、屏边、个旧和蒙自等地。

（5）危害：玉蜀黍指霜霉为害玉米和高粱，还寄生于少数其他禾本科植物。在爪哇记录到的发病率曾达20%～30%，损失率达40%；国内20世纪五六十年代在云南玉米作物上发生和为害严重，但以后由于种植抗病品种和使用一些有效的农业栽培措施，此病逐渐减轻，但个别年份仍有记录到严重发病情况。

5）褐条指疫霉玉米专化型

（1）学名：*Sclerophthora rayssiae* var. *zeae* Payake et Naras
（2）异名：无。

（3）英文名：该病菌引起的病害被称为玉米褐条霜霉病，英文名为brown stripe downy mildew of corn（maize）。

（4）起源与分布：褐条指疫霉玉米专化型最初发现于印度。

国外分布：在美国、印度、南亚和东南亚诸国均有发现。

国内分布：我国尚无发生为害的报道，但是西南和南方各省是发生分布的高危险区。

（5）危害：褐条指疫霉玉米专化型主要危害玉米，在印度造成的作物损失达20%～70%。有人估计，如果美国发生同样程度的损失率，则经济损失将达到46亿～161亿美元。

6）大孢指疫霉玉米专化型

（1）学名：*Sclerophthora macrospora*（Sacc.）Thirum.，Shaw et Naras var. *maydis*
（2）异名：*Nozemia macrospore*
　　　　Phytophthora macrospore
　　　　Phytophthora oryzae

Sclerospora kriegeriana

Sclerospora macrospore

Sclerospora oryzae

（3）英文名：该病菌导致的病害被称为疯顶霜霉病，英文名为 crazy top downy mildew。

（4）起源与分布：大孢指疫霉玉米专化型最初在美洲国家发现。

国外分布：主要分布于美国（12 个州）、加拿大、墨西哥，南美洲、东欧和南欧、非洲和亚洲许多国家。

国内分布：在我国大孢指疫霉玉米专化型分布比较广，已有 12 个省市记载发生疯顶霜霉病，最初为害水稻和小麦，分别引起水稻霜霉病和小麦霜霉病，1974 年报道为害玉米，目前已在江苏东台、四川成都、云南文山、湖北长阳、山东（泰安、莱芜、肥城）、辽宁瓦房店、河北涿鹿、甘肃安西、新疆（和田、泽普、莎车）、宁夏 10 地市（银川、惠农、罗平、陶乐、贺兰、永宁、吴忠、青铜峡、中宁、中卫）、重庆和台湾分布。

（5）危害：大孢指疫霉玉米专化型可以危害玉米、小麦、水稻、高粱和草坪草，分别引起这些作物的疯顶霜霉病，造成作物损失，危害严重时可导致作物颗粒无收；同时也可寄生其他禾本科植物。

7）禾生指梗霜霉（图 1-E）

（1）学名：*Sclerospora graminicola*（Sacc.）Schroet。

（2）异名：Manivasakam 等（1986）和 Mangath（1986）曾将其鉴定为大孢指疫霉（*Scleropthora macrospore*）。

（3）英文名：该病菌所导致的病害症状特点被称为玉米"绿穗"霜霉病，其英文名为 green ear downy mildew of corn（maize）。

（4）起源与分布：禾生指梗霜霉可能最先在非洲被发现。

国外分布：目前主要分布于非洲的乍得、埃及、冈比亚、马拉维、莫桑比克、尼日尔、尼日利亚、津巴布韦、塞内加尔、南非、马里、科特迪瓦、苏丹、肯尼亚、乌干达、坦桑尼亚、加纳、多哥和赞比亚，亚洲的印度、巴基斯坦和以色列；在美国有人报道在一种珍珠米上有发生，但其仍然还是美国的一个检疫对象。

国内分布：尚无报道。

（5）危害：禾生指梗霜霉主要侵染狗尾草属（*Setaria*）植物、高粱、玉米、珍珠米和黍米（*Panicum miliaceum*），能侵染野稗（*Echinochloa crusgalli*）、御草（*Pennisetum leonis*）、皱叶狗尾草（*P. spicatum*）、粟（*Setaria italica*）、金色狗尾草（*S. lutescens*）、倒刺狗尾草（*S. verticillata*）、狗尾草（*S. viridis*）、大狗尾草（*S. magna*）和墨西哥玉米（*Euchlaena mexicana*）、小糠草（*Asrostisalba*）等禾本科杂草，不同植物上的病菌一般不能交互侵染，即具有种专化性。

2. 病原菌形态及所致病害症状

玉米霜霉病的症状与一般作物霜霉病症状相近，植物幼苗期和成株期均可感病。幼苗受侵染后，全株呈淡绿色，逐渐变黄枯死；成株受侵染后，多自中部叶片的基部开始发病，逐渐向上蔓延，初为淡绿色长病斑，以后互相融合，使叶片的下半部或全部变为淡绿色至淡黄色，以至枯死，叶鞘与苞叶发病，其症状与叶片相似。重病植株矮小，偶尔抽雄，一般不结苞，可提早枯死；轻病株能抽雄结苞，但籽粒不饱满。在较潮湿条件下，病叶的褪绿病斑上长出霜霉状物。但病害症状因病菌种类而有较大的变化。

如前所述，引起玉米霜霉病的病原菌有指霜霉属（*Peronosclerospora*）、指疫霉属（*Sclerophthora*）和指梗霜霉属（*Sclerospora*），在新的生物分类系统中，它们属于卵菌门（Oomycota）卵菌纲（Oomycetes）霜霉目（Peronosporales）霜霉科（Peronosporaceae）。

（1）高粱指霜霉（图版40A，B，C，D，E，F）。孢囊梗单生或丛生，无色透明，大小（134.0～155.1）μm×（16.3～26.8）μm，平均144.5μm×21.5μm。基部细胞不膨大，上端分枝粗短，二叉分枝3～5次，分枝短而粗，排列不规则，分枝顶端的小梗锥形，长6.7～21.1μm，顶生一个孢子囊。孢子囊卵圆形或球形，无柄、无外突，大小为（15～26.9）μm×（15～28.9）μm。卵孢子球形，具淡黄色外壁，大小25～42.9μm（平均36μm）。

高粱指霜霉的卵孢子或孢子囊侵入幼株生长点之后，随着叶片的展开和生长而表现不同的症状。起初，那些表现正常的少数叶片只有局部感染，其较低部位呈淡绿色或黄色。如果夜间是多湿天气，则在感病部位的表面产生大量的白霜。随后，全部被侵染植株的叶片表现出更多的症状，直到全部叶片褪绿、变色，并产生孢子囊，叶片组织变成白色，有时表现出条斑和条纹。这些白色的叶组织不能再繁殖孢子囊，而变成带有厚垣状的卵孢子，线状排列在叶脉之间。当感病的变色叶片成熟时，叶片则坏死，叶脉间的叶组织被分解，放出卵孢子，剩下的维管束松散相连，表现出典型的破碎叶症状。霜霉可产于正、背叶面。在玉米上较少产生卵孢子，而高粱叶片上则大量生成卵孢子而使叶片破裂。

（2）甘蔗指霜霉（图版40G）。孢囊梗无色透明，长190～280μm，基部细，宽度为10～15μm，往上渐粗，为基部的2～3倍，顶端2或3次二叉分枝。孢子囊椭圆形或长卵形，大小（25～41）μm×（15～23）μm。藏卵器栗棕色，大小（49～59）μm×（55～73）μm。卵孢子球形，黄色，40～50μm，壁厚3.8～5.0μm。

甘蔗指霜霉侵染时期不同导致的症状有所差异。当病害发生后，幼株可能死亡或发育迟缓、褪色，后期的影响是导致灰绿至黄色的纵条纹，在叶子展开后会变长，条纹会变成褪绿的斑点，接着坏死，叶脉上产生孢子。以后的影响导致茎秆不正常肿大，茎变脆弱，节增多，未展开叶变小变短，可以观察到由于叶组织分解导致的碎片。

在玉米早期生长阶段病原菌侵染会延缓发育甚至死亡，局部的损坏会导致系统性侵染。侵染2～4天后，最初的症状是叶片上出现小而圆形的坏死斑，系统性症状是位于第3～6老叶基部的黄灰至白的条纹或条斑，每片叶上的条纹愈合并沿叶纵脉延伸，有些品种的叶上或老叶上的条斑狭窄且连续；成株期感病或轻度感病的植物上到植物成熟时症状可能消失。白色绒状或粉团状的孢囊孢子在叶鞘、叶表面和苞皮上产生，这些绒状的生长物在晚间适温（25℃）下形成，尤其有露水时植物可能生成大量不正常的缨状物，叶耳增长，也会导致不育。

在甘蔗上的病症会有所不同，取决于发生的时间。当病原菌定殖以后，幼小的植株会死去或者变得矮小，感染后引起叶子纵向的褪绿斑纹，并慢慢地扩大，病斑变色之后坏死，卵孢子生存于纹路之间，再后来，病斑会在茎上延长，茎变得脆弱，缺少叶片，引起整个叶片组织瓦解。

（3）菲律宾指霜霉（图版 40H，I）。孢囊梗无色透明，长 150～400μm，基部具有细圆稍弯曲的足细胞，分支较粗壮，端部呈二叉状分枝，小梗圆锥形，端尖圆。孢子囊卵圆形至长椭圆形，大小为（14～35）μm×（11～23）μm。卵孢子未被发现或少见。

菲律宾指霜霉带菌种子播种后，第一真叶完全失绿或产生褪绿条斑，植株矮化，可能死亡，在 4～5 叶期至成株期，发病叶片出现褪绿的宽长条斑，雄穗畸形，花粉少，雌穗可能局部或全部不育，病部背面生白色霜霉层，即病菌的孢囊梗和孢子囊。

（4）玉蜀黍指霜霉（图版 40K）。菌丝有两种类型，一种直而少分枝；另一种具裂片，不规则分枝而成簇，菌丝有不同形状的吸器。孢子囊梗无色，基部细，有 1 隔膜，上部肥大，双分叉 2～4 次，末次小梗近于三分叉状，整体呈圆锥形，梗长 150～550μm，小梗近圆锥形弯曲，顶生 1 个孢子囊，孢子囊无色，长椭圆形至近球形，大小为（27～39）μm×（17～23）μm。未发现卵孢子。

玉蜀黍指霜霉侵染幼苗后，全株呈淡绿色，逐渐变黄枯死。成株感病后多自中部叶片的基部开始发病，逐渐向上蔓延，初为淡绿色长条纹，后即互相融合，使叶片的下半部分或全部变为淡绿色至淡黄色，以致枯死。叶鞘与苞叶发病，其症状与叶片相似，病株矮小，偶尔抽雄，一般不结苞，提早枯死。轻病株能抽雄结苞，但籽粒不饱满。在潮湿条件下，病叶背面的褪绿条斑上长出霜霉状物。

（5）褐条指疫霉玉米专化型（图版 40J，N，Q，R）。孢囊梗从气孔生出，单生或几根丛生，一般较短，孢子囊柠檬形或卵圆形，薄壁，无色透明，基部坚韧，楔形，顶部具有孔乳突，大小（19～28）μm×（29～55）μm；20℃下时孢子囊萌发产生 7.5～11μm 的肾形游动孢子，偶尔也可萌发直接产生芽管。在寄主叶肉组织内可形成大量单生或成团的藏卵器，其圆形，壁厚薄不均，直径 44～61.1μm；雄器侧生，紧贴藏卵器上；卵孢子球形，表面光滑，壁中等厚薄，淡琥珀色或深褐色，直径 30～40μm。

褐条指疫霉只在叶片上引起局部侵染，不引起植株的系统侵染。发病初期叶片上初现小而窄的、3～7mm 褪色或淡黄色条纹，以后变成淡红色或褐色，条纹受叶脉限制，后期病斑可联合成片。植株下部叶片感病，轻病叶片不会萎缩，但重病植株叶片可以提前萎缩。植株在花期前感病后雌穗发育受到影响，不能正常结实，并且可提前死亡。

（6）大孢指疫霉玉米专化型（图版 40L，M，N，P）。菌丝在寄主细胞间生长，孢囊梗和孢子囊未被发现；藏卵器近球形，褐色，壁厚薄不均，（65～95）μm×（63.8～77.5）μm（平均73μm×70μm）。雄器 1～4 个侧生，淡黄色，（4.5～75）μm×（7.5～10）μm（平均56.3μm×70μm），卵孢子球形，表面光滑，黄褐色，直径 51.3～75μm。

大孢指疫霉引起系统侵染，导致疯顶症状，病株分裂增多，产生许多不育侧枝，节间缩短，病叶不同程度变窄、粗糙、扭曲、黄白色或淡绿色；雄花部分或全部层生，畸形，变成披针形小叶，呈刺猬状；果穗也畸形，变成簇叶状，或不结实。

　　（7）禾生指梗霜霉（图版40S，T）。孢囊梗短粗，无色透明，单独或成簇从叶背面气孔长出，棍棒状，不分隔，长短不均。其顶部较宽（10～24μm），分枝长短不一，其中一个分枝通常是主干的延长，有或无二次分枝，形成1～6个短小梗（常6μm）。孢子囊壁薄，无色透明，近圆形或椭圆形，中部最宽，顶端具有孔乳突，（14～37）μm×（12～25）μm。孢子囊能产生4～8个肾形游动孢子（9.2～12μm）。卵孢子形成于叶脉间的叶肉组织中，球形，表面光滑，直径19～45μm，厚壁（1.9～2.9μm），壁淡褐色至淡红褐色，壁厚薄较均匀，无突出、凹陷或瘤状物。卵孢子萌发一般直接形成芽管。

　　禾生指梗霉引起系统侵染，植株从下部叶片开始发病，以后向上部叶片扩展；发病叶片组织出现褪绿斑，下部叶片背面出现霜状物，即病菌无性时期的孢囊梗和孢子囊。重病植株可严重矮化，不能正常抽雄和结实。病株的花穗变形，由小穗转变为叶状结构，构成"绿穗"（green ear）症状，如谷子白发病。

3. 生物学及所致病害流行特性

1）玉蜀黍指霜霉

　　夜间植株表面结露，气温低于24℃，在病叶上形成孢子囊。孢子囊萌发需要游离水，玉米叶的吐水促进其萌发。在培养皿内饱和湿度中10h失去侵染力，在嫩玉米叶上饱和湿度中20h也不完全失活。在孢子形成的同一夜晚发生侵染，病菌经气孔侵入叶片。

　　在印度尼西亚，病菌在活玉米植株中，由旱季至雨季周年存活。爪哇大部分玉米种在旱田，早雨季是玉米主要生长季节，病原菌来自灌溉田中的旱季玉米，距灌溉田越近，雨季玉米发病率越高。在澳大利亚昆士兰多年生羽高粱为野生寄主，干旱季节地上部枯死，病菌在分蘖基部存活，孢子囊气传不断再侵染。病株种子中含有菌丝，若潮湿种子长出自生苗可能成为侵染源，但种子干燥后不传病。高湿多露、排水不良、土壤黏重、氮肥过量有利于发病。

　　玉蜀黍霜霉为专性寄生菌，其菌丝体不耐干燥，在常规干燥储存的种子中失去活力，一般玉米种子不传播病菌。但菌丝可在甘蔗的无性繁殖材料中保持活力，甘蔗插条可传播病害。孢子囊由于对阳光与干燥敏感，只能在生长季进行田间侵染。而卵孢子抗逆性强，可随高粱种子（尤其是带颖壳者）进行远距离传播，这可能是高粱霜霉菌分布广泛的原因。

2）高粱指霜霉

　　孢子囊形成温度17～29℃，最适24～26℃。孢子发芽需要饱和湿度，发芽适温15～25℃。土壤中的卵孢子及来自病叶的孢子囊都能引起初侵染，某些地区带病的多年生高粱属杂草也是早春玉米、高粱的侵染来源。产生的孢子囊经传播后不断发生再侵染。卵孢子可在土壤中存活1～3年。根据形态和寄主等可分为三种类型。

　　（1）玉米1型：发生在泰国，病菌侵染玉米，很少侵染高粱，不侵染黄茅（*Heteropogon contortus*）。不产生卵孢子，不能随种子远距离传播。

　　（2）玉米2型：发生在印度北部，侵染玉米、黄茅，不侵染高粱。病菌只在黄茅上产生卵孢子，玉米种子不能远距离传播。

（3）高粱型：发生在亚洲、非洲、美洲许多国家。除了为害玉米、高粱外，还侵染牧草和许多多年生杂草，这些寄主均可提供初侵染源。产生孢子囊的最适温度一般为20～24℃，但不同地区的病菌孢子囊萌发适温差异较大，美国得克萨斯州的病菌孢子囊为10～19℃，而印度南部的为21～25℃。

高粱种皮和颖壳中有卵孢子，但病菌在玉米上很少产生卵孢子，玉米种子一般不能远距离传播，因此病菌主要随带颖壳的高粱种子远距离传播。菌丝体可潜伏在种子内部，由菌丝体传播病害是病菌传播的另一种方式。一般来说，种子和残渣上的卵孢子传播源是病原菌扩散的主要方式。

3）菲律宾指霜霉

以病株残体内和落入土中的卵孢子、种子内潜伏的菌丝体及杂草寄主上的游动孢子囊越冬。卵孢子经过两个生长季仍具致病力，在干燥条件下能保持发芽力长达14年之久，随玉米材料包装物传入无病区引起发病。带病种子是远距离传播的主要载体。病原菌常以游动孢子囊萌发形成的芽管或以菌丝从气孔侵入玉米叶片，在叶肉细胞间扩展，经过叶鞘进入茎秆，在茎端寄生，再发展到嫩叶上。生长季病株上产生的游动孢子囊，借气流和雨水反溅进行再侵染。高湿，特别是降雨和结露是影响发病的决定性因素。相对湿度85％以上，夜间结露或有降雨有利于游动孢子囊的形成、萌发和侵染。游动孢子囊的形成和萌发对温度的要求不严格。玉米种植密度过大，通风透光不良，株间湿度高发病重。重茬连作，造成病菌积累发病重。发病与品种也有一定关系，通常马齿种比硬粒种抗病。

病原菌在甘蔗上越冬，为玉米提供初侵染来源，玉米在出苗1个月内最感病。在台湾田间平均气温为12～28℃时，在甘蔗上能形成孢子囊并萌发侵染玉米，受侵染的玉米在适宜条件下，2周后便可产生第一批孢子囊，成为玉米和甘蔗的再侵染源。甘蔗插条可传播病菌，是病害远距离传播的重要方式。

4）甘蔗指霜霉

孢子囊是从感病的甘蔗植株附近（800m）的玉米地里释放过来的，这证明了最初的接种体来源于玉米的接种体。把孢子囊放置在大棚内持续7h，在开始5～6h后甘蔗叶子被暴露在较高的湿度中，大约10h后菌体恢复能力释放孢子囊，在田间许多孢子在130～300h时脱落，大量出现在幼嫩的叶子上和红色透明的组织上，在下雨天几乎没有孢子形成，孢子形成的最佳湿度是22％～26％。孢子囊在琼脂上培养10min后开始发芽，萌发发生的湿度是8％～32％。在具有免疫品种叶片上所有的孢子囊在60～80min内萌发沉积。被侵染的玉米植株能在2周内产生孢囊孢子。在黑暗条件（100～430h）下孢囊孢子大量产生。孢子形成对湿度的要求不太严格，孢子萌发在晚上相对湿度在86％或者更高的条件下。在露天房间里实验，病菌在相对湿度15％～30％在玉米上形成大量的孢子；湿度在15％～30％是孢子萌发的最佳湿度。

病菌主要以菌丝体在甘蔗上越冬，为玉米提供初侵染来源，玉米在出苗1个月内最易感病。在台湾田间平均气温为 12～28℃时，在甘蔗上能形成孢子囊并萌发侵染玉米，受侵染的玉米在适宜条件下，2 周后便可产生第一批孢子囊，成为玉米和甘蔗的再侵染源。甘蔗插条可传播病菌，是病害远距离传播的重要方式。

5）褐条指疫霉

病菌的寄主范围较窄，也不引起系统侵染。其以卵孢子在种子、土壤和植物残体中越冬，是次年的初始侵染源，种子中的菌丝也能传病。种子含水量低于 14％时，其上的卵孢子只能存活一个多月，但在干叶片组织中可存活 4 年之久。土壤温度在 28～32℃时有利于病菌侵染和发病。卵孢子萌发产生孢囊梗和孢子囊，其可以借风和雨水飞溅或植株接触在植株间传播引起再次侵染。

6）大孢指疫霉

病菌的寄主范围非常广泛，可寄生 100 多种禾本科植物，其中侵染玉米、水稻和小麦的大孢指疫霉为不同的专化型，形态上略有差异，不能交互侵染致病。

病菌以菌丝和厚壁卵孢子在感病植株活体和病残体中越冬，是病害的初次侵染来源。在春末至秋季，病菌在潮湿条件下产生孢囊梗，从叶片正反面的气孔生出，末端着生孢子囊；孢子囊只有在叶片有水膜存在的条件下才能存活，在干燥条件下则很快失活，看起来似白色污染粉尘。在植物叶面湿润条件下，孢子囊萌发释放出大量游动孢子，其在水中活跃地游动。

游动孢子依附于寄主表面，特别是在健康植株的侵染生长点组织上。幼嫩组织非常感病，而老熟叶片则比较抗病。病叶组织中产生大量的卵孢子（用显微镜可直接观察到），其在潮湿情况下萌发形成孢囊梗和孢子囊而继续侵染循环。

卵孢子在较干燥的土壤中可以存活几个月或更长时间，在遇到合适条件萌发之前至少需要经过 8 周休眠时间。孢子囊和卵孢子均可借助于溅水或流水传播，也可通过农机具或农事活动传播。凡是有利于寄主植物生长的条件也有利于病菌的繁殖和侵染。

7）禾生指梗霜霉

与其他霜霉相近，这种病菌均有较复杂的生活史。无性时期孢子囊形成的最适温度是 20℃，一般产生于温暖高湿的夜晚，相对湿度低于 70％不能形成孢子囊；孢子囊萌发释放出 1～12 个游动孢子，游动孢子萌发形成芽管。游动孢子在黎明后的白天存活期很短。在田间，无性孢子可借助于风和雨水飞溅在植株间传播，在植株内也可在细胞间隙扩展。

有性时期的卵孢子壁厚，可在实验室条件下存活 8 个月至 13 年，在土壤自然条件下可存活多个季节。卵孢子的自然变异性较大，同一卵孢子产生的后代卵孢子可形成不同的致病型（pathotype），杀菌剂的使用也可能很容易导致病菌的抗药性变异。同一作物连作很容易使病菌卵孢子大量累积而引起病害流行。卵孢子可随气流或依附于种子表面作远距离传播。

综上所述，寄主作物收获后玉米霜霉病菌主要是以卵孢子或菌丝在病植物残体、种子、土壤和禾本科杂草上越冬，本地田间借助于风和溅水传播扩散，病菌主要依靠人为携带带菌种子及作物产品而远程传播（图2）。有利于各种病菌侵染和玉米霜霉病发生流行的主要条件包括：①种子带菌率高，或因长期单一栽培玉米等寄主植物使土壤中病菌累积，或将发病植株丢弃在田间土壤中腐烂；②土壤中温度较冷凉，相对湿度85%以上，夜间结露，特别是土壤潮湿或渍水；③作物田间或附近周围禾本科杂草滋生；④作物种植密度过大，或偏施氮肥使得植株生长过旺而造成作物行间通风不畅或郁闭。

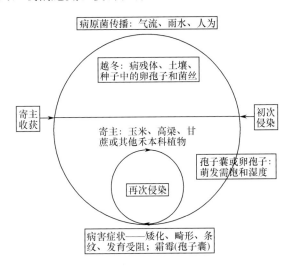

图2　玉米霜霉病的侵染循环

图版 40

图版说明

高粱指霜霉

　　A. 被侵染的玉米叶片，示叶背满布的白色疏松霜状霉层

　　B. 被侵染的玉米叶片，示叶正面出现的褪绿症状

　　C. 被系统侵染的植株，示枯死组织形成的条状病斑

　　D. 后期褐色病斑

　　E. 有厚垣状的卵孢子进入寄主维管组织呈线状排列

　　F. 卵孢子

甘蔗指霜霉

　　G. 在玉米叶片上形成的灰绿至黄色的纵条纹

菲律宾指霜霉

　　H. 被侵染的玉米植株

　　I. 玉米发病叶片上出现褪绿的宽长条斑

褐条指疫霉玉米专化型

　　J，N. 被侵染的玉米植株叶片出现褪色或淡黄色条纹，以后变成淡红色或褐色

　　Q. 孢子囊

　　R. 卵孢子

玉蜀黍指霜霉

　　K. 被侵染的玉米植株叶片

大孢指疫霉玉米专化型

　　L. 田间"疯顶"症状后期

　　M. "疯顶"症状前期，左下角图示卷曲叶片

　　O. 孢子囊

　　P. 卵孢子

禾生指梗霜霉

　　S. 侵染珍珠粟症状

　　T. 卵孢子

图片作者或来源

A，C. 引自 Isakeit T，Odvody G. Resurgence of Sorghum Downy Mildew on the Upper Coast of Texas：Preventing a Future Epidemic. Texas AgriLife Research and Extension Center at Corpus Christi. (http：//ccag. tamu. edu/Odvody/SDM. htm，最后访问日期 2009-12-3)

D. Frank White，Chris Little. Sorghum Translational Genomics Program（http：//coding. plant-path. ksu. edu/stgp/index. html. 图片地址：http：//coding. plantpath. ksu. edu/stgp/images/disease_07/ Sorghum_downy_mildew_local_lesions_1. jpg，最后访问日期 2009-12-3）

E. Dr. David Wysong（美国内布拉斯加州大学）. 引自 Christensen J. Sorghum Downy Mildew. Department of Pathology，University of Nebraska-Lincoln（http：//nu-distance. unl. edu/Homer/ di-sease/agron/sorghum/SrDwnMil. html 图片地址：http：//nu—distance. unl. edu/Homer/Images/ disea-ses/sorghum/ SrDwnMil4. gif，最后访问日期 2009-12-3）

F. 引自 Diaz GS de，Polanco CD. 1984. Hongos Parasiticos de Oosporas de Peronosclerospora sorghi Bajo Condiciones de Inundacion. Agronomía Tropical. 34（1-3）：87-94 图片地址：http：//sian. inia. gob. ve/repositorio/revistas_ci/Agronomia％20Tropical/at3413/imagen/343a0701. jpg，最后访问

日期 2009-12-3)

G，H，K. The CIMMYT Maize Program. 2004. Maize Diseases：A Guide for Field Identification. 4th edition（H、K 图片下载自 Paliwal RL，Violic AD，Marathée JP. EL MA？Z EN LOS TR？PI-COS：

Mejoramiento y producción. http：//www. fao. org/docrep/003/X7650S/x7650s00. htm♯toc，最后访问日期 2009-12-3)

I. Ullstrup A J.（照片作者）in：Shurtleff，M. C. 1983，Compendium of Corn Diseases，2nd ed. ，American Phytopathological Society，St. Paul，MN. USA. 引自 Recovery Plan for Philippine Downy Mildew and Brown Stripe Downy Mildew of Corn.（http：//www. ars. usda. gov/SP2User Files/Place/00000000/opmp/Corn％20Downy％20Mildew％2009-18-06. pdf,最后访问日期 2009 -12-3)

J. Leon C. de. 1999. Compendium of Corn Diseases，3rd ed. ，American Phytopathological Society，St. Paul，MN，USA. 引自 Standard Operating Procedure for Plant Diagnostic Laboratories，Brown Stripe Downy Mildew of Maize Sclerophthora rayssiae var. zeae. National Plant Diagnostic Network. USA

L. Diane Reaver（美国弗吉尼亚理工学院）. Forestry Images，UGA 5332042 Bugwood. org（http：//www. forestryimages. org/browse/ detail. cfm?imgnum＝ 5332042，最后访问日期 2009-12-3)

M. Paul Bachi（美国肯塔基大学研究教育中心）. Forestry Images，UGA 5368900 Bugwood. org（http：//www. forestryimages. org/browse/ detail. cfm?imgnum＝ 5368900，最后访问日期 2009-12-3)

N. NGRI（日本）. Illustrated Encyclopedia of Forage Crop Diseases（图片地址：http://ss. niai. affrc. go. jp/db/diseases/contents/IMG/img0015. jpg,最后访问日期 2009-12-3)

O. Tsukiboshi T（日本）. Illustrated Encyclopedia of Forage Crop Diseases（图片地址：http://ss. niai. affrc. go. jp/db/diseases/contents/IMG/img0063. jpg，最后访问日期 2009-12-3)

P. Tsukiboshi T（日本）. Illustrated Encyclopedia of Forage Crop Diseases（图片地址：http://ss. niai. affrc. go. jp/db/diseases/contents/IMG/img0064. jpg，最后访问日期 2009-12-3)

Q. NGRI（日本）. Illustrated Encyclopedia of Forage Crop Diseases（图片地址：http://ss. niai. affrc. go. jp/db/diseases/contents/IMG/img0016. jpg,最后访问日期 2009-12-3)

R. NGRI（日本）. Illustrated Encyclopedia of Forage Crop Diseases（图片地址：http://ss. niai. affrc. go. jp/db/diseases/contents/IMG/img0017. jpg,最后访问日期 2009-12-3)

S. SATrends 2007 issue 82（http：//www. icrisat. org/satrends/sep2007. htm,最后访问日期 2009-12-3)

T. Thakur RP. Pathogenic variability in Sclerospora graminicola，the pearl millet downy mildew pathogen（http：//test1. icrisat. org/gt-bt/ResearchBreifs/pvsgpmdmp. htm，最后访问日期 2009-12-3)

附录 A　几种玉米霜霉病菌的主要形态特征比较

病原菌(病害)名称	形态特征		
	孢囊梗/包囊孢子	分生孢子/孢子囊	卵孢子
高粱霜霉病 *Perono-sclerospora sorghi*	直立，二叉状分支，单一或成丛有气孔生出，长 180～300μm	卵圆形，(14.4～27.3)μm×(15～28.9)μm，生于小梗(长 13μm)上	球形，平均直径 36μm,色微黄或褐色
爪哇霜霉病 *P. maydis*	丛生孢囊梗，二至四次二叉状分枝，从气孔生出，长 150～550μm	球形或近球形，(17～23)μm×(27～39)μm	未报道

续表

病原菌（病害）名称	形态特征		
	孢囊梗/包囊孢子	分生孢子/孢子囊	卵孢子
菲律宾霜霉病 P. philippinensis	直立，二至四次二叉状分枝，从气孔生出，长150～400μm	近卵圆形至柱状，(17～21)μm×(27～38)μm，顶端约钝圆	少见，球形，直径25～27μm，壁光滑
甘蔗霜霉病 P. sacchari	直立，从气孔单一或成双生出长，160～170μm	椭圆形，(15～23)μm×(25～41)μm，顶端钝圆	球形，黄色，直径40～50μm
禾生霜霉病或绿穗霜霉病 Sclerospora graminicola	平均长268μm	椭圆形，(12～21)μm×(14～31)μm，生于短的小梗上，顶端具明显的乳突	球形，淡棕色，直径22～35μm
疯顶霜霉病 Sclerophthora macrospore	很短(平均14μm)	柠檬形，(30～65)μm×(60～100)μm，顶端有盖	圆球形淡黄色，直径45～75μm
褐条霜霉病 Scleropthora rayssiae var. zeae		卵形或椭圆形，(18～26)μm×(29～67)μm	球形，褐色，直径29～37μm

附录 B　几种玉米霜霉病菌的分布、交换寄主及在玉米上的损失比较

病菌（病害）名称	地理分布	寄主范围	产量损失
高粱霜霉病 Peronosclerospora sorghi	北美、南美、中美、亚洲、非洲、欧洲、大洋洲	栽培或野生高粱、假高粱、teosinthe、禾本科杂草（黍属、狼尾草属、须芒草属）	印度、以色列、墨西哥、尼日利亚、泰国和委内瑞拉等，得克萨斯曾发生严重爆发，在尼日利亚曾报道损失高达90%
爪哇霜霉病 P. maydis	印度尼西亚和澳大利亚	Teosinthe，禾本科杂草（狼尾草属、磨擦草属）	印度尼西亚严重为害，损失达40%
菲律宾霜霉病 P. philippinensis	菲律宾、中国、印度、印度尼西亚、尼泊尔、巴基斯坦、泰国	燕麦、teosinthe，栽培或野生甘蔗、高粱	菲律宾为害严重，产量损失15%～40%，最高达70%
甘蔗霜霉病 P. sacchari	澳大利亚、斐济、日本、尼泊尔、新几内亚、印度、菲律宾、泰国，中国台湾	甘蔗、teosinthe，高粱和禾本科杂草	在澳大利亚和亚洲为害很严重，产量损失30%～60%
禾生霜霉病或绿穗霜霉病 Sclerospora graminicola	美国和以色列	禾本科杂草、谷子	美国和以色列玉米上发生，发生和为害较轻微
疯顶霜霉病 Sclerophthora macrospore	美洲、欧洲、非洲部分和亚洲部分地区	燕麦、小麦、高粱、水稻、谷子、禾本科杂草	热带的局部地区偶尔造成严重的产量损失
褐条霜霉病 Sclerophthora rayssiae var. zeae	尼泊尔、印度、菲律宾、泰国	马塘草	在印度为害非常严重，记录到的产量损失超过60%

附录 C　几种霜霉病菌在玉米上的侵染特征比较

病菌(病害)名称	初染源	种子带菌	孢子囊萌发方法	孢子囊产生最适温度	孢子囊萌发最适温度
高粱霜霉病 *Peronosclerospora sorghi*	卵孢子和孢子囊	是	芽管	17～29℃	21～25℃
爪哇霜霉病 *P. maydis*	孢子囊	是	芽管	低于 24℃	低于 24℃
菲律宾霜霉病 *P. philippinensis*	孢子囊	是	芽管	21～26℃	19～20℃
甘蔗霜霉病 *P. sacchari*	孢子囊	是	芽管	20～25℃	20～25℃
禾生霜霉病或绿穗霜霉病 *Sclerospora graminicola*	卵孢子和孢子囊	否	游动孢子	17℃	17℃
疯顶霜霉病 *Sclerophthora macrospore*	卵孢子和孢子囊	否	游动孢子	24～28℃	12～16℃
褐条霜霉病 *Scleropthora rayssiae* var. *zeae*	卵孢子和孢子囊	是	游动孢子	22～25℃	20～22℃

二、玉米霜霉病（菌）检疫检验技术规范

1. 范围

　　本规范规定了玉米霜霉病及病菌的检疫检验及检疫处理操作办法。

　　本规范适用于实施玉米种子的产地检疫的检疫部门和所有繁育、生产玉米种子的各种植单位（农户）；适用于农业植物检疫部门对玉米、高粱、小麦、谷子等作物的籽粒、甘蔗插条及可能携带玉米霜霉菌的包装、交通工具等进行的检疫检验和检疫处理。

2. 产地检疫

　　（1）在原产地生产过程中对玉米、高粱、谷子、小麦、甘蔗及其产品（含种苗及其他繁殖材料）进行的检疫工作，包括田间调查、室内检验、签发证书及监督生产单位做好选地、选种和疫情处理等。

　　（2）检疫踏查主要进行田间症状观察，记录病害的发生和为害情况。

　　（3）室内检验主要检测玉米、高粱、小麦、甘蔗等植株、种子和土壤等是否带有病菌的菌丝、孢囊梗、孢子囊等菌体结构。

　　（4）经田间症状踏查和室内检验不带有病菌菌体的玉米、高粱、小麦、谷子和甘蔗等及其产品给予签发准予输出的许可证。

3. 调运检疫

　　（1）在货运交通集散地（机场、车站、码头）实施调运检疫检验。

　　（2）检查调运的玉米、高粱、小麦、甘蔗及其产品、包装和运载工具等是否带有玉

米霜霉病菌，特别注意检验种苗和运载工具上黏附的土壤带病菌休眠卵孢子情况。

（3）对受检玉米、高粱、小麦、甘蔗等的种子进行科学的有代表性的抽样，取 $1\sim2$ kg 种子（视货运量），带回室内做病菌检查。

（4）对检验发现带菌的种子予以检疫处理或拒绝入境；对于不带菌的货物签发许可证放行。

4. 检验及鉴定方法

国家标准局 2002 年发布了由李德福等起草制定的《玉米霜霉病菌的检疫检验方法》（SN1155—2002），为植物检疫检验的行业标准。该标准描述了 *P. sorghi*、*P. maydis*、*P. philippinesis* 和 *P. sacchari* 玉米霜霉病的四种指霜霉菌形态学检测鉴定及基于聚合酶链反应（PCR）的 *P. sorghi* 分子鉴定技术。对于禾条指疫霉、大孢指疫霉和禾生指梗霉则没有涉及。所以对玉米霜霉病菌一方面可以参照现行的标准实行检疫检验程序，另一方面对这一标准还需要做进一步的研究和完善。

1）保湿培养检验

将具有来自于疫区的或具有可疑症状的病叶标本或带菌种子置于培养皿中的吸水纸上，保湿培养 7 天左右，镜检观察诱导长出的菌丝或繁殖体。

2）洗涤检验

将玉米和高粱等的种子用清水洗涤，然后镜检洗涤液中是否带有霜霉病菌的卵孢子。

3）菌体染色检测

菌体染色检测技术是检测植物组织中真菌和卵菌病原菌的一种常用方法。由于玉米霜霉病病菌属于严格寄生菌，无法分离和培养，因此利用菌体染色法直接对玉米组织中的病菌进行检测是重要的鉴别技术之一。Muralidhara 采用锥蓝染色技术检测玉米中指梗霜霉的卵孢子和菌丝体。采用碘-氯化锌染色方法能够有效检测玉米组织中的大孢指疫霉菌丝体。近年，酸性品红、苯胺蓝、棉蓝、藏红等染色剂都被用于对玉米组织中大孢指疫霉菌丝体的检测。

通过对多种染色方法的比较，碘-氯化锌染色法可以在玉米组织（叶片、种子）中清晰地检测到大孢指疫霉的藏卵器、雄器和菌丝体。这种检测方法具有对卵菌细胞壁的特异染色能力，能够将属于卵菌的大孢指疫霉菌体染为橘红色，而其他真菌和植物组织却不着色。各种玉米霜霉病的发生一般具有地域特点，疯顶病、褐条霜霉病也能够产生特有的症状。因此，采用碘-氯化锌染色法可以有效地检测玉米组织中的藏卵器，鉴定其特征，确定其分类地位。但当病菌在玉米组织中仅以菌丝体的形态存在时，该染色法只能准确地判断病菌是否为卵菌，仍缺乏分类上种的鉴定能力。

4）种植生长检验

将被检种子或其他繁殖材料（如甘蔗插条）播种于灭菌土中，在适宜的条件下萌发生长 40 天左右，观察幼苗上是否产生霜霉病症状。

5. 检疫处理

在产地检疫中发现玉米霜霉病后，应根据实际情况，启动应急预案，立即进行应急治理。疫情确定后一周内应将疫情通报给植物和植物产品调运目的地的农业外来入侵生物管理部门和农业植物检疫部门，以加强目的地监测力度。

在调运检疫或复检中，发现玉米霜霉病菌的带菌种子后应及时就地销毁和做其他检疫技术处理。

三、玉米霜霉病调查监测技术规范

1. 范围

本规范规定了玉米霜霉病的田间调查和监测技术操作办法。

本规范适用于玉米霜霉病发生的疫区和尚未发生该病的非疫区。

2. 调查

1）访问调查

向当地居民询问有关玉米霜霉病发生地点、发生时间、为害情况，分析病害和病原菌传播扩散情况及其来源。每个社区或行政村询问调查 30 人以上。对询问过程发现的玉米霜霉病可疑存在地区，进一步做深入重点调查。

2）实地调查

（1）调查地域。

所有种植玉米、高粱、小麦、谷子和甘蔗等的地区，重点调查距离货运机场、车站和港口附近以及公路和铁路沿线的玉米等禾本科作物种植区。

（2）调查方法。

大面积踏勘：在玉米霜霉病的非疫区，于玉米生长季节的适宜发病期进行一定区域内的大面积踏勘，粗略地观察田间作物的病害症状发生情况。观察时注意是否有植株异常矮化、黄化、条纹及植株叶片上的霜状物。

系统调查：在玉米生长期间做定点、定期调查。调查设样点不少于 10 个，随机选取，每块样点面积不小于 4m²；用 GPS 仪测量样地的经度、纬度、海拔。记录玉米品种、种属来源、栽培管理制度或措施等。

观察有无玉米霜霉病发生。若发现病害，则需详细记录发生面积、病田率（％）、病株率（％）和严重度，另外还需要采集标本，带回室内做病原菌形态观察和其他检验。

（3）病害严重度和为害程度等级划分。

病级划分：如前所述，不同玉米霜霉引起的病害大致有叶片局部症状和整体植株系统性症状两类。叶片局部症状（如褐色条纹霜霉病）严重度可按照叶片病斑面积占叶片总面积的比率，用分级法表示，共分六级。

0级：无病斑；

1级：病斑面积占整个叶片面积的10%以下；

2级：病斑面积占整个叶片面积的11%～25%；

3级：病斑面积占整个叶片面积的26%～40%；

4级：病斑面积占整个叶片面积的41%～65%；

5级：病斑面积占整个叶片面积的65%以上；

整株系统性霜霉病的严重度则根据植株（叶片、茎、雄穗、雌穗）异常情况分为6级。

0级：植株生长正常；

1级：植株轻微矮化或畸形，占健株高度的80%以上；

2级：植株矮化或畸形较明显，占健株高度的60%～79%；

3级：植株矮化或畸形明显，占健株高度的40%～59%；

4级：植株严重矮化或畸形，占健株高度的20%～39%，少量植株死亡；

5级：植株严重矮化或畸形，占正常植株高度的20%以下，部分植株死亡。

病害发生为害程度分级：根据大面积调查记录的发生和为害情况将玉米霜霉病的发生为害程度分为6级。

0级：无病害发生；

1级：轻微发生，发病面积很小，只见零星的发病植株，病株率5%以下，病级一般在2级以下，造成减产<5%；

2级：中度发生，发病面积较大，发病植株非常分散，病株率6%～20%，病级一般在3级以下，造成减产5%～10%；

3级：较重发生，发病面积较大，发病植株较多，病株率21%～40%，少数植株病级达4级，个别植株死亡，造成减产11%～30%；

4级：严重发生，发病面积较大，发病植株较多，病株率41%～70%，较多植株病级达4级以上，部分植株死亡，造成减产31%～50%；

5级：极重发生，发病面积大，发病植株很多，病株率71%以上，很多植株病级达4级以上，多数植株死亡，造成减产>50%。

3. 监测

1）监测区的划定

发病点：发生玉米霜霉病的一个病田或数个相邻发病田块可确定为一个发病点。

发病区：玉米霜霉病发病点所在的行政村区域划定为发生区；发生点跨越多个行政村的，将所有跨越的行政村划为同一发生区。

监测区：发生区外围 5000m 的范围划定为监测区；在划定边界时若遇到水面宽度大于 5000m 的湖泊和水库，以湖泊或水库的内缘为界。

2）监测方法

根据玉米霜霉病的发生和传播扩散特点，在监测区内每个村庄、社区及公路和铁路沿线等地设置不少于 10 个固定监测点，每个监测点面积 10m²，悬挂明显监测位点牌，一般在玉米生长期间每月观察一次作物植株上的病情。

4. 样本采集与寄送

在调查中如发现可疑玉米霜霉病植株，一是要现场拍摄异常植株的田间照片（包括地上部和根部症状）；二是要采集具有典型症状的病株标本（包括地上部和根部症状的完整植株），将采集病株标本分别装入清洁的塑料标本袋内，标明采集时间、采集地点及采集人。送外来物种管理部门指定的专家进行鉴定。

5. 调查人员的要求

要求调查人员为经过培训的农业技术人员，掌握玉米霜霉病的为害症状、发生流行学规律、调查监测方法和手段等。

6. 结果处理

在非疫区：若大面积踏勘和系统调查中发现可疑玉米霜霉病株，应及时联系农业技术部门或科研院所，采集具有典型症状的标本，带回室内，按照前述病菌的检测和鉴定方法做病原菌检验观察。如果室内检测确定了玉米霜霉病菌，应进一步详细调查当地附近一定范围内的作物发病情况。同时及时向当地政府和上级主管部门汇报疫情，对发病区域实行严格封锁。

在疫区：用调查记录玉米霜霉病的发生范围、病株率和严重度等数据信息制定病害的综合防治策略，由此采用恰当的病害控制技术措施，有效地控制病害的为害，减轻作物损失。

四、玉米霜霉病应急控制技术规范

1. 范围

本规范规定了玉米霜霉病新发、爆发等生物入侵突发事件发生后的应急控制操作方法。

本规范适用于各级外来入侵生物管理机构和农业技术部门在生物入侵突发事件发生时的应急处置。

2. 应急控制技术

在玉米霜霉病的非疫区，无论是在交通航站检出带菌物品，还是在田间检测中发现病害发生，都需要及时地采取应急控制技术，以有效地扑灭病原菌或病害。

1）检出霜霉病菌的应急处理

对现场检查旅客携带的禾谷类产品，应全部收缴扣留并销毁。对检出带有霜霉病菌的货物和其他产品，应拒绝入境或将货物退回原地。对不能退回原地的物品要即时就地封存，然后视情况做应急处理。

（1）产品销毁处理。港口检出货物及包装材料可以直接沉入海底。机场、车站的检出货物及包装材料可以直接就地安全烧毁。

（2）产品加工处理。对不能现场销毁的谷物可利用物品，可以在国家检疫机构监督下，就近将谷物加工成大米或面粉等产品，其下脚料就地销毁或进一步加工成饲料。经过加工后不带活菌体的产品才允许投放市场销售使用。

（3）检疫隔离处理。如果是引进用作种苗的禾谷类物品，必须在检疫机关设立的植物检疫隔离中心或检疫机关认定的安全区域隔离种植，经生长期间观察，确定无病后才可允许释放出去。我国在上海、北京和大连等设立了一类植物检疫隔离种植中心或种植苗圃。

2）田间霜霉病的应急处理

在玉米霜霉病菌的非疫区监测发现农田或小范围霜霉病疫情后，应对病害发生的程度和范围做进一步详细的调查，并报告上级行政主管部门和技术部门，同时要及时采取措施封锁病田，严防病害扩散蔓延，然后做进一步处理。

（1）铲除病田作物并彻底销毁。

（2）铲除病田附近及周围禾谷类作物及各种杂草并销毁。

（3）使用高效甲霜灵（烯酰吗啉）等药剂对病田及周围做土壤处理，使用剂量为 $300\sim900g/hm^2$。也可每公顷使用甲霜灵 750g 兑水 1500L 进行叶面喷施。

经过应急处理后的农田及其周围田块，在 2～3 年内不能再种植玉米等寄主作物，而改种水田作物或非禾本科作物。

五、玉米霜霉病综合治理技术规范

1. 范围

本规范规定了控制玉米霜霉病的基本策略和综合技术措施。

本规范主要适用于玉米霜霉病已经常年发生的疫区应用。

2. 病害控制策略

对玉米霜霉病菌引起的霜霉病，需要依据病害的发生发展规律和流行条件，执行"预防为主，综合控制"的基本策略，结合当地病害发生情况协调地采用有效的病害控制技术措施，经济而安全地避免病害发生流行和减少造成明显的经济损失。

3. 病害的综合控制技术

1）植物检疫

划定玉米霜霉病的疫区和非疫区，严禁疫区的种薯向外调运，严防病菌扩散蔓延；在非疫区杜绝从疫区引种调种，严防病菌传入。

2）培育和应用优质抗病玉米品种

玉米霜霉病的最主要和有效的控制措施是选用抗病品种。在印度，已针对高粱指霜霉引起的霜霉病开展了人工接种条件下的不同熟期玉米杂交种和自交系的抗性鉴定，发现了一些对霜霉病免疫的材料。抗性材料遗传特征的研究表明，对不同的霜霉病，控制抗性的基因类型不同，多数为由数量性状位点（QTL）控制的多基因抗性类型，少数为单基因加多基因的抗性。东南亚地区已经选育出 17 个抗霜霉病玉米品种并在生产中应用。据我国云南观察，马齿型玉米较抗霜霉病，而硬粒型和甜玉米品种则较感病。我国台湾省培育出的"台南 8 号"杂交玉米高抗霜霉病。在实践中，要尽量采用无菌种子，在无病苗圃中培育健康苗后移栽，在可能的情况下应尽量使用抗病品种。

3）控制和减少病原菌的初次侵染来源

用物理方法挑选淘汰病粒和瘪粒；保持储藏期玉米种子的含水量在 13% 以下可使表面附着的霜霉菌卵孢子丧失活性；播种前用 40℃ 左右的温水浸种 24h 也可致死种子表面的卵孢子；玉米生长期内随时观察，发现霜霉病株立即拔除，带出田间销毁。

4）采用适当的栽培管理控病措施

采取轮作倒茬或与非禾本科作物间作、深耕灭茬。适期播种、合理密植、科学施肥、及时除草等栽培措施减轻为害。

5）合理使用化学杀菌剂防治病害

用 35% 甲霜灵拌种剂，按种子质量的 0.3% 拌种，或用 25% 甲霜灵可湿性粉剂，按种子质量的 0.4% 拌种，都有较好的防病作用。使用高效甲霜灵（$250\sim1000\mathrm{g/hm^2}$）等药剂做土壤处理可杀灭土壤中的病菌，有效降低初始接种体量。在印度田间于发病初期，用 25% 甲霜灵可湿性粉剂 1000 倍液喷雾防治也可获得较好防效。用高效甲霜灵（$225\sim750\mathrm{g/hm^2}$）叶面喷雾对霜霉病有很好的防治效果。

主要参考文献

陈敏，王晓鸣，赵震宇. 2006. 玉米霜霉病及其检测技术研究进展. 玉米科学，14（1）：141～144

戴明丽. 2002. 植物检疫病害——玉米霜霉病. 农业与技术，22（5）：55～57

黄丽丽，康振生. 2005. 玉米霜霉病见：万方浩，郑晓波，郭建英. 重要农林外来入侵物种的生物学与控制. 北京：科学出版社. 457～475

黄天明. 2007. 玉米霜霉病的侵染源与防治. 广西植保，20（4）：29，30

雷开荣，李新海，吴红. 2007. 玉米霜霉病的分子遗传学研究进展. 中国农学通报，23（9）：423～426

雷玉明. 2005. 制种田玉米霜霉病检验技术. 种子，24（6）：86，87

李大明，谢正元，沈积仁. 1993. 玉米霜霉病病原及发病规律研究. 甘肃农业科学，（1）：36

王圆，李德福. 2001. 高粱霜霉病. 植物检疫，15（2）：90～93

王圆，吴品珊，姚成林等. 1994. 广西云南玉米霜霉病病原菌订正. 真菌学报，13（1）：1～7

吴品珊. 1995. 指疫霉属及所引致的玉米霜霉病. 植物检疫，9（5）：285～288

肖明纲，王晓鸣. 2004. 玉米疯顶病在中国的发生现状与病害研究进展. 作物杂志，（5）：41～44

杨建国，王晓鸣，朱振东等. 2002. 玉米疯顶病种子传播研究. 植保技术与推广，22（6）：3～5

余永年. 1998. 中国真菌志——霜霉. 北京：科学出版社

张中义，沈言章，刘云龙等. 1988. 中国指霜霉属 Peronosclerospora 分类研究. 云南农业大学学报，3（1）：1～10

Adenle V O, Cardwell K F. 2000. Seed transmission of *Peronosclerospora sorghi*, causal agent of maize downy mildew in Nigeria. Plant Pathology，49：628～635

Biswanath D. 2005. Maize Doctor, Downy mildew (extended information) [EB/OL]. The Centro Internacional de Mejoramiento de Maiz y Trigo (International Maize and Wheat Improvement Center，CIMMYT). http://maizedoctor. cimmyt. org/index. php?id=233&option=com _ content&task=view. 2009-02-15

Bock C H, Jeger M J, Cardwell K F et al. 2000. Control of sorghum downy mildew of maize and sorghum in Africa. Tropic Sciences，40，47～57

Bonde M R, Peterson G L, Dowler W M et al. 1984. Isozyme analysis to differentiate species of *Peronosclerospora* causing downy mildews of maize. Phytopathology，74（11）：1278～1283

Boude M R. 1982. Epidemiology of downy mildew disease of maize, sorghum and pearl millet. Tropical Pest Management，28：220～223

Demoeden P H, Jackson N. 1980. Infection and mycelial colonization of gramineous hosts by *Sclerophthora macrospora*. Phytopathology，70（10）：1009～1013

Dey S K, Dhillon B S, Malhotra V V. 1986. Crazy top downy mildew of maize- a new record in Punjab. Current Science，55（12）：577，578

Frederiksen R A, Renfro B L. 1977. Global status of maize downy mildew. Annual Review of Phytopathology，15：249～275

George M L C, Prasanna B M, Rathore R S et al. 2003. Identification of QTLs conferring resistance to downy mildews of maize in Asia. Theoretical and Applied Cenetics，107（3）：544～555

George M L, Regalado E, Warbunon M et al. 2004. Genetic diversity of maize inbred lines in relation to downy mildew. Euphytica，135（2）：145～155

Jeger M J, Gilijamse E, Bock C H et al. 1998. The epidemiology, variability and control of the downy mildews of pearl millet and sorghum, with particular reference to Africa. Plant Pathology，47（5）：544～569

Kamalakannan A, Shanmugam V, Maruthasalam S. 2004. Evaluation of maize genotypes for resistance to Sorghum Downy Mildew (SDM) caused by *Peronosclerospora sorghi* (Weston et Uppal) C G Shaw. Plant Disease Research (Ludhiana)，19（1）：60～63

Manivasakam P, Palanisamy S, Prasad M N et al. 1986. Development of non-restorer pearl millet lines resistance to downy mildew，Madras Agriculture Journal，73：258～262

Mangath K S. 1986. Breeding for white grain pearl millet hybrids. Annals of Agricultural Research，7：358～360

McGee D C. 1988. Maize Diseases. St Paul, Minnesota：American Phytopathological Society Press

Micales J A, Bonde M R, Peterson G L. 1988. Isozyme analysis and aminopeptidase activities within the genus *Peronosclerospora*. Phytopathology，78：1396～1402

Muralidharar R B, Prakash S H, Shelly H S et al. 1985. Downy mildew inoculum in maize seed：Techniques to detect seed-borne inoculum of *Peronosclerospora sorghi* in maize. Seed Science and Technology，13：593～600

Nyvall R F. 1999. Field Crop Disease，3 rd ed. Ames：Iowa State University Press

Payak M M，Renfro B L，Lal S. 1970. Downy mildew diseases incited by *Sclerophthora*. Indian Phytopathology，13：183～193

Perumal R，Nimmakayala P，Erattaimuthu S R et al. 2008. Simple sequence repeat markers useful for sorghum downy mildew（*Peronosclerospora sorghi*）and related species［J/OL］. BMC Genet.，29（9）：77. http://www. pubmedcentral. nih. gov/articlerender. fcgi?artid=2620352. 2009-02-15

Smith D R，Renfro B L. 1999. Downy Mildews. *In*：White D G. Compendium of Corn Diseases. 3rd ed. St Paul：The American Phytopathology Society Press. 25～32

Sreerama S，Ramaswamy G R，Gowda K T P et al. 2001. Reaction of some maize genotypes against sorghum downy mildew. Plant Disease Research，16（1）：127～129

Sudha K N，Prasanna B M，Rathore R S et al. 2004. Genetic variability in the Indian maize germplasm for resistance to sorghum downy mildew（*Peronosclerospora sorghi*）and Rajasthan downy mildew（*Peronosclerospora heteropogonis*）. Maydica，49（1）：57～64

Thakur R P，Mathur K. 2002. Downy mildews of India. Crop Protection，21：333～345

Ullstrup A J，Sun M H. 1969. The prevalence of crazy top of corn in 1968. Plant Disease Reporter，53（4）：246～250

Ullstrup A J. 1970. Crazy top of maize. Indian Phytopathology，13：250～261

USDA. 2006. Recovery plan for Philippine downy mildew and brown stripe downy mildew of corn caused by *Peronosclerospora philippinensis* and *Sclerophthora rayssiae* var. *zeae*，respectively［EB/OL］. Washington DC：USDA. http://www. Ars. usda. gov/SP2UserFiles/Place/00000000/opmp/Corn％20Downy％20Mildew％2009-18-06. pdf. 2009-03-29

White D G. 1999. Compendium of Maize Diseases. 3rd ed. St Paul：American Phytopathological Society Press

Yao G L，Magill C W，Frederiksen R A et al. 1991. Detection and identification of *Peronosclerospora sacchari* in maize by DNA hybridization. Phytopathology，8l（8）：901～905

Yao G L，Mcgill C W. 1990. Seed transmission of sorghum downy mildew：detection by DNA hybridization. Seed Science and Technology，18：201～207

六、玉米霜霉病防控应急预案（样本）

1. 玉米霜霉病菌危害情况的确认、报告与分级

1）确认

疑似玉米霜霉病发生地的农业行政主管部门在 24h 内将采集到的玉米霜霉病标本送到上级农业行政主管部门所属的植物检疫机构，由省级农业行政主管部门指定专门科研机构鉴定，省级农业行政主管部门根据专家鉴定报告，报请省级人民政府确认并报告农业部。

2）报告

确认本地区发生玉米霜霉病后，当地农业行政主管部门应在 24h 内向同级人民政府和上级农业行政主管部门报告，并迅速组织对本地区进行普查，及时查清发生和分布情况。省农业行政主管部门应在 24h 内将玉米霜霉病发生情况上报省人民政府和农业部，同时抄送省级林业部门和出入境检验检疫部门。

3）危害程度分级与应急预案的启动

一级危害：在 1 个省（直辖市、自治区）所辖的 2 个或 2 个以上地级市（区）发生玉米霜霉病菌危害严重的。

二级危害：在 1 个地级市辖的 2 个或 2 个以上县（市或区）发生玉米霜霉病菌危害。

三级危害：在 1 个县（市、区）范围内发生玉米霜霉病菌危害程度严重的。

出现以上一至三级程度危害时，启动本预案。

2. 应急响应

各级人民政府按分级管理、分级响应、属地管理的原则，根据农业行政主管部门植物检疫机构的确认、玉米霜霉病菌危害范围及程度，一级危害启动一级响应，二级危害启动二级响应，三级危害启动三级响应。

1）一级响应

省级人民政府立即成立玉米霜霉病防控工作领导小组，按照属地管理原则，迅速组织协调各地（市、州）人民政府及省级相关部门开展玉米霜霉病防控工作，并报告农业部；省农业行政主管部门要迅速组织对全省（自治区、直辖市）玉米霜霉病发生情况进行调查评估，制定防控工作方案，组织农业行政及技术人员采取防控措施，并及时将玉米霜霉病菌发生情况、防控工作方案及其执行情况报农业部；省级其他相关部门密切配合做好玉米霜霉病防控工作；省级财政部门根据玉米霜霉病危害严重程度在技术、人员、物资、资金等方面对玉米霜霉病发生地给予紧急支持，必要时，请求上级财政部门给予相应援助。

2）二级响应

地级以上市人民政府立即成立玉米霜霉病防控工作领导小组，迅速组织协调各县（市、区）人民政府及市相关部门开展玉米霜霉病防控工作，并由本级人民政府报省人民政府；市级农业行政主管部门要迅速组织对本市玉米霜霉病发生情况进行全面调查评估，制定防控工作方案，组织农业行政及技术人员采取防控措施，并及时将玉米霜霉病发生情况、防控工作方案及其执行情况报省级农业行政主管部门；市级其他相关部门密切配合做好玉米霜霉病防控工作；省级农业行政主管部门加强督促指导，并组织查清本省玉米霜霉病发生情况；省人民政府根据玉米霜霉病危害严重程度和市级人民政府的请求，在技术、人员、物资、资金等方面对发生玉米霜霉病地区给予紧急援助支持。

3）三级响应

县级人民政府立即成立玉米霜霉病防控工作领导小组，迅速组织协调各乡镇政府及县相关部门开展玉米霜霉病防控工作，并由本级人民政府报告上一级人民政府；县级农业行政主管部门要迅速组织对玉米霜霉病发生情况进行全面调查评估，制定防控工作方案，组织农业行政及技术人员采取防控措施，并及时将玉米霜霉病菌发生情况、防控工作方案及其执行情况报市级农业行政主管部门；县级其他相关部门密切配合做好玉米霜霉病防控工作；市级农业行政主管部门加强督促指导，并组织查清全市玉米霜霉病发生情况；市级人民政府根据玉米霜霉病危害严重程度和县级人民政府的请求，在技术、人员、物资、资金等方面对发生玉米霜霉病地区给予紧急援助支持。

3. 部门职责

各级防控工作领导小组负责本地区玉米霜霉病防控的指挥、协调工作，并负责监督应急预案的实施。农业部门具体负责组织玉米霜霉病监测调查、防控和及时报告、通报等工作；宣传部门负责引导传媒正确宣传报道玉米霜霉病有关情况；财政部门及时安排拨付玉米霜霉病防控应急经费；科技部门组织玉米霜霉病防控技术研究；经贸部门组织防控物资生产供应，以及玉米霜霉病菌对贸易和投资环境影响的应对工作；林业部门负责林地的玉米霜霉病调查及防控工作；出入境检验检疫部门加强出入境检验检疫工作，防止玉米霜霉病的传入和传出；发展改革、建设、交通、环境保护、旅游、水利、民航等部门密切配合做好相关工作。

4. 玉米霜霉病发生点、发生区和监测区的划定

发生点：玉米霜霉病危害寄主植物外缘周围 100m 以内的范围划定为一个发生点（两个寄主植物距离在 100m 以内为同一发生点）；划定发生点若遇河流和公路，应以河流和公路为界，其他可根据当地具体情况作适当的调整。

发生区：发生点所在的行政村区域划定为发生区范围；发生点跨越多个行政村的，将所有跨越的行政村划为同一发生区。

监测区：发生区外围 5000m 的范围划定为监测区；在划定边界时若遇到水面宽度大于 5000m 的湖泊和水库，以湖泊或水库的内缘为界。

5. 封锁、控制和扑灭

玉米霜霉病菌发生区所在地的农业行政主管部门对发生区内的玉米霜霉病菌危害寄主植物上设置醒目的标志和界线，并采取措施进行封锁控制和扑灭。

1) 封锁控制

对玉米霜霉病发生区有外运产品的生产单位以及物流集散地，有关部门要进行全面调查，货主单位和货运企业应积极配合有关部门做好玉米霜霉病的防控工作。玉米霜霉病危害情况特别严重时，经省人民政府批准，可在发生区周边主要交通要道设立临时植物检疫检查站，对外运的玉米及其他禾本科植物及植物产品进行检疫，禁止玉米霜霉病发生区内土壤、杂草、菜叶等垃圾、有机肥外运，防止玉米霜霉病菌传播。

2) 防治与扑灭

采用化学、物理、人工、综合防治方法灭除玉米霜霉病菌，先喷施化学杀菌剂进行

灭杀，人工铲除感病植株和发生区杂草，同时进行土壤消毒灭菌，直至扑灭玉米霜霉病。

6. 调查和监测

玉米霜霉病发生区及周边地区的各级农业植物检疫机构要加强对本地区的调查和监测，做好监测结果记录，保存记录档案，定期汇总上报。其他地区要加强对来自玉米霜霉病发生区的植物及植物产品的检疫和监测，防止玉米霜霉病菌传入。

7. 宣传引导

各级宣传部门要积极引导媒体正确报道玉米霜霉病的发生及控制情况。有关新闻和消息应通过政府部门正常渠道获取，防止炒作，避免失实报道引起社会不安。在玉米霜霉病菌发生区，要利用适当的方式进行科普宣传，重点宣传防范知识、防控技术方法。当媒体上出现不实报道或社会上流传谣言时，应立即正面澄清，加强舆论引导，尽量减轻负面影响。

8. 应急保障

1）队伍保障

各级人民政府要组建由农业行政主管部门技术人员以及有关专家组成的玉米霜霉病的应急防控队伍，加强专业技术人员培训，提高应急防控队伍人员的专业素质和业务水平，成立防治专业队，为应急预案的启动提供高素质的应急队伍保障；要充分发动群众，实施群防群控。

2）物资保障

有关的地（市、州）各级人民政府要建立玉米霜霉病防控应急物资储备制度，确保物资供应，对玉米霜霉病危害严重的地区，应及时调拨救助物资，保障受灾农民的生活和生产稳定。

3）经费保障

在必要的情况下，有关地区的各级人民政府应安排专项资金，用于玉米霜霉病应急防控工作。应急响应启动时，当地农业行政主管部门会商有关部门提出经费使用计划，由同级财政部门核拨，财政、农业、审计等部门对专项资金的使用和管理情况进行严格的监督检查，确保专款专用。

4）技术保障

科技部门要大力支持玉米霜霉病防控技术研究，为持续有效控制玉米霜霉病提供技术支撑。在玉米霜霉病发生地，有关部门要组织本地技术骨干力量，加强对玉米霜霉病防控工作的技术指导。

9. 应急状态解除

通过采取全面、有效的防控措施，达到防控效果后，地（市、州）农业行政主管部门向省农业行政主管部门提出申请，经省农业行政主管部门组织专家评估论证，防治效果达到标准的，由省级防控领导小组报请省级人民政府批准，可解除应急状态。

经过连续 2～3 个生长季节的监测仍未发现玉米霜霉病，经省农业行政主管部门组织专家论证，确认扑灭玉米霜霉病后，经玉米霜霉病发生区农业行政主管部门逐级向省农业行政主管部门报告，由省农业行政主管部门报省人民政府批准解除玉米霜霉病发生区，同时将有关情况通报农业部和出入境检验检疫部门。

10. 附则

地（市、州）各级人民政府根据本预案制定本地区玉米霜霉病菌防控应急预案。

本预案自发布之日起实施。

本预案由省级农业行政主管部门负责解释。

（谭万忠　毕朝位　孙现超）